Ralf Ertl **Toleranzen im Hochbau**

Toleranzen im Hochbau

Kommentar zur DIN 18202
Maßgerechtes Bauen mit Abweichungen

4., neu bearbeitete, aktualisierte und erweiterte Auflage

mit 629 Abbildungen und 123 Tabellen

Dipl.-Ing. Univ. Ralf Ertl

Beratender Ingenieur
von der Industrie- und Handelskammer für München und Oberbayern öffentlich bestellter und vereidigter Sachverständiger für Schäden an Gebäuden
Obmann des Normenausschusses „Bautoleranzen, Baupassungen" im DIN

Bibliografische Information der Deutschen Nationalbibliothek
Die Deutsche Nationalbibliothek verzeichnet diese Publikation in der Deutschen Nationalbibliografie; detaillierte bibliografische Daten sind im Internet über https://www.dnb.de abrufbar.

4., neu bearbeitete, aktualisierte und erweiterte Auflage 2021

Maßgebend für das Anwenden von Normen ist deren Fassung mit dem neuesten Ausgabedatum, die bei der Beuth Verlag GmbH, Burggrafenstraße 6, 10787 Berlin, erhältlich ist.
Maßgebend für das Anwenden von Regelwerken, Richtlinien, Merkblättern, Hinweisen, Verordnungen usw. ist deren Fassung mit dem neuesten Ausgabedatum, die bei der jeweiligen herausgebenden Institution erhältlich ist. Zitate aus Normen, Merkblättern usw. wurden, unabhängig von ihrem Ausgabedatum, in neuer deutscher Rechtschreibung abgedruckt.

Das vorliegende Werk wurde mit größter Sorgfalt erstellt. Verlag und Autor können dennoch für die inhaltliche und technische Fehlerfreiheit, Aktualität und Vollständigkeit des Werkes und seiner elektronischen Bestandteile (Internetseiten) keine Haftung übernehmen.

Wir freuen uns, Ihre Meinung über dieses Fachbuch zu erfahren. Bitte teilen Sie uns Ihre Anregungen, Hinweise oder Fragen per E-Mail: fachmedien.bau@rudolf-mueller.de oder Telefax: 0221 5497-6114 mit.

Über www.masstoleranzen.de können Sie auch direkt mit dem Autor in Kontakt treten.

Lektorat: Jan Stüwe, Köln
Umschlaggestaltung: Satz+Layout Werkstatt Kluth GmbH, Erftstadt
Umschlagbild: iStock.com/klikk
Satz: Hackethal Producing, Bonn
Druck und Bindearbeiten: Westermann Druck Zwickau GmbH, Zwickau
Printed in Germany

ISBN 978-3-481-03701-7

Vorwort zur vierten Auflage

Bauen beginnt zunächst mit einem – auch so bezeichneten – Bauvorhaben. In maßlicher Hinsicht ist dies ein theoretisches Ideal. Das Bauen selbst ist eine möglichst gute Annäherung an das, was sein soll, und bleibt mitunter hinter dem Gewollten zurück.

Mit der Norm DIN 18202 werden die für das Bauen im Hochbau verträglichen Grenzen für unvermeidbare Maßabweichungen beschrieben. Dieses Regelwerk zeigt der Vielfalt des Baugeschehens Rechnung tragend nur Grundlagen für den Umgang mit Toleranzen auf. Darüber hinaus besteht die Voraussetzung für ein maßgerechtes Bauen darin, die vielfachen Passungsanforderungen im Sinne einer Bemessung der erforderlichen Genauigkeit zu berücksichtigen. Das vorliegende Werk kommentiert die Inhalte der DIN 18202 und zeigt deren Hintergründe und Grenzen für einen praxisgerechten Umgang mit Genauigkeitsanforderungen auf. Hierbei wird auch eine Vielzahl von Anforderungen an die Maßhaltigkeit aus anderen einschlägigen technischen Regelwerken der verschiedenen Gewerke des Hochbaus sowie aus der baupraktischen Erfahrung mit berücksichtigt.

Die vorliegende vierte Auflage dieses Werkes greift in Teil A die Änderungen in der neuen Ausgabe DIN 18202:2019-07 auf. Die Kommentierung der Inhalte dieser Norm wurde aktualisiert und erweitert. Die Abschnitte zur Berücksichtigung des Boxprinzips und zur Prüfung der Maßhaltigkeit wurden neu gefasst.

Die Anwendung von Toleranzen beim Planen und Bauen wird in Teil B in erweitertem Umfang dargestellt. Ein Schwerpunkt ist die Neubearbeitung zur Betrachtung von Schnittstellen verschiedener Gewerke und zu den Grenzen des Anwendungsbereiches von DIN 18202, vor allem bei der Beurteilung optischer Mängel. Neuer Bestandteil von Teil B ist eine Zusammenführung verschiedener Anwendungsbeispiele für die Bemessung von Toleranzen in der Planung und die Prüfung von Maßabweichungen in der Bauausführung aus der gesamten Kommentierung in einem eigenen Kapitel, um einen Zugang unter verschiedenen Gesichtspunkten zu erleichtern.

Der Gewerkekatalog in Teil C zum Umgang mit Toleranzen im Roh- und Ausbau wurde unter Berücksichtigung der Neuausgabe der ATVen in der VOB/C vom September 2019 vollständig überarbeitet und aktualisiert. Die Überarbeitung umfasst auch eine Vielzahl zwischenzeitlich neu erschienener anderer Normen mit Angaben zu Toleranzen.

Die textlichen Inhalte der DIN 18202:2019-07 werden in dem vorliegenden Kommentar wie auch bereits in den Vorauflagen im Original wiedergegeben.

Die Zitate aus DIN 18202:2019-07 sind jeweils in blauer Schrift mit blauer Hinterlegung kenntlich gemacht.

Toleranzen für Maßabweichungen im Hochbau sind heute in einer Vielzahl unterschiedlicher Regelwerke angegeben, z. B. für Bauteile, Bauweisen oder Gewerke. An den Fügestellen verschiedener Bauelemente und an den Leistungsgrenzen der Gewerke müssen mitunter unterschiedliche Toleranzen der einzelnen Leistungsbereiche verträglich kombiniert werden. Für die Bemessung solcher Schnittstellen ist die Toleranznorm DIN 18202 ein wichtiger Bestandteil des Regelwerkes. Mit dieser Norm können Genauigkeitsanforderungen für notwendige Passungen funktionsgerecht toleriert werden.

Die aktuelle Ausgabe DIN 18202:2019-07 mag mit neuen Begriffen sowie neuen Darstellungen für das Messen von Maßabweichungen den Eindruck wesentlicher Änderungen vermitteln und der vorliegende Kommentar könnte diesen Eindruck mit zusätzlichen Beispielen und einer Vielzahl weiterer Aktualisierungen der zitierten sonstigen Regelwerke noch verstärken. Anwendung und Zahlenwerte der Toleranznorm haben sich gleichwohl im Grundsatz nicht verändert. Dies möge als Beibehaltung bewährter Inhalte verstanden werden – mit aktuellen Ergänzungen, die nach der Erfahrung aus der baupraktischen Verwendung geboten waren.

Auch der Kerngedanke dieser Norm bleibt unverändert. Toleranzen sind quantitativ notwendigerweise und qualitativ zur Sicherstellung der Funktion zu berücksichtigen. Die zahlenmäßige Festlegung von Toleranzen erfolgt für den Regelfall einer durchschnittlich üblichen Standardleistung und erfasst nur ausführungsbedingte Abweichungen. Maße und Toleranzen sind im Einzelfall zu bemessen – hierfür stellt die Toleranznorm eine Grundlage dar. Dies schließt notwendige Bezugspunkte für die maßliche Orientierung sowie die Prüfung von Maßen ein. Die Gesamtheit aller Abweichungen von der Gestalt wird mit dem Boxprinzip erfasst.

Mit der Berücksichtigung dieser knappen Grundsätze der DIN 18202 wird ein maßgerechtes Bauen ermöglicht – auch mit Abweichungen.

München, im Dezember 2020 Ralf Ertl

Inhaltsverzeichnis

Teil A: Kommentar zu DIN 18202:2019-07

0 Normenentwicklung und Änderungen

Toleranzen im Hochbau wurden in der Vergangenheit in der Normenreihe der DIN 18201, DIN 18202 und DIN 18203 behandelt. Einzelne Normen wurden im Zuge von Aktualisierungen zusammengefasst, andere sind entfallen. Nachfolgend werden die in der Vergangenheit als Weißdruck veröffentlichten Ausgaben und die Änderungen in der aktuellen Neuausgabe DIN 18202:2019-07 aufgezeigt.

0.1 Frühere Ausgaben der Norm DIN 18201

DIN 18201:1974-06

„Maßtoleranzen im Bauwesen; Begriffe, Grundsätze, Anwendung, Prüfung“

DIN 18201:1976-04

„Maßtoleranzen im Bauwesen; Begriffe, Grundsätze, Anwendung, Prüfung“

DIN 18201:1984-12

„Toleranzen im Bauwesen; Begriffe, Grundsätze, Anwendung, Prüfung“

DIN 18201:1997-04

„Toleranzen im Bauwesen – Begriffe, Grundsätze, Anwendung, Prüfung“

Nachfolgedokument DIN 18202:2005-10

0.2 Frühere Ausgaben der Normenreihe DIN 18202

DIN 18202-1:1969-03

„Maßtoleranzen im Hochbau; Zulässige Abmaße für die Bauausführung, Wand- und Deckenöffnungen, Nischen, Geschoss- und Podesthöhen“

Nachfolgedokument DIN 18202:1986-05

DIN 18202-4:1974-06

„Maßtoleranzen im Hochbau; Abmaße für Bauwerksabmessungen“

Nachfolgedokument DIN 18202:1986-05

DIN 18202-4 Beiblatt 1:1977-08

„Maßtoleranzen im Hochbau; Abmaße für Bauwerksabmessungen, Erläuterung zum Bezugsverfahren“

Nachfolgedokument DIN 18202:1986-05

DIN 18202-5:1979-10

„Maßtoleranzen im Hochbau; Ebenheitstoleranzen für Flächen von Decken und Wänden“

Vorgängerdokument Entwurf DIN 18202-2:1974-06 und Entwurf DIN 18202-3:1970-09

Nachfolgedokument DIN 18202:1986-05

DIN 18202:1986-05

„Toleranzen im Hochbau; Bauwerke“

Vorgängerdokumente DIN 18202-1:1969-03 – DIN 18202-4:1974-06 – DIN 18202-4 Beiblatt 1:1977-08 – DIN 18202-5:1979-10

Nachfolgedokument DIN 18202:1997-04

DIN 18202:1997-04

„Toleranzen im Hochbau – Bauwerke“

Nachfolgedokument DIN 18202:2005-10

DIN 18202:2005-10

„Toleranzen im Hochbau – Bauwerke“

Nachfolgedokument DIN 18202:2013-04

DIN 18202:2013-04

„Toleranzen im Hochbau – Bauwerke“

Nachfolgedokument DIN 18202:2019-07

DIN 18202:2019-07

„Toleranzen im Hochbau – Bauwerke“

0.3 Frühere Ausgaben der Normenreihe 18203

DIN 18203-1:1974-06

„Maßtoleranzen im Hochbau; Vorgefertigte Teile aus Beton und Stahlbeton"

Nachfolgedokument DIN 18203-1:1985-02

DIN 18203-1:1985-02

„Toleranzen im Hochbau; Vorgefertigte Teile aus Beton, Stahlbeton und Spannbeton"

Nachfolgedokument DIN 18203-1:1997-04

DIN 18203-1:1997-04

„Toleranzen im Hochbau – Teil 1: Vorgefertigte Teile aus Beton, Stahlbeton und Spannbeton"

ersatzlos zurückgezogen 2014 mit Verweis auf DIN EN 13369 und DIN V 20000-120

DIN 18203-2:1979-05

„Maßtoleranzen im Hochbau; Vorgefertigte Teile aus Stahl"

Nachfolgedokument DIN 18203-2:1986-05

DIN 18203-2:1986-05

„Toleranzen im Hochbau; Vorgefertigte Teile aus Stahl"

Nachfolgedokument DIN 18203-2:2006-08

DIN 18203-2:2006-08

„Toleranzen im Hochbau – Teil 2: Vorgefertigte Teile aus Stahl"

ersatzlos zurückgezogen 2013

DIN 18203-3:1984-08

„Toleranzen im Hochbau; Bauteile aus Holz und Holzwerkstoffen"

Nachfolgedokument DIN 18203-3:2008-08

DIN 18203-3:2008-08

„Toleranzen im Hochbau – Teil 3: Bauteile aus Holz und Holzwerkstoffen"

0.4 Änderungen in der Neuausgabe DIN 18202:2019-07

Änderungen

Gegenüber DIN 18202:2013-04 wurden folgende Änderungen vorgenommen:

a) Begriff und Anwendung des Boxprinzips wurden ergänzt bzw. überarbeitet;
b) die Funktion von Fugen für einen Passungsausgleich an Fügestellen wurde ergänzt;
c) die für die Prüfung zu verwendenden Messpunkte wurden ergänzt bzw. überarbeitet;
d) die Norm wurde redaktionell überarbeitet.

In der überarbeiteten Fassung 2019-07 der DIN 18202 wurden gegenüber der letzten Ausgabe 2013-04 **folgende Änderungen** vorgenommen:

- **Zu Abschnitt 3 Begriffe:** Der Begriff der Grenzabweichung für Maße wurde mit zusätzlichen Anmerkungen erläutert. Neu hinzugekommen ist der Begriff des Boxprinzips.
- **Zu Abschnitt 4 Grundsätze:** In Abschnitt 4.7 wird die Anwendung des Boxprinzips für alle Toleranzarten nach dieser Norm festgelegt. Der Grundsatz des Boxprinzips fand bislang Anwendung für die Kombination von Grenzabweichungen für Maße und Grenzwerte für Winkelabweichungen. Das Boxprinzip ist darüber hinaus auch Bestandteil anderer Normen für Bauelemente bzw. die Bauausführung.
  Mit dem Boxprinzip sind mehrere bzw. unterschiedliche Toleranzanforderungen jede für sich einzuhalten. Eine Kombination unterschiedlicher Toleranzarten lässt diesem Prinzip folgend keine Addition von Grenzwerten zu.
- **Zu Abschnitt 5 Maßtoleranzen:** Für Fugen zwischen benachbarten Bauteilen wird die Funktion der Fügestelle in Bezug auf Toleranzen für Maßabweichungen der angrenzenden Teile neu definiert.
- **Zu Abschnitt 6 Prüfung:** Für die Prüfung von Maßabweichungen ist grundsätzlich zu unterscheiden zwischen Anforderungen an die Form und Anforderungen an die Lage eines Bauteils oder Baukörpers im Raum. Form und Lage sind unabhängig voneinander zu prüfen. Längenmessungen werden zwischen den Eckpunkten einer Fläche bzw. eines Körpers und nunmehr zusätzlich als sog. „dritte Längenmessung" in Bauteilmitte vorgenommen. Damit wird entsprechenden Anforderungen an die Prüfung separater Bauteile – nach anderen Regelwerken – und der Einhaltung des Boxprinzips Rechnung getragen. Achsenschnittpunkte werden im Sinne virtueller Raumecken den Eckpunkten gleichgestellt. Die Anordnung der Messpunkte wird für zusätzliche Anwendungsfälle grafisch dargestellt.

Die in der Neufassung DIN 18202:2019-07 gegenüber der letzten Ausgabe DIN 18202:2013-04 vorgenommenen Änderungen werden in den entsprechenden Kapiteln der vorliegenden Kommentierung erläutert.

Mit den Änderungen in der aktuellen Fassung DIN 18202:2019-07 werden Anforderungen aus anderen Regelwerken berücksichtigt, insbesondere aus europäischen Normen. Ein Schwerpunkt der Überarbeitung ist damit die Betrachtung von Schnittstellen. Das Boxprinzip und die in Zusammenhang damit formulierten Anforderungen an die Prüfung sollen sicherstellen, dass unvermeidbare Maßabweichungen insbesondere an Fügestellen verträglich bleiben. Die neuen Inhalte beziehen sich damit nur auf die Definition des Passungsraumes, Zahlenwerte für Grenzwerte werden hingegen unverändert beibehalten.

1 Anwendungsbereich

1 Anwendungsbereich

Diese Norm gilt nach den in Abschnitt 4 festgelegten Grundsätzen für die in Abschnitt 5 festgelegten Toleranzen. Sie gilt für Bauwerke und Bauteile.

Die in dieser Norm für die Ausführung von Bauwerken festgelegten Toleranzen gelten baustoffunabhängig.

Diese Norm hat den Zweck, Grundlagen für Toleranzen und für ihre Prüfung festzulegen.

Werte für zeit- und lastabhängige Verformungen, auch aus Temperatur, sind nicht Gegenstand dieser Norm.

Höhenversätze zwischen benachbarten Bauteilen (z. B. Stoßstellen von Filigrandecken, von Bodenbelägen oder von Wandbekleidungen) werden vom Anwendungsbereich nicht erfasst.

1.1 Abweichungsarten

Der **Anwendungsbereich** von DIN 18202 umfasst 4 unterschiedliche Arten von Maßabweichungen: Längenmaßabweichungen, Winkelabweichungen, Ebenheitsabweichungen und Fluchtabweichungen bei Stützen. Mit diesen **Abweichungsarten** werden die wesentlichen und im Hochbau zumeist auftretenden Maßabweichungen abgedeckt. Der Anwendungsbereich umfasst die für die Normung ausgewählten Inhalte. Dies erhebt keinen Anspruch auf Vollständigkeit in Bezug auf alle im Baugeschehen möglichen Arten von Maßabweichungen. Nicht in DIN 18202 definierte Abweichungen, z. B. die Parallelität, die Geradlinigkeit oder Kurvenverläufe bzw. Kreisbögen, lassen sich mitunter auf die Modelle der in DIN 18202 erfassten Toleranzarten zurückführen. Für den Umgang mit Maßabweichungen bedeutet dies, dass Standardfälle sicherlich von dem Anwendungsbereich dieser Norm abgedeckt werden, darüber hinausgehende Einzelfälle aber möglich und ggf. gesondert zu berücksichtigen sind.

Für die mit dieser Norm betrachteten Maßabweichungen werden **Grundsätze für die Anwendung** in Abschnitt 4 und Zahlenwerte für Toleranzen in Abschnitt 5 angegeben. Die Grenzwerte dürfen nicht isoliert betrachtet werden. Für ihre Anwendung sind Rahmenbedingungen notwendig. Dies gilt auch für die Prüfung von Maßabweichungen.

1.2 Bauwerke und Bauteile

Der Anwendungsbereich der Norm erstreckt sich auf **Bauwerke und Bauteile**.

Sie findet also Anwendung auf **Einzelbauteile**, die z. B. separat, räumlich oder zeitlich getrennt von der Baustelle gefertigt und später in das eigentliche Bauwerk integriert werden. Im **eingebauten Zustand** dieser Teile findet die Norm dann Anwendung auf das gesamte Bauwerk. Damit kommt eine wesentliche Aufgabe dieser Norm zum Ausdruck: die der Schnittstellenbeschreibung. Jedes Bauteil unterliegt teilespezifischen Maßabweichungen in der Herstellung. Auch der Prozess des Zusammenfügens unterschiedlicher Teile ist mit Abweichungen behaftet. Alle diese Einflüsse müssen in der

Kombination verschiedener Teile bzw. Leistungen berücksichtigt werden, damit das eigentliche Ziel – das fertige Bauwerk als Ganzes – erreicht wird.

Die DIN 18202 trägt den Titel „Toleranzen im Hochbau – Bauwerke". Der Anwendungsbereich der Norm ist damit auf Bauwerke des allgemeinen Hochbaus als **Regelanwendungsfall** begrenzt. Bauwerke, die nicht dem allgemeinen Hochbau zuzurechnen sind, weil sie hinsichtlich ihrer Beschaffenheit, ihrer Funktion, ihrer Maße, der verwendeten Baustoffe, der verwendeten Bauverfahren und Technologien von einer im Hochbau regelmäßig üblichen Ausführungsweise deutlich abweichen, fallen somit nicht mehr in den Anwendungsbereich der DIN 18202. Als Beispiele hierfür sind Binderträger oder Tragwerke mit besonders großen Spannweiten, Brückenbauten, Verkehrsbauten, Tunnelbauten, Ingenieurbauwerke für Wasserversorgung und Abwasserentsorgung, Turmbauwerke, unterirdische Schachtanlagen und dergleichen zu nennen. Bauwerke, die zwar nicht primär dem allgemeinen Hochbau zuzuordnen, aber dennoch hinsichtlich ihrer Maße, Bauverfahren und Materialien einem Hochbau etwa gleichzusetzen sind (z. B. kleinere Fußgängerbrücken, Bauwerke für technische Anlagen), können jedoch durchaus auch dem Anwendungsbereich der DIN 18202 zugeordnet werden.

Die Anwendung der DIN 18202 erstreckt sich zudem auf die Ausführung von Bauteilen und Bauwerken, also auf **neu ausgeführte** Leistungen. Es besteht damit ein unmittelbarer zeitlicher Bezug zur Ausführung der zu beurteilenden Bauteile bzw. Bauwerke. Nicht in den Anwendungsbereich der Norm fallen **Bestandsbauwerke** oder bestehende Bauteile, die nicht unmittelbar neu ausgeführt werden. Bei Bestandsbauwerken ist insbesondere zu berücksichtigen, ob nicht zum Zeitpunkt deren Ausführung andere Anforderungen an die Maßhaltigkeit Anwendung gefunden haben. Für Umbau- und Erweiterungsmaßnahmen in Bestandsbauten, die weitgehend in den Altbestand eingreifen, sind die Maßhaltigkeitsanforderungen unter Berücksichtigung des Bestandes und der neu erbrachten Leistungen sorgfältig zu definieren. Maßabweichungen im Bestand können erfahrungsgemäß mit neu ausgeführten Leistungen nicht unbedingt in den Grenzen der Toleranzen nach DIN 18202 aufgenommen und berücksichtigt werden.

Für den Grenzfall einer **Ausführung von Bauleistungen im Bestand** ist eine sorgfältige Unterscheidung zwischen bestehenden und neu ausgeführten Teilleistungen zu treffen. So fällt beispielsweise ein bestehender Untergrund, z. B. ein historisches Mauerwerk, in der Regel nicht in den Anwendungsbereich der DIN 18202. Wird auf einem solchen Untergrund jedoch eine weitere Maßnahme neu ausgeführt, z. B. ein neuer Putz aufgebracht, so kann für die herzustellende Putzoberfläche die DIN 18202 vergleichbar mit einer anderweitigen Putzneuherstellung angewendet werden. Für einen etwa erforderlichen **Genauigkeitsausgleich** zwischen dem bestehenden Untergrund und der neu zu erstellenden Nachfolgeleistung ist jedoch eine gesonderte Betrachtung erforderlich. Für das Bauen im Bestand ist deshalb im Einzelfall vor der Ausführung zu erfassen, welche Maßabweichungen im Bestand bereits vorhanden sind, sowie festzulegen, welche Maßabweichungen für neu ausgeführte Leistungen eingehalten werden sollen und welche Leistungen für den Ausgleich veränderter Anforderungen an die Maßhaltigkeit notwendig sind.

Für die **Genauigkeit einer Flächen- oder Massenermittlung** sind die Toleranzen nach DIN 18202 nicht maßgeblich. Grundlage einer Massenermittlung ist eine möglichst sorgfältige Bestimmung derjenigen Maße, die in die Berechnung eingehen. Die Fehlergröße einer Massenberechnung fällt nicht in den Anwendungsbereich der DIN 18202 und ist allein abhängig von der Vorgehensweise bei der Bestimmung der Maße. Toleranzen nach DIN 18202 können allenfalls hilfsweise zur Abschätzung der Unsicherheit für die Abweichung der Istmaße von Nennmaßen herangezogen werden. Werden beispielsweise Flächengrößen aus Nennmaßen ermittelt und wird zusätzlich von der Annahme einer Bauausführung, also von Istmaßen, in den Grenzen der Toleranzen nach DIN 18202 ausgegangen, so wird eine Mengenermittlung nach Nennmaßen im Standardfall – wahrscheinlich – in der Größenordnung der Toleranzen dieser Norm von einer Mengenermittlung nach Istmaßen abweichen.

Verbaumaßnahmen im Erd- und Grundbau fallen nicht in den regelmäßigen Anwendungsbereich der DIN 18202. Die insbesondere im Grundbau verwendeten Bauweisen und Bauverfahren unterscheiden sich wesentlich von denjenigen des klassischen Hochbaus und unterliegen dementsprechend anderen Einflüssen auf die Maßhaltigkeit. Für Grenzbereiche zwischen Hochbau und Grundbau bzw. Tiefbau, etwa die Herstellung von Spundwänden oder Baugrubenverbauten, die im weiteren Baufortgang Bestandteile der Gebäudeaußenwände werden sollen, ist im Einzelfall und unter Berücksichtigung der verwendeten Technologien eine Zuordnung zu dem Anwendungsbereich der DIN 18202 vorzunehmen. Soweit eine Ausführung vergleichbar mit üblichen Verfahrensweisen im Hochbau ist und dementsprechend eine vergleichbare Genauigkeit erzielt werden kann, ist die jeweilige Maßnahme auch dem Anwendungsbereich der DIN 18202 für den Hochbau zuzuordnen. Ist diese Voraussetzung nicht gegeben, so ist dies ein Indiz für eine Zuordnung außerhalb des Anwendungsbereichs der DIN 18202.

Soweit Bauteile nach **anderen Genauigkeitsanforderungen** als in DIN 18202, Abschnitt 5, festgelegt, vorgefertigt und später in ein Bauwerk integriert werden sollen (z. B. die Herstellung von vorgefertigten Teilen aus Beton und Stahlbeton nach den Anforderungen teilespezifischer Regelwerke), fallen diese Teile spätestens mit dem Einfügen in das Bauwerk in den Anwendungsbereich der DIN 18202 und unterliegen damit auch den in DIN 18202 angegebenen Toleranzen. Eine zentrale Aufgabe der DIN 18202 ist damit die **Bemessung der Schnittstellen** an den Übergängen verschiedener Leistungsbereiche im Hinblick auf die maßliche Passung. In den technischen Regelwerken finden sich für die Herstellung einzelner Teile oder die Ausführung einzelner Teilleistungen vielfach Anforderungen an die Maßhaltigkeit der Teile bzw. Teilleistungen. Diese beschreiben jedoch nur das Teil selbst und beziehen sich in der Regel nicht auf die spätere Einbausituation im Bauwerk. Die Anforderungen an die Passung innerhalb der Gesamtsituation werden übergreifend mit der DIN 18202 geregelt.

1.3 Baustoffe

Die Toleranzen nach DIN 18202 gelten **baustoffunabhängig**. Die Maßhaltigkeit eines Bauwerks oder Bauteils steht damit nur in Zusammenhang mit der vorgesehenen Funktion oder Gestalt. Der verwendete Baustoff spielt hingegen keine Rolle.

Im Rahmen der Erarbeitung und Fortschreibung des Normenwerks und der Festlegung der Toleranzwerte wurden Maßkontrollen an fertiggestellten Bauwerken vorgenommen. In der Auswertung dieser Messungen zeigte sich, dass der Streubereich der festgestellten Maße bei Mauerwerk, Beton bzw. Stahlbeton, Stahl oder Holz etwa gleich groß war, sofern nicht besondere Vereinbarungen oder besondere Herstellungsverfahren zur Erzielung größerer Genauigkeit angewandt wurden (vgl. Stevens, 1977; Braun/Lindemann, 1978). Die erzielbare Genauigkeit ist also nicht primär abhängig von der

Art der verwendeten Baustoffe. Im Vordergrund steht damit die handwerkliche Ausführung bzw. der Herstellungsprozess einer Leistung, also der Ausführende selbst und die bei der Bauausführung vorherrschenden Randbedingungen. Dies gilt sowohl für Arbeiten auf der Baustelle als auch für die Herstellung in einer Werkstatt.

Die Gültigkeit der Toleranzen unabhängig von den verwendeten Baustoffen gestattet es, ein Bauwerk bereits in einer frühen Phase der Planung in ein System aus einzelnen Bauteilen und Passungen an den Bauteilübergängen einzuteilen. Unabhängig von den später für die einzelnen Bauteile verwendeten Stoffen ist es für die Funktion des Gesamtbauwerks entscheidend, die Passungen so zu bemessen, dass ein späteres Einfügen der einzelnen Bauteile problemlos möglich wird. Die Gestaltung des Bauteils selbst muss in dieser frühen Phase hinsichtlich der später zu verwendenden Stoffe noch nicht festgelegt werden.

1.4 Zweck

Die Norm DIN 18202 hat den Zweck, **Grundlagen für Toleranzen** und für die Prüfung von Maßabweichungen festzulegen. Das Baugeschehen ist in weiten Bereichen gekennzeichnet durch individuelle Situationen und Details, die auf das jeweilige Bauvorhaben zugeschnitten sind. Eine Normierung von Maßabweichungen, wie sie etwa in industriellen Fertigungsprozessen mit einer häufigen Wiederholung stattfindet, lässt sich im Baustellengeschehen nur bedingt umsetzen. Die Summe der Anforderungen an die Maßhaltigkeit, die im Baugeschehen als allgemeingültig angesehen werden können, ist dementsprechend vergleichsweise klein. Die Inhalte der DIN 18202 sind daher nicht geeignet, die Fülle der praktischen Anwendungsfälle abschließend zu regeln.
Die **Bemessung der Maßhaltigkeit** eines Bauvorhabens bleibt vielmehr eine originäre Planungsaufgabe, die im Entwurf, in der Ausführungsplanung und in der Leistungsbeschreibung im Hinblick auf die Zielsetzung der Bauaufgabe umzusetzen ist. Hierfür stellt die DIN 18202 Grundlagen in den Grenzen ihres Anwendungsbereiches zur Verfügung. Die Eignung dieser Grundlagen für das jeweilige Bauvorhaben ist in jedem **Anwendungsfall** zu prüfen. Eine fehlende Eignung als Grundlage für spezifische Anforderungen ist durchaus möglich. Die Festlegung von bauwerksbezogenen Maßhaltigkeitsanforderungen kann dann aufbauend auf den Inhalten der DIN 18202 oder ggf. nach anderen Überlegungen erfolgen.

Für den Umgang mit Toleranzen bedeutet dies, dass für jede Baumaßnahme die im Einzelfall akzeptablen Maßabweichungen mit der **Bemessung von Toleranzen** im Vorfeld der Bauausführung festgelegt werden sollen. Bei der Bemessung von Nennmaßen, also der Festlegung von Ausführungsvorgaben, sind Toleranzen für Maßabweichungen der Bauteile schon nach DIN 4172:2015-09 „Maßordnung im Hochbau" zusätzlich zu berücksichtigen. Diese Bemessung ist erst einmal unabhängig von DIN 18202 und nur auf den Einzelfall ausgerichtet. Für die Planung, Vorbereitung und Ausführung bedeutet dies, dass zunächst für ein Vorhaben im jeweiligen Einzelfall zu prüfen ist, welche Genauigkeit für die fertige Leistung erforderlich bzw. erreichbar ist. Handelt es sich bei dem Vorhaben um einen **Standardfall**, dann können – und sollen – für eine durchschnittlich übliche Ausführung Maßabweichungen in den Grenzen der DIN 18202 bei der Bemessung berücksichtigt werden. Handelt es sich hingegen um einen **Einzelfall**, so können andere Genauigkeiten erforderlich sein als in DIN 18202 angegeben. Erst nach dieser Eingangsentscheidung kann die weitere Festlegung von Toleranzen vorgenommen werden.

Dieses **Konzept der Bemessung der jeweils erforderlichen Genauigkeiten** entspricht im Übrigen einer üblichen Vorgehensweise, etwa für die Bemessung der Tragsicherheit oder bauphysikalische Anforderungen. Normativ festgelegt sind z. B. zu berücksichtigende Einwirkungen aus Lasten oder bauphysikalische Schutzziele (z. B. hinsichtlich des zu erreichenden Schallschutzes). Nicht normativ festgelegt ist hingegen die Beschaffenheit einer Konstruktion, um diesen Einwirkungen standzuhalten oder Schutzziele sicher zu erreichen. Letzteres ist Ergebnis einer Bemessung, die im Baugeschehen regelmäßig **unter den Bedingungen des Einzelfalles** vorgenommen wird, z. B. die Bemessung einer Deckenplatte in Bezug auf Konstruktionshöhe und Bewehrungsführung oder die Bemessung eines Bauteils in Bezug auf bauphysikalische Eigenschaften. Entsprechendes gilt auch für die Berücksichtigung von Maßabweichungen. In DIN 18202 festgelegt sind die unter den angegebenen Grundsätzen zu berücksichtigenden Toleranzen für die Ausführung. Nicht in DIN 18202 festgelegt ist die für den jeweiligen Einzelfall erforderliche Beschaffenheit in Bezug auf die Genauigkeit. Diese ist mit der Festlegung der Ausführungsvorgaben zu formulieren, z. B. mit einem Bausoll in juristischer Hinsicht.

Die Bemessung von Toleranzen für den Einzelfall ist damit ein **zentraler Grundsatz** der DIN 18202. Die Anwendung der DIN 18202 ist also kein Automatismus für den Hochbau im Allgemeinen, sondern eine Eingangsentscheidung bei der Bemessung der Toleranzen. Für den Standardfall können diese Grenzwerte als Toleranzen für übliche Abweichungen angewendet werden. Für den Einzelfall sind ggf. andere Abweichungen erforderlich und für die Ausführung festzulegen.

Die Erfahrung im Umgang mit DIN 18202 hat gezeigt, dass ohne eine solche **Eingangsüberlegung** die grundsätzliche Umsetzung von Baumaßnahmen zwar im Wesentlichen funktionieren kann, im Einzelfall entscheidende Details damit aber nicht in jedem Fall ausreichend beschrieben sind. Die Toleranzen nach DIN 18202 decken wegen ihres Grundlagencharakters erfahrungsgemäß bei Weitem nicht alle praktisch vorkommenden Anwendungsfälle zufriedenstellend ab. Es reicht daher oftmals nicht aus, für die Ausführung eines Bauvorhabens nur die grundlegenden Inhalte der DIN 18202 als Anforderung vorzusehen. Eine weiter gehende, auf den jeweiligen Anwendungsfall individuell abgestimmte Festlegung von Maßtoleranzen kann insbesondere unter dem Aspekt einer wirtschaftlichen Optimierung sinnvoll sein.

Die Festlegung von Maßtoleranzen für den konkreten Anwendungsfall schließt Festlegungen zur **Prüfung von Maßabweichungen** sinnvollerweise mit ein. Bestandteil des Formulierens einer Anforderung ist auch die Überlegung, wie die Anforderung zielsicher in der Bauausführung umgesetzt und in der Umsetzung kontrolliert werden kann. Die Anforderung ist auf die Möglichkeiten der Umsetzung und der Kontrolle in der Umsetzung abzustimmen. Auch für die Prüfung gilt die Erfahrung, dass die in DIN 18202 beschriebenen grundlegenden Verfahren zur Kontrolle von Maßabweichungen einer konkreten Umsetzung im jeweiligen Anwendungsfall mit weiter gehenden Festlegungen bedürfen. Den Einzelfall kann eine Norm nicht abschließend berücksichtigen, weshalb eine über die Grundlagen der Norm hinausgehende Festlegung im Einzelfall ähnlich einer Bauwerksbemessung in aller Regel erforderlich wird.

1.5 Inhärente Formänderungen

Die Genauigkeitsanforderungen nach DIN 18202 umfassen nur die Ausführung von Bauwerken oder Bauteilen, nicht aber **zeit- und lastabhängige Verformungen**, die ein Bauwerk oder Bauteil nach seiner Herstellung erfährt. Sie ist daher nur ein Beurteilungsmaßstab für die handwerkliche Sorgfalt in der Ausführung oder die maschinelle Fertigung, also den unmittelbaren Herstellungs- bzw. Produktionsprozess. Verformungen, die nicht in direktem Zusammenhang mit der handwerklichen Ausführung bzw. Herstellung stehen, fallen nicht in den Anwendungsbereich der DIN 18202. Hierunter zählen insbesondere zeitabhängige Verformungen (z. B. Quellen oder Schwinden infolge von Wasseraufnahme oder -abgabe, chemisches Schwinden), Verformungen bei einer Änderung der Temperatur bzw. Veränderung der Temperaturverhältnisse über die Zeit sowie Verformungen unter Einwirkung dauernder oder temporärer Lasten (z. B. Eigengewicht, Verkehrslasten, Windlasten, Schneelasten, Beanspruchung durch Erdbeben). Diese Verformungen sind in der Regel unabhängig von der Ausführung bzw. durch die Sorgfalt in der handwerklichen Ausführung nicht unmittelbar zu beeinflussen und deshalb zusätzlich zu den ausführungsbedingten Maßabweichungen zu berücksichtigen. Für die Anwendung der DIN 18202 sind also Maßabweichungen nach deren **Ursache** aufzuteilen und getrennt zu betrachten.

Die Regelung, wonach zeit- und lastabhängige Verformungen nicht Gegenstand der DIN 18202 sind, steht einer **Anwendung der Norm zu einem späteren Zeitpunkt** nach der Ausführung, zu dem bereits zeit- und/oder lastabhängige Verformungen aufgetreten sind, nicht grundsätzlich entgegen. Werden Messergebnisse festgestellt, die aufgrund des zeitlichen Abstandes zu dem Zeitpunkt der Herstellung bereits einen Anteil an zeit- und/oder lastabhängiger Verformung aufweisen, so ist das Messergebnis zunächst in die Anteile aus ausführungsbedingter Maßabweichung, und zeit- bzw. lastabhängiger Verformung aufzuteilen. Die auf die Ausführung entfallene anteilige Maßabweichung kann dann nach den Regelungen der DIN 18202 beurteilt werden.

In der Praxis wird diese Vorgehensweise jedoch häufig dadurch erschwert, dass sich die Anteile der zeit- und/oder lastabhängigen Verformungen nachträglich nicht mehr hinreichend genau bestimmen und voneinander **abgrenzen** lassen. Der Anteil der ausführungsbedingten Maßabweichungen kann dann, entsprechend der Genauigkeit der übrigen Komponenten, nur mehr vergleichsweise grob abgeschätzt werden. Eine solche Abschätzung liefert im Vergleich mit den Zahlenwerten für die Grenzabweichungen nach DIN 18202 unter Berücksichtigung des vergleichsweise sehr großen Fehlers eine erhebliche Unschärfe für die Beurteilung.

Maßabweichungen, die aus unvermeidbaren und konstruktionsbedingten Einflüssen resultieren, werden auch als **inhärente Toleranzen** bezeichnet. Diese Maßabweichungen sind zu berücksichtigen, weil ihr Auftreten in der Regel, bedingt durch die verwendeten Stoffe oder die auftretenden Belastungen im Bauwerk, nicht verhindert werden kann. Gleichwohl sind sie von den ausführungsbedingten Maßabweichungen zu unterscheiden, weil sie aufgrund ihrer Unvermeidbarkeit eben keinen Einfluss auf die Beurteilung der Ausführungsqualität haben sollen. Inhärente Toleranzen fallen nicht in den Anwendungsbereich der DIN 18202 und sind zusätzlich zu berücksichtigen.

1.6 Höhenversätze

Höhenversätze zwischen benachbarten Bauteilen fallen ausdrücklich nicht in den Anwendungsbereich der DIN 18202. Hierzu zählen z. B. Stoßstellen von Filigrandecken, von Bodenbelägen oder Wandbekleidungen. Die Genauigkeitsanforderungen in Bezug auf Höhenversätze zwischen benachbarten Bauteilen sind in so starkem Maße von den Bedingungen des Einzelfalls abhängig, dass eine allgemein verbindliche Festlegung für alle Anwendungsfälle des Bauens im Hochbau nicht formuliert werden kann.

Dies gilt umso mehr, als für viele praktische Anwendungsfälle eine **versatzfreie Ausführung** gefordert wird, also ohne jegliche Abweichung in der handwerklichen Umsetzung. Eine baupraktisch fehlerfreie – höhengleiche – Konstruktion kann einerseits nicht Anforderung in einem technischen Regelwerk sein. Andererseits sind baupraktisch unvermeidbare Abweichungen selbst in geringer Ausprägung in vielen Anwendungsfällen nicht gewollt, z. B. bei Filigrandecken im Hochbau mit Höhenversätzen, die sich zwar gering, aber doch störend abzeichnen. Diese Diskrepanz lässt sich jedoch vergleichsweise leicht lösen, wenn einzelfallbezogen zielführende Maßnahmen formuliert werden wie z. B. das Verspachteln von Filigrandeckenstößen auf eine bestimmte Breite als Ausgleich für begrenzte Höhenversätze. Anforderungen müssen daher erforderlichenfalls für die jeweilige Bauaufgabe vorgegeben werden.

Höhenversätze fallen auch nicht in den Anwendungsbereich der Tabelle 3 – Grenzwerte für **Ebenheitsabweichungen** – nach Abschnitt 5 der Norm. Weil Höhenversätze benachbarter Bauteile ein häufiger Anlass für Auseinandersetzungen im Baugeschehen sind, wird auf die Nichtanwendbarkeit der DIN 18202 hierfür bereits eingangs im Anwendungsbereich hingewiesen.

2 Normative Verweisungen

2 Normative Verweisungen

Es gibt keine normativen Verweisungen in diesem Dokument.

Normative Verweisungen sind in der Ausgabe 2019-07 der DIN 18202 nicht enthalten.

Die in einer früheren Ausgabe enthaltenen Verweise auf das Bezugssystem sind jetzt Teil der Kommentierung zu dem Abschnitt 4.6 in DIN 18202:2019-07. Auf die Ausführungen dort wird verwiesen.

3 Begriffe

3 Begriffe

Für die Anwendung dieses Dokuments gelten die folgenden Begriffe.

DIN und DKE stellen terminologische Datenbanken für die Verwendung in der Normung unter den folgenden Adressen bereit:

- DIN-TERMinologieportal: verfügbar unter https://www.din.de/go/din-term
- DKE-IEV: verfügbar unter http://www.dke.de/DKE-IEV

3.1 Nennmaß
Sollmaß
Maß, das zur Kennzeichnung von Größe, Gestalt und Lage eines Bauteils oder Bauwerks angegeben und in Zeichnungen eingetragen wird

3.2 Istmaß
durch Messung festgestelltes Maß

3.3 Maßabweichung
Differenz zwischen Istmaß und Nennmaß

3.4 Höchstmaß
größtes zulässiges Maß

3.5 Mindestmaß
kleinstes zulässiges Maß

3.6 Grenzabweichung für Maße
Grenzwert für die (Längen-)Maßabweichung
Differenz zwischen Höchstmaß und Nennmaß oder zwischen Mindestmaß und Nennmaß
Anmerkung 1 zum Begriff: Siehe Bild 1.
Anmerkung 2 zum Begriff: Die Werte für die Grenzabweichung können vorzeichenbehaftet sein.
Anmerkung 3 zum Begriff: Die Maßtoleranz hat keine Vorzeichen.

...

Bild 1 – Maßabweichung und Grenzabweichung

3.7 Maßtoleranz
Differenz zwischen dem Höchstmaß und dem Mindestmaß

3.8 Stichmaß
Abstand eines Punktes von einer Bezugslinie als Hilfsmittel zur Ermittlung der Winkel- oder Ebenheitsabweichung
Anmerkung 1 zum Begriff: Siehe Bild 2.

...

Bild 2 – Stichmaße (Beispiele)

3.9 Winkelabweichung
Differenz zwischen Ist- und Nennwinkel, angegeben als Stichmaß, bezogen auf ein Nennmaß

3.10 Ebenheitsabweichung
Istabweichung einer Fläche von der Ebene, angegeben als Stichmaß, bezogen auf einen Messpunktabstand

3.11 Grenzwert für die Winkelabweichung
Stichmaß als Grenzabweichung vom Winkel

3.12 Grenzwert für die Ebenheitsabweichung
Stichmaß als Grenzabweichung von der Ebene

3.13 Flucht
Verbindungslinie zwischen zwei Punkten

3.14 Fluchtabweichung
Istabweichung eines Punktes von der Flucht, angegeben als Stichmaß, bezogen auf ein Nennmaß

3.15 Grenzwert für die Fluchtabweichung
Stichmaß als Grenzabweichung von der Flucht
Anmerkung 1 zum Begriff: Siehe Bild 14.

3.16 Boxprinzip
Schachtelprinzip
Prinzip, welches erfordert, dass alle Punkte einer Bauteiloberfläche innerhalb eines Hüllkörpers mit den Nennmaßen bzw. der Nennlage einschließlich der zulässigen Abweichungen in jeder Richtung liegen
Anmerkung 1 zum Begriff: Siehe Bild 3.

...

Bild 3 – Boxprinzip für einen Körper

Tabelle A 3.1 stellt die **Systematik der Begriffsdefinitionen** in DIN 18202 als Übersicht dar.

Tabelle A 3.1: Übersicht zur Systematik der Begriffsdefinitionen

Art	Abweichung	Grenzwert für die Abweichung
(Längen-)Maße	(Längen-)Maßabweichung	Grenzabweichung (für die Länge)
Winkel	Winkelabweichung	Grenzwert für die Winkelabweichung
Ebenheit	Ebenheitsabweichung	Grenzwert für die Ebenheitsabweichung
Flucht	Fluchtabweichung	Grenzwert für die Fluchtabweichung

3.1 Maße und Maßabweichungen

Mit **Nennmaßen** werden in den Ausführungszeichnungen oder anderen Ausführungsunterlagen die Größe und Gestalt eines Bauteils oder Bauwerks sowie dessen Lage innerhalb des Koordinierungssystems angegeben. Hierbei handelt es sich in der Regel um Längenmaße. Nennmaße für die Form werden als Längenmaße zwischen jeweils 2 Eckpunkten, Nennmaße für die Lage eines Bauteils bzw. einer Bauteiloberfläche als Längenmaße für den Abstand zu einem Bezugspunkt angegeben.

Das Nennmaß ist damit ein für die Ausführung vorgegebenes, theoretisches Sollmaß. Das tatsächlich ausgeführte Maß wird als **Istmaß** bezeichnet. Es unterliegt baupraktisch Abweichungen von dem Sollmaß. Die Differenz zwischen dem Istmaß und dem Nennmaß wird als **Maßabweichung** bzw. als Längenmaßabweichung bezeichnet. Die Maßabweichung tritt definitionsgemäß in Richtung des bezogenen Nennmaßes auf.

Nennmaße werden als Vorgabe für die Ausführung festgelegt. Toleranzen für Maßabweichungen sind bei dieser Bemessung zusätzlich zu berücksichtigen (vgl. DIN 4172).

Die Größe der Abweichung des Istmaßes vom Nennmaß wird nach oben auf ein Höchstmaß und nach unten auf ein Mindestmaß beschränkt. Das **Höchstmaß** stellt damit das größte zulässige Maß, das **Mindestmaß** das kleinste zulässige Maß dar. Die Differenz zwischen dem Höchstmaß und dem Nennmaß oder zwischen dem Mindestmaß und dem Nennmaß wird als **Grenzabweichung** bezeichnet. Sie stellt den Grenzwert für die (Längen-)Maßabweichung dar.

Die Grenzabweichung ist eine gerichtete Größe. Mit ihr wird eine maximale Abweichung vom Nennmaß in positiver und negativer Richtung beschrieben. Der Bereich, innerhalb dessen eine Abweichung auftreten kann, ergibt sich dementsprechend als Differenz zwischen dem Höchstmaß (für die maximal zulässige Abweichung in positiver Richtung) und dem Mindestmaß (für die maximal zulässige Abweichung in negativer Richtung). Er wird als **Maßtoleranz** bezeichnet. Die Maßtoleranz beschreibt damit einen Korridor im Hinblick auf Größe und Richtung einer Maßabweichung.

Die Zuordnung der Begriffe Nennmaß – Istmaß – Maßabweichung und der Begriffe Höchstmaß – Mindestmaß – Maßtoleranz – Grenzabweichung wird in Bild 1 der DIN 18202 zeichnerisch erläutert (vgl. Abb. A 3.1). Der **Toleranzbereich** kann beidseitig symmetrisch (vgl. Abb. A 3.2), beidseitig asymmetrisch (vgl. Abb. A 3.3) oder einseitig (vgl. Abb. A 3.4) angeordnet sein. Größe und Richtung der Maßtoleranz können nach den Erfordernissen des Einzelfalles variieren.

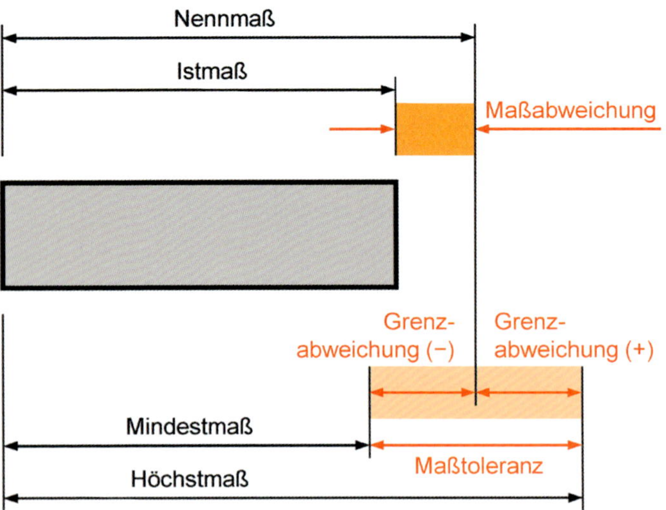

Abb. A 3.1: Anwendung der Begriffe nach DIN 18202:2019-07, Bild 1

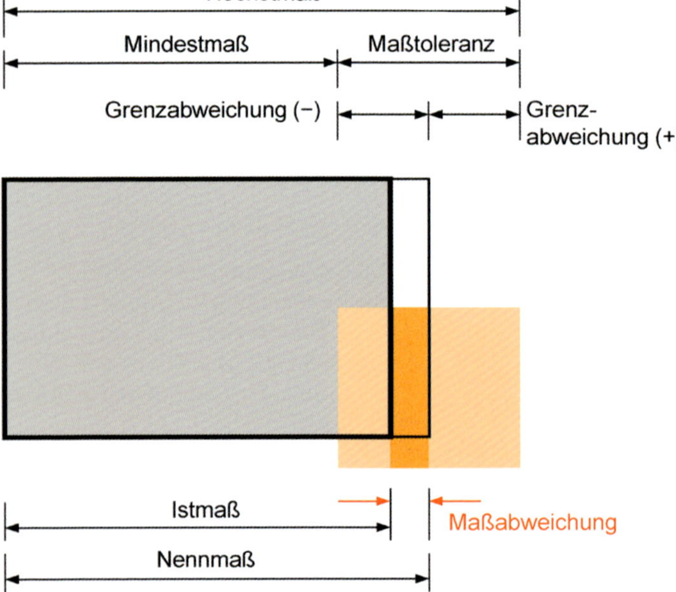

Abb. A 3.2: Toleranzbereich für (Längen-)Maßabweichungen (beidseitig symmetrisch angeordnet)

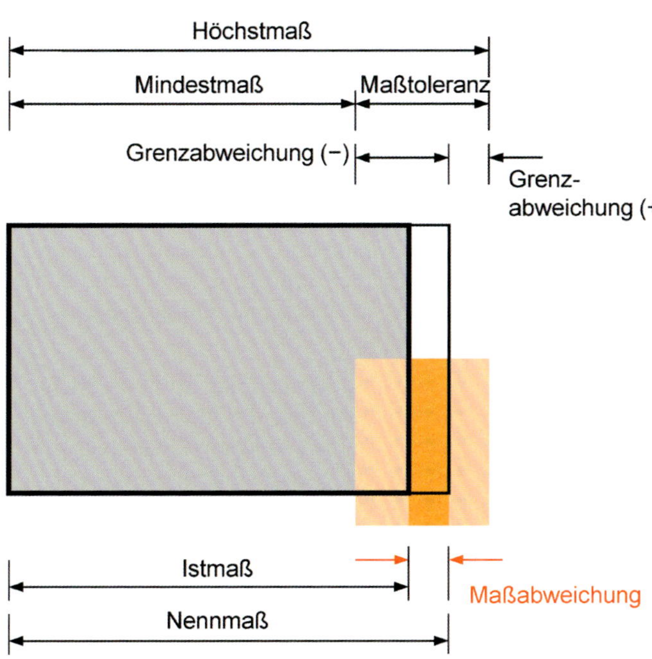

Abb. A 3.3: Toleranzbereich für (Längen-)Maßabweichungen (beidseitig asymmetrisch angeordnet)

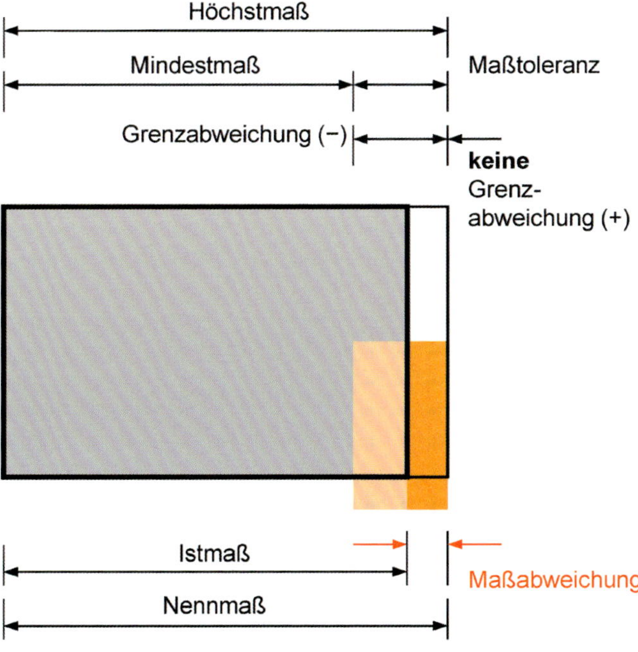

Abb. A 3.4: Toleranzbereich für (Längen-)Maßabweichungen (einseitig angeordnet)

3.2 Richtung bzw. Winkel und Winkelabweichung

Die **Richtung** einer Linie, z. B. einer Bauteilkante, wird zur Kennzeichnung der Form oder der Lage im Raum festgelegt durch ein Winkelmaß zu einer Bezugslinie, z. B. einer anderen Bauteilkante oder einer Achse. Die Nennrichtung ist der Sollwert für die Richtung. Der **Nennwinkel** wird im Hochbau üblicherweise durch eine Anzahl orthogonal zueinander gerichteter Längenmaße als Nennmaße in den Ausführungsunterlagen angegeben. Der Winkel zu einer Bezugsrichtung wird also nicht als Winkelmaß, sondern als **Stichmaß** orthogonal zu der Bezugsrichtung und bezogen auf die Länge in Bezugsrichtung formuliert. Das Stichmaß beschreibt den orthogonalen Abstand eines Punktes von einer Bezugslinie. In der Kombination von Stichmaß und Bezugslänge wird der Winkel eindeutig festgelegt (vgl. Abb. A 3.5).

Die **Winkelabweichung** ist die Abweichung von einem Nennwinkel bzw. eine **Richtungsabweichung** von einer Nennrichtung. Sie wird ermittelt als Differenz zwischen dem Istwinkel und dem Nennwinkel. Angegeben wird die Winkelabweichung ebenfalls mit einem **Stichmaß** für die Längenabweichung in einer Richtung orthogonal zu der Bezugsrichtung. Das Stichmaß für die Winkelabweichung wird bezogen auf das Nennmaß in der Bezugsrichtung. Die charakteristische Größe der Winkelabweichung ist damit das Wertepaar bestehend aus **Bezugslänge** und der dazu orthogonalen Abweichung (vgl. Abb. A 3.6).

Für die Anwendung wäre es durchaus denkbar, eine Winkelabweichung mit einem **Winkelmaß** zu bezeichnen, z. B. in Grad. In der Praxis ist eine Winkelabweichung wegen des im Bauwesen vorherrschenden Orthogonalbezugs der Koordinationssysteme jedoch einfacher als Längenmaß – in diesem Fall als Stichmaß – festzustellen. Die Bestimmung einer Winkelabweichung durch Gradmessung würde demgegenüber einen vergleichsweise hohen Aufwand sowie aufwendigere Messmittel zur Bestimmung des Winkels erfordern. Aus diesem Grund ist in DIN 18202 für die Bestimmung eines Winkels bzw. einer Winkelabweichung das Stichmaß und ein zugehöriges Nennmaß definiert.

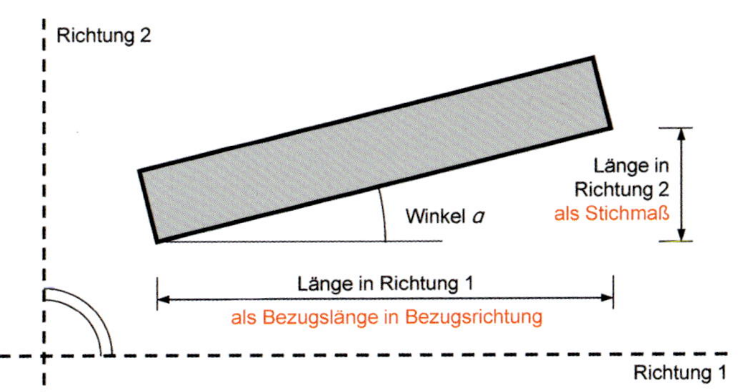

Abb. A 3.5:
Festlegung eines Winkels mit Bezugslänge und Stichmaß

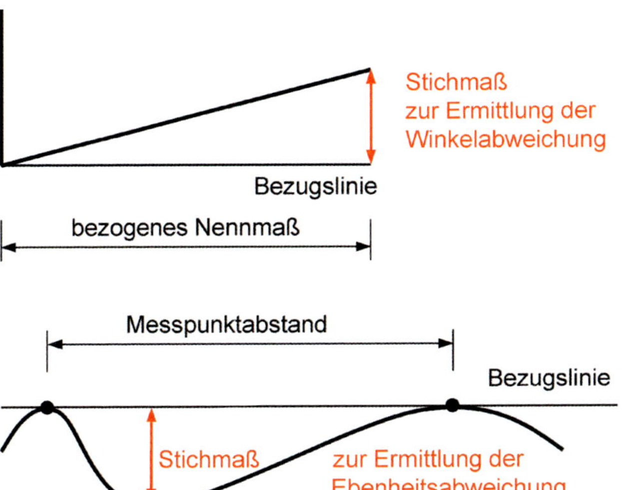

Abb. A 3.6:
Stichmaße nach DIN 18202:2019-07, Bild 2

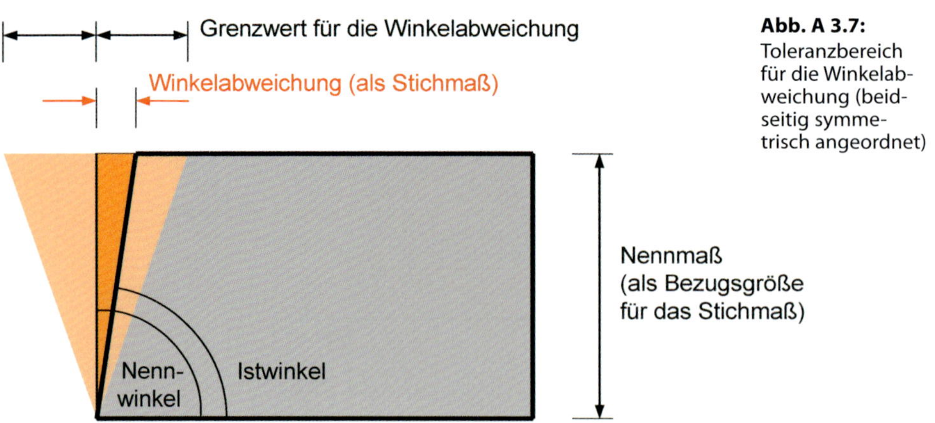

Abb. A 3.7: Toleranzbereich für die Winkelabweichung (beidseitig symmetrisch angeordnet)

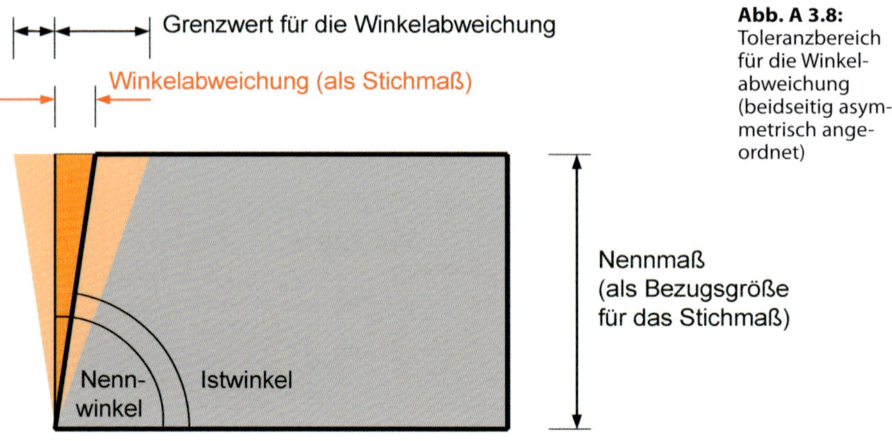

Abb. A 3.8: Toleranzbereich für die Winkelabweichung (beidseitig asymmetrisch angeordnet)

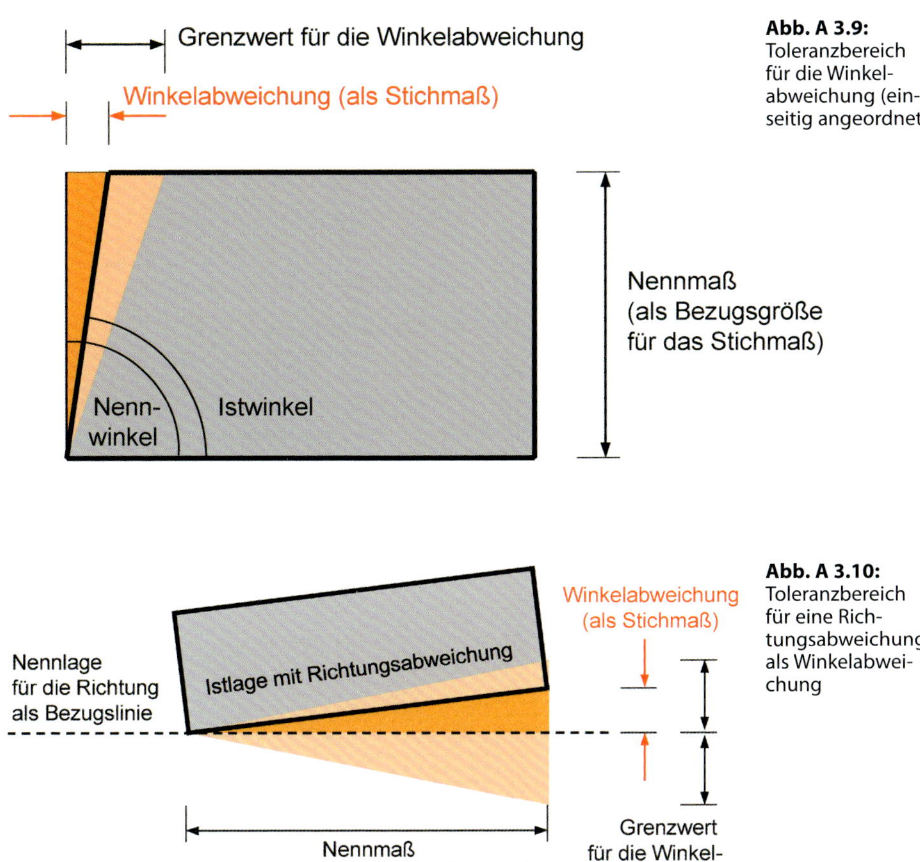

Abb. A 3.9: Toleranzbereich für die Winkelabweichung (einseitig angeordnet)

Abb. A 3.10: Toleranzbereich für eine Richtungsabweichung als Winkelabweichung

Grenzwert für die Winkelabweichung ist ein maximal zulässiges Stichmaß als Grenzabweichung vom Nennwinkel. Der Toleranzbereich für die Winkelabweichung kann wie auch für die (Längen-)Maßabweichung beidseitig symmetrisch (vgl. Abb. A 3.7), beidseitig asymmetrisch (vgl. Abb. A 3.8) oder einseitig (vgl. Abb. A 3.9) angeordnet sein. Dies gilt analog für eine **Richtungsabweichung** (vgl. Abb. A 3.10).

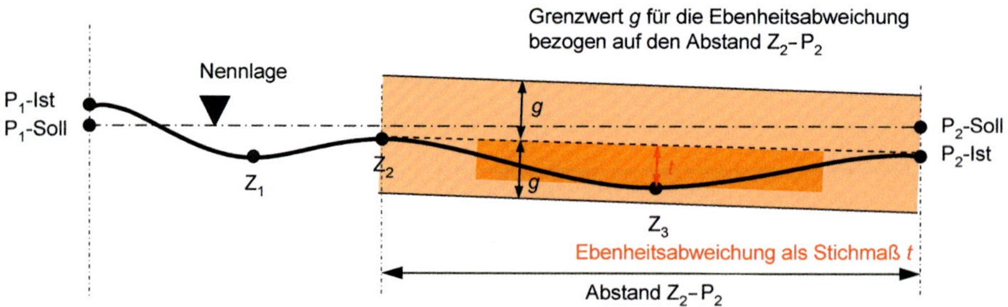

Abb. A 3.11: Toleranzbereich für die Ebenheitsabweichung am Beispiel einer Linie

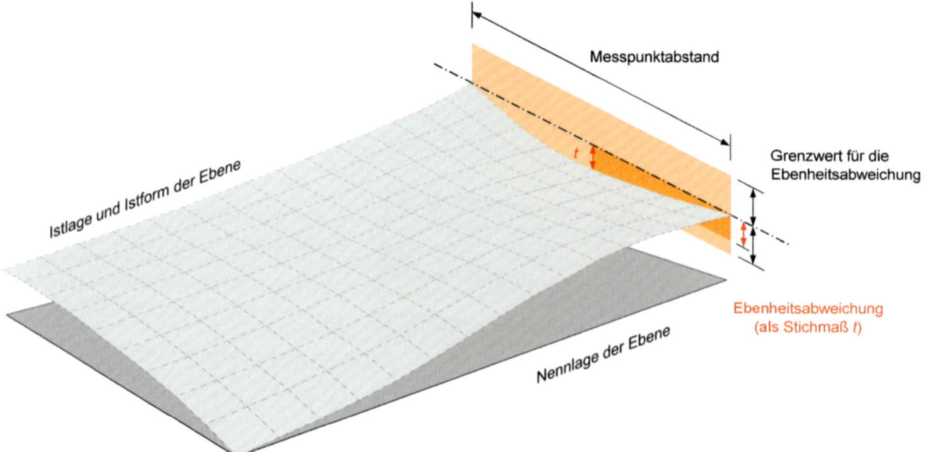

Abb. A 3.12: Toleranzbereich für die Ebenheitsabweichung am Beispiel einer Fläche

3.3 Ebenheit und Ebenheitsabweichung

Die Ebenheit beschreibt die Form einer Fläche, z. B. einer Bauteiloberfläche. Die **Ebenheitsabweichung** beschreibt die Abweichung einer Fläche von einer Nennebene. Die absolute Lage der **Nennebene** in Bezug auf den Raum bleibt hierbei definitionsgemäß außer Betracht. Die Ebenheitsabweichung beschreibt keine Lage- oder Positionsabweichung. Die Abweichung wird für jeweils 3 auf einer Linie liegende Punkte betrachtet. Die Größe der Abweichung wird bestimmt als **Stichmaß** für die orthogonale Abweichung des mittleren Punktes von der linearen Verbindung der beiden äußeren Punkte und bezogen auf den Abstand der beiden äußeren Punkte. Die Ebenheitsabweichung wird dementsprechend angegeben als Stichmaß bezogen auf einen **Messpunktabstand** (vgl. Abb. A 3.6).

Das Modell der Ebenheitsabweichung basiert auf der Betrachtung des Verhältnisses von Messpunktabstand und Stichmaß. Charakteristisch für diese Art der Abweichung ist ein kontinuierlich veränderlicher Krümmungsverlauf einer Oberfläche ohne diskrete Unstetigkeitsstellen. Die Anwendung der Ebenheitsabweichung ist deswegen auch nur für **geschlossene Flächen** einschließlich ihrer Ränder zielführend, nicht aber über einen Flächenrand hinweg.

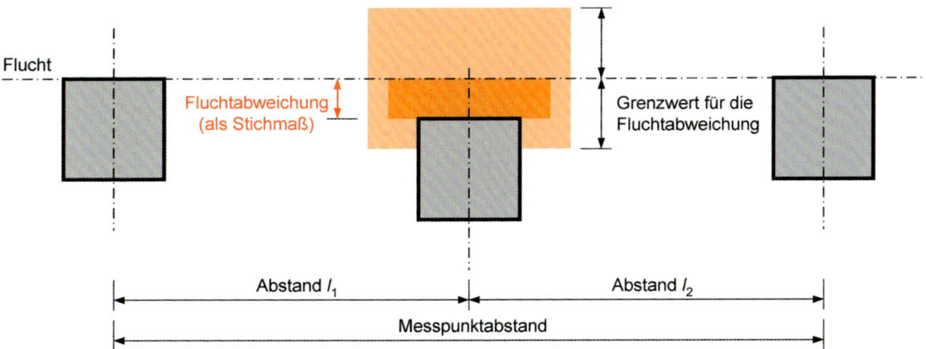

Abb. A 3.13: Toleranzbereich für die Fluchtabweichung (beidseitig symmetrisch angeordnet)

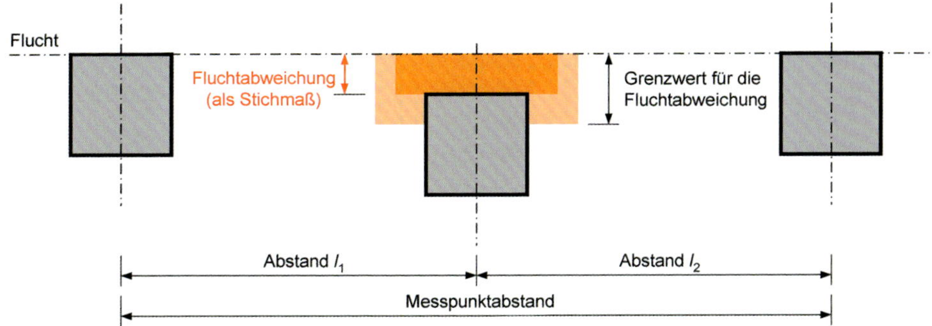

Abb. A 3.14: Toleranzbereich für die Fluchtabweichung (einseitig angeordnet)

Grenzwert für die Ebenheitsabweichung ist ein maximal zulässiges Stichmaß als Grenzabweichung von der Ebene (zur Anordnung des Toleranzbereiches für die Ebenheitsabweichung vgl. Abb. A 3.11 und Abb. A 3.12).

3.4 Flucht und Fluchtabweichung

Als **Flucht** wird die Verbindungslinie zwischen 2 Punkten bezeichnet, bei der Flucht einer Stützenreihe die Verbindungslinie der beiden Endstützen. Die Istabweichung eines Punktes von einer Flucht wird als **Fluchtabweichung** bezeichnet. Sie ist als der orthogonale Abstand eines Zwischenpunktes von der Flucht definiert und als **Stichmaß** bezogen auf ein Nennmaß angegeben. Als Nennmaß wird in der Regel der Abstand der beiden benachbarten Punkte angesetzt.

Grenzwert für die Fluchtabweichung ist ein maximal zulässiges Stichmaß als Grenzabweichung von der Flucht. Der Toleranzbereich für die Fluchtabweichung kann beidseitig symmetrisch (vgl. Abb. A 3.13), beidseitig asymmetrisch oder einseitig (vgl. Abb. A 3.14) angeordnet sein.

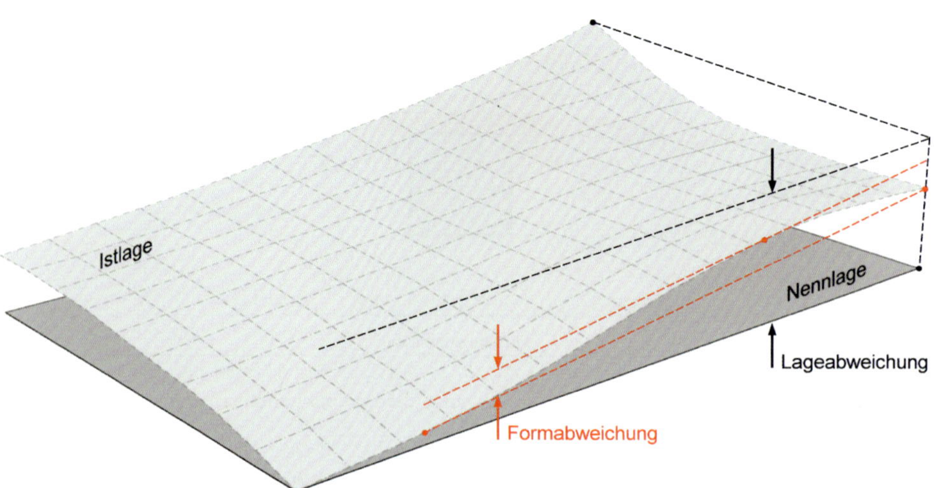

Abb. A 3.15: Form- und Lageabweichung am Beispiel einer Ebene

3.5 Boxprinzip für Gestaltabweichungen

Die **Gestalt** eines Bauteils oder Bauwerks wird durch Maße und Geometrieelemente (z. B. Linien oder Flächen) festgelegt. Abweichungen von der vorgesehenen Gestalt werden unterschieden nach Maßabweichungen, Formabweichungen und Lageabweichungen.

Maßabweichungen umfassen Abweichungen von den Nennmaßen für Längen oder Winkel.

Formabweichungen sind Abweichungen eines Geometrieelementes von seiner geometrisch idealen Form. Sie können als Längenmaßabweichung, Winkelabweichung und/ oder Ebenheitsabweichung auftreten. Formabweichungen sind relative, auf die Form selbstbezogene Abweichungen.

Die Ebenheitsabweichung ist definitionsgemäß eine Formabweichung. Sie kann eindimensional die Abweichung einer Linie von der Geraden oder zweidimensional die Abweichung einer Fläche von der Ebene beschreiben. Die Lage der geometrischen Form innerhalb des Raumes bleibt hierbei in der Regel außer Betracht.

Lageabweichungen sind Abweichungen eines Geometrieelementes von seiner geometrisch idealen Lage als Nennlage in Bezug auf den Koordinationsraum. Sie können als Längenmaßabweichung, Winkelabweichung und/oder Fluchtabweichung auftreten. Lageabweichungen sind absolute, auf den Raum bezogene Abweichungen. Der Bezug erfolgt auf außerhalb des jeweiligen Geometrieelementes gelegene Punkte oder andere Geometrieelemente und – anders als bei der Formabweichung – nicht auf das Geometrieelement selbst.

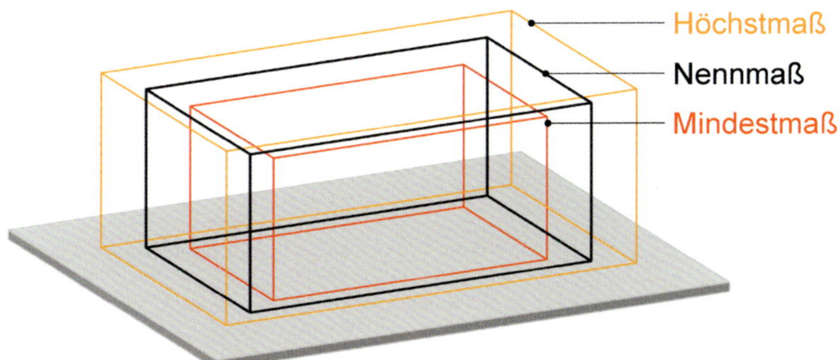

Abb. A 3.16: Boxprinzip für einen Körper mit Nennmaß, Höchstmaß und Mindestmaß nach DIN 18202:2019-07, Bild 3

Die **Gestaltabweichung** eines Baukörpers kann eine Vielzahl unterschiedlicher Abweichungen seiner Oberflächen von den Nennmaßen bzw. der beabsichtigten Form bzw. der Nennlage aufweisen. Für jede einzelne Abweichung ist abhängig von der jeweiligen Abweichungsart ein zugehöriger Grenzwert einzuhalten, z. B. die Ebenheitsabweichung einer Oberfläche als Formabweichung und gleichzeitig die Lageabweichung dieser Oberfläche von ihrer Nennlage (vgl. Abb. A 3.15).

Für das Einfügen eines Baukörpers bzw. Bauelementes in ein Modulsystem mit einer Vielzahl von maßlich bestimmten Einzelelementen (z. B. das Einfügen eines Fensterelementes in eine Wandöffnung) ist es entscheidend, die Gestaltabweichung des Baukörpers als **Gesamtheit aller Einzelabweichungen** zu begrenzen. Alle Punkte einer Bauteiloberfläche müssen also innerhalb eines **Hüllkörpers** liegen, dessen Maße bzw. Lage sich aus den Nennmaßen bzw. der Nennlage des Baukörpers einschließlich der zulässigen Abweichungen in jeder Richtung ergeben (als Höchst- bzw. Mindestmaße). Dieses Prinzip wird als **Boxprinzip** oder auch als **Schachtelprinzip** bezeichnet (vgl. Abb. A 3.16).

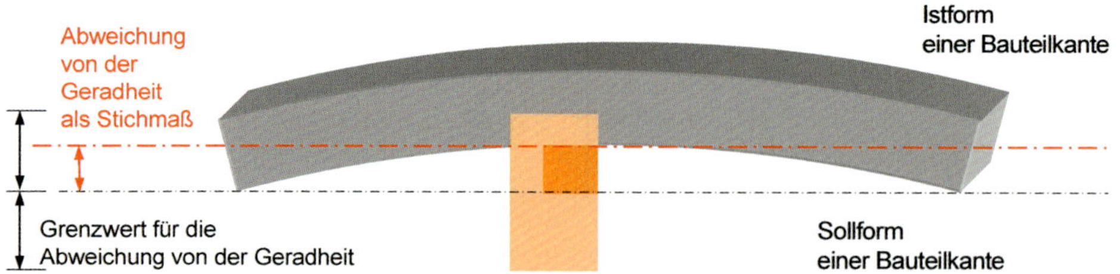

Abb. A 3.17: Abweichung von der Geradheit am Beispiel eines balkenförmigen Bauteils

3.6 Sonstige Abweichungsarten

Gestaltabweichungen lassen sich auch durch andere als in DIN 18202:2019-07 definierte geometrische Toleranzen beschreiben, die als weiterführende Regelungen für besondere Anwendung zum Einsatz kommen können. Hierzu gehören z. B.:

- Abweichungen von der Geradheit (vgl. Abb. A 3.17),
- Abweichungen von der Parallelität,
- Abweichungen von der Rundheit (vgl. Abb. A 3.18),
- Abweichungen von der Symmetrie.

Diese **weiteren Abweichungsarten** können mitunter auf die Grundmodelle der Längenmaßabweichung bzw. Winkelabweichung bzw. Ebenheitsabweichung nach DIN 18202 zurückgeführt werden. Eine Abweichung von der Geradheit kann z. B. als Stichmaß zwischen 2 Messpunkten wie eine Ebenheitsabweichung betrachtet werden. Eine Abweichung von der Parallelität kann z. B. als Richtungsabweichung über eine Bauteillänge wie eine Winkelabweichung betrachtet werden. Eine Abweichung von einem **Kreisbogen** oder einem **Bogenstich** kann z. B. als Längenmaßabweichung des zugehörigen Radius betrachtet werden (vgl. Abb. A 3.19).

Genauigkeitsanforderungen können im Einzelfall über die Begriffsdefinitionen der DIN 18202 und deren Anwendungsbereich hinaus zweckmäßig und/oder erforderlich sein. **Notwendige Spezifikationen** sind dann entsprechend als Ausführungsvorgabe zu definieren.

Abb. A 3.18: Beispiel für eine Baukörperform, bei der Abweichungen von der Rundheit auftreten können

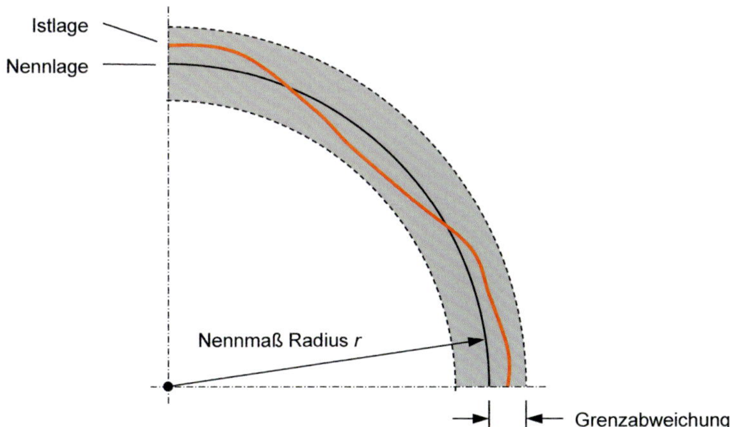

Abb. A. 3.19: Boxbereich für einen Bogen

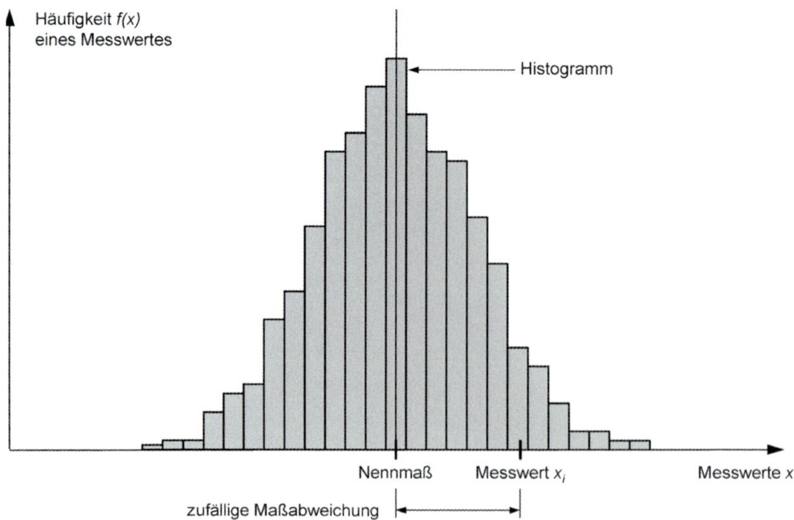

Abb. A 4.1: Beispiel für zufällige induzierte Maßabweichungen von einem Nennmaß als Häufigkeitsverteilung

4 Grundsätze

4.1 Notwendigkeit von Toleranzen

> **4.1** Toleranzen dienen zur Begrenzung der Abweichungen von den Nennmaßen der Größe, Gestalt und der Lage von Bauteilen und Bauwerken.

In den Ausführungsvorgaben eines Bauvorhabens werden Maße als **Nennmaße** (Sollmaße) für die ideale geometrische Gestaltung angegeben. Baupraktisch wird eine absolut exakte Umsetzung der zeichnerischen Darstellung mit Einhaltung aller angegebenen Sollmaße nicht gelingen. Die Herstellung eines Bauwerks umfasst viele unterschiedliche Teilprozesse, z. B. das Anfertigen eines Bauteils, das Einmessen des Einbauortes für das Bauteil oder die Montage innerhalb des Bauwerks. Jeder Einzelvorgang kann mit einer **zufälligen Maßabweichung** – verursacht durch den Ausführenden – verbunden sein (vgl. Abb. A 4.1).

Abweichungen der Istmaße von den Nennmaßen sind in der handwerklichen bzw. fertigungstechnischen Ausführung unvermeidbar. Die Maßabweichung des im fertigen Zustand eingebauten Bauteils setzt sich zusammen aus einer Überlagerung der **induzierten Maßabweichungen** der einzelnen Teilprozesse (vgl. Abb. A 4.2). Als zusätzlicher Einfluss auf die Maßhaltigkeit sind **inhärente Abweichungen** aus zeit- und lastabhängigen Formänderungen zu berücksichtigen.

Eine **abweichungsfreie Ausführung** kann nicht erwartet werden. Aus der Unvermeidbarkeit zufälliger Abweichungen ergibt sich die **grundsätzliche Notwendigkeit**, Maßabweichungen in der Ausführung **qualitativ** zu berücksichtigen. Die inhaltliche Beschreibung der Maßabweichungen und deren Begrenzung auf eine maximal zulässige Abweichung erfolgen durch die Festlegung von **Toleranzen**.

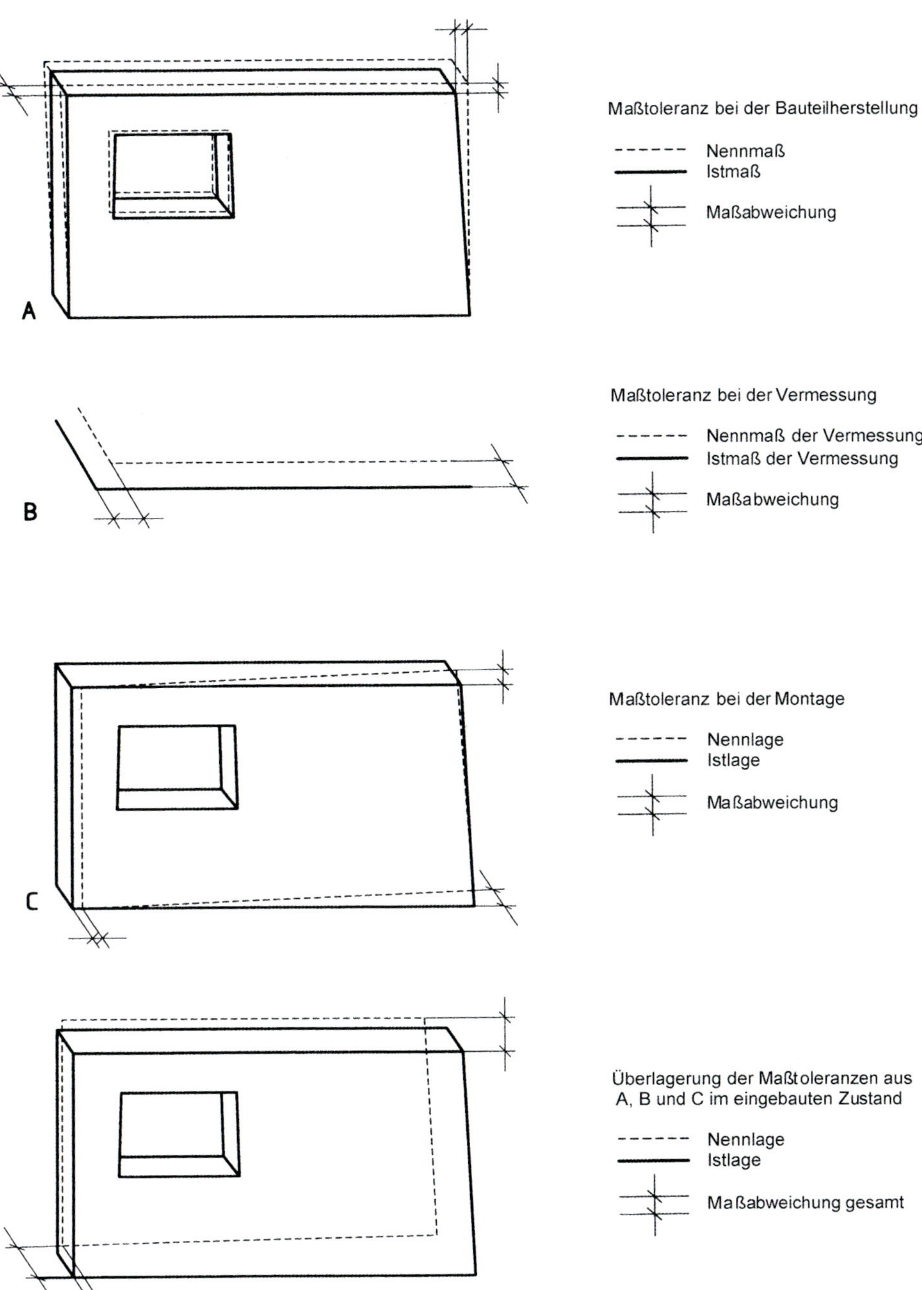

Abb. A 4.2: Maßabweichungen bei der Herstellung eines Bauteils, bei der Vermessung des Einbauortes und bei der Montage am Einbauort sowie Überlagerung der einzelnen Maßabweichungen im fertigen Zustand des Bauwerks (Quelle: ISO 1803:1997-10, Bild 1)

4.2 Funktion und Passung

4.2 Die Einhaltung von Toleranzen ist erforderlich, um trotz unvermeidlicher Ungenauigkeiten beim Messen, bei der Fertigung und bei der Montage die vorgesehene Funktion zu erfüllen und das funktionsgerechte Zusammenfügen von Bauwerken und Bauteilen des Roh- und Ausbaus ohne Anpass- und Nacharbeiten zu ermöglichen.

Maßabweichungen von der Form oder von der Lage eines Bauteils können sich auswirken auf

- die Standsicherheit der Konstruktion,
- die Funktionstauglichkeit des fertigen Bauwerks,
- das Zusammenfügen von Bauteilen und die Funktionstauglichkeit der Verbindungsstellen,
- das gewollte optische Erscheinungsbild und/oder
- baurechtlich geforderte Mindest- oder Höchstmaße.

Eine Begrenzung solcher Abweichungen ist erforderlich. Dies geschieht mithilfe von Toleranzen (vgl. ISO 3443-1:1979-06 „Hochbau; Bautoleranzen; Teil 1: Grundlagen für die Bewertung und Vorschreibung").

Die **quantitative** Festlegung von Toleranzen für die Gesamtheit der zu berücksichtigenden Abweichungen erfolgt mit DIN 18202 im Hinblick auf die **vorgesehene Funktion und Verwendung** eines Bauwerks. Die darin enthaltene Absicht bezieht sich nach technischem Verständnis auf Funktionen im Sinne von **Gebrauchstauglichkeit** (z. B. das Zusammenfügen von Bauteilen oder die Standsicherheit einer Konstruktion), auf **gestalterische Funktionen** (z. B. das mit einer bestimmten Konstruktion üblicherweise zu erreichende optische Erscheinungsbild) sowie auf **baurechtliche Schutzziele** im jeweiligen Einzelfall. Die Formulierung einer Toleranz erfolgt damit gebundenen an einen bestimmten Zweck. Toleranzen sollen dort – und nur dort – festgelegt werden, wo es erforderlich ist.

Funktionsbezogene Genauigkeitsanforderungen sollen die Passung einer Schnittstelle bzw. Fügestelle gewährleisten, z. B. eines Montagestoßes zweier Bauteile, die miteinander verbunden werden sollen (vgl. Abb. A 4.3, Abb. A 4.4 und Abb. A 4.5).

Vordergründiges Ziel ist ein möglichst störungsfreier Herstellungsprozess einer Baumaßnahme. **Störungen des Bauablaufs** sind zu erwarten, wenn die erforderliche Maßhaltigkeit eines Bauteils oder eines Leistungsabschnittes nicht gegeben ist. Die Auswirkungen können wesentlich sein (z. B. Qualitätseinbußen durch notwendige Nachbearbeitung vorgefertigter Bauteile), wenn diese am Einbauort bedingt durch die Baustellensituation nicht in der Qualität einer Vorfertigung in der Werkstatt oder eines industriellen Fertigungsprozesse ausgeführt werden können (z. B. maschinelle Bearbeitungen, industrielle Arbeitsschritte wie Oberflächenbeschichtungen). Auch können Bauteile unverwendbar sein, wenn notwendige Nacharbeiten nicht möglich sind, weil sie z. B. mit Eingriffen in die Tragstruktur oder mit der Zerstörung tragender Auflager einhergehen oder auch bauphysikalische Eigenschaften wesentlich verändern würden. Und schließlich kann der Bauablauf selbst durch fehlende Passungen empfindlich gestört werden, etwa wenn eine vorgesehene zeitliche Abfolge nicht mehr eingehalten werden kann und sich dies über die Phase der Bauausführung hinaus auf die beabsich-

Abb. A 4.3: Beispiel eines Montagestoßes

Abb. A 4.4: Beispiel eines Montagestoßes mit Abweichung

Abb. A 4.5: Beispiel einer Fügestelle für Einbauelemente

tigte Nutzung eines Bauwerks auswirkt, z. B. in Form von finanziellen Einbußen bei verzögertem Betrieb eines Gebäudes. Vor diesem Hintergrund müssen Toleranzen mit dem **Schutzziel** formuliert werden, Anpass- und Nacharbeiten in den Leistungsbereichen von Rohbau und Ausbau zu vermeiden.

Toleranzen haben aber auch den Zweck, die Einhaltung eines bestimmten **Standards in Bezug auf die Maßhaltigkeit** insgesamt sicherzustellen. Ein solcher Standard erleichtert das Kombinieren verschiedener Bauelemente wie z. B. die Verwendung

Abb. A 4.6: Beispiel einer Passung, die in technisch-funktionaler Hinsicht gegeben, in optischer Hinsicht aber nicht zufriedenstellend ist

vorgefertigter Teile unter bestimmten Rahmenbedingungen, ohne dass es einer konkreten Toleranzvereinbarung hierfür bedarf. Dies begünstigt nicht zuletzt eine wirtschaftliche Bauweise. Auch ermöglicht ein solcher Standard spätere Veränderungen oder Ergänzungen im Vertrauen auf eine bestimmte Maßhaltigkeit, ohne wesentliche Anpassungsarbeiten vornehmen zu müssen. Dies ist z. B. zweckmäßig und wirtschaftlich günstig, wenn bei der Umnutzung bestehender Gebäude neue Bauelemente ohne wesentliche Nacharbeiten in den Bestand eingegliedert werden können.

Genauigkeitsanforderungen an das optische Erscheinungsbild sind ebenfalls geprägt von einem Standard in Bezug auf die Maßhaltigkeit. Eine übliche Erwartungshaltung an das Erscheinungsbild einer Konstruktion und Bauweise basiert auf den damit im Standardfall verbundenen Maßabweichungen. Dies betrifft die Erkennbarkeit und die Schwere einer Störung des optischen Erscheinungsbildes durch eine Abweichung. Vor diesem Hintergrund besteht aus technischer Sicht auch eine **gestalterische Funktion** von Toleranzen: die Einhaltung des beabsichtigten Erscheinungsbildes in den Grenzen unvermeidbarer Abweichungen.

Allerdings sind die Grenzwerte für Maßabweichungen nach DIN 18202 nicht uneingeschränkt als Maßstab für die Beurteilung eines **optischen Erscheinungsbildes** gedacht. Zwar kann dieses Normenwerk auch für die Beurteilung oberflächenfertiger Bauteile verwendet werden (z. B. Form und Lage geputzter Bauteiloberflächen). Die Toleranzen für die fertigen Oberflächen sind aber unter dem Aspekt des Funktionsbezugs bzw. eines üblichen maßlichen Standards formuliert und ergeben deshalb mitunter keine **zufriedenstellende Beurteilung** des optischen Erscheinungsbildes (vgl. Abb. A 4.6). Auf die Regelungen zur Prüfung von Maßabweichungen nach Abschnitt 6.1 der DIN 18202 und auf die Erläuterungen zu den Grenzen des Anwendungsbereiches in Teil B des vorliegenden Buches wird ergänzend verwiesen.

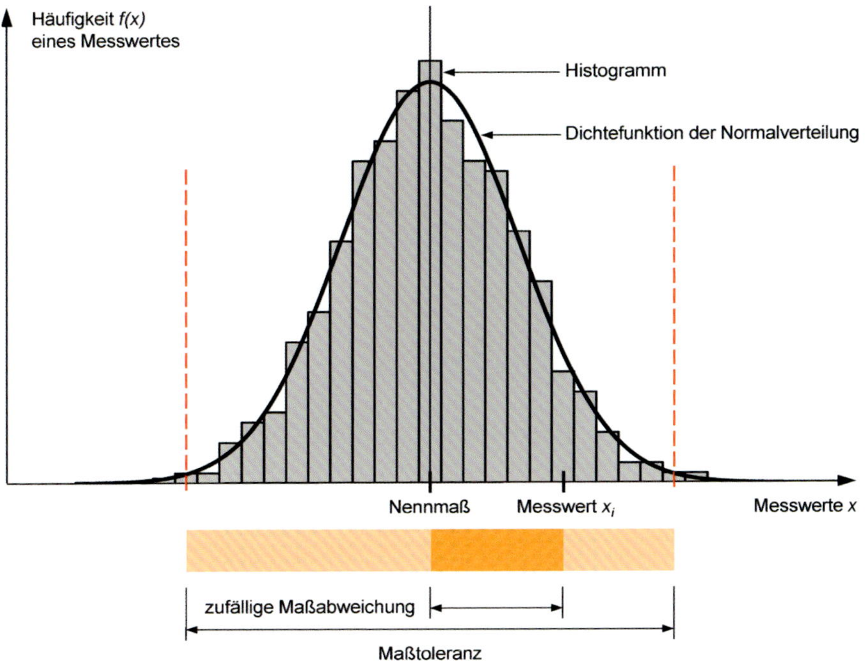

Abb. A 4.7: Verteilungsbreite einer zu erwartenden Abweichung und Toleranz

4.3 Anwendungsbereich

4.3 Die in dieser Norm angegebenen Toleranzen sind anzuwenden, soweit nicht andere Genauigkeiten vereinbart werden. Sie stellen die für Standardleistungen bzw. Bauteile oder Bauwerke durchschnittlich üblicher Ausführungsart und Maße im Rahmen üblicher Sorgfalt zu erreichende Genauigkeit dar. Sind jedoch für Bauteile oder Bauwerke andere Genauigkeiten erforderlich, sind sie nach wirtschaftlichen Maßstäben zu vereinbaren. Die dazu erforderlichen Maßnahmen und die Kontrollmöglichkeiten während der Ausführung sind rechtzeitig festzulegen.

ANMERKUNG Die in dieser Norm angegebenen Toleranzen sind nicht abschließend. Sind weiter gehende Anforderungen, z. B. bezüglich des optischen Erscheinungsbildes, erforderlich, sind diese im Einzelfall festzulegen.

Toleranzen sind quantitativ notwendigerweise und qualitativ zur Sicherstellung der Funktion zu berücksichtigen. Diese eingangs betrachteten Grundsätze bedürfen nun einer Erweiterung um eine Betrachtung der Verteilungsbreite von Maßabweichungen – also der **Größe einer zu erwartenden Abweichung** – im Hinblick auf die Formulierung einer Toleranz (vgl. Abb. A 4.7).

Die Größe einer Toleranz hängt in erster Linie von den Bedingungen des jeweiligen Einzelfalles und dem angestrebten Ziel einer individuellen Bauaufgabe ab. Eine **verbindliche Festlegung einer einheitlichen Toleranz** für alle Anwendungsfälle des Bau-

Abb. A 4.8: Frei gewähltes Beispiel für einen „Standardfall" mit durchschnittlich üblicher Baustellensituation in Bezug auf Baustoffe, Maße, Umgebungsbedingungen, Zugänglichkeit usw.

geschehens etwa als Inhalt eines grundsätzlich anzuwendenden Regelwerkes kann den Umständen des Einzelfalls nur eingeschränkt gerecht werden und wäre – der Vielfalt des Bauens Rechnung tragend – äußerst umfangreich und dennoch nicht abschließend, also nicht für alle Fälle geeignet. Folglich **verbietet sich** eine solche Festlegung. Sie ist aus technischer Sicht auch nicht erforderlich. Vielmehr reicht es aus, die grundlegenden Einflüsse auf die Maßhaltigkeit – z. B. für häufig wiederkehrende Bauaufgaben – im Sinne einer Bemessungsgrundlage zu beschreiben und im Einzelfall hierauf aufbauend Genauigkeitsanforderungen festzulegen.

Die Formulierung einer solchen **Bemessungsgrundlage** ist mit den Zahlenwerten für Grenzabweichungen in DIN 18202 geschehen. Die dort angegebenen Toleranzen beschreiben die zu erreichende Genauigkeit

- für **Standardleistungen** bzw.
- für Bauteile oder Bauwerke durchschnittlich üblicher Ausführungsart und Maße,
- im Rahmen üblicher handwerklicher Sorgfalt.

Die Maßtoleranzen nach DIN 18202 sind damit eingeschränkt auf den Standardfall der Umsetzung **einer durchschnittlichen Bauaufgabe**, die Verwendung üblicher Stoffe, Verfahren und Technologien sowie ein durchschnittlich übliches Ergebnis. Ein solcher **Standardfall** ist gekennzeichnet z. B. durch die Art der verwendeten Baumaterialien, die Maße des Bauwerks und seiner Teile, die Baustellenbedingungen in Bezug auf Witterung, Lichtverhältnisse oder Temperatur, den Zugang zu einem Arbeitsbereich über Gerüste, die Einbausituation z. B. für die Montage eines Fensters im Rohbau, die Möglichkeiten der Vermessung, die Möglichkeiten zur Korrektur etwa festgestellter Maßabweichungen usw. (vgl. Abb. A 4.8). Für den Standardfall – und nur für diesen – wird der Planer bei der Bemessung zulässiger Maßabweichungen weitestgehend entlastet. Er kann auf den **Standarddatensatz** der Toleranzwerte in der Norm zurückgreifen. Im Umkehrschluss sollen diese Toleranzen als Standardfall Anwendung finden und ein durchschnittlich übliches Ergebnis garantieren, soweit keine anderen Genauigkeiten festgelegt wurden.

Mit der einschränkenden Formulierung *„für Standardleistungen bzw. Bauteile oder Bauwerke durchschnittlich üblicher Ausführungsart und Maße"* wird klargestellt, dass die Toleranzen nach dieser Norm einen **durchschnittlichen Erfahrungswert** darstellen, der auf bestimmten einschränkenden Bedingungen beruht. Daraus folgt, dass diese Anforderungen nur dann auf eine geplante Bauaufgabe übertragen werden können, wenn sie unter vergleichbaren Bedingungen zur Ausführung kommt. Diese wesentliche Voraussetzung ist im Einzelfall zu klären.

Die Toleranzen nach DIN 18202 stellen keine für jeden Einzelfall zweckmäßige Genauigkeitsanforderung dar. Weicht ein Bauteil oder ein Bauwerk von dem angenommenen Standardfall ab, z. B. weil besondere Maße vorliegen, besondere Technologien oder Stoffe zum Einsatz kommen oder eine besondere Funktion sichergestellt werden soll, so kann dies von einem Standarddatensatz nicht mehr zufriedenstellend abgedeckt werden. Es sind daher – unter dem Aspekt der Funktion – **einzelfallspezifische Genauigkeiten** zu definieren. Hierbei ist von dem Gebot des wirtschaftlichen Bauens auszugehen. Technisch machbar ist nahezu jede beliebige Genauigkeit. In Bezug auf die notwendige Funktion kann hierbei ein wirtschaftlich sinnvoller Rahmen jedoch sehr schnell gesprengt werden. Genauigkeitsanforderung und wirtschaftlicher Aufwand sollen deshalb optimiert werden. Auch hier gilt der Grundsatz, wonach Toleranzen nur dort festgelegt werden sollen, wo es für Funktion und Verwendung des Bauwerks erforderlich ist, z. B. für Schnittstellen.

Bei der Festlegung von zulässigen Maßabweichungen ist auch zu definieren, mit welchen Maßnahmen die Einhaltung der maximal zulässigen Abweichungen sichergestellt werden kann und wie die Einhaltung der Maßhaltigkeit während der Ausführung zu kontrollieren ist. Die Größe der zulässigen Abweichung, die **notwendigen Maßnahmen** und die Möglichkeiten der **Kontrolle** stehen in einem direkten Zusammenhang. Eine spätere reibungslose Umsetzung durch alle an der Ausführung Beteiligten setzt voraus, dass die insgesamt erforderlichen Maßnahmen und der Aufwand der erforderlichen Kontrolle vorab bekannt sind. Diese Festlegungen sind notwendig, um die Baumaßnahme unter dem Aspekt der Kosten und der Machbarkeit kalkulieren zu können.

Die Formulierung der DIN 18202, wonach die angegebenen Toleranzen **immer anzuwenden** seien, **soweit nicht andere Genauigkeiten vereinbart wurden**, erfährt in der Praxis regelmäßig eine Umkehrung ihrer Intension. Im allgemeinen Hochbau ist es üblich, **Angaben in den Ausführungszeichnungen** nur zu Nennmaßen zu machen, aber keine gesondert ausgewiesenen Toleranzen zu den einzelnen Nennmaßen anzugeben. Diese Vorgehensweise hat sich in der baupraktischen Umsetzung im Allgemeinen durchaus bewährt. Allerdings ist auch zu beobachten, dass mit dieser Vorgehensweise notwendige Toleranzen an konkreten Stellen – insbesondere Schnittstellen – häufig nicht ausreichend zum Ausdruck kommen. Die Erfahrung, dass vieles auch ohne eine ausdrückliche Genauigkeitsvorgabe für das einzelne Maß im Gesamtergebnis „passt", bedeutet nicht, dass grundsätzlich ohne konkrete Toleranzvorgaben bzw. mit allgemein gehaltenen Anforderungen an die Toleranz im Sinne eines Verweises auf DIN 18202 gebaut werden könnte. Es ist vielmehr erforderlich, jedes Nennmaß unter Berücksichtigung von Toleranzen zu bemessen und diese dort zu **konkretisieren, wo es erforderlich ist** (vgl. zum Grundsatz der Bemessung von Toleranzen auch die Kommentierung zu Abschnitt 1 [Anwendungsbereich] der Norm im vorliegenden Buch).

Sollen nun Bauaufgaben ohne Festlegungen in Bezug auf die Maßgenauigkeit oder allenfalls mit einem pauschalen Hinweis auf die Anwendung der DIN 18202 umgesetzt werden, wird offenbar erwartet, dass sich die funktionsnotwendige Genauigkeit im Zuge der Ausführung „von selbst ergeben werde". Tritt diese **Erwartung** nicht ein, so werden die Toleranzen nach DIN 18202 bemüht, um eine fehlerhafte Ausführung zu belegen. Eine solche Vorgehensweise ist nicht im Sinne der Norm, findet doch die notwendige Überlegung in Bezug auf Maßgenauigkeit nicht in der Phase der Planung und Bauvorbereitung statt. Gleichwohl mag so vorgegangen werden, wenn es sich um eine

Bauaufgabe mit Standardanforderung handelt, für die die übliche Sorgfalt zur Sicherstellung der beabsichtigten Funktion ausreicht. Ist diese Voraussetzung nicht gegeben, weil das Bauteil oder Bauwerk – vielleicht auch nur an wenigen Schnittstellen – eine besondere Genauigkeit erfordert, so ist diese Vorgehensweise nicht mehr zielführend. Keinesfalls enthebt diese Formulierung der Norm den Planenden oder den Ausführenden von seiner **Verpflichtung**, die Anforderungen an die Maßhaltigkeit im Einzelfall zu berücksichtigen.

Die Anmerkung in DIN 18202, wonach die in dieser Norm angegebenen **Toleranzen nicht abschließend** seien, weist darauf hin, dass nicht alle Anwendungen im Baugeschehen mit diesen Anforderungen abgedeckt werden. Über die Norm hinausgehende Anforderungen können im Einzelfall notwendig sein, z. B. an Schnittstellen unterschiedlicher Leistungsbereiche oder für Details mit besonderen funktionalen Anforderungen wie etwa die Höhensituation am Anschluss von Bodenaufbauten geringer Dicke oder von Bodenbelägen an Türschwellen usw., aber auch z. B. bezüglich des optischen Erscheinungsbildes. Notwendige Anforderungen, die über die Toleranzen nach DIN 18202 hinausgehen, sind für den Einzelfall jeweils festzulegen.

Soweit im Einzelfall keine **besonderen Genauigkeitsanforderungen** als Bausoll vereinbart wurden, finden im Sinne von Abschnitt 4.3 der DIN 18202 zunächst die Toleranzen nach dieser Norm Anwendung. Diese sind aber nicht in jedem Fall zielführend. Unterbleibt also im Vorfeld einer Baumaßnahme die erforderliche Bemessung der Genauigkeitsanforderung und sind im Einzelfall andere Genauigkeiten als in DIN 18202 angegeben für die jeweilige Bauaufgabe erforderlich, so wird dieser Umstand nicht dadurch geheilt, dass dann die Toleranzen der DIN 18202 – doch – Anwendung finden sollen. Die Praxis hat in der Vergangenheit gezeigt, dass die Genauigkeitsanforderungen nach DIN 18202 dann nicht automatisch ein geeigneter Beurteilungsmaßstab werden und eine etwaige **Lücke im Bausoll** nicht nachträglich füllen können. Es bleibt die Verantwortung des Einzelnen, eine geeignete Genauigkeitsanforderung sodann nachträglich zu definieren. Eine abschließende normative Regelung hierzu ließe sich mit der Vielfalt des Baugeschehens nicht in Einklang bringen.

4.4 Zeit- und lastabhängige Verformungen

4.4 Werte für zeit- und lastabhängige Verformungen, auch aus Temperatur, sind gesondert zu berücksichtigen.

Die Anwendung der Norm nur für **ausführungsbedingte Maßabweichungen** wird hier konkretisiert. Bereits im Abschnitt „Anwendungsbereich" wird darauf hingewiesen, dass Werte für **zeit- und lastabhängige Verformungen** nicht Gegenstand der Norm sind. Diese sind gesondert, also zusätzlich zu den Ausführungstoleranzen nach DIN 18202 zu berücksichtigen. Zu den zeit- und lastabhängigen Verformungen zählen vor allem

- Formänderungen infolge Quellens oder Schwindens (z. B. zeitverzögerte Austrocknung wassergebundener Baustoffe),

Abb. A 4.9: Beispiel einer weitgespannten Deckenplatte mit im Bauzustand beginnenden zeit- und lastabhängigen Verformungen

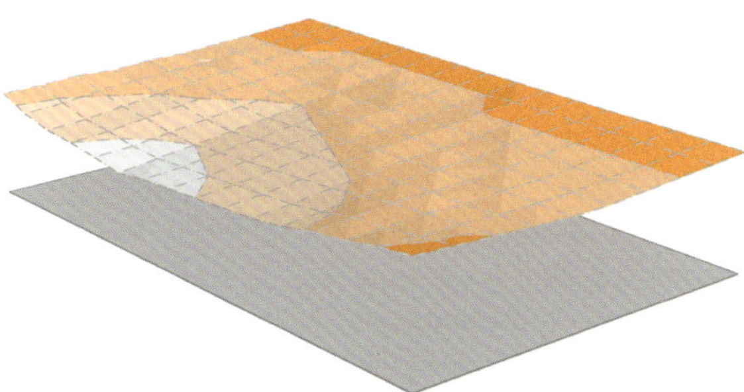

Abb. A 4.10: Schematische Darstellung eines zeit- und lastabhängigen Verformungszustands für das Bildbeispiel einer Deckenplatte in Abb. A 4.9

- Formänderungen bei einer Änderung der Temperatur über die Zeit (z. B. Hydratationswärmeentwicklung bei Beton, Sonneneinstrahlung oder Frosteinwirkung),
- Formänderungen unter Einwirkung dauernder oder temporärer Lasten (z. B. Kriechen, Verformung unter Eigenlast bei Überhöhungen im Bauzustand oder unter Verkehrslast langfristig im Gebrauchszustand, Windeinwirkung oder Erschütterungen; vgl. Abb. A 4.9 und Abb. A 4.10).

Zeit- und lastabhängige Verformungen können nur teilweise von außen beeinflusst werden. Ein Teil dieser Verformungen ist **inhärent**, also unvermeidbar auch dann, wenn ein Bauteil oder Bauwerk regelgerecht und nach üblicher Maßgabe erstellt wurde. Zeit- und lastabhängige Verformungen lassen sich in ihrer Größe nur bedingt mit ausreichender Genauigkeit vorhersagen. Die **Abschätzung von Verformungswerten** erfolgt auf der Grundlage angenommener Modelle. Ein Modell kann aber die tatsächlich vorherrschenden Verhältnisse nur angenähert abbilden. Die Abschätzung einer Verformung auf der Grundlage eines angenommenen Modells unterliegt daher ebenfalls einer Fehlergröße, die für das Modell bzw. für die vorgenommene Abschätzung mit anzugeben ist. In der Bemessung der Nennmaße und der Toleranzen ist die Gesamtheit aller Abweichungen bedingt durch die handwerkliche Ausführung und aus zeit- und lastabhängigen Verformungen zu berücksichtigen; Überlegungen zur Maßgenauigkeit gehen damit über die bloße Berücksichtigung der Toleranzwerte nach DIN 18202 hinaus.

4.5 Bemessung von Toleranzen

4.5 Toleranzen nach dieser Norm stellen die Grundlagen für Passungsberechnungen im Bauwesen dar. In die Passungsberechnung müssen zeit- und lastabhängige Verformungen, auch aus Temperatur, und funktionsbezogene Anforderungen, z. B. Grenzwerte für die zulässige Dehnung einer Fugendichtung, einbezogen und berücksichtigt werden.

Die Berücksichtigung von Toleranzen ist ein zentraler Bestandteil der Bemessung. Bei der Festlegung der Nennmaße in den Ausführungsvorgaben müssen die unvermeidbaren Maßabweichungen der Bauteile berücksichtigt werden (vgl. DIN 4172). Die Bemessung der Maße schließt also die **Bemessung von Toleranzen** ein. An einer Fügestelle treffen unterschiedliche Maße bzw. Oberflächen zusammen, die jeweils mit Abweichungen behaftet sein können. Für die Passung einer Fügestelle müssen alle angrenzenden Maße mit ihren zugehörigen Grenzabweichungen bzw. alle Grenzwerte für Formabweichungen berücksichtigt werden. Aus der Einhaltung aller Einzelanforderungen ergibt sich mit der minimalen bzw. maximalen Einzelabweichung die für die Passung **kritische Größe**.

Passungen ohne Bezug auf die Lage im Raum werden für die relative Lage aneinandergrenzender Bauteile zueinander bemessen. Für das Beispiel der Passung eines Fensterelementes in einer Wandöffnung und einer Anordnung des Fensters in Mittellage und mit Achsbezug auf eine gemeinsame Achse für Fensterelement und Wandöffnung ergibt sich die kritische Passung aus dem Höchstmaß für das Einbauelement, dem Mindestmaß für die Öffnung und der funktionsnotwendigen Fugenbreite (vgl. Abb. A 4.11).

Passungen mit Bezug auf die Lage im Raum werden für die relative Lage der Bauteile zueinander unter zusätzlicher Berücksichtigung deren absoluter Lage im Koordinationsraum bemessen. Für das Beispiel der Passung zweier aneinandergefügter Wandbauteile, die außerdem jeweils in Mittellage mit Bezug auf unterschiedliche Achsen des Bauraumes ausgerichtet sind, ergibt sich die kritische Passung aus dem Achsabstand der beiden Bauteile, dem Höchstmaß jedes einzelnen Bauteils und der funktionsnotwendigen Fugenbreite (vgl. Abb. A 4.12).

Mit den Toleranzen nach DIN 18202 wird die bei üblicher Sorgfalt zu erreichende Genauigkeit beschrieben. Für **Passungsüberlegungen zur Bemessung** von Fügestellen stellen diese Grenzwerte deswegen zunächst lediglich eine Grundlage dar, die nur den Standardfall und auch nur ausführungsbedingte Maßabweichungen beschreibt und deshalb nicht automatisch eine fertige Lösung für den Einzelfall bedeutet. Vielmehr bedarf es für die jeweilige Passung einer Überlegung, ob die Randbedingungen einem Standardfall entsprechen oder ob weiter gehende Genauigkeitsanforderungen berücksichtigt werden müssen. Darüber hinaus sind zeit- und lastabhängige sowie auch stoffbedingte Verformungsanteile zusätzlich zu erfassen. Für diese Formänderungen ist die gesamte Gebrauchsdauer eines Bauteils oder Bauwerkes zu betrachten. So ist beispielsweise für elastische Fugendichtstoffe eine maximal zulässige Dehnung bezogen auf die Materialdicke angegeben. Die Fugenbreite ist also so zu bemessen, dass bei Auftreten der maximalen Verformung in der Fuge die zulässige Dehnung des Materials nicht überschritten wird.

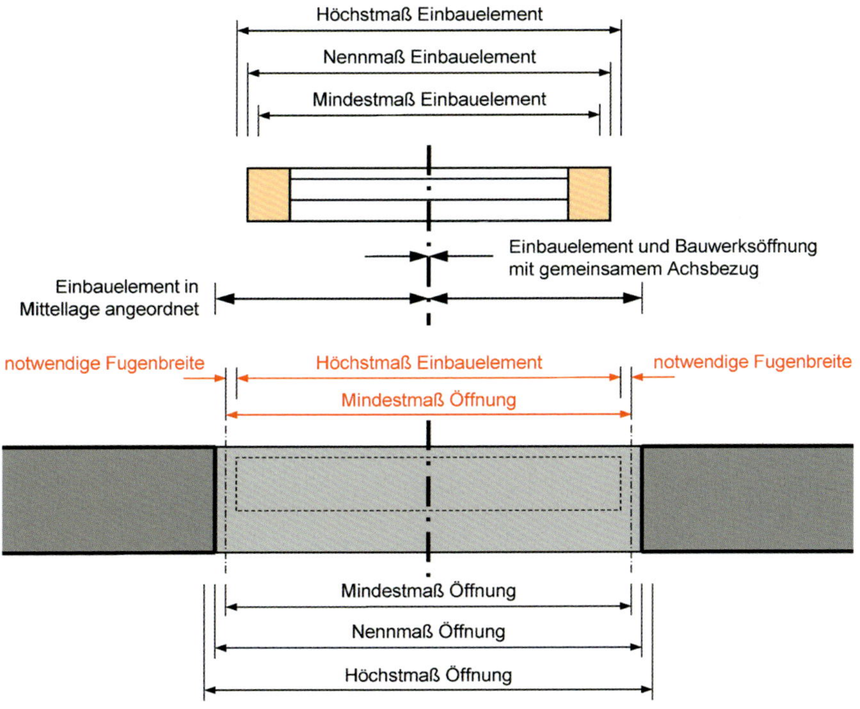

Abb. A 4.11: Beispiel einer Passung ohne Bezug auf die Lage im Raum

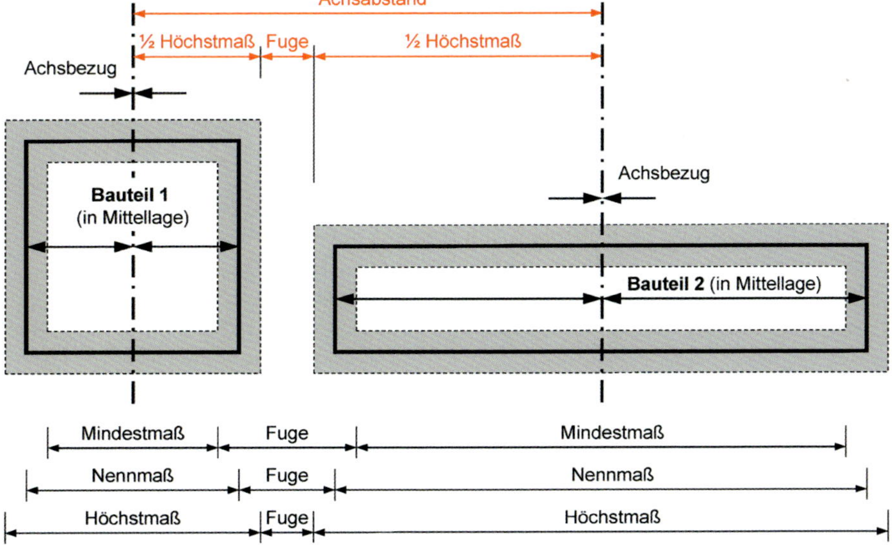

Abb. A 4.12: Beispiel einer Passung mit Bezug auf die Lage im Raum

4.6 Notwendige Bezugspunkte

4.6 Die Lage von Bauwerken, Bauteilen oder Räumen wird mit einer festgelegten Bezugsart dem Koordinierungssystem zugeordnet. Bezugsarten sind Grenzbezug, Achsbezug, Mittellage und Randlage (siehe Bild 4 und Beispiel in Bild 5).

Notwendige Bezugspunkte sind vor der Bauausführung festzulegen.

Bei der Planung, der Ausführung und bei der Prüfung von Maßen sollte von dem gleichen Messbezug ausgegangen werden, um bezugsbedingte Messdifferenzen zu vermeiden.

…

Bild 4 – Bezugsarten

…

Bild 5 – Beispiel mit frei gewählten Zahlen für Bezug und Passung eines Einbauelementes in einer Bauwerksöffnung

Jedes Nennmaß kann in der Ausführung mit einer Maßabweichung verbunden sein. Die Bauausführung wird daher in aller Regel von der Planung abweichen. An welcher Stelle und in welcher Richtung eine Maßabweichung auftritt, ist zunächst unbestimmt. Zur eindeutigen Lagebestimmung ist eine zusätzliche Angabe über die **räumliche Anordnung** des in Anspruch genommenen **Toleranzbereiches** erforderlich.

Eine Maßangabe beschreibt auch die **maßliche Beziehung zweier Punkte** zueinander, das sind der Anfangspunkt und der Endpunkt einer Messstrecke. Mit der Festlegung eines Bezuges wird eine Entscheidung darüber getroffen, an welcher Stelle eines Bauteils der Anfangspunkt einer Messstrecke und an welcher Stelle des Einbauortes der Endpunkt einer Messtrecke liegt. Der **Bezug** eines Punktes über eine Maßangabe auf einen anderen Punkt legt fest, welche Maße innerhalb eines Koordinationsraumes (z. B. Bauteilmaße) vorrangig einzuhalten sind und in welcher Richtung Maßabweichungen auftreten können.

Die Lage von Bauwerken, Bauteilen oder Räumen wird mit einer festgelegten Bezugsart dem Koordinierungssystem zugeordnet. Damit wird ein maßgeblicher **Bezugspunkt eines Bauteils** definiert. Bezugsarten sind Grenzbezug, Achsbezug, Mittellage und Randlage. Bei einem **Grenzbezug** wird ein Maß auf die äußeren Grenzen eines Bauteils bezogen. Bei einem **Achsbezug** wird ein Maß auf die Bauteilachsen bezogen. Grenzbezug und Achsbezug unterscheiden sich in der unterschiedlichen Berücksichtigung der Lage der Maßabweichungen z. B. innerhalb eines Bauteilquerschnitts. Für die Lage eines Bauteils in **Bezug auf eine Anschlussposition** wird eine Randlage oder eine Mittellage definiert. Bei einer **Randlage** wird ein Bauteil mit seinem äußeren Rand nach der Anschlussposition ausgerichtet. Bei der **Mittellage** wird ein Bauteil mittig nach der Anschlussposition ausgerichtet (vgl. Abb. A 4.13).

Mit der Festlegung von Bezug und Lage eines Bauteils ist auch seine **Position innerhalb des Toleranzbereiches** festgelegt.

Bei einem **Grenzbezug** des Bauteils **in einseitiger Randlage** kommen die Abweichungen der Bauteilmaße und der Einbauposition einseitig an dem verbleibenden freien Rand ohne Lagebezug zu liegen. Die Bauteilmaße oder der Bauteilabstand am freien

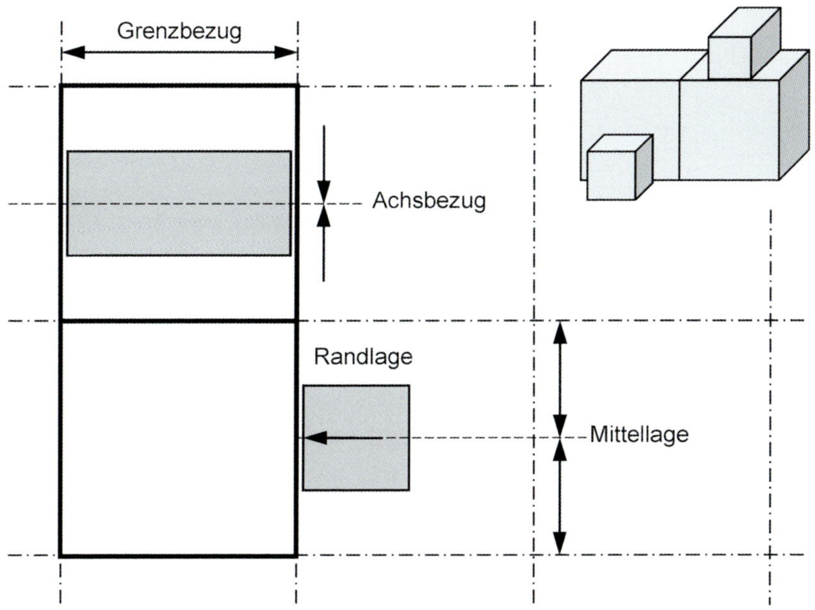

Abb. A 4.13: Erläuterung der Bezugsarten im Koordinationsraum und der Lageausrichtung nach DIN 18202:2019-07, Bild 4

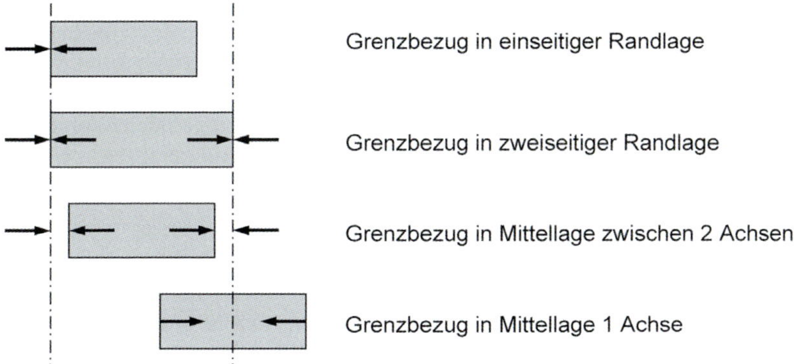

Abb. A 4.14: Beispiele für den Grenzbezug eines Bauteils in Randlage und in Mittellage

Rand sind zur Aufnahme der Maßabweichungen veränderlich. Bei einem Grenzbezug des Bauteils **in zweiseitiger Randlage** müssen die Maßabweichungen des Bauteils und der Bezugsachsen wegen der Festlegung der äußeren Lage innerhalb des Querschnitts aufgenommen werden. Die Bauteilmaße sind zur Aufnahme der Maßabweichungen veränderlich, der Bauteilabstand am Rand ist festgelegt. Bei einem Grenzbezug des Bauteils **in Mittellage zwischen 2 Achsen** kommen die Maßabweichungen des Bauteils und der Bezugsachsen jeweils hälftig an beiden Seiten des Bauteils zu liegen. Die Bauteilmaße oder der Bauteilabstand an den beiden Rändern sind veränderlich. Bei einem Grenzbezug des Bauteils **in Mittellage einer Achse** kommen die Maßabweichungen des Bauteils hälftig an beiden Seiten des Bauteils zu liegen. Die Bauteilmaße sind veränderlich (vgl. Abb. A 4.14).

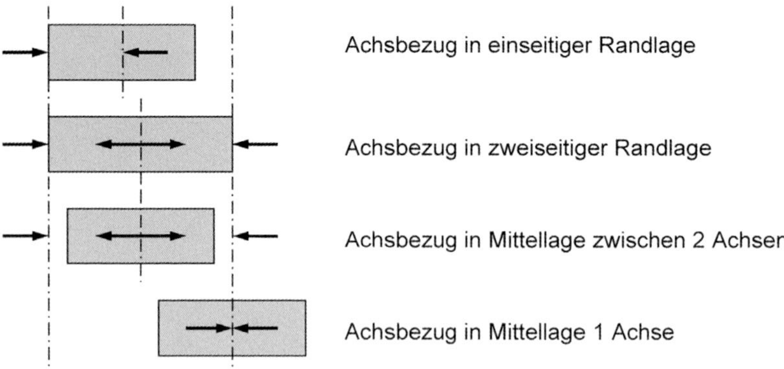

Abb. A 4.15: Beispiele für den Achsbezug eines Bauteils in Randlage und in Mittellage

Bei einem **Achsbezug** des Bauteils **in einseitiger Randlage** sind die Maßabweichungen des Bauteils jeweils hälftig in der Randlage und an dem verbleibenden freien Rand ohne Lagebezug zu berücksichtigen. An dem freien Rand sind zusätzlich die Maßabweichungen der Einbauposition zu berücksichtigen. Die Bauteilmaße und der Abstand am freien Rand sind veränderlich. Bei einem Achsbezug des Bauteils **in zweiseitiger Randlage** müssen die Maßabweichungen des Bauteils und der Bezugsachsen wegen der Festlegung der äußeren Lage innerhalb des Querschnitts aufgenommen werden. Die Bauteilmaße sind zur Aufnahme der Maßabweichungen veränderlich, der Bauteilabstand am Rand ist festgelegt. Bei einem Achsbezug des Bauteils **in Mittellage zwischen 2 Achsen** kommen die Maßabweichungen des Bauteils und der Bezugsachsen wiederum jeweils hälftig an beiden Seiten des Bauteils zu liegen. Die Bauteilmaße oder der Bauteilabstand an den beiden Rändern sind veränderlich. Bei einem Achsbezug des Bauteils **in Mittellage einer Achse** kommen die Maßabweichungen des Bauteils hälftig an beiden Seiten des Bauteils zu liegen. Die Bauteilmaße sind veränderlich (vgl. Abb. A 4.15).

Der Bezug zwischen Bauteilen kann sich auch aus **konstruktiven Anforderungen** ergeben, etwa aus der Art der Herstellung und der gewählten Verbindung miteinander (vgl. Abb. A 4.16): Für das Beispiel einer kontaktschlüssigen Montageverbindung zwischen einer vorgefertigten Wandscheibe mit vorgegebener Breite und einer Stütze wird wegen der Art der Verbindung eine Ausrichtung der Wandscheibe in einseitiger Randlage nach der Stütze erforderlich, der Passungsraum liegt dann einseitig auf der anderen Seite der Wandscheibe. Eine zweiseitige symmetrische Anordnung des Passungsraumes mit Anordnung der Wandscheibe in Mittellage hat für den Fall einer nicht variablen Breite einer vorgefertigten Wandscheibe den Verzicht auf eine kontaktschlüssige Montageverbindung oder alternativ für den Fall einer kontaktschlüssigen Montageverbindung den Verzicht auf eine Vorfertigung mit fester Breite und eine Ausführung in variabler Breite entsprechend der örtlichen Situation zur Folge.

Der Bezug von Bauteilen zueinander bzw. innerhalb des Koordinationsraumes kommt auch mit der **zeichnerischen Darstellung** in den Ausführungsplänen zum Ausdruck, z. B. als **achsbezogene Planung** mit einer Vermaßung bezogen auf Achsen oder als **grenzbezogene**

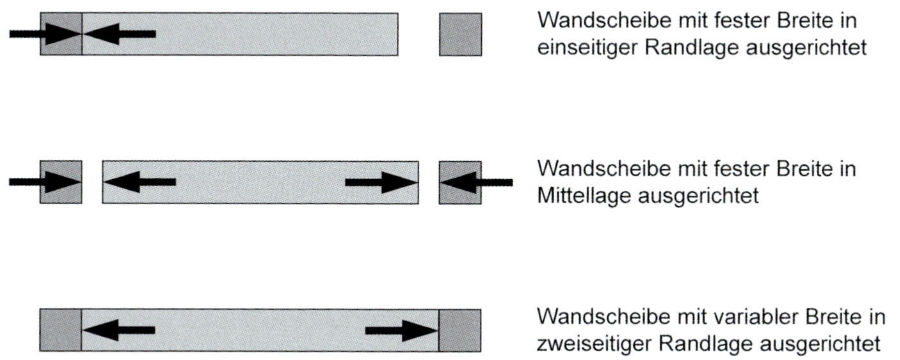

Abb. A 4.16: Beispiel für Bezug und Lage einer Wandscheibe zwischen 2 Stützen

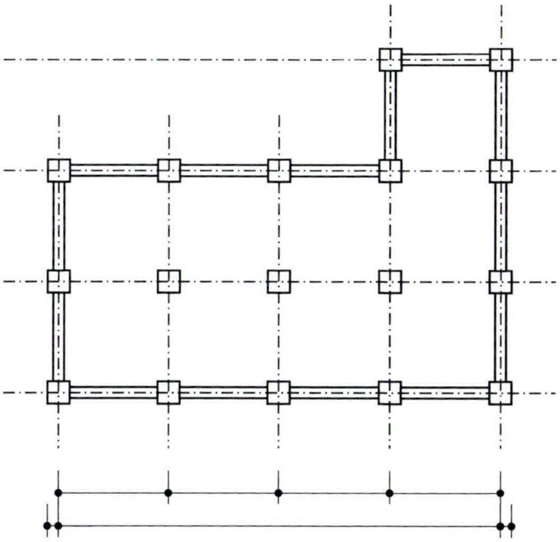

Abb. A 4.17: Schematische Darstellung einer Vermaßung mit Achsbezug

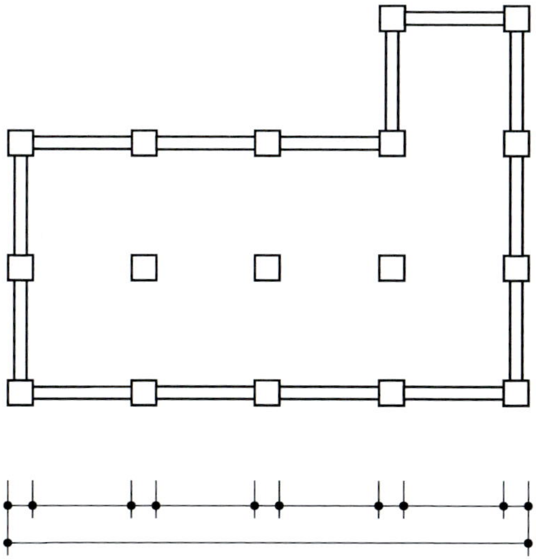

Abb. A 4.18: Schematische Darstellung einer Vermaßung mit Grenzbezug

mit einer Vermaßung bezogen auf die äußeren Ränder eines Bauteils (vgl. Abb. A 4.17 und Abb. A 4.18). Der Planer legt damit bereits in der Zeichnung eine Bezugsart fest – dies kann mit einer bestimmten Art der Darstellung gewollt, aber auch ungewollt geschehen. Je nach Bezugsart sind bestimmte Maße vorrangig erforderlich, andere durchaus entbehrlich. **Darstellungen** können auch **überfrachtet** sein mit einer Vielzahl von Maßketten und einer Vielzahl unterschiedlicher maßlicher Bezüge, z. B. durch Kombination einer Vermaßung auf Achsen und auf Bauteilränder. Hier gilt nach der Erfahrung nicht der Gedanke „viel hilft viel" – das Gegenteil ist oft der Fall. Eine Ausführungszeichnung kann wegen einer über das erforderliche Maß hinausgehenden Vermaßung **mehrdeutig** sein, was den vom Planer beabsichtigten Bezug und die damit verbundene Festlegung von Toleranzräumen angeht. Die Baupraxis lässt nicht erwarten, dass der Ausführende jedes in den Ausführungsunterlagen angegebene Maß berücksichtigt, sondern sich die für seine Ausführung günstigen Maße „auswählt". Hiermit können Auswirkungen auf vorrangig erforderliche Passungen verbunden sein. Die verbindliche Ausführungsvorgabe ist in einem solchen Fall **nicht mehr eindeutig bestimmt**.

Notwendige Bezugspunkte definieren die Lage eines Punktes im Raum oder zu einem anderen Punkt. Jeder Punkt, jede Linie, jede Fläche usw. eines Bauteils oder Bauwerks wird über Nennmaße mit einem festgelegten Bezug innerhalb des Koordinationsraumes einer bestimmten räumlichen Lage zugeordnet. Gleichwohl ist nicht jedes Längenmaß zwingend auf eine absolute Lage im Raum bezogen, so z. B. der Abstand zweier Bauteile untereinander oder die äußere Abmessung eines Bauteils. Es ist daher zu unterscheiden zwischen Maßen mit Bezug auf die absolute Lage im Raum und Maßen für die Relation zweier Punkte untereinander ohne räumlichen Bezug. Baupraktisch ist nur für wenige ausgewählte Punkte ein räumlicher Bezug erforderlich (z. B. Eckpunkte von Bauteilen). Eine Vielzahl von Nennmaßen (z. B. in Maßketten) beschreibt hingegen die relative Position benachbarter Punkte zueinander, ohne dass damit – notwendigerweise – ein Bezug auf die absolute Lage im Raum verbunden ist. Punkte mit Lagebezug werden häufig auch als Ausgangspunkt für nachfolgende Maße verwendet (z. B. in Maßketten). Wegen der vorrangigen Bedeutung der ausgewählten **Punkte mit Lagebezug** sind diese im Unterschied zu Punkten ohne Lagebezug festzulegen und als solche auch kenntlich zu machen.

Notwendige Bezugspunkte sind **vor der Bauausführung festzulegen** (vgl. Abb. A 4.19). Die Norm stellt damit klar, dass der Bezug eines Punktes und damit verbunden auch die Anordnung des Toleranzbereiches vor der Ausführung, d. h. in der Planung bzw. Arbeitsvorbereitung, definiert und dem Ausführenden als Ausführungsvorgabe angegeben werden muss. Damit ist auch der **Bezug für die Vermessung** vor, während und nach der Ausführung festgelegt. Bei der Planung, der Ausführung und bei der Prüfung von Maßen sollte von dem gleichen Messbezug ausgegangen werden. Hintergrund dieser Regelung ist eine möglichst weitgehende **Minimierung bezugsbedingter Differenzen** unterschiedlicher Messvorgänge. Vermeidbare Abweichungen infolge uneinheitlicher Messbezüge müssen nach Möglichkeit vermieden werden, um den verfügbaren Toleranzraum für unvermeidbare ausführungsbedingte Abweichungen zu erhalten.

Abb. A 4.19: Notwendige Bezugspunkte müssen eindeutig aus den Ausführungsunterlagen hervorgehen – und sollten nicht der Bauausführung überlassen bleiben.

Aus dem Bezugspunkt eines Bauteils und dem Bezug eines Bauteils auf eine Anschlussposition ergibt sich auch der **Ausgangspunkt für die Messung**. Baupraktisch kann ein einheitlicher Bezug für die Vermessung und die Bauausführung mit der Angabe von Bezugsachsen für die Vermessung und einer Vermaßung der Bauteile auf diese Vermessungsbezugsachsen erfolgen. Für bestimmte Anforderungen, z. B. die Positionierung einer Fassade in Bezug auf den Rohbau, kann die Vermessung mit dem Legen zusätzlicher Messlinien, z. B. in der Nähe der Gebäudeaußenkante, als **einheitliches Messbezugssystem** erleichtert werden.

Eine eindeutige **Einordnung** in die Anforderungen nach DIN 18202 und die zu den Grenzwerten für Maßabweichungen zugehörigen **Nennmaßbereiche** wird auch erst mit der Festlegung eines Bezuges möglich. Die Toleranzen nach DIN 18202 nehmen mit zunehmendem Nennmaß als Bezugsgröße für die Maßabweichung ebenfalls zu. Für die Zuordnung einer Toleranz stellt damit der Bezug auf ein Nennmaß eine notwendige Voraussetzung dar. Fehlt eine Festlegung des Bezuges, so lässt sich eine eindeutige Zuordnung einer Maßabweichung in einen Toleranzbereich nach DIN 18202 nachträglich nicht mehr vornehmen.

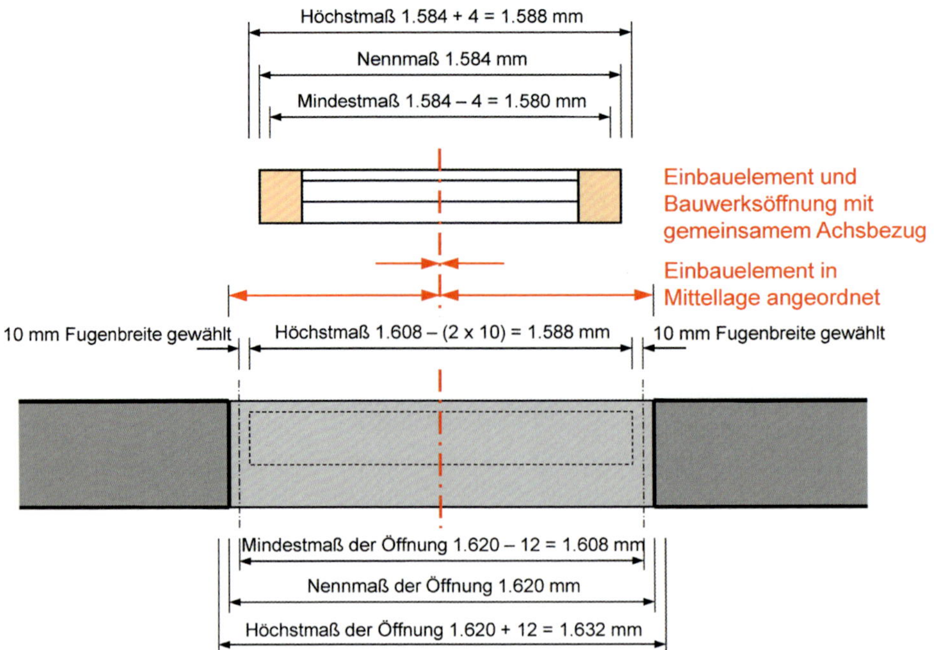

Abb. A 4.20: Beispiel für Bezug und Passung eines Einbauelementes in einer Bauwerksöffnung nach DIN 18202:2019-07, Bild 5

Der **Bezug eines Einbauelementes auf eine Bauwerksöffnung** und die sich daraus ergebende Lage des Toleranzraumes wird in Abschnitt 4.6 der DIN 18202 mit Bild 5 am einem Beispiel zeichnerisch erläutert. In dem dort frei gewählten Zahlenbeispiel beträgt das Nennmaß für die Wandöffnung 1,62 m. Die Grenzabweichung für dieses Nennmaß beträgt ± 12 mm nach DIN 18202, Tabelle 1, Zeile 5. Das Mindestmaß für die Öffnungsbreite beträgt folglich 1,608 m, das Höchstmaß beträgt 1,632 m. Die notwendige Fugenbreite für die Montage des Einbauelementes wird mit 10 mm gewählt. Für das Einbauelement wird eine Grenzabweichung für die Breite von ± 4 mm festgelegt. Das Nennmaß für die Breite des Einbauelementes ergibt sich ausgehend vom Mindestmaß für die Öffnungsbreite (1,608 m) abzüglich der gewählten Fugenbreite für den Einbau (2 × 10 mm) und abzüglich der Grenzabweichung für die Breite des Einbauelementes (4 mm) zu (1,608 – [2 × 0,01] – 0,004 =) 1,584 m mit einer Grenzabweichung von ± 4 mm. Das Höchstmaß für die Breite des Einbauelementes beträgt somit (1,584 + 0,004 =) 1,588 m, das Mindestmaß beträgt (1,584 – 0,004 =) 1,580 m (vgl. Abb. A 4.20).

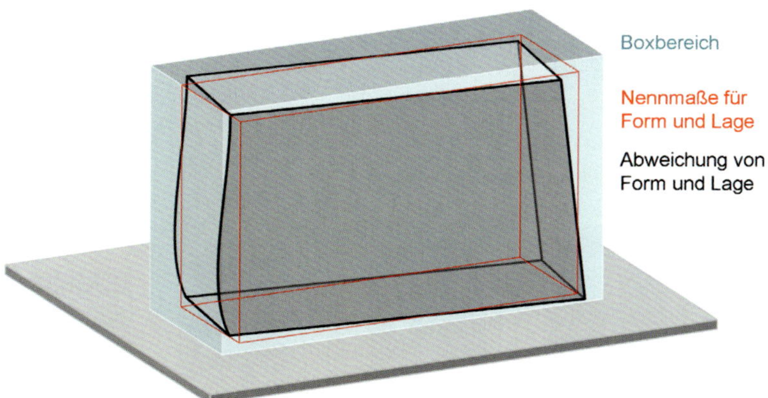

Abb. A 4.21: Boxbereich als äußerer Hüllkörper für unterschiedliche Abweichungen von Form und Lage (schematische Darstellung)

4.7 Anwendung des Boxprinzips

4.7 Für die Toleranzen nach dieser Norm gilt das Boxprinzip. Die Einhaltung des Boxprinzips setzt voraus, dass ein Körper an jeder Stelle weder den äußeren noch den inneren Hüllkörper durchstößt. Die Anforderungen an Maße, Winkel, Ebenheiten und Fluchten sind jede für sich einzuhalten.

Ein Körper kann Abweichungen von seinen Nennmaßen für die Form und/oder für die Lage im Raum haben. Die unterschiedlichen Anforderungen an Maße bzw. Winkel bzw. Ebenheiten bzw. Fluchten sind jede für sich und unabhängig voneinander einzuhalten. Dies gilt auch für verschiedene Anforderungen innerhalb einer Abweichungsart, z. B. unterschiedliche Stichmaße für die Ebenheitsabweichung, die jeweils innerhalb der vom zugehörigen Messpunktabstand abhängigen Grenzwerte für Ebenheitsabweichungen liegen müssen. Unterschiedliche Maßabweichungen können auch unabhängig voneinander auftreten, z. B. eine Abweichung von der Form einer Oberfläche und gleichzeitig eine Abweichung des gesamten Körpers von der Nennlage im Raum. Die **Gesamtheit aller Gestaltabweichungen** wird mit einem äußeren bzw. inneren **Hüllkörper** begrenzt. Dieser darf an keiner Stelle von dem Körper durchstoßen werden (vgl. Abb. A 4.21).

Mit der Formulierung des **Boxprinzips** für die Kombination der unterschiedlichen Einzelabweichungen wird sichergestellt, dass jedes einzelne Modul innerhalb der gewählten **Modulordnung** (vgl. Abb. A 4.22) bzw. in seine vorgesehene Position innerhalb des Koordinationsraumes sicher eingefügt werden kann. Die Einhaltung des Boxprinzips ist eine **Grundvoraussetzung** für die gleichzeitige Abwicklung unterschiedlicher Teilprozesse innerhalb des gesamten Bauablaufs. Ein Beispiel hierfür ist das Vorfertigen einer Metallfassade nach Planmaßen während der Errichtung des Rohbaus. Ein örtliches Bestandsaufmaß des Rohbaus ist bei zeitgleicher Ausführung nicht möglich. Rohbau und Fassade müssen folglich nach einheitlichen Nennmaßen

Abb. A 4.22: Beispiel zur Veranschaulichung des Boxprinzips als Voraussetzung für das Einfügen eines Körpers in ein Modulsystem

ausgeführt werden. Für die spätere Passung der Schnittstelle zwischen Rohbau und Fassade wird mit dem Boxprinzip sichergestellt, dass eine für beide Gewerke verträgliche Toleranz besteht.

Das Boxprinzip ist als grundsätzliches Gedankenmodell auch **Bestandteil anderer technischer Regelwerke** für Baustoffe, Bauelemente und Bauweisen, z. B. bei der Beurteilung der Maßhaltigkeit eines Kalksandsteins nach DIN EN 771-2:2015-11 „Festlegungen für Mauersteine – Teil 2: Kalksandsteine", eines Betonfertigteils nach DIN EN 13369:2018-09 „Allgemeine Regeln für Betonfertigteile" oder von Tragwerken aus Beton nach DIN EN 13670:2011-03 „Ausführung von Tragwerken aus Beton".

Die **Größe des Boxbereichs** bestimmt sich aus der minimalen bzw. maximalen Einzelanforderung. Da jede Einzelanforderung für sich einzuhalten ist, wird die Größe der Box durch die kleinste bzw. größte zulässige Einzelabweichung als **kritische Größe** begrenzt. Im Umkehrschluss bedeutet dies, dass eine einzelne Abweichung nicht zwingend bis zu ihrem Grenzwert in Anspruch genommen werden kann, wenn hierdurch eine andere maximal zulässige Abweichung überschritten würde.

Die Berücksichtigung aller möglichen Einzelabweichungen als Gesamtheit mag zunächst komplex erscheinen. In der praktischen Handhabung stellt die Einhaltung des Boxprinzips aber durchaus auch eine **Vereinfachung** dar. So genügt es für die

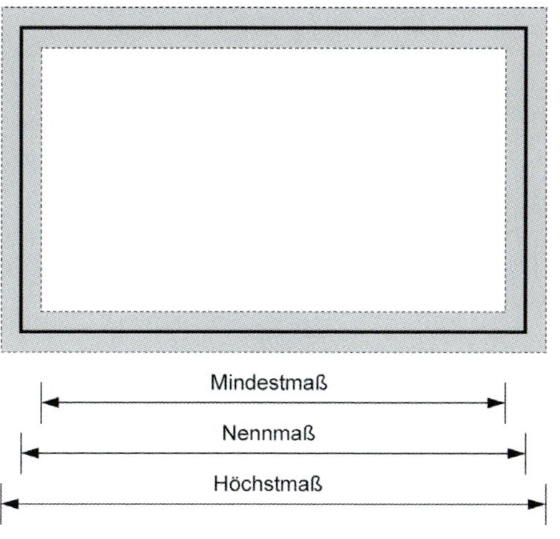

Abb. A 4.23: Boxbereich für einen Rechteckquerschnitt

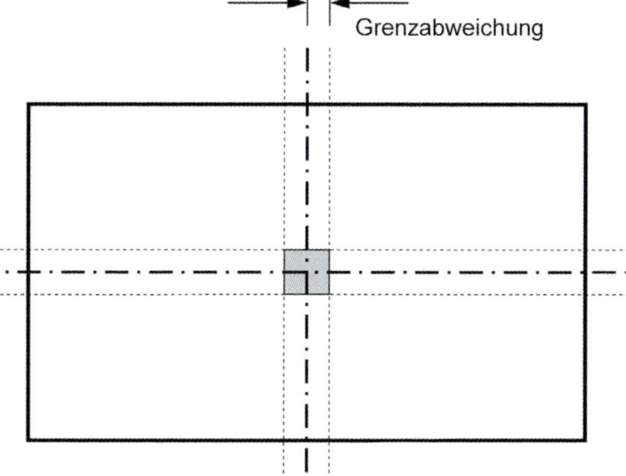

Abb. A 4.24: Boxbereich für die Lage einer Achse

Bemessung einer Fügestelle, z. B. die Passung eines Fensterelementes in einer Wandöffnung, aus den infrage kommenden Abweichungen die kritische zu ermitteln und den Grenzwert hierfür als **Boxgröße** festzulegen. Eine Grenzwertermittlung im Sinne einer Kombination verschiedener Einzelabweichungen ist hingegen nicht erforderlich.

Die Größe des **Boxbereichs für ein einzelnes Nennmaß** ergibt sich aus der Differenz zwischen dem Höchstmaß und dem Mindestmaß, z. B. für die Maße eines Bauteilquerschnitts (vgl. Abb. A 4.23) oder für die Lage eines Bauteils als Längenmaß zu einem Bezugspunkt (vgl. Abb. A 4.24).

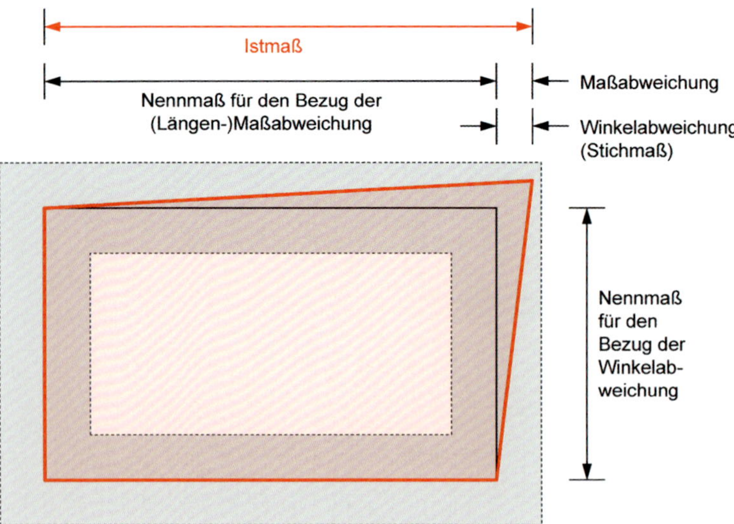

Abb. A 4.25: Zusammenhang zwischen Maßabweichung und Winkelabweichung am Beispiel des Boxbereiches für den Querschnitt eines Bauteils

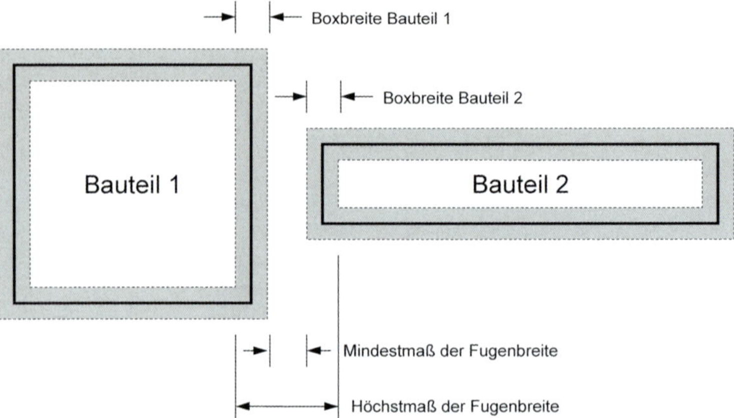

Abb. A 4.26: Boxbereiche an der Schnittstelle zweier aneinandergrenzender Bauteile

Die **Anwendung des Boxprinzips** für unterschiedliche Abweichungen eines Bauteils ist eine begriffliche, aber keine inhaltliche Neuerung in DIN 18202:2019-07. So gilt für Längenmaße und Winkel unverändert die Forderung, wonach bei Ausnutzung der Grenzabweichungen für Längenmaße (DIN 18202, Tabelle 1) die Grenzwerte für Winkelabweichungen (DIN 18202, Tabelle 2) nicht überschritten werden dürfen und umgekehrt. Der Zusammenhang zwischen Maßabweichungen und Winkelabweichungen wird aus der Darstellung des Boxbereichs für ein Bauteil im Querschnitt ersichtlich (vgl. Abb. A 4.25). Die Winkelabweichung einer Bauteilkante korreliert mit der Maßabweichung der angrenzenden Bauteilkante. Da sowohl die Grenzabweichungen als auch die Grenzwerte für Winkelabweichungen eingehalten werden müssen, wird

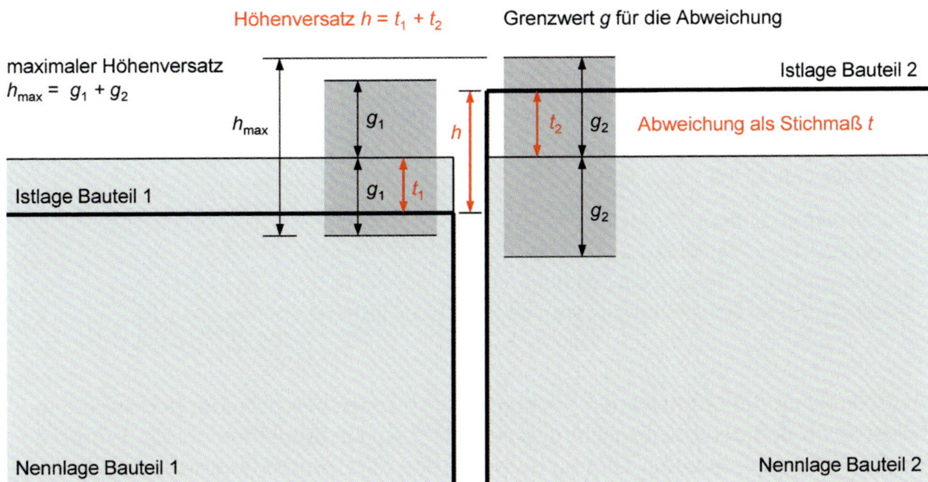

Abb. A 4.27: Boxbereich für die Höhe am Übergang zwischen 2 Bauteilen und möglicher Höhenversatz

das strengere der beiden Kriterien entscheidend. Maßabweichungen und Winkelabweichungen können also nicht unabhängig voneinander im Rahmen der angegebenen Grenzwerte in Anspruch genommen werden.

Der **Boxbereich für die Schnittstelle zweier benachbarter Bauteile** muss den Boxbereich jedes einzelnen Bauteils an einer Passstelle berücksichtigen. Die Größe des Boxbereichs für die Schnittstelle setzt sich also zusammen aus den Größen der Boxbereiche der angrenzenden Teile und ggf. zusätzlich zu berücksichtigender Anteile, z. B. aus zeit- und lastabhängigen Verformungen (vgl. Abb. A 4.26).

Die Formulierung **erhöhter Anforderungen an die Boxgröße** einer Schnittstelle benachbarter Bauteile – z. B. als höhengleicher Übergang (vgl. Abb. A 4.27) oder als bestimmte Fugenbreite im fertigen Zustand – hat zur Folge, dass mit der Boxgröße der Fügestelle auch der Boxbereich der angrenzenden Bauteile reduziert wird.

Eine höhere Genauigkeit für die Fügestelle kann auf 2 Arten erreicht werden:

- durch die Wahl der Bezugsart (z. B. Grenzbezug des Bauteils an der Fügestelle) oder
- durch eine Reduzierung der Gesamttoleranz für ein Bauteil.

Für den Fall des Grenzbezuges wird ein Bauteil einseitig ausgerichtet mit der Folge einer unsymmetrischen Verteilung der Abweichung, also mit einer einseitig reduzierten Toleranz und einseitig erhöhten Toleranz unter Beibehaltung der Gesamttoleranz. Dies lässt eine höhere Genauigkeit an einer bestimmten Stelle zu bei gleichzeitig unveränderten Randbedingungen (z. B. den Ausführungsbedingungen auf der Baustelle). Für den anderen Fall einer reduzierten Gesamttoleranz ist es hingegen erforderlich, die Randbedingungen zu verändern, um im Ergebnis der Ausführung eine insgesamt kleinere Abweichung zu erhalten. Letzteres erfordert baupraktisch regelmäßig besondere Maßnahmen, damit eine über die üblichen Anforderungen hinausgehende Genauigkeit auch zielsicher erreicht werden kann. Bei der Bemessung einer Boxgröße darf insofern eine übliche Abweichung nicht außer Acht gelassen werden.

5 Maßtoleranzen

5.1 Allgemeines

> **5.1 Allgemeines**
>
> Es werden festgelegt:
>
> - Grenzabweichungen für Maße;
> - Grenzwerte für Winkelabweichungen;
> - Grenzwerte für Ebenheitsabweichungen;
> - Grenzwerte für Abweichungen von der Flucht bei Stützen.

Maßtoleranzen mit Grenzwerten für Maßabweichungen beschränken sich auf die in dieser Norm definierten Abweichungsarten als (Längen-)Maßabweichung, Winkel- bzw. Richtungsabweichung, Ebenheitsabweichung oder Abweichung von der Flucht bei Stützenreihen. Sie beziehen sich auf die Abweichungen nach den Begriffsdefinitionen dieser Norm und können nicht als isolierte Zahlenwerte verwendet werden.

5.2 Grenzabweichungen für Maße

> **5.2 Grenzabweichungen für Maße**
>
> Die in Tabelle 1 festgelegten Grenzabweichungen gelten für
>
> - Längen, Breiten, Höhen, Achs- und Rastermaße, Querschnittsmaße sowie
> - Öffnungen, z. B. für Fenster, Türen, Einbauelemente,
>
> an den in Abschnitt 6 festgelegten Messpunkten.
>
> Tabelle 1 – Grenzabweichungen für Maße
>
> ...
>
> Die Anforderungen der Tabelle 1 sind für jedes Nennmaß einzuhalten.
>
> Durch Ausnutzen der Grenzabweichungen der Tabelle 1 dürfen die Grenzwerte für Winkelabweichungen der Tabelle 2 nicht überschritten werden.

Bei der Festlegung von **Grenzabweichungen für Längenmaße** werden in DIN 18202, Tabelle 1 – Grenzabweichungen für Maße, die Kategorien

- Maße,
- lichte Maße und
- Öffnungsmaße

unterschieden (vgl. Abb. A 5.1). Für **Maße** und **lichte Maße** wird jeweils weiter differenziert, ob es sich um Maße im **Grundriss** oder um Maße im **Aufriss** handelt. Hierfür gelten jeweils unterschiedliche Genauigkeitsanforderungen. Für **Öffnungsmaße** wird eine zusätzliche Unterscheidung in **nicht oberflächenfertige Leibungen** und **oberflächenfertige Leibungen** getroffen.

Abb. A 5.1: Beispiel für die Unterscheidung in Maße, lichte Maße und Öffnungsmaße im Grundriss und im Aufriss

Tabelle 1 – Grenzabweichungen für Maße

Spalte	1	2	3	4	5	6	7
Zeile	**Bezug**	**Grenzabweichungen in mm bei Nennmaßen in m**					
		bis 1	**über 1 bis 3**	**über 3 bis 6**	**über 6 bis 15**	**über 15 bis 30**	**über 30**[a]
1	Maße im Grundriss, z. B. Längen, Breiten, Achs- und Rastermaße (siehe 6.4.1 und 6.5.1)	± 10	± 12	± 16	± 20	± 24	± 30
2	Maße im Aufriss, z. B. Geschosshöhen, Podesthöhen, Abstände von Aufstandsflächen und Konsolen (siehe 6.4.1 und 6.5.1)	± 10	± 16	± 16	± 20	± 30	± 30
3	Lichte Maße im Grundriss, z. B. Maße zwischen Stützen, Pfeilern usw. (siehe 6.4.2)	± 12	± 16	± 20	± 24	± 30	–
4	Lichte Maße im Aufriss, z. B. unter Decken und Unterzügen (siehe 6.4.2)	± 16	± 20	± 20	± 30	–	–
5	Öffnungen, z. B. für Fenster, Außentüren[b], Einbauelemente (siehe 6.4.3)	± 10	± 12	± 16	–	–	–
6	Öffnungen wie vor, jedoch mit oberflächenfertigen Leibungen (siehe 6.4.3)	± 8	± 10	± 12	–	–	–

[a] Diese Grenzabweichungen können bei Nennmaßen bis etwa 60 m angewendet werden. Bei größeren Maßen sind besondere Überlegungen erforderlich.

[b] Innentüren siehe DIN 18100.

Die Unterscheidung in verschiedene Genauigkeitsanforderungen für Maße im Grundriss und Maße im Aufriss basiert auf Maßkontrollen an fertigen Bauwerken. Hierbei wurde festgestellt, dass **Maße im Grundriss** mit einer höheren Genauigkeit eingehalten werden konnten als Maße im Aufriss. Die Maßgenauigkeit der Maße im Grundriss wird entscheidend vom Maßanlegen beeinflusst. Das Messen erfolgt in der Regel auf einer bereits vorhandenen Ebene. Die Endpunkte einer Messstrecke können nach dem Anlegen des Messmittels mit einer vergleichsweise hohen Genauigkeit markiert werden und stehen für die weitere Ausführung als Kontrollpunkte zur Verfügung. Das Anlegen von **Maßen im Aufriss** (Höhenmaßen) erfolgt im Unterschied dazu in der Regel ausgehend von einem bereits vorhandenen Festpunkt, z. B. auf der Oberseite einer Bodenplatte oder Decke, nach oben in einem noch nicht hergestellten Bereich. Der Endpunkt der Messstrecke ist erst zusammen mit dem Vorgang des Messens zu bestimmen. Diese Vorgehensweise bringt einen vergleichsweise größeren Fehler mit sich. Mit der Entwicklung moderner optischer und elektronischer Messverfahren und der Wahl geeigneter Bezugssysteme für die Bauwerksvermessung lassen sich die erforderlichen Genauigkeiten auch bei großen Höhen sicherstellen.

Maße kennzeichnen die Gestalt eines Bauteils oder Bauwerks. Sie werden verwendet, um die äußere Größe eines geometrischen Körpers in Bezug auf Länge, Breite, Höhe und ggf. innere Unterteilungen der Maße durch Achsen oder Raster anzugeben. **Lichte Maße** kennzeichnen einen freien Raum. Sie werden verwendet, um freie Abstände zwischen verschiedenen geometrischen Körpern in Bezug auf Länge, Breite und Höhe anzugeben.

Maße sind charakterisiert durch einen Anfangs- und einen Endpunkt einer Messung. Sie werden durch unmittelbaren Vergleich mit einem Messmittel **angelegt**. Die Genauigkeit eines Maßes hängt in erster Linie von der Vermessungsgenauigkeit bei der Markierung der Messpunkte und von der Genauigkeit des Messmittels ab. **Lichte Maße verbleiben** im Unterschied dazu in der Regel als freier Abstand zwischen angelegten Maßen von Körpern. Allerdings können lichte Maße auch angelegt werden, z. B. als lichtes Maß innerhalb einer Maßkette oder bei der Ausrichtung zweier Bauteile zueinander. Lichte Maße, die zwischen Körpern mit angelegten Maßen verbleiben, unterliegen – im Unterschied zu einzelnen angelegten Maßen – häufig den Einflüssen aus den Maßabweichungen der benachbarten Bauteile und den Maßabweichungen bei der Vermessung deren Lage. Die Abweichung eines lichten Maßes setzt sich dann als Summe mehrerer Einzelabweichungen zusammen. So wird z. B. das lichte Maß zwischen 2 Stützen beeinflusst durch die Summe der Maßabweichungen bei der Herstellung der Stützenquerschnitte, bei der Vermessung des Aufstellortes jeder Stütze und bei der Montage der Stützen (für die Abgrenzung zwischen Maßen und lichten Maßen vgl. Abb. A 5.2). Diesem Umstand wird bei der Festlegung größerer zulässiger Grenzabweichungen für lichte Maße in DIN 18202, Tabelle 1, Zeilen 3 und 4, Rechnung getragen.

Öffnungsmaße sind definiert als Maße einer Öffnung innerhalb eines Bauteils und sind damit Bestandteil derjenigen Maße, die die Gestalt eines Bauteils oder Bauwerks kennzeichnen. Öffnungen haben zudem häufig den Zweck, andere Bauteile als Teil der äußeren Gestalt aufzunehmen, z. B. Einbauelemente. **Lichte Maße** sind im Unterschied dazu definiert als freier Abstand zwischen 2 unterschiedlichen Baukörpern. Öffnungs-

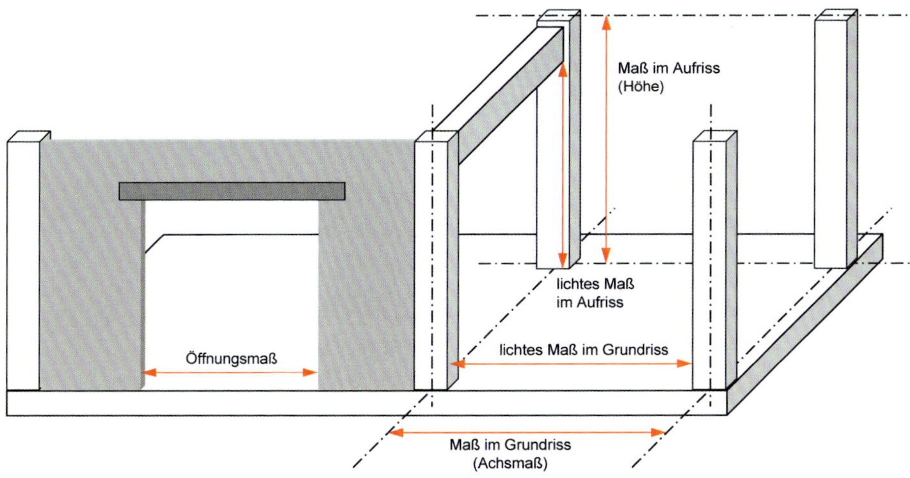

Abb. A 5.2: Zuordnung der Begriffe nach DIN 18202:2019-07, Tabelle 1 – Grenzabweichungen für Maße

maße werden bei der Herstellung eines Bauteils angelegt und unterliegen damit einem deutlich geringeren Fehlereinfluss als lichte Maße, die sich zwischen 2 aufgestellten Bauteilen ergeben. Dieser Einfluss wird mit unterschiedlichen Grenzabweichungen in DIN 18202, Tabelle 1, berücksichtigt. Für Öffnungen mit oberflächenfertigen Leibungen wird vor dem Hintergrund des Funktionsbezugs eine nochmals höhere Genauigkeit gefordert. In diesem Fall besteht, ausgehend von einer üblichen Massivbauweise (z. B. Rohbau mit Putzbekleidung), keine Möglichkeit zur Verbesserung der Maßhaltigkeit im Zuge des fortschreitenden Ausbaus.

Einen **Grenzbereich** für die Unterscheidung zwischen lichten Maßen und Öffnungsmaßen stellt die Elementbauweise mit sehr großen Öffnungen zwischen verschiedenen Bauteilen dar. Die Abgrenzung wird am Beispiel der Stahlbetonskelettbauweise deutlich: Für die Abstände zwischen den einzelnen Stützen sind die Grenzabweichungen für lichte Maße im Grundriss gemäß DIN 18202, Tabelle 1, Zeile 3, anzusetzen. Für die Abstände zwischen den Geschossdecken sind die Grenzabweichungen für lichte Maße im Aufriss gemäß DIN 18202, Tabelle 1, Zeile 4, anzusetzen. Die von den Deckenplatten und den Stützen gebildeten Gefache stellen nun „Öffnungen“ dar, in die im weiteren Ausbau z. B. großflächige Fassadenelemente eingesetzt werden sollen. Gleichwohl handelt es sich hierbei nicht um Öffnungen im Sinne der DIN 18202, sondern um lichte Maße. Es sind also die Grenzabweichungen nach DIN 18202, Tabelle 1, Zeilen 3 und 4, einzuhalten. Würde das Stahlbetonskelett in der Fassade beispielsweise mit Mauerwerk ausgefacht und würden innerhalb der Mauerwerksausfachung Fensteraussparungen angelegt, so wären diese Öffnungen den Anforderungen gemäß DIN 18202, Tabelle 1, Zeile 5 bzw. 6, zuzuordnen. Entscheidend für die Zuordnung ist das Kriterium, ob die Öffnung bei der Ausführung innerhalb eines Bauteils angelegt und dementsprechend genau eingemessen werden kann (vgl. Abb. A 5.2).

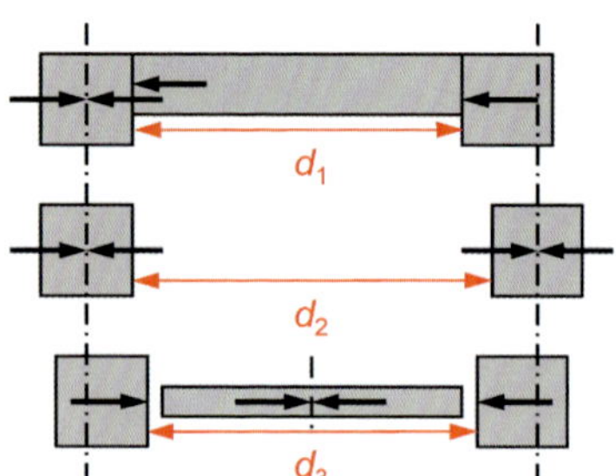

Abb. A 5.3: Beispiel für die Zuordnung der Begriffe „Maß", „lichtes Maß" und „Öffnungsmaß"

Die **Zuordnung** eines Maßes als Maß bzw. lichtes Maß bzw. Öffnungsmaß hängt auch von der **Bezugsart** für die Positionierung der einzelnen Bauteile zueinander bzw. in Bezug auf den Koordinationsraum ab. Für das Beispiel von 2 Stützen und ein dazwischengelegenes Bauteil bedeutet dies Folgendes (vgl. Abb. A 5.3):

- Im ersten Fall wird zunächst eine Stütze mit Achsbezug in Mittellage nach der Bauwerksachse ausgerichtet. Anschließend wird ein zweites Bauteil mit Grenzbezug in Randlage nach der Stütze ausgerichtet. Die zweite Stütze wird ebenfalls mit Grenzbezug in Randlage nach dem Zwischenbauteil angeordnet. Der Abstand d_1 der beiden Stützen ist gleich dem Maß des Zwischenbauteils. Dieses Maß ist einzuordnen nach DIN 18202, Tabelle 1, Zeile 1. Die Toleranz für den lichten Abstand d_1 der beiden Stützen ergibt sich in diesem Fall aus der Toleranz des Zwischenbauteils. Die übrigen Maßabweichungen, z. B. die Querschnittsabweichungen der beiden Stützen, haben bedingt durch den gewählten Bezug keinen Einfluss auf den Stützenabstand.
- Im zweiten Fall werden die beiden Stützen mit Achsbezug und in Mittellage nach den Bauwerksachsen ausgerichtet. Es verbleibt ein lichter Abstand d_2 zwischen den Stützen, der als lichtes Maß nach DIN 18202, Tabelle 1, Zeile 3, einzuordnen ist. In die Toleranz für den lichten Abstand d_2 der beiden Stützen fließen im Gegensatz zu dem ersten Fall die Abweichungen bei der Vermessung und beim Anlegen der Bauwerksachsen für den Montageort der Stützen, die Abweichungen bei der Montage selbst sowie die Querschnittsabweichungen der Stützen ein.
- Im dritten Fall wird ein Einbauelement mit Bezug auf seine Achse in Mittellage positioniert. Die beiden Stützen werden bei der Montage jeweils seitlich in Randlage nach dem Einbauelement ausgerichtet und bilden damit eine Öffnung. Die Passung zwischen Einbauelement und beiden Stützen wird bei dieser Vorgehensweise optimiert. Der Abstand d_3 zwischen den Stützen ist als Öffnungsmaß einzuordnen nach DIN 18202, Tabelle 1, Zeile 5 oder 6. Die Maßabweichungen aus dem Querschnitt des Einbauelementes, aus der Lage der Stützen in Bezug auf die Achsen und aus den Querschnitten der Stützen werden jeweils an dem freien Stützenrand angeordnet.

In Tabelle 1 der Norm DIN 18202 werden Grenzabweichungen nach **Nennmaßbereichen** gestaffelt angegeben. Die für ein Nennmaß zulässige Grenzabweichung kann in Abhängigkeit von der absoluten Größe des Nennmaßes aus den Spalten 2 bis 7 der Tabelle 1 entnommen werden. Der Nennmaßbereich bis 1 m stellt einerseits im Hinblick auf die baupraktisch sichere Umsetzung eine vergleichsweise hohe Anforderung dar, andererseits sind gerade für Bauteile mit kleinen Maßen wie Querschnittsmaße von Stützen, Leibungsflächen von Öffnungen, Treppenstufen usw. häufig noch höhere Anforderungen auf der Bestellerseite gewünscht. Die Grenzabweichungen in Tabelle 1

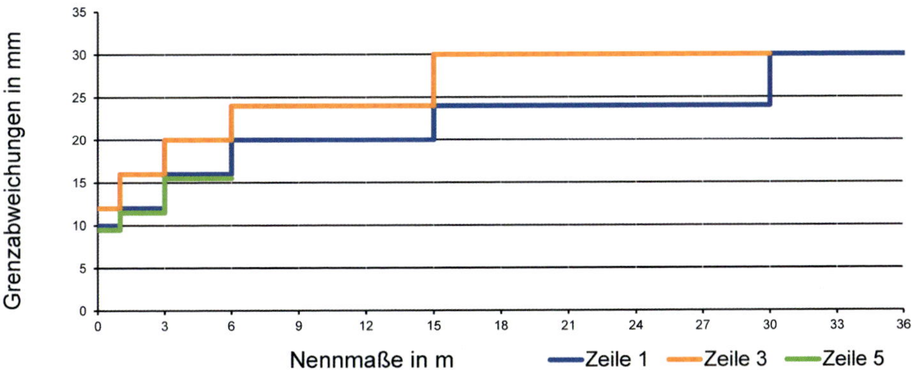

Abb. A 5.4: Funktionsverlauf der Grenzabweichungen nach DIN 18202:2019-07, Tabelle 1, beispielhaft dargestellt für die Zeilen 1, 3 und 5 der Tabelle

der Norm stellen insofern einen Kompromiss zwischen der funktional erforderlichen und der zielsicher herstellbaren Genauigkeit dar.

In der Praxis ist festzustellen, dass diese Toleranzen in optischer bzw. gestalterischer Hinsicht mitunter nicht zufriedenstellen. Der **gestalterische Anspruch** darf jedoch die Möglichkeiten einer Baustellensituation nicht außer Acht lassen. Höhere Anforderungen als für den Nennmaßbereich bis 1 m nach Tabelle 1 können im Ausbau ggf. durch zusätzliche Bekleidungen, Ausgleichsschichten usw. erreicht werden.

Der **größte Nennmaßbereich** in DIN 18202, Tabelle 1, ist mit „über 30 m" angegeben. Diese Grenzabweichungen können bei Nennmaßen bis etwa 60 m angewendet werden. Bei größeren Maßen sind besondere Überlegungen erforderlich.

Die Anwendung der Grenzabweichungen nach DIN 18202, Tabelle 1, war im historischen Baugeschehen durch die Ausführbarkeit großer Spannweite begrenzt. Mit der Entwicklung neuer Technologien und Baustoffe ist heute die Herstellung von Bauteilen mit Nennmaßen deutlich über 30 m möglich (z. B. weitgespannte Hallenbinder). Mit dem Hinweis, dass der Regelbereich, in dem die Grenzabweichungen sinnvollerweise Anwendung finden können, auf etwa 60 m Nennmaß begrenzt ist, wird auch dem Umstand Rechnung getragen, dass übliche Randbedingungen im Sinne eines Standardfalls als Voraussetzung für die Anwendung dieser Toleranzen bei Bauwerksmaßen außerhalb dieser Größenordnung nicht mehr gegeben sind. **Größere Nennmaße** stellen einen **Sonderfall** dar, für den **einzelfallbezogene Genauigkeitsanforderungen** erforderlich sind. Soweit diese im konkreten Fall nicht festgelegt wurden, ist auch eine nachträgliche Anwendung der DIN 18202 nicht bzw. nur eingeschränkt möglich.

Die Grenzabweichungen in DIN 18202, Tabelle 1, sind als konstante Werte innerhalb der einzelnen Nennmaßbereiche angegeben. Hieraus ergibt sich ein abgestufter **Funktionsverlauf** mit diskreten Werten. An den Grenzen der Nennmaßbereiche verspringt der Funktionsverlauf. So ist beispielsweise nach DIN 18202, Tabelle 1, Zeile 1, für ein Nennmaß von 2,99 m eine Grenzabweichung von + 12 mm anzusetzen, wohingegen für ein 2 cm größeres Nennmaß von 3,01 m eine Grenzabweichung von + 16 mm anzusetzen ist. Dies ist zugunsten einer einfachen Anwendung in Kauf zu nehmen (vgl. Abb. A 5.4).

Mit zunehmendem Nennmaß nimmt die Grenzabweichung unterproportional zu. Dies spiegelt die Fehlergröße zunehmender Einzelmaße und auch zunehmender Summenmaße wider. Bei der Reihung von Einzelmaßen innerhalb einer Maßkette treten statistisch Abweichungen vom Nennmaß nach unten und nach oben auf. Dies ergibt in der Summenbildung einen begrenzten statistischen Fehlerausgleich. Gleichzeitig wird sichergestellt, dass die Gesamtabweichung einer Summe von Einzelmaßen ein für die Gesamtkonstruktion noch verträgliches Maß nicht übersteigt.

Die Anforderungen an Grenzabweichungen nach DIN 18202, Tabelle 1, sind für jedes Nennmaß einzuhalten. **Nennmaße** sind definiert als die in den Ausführungszeichnungen (oder auch anderen Ausführungsunterlagen) angegebenen Maße. Somit unterliegt jedes einzelne **Nennmaß einer Maßkette** den Anforderungen nach DIN 18202, Tabelle 1. Werden zusätzlich zu den Einzelmaßen einer Maßkette auch **Summenmaße** angegeben, so sind dies ebenfalls Nennmaße, die den Grenzabweichungen unterliegen. Für die einzelnen Maße darf die zulässige Grenzabweichung nur so weit in Anspruch genommen werden, dass die Grenzabweichung für das Summenmaß einer Maßkette noch eingehalten wird.

Längenmaßabweichungen, die gleichzeitig auch als Winkelabweichung (z. B. einer angrenzenden Bauteilkante) auftreten, dürfen nicht isoliert betrachtet werden. Beide Anforderungen sind unter **Berücksichtigung des Boxprinzips** einzuhalten. Grenzabweichungen für Maße dürfen in diesem Fall nur so weit ausgenutzt werden, dass Grenzwerte für Winkelabweichungen nach DIN 18202, Tabelle 2, hierdurch nicht überschritten werden.

5.3 Grenzwerte für Winkelabweichungen

5.3 Grenzwerte für Winkelabweichungen

In Tabelle 2 sind Stichmaße (siehe Bild 2) als Grenzwerte für Winkelabweichungen festgelegt; diese gelten für vertikale, horizontale und geneigte Flächen, auch für Öffnungen.

Tabelle 2 – Grenzwerte für Winkelabweichungen

...

Durch Ausnutzen der Grenzwerte für Winkelabweichungen der Tabelle 2 dürfen die Grenzabweichungen der Tabelle 1 nicht überschritten werden.

In DIN 18202, Tabelle 2, werden **Grenzwerte für Winkelabweichungen** angegeben. Die Zahlenwerte gelten für alle Flächen unabhängig von deren Orientierung im Raum, also für vertikale, horizontale und geneigte Flächen einschließlich ihrer Flächenränder. Damit wird sowohl die Abweichung eines Winkels zwischen 2 Flächen bzw. Flächenrändern von einem Nennwinkel als auch die Abweichung einer Fläche bzw. eines Flächenrandes von einer Nennrichtung, z. B. von der Horizontalen bzw. der Vertikalen, erfasst (vgl. Abb. A 5.5).

Abb. A 5.5: Beispiel für ein Bauteil im Aufriss, dessen Nennlage vom Lot abweicht

Tabelle 2 – Grenzwerte für Winkelabweichungen

Spalte	1	2	3	4	5	6	7	8
Zeile	**Bezug**	**Stichmaße als Grenzwerte in mm bei Nennmaßen in m**						
		bis 0,5	**über 0,5 bis 1**	**über 1 bis 3**	**über 3 bis 6**	**über 6 bis 15**	**über 15 bis 30**	**über 30[a]**
1	Vertikale, horizontale und geneigte Flächen	3	6	8	12	16	20	30

[a] Diese Grenzabweichungen können bei Nennmaßen bis etwa 60 m angewendet werden. Bei größeren Maßen sind besondere Überlegungen erforderlich.

Die Grenzwerte für Winkelabweichungen in Tabelle 2 der DIN 18202 sind als absolute Zahlenwerte ohne den Zusatz „±" angegeben. Der Grenzwert gilt unabhängig von einem **Richtungsbezug** der Abweichung. Ein Zusatz „±" ist daher für Winkelabweichungen entbehrlich.

Bei der Festlegung von Grenzwerten für Winkelabweichungen wird im Gegensatz zu den Grenzabweichungen nach DIN 18202, Tabelle 1, nicht nach Bauteilen im **Rohbau** oder **Ausbau** unterschieden. Die erforderliche Maßhaltigkeit in Bezug auf den Winkel muss in der Regel bereits im Rohbau sichergestellt sein. Nachfolgende Leistungen des Ausbaus, z. B. das Aufbringen einer Putzbekleidung, können wegen der begrenzten Schichtdicke und einer vergleichsweise sehr geringen zulässigen Schichtdickenschwankung einen nennenswerten Ausgleich von Winkelabweichungen nicht leisten. Die Maßhaltigkeit in Bezug auf Winkel muss deshalb in allen Bauphasen gleichermaßen sichergestellt werden.

In Tabelle 2 der DIN 18202 werden Grenzwerte für Winkelabweichungen nach **Nennmaßbereichen** gestaffelt angegeben. Der für ein Nennmaß zulässige Grenzwert kann in Abhängigkeit von der absoluten Größe des Nennmaßes als Stichmaß aus den Spalten 2 bis 8 der Tabelle 2 entnommen werden.

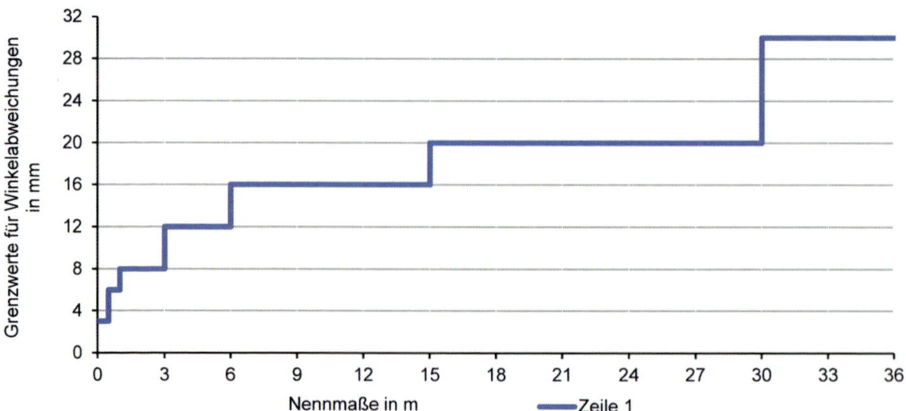

Abb. A 5.6: Funktionsverlauf der Grenzwerte für Winkelabweichungen nach DIN 18202:2019-07, Tabelle 2

Für kleine Nennmaße wird der Nennmaßbereich im Unterschied zu den Grenzabweichungen für Längenmaße unterteilt in Nennmaße bis 0,5 m und Nennmaße über 0,5 bis 1 m. Damit wird Anforderungen an Bauteile mit kleinen Maßen (z. B. Stützen, Fensterleibungen, Treppenstufen usw.) besonders Rechnung getragen.

Für die **obere Grenze des Nennmaßbereichs** wird auf die Beschränkung der Anwendbarkeit der Grenzwerte für Bauteile mit Nennmaßen bis etwa 60 m hingewiesen. Bei größeren Maßen sind besondere Überlegungen erforderlich. Dieser Zusatz trägt, analog zu der entsprechenden Ergänzung in Tabelle 1 – Grenzabweichungen, dem Umstand Rechnung, dass Bauteile mit Maßen von mehr als etwa 60 m bei den Untersuchungen zur Festlegung der Normeninhalte nicht Gegenstand waren. Bauteile mit solch großen Maßen bleiben aber auch heute besondere Baumaßnahmen, für die im Einzelfall Toleranzen zu definieren sind.

Die Grenzwerte für Winkelabweichungen in Tabelle 2 der DIN 18202 sind analog zu den Grenzabweichungen nach Tabelle 1 als konstante Werte innerhalb der einzelnen Nennmaßbereiche angegeben. Der diskrete **Funktionsverlauf** springt an den Grenzen der Nennmaßbereiche. Ein kontinuierlicher Übergang an den Wertebereichsgrenzen im Sinne einer stetigen Funktion findet nicht statt (vgl. Abb. A 5.6).

Mit zunehmendem Nennmaß nimmt der Grenzwert für die Winkelabweichung ebenfalls unterproportional zu. Große Nennmaße können hinsichtlich ihrer Richtung mit einer in Relation betrachtet kleineren Abweichung vermessen bzw. ausgeführt werden als kleine Nennmaße.

Winkelabweichungen, die gleichzeitig auch als Längenmaßabweichungen (z. B. einer angrenzenden Bauteilkante) auftreten, dürfen nicht isoliert betrachtet werden. Beide Anforderungen sind unter **Berücksichtigung des Boxprinzips** einzuhalten. Grenzwerte für Winkelabweichungen dürfen in diesem Fall nur so weit ausgenutzt werden, dass Grenzabweichungen für Maße nach DIN 18202, Tabelle 1, hierdurch nicht überschritten werden.

5.4 Grenzwerte für Ebenheitsabweichungen

5.4 Grenzwerte für Ebenheitsabweichungen

In Tabelle 3 sind Stichmaße als Grenzwerte für Ebenheitsabweichungen festgelegt und in Bild 6 und Bild 7 dargestellt; diese gelten für Flächen von

- Decken (Ober- und Unterseite),
- Estrichen,
- Bodenbelägen und
- Wänden,

unabhängig von ihrer Lage.

Sie gelten nicht für spritzrau belassene Spritzbetonoberflächen.

Werden nach Tabelle 3, Zeile 4 oder Zeile 7, „erhöhte Anforderungen" an die Ebenheit von Flächen gestellt, so ist dies gesondert zu vereinbaren.

Bei Mauerwerk, dessen Dicke gleich einem Steinmaß ist, gelten die Ebenheitstoleranzen nur für die bündige Seite. Die bündige Seite sollte als Bezugspunkt angegeben werden.

Die bei Bauprodukten zulässigen Maßabweichungen sind in den Grenzwerten für Ebenheitsabweichungen nicht enthalten und daher zusätzlich zu berücksichtigen.

Bei flächenfertigen Wänden, Decken, Estrichen und Bodenbelägen sollten Sprünge und Absätze vermieden werden. Hierunter ist aber nicht die durch Flächengestaltung bedingte Struktur zu verstehen.

Tabelle 3 findet für Höhenversätze zwischen benachbarten Bauteilen keine Anwendung.

Tabelle 3 – Grenzwerte für Ebenheitsabweichungen

...

Bild 6 – Grenzwerte für Ebenheitsabweichungen von Oberseiten von Decken, Estrichen und Fußböden (Angabe der Zeilen nach Tabelle 3)

...

Bild 7 – Grenzwerte für Ebenheitsabweichungen von Wandflächen und Unterseiten von Decken (Angabe der Zeilen nach Tabelle 3)

In dem Abschnitt 5.4 der DIN 18202, Tabelle 3, werden **Grenzwerte für Ebenheitsabweichungen bei Bauteiloberflächen** angegeben. Die Regelungen umfassen Boden-, Wand- und Deckenflächen. Die Ebenheitsabweichung wird entsprechend der Begriffsdefinition als Stichmaß für die Abweichung aus der betrachteten Ebene angegeben. Die zulässige Abweichung von der Ebenheit einer Fläche ist unabhängig von der Lage oder Neigung dieser Fläche.

Ebenheitsabweichungen beziehen sich auf die Form und erfordern deswegen eine **Abgrenzung** von Maßabweichungen bzw. Winkelabweichungen als Lageabweichungen. Für die Beurteilung der Lage einer Fläche innerhalb des Koordinationssystems (z. B. deren Höhenlage) sind in DIN 18202, Tabelle 1, Grenzabweichungen angegeben. Für die Beurteilung der Neigung einer Fläche sind in DIN 18202, Tabelle 2, Grenzwerte für Winkelabweichungen angegeben. Die zulässige Abweichung der Istlage einer

Fläche von ihrer Nennlage ist mit diesen Grenzwerten hinreichend genau beschrieben. Hierbei wird eine Fläche vereinfacht als lineare Verbindung ihrer Eckpunkte betrachtet. Der Verlauf der Fläche an den Rändern und innerhalb ihrer Ränder bleibt für die Betrachtung der Lage zunächst unberücksichtigt. Erst für die Betrachtung der Ebenheit einer Fläche ist der Flächenverlauf an den Rändern und zwischen den Rändern maßgeblich. Für diese Formabweichung der Istfläche von der Sollfläche werden in Abschnitt 5.4 der DIN 18202 Grenzwerte für die Ebenheitsabweichung festgelegt. Diese gelten unabhängig von der Lage der Fläche. Maßabweichungen und Winkelabweichungen sind daher in der Beurteilung stets von Ebenheitsabweichungen zu trennen. Ebenheitsabweichungen werden für sich betrachtet und nach den Grenzwerten in der Tabelle 3 der DIN 18202 beurteilt (vgl. auch DIN 18202, Abschnitt 6.2).

Die **Grenzwerte für Ebenheitsabweichungen** in Tabelle 3 der DIN 18202 werden nach **Art des Bauteils** in Bodenflächen einerseits und Wandflächen bzw. Deckenunterseiten andererseits unterteilt. Innerhalb dieser Hauptunterteilung nach Bauteilgruppen findet eine weitere Unterteilung nach dem **Ausbauzustand** in nicht flächenfertige Oberflächen (untergeordnete Anforderungen), flächenfertige Oberflächen (normale Anforderungen) und flächenfertige Oberflächen mit erhöhten Anforderungen statt. Diese Unterteilung trägt der mit fortschreitendem Ausbau fortschreitenden Genauigkeit Rechnung.

Bei der **Unterteilung nach Bauteil und Ausbauzustand** ist man von einer klassischen Massivbauweise ausgegangen, bei der Bauteile zunächst als Rohbaukonstruktion errichtet werden und dann durch das Aufbringen von Belägen oder Bekleidungen eine weitere Bearbeitung ihrer Oberflächen erfahren. Dieses Modell spiegelt sich in der Klasseneinteilung der Zahlenwerte wider. Für die **Anwendung dieser Zahlenwerte** wird also stillschweigend **vorausgesetzt**, dass bei der Herstellung von Bauteiloberflächen eine Bearbeitung dergestalt erfolgt, dass ein Ebenheitsausgleich mit fortschreitendem Ausbau auch tatsächlich möglich ist.

Die **unterschiedlichen Anforderungen** berücksichtigen die mit der jeweiligen Rohbau- bzw. Ausbauphase im Standardfall verbundenen Abweichungen. Für die einzelnen Anforderungen werden beispielhaft typische Bauweisen wie z. B. Estrich angegeben (vgl. DIN 18202, Tabelle 3, Spalte 1). Die **Anwendung** der unterschiedlichen Anforderungen kann damit **ausführungsorientiert** oder **ergebnisorientiert** erfolgen. Wird von einem bestimmten Konstruktionsaufbau ausgegangen, so lässt sich anhand der in Spalte 1 zugeordneten Bauteile abschätzen, welche Ebenheitsabweichung im Standardfall für den gewählten Aufbau zu erwarten ist, z. B. für eine betonierte Decke mit nicht flächenfertiger Oberseite oder einen Estrich als flächenfertigen Boden (auf einer Rohdecke). Wird hingegen von einer bestimmten Anforderung an die Ebenheit einer fertigen Oberfläche ausgegangen, so kann über die Spalte 1 eine Zuordnung des für diese Anforderung erforderlichen Konstruktionsaufbaus bzw. der hierfür notwendigen Maßnahmen erfolgen. Beispielsweise bedeutet dies für die Einhaltung der Ebenheitsanforderung nach DIN 18202, Tabelle 3, Zeile 3, für flächenfertige Böden – im Standardfall – einen mehrlagigen Konstruktionsaufbau, bei dem die Oberfläche der Rohbaukonstruktion durch einen zusätzlichen Schichtenauftrag im Ausbau eine Genauigkeitsverbesserung erfährt. Wollte man hingegen einen solchen Konstruktionsaufbau im Rohbau monolithisch herstellen, z. B. als Stahlbetonplatte mit hoher Oberflächenqualität in Bezug auf die Ebenheit, so wird mit der Einteilung in Tabelle 3 ersichtlich, dass dies in Bezug auf die gewählte Konstruktion und Schichtenfolge kein

Standardfall ist und dass z. B. der Entfall eines die Ebenheit verbessernden Estrichs anderweitig bei der Herstellung der Rohbaukonstruktion kompensiert werden muss.

Die Zuordnung der Bauteile in Tabelle 3 hat also nicht den **Zweck** vorzugeben, für welches Bauteil welche Anforderung einzuhalten ist. Angegeben wird damit viel mehr die **Korrelation von Konstruktionsaufbau und damit verbundener Genauigkeit** im Sinne einer Grundlage für eine ausführungsorientierte oder ergebnisorientierte **Bemessung des Konstruktionsaufbaus**. Die genannten Bauweisen sind hierfür auch nur exemplarisch und ein Hinweis darauf, mit welcher Konstruktion beispielhaft eine entsprechende Genauigkeit erreicht werden kann. Die Beispiele sind aber nicht abschließend und schließen eine andere – insbesondere eine höhere – Genauigkeit im Einzelfall nicht aus.

Tabelle 3 – Grenzwerte für Ebenheitsabweichungen

Spalte	1	2	3	4	5	6
		Stichmaße als Grenzwerte in mm bei Messpunktabständen in m				
Zeile	**Bezug**	**bis 0,1**	**1[a]**	**4[a]**	**10[a]**	**15[a b]**
1	Nicht flächenfertige Oberseiten von Decken, Unterbeton und Unterböden	10	15	20	25	30
2a	Nicht flächenfertige Oberseiten von Decken oder Bodenplatten zur Aufnahme von Bodenaufbauten, z. B. Estriche im Verbund oder auf Trennlage, schwimmende Estriche, Industrieböden, Fliesen- und Plattenbeläge im Mörtelbett	5	8	12	15	20
2b	Flächenfertige Oberseiten von Decken oder Bodenplatten für untergeordnete Zwecke, z. B. in Lagerräumen, Kellern	5	8	12	15	20
3	Flächenfertige Böden, z. B. Estriche als Nutzestriche, Estriche zur Aufnahme von Bodenbelägen, Bodenbeläge, Fliesenbeläge, gespachtelte und geklebte Beläge	2	4	10	12	15
4	Wie Zeile 3, jedoch mit erhöhten Anforderungen	1	3	9	12	15
5	Nicht flächenfertige Wände und Unterseiten von Rohdecken	5	10	15	25	30
6	Flächenfertige Wände und Unterseiten von Decken, z. B. geputzte Wände, Wandbekleidungen, untergehängte Decken	3	5	10	20	25
7	Wie Zeile 6, jedoch mit erhöhten Anforderungen	2	3	8	15	20

[a] Zwischenwerte sind Bild 6 und Bild 7 zu entnehmen und auf ganze Millimeter zu runden.
[b] Die Grenzwerte für Ebenheitsabweichungen der Spalte 6 gelten auch für Messpunktabstände über 15 m.

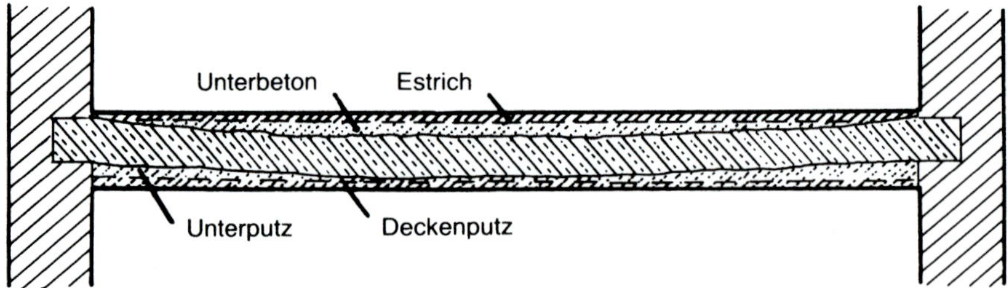

Abb. A 5.7: Erläuterung der Begriffe in DIN 18202, Tabelle 3; Ausgleich von Unebenheiten durch mehrlagige Putze und Ausgleichsschichten

Abb. A 5.8: Beispiel für eine nicht flächenfertige Oberseite einer Decke (im Rohbau) nach DIN 18202, Tabelle 3, Zeile 1

Abb. A 5.9: Beispiel für eine nicht flächenfertige Oberseite einer Decke zur Aufnahme von Bodenaufbauten (im Rohbau) nach DIN 18202, Tabelle 3, Zeile 2a

Bodenflächen und Oberseiten von Decken, auf die noch weitere Schichten als Teil der Gesamtkonstruktion aufgebracht werden sollen, werden als **„nicht flächenfertig"** bezeichnet. Nicht flächenfertige Bodenflächen bzw. Oberseiten von Decken werden unter dem Aspekt des mit dem weiteren Schichtenaufbau noch möglichen Ausgleichs von Ebenheitsabweichungen in einfache Anforderungen nach Zeile 1 und in normale Anforderungen nach Zeile 2a der Tabelle 3 der DIN 18202 unterschieden.

Die für nicht flächenfertige Oberseiten von Decken, Unterbeton und Unterböden in Zeile 1 der Tabelle 3 angegebenen Grenzwerte beschreiben eine eher **untergeordnete Anforderung** für den Fall, dass im Zuge des weiteren Schichtenaufbaues uneingeschränkt Möglichkeiten für eine weitere Genauigkeitsverbesserung bestehen. Diese Möglichkeiten sind in der Regel dann gegeben, wenn nachfolgende Schichten eine ausreichende Dicke für einen entsprechenden Ebenheitsausgleich haben. Zeile 1 findet auch dann Anwendung, wenn weiter gehende Anforderungen oder ein höherwertiger Aufbau für den Verwendungszweck nicht vorgesehen sind.

Als **Unterbeton** wird eine Ausgleichsschicht zur Egalisierung der Oberfläche einer Massivdecke bezeichnet, wenn die Deckenkonstruktion selbst noch keine einheitliche Ebene bildet (vgl. Abb. A 5.7 und Abb. A 5.8). Dies ist z. B. der Fall bei Elementdecken mit Höhenversätzen an den Oberseiten der Deckenelemente oder bei Massivdecken ohne maßhaltig abgezogene Oberfläche. Rohdecken in Massivbauweise erhalten heute in der Regel eine Oberflächenbearbeitung bei der Herstellung, die einen zusätzlichen Unterbeton entbehrlich macht. **Unterböden** oder **Unterputze** sollen analog eine erste einheitliche Bauteiloberfläche bilden.

Nicht flächenfertige Oberseiten von Decken oder Bodenplatten, die **ohne weiteren Ebenheitsausgleich** zur Aufnahme von Bodenaufbauten, z. B. Estrichen im Verbund oder auf Trennlage, schwimmenden Estrichen, Industrieböden oder Fliesen- und Plattenbelägen im Mörtelbett, vorgesehen sind, sind nach Zeile 2a in Tabelle 3 einzuordnen (vgl. Abb. A 5.9). In diesem Fall kann der vorgesehene Bodenaufbau nur einen geringen Ebenheitsausgleich in den Grenzen der für den weiteren Aufbau zulässigen Schichtdickenschwankungen leisten. Soll also auf einen zusätzlichen Ebenheitsausgleich der nicht flächenfertigen Oberseiten von Decken bzw. Bodenplatten verzichtet werden, so muss die Oberfläche bereits mit einer höheren Anforderung als nach Zeile 1 der Tabelle 3 hergestellt werden. Die Erfahrungen aus der Baupraxis zeigen, dass die Anforderungen nach der Zeile 2a einerseits für die heute üblichen weiteren Bodenaufbauten regelmäßig gefordert werden, andererseits in der Ausführung regelmäßig auch ohne einen besonderen zusätzlichen Aufwand zielsicher hergestellt werden. Die übliche Erwartungshaltung des Bestellers und des Ausführenden für Bodenflächen mit Regelaufbauten trifft sich damit in dem Bereich der Anforderungen nach Zeile 2a.

Für die Herstellung von **Estrichen** ist die zulässige Schwankung der Estrichdicke in den einschlägigen technischen Regelwerken auf ein Maß in der Größenordnung von 5 mm begrenzt, um Formänderungen des Estrichs während des Abbindevorgangs zu begrenzen und das Risiko einer unkontrollierten Rissbildung gering zu halten. Ist ein Ausgleich größerer Unebenheiten erforderlich als durch Ausnutzung der maximal zulässigen Schwankungen der Estrichdicke möglich, so ist vor dem Einbau des Estrichs z. B. ein Ausgleichsestrich als besonderer Arbeitsgang vorzusehen.

Abb. A 5.10: Beispiel für eine flächenfertige Oberseite einer Decke für untergeordnete Zwecke nach DIN 18202, Tabelle 3, Zeile 2b

Abb. A 5.11: Beispiel für einen flächenfertigen Boden zur Aufnahme eines geklebten Belages nach DIN 18202, Tabelle 3, Zeile 3

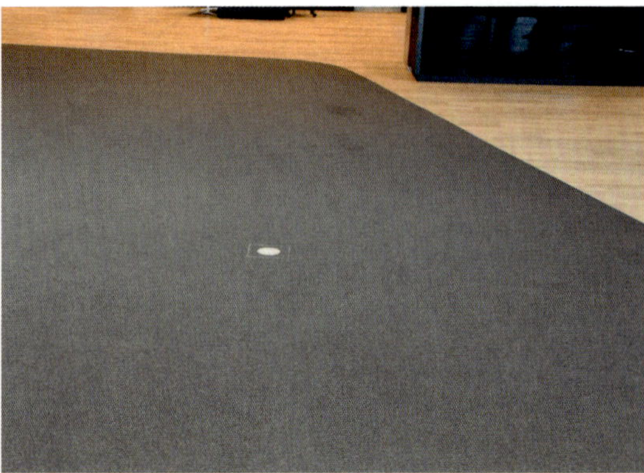

Abb. A 5.12: Beispiel für einen flächenfertigen Boden mit Bodenbelag nach DIN 18202, Tabelle 3, Zeile 3

Anforderungen an **flächenfertige Oberseiten** von Decken oder Bodenplatten **für untergeordnete Zwecke** werden der Systematik der Tabelle 3 mit einer Klassifizierung in nicht flächenfertige und flächenfertige Oberflächen folgend in Zeile 2b angegeben (vgl. Abb. A 5.10). Die Zahlenwerte für Grenzwerte nach Zeile 2a und Zeile 2b sind identisch.

Flächenfertige Böden, z. B. Estriche als Nutzestriche oder Estriche zur Aufnahme von Bodenbelägen und auch Bodenbeläge, Fliesenbeläge sowie gespachtelte und geklebte Beläge, sind in Zeile 3 der Tabelle 3 zu einzuordnen (vgl. Abb. A 5.11 und Abb. A 5.12). Mit dem Aufbringen des Bodenbelags kann in der Regel kein Ebenheitsausgleich mehr stattfinden. Der Untergrund des Belags und der Belag selbst unterliegen deshalb den gleichen Anforderungen.

Soweit an **flächenfertige Böden** nach Zeile 3 der Tabelle 3 **erhöhte Anforderungen** in Bezug auf die Ebenheit gestellt werden, sind diese nach den gegenüber Zeile 3 nochmals abgeminderten Grenzwerten für Ebenheitsabweichungen in Zeile 4 der Tabelle 3 einzuordnen. Für eine zielsichere Umsetzung der erhöhten Ebenheitsanforderungen nach Zeile 4 der Tabelle 3 werden in der Regel besondere Verfahren, Technologien oder Arbeitsschritte erforderlich. Dies kann z. B. ein bestimmter Vorgang des Glättens

Abb. A 5.13: Beispiel für einen gespachtelten und geschliffenen Boden mit erhöhten Ebenheitsanforderungen nach DIN 18202, Tabelle 3, Zeile 4

Abb. A 5.14: Beispiel für einen flächenfertigen Bodenbelag mit erhöhten Ebenheitsanforderungen nach DIN 18202, Tabelle 3, Zeile 4

Abb. A 5.15: Beispiel für eine nicht flächenfertige Wand aus Mauerwerk (im Rohbau) nach DIN 18202, Tabelle 3, Zeile 5

Abb. A 5.16: Beispiel für eine nicht flächenfertige Wand bzw. Deckenunterseite aus Stahlbeton (im Rohbau) nach DIN 18202, Tabelle 3, Zeile 5

einer Oberfläche, das Arbeiten mit Lehren, eine Oberflächenbearbeitung durch Schleifen und/oder Spachteln oder ein zusätzlicher Materialauftrag mit selbstverlaufenden Massen sein (vgl. Abb. A 5.13). Gleichwohl verbleiben auch bei Einhaltung erhöhter Ebenheitsanforderungen Abweichungen. Diese können durchaus wahrnehmbar sein, z. B. sichtbar in Abhängigkeit von den vorherrschenden Lichtverhältnissen (vgl. Abb. A 5.14).

Für **nicht flächenfertige Wände und Unterseiten von Rohdecken gelten** die Grenzwerte für Ebenheitsabweichungen nach Zeile 5 der Tabelle 3 (vgl. Abb. A 5.15 und Abb. A 5.16). Diese Anforderungen umfassen Flächen, die im Zuge eines weiter vorgesehenen Schichtenaufbaues noch eine zunehmende Verbesserung der Ebenheit erfahren können, die nicht sichtbar bleiben (z. B. Rohdecken bei abgehängten Deckenbekleidungen) oder für die höherwertige Anforderungen nach der Nutzung nicht verlangt werden (z. B. einfacher Industriebau). Zeile 5 ist auch dann anzuwenden, wenn Ausbauschichten mit der Möglichkeit eines Ebenheitsausgleichs nicht zur Ausführung kommen, z. B. bei Unterseiten von Rohdecken.

Abb. A 5.17: Beispiel für eine flächenfertige Wand (mit Putzbekleidung) nach DIN 18202, Tabelle 3, Zeile 6

Abb. A 5.18: Beispiel für eine flächenfertige Wand- und Deckenbekleidung nach DIN 18202, Tabelle 3, Zeile 6

Abb. A 5.19: Beispiel für eine flächenfertige Wandbekleidung (als Vormauerschale) nach DIN 18202, Tabelle 3, Zeile 6

Abb. A 5.20: Beispiel für eine flächenfertige (farbbeschichtete) Wand- und Deckenbekleidung nach DIN 18202, Tabelle 3, Zeile 6

Abb. A 5.21: Beispiel für eine flächenfertige Deckenbekleidung nach DIN 18202, Tabelle 3, Zeile 6

Flächenfertige Wände und Unterseiten von Decken, z. B. geputzte Wände (vgl. Abb. A 5.17), Wandbekleidungen (vgl. Abb. A 5.18, Abb. A 5.19 und Abb. A 5.20) oder untergehängte Decken (vgl. Abb. A 5.21), sind in Zeile 6 der Tabelle 3 einzuordnen. Die Verringerung der Grenzwerte für Ebenheitsabweichungen in Zeile 6 der Tabelle 3 gegenüber den Werten in Zeile 5 der Tabelle 3 für nicht flächenfertige Wände und Unterseiten von Rohdecken geht von der Annahme aus, dass ein Ebenheitsausgleich in Zusammenhang mit dem Anbringen der Wandbekleidung bzw. Deckenbekleidung möglich ist. Soweit an flächenfertige Wände und Unterseiten von Decken **erhöhte Anforderungen** gestellt werden, gelten hierfür die Grenzwerte nach Zeile 7 der Tabelle 3.

Bei der Ausführung von **Bekleidungen ohne die Möglichkeit eines Ebenheitsausgleichs** zwischen Untergrund und Bekleidung, z. B. bei geklebten Fliesenbekleidungen auf Stahlbetonwänden, Dünnputzen oder Spachtelungen, muss der nicht flächenfertige Untergrund hinsichtlich der Ebenheit bereits die Qualität der flächenfertigen Bekleidung haben. Eine solche Vorgehensweise weicht von der Annahme einer mit dem Ausbau fortschreitenden Genauigkeit, wie sie der Aufteilung und den Zahlenwerten in Tabelle 3 der DIN 18202 zugrunde liegt, deutlich ab. Eine Einordnung in den Bezug der Zeilen 5 und 6 in Tabelle 3 ist in einem solchen Fall nicht mehr zufriedenstellend. Dieser Umstand muss bei der Zuordnung nach den Anforderungen in Tabelle 3 berücksichtigt werden.

Die **Begriffe** „flächenfertig" bzw. „nicht flächenfertig" für eine Oberfläche sind in DIN 18202 nicht definiert. Ihre Verwendung steht in Zusammenhang mit den im Standardfall deutlich unterschiedlichen Genauigkeiten im Rohbau bzw. im Ausbau. **Nicht flächenfertige Oberseiten** entstehen in der Regel als Ergebnis einer raumbildend hergestellten Oberfläche und damit in der Phase des Rohbaus. Im Unterschied dazu werden **flächenfertige Oberseiten** in der Regel erst durch raumgestaltende Maßnahmen aufbauend auf einer als Grundlage bereits vorhandenen raumbildenden Oberfläche ausgeführt. Sie finden typischerweise als genauigkeitsverbessernde Maßnahmen in der Phase des Ausbaus statt. Nicht flächenfertige Oberflächen im Sinne einer Rohbaumaßnahme und flächenfertige Oberflächen im Sinne einer Ausbaumaßnahme unterliegen in der Regel unterschiedlichen Randbedingungen bei der Herstellung, z. B. in Bezug auf Baustellensituation, Baustoffe, Maße, Zugänglichkeit, Verarbeitbarkeit usw. Die Ebenheit einer nicht flächenfertigen Oberfläche ist deswegen getrennt von der Ebenheit einer flächenfertigen Oberfläche zu beurteilen. Für die beiden Betrachtungen sind **unterschiedliche Grenzwerte** anzusetzen. Ebenheitsanforderungen an flächenfertige Oberflächen können nur bedingt auf die Herstellung von raumbildenden Vorgängen (z. B. Teilprozesse im Rohbau) übertragen werden. Hierbei ist auch ein entsprechender Mehraufwand zu berücksichtigen wie beispielsweise für die Ausführung von Sichtmauerwerk im Vergleich zu einfachem Mauerwerk oder für die Herstellung von Betonflächen mit Anforderungen an das Erscheinungsbild (sog. Sichtbeton) im Vergleich zu einfachen Betonbauteilen im Rohbau.

Die Grenzwerte für Ebenheitsabweichungen flächenfertiger Oberflächen sind auch **unabhängig** von den Grenzwerten für Ebenheitsabweichungen nicht flächenfertiger Oberflächen einzuhalten. Die Grenzwerte können also **nicht addiert** werden. Weist beispielsweise eine nicht flächenfertige Deckenoberseite eine maximal zulässige Ebenheitsabweichung auf von 12 mm nach Tabelle 3, Zeile 2, Spalte 4, und wird dann auf diese Deckenoberseite ein Estrich aufgebracht, so darf der Estrich an dieser Stelle eine Ebenheitsabweichung aufweisen von maximal 10 mm gemäß Tabelle 3, Zeile 3,

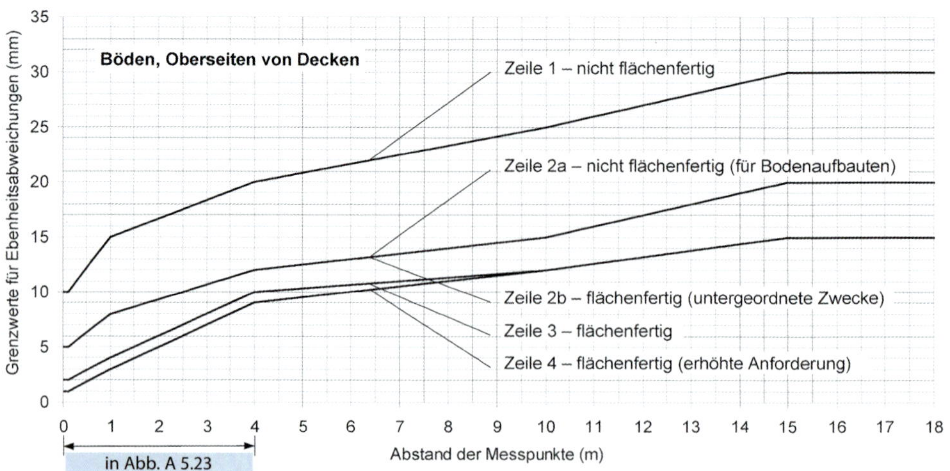

Abb. A 5.22: Grenzwerte für Ebenheitsabweichungen von Oberseiten von Decken, Estrichen und Fußböden nach DIN 18202:2019-07, Bild 6

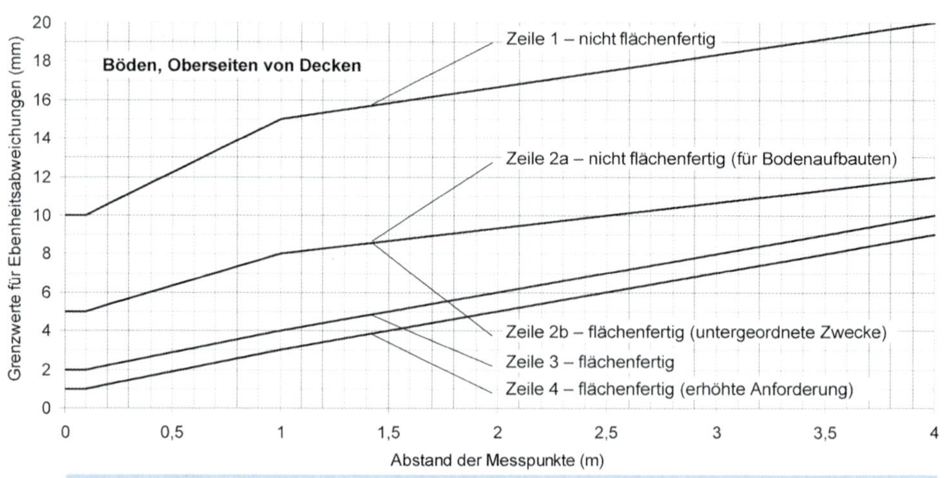

Abb. A 5.23: Grenzwerte für Ebenheitsabweichungen von Oberseiten von Decken, Estrichen und Fußböden nach DIN 18202:2019-07, Bild 6 (Detail für Messpunktabstände bis 4 m)

Spalte 4. Der notwendige Ebenheitsausgleich zwischen der nicht flächenfertigen Deckenoberseite und der flächenfertigen Estrichoberseite muss also durch eine Mehrdicke des Estrichs stattfinden. Eine Addition der Grenzwerte für die nicht flächenfertige Deckenoberseite und für den Estrich – in diesem Fall also (12 + 10 =) 22 mm – ist nicht zulässig.

In Tabelle 3 der DIN 18202 werden **Grenzwerte** für Ebenheitsabweichungen für konkrete **Messpunktabstände** als Einzelwerte angegeben. Dies steht im Gegensatz zu den in Tabelle 1 für Grenzabweichungen und Tabelle 2 für Grenzwerte für Winkelabweichungen angegebenen Nennmaßbereichen. Für andere Messpunktabstände als Zwischenwerte der in Tabelle 3, Spalten 3 bis 6, angegebenen Werte sind die zugehörigen Anforderungen in Ergänzung zu Tabelle 3 **grafisch dargestellt** mit den Bildern 6 und

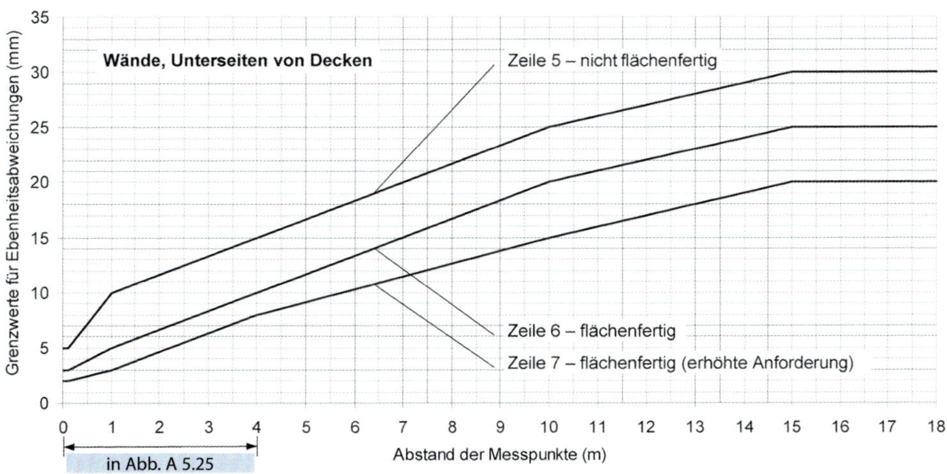

Abb. A 5.24: Grenzwerte für Ebenheitsabweichungen von Wandflächen und Unterseiten von Decken nach DIN 18202:2019-07, Bild 7

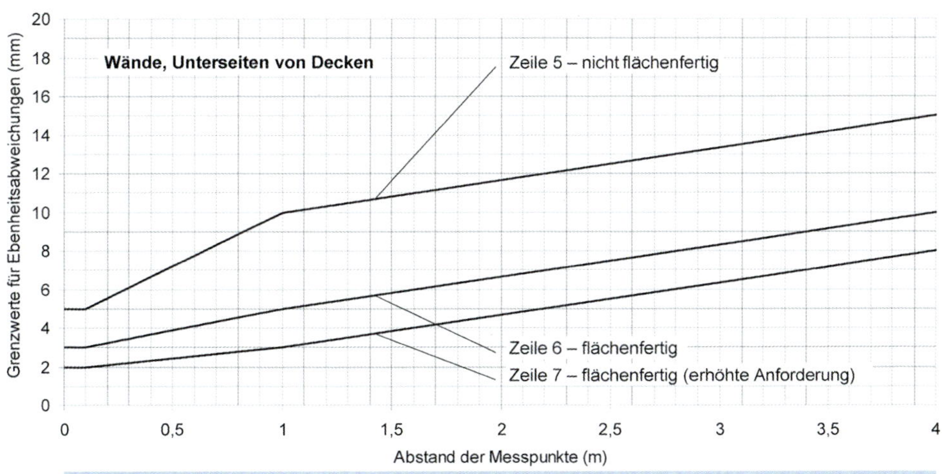

Abb. A 5.25: Grenzwerte für Ebenheitsabweichungen von Wandflächen und Unterseiten von Decken nach DIN 18202:2019-07, Bild 7 (Detail für Messpunktabstände bis 4 m)

7 in DIN 18202. Die Zahlenwerte in Tabelle 3 stellen insofern nur einen Auszug aus dem insgesamt einzuhaltenden Ebenheitsanforderungen dar.

Der **Funktionsverlauf** für die Grenzwerte für Ebenheitsabweichungen in Tabelle 3 ist vom Messpunktabstand abhängig. Die in Spalte 2 der Tabelle 3 angegebenen Grenzwerte beziehen sich auf Messpunktabstände bis 0,1 m, die in den Spalten 3 bis 6 der Tabelle 3 angegebenen Grenzwerte auf die Messpunktabstände 1 m, 4 m, 10 m und 15 m. Für Messpunktabstände von 0 bis 0,1 m gilt konstant der Grenzwert der Spalte 2 in Tabelle 3. Für Messpunktabstände über 0,1 m sind für Zwischenwerte des Messpunktabstands die zugehörigen Grenzwerte durch **lineare Interpolation** zwischen dem nächstkleineren und dem nächstgrößeren Messpunktabstand bzw. dem zugehörigen Grenzwert nach Tabelle 3 zu bestimmen und auf ganze Millimeter (kaufmännisch) zu runden. Die Grenzwerte für Ebenheitsabweichungen lassen sich also als **stetige Funktion** über den Abstand der in Tabelle 3 angegebenen Messpunktabstände hinweg darstellen.

An den angegebenen Messpunktabständen ergeben sich **Knickstellen im Funktionsverlauf**. Der Funktionsverlauf steigt für kleine Messpunktabstände stärker an als für große Messpunktabstände. Die relative Ebenheitsabweichung nimmt also mit zunehmendem Messpunktabstand ab. Die Funktionsverläufe der Grenzwerte für Ebenheitsabweichungen sind in DIN 18202 in Bild 6 für Oberseiten von Decken, Estrichen und Fußböden (vgl. Abb. A 5.22 und Abb. A 5.23) sowie in Bild 7 für Wandflächen und Unterseiten von Decken (vgl. Abb. A 5.24 und Abb. A 5.25) grafisch dargestellt. Anhand der Darstellungen ist eine **grafische Interpolation** von Zwischenwerten möglich. Bei der Anwendung der Norm können die in Tabelle 3 nicht angegebenen Zwischenwerte also ohne weitere Hilfsmittel anhand der grafischen Darstellungen abgelesen werden.

In Tabelle A 5.1 wurden die Grenzwerte für Ebenheitsabweichungen aus Tabelle 3 der DIN 18202 ergänzt um **interpolierte Zwischenwerte für Messpunktabstände** mit Zwischenschritten von 0,1 m.

Tabelle A 5.1: Grenzwerte für Ebenheitsabweichungen nach DIN 18202:2019-07, Tabelle 3 (blau hinterlegte Werte), und zusätzlich interpolierte Zwischenwerte

Abstand der Messpunkte in m	**Grenzwerte für Ebenheitsabweichungen nach Tabelle 3 der DIN 18202 als Stichmaße in mm**							
	Oberseiten von Decken, Böden					**Wände und Unterseiten von Decken**		
	nicht flächenfertig		**flächenfertig**			**nicht flächenf.**	**flächenfertig**	
	normale Anforderung	**normale Anforderung für Bodenaufbauten**	**untergeordnete Anforderung**	**normale Anforderung**	**erhöhte Anforderung**	**normale Anforderung**	**normale Anforderung**	**erhöhte Anforderung**
	Zeile 1	Zeile 2a	Zeile 2b	Zeile 3	Zeile 4	Zeile 5	Zeile 6	Zeile 7
0 bis 0,1	10	5	5	2	1	5	3	2
0,1	10	5	5	2	1	5	3	2
0,2	11	5	5	2	1	6	3	2
0,3	11	6	6	2	1	6	3	2
0,4	12	6	6	3	2	7	4	2
0,5	12	6	6	3	2	7	4	2
0,6	13	7	7	3	2	8	4	3
0,7	13	7	7	3	2	8	4	3
0,8	14	7	7	4	3	9	5	3
0,9	14	8	8	4	3	9	5	3

Fortsetzung Tabelle A 5.1

Abstand der Messpunkte in m	Grenzwerte für Ebenheitsabweichungen nach Tabelle 3 der DIN 18202 als Stichmaße in mm							
	Oberseiten von Decken, Böden					Wände und Unterseiten von Decken		
	nicht flächenfertig		flächenfertig			nicht flächenf.	flächenfertig	
	normale Anforderung	normale Anforderung für Bodenaufbauten	untergeordnete Anforderung	normale Anforderung	erhöhte Anforderung	normale Anforderung	normale Anforderung	erhöhte Anforderung
	Zeile 1	Zeile 2a	Zeile 2b	Zeile 3	Zeile 4	Zeile 5	Zeile 6	Zeile 7
1,0	15	8	8	4	3	10	5	3
1,5	16	9	9	5	4	11	6	4
2,0	17	9	9	6	5	12	7	5
2,5	18	10	10	7	6	13	8	6
3,0	18	11	11	8	7	13	8	6
3,5	19	11	11	9	8	14	9	7
4,0	20	12	12	10	9	15	10	8
4,5	20	12	12	10	9	16	11	9
5,0	21	13	13	10	10	17	12	9
5,5	21	13	13	11	10	18	13	10
6,0	22	13	13	11	10	18	13	10
6,5	22	13	13	11	10	19	14	11
7,0	23	14	14	11	11	20	15	12
7,5	23	14	14	11	11	21	16	12
8,0	23	14	14	11	11	22	17	13
8,5	24	14	14	12	11	23	18	13
9,0	24	15	15	12	12	23	18	14
9,5	25	15	15	12	12	24	19	14
10,0	25	15	15	12	12	25	20	15
11,0	26	16	16	13	13	26	21	16
12,0	27	17	17	13	13	27	22	17
13,0	28	18	18	14	14	28	23	18
14,0	29	19	19	14	14	29	24	19
15,0	30	20	20	15	15	30	25	20

In Tabelle 3 der DIN 18202 wird als oberster Wert für die Einteilung der Messpunktabstände 15 m angegeben. Die Grenzwerte für Messpunktabstände bis 15 m in Spalte 6 der Tabelle 3 gelten auch für **Messpunktabstände über 15 m**. Eine Begrenzung des maximalen Messpunktabstandes ist in Tabelle 3 nicht angegeben. Unter dem Aspekt der Prüfbarkeit und der Auswirkungen für die Funktion wird eine Betrachtung von Messpunktabständen größer als 15 m in der Praxis kaum vorkommen.

Werden **erhöhte Anforderungen an die Ebenheit von Flächen** nach Tabelle 3, Zeile 4 (flächenfertige Böden) oder Zeile 7 (flächenfertige Wände und Unterseiten von Decken) gestellt, so ist dies nach der Formulierung in Abschnitt 5.4 der DIN 18202 **gesondert zu vereinbaren**.

Die erhöhten Anforderungen an die Ebenheit von Flächen nach DIN 18202 gehen über die für Standardleistungen bzw. Bauteile oder Bauwerke durchschnittlich üblicher Ausführungsart und Maße im Rahmen üblicher Sorgfalt zu erreichende Genauigkeit hinaus. Für die Einhaltung erhöhter Anforderungen werden deswegen im Regelfall ein **erhöhter Aufwand** in der Herstellung und damit auch ein erhöhter Kostenaufwand erforderlich. Diesem Umstand muss in der Planung, der Kalkulation, der Arbeitsvorbereitung und der Bauausführung Rechnung getragen werden in Bezug auf technische Notwendigkeiten und technische Möglichkeiten, um eine besondere, über das Normale hinausgehende Genauigkeit auch tatsächlich zu erreichen.

Für die **Massivbauweise mit erhöhten Ebenheitsanforderungen** sind z. B. folgende Maßnahmen zu berücksichtigen:

- Genauigkeit der Schalung in Bezug auf das verwendete Schalmaterial, die Vermessung der Schalung und Möglichkeiten für ein Justieren der Schalung, soweit bei der Vermessung Abweichungen festgestellt werden,
- Möglichkeiten der Maßkontrolle und der Korrektur etwa festgestellter Maßabweichungen in der handwerklichen Ausführung der Bauteile, Zugänglichkeit der Bauteiloberflächen zur Korrektur von Maßabweichungen, Hilfsmittel wie Lehren usw. für das maßhaltige Herstellen der Oberflächen,
- Einflüsse auf die Maßhaltigkeit bei der abschließenden Herstellung der fertigen Oberfläche (z. B. als flügelgeglättete Oberfläche) einschließlich der technischen Möglichkeiten, diese Einflüsse hinreichend genau zu erfassen und etwa festgestellte Abweichungen im Herstellungsprozess zu korrigieren.

Nach baupraktischer Erfahrung ist eine Bauausführung in den Grenzen der erhöhten Anforderungen nach DIN 18202, Tabelle 3, Zeile 4 und 7, möglich, erfordert aber besondere Maßnahmen und Erfahrungswerte im Sinne eines geschlossenen **Konzeptes** für die Umsetzung. Es bedarf deshalb aus technischer Sicht eines besonderen Hinweises in der Vereinbarung über die Ausführung solcher Arbeiten.

Die Grenzwerte für Ebenheitsabweichungen gelten gemäß DIN 18202, Abschnitt 5.4, nicht für **spritzrau belassene Spritzbetonoberflächen**. Eine Betrachtung von Ebenheitsabweichungen ist bei Spritzbetonoberflächen nicht grundsätzlich ausgeschlossen. Für spritzrau belassene Spritzbetonoberflächen ist eine Anwendung der DIN 18202 aber nicht sinnvoll, weil bedingt durch das Herstellverfahren, ausführungsbedingte Schichtdickenschwankungen und an der Oberfläche verbleibende Zuschlagskörner eine vergleichsweise sehr unebene und nicht im eigentlichen Sinn egalisierte Oberfläche entsteht. Werden Spritzbetonoberflächen jedoch einer **zusätzlichen Bearbeitung** unterzogen und dergestalt geglättet, dass die flächenfertige Oberfläche etwa mit der

Abb. A 5.26: Beispiel für einreihiges Mauerwerk und Vermauerung mit Dünnbettmörtel

Herstellung einer glatten Putzoberfläche vergleichbar ist, so kommt auch eine Beurteilung nach den Regelungen der DIN 18202 in Betracht.

Bei **einreihigem Mauerwerk**, dessen Dicke gleich einem Steinmaß ist, gelten die Ebenheitstoleranzen nur für die bündige Seite. Mit dieser Bestimmung wird dem Umstand Rechnung getragen, dass die einzelnen Mauersteine bereits Abweichungen in ihren Maßen aufweisen und dass die Steine bei der Ausführung des Mauerwerks in der Regel an einer Wandseite bündig ausgerichtet werden. Damit weist die **bündig vermauerte Seite** nur ausführungsbedingte Ebenheitsabweichungen auf, wohingegen die Wandrückseite Ebenheitsabweichungen aufweist, die sich aus der Ausführung und aus den **Maßabweichungen der Stoffe** zusammensetzen. Die Ebenheitstoleranzen nach DIN 18202 berücksichtigen nur ausführungsbedingte Maßabweichungen. Die zulässigen Maßabweichungen der Bauprodukte sind in den Grenzwerten für Ebenheitsabweichungen nicht enthalten und zusätzlich zu berücksichtigen.

In der heutigen Bauausführung stellt einreihiges Mauerwerk den **Standardfall** dar. Zur Verwendung kommen großformatige Steine, die zudem herstellungsbedingt erheblich geringere Maßabweichungen als bei früher üblichem Mauerwerk im Dünnformat aufweisen. Auch die heute verbreitete mörtellose Mauerwerksbauweise, bei der Lagerfugen nur mehr mit Dünnbettmörtel verklebt und Stoßfugen mörtellos verzahnt ausgeführt werden, hat dazu geführt, dass die Maßhaltigkeit der Steine verbessert wurde (vgl. Abb. A 5.26).

Bei der Beurteilung von Ebenheitsabweichungen bei einreihigem Mauerwerk kann eine **Überprüfung auf beiden Wandseiten** erfolgen, also sowohl auf der bündig als auch auf der nicht bündig vermauerten Wandseite. Bei der Überprüfung einer nicht bündig vermauerten Wandseite sind jedoch die **Maßabweichungen der Mauersteine** zusätzlich zu berücksichtigen. Bei der Beurteilung der Ebenheit von Mauerwerk ist also zunächst zwischen der bündig vermauerten und der nicht bündig vermauerten Wandseite zu unterscheiden. Die Maßabweichungen der bündig vermauerten Seite können unmittelbar mit den Grenzwerten für Ebenheitsabweichungen nach DIN 18202 verglichen werden. Für die Beurteilung der nicht bündig vermauerten Wandseite sind zunächst die Maßabweichungen der Mauersteine, z. B. aus Herstellerangaben, zu ermitteln. Die Ebenheitsabweichungen der Wandoberfläche sind um die Maßabweichungen der Mauersteine zu reduzieren und können dann als verbleibende ausführungsbedingte Maßabweichungen mit den Grenzwerten nach DIN 18202 verglichen werden.

Die für die nachträgliche Überprüfung von einreihigem Mauerwerk erforderliche Identifizierung der bündig vermauerten Wandseite ist baupraktisch nicht immer eindeutig möglich. Die bündige Seite sollte als Bezugspunkt angegeben werden, um eine – insbesondere nachträgliche – Überprüfung der Maßhaltigkeit zu erleichtern.

Mehrreihiges Mauerwerk wird auf beiden Wandseiten bündig ausgerichtet. Ein Ausgleich der Maßabweichungen der einzelnen Mauersteine findet dann innerhalb der Wanddicke statt.

Die bei **Bauprodukten** zulässigen Maßabweichungen sind in den Grenzwerten für Ebenheitsabweichungen nach Tabelle 3 der DIN 18202 nicht enthalten. **Maßabweichungen der Bauprodukte** sind zusätzlich zu den ausführungsbedingten Maßabweichungen zu berücksichtigen. Der Begriff „Bauprodukte“ schließt Baustoffe und die aus Baustoffen gefertigten Bauprodukte ein.

Bei der Beurteilung der Ebenheit einer Oberfläche ist zu **unterscheiden**, ob die Oberflächengestalt in ihrer Form bzw. in Bezug auf Formabweichungen primär geprägt ist durch die **handwerkliche Bearbeitung** in der Fläche (z. B. geputzte Fläche) oder durch die Oberfläche einzelner Bauprodukte mit verarbeitungsunabhängigen, **produktspezifischen Abweichungen** (z. B. Mauersteine oder Platten). Die **Intention der Norm** wird am Beispiel eines einreihigen Mauerwerks deutlich: Die bündig vermauerte Seite unterliegt an der fertigen Oberfläche ausführungsbedingten Ebenheitsabweichungen – und nur diesen. An der nicht bündig vermauerten Seite wird die Ebenheit der Oberfläche durch die Ausführung und durch die Maßabweichungen der einzelnen Steine beeinflusst. Der Einfluss der Bauprodukte – hier der Mauersteine – ist deswegen zusätzlich zu berücksichtigen. Entsprechendes gilt z. B. für die Verlegung von Platten mit Maßabweichungen einer einzelnen Platte, etwa einer windschiefen Oberfläche in den hierfür zulässigen Grenzen. Bei der Verlegung auf einer einheitlichen Unterlage ist die Ebenheitsabweichung der Oberfläche des Plattenbelages geprägt durch ausführungsbedingte Ebenheitsabweichungen bei der Verlegung, z. B. Schwankungen der Dicke des Mörtelbettes, und zusätzlich durch produktbedingte Abweichungen der einzelnen Platten.

Für **geschalte Oberflächen** ist eine Ebenheitsabweichung der Schalung nur dann zusätzlich zu der Ebenheit der betonierten Oberfläche zu berücksichtigen, wenn Maßabweichungen der Schalung unabhängig von deren Verarbeitung auftreten. Ein Beispiel hierfür ist eine raue Brettschalung für Sichtbeton mit etwaigen Verkrümmungen der einzelnen Bretter. Lokale Ebenheitsabweichungen infolge verkrümmter Schalbretter sind innerhalb der fertig betonierten Gesamtfläche zusätzlich zu berücksichtigen. Bei Verwendung glatter Schalung wird die Ebenheit der fertigen Gesamtfläche durch unterschiedliche Einflüsse bei der handwerklichen Ausführung der Schalung und dem späteren Betoniervorgang beeinflusst. Ebenheitsabweichungen in der Gesamtfläche können zwar durch den Schalungsbau bedingt sein. Etwaige Ebenheitsabweichungen der Schalung innerhalb der Gesamtfläche sind bei glatter bzw. einheitlicher Schalung jedoch als Bestandteil üblicher Ebenheitsabweichungen und damit innerhalb der Grenzwerte für Ebenheitsabweichungen nach DIN 18202 zu betrachten.

Die Grenzwerte für Ebenheitsabweichungen beschreiben die durchschnittliche Genauigkeit einer **üblichen Ausführung** (vgl. DIN 18202, Abschnitt 4.3) für die fertige Oberfläche. Dies schließt die für die Oberfläche verwendeten Produkte regelmäßig mit ein, auch deren **produktspezifische Maßabweichungen**. Diese sind im Standardfall hinreichend gering, um eine ausreichende Ebenheit der fertigen Gesamtfläche zu

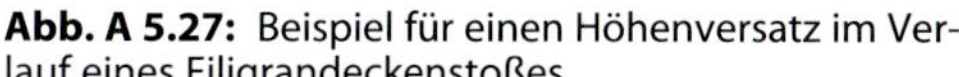

Abb. A 5.27: Beispiel für einen Höhenversatz im Verlauf eines Filigrandeckenstoßes

Abb. A 5.28: Beispiel für eine durch die Flächengestaltung bedingte Struktur

gewährleisten, z. B. bei üblichen Belägen oder Bekleidungen. Maßabweichungen von einzelnen Platten eines Plattenbelages können z. B. über eine variable Mörtelbettdicke aufgenommen werden. Maßabweichungen der einzelnen Bauprodukte sollen **erst dann zusätzlich Berücksichtigung** finden, wenn sie als **singuläres Merkmal** eine wesentliche Auswirkung auf eine Gesamtfläche haben, deren Bestandteil sie sind.

Höhenversätze (Sprünge, Absätze, vgl. Abb. A 5.27) sollten bei flächenfertigen Wänden, Decken, Estrichen und Bodenbelägen vermieden werden. Ausgenommen hiervon ist die **durch die Flächengestaltung bedingte Struktur**, z. B. schalungsbedingte Rauigkeit von Sichtbetonflächen, Kornüberstände rauer Strukturputze, Überlappungen verklebter Dachbahnen, Falze von Blechbekleidungen (vgl. Abb. A 5.28).

Die Problematik von **Höhenversätzen innerhalb von in sich geschlossenen Flächen** mit dem Bausoll einer einheitlich ebenen Oberfläche lässt sich nach baupraktischer Erfahrung mit der Formulierung eines Grenzwertes im Sinne eines minimal zulässigen und damit doch vorhandenen Höhenversatzes in vielen Fällen nicht zufriedenstellend lösen. Vielmehr steht für solche Flächen zumeist eine funktionale und/oder optische Anforderung nach einem bestimmten Bausoll oder auch nach einer üblichen Beschaffenheit im Vordergrund. Ist ein nachteiliger Höhenversatz unter der Voraussetzung einer durchschnittlich üblichen handwerklichen Sorgfalt vermeidbar, so ist er aus technischer Sicht zu vermeiden mit einer versatzfreien Ausführung. Eine Betrachtung der Schwere des Nachteils bzw. der Größe einer Abweichung – etwa mit der Formulierung von Grenzwerten für einen Höhenversatz – verbietet sich in diesem Fall.

Wird eine **versatzfreie Bauausführung** für den Übergang zwischen benachbarten Bauteilen gefordert, so bedarf es damit einhergehend auch einer Überlegung, wie dies baupraktisch unter Berücksichtigung üblicher Abweichungen ausgeführt werden kann. Die Formulierung einer toleranzfreien Ausführung ohne zulässige Abweichung als Bausoll ist baupraktisch nicht zielführend. Andererseits sind Abweichungen als Höhenversatz in einer fertigen Oberfläche selbst in geringer Ausprägung mitunter nicht gewünscht. Dieser Zielkonflikt lässt sich aber nicht mit einem Maßstab für eine vorhandene Abweichung, sondern mit einer geeigneten Ausführung lösen, die eine Vermeidung solcher Höhenversätze in den Grenzen einer üblichen Sorgfalt erwarten lässt.

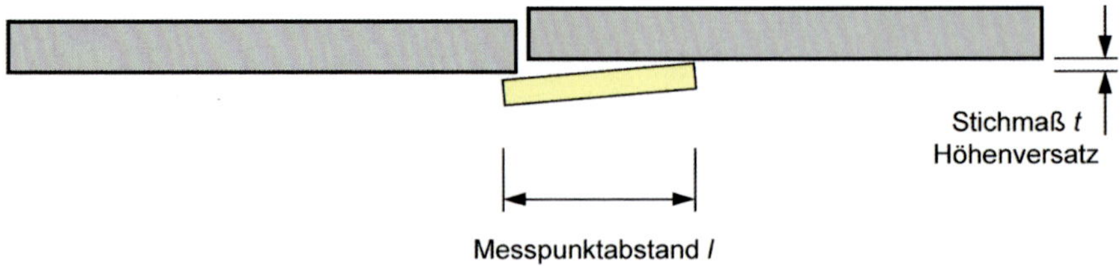

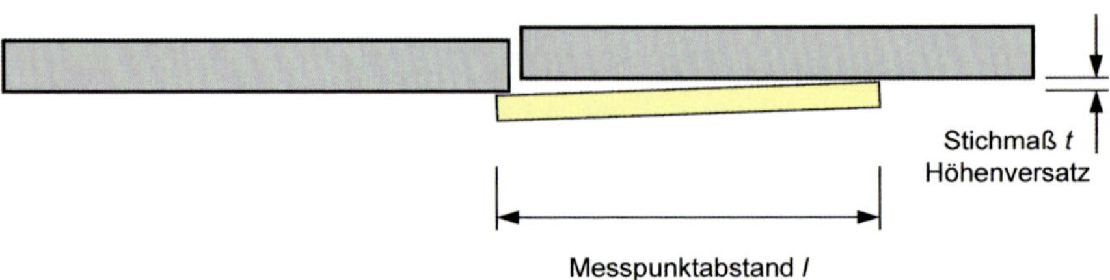

Abb. A 5.29: An Höhenversätzen benachbarter Bauteile besteht kein eindeutiger Bezug von Stichmaß und zugehörigem Nennmaß für den Messpunktabstand im Sinne der Definition für Ebenheitsabweichungen in DIN 18202; eine willkürliche Festlegung der Bezugsgröße (Messpunktabstand) ist nicht zulässig.

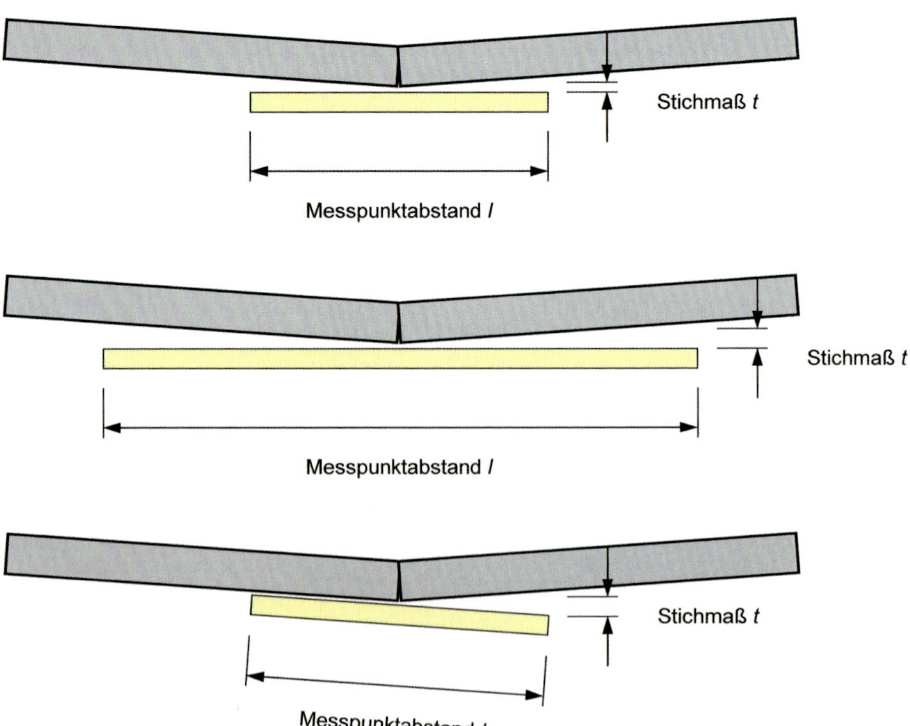

Abb. A 5.30: An einer Knickstelle besteht kein eindeutiges Verhältnis zwischen Stichmaß und Messpunktabstand.

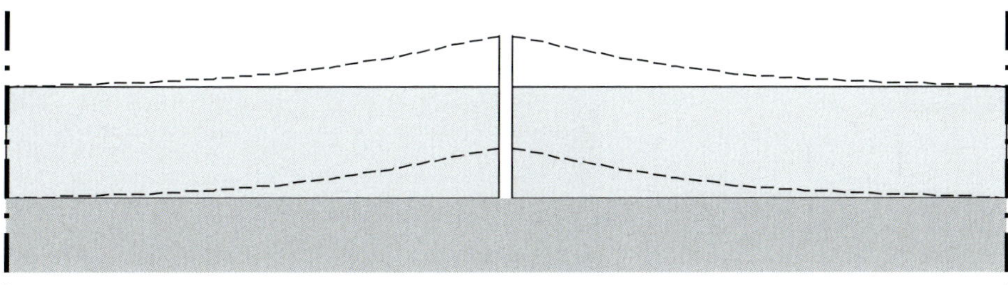

Abb. A 5.31: Beispiel für einen Knick am Übergang von Plattenrändern – keine Regelung nach den Bestimmungen für Ebenheitsabweichungen in DIN 18202

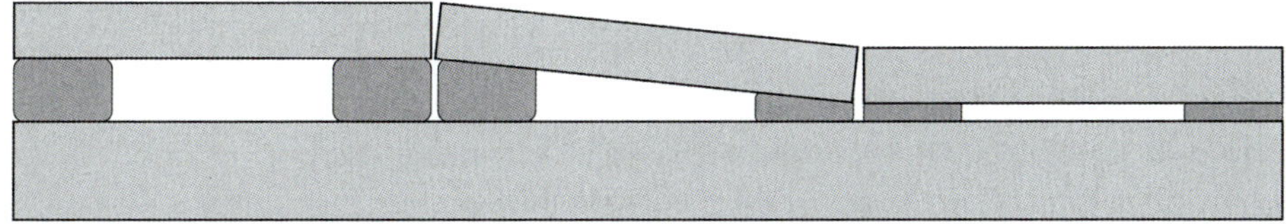

Abb. A 5.32: Beispiel für einen Horizontalschnitt durch eine Bekleidung aus Dämmplatten mit Knicken an den Plattenstößen – keine Regelung nach den Bestimmungen für Ebenheitsabweichungen in DIN 18202

Die Thematik der **Höhenversätze zwischen benachbarten Bauteilen** ist schon eingangs im Anwendungsbereich der DIN 18202 ausdrücklich ausgenommen (vgl. Abschnitt 1 der Norm). Die Nichtanwendbarkeit der Grenzwerte für Ebenheitsabweichungen nach Tabelle 3 für Höhenversätze wird an dieser Stelle der Norm ausdrücklich klargestellt.

Die Grenzwerte für Ebenheitsabweichungen sind in Abhängigkeit vom Messpunktabstand angegeben. Mit der Einhaltung unterschiedlich großer Grenzwerte für unterschiedlich große zugehörige Messpunktabstände wird eine **Krümmungsänderung** als Kenngröße für den allmählichen Verlauf einer Fläche innerhalb und entlang ihrer Ränder betrachtet. An einer Stoßstelle benachbarter Bauteile besteht über den **Flächenrand** hinweg keine fortlaufende Krümmung der Fläche mehr und es lässt sich kein eindeutiger Bezug zwischen Stichmaß für die Ebenheitsabweichung und Messpunktabstand im Sinne der Definition für die Ebenheitsabweichung nach DIN 18202 finden. Würde eine Richtlatte über die Stoßstelle gelegt werden, so ergäben sich annähernd gleiche Stichmaße für unterschiedliche Messpunktabstände (vgl. Abb. A 5.29). Da solch ein eindeutiger Bezug fehlt, ist eine Beurteilung von Höhenversätzen benachbarter Bauteile in Analogie zu DIN 18202 auch nicht zielführend.

Für **Knickstellen** an höhengleichen Übergängen zwischen benachbarten Bauteilen finden die Regelungen nach DIN 18202 für Ebenheitsabweichungen ebenfalls keine Anwendung (vgl. Abb. A 5.30, Abb. A 5.31 und Abb. A 5.32). Auch in diesem Fall besteht kein eindeutiger Bezug zwischen einem Stichmaß für eine Ebenheitsabweichung oder einer Winkelabweichung und einem zugehörigen Nennmaß oder Messpunktabstand. Auch eine Betrachtung als Winkelabweichungen wird in der Regel ausscheiden. Winkelabweichungen werden gemäß DIN 18202 über die gesamte Bauteillänge gemessen. Für eine Messung über eine Teillänge können die in DIN 18202 angegebenen Grenzwerte für Winkelabweichungen entsprechend ihrer Definition nicht angewendet werden.

singuläre Unebenheit

unstetiger Verlauf der Fläche
mit erkennbarem Ansatzpunkt
der Abweichung

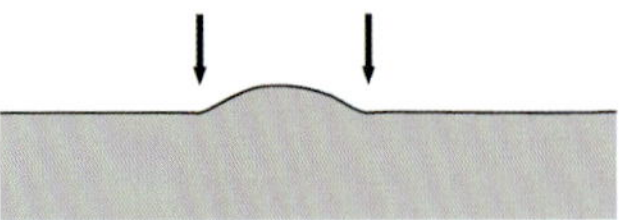

stetiger Verlauf der Fläche
ohne erkennbaren Ansatzpunkt
der Abweichung

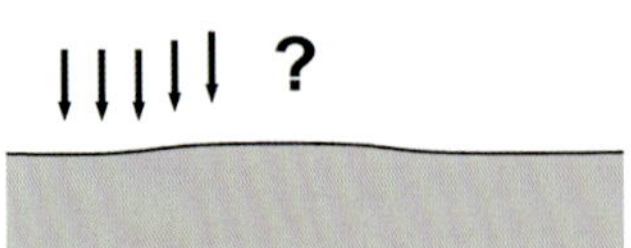

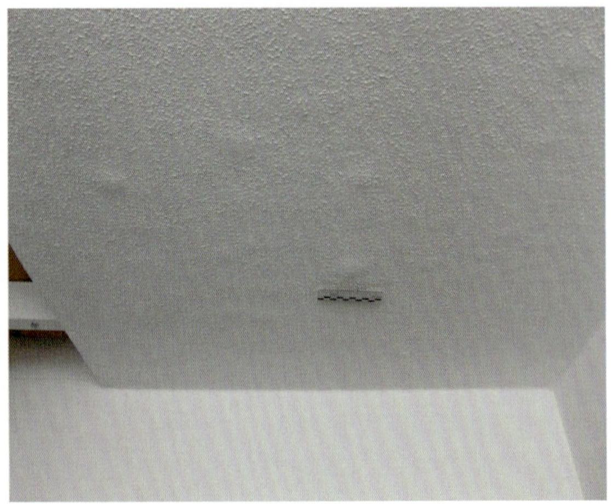

Abb. A 5.33: Beispiel einer Unstetigkeitsstelle im Verlauf einer Fläche

Abb. A 5.34: Beispiel überstehender Betonierreste

Abb. A 5.35: Beispiel einer singulären gratförmigen Abweichung

Abb. A 5.36: Beispiel für eine gekrümmte Fläche mit Abweichungen

Unstetigkeitsstellen als **singuläre Fehlstellen** wie z. B. lokale Erhebungen oder kleinere Beulen im Verlauf einer Fläche (vgl. Abb. A 5.33, Abb. A 5.34 und Abb. A 5.35) können nicht mit den Grenzwerten für Ebenheitsabweichungen in DIN 18202 beurteilt werden. Bei singulären Fehlstellen handelt es sich nicht um Abweichungen im allmählichen Verlauf einer Fläche im Sinne üblicher ausführungsbedingter Maßabweichungen. Sie sind ihrem Charakter nach **wie Sprünge oder Absätze** zu betrachten. Auch sind sie als lokal sehr begrenzte Abweichung nicht stellvertretend für die Qualität der gesamten Fläche und damit für die Beurteilung der Ebenheit nicht aussagekräftig. Solche Einzelstellen fallen daher nicht in den Regelungsbereich der DIN 18202. Eine Beurteilung solcher Auffälligkeiten kann entweder nach hierfür gesondert zu treffenden Regelungen oder nach anderweitigen allgemeinen Beurteilungsgrundlagen, z. B. üblicher handwerklicher Sorgfalt, vorgenommen werden.

Die **Ebenheitsabweichung** ist in DIN 18202 als die Istabweichung einer Fläche von der **Ebene** definiert. Sie wird als Stichmaß angegeben. Die Festlegung der Begriffsdefinition, der Zahlenwerte und der Vorgehensweise zur Überprüfung der Ebenheitsabweichung geht von der Beurteilung ebener Flächen aus. **Gekrümmte Flächen**, beispielsweise die Unterseite von Gewölben (vgl. Abb. A 5.36), Bögen oder die Oberseite von gewölbten Decken und dergleichen, werden von den Regelungen der DIN 18202 in Bezug auf Ebenheitsabweichungen **nicht erfasst**. Der Grundgedanke der DIN 18202, eine Ebenheitsabweichung durch ein Stichmaß mit orthogonalem Bezug auf die Verbindung zweier angrenzender Hochpunkte zu beschreiben, lässt sich jedoch durchaus auch auf gekrümmte Flächen **übertragen**. Problematisch wird lediglich eine Übertragung der Messverfahren, weil benachbarte Hochpunkte für das Herstellen einer Bezugslinie bei gekrümmten Flächen naturgemäß nicht mehr zur Verfügung stehen. Die Ebenheitsabweichung der gekrümmten Fläche lässt sich jedoch als **Boxbereich** darstellen. Ein Vergleich der Istlage einer gekrümmten Fläche mit dem Boxbereich lässt die Bestimmung von Istabweichungen im Sinne einer Ebenheitsabweichung und den Vergleich mit einem Grenzwert für die Istabweichung, nämlich der Boxbreite, zu. Dieses Gedankenmodell entspricht der Vorgehensweise zur Beschreibung von Maßabweichungen gekrümmter Flächen, die durch einen Radius beschrieben werden, und der Anwendung der Grenzabweichungen nach DIN 18202, Tabelle 1, für die Länge des Radius. Wird eine gekrümmte Fläche also durch einen oder mehrere **Radien** beschrieben, so kann die Beurteilung der Ebenheit nach diesem Modell **auf eine**

Beurteilung von Grenzabweichungen zurückgeführt werden. Ist eine Beschreibung der Flächengestalt durch Radien nicht möglich, so kann hilfsweise ein Boxbereich für die zulässige Lageabweichung der Fläche in jedem einzelnen Punkt definiert werden. Unter der Voraussetzung einer entsprechenden messtechnischen Erfassung der Istlage der gekrümmten Fläche und eines rechnerischen Vergleichs mit dem Boxbereich lässt sich eindeutig ermitteln, ob ein beliebiger Punkt dieser Fläche mit seiner Istlage innerhalb des Boxbereichs liegt und somit die maximal zulässige Lageabweichung noch eingehalten ist oder ob ein Punkt außerhalb des Boxbereichs liegt und der anzusetzende Grenzwert für seine Lageabweichung damit überschritten ist.

5.5 Grenzwerte für Fluchtabweichungen bei Stützen

5.5 Grenzwerte für Fluchtabweichungen bei Stützen

Als Flucht von Stützen wird die horizontale Verbindungslinie zwischen der Ist-Lage der Endstützen einer Stützenreihe mit drei oder mehr Stützen bezeichnet (siehe Bild 19).

Als Nennmaß für den Messpunktabstand gilt der Abstand zwischen drei Stützen, also zwei Achsabstände. Als Stichmaß gilt der Abstand einer Zwischenstütze zur Flucht.

Tabelle 4 – Grenzwerte für Fluchtabweichungen bei Stützen

...

Grenzwerte für Fluchtabweichungen sind für Stützenreihen vorgesehen, die in einer gemeinsamen Flucht angeordnet werden (vgl. Abb. A 5.37). Für die Beurteilung von **Fluchtabweichungen** bei einer **Stützenreihe** von 3 oder mehr Stützen wird als **Bezugslinie** für die Betrachtung der **Flucht** die horizontale Verbindungslinie zwischen der Istlage der Endstützen der Stützenreihe herangezogen. Die Fluchtabweichung der Zwischenstützen wird als Stichmaß mit einem orthogonalen Bezug auf die Flucht ermittelt (vgl. Abb. A 5.38).

Die **Lage der Flucht innerhalb des Koordinationssystems**, also die Lage der Endstützen der Flucht, ist nicht Gegenstand der Betrachtung der Fluchtabweichungen. Fluchtabweichungen werden nur für Zwischenstützen ermittelt. Lagefehler der beiden Endstützen sind getrennt von der Fluchtabweichung hinsichtlich der Grenzabweichungen bzw. der Grenzwerte für Winkelabweichungen im Grundriss zu beurteilen. Diese Vorgehensweise entspricht dem Grundsatz der Betrachtung von Ebenheitsabweichungen. Auch hier wird die Lage einer Fläche innerhalb des Koordinationssystems unabhängig vom Verlauf einer Fläche zwischen ihren Endpunkten beurteilt.

Für die **Ermittlung der Fluchtabweichung** werden jeweils 3 nebeneinanderliegende Stützen betrachtet. Die Fluchtabweichung einer Zwischenstütze wird als Stichmaß des Abstands der Zwischenstütze von der Flucht ermittelt. Dieses Stichmaß wird für die Zuordnung eines Grenzwertes in Bezug mit einem Messpunktabstand als Nennmaß gesetzt. Als Nennmaß für den Messpunktabstand gilt der Abstand zwischen den beiden benachbarten Stützen, also 2 Achsabstände. Hierbei spielt es keine Rolle, ob die beiden Achsabstände der untersuchten Zwischenstütze zu den beiden benachbarten Stützen gleich groß sind.

Abb. A 5.37: Beispiel für Stützenreihen in einer Flucht

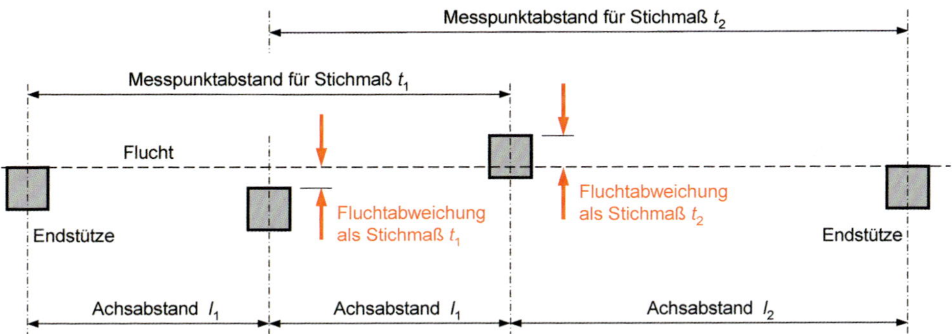

Abb. A 5.38: Begriffsdefinitionen zu Fluchtabweichungen bei Stützen

Die **Grenzwerte für Fluchtabweichungen** bei Stützen werden in Tabelle 4 der DIN 18202 angegeben. Diese Tabelle umfasst nur eine Klasse von Grenzwerten unabhängig von der Lage des jeweiligen Bauteils und dem Ausbauzustand. Die Grenzwerte für Fluchtabweichungen finden also gleichermaßen für nicht flächenfertige und für flächenfertige Bauteile Anwendung.

Tabelle 4 – Grenzwerte für Fluchtabweichungen bei Stützen

Spalte	1	2	3	4	5	6
Zeile	**Bezug**	**Stichmaße als Grenzwerte in mm bei Nennmaßen in m als Messpunktabstand**				
		bis 3	**über 3 bis 6**	**über 6 bis 15**	**über 15 bis 30**	**über 30**
1	Zulässige Abweichungen von der Flucht	8	12	16	20	30

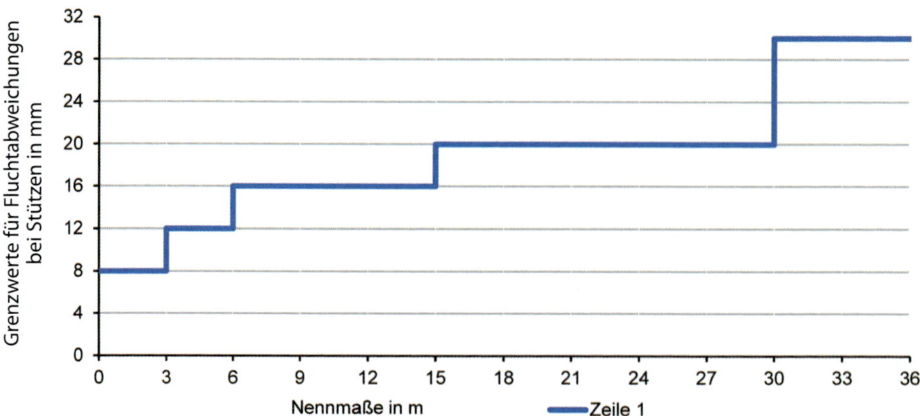

Abb. A 5.39: Funktionsverlauf der Grenzwerte für Fluchtabweichungen nach DIN 18202:2019-07, Tabelle 4

In Tabelle 4 der DIN 18202 werden Grenzwerte für Fluchtabweichungen nach **Nennmaßbereichen** gestaffelt angegeben. Der zulässige Grenzwert nimmt – analog zu den Winkelabweichungen – mit steigenden Nennmaßen als Bezugsgröße unterproportional zu. Der für ein Nennmaß als Messpunktabstand zulässige Grenzwert kann als Stichmaß in Abhängigkeit von der absoluten Größe des Messpunktabstandes aus den Spalten 2 bis 6 der Tabelle 4 entnommen werden. Als kleinster Wertebereich ist ein Messpunktabstand bis 3 m angegeben. Kleinere Stützenabständen wird man in der Praxis nicht antreffen, weswegen eine weitere Unterteilung dieses Wertebereiches für den Standardanwendungsfall nicht notwendig ist.

Die Grenzwerte für Fluchtabweichungen in Tabelle 4 der DIN 18202 sind wie auch die Grenzabweichungen und die Grenzwerte für Winkelabweichungen als diskrete Funktion mit abschnittsweise konstanten Werten angegeben. An den Wertebereichsgrenzen verspringt der **Funktionsverlauf** (vgl. Abb. A 5.39).

Die **Anwendung** der Grenzwerte für Fluchtabweichungen bei Stützen ist für Stützenreihen vorgesehen, die zwar in einer Ebene stehen und damit eine **virtuelle Ebene**, aber **keine geschlossene Fläche** bilden (z. B. Stahlbetonstützen im Rohbau als Schnittstelle zur Aufnahme einer vorgesetzten Fassadenkonstruktion). Ein wesentliches Merkmal für die Betrachtung dieser Art von Abweichungen ist, dass in der Ausführung zunächst eine gemeinsame Flucht angelegt werden kann (z. B. über die Endstützen einer Reihe). Die einzelnen Stützen einer Reihe zwischen diesen beiden

Endstützen können dann bei der Herstellung vor Ort bzw. bei der Montage nach dieser gemeinsamen Flucht ausgerichtet werden. Diese Vorgehensweise hat eine in Bezug auf Häufigkeitsverteilung und Größe spezifische Abweichung zur Folge.

Das **Modell der Fluchtabweichung** bei Stützen kann einschließlich der zugehörigen Grenzwerte **nicht** ohne Weiteres auf beliebige **andere bauliche Situationen** mit einer gemeinsamen Flucht für mehrere Bauteile **übertragen** werden. Dies sei am Beispiel eines Treppenhauses erläutert, bei dem die Treppenläufe der übereinanderliegenden Geschosse ein gemeinsames Treppenauge in einer einheitlichen Flucht über alle Geschosse bilden sollen. Bei der Ausführung eines Treppenhauses existiert zu Beginn die gemeinsame Flucht im Sinne einer bereits vorhandenen ersten und letzten Stütze einer Stützenreihe noch nicht – das oberste Geschoss als Endpunkt der Flucht kann erst als letztes Element der gesamten Reihe hergestellt werden. Die Ausführung der einzelnen Zwischenbauteile, z. B. der Geschossdecken bzw. Treppenpodeste, orientiert sich auch nicht primär an der gemeinsamen Flucht, sondern unterliegt in den unterschiedlichen Ebenen jeweils Abweichungen für Maße im Grundriss und im Aufriss sowie für Winkel im Aufriss. Art, Größe und statistische Verteilung der hierbei entstehenden Abweichung unterscheiden sich von dem Modell der Fluchtabweichung einer Stützenreihe, weshalb die Grenzwerte für Fluchtabweichungen bei Stützen für dieses Beispiel nicht automatisch Anwendung finden können.

Fluchtabweichungen nach Tabelle 4 der DIN 18202 können auch hinsichtlich der Größe der Grenzwerte nicht beliebig anderweitig herangezogen werden. Soweit sich für eine **Schnittstelle** besondere Anforderungen ergeben, steht – im Sinne des Grundsatzes der Bemessung von Toleranzen nach DIN 18202 – immer die **Situation des Einzelfalls** im Vordergrund. Bezogen auf das vorgenannte Beispiel des Treppenhauses bedeutet dies, dass vorrangige Genauigkeitsanforderungen an den fertigen Zustand (z. B. eine fluchtende Sichtachse innerhalb eines Treppenauges über alle Geschosse eines Treppenhauses) vor der Bauausführung mit Toleranzen und Bezugspunkten für die Lage der Toleranzräume festgelegt werden müssen. Dies kann auch eine Priorisierung unterschiedlicher Anforderungen umfassen.

Eine **alternative Beurteilung** von Maßabweichungen hinsichtlich der **Lage der einzelnen Stützen** kann nach den Regelungen für Grenzabweichungen gemäß DIN 18202, Tabelle 1, erfolgen. Die Genauigkeitsanforderung ist ggf. vorab für die Ausführung festzulegen.

Werden Stützenreihen durch eine **nachträgliche Ausfachung** zu **geschlossenen Flächen** ergänzt, so finden für die dann entstehenden, in sich geschlossenen Flächen die Regelungen zu Winkelabweichungen und Ebenheitsabweichungen Anwendung.

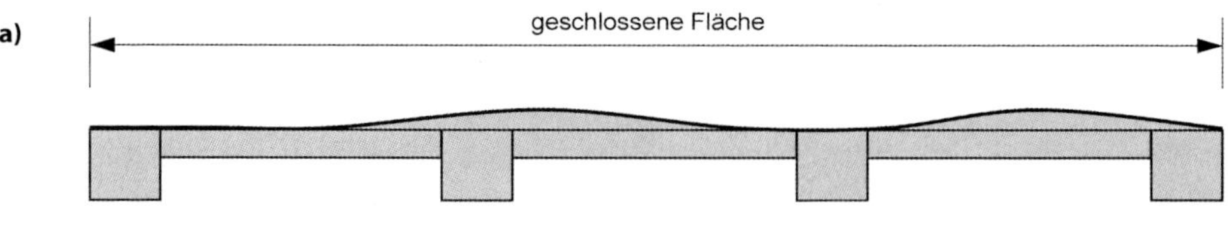

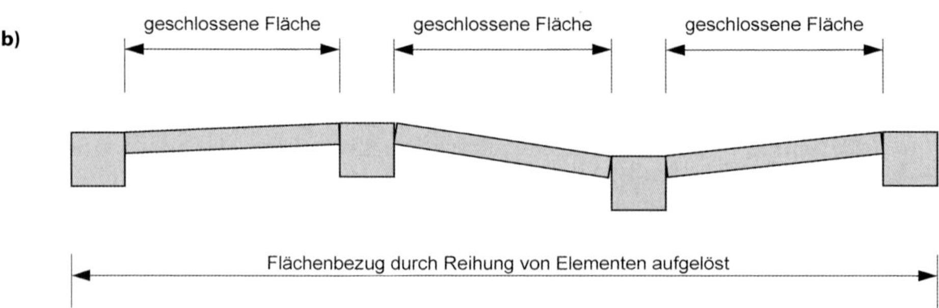

Abb. A 5.40: Beurteilung von (a) geschlossenen bzw. (b) aufgelösten Flächen, die von Stützenreihen gebildet werden

Wird die äußere Gestalt einer Fläche, die durch eine Stützenreihe mit Ausfachungen gebildet wird, auch im fertigen Zustand primär von der Position der einzelnen Stützen bestimmt, so ist die entstehende Gesamtfläche als eine Aneinanderreihung von Einzelflächen zu betrachten. In einem solchen Fall kann die Lage der Zwischenstützen nach den Regelungen über Fluchtabweichungen bei Stützen beurteilt werden. Für die Beurteilung der Ausfachungen zwischen jeweils 2 Stützen sind die Regelungen über Ebenheitsabweichungen anzuwenden (vgl. Abb. A 5.40).

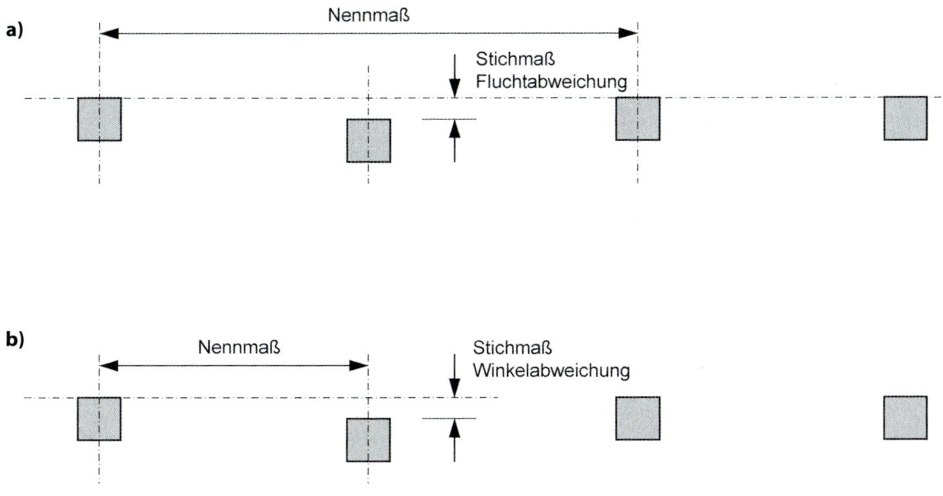

Abb. A 5.41: Nennmaßbezug (a) für die Fluchtabweichung einer Stützenreihe und (b) für die Winkelabweichung einer Einzelstütze

Fluchtabweichungen sind von Winkelabweichungen **abzugrenzen**. Die Zahlenwerte in Tabelle 4 „Grenzwerte für Fluchtabweichungen bei Stützen" sind die gleichen Zahlenwerte wie in Tabelle 2 „Grenzwerte für Winkelabweichungen". Die Grenzwerte für Fluchtabweichungen bei Stützen stellen dennoch ein schärferes Beurteilungskriterium als die **Grenzwerte für Winkelabweichungen** dar, weil Grenzwerte für Fluchtabweichungen jeweils auf den Abstand zwischen insgesamt 3 Stützen bezogen werden, wohingegen die Grenzwerte für Winkelabweichungen auf den einfachen Abstand zwischen den beiden betrachteten Punkten bezogen werden (vgl. Abb. A 5.41).

5.6 Fugen an Fügestellen

> **5.6 Fugen an Fügestellen**
>
> An Fügestellen bzw. Schnittstellen sind Toleranzen benachbarter Bauteile bzw. Leistungsbereiche durch eine Variation der Fugenbreite auszugleichen. Soweit an die Maße einer Fuge besondere Anforderungen gestellt werden, die einem Passungsausgleich entgegenstehen (z. B. die gestalterische Wirkung eines Fugenbildes), ist dies vor der Bauausführung festzulegen mit Angaben zum Toleranzausgleich in den angrenzenden Bauteilen.

Bei einer **Bauweise mit Fugen** kann jedes an eine Fügestelle angrenzende Bauteil mit Maßabweichungen in Bezug auf seine Form und Lage behaftet sein. Die in DIN 18202:2019-07 neu aufgenommene Regelung zum Umgang mit Toleranzen in Bezug auf die Geometrie einer Fügestelle mit einer **Fuge zwischen benachbarten Bauteilen** geht von dem gedanklichen Ansatz aus, dass im Standardfall primär die Bauteile nach ihrer Nennlage innerhalb des Koordinationsraumes ausgerichtet werden. Maßabweichungen der Teile treten damit an ihren Rändern auf (vgl. Abb. A 5.42). An aneinandergrenzenden Bauteilrändern wirkt sich dies auf die **Geometrie der Fügestelle** aus. Abweichungen der Bauteile müssen über eine Variation der Fugenbreite aufgenommen werden (vgl. Abb. A 5.43).

Für den **Standardfall** ohne eine bestimmte Ausführungsvorgabe sind die Maße der Fuge sind also nicht vorrangig, sondern unterliegen den Abweichungen der angrenzenden Teile. Das Nennmaß einer Fuge kann in Bezug auf Maßabweichungen nicht isoliert betrachtet werden. Diese **Rangfolge** für die Genauigkeit der Bauteile bzw. der Fuge wird in Abschnitt 5.6 der Norm klargestellt.

In der Baupraxis kann aber auch eine **vorrangige Anforderung an die Fugengeometrie** der Fuge gewollt sein, z. B. ein einheitliches optisches **Erscheinungsbild von Fugen** mit gestalterischer Wirkung (vgl. Abb. A 5.44) oder eine weitgehende Begrenzung möglicher Höhenversätze im Hinblick auf die Verkehrssicherheit einer Bodenfläche. Eine besondere Genauigkeitsanforderung an die Geometrie der Fügestelle kann vorrangig nur dann eingehalten werden, wenn die angrenzenden Teile nach der Fuge ausgerichtet werden. Dies hat Auswirkungen auf den Bezug der angrenzenden Teile innerhalb des Koordinationsraumes und damit auf die Lage des zu einem Bauteil zugehörigen Toleranzraumes. Ein Toleranzausgleich im Wege einer variablen Fugenbreite ist in diesen Fällen nicht oder nur eingeschränkt möglich. Die Rangfolge für die Genauigkeit der Bauteile bzw. der Fuge wird also umgekehrt. Im Sinne der DIN 18202 ist dies ein **Sonderfall**, der mit entsprechenden Vorgaben vor der Bauausführung, aus technischer Sicht also z. B. als Bestandteil einer Planung, festzulegen ist. Die sich daraus ergebenden Konsequenzen für einen Toleranzausgleich in den angrenzenden Bauteilen müssen Bestandteil einer solchen Festlegung für den Einzelfall sein.

Für das **Tolerieren einer Fügestelle** sind Größe und Richtung möglicher Maßabweichungen der angrenzenden Teile sowie zusätzlich zeit- und lastabhängige Verformungen und funktionsnotwendige Mindest- bzw. Höchstmaße zu erfassen. Für das Beispiel einer Anschlussfuge eines Fertigteil-Treppenlaufes in Massivbauweise an eine ebenfalls

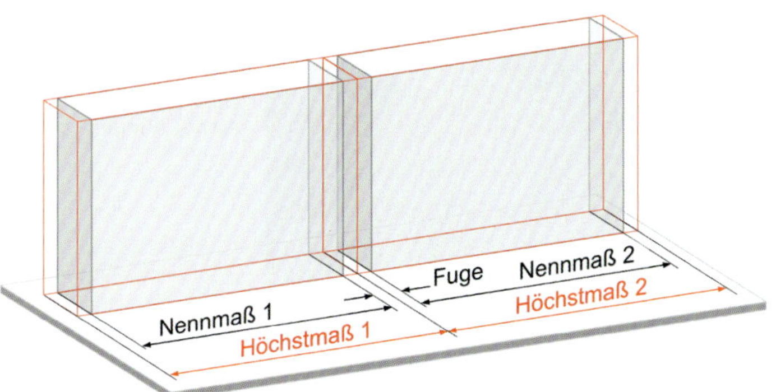

Abb. A 5.42: Schematische Darstellung einer Fügestelle mit Fuge

Abb. A 5.43: Beispiel einer Fügestelle mit Ausgleichsmöglichkeit (Standardfall)

Abb. A 5.44: Beispiel einer Fuge mit vorrangig optischen Anforderungen (Sonderfall)

Abb. A 5.45: Beispiel einer Fuge zwischen Treppenlauf und Geschossdecke mit Abweichungen

massive Geschossdecke mit schalltechnischer Entkoppelung sind dies Lageabweichungen des Konsolauflagers auf der Geschossdecke, Lage- und Formabweichungen des Fertigteils an seinem Auflager, Verformungen des Fertigteils unter Last sowie aus Kriechen und Schwinden im eingebauten Zustand und ein dauerhaft verbleibender Fugenraum zur Sicherstellung einer schalltechnischen Trennung (vgl. Abb. A 5.45).

Die **Boxgröße** einer Fügestelle wird zunächst bestimmt durch die nennmaßabhängigen Toleranzen für Form und Lage der angrenzenden Bauteile und die sich daraus ergebenden Grenzlagen. Die zu berücksichtigenden Abweichungen können mehrdimensional sein, z. B. zweidimensional für den Querschnitt eines Fugenraumes (vgl. Abb. A 5.46, Abb. A 5.47, Abb. A 5.48 und Abb. A 5.49).

Bei **fugenloser Bauweise** steht ein Fugenraum für den Toleranzausgleich planmäßig nicht zur Verfügung. Abweichungen von Form und Lage eines Bauteils wirken sich deswegen unmittelbar auf die Lage der Fügestelle innerhalb des Koordinationsraumes und auch auf die Lage des angrenzenden Bauteils aus. Dies erfordert einen Toleranzausgleich entweder in der Form einzelner Bauteile (z. B. über Passstücke) oder in der Lage einzelner Bauteile (z. B. Anordnung zweier Bauteile in Randlage mit Grenzbezug und Toleranzausgleich über den jeweils freien Bauteilrand) oder in Form und Lage der Bauteile (z. B. bei einer Reihung unterschiedlicher Bauteile mit Übermaß bzw. Untermaß innerhalb einer Maßkette).

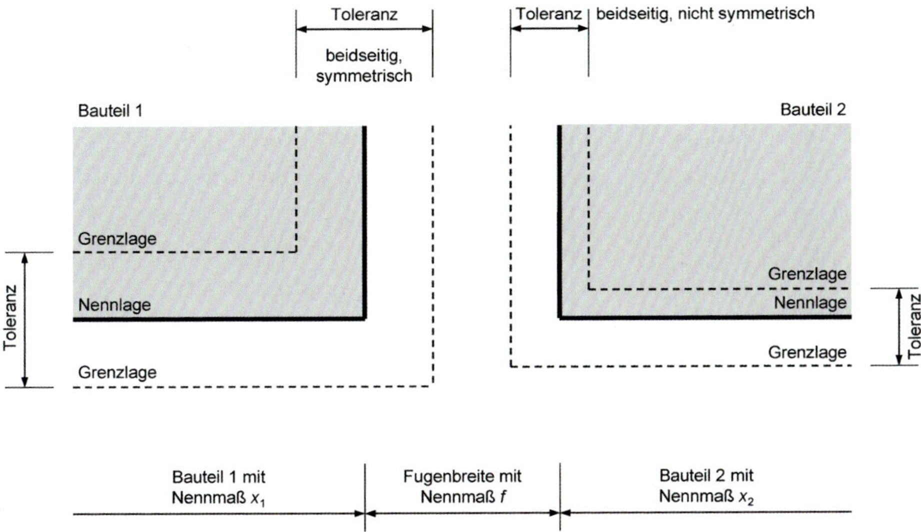

Abb. A 5.46: Schematische Darstellung einer Fügestelle mit Nennlage der Bauteile und Nennfugenbreite

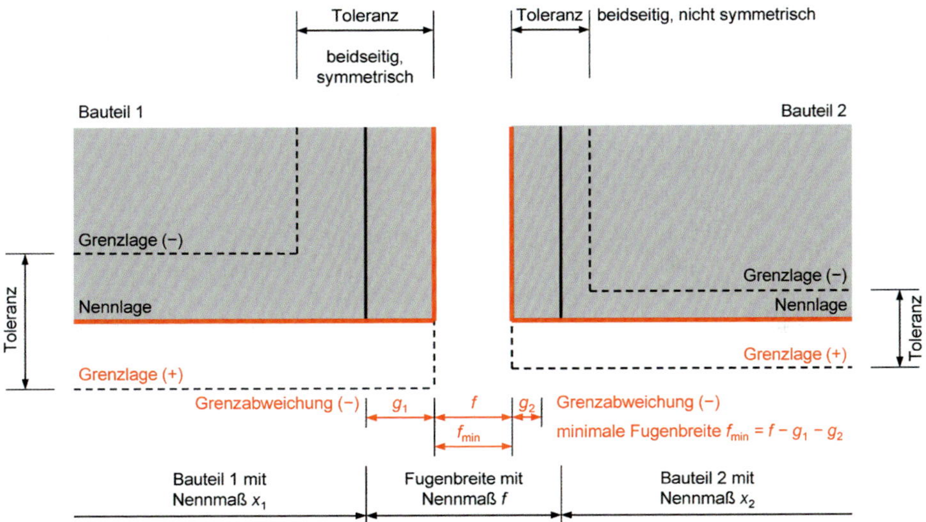

Abb. A 5.47: Schematische Darstellung einer Fügestelle mit Grenzlage der Bauteile und minimaler Fugenbreite

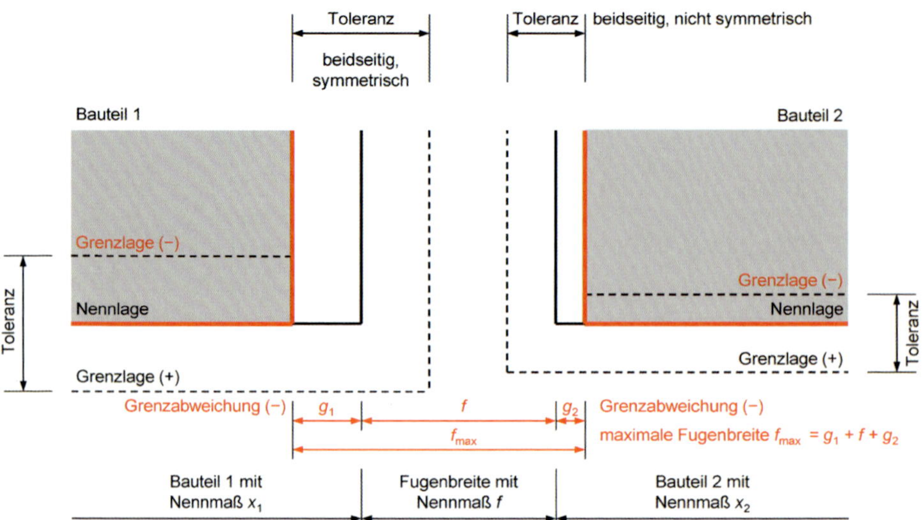

Abb. A 5.48: Schematische Darstellung einer Fügestelle mit Grenzlage der Bauteile und maximaler Fugenbreite

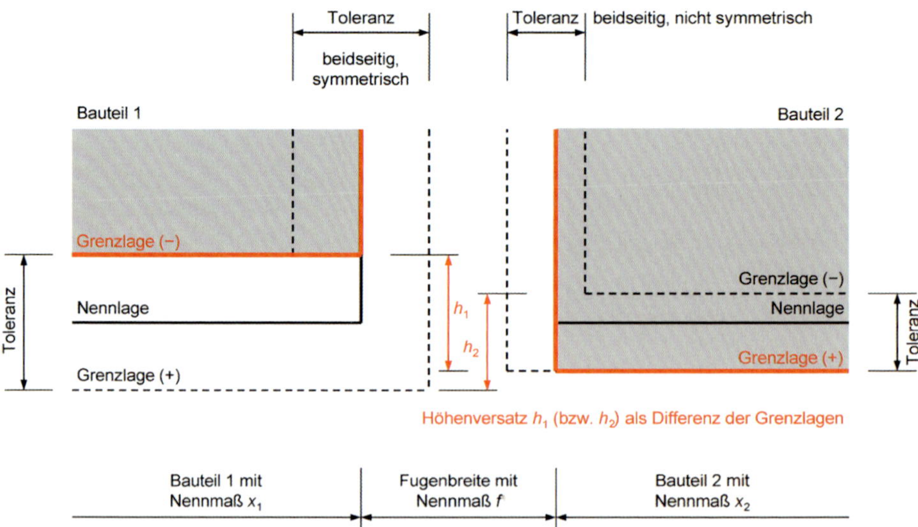

Abb. A 5.49: Schematische Darstellung einer Fügestelle mit Grenzlage der Bauteile, Nennfugenbreite und maximalem Höhenversatz

6 Prüfung

6.1 Allgemeines

> **6.1 Allgemeines**
>
> Die Einhaltung von Toleranzen ist nur zu prüfen, wenn es erforderlich ist.
>
> Die Prüfungen sind wegen der zeit- und lastabhängigen Verformungen so früh wie möglich durchzuführen, spätestens jedoch bei der Übernahme der Bauteile oder des Bauwerks durch den Folgeauftragnehmer oder unmittelbar nach Fertigstellung des Bauwerks.
>
> Die Wahl des Messverfahrens bleibt dem Prüfer überlassen. Das angewandte Messverfahren und die damit verbundene Messunsicherheit sind anzugeben und bei der Beurteilung zu berücksichtigen.

6.1.1 Anlass der Prüfung

Die Einhaltung von Toleranzen ist erforderlich, um die vorgesehene Funktion und Verwendung eines Bauwerks oder Bauteils auch mit unvermeidbaren Abweichungen sicherzustellen. Dieses **Ziel** kann technische Funktionen, gestalterische Funktionen und baurechtliche Bestimmungen umfassen. Anforderungen an eine bestimmte Genauigkeit sollen nur orientiert an dem Zweck der Bauaufgabe gestellt werden – also dort, wo es nach Funktion und Verwendung erforderlich ist.

Dieser **Grundsatz der Erforderlichkeit nach dem Zweck** gilt auch für die Prüfung von Maßabweichungen auf die Einhaltung der Toleranzen nach DIN 18202. Eine Prüfung soll nur durchgeführt werden, wenn es erforderlich ist. In DIN 18202 wird damit klargestellt, dass es für die Überprüfung eines oder mehrerer Maße einen konkreten Anlass geben soll. Auch dieser muss einen Bezug zur vorgesehenen Funktion und Verwendung haben.

Ein **funktionsbezogener Anlass** für eine Prüfung ist beispielsweise gegeben, wenn ein Bauteil nur durch zusätzliche Anpass- oder Nacharbeiten eingefügt werden kann und das vorgesehene Passungsspiel in der Ausführung nicht ausreicht.

Nach **technischer Auffassung** besteht das **Erfordernis zur Prüfung** der Maßabweichungen immer dann, wenn durch eine Nichteinhaltung von Toleranzen die Eignung eines Bauteiles oder des Bauwerks für eine vorgesehene **Funktion oder Verwendung beeinträchtigt** wird. Dies schließt neben einer bereits aufgetretenen fehlenden Passung auch eine mögliche **Fehlpassung**, die in der weiteren Ausführung vermieden werden soll, ein. Darüber hinaus soll mit der Einhaltung von Toleranzen ein bestimmter **Standard hinsichtlich der Maßhaltigkeit** eines Bauteils oder Bauwerks sichergestellt werden. Zweck der Prüfung ist damit einerseits die Feststellung bereits aufgetretener Maßabweichungen, andererseits eine vorbeugende Kontrolle zur Vermeidung von Maßabweichungen, welche die spätere Funktion beeinträchtigen könnten. Der **Anlass zur Prüfung** kann sich damit sowohl auf einen bereits vorhandenen Zustand als auch auf einen erst noch herzustellenden Zustand beziehen.

Der **Intention** der DIN 18202, wonach die Einhaltung von Toleranzen erforderlich ist, um die vorgesehene Funktion zu erfüllen, ist aus technischer Sicht ausreichend Rechnung getragen, wenn eben Funktion und Zweckbestimmung erreicht sind, ohne dass dabei die vorgesehenen Toleranzen an jeder Stelle zwingend eingehalten sind. Nicht die Einhaltung der Toleranzen um der Maßhaltigkeit willen, sondern die **Zweckbestimmung** steht im Vordergrund. Sind also die Funktion oder die Tauglichkeit eines Bauteils oder Bauwerks zu dem vorgesehenen Zweck gegeben, so besteht aus technischer Sicht kein Anlass für eine Prüfung der Maßhaltigkeit. Toleranzüberschreitungen, die der Funktion bzw. Verwendung nicht entgegenstehen, sollen im Sinne der DIN 18202 dann nicht als Fehler festgestellt werden. Ein **maßgeblicher Fehler** liegt also dort vor, wo eine beabsichtigte Passung, eine vorgesehene Funktion oder ein notwendiger Genauigkeitsstandard nicht mehr gegeben ist, weil Toleranzen überschritten wurden. Bleibt das Überschreiten einer zulässigen Maßabweichung für die Funktion des Bauwerks ohne Auswirkungen, so soll dies nach technischer Auffassung auch keinen Fehler im Sinne der DIN 18202 darstellen. Dementsprechend ist bereits die Prüfung auf einen konkreten Anlass zu beschränken.

Die Formulierung in DIN 18202, dass die Einhaltung von Toleranzen nur zu prüfen ist, wenn es erforderlich ist, stellt damit klar, dass die Beschränkung von Maßabweichungen mit der Formulierung von Toleranzen **Mittel zum Zweck**, nicht aber Selbstzweck ist. In der Baupraxis verbleibt damit aber durchaus ein Graubereich ohne abschließende normative Regelung, wann geprüft werden soll und darf. Vorbeugende Prüfungen sind erforderlich, um nachteilige Fehlpassungen rechtzeitig zu vermeiden. Der notwendige Anlass für eine Prüfung setzt aber auch eine stichhaltige Begründung für den Einzelfall voraus. Nicht im Sinne der DIN 18202 und aus technischer Sicht nicht gewollt ist die Feststellung von Toleranzüberschreitungen, wenn sich hieraus ein Nachteil für die Funktion und den Gebrauch der Sache nicht ergibt.

Unabhängig von der aus technischer Sicht formulierten Absicht der Norm ist in jedem Einzelfall auch der jeweilige **vertragsrechtliche** Aspekt für die Bauausführung zu beachten. Hierbei ist auf das aus rechtlicher Sicht geschuldete **Bausoll** in Bezug auf die Maßhaltigkeit und die Begrenzung von Maßabweichungen abzustellen.

Der Anlass für eine Prüfung auf Maßabweichungen kann neben einem bereits eingetretenen Passungsproblem oder einer zu vermeidenden Fehlpassung auch eine **optisch deutlich erkennbare Maßabweichung** sein, z. B. eine augenscheinlich auffällige Winkelabweichung oder Ebenheitsabweichung. Die augenscheinliche Prüfung stellt mit das wichtigste Prüfverfahren dar, um Toleranzüberschreitungen rechtzeitig festzustellen. Abweichungen außerhalb einer im Standardfall üblichen Toleranz können sich nachteilig auf das optische Erscheinungsbild und damit auf die gestalterische Funktion im Rahmen der vorgesehenen Funktion und Verwendung eines Bauteils oder Bauwerks auswirken. Ein Beispiel hierfür sind augenfällig erkennbare Geometrieabweichungen, die bei einer durchschnittlich sorgfältigen Ausführung nicht zu erwarten wären und deswegen als Nachteil wahrgenommen werden. Allerdings sind die Toleranzen nach DIN 18202 für diesen Fall nur eingeschränkt als Maßstab geeignet. Auf die Ausführungen zu den Grenzen ihres Anwendungsbereiches und zur **Beurteilung optischer Mängel** in Teil B des vorliegenden Buches wird verwiesen.

6.1.2 Umfang der Prüfung

Bei der Ausführung aufeinanderfolgender Gewerkeleistungen mit fortschreitender Genauigkeit der bearbeiteten Oberflächen kann eine Korrektur von Maßabweichungen jeweils nur im Rahmen der Möglichkeiten eines Gewerkes vorgenommen werden. Aus technischer Sicht kann jedes Gewerk primär nur für den eigenen **Leistungsbereich** verantwortlich gemacht werden. Es gilt deshalb der Grundsatz, dass – nach technischer Auffassung – vor Ausführungsbeginn die Vorleistung auf eine geeignete Beschaffenheit für die vorgesehene nachfolgende Leistung zu prüfen ist und dass Fehler in der Vorleistung vor dem Ausführungsbeginn der nachfolgenden Leistung anzuzeigen sind. Der rechtliche Aspekt einer Prüfpflicht vor Beginn einer Leistung und der Verteilung der Verantwortlichkeit für Fehler, die mehrere aufeinanderfolgende Gewerke betreffen, ist hiervon unabhängig zu betrachten. Aus dem Grundsatz, dass nur dort zu prüfen ist, wo es einen begründeten Anlass unter dem Aspekt des Funktionsbezugs gibt, resultiert nach technischer Auffassung eine eingeschränkte Prüfung. Werden also Maßabweichungen im Untergrund, die nicht offensichtlich zutage treten, nicht erkannt und mangels konkretem Anlass auch nicht geprüft, bei fertiger Bekleidung jedoch offensichtlich, so war dies aus technischer Sicht vorab nicht zwingend erkennbar. Der Umfang der **Pflicht zur Prüfung einer Vorleistung**, die Frage einer schuldhaften Verletzung der Prüfpflicht und die Frage nach der Verantwortung für einen Fehler, der erst nach der Ausführung erkannt wurde, stellen jeweils eine Rechtsfrage dar, zu der hier keine abschließende Stellungnahme erfolgt. Es sei jedoch darauf hingewiesen, dass ein Fehler in einer fertigen Oberfläche, der bereits auf einer fehlerhaften Vorleistung, z. B. einer Überschreitung der Grenzwerte für Maßabweichungen des Untergrundes, beruht, nach technischer Auffassung nicht zwingend vor dem Aufbringen der oberflächenfertigen Bekleidung zu prüfen war. Der Umfang der notwendigen Prüfung lässt sich nur für den Einzelfall konkret bestimmen. Zur Vermeidung von Auseinandersetzungen wird daher empfohlen, den Umfang der Prüfung und die Prüfkriterien im Vorfeld der Ausführung festzulegen und für die Ausführung und die spätere Nachkontrolle verbindlich vorzugeben.

6.1.3 Zeitpunkt der Prüfung

Die **Prüfung** einer Maßabweichung ist wegen der in der Regel unvermeidbaren zeit- und lastabhängigen Verformungen **so früh wie möglich** durchzuführen. Damit wird sichergestellt, dass der zu prüfende Istzustand in weit überwiegendem Maße **ausführungsbedingte Maßabweichungen** aufweist. Dies ermöglicht einen direkten Vergleich mit den Grenzwerten für Maßabweichungen nach DIN 18202, da diese ausschließlich für die Ausführung gelten.

Die Formulierung in DIN 18202, Abschnitt 6.1, enthält bezüglich des Zeitpunktes der Prüfung den Hinweis, dass diese spätestens bei der **Übernahme** der Bauteile oder des Bauwerks durch den Folgeauftragnehmer oder bei der **Fertigstellung** vorgenommen werden soll. Diese zeitliche Festlegung geht von der üblichen **Abfolge einzelner Gewerke** im Zuge einer Baumaßnahme aus. Die Prüfung der Maßhaltigkeit soll auf die Ausführung jeweils eines Gewerkes begrenzt werden, um eine eventuelle Maßabweichung unmittelbar der Ausführung zuordnen zu können. Die Zuordnung der Verantwortlichkeit wird dadurch vereinfacht. Auch wird die Korrektur eines Fehlers unmittelbar nach der Ausführung eines Teilschrittes, z. B. der Leistung eines Gewerkes, dann mit minimalem Aufwand durchzuführen sein, wenn nachfolgende Gewerke noch nicht zur Ausführung gekommen sind. Die Orientierung des Prüfungszeitpunktes nach dem **Zeitpunkt einer wechselnden Zuständigkeit** innerhalb des Bauprozesses lässt sich in gleicher Weise auf den Zeitpunkt der Fertigstellung und Übergabe an den Nutzer übertragen.

Der Zeitpunkt der Prüfung ist begrifflich mit der Fertigstellung einer Leistung verbunden. Damit ist die handwerkliche Fertigstellung und nicht die rechtsgeschäftliche Abnahme einer Leistung gemeint. Der Begriff „Bauabnahme“ ist in rechtlicher Hinsicht mit einer Definition belegt. Der Zeitpunkt der **Abnahme im rechtlichen Sinne** ist daher nicht unbedingt identisch mit dem Zeitpunkt der Fertigstellung. Die rechtliche Abnahme kann auch erheblich später als die tatsächliche Fertigstellung eintreten. Mit dem Bezug auf den Begriff der Fertigstellung wird klargestellt, dass der Zeitpunkt der Prüfung auf die Ausführung zu beziehen ist und nicht etwa auf die Bauabnahme im rechtlichen Sinne. Damit wird der enge zeitliche Bezug zwischen der Ausführung und der Überprüfung der Ausführung ausgedrückt.

Messungen, die erst mit einem deutlichen **zeitlichen Abstand nach dem Ende der Ausführung** der jeweiligen Leistungen vorgenommen werden, ergeben eine Maßabweichung als Kombination ausführungsbedingter sowie zeit- und lastabhängiger Anteile. Solche Messergebnisse können nach einer Reduzierung um die zeit- und lastabhängigen Anteile auch zu einem **späteren Zeitpunkt** mit den Grenzwerten für die ausführungsbedingten Maßabweichungen nach DIN 18202 verglichen werden. Allerdings ist hierbei zu bedenken, dass der Anteil zeit- und lastabhängiger Verformungen baupraktisch im Standardfall nur mit einer vergleichsweise großen Unschärfe abgeschätzt werden kann. Dies hat zur Folge, dass eine hinreichend sichere Unterscheidung zwischen ausführungsbedingten und nicht ausführungsbedingten Abweichungen – und damit eine Zuordnung zu den Grenzwerten nach DIN 18202 – für die Größenordnung üblicher Grenzwerte häufig nicht möglich ist.

Für die **Beurteilung der Ebenheitsabweichungen einer Bodenfläche** nach DIN 18202 sind die Prüfungen so früh wie möglich vorzunehmen, um zeit- und lastabhängige Verformungen weitgehend auszuschalten. Nach einer Entscheidung des OLG Karlsruhe (OLG Karlsruhe, Urteil vom 7.11.2001 – 7 U 87/97, BauR 2003, 98) kann aus der Forderung nach einer möglichst frühzeitigen Prüfung jedoch nicht geschlossen werden, dass **spätere Messungen** des Prüfers nicht mehr herangezogen werden können. Es komme vielmehr entscheidend auf die fachliche Beurteilung des Prüfers an, die z. B. in einer entsprechenden Korrektur der erst spät festgestellten Messergebnisse (in diesem Fall 2 mm) ihren Ausdruck finden kann.

6.1.4 Zeit- und lastabhängige Verformungen

Die nach der Fertigung und dem Einbau zusätzlich auftretenden **inhärenten Maßveränderungen** durch **Kriechen, Schwinden und Quellen** sind in den Toleranzen nach DIN 18202 nicht berücksichtigt. Sie müssen daher zusätzlich zu den Ausführungstoleranzen nach DIN 18202 Eingang in die Bemessung von Passungen finden. Einflussfaktoren für die Größe der inhärenten Maßveränderungen sind die Belastung des Bauwerks, die Steifigkeit der verwendeten Stoffe und Teile und die im Gebrauchszustand des Bauwerks langfristig vorherrschenden klimatischen Randbedingungen.

Bauteile erfahren **lastabhängige Formänderungen** unter Einwirkung von Eigengewicht und Verkehrslasten als langfristige plastische Verformung. Temporär einwirkende Lastanteile, z. B. aus Verkehrslast oder Schneelast, haben Verformungen mit elastischem und plastischem Anteil zur Folge. Bei der Beanspruchung von Tragwerksteilen durch Windlast oder Erschütterungen können zudem kurzzeitige Belastungszustände auftreten, die einen überwiegend elastischen Verformungsanteil zur Folge haben (z. B. tragende Bauteile in Glasfronten). Das Maß der zu erwartenden Verformungen aus äußerem Lastangriff kann mittels **Durchbiegungsberechnungen** anhand der Materialkennwerte abgeschätzt werden. Hierbei ist zu beachten, dass die Genauigkeit eines Berechnungsergebnisses nicht größer als die Genauigkeit der Eingangsdaten sein kann. Die Berechnung von Tragwerken beruht auf der Annahme von **Berechnungsmodellen**. Diese können die tatsächlich vorherrschenden Verhältnisse nur mit einer hinreichenden Annäherung widerspiegeln. Die Materialkennwerte der verwendeten Stoffe unterliegen dem Einfluss einer statistischen Streuung. Kennwerte stellen daher immer einen statistischen Wert dar, der die Streuung der Einzelwerte berücksichtigt. Berechnungsannahmen über das Tragverhalten und Stoffkennwerte sind also stets mit einer gewissen Unschärfe behaftet, die ebenfalls nur abgeschätzt werden kann. Dieser Umstand ist bei der Ermittlung von Zahlenwerten für lastabhängige Formänderungen zu berücksichtigen.

Feuchtebedingte Formänderungen sind bei **mineralischen Baustoffen** infolge von Kriechen und Schwinden nach der Herstellung zu berücksichtigen. Bei nachträglicher zusätzlicher Feuchtigkeitsaufnahme ist auch ein Quellen möglich. Insbesondere für alle wassergebundenen Baustoffe ist zu beachten, dass nur ein Teil des Anmachwassers bei der Herstellung und Verarbeitung der Baustoffe in den Stoffen chemisch gebunden werden kann und dass das verbleibende Überschusswasser langfristig wieder vom Baustoff abgegeben werden muss. Der **Austrocknungsprozess** wassergebundener Baustoffe ist in der Regel nach einem Zeitraum von bis zu ca. 4 Jahren nach Bauausführung bis auf ein vernachlässigbares Restmaß abgeklungen; die langfristig vorherrschenden Feuchtigkeitsverhältnisse in Baustoff und Umgebungsluft haben sich dann im Wesentlichen angeglichen. Dieser Zustand wird als **Gleichgewichtsfeuchte** bezeichnet. Bei Holzbauteilen sind in der Hauptsache die Formänderungen durch Feuchtigkeitsänderungen zu beachten. Sie sind in den einschlägigen technischen Regelwerken angegeben. In der Ausführung treten infolge eines geänderten Feuchtegehaltes insbesondere Verkürzungen auf, z. B. von Stahlbetonbauteilen, von Estrichplatten oder von Querschnittsmaßen bei Holzbauteilen, wenn deren Einbaufeuchte deutlich größer als die Gleichgewichtsfeuchte war.

Größenordnungen für **Längenänderungen** können der nachfolgenden Aufstellung entnommen werden (vgl. Tabelle A 6.1).

Tabelle A 6.1: Schwindmaße von Baustoffen

mineralische Baustoffe	**Endschwindmaße in mm/m**
Normalbeton, allgemein im Freien[1]	ca. –0,4 bis –0,2
Normalbeton, in Innenräumen[1]	ca. –0,6 bis –0,4
Spannbeton, im Freien[1]	ca. –0,22 bis –0,15
Spannbeton, in Innenräumen[1]	ca. –0,31 bis –0,19
Mauerziegel[2]	–0,1 bis +0,3 Rechenwert: 0,0
Kalksandstein[2]	–0,3 bis –0,1 Rechenwert: –0,2
Betonsteine[2]	–0,3 bis –0,1 Rechenwert: –0,2
Leichtbetonsteine, Normalmauermörtel[2]	–0,6 bis –0,2 Rechenwert: –0,4
Leichtbetonsteine, Leichtmauermörtel[2]	–0,6 bis –0,3 Rechenwert: –0,5
Porenbetonsteine, Dünnbettmörtel[2]	–0,2 bis +0,1 Rechenwert: –0,1
Holz	**Schwind- bzw. Quellmaß bei Änderung des Feuchtegehalts um 1 % in mm/m**
Fichte, Kiefer, Tanne (senkrecht zur Faser)	2,4[3]
Buche (senkrecht zur Faser)	3,0[3]
allgemein, parallel zur Faser	0,1[3]

[1] angegebene Werte aus DIN EN 1992-1-1:2011-01
[2] angegebene Werte aus DIN EN 1996-1-1/NA:2019-12, Tabelle NA.14
[3] halbe Werte bei behindertem Schwinden und Quellen

Temperaturbedingte Formänderungen treten auf, wenn Baustoffe wechselnden Temperatureinwirkungen unterliegen und eine spezifische **Volumenveränderung** erfahren. Längenänderungen infolge wechselnder Temperatur können in der Größenordnung wie in der Tabelle A 6.2 angegeben berücksichtigt werden.

Inhärente, zeit- und lastabhängige Formänderungen gehen in der Regel linear mit einer Addition der einzelnen Komponenten in die **Passungsberechnung** ein. Induzierte, also ausführungsbedingte Maßabweichungen werden hingegen unter Ausnutzung wirtschaftlicher Herstellungsmethoden in der Passungsberechnung nach dem Fehlerfortpflanzungsgesetz in Anrechnung gebracht.

Tabelle A 6.2: Mittlere Wärmeausdehnung nach Hohmann, 2010

Baustoff		**mittlere Wärmeausdehnung in mm/(m × K)**
mineralische Baustoffe	Beton	0,009 bis 0,012
	Gasbeton	0,006 bis 0,008
	Kalksandsteine	0,008
	Mauerziegel	0,006
	Klinker, Vollklinker	0,003 bis 0,005
	Ziegel, Fliesen	0,005 bis 0,008
	Leichtbetonsteine	0,010
	Leichtbetonsteine mit Blähtonzuschlag	0,008
	porosierte Leichthochlochziegel	0,005 bis 0,007
	Betonsteine	0,010
	Porenbetonsteine	0,008
	Porenbeton	0,008
	Edelputze	0,005 bis 0,009
Metalle	Stahl	0,012
	Eisen	0,123
	Aluminium	0,024
	Kupfer	0,017
Natursteine	Granite	0,005 bis 0,011
	Kalksteine	0,004 bis 0,012
	Sandsteine	0,008 bis 0,012
	Marmor	0,005
Dämmstoffe	Polystyrol-Hartschaum	0,068
	Polyurethan-Hartschaum	0,070
	Schaumglas	0,009
Holz	Vollholz parallel zur Faser	0,003 bis 0,010
	Vollholz senkrecht zur Faser	0,025 bis 0,060
Kunststoffe	PVC hart	0,070 bis 0,080
	PVC weich	0,125 bis 0,180
Sonstiges	Glas	0,008 bis 0,009

Formänderungen sind **konstruktiv zu berücksichtigen**. Zeit- und lastabhängige Verformungen, die erst im Gebrauchszustand auftreten, müssen in den Anschlüssen zu anderen Bauteilen dauerhaft schadlos aufgenommen werden können. Die **Anschlüsse** müssen dementsprechend in der Richtung der Verformung verschieblich ausgebildet werden. Dies kann z. B. geschehen durch

- Schlaufen und Falten in Abdichtungen, die Bewegungsfugen im Untergrund überbrücken,
- nachträgliches Ausmauern nicht tragender Wände ohne kraftschlüssigen Deckenanschluss, z. B. durch Einlage eines Mineralfaserstreifens,
- Anputzen der Deckenanschlüsse nicht tragender Mauerwerkswände mit Kellenschnitt und elastisches Ausfugen der Deckenkehle,
- Anschluss von Trockenbauwänden und Trockenbauvorsatzschalen an Massivwände mit zwischengelegten Mineralfaserstreifen,
- Abhängen von Dachuntersichtbekleidungen aus Gipskarton oder Holzdachstühlen mit Federbügeln.

6.1.5 Messverfahren, Messgeräte und Messunsicherheit

Maßkontrollen in der laufenden Bauausführung haben den **Zweck** sicherzustellen, dass die für den fertigen Zustand eines Gebäudes geforderten Maße und Maßgenauigkeiten am Ende der Abfolge der einzelnen Bauleistungen auch tatsächlich erreicht werden. Es ist deshalb erforderlich, die Zwischenstadien der Bauausführung, z. B. die **Abfolge einzelner Gewerkeleistungen** nacheinander, jeweils auf die Einhaltung der Maßgenauigkeiten zu kontrollieren. Abweichungen von den vorgesehenen Maßen können auf diese Weise frühzeitig festgestellt, dem jeweiligen **Verursacher** zugeordnet und bei den nachfolgenden Ausführungsschritten berücksichtigt werden. Maßkontrollen stellen also eine laufende Tätigkeit während der gesamten Bauausführung dar.

Die **Auswahl des Messverfahrens** bleibt dem Prüfer überlassen. Mit der Formulierung dieses Grundsatzes in DIN 18202, Abschnitt 6.1, ist sichergestellt, dass der **Prüfer** ausgehend vom konkreten Anlass für die Vornahme einer Prüfung ein Messverfahren auswählen kann, mit dem die aufgetretene Beanstandung am zutreffendsten beurteilt werden kann. Messgerät, Messverfahren und Umfang der Messung sind also im Einzelfall festzulegen. Diese Vorgehensweise setzt voraus, dass der Prüfer über eine ausreichende Kenntnis der Toleranznorm verfügt und sachkundig ein **Beurteilungsmodell** aus den grundsätzlichen Regelungen dieser Norm entwickeln kann.

Das **Messverfahren** kann tatsächlich auch dem Prüfer überlassen bleiben, weil es **nicht ergebnisentscheidend** sein darf. Wird beispielsweise eine Fläche mit 2 unterschiedlichen Prüfverfahren unter Verwendung unterschiedlicher Messpunkte und/ oder Messpunktabstände auf Ebenheitsabweichungen untersucht, so sind zunächst differierende Ergebnisse zu erwarten. Ursächlich hierfür sind Unterschiede in der Grundgesamtheit der Messpunkte und vom jeweiligen Prüfverfahren abhängige Unsicherheiten. Wird bei jeder Messung eine ausreichend große Anzahl von Messpunkten verwendet, dann wird diese Stichprobe die tatsächliche Situation unter statistischen Aspekten hinreichend genau beschreiben. Werden zusätzlich die verfahrensabhängigen Unsicherheiten bzw. die dadurch verursachte Unschärfe in der Auswertung der Messergebnisse berücksichtigt, dann können die Ergebnisse der unterschiedlichen Verfahren miteinander verglichen werden. Dies bedeutet, dass wegen der **Berücksich-**

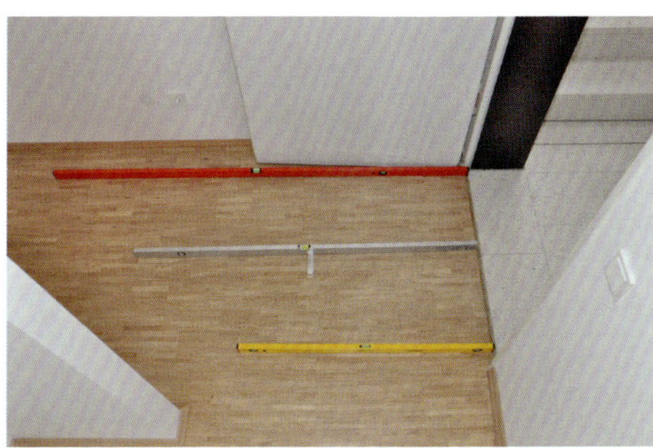

Abb. A 6.1: Beispiel für Richtlatten/Wasserwaagen verschiedener Längen und Messkeil

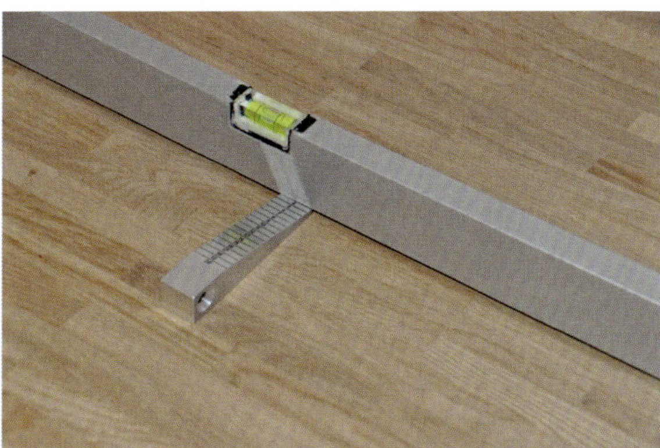

Abb. A 6.2: Beispiel für einen Messkeil mit oberseitiger Millimeterteilung

tigung der verfahrensspezifischen Unsicherheiten der Einfluss des Verfahrens selbst nicht zum Tragen kommt, das gewählte Messverfahren also nicht entscheidend ist.

Soweit für **ausgewählte Nennmaße** die Einhaltung einer vorab festgelegten Maßabweichung von besonderer Bedeutung ist, ist es zweckmäßig, hierfür bereits in der Planungsphase Messpunkte und ein Messverfahren zu definieren und für die Ausführung vorzugeben. Mit dieser Vorgehensweise kann sichergestellt werden, dass die Vermessung wichtiger Punkte, z. B. der Ausgangs- und Orientierungspunkte nachgeordneter Koordinationsräume, mit einer vergleichsweise hohen und bekannten Genauigkeit durchgeführt werden kann.

Als **Messgeräte** für das Messen und Vermessen auf der Baustelle sowie bei der Herstellung von Bauteilen stehen heute eine Reihe von Messwerkzeugen und Messgeräten zur Verfügung, die sich grob in 3 Gruppen einteilen lassen:

- **einfache Messwerkzeuge:**
  - Richtschnur
  - Lot mit Schnur
  - Gliedermessstab, Messlatten aus Holz
  - Richtlatte, Wasserwaage (vgl. Abb. A 6.1)
  - Schlauchwaage
  - Messkeil, Schieblehre (vgl. Abb. A 6.2)
  - Stahlwinkel

Abb. A 6.3: Beispiel für eine Entfernungsmessung mit einem Distanzlasermessgerät (Quelle: Hilti Deutschland GmbH, Kaufering)

Abb. A 6.4: Beispiel für das Anlegen von Messhilfslinien mit einem Linienlasergerät

Abb. A 6.5: Beispiel für das Anlegen von Messhilfslinien mit einem Linienlasergerät (Quelle: Hilti Deutschland GmbH, Kaufering)

Abb. A 6.6: Beispiel für eine Höhenkontrolle mittels Rotationslasergerät (Quelle: Hilti Deutschland GmbH, Kaufering)

Abb. A 6.7: Beispiel für das Anlegen einer horizontalen Messhilfslinie bzw. einer vertikalen Messhilfsebene mit einem Rotationslasergerät (Quelle: Hilti Deutschland GmbH, Kaufering)

- **optische Vermessungsgeräte:**
  - optisches Nivelliergerät und Nivellierlatten
  - optischer Theodolit
- **Lasermessgeräte:**
  - Distanzlasermessgerät (vgl. Abb. A 6.3)
  - Linienlasergerät (vgl. Abb. A 6.4 und Abb. A 6.5)
  - Rotationslasergerät (vgl. Abb. A 6.6 und Abb. A 6.7)
  - 3-D-Laserscanner
  - elektronischer Theodolit

Messergebnisse unterliegen einer Vielzahl von zufallsbedingten Einflüssen, die das Ergebnis verfälschen. **Fehlerquellen** sind die Messgeräte und das Messverfahren, aber auch Umwelteinflüsse (z. B. Witterungs- und Belichtungsverhältnisse), Einflüsse aus dem Können des Beobachters (z. B. Aufmerksamkeit, Übung, Sehschärfe) und Irrtümer, z. B. durch Irrtümer des Beobachters oder durch ein ungeeignetes Mess- oder Auswerteverfahren. Zudem unterliegen die möglichen Fehlerquellen einer Veränderung über die Zeit.

Die bei der Messung entstehenden Fehler werden nach **Fehlerart** unterschieden in

- erfassbare systematische Fehler,
- nicht erfassbare systematische Fehler,
- zufällige Fehler und
- grobe Fehler.

Messabweichungen eines Messgerätes sind derjenige Beitrag zur Messabweichung, der durch ein Messgerät verursacht wird. Der Grenzbetrag für die Messabweichung eines Messgerätes, d. h. der Betrag für die untere oder obere Grenzabweichung des Gerätes bzw. die äußerste zulässige gerätebedingte Abweichung, wird als **Fehlergrenze des Gerätes** bezeichnet. **Systematische gerätebedingte Messabweichungen** können durch wiederholte Messungen erfasst werden. Die bekannte Größe dieser Fehler lässt eine Korrektur des Messergebnisses zu.

Zufällige Fehler beim Messen werden von nicht erfassbaren Einflüssen hervorgerufen. Hierbei handelt es sich z. B. um Unvollkommenheiten der menschlichen Sinne oder um Umwelteinflüsse. Zufällige Fehler haben auch unter gleichen Bedingungen der Messung nicht immer die gleiche Größe, sondern unterliegen einer Streuung. **Nicht erfassbare systematische Fehler beim Messen**, z. B. Abweichungen von der Eichtemperatur, werden wie zufällige Fehler behandelt.

Grobe Fehler, z. B. aus Unaufmerksamkeit, gehören nicht zum Streubereich der Messergebnisse aufgrund systematischer oder zufälliger Fehler. Sie sind im Zuge der Messung durch Kontrollmessungen festzustellen und vor der Auswertung der Messergebnisse zu eliminieren.

Mit der **Messunsicherheit** wird die Quantität der Genauigkeit einer Messung angegeben. Die Messunsicherheit ist in DIN 1319-1:1995-01 „Grundlagen der Meßtechnik – Teil 1: Grundbegriffe" definiert als *„Kennwert, der aus Messungen gewonnen wird und zusammen mit dem Messergebnis zur Kennzeichnung eines Wertebereichs für den wahren Wert der Messgröße dient"*. Ein gemessener Wert wird in der Regel nicht exakt mit dem wahren Wert einer Größe übereinstimmen. Man nimmt also den gemessenen Wert zunächst als Schätzwert für den wahren Wert an. Durch eine wiederholte Messung der gleichen Größe erhält man eine Anzahl von Messwerten, die jedoch bedingt durch äußere Einflüsse einer gewissen Streuung unterliegen. Aus der statistischen Auswertung der Streuung lässt sich die Messunsicherheit abschätzen.

Für die Auswertung der Messergebnisse und die **Bestimmung der Messunsicherheit** sind zunächst die groben Fehler (sog. grobe Ausreißer) auszuscheiden. Die Messwerte werden danach um die bekannten systematischen Fehler berichtigt (Korrektur der Messergebnisse). Die verbleibende Streuung der Messergebnisse umfasst die Messabweichungen des Gerätes (maximale Fehlergrenze des Gerätes) sowie zufällige und nicht erfassbare systematische Fehler beim Messen. Hieraus wird die Messunsicherheit als Standardabweichung σ_x ermittelt. Sie gibt den Bereich an, innerhalb dessen das unbekannte Ergebnis für den wahren Wert einer Größe mit einer statistischen Sicherheit liegen wird. Ein Zahlenwert für die statistische Sicherheit kann nach der Verteilungsbreite der Messergebnisse z. B. mit 95,4 % (zweifache Standardabweichung einer Normalverteilung) oder 99,7 % (dreifache Standardabweichung einer Normalverteilung) angesetzt werden. Die **Messabweichung eines Messvorgangs**, also die Summe der Abweichungen des Messgeräts und der Messung, kann gleich 0 sein, ohne dass dies bekannt ist; diese Unkenntnis drückt sich in einer Messunsicherheit größer als 0 aus.

Die **Größe der Messunsicherheit** sollte eine Zehnerpotenz geringer sein als die Größenordnung des Messergebnisses. Andernfalls kann die Unschärfe der Messergebnisse so groß werden, dass ein zahlenmäßiger Vergleich mit den Grenzwerten nach DIN 18202 kein hinreichend genaues Ergebnis mehr liefert. Messunsicherheiten bis zur Größenordnung von etwa einem Zehntel des Messergebnisses können in der Regel vernachlässigt werden. Messunsicherheiten, die diese Größenordnung übersteigen, sind ggf. **bei der Beurteilung der Messergebnisse zu berücksichtigen**, z. B. mit einer entsprechenden Reduzierung der Messwerte. In jedem Fall ist das angewandte Messverfahren zur Abschätzung der Unsicherheit bzw. die mit dem Verfahren verbundene Messunsicherheit für die Beurteilung anzugeben.

In DIN 18710-1:2010-09 „Ingenieurvermessung – Teil 1: Allgemeine Anforderungen" wird für die Relation zwischen der Messgenauigkeit σ_x und der Maßtoleranz T folgende Anforderung angegeben:

$$0{,}1 \leq \sigma_x : T \leq 0{,}2$$

Die **Messgenauigkeit** soll damit in einem Bereich zwischen 10 und 20 % der Toleranz für die Ausführung liegen.

Die **Genauigkeit einer Messung** im Hochbau hängt von unterschiedlichen **Einflussfaktoren** ab. Dies sind z. B.

- die Messunsicherheit des verwendeten Messgerätes,
- die Sorgfalt des Prüfers bzw. Einflüsse auf die Genauigkeit beim Aufstellen, Einjustieren und Betreiben des Messgerätes,
- die Umgebungsbedingungen während der Messung (z. B. Temperatur, Erschütterungen im Baustellenbetrieb, Einflüsse aus mobilen Systemen),

- die Rauigkeit und Mikrostruktur der zu messenden Bauteiloberfläche am Messpunkt (z. B. Kornüberstände, Poren, baustellenübliche Verschmutzungen auf der abgetasteten Oberfläche bei Staubablagerungen usw.),
- der Einfluss des Messmittels bei der Messwertaufnahme (z. B. Aufstandsfläche einer Nivellierlatte, lotrechte Ausrichtung einer Nivellierlatte bei der Messung, Streueffekte bei der Reflexion eines Messstrahls an der Bauteiloberfläche),
- dynamische Einflüsse aus einem instationären Messvorgang bei mobilen Messapparaturen (z. B. singuläre Einflüsse aus notwendigen Richtungskorrekturen des bewegten Messmittels),
- die mit der Abbildung der Istfläche durch diskrete Messpunkte verbundene Unschärfe einer auf die Messpunkte reduzierten geometrischen Form (Rasternetz) sowie
- thermisch und/oder hygrisch bedingte Formänderungen der vermessenen Bauteiloberfläche (z. B. aus nachträglichem, trocknungsbedingtem Schwinden wassergebundener Baustoffe [zu berücksichtigen bei vergleichender Betrachtung von Messungen, die zu unterschiedlichen Zeitpunkten durchgeführt wurden]).

Die **Gesamtheit aller Genauigkeitseinflüsse** stellt einen **Unschärfebereich** der Vermessung dar, der unter der Annahme einer normal verteilten Fehlerwahrscheinlichkeit symmetrisch zu dem Grenzwert für die Maßabweichung angeordnet ist. Für die Beurteilung des Messergebnisses kann der Vertrauensbereich herangezogen werden, der den wahren Wert einer Messgröße mit hinreichender Wahrscheinlichkeit enthält. Der Vertrauensbereich hat ausgehend von dem Messergebnis nach unten und nach oben jeweils die Breite $k \times \sigma_x$ bzw.

- die Untergrenze = Messergebnis – k × Messunsicherheit,
- die Obergrenze = Messergebnis + k × Messunsicherheit.

Der wahre Wert liegt mit einer Wahrscheinlichkeit von

- 68,26 % für $k = 1{,}00$,
- 95,4 % für $k = 2{,}00$,
- 99,7 % für $k = 3{,}00$

innerhalb dieses Vertrauensbereiches. Je größer also k bzw. je breiter der Vertrauensbereich ist, desto höher ist die Wahrscheinlichkeit dafür, dass der wahre Wert innerhalb des Vertrauensbereiches liegt.

Für das frei gewählten **Zahlenbeispiel** (vgl. Abb. A 6.8) eines Grenzwertes von 10 mm, einer Messunsicherheit $\sigma_x = 2$ mm und eines mit $k = 2$ gegebenen Vertrauensbereiches von 95,4 % beträgt

- die Untergrenze des Vertrauensbereiches 10 – (2 × 2) = 6 mm,
- die Obergrenze des Vertrauensbereiches 10 + (2 × 2) = 14 mm.

Es liegt also bei einem Messwert ≤ 6 mm der wahre Wert mit einer Wahrscheinlichkeit von 95,4 % unterhalb des Grenzwertes von 10 mm und bei einem Messwert ≥ 14 mm der wahre Wert mit einer Wahrscheinlichkeit von 95,4 % oberhalb des Grenzwertes von 10 mm. Der Unschärfebereich für das Messergebnis erstreckt sich über insgesamt 8 mm in symmetrischer Anordnung zu dem Grenzwert.

Anders formuliert: Vor dem Hintergrund einer statistischen Verteilung der Messunsicherheit besteht einerseits die Möglichkeit, dass die tatsächliche Maßabweichung 14 mm beträgt, bei einem tatsächlichen Messfehler von –2 mm aber mit 12 mm gemessen wird und nach einem auf der sicheren Seite liegenden Abzug der – mit ihrer

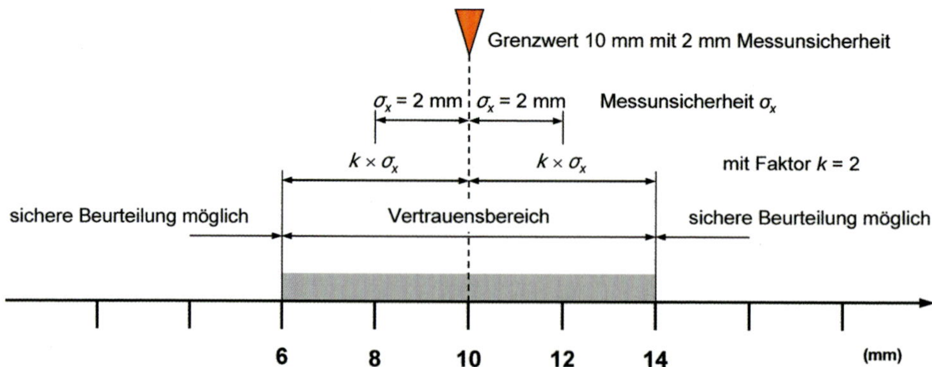

Abb. A 6.8: Berücksichtigung der Messunsicherheit für das frei gewählten Zahlenbeispiel eines Grenzwertes von 10 mm und eines Vertrauensbereiches für $k = 2$

tatsächlichen Größe nicht bekannten – Messunsicherheit auf den Wert (12 – 2) = 10 mm korrigiert wird. Gleiches gilt für eine tatsächliche Maßabweichung nach unten. Eine tatsächliche Maßabweichung von 6 mm kann mit einem Messfehler von +2 mm mit insgesamt 8 mm gemessen werden und ist mit einem auf der sicheren Seite liegenden Ansatz der Messunsicherheit auf den Wert (8 + 2) = 10 mm zu korrigieren (vgl. Abb. A 6.8).

Für die Beurteilung eines Messergebnisses ist also zunächst festzulegen, in welcher Richtung ausgehend von dem Grenzwert eine Abgrenzung der Messergebnisse vorzunehmen ist. Anschließend ist die Messunsicherheit auf der sicheren Seite liegend einseitig neben dem Grenzwert anzuordnen. Bleibt die Messunsicherheit ausreichend klein, so kann diese Betrachtung der Abgrenzung zahlenmäßig vernachlässigt werden.

Für **einfache Messungen unter Baustellenbedingungen**, insbesondere im Rohbau, kann die Unschärfe des Messverfahrens mit einer **Messunsicherheit** in der Größenordnung von etwa 2 mm angenommen werden (z. B. für einfache Messmittel bzw. Messgeräte, Einfluss aus der Vermessung unter Rohbaubedingungen, Einfluss der Messpunkte mit vergleichsweise grobrauer Struktur an der Bauteiloberfläche im Rohbau). Für einen Faktor $k = 2$ beträgt die Breite des Vertrauensbereiches, in dem der wahre Wert mit einer Wahrscheinlichkeit von 95,4 % liegt, dann ± (2 × 2,0 mm) = 4,0 mm.

Für **Messungen mit erhöhter Sorgfalt** unter Baustellenbedingungen, z. B. im Ausbau, kann die Unschärfe des Messverfahrens mit einer reduzierten Messunsicherheit in der Größenordnung von etwa 1 mm angenommen werden (z. B. hochwertige Messmittel bzw. Messgeräte, Einfluss der Messpunkte mit vergleichsweise glatter Struktur an der Bauteiloberfläche reduziert). Für einen Faktor $k = 2$ beträgt die Breite des Vertrauensbereiches, in dem der wahre Wert mit einer Wahrscheinlichkeit von 95,4 % liegt, dann ± (2 × 1,0 mm) = 2,0 mm.

Für **Präzisionsmessungen** mit nochmals erhöhter Sorgfalt (z. B. spezielle, besonders kalibrierte Messgeräte, definierte Messpunkte bzw. möglichst planebene Oberflächen mit vernachlässigbaren Rautiefen) ist die Messunsicherheit des Messgerätes mit einer Größenordnung von etwa 0,1 mm, die Messunsicherheit aus dem Messmittel und aus der Oberflächenstruktur des Messpunktes beim Messvorgang zusätzlich mit einer Größenordnung von etwa 0,1 bis 0,4 mm, in der Summe mit einer Größenordnung von etwa 0,2 bis 0,5 mm anzunehmen. Für einen Faktor $k = 2$ beträgt die Breite des Vertrauensbereiches, in dem der wahre Wert mit einer Wahrscheinlichkeit von 95,4 % liegt, dann ± (2 × 0,2 mm) = 0,4 mm bis ± (2 × 0,5 mm) = 1,0 mm.

Eine über diese Genauigkeiten noch hinausgehende **besondere Vermessungsgenauigkeit** ist mit Präzisionsmessgeräten und speziell eingerichteten Messpunkten vermessungstechnisch möglich. Baupraktisch bleiben solche Verfahren jedoch auf besondere Anwendungsfälle beschränkt (z. B. für Verformungsbeobachtungen).

Für Geräte für die **Längenmessung** können die Messunsicherheiten gemäß Tabelle A 6.3 angegeben werden.

Tabelle A 6.3: Geräte für die Längenmessung nach Braun/Haderer, 1990

Messgerät	Messlänge	Fehlergrenze	Mess-unsichheit
Messschieber/Schieblehre mit Nonius nach DIN 862:1988-12	20 cm 1 m	0,04 mm 0,12 mm	0,1 mm 0,2 mm
Stahlmaßstab nach DIN 866:1983-03	1 m	0,04 bis 0,1 mm	0,5 mm
Gliedermaßstab aus Holz (Meterstab)	1 m	1 mm	2 mm
Messlatten aus Holz	4 m	1 mm	2 mm
Bandmaß aus Stahl nach DIN 6403:1976-02 bei 20 °C und 50 N Zugbelastung (Das Durchhängen des Stahlbandmaßes führt zu groben Fehlern.)	10 m 20 m 50 m	1,2 mm 2,2 mm 5,2 mm	– 5 mm 10 mm
Distanzlasergerät – mit Zieltafel	ca. 70 m ca. 200 m	1 bis 1,5 mm 1 bis 1,5 mm	

Für **Bandmaße** ist ein geeichtes Stahlmessband zu verwenden. Dieses Messband kann auch zur Kontrolle und Korrektur der auf der Baustelle vorhandenen nicht geeichten Längenmessgeräte verwendet werden. Das Bandmaß soll im ersten Meter Millimeterteilung, im übrigen Zentimeterteilung haben. Bei extremen Temperaturen sollen Längenkorrekturen vorgenommen werden. Auch Verkürzungen der gemessenen Länge bei freiem Durchhang des Stahlmessbandes sind zu berücksichtigen. Wird das Messband unterstützt, so beträgt der zufällige Fehler unabhängig von der gemessenen Länge etwa 0,3 mm. Wenn möglich, soll der freie Durchhang beim Vermessen und bei Maßkontrollen durch Unterlagen im Abstand von mindestens 3 m unterbunden werden. Eine Federwaage mit konstantem Zug von 50 N soll bei gestütztem und durchhängendem Messband eine gleichmäßige Straffung bewirken. Bei freiem Durchhang ist die Messlänge nach den Diagrammen in Abb. A 6.9 und Abb. A 6.10 zu korrigieren.

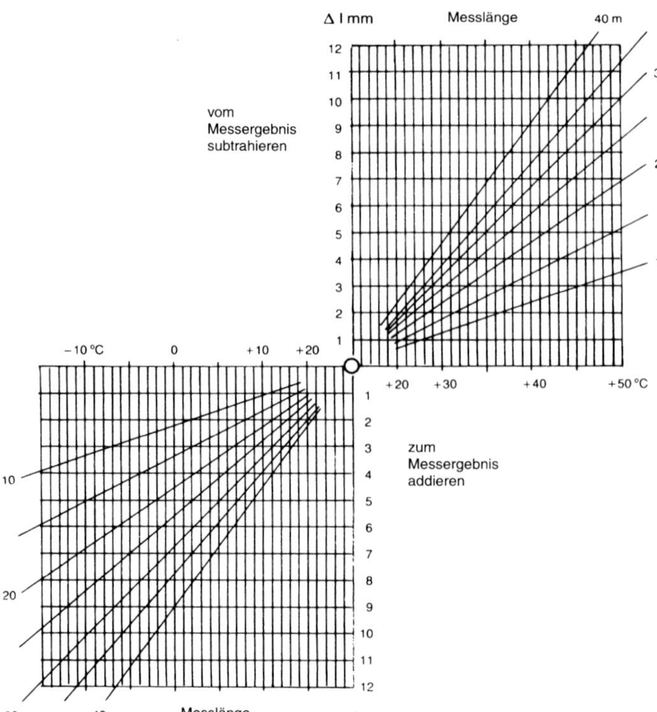

Abb. A 6.9: Korrekturdiagramm für Stahlmessbänder bei unterschiedlichen Temperaturen nach Braun/Haderer, 1990

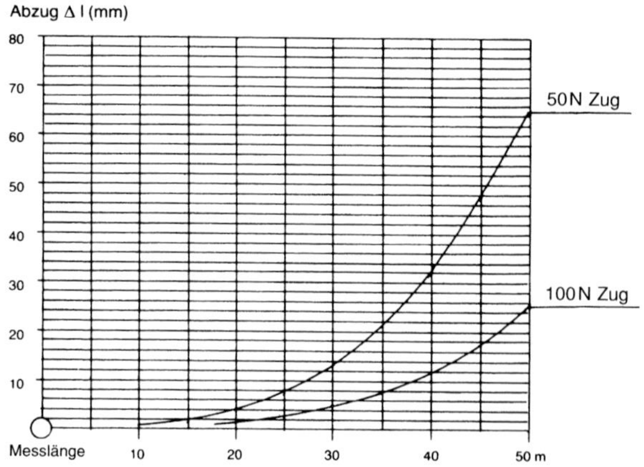

Abb. A 6.10: Korrekturdiagramm bei freiem Durchhang von Stahlmessbändern nach Braun/Haderer, 1990

Geräte für die Höhenmessung unterliegen der Messunsicherheit nach Tabelle A 6.4.

Tabelle A 6.4: Geräte für die Höhenmessung nach Braun/Haderer, 1990

Messgerät	Reichweite	Fehlergrenze	Mess-unsicherheit
optisches Nivelliergerät • hohe Genauigkeit • mittlere Gerätegenauigkeit Höhenmessung mit baustellen-üblichen Mitteln • ohne Umsetzen des Gerätes • mit Umsetzen des Gerätes		 1,2 mm/km 2,5 mm/km	 2 mm 3 mm
Linienlasergerät	bis ca. 10 m	1,5 mm	
Rotationslasergerät • mit Strahlfänger • mit Empfänger	 bis ca. 30 m bis ca. 150 m	 0,75 mm/10 m 0,75 mm/10 m	
Präzisionsnivellierlatte mit Strichteilung nach DIN 18717:1977-10 Nivellierlatte mit Felderteilung nach DIN 18703:1975-08		0,04 mm/m 0,6 mm/m	
Schlauchwaage • ohne Umsetzen • mit Umsetzen Schlauchwagen sollten nur einmal umgesetzt werden.			 2 mm 3 mm
Wasserwaage mit optischer Libelle Höhenmessung mit Richtscheit und Wasserwaage • ohne Umsetzen • mit Umsetzen Wasserwaagen sollten nur einmal umgesetzt werden.		1 mm/m	 2 mm 3 mm
elektronischer Neigungsmesser (Wasserwaage) • horizontal oder vertikal ausgerichtet • geneigt		 1,5 mm/m 1,5 bis 3 mm/m	

Für **Messhilfsgeräte** sind die Fehlergrenzen nach Tabelle A 6.5 anzusetzen.

Tabelle A 6.5: Messhilfsgeräte nach Braun/Haderer, 1990

Messgerät	Länge	Fehlergrenze	Messun-sicherheit
Stahllineal (Ebenheit der Messkante)	2 m	0,05 mm	-
Richtscheit aus Holz	2 m 4 m	0,5 mm 1 mm	-
Stahlwinkel nach DIN 875:1981-03	1 m × 2 m	0,12 mm	-

Als **Beispiel für die Messunsicherheit** sei das Verfahren zur Ermittlung eines Stichmaßes für die Ebenheitsabweichung unter Verwendung einer Messlatte und eines Messkeils genannt. Die Messunsicherheit ist hierbei vergleichsweise sehr gering. Das mit dem Messkeil ermittelte Stichmaß wird man im Allgemeinen ohne weitere Korrektur des Zahlenwertes mit den Grenzwerten für Ebenheitsabweichungen vergleichen können. Auch die Genauigkeit eines Meterstabes wird man in der baupraktischen Längenmessung vernachlässigen können. Bei dem Einsatz vermessungstechnischer Geräte ist jedoch die Ablesegenauigkeit zu beachten. Messunsicherheiten nehmen mit zunehmendem Abstand vom Messgerät zu und können bei Messungen über eine Entfernung von ca. 10 m bereits eine maßgebliche Größenordnung von ca. 1 mm aufweisen. Ein Beispiel hierfür ist die Streubreite eines Laserstrahles bei laserunterstützter Längenmessung oder bei Einsatz eines Rotationslasers. Die gerätespezifische Messunsicherheit kann aus Herstellerangaben oder durch eine Geräteüberprüfung und Kalibrierung ermittelt werden.

Die **Anwendung der** zur Verfügung stehenden **Messgeräte** und die **Vorgehensweise** bei der Vermessung richten sich nach der Art des zu prüfenden Maßes, der Größenordnung des zu ermittelnden Fehlers, dem Messbereich und der Genauigkeit des Messgerätes. Die nachfolgenden Zusammenstellungen auf der Grundlage von ISO 7976-1:1989-03 „Toleranzen im Bauwesen; Verfahren zur Messung von Bauwerken und Bauprodukten; Teil 1: Verfahren und Instrumente" geben Beispiele für die Anwendung verschiedener Messgeräte bei Kontrollmessungen an Bauteilen und am Bauwerk an (vgl. Tabelle A 6.6 und Tabelle A 6.7).

Tabelle A 6.6: Messverfahren für Kontrollmessungen an Bauteilen nach ISO 7976-1:1989-03

kontrolliertes Maß	spezifizierte Toleranzen	Nennmaße/ Messbereich	Messgeräte
Längen- und Breitenmaße	± 3 mm	bis 1 m	Bandmaß aus Stahl
	± 3 mm	bis 3 m	geeichtes Bandmaß aus Stahl
	± 5 mm	über 3 bis 10 m	
Querschnittsmaße, Dicke	± 0,5 mm	bis 0,1 m	Schieblehre
	± 1 mm	über 0,1 bis 0,5 m	
	± 2 mm	über 0,5 bis 2,0 m	
	± 3 mm	bis 1 m	Bandmaß aus Stahl
	± 5 mm	bis 0,5 m	Messkluppe
Winkelabweichungen	± 4 mm	bis 1,2 m	Stahlwinkel
	± 5 mm/m	bis 30 m	geeichtes Bandmaß aus Stahl
	± 7 mm	bis 30 m	optisches Messgerät
Abweichung von der Parallelen	± 2 mm	bis 1 m	Schieblehre
	± 3 mm	bis 3 m	geeichtes Bandmaß aus Stahl
	± 5 mm	über 3 bis 10 m	
	± 5 mm	bis 3 m	Messkluppe
Abweichung von der Geradheit bzw. der Flucht und von der geplanten Überhöhung	± 2 mm	bis 3 m	Richtlatte und Messkeil
	± 3 mm	bis 3 m	Richtlatte und Maßstab
	± 2 mm	bis 2 m	Fluchtschnur und Messkeil
	± 4 mm	über 2 bis 5 m	
	± 8 mm	über 5 bis 10 m	
	± 3 mm	bis 2 m	Fluchtschnur und Maßstab
	± 5 mm	über 2 bis 5 m	
	± 10 mm	über 5 bis 10 m	

Fortsetzung Tabelle A 6.6:

kontrolliertes Maß	spezifizierte Toleranzen	Nennmaße/ Messbereich	Messgeräte
Ebenheits-abweichungen	± 2 mm	bis 3 m	Richtlatte und Messkeil
	± 3 mm	bis 3 m	Richtlatte und Maßstab
	± 2 mm	bis 2 m	Fluchtschnur und Messkeil
	± 4 mm	über 2 bis 5 m	
	± 2 mm	bis 3 m × 6 m	Nivelliergerät oder Theodolit und Zieltafel mit Messskala
	± 4 mm	bis 3 m × 6 m	Nivelliergerät oder Theodolit und Messstab
	± 3 mm	bis 2 m	Fluchtschnur und Maßstab
	± 5 mm	über 2 bis 5 m	
Verwölbungen	± 4 mm	bis 3 m × 6 m	Nivelliergerät oder Theodolit
	± 5 mm	bis 3 m × 6 m	Fluchtschnur und Messkeil
Boxbereich	± 3 mm	10 bis 200 mm Boxbreite	Stahlrahmen und Messlehre oder Maßstab

Tabelle A 6.7: Messverfahren für Kontrollmessungen am Bauwerk nach ISO 7976-1:1989-03

kontrolliertes Maß	spezifizierte Toleranzen	Nennmaße/ Messbereich	Messgeräte
Abweichungen von Rasterlinien im Grundriss	± 5 mm	bis 10 m	Theodolit und Messlatte oder Bandmaß aus Stahl
	± 10 mm	über 10 bis 20 m	
	± 15 mm	über 20 bis 30 m	
	± 20 mm	über 30 bis 50 m	
Abweichungen vom vermessungstech-nischen Bezugs-system im Grundriss, gemessen parallel zum Bauwerk	± 5 mm	bis 40 m	Theodolit und Messstab

Fortsetzung Tabelle A 6.7:

kontrolliertes Maß	spezifizierte Toleranzen	Nennmaße/ Messbereich	Messgeräte
Abweichungen vom vermessungstechnischen Bezugssystem im Grundriss, gemessen lotrecht zum Bauwerk	± 5 mm	bis 10 m	geeichtes Bandmaß aus Stahl
	± 10 mm	über 10 bis 20 m	
	± 15 mm	über 20 bis 30 m	
	± 20 mm	über 30 bis 50 m	
	± 5 mm	bis 10 m	geeichtes Bandmaß aus Stahl und Stahlwinkel
	± 10 mm	über 10 bis 20 m	
	± 15 mm	über 20 bis 30 m	
	± 20 mm	über 30 bis 50 m	
	± 5 mm	bis 10 m	Theodolit, Messstab und geeichtes Bandmaß aus Stahl
	± 10 mm	über 10 bis 20 m	
	± 15 mm	über 20 bis 30 m	
	± 20 mm	über 30 bis 50 m	
Abweichungen von der Höhe	± 2 mm	bis 30 m	Nivelliergerät und Zieltafel mit Messskala und Messlatte
	± 4 mm	bis 30 m	Nivelliergerät und Messlatte
	± 10 mm	bis 10 m	Rotationslaser
	± 15 mm	über 10 bis 30 m	
	± 20 mm	über 30 bis 70 m	
Lotabweichungen	± 0,5 mm/m	bis 100 m	optisches Lot (Lichtlot)
	± 0,8 mm/m	α bis 50 gon	Theodolit und Messpunktmarkierung
	± 1,2 mm/m	α über 50 bis 70 gon	
	± 1 mm/m	α bis 50 gon	Theodolit und Messstab oder Messband
	± 1,5 mm/m	α über 50 bis 70 gon	
	± 3 mm	bis 2 m	Wasserwaage
	± 8 mm	bis 2 m	Senklot und Maßstab
	± 15 mm	über 2 bis 6 m	

Fortsetzung Tabelle A 6.7:

kontrolliertes Maß	spezifizierte Toleranzen	Nennmaße/ Messbereich	Messgeräte
Exzentrizität, Außermittigkeit	± 0,5 mm/m	bis 100 m	optisches Lot (Lichtlot)
	± 0,8 mm/m	α bis 50 gon	Theodolit und Messstab
	± 1,2 mm/m	α über 50 bis 70 gon	
	± 5 mm	bis 10 m	geeichtes Bandmaß aus Stahl und Stahlwinkel
	± 10 mm	über 10 bis 20 m	
	± 15 mm	über 20 bis 30 m	
Positionsabweichungen in Bezug zu anderen Bauteilen in horizontaler Richtung	± 5 mm	bis 5 m	Teleskopmesslatte
	± 5 mm	bis 10 m	geeichtes Bandmaß aus Stahl und Maßstab oder Bandmaß
	± 10 mm	über 10 bis 20 m	
	± 15 mm	über 20 bis 30 m	
	± 20 mm	über 30 bis 50 m	
	± 5 mm	bis 10 m	Theodolit, Messlatte und geeichtes Bandmaß aus Stahl
	± 10 mm	über 10 bis 20 m	
	± 15 mm	über 20 bis 30 m	
	± 20 mm	über 30 bis 50 m	
	± 5 mm	bis 10 m	geeichtes Bandmaß aus Stahl
	± 10 mm	über 10 bis 20 m	
	± 15 mm	über 20 bis 30 m	
	± 20 mm	über 30 bis 50 m	
	± 5 mm	bis 10 m	geeichtes Bandmaß aus Stahl und Stahlwinkel
	± 10 mm	über 10 bis 20 m	
	± 15 mm	über 20 bis 30 m	
	± 20 mm	über 30 bis 50 m	

Fortsetzung Tabelle A 6.7:

kontrolliertes Maß	**spezifizierte Toleranzen**	**Nennmaße/ Messbereich**	**Messgeräte**
Positionsabweichungen in Bezug zu anderen Bauteilen in vertikaler Richtung	± 5 mm	bis 5 m	Teleskopmesslatte oder Bandmaß
	± 5 mm	bis 5 m	Nivelliergerät und Messlatte
	± 8 mm	bis 100 m	elektronische Distanzmessung EDM
	± 5 mm	bis 10 m	geeichtes Bandmaß aus Stahl
	± 10 mm	über 10 bis 20 m	
	± 15 mm	über 20 bis 30 m	
	± 20 mm	über 30 bis 50 m	
Auflagerlänge	± 6 mm	bis 200 mm	Maßband
Fugenweite	± 0,5 mm	alle	Schieblehre
	± 2 mm	bis 30 mm Fugenweite	Messkeil
	± 2 mm	bis 30 mm Fugenweite	Lehre
	± 5 mm	bis 30 mm Fugenweite	Maßband
Fugenversatz/ Höhenversatz	± 5 mm	bis 30 mm Fugenweite	Messstab

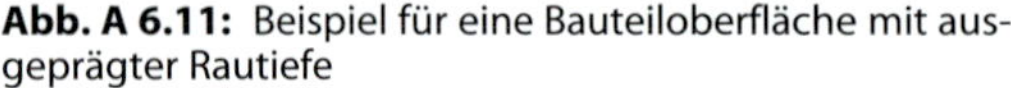

Abb. A 6.11: Beispiel für eine Bauteiloberfläche mit ausgeprägter Rautiefe

Abb. A 6.12: Beispiel für die Raustruktur einer betonierten Deckenoberseite

Messpunkte haben einen wesentlichen **Einfluss** auf das Messergebnis. Sie sollen mit einer möglichst hohen Genauigkeit auf der Bauteiloberfläche an der zu messenden Stelle markiert werden. Glatte Oberflächen sind hierfür gut geeignet. Raue Oberflächen, z. B. Strukturen mit teilweise frei liegenden Kornzuschlägen an der Oberfläche, weisen hingegen keine eindeutig **definierte Oberfläche** auf (vgl. Abb. A 6.11 und Abb. A 6.12). Die Rautiefe der Oberfläche stellt die Unsicherheit bei der Bestimmung der genauen Lage eines Messpunktes dar. Je nach Messverfahren muss der Genauigkeitseinfluss aus der Positionierung der Messpunkte auf der Bauteiloberfläche ggf. zusätzlich berücksichtigt werden. Als Anhaltspunkt gilt auch hier, dass die **Genauigkeit bei der Vermarkung** des Messpunktes mindestens eine Zehnerpotenz höher sein soll als die zu messende Größe. Ist dies nicht der Fall, dann ist die Unsicherheit aus der Lage des Messpunktes nicht mehr vernachlässigbar klein und bei der Beurteilung der Maßabweichung zusätzlich zu berücksichtigen. Bei der Messung auf einer rauen Oberfläche kann der strukturbedingte Einfluss auf das Messergebnis hilfsweise vereinheitlicht werden, z. B. mit der Verwendung eines Fußtellers oder einer Unterlage als Aufstandsfläche für das Messhilfsmittel.

Bei Messmitteln, die auf glatte Oberflächen oder Flächen mit geringer Rauigkeit aufgelegt werden, ist der Fehlereinfluss aus der Position des Messpunktes in der Regel vernachlässigbar klein. Dies ist z. B. beim Anhalten eines Meterstabes auf einer Bauteiloberfläche oder beim Auflegen einer Wasserwaage der Fall. Bei **berührungslosen Messverfahren**, die auf einer Reflexion des Messstrahles beruhen (z. B. eines Laserstrahles), bleibt der Einfluss aus der Position des Messpunktes hingegen nur dann vernachlässigbar, wenn der Messstrahl auf einer glatten und geschlossenen Oberfläche auftrifft und möglichst störungsfrei reflektiert werden kann. Trifft ein Messstrahl hingegen auf einer rauen **Oberflächenstruktur** oder auf einer Fläche mit offenen Poren, Lunkern usw. auf, dann tritt eine Streuung des Messergebnisses in der Größenordnung der Rautiefe auf und das Ende der Messstrecke ist nicht mehr ausreichend genau lokalisierbar (vgl. Abb. A 6.11). Einen weiteren **Störeinfluss** stellen Bauteile mit inhomogenen Oberflächen dar, z. B. die Oberflächen von Mauerwerk. Hier sind z. B. Vertiefungen im Fugenraum, vorstehende oder zurückspringende Oberflächen an den Verzahnungen der Stirnseiten usw. zu berücksichtigen (vgl. Abb. A 6.13). Als Messpunkt **ungeeignet** sind singuläre, **lokal begrenzte Abweichungen** einer Oberflä-

Abb. A 6.13: Beispiel für eine inhomogene Oberfläche bei Mauerwerk als Störeinfluss auf die Genauigkeit eines Messpunktes

Abb. A 6.14: Beispiel für eine singuläre Abweichung durch Materialüberstände, die als Messpunkt ungeeignet ist

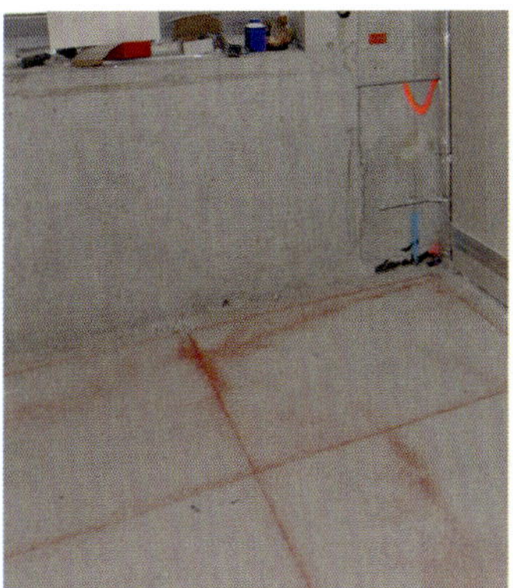

Abb. A 6.15: Beispiel für einfache Markierungen eines Rasters mittels Schlagschnur

Abb. A 6.16: Beispiel für die Markierung eines Meterrisses mit Messmarke

Abb. A 6.17: Beispiel für die Markierung eines Messpunktes mit einem Messbolzen

che, z. B. Betonierüberstände (vgl. Abb. A 6.14). Solche Stellen geben nicht die mittlere Qualität der gemessenen Bauteiloberfläche wieder. Ein gesicherter Rückschluss auf die insgesamt zu beurteilende Geometrie ist aber nur dann möglich, wenn die hierfür verwendeten Messpunkte hinsichtlich ihrer Abweichung unter statistischen Gesichtspunkten hinreichend stellvertretend sind.

Die **Markierung eines Messpunktes** ist auf die Wichtigkeit des Punktes und auf die erforderliche Standdauer der Markierung abzustimmen. Einfache Markierungen können z. B. mit einem Bleistift angebracht werden. Die Markierung bleibt in der Regel nur eine begrenzte Zeit erhalten (vgl. Abb. A 6.15). Markierungen, die wiederholt und mit hoher Genauigkeit benötigt werden, z. B. Höhenrisse als Ausgangspunkte für weitere Messpunktverdichtungen, müssen hingegen mit entsprechender Präzision und dauerhaft vermarkt werden, um eine Verfälschung im Baubetrieb möglichst auszuschließen. Hierfür kommen z. B. Messmarken (vgl. Abb. A 6.16) oder Messbolzen zur Ausführung (vgl. Abb. A 6.17).

Abb. A 6.18: Phasen eines Rohbaus für begleitende Kontrollmessungen

Eine **Prüfung** in der messtechnischen Begleitung der Ausführung soll grundsätzlich **orientierenden Charakter** haben. Die Prüfung dient dazu, die Einhaltung der erforderlichen Maßgenauigkeit an ausgewählten funktionsnotwendigen Punkten über die gesamte Ausführungsphase hinweg bis zur Fertigstellung sicherzustellen. Eine erste Prüfung wird dementsprechend durch Einzelmessungen an statistisch ausgewählten, aber für den weiteren Bauablauf wesentlichen Stellen erfolgen. Der Umfang weiterer Messungen richtet sich nach dem tatsächlichen Auftreten von Fehlern im Ergebnis solcher Einzelmessungen. Entsprechend der hierbei festgestellten Fehlerhäufigkeit und der Schwere der Fehler ist die **Anzahl der Messwerte** in einem zweiten Schritt unter statistischen Gesichtspunkten ggf. weiter zu **verdichten**. Die zu prüfenden Stellen sind unter dem Aspekt der Bedeutung und Auswirkung für den weiteren Bauablauf zu wählen.

Kontrollmessungen im Rahmen der Ausführungsüberwachung (vgl. Abb. A 6.18) sollten in der Abfolge eines Bauablaufs etwa in dem Umfang erfolgen, der in den Tabellen A 6.8 und A 6.9 dargestellt ist.

Tabelle A 6.8: Maßkontrollen bei der Erstellung des Rohbaus

Zeitpunkt/Stadium	Inhalt der Kontrolle	Prüfung mittels[1]
Fertigstellung des Planums	Höhenlage der Sohle Außenmaße	Nivellier/Längenmessung innerhalb der Absteckung
Fertigstellung einer Bodenplatte	Höhenlage insgesamt Höhenlage der Ränder zur Kontrolle der Winkelabweichungen Rasternivellement der Fläche zur Kontrolle der Ebenheitsabweichungen	Nivellement der Fläche in sich Anbindung des Nivellements an einen Höhenfestpunkt
	Außenmaße und Raster der Innenwände	Längenmessungen innerhalb der Absteckungen bzw. des Schnurgerüstes
Schalung einer Deckenplatte	Höhenlage insgesamt Höhenlage der Ränder zur Kontrolle der Winkelabweichungen Rasternivellement der Fläche zur Kontrolle der Ebenheitsabweichungen	Nivellement der Fläche in sich Anbindung des Nivellements an einen Höhenfestpunkt
	Außenmaße	Übertragung des Lotes ausgehend von der Sohle bzw. Sekundärpunkten
Fertigstellung einer Deckenplatte	Höhenlage insgesamt Höhenlage der Ränder zur Kontrolle der Winkelabweichungen Rasternivellement der Fläche zur Kontrolle der Ebenheitsabweichungen	Nivellement der Fläche in sich Anbindung des Nivellements an einen Höhenfestpunkt
	Raster der Innenwände	Längenmessung innerhalb der Lotübertragungen der Außenmaße
Fertigstellung einer Wandkonstruktion	Lichte Maße Öffnungsmaße Einzelmessungen der Fläche zur Kontrolle der Ebenheitsabweichungen	Bandmaß oder Hand-Laser-meter Wasserwaage mit Messkeil

[1] Maßkontrollen können in allen Fällen je nach gerätetechnischer Möglichkeit auch durch elektronische tachymetrische Datenaufnahme und EDV-gestützte Auswertung erfolgen.

Tabelle A 6.9: Maßkontrollen während der Ausbauphase

Zeitpunkt/Stadium	Inhalt der Kontrolle	Prüfung mittels[1]
vor Beginn der Ausbaugewerke	Höhenlage des Meterrisses in Bezug auf alle Anschlusshöhen	Maßstab, Nivellier, Wasserwaage
bei Beginn eines Ausbaugewerkes	Einzelmessungen zur Maßhaltigkeit des Untergrundes der gewerkespezifischen Leistung hinsichtlich Maßabweichungen, Winkelabweichungen und Ebenheitsabweichungen	Bandmaß, Maßstab Wasserwaage mit Messkeil Nivellier
während der Ausführung eines Ausbaugewerkes	Einzelmessungen zur Maßhaltigkeit der Gewerkeleistung hinsichtlich Maßabweichungen, Winkelabweichungen und Ebenheitsabweichungen zur stichprobenhaften Orientierung	Bandmaß, Maßstab Wasserwaage mit Messkeil Nivellier
bei Abschluss der Ausführung eines Ausbaugewerkes	Einzelmessungen zur Maßhaltigkeit der Gewerkeleistung hinsichtlich Maßabweichungen, Winkelabweichungen und Ebenheitsabweichungen, insbesondere an den Schnittstellen nachfolgender Gewerke	Bandmaß, Maßstab Wasserwaage mit Messkeil Nivellier
bei Abschluss der Gesamtleistung	Einzelmessungen zur Maßhaltigkeit des fertigen Gebäudes im Hinblick auf die Anforderungen für die Nutzung	Bandmaß, Maßstab Wasserwaage mit Messkeil Nivellier

[1] Maßkontrollen können in allen Fällen je nach gerätetechnischer Möglichkeit auch durch elektronische tachymetrische Datenaufnahme und EDV-gestützte Auswertung erfolgen.

Für die **Messwerterfassung** bei Durchführung von Messungen an Bauteiloberflächen sei an dieser Stelle insbesondere auf ein **Differenzieren** von Messergebnissen **nach Winkelabweichungen und Ebenheitsabweichungen** hingewiesen. Speziell bei der Durchführung eines Rasternivellements wird zunächst die tatsächliche Höhensituation als Überlagerung von Winkelabweichungen und Ebenheitsabweichungen festgestellt. Die Differenzierung nach der Einhaltung der Grenzwerte für Winkelabweichungen und der Grenzwerte für Ebenheitsabweichungen kann erst nach rechnerischer Auswertung der Messergebnisse erfolgen. Soll eine Winkelabweichung oder eine Ebenheitsabweichung unmittelbar bei der Messung festgestellt werden, so ist hierfür ein geeignetes Messverfahren zu wählen.

Maßkontrollen sollten als fortlaufende vollständige **Dokumentation** aller Messungen während des Bauablaufs aufgezeichnet werden. Hierbei sind für jede Messung der **untersuchte Bereich** bzw. die Messstellen, die **Art der Messung**, die **Genauigkeit** der verwendeten Messgeräte und der gewählte Messaufbau anzugeben. Auch der **Zeitpunkt** und die **Beteiligten** der Messung sollten dokumentiert werden.

Die Aufzeichnungen müssen für einen Dritten nachträglich **nachvollziehbar** sein. Nur dann ist die spätere Beurteilung eines Zustands, der infolge eines fortgeschrittenen Bauablaufs nicht mehr für eine erneute Feststellung zur Verfügung steht, möglich.

Für die Beurteilung **später festgestellter Maßabweichungen** kommt den laufenden Aufzeichnungen aus der Bauphase eine besondere Bedeutung zu. Eine Unterscheidung von später festgestellten Messergebnissen in ausführungsbedingte Maßabweichungen einerseits und inhärente, zeit- und lastabhängige Maßabweichungen andererseits und damit eine vergleichsweise genaue Ermittlung der inhärenten Verformungsanteile setzt den Bezug zu einem **Nullzustand** voraus. Ein solcher Nullzustand ist beispielsweise die Ebenheitsmessung einer Deckenoberfläche unmittelbar vor dem Ausschalen und Belasten der Deckenkonstruktion. Die Verwertbarkeit solcher Messungen ist nur sichergestellt, wenn die Messung zu einem späteren Zeitpunkt aufgrund einer hinreichend genauen Dokumentation an den gleichen Messstellen und mit dem gleichen Messverfahren wiederholt werden kann.

Die **Aufzeichnung** der Messergebnisse ist zum besseren Verständnis und der Nachvollziehbarkeit der Messung durch **Skizzen** zur Lage der Messpunkte, etwa vorgenommener Rasterteilungen, der Geräteaufstellung etc. zu ergänzen. Der Umfang der Aufzeichnung ist häufig entscheidend dafür, ob eine Messung später, z. B. im Streitfall nach Veränderung des gemessenen Bauzustands, noch **verwertbar** ist.

Beteiligte bei der Durchführung von Maßkontrollen im Rahmen der Ausführungsüberwachung bzw. der Gesamtabwicklung einer Baumaßnahme sollten nach Möglichkeit die Ausführenden des jeweiligen Gewerkes sein. Messergebnisse sollten bei Beginn und bei Fertigstellung einer Gewerkeleistung in **gemeinsamer Feststellung** dokumentiert werden. Die Feststellung von Maßabweichungen außerhalb des zulässigen Toleranzbereichs sollte für den Ausführenden Anlass sein, bei Beginn seiner Leistung eine eventuelle **Hinweispflicht** zu prüfen und ggf. **Bedenken** bezüglich der Maßhaltigkeit der Vorleistung anzumelden. Auf die entsprechenden Regelungen in VOB Teil B sei hier verwiesen.

6.2 Grundsätze der Prüfung

6.2 Grundsätze der Prüfung

Unterschieden werden Anforderungen an die Form und Anforderungen an die Lage im Raum.

Anforderungen an die Form umfassen:

- Maße, z. B. für Länge, Breite, Höhe, Dicke usw.;
- Winkel, z. B. zwischen Bauteilkanten;
- Flächen, insbesondere ebene Flächen.

Anforderungen an die Lage umfassen:

- Maße in Bezug auf Punkte, Linien oder Ebenen im Raum, z. B. Achsabstände, Höhenkoten usw.;
- Winkel mit Bezug auf eine Richtung, z. B. die Vertikale, Horizontale usw.;
- Fluchten, z. B. den Bezug einer Stützenreihe auf eine Fluchtlinie.

Form und Lage sowie die jeweiligen Anforderungen an Maße, Winkel, Ebenheiten und Fluchten nach dieser Norm sind getrennt voneinander zu prüfen und hinsichtlich der jeweiligen Maß-, Winkel-, Ebenheits- oder Fluchtabweichungen auszuwerten unter Berücksichtigung des Boxprinzips.

Geprüft wird der sich aus den Nennmaßen ergebende Messbezug der verschiedenen Messpunkte untereinander.

Punkte werden in ihrer Lage hinsichtlich ihrer Entfernung von einem Bezugspunkt geprüft (z. B. das Nennmaß für einen Abstand zwischen zwei Punkten).

Linien werden hinsichtlich der Lage von Anfangs- und Endpunkt und dem vorgesehenen Verlauf der Verbindung von Anfangs- und Endpunkt geprüft.

Ebene Flächen werden hinsichtlich der Lage ihrer Eckpunkte, dem Verlauf einer linearen Verbindung der Eckpunkte und der Ebenheit innerhalb der Flächenränder geprüft. Bei größeren zusammenhängenden Flächen, in denen Bauwerksachsen verlaufen, finden die Anforderungen an die Lage der Eckpunkte zusätzlich für die Achsenschnittpunkte Anwendung.

Räumliche Flächen können auf ein Netz linearer Verbindungen zurückgeführt werden.

Andere, über die Inhalte dieser Norm hinausgehende Prüfungen sind im Einzelfall vor der Bauausführung festzulegen.

6.2.1 Unterscheidung nach Form und Lage

Maßabweichungen werden für die Prüfung eingangs unterschieden in Anforderungen an die Form bzw. Abweichungen von der gewollten Form und Anforderungen an die Lage bzw. Abweichungen von der Nennlage.

Die **Form** eines Geometrieelementes wird bestimmt durch Maße für die Länge ihrer äußeren Kanten, Winkel zwischen benachbarten Kanten und der Gestalt ihrer Ober-

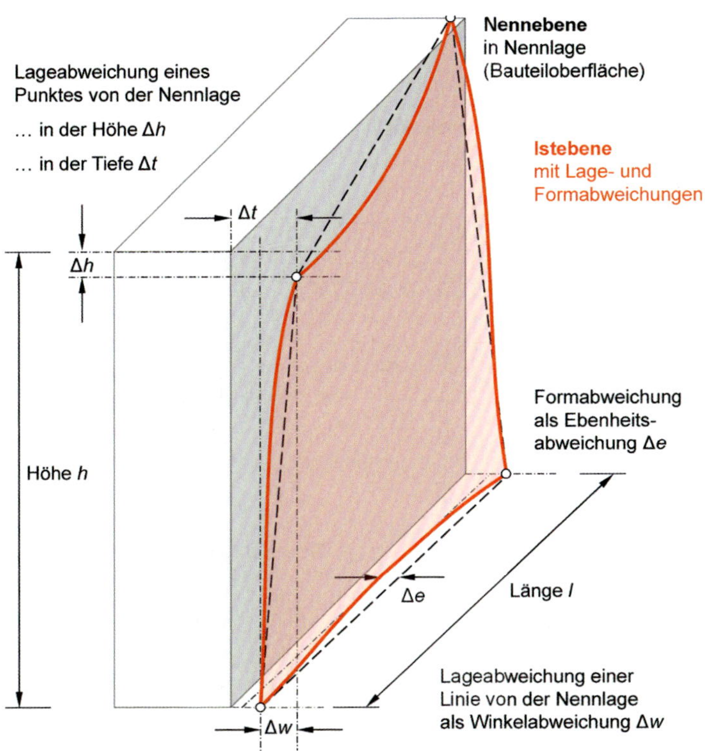

Abb. A 6.19: Beispiel für kombinierte Form- und Lageabweichungen einer vertikalen Ebene

flächen. Dies sind insbesondere planmäßig ebene Oberflächen. Bei der Betrachtung der Form und Abweichungen von der gewollten Form bleibt die Lage des Körpers innerhalb des Koordinationsraumes oder in Bezug auf andere Bauteile außer Betracht.

Die **Lage** eines Geometrieelementes wird bestimmt durch Maße für die Länge zu einem Bezugspunkt, einer Bezugslinie oder einer Bezugsebene, durch Winkel bzw. die Richtung in Bezug auf den Raum oder andere Bauteile sowie durch Fluchten für den Fall einer Stützenreihe, wobei Letzteres im Grunde genommen auch eine Lage bestimmt durch den Abstand zu einer gemeinsamen Bezugslinie darstellt.

Abweichungen sind in ihrer **Entstehung** abhängig von dem **verwendeten Bezug** beim Anlegen eines Maßes oder einer Richtung bzw. bei der Ausführung einer Fläche. Abweichungen von der Form und Abweichungen von der Lage können dementsprechend unabhängig voneinander entstehen. Allerdings kann eine Abweichung von der Form mit einer Abweichung von der Lage einhergehen, nämlich dann, wenn z. B. an eine Bauteilkante oder eine Bauteiloberfläche beide Anforderungen gestellt werden. Dieser Fall tritt beispielsweise dann ein, wenn ein Baukörper in einer bestimmten Position (Lage) innerhalb des Raumes errichtet werden soll und von dieser Position bedingt durch Formabweichungen der Oberfläche – etwa Ebenheitsabweichungen – abweicht (vgl. Abb. A 6.19). **Kombinierte Abweichungen** sind für die Prüfung auf die Grundformen nach den Begriffsdefinitionen in DIN 18202 zurückzuführen (vgl. Abb. A 6.20 und Abb. A 6.21).

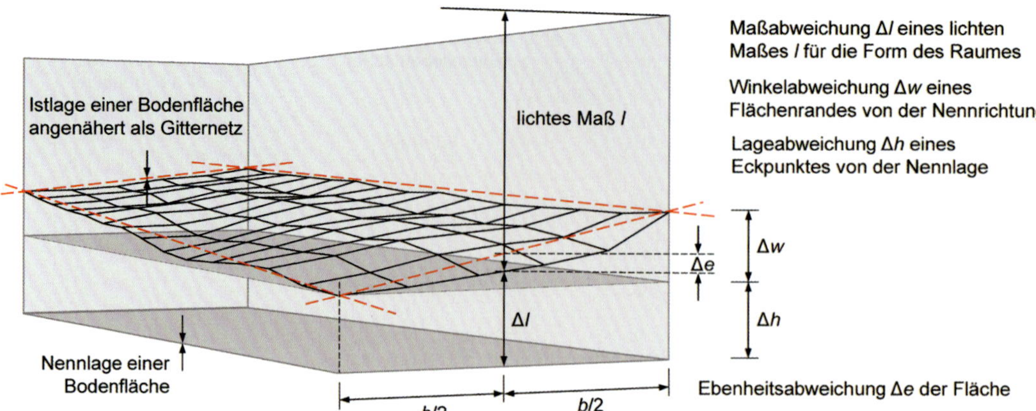

Abb. A 6.20: Beispiel für kombinierte Form- und Lageabweichungen einer horizontalen Ebene

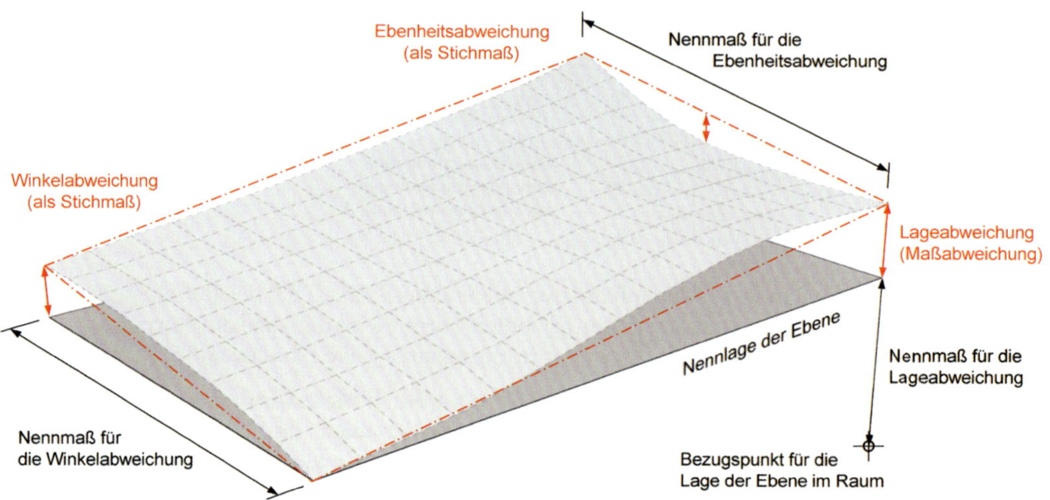

Abb. A 6.21: Rückführung kombinierter Form- und Lageabweichung einer Ebene auf die Grundformen einer (Längen-)Maßabweichung zu einem Bezugspunkt, einer Winkelabweichung und einer Ebenheitsabweichung

Die Unabhängigkeit der verschiedenen Abweichungen in ihrer Entstehung wird auch in der **Prüfung der Maßhaltigkeit** berücksichtigt. Die unterschiedlichen Anforderungen an Form und Lage bzw. an Maße, Winkel, Ebenheiten und Fluchten werden unabhängig voneinander geprüft und hinsichtlich der Einhaltung der zugehörigen Grenzwerte ausgewertet (vgl. Abb. A 6.19). Die Einhaltung jeder einzelnen Anforderung an die Genauigkeit an jeder Stelle hat allerdings zur Folge, dass unterschiedliche Anforderungen an einer Stelle jede für sich eingehalten werden müssen. Die am strengsten formulierte Anforderung wird also maßgeblich und darüber hinausgehende zulässige Abweichungen können an einer solchen Stelle nicht in Anspruch genommen werden. Dieser Kausalzusammenhang wird mit dem **Boxprinzip** ausgedrückt, weshalb die unterschiedlichen Abweichungsarten zwar jede für sich, aber unter Berücksichtigung des Boxprinzips zu prüfen und auszuwerten sind.

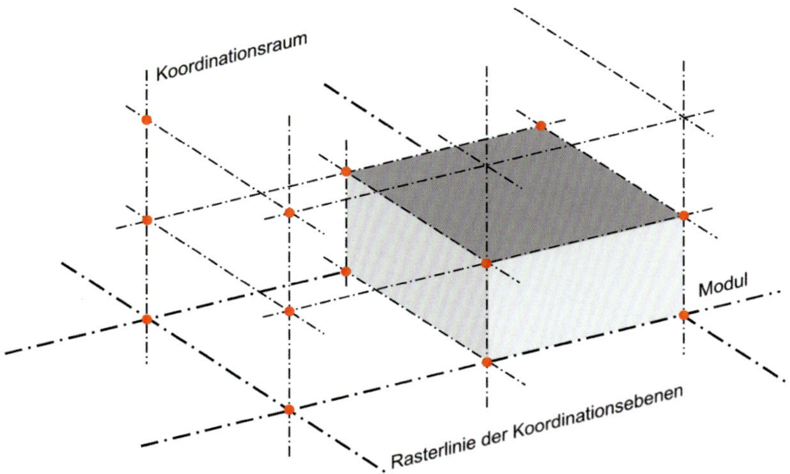

Abb. A 6.22: Schematische Darstellung der Gestalt eines Bauteils durch die lineare Verbindung seiner Eckpunkte

6.2.2 Messbezug für die Prüfung

Gegenstand einer Prüfung ist der sich aus den Nennmaßen ergebende **Messbezug** der verschiedenen Messpunkte untereinander. Mit den Nennmaßen in den Ausführungsunterlagen werden die Form eines Körpers und seine Lage im Raum bzw. in Bezug auf andere Körper festgelegt. Die Nennmaße und der sich aus der Darstellung der Nennmaße ergebende Bezug, z. B. die Vermaßung eines Bauteils bezogen auf eine Bauwerksachse, sind der Ausführung und der Prüfung zugrunde zu legen.

Ausführungsbedingte Maßabweichungen hängen unmittelbar ab von dem für eine Messung verwendeten Bezugspunkt, z. B. dem Ausgangspunkt einer Messung, und damit von der Länge des Abstandes zu dem Bezugspunkt. Bei einer nachfolgenden Prüfung wird die ausführungsbedingte Maßabweichung nur dann zutreffend ermittelt, wenn von dem gleichen Bezug wie bei dem vorangegangenen Anlegen von Maßen in der Ausführung ausgegangen wird. Der einheitliche Bezug ist erforderlich, um **bezugsbedingte**, also nicht unmittelbar ausführungsbedingte **Abweichungen** auszuschließen.

In der Systematik der DIN 18202 wird unterschieden zwischen den **Grundelementen**

- Punkt bzw. Länge einer Strecke zwischen Anfangspunkt und Endpunkt,
- Richtung als gerader Verbindung zwischen 2 Punkten und
- Ebene bzw. ebener Fläche.

Die **äußere Gestalt eines Baukörpers** wird in erster Linie mit seinen Ecken festgelegt. Mit dem Abstand benachbarter **Eckpunkte** untereinander ist seine Größe festgelegt. Seine Form wird außerdem mit der Geometrie der Kanten und Oberflächen, seine Lage im Raum über den Abstand seiner Eckpunkte zu Bezugspunkten des Raumes definiert. Für den Umgang mit Anforderungen an die Maßhaltigkeit wird die Gestalt eines Bauteils auf eine – gedachte – **lineare Verbindung seiner Ecken** reduziert (vgl. Abb. A 6.22). Der Verlauf des Bauteils oder der Bauteiloberfläche zwischen den Messpunkten bleibt bei dieser Vorgehensweise außer Betracht. Abweichungen einer Linie in der Verbindung zweier Bauteilecken werden in der Systematik der DIN 18202 in einer ergänzenden Betrachtung als Winkelabweichungen und Abweichungen einer Fläche

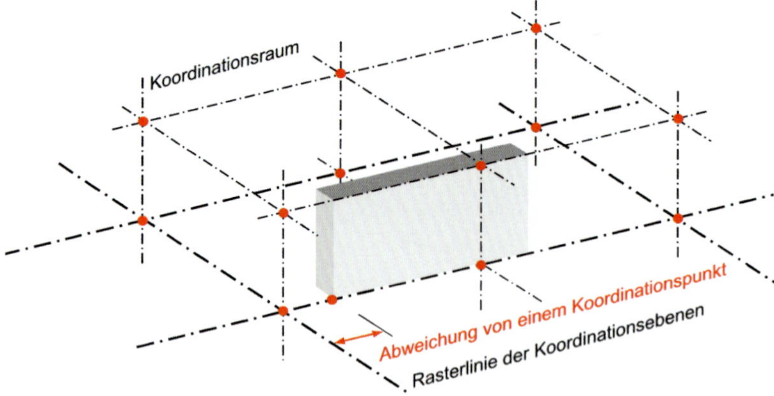

Abb. A 6.23: Schematische Darstellung der Abweichung eines Punktes innerhalb des Koordinationsraumes

als Ebenheitsabweichungen beschrieben. Auch für die Betrachtung einer Querschnittsgeometrie oder der Reihung von Elementen innerhalb einer Maßkette wird primär die äußere Gestalt eines Baukörpers als lineare Verbindung seiner Eckpunkte herangezogen.

Punkte werden durch Längenmaße im Grundriss und im Aufriss (z. B. Höhenmaße) über ihren Abstand zu einem Bezugspunkt hinsichtlich ihrer **Lage** innerhalb des Koordinationsraumes definiert. Die **Abweichung eines Punktes** von seiner Nennlage geht dementsprechend mit einer Längenmaßabweichung einher (vgl. A 6.23). Für die Betrachtung der Lagegenauigkeit eines Punktes sind die Längenmaßbezüge zu seinen Bezugspunkten zu prüfen. Die Lage eines **Eckpunktes** wird durch ein Längenmaß auf einen anderen Punkt bezogen, z. B. die Länge einer Bauteilkante zwischen 2 Ecken. Die Höhenlage einer Ebene wird mit einer Höhenkote als Längenmaß auf eine Bezugsebene bezogen, z. B. die Bauwerkshöhe ± 0,00.

Linien werden definiert als geradlinige Verbindung zwischen einem Anfangs- und einen Endpunkt. Mit der Lage von Anfangs- und Endpunkt ist auch eine **Richtung** der Linie in Bezug auf den Koordinationsraum festgelegt. Linien werden hinsichtlich der Lage von Anfangs- und Endpunkt und dem vorgesehenen Verlauf der Verbindung von Anfangs- und Endpunkt geprüft. Eine Richtung innerhalb des Koordinationsraumes wird dementsprechend als **lineare Verbindung zweier Eckpunkte** geprüft (vgl. Abb. A 6.24). Eine **Richtungsabweichung**, z. B. eine **Winkelabweichung** von der Nennrichtung, ist definiert als die orthogonale Abweichung von der Nennrichtung und bezogen auf das Nennmaß zwischen Anfangs- und Endpunkt der abweichenden Linie als Bezugslänge. **Abweichungen einer Linie** können auftreten als **Lageabweichung** ihres Anfangs- bzw. Endpunktes und/oder ihrer Richtung als Winkel zu einer Bezugslinie sowie als **Formabweichung** des Verlaufs zwischen Anfangs- und Endpunkt.

Ebenen sind definiert als ebene Fläche in 2 unterschiedlichen Richtungen. Die Ebenheit einer Fläche bezieht sich nur auf die **geometrische Form**. Die absolute Lage im Raum und die Richtung im Raum bleiben hierbei außer Betracht. Die Prüfung der Ebenheit beschränkt sich daher auf die Fläche innerhalb und entlang ihrer Ränder. Kenngröße für die **Ebenheitsabweichung** ist die Relation dreier auf der Fläche gelegene Punkte zueinander (vgl. Abb. A 6.25). Die **absolute Lage** einer Ebene im Raum

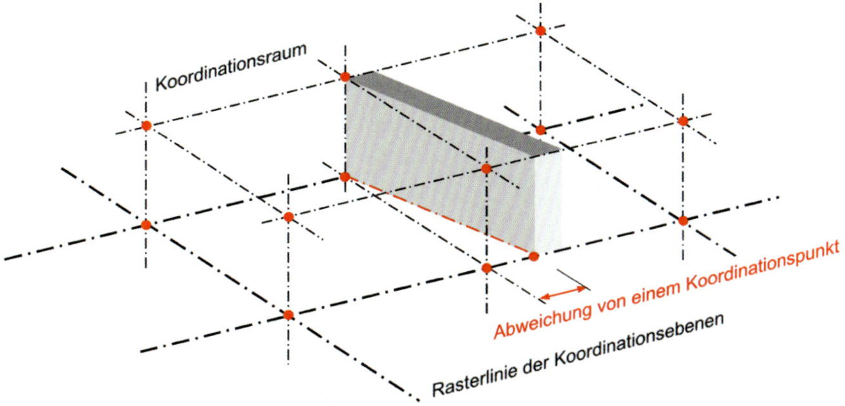

Abb. A 6.24: Schematische Darstellung der Abweichung einer Linie innerhalb des Koordinationsraumes

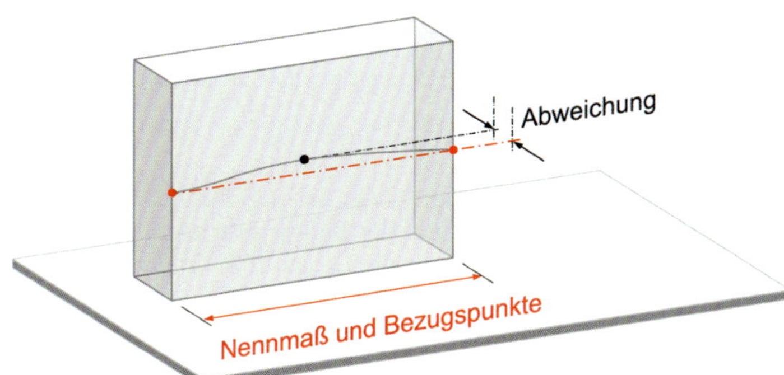

Abb. A 6.25: Schematische Darstellung einer Ebene mit Bezugspunkten und Abweichung

wird durch ihre Eckpunkte definiert. Für den Fall größerer zusammenhängender Flächen mit einer virtuellen Flächenteilung durch **Bauwerksachsen** finden die Anforderungen an die Lage der Eckpunkte zusätzlich auch Anwendung für die Lage der **Achsenschnittpunkte**. Die **Richtung** einer Ebene im Raum wird durch die lineare Verbindung ihrer Eckpunkte entlang ihrer Ränder bestimmt.

Abweichungen einer Ebene können auftreten als **Lageabweichung** ihrer Eckpunkte bzw. Rasterpunkte innerhalb des Koordinationsraumes und/oder ihrer Richtung im Verlauf der Ränder bzw. Rasterlinien sowie als **Formabweichung** innerhalb einer Fläche einschließlich ihrer Ränder.

Räumliche Flächen werden im Hochbau in der Regel und insbesondere im Hinblick auf eine baupraktisch praktikable Absteckung für die Ausführung auf ein **Netz linearer Verbindungen** mit Nennmaßen für den Abstand der einzelnen Knotenpunkte einer räumlichen Netzstruktur zurückgeführt. Aus den geometrischen Grundelementen Linie und Ebene lassen sich somit auch weiter gehende räumliche Strukturen hinreichend genau beschreiben. Die Prüfung dreidimensionaler geometrische Elemente kann dementsprechend auf die Begriffsdefinitionen dieser Norm zurückgeführt werden.

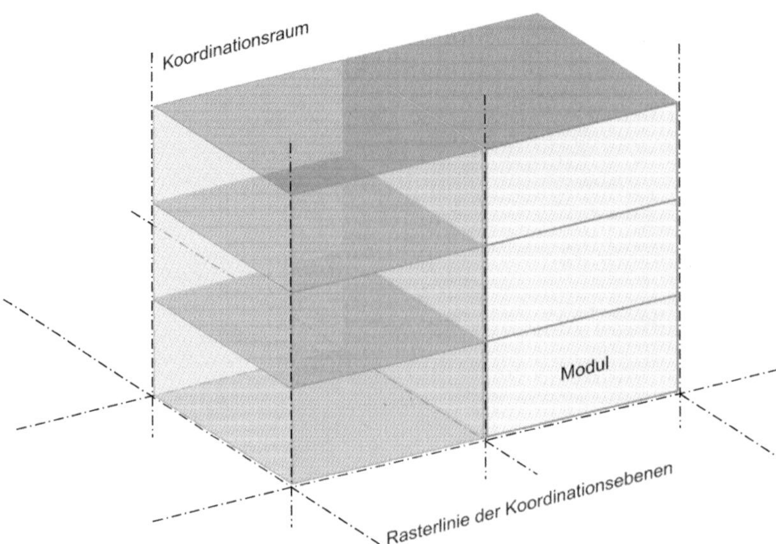

Abb. A 6.26: Schematische Darstellung des Bauraumes mit Unterteilung durch Bauwerksachsen in ein Modulsystem virtueller Teilräume

Große **Koordinationsräume** werden zur maßlichen Orientierung durch **Bauwerksachsen** in virtuelle Räume unterteilt. Die Gesamtheit der Bauwerksachsen in den 3 Dimensionen des Raumes – dies sind baupraktisch die Längs- und Querachsen im Grundriss sowie die Geschossebenen – bilden ein **modulares System** virtueller Räume (vgl. Abb. A 6.26). **Achsenschnittpunkte** erhalten mit diesem System die Funktion einer Ecke, Rasterlinien die Funktion einer Kante. Für Flächen bzw. Räume, die durch Achs- oder Rasterlinien unterteilt sind, sind deren Schnittpunkte deshalb als weitere Messpunkte wie auch die Ecken eines Baukörpers zu betrachten.

6.2.3 Modelle für die Prüfung

Die **Maßhaltigkeit der Form** eines Baukörpers hängt zunächst ab von der Einhaltung der **Längenmaße** für seine Größe. Dies sind die Maße zwischen den Eckpunkten sowie lichte Maße und Öffnungsmaße für Räume im Inneren eines Baukörpers. Aber auch die **Maßhaltigkeit seiner Lage** innerhalb des Koordinationsraumes wird von der Einhaltung von Längenmaßen zu Bezugspunkten bestimmt. Nennmaße sind unter Berücksichtigung des Boxprinzips einzuhalten. Die **Prüfung** der Maße hat den **Zweck**, die Einhaltung der zu einem Nennmaß zugehörigen Toleranzen als **Boxgröße** beurteilen zu können.

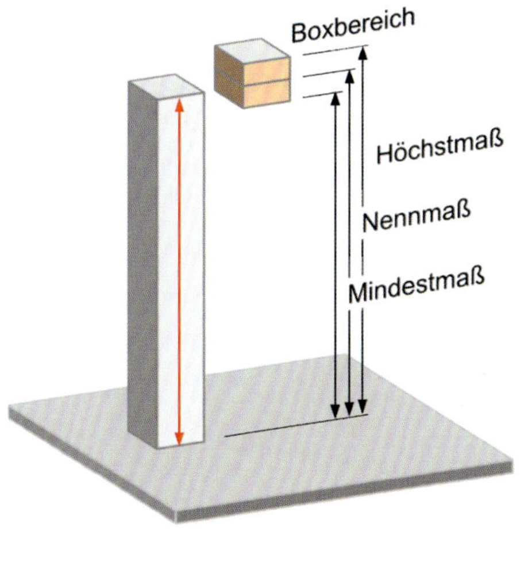

Abb. A 6.27: Prüfung eines eindimensionalen Boxbereiches mit einer Einzelmessung

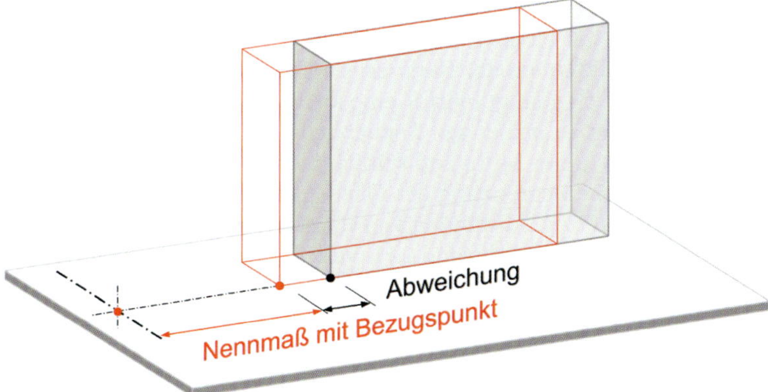

Abb. A 6.28: Schematische Darstellung eines Punktes mit Bezugspunkt und Abweichung

Für **einzelne Maße**, z. B. der Länge eines Stabes oder einer Bauteilkante, ist der zugehörige **Boxbereich** für die Toleranz **eindimensional**. Eine Prüfung des jeweiligen Maßes erfolgt z. B. als eine Längenmessung (vgl. Abb. A 6.27). Dies gilt ebenso für einzelne Maße für die Lage eines Baukörpers zu einem Bezugspunkt (vgl. Abb. A 6.28).

Für **Maße einer Fläche**, z. B. die Höhe einer Wandscheibe, ist im Unterschied zu einzelnen Maßen ein **zweidimensionaler Boxbereich** für die Toleranz zu berücksichtigen. Dies bedeutet, dass beispielsweise die Höhe einer Wandscheibe über deren gesamte Länge die zulässige Grenzabweichung für die Höhe nicht unter- oder überschreiten darf. Als Grundmodell für die Überprüfung eines mehrdimensionalen Boxbereiches wird von einer Stichprobe bestehend aus 3 Einzelmessungen an 3 unterschiedlichen Stellen des zu überprüfenden Baukörpers ausgegangen. Diese Einzelmessungen werden an den beiden Rändern sowie in der Mitte angeordnet, um eine möglichst gleichmäßige Verteilung über die zu prüfende Fläche bzw. den zu prüfenden Raum zu erreichen (vgl. Abb. A 6.29).

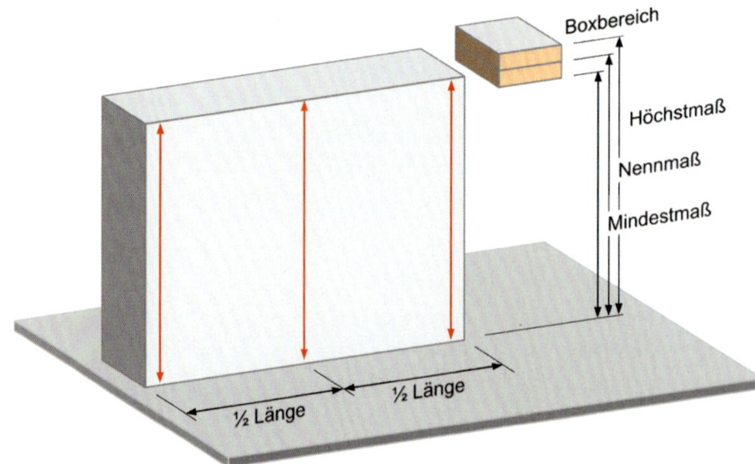

Abb. A 6.29: Grundmodell für die Prüfung eines mehrdimensionalen Boxbereiches mit einer Stichprobe aus 3 Einzelmessungen

Dieses Grundmodell basiert auf der Überlegung, die Maßhaltigkeit eines Bauteils unter **statistischen Gesichtspunkten** auf der Basis einer Stichprobe von Einzelmessungen zu beurteilen. Baupraktisch genügt hierfür eine kleinste Stichprobe von 3 Messungen, wenn diese innerhalb des zu prüfenden Boxbereiches möglichst gleichmäßig verteilt sind – also seitlich links, in der Mitte und seitlich rechts – und die Größe der Fläche begrenzt bleibt. Eine solche Begrenzung der Flächengröße besteht mit üblichen Modulmaßen bzw. Bauteilmaßen bzw. Abständen von Bauwerksachsen auf eine Größenordnung von etwa 3 bis 4 m für den Abstand zwischen 2 Einzelmessungen (bei Maßen bzw. Achsmaßen in einer Größenordnung von etwa 6 bis 8 m). Bei Einhaltung der Toleranz für die Boxgröße an 3 Einzelstellen wird also von der **Annahme** ausgegangen, dass das zugehörige Nennmaß auch durchgehend an jeder Stelle eingehalten ist. Dies ist statistisch betrachtet in ausreichend hohem Maße wahrscheinlich, weil erwartet werden kann, dass maßgebliche größere Abweichungen an anderen als den ausgewählten Messpunkten bei sorgfältiger Prüfung bereits durch einfachen Augenschein festgestellt werden können und deswegen mit hoher Wahrscheinlichkeit bei einer Prüfung auch erfasst werden. Das mit dem Grundmodell der **sog. Dreifachmessung** verbleibende Risiko einer nicht festgestellten Maßabweichung außerhalb der Toleranz bleibt also für die baupraktische Handhabung gering und damit überschaubar. Allerdings ist eine solche Vorgehensweise auch nicht risikofrei. Abweichungen außerhalb der Toleranz können trotz Prüfung unerkannt bleiben – mit einer geringen Restwahrscheinlichkeit.

Die Dreifachmessung findet immer dann **Anwendung**, wenn die Einhaltung eines Maßes entlang einer Linie zu prüfen ist, die Toleranz also als Boxbereich im Verlauf einer Linie angeordnet ist. Dies betrifft insbesondere **Maße** für Form und Lage **flächiger Bauteile**.

Das Prüfmodell der Dreifachmessung hat sich auch in **anderen Bereichen des Hochbaus** etabliert, z. B. für die Prüfung der Maßhaltigkeit von Betonfertigteilen (vgl. DIN EN 13369:2018-09, Abschnitt 5.2). Die Anwendung dieses Prüfverfahrens in DIN 18202 bedeutet damit nicht zuletzt eine Harmonisierung der Anforderungen an die Prüfung eines separaten Bauteils (nach den einschlägigen Bauteilnormen) und an die Prüfung des Bauteils im eingebauten Zustand (nach DIN 18202).

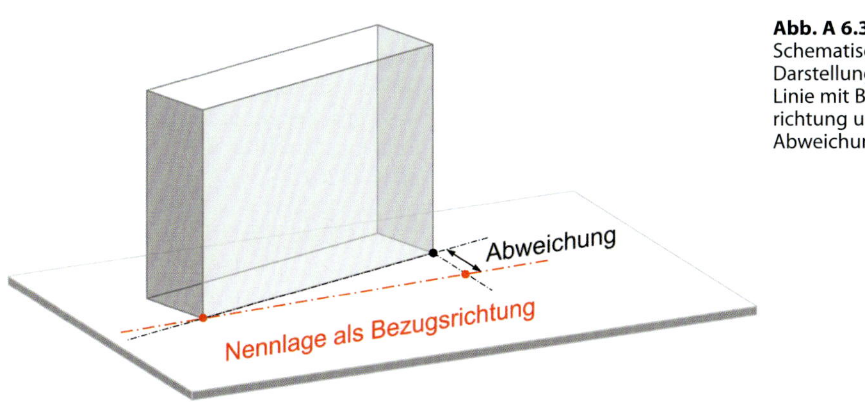

Abb. A 6.30: Schematische Darstellung einer Linie mit Bezugsrichtung und Abweichung

Die **Maßhaltigkeit der Richtung** eines Körpers als lineare Verbindung zweier Eckpunkte hängt ab von der Lage dieser Eckpunkte zueinander in Bezug auf die Form bzw. bezogen auf den Koordinationsraum. Die Prüfung der Richtung hat daher den Zweck, die Einhaltung der **Lage zweier Punkte** zueinander festzustellen. Dies sind entweder 2 Eckpunkte eines Baukörpers oder ein Eckpunkt und ein außerhalb gelegener Bezugspunkt. Für die Abweichung einer Richtung findet auch das **Boxprinzip** Anwendung. Die Abweichung wird als Stichmaß orthogonal zu der linearen Verbindung der beiden Punkte als Bezugslinie gemessen. Der **Boxbereich** für das Stichmaß ist damit **eindimensional** (vgl. Abb. A 6.30).

Das Modell der Prüfung einer **Richtung als lineare Verbindung zweier Eckpunkte** findet immer dann **Anwendung**, wenn die Form eines Bauteils hinsichtlich ihrer Winkel bzw. die Lage eines Bauteils im Raum zu prüfen ist. In diesen Fällen ist die Toleranz als Boxbereich für ein Stichmaß an einem Eckpunkt angeordnet und – im **Unterschied zu der Dreifachmessung** – nicht als Boxbereich im Verlauf einer Linie.

Grundlage für die Betrachtung einer Abweichung ist stets der Abstand zwischen 2 Punkten und ggf. der orthogonale Abstand eines dritten Punktes von der linearen Verbindung zweier Ausgangspunkte. Die **Abweichung** – z. B. eines Längenmaßes von einem Nennmaß oder eines dritten Punktes von der geraden Verbindung zweier Ausgangspunkte – wird damit immer **als relative Größe in Bezug auf ein Längenmaß** (z. B. den Abstand zweier Messpunkte) angegeben. Die Klassifizierung der Grenzwerte für die verschiedenen Abweichungen baut unmittelbar auf diesem Bezug zwischen Abweichung und Nennmaß auf. Die Zuordnung eines in der Ausführung festgestellten Wertes für eine Abweichung zu den Grenzwerten der DIN 18202, Tabelle 1 bis 4, ist nur möglich, wenn hierfür eine eindeutige Bezugsgröße gefunden werden kann, z. B. das Nennmaß oder der Messpunktabstand der Bezugspunkte. Abweichungen, die einen solchen unmittelbaren Bezug nicht haben, lassen sich im Anwendungsbereich der DIN 18202 nicht eindeutig beurteilen. Ein Beispiel hierfür sind Betrachtungen zur Abweichung der Position einzelner Punkte innerhalb des Raumes, insbesondere anhand von **Koordinaten**, ohne Zuordnung einer den Grundsätzen der DIN 18202 entsprechenden Bezugslänge.

Die Grundmodelle für die Prüfung von Maßen, Richtungen bzw. Winkeln, Ebenheiten und Fluchten sind für den **Standardfall** und damit für die im üblichen Baugeschehen des Hochbaus zumeist vorkommenden Anwendungsfälle vorgesehen. Dies ist aber nicht abschließend. **Andere Prüfungen** können im Einzelfall zweckmäßig bzw. erforderlich sein. Im Sinne des Grundsatzes der Bemessung von Toleranzen für den Einzelfall sind jeweils notwendige Prüfungen ggf. für die Ausführung **vorzugeben**. Auch dies soll – aus technischer Sicht – vor der Bauausführung geschehen, gleichermaßen wie die Festlegung notwendiger Bezugspunkte im Sinne von Abschnitt 4.6 bzw. notwendiger Messpunkte im Sinne von Abschnitt 6.3 der DIN 18202.

6.2.4 Vorgehensweise bei einer Prüfung

Für die Prüfung eines Baukörpers auf Abweichungen von seiner Form bzw. Lage sind basierend auf den Grundelementen Punkt bzw. Linie bzw. Fläche für die in DIN 18202 enthaltenen **Abweichungsarten** baupraktisch folgende Anwendungsfälle zu unterscheiden:

- Längenmaßabweichung als Lage- und/oder als Formabweichung,
- Winkelabweichung als Lage- und/oder als Formabweichung,
- Ebenheitsabweichung als Formabweichung,
- Fluchtabweichung als Lageabweichung.

Abweichungen von der Form umfassen

- Längenmaßabweichungen der Maße eines Baukörpers (z. B. der Länge, Breite, Höhe oder Dicke),
- Winkelabweichungen (z. B. zwischen benachbarten Bauteilkanten),
- Ebenheitsabweichungen innerhalb einer Fläche oder an ihren Rändern.

Abweichungen von der Lage umfassen

- Längenmaßabweichungen für Maße in Bezug auf Punkte, Linien oder Ebenen im Raum (z. B. Achsabstände oder Höhenkoten),
- Winkelabweichungen bzw. Richtungsabweichungen in Bezug auf die Ausrichtung im Raum (z. B. einer Bauteilkante von der Vertikalen, der Horizontalen oder einer Nennrichtung im Raum),
- Fluchtabweichungen (z. B. der Zwischenstützen einer Stützenreihe von der gemeinsamen Flucht der Endstützen).

Die **unterschiedlichen Abweichungen** sind **unabhängig** voneinander zu betrachten und zu prüfen bzw. auszuwerten.

In der **Vorbereitung einer Prüfung** ist zunächst – ausgehend von dem jeweiligen Anlass – zu klären, ob eine Abweichung von der Form oder von der Lage eines Bauteils vorliegt. In einem zweiten Schritt ist zu entscheiden, ob es sich um eine Längenmaßabweichung, eine Richtungs- bzw. Winkelabweichung oder eine Ebenheitsabweichung bzw. Fluchtabweichung handelt. Sodann ist der für die zu betrachtende Abweichung relevante Bezug zu ermitteln. Mit der Festlegung des Bezugs erfolgt auch eine Zuordnung von Abweichung und Bezugsgröße, z. B. Nennmaß oder Messpunktabstand. Basierend auf diesen Vorentscheidungen kann schließlich ein geeignetes Modell aus Messbezügen für die Prüfung formuliert werden.

Am **Beispiel einer Außenwand im Rohbau** mit Anforderungen an die Schnittstelle für die Fassadenbekleidung wäre zu klären, ob für die Fassadenbekleidung ein absoluter Bezug auf die Nennlage innerhalb des Koordinationsraumes oder ein relativer Bezug auf die Istlage des Rohbaus einschließlich vorhandener Abweichungen besteht (vgl. Abb. A 6.31). Zudem wäre die für die Passung der Schnittstelle relevante Abwei-

Abb. A 6.31: Beispiel für eine Außenwand im Rohbau mit Passungsanforderungen an die Schnittstelle zur Fassadenbekleidung

chung zu definieren: Dies kann z. B. die maximal mögliche Ebenheitsabweichung im Rohbau unter Berücksichtigung der fassadenseitig zu stellenden Anforderungen an den Untergrund sein. Die Vielzahl der unterschiedlichen möglichen Abweichungen wird mit einer solchen Vorgehensweise auf eine überschaubare Anzahl von Beurteilungskriterien eingeschränkt. Eine Betrachtung aller denkbaren unterschiedlichen Abweichungen von Form und Lage und eine umfangreiche Messung mit einer Vielzahl von Messunkten und Einzelmessungen ist hingegen baupraktisch unter Berücksichtigung von Anlass und Zielsetzung der Prüfung nicht erforderlich.

Nach der **baupraktischen Erfahrung** sind solche **Vorüberlegungen** unbedingt geboten, um mit möglichst geringem Aufwand bei der Prüfung ein aussagekräftiges Messergebnis zu erzielen. Andernfalls besteht die Gefahr, mit den erhobenen Messdaten den eigentlichen Anlass der Prüfung nicht ausreichend beurteilen zu können. Auch dem Grundsatz, nur dort zu prüfen, wo es erforderlich ist, wird man nur gerecht, wenn zuerst die Art der Abweichung konkretisiert und die Vorgehensweise zur Prüfung dann hierauf abgestimmt wird.

6.3 Messpunkte

6.3 Messpunkte

Notwendige Messpunkte sind vor der Bauausführung festzulegen.

Soweit keine besonderen Messpunkte für die Bauausführung festgelegt sind, sind diese

- an den Ecken oder Kanten von Bauteilen an der Bauteiloberfläche in etwa 10 cm Abstand vom seitlichen Rand (siehe Erläuterung A.2) bzw.
- auf Achs- oder Rasterlinien bzw. an deren Schnittpunkten

anzulegen. Dies gilt für die Prüfung von Maßen, Winkeln, der Ebenheit von Oberflächen und der Flucht von Stützen.

Für die Prüfung von Diagonalmaßen bzw. Winkeln ist eine Anordnung der Messpunkte unmittelbar an den Ecken von Bauteilen bzw. an Achsenschnittpunkten zweckmäßig.

In Abschnitt 1 der DIN 18202 wird der Zweck mit der Festlegung von Grundlagen für Toleranzen angegeben. Toleranzen nach dieser Norm stellen eine durchschnittlich zu erreichende Genauigkeit dar, sie sind auch nicht abschließend (vgl. Abschnitt 4.3 der Norm). Die Inhalte der Norm können nicht als fertige Vorgabe für jeden Einzelfall gelten. Vielmehr gilt der Grundsatz, auf der Basis dieser Grundlagen eine Bemessung der notwendigen Genauigkeitsanforderungen für den jeweiligen Anwendungsfall vorzunehmen. Dieser Gedanke wird in Abschnitt 6.3 der Norm für die Messpunkte fortgeführt mit der Anforderung, wonach **notwendige Messpunkte** vor der Bauausführung festzulegen sind.

In der Ausführung einer Bauaufgabe gibt es regelmäßig eine begrenzte Anzahl von Schnittstellen oder Details, für die die Einhaltung von Toleranzen funktionsnotwendigerweise erforderlich ist. Andere Bereiche können hingegen als Standardfall mit einer üblichen Genauigkeit ausgeführt werden, mitunter auch ohne eine besondere Kontrolle. Für die kritischen Stellen aber bedarf es neben **einzelfallspezifischen Genauigkeitsanforderungen** auch einer Konkretisierung der betroffenen Punkte im Sinne eines Messpunktes und zudem einer messtechnischen Überwachung dieser Punkte im Zuge der Ausführung. Als **Bestandteil einer Bemessung** von Genauigkeitsanforderungen müssen also auch Messpunkte berücksichtigt werden, die für die spätere Umsetzung solcher Ausführungsvorgaben erforderlich sind. Diese – und auch hier gilt der Grundsatz: nur diese – sind als Bestandteil der Ausführungsvorgaben festzulegen.

Notwendige Messpunkte sind für eine erfolgreiche Umsetzung im Baugeschehen gleichermaßen bedeutsam wie notwendige Bezugspunkte. Die **Notwendigkeit eines Messpunktes** ergibt sich insbesondere für Schnittstellen zwischen unterschiedlichen Leistungsbereichen. Daher ist eine übergeordnete Betrachtung und Koordination der Anforderungen einschließlich der zugehörigen Messpunkte erforderlich. Hierbei sind in der Zusammenschau aller beteiligten Gewerke die Bedürfnisse der involvierten Leistungsbereiche zu berücksichtigen. Diese Aufgabe geht über die einzelnen Gewerke hinaus und fällt damit aus technischer Sicht klassischerweise in den Bereich der Planung bzw. der Festschreibung der Ausführungsvorgaben. In DIN 18202 kommt dies mit der Formulierung zum Ausdruck, wonach notwendige Messpunkte **vor der Bauausführung** festzulegen sind. Notwendige Spezifikationen für den Einzelfall sollen einschließlich der zugehörigen Messpunkte und ggf. auch einschließlich einer erforderlichen Vorgehensweise zur Prüfung im Sinne einer Bemessung definiert werden. Bestandteil der Ausführungsvorgaben müssen also auch die für die Ausführung erforderlichen Randbedingungen sein.

Die **Lage der Messpunkte** ist erforderlichenfalls für den Einzelfall festzulegen. Soweit im Einzelfall keine besonderen Messpunkte festgelegt sind, sind diese – für den Standardfall – an den Ecken eines Bauteils anzulegen. **Schnittpunkte von Bauwerksachsen** bzw. Achsen mit Bauteilkanten sind zusätzlich zu den Ecken wie diese zu betrachten. Für die Lage der Messpunkte an den Eckpunkten findet außerdem die **sog. 10-Zentimeter-Regel** Anwendung, wonach Messpunkte an Ecken oder Kanten etwa 10 cm seitlich von der Ecke bzw. der Kante abzusetzen sind. Dies resultiert aus

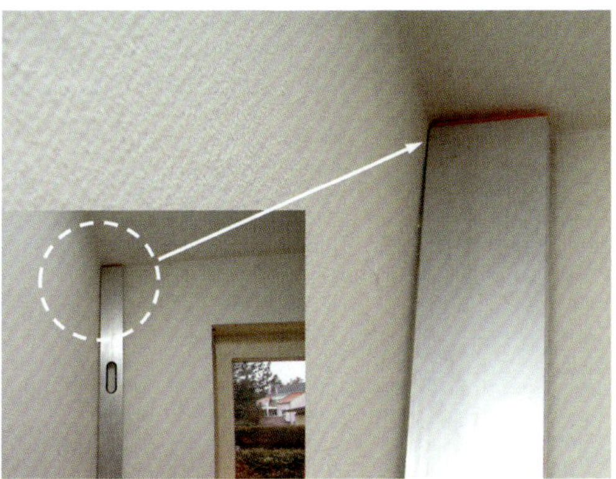

Abb. A 6.32: Beispiel für eine singuläre Abweichung in der Ecke einer Fläche

Abb. A 6.33: Beispiel für das Markieren einer Messbezugslinie im Aufriss

statistischen Überlegungen. In der baupraktischen Handhabung von Messpunkten an Bauteilecken ist zu berücksichtigen, dass die Ausführung einer Ecke mit größeren Abweichungen verbunden ist als die Ausführung einer Kante, und auch die Ausführung einer Kante mit größeren Abweichungen verbunden ist als die Ausführung einer Fläche. Die Ausführung einer Ecke unterliegt also nicht einer durchschnittlich wahrscheinlichen Abweichung, sondern einer besonderen Abweichung (vgl. Abb. A 6.32). Werden nun für die Betrachtung der Maßhaltigkeit eines Körpers ausschließlich seine Ecken herangezogen, so verfälscht die Genauigkeit der Eckpunkte das Ergebnis einer hieraus abgeleiteten Genauigkeit des Körpers als Ganzen. Diesem Umstand wird bei der Definition der Messpunkte Rechnung getragen, indem die Messpunkte seitlich von den Ecken abgesetzt werden. Baupraktisch wird für den Messpunkt ein **seitlicher Abstand von etwa 10 cm von der Ecke** als ausreichend angesehen. Die erhöhte Wahrscheinlichkeit einer besonderen Abweichung an der Ecke ist also für die baupraktisch relevanten Situationen auf einen Eckbereich von etwa 10 cm × 10 cm × 10 cm begrenzt (vgl. Abb. A 6.33 und die Erläuterungen zur **10-Zentimeter-Regel** in Anhang A2 zur DIN 18202).

Die Festlegung der **Messpunkte** in DIN 18202 erfolgt einheitlich für **alle Arten von Abweichungen** im Anwendungsbereich dieser Norm, also für die Prüfung von Längenmaßen, Winkeln bzw. Richtungen, der Ebenheit und der Flucht von Stützen.

Für die Prüfung von **Diagonalmaßen** zwischen gegenüberliegenden Ecken oder die Prüfung von **Winkeln** zwischen Linien unterschiedlicher Richtung, z. B. zwischen 2 Flächenrändern, ist es im Hinblick auf die Messgenauigkeit zweckmäßig, die Messung direkt zwischen den Eckpunkten vorzunehmen und die Messpunkte nicht seitlich von den Ecken abzusetzen. In diesen Fällen ist jedoch darauf zu achten, dass die Messpunkte an den Bauteilecken repräsentativ für die Bauteilgestalt sind und keine singulären Gestaltabweichungen aufweisen, die auf die Ecken bzw. Ränder der Bauteile

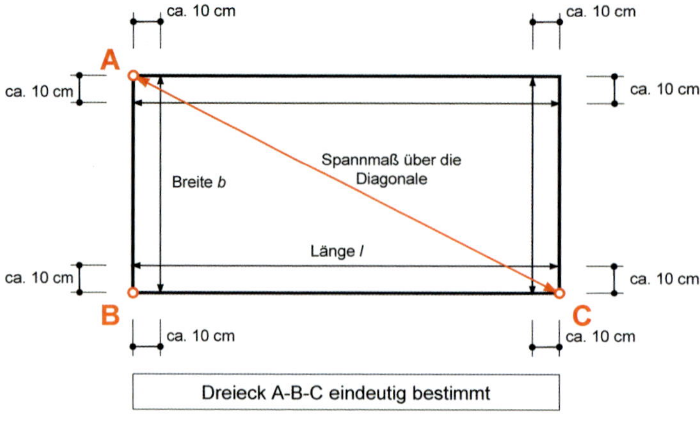

Abb. A 6.34: Messen der Bauteilmaße im Grundriss anhand von lichten Maßen und diagonalen Spannmaßen. Die Spannmaße werden nicht an den Messpunkten für lichte Maße im Grundriss, sondern auf den Bauteiloberflächen genommen.

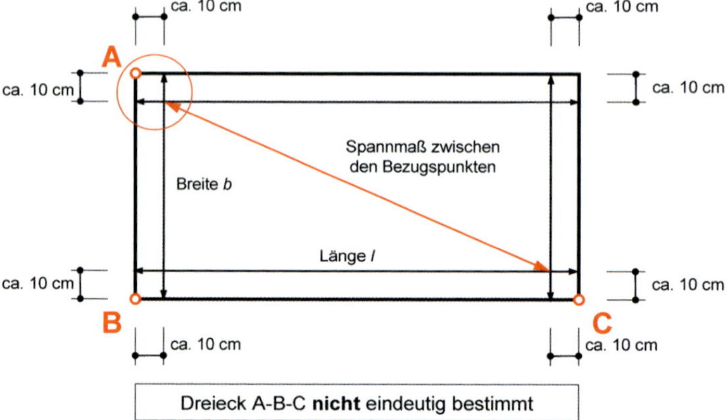

Abb. A 6.35: Messen der Spannmaße an den Messpunkten für lichte Maße im Grundriss

begrenzt sind. Würde hingegen ein Messpunkt in 2 Richtungen ausgehend von einer Bauteilecke um jeweils etwa 10 cm seitlich abgesetzt werden, so müsste dies bei anderen Maßen, z. B. den äußeren Maßen eines Baukörpers, entsprechend berücksichtigt werden (vgl. Abb. A 6.34 und Abb. A 6.35).

6.4 Prüfung der Form

6.4.1 Messpunkte für Maße (Form)

> **6.4 Prüfung der Form**
>
> **6.4.1 Messpunkte für Maße**
>
> Die Maße werden an den Rändern in etwa 10 cm Abstand von den Kanten und in Bauteilmitte an der Bauteiloberfläche gemessen (siehe Erläuterungen A.2); bei Bauwerksachsen gegebenenfalls auch in den Achsen und in der Mitte zwischen zwei benachbarten Achsen.
>
> BEISPIEL 1 Prüfung der Maße für die Form eines Bauteils im Grundriss und im Aufriss (siehe Bild 8).
>
> BEISPIEL 2 Prüfung der Maße für die Form eines Bauteils im Aufriss bei einer Bauwerksachse (siehe Bild 9).
>
> …
>
> Bild 8 – Prüfung der Maße für die Form eines Bauteils im Grundriss und im Aufriss
>
> …
>
> Bild 9 – Prüfung der Maße für die Form eines Bauteils im Aufriss bei einer Bauwerksachse

Maße für die Form eines Bauteils oder Bauwerks sind Längen, Breiten und Höhen sowie Achs- und Rastermaße, die die äußere Gestalt – ggf. mit inneren Unterteilungen der Maße durch Achs- oder Rastermaße – in Grund- und Aufriss bestimmen (vgl. Abb. A 6.36).

Die Maße eines Baukörpers werden nach dem **Grundmodell der Dreifachmessung** an seinen äußeren Rändern und zusätzlich in der Mitte des Baukörpers jeweils an seiner Oberfläche gemessen. Bei größeren Baukörpern, die durch Bauwerksachsen unterteilt sind, sind die Achsenschnittpunkte zusätzlich wie die Eckpunkte zu berücksichtigen. Gegenstand einer Prüfung sind Nennmaße für die Form im Sinne der Begriffsdefinition hierfür in DIN 18202.

Die **Messpunkte** für ein Maß an einem Rand zwischen 2 Eckpunkten werden etwa 10 cm seitlich abgesetzt von der Kante im Verlauf zwischen den beiden Eckpunkten. Die Messpunkte für ein Maß in Bauteilmitte werden an den Kanten des Bauteils jeweils in der Mitte zwischen 2 Eckpunkten angeordnet. Die Messpunkte für ein Maß zwischen Bauwerksachsen werden auf den Achsen in den Achsenschnittpunkten bzw. mittig zwischen 2 Achsenschnittpunkten angeordnet. Messpunkte, die in ihrer vorgesehenen Lage nicht unmittelbar zugänglich sind, z. B. Achsenschnittpunkte innerhalb von Baukörpern, werden hilfsweise seitlich abgesetzt, z. B. an der Oberfläche des jeweiligen Baukörpers oder außerhalb. Bei der Anordnung der Messpunkte sind jeweils die Erläuterungen zu der 10-Zentimeter-Regel in Anhang A.2 zu DIN 18202 zu berücksichtigen.

Messlinie ist die lineare Verbindung zweier Messpunkte. Maße werden als Abstand zwischen 2 Messpunkten bestimmt.

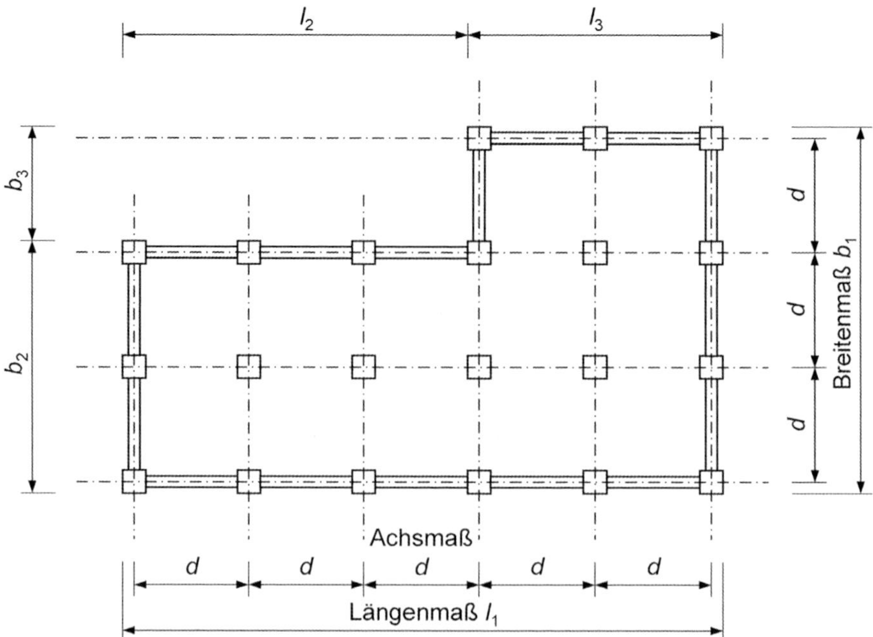

Abb. A 6.36: Beispiel für Bauwerks- und Achsmaße

In einer **Maßkette** darf die Grenzabweichung für jedes einzelne Maß in Anspruch genommen werden. Diese Forderung gilt für alle Maßketten, auch Summenmaße. Die Prüfung umfasst dementsprechend Einzelmaße und Summenmaße. Bei Maßketten, für die ein zusätzliches Summenmaß angegeben ist, ist zu berücksichtigen, dass die Addition aller Einzelmaße und ihrer Grenzabweichungen in der Summe größer sein kann als das Summenmaß zuzüglich der Grenzabweichung für das Summenmaß. Grenzabweichungen innerhalb einer Maßkette können also nur bei gleichzeitiger – und statistisch wahrscheinlicher – Kombination von Unter- und Überschreitungen der einzelnen Nennmaße in Anspruch genommen werden. Ist die Lage eines Punktes in Abhängigkeit von mehreren Maßketten definiert, so sind ggf. alle zugehörigen Nennmaße auf ihre Einhaltung hin zu prüfen.

Maße für Größe bzw. Form im Grundriss werden z. B. gemessen als Länge und Breite einer Bodenfläche, einer Deckenoberseite oder einer Deckenuntersicht an den Rändern und in Flächenmitte (vgl. Abb. A 6.37). Bei Unterteilung der Fläche durch Bauwerksachsen erfolgt eine Messung zusätzlich im Verlauf der Achsen sowie in der Mitte zwischen benachbarten Achsen bzw. in der Mitte zwischen Flächenrand und Bauwerksachse (vgl. Abb. A 6.38).

Abb. A 6.37: Prüfung der Maße für die Form eines Bauteils im Grundriss

½ Länge
½ Länge
½ Breite
½ Breite
Breite
Länge
ca. 10 cm
ca. 10 cm

Abb. A 6.38: Prüfung der Maße für die Form eines Bauteils im Grundriss bei einer Bauwerksachse

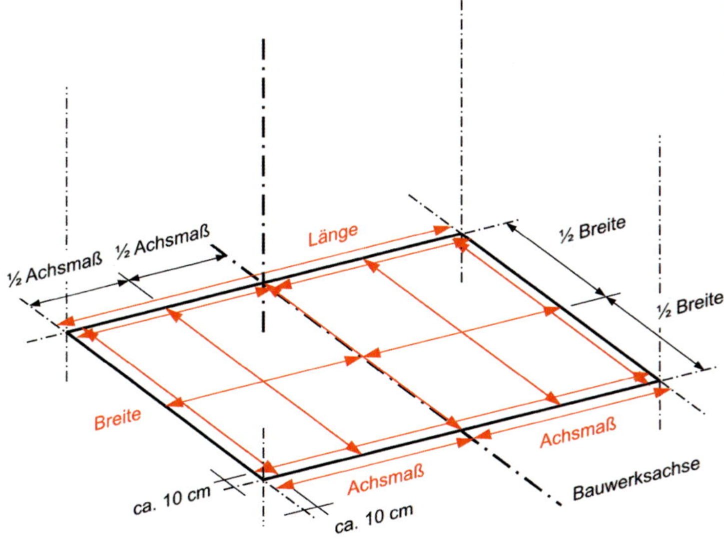

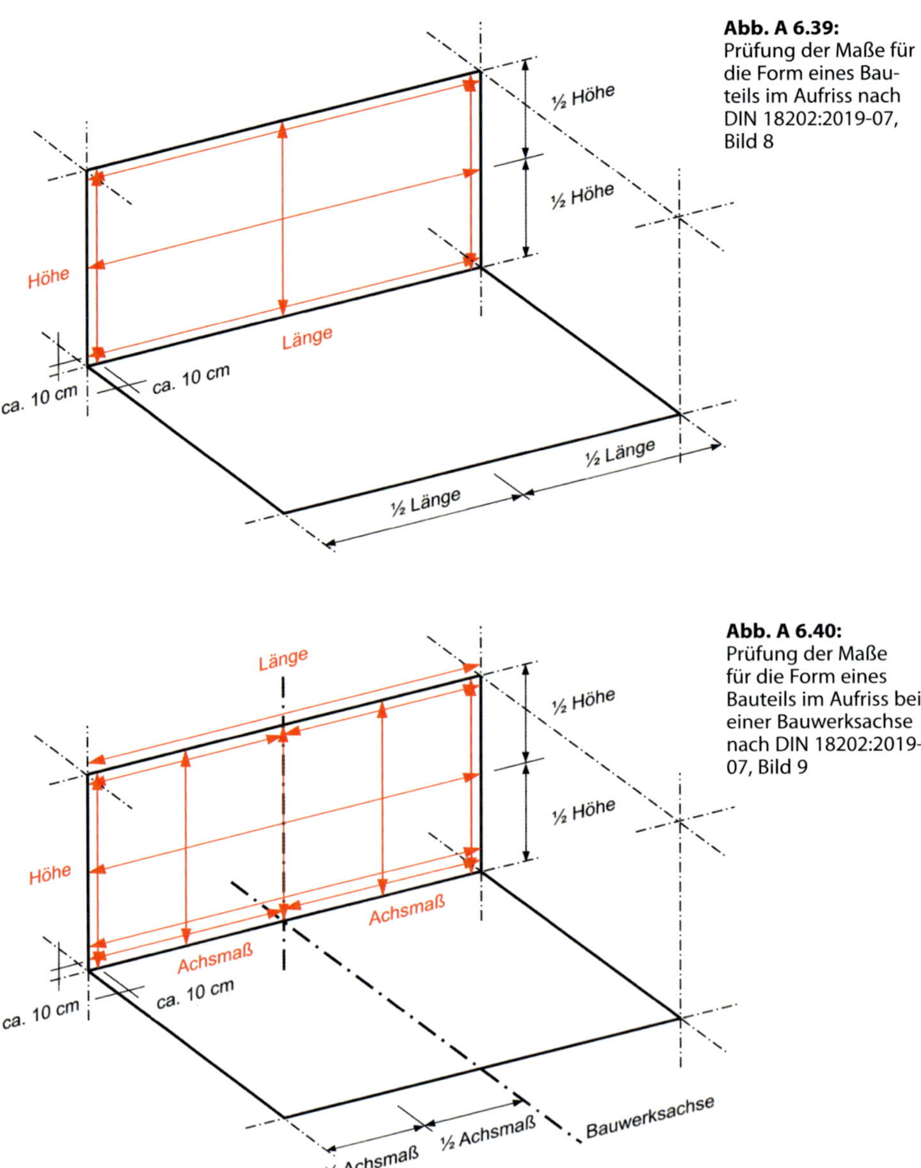

Abb. A 6.39: Prüfung der Maße für die Form eines Bauteils im Aufriss nach DIN 18202:2019-07, Bild 8

Abb. A 6.40: Prüfung der Maße für die Form eines Bauteils im Aufriss bei einer Bauwerksachse nach DIN 18202:2019-07, Bild 9

Maße für die Größe bzw. Form im Aufriss werden z. B. gemessen als Länge und Höhe einer Wandfläche an den Flächenrändern und in Flächenmitte (vgl. Abb. A 6.39 [nach DIN 18202, Bild 8]) bzw. für den Fall von Bauwerksachsen zusätzlich - analog zu Maßen im Grundriss - im Verlauf der Achsen sowie in der Mitte zwischen benachbarten Achsen bzw. in der Mitte zwischen Flächenrand und Bauwerksachse (vgl. Abb. A 6.40 [nach DIN 18202, Bild 9]).

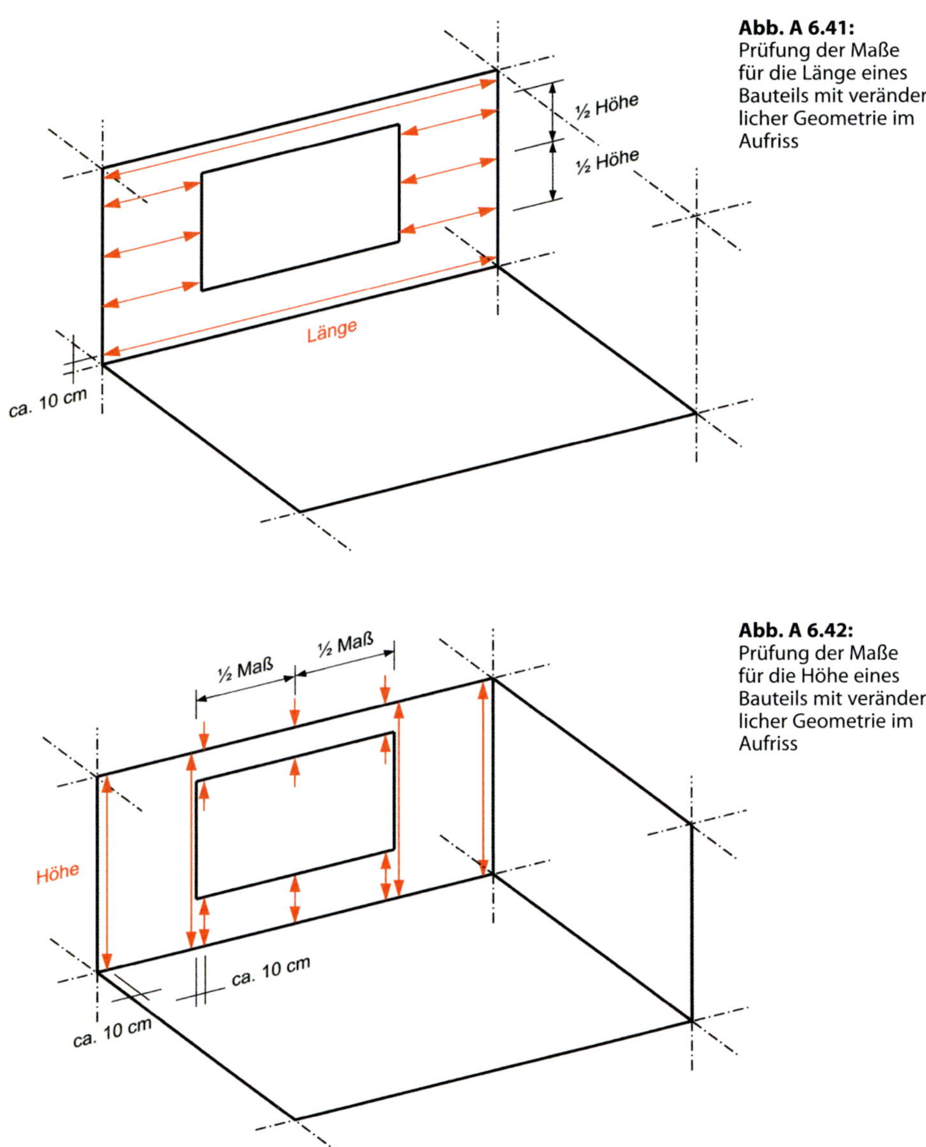

Abb. A 6.41: Prüfung der Maße für die Länge eines Bauteils mit veränderlicher Geometrie im Aufriss

Abb. A 6.42: Prüfung der Maße für die Höhe eines Bauteils mit veränderlicher Geometrie im Aufriss

Maße für die Form **komplexer Geometrien**, z. B. einer Wandscheibe mit Öffnung, werden – in der Systematik dreier Messungen an den Rändern und in der Mitte bleibend – jeweils an mindestens 3 Stellen bzw. im Bereich von Geometrieänderungen für die unterschiedlichen Nennmaße gemessen (vgl. Abb. A 6.41 und Abb. A 6.42).

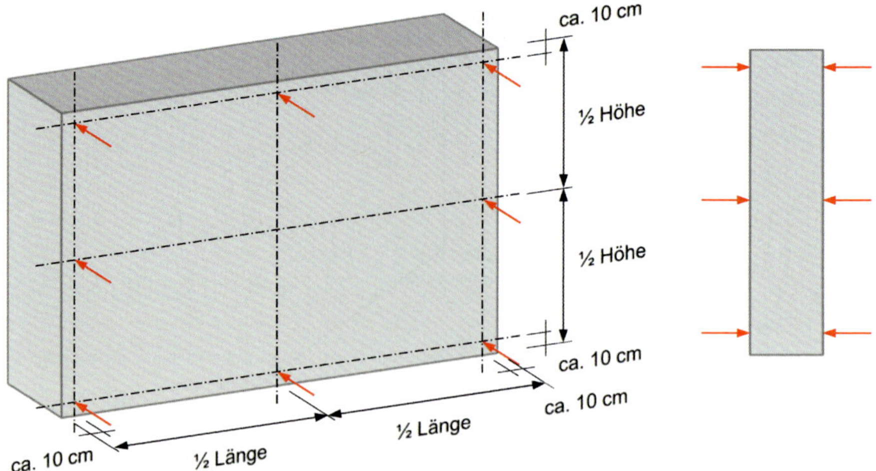

Abb. A 6.43: Prüfung der Maße für die Bauteildicke im Grundriss

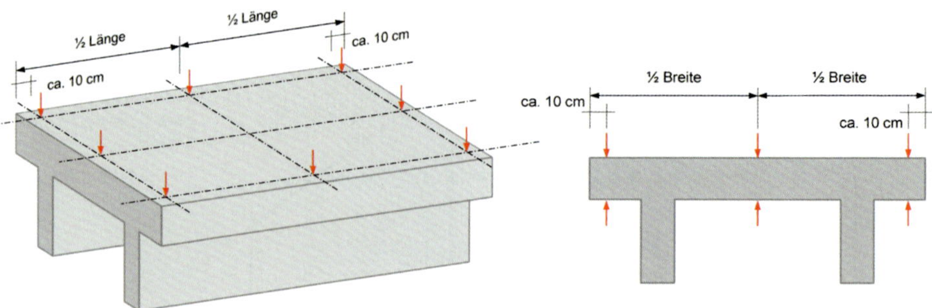

Abb. A 6.44: Prüfung der Maße für die Bauteildicke im Aufriss

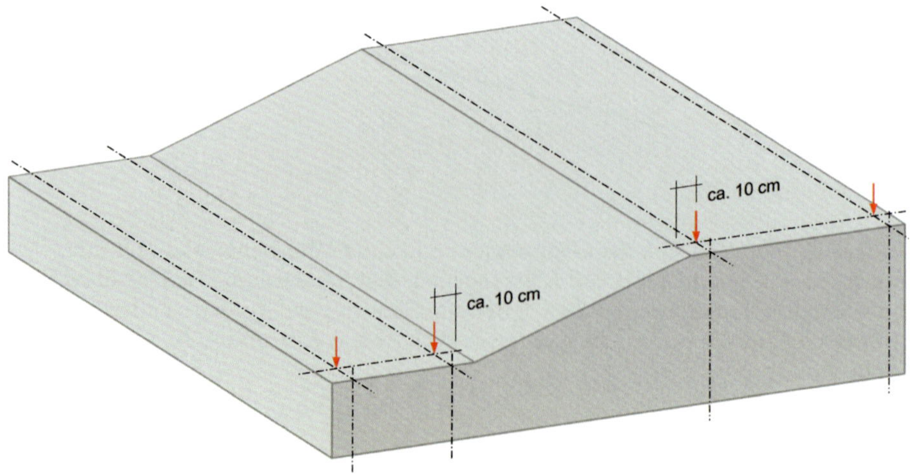

Abb. A 6.45: Prüfung der Maße bei veränderlichen Querschnittsmaßen

Querschnittsmaße, z. B. die Bauteildicke, werden wie Maße für die Form in Grund- und Aufriss an den Rändern und etwa 10 cm seitlich abgesetzt von den Kanten sowie in Bauteilmitte gemessen (vgl. Abb. A 6.43 und Abb. A 6.44). Bei Querschnittsveränderungen von Bauteilen liegen die Messpunkte möglichst ebenfalls etwa 10 cm von den Änderungen der Querschnitte entfernt (vgl. Abb. A 6.45). Die Messung erfolgt auch hier jeweils an der Bauteiloberfläche. Für Bauteile mit kurzen Maßen ist der seitliche Abstand von etwa 10 cm Kante bzw. Ecke ggf. zu reduzieren. Dies gilt auch für Anforderungen, die unmittelbar an die Maßhaltigkeit der Oberfläche zu stellen sind, z. B. an Füge- oder Passstellen zur Verbindung verschiedener Bauteile. Für solche Fälle können auch weiter gehende, auf den **Einzelfall bezogene** Spezifikationen in Bezug auf **Messpunkte** erforderlich sein.

6.4.2 Messpunkte für lichte Maße (Form)

6.4.2 Messpunkte für lichte Maße

Die lichten Maße werden an den Rändern in etwa 10 cm Abstand von den Kanten und in Raummitte gemessen (siehe Erläuterungen A.2); bei durch Bauwerksachsen unterteilten Räumen außerdem in den Achsen und in der Mitte zwischen zwei benachbarten Achsen.

BEISPIEL 1 Prüfung der lichten Breite eines Raumes (siehe Bild 10).

BEISPIEL 2 Prüfung der lichten Höhe eines Raumes (siehe Bild 11).

...

Bild 10 – Prüfung der lichten Breite eines Raumes

...

Bild 11 – Prüfung der lichten Höhe eines Raumes

Lichte Maße für die Form eines Raumes innerhalb eines Bauwerks sind Längen und Breiten im Grundriss sowie Höhen im Aufriss. Die lichten Maße eines Raumes werden – wie Maße – nach dem Grundmodell der Dreifachmessung an seinen äußeren Rändern und zusätzlich in der Mitte des Raumes zwischen den Bauteiloberflächen gemessen. Bei größeren Räumen, die durch Bauwerksachsen unterteilt sind, sind die Achsenschnittpunkte zusätzlich wie die Eckpunkte zu berücksichtigen. Gegenstand einer Prüfung sind Nennmaße entsprechend der Begriffsdefinition in DIN 18202.

Die **Messpunkte** für ein lichtes Maß an einem Rand zwischen 2 Eckpunkten werden etwa 10 cm seitlich abgesetzt von der Kante im Verlauf zwischen den beiden Eckpunkten. Sie liegen in der Fläche des den Raum in Richtung der Messung begrenzenden Bauteils. Die Messpunkte für ein lichtes Maß in Raummitte werden ebenfalls etwa 10 cm seitlich abgesetzt von der Kante. Die Messpunkte für ein Maß zwischen Bauwerksachsen werden auf den Achsen in den Achsenschnittpunkten bzw. mittig zwischen 2 Achsenschnittpunkten angeordnet. Messpunkte, die in ihrer vorgesehenen Lage nicht unmittelbar zugänglich sind, z. B. Achsenschnittpunkte innerhalb von Baukörpern, werden hilfsweise seitlich abgesetzt, z. B. etwa 10 cm seitlich begrenzender Baukörper. Bei der Anordnung der Messpunkte sind jeweils die Erläuterungen zu der 10-Zentimeter-Regel im Anhang A.2 zu DIN 18202 zu berücksichtigen.

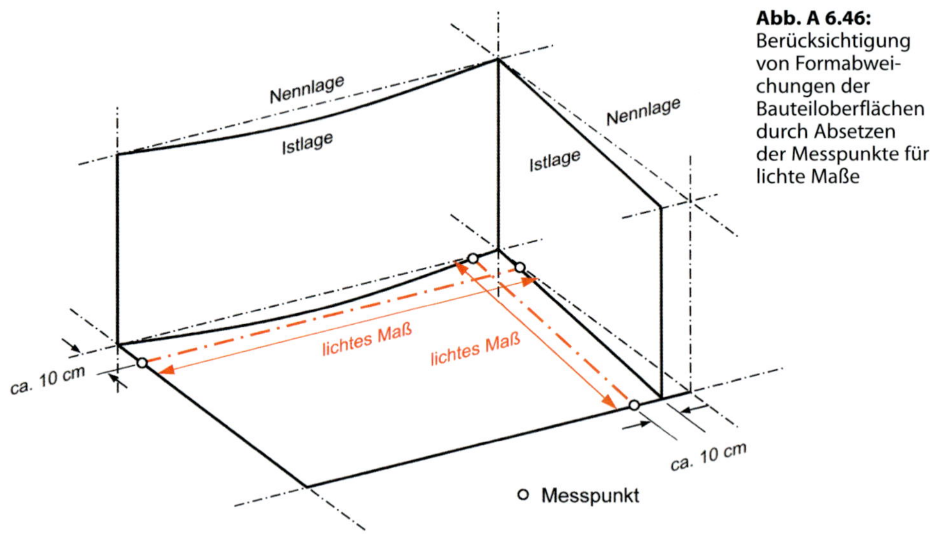

Abb. A 6.46: Berücksichtigung von Formabweichungen der Bauteiloberflächen durch Absetzen der Messpunkte für lichte Maße

Mit dem **Absetzen der Messpunkte** von der eigentlichen Bauteiloberfläche in den freien Raum davor wird auch dem Umstand Rechnung getragen, dass wegen Formabweichungen der angrenzenden Bauteile, vorspringender Bauteilüberstände usw. eine Sichtachse oder eine für das Anlegen einer Richtschnur oder einer Richtlatte erforderliche Achse an der Bauteiloberfläche baupraktisch nicht immer zur Verfügung steht (vgl. Abb. A 6.46). Lichte Maße könnten ohne ein seitliches Abrücken in diesen Fällen nicht unmittelbar – auf der Bauteiloberfläche – gemessen werden.

Messlinie ist die lineare Verbindung zweier Messpunkte. Maße werden als Abstand zwischen 2 Messpunkten bestimmt.

Lichte Maße im Grundriss werden z. B. gemessen als lichte Länge oder lichte Breite eines Raumes mit jeweils 3 Messungen in etwa 10 cm über dem Boden, in halber Raumhöhe sowie in etwa 10 cm unterhalb der Decke (vgl. Abb. A 6.47 [nach DIN 18202, Bild 10] und Abb. A 6.48). Bei Unterteilung des Raumes durch Bauwerksachsen erfolgt eine Messung zusätzlich im Verlauf der Achsen sowie in der Mitte zwischen benachbarten Achsen bzw. in der Mitte zwischen Flächenrand und Bauwerksachse.

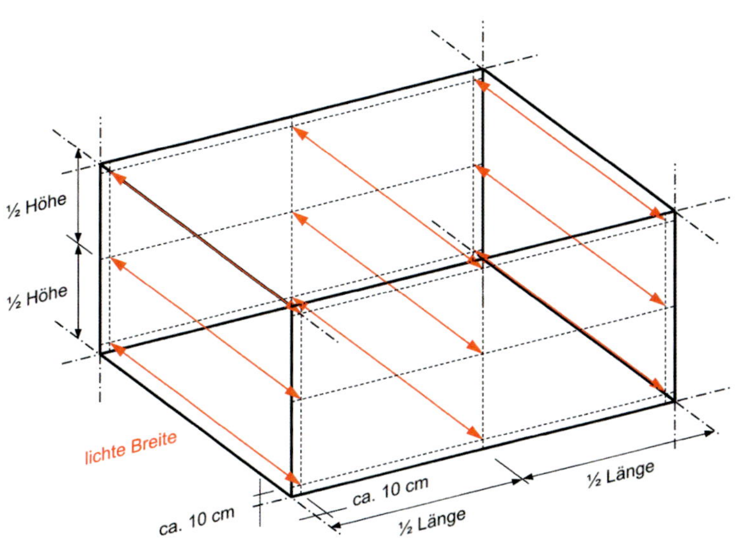

Abb. A 6.47: Prüfung der lichten Maße für die Breite eines Raumes nach DIN 18202:2019-07, Bild 10

Abb. A 6.48: Beispiel für die Prüfung der lichten Breite eines Raumes

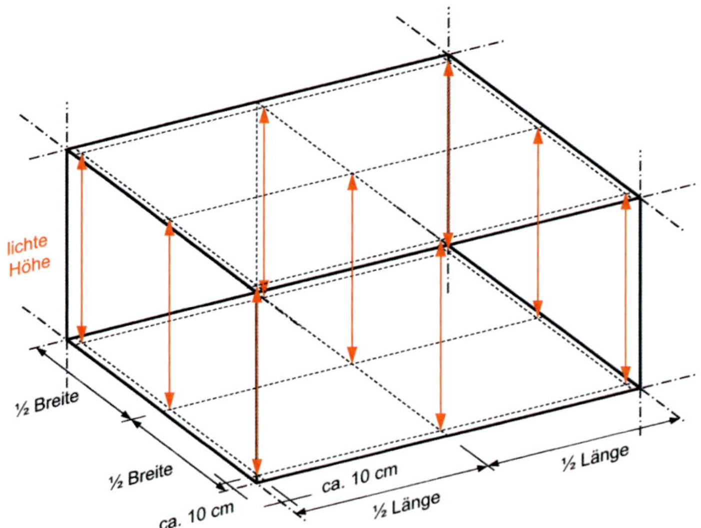

Abb. A 6.49: Prüfung der lichten Höhe eines Raumes nach DIN 18202:2019-07, Bild 11

Abb. A 6.50: Beispiel für die Prüfung der lichten Höhe eines Raumes

Abb. A 6.51: Beispiel für die Prüfung der lichten Höhe eines Raumes mit Unterteilung durch eine Bauwerksachse

Lichte Maße im Aufriss werden z. B. gemessen als lichte Höhe eines Raumes etwa 10 cm vor jeder Wandfläche an deren seitlichen Rändern und in deren Mitte sowie in Raummitte (vgl. Abb. A 6.49 [nach DIN 18202, Bild 11] und Abb. A 6.50). Bei Unterteilung des Raumes durch Bauwerksachsen erfolgt eine Messung zusätzlich im Verlauf der Achsen sowie in der Mitte zwischen benachbarten Achsen bzw. in der Mitte zwischen angrenzender Fläche und Bauwerksachse (vgl. Abb. A 6.51).

Lichte Höhen unter Unterzügen werden ebenfalls an beiden Kanten in einem Abstand von ca. 10 cm von der Auflagerkante gemessen. Für Unterzüge mit einer Breite von etwa 20 cm fallen diese beiden Messpunkte zusammen. Für eine Breite der Unterzüge bis ca. 30 cm wird in der Praxis eine Messung in der Mittelachse des Unterzuges ausreichen.

6.4.3 Messpunkte für Öffnungsmaße (Form)

6.4.3 Messpunkte für Öffnungsmaße

Die Öffnungsmaße werden an den Rändern in etwa 10 cm Abstand von den Kanten und in Öffnungsmitte gemessen (siehe Erläuterungen A.2).

BEISPIEL Prüfung der Öffnungsmaße (siehe Bild 12).

...

Bild 12 – Prüfung der Öffnungsmaße

Öffnungsmaße für die Form einer Öffnung innerhalb eines Bauteils sind Längen, Breiten oder Höhen in Grund- bzw. Aufriss. Öffnungsmaße werden entsprechend den Maßen und lichten Maßen nach dem Grundmodell der Dreifachmessung an den äußeren Rändern und zusätzlich in der Mitte einer Öffnung zwischen den Bauteiloberflächen in der Öffnung gemessen. Angelegte Öffnungen innerhalb eines Bauteils im Sinne der DIN 18202 werden im Standardfall in ihrer Größe begrenzt sein, sodass sich die Betrachtung sehr großer Öffnungen, die außerdem durch Bauwerksachsen unterteilt sind, baupraktisch erübrigen dürfte. Regelungen hierfür analog zur Prüfung der Maße bzw. lichten Maße für die Form sind daher in DIN 18202 nicht vorgesehen. Das Gedankenmodell der Prüfung für Maße bzw. lichte Maße im Verlauf von Bauwerksachsen lässt sich jedoch auch auf Öffnungsmaße übertragen.

Die **Messpunkte** für ein Öffnungsmaß an einem Rand zwischen 2 Eckpunkten werden etwa 10 cm seitlich abgesetzt von der Kante im Verlauf zwischen den beiden Eckpunkten. Sie liegen in der Fläche des die Öffnung in Richtung der Messung begrenzenden Bauteils, z. B. in einer Leibungsfläche. Die Messpunkte für ein lichtes Maß in Öffnungsmitte werden ebenfalls etwa 10 cm seitlich abgesetzt von der Kante. Bei der Anordnung der Messpunkte sind jeweils die Erläuterungen zu der 10-Zentimeter-Regel im Anhang A.2 zu DIN 18202 zu berücksichtigen.

Öffnungsmaße in Grund- bzw. Aufriss werden gemessen als lichte Maße zwischen den die Öffnung umschließenden Flächen (vgl. Abb. A 6.52 [nach DIN 18202, Bild 12]). Öffnungsmaße haben ihrem Zweck entsprechend zumeist eine besondere Anforderung an die Passung für das Einfügen eines Einbauteiles, z. B. eines Fensterelementes. Diese Passung muss bei einer Prüfung mit einer hierauf abgestimmten

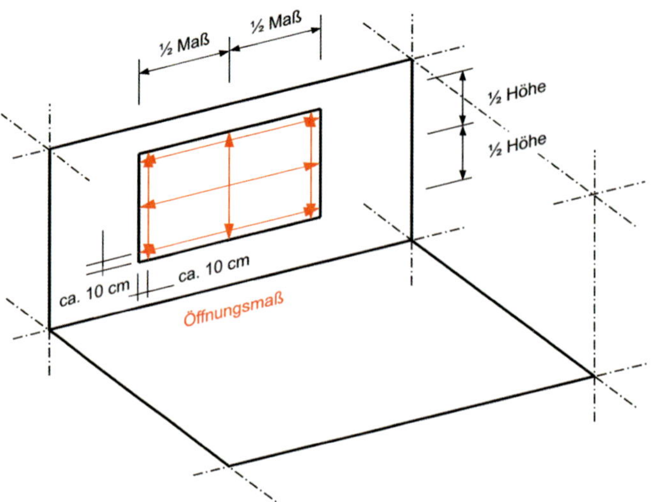

Abb. A 6.52: Prüfung der Öffnungsmaße nach DIN 18202:2019-07, Bild 12

Abb. A 6.53: Beispiel für die Prüfung der Öffnungsmaße im Bereich der vorgesehenen Einbaulage für ein Fensterelement. Für kleine Öffnungen kann auf eine Messung in Öffnungsmitte verzichtet werden.

Anordnung der Messpunkte berücksichtigt werden, z. B. in der vorgesehenen Einbaulage eines Fensterelementes innerhalb einer Leibungs- bzw. Brüstungsfläche einer Wandöffnung. Für kleine Öffnungen, die augenscheinlich erkennbar geradlinig begrenzt sind, kann baupraktisch auf eine Messung in Öffnungsmitte verzichtet werden (vgl. Abb. A 6.53).

Der **Boxbereich einer Öffnung** wird bestimmt durch die Öffnungsmaße sowie auch durch Winkelabweichungen benachbarter Öffnungsränder und Ebenheitsabweichungen der die Öffnung umschließenden Bauteiloberflächen, z. B. Leibungsflächen. Die nach DIN 18202 geforderte Einhaltung des Boxprinzips für die unterschiedlichen Abweichungsarten hat zur Folge, dass alle zu stellenden Anforderungen – jede für sich – einzuhalten sind. Insbesondere für die Prüfung der Maßhaltigkeit einer Öffnung sind deshalb neben den Öffnungsmaßen auch Winkelabweichungen und Ebenheitsabweichungen zu betrachten. Die insgesamt einzuhaltende **Boxgröße** ergibt sich aus der am strengsten gefassten Einzelanforderung.

6.4.4 Messpunkte für Winkel (Form)

> **6.4.4 Messpunkte für Winkel**
>
> Bei der Prüfung von Winkeln werden die gleichen Messpunkte an den Eckpunkten und/oder Achsenschnittpunkten wie bei der Prüfung von Maßen, lichten Maßen oder Öffnungsmaßen verwendet.
>
> Die Winkelabweichung einer Bauteilkante wird ermittelt durch den Vergleich der linearen Verbindung zwischen Anfangs- und Endpunkt (Eckpunkte und/oder Achsenschnittpunkte) einer Kante mit dem Nennwinkel zu einer Bezugslinie (siehe Bild 13).
>
> Bei nicht rechtwinkliger Form ist die Messlinie senkrecht zu einer Bezugslinie anzuordnen.
>
> ...
>
> Bild 13 – Prüfung einer Winkelabweichung

Die **Maßhaltigkeit der Form** eines Baukörpers in Bezug auf seine **Winkel** wird bestimmt durch die **Richtung** der Ränder benachbarter Flächen **zueinander**. Die Richtung eines Flächenrandes bzw. einer Bauteilkante ist eine geradlinige Verbindung von Anfangs- und Endpunkt. Für die Prüfung einer Richtung wird eine gerade Linie zwischen 2 Eckpunkten betrachtet. **Abweichungen einer Richtung als Formabweichung** entstehen aus Lageabweichung der Eckpunkte eines Bauteils oder Baukörpers in Bezug auf benachbarte Eckpunkte. Winkelabweichungen sind demzufolge zu ermitteln durch den Vergleich der Istlage einer linearen Verbindung zweier Eckpunkte mit ihrer Nennlage.

Die **Messpunkte** für eine Richtung bzw. einen Winkel sind die gleichen wie bei der Prüfung von Maßen, lichten Maßen oder Öffnungsmaßen, also Eckpunkte und/oder Achsenschnittpunkte. Messpunkte an Eckpunkten werden etwa 10 cm seitlich von den Eckpunkten abgesetzt. Messpunkte an Achsenschnittpunkten werden auf den Achsen angeordnet. Messpunkte, die in ihrer vorgesehenen Lage nicht unmittelbar zugänglich sind, z. B. Achsenschnittpunkte innerhalb von Baukörpern, werden hilfsweise ebenfalls seitlich abgesetzt, z. B. an der Oberfläche des jeweiligen Baukörpers oder außerhalb. Bei der Anordnung der Messpunkte sind jeweils die Erläuterungen zu der 10-Zentimeter-Regel in Anhang A.2 zu DIN 18202 zu berücksichtigen. **Messlinie** ist die lineare Verbindung zweier Messpunkte.

Eine **Winkelabweichung** wird über die gesamte **Bauteillänge** und über **Teillängen** zwischen Eckpunkten und Achsenschnittpunkten bzw. zwischen Achsenschnittpunkten geprüft. Für andere Teillängen, die sich nicht zwischen Eckpunkten und/oder Achsenschnittpunkten erstrecken, wird die Winkelabweichung nicht geprüft. Mit dieser Vorgehensweise erfolgt eine Abgrenzung von den Ebenheitsabweichungen im Verlauf einer Fläche zwischen den Eckpunkten.

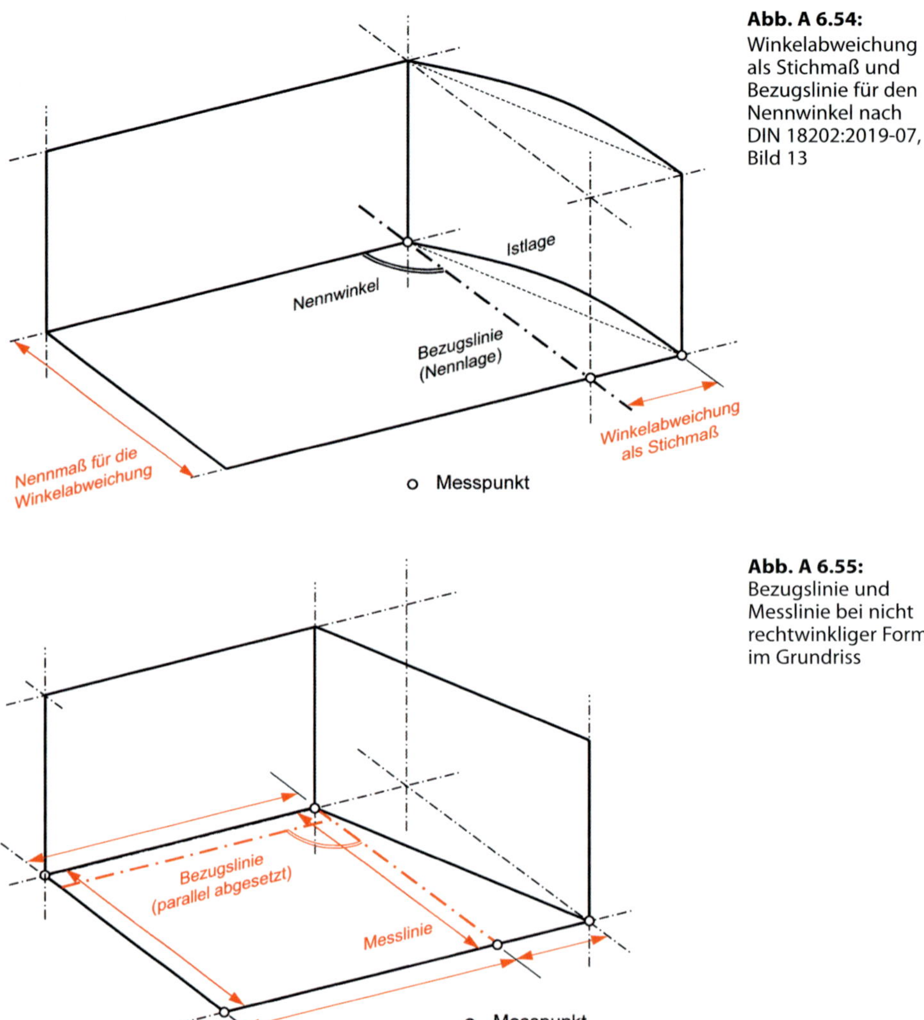

Abb. A 6.54:
Winkelabweichung als Stichmaß und Bezugslinie für den Nennwinkel nach DIN 18202:2019-07, Bild 13

Abb. A 6.55:
Bezugslinie und Messlinie bei nicht rechtwinkliger Form im Grundriss

Bei der **Prüfung von Winkeln** für die Form wird die Lage eines Bauteils bzw. einer Bauteilkante in Bezug auf ein anderes Bauteil bzw. eine andere Bauteilkante ermittelt. Zusätzlich zu der Messlinie ist damit immer eine **Bezugslinie** erforderlich (vgl. Abb. A 6.54 [nach DIN 18202, Bild 13]). Die Orientierung eines Bauteils innerhalb des Koordinationsraumes bleibt bei der Prüfung der Form außer Betracht. Die räumliche Orientierung eines Bauteils ist ggf. getrennt als Winkelabweichung hinsichtlich der Lage zu prüfen.

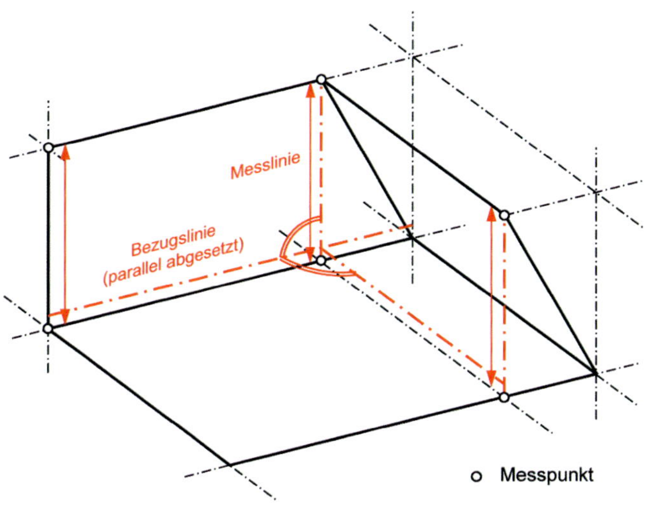

Abb. A 6.56: Bezugslinie und Messlinie bei nicht rechtwinkliger Form im Aufriss

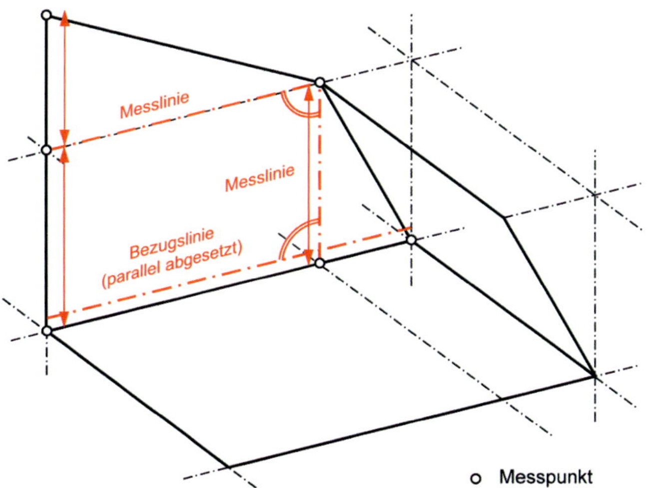

Abb. A 6.57: Bezugslinie und 2 weitere Messlinien bei nicht rechtwinkliger Form im Aufriss

Für die Prüfung einer **nicht rechtwinkligen Form** ist die Messlinie senkrecht zu einer Bezugslinie anzuordnen. Mit dieser Vorgehensweise wird eine nicht rechtwinklige Grundform durch das Einschalten zusätzlicher Messpunkte für die Prüfung wieder auf eine rechtwinklige Grundform zurückgeführt (vgl. Abb. A 6.55, Abb. A 6.56 und Abb. A 6.57).

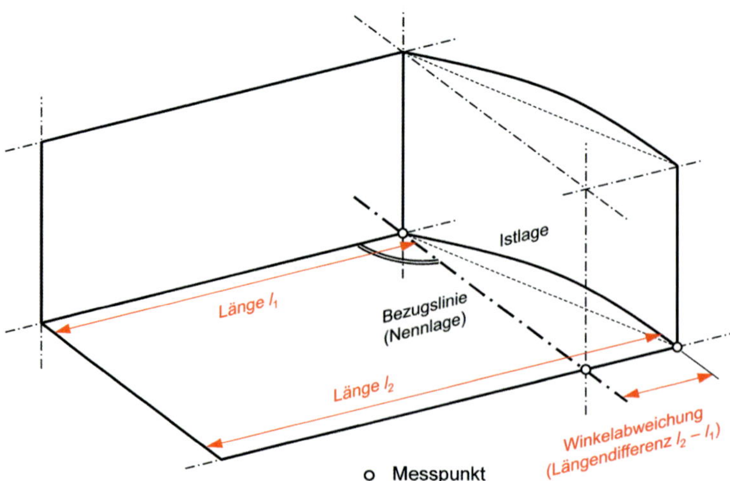

Abb. A 6.58: Ermittlung der Winkelabweichung bei rechtwinkliger Form durch Längenvergleich

Bei der **Prüfung eines Winkels für die Form im Grundriss** ergibt sich die Abweichung für eine rechtwinklige Grundform aus einem einfachen Längenvergleich zweier paralleler Ränder der Grundform. Die Winkelabweichung (als Stichmaß) wird in diesem Fall ermittelt aus der Längendifferenz der beiden Messstrecken (vgl. Abb. A 6.58).

Für die Prüfung eines Winkels im Grundriss mithilfe einer **Bezugslinie** und einer **Messlinie** wird zunächst eine Bezugslinie als Richtung der zu beurteilenden Bauteile festgelegt. Hierfür wird eine gerade Linie im Abstand von ca. 10 cm von den Endpunkten der zu beurteilenden Bauteile abgesetzt. Der Nennwinkel zwischen 2 Bauteilen ist dann von der Bezugslinie (bzw. Richtung) des längeren Bauteils abzutragen. Die als Stichmaß festgestellte Winkelabweichung ist auf das Nennmaß des kürzeren Bauteils zu beziehen (vgl. Abb. A 6.59).

In der praktischen Durchführung stellt das Anlegen von Bezugslinien, das Antragen des Nennwinkel von der Bezugslinie und das Feststellen des Stichmaßes innerhalb eines Baukörpers einen vergleichsweise hohen Aufwand dar – insbesondere dann, wenn Winkelabweichungen mehrerer Bauteile gemessen werden sollen. Für das **Anlegen von 2 Bezugslinien**, die zueinander im rechten Winkel stehen sollen, ist die Verwendung eines **Hilfsdreiecks** mit ganzzahligen Seitenmaßen zu empfehlen. Das Stichmaß kann dann vor Ort von den zueinander rechtwinklig angeordneten Bezugslinien abgemessen werden (vgl. Abb. A 6.60 und Abb. A 6.61).

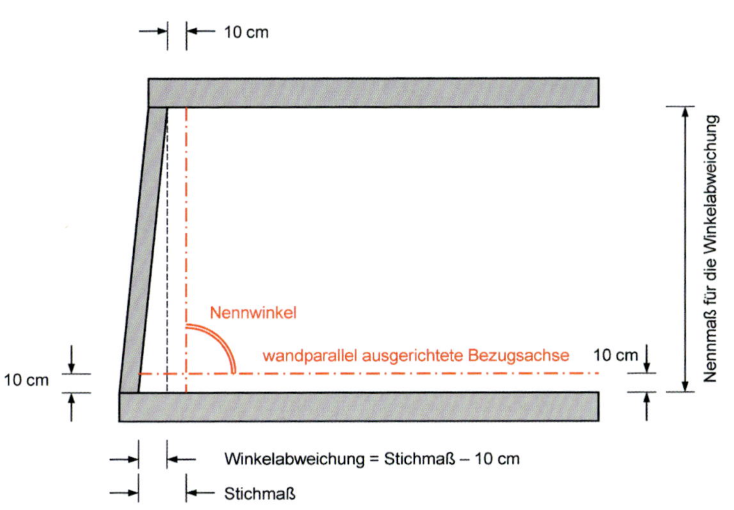

Abb. A 6.59: Vorgehensweise zur Prüfung eines Winkels im Grundriss

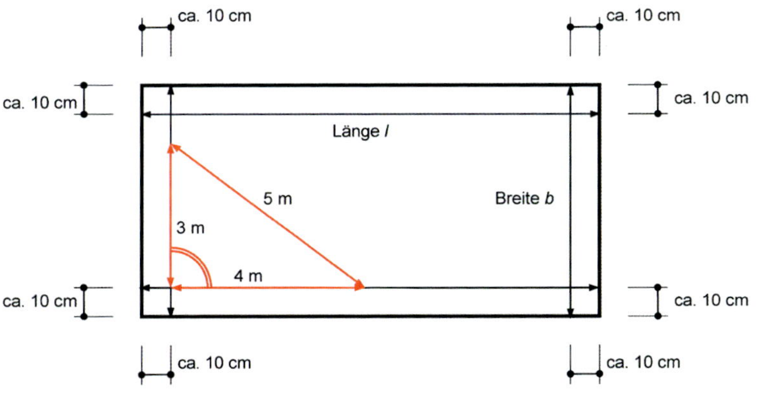

Abb. A 6.60: Anlegen eines rechten Winkels im Grundriss unter Verwendung eines rechtwinkligen Dreiecks mit ganzzahligen Seitenmaßen

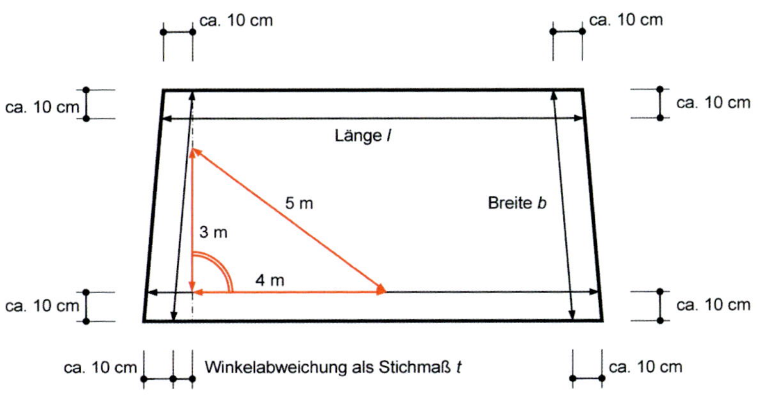

Abb. A 6.61: Messen der Winkelabweichung im Grundriss als Stichmaß *t*

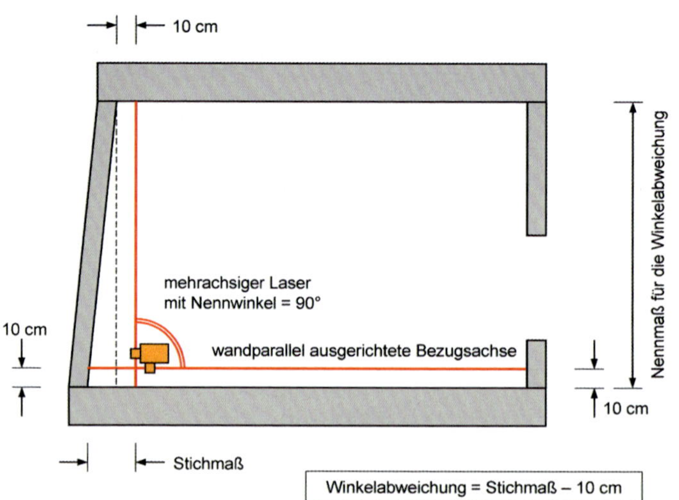

Abb. A 6.62: Prüfung einer Winkelabweichung im Grundriss unter Verwendung eines Mehrachsenlasers

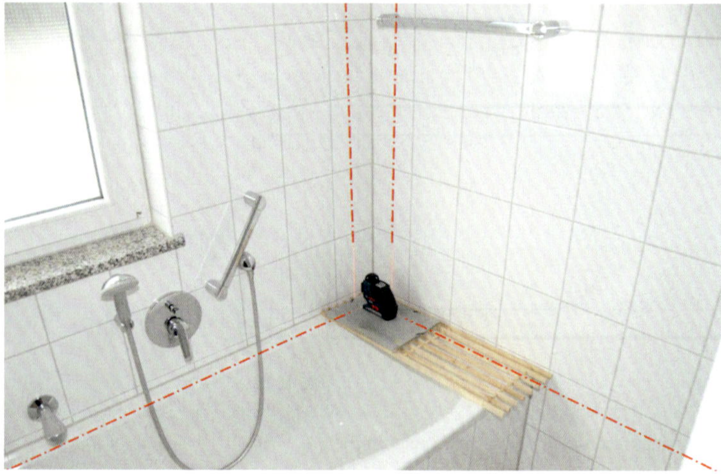

Abb. A 6.63: Beispiel für die Prüfung einer Winkelabweichung im Grundriss unter Verwendung eines Mehrachsenlasers und wandparalleler Ausrichtung einer Laserachse als Bezugsachse

Die **Durchführung einer Winkelmessung** kann auch z. B. unter Verwendung eines Rotationslasers mit einem orthogonal zur Rotationsebene projizierten Laserstrahl oder mit einem Mehrachsenlaser erfolgen. Hierbei wird der Laser in der Raumecke aufgestellt, in der der Nennwinkel als rechter Winkel abgetragen werden soll. Das Gerät wird mit einer Laserachse bzw. Laserebene so ausgerichtet, dass in beiden Wandecken ein gleicher Abstand zur Wandoberfläche besteht. Anschließend wird das Stichmaß für den Abstand des orthogonal zur Bauteiloberfläche verlaufenden Laserstrahls zur Wandoberfläche in beiden Wandecken gemessen. Die Differenz der gemessenen Stichmaße ist gleich dem Stichmaß für die Winkelabweichung der Wand im Grundriss (vgl. Abb. A 6.62 und Abb. A 6.63).

Bei Einsatz eines Rotationslasergerätes mit Stellmotoren für die Ausrichtung kann eine wandparallele Ausrichtung je nach Gerät auch selbsttätig unter Verwendung von Zieltafeln erfolgen. Dies ermöglicht eine vergleichsweise zügige Messung mit hoher Genauigkeit.

Alternativ zu einem Messen der Winkelabweichungen vor Ort bietet sich an, die Istmaße der Bauteile (z. B. der 4 Seiten eines Raumes) zu ermitteln und anschließend – räumlich getrennt – eine **rechnerische Auswertung** der festgestellten Maße hinsichtlich der Winkelabweichungen und der Grenzabweichungen vorzunehmen.

Für die nachträgliche zeichnerische Rekonstruktion der Bauteilmaße und der Lage der Bauteile zueinander sind die Maße bzw. die lichten Maße für Länge, Breite und Höhe zu nehmen. Für die Orientierung der Bauteile zueinander sind zusätzlich **Spannmaße** zu messen, z. B. über die Diagonale eines Raumes.

6.4.5 Messpunkte für die Ebenheit

6.4.5 Messpunkte für die Ebenheit

Die Ebenheit wird durch Einzelmessungen mit einer Richtlatte oder durch Messen der Abstände zwischen rasterförmig angeordneten Messpunkten und einer Bezugsebene geprüft.

Bei der Einzelmessung wird die Richtlatte auf zwei Hochpunkten der Fläche aufgelegt und das Stichmaß an der tiefsten Stelle bestimmt. Der Abstand der beiden Hochpunkte ist der zu dem Stichmaß zugehörige Messpunktabstand (siehe Bild 14). Die Grenzwerte für die Ebenheitsabweichung müssen für alle Kombinationen jeweils zweier Hochpunkte einer Fläche und dem dazwischen gemessenen Stichmaß eingehalten sein.

...

Bild 14 – Zuordnung der Stichmaße zum Messpunktabstand bei Überprüfung, z. B. durch Messlatte und Messkeil

Beim Flächennivellement wird die Fläche durch ein Raster unterteilt, z. B. mit Rasterlinienabständen von 10 cm, 50 cm, 1 m, 2 m usw. Das Raster ist einzumessen.

Auf den Rasterschnittpunkten werden die Messungen vorgenommen. Auswertung der Messergebnisse der Strecken 4 bis 6 an der Höhenkote Nr. 5, 5 bis 10 an der Höhenkote Nr. 7 usw. (siehe Bild 15).

...

Bild 15 – Ermittlung der Ebenheitsabweichung durch ein Flächennivellement

Die **Prüfung der Ebenheit** von Bauteilflächen erfolgt **unabhängig** von der Prüfung der (Längen-)Maßabweichungen und der Winkelabweichungen und damit auch unabhängig von der Lage und Neigung einer Fläche im Raum. Für die Beurteilung wird nach der Begriffsdefinition der Ebenheitsabweichung das Stichmaß zwischen der Verbindungsgeraden zweier Hochpunkte und dem dazwischenliegenden tiefsten Punkt herangezogen. Messpunktabstand ist der Abstand der beiden Hochpunkte.

Die **Einzelmessung** erfolgt mit einer **Richtlatte und einem Messkeil**. Die Richtlatte wird auf die zu prüfende Fläche aufgelegt und so verschoben, dass sie auf 2 Hochpunkten der Fläche zu liegen kommt. Die Richtlatte wird hierbei nicht lot- oder waagerecht ausgerichtet. An der tiefsten Stelle zwischen den beiden Hochpunkten wird der Abstand zwischen der zu prüfenden Fläche und der Richtlatte als Stichmaß gemessen.

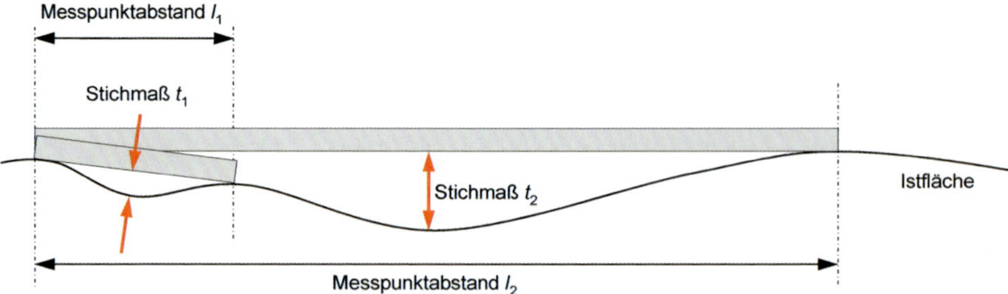

Abb. A 6.64: Abweichung von der Ebenheit (Stichmaß) und Abstand der Messpunkte mit Zuordnung von Unebenheiten zum Abstand der Messpunkte nach DIN 18202:2019-07, Bild 14

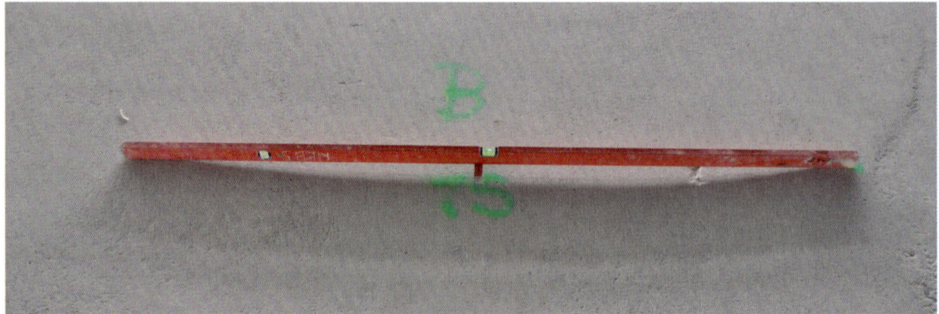

Abb. A 6.65: Beispiel für die Prüfung einer Ebenheitsabweichung mit einer Einzelmessung

Der Abstand der beiden Hochpunkte ist der zu dem gemessenen Stichmaß zugehörige Messpunktabstand. Durch Verschieben der Messlatte wird nun an unterschiedlichen **Messstellen** das Stichmaß am jeweils tiefsten Punkt zwischen 2 Hochpunkten gemessen. In der Auswertung der Messung ist für jeden Messpunktabstand (= Abstand der Hochpunkte) der zugehörige Grenzwert für die Ebenheitsabweichung nach Tabelle 3 der DIN 18202 bzw. durch Interpolation nach Bild 6 und Bild 7 der DIN 18202 zu ermitteln. Die gemessenen Stichmaße werden mit den so gefundenen Grenzwerten für die Ebenheitsabweichung verglichen (vgl. Abb. A 6.64 und Abb. A 6.65).

Die Grenzwerte für Ebenheitsabweichungen in DIN 18202, Tabelle 3, sind für unterschiedliche Messpunktabstände gestaffelt. Die Ebenheitsanforderung an eine Fläche ist eingehalten, wenn **alle Kombinationen** von **Messpunktabstand** und **zugehörigem Stichmaß** eingehalten sind. Aus der Struktur der Formulierung unterschiedlicher, nach Messpunktabstand gestaffelter Grenzwerte ergibt sich ein veränderlicher Boxbereich für die Ebenheitsabweichung. Damit basiert die Beurteilung der Ebenheit einer Fläche bei einer Betrachtung als Abweichung von der Form - ohne Bezug auf die Lage der Ebene im Raum - in der Regel nicht auf einem für die gesamte Fläche einheitlichen Boxbereich für die Ebenheitsabweichung (vgl. Abb. A 6.66).

Eine **Ebenheitsmessung unter einem auskragenden Ende einer Richtlatte** ist im Sinne der Begriffsdefinition für die Ebenheitsabweichung nach DIN 18202 nicht zulässig. Die Ebenheitsabweichung ist als Stichmaß an dem tiefsten Punkt zwischen 2 Hochpunkten definiert. Der Abstand der Hochpunkte legt das zu dem Stichmaß zuge-

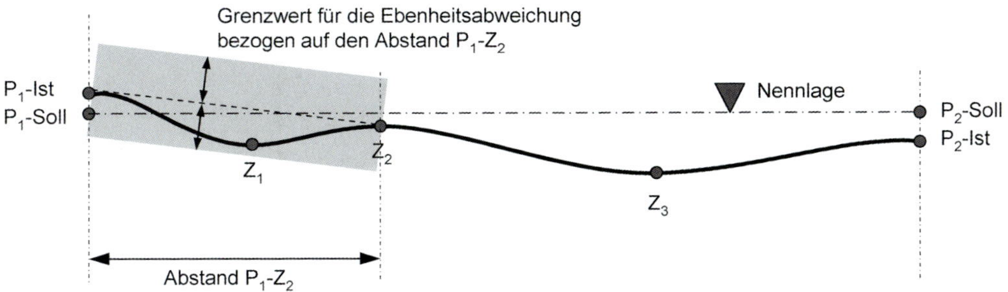

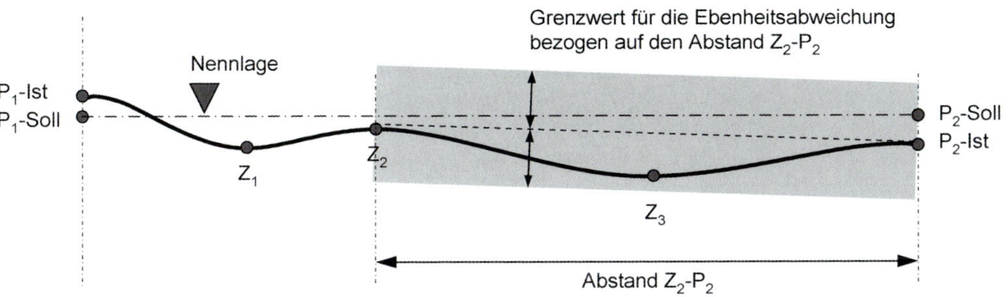

Abb. A 6.66: Mit dem Messpunktabstand veränderlicher Boxbereich für die Ebenheitsabweichung

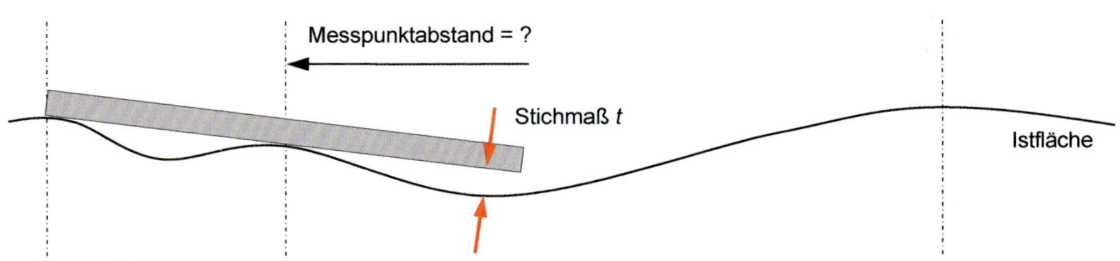

Abb. A 6.67: Unzulässige Messung unter dem auskragenden Ende einer Richtlatte

hörige Nennmaß und damit auch eine eindeutige Zuordnung zu den Grenzwerten für die Ebenheitsabweichung nach DIN 18202, Tabelle 3, fest. Unter einem auskragenden Ende einer Richtlatte fehlen ein zweiter Hochpunkt und damit eine eindeutige Festlegung des zu dem Stichmaß zugehörigen Nennmaßes. Eine Zuordnung zu den Grenzwerten nach DIN 18202, Tabelle 3, ist nicht mehr eindeutig möglich (vgl. Abb. A 6.67).

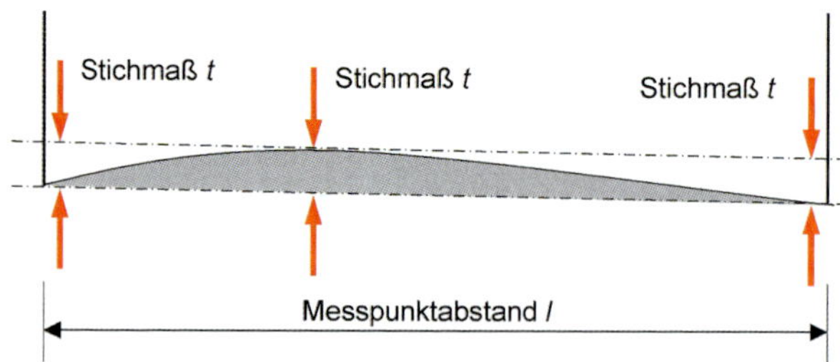

Abb. A 6.68: Abweichung von der Ebenheit (Stichmaß) und Abstand der Messpunkte für einen singulären Hochpunkt

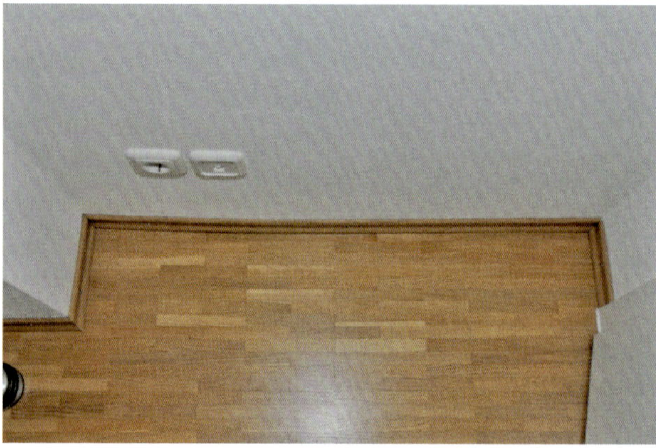

Abb. A 6.69: Beispiel für einen singulären Hochpunkt in einer Wandfläche

Für den Sonderfall eines **singulären Hochpunktes** (z. B. Aufwölbung der Bodenfläche eines Flures in Flurmitte) ist eine Ebenheitsmessung in der vorbeschriebenen Art mangels eines zweiten Hochpunktes nicht möglich. Hier lässt sich hilfsweise ausgehend von der Definition der Ebenheitsabweichung folgende Überlegung anstellen: Legt man die Richtlatte auf den höchsten Punkte der Fläche auf und mittelt das Stichmaß unter den beiden auskragenden Enden der Richtlatte aus, dann ist das gemittelte Stichmaß gleich dem Stichmaß am Hochpunkt (vgl. Abb. A 6.68 und Abb. A 6.69). Das zu dem Stichmaß zugehörige Nennmaß ist bei dieser Überlegung jedoch nicht wie im Falle des definierten Abstandes zweier Hochpunkte bestimmt. Hilfsweise bietet sich an, die Länge der Richtlatte als Nennmaß zu verwenden und gleichzeitig mehrere Messungen mit unterschiedlich langen Richtlatten vorzunehmen (vgl. Abb. A 6.70 und Abb. A 6.71). Für alle hierbei untersuchten Kombinationen von Stichmaß (als gemittelter Wert unter den auskragenden Enden der Richtlatte) und Richtlattenlänge müssen die Grenzwerte für die Ebenheitsabweichungen nach DIN 18202, Tabelle 3, eingehalten sein. Eine Einschränkung dieser Betrachtung auf nur einen Wert für das Nennmaß, z. B. bei Verwendung nur einer Richtlatte mit konstanter Länge, würde die Beschreibung der nach DIN 18202, Tabelle 3, zulässigen Flächenabweichung nur unvollständig berücksichtigen.

Diese Vorgehensweise entspricht dem Grundgedanken einer Einteilung der Fläche in ein Raster und der Auswertung von jeweils 3 auf einer Linie liegenden Rasterpunkten unter Berücksichtigung verschiedener Rasterabstände. Auf die nachfolgenden Ausführungen zur Prüfung einer Fläche mittels Rasternivellement wird verwiesen.

Das Messen eines **Stichmaßes unter dem auskragenden Ende einer Richtlatte** liefert nur unter der hier zugrunde gelegten Voraussetzung einer Ausmittelung des Stichma-

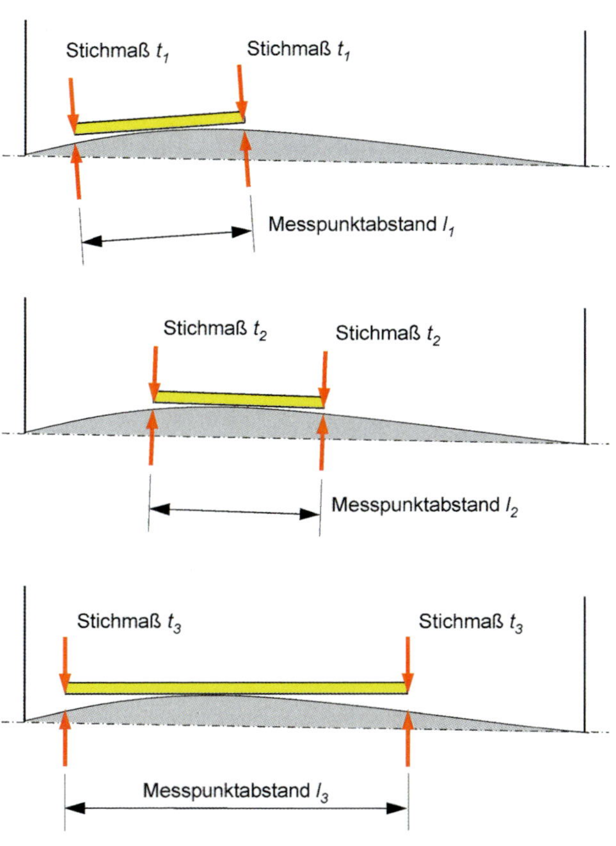

Abb. A 6.70: Mehrfache Betrachtung des singulären Hochpunktes für unterschiedliche Nennmaße = Messlängen

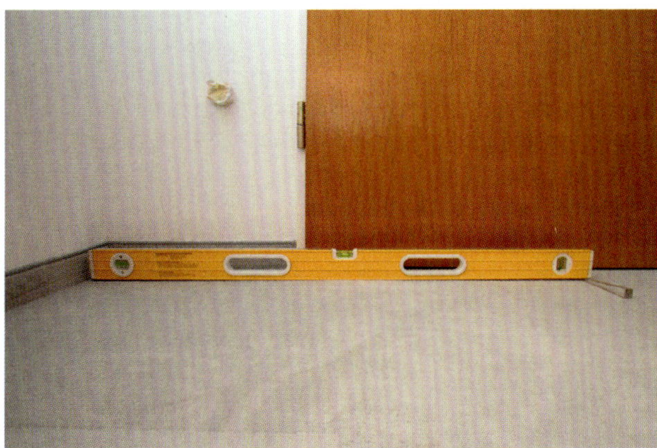

Abb. A 6.71: Beispiel für einen singulären Hochpunkt in einer Fläche

ßes an beiden Enden der Richtlatte ein verwertbares Ergebnis. Für eine Richtlatte, die einseitig mit einem Ende auf einer Fläche aufgelegt wird und mit dem anderen Ende frei über der Fläche auskragt, gelten die hier angestellten Überlegungen nicht mehr. Unter dem auskragenden Ende einer Richtlatte erfolgt daher im Standardfall keine Messung.

Für die **Durchführung einer Ebenheitsmessung** mit Richtlatte und Messkeil hat sich in der Praxis die Verwendung einer **Richtlatte** mit oberseitiger Zentimeterteilung und einem Griffloch für die einfache Handhabung bewährt. Für die Bestimmung des Abstands der Hochpunkte kann die Kontaktstelle der Richtlatte mit der überprüften Fläche durch Zwischenschieben eines Papierstreifens gut ermittelt werden. Der Messpunkt der beiden Hochpunkte lässt sich dann anhand der Maßeinteilung auf der Richtlatte ablesen (vgl. Abb. A 6.72).

Der **Messkeil** sollte eine Neigung von ca. 10 bis 15 % und eine an der Oberseite eingeritzte oder anderweitig dauerhaft angebrachte Millimeterteilung haben. Je nach Beschaffenheit der zu überprüfenden Fläche haben sich Messkeile mit ca. 15 cm Länge und einer Dicke von ca. 15 bis 20 mm sowie größere Messkeile mit einer Länge von ca. 30 bis 35 cm und einer Dicke bis ca. 40 mm bewährt (vgl. Abb. A 6.73 und Abb. A 6.74).

Für die **Dokumentation** von Einzelmessungen ist die Lage der verwendeten Hochpunkte jeder einzelnen Messaufstellung zu markieren. Die Messpunkte (beide Hochpunkte und der dazwischenliegende Tiefpunkt) sind nach ihrer Lage einzumessen und in der Aufzeichnung der Messung zu vermerken (z. B. durch Abstandsmaße zu angrenzenden Bauteilen oder durch Lagekoordinaten). Messpunktabstand und Stichmaß sind ebenfalls für jede einzelne Messaufstellung zu dokumentieren. Diese Vorgehensweise ist für die spätere Rekonstruierbarkeit einer Messung erforderlich. Sie ist jedoch vergleichsweise aufwendig.

Der **Anwendungsbereich der Einzelmessung** mit einer Richtlatte und einem Messkeil ist in der Regel auf Stichproben für eine grobe Überprüfung der Ebenheit einer Fläche begrenzt. Das Aufsuchen unterschiedlicher Messpunktkombinationen, das für eine nachvollziehbare Dokumentation erforderliche Einmessen der Lage aller Messpunkte einschließlich des Abstandes der Hochpunkte und die Ermittlung des Grenzwertes für die Ebenheitsabweichung mittels Interpolation für jedes gemessene Stichmaß in Abhängigkeit von dem jeweiligen Hochpunktabstand stellt einen vergleichsweise hohen Aufwand dar. In der baupraktischen Anwendung wird man dieses Verfahren daher auf einzelne Messungen mit dem Charakter einer Stichprobe bzw. auf orientierende Messungen ohne Dokumentation beschränken. Für eine dokumentierte Ebenheitsüberprüfung großer Flächen bietet sich dieses Verfahren hingegen nicht an.

Abb. A 6.72: Ebenheitsmessung mit Richtlatte und Messkeil. Die Lage der Hochpunkte wird durch Zwischenschieben von Papierstreifen ermittelt.

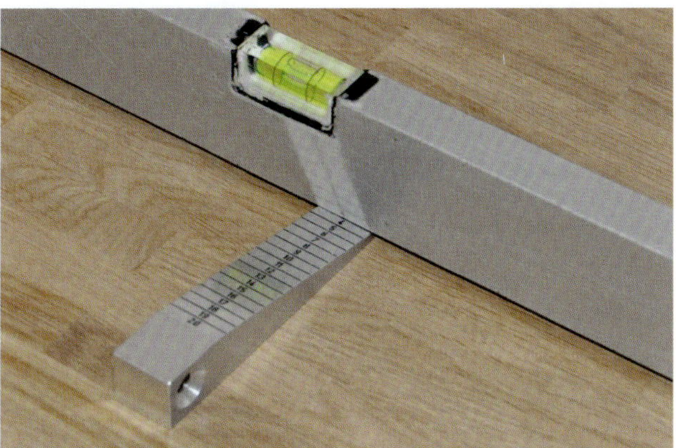

Abb. A 6.73: Messkeil mit oberseitiger Millimeterteilung

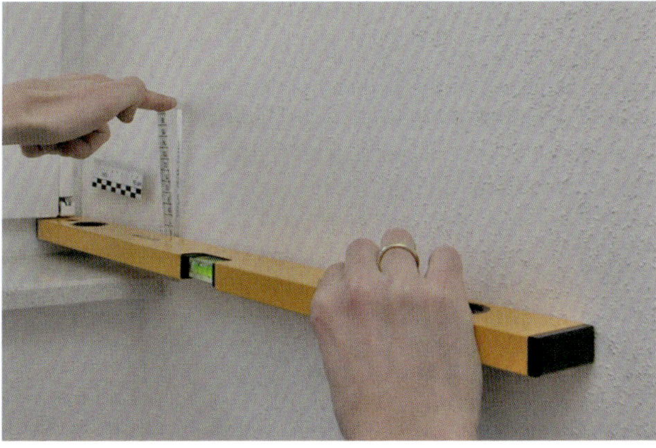

Abb. A 6.74: Beispiel für eine Ebenheitsmessung mit Richtlatte und Messkeil

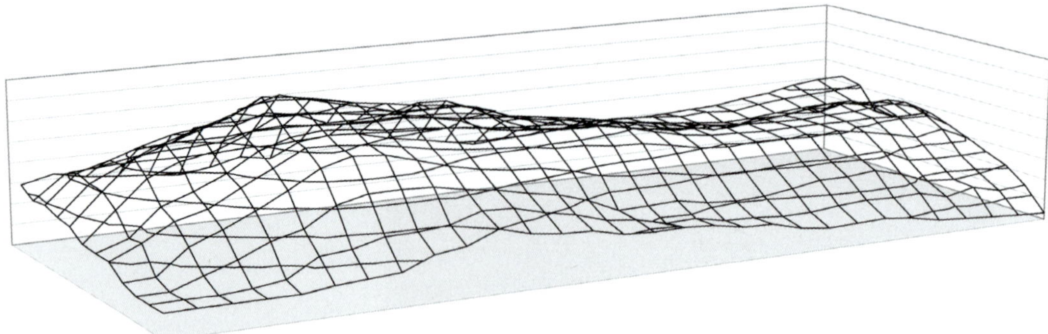

Abb. A 6.75: Beispiel für eine Flächenabbildung als Raster (überhöht dargestellt)

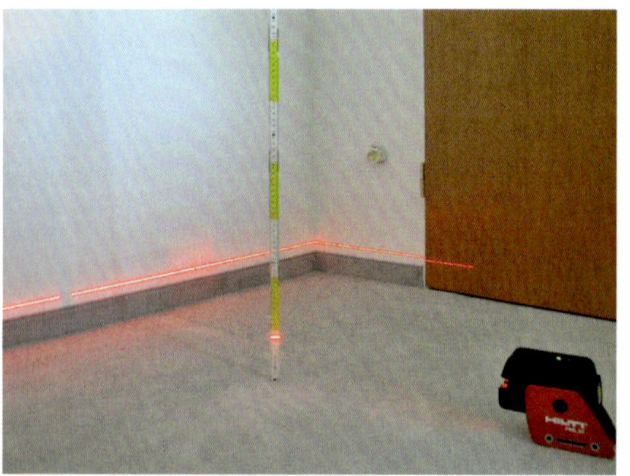

Abb. A 6.76: Beispiel für ein Nivellement unter Verwendung eines Linienlasergerätes

Abb. A 6.77: Beispiel für ein Nivellement unter Verwendung eines elektronischen Theodoliten

Eine **Prüfung der Ebenheit mittels Flächennivellement** ist als Alternative zu einer Einzelmessung der Ebenheitsabweichung mittels Richtlatte und Messkeil in DIN 18202 für Ebenheitsabweichungen einer Fläche vorgesehen. Bei der Anwendung eines Flächennivellements wird die zu untersuchende Fläche in ein **Raster** mit z. B. 10 cm, 50 cm, 1 m oder 2 m Rasterabstand eingeteilt und vereinfachend als Gitternetz mit linearer Verbindung der Rasterpunkte angenommen (vgl. Abb. A 6.75). Die Höhenlage der zu prüfenden Fläche wird mittels eines **Nivellierhorizontes** (z. B. optisches Nivelliergerät oder Lasermessgerät) in den Rasterschnittpunkten gemessen (vgl. Abb. A 6.76, Abb. A 6.77 und Abb. A 6.78).

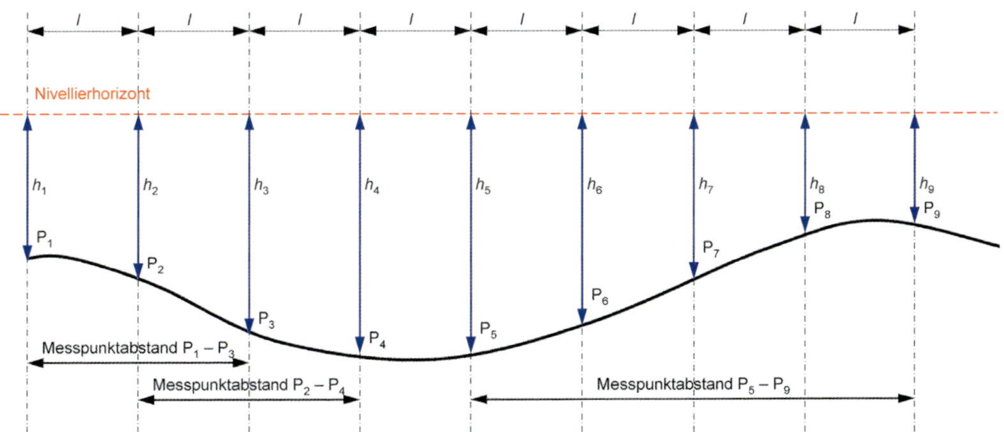

Abb. A 6.78: Prüfung der Ebenheitsabweichungen mittels Nivellement an den Schnittpunkten eines Rasters

Abb. A 6.79: Beispiel für die Markierung der Rasterpunkte für ein Nivellement

Zu Beginn der Messung ist das **Raster einzumessen**. Die Rasterlinien können zweckmäßigerweise zur leichteren Durchführung der Messung auf der zu prüfenden Fläche markiert werden (z. B. durch Auslegen eines Bandmaßes oder durch Markierungen mit einer Schlagschnur, vgl. Abb. A 6.79). In der **Aufzeichnung des Nivellements** sind die Lage des Rasters, der Rasterabstand und die Nivellierhöhen der einzelnen Rasterpunkte zu dokumentieren.

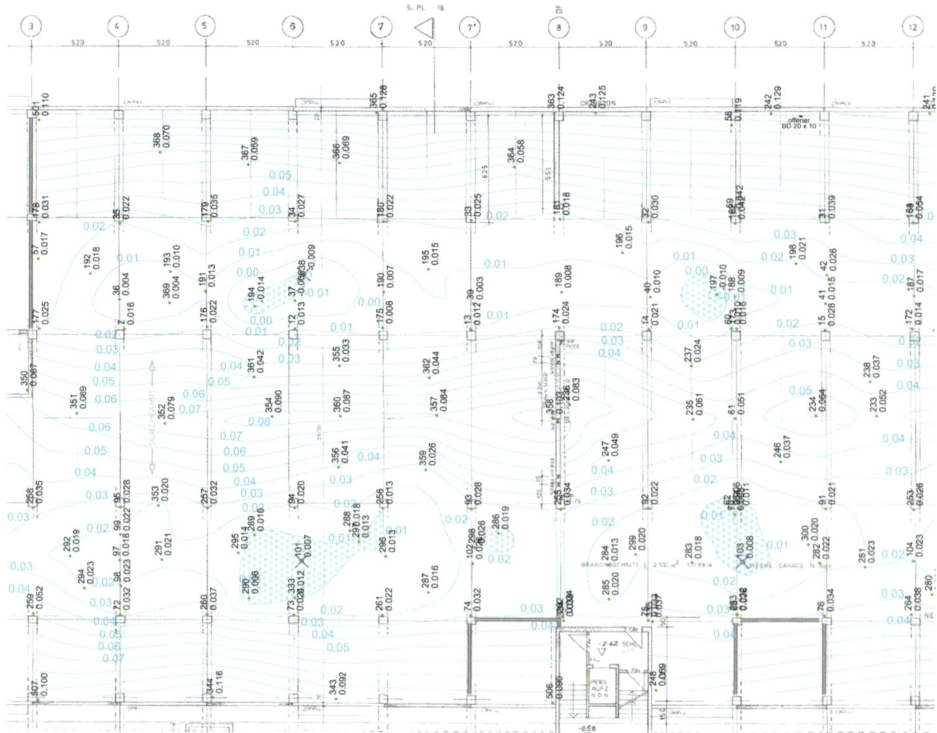

Abb. A 6.80: Beispiel für die Darstellung einer tachymetrischen Höhenaufnahme einer Bodenfläche in einer Tiefgarage

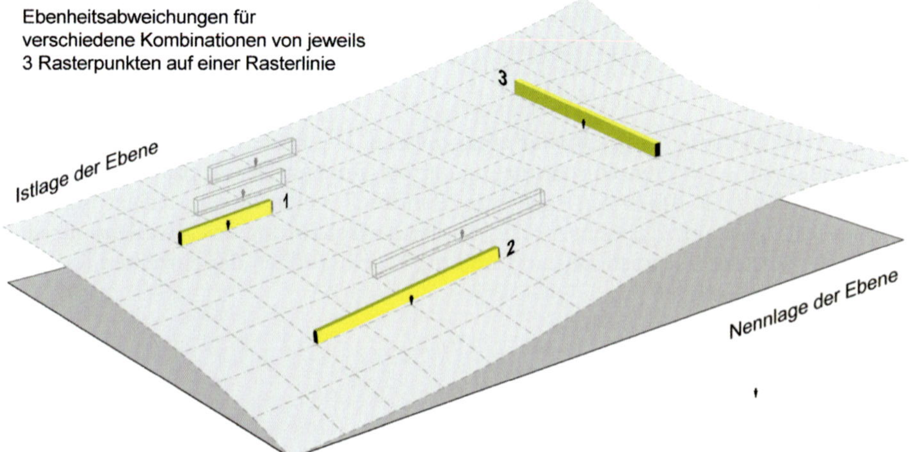

Abb. A 6.81: Ebenheitsabweichungen für verschiedene Kombinationen von jeweils 3 Rasterpunkten auf einer Rasterlinie

Für die Beurteilung **größerer zusammenhängender Flächen**, z. B. der Bodenfläche in einer Tiefgarage, kann man sich mit einem Höhennivellement und einem darauf basierenden **Höhenplan** mit grafischer Darstellung der Höhenlinien zunächst einen Überblick über die Gesamtsituation der zu betrachtenden Flächen verschaffen. Eine solche Darstellung lässt sich im Wege der elektronischen Datenverarbeitung erzeugen, wenn die Messwerte z. B. mit einem elektronischen Theodoliten aufgenommen werden. Wird für die Auswertung der Höhenplan eines Nivellements mit einem Grundrissplan des Gebäudes überlagert, so erhält man einen sehr guten Überblick, z. B. über eine Gefällesituation. Basierend auf dieser Information ist die Auswahl von Teilflächen für eine vertiefte Auswertung der Ebenheitsabweichungen möglich (vgl. Abb. A 6.80).

Die Ebenheitsabweichung wird bei einem Rasternivellierelement nicht unmittelbar als Stichmaß gemessen, sondern für jeden Rasterpunkt in Bezug auf die beiden benachbarten Rasterpunkte **rechnerisch ermittelt**. Die Betrachtung erfolgt jeweils getrennt für die beiden Richtungen des Rasters (vgl. Abb. A 6.81).

Die **Messpunkte** erfassen Hoch- bzw. Tiefpunkte nur, soweit sie direkt auf den Rasterpunkten liegen. Hoch- bzw. Tiefpunkte, die auf der Verbindungslinie zweier Rasterpunkte oder abseits der Rasterlinien liegen, werden – im Gegensatz zur Einzelmessung mit der Richtlatte – nicht erfasst. Die Rasterteilung erfolgt unabhängig von der Lage der Hoch- bzw. Tiefpunkte. Es ist deshalb bei diesem Verfahren ganz wesentlich, die zu untersuchende **Fläche** möglichst gut durch ein **Gitternetz anzunähern**. Je kleiner der **Rasterabstand** gewählt wird, desto wirklichkeitsgetreuer wird die Annäherung der Flächenabbildung durch das Gitternetz. Die Rasterlinien sind in einem für die betrachtete Fläche zweckmäßigen Abstand als Optimierung zwischen Aufwand und verbleibender Unschärfe der Abbildung zu wählen. Für große Flächen wird man im Hinblick auf den Umfang der Messungen zunächst einen größeren Rasterabstand wählen, für kleine Flächen einen entsprechend kleineren Abstand. Im Einzelfall müssen große **Rasterabstände** ggf. durch Einschalten zusätzlicher Messpunkte oder Rasterlinien **nachverdichtet** werden. Eine untere Grenze für den Rasterabstand wird durch den beabsichtigten Aufwand für die Prüfung gesetzt. Vorteile dieses Verfahrens sind eine einfache rechnerische Auswertung (z. B. durch Tabellenkalkulation in der EDV) für einheitliche Messpunktabstände (= Rasterabstände), ein dementsprechend einheitlicher Grenzwert für die ermittelten Stichmaße der Ebenheitsabweichung und eine gute Rekonstruierbarkeit der Messung. Nachteilig ist hingegen die **Unschärfe der Flächenabbildung**, die sich aus der Abweichung des Rasternetzes von der tatsächlichen Oberflächengestaltung ergibt. Die Hoch- bzw. Tiefpunkte der zu prüfenden Fläche werden nur in den seltensten Fällen auf den Rasterschnittpunkten liegen, bleiben also bei der Reduzierung einer Fläche auf ein Raster weitgehend unberücksichtigt. Die Messergebnisse spiegeln deshalb eine Fläche wider, die nur eine Annäherung an die realen Gegebenheiten darstellt, die tatsächlichen Verhältnisse jedoch nie ganz erreicht. Die verbleibende Unschärfe der Messung bzw. die Größenordnung des Fehlers für die Auswertung der Stichmaße in den Rasterschnittpunkten ist deshalb sorgfältig zu überlegen und bei der Beurteilung der Maßabweichungen zu berücksichtigen.

In der **rechnerischen Auswertung der Messergebnisse** wird die Ebenheitsabweichung jedes Rasterpunktes berechnet als die Differenz zwischen der gemessenen Höhe an dem jeweils betrachteten Rasterpunkt und der mittleren Höhe der beiden benachbarten und auf einer Messlinie liegenden Rasterpunkte. Das so ermittelte **rechnerische Stichmaß** für die Ebenheitsabweichung wird mit den Grenzwerten für die Ebenheitsabweichung verglichen.

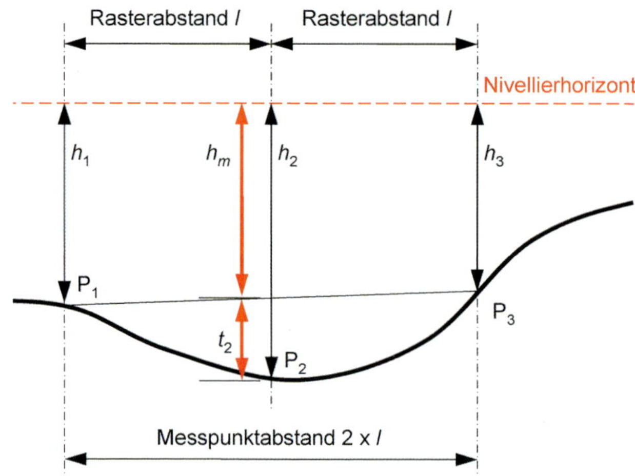

Abb. A 6.82: Ermittlung des rechnerischen Stichmaßes für die Ebenheitsabweichung t_2 in einem Punkt P_2 mit $t_2 = h_2 - h_m$ und $h_m = 1/2 \times (h_1 + h_3)$

Für die **Berechnung der Ebenheitsabweichung** t_2 eines Rasterpunktes P_2 zwischen 2 benachbarten Rasterpunkten P_1 und P_3 gilt unter der Voraussetzung eines **einheitlichen Rasterabstandes**:

$$t_2 = h_2 - h_m \text{ und } h_m = \frac{1}{2} \times (h_1 + h_3)$$

mit

h_1, h_2, h_3 gemessene Höhen an den Rasterpunkten P_1, P_2, P_3 (vgl. Abb. A 6.82)

Für den Fall eines **beliebigen Abstandes** des Tiefpunktes P_2 zu den beiden benachbarten Rasterpunkten P_1 und P_3 wird die Ebenheitsabweichung t_2 des Punktes P_2 mittels Interpolation berechnet:

$$t_2 = h_2 - h_m \text{ und } h_m = h_1 - \frac{(h_1 - h_3) \times l_{12}}{l_{12} + l_{23}}$$

mit

l_{12} Abstand zwischen den Punkten P_1 und P_2
l_{23} Abstand zwischen den Punkten P_2 und P_3 (vgl. Abb. A 6.83)

Die Ebenheitsabweichung wird damit wie auch bei der Einzelmessung aus einer Differenzbetrachtung **ohne Bezug auf die absolute Höhenlage** der Fläche innerhalb des Koordinationsraumes ermittelt. Der Bezug des Nivellements auf eine absolute Höhe geht in diese Differenzbetrachtung nicht mit ein. Die Ebenheitsabweichungen können auch nicht auf eine absolute Höhe, z. B. einen Meterriss, bezogen werden.

Für die rechnerische Auswertung großer Zahlenmengen empfiehlt sich die Anwendung einer **EDV-gestützten Tabellenkalkulation**. Ein Beispiel für eine tabellarische Auswertung der gemessenen Höhenkoten in beide Richtungen des Messpunktrasters zeigt Tabelle A 6.10.

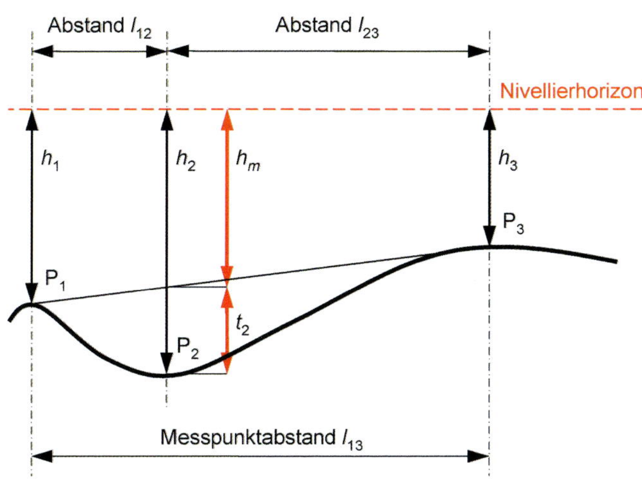

Abb. A 6.83: Ermittlung des rechnerischen Stichmaßes für die Ebenheitsabweichung t_2 in einem Punkt P_2 mit beliebiger Lage zwischen 2 Punkten P_1 und P_3 mit $t_2 = h_2 - h_m$ und

$$h_m = h_1 - \frac{(h_1 - h_3) \times l_{12}}{l_{12} + l_{23}}$$

Tabelle A 6.10: Beispiel für eine tabellarische Auswertung eines Nivellements

Länge in m	**Breite – Höhenangaben und Stichmaße der Ebenheitsabweichungen in m**								
	Achse A	Achse B	↔ Stichmaß	Achse C	↔ Stichmaß	Achse D	↔ Stichmaß	Achse E	↔ Stichmaß	Achse F
Achse 1	0,425	0,426	0,0015	0,430	0,0000	0,434	−0,0020	0,434	0,0005	0,435
Achse 2	0,426	0,429	−0,0010	0,430	0,0005	0,432	−0,0005	0,433	−0,0005	0,433
↕ Stichmaß	0,0005	−0,0015		0,0005		0,0005		−0,0005		0,0010
Achse 3	0,428	0,429	0,0005	0,431	−0,0010	0,431	0,0000	0,431	0,0010	0,433
↕ Stichmaß	−0,0010	0,0000		−0,0005		0,0015		0,0015		0,0000
Achse 4	0,428	0,429	0,0005	0,431	0,0000	0,433	−0,0015	0,432	0,0010	0,433
↕ Stichmaß	0,0000	0,0000		0,0000		−0,0020		−0,0010		0,0000
Achse 5	0,428	0,429	0,0005	0,431	−0,0010	0,431	0,0000	0,431	0,0010	0,433

Für die **Beurteilung der Messergebnisse** eines Rasternivellements nach den Grenzwerten für Ebenheitsabweichungen in DIN 18202 wird jeweils der tiefste Rasterpunkt zwischen 2 Hochpunkten des Rasters betrachtet. Die Auswertung ist für **verschiedene Kombinationen von Hoch- und Tiefpunkten** auf jeder Rasterlinie vorzunehmen, d. h. für verschiedene Abstände der Hochpunkte. Die Grenzwerte der Ebenheitsabweichungen müssen für alle Kombinationen zweier Hochpunkte und dem dazwischenliegenden tiefsten Rasterpunkt eingehalten sein, um der in DIN 18202, Tabelle 3, beschriebenen Flächenabweichung zu genügen. Das Nivellement ist dementsprechend für verschiedene Rasterabstände auszuwerten.

6 Prüfung

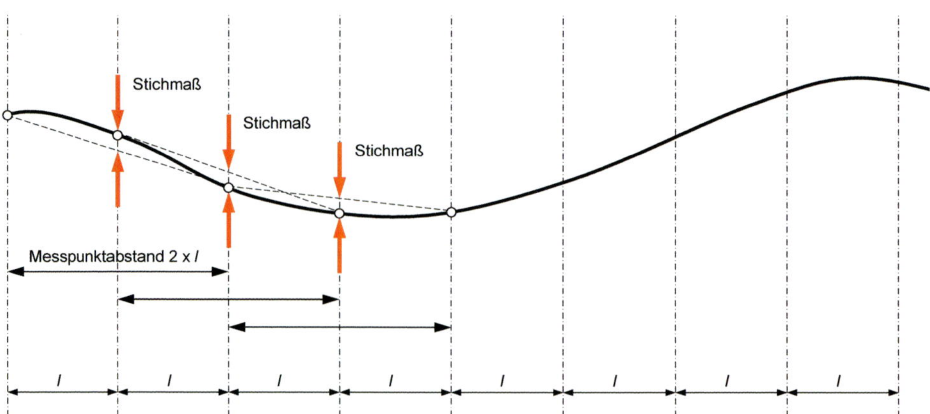

Abb. A 6.84: Auswertung eines Rasternivellements – erster Schritt

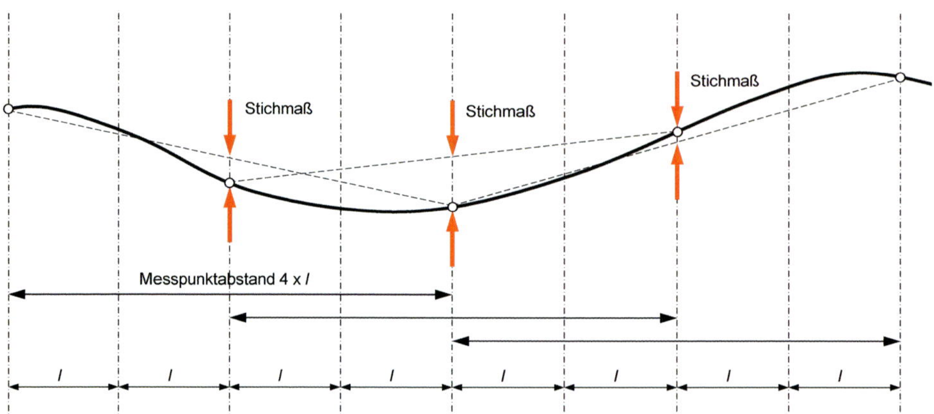

Abb. A 6.85: Auswertung eines Rasternivellements – zweiter Schritt

Die **Vorgehensweise** wird anhand der nachfolgenden Abbildungen erläutert. In einem ersten Schritt erfolgt die Auswertung für jeden Rasterpunkt mit dem zweifachen Rastermaß als Messpunktabstand. Das Stichmaß eines Zwischenpunktes wird jeweils auf die beiden angrenzenden Punkte bezogen (vgl. Abb. A 6.84).

In einem zweiten Schritt wird der Messpunktabstand vergrößert, z. B. auf den vierfachen Rasterabstand. Die Messlinie erstreckt sich jetzt über insgesamt 5 Punkte, also 2 Endpunkte der Messung und 3 dazwischenliegende Punkte. Die Stichmaße an den 3 dazwischenliegenden Punkten müssen jeweils innerhalb des Grenzwertes für die Ebenheitsabweichung, bezogen auf den Messpunktabstand = vierfacher Rasterabstand, eingehalten sein (vgl. Abb. A 6.85).

In einem dritten Schritt wird der Messpunktabstand nochmals vergrößert, z. B. auf den achtfachen Rasterabstand. Die Messlinie erstreckt sich jetzt über insgesamt 9 Punkte mit 7 Zwischenpunkten. Die Stichmaße an den 7 Zwischenpunkten müssen jeweils innerhalb des Toleranzbereichs für die Ebenheitsabweichung, bezogen auf einen Messpunktabstand = achtfacher Rasterabstand, liegen. Damit ist das Stichmaß an der tiefs-

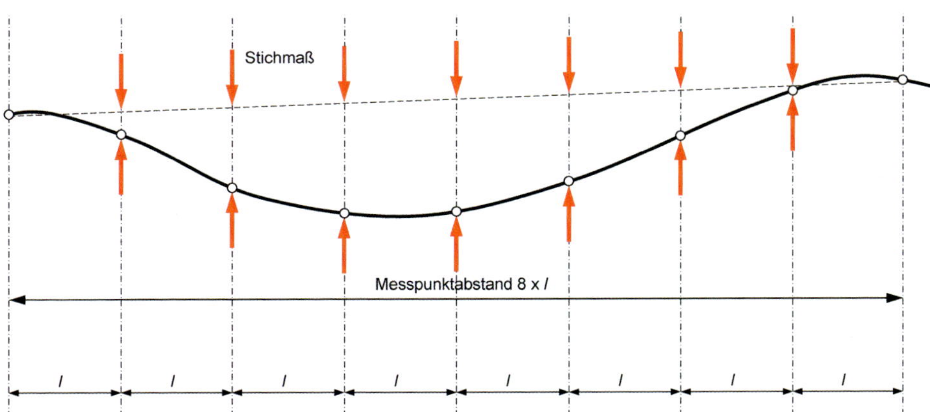

Abb. A 6.86: Auswertung eines Rasternivellements – dritter Schritt

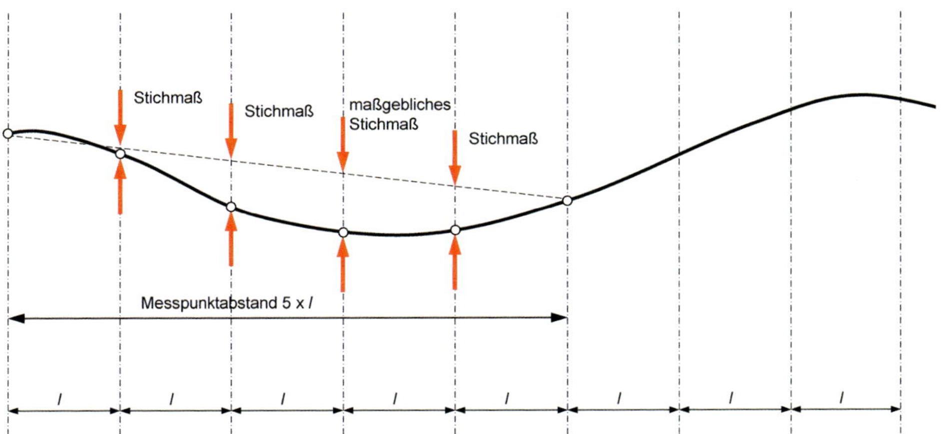

Abb. A 6.87: Auswertung eines Rasternivellements für mehrere Zwischenpunkte

ten Stelle zwischen den betrachteten Punkten maßgebend (vgl. Abb. A 6.86). Je nach Flächengröße sind weitere Schritte analog vorzunehmen.

Die Auswertung ist so vorzunehmen, dass die **Istabweichung der Fläche möglichst zutreffend beschrieben** werden kann.

Mit der **Auswertung** der Stichmaße **mehrerer Zwischenpunkte** zwischen 2 Endpunkten einer Messlinie wird dem Umstand Rechnung getragen, dass sich der tiefste Punkt nicht zwangsläufig mittig zwischen den beiden Endpunkten der Messstrecke befinden muss (vgl. Abb. A 6.87). Die **Ebenheitsabweichung** kann über die Messstrecke **ungleichmäßig verteilt** sein. Maßgebend ist, dass der Grenzwert für die Ebenheitsabweichung, bezogen auf den Messpunktabstand, eingehalten sein muss. Eine Festlegung, an welcher Stelle der Zwischenpunkt innerhalb der Messstrecke liegen muss, besteht nicht. Diese Betrachtungsweise gilt für die Auswertung des Flächennivellements in gleicher Weise wie für die Einzelmessung mit einer Richtlatte, bei welcher der maximale Abstand zwischen Richtlatte und Fläche unabhängig von der Lage des tiefsten Punktes zwischen 2 Hochpunkten ermittelt wird. Es spielt also weder bei der

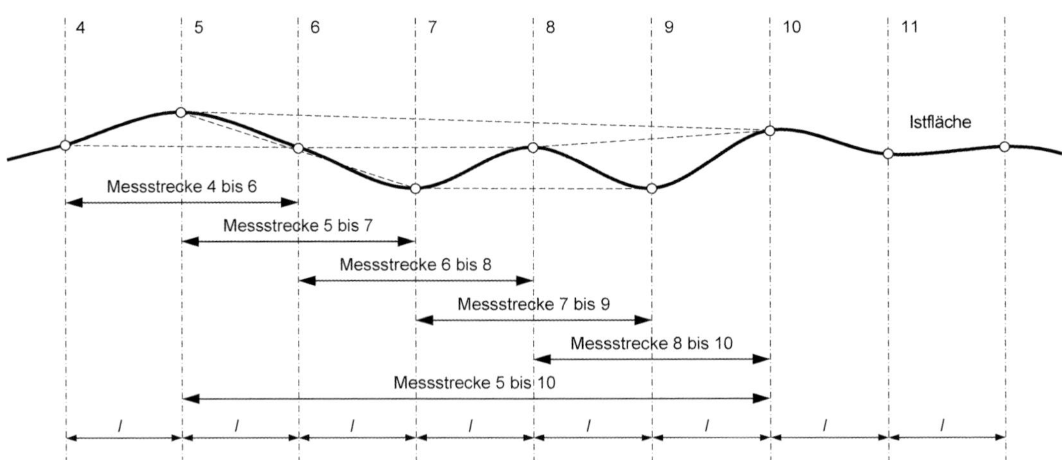

Abb. A 6.88: Ermittlung der Ebenheitsabweichungen durch ein Flächennivellement nach DIN 18202:2019-07, Bild 15

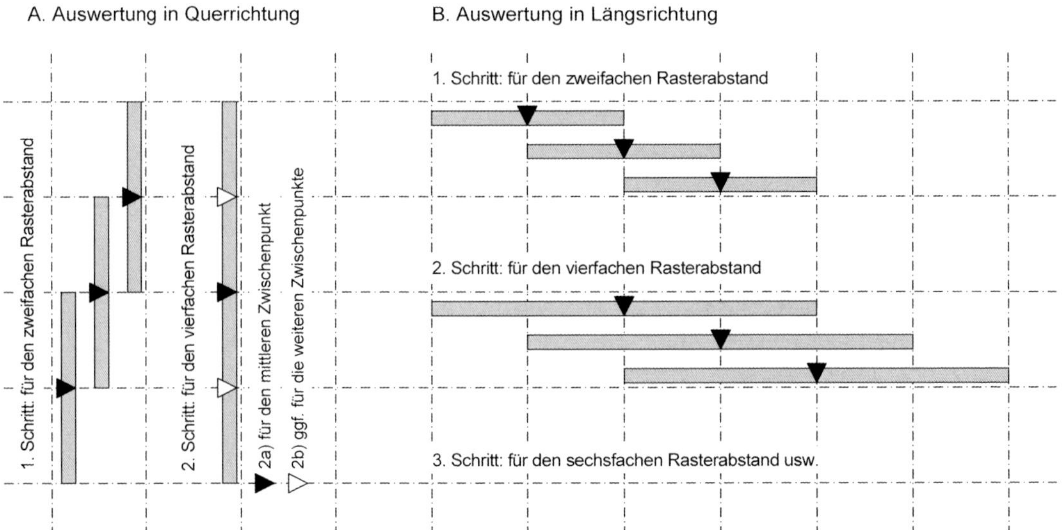

Abb. A 6.89: Auswertung eines Rasternivellements in Längs- und Querrichtung und für jeweils verschiedene Messpunktabstände (Schritte 1, 2, 3 usw.), ggf. auch für Zwischenpunkte

Einzelmessung noch bei dem Flächennivellement eine Rolle, ob die Ebenheitsabweichung gleichmäßig zwischen den beiden Hochpunkten bzw. Rasterpunkten verteilt ist.

Die **Auswertung der Ebenheitsabweichung** wird auch in DIN 18202, Bild 15, für verschiedene Messpunktabstände beispielhaft beschrieben (vgl. Abb. A 6.88). Nach dieser Darstellung ist eine Auswertung der Messstrecken 4 bis 6, 5 bis 7, 6 bis 8, 7 bis 9 und 8 bis 10 für den jeweils dazwischenliegenden Rasterpunkt vorzunehmen. Nennmaß für den Messpunktabstand ist das zweifache Rastermaß. Zusätzlich ist eine Auswertung der Messstrecke 5 bis 10 am dazwischenliegenden tiefsten Punkt Nr. 7 vorzunehmen. Als Messpunktabstand ist in diesem Fall der fünffache Rasterabstand zu verwenden.

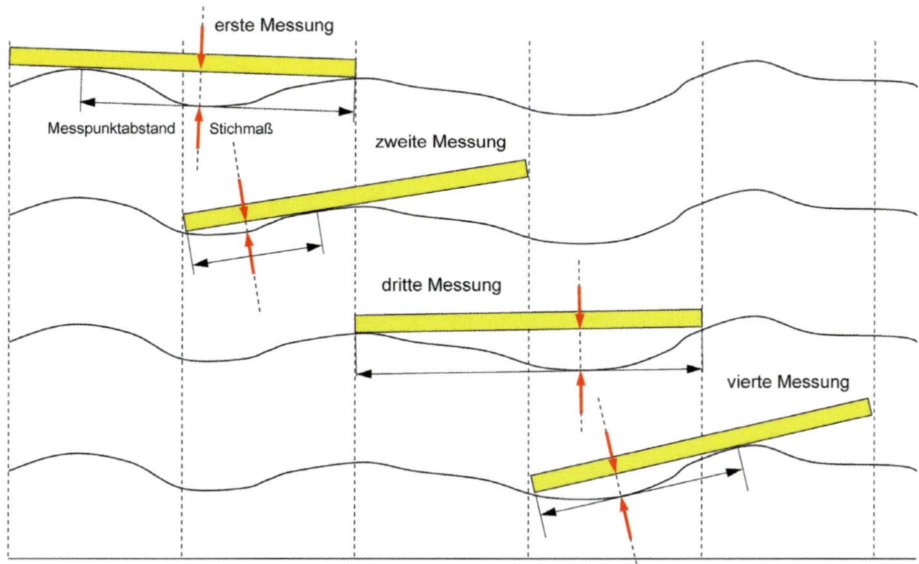

Abb. A 6.90: Vorgehensweise bei einem Flächennivellement mit einer Richtlatte

Eine Auswertung der Messstrecke 5 bis 10 an den dazwischenliegenden, ebenfalls tiefer liegenden Punkten 6, 8 und 9 ist ebenfalls möglich. Im vorliegenden Beispiel weist jedoch der Punkt Nr. 7 die größte Ebenheitsabweichung auf. Liegt die Ebenheitsabweichung am Punkt Nr. 7 innerhalb des zulässigen Grenzwertes, so kann auf die weitere Betrachtung der Punkte 6, 8 und 9 verzichtet werden.

Eine Fläche muss – bei strenger Betrachtung – hinsichtlich der **Ebenheitsabweichungen in beiden Richtungen des Rasternivellements** den nach Messpunktabstand gestaffelten unterschiedlichen Grenzwerten für Ebenheitsabweichungen genügen. Die Auswertung eines Rasternivellements erfolgt dementsprechend in Längs- und in Querrichtung der Fläche getrennt, für jede Richtung nach verschiedenen Messpunktabständen und – bei Messpunktabständen über mehr als 2 Rasterlinien hinweg – auch für die maßgeblichen Zwischenpunkte (vgl. Abb. A 6.89). Diese Vorgehensweise führt bei einer größeren Anzahl von Rasterpunkten zu einer äußerst umfangreichen Auswertung. Unter dem Gesichtspunkt einer möglichst praktikablen Auswertung ist es daher sinnvoll, für die Auswertung im Einzelfall einen oder einzelne Messpunktabstände so auszuwählen, dass die Flächenabweichung für den jeweils zu beurteilenden Sachverhalt hinreichend genau ermittelt werden kann.

Ein **Flächennivellement** kann auch **mit einer Richtlatte** durchgeführt werden. Diese Vorgehensweise stellt eine Kombination einer Einzelmessung am tiefsten Punkt innerhalb einer Messstrecke mit einer rasterförmigen Anordnung der Messpunkte dar. Die Richtlatte wird auf einer Rasterlinie aufgelegt und so ausgerichtet, dass Anfang und Ende der Richtlatte jeweils auf einem Rasterpunkt zu liegen kommen. Die Länge der Richtlatte entspricht dem Doppelten oder einem Vielfachen des Rasterabstandes. Das Stichmaß wird an dem tiefsten Punkt zwischen den beiden Auflagerpunkten der Richtlatte gemessen. Der Messpunktabstand der beiden Auflagerpunkte ist das zu dem Stichmaß zugehörige Nennmaß. Nach der ersten Messung wird die Richtlatte

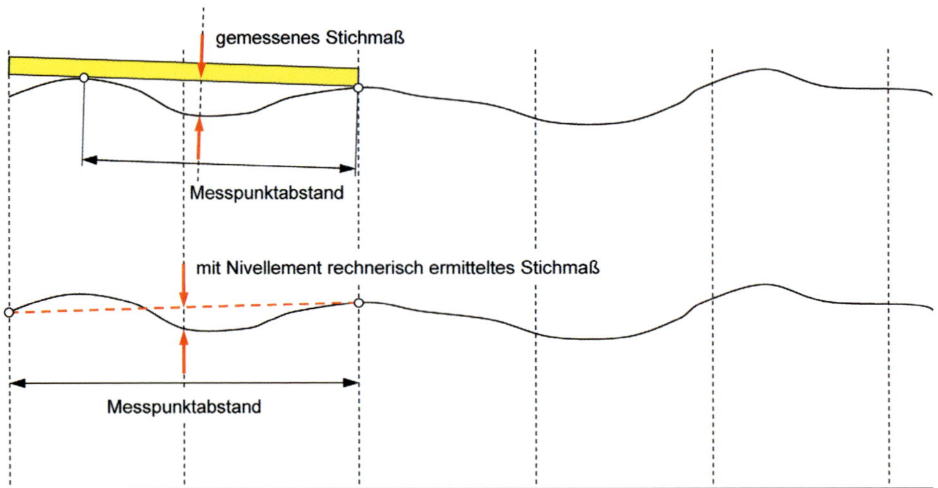

Abb. A 6.91: Vergleich der Stichmaße bei Einzelmessung und Flächennivellement

um einen Rasterabstand auf der Rasterlinie verschoben und es wird wie zuvor das Stichmaß an dem tiefsten Punkt zwischen den beiden Auflagerpunkten der Richtlatte gemessen. Die Messung wird schrittweise über den Verlauf jeder Rasterlinie wiederholt (vgl. Abb. A 6.90). Ein Vorteil dieser Vorgehensweise besteht in der systematischen Flächenprüfung und einem einfachen Wiederauffinden der Stellen gemessener Unebenheiten. Nachteilig im Vergleich mit einer Einzelmessung ohne Raster ist die Beschränkung des untersuchten Bereichs auf die Rasterlinien.

Für die **Anwendung der verschiedenen Messverfahren** gilt der Grundsatz, dass die Wahl des Prüfverfahrens das Ergebnis nicht maßgeblich beeinflussen darf. Der Vergleich eines durch Einzelmessung mit der Richtlatte bestimmten Stichmaßes für die Ebenheitsabweichung mit dem rechnerisch aus einem Flächennivellement ermittelten Stichmaß zeigt, dass die beiden Verfahren von unterschiedlichen Messpunkten ausgehen und dementsprechend auch unterschiedliche Ergebnisse für die Ebenheitsabweichungen liefern (vgl. Abb. A 6.91). Für die Prüfung ist daher der Rasterabstand so zu wählen, dass die tatsächliche Oberfläche in beiden Fällen hinreichend genau beschrieben wird. Dies ist der Fall, wenn die Unschärfe der Messung so klein ist, dass der Einfluss auf das Gesamtergebnis vernachlässigbar gering wird. Vor diesem Hintergrund können die verschiedenen Messverfahren gleichberechtigt Anwendung finden.

Für die messtechnische **Erfassung von Ebenheitsabweichungen bei sehr großen Bodenflächen** gibt es die Möglichkeit einer **Profilvermessung** mit einer **fortlaufenden Messwertaufzeichnung** längs einer abgefahrenen Messlinie. Die Messapparatur wird über die Bodenfläche gerollt. Ein in der Mitte befindlicher Wegaufnehmer an der Unterseite der Messapparatur zeichnet fortlaufend die Auslenkung in Bezug auf die Geräteachse nach oben oder unten auf. Dies entspricht dem Auflegen einer Messlatte mit ihren Endpunkten auf einer Fläche und der Ermittlung des Stichmaßes zwischen Messlatte und Istfläche in der Mitte der Messlatte. Die Aufzeichnung der Messwerte erfolgt kontinuierlich über einen Datenlogger und steht anschließend für eine EDV-mäßige Auswertung zur Verfügung. Die grafische Darstellung der Messwerte über die Messstrecke gibt den Verlauf der Ebenheitsabweichung bezogen auf die Bezugsachse des Messgerätes wieder (vgl. Abb. A 6.92 und Abb. A 6.93).

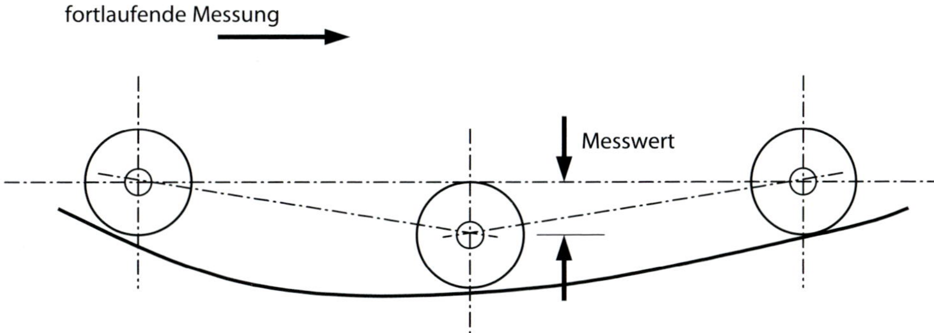

Abb. A 6.92: Schematische Darstellung der Messapparatur für eine kontinuierliche Ebenheitsmessung längs einer abgefahrenen Messlinie

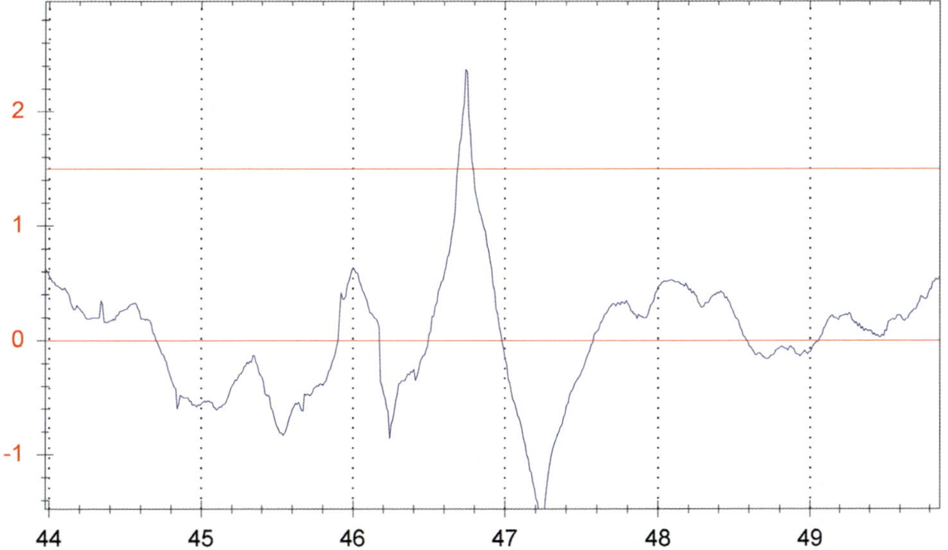

Abb. A 6.93: Beispiel für eine Messwertaufzeichnung einer fortlaufenden Profilaufzeichnung (Angabe x-Achse in m; Angabe y-Achse in mm)

Ein solches Verfahren eignet sich insbesondere für Anwendungsfälle, bei denen vergleichsweise sehr große Datenmengen mit wirtschaftlichem Aufwand erfasst und ausgewertet werden müssen. Die kontinuierliche Messwertaufschreibung bietet zudem den Vorteil, dass Teilbereiche der abgefahrenen Messlinien mit einer Überschreitung des Grenzwertes für die Ebenheitsabweichung hinsichtlich Lage und Ausdehnung leicht lokalisiert und dementsprechend nachgearbeitet werden können.

Ebenheitsabweichungen an freien Ecken treten bei der Beurteilung der Ebenheit von Flächen in der Praxis mitunter als **Sonderfall** einer abtauchenden oder aufschüsselnden Ecke auf. Dieser Fall ist dadurch gekennzeichnet, dass eine größere Fläche im Wesentlichen gleichmäßig eben ist, in einem oder mehreren Eckbereichen jedoch eine vergleichsweise große Auslenkung des Eckpunktes aus der Ebene aufweist. Der Ansatzpunkt für die Krümmung liegt erst im Eckbereich. Die Krümmung im Eckbereich ist nicht repräsentativ für die gesamte Fläche.

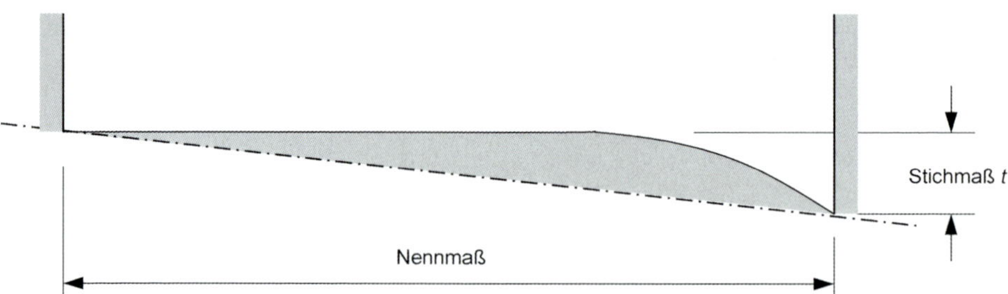

Abb. A 6.94: Prüfung der Winkelabweichung einer Bauteiloberfläche mit gekrümmtem Eckbereich über die gesamte Bauteillänge

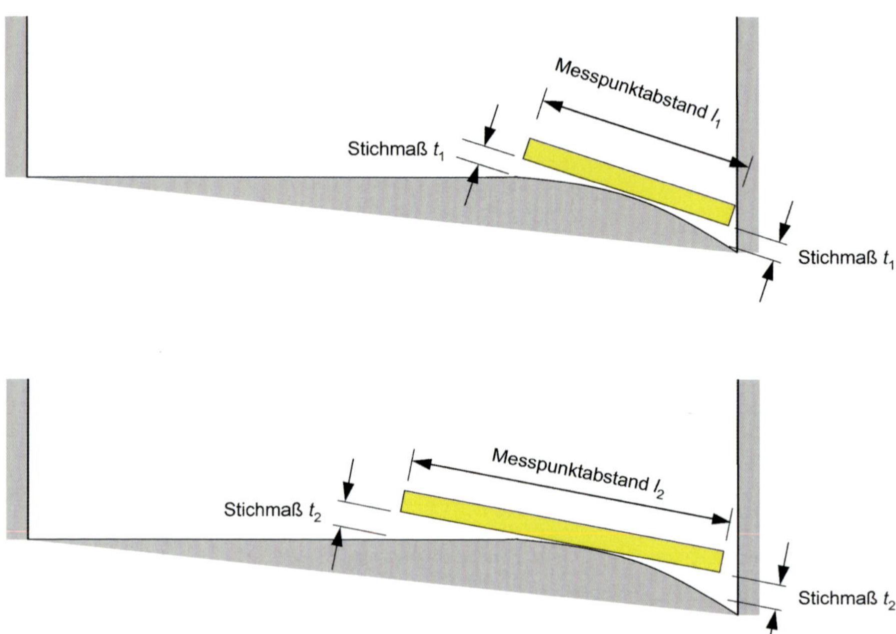

Abb. A 6.95: Ebenheitsmessung nach dem Modell des singulären Hochpunktes für verschiedene Messpunktabstände l_1 und l_2 sowie verschiedene zugehörige Stichmaße t_1 und t_2

Die zu beurteilende Fläche ist hinsichtlich der Winkelabweichungen und der Ebenheitsabweichungen getrennt zu betrachten. Für die **Betrachtung der Winkelabweichung** werden die Eckpunkte an den Flächenrändern linear verbunden. Die Abweichung dieser linearen Verbindung von der Solllage des Flächenrandes wird als Stichmaß an der ausgelenkten Ecke ermittelt und auf das Nennmaß = Länge des Flächenrandes bezogen. Das festgestellte Stichmaß kann mit dem Grenzwert für Winkelabweichungen nach DIN 18202, Tabelle 2, verglichen werden (vgl. Abb. A 6.94).

In einem zweiten Schritt ist die **Abweichung von der Ebenheit** zu betrachten. Geht man davon aus, dass die übrige Fläche außerhalb des Eckbereiches vergleichsweise eben ist, so kann man den Krümmungsbereich zur Ecke hin dem **Modell des singulären Hochpunktes** zuordnen. Geht man weiter von dem Grundsatz der DIN 18202 aus, wonach die Grenzwerte für Ebenheitsabweichungen an einem tiefsten Punkt zwischen 2 benachbarten Hochpunkten, jeweils bezogen auf den zugehörigen Messpunktabstand (= Abstand der beiden Hochpunkte), eingehalten werden müssen und bei der Prüfung einer Fläche mittels Einzelmessung verschiedene Kombinationen von Messpunktabständen und zugehörigen Stichmaßen untersucht werden, die jeweils für sich innerhalb der Grenzwerte für Ebenheitsabweichungen liegen müssen, so kann hieraus folgende Vorgehensweise abgeleitet werden (vgl. Abb. A 6.95):

- Eine Messlatte mit einer Länge l_1 wird in dem Krümmungsbereich so aufgelegt, dass der Abstand zu der zu untersuchenden Fläche an den beiden auskragenden Enden jeweils gleich groß ist; das ausgemittelte Stichmaß an den auskragenden Enden wird auf die Länge der Richtlatte bezogen und mit den Grenzwerten für Ebenheitsabweichungen nach DIN 18202, Tabelle 3, verglichen; anschließend Wiederholung der Messungen für weitere Messpunkte;
- Wiederholung der Vorgehensweise für eine zweite Richtlatte mit der Messlänge l_2 und für mehrere Messpunkte;
- Wiederholung für eine dritte Richtlatte mit der Messlänge l_3 usw.

Die Grenzwerte für die Ebenheitsabweichung sind für jede Einzelmessung, d. h. für alle Variationen der Messpunkte und der Messlattenlänge einzuhalten, um der in DIN 18202, Tabelle 3, beschriebenen Flächenabweichung zu genügen.

Bei dieser Vorgehensweise wird der ungünstigste Fall durch ein maximales Verhältnis von Stichmaß und Messpunktabstand beschrieben. Diesem Fall kann man sich bei empirischer Messung durch die Verwendung verschiedener Richtlatten nur annähern. Alternativ kann man eine rechnerische Überprüfung durch Iteration vornehmen, wenn man die Geometrie der gekrümmten Fläche messtechnisch sehr genau angenähert aufnimmt und als Grundlage für die Berechnung verwendet. Die rechnerische Betrachtung setzt jedoch eine sehr genaue und sehr aufwendige messtechnische Erfassung des Istzustands und eine vergleichsweise aufwendige EDV-gestützte Auswertung voraus. Für die praktische Überprüfung vor Ort wird man deshalb zweckmäßigerweise unter Verwendung mehrerer Richtlatten verschiedener Länge eine Überprüfung für verschiedene Messpunktabstände vornehmen.

Die Prüfung des Krümmungsbereiches mit einem **Flächennivellement** stellt eine vergleichsweise einfachere Vorgehensweise dar. Das Messpunktraster wird auf einen zu untersuchenden Krümmungsbereich beschränkt. Je nach Krümmung und Flächengröße wird ein Rasterabstand gewählt, ca. 0,1, 0,2 oder 0,5 m. Die Rasterpunkte werden nivelliert und anschließend ausgewertet.

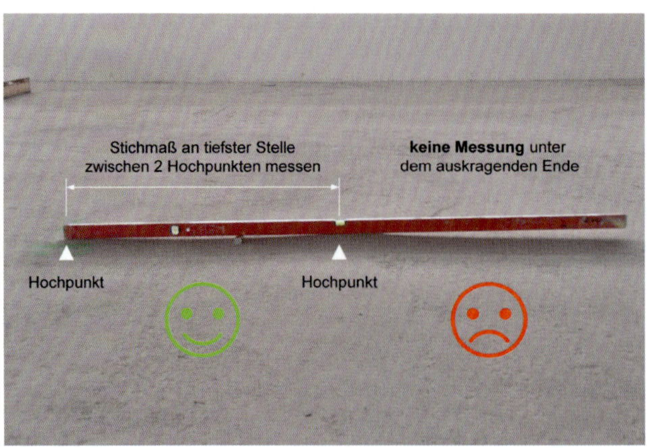

Abb. A 6.96: Messung eines Stichmaßes zwischen 2 Hochpunkten, aber nicht unter dem auskragenden Ende der Richtlatte

Eine Ebenheitsmessung durch Auflegen der Messlatte auf der Fläche und Messung des **Stichmaßes am auskragenden Ende der Messlatte** ist nicht geeignet, die Ebenheitsabweichung im Sinne der DIN 18202 zu prüfen. Bei einer solchen Vorgehensweise besteht kein eindeutig bestimmter Zusammenhang zwischen dem Stichmaß und dem zugehörigen Nennmaß für den Messpunktabstand. Für ein bestimmtes Stichmaß am Rand der Fläche kann die Länge der Messlatte nahezu beliebig verändert werden, ohne dass dies einen Einfluss auf das Stichmaß hätte. Weil Stichmaß und Messpunktabstand in einem solchen Fall nicht in einem festen Verhältnis stehen, ist auch ein eindeutiger Bezug zu den Grenzwerten für Ebenheitsabweichungen nach DIN 18202, Tabelle 3, nicht möglich (vgl. Abb. A 6.96).

Für den Fall einer einseitig auf der gekrümmten Fläche aufliegenden und einseitig frei auskragenden Richtlatte könnte man das Stichmaß unter dem freien Ende halbieren und auf die Länge der Richtlatte als Messpunktabstand beziehen. Diese Vorgehensweise entspricht unter der Voraussetzung eines gleichmäßigen Krümmungsverlaufes einer Ausmittelung des Stichmaßes an beiden Enden einer mittig auf eine Krümmung aufgelegten Richtlatte. Weil aber ein geometrisch gleichförmiger Krümmungsverlauf in der Baupraxis in der Regel nicht gegeben ist, birgt dieses Verfahren eine erhebliche Unsicherheit in einer – bezogen auf die zu messende Abweichung – maßgebenden Größe. Es ist daher in der Praxis von einer Messung unter dem einseitig auskragenden Ende einer Richtlatte abzuraten. Ein qualitativ besseres und besser nachzuvollziehendes Messergebnis lässt sich mit einem Flächennivellement erreichen.

In der Zusammenschau der durchgeführten Messungen sind sowohl die Anforderungen hinsichtlich der Winkelabweichungen als auch die Anforderungen hinsichtlich der Ebenheitsabweichungen einzuhalten.

Für die praktische Anwendung dieser Vorgehensweise wird darauf hingewiesen, dass der **Anwendungsbereich** der DIN 18202 und der darin enthaltenen Grenzwerte für Maßabweichungen auf ausführungsbedingte Fehler begrenzt ist. In der Praxis können aufschüsselnde Ecken von z. B. Estrichbelägen in den meisten Fällen auf **zeit- und lastabhängige Verformungen** zurückgeführt werden und nicht auf ausführungsbedingte Maßabweichungen. Die Anwendbarkeit des vorgeschriebenen Verfahrens ist deshalb im Einzelfall vor dem Hintergrund des Anwendungsbereiches der DIN 18202 zu prüfen.

Abb. A 6.97: Rotationslaser in Vertikalaufstellung; die Istabweichung zwischen der Wandoberfläche und der Bezugsebene = Rotationsebene des Lasers wird als Stichmaß gemessen

Abb. A 6.98: Beispiel für eine Rastermessung vor einer Fassade mittels Rotationslaser

Abb. A 6.99: Beispiel einer Rasteranordnung zur Prüfung der Ebenheit einer Fassadenfläche

Die **Ebenheitsüberprüfung** mittels Rasternivellement betrifft im Regelfall Bodenflächen. Für die Ermittlung von Ebenheitsabweichungen und Winkelabweichungen einer vertikalen **Wandfläche** finden analog die vorstehenden Ausführungen zu einem **Rasternivellement** Anwendung. Raster und Nivellierhorizont werden entsprechend der Wandlage z. B. vertikal ausgerichtet. Ein geeignetes Messgerät hierfür ist z. B. ein Rotationslaser in vertikaler Aufstellung (vgl. Abb. A 6.97 und Abb. A 6.98). Die Abstände der zu messenden Fläche vom Nivellierhorizont bzw. von der Bezugsebene werden z. B. mit einem Maßstab in den Rasterschnittpunkten gemessen (vgl. Abb. A 6.99).

Abb. A 6.100: Beispiel für Höhenversätze zwischen benachbarten Mauersteinen

Abb. A 6.101: Beispiel für einen Höhenversatz am Übergang von der Deckenstirnseite zur aufgehenden Wandfläche

Höhenversätze zwischen benachbarten Bauteilen **innerhalb einer ebenen Fläche** werden von dem Anwendungsbereich der DIN 18202 ausdrücklich nicht erfasst. Einen **Grenzfall** bei der Betrachtung von Ebenheitsabweichungen stellen jedoch **Höhenversätze an den Übergängen kleinformatiger Elemente** innerhalb einer größeren zusammenhängenden Fläche dar, z. B. im Rohbau bei Mauerwerk (vgl. Abb. A 6.100) oder bei geschalten und betonierten Oberflächen (vgl. Abb. A 6.101).

Ein wesentliches **Merkmal dieser Flächen** besteht darin, dass eine in sich geschlossene Gesamtfläche aus einer Vielzahl von Teilflächen kleinformatiger Elemente zusammengesetzt ist, z. B. den Ansichtsflächen von Mauersteinen, kleineren geschalten Betonflächen etc. Weitere wesentliche Merkmale solcher Flächen sind die sehr kleine Fläche eines Elementes (z. B. ein Mauerstein) im Vergleich zu der Größe der Gesamtfläche und der näherungsweise kontinuierlichen Verlauf der sich aus der Vielzahl der einzelnen Flächenelemente ergebenden Gesamtfläche innerhalb ihrer Ränder.

Unstetigkeitsstellen im Verlauf einer Fläche, insbesondere Höhenversätze und Knickstellen, können in der Systematik der DIN 18202 als Ebenheitsabweichungen beurteilt werden, wenn nicht die Unstetigkeitsstelle selbst, sondern eine größere umgebende Fläche unter Verwendung einer ausreichenden Anzahl von rasterförmig angeordneten Messpunkten der Ebenheitsbetrachtung unterzogen wird.

Bei der Ebenheitsprüfung von **Mauerwerk** mit einem engmaschigen Flächenraster wird die Bauteiloberfläche stellvertretend durch eine größere Anzahl der Mauersteinoberflächen gebildet. Etwaige Höhenversätze an den Mauerwerksfugen bleiben außer Betracht. Die Ebenheitsabweichung wird durch Vergleich der maximal vorspringenden bzw. zurückliegenden Steinoberflächen festgestellt. Die Messpunkte werden jeweils

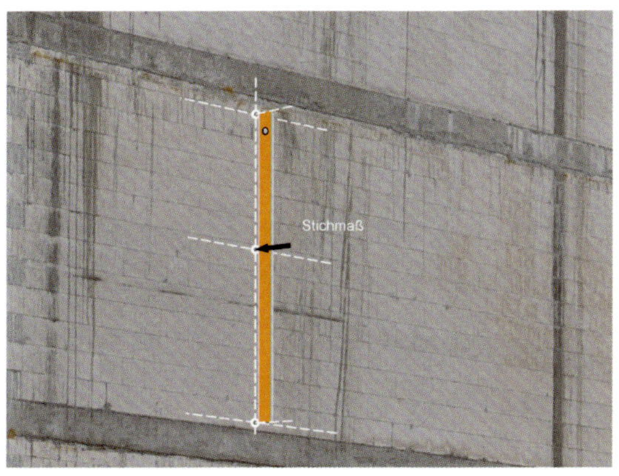

Abb. A 6.102: Ebenheitsprüfung an einer Mauerwerksfläche

stellvertretend für einen begrenzten Flächenausschnitt, z. B. der Oberfläche eines Mauersteins, innerhalb dieses Flächenausschnitts angeordnet (vgl. Abb. A 6.102). Wegen der Vielzahl der so gebildeten Flächenausschnitte bzw. der für die einzelnen Teilflächen ermittelten **Ebenheitsabweichungen** können diese nach den Gesetzen der Wahrscheinlichkeit **statistisch ausgewertet** werden. Dies lässt bei einer genügend großen Anzahl von Einzelwerten eine hinreichend genaue Betrachtung der Ebenheitsabweichung auch über etwaige Höhenversätze zwischen benachbarten Mauersteinen hinweg zu.

Die **Ebenheitsbetrachtung von Mauerwerk** lässt sich **allgemein** auf große Bauwerksoberflächen **übertragen**, wenn diese aus einer hinreichend großen Anzahl von Teilflächen zusammengesetzt sind und an den Übergängen dieser Teilflächen singuläre Unstetigkeitsstellen bzw. Höhenversätze aufweisen. Dies ist z. B. der Fall bei Gebäudeansichten im Rohbau, die aus vielen Teilflächen bestehen, z. B. aus Deckenstirnseiten, geschosshohen Wandelementen, einzelnen Schalungsabschnitten, Mauerwerksausfachungen zwischen Stahlbetonbauteilen etc., und eine Ebene bilden sollen. Wird für die Prüfung der Ebenheit ein Raster mit einer ausreichend großen Anzahl von Messpunkten über diese Fläche gelegt, so bildet jeder Rasterschnittpunkt stellvertretend für einen Flächenausschnitt die Istoberfläche ab. Höhenversätze zwischen benachbarten Bauteilen, z. B. an Schalungsstößen, Bauteilübergängen etc., treten bei dieser modellhaften Abbildung der Istoberfläche analog zu den Höhenversätzen bei Mauerwerk in den Hintergrund.

Bei der Ermittlung der Ebenheitsabweichung nach DIN 18202 ist von dem maximalen Stichmaß an der tiefsten Stelle auf der Verbindungslinie zwischen 2 Hochpunkten auszugehen. Hierbei werden weder der Verlauf der Oberfläche noch die Abstände zwischen dem Tiefpunkt und den Hochpunkten betrachtet. Die Messung eines Höhen-

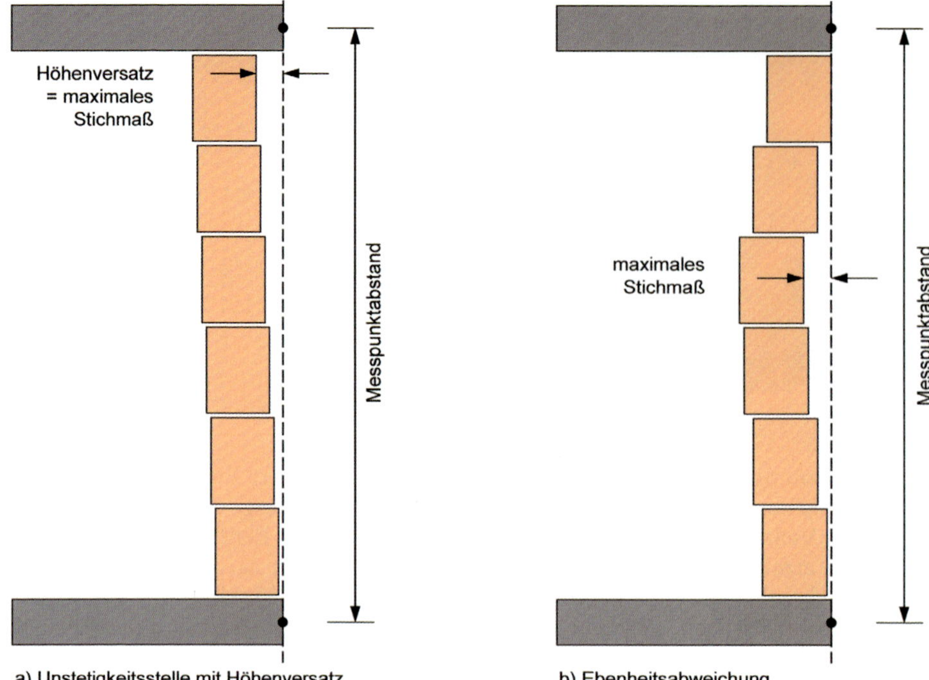

Abb. A 6.103: Vergleich des Stichmaßes für a) einen Höhenversatz an einer Unstetigkeitsstelle und b) eine Ebenheitsabweichung mit allmählichem Verlauf in der Fläche

versatzes (vgl. Abb. A 6.103, Teilabbildung a) und die Messung einer Ebenheitsabweichung mit allmählichem Verlauf in einer Fläche (vgl. Abb. A 6.103, Teilabbildung b) ergeben somit unter der Voraussetzung eines einheitlichen Messpunktabstandes das gleiche Stichmaß.

Höhenversätze an den Bauteilübergängen innerhalb der Fläche können zusätzlich zu den Auswertungen an den Rasterpunkten berücksichtigt werden, weil die Lage des tiefsten Punktes im Verlauf der Verbindungslinie zweier Hochpunkte nicht relevant ist und damit für das Stichmaß an den Bauteilübergängen (vgl. Abb. A 6.104, Fall 1b) die gleichen Anforderungen wie an den Rasterpunkt zu stellen sind (vgl. Abb. A 6.104, Fall 1a, 2 und 3). Diese Betrachtung ist in der Systematik der DIN 18202 jedoch nur dann zielführend, wenn es sich um den Vergleich von jeweils 3 Punkten innerhalb der Rastermessung einer größeren Fläche mit einer ausreichend großen Anzahl von Rasterpunkten handelt und **nicht um eine isolierte Betrachtung eines Höhenversatzes** ohne Flächenbezug.

Flächenabweichungen stellen sich zumeist als **Überlagerung von Winkelabweichungen und Ebenheitsabweichungen** dar. Ebenheitsabweichungen einer Fläche beziehen sich nur auf deren Form und dürfen nicht mit (Winkel-)Abweichungen der Fläche von ihrer Nennlage im Raum gemeinsam beurteilt werden, weil die Grenzwerte für Winkelabweichungen nach DIN 18202, Tabelle 2, unabhängig gelten von den Grenzwerten für Ebenheitsabweichungen nach DIN 18202, Tabelle 3. Die **Prüfung** ist dementsprechend **getrennt vorzunehmen**. Die Betrachtung der Winkelabweichung beschränkt sich auf die Lage einer Fläche innerhalb des Koordinationsraumes. Die Betrachtung

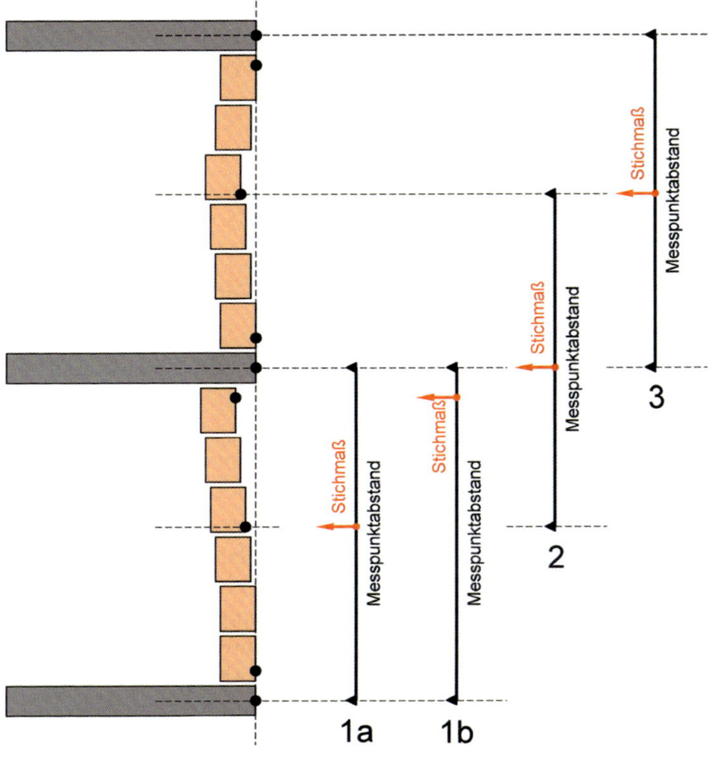

Abb. A 6.104: Prüfung der Ebenheitsabweichung innerhalb einer Wandfläche und an den Übergängen Wand/Deckenstirnseite/Wand

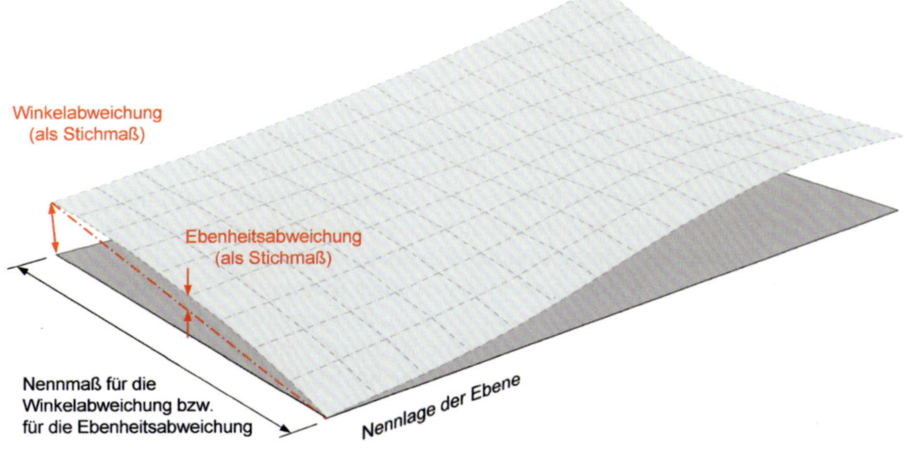

Abb. A 6.105: Abgrenzung zwischen Winkel- und Ebenheitsabweichung

der Ebenheitsabweichung bezieht sich hingegen nur auf den Verlauf einer Fläche innerhalb ihrer Ränder, unabhängig von deren Lage innerhalb des Koordinationsraumes (vgl. Abb. A 6.105).

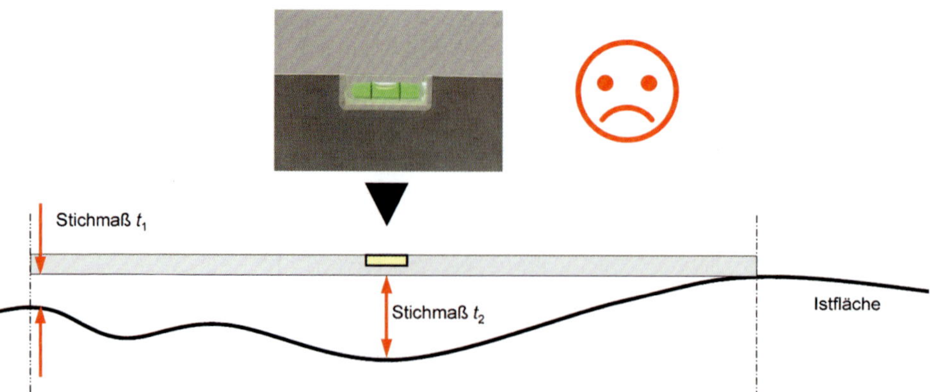

Abb. A 6.106: Die gleichzeitige Messung einer Winkelabweichung und einer Ebenheitsabweichung mit einer Richtlatte, die auf einem Hochpunkt aufgelegt und dann nach der Horizontalen ausgerichtet wird, ist nicht zulässig.

Für die Beurteilung der Neigung einer Fläche bzw. deren **Winkelabweichung** wird die **idealisierte Fläche** als lineare Verbindung ihrer Eckpunkte bzw. der innerhalb der Fläche gelegenen Achsenschnittpunkte betrachtet. Die Abweichung dieser idealisierten Fläche von der Nennlage der Fläche wird nach den Winkelabweichungen in DIN 18202, Tabelle 2, beurteilt. Nennmaß für die Beurteilung ist der Abstand der Eckpunkte bzw. der Achsenschnittpunkte der Fläche.

Die **Ebenheitsabweichung** wird durch **Vergleich von 3 Messpunkten**, 2 Hoch- und 1 dazwischenliegenden Tiefpunkt beurteilt. Die Ebenheitsabweichung wird für jeden Punkt betrachtet, und zwar jeweils bezogen auf die angrenzenden Punkte auf der betrachteten Messlinie.

Bei der **Einzelmessung mit einer Richtlatte** sind für die Prüfung der Winkelabweichung und die Prüfung der Ebenheitsabweichung getrennte Messpunkte zu verwenden. Die **Winkelabweichung** wird an den **Eckpunkten bzw. Achsenschnittpunkten der Fläche** ermittelt. Wird hierfür eine Richtlatte verwendet, so ist diese nach der Nennlage, z. B. der Horizontalen bzw. Vertikalen, auszurichten und das Stichmaß an den Messpunkten zwischen der Istfläche und der Richtlatte zu ermitteln. Für die Betrachtung der **Ebenheitsabweichung** ist die Richtlatte hingegen nach den **Hochpunkten**, nicht aber nach der Horizontalen oder Vertikalen auszurichten. Für die Ermittlung der Winkelabweichung und der Ebenheitsabweichung ist der Istzustand also jeweils getrennt festzustellen. Das Auflegen einer Richtlatte auf einem Hochpunkt innerhalb einer Fläche und anschließende horizontale Ausrichten ist nicht zulässig. Bei dieser Vorgehensweise stellt das gemessene Stichmaß eine **Kombination** aus Winkelabweichung und Ebenheitsabweichung dar. Die beiden Komponenten der gemessenen Gesamtabweichung lassen sich jedoch anteilig nicht bestimmen. Ein Vergleich des Messergebnisses mit den Grenzwerten für Winkel- bzw. Ebenheitsabweichungen nach DIN 18202 ist also **nicht möglich** (vgl. Abb. A 6.106).

Im Gegensatz dazu kann bei der Verwendung eines **Rasternivellements** eine getrennte Auswertung eines einheitlichen Datensatzes unter Verwendung der an den Eckpunkten bzw. Achsenschnittpunkten einer Fläche gemessenen Stichmaße für die Bestimmung der Winkelabweichung und unter Verwendung aller gemessenen Stichmaße für die Bestimmung der Ebenheitsabweichung erfolgen. Dies bedeutet, dass der **Ist-**

zustand als Überlagerung von Winkelabweichungen und Ebenheitsabweichungen vor Ort aufgenommen werden kann und erst in der **rechnerischen Auswertung** eine **Trennung** erfolgt. Aus den gemessenen Höhenkoten an den Eckpunkten bzw. Achsenschnittpunkten der Flächen kann die Winkelabweichung ermittelt werden. Anschließend wird aus den gemessenen Höhenkoten aller Rasterschnittpunkte die Ebenheitsabweichung im Verlauf der Fläche bestimmt.

Ein Vorteil dieser Vorgehensweise ist, dass Messwerte baupraktisch zuverlässig und einfach ermittelt und in reproduzierbarer Form verlässlich protokolliert werden können. Notwendige Hilfsmittel (Nivelliergeräte) sind baustellenüblich. Die Messung selbst ist vergleichsweise rationell durchführbar. Die spätere Auswertung kann EDV-gestützt mittels Tabellenkalkulation nach einem einfachen Formelsatz erfolgen. Auch dies bedeutet einen vergleichsweise geringen Zeitaufwand bei geringen Fehlerquellen.

6.5 Prüfung der Lage

6.5.1 Messpunkte für Maße (Lage)

6.5 Prüfung der Lage

6.5.1 Messpunkte für Maße

Die Maße werden zwischen den Eckpunkten in etwa 10 cm Abstand von den Kanten und/oder Achsenschnittpunkten an der Bauteiloberfläche gemessen (siehe Erläuterungen A.2).

BEISPIEL 1 Prüfung der Maße für die Lage eines Bauteils im Grundriss in Bezug auf eine Achse (siehe Bild 16).

BEISPIEL 2 Prüfung der Maße für die Höhenlage einer Ebene im Aufriss in Bezug auf eine Bauwerkshöhe bzw. Höhenkote (siehe Bild 17).

…

Bild 16 – Prüfung der Maße für die Lage eines Bauteils im Grundriss in Bezug auf eine Achse

…

Bild 17 – Prüfung der Maße für die Höhenlage einer Ebene im Aufriss in Bezug auf eine Bauwerkshöhe bzw. Höhenkote

Maße für die Lage eines Bauteils oder Bauwerks im Raum sind Längen, Breiten und Höhen für die maßliche Zuordnung innerhalb des Koordinationsraumes, z. B. Abstände von Bauwerksachsen bzw. Vermessungsachsen oder Höhenkoten. Die Maße werden an den Eckpunkten eines Baukörpers jeweils an seiner Oberfläche gemessen. Bei größeren Baukörpern, die durch Bauwerksachsen unterteilt sind, sind die Achsenschnittpunkte zusätzlich wie die Eckpunkte zu berücksichtigen. Gegenstand einer Prüfung sind Nennmaße für die Lage im Sinne der Begriffsdefinition hierfür in DIN 18202.

Die **Messpunkte** für ein Maß an einem Eckpunkt werden etwa 10 cm seitlich abgesetzt von den angrenzenden Kanten. Messpunkte an Achsenschnittpunkten werden auf diesen angeordnet. Messpunkte, die in ihrer vorgesehenen Lage nicht unmittel-

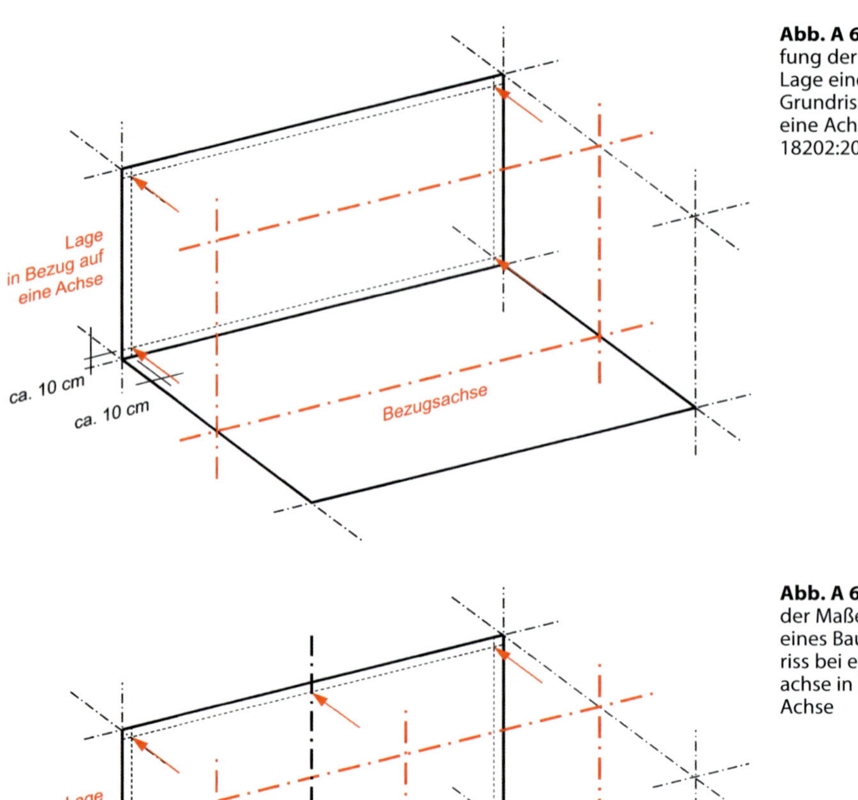

Abb. A 6.107: Prüfung der Maße für die Lage eines Bauteils im Grundriss in Bezug auf eine Achse nach DIN 18202:2019-07, Bild 16

Abb. A 6.108: Prüfung der Maße für die Lage eines Bauteils im Grundriss bei einer Bauwerksachse in Bezug auf eine Achse

bar zugänglich sind, z. B. Achsenschnittpunkte innerhalb von Baukörpern, werden hilfsweise seitlich abgesetzt, z. B. an der Oberfläche des jeweiligen Baukörpers oder außerhalb. Bei der Anordnung der Messpunkte sind jeweils die Erläuterungen zu der 10-Zentimeter-Regel in Anhang A.2 zu DIN 18202 zu berücksichtigen.

Maße in Bezug auf eine Linie bzw. Achse, z. B. für die Lage eines Bauteils im Grundriss, werden gemessen an den Eckpunkten als Abstand von der Bezugsachse bzw. Bezugsebene (vgl. A 6.107 [nach DIN 18202, Bild 16]). Bei Unterteilung der Fläche durch Bauwerksachsen erfolgt eine Messung zusätzlich in den Achsenschnittpunkten (vgl. Abb. A 6.108).

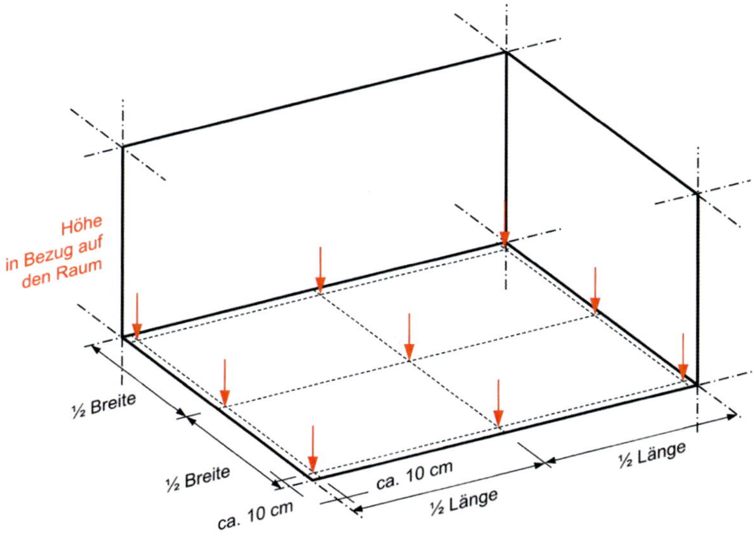

Abb. A 6.109: Prüfung der Maße für die Lage eines Bauteils im Aufriss in Bezug auf eine Fläche

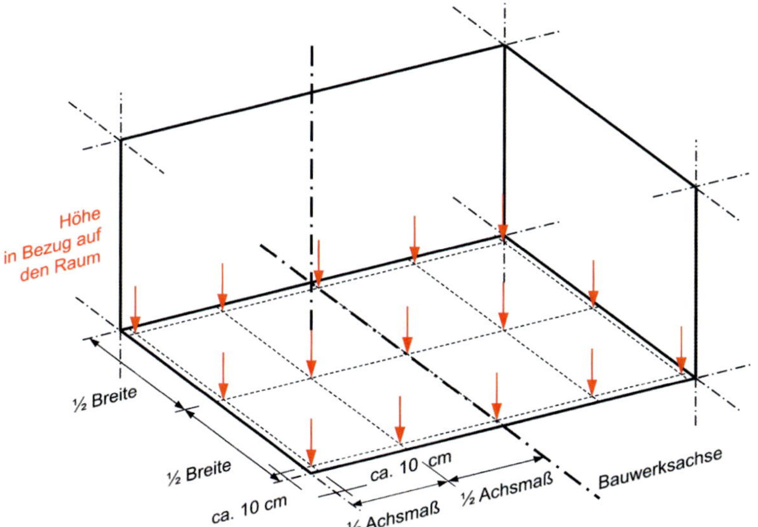

Abb. A 6.110: Prüfung der Maße für die Lage eines Bauteils im Aufriss bei einer Bauwerksachse in Bezug auf eine Fläche nach DIN 18202:2019-07, Bild 17

Maße in Bezug auf eine Fläche, z. B. für die Lage eines Bauteils im Aufriss als Höhenkote mit Bezug auf eine Nullebene ± 0,00, werden nach dem Grundmodell der Dreifachmessung gemessen an den Eckpunkten und zusätzlich in der Mitte zwischen 2 Eckpunkten sowie in Bauteilmitte (vgl. A 6.109). Bei Unterteilung der Fläche durch Bauwerksachsen erfolgt eine Messung zusätzlich in den Achsenschnittpunkten (vgl. A 6.110 [nach DIN 18202, Bild 17]).

6.5.2 Messpunkte für Winkel (Lage)

6.5.2 Messpunkte für Winkel

Bei der Prüfung von Winkeln werden die gleichen Messpunkte an den Eckpunkten und/oder Achsenschnittpunkten wie bei der Prüfung von Maßen verwendet.

Die Winkelabweichung eines Bauteils wird ermittelt durch den Vergleich der linearen Verbindung zwischen Anfangs- und Endpunkt (Eckpunkte und/oder Achsenschnittpunkte) einer Kante bzw. Achse mit dem Nennwinkel zu einer Bezugslinie (siehe Bild 18).

Bei nicht rechtwinkligen Räumen, nicht lotrechten Wänden, Stützen usw. ist die Messlinie senkrecht zu einer Bezugslinie anzuordnen.

BEISPIEL Prüfung der Winkelabweichung von der Nennlage im Grundriss in Bezug auf eine Achse (siehe Bild 18).

...

Bild 18 – Prüfung der Winkelabweichung von der Nennlage im Grundriss in Bezug auf eine Achse

Die **Maßhaltigkeit der Lage** eines Baukörpers hinsichtlich seiner Richtung im Raum wird bestimmt durch die Richtung seiner Ränder **in Bezug auf den Koordinationsraum**. Die Richtung eines Flächenrandes bzw. einer Bauteilkante ist eine geradlinige Verbindung von Anfangs- und Endpunkt. Für die Prüfung einer Richtung wird eine gerade Linie zwischen 2 Eckpunkten betrachtet. **Abweichungen einer Richtung als Lageabweichung** entstehen aus Lageabweichungen der Eckpunkte eines Bauteils oder Baukörpers in Bezug auf den Raum. Winkelabweichungen sind demzufolge zu ermitteln durch den Vergleich der Istlage einer linearen Verbindung zweier Eckpunkte mit ihrer Nennlage.

Die **Messpunkte** für eine Richtung bzw. einen Winkel sind die gleichen wie bei der Prüfung von Maßen, also Eckpunkte und/oder Achsenschnittpunkte. Messpunkte an Eckpunkten werden etwa 10 cm seitlich von den Eckpunkten abgesetzt. Messpunkte an Achsenschnittpunkten werden auf den Achsen angeordnet. Messpunkte, die in ihrer vorgesehenen Lage nicht unmittelbar zugänglich sind, z. B. Achsenschnittpunkte innerhalb von Baukörpern, werden hilfsweise ebenfalls seitlich abgesetzt, z. B. an der Oberfläche des jeweiligen Baukörpers oder außerhalb. Bei der Anordnung der Messpunkte sind jeweils die Erläuterungen zu der 10-Zentimeter-Regel in Anhang A. 2 zu DIN 18202 zu berücksichtigen. **Messlinie** ist die lineare Verbindung zweier Messpunkte.

Eine **Winkelabweichung** wird über die gesamte **Bauteillänge** und über **Teillängen** zwischen Eckpunkten und Achsenschnittpunkten bzw. zwischen Achsenschnittpunkten geprüft (vgl. Abb. A 6.111 [nach DIN 18202, Bild 18]). Für andere Teillängen, die sich nicht zwischen Eckpunkten und/oder Achsenschnittpunkten erstrecken, wird die Winkelabweichung nicht geprüft.

Bei der **Prüfung einer Richtung bzw. eines Winkels für die Lage** wird die Orientierung eines Bauteils bzw. einer Bauteilkante in Bezug auf den Raum ermittelt, z. B. in Bezug auf die Vertikale, die Horizontale oder eine vorgegebene Bezugsrichtung. Für

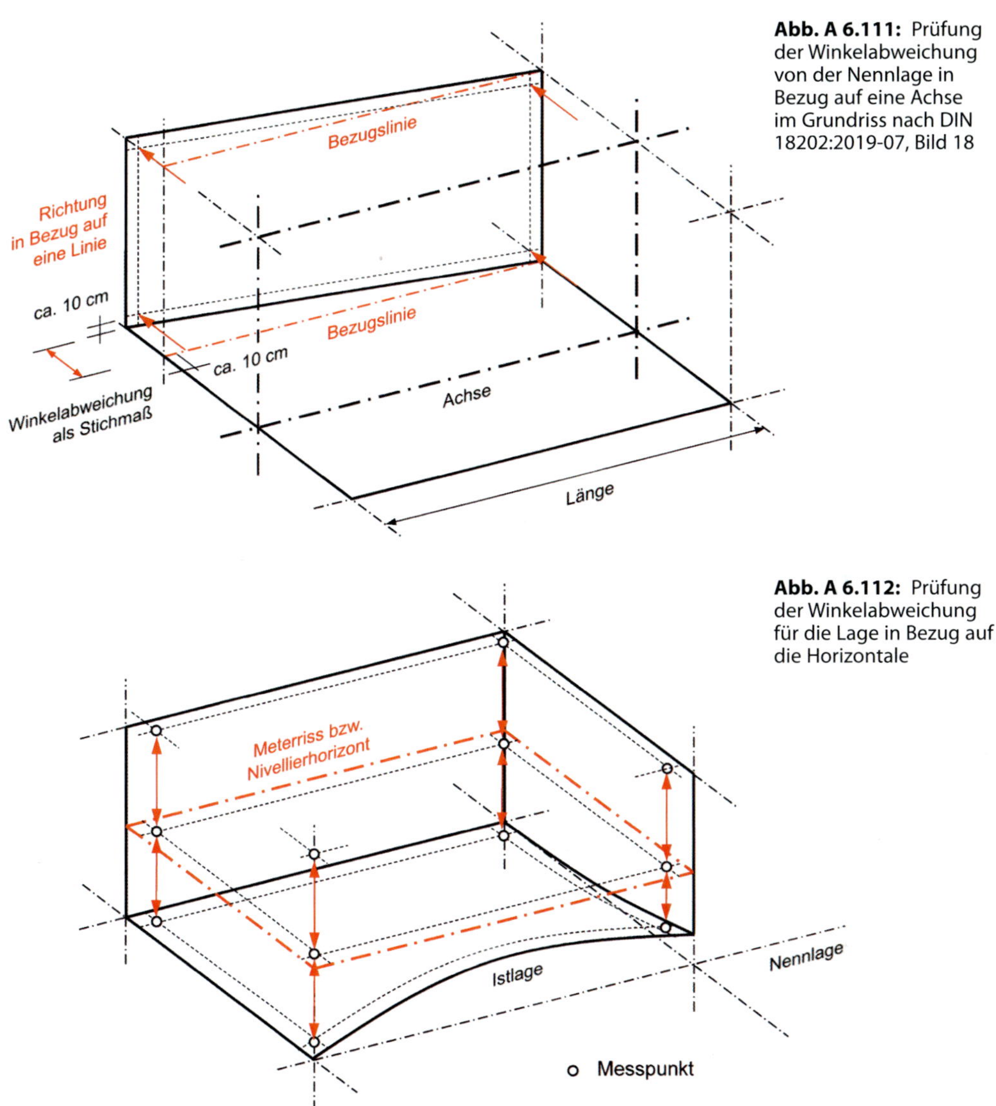

Abb. A 6.111: Prüfung der Winkelabweichung von der Nennlage in Bezug auf eine Achse im Grundriss nach DIN 18202:2019-07, Bild 18

Abb. A 6.112: Prüfung der Winkelabweichung für die Lage in Bezug auf die Horizontale

die Prüfung einer nicht rechtwinkligen Lage, z. B. nicht lotrechten Bauteilen, ist die Messlinie senkrecht zu einer Bezugslinie anzuordnen.

Für die **Prüfung der Lage eines horizontalen Bauteils im Aufriss** ist es zweckmäßig, eine horizontale Bezugsebene anzulegen, z. B. einen Nivellierhorizont. Die Bezugsebene kann ggf. an andere Bezugspunkte, z. B. einen Meterriss, angehängt werden. Ausgehend von dieser horizontalen Bezugsebene sind die Maße jeweils etwa 10 cm seitlich abgesetzt von den Ecken und ggf. an Achsenschnittpunkten des zu beurteilenden Bauteils zu messen. Das als Höhendifferenz zwischen 2 Messpunkten verbleibende Stichmaß ist auf das dem Abstand der Messpunkte zugehörige Nennmaß zu beziehen und mit den Grenzwerten für Winkelabweichungen zu vergleichen (vgl. Abb. A 6.112).

Abb. A 6.113: Prüfung der Winkelabweichung über die gesamte Bauteillänge

Abb. A 6.114: Keine Prüfung der Winkelabweichung auf einer beliebigen Teillänge innerhalb einer Fläche

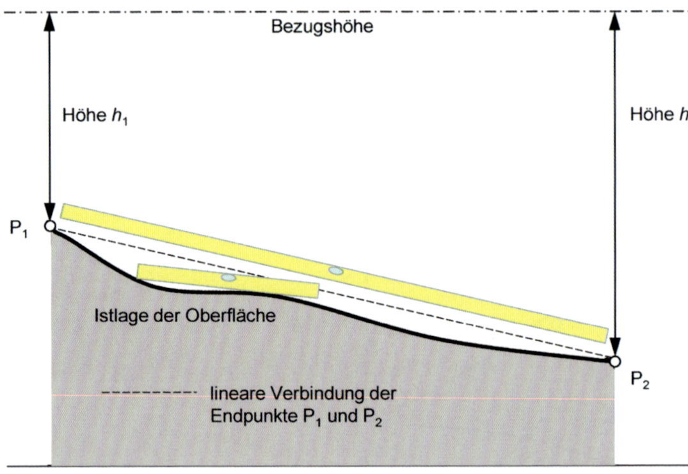

Abb. A 6.115: Einfluss der Formabweichungen auf die Richtung einer Oberfläche bei Betrachtung einer Teillänge innerhalb einer Fläche

Eine Winkelabweichung kann – der Begriffsdefinition in DIN 18202 folgend – nur durch Vergleich der linearen Verbindung zweier Messpunkte mit der Nennlage ermittelt und damit nur über die **gesamte Bauteillänge** bzw. über Teillängen zwischen Achsenschnittpunkten geprüft werden (vgl. Abb. A 6.113). Eine Prüfung über andere **beliebige Teillängen** innerhalb einer Fläche ist in DIN 18202 **nicht vorgesehen** (vgl. Abb. A 6.114). Würde z. B. ein Richtscheit auf einer Teillänge innerhalb einer Fläche aufgelegt und dieses nach der Bezugsrichtung ausgerichtet werden (z. B. nach der Horizontalen), so wäre die ggf. festgestellte Abweichung von der Bezugsrichtung beeinflusst durch Formabweichungen der Oberfläche (vgl. Abb. A 6.115). Das so ermittelte Stichmaß für die Abweichung hätte also einen Anteil **Formabweichungen** und einen Anteil Lageabweichung. Die Anteile können zahlenmäßig nicht getrennt werden, ein Vergleich mit den Grenzwerten nach DIN 18202 ist deshalb nicht möglich.

Die Verwendung einer Messlatte zur Bestimmung einer Winkelabweichung über die gesamte Raumlänge wird in den meisten Fällen nicht möglich sein, weil eine Messlatte

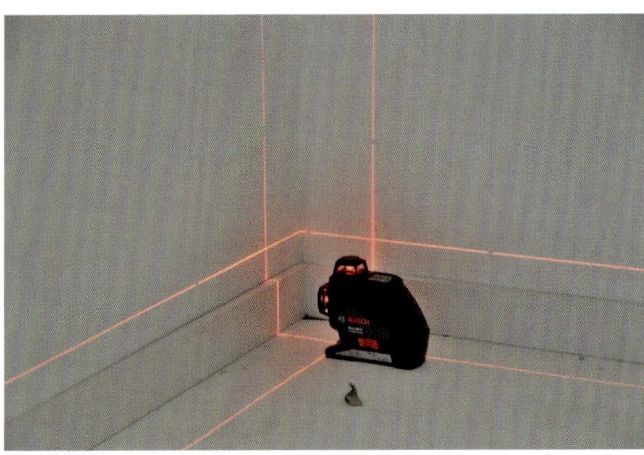

Abb. A 6.116: Beispiel für einen Rotationslaser in horizontaler Aufstellung und Messung eines Stichmaßes für die Prüfung der Winkelabweichung einer horizontalen Fläche im Aufriss

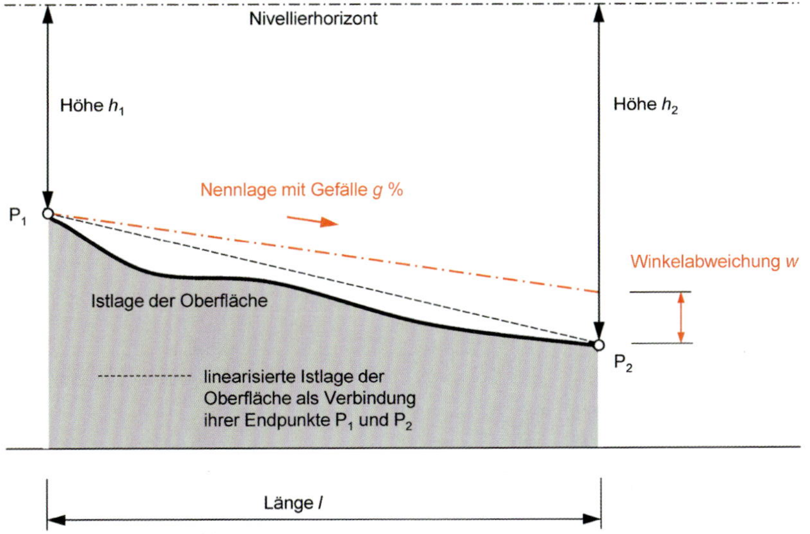

Abb. A 6.117: Schema zur Ermittlung der Winkelabweichung einer planmäßig geneigten Fläche (im Aufriss). Für die Winkelabweichung w gilt: $w = h_2 - h_1 - (g/100) \times l$ (h_1 bzw. h_2 = gemessene Höhe im Randpunkt P_1 bzw. P_2 der Fläche; g = vorgesehenes Sollgefälle der Fläche in %; l = Abstand der Randpunkte P_1 und P_2).

entsprechend der Raumlänge nicht zur Verfügung steht. Alternativ bietet sich der Einsatz eines Nivelliergerätes, eines Rotationslasers oder eines Theodoliten an. Ausgehend von dem Nivellierhorizont des Gerätes werden die Stichmaße für die Höhen in den Raumecken gemessen (vgl. Abb. A 6.116). Die Ausrichtung der Messbezugsebene nach der Horizontalen erfolgt in der Regel selbstnivellierend durch das Gerät.

Bei der **Prüfung eines Winkels im Aufriss bei schwach geneigten Bauteilen** wird in gleicher Weise wie bei horizontalen Bauteilen im Aufriss vorgegangen. Bei der Winkelabweichung ist lediglich das Sollgefälle zusätzlich zu berücksichtigen (vgl. Abb. A 6.117).

Bei der **Prüfung von Winkeln im Aufriss bei vertikalen Bauteilen** wird die Abweichung in Bezug auf die Vertikale ermittelt. Der Bezug auf angrenzende Bauteile ist

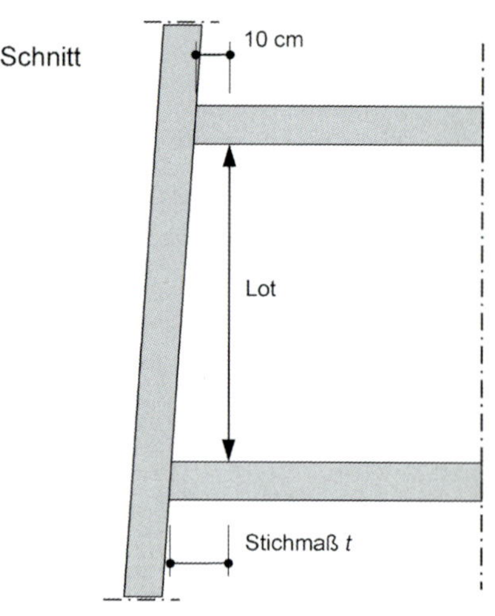

Abb. A 6.118: Schematische Darstellung für die Prüfung der Winkelabweichung vertikaler Bauteile im Aufriss (Schnitt durch die Gebäudeaußenwand mit Anordnung eines Lotes)

Abb. A 6.119: Beispiel für die Prüfung der Winkelabweichung eines vertikalen Bauteils im Aufriss

Abb. A 6.120: Beispiel für die Prüfung der Richtung eines Bauteils im Aufriss, dessen Nennlage vom Lot abweicht

nicht relevant. Für die Beurteilung ist das Stichmaß zu der Vertikalen an den Ecken eines Bauteils maßgebend. Die Stichmaße sind jeweils in einem Abstand von ca. 10 cm über dem Fußboden bzw. unter der Decke zu messen. Die Abweichung von der Senkrechten wird als Differenz der beiden Stichmaße ermittelt und ist auf das dem Abstand der Messpunkte zugehörige Nennmaß zu beziehen (vgl. Abb. A 6.118 und Abb. A 6.119). Für **nicht lotrechte Bauteile** kann eine beliebige Bezugslinie gewählt werden. Die Messlinie ist jedoch senkrecht zu der gewählten Bezugslinie anzuordnen (vgl. Abb. A 6.120). In Bauteilmitte wird die Winkelabweichung – definitionsgemäß – nicht überprüft.

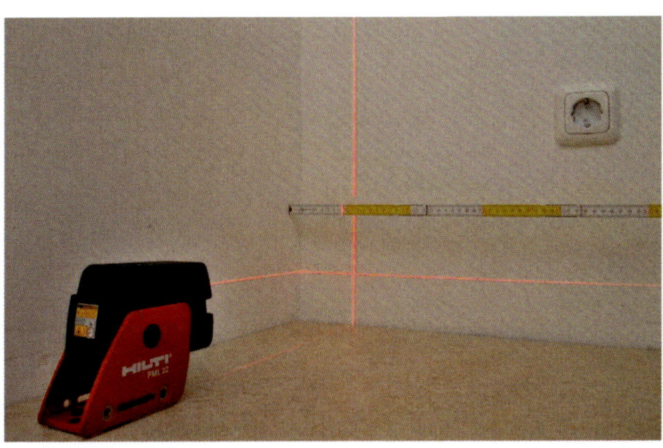

Abb. A 6.121: Linienlaser mit vertikaler Projektion und Messung eines Stichmaßes für die Prüfung der Abweichung vom Lot

Die praktische Prüfung einer Lotabweichung kann z. B. unter Verwendung einer Wasserwaage oder eines Lasergerätes (Rotationslaser oder Linienlaser) erfolgen. Das Messgerät bzw. die Projektionsebene wird nach der Bezugsrichtung ausgerichtet (z. B. dem Lot). Die Winkelabweichung wird als Stichmaß vom Lot festgestellt (vgl. Abb. A 6.121).

6.5.3 Messpunkte für die Flucht von Stützen

6.5.3 Messpunkte für die Flucht von Stützen

Die Fluchtabweichung einer Stütze wird ermittelt als Abweichung von einer Verbindungslinie zwischen den Endstützen einer Stützenreihe. Die Verbindungslinie ist am Stützenfuß oder Stützenkopf in einem Abstand von etwa 10 cm über dem Boden bzw. unter der Decke anzulegen.

ANMERKUNG Bei Stützen, die bündig in einen Unterzug einbinden, ist eine Prüfung am Stützenkopf nicht sinnvoll, weil Unterzüge als Teil einer Decke nach Tabelle 3, Grenzwerte für Ebenheitsabweichungen, überprüft werden können.

Die Stichmaße werden zwischen der Verbindungslinie und der Vorderkante der Stütze in Stützenachse gemessen. Bei über die Verbindungslinie vorstehenden Stützen werden die Stichmaße unter Verwendung einer um etwa 10 cm seitlich abgesetzten Verbindungslinie gemessen.

Das Stichmaß wird einem Messpunktabstand von zwei Achsabständen zugeordnet (siehe Bild 19).

...

Bild 19 – Prüfung der Lage von Zwischenstützen in der Flucht

Bei der Prüfung einer **Abweichung von der Flucht von Stützen** wird die Lage **einer Zwischenstütze** in Bezug auf die Verbindungslinie (Flucht) der beiden Endstützen einer Stützenreihe beurteilt (vgl. Abb. A 6.122). Die **absolute Lage** der Endstützen und auch der Zwischenstützen innerhalb des Koordinationsraumes bleibt außer Betracht.

Abb. A 6.122: Beispiel für eine Stützenreihe in einer Flucht

Die Orientierung der Flucht ist anhand von Lageabweichen der beiden Endstützen der Stützenreihe zusätzlich zu prüfen (z. B. nach den Grenzabweichungen).

Die **Messung** kann analog zur Prüfung der Maße im Grundriss in 2 Höhen – am Stützenfuß und am Stützenkopf – vorgenommen werden. Die Verbindungslinie wird mit ca. 10 cm Abstand vom Boden bzw. mit ca. 10 cm Abstand unterhalb des Stützenkopfes angelegt. Für die Durchführung der Messung ist die **Verbindungslinie** als Bezugslinie für die Stichmaßermittlung von den beiden Endstützen jeweils ca. 10 cm seitlich abzusetzen. Damit wird sichergestellt, dass eine Messung der Fluchtabweichung auch für diejenigen Stützen möglich ist, die in Richtung der Verbindungslinie aus der Stützenflucht abweichen. Andernfalls wäre die praktische Durchführung der Messung begrenzt auf Stützen, die ausgehend von der Verbindungslinie nach hinten von der Flucht abweichen.

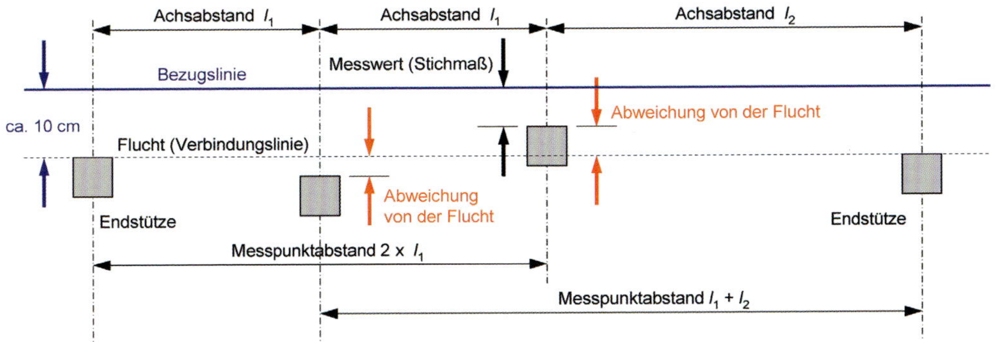

Abb. A 6.123: Darstellung zur Prüfung der Lage von Zwischenstützen in der Flucht nach DIN 18202:2019-07, Bild 19

Die Stichmaße für die Fluchtabweichung werden zwischen der Verbindungslinie und der Vorderkante der Stütze in der Stützenachse gemessen. Für die praktische Durchführung der Messung kann die Verbindungslinie z. B. als gespannte Schnur oder als projizierte Ebene eines Rotationslasers (in vertikaler Aufstellung) hergestellt werden. Gemessen werden die **Stichmaße** zwischen der Stützenvorderkante und der Bezugslinie. Für die Feststellung der Fluchtabweichung als Stichmaß ist dieser Messwert um den Abstand zwischen der Verbindungslinie und den Endstützen zu korrigieren.

Als **Messpunktabstand** für den Bezug des Stichmaßes wird die Summe der beiden angrenzenden Achsabstände definiert. Der Achsabstand innerhalb einer Stützenreihe muss nicht einheitlich sein (vgl. Abb. A 6.123 [nach DIN 18202, Bild 19]).

Die **Grenzwerte für Fluchtabweichungen** bei Stützen sind als Absolutwert ohne Berücksichtigung der Richtung einer Abweichung in Bezug auf die Fluchtlinie angegeben. Bei Ausnutzung der Grenzwerte und einer Abweichung zweier benachbarter Zwischenstützen in die jeweils entgegengesetzte Richtung von der Fluchtlinie kann somit ein Versprung der Vorderkanten der Stützen im Grundriss in der Größe des zweifachen Grenzwertes für Fluchtabweichungen auftreten.

7 Anhang A (informativ) – Erläuterungen

7.1 Maßabweichungen für Bauwerksmaße; Erläuterungen zum Bezugsverfahren

A.1 Maßabweichungen für Bauwerksmaße; Erläuterung zum Bezugsverfahren

Das vermessungstechnische Bezugssystem des Gebäudes kann von Festpunkten nach Lage und Höhe festgelegt werden. Damit sich die damit verbundenen vermessungstechnischen Abweichungen nicht auf das Koordinationssystem des Bauwerkes und die bauwerksbedingten Maßabweichungen auswirken, muss ein Punkt des vermessungstechnischen Bezugssystems als absoluter Ausgangspunkt mit 0 in Grundriss und Höhe vereinbart werden. Dieser Punkt sollte in der Regel ein Schnittpunkt sein. In jedem Fall muss seine Lage so gewählt werden, dass er auch nach Fertigstellung des Bauwerkes noch vermessungstechnisch eindeutig vermarkt, gesichert und zugänglich ist. Die Orientierung des vermessungstechnischen Bezugssystems wird durch einen zweiten vereinbarten Punkt festgelegt, der möglichst auf einer durch den Ausgangspunkt verlaufenden Linie des vermessungstechnischen Bezugssystems liegen sollte (siehe Bild A.1). An ihn sind die gleichen Anforderungen wie an den Ausgangspunkt zu stellen. Für die Messung der Maßabweichungen des Gebäudes und seiner Teile sind der Ausgangspunkt und die Orientierung des vermessungstechnischen Bezugssystems maßgebend.

...

Bild A.1 – Vermessungstechnische Bezugssysteme

7.1.1 Vermessungstechnisches Bezugssystem

Die Ausführung eines Gebäudes beginnt im Hinblick auf die Maßhaltigkeit mit der Positionierung des Baukörpers innerhalb des Geländes. Das **Gelände** ist als Raum über eine Anzahl von **Lage- und Höhenfestpunkten**, z. B. den amtlichen Vermessungspunkten, definiert. Diese Bezugspunkte sind als dreidimensionale Koordinaten eines **Festpunktfeldes** festgelegt und als Vermessungspunkte im Gelände identifizierbar. Mit ihnen ist eine eindeutige räumliche Zuordnung möglich.

Die **Form eines Baukörpers** wird über Längenmaßbezüge von Punkten untereinander festgelegt, z. B. die Länge einer Gebäudekante zwischen 2 Eckpunkten. Die **Lage eines Baukörpers** im Raum wird über Längenmaßbezüge zu außerhalb gelegenen Punkten festgelegt, z. B. Abstand einer Gebäudeecke von einer Grundstücksgrenze (vgl. Abb. A 7.1). In der historischen Entwicklung der baupraktischen Handhabung hat sich für

Abb. A 7.1: Beispiel für das Einmessen und Abstecken eines Baukörpers nach Form und Lage im Gelände

die Bauausführung im Hochbau eine räumliche **Orientierung über Maße zwischen Punkten** etabliert. Hieraus resultieren letztendlich auch die Grundmodelle für die Betrachtung von Abweichungen in DIN 18202, nämlich die Abweichung eines Punktes von seiner Nennlage als Längenmaßabweichung in Bezug auf einen anderen Punkt und die Abweichung einer Richtung von ihrer Nennrichtung als lineare Verbindung zweier Punkte.

Der Umgang mit räumlichen Koordinaten des äußeren Festpunktfeldes für die Geländevermessung ist wegen der Länge der verwendeten Distanzen und unvermeidbarer Ungenauigkeiten bei der Vermessung mit vermessungsbedingten Abweichungen verbunden. Dieser Einfluss stellt in Relation zu den ausführungsbedingten Maßabweichungen im Baugeschehen eine relevante Größe dar. Eine **Minimierung vermessungsbedingter Abweichungen** muss deshalb ein vorrangiges Ziel sein. Dem Rechnung tragend wird für eine Bauaufgabe ein eigenes **vermessungstechnisches Bezugssystem** gefordert. Die Vermessung des Koordinationsraumes für das Bauwerk wird auf den mit diesem Bezugssystem definierten Teilraum beschränkt und das Bezugssystem selbst wird über eine definierte Schnittstelle - Ausgangspunkt und Orientierungspunkt - in den Gesamtraum integriert.

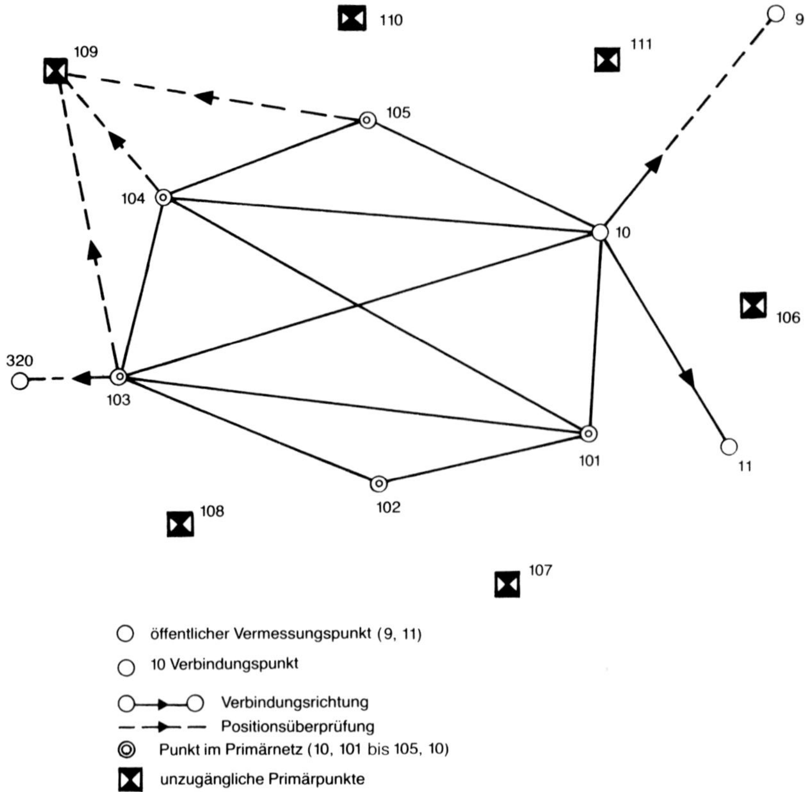

Abb. A 7.2: Beispiel für das äußere Bezugssystem oder Primärnetz

Das **äußere Bezugssystem** für die Gebäudevermessung (auch als **Primärnetz** oder **amtliche Lagefestpunkte** bezeichnet) besteht aus ausgewählten öffentlichen Vermessungspunkten. Die hierfür verwendeten Vermessungspunkte müssen außerhalb des Baustellenraumes liegen und dürfen durch die Baumaßnahme keine Veränderung erfahren (vgl. Abb. A 7.2).

Innerhalb des äußeren Bezugssystems werden ein oder mehrere **innere Bezugssysteme** als **vermessungstechnisches Bezugssystem des Gebäudes** (auch als **Sekundärnetz** bezeichnet) angelegt, deren Vermessungspunkte und Koordinaten sich am oder im Bauwerk befinden. Werden mehrere innere Bezugsysteme verwendet, die örtlich getrennt sind, so werden diese jeweils auf das äußere Bezugssystem bezogen und mit diesem messtechnisch verknüpft (vgl. Abb. A 7.3).

Damit sich vermessungstechnische Abweichungen nicht auf das **Koordinationssystem des Bauwerks** auswirken, muss ein Punkt des vermessungstechnischen Bezugssystems als absoluter **Ausgangspunkt** mit 0 hinsichtlich der Lage im Grundriss und hinsichtlich der Höhe vereinbart sein. Dieser Punkt sollte ein Schnittpunkt sein, z. B. der Ausgangspunkt (Nullpunkt) des inneren Bezugssystems. Seine Lage soll so gewählt sein, dass er während der gesamten Ausführungsphase und auch nach Fertigstellung eindeutig vermarkt, gesichert und zugänglich ist. Die Orientierung des vermessungstechnischen Bezugssystems wird durch einen zweiten vereinbarten Punkt festgelegt,

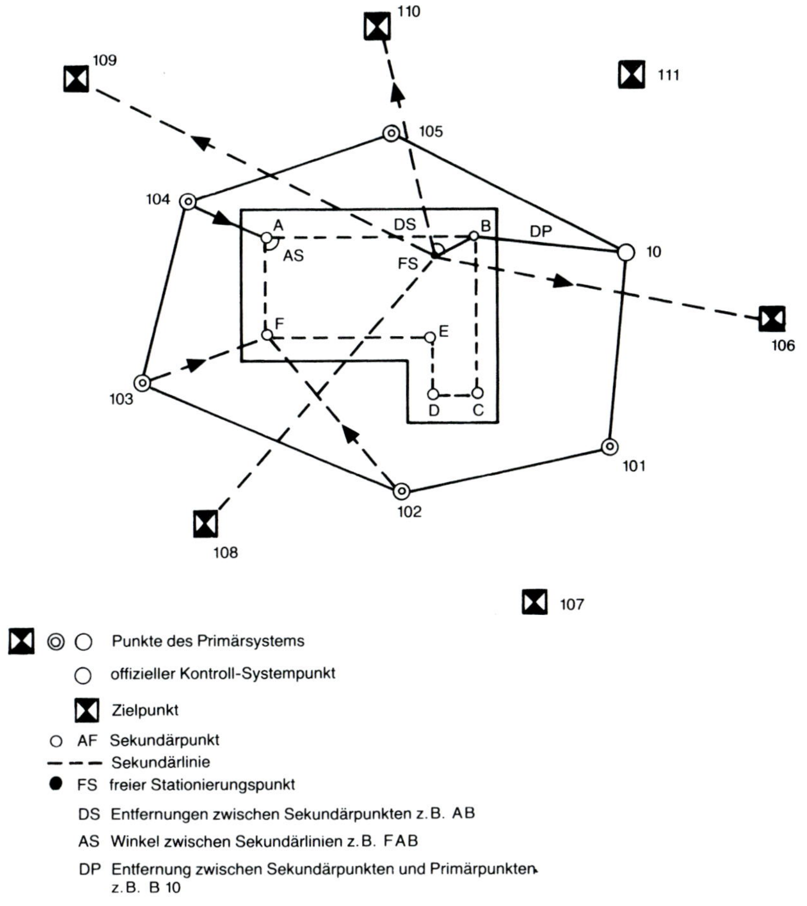

Abb. A 7.3: Beispiel für ein inneres Bezugssystem (Sekundärnetz) unter Verwendung des äußeren Bezugssystems (Primärnetz)

der möglichst auf einer durch den Ausgangspunkt verlaufenden Linie des vermessungstechnischen Bezugssystems liegen sollte. An diesen **Orientierungspunkt** sind die gleichen Anforderungen wie an den Ausgangspunkt zu stellen.

Mit der Einrichtung des inneren Bezugssystems als Teilraum des äußeren Bezugssystems erfolgt eine **Entkoppelung** der einzelnen Punkte des inneren Systems von Punkten des äußeren Systems. Punkte des inneren Systems werden nur noch in Bezug auf dieses und nicht mehr in Bezug auf das äußere System eingemessen. Baupraktisch relevant ist z. B. der Abstand einer Raumecke von einer anderen Raumecke, aber nicht deren jeweiliger Abstand zu einem amtlichen Lagefestpunkt im Gelände. Der äußere Bezug erfolgt ausschließlich über Lage und Orientierung der Hauptachsen des inneren Systems in Bezug auf das äußere Festpunktfeld. Die Verwendung eines äußeren und eines inneren Bezugssystems gestattet es außerdem, die **Ungenauigkeit der Vermessung** für die weitere Gebäudevermessung an der Systemgrenze mit der Festlegung der Hauptachsen des inneren Bezugssystems als 0 zu definieren. Beim Einmessen des inneren Bezugssystems im äußeren Bezugssystem sind vermessungsbedingte Abwei-

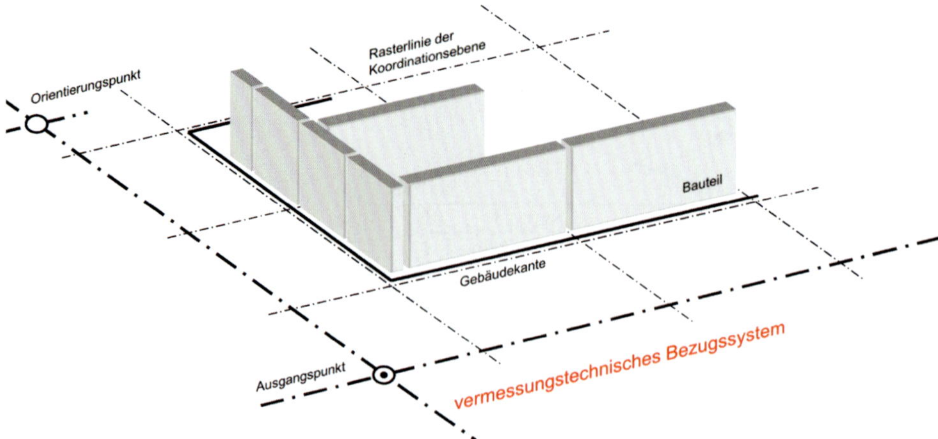

Abb. A 7.4: Vermessungstechnisches Bezugssystem nach DIN 18202:2019-07, Bild A.1

chungen unvermeidbar. Diese werden über eine **Fehlerausgleichsrechnung** und eine korrigierte Absteckung des inneren Bezugssystems minimiert. Das Ergebnis dieser fehleroptimierten Absteckung wird dann für die Vermessung des Koordinationsraumes für das Bauwerk als „fehlerfrei" von vermessungsbedingten Abweichungen bzw. als 0 in Bezug auf Lage (Grundriss und Höhe) und Orientierung **definiert**. Diese Definition bleibt für die weitere Bauwerksvermessung - dann und nur dann - ohne Auswirkung, wenn jede weitere Vermessung immer nur auf dieses innere Bezugssystem bezogen wird. Andere Bezugssysteme, z. B. eine spätere Vermessung ausgehend von anderen Festpunkten als Ausgangs- und Orientierungspunkt des inneren Bezugssystems, sollen nicht mehr verwendet werden.

Im Anwendungsbereich der DIN 18202 sind für die **Messung der Maßabweichungen** des Gebäudes und seiner Teile der Ausgangspunkt und der Orientierungspunkt des **vermessungstechnischen Bezugssystems** (= inneres Bezugssystem) **maßgebend** (vgl. Abb. A 7.4). Diese Festlegung in der Norm gibt auch einen **einheitlichen Bezug aller beteiligten Gewerke** untereinander vor. Alle Messungen beim Anlegen von Maßen in der Bauausführung und bei späteren Überprüfungen, auch in verschiedenen Gewerken, sind mit dem gleichen Messbezug auszuführen, also innerhalb **eines** – gemeinsamen – vermessungstechnischen Bezugssystems. Damit wird sichergestellt, dass vermessungsbedingte Abweichungen sich möglichst nicht auf das Messergebnis auswirken und dass das Ergebnis einer Messung als ausführungsbedingte Maßabweichung ohne weitere Korrekturen den Grenzwerten für Maßabweichungen nach dieser Norm gegenübergestellt werden kann. Für die Anwendung von Toleranzen nach DIN 18202 ist die Verwendung eines einheitlichen vermessungstechnischen Bezugssystems für eine Bauaufgabe über die Leistungsgrenzen verschiedener Gewerke hinweg ein **wesentlicher Bestandteil des Gesamtkonzeptes** nach dieser Norm.

Für die **Vermessung in der Bauausführung** besteht das Bezugssystem regelmäßig aus den **Vermessungshauptachsen** mit einem Festpunkt für Lage und Höhe sowie einem Orientierungspunkt für die Richtung. Abhängig von der Größe eines Bauvorhabens wird dieses Bezugssystem erweitert um die **Gebäudeumrisse** bzw. die den Fassaden

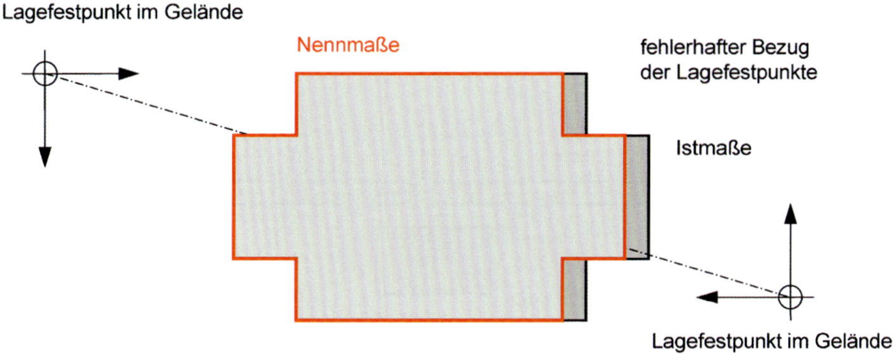

Abb. A 7.5: Beispiel für eine Maßabweichung im Grundriss aufgrund einer falschen Entfernungsannahme zwischen den Markierungen beim Einmessen eines Gebäudes von 2 unterschiedlichen Bezugspunkten

nächstgelegenen Achsen sowie um die **Bauwerksachsen** in Grund- und Aufriss einschließlich der **Meterrisse** für die Bauwerksebenen in der Höhenentwicklung des Gebäudes. Wird auf eine Unterteilung des Vermessungsraumes in die Bauwerksachsen verzichtet, dann sind für Gebäudelängen von mehr als etwa 30 m zusätzlich zu den Vermessungshauptachsen mindestens Zwischenachsen in einer der Vermessungshauptachsen entsprechenden Qualität vorzusehen. Für größere Bauwerke kann der Koordinationsraum in der Vermessung außerdem zunächst in Module eingeteilt und innerhalb der einzelnen **Module** weiter unterteilt werden. Die Vermessung eines Bauteils erfolgt dann jeweils nur innerhalb des zugehörigen Moduls, um Abweichungen in Bezug auf andere Module zu vermeiden. Mit einer modularen Teilung des Vermessungsraumes können längenmaßabhängige vermessungsbedingte Abweichungen bei größeren Distanzen reduziert werden.

Im **Anwendungsbereich der VOB/B** sind das **Abstecken der Hauptachsen** der baulichen Anlagen und ebenso der Grenzen des Geländes sowie das Schaffen der notwendigen Höhenfestpunkte in unmittelbarer Nähe der baulichen Anlagen **Sache des Auftraggebers** (vgl. § 3 Abs. 2 VOB/B). Das vermessungstechnische Bezugssystem ist damit ein Bestandteil der Ausführungsunterlagen und aus technischer Sicht im weiteren Sinne Bestandteil der Nennmaße für die Ausführung. Die Festlegung und Vorgabe des Einbauortes für eine Bauleistung ist – ebenfalls aus technischer Sicht – auch dem Risiko des Bestellers zuzuordnen. Das vermessungstechnische Bezugssystem ist zudem ein notwendiger Bezugspunkt nach Maßgabe von DIN 18202, Abschnitt 4.6. **Fehlende Bezugspunkte** können als **Bedenken** nach § 4 Abs. 3 VOB/B in Betracht kommen, z. B. für die Ausführung von Betonarbeiten nach ATV DIN 18331:2019-09 „Betonarbeiten", Abschnitt 3.

In der **Bauausführung** werden mitunter bei der Ausführung und der späteren Überprüfung am Bauwerk **unterschiedliche Bezugssysteme** verwendet, z. B. wegen unterschiedlicher Gerätestandorte bei Messungen von Längenmaßen in der Ausführung und bei späteren Kontrollmessungen (vgl. Abb. A 7.5) oder bei Messungen innerhalb

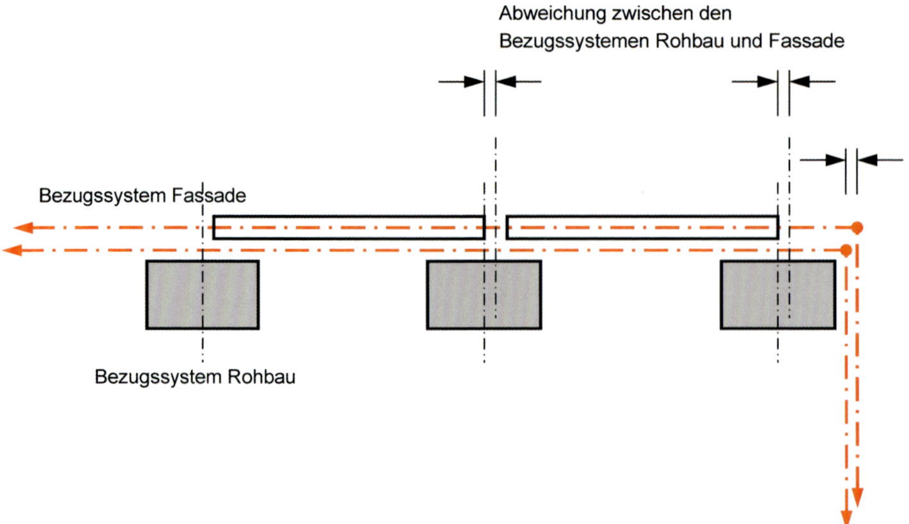

Abb. A 7.6: Beispiel für einen Lagefehler als Folge einer Abweichung zwischen 2 verwendeten Bezugssystemen für Rohbau bzw. Fassade

verschiedener Gewerke wie Rohbau und Fassade (vgl. Abb. A 7.6). Die Messergebnisse unterliegen dann verschiedenen äußeren Einflüssen, z. B. Verformungen oder Setzungen der Konstruktion, unterschiedlichen Messungenauigkeiten verschiedener Geräte, Lageabweichungen unterschiedlicher Bezugspunkte oder Messdifferenzen aufgrund von unterschiedlichen Messpunkten. Ein Vergleich dieser Messergebnisse ist erst nach einer Korrektur der bezugsbedingten Differenzen möglich – was baupraktisch immer mit einer verbleibenden Unsicherheit bzw. **Unschärfe** für die Beurteilung verbunden ist.

In der **baupraktischen Umsetzung** eines einheitlichen Bezugssystems für alle Gewerke sollte die Vermessung der Bauausführung vorangehend jeweils Grundriss und Höhenentwicklung eines weiteren Geschosses mit Eckpunkten und Achsenschnittpunkten festlegen (vgl. Abb. A 7.7).

Alle **Bezugspunkte für die Vermessung** müssen mit möglichst hoher Genauigkeit hergestellt werden, z. B. durch Einmessen der Bauwerksachsen einschließlich einer Kontrollvermessung als Ringvermessung mit Fehlerausgleich. Solchermaßen festgelegte Messbezugspunkte müssen für die Dauer der Bauausführung **zugänglich** bleiben. Werden Vermessungspunkte im Bauwerk markiert, so ist der Einfluss zeit- und lastabhängiger Verformungen des Bauwerks, z. B. aus Kriechen und Schwinden von Stahlbetonkonstruktionen, zu berücksichtigen. Bei einer **Änderung des Bezugspunktes** für eine Vermessung, z. B. bei einer Maßkontrolle mit anderem Bezugspunkt als für die Bauausführung verwendet, ist die damit verbundene **Abweichung** bei der Beurteilung der Messergebnisse zu berücksichtigen. Baupraktisch lässt sich dies nur mit einer **Unsicherheit** abschätzen, weswegen wechselnde Messbezüge **zu vermeiden** sind.

Der **Bezug für die Vermessung** muss auch den Bezug für die Form eines Bauteils und seine Lage im Koordinationsraum berücksichtigen. Mit dem Bezug eines Bauteils wird

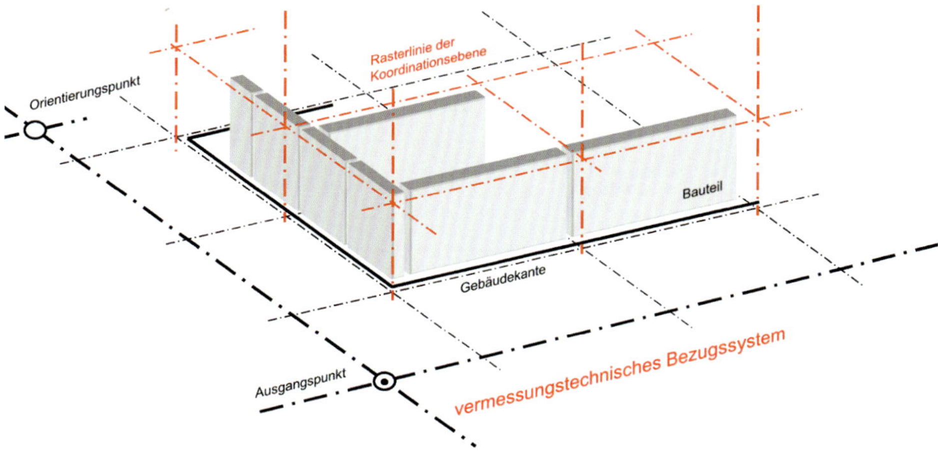

Abb. A 7.7: Modell eines einheitlichen vermessungstechnischen Bezugssystems für alle Gewerke

vielfach auch die Lage des Toleranzraumes, also des Boxbereiches für Maßabweichungen des Bauteils von seiner Form und/oder Nennlage, für die Ausführung festgelegt. Dieser Toleranzraum wird entsprechend den zufälligen ausführungsbedingten Maßabweichungen in Anspruch genommen. Für den **Ausgangspunkt** einer Vermessung sollte bekannt sein, ob dieser z. B. innerhalb oder am Rand eines zulässigen Boxbereiches für Maßabweichungen liegt. Innerhalb eines Boxbereiches ist für den Bezugspunkt eine - nur bedingt bekannte - Abweichung zu berücksichtigen. Definierte Bezugspunkte, z. B. ein Achsenschnittpunkt als Ausgangspunkt einer Vermessung, können hingegen mit einer höheren Genauigkeit angenommen werden. Ein Messergebnis hängt immer davon ab, auf welchen Ausgangspunkt es sich bezieht. Bei einer späteren Maßkontrolle wird eine etwaige ausführungsbedingte Abweichung umso genauer ermitteln werden können, je mehr der Bezug für die nachträgliche Vermessung dem bei der Vermessung in der Ausführung gewählten Bezug folgt.

Auch **notwendige Bezugspunkte für die Vermessung** sind vor diesem Hintergrund nach den Vorgaben der Norm vor der Bauausführung festzulegen. Für die Einhaltung unterschiedlicher Bezüge kann zudem eine **hierarchische Struktur** für die Wichtigkeit erforderlich werden im Sinne übergeordneter **Vermessungspunkte** mit hoher Genauigkeit und von diesen Punkten aus nachgeordnet zu vermessenden Punkten mit einer der Messunsicherheit entsprechenden geringeren Genauigkeit. Aus dieser Vorgehensweise ergeben sich schließlich auch die **Messdistanzen** bis zu einem Objektpunkt als Nennmaße für die einzuhaltenden Toleranzen.

Fehlt eine Vorgabe für den **Bezug der Vermessung**, so muss diese erforderlichenfalls später nachgeholt werden. In der Baupraxis kommt dies einer nachträglichen Leistungsvereinbarung gleich, über die nicht selten Uneinigkeit besteht, wenn die Beteiligten unterschiedliche Interessen vertreten. Es empfiehlt sich schon im Hinblick auf ein möglichst klar beschriebenes Bausoll, den Bezug für die Vermessung gleichermaßen wie auch andere notwendige Planungsvorgaben rechtzeitig vor der Ausführung festzulegen.

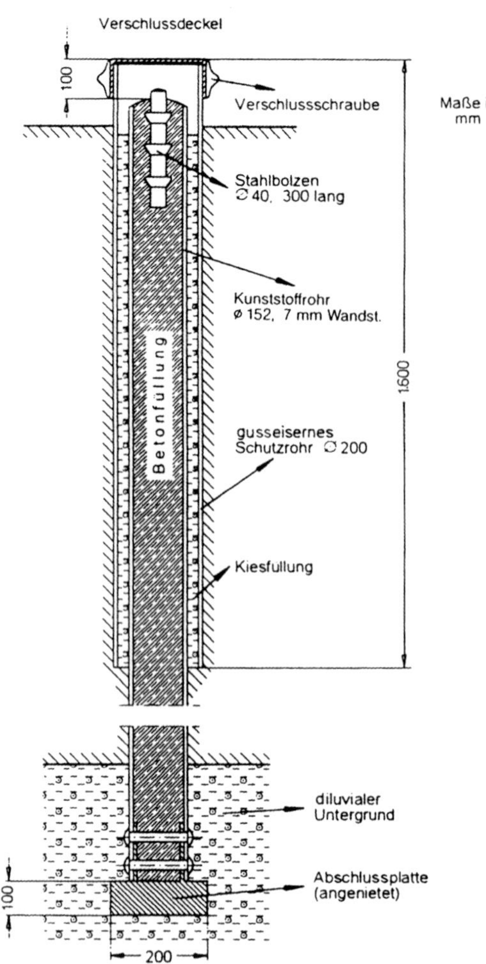

Abb. A 7.8: Beispiel eines Rohrfestpunktes nach DIN 18710-1: 2010-09, Bild C.1

7.1.2 Vermessungspunkte und Markierungen am Bauwerk

Die **Bezugspunkte der Vermessung** werden in Vermessungspunkte und Objektpunkte unterschieden. **Vermessungspunkte** müssen eindeutig identifizierbar sein und werden vermarkt. Hinsichtlich der Gestaltung von Vermessungspunkten haben sich bei Lagemessungen hoher und sehr hoher Genauigkeit Vermessungspfeiler bewährt, bei Höhenvermessungen hoher und sehr hoher Genauigkeit und bei schlechten Untergrundverhältnissen haben sich Rohrfestpunkte bewährt (vgl. Abb. A 7.8).

Objektpunkte sind Punkte des zu vermessenden Objektes, also z. B. Gebäudepunkte, Achspunkte von Gebäuden, Grenzpunkte usw. Beim Anlegen von Bezugspunkten im Gelände für die Vermessung des Bauwerks ist darauf zu achten, dass die Entfernung vom Vermessungspunkt bis zum Objektpunkt am Bauwerk nicht mehr als ca. 60 m beträgt. Die Markierungspunkte sollen fest und frostsicher angelegt sein. Empfehlenswert ist, die Festpunkte so anzulegen, dass sie auf der verlängerten Fluchtlinie von

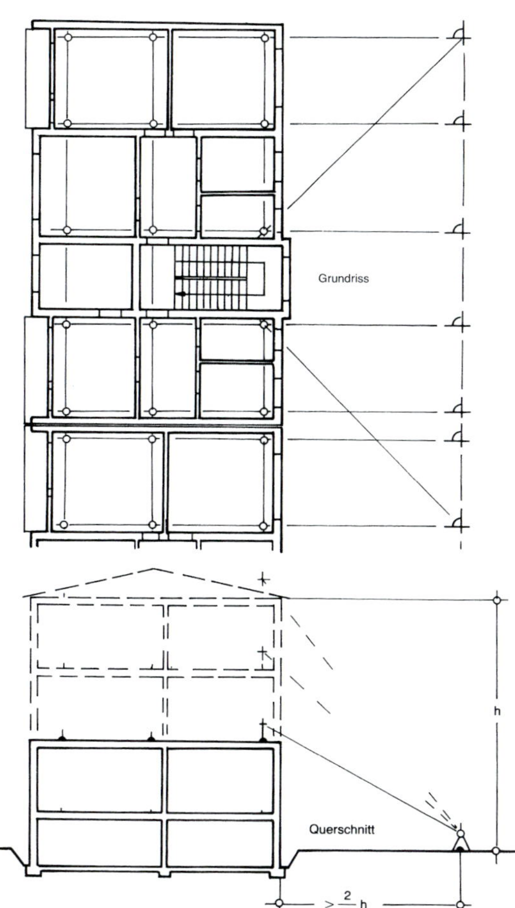

Abb. A 7.9: Beispiel für die Lage der Vermessungspunkte am Bauwerk

Außenkanten des Bauwerks liegen. Im Hinblick auf spätere Genauigkeitsforderungen für Lotpunkte im Bauwerk sollen die Abstände der Festpunkte von der äußeren Bauwerkskante mindestens 2 Drittel der Bauwerkshöhe betragen (vgl. Abb. A 7.9).

Mit zunehmendem Baufortschritt erfolgt auch eine **Messpunktverdichtung innerhalb des Gebäudes**. Die senkrechte Ausrichtung von Gebäudeteilen wie Stützen, Wänden und Decken soll über Markierungsbolzen vorgenommen werden, die mit dem Bauwerk fest und dauerhaft verbunden sind. Diese Markierungsbolzen können gleichzeitig Festpunkte für die einzelnen Geschosse sein. Für die spätere Kontrolle ist es wichtig, solche Markierungsbolzen bis nach der Fertigstellung zugänglich zu lassen. Ihre Lage soll so angeordnet werden, dass von dort leicht Hilfslinien und Hilfspunkte als Messhilfen verwendet werden können.

Bei der **Übertragung von Hilfslinien** innerhalb des Gebäudes ist ein einheitlicher Bezug auf das vermessungstechnische Bezugssystem zu beachten. Um eine Fortpflanzung von Ungenauigkeiten aus der Vermessung möglichst gering zu halten, sollten neu zu bestimmende Objektpunkte jeweils möglichst unmittelbar auf das vermessungstechnische Bezugssystem bzw. dessen Ausgangspunkt bezogen werden.

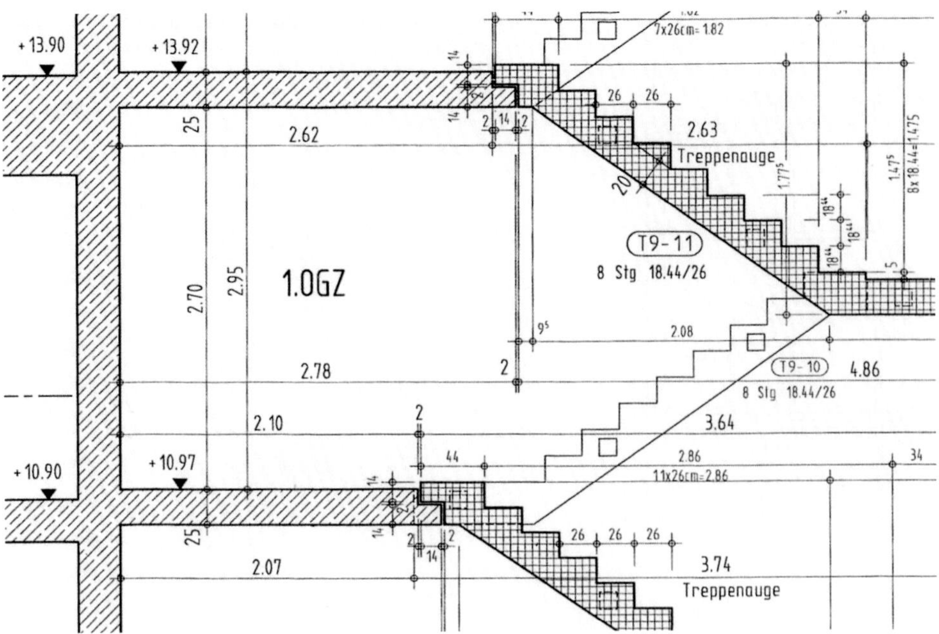

Abb. A 7.10: Beispiel für die Angabe einer Nennhöhe in der Ausführungsplanung

7.1.3 Meterriss

Dem **Meterriss als Bezugshöhe** innerhalb des Sekundärsystems für die Bauvermessung kommt eine besondere Bedeutung zu. Der Meterriss bezeichnet die **Nennhöhe** einer Koordinationsebene, z. B. Oberkante Rohdecke, aufbauend auf der Bauwerkshöhe ± 0,00 als Ursprung des vermessungstechnischen Bezugssystems für das Bauwerk (vgl. Abb. A 7.10). Er wird für die **baupraktische Handhabung** in 1,00 m Höhe oberhalb der Nennlage der jeweiligen Ebene am Bauwerk markiert. Die Isthöhe der jeweiligen Koordinationsebene darf innerhalb des Boxbereiches für die Nennhöhe abweichen, wobei zeit- und lastabhängige Verformungen zusätzlich zu berücksichtigen sind (vgl. Abb. A 7.11).

Die **Funktion des Meterrisses** ist die einer theoretischen Ausführungsvorgabe als Nennmaß für die Höhenentwicklung. **Koordinationsräume**, die in vertikaler Richtung **miteinander verbunden** sind, z. B. die Geschosse eines Treppenhauses, erfordern einen einheitlichen Bezug zur Begrenzung von Abweichungen in der Höhe. Dies betrifft z. B. den Anschluss von Treppenläufen am Anschluss an Podestplatten oder geschossübergreifende Fassadenbekleidungen. In horizontaler Richtung miteinander verknüpfte Koordinationsräume erfordern mitunter ebenfalls einen einheitlichen Höhenbezug, z. B. Anschlusshöhen der Wohnungseingangstüren an den Bodenaufbau eines Treppenhauspodestes. Ein gemeinsamer **Höhenbezug** ist für unterschiedliche Koordinationsräume jedoch nicht immer erforderlich. So ist beispielsweise die absolute Höhe für den Bodenaufbau innerhalb einer abgeschlossenen Wohnung primär unabhängig von der Bodenhöhe in der angrenzenden Wohnung. Erst an der Verknüpfung beider Koordinationsräume entsteht z. B. mit der Schwellenhöhe nebeneinander gelegener Wohnungseingangstüren ein einheitlicher Bezug. Der Meterriss ist bauprak-

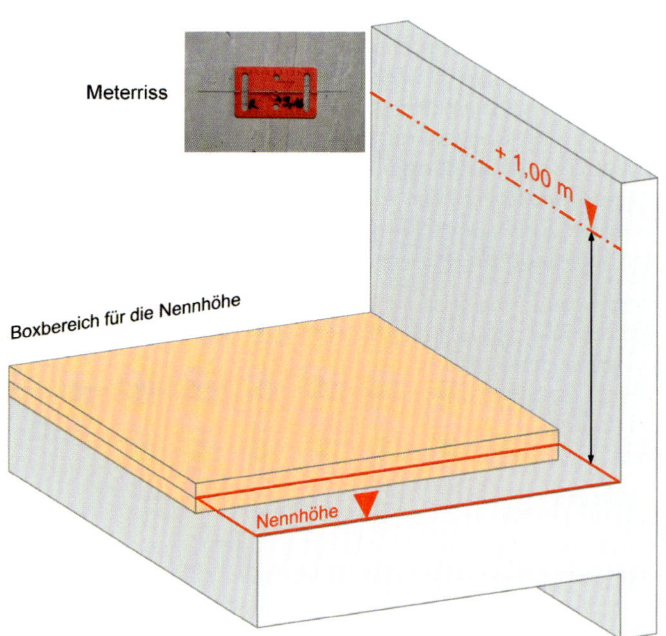

Abb. A 7.11: Meterriss als Nennlage für die Höhe einschließlich Boxbereich für die Höhenabweichung

tisch regelmäßig eine Schnittstelle zwischen horizontal und vertikal ausgerichteten Räumen.

Für das **Anlegen des Meterrisses** in 1 m Höhe über der Nennlage ist **keine zusätzliche Toleranz** anzusetzen. Die Markierung dieses Abstandes kann bei üblicher Sorgfalt und üblichen Messhilfsmitteln baupraktisch „fehlerfrei" erfolgen, etwa in der Größenordnung der Schwankungsbreite eines Bleistiftstriches und damit vernachlässigbar klein.

Der Meterriss hat auch die Funktion einer **gewerkeübergreifenden Ausführungsvorgabe**. Leistungen, die unabhängig voneinander ausgeführt und später am Bauwerk zusammengebracht werden sollen, müssen nach einheitlichen Nennmaßen hergestellt werden. Dies betrifft vor allem vorgefertigte Bauteile (z. B. Fassaden), die nicht nach örtlichem Aufmaß des Rohbaus, sondern nach Planmaßen produziert werden. Eine spätere Passung setzt die Einhaltung der Nennmaße für solche Schnittstellen zwingend voraus. Ein Meterriss muss deshalb in seiner Nennlage der Bauausführung vorauslaufend eingemessen und markiert werden.

In der Baupraxis ist zu beobachten, dass mitunter ein **Meterriss** für den Rohbau nach dessen Fertigstellung und **unter ausgleichender Berücksichtigung von Maßabweichungen** des Rohbaus markiert wird. Eine solche Meterrissangabe stellt nicht mehr das Nennmaß der Ausführungsvorgabe dar, sondern ein um bereits aufgetretene Maßabweichungen **korrigiertes Nennmaß**, also eine geänderte Nennmaßvorgabe. Ein solches Vorgehen ist nur dann zielführend, wenn geänderte Nennmaße in allen hiervon betroffenen Gewerken Berücksichtigung finden. Für nacheinander ausgeführte Leistungen kann mit einem nachträglich korrigierten Meterriss als Nennmaß die Passung nachfolgender Gewerke an der Schnittstelle zu bereits – mit Maßabweichungen – ausgeführten Werken optimiert werden. Ein Beispiel hierfür ist eine nachträgliche Anpassung einer Estrichdicke zur Berücksichtigung von Maßabweichungen im Rohbau mit dem Ziel, eine einheitliche Höhe für die Oberkante des fertigen Fußbodens wieder zu erreichen. Für zeitlich parallel ausgeführte Gewerke ist dies allerdings nicht möglich. Werden unterschiedliche Leistungen auf einer einheitlichen, gemeinsamen maßlichen Grundlage gefertigt, dann muss diese Vorgabe auch in der Umsetzung jedes einzelnen Leistungsbereiches garantiert sein. Andernfalls ist die Passung an gemeinsamen Schnittstellen nicht mehr gewährleistet. Dies ist z. B. der Fall, wenn eine Fassadenbekleidung bereits in der Phase der Rohbauerstellung vorproduziert wird und später an einem zeitgleich errichteten Rohbau montiert werden muss.

Im Umgang mit dem Meterriss und Meterrissmarkierungen am Bauwerk ist deshalb sehr sorgfältig zu überlegen, ob und ggf. in welchem Umfang nachträgliche Abweichungen von den Nennmaßen in den Ausführungsunterlagen möglich sind. Dies gilt nicht nur aus technischer Sicht, sondern immer auch vor dem Hintergrund des jeweiligen **Bausolls** aus rechtlicher Sicht.

7.1.4 Genauigkeit der Vermessung

Die **Genauigkeit der Vermessung** eines Gebäudes hängt von der Genauigkeit der Vermarkungspunkte des äußeren Bezugssystems ab. Wenn mehr als ein Punkt davon auf das innere Bezugssystem bezogen wird, müssen Ungenauigkeiten dieser Punkte durch mehrere Kontrollen so weit wie möglich eliminiert werden. Es darf jedoch nur ein Punkt des äußeren Bezugssystems zur späteren Kontrolle der Gebäudemesspunkte dienen.

Für die **Genauigkeit bei Lage- und Höhenvermessungen** werden in DIN 18710-1 Messgenauigkeiten mit einer Klassifizierung in den folgenden 5 verschiedenen Anforderungen angegeben:

- sehr geringe Genauigkeit,
- geringe Genauigkeit,
- mittlere Genauigkeit,
- hohe Genauigkeit,
- sehr hohe Genauigkeit.

Dabei ist die Standardabweichung für die Vermessung mittlerer Genauigkeit so festgelegt, dass sie mit den im Vermessungswesen üblichen Messverfahren zu erreichen ist (vgl. Tabelle A 7.1 und Tabelle A 7.2).

Für die **Genauigkeit vermarkter Vermessungspunkte** werden in DIN 18710-1 Unsicherheiten der Vermarkung angegeben (vgl. Tabelle A 7.3).

Tabelle A 7.1: Klassifizierung der Messgenauigkeit bei Lagemessungen nach DIN 18710-1:2010-09, Tabelle 1

Klasse	Standardabweichung σ_L bei Lagevermessungen	Bemerkung
L 1	50 mm < σ_L	sehr geringe Genauigkeit
L 2	15 mm < $\sigma_L \leq$ 50 mm	geringe Genauigkeit
L 3	5 mm < $\sigma_L \leq$ 15 mm	mittlere Genauigkeit
L 4	1 mm < $\sigma_L \leq$ 5 mm	hohe Genauigkeit
L 5	$\sigma_L \leq$ 1 mm	sehr hohe Genauigkeit

Tabelle A 7.2: Klassifizierung der Messgenauigkeit bei Höhenmessungen nach DIN 18710-1:2010-09, Tabelle 2

Klasse	Standardabweichung σ_H bei Höhenvermessungen	Bemerkung
H 1	20 mm < σ_H	sehr geringe Genauigkeit
H 2	5 mm < $\sigma_H \leq$ 20 mm	geringe Genauigkeit
H 3	2 mm < $\sigma_H \leq$ 5 mm	mittlere Genauigkeit
H 4	0,5 mm < $\sigma_H \leq$ 2 mm	hohe Genauigkeit
H 5	$\sigma_H \leq$ 0,5 mm	sehr hohe Genauigkeit

Tabelle A 7.3: Beispiele von Marken für Lagefestpunkte nach DIN 18710-1:2010-09, Tabelle C.1

Marken	Zentrum	
	Festlegung durch	**Unsicherheit der Vermarkung**
Vermessungspfeiler	– Pfeilerkopfplatte, Pfeilerbolzen (Zwangszentrierung)	< 0,3 mm
Beton- oder Natursteinpfeiler mit Metallplatte	– Stahlnadelgravur	< 0,4 mm
Zielmarke oder andere flächenhafte Marke	– Bohrung, Körnung – Färbung, Ätzung – Keramikmarke – Rundkopfpilze mit Bohrung	< 0,5 mm
	– Schlagbolzen	< 1,0 mm
Steinplatte (Gehweg)	– gemeißeltes Kreuz	< 2,0 mm
Stahl- oder Kunststoffrohre	– Rohrmitte	< 3,0 mm
Holzpfahl	– Nagel	< 5,0 mm
Holzpfahl, Tonrohr	– Mittelpunkt	< 10,0 mm

Bei der **Einrichtung des äußeren und des inneren Bezugssystems** sollen alle Abstände mindestens zweimal gemessen werden. Winkelmessungen sind ebenfalls mindestens zweimal vorzunehmen. Einflüsse auf das Messergebnis sind so weit wie möglich zu korrigieren (z. B. aus Temperatur, Durchhängen eines Bandmaßes).

Die **Genauigkeit der Vermessungspunkte** des äußeren Bezugssystems kann überprüft werden durch Vergleich

- der gemessenen Abstände und Winkel mit korrespondierenden Abständen und Winkeln, die nach den berichtigten Koordinaten des Primärsystems berechnet sind, oder
- von Kontrollmessungen der Abstände und Winkel mit korrespondierenden Abständen und Winkeln, die nach den gegebenen Koordinaten der vorgegebenen Punkte des Primärsystems berechnet sind.

Vermessungspunkte des inneren Bezugssystems können vom äußeren Bezugssystem aus oder von bereits festgelegten Vermessungspunkten des inneren Bezugssystems aus eingemessen werden. Auch bei der Vermessung des inneren Bezugssystems sollen Längen und Winkel zweimal mit den notwendigen Korrekturen für äußere Einflüsse auf das Messergebnis vorgenommen werden.

Für die **Vermessung von Abständen und Winkeln** werden in ISO 4463-1:1989-11 „Meßverfahren im Bauwesen; Abstecken und Messen; Teil 1: Planung und Organisation, Meßverfahren, Annahmekriterien" Grenzwerte für Abweichungen angegeben (vgl. Tabelle A 7.4):

Tabelle A 7.4: Grenzwerte für Abweichungen bei der Vermessung von Abständen und Winkeln nach ISO 4463-1:1989-11

Grenzwerte für	Längenabweichungen[1), 3)] in mm	Winkelabweichungen[2)] in Grad	Winkelabweichungen[2)] in gon	Winkelabweichungen[2)] als Stichmaß in mm
Primärpunkte	$\pm 0{,}75\sqrt{L}$, mindestens 4 mm	$\pm \frac{0{,}045}{\sqrt{L}}$	$\pm \frac{0{,}05}{\sqrt{L}}$	$\pm 0{,}75\sqrt{L}$
Punkte, die aus gegebenen Koordinaten des Primärsystems errechnet wurden	$\pm 1{,}5\sqrt{L}$, mindestens 8 mm	$\pm \frac{0{,}09}{\sqrt{L}}$	$\pm \frac{0{,}1}{\sqrt{L}}$	$\pm 1{,}5\sqrt{L}$
Sekundärpunkte	± 4 für Abstände bis 7 m	$\pm \frac{0{,}09}{\sqrt{L}}$	$\pm \frac{0{,}1}{\sqrt{L}}$	$\pm 1{,}5\sqrt{L}$
	$\pm 1{,}5\sqrt{L}$ für Abstände über 7 m			
Objektpunkte	$\pm 2\,K_1$ für Abstände bis 4 m			
	$\pm K_1\sqrt{L}$ für Abstände über 4 m			

1) mit L = Abstand in m bei Längenabweichungen
2) mit L = kürzere Schenkellänge in m bei Winkelabweichungen
3) mit K_1 nach Tabelle A 7.5

Tabelle A 7.5: Konstanten K_1 für die Ermittlung von Grenzabweichungen bei der Gebäudevermessung

K_1	Anwendungsbeispiele
10	Erdarbeiten ohne bestimmte Genauigkeitsanforderungen, z. B. Baugruben, Böschungen usw.
5	Erdarbeiten mit normalen Genauigkeitsanforderungen, z. B. Straßenarbeiten, Rohrgräben usw.
1,5	Ortbetonkonstruktionen, vorgefertigte Stahlbeton- oder Stahlkonstruktionen

Für die **Vermessung von Höhen** werden in ISO 4463-1 **Grenzwerte für Abweichungen** angegeben (vgl. Tabelle A 7.6):

Tabelle A 7.6: Grenzwerte für Abweichungen bei der Vermessung von Höhen nach ISO 4463-1:1989-11

Grenzwerte für	Höhenabweichungen[1), 2)] in mm
zwischen amtlichen Höhenfestpunkten und Primärpunkten	± 5
zwischen Primärpunkten	± 5
zwischen Primär- und Sekundärpunkten	± 5
zwischen Sekundärpunkten	± 3 bis 4 m Höhenunterschied
	± 1,5 $\sqrt{H}$ über 4 m Höhenunterschied
zwischen Sekundärpunkten und Objektpunkten	$\pm K_2$
zwischen Objektpunkten	$\pm K_2$

1) mit H = vertikaler Abstand in m bei Höhenabweichungen
2) mit K_2 nach Tabelle A 7.7

Tabelle A 7.7: Konstanten K_2 für Genauigkeitsforderungen gleicher Niveaukoten

K_2	Anwendungsbeispiele
30	Erdarbeiten ohne Genauigkeitsanforderungen
10	Erdarbeiten mit normalen Genauigkeitsanforderungen, z. B. Straßenbauarbeiten, Rohrgräben usw.
3	Ortbetonkonstruktionen, vorgefertigte Stahlbeton- oder Stahlkonstruktionen

Bei einer Festlegung der **Vermessungstoleranz** auf der Grundlage der Fehlerverteilung bei der Vermessung soll der Grenzwert für die Maßabweichung aus der Vermessung auf den **2,5-fachen Wert der Standardabweichung** der Fehlerverteilung beschränkt werden.

Für die Bestimmung der **Genauigkeit geodätischer Instrumente** werden zu Verfahren und Berechnungen in DIN ISO 17123-1:2017-09 „Optik und optische Instrumente – Feldprüfverfahren geodätischer Instrumente – Teil 1: Theorie" und in DIN 18723-7: 1990-07 „Feldverfahren zur Genauigkeitsuntersuchung geodätischer Instrumente; Vermessungskreisel" Angaben gemacht.

7.2 Messpunkte; Erläuterung zur Lage der Messpunkte

A.2 Messpunkte; Erläuterung zur Lage der Messpunkte

Die Messpunkte für Maße, für lichte Maße und für Öffnungsmaße sollten in einem Abstand von etwa 10 cm von den Ecken bzw. den Kanten des zu messenden Bauteils liegen. Hierdurch soll sichergestellt werden, dass singuläre Maßabweichungen am Rand eines Bauteils, die nicht charakteristisch für die Maßhaltigkeit des gesamten Bauteils bzw. des zu prüfenden Maßes sind, das Messergebnis nicht beeinflussen. Liegt eine singuläre Maßabweichung im Rand- bzw. Eckbereich des Bauteils nicht vor und wird das Messergebnis hierdurch nicht verfälscht, so kann von dem angegebenen Abstand von etwa 10 cm abgewichen werden.

Mit der Erläuterung zur **Positionierung der Messpunkte** wird klargestellt, dass die Verwertbarkeit eines Messergebnisses nicht von der zahlenmäßigen Einhaltung eines Messpunktabstandes von 10 cm von der Bauteiloberfläche bzw. den Bauteilrändern abhängt. Der Abstand wird vielmehr aus baupraktischen Gesichtspunkten gewählt. Von der „**10-Zentimeter-Regel**" kann im konkreten Einzelfall abgewichen werden, wenn es für die Messung sinnvoll oder erforderlich ist und das Messergebnis hierdurch nicht verfälscht wird.

Die Formulierung „etwa" bzw. „ca." stellt klar, dass eine exakte Einhaltung eines Abstandes von 10 cm zwischen Bauteil und Messpunkt im mathematischen Sinne nicht Voraussetzung für eine Beurteilung des Messergebnisses nach DIN 18202 ist. Entscheidend ist die Festlegung des Messpunktes dergestalt, dass die zu messende Größe möglichst genau, d. h. wirklichkeitsgetreu, bestimmt werden kann.

Teil B: Planen und Bauen mit Toleranzen

1 Anforderungen an Maße und Maßgenauigkeit

1.1 Bemessung der Nennmaße

Die Gestalt eines Bauteils oder Bauwerks wird mit Maßangaben zu Größe, Form und Lage bzw. Maßeintragungen in den Ausführungsunterlagen festgelegt. Diese Maße sind **Nennmaße** für die Bauausführung im Sinne der Begriffsdefinitionen von DIN 4172 und DIN 18202. Nennmaße müssen vielfache maßliche Abhängigkeiten der verschiedenen Bauelemente eines Bauwerks in ihrer Orientierung zueinander und innerhalb des Raumes berücksichtigen. Eine Umsetzung der Nennmaße in der Bauausführung muss zudem wirtschaftlich und rationell sein. Maßliche Grundstrukturen werden deshalb auf einer modularen Grundordnung aufgebaut. Eine **Maßordnung** basiert auf Reihen für **Baunormzahlen** (z. B. 25/50/75/100 cm) und daraus abgeleiteten **Baurichtmaßen** für die in der Praxis vorkommenden Maße. Innerhalb einer Maßordnung ist bei der Festlegung der Nennmaße auch die Bauart ohne bzw. mit Fugen zu berücksichtigen. Für **Bauarten ohne Fugen** sind die Nennmaße gleich den Baurichtmaßen, z. B. für die Dicke einer betonierten Wand. Für **Bauarten mit Fugen** sind die Nennmaße aus den Baurichtmaßen durch Abzug oder Zuschlag des Fugenanteils zu ermitteln. Für ein Mauerwerk mit Stoßfugenvermörtelung beträgt z. B. das Baurichtmaß für die Länge eines Mauersteins 25 cm, das Nennmaß bei einer Fugenbreite von 1 cm beträgt dann (25 – 1 =) 24 cm.

In der baupraktischen Umsetzung werden für bestehende maßliche Gegebenheiten (z. B. Grundstücksabmessungen) oder bestimmte maßliche Anforderungen für die spätere Verwendung nicht ausnahmslos Nennmaße auf der Basis von Baurichtmaßen möglich sein. Nennmaße nach Baunormzahlen werden deshalb insbesondere angewendet für Achs- und Rastermaße, vorgefertigte Elemente, modulartig verwendete Elemente usw., um die Kombination verschiedener Elemente an ihren Berührungsflächen zu erleichtern. Von den Baurichtmaßen einer Modulordnung **abweichende Nennmaße** werden z. B. erforderlich für Passstücke oder Einzelsituationen.

Die **Bemessung der Nennmaße** ist eine zentrale Aufgabe der Planung, um ein Vorhaben für die spätere Ausführung eindeutig zu beschreiben. Mit der Bemessung der Nennmaße werden auch **maßliche Bezüge** festgelegt, z. B. ein Bezug auf Achsen oder äußere Umrisse. Nennmaße stehen damit nicht nur für sich, sondern auch in der Abhängigkeit zu anderen Maßen, z. B. über Maßketten. Mit der Festlegung der Nennmaße einher geht die Festlegung **notwendiger Bezugspunkte** und ggf. auch **notwendiger Messpunkte** für die spätere Umsetzung am Bauwerk einschließlich Maßkontrollen.

1.2 Bemessung der Maßgenauigkeit

Der gestalterische Entwurf und die Ausführungsplanung sind zunächst ein theoretischer Prozess, bei dem eine Vielzahl von Elementen mit einer idealen geometrischen Form konzipiert und in einer optimalen Lage innerhalb des Bauwerks angeordnet werden. Die spätere baupraktische Umsetzung wird unvermeidbar mit **Abweichungen von der idealen Form und Lage** verbunden sein. Die Maßgenauigkeit wird in der Ausführung durch **induzierte Abweichungen** beeinflusst. Dies sind zufällige Abweichungen des Ausführenden von Form und Größe eines Bauteils in der handwerklichen Ausführung, beim Vermessen und Markieren vor Ort sowie von Lage und Orientierung eines Bauteils im Raum bei der Montage. Ein weiterer Einfluss auf die Maßgenauigkeit sind **inhärente Abweichungen** nach der Ausführung. Dies sind zeit- und lastabhängige Formänderungen z. B. aus Temperatur, Feuchtegehalt, Kriechen oder Schwinden. Ein zentraler Bestandteil in der Umsetzung eines Bauvorhabens von der Planung bis zur Fertigstellung ist es also, Abweichungen aus **unvermeidbaren Ungenauigkeiten** auf ein für den gewollten Erfolg vertretbares Maß zu **begrenzen**. Eine Begrenzung von Abweichungen erfolgt über die Formulierung von Toleranzen. Diese sollen dort festgelegt werden, wo es für die Funktion und Verwendung des Bauwerkes erforderlich ist. Bei der **Bemessung der Nennmaße** sind daher **Toleranzen für Maßabweichungen** der Bauteile **zusätzlich zu berücksichtigen**. Dieser in DIN 4172 formulierte **Grundsatz** beschreibt den Umgang mit Toleranzen in den Phasen der Planung, der Ausführungsvorbereitung und der Bauausführung mit dem Ziel der **Tolerierung von Passungen**.

1.3 Mindest- und Höchstmaße

Nach den Bestimmungen des Bauordnungsrechts (Landesbauordnungen und eingeführte Technische Baubestimmungen) ist kraft Rechtsvorschrift für bestimmte Bauteile die Einhaltung von **Mindestmaßen** bzw. **Höchstmaßen** in der Bauausführung gefordert. Dies betrifft bauliche Anlagen mit dem öffentlich-rechtlichen Schutzziel der Einhaltung der öffentlichen Sicherheit und Ordnung, insbesondere Leben und Gesundheit, und einer Benutzbarkeit ohne Missstände. Beispiele hierfür sind:

- **Treppen:** Die nutzbare Breite einer notwendigen Treppe muss mindestens für den größten zu erwartenden Verkehr bemessen sein. Die Anordnung des Handlaufes ist bei der Mindestbreite zu berücksichtigen. Die zulässigen Nennmaße für die nutzbare Treppenlaufbreite, Steigung und Auftritt sind begrenzt. Für die Ausbildung von Umwehrungen sind Mindesthöhen (entsprechend der Absturzhöhe) und Höchstmaße für Öffnungen innerhalb der Umwehrung zu beachten.
- **Umwehrungen** (Verkehrssicherheit): Bei der Ausbildung von Umwehrungen sind Höchstmaße für Öffnungen in der Umwehrung sowie Mindestmaße für die Höhe einer Umwehrung zu berücksichtigen.
- **Treppenräume und Ausgänge**: Ausgänge von Treppenräumen müssen mindestens so breit sein wie die vorgeschriebene nutzbare Breite der zugehörigen notwendigen Treppen.
- **Flure**: Die nutzbare Breite notwendiger Flure muss mindestens dem größten zu erwartenden Verkehr entsprechen.
- **Fenster und Türen**: Für Öffnungen, die zur Rettung von Menschen dienen, sind lichte Mindestmaße und maximale Brüstungshöhen für die Unterseite der lichten Öffnung zu beachten.
- **Aufenthaltsräume**: Sie müssen eine lichte Mindesthöhe aufweisen.

- **Barrierefreies Bauen**: Für die Barrierefreiheit baulicher Anlagen im Hinblick auf eine Nutzung für Menschen mit Behinderungen in der allgemein üblichen Weise und ohne besondere Erschwernis sowie grundsätzlich ohne fremde Hilfe werden Mindest- bzw. Höchstmaße für bauliche Anlagen vorgegeben; dies sind z. B. Größen von Bewegungsflächen, Öffnungsbreite für Türen, Greif- und Bedienhöhen.
- **Brandwände**: Für die Ausbildung von Brandwandüberständen sind Mindestmaße zu beachten.
- **Garagen**: Für Stellplätze sowie Zu- und Abfahrten in Garagenbauwerken gelten Mindestmaße hinsichtlich lichter Höhe und lichter Breite sowie Neigung und Kurvenradien von Fahrbereichen. Einzelmaße ergeben sich zum Teil aus gesonderten Verordnungen zu Garagenbauwerken.
- **Flächen für die Feuerwehr auf Grundstücken**: Für Zugänge und Durchgänge sowie für Zufahrten, Durchfahrten usw. bestehen Anforderungen an Mindestmaße für die Breite und die Höhe (vgl. DIN 14090:2003-05 „Flächen für die Feuerwehr auf Grundstücken"). Des Weiteren bestehen Anforderungen hinsichtlich Mindestmaßen von Aufstellflächen.
- **Abstandsflächen**: Mindestabstände von baulichen Anlagen auf Grundstücken zu den Grundstücksgrenzen sind im fertigen Zustand einzuhalten.

Die geforderten Mindest- bzw. Höchstmaße müssen im **gebrauchsfertigen Zustand** und auf Dauer tatsächlich gegeben sein. So dürfen z. B. bei Treppen nach DIN 18065:2020-08 „Gebäudetreppen – Begriffe, Messregeln, Hauptmaße", Abschnitt 6.1.1, die minimalen bzw. maximalen Maße nach dieser Norm für nutzbare Treppenlaufbreite, Treppensteigung und Treppenauftritt durch Fertigungs- und Einbautoleranzen **nicht unterschritten** bzw. **nicht überschritten** werden. Die Nennmaße für Treppenbreite, Steigung und Auftritt sind daher unter Berücksichtigung von Toleranzen so festzulegen, dass die Anforderungen im fertigen Zustand eingehalten sind.

Maßabweichungen bei der Ausführung von Bauleistungen einschließlich des Messens sind **unvermeidbarer** Bestandteil einer durchschnittlich üblichen handwerklichen Sorgfalt bzw. einer üblichen Beschaffenheit von Handwerksleistungen. Die Streuung von Maßabweichungen entspricht meist einer Normalverteilung mit Unter- und Überschreitungen der Nennmaße. Maße, die als Fertigmaße – also im gebrauchsfertigen Zustand eines Bauwerks auf Dauer – nicht unter- oder überschritten werden dürfen, müssen bei der Festlegung der Nennmaße so bemessen werden, dass unvermeidbare Maßabweichungen mit einer entsprechenden **Toleranz als Vorhaltemaß** Berücksichtigung finden. Für Mindest- bzw. Höchstmaße ist die Toleranz damit nicht als zweiseitige Verteilung „± Grenzabweichung", sondern für Mindestmaße als einseitig verteilter Bereich mit den Grenzen „–0/+ Grenzabweichung" und für Höchstmaße analog mit den Grenzen „– Grenzabweichung/+0" anzusetzen.

Für ein **barrierefreies Bauen** nach der Normenreihe DIN 18040 ist die Einhaltung von Mindest- bzw. Höchstmaßen im Hinblick auf die Einhaltung von Toleranzen für unvermeidbare Maßabweichungen weniger streng als nach DIN 18065 formuliert. Die in dem Regelwerk DIN 18040 angegebenen Mindest- bzw. Höchstmaße sind Fertigmaße. Abweichungen in der Ausführung können zwar toleriert werden – aber grundsätzlich nur, soweit die in diesen Normen bezweckte Funktion erreicht wird (vgl. DIN 18040-1:2010-10 „Barrierefreies Bauen – Planungsgrundlagen – Teil 1: Öffentlich zugängliche Gebäude", Abschnitt 1). Toleranzen, z. B. für Abweichungen von maximal zulässigen Längs- oder Querneigungen für Rampen, sind in diesem Zusammenhang nicht angegeben. Die Gebrauchstauglichkeit z. B. einer Rampe mit einem Höchstmaß

Abb. B 1.1: Beispiel eines Treppenlaufes mit Mindestauftrittstiefe und eingeschränkter Verkehrssicherheit bei Unterschreitung der Mindestmaße

Abb. B 1.2: Beispiel einer Rampe mit maximal zulässiger Neigung ohne maßgeblich eingeschränkte Verkehrssicherheit bei Abweichungen der Neigung in den Grenzen einer üblichen handwerklichen Sorgfalt

für die Neigung ist aus technischer Sicht für Nutzer mit motorischen Einschränkungen noch ohne funktionalen Nachteil gegeben, wenn eine Abweichung von der geforderten maximalen Längsneigung in den Grenzen einer üblichen handwerklichen Sorgfalt bei der Bauausführung bzw. einer durchschnittlich üblichen Beschaffenheit bleibt. Der mögliche Nachteil aus einer Abweichung von geforderten Mindest- bzw. Höchstmaßen ist damit das entscheidende Kriterium für die Berücksichtigung von Toleranzen.

Die **Beurteilung einer Maßabweichung** bei geforderten Mindest- bzw. Höchstmaßen richtet sich in der allgemeinen Betrachtung nach der **Bedeutung des** mit den geforderten Maßen verfolgten **Schutzziels** (z. B. für öffentlich-rechtliche Anforderungen) bzw. des zu erfüllenden **Bausolls** (z. B. für vertragsrechtliche Anforderungen). Eine Anforderung kann unbedingt („muss") oder bedingt („soll" bzw. „sollte") sein. Bauordnungsrechtlich sind je nach Schutzziel auch Abweichungen von einer Anforderung möglich, etwa als so bezeichnete Erleichterung, Abweichung, Ausnahme oder Befreiung. Dies richtet sich nach den Konsequenzen, die mit einer Abweichung verbunden sind. Eine Abweichung ist z. B. nicht möglich, wenn ein grundlegendes Schutzziel betroffen ist, z. B. die öffentliche Sicherheit und Ordnung, also Leben und Gesundheit.

Für das Beispiel eines Mindestmaßes für den Auftritt notwendiger Treppen ist bei einer Unterschreitung der Mindestanforderung ein unmittelbarer Nachteil in Bezug auf die Verkehrssicherheit und die Gebrauchstauglichkeit der Treppe zu erwarten (vgl. Abb. B 1.1). Hieraus resultiert die sehr **strenge Forderung**, dass eine Unterschreitung des Mindestmaßes im fertigen Zustand nicht akzeptiert werden kann und unvermeidbare ausführungsbedingte Abweichungen deswegen mit einer Toleranz als Vorhaltemaß in die Nennmaße einfließen müssen. Für das Beispiel einer barrierefreien Rampe resultiert aus einer Überschreitung des Höchstmaßes für die Neigung hingegen kein unmittelbarer Nachteil für den Gebrauch oder die Verkehrssicherheit, wenn die Neigung Abweichungen in den Grenzen einer üblichen handwerklichen Sorgfalt aufweist (vgl. Abb. B 1.2). Die Forderung nach der Einhaltung eines Höchstmaßes kann dementsprechend **weniger streng** als im Fall des Treppenauftritts formuliert werden. Als Grundsatz muss jedoch aus technischer Sicht für alle Fälle gelten, dass vermeidbare

Nachteile durch ausführungsbedingte Maßabweichungen mit einer entsprechenden Festlegung der Nennmaße auch tatsächlich vermieden werden müssen. Für Mindest- bzw. Höchstmaße ist also in den Ausführungsvorgaben – dies ist im Standardfall die **Planung** – ein Nennmaß unter Berücksichtigung von Toleranzen zu bemessen. Unterbleibt eine solche Bemessung und wird ein gefordertes Maß durch ausführungsbedingte Maßabweichungen im späteren fertigen Zustand nicht erreicht, so stellt dies aus technischer Sicht im Standardfall eine mangelhafte Planung bzw. Ausführungsvorgabe dar.

Für das **Beispiel** einer Tiefgarage ist nach den einschlägigen öffentlich-rechtlichen Regelwerken eine **lichte Durchfahrtshöhe** von 2,00 bzw. 2,10 m erforderlich. Damit diese Anforderung im fertigen Zustand auf Dauer mindestens eingehalten werden kann, sind ausführungsbedingte Maßabweichungen, z. B. für die Höhe der Bodenfläche, die Höhe der Deckenunterseite oder die lichte Höhe von Wänden bzw. Stützen, mit z. B. den Grenzabweichungen für Maße nach DIN 18202, Tabelle 1, zu berücksichtigen. Außerdem sind Grenzwerte für Ebenheitsabweichungen des Bodens oder der Deckenuntersicht nach DIN 18202, Tabelle 3, unter Einhaltung des Boxprinzips zu berücksichtigen. Neben den ausführungsbedingten Abweichungen sind auch zeit- und lastabhängige Verformungen des Tragwerks einzukalkulieren. In der Zusammenschau all dieser Einflüsse auf das lichte Maß für die Durchfahrtshöhe ist also ein **Vorhaltemaß** in der Größenordnung von etwa 5 cm (abhängig von den Bauteilmaßen als zugehöriges Nennmaß) bei der Bemessung des Nennmaßes für die Durchfahrtshöhe vorzusehen. Ein Planeintrag als Nennmaß entsprechend dem bauordnungsrechtlich geforderten Mindestmaß würde hingegen die unvermeidbaren ausführungsbedingten Maßabweichungen nicht berücksichtigen und wäre deshalb aus technischer Sicht unzureichend.

1.4 Verbale Genauigkeitsangaben

Anforderungen an die Maßhaltigkeit werden in technischen Regelwerken mitunter auch verbal unter Verzicht auf eindeutige Zahlenwerte formuliert. Hierbei handelt es sich um die Begriffe **„geradlinig“**, **„waagerecht“**, **„fluchtrecht“**, **„lotrecht“** usw.

Eine streng mathematische, von Abweichungen freie Definition dieser Begriffe lässt sich baupraktisch nicht umsetzen. Orientiert man sich an der **Genauigkeit einer Vermessung bei der Ausführung**, z. B. dem Anlegen einer Wandflucht vor dem Aufmauern oder der Kontrolle einer lotrechten Wandoberfläche mit einer Wasserwaage, dann wird die Abweichung von der Genauigkeit des Messens und ggf. Markierens der Maße abhängen. Der Begriff „lotrecht“ birgt also beispielsweise die Ablesegenauigkeit einer Wasserwaage in sich. Diese kann mit einer Größenordnung von etwa 1 mm/m angenommen werden. Es bedarf aber im Einzelfall einer Interpretation dieser Begriffe unter Berücksichtigung des Messverfahrens, stoff- oder bauteilbedingter Toleranzen, ausführungsbedingter Toleranzen sowie technisch-funktionaler und optischer Anforderungen. Vor allem bei optischen Anforderungen wird die Beurteilung verbaler Genauigkeitskriterien schwierig, wenn objektive Kriterien zwar eingehalten sind (z. B. „lotrecht“), das äußere Erscheinungsbild aber nicht der subjektiven Erwartung entsprechend „einwandfrei“ ist. **Verbale Genauigkeitsangaben** sind daher aus technischer Sicht immer auch unter Berücksichtigung von Abweichungen in den Grenzen einer **üblichen handwerklichen Sorgfalt** zu verstehen.

1.5 Bestimmung des Bausolls für die Maßhaltigkeit

Die Bemessung von Nennmaßen einschließlich zugehöriger Toleranzen für Abweichungen dort, wo es erforderlich ist, erfolgt mit dem Ziel, Ausführungsvorgaben im Sinne eines Bausolls festzulegen. Ein Bausoll muss aus technischer Sicht alle für die Ausführung **notwendigen Spezifikationen umfassen**. Nach der Erfahrung ist es zweckmäßig, ein Bausoll möglichst eindeutig zu formulieren, sodass sich die Beteiligten Klarheit in ihrer Erwartung über die zu erbringende Bauaufgabe verschaffen können. Dies gilt vor allem auch in Bezug auf Toleranzen für zulässige Abweichungen von dem theoretischen Ideal einer Planungsvorgabe. Eine Besonderheit in der Handhabung von Toleranzen besteht zweifellos darin, dass übliche Abweichungen in vielen Fällen nach der Erwartung und für die Verwendung unproblematisch sind und es deswegen baupraktisch einer Regelung hierzu nicht unbedingt bedarf. Dies gilt aber nicht ausnahmslos. Für funktionswichtige Passungen sind durchaus Toleranzen für die Ausführung vorzusehen, auch als Bestandteil eines Bausolls.

Für die Beurteilung einer Leistung in Bezug auf die Maßhaltigkeit stellt das **Bausoll** die **zentrale Grundlage** dar. Es wird im Einzelfall bestimmt durch eine Vereinbarung zwischen dem Auftraggeber und dem ausführenden Auftragnehmer über eine zu erbringende Bauleistung bzw. ein bestimmtes Ergebnis. Ein vollständig und umfassend beschriebenes Bausoll steht aber insbesondere in Bezug auf Toleranzen nicht immer als Grundlage zur Verfügung. Besteht im Einzelfall **keine** umfassende **Vereinbarung über ein bestimmtes Bausoll** in Bezug auf Genauigkeitsanforderungen, so kann für eine Auslegung des Bausolls zu den jeweils zulässigen Maßabweichungen aus technischer Sicht die Systematik des **Mangelbegriffs** nach § 633 BGB herangezogen werden:

„§ 633 Sach- und Rechtsmangel

[…]

(2) Das Werk ist frei von Sachmängeln, wenn es die vereinbarte Beschaffenheit hat. Soweit die Beschaffenheit nicht vereinbart ist, ist das Werk frei von Sachmängeln,

1. wenn es sich für die nach dem Vertrag vorausgesetzte, sonst

2. für die gewöhnliche Verwendung eignet und eine Beschaffenheit aufweist, die bei Werken der gleichen Art üblich ist und die der Besteller nach der Art des Werkes erwarten kann.

Einem Sachmangel steht es gleich, wenn der Unternehmer ein anderes als das bestellte Werk oder das Werk in zu geringer Menge herstellt.

[…]“

Dieser Struktur folgend werden Maßtoleranzen nach technischer Auffassung Bestandteil des Bausolls, wenn

- ein technisches Regelwerk mit Angaben zu Maßtoleranzen, z. B. DIN 18202, explizit vertraglich vereinbart wird,
- die Allgemeinen Technischen Vertragsbedingungen für Bauleistungen (ATV) der VOB/C vereinbart werden und sich in den ATVen der Hinweis findet, wonach Abweichungen in den durch DIN 18202 bestimmten Grenzen zulässig seien (der überwiegende Teil der ATVen in VOB/C enthält einen solchen Hinweis),
- eine Verwendungseignung vereinbart ist und diese die Einhaltung üblicher Genauigkeitsanforderungen voraussetzt,

- eine Ausführung nach den anerkannten Regeln der Technik vereinbart ist, auch wenn keine ausdrücklichen Vereinbarungen zu Toleranzen getroffen wurden und die Ausführung deshalb einer „mittleren Art und Güte“ genügen muss,
- die Ausführung den anerkannten Regeln der Technik genügen muss.

Eine Bestimmung des Bausolls aus rechtlicher Sicht bleibt hiervon unberührt.

1.5.1 Bedeutung der DIN 18202 bei vertraglicher Vereinbarung

Die Toleranzen nach einem technischen Regelwerk, insbesondere nach der Toleranznorm DIN 18202, finden nach technischer Auffassung **Anwendung**, wenn sie **als Bausoll** für die Anwendung vertraglich vereinbart wurden. Sie finden keine Anwendung, wenn andere spezifische Toleranzen im Einzelfall vertraglich vereinbart oder wenn diese Normen vertraglich ausgeschlossen werden.

In **DIN 18202** werden Grundlagen für die Bemessung von Toleranzen angegeben. Die Inhalte dieser Norm sind **keine fertige Lösung für jeden Einzelfall**. Sie können – nach vorangehender Prüfung – für eine Vielzahl von Anwendungen und insbesondere für Standardfälle Verwendung finden. Toleranzen nach dieser Norm sind aber weder abschließend noch für alle Einzelfälle geeignet. Deswegen muss im Einzelfall eine Festlegung der jeweils erforderlichen Genauigkeitsanforderungen erfolgen. Eine pauschale Vereinbarung der Toleranznorm DIN 18202 als Bestandteil des Bausolls ohne Bemessung des Einzelfalls wird Standardfälle abdecken, lässt darüber hinaus jedoch Regelungslücken.

Für jedes Nennmaß im Sinne der Begriffsdefinition nach DIN 18202 sind die zulässigen Grenzabweichungen für Maße nach Tabelle 1 dieser Norm einzuhalten. Die Umsetzung der Nennmaße unter Berücksichtigung von DIN 18202 bedeutet bei strenger Betrachtung, dass jedes einzelne Maß innerhalb der nennmaßabhängigen Toleranz bleiben muss. Aus technischer Sicht ist allerdings **nicht jedes einzelne Maß** im Sinne einer **selbstständigen Beschaffenheitsvereinbarung** zu verstehen. Im Vordergrund steht vielmehr der Grundsatz der DIN 18202, das funktionsgerechte Zusammenfügen von Bauwerken und Bauteilen des Roh- und Ausbaus ohne wesentliche Anpass- und Nacharbeiten auch bei unvermeidlichen Ungenauigkeiten in der Ausführung zu gewährleisten (vgl. DIN 18202, Abschnitt 4.2). Auch ist die Einhaltung von Toleranzen nur dann zu prüfen, wenn es erforderlich ist (vgl. DIN 18202, Abschnitt 6.1). Es kommt also vorrangig darauf an, die **Gesamtheit der Maße** dort, wo es erforderlich ist, z. B. an einer Schnittstelle mit Passungsfunktion zweier Gewerke, in den Grenzen der zulässigen Toleranzen so umzusetzen, dass der gewollte Erfolg bzw. die Funktion erreicht wird. Dies bedeutet aus technischer Sicht auch, dass nicht eine einzelne Toleranzüberschreitung eines Maßes bereits eine Abweichung von dem Bausoll darstellt, wenn ein maßgeblicher Nachteil für Gebrauch oder Funktion des gesamten Werkes hieraus nicht entsteht. Die Beurteilung einer Toleranzüberschreitung ist also – aus technischer Sicht – nicht isoliert für die Grenzwerte nach DIN 18202 zu betrachten, sondern unter Berücksichtigung der **Schwere der Auswirkungen** einer Abweichung. Dies gilt übrigens auch in umgekehrter Hinsicht: Die Einhaltung von Toleranzen hat den Zweck, eine bestimmte Funktion zu erfüllen. Wird diese Funktion nicht erreicht, so stellt dies aus technischer Sicht einen wesentlichen Nachteil dar – und zwar unabhängig davon, ob im jeweiligen Fall bestimmte Toleranzen eingehalten sind oder nicht. Eine **Genauigkeitsanforderung** nach DIN 18202 und auch anderen technischen Regelwerken ist also nicht als Selbstzweck (im Sinne einer selbstständigen Beschaffenheitsvereinbarung), sondern als **Mittel zum Zweck** zu verstehen, z. B. für die Gebrauchstauglichkeit und Funktion eines Bauteils, im weiteren Sinne auch für das Erscheinungsbild eines Bauteils.

1.5.2 VOB/C Allgemeine Technische Vertragsbedingungen für Bauleistungen (ATV)

Ist die VOB/B Bestandteil des Bausolls, so werden gemäß § 1 Abs. 1 VOB/B die Allgemeinen Technischen Vertragsbedingungen für Bauleistungen (ATV) aus dem Teil C der VOB auch Bestandteil des Bausolls. Für die Baukonstruktionen im Hochbau enthalten die ATVen bis auf einzelne Ausnahmen einen **Verweis auf** die Gültigkeit der Toleranzen nach **DIN 18202**:

„Abweichungen von vorgeschriebenen Maßen sind in den durch [...] DIN 18202 Toleranzen im Hochbau - Bauwerke [...] bestimmten Grenzen zulässig.“

Mit einem solchen Verweis in einer ATV der VOB/C wird DIN 18202 – aus technischer Sicht – auch Bestandteil des Bausolls. Bei den vorgeschriebenen Maßen handelt es sich um die Nennmaße aus den Ausführungszeichnungen, sofern nichts anderes vermerkt ist. Im fertigen Zustand sind also die Nennmaße in den Grenzen der sich mit den Toleranzen nach DIN 18202 ergebenden Mindest- bzw. Höchstmaße einzuhalten. Dieser Umstand ist bei der Planung und der Ausschreibung bzw. Vergabe von Bauleistungen zu berücksichtigen. Vor allem ist zu prüfen, ob die so vereinbarten Genauigkeitsanforderungen der im Einzelfall vorgesehenen Bauleistung entsprechen. Für einzelne Gewerke aus dem Bereich der Baukonstruktionen im Hochbau gibt es in den ATVen über den Verweis auf DIN 18202 hinausgehende Genauigkeitsanforderungen. Für die Gewerke des Tief- und Ingenieurbaus werden in den ATVen spezifische Ausführungstoleranzen ohne einen Verweis auf DIN 18202 angegeben. Für die technischen Anlagen im Hochbau gelten anlagenspezifische Toleranzen, die in besonderen Fachnormen geregelt sind. Für alle sonstigen Konstruktionen sind in den ATVen der VOB/C keine gesonderten Angaben zu Toleranzen enthalten.

1.5.3 Anerkannte Regeln der Technik (aRdT)

Die **anerkannten Regeln der Technik** (aRdT) sind die Summe der im Bauwesen anerkannten, wissenschaftlichen, technischen und handwerklichen Erfahrungen, die durchweg bekannt und als richtig und notwendig anerkannt sind (vgl. Werner/Pastor, 1996, Rn. 1459). Zu den anerkannten Regeln der Technik werden gezählt:

- DIN-Normen des Deutschen Instituts für Normung e. V.,
- Allgemeine Technische Vertragsbedingungen (ATV VOB/C),
- Arbeitsblätter technischer Ausschüsse, z. B. Bestimmungen des Deutschen Ausschusses für Stahlbeton usw.,
- bauordnungsrechtliche Regelungen,
- von den Bauaufsichtsbehörden in den Ländern auf dem Wege des Einführungserlasses eingeführte Bestimmungen des Deutschen Instituts für Normung e. V.,
- Verordnungen, z. B. Unfallverhütungsvorschriften der Berufsgenossenschaften.

Nach einer Entscheidung des Oberlandesgerichtes Hamm (OLG Hamm, Entscheidung, BauR 1994, 767) haben schriftliche Normenwerke anerkannter Regelwerksetzer die tatsächliche **Vermutung** für sich, Ausdruck der anerkannten Regeln der Technik zu sein. Diese Vermutung sei im Einzelfall widerlegbar.

Die Inhalte technischer Normen unterliegen einer fortwährenden Weiterentwicklung. Nach Auffassung des Bundesgerichtshofes (BGH) können Normen ihre Bedeutung für die anerkannten Regeln der Technik verlieren, wenn sich deren **Inhalt** entsprechend dem technischen Fortschritt verändert hat und die Norm selbst nicht entsprechend **fortgeschrieben** wurde. Diese Meinung des BGH wurde inzwischen vor den Instanzgerichten durchgesetzt. Schon am 9. Juli 1985 entschied das OLG Köln, dass sich der Auftragnehmer nicht auf die Einhaltung der zur Zeit des Vertragsabschlusses noch geltenden DIN-Normen berufen kann, wenn diese nicht mehr den anerkannten Regeln der Technik entsprachen (OLG Köln, BauR 1986, 219).

Das Bundesverwaltungsgericht hat sich mit der Rechtsqualität von DIN-Vorschriften auseinandergesetzt (BVerwG, Beschluss vom 30.09.1996 – 4 B 175/96). Es stellt fest, dass diese Regeln keine Rechtsnorm darstellen, da das Deutsche Institut für Normung keine Rechtsetzungsbefugnisse besitzt. Durch sie können materielle Rechtsvorschriften lediglich näher konkretisiert werden. DIN-Vorschriften haben nicht schon „kraft ihrer Existenz" die Qualität von anerkannten Regeln der Technik und begründen auch keinen Ausschließlichkeitsanspruch. Als Ausdruck der fachlichen Mehrheitsmeinung sind sie nur dann zu werten, wenn sie sich mit der in der Praxis überwiegend angewandten Vollzugsweise decken. Das ist häufig, aber nicht unbedingt der Fall.
Der BGH hat weiter ausgeführt (BGH, Urteil vom 14.05.1998 – VII ZR 184/97), dass **DIN-Normen keine Rechtsnormen** seien, sondern private technische Regelungen mit Empfehlungscharakter. Sie können die anerkannten Regeln der Technik wiedergeben oder hinter diesen zurückbleiben.

Nach der Rechtsprechung des BGH, die bis ins Jahr 1974 zurückgeht, ist ein Werk dann mangelhaft, wenn es nicht den anerkannten Regeln der Technik entspricht (BGH, BauR 1989, 462). Von diesem Grundsatz hat der BGH Ausnahmen als möglich eingeräumt. In einer Entscheidung vom 6. Mai 1985 hat der BGH die Auffassung vertreten, dass von einer Fehlerhaftigkeit auszugehen ist, wenn ein Unternehmer ein **mangelfreies, zweckgerichtetes Werk** nicht erstellt hat, und zwar unabhängig davon, ob die anerkannten Regeln der Technik eingehalten worden sind (BGH, Entscheidung vom 06.05.1985, BauR 1985, 567).

Der Auftragnehmer hat die Entstehung eines mangelfreien, zweckgerechten Werks zu gewährleisten. Entspricht seine Leistung nicht diesen Anforderungen, so ist sie unabhängig von der Einhaltung der anerkannten Regeln der Technik fehlerhaft. Nach der Rechtsprechung ist allein ausschlaggebend, dass der **Leistungsmangel den angestrebten Erfolg beeinträchtigt**. Die anerkannten Regeln der Technik haben in diesem Zusammenhang somit nur die Bedeutung, dem Auftragnehmer den grundsätzlichen Weg zu weisen, die Beschaffenheit des Werks zu erreichen, die es für die vertraglich vorausgesetzte Verwendungseignung haben muss, und sie ermöglichen es ihm auch in aller Regel, die Entstehung eines mangelfreien, zweckgerechten Werks zu gewährleisten. Die VOB/B enthält in § 13 Abs. 1 einen entsprechenden Hinweis.

Aus der **Zusammenschau** der rechtlichen Entscheidungen wird – aus technischer Sicht – deutlich, dass nicht ein einzelnes Maß und die nennmaßabhängige Toleranz im Vordergrund stehen, sondern der mit einer Bauaufgabe **beabsichtigte Zweck**. Für die Erfüllung des vorgesehenen Zwecks können einzelne Maße wesentlich sein, z. B. an Passstellen. In den meisten Fällen wird jedoch eine Anzahl von unterschiedlichen Maßen für die Form bzw. Lage eines Bauteils notwendigerweise einzuhalten sein, um ein bestimmtes Ergebnis sicherzustellen. Ein solches Ergebnis ist z. B. ein insgesamt ebener und waagrecht ausgerichteter Boden zur Verwendung als Bodenfläche eines üblichen Wohnraumes oder einer Gewerbefläche. Einzelne Maßabweichungen, die zwar außerhalb der Toleranzen eines vereinbarten Bausolls liegen, den vorgesehenen

Gebrauch aber nicht maßgeblich beeinträchtigen, sollen auch keinen maßgeblichen Nachteil (z. B. im Sinne eines Mangels) darstellen.

1.5.4 Anwendung der DIN-Normen

Zur **Anwendung der DIN-Normen** im Rahmen der Beachtung der anerkannten Regeln der Technik führt das Deutsche Institut für Normung Folgendes aus (DIN-Taschenbuch 111, 1998):

„Festlegungen in Normen sind aufgrund ihres Zustandekommens nach hierfür geltenden Grundsätzen und Regeln fachgerecht. Sie sollen sich als ‚anerkannte Regeln der Technik' einführen. Bei sicherheitstechnischen Festlegungen in DIN-Normen besteht überdies eine tatsächliche Vermutung dafür, dass sie ‚anerkannte Regeln der Technik' sind. Die Normen bilden einen Maßstab für einwandfreies technisches Verhalten; dieser Maßstab ist auch im Rahmen der Rechtsordnung von Bedeutung. Eine Anwendungspflicht kann sich aufgrund von Rechts- oder Verwaltungsvorschriften, Verträgen oder sonstigen Rechtsgründen ergeben. DIN-Normen sind nicht die einzige, sondern eine Erkenntnisquelle für technisch ordnungsgemäßes Verhalten im Regelfall. Es ist auch zu berücksichtigen, dass DIN-Normen nur den zum Zeitpunkt der jeweiligen Ausgabe herrschenden Stand der Technik berücksichtigen können. Durch das Anwenden von Normen entzieht sich niemand der Verantwortung für eigenes Handeln. Jeder handelt insoweit auf eigene Gefahr."

1.5.5 Anforderungen an die Maßhaltigkeit nach „üblicher Beschaffenheit"

In DIN 18202, Abschnitt 4.3, ist der Grundsatz formuliert, wonach die in dieser Norm angegebenen Toleranzen anzuwenden sind, **soweit nicht andere Genauigkeiten vereinbart** werden. Diese Toleranzen stellen die für Standardleistungen bzw. Bauteile oder Bauwerke durchschnittlich üblicher Ausführungsart und Abmessungen im Rahmen üblicher Sorgfalt zu erreichende Genauigkeit dar.

Bei einer **durchschnittlichen Bauaufgabe** des Hochbaus, d. h. bei Verwendung üblicher Stoffe, Bauprodukte, Verarbeitungstechnologien, Werkzeuge usw. sowie bei Ausführung regelmäßig üblicher Konstruktionen unter üblichen Randbedingungen bleiben Maßabweichungen nach technischer Auffassung – üblicherweise – in den Grenzen der Toleranzen nach DIN 18202. Ein solches Werk weist also in Bezug auf die **Maßhaltigkeit** eine **übliche Beschaffenheit** von Werken gleicher Art auf, die der Besteller nach der Art des Werkes erwarten kann. Die Einhaltung der Toleranzen nach DIN 18202 entspricht damit einerseits der Erwartung des Bestellers, andererseits einer üblichen Leistung des Ausführenden. Dieses Regelwerk kann also unter dem Aspekt der üblichen Beschaffenheit für die Regelanwendung als Bausoll eingeordnet werden. Die **Anwendung** der DIN 18202 in einem solchen **Standardfall** stellt sicher, dass der Besteller mindestens das Übliche erwarten kann – allerdings nicht mehr – und dass der Ausführende mindestens das Übliche leisten muss – allerdings auch nicht weniger. Gleichwohl ist die Anwendbarkeit im Einzelfall im Hinblick auf das jeweilige Bausoll sorgfältig zu prüfen. Nur dann, wenn der Einzelfall in Bezug auf Konstruktion, Bauweise, Baustoffe, Ausführungsbedingungen, Anforderungen im Gebrauch usw. durchschnittlichen und üblichen Voraussetzungen genügt, ist auch eine Anwendung der durchschnittlich üblichen Genauigkeitsanforderungen – entsprechend dem Zahlenwerk der DIN 18202 – auf den konkreten Einzelfall sinnvoll und zielführend.

Abb. B 2.1: Beispiel für eine Bauweise mit vorgefertigten Elementen

2 Passungsüberlegungen

2.1 Schnittstellenproblematik

Baumaßnahmen stehen im Regelfall unter dem Zwang, dass die den **Herstellungsprozess** bestimmenden Größen Kosten, Zeit und Raum begrenzt sind und unter dem Gesichtspunkt der **wirtschaftlichen Optimierung** zum Einsatz kommen. Kurze Bauzeiten und begrenzte räumliche Verhältnisse auf der Baustelle haben eine Unterteilung des Bauablaufes in **Teilprozesse** und eine Auslagerung von Teilprozessen in räumlich getrennte Bereiche zur Folge. Diese Vorgehensweise macht eine Vorfertigung von Bauteilen und das anschließende Zusammenfügen auf der Baustelle erforderlich (vgl. Abb. B 2.1). Mit der Einführung eines aus standardisierten Elementen bestehenden Baukastensystems können hohe Kosten einer Einzelanfertigung zudem gesenkt werden. Für den Bauprozess bedeutet dies eine **Systematisierung** mit der Folge von **Schnittstellen** der einzelnen Systemelemente und komplexen **Abhängigkeiten** an den jeweiligen Systemgrenzen. Die baupraktische Erfahrung lehrt, dass die gleichzeitige Erfüllung aller Abhängigkeiten an den Systemgrenzen innerhalb eines vielschichtigen Prozesses nicht möglich ist. Es ist also erforderlich, unter dem Aspekt der Wirtschaftlichkeit und der Funktion des zu erstellenden Bauwerks **Prioritäten der Abhängigkeiten** zu definieren. Schnittstellen hoher Priorität haben eine hohe Anforderung an die Passung, wohingegen Schnittstellen nachrangiger Bedeutung auch bei geringerer Passungsanforderung der Funktion des Ganzen noch gerecht werden. Dieser Zusammenhang findet hinsichtlich der Anforderungen an die Maßhaltigkeit von Bauteilen Umsetzung mit der Formulierung enger Toleranzgrenzen für Schnittstellen mit hoher Priorität bzw. weiter gefasster Toleranzen für Schnittstellen mit geringerer Priorität (vgl. Abb. B 2.2).

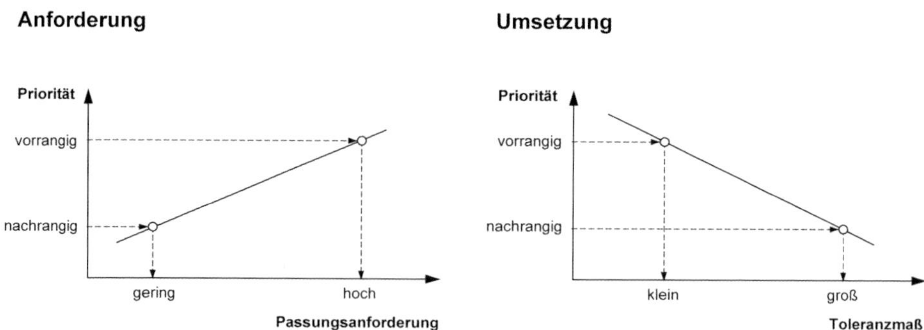

Abb. B 2.2: Passungsüberlegungen und Toleranzanforderungen unter dem Aspekt abgestufter Prioritäten an den Schnittstellen eines Fertigungsprozesses

In DIN 18202 wird für die (Längen-)Maßabweichungen, Winkelabweichungen und Fluchtabweichungen jeweils eine **Genauigkeitsklasse**, für Ebenheitsabweichungen eine „normale" sowie eine erhöhte Anforderung im Sinne von 2 Genauigkeitsklassen angegeben. In der baupraktischen Anwendung kann es jedoch durchaus sinnvoll sein, im Hinblick auf Aufwand und Funktion bzw. Ziel der Baumaßnahme mehrere unterschiedliche Genauigkeitsklassen zu definieren. Insbesondere für Schnittstellen ist eine lokal begrenzte und kostenintensive hohe Genauigkeit mitunter zweckmäßig, die in anderen Bereichen nicht erforderlich und unter dem Aspekt der Wirtschaftlichkeit auch verzichtbar ist. Im Sinne einer Bemessung von Toleranzen können **Grenzwerte** über DIN 18202 hinausgehend auch als eine **variable Größe** verstanden werden.

Die **Hierarchie der Prioritäten** muss in der Planung für die Ausführung festgelegt werden. Anforderungen mit vorrangiger Priorität können z. B. **Schnittstellen für das Zusammenführen verschiedener Leistungsbereiche** sein. Einer hierarchischen Struktur von **Abhängigkeiten** kann – umgekehrt – auch mit einer **Entkoppelung** Rechnung getragen werden, z. B. mit der Definition von Teilsystemen für die Vermessung jeweils innerhalb von Teilräumen, die untereinander nicht in direkter Abhängigkeit stehen. Ein gemeinsamer Bezug zweier Bauteile innerhalb des Vermessungssystems ist nur erforderlich, wenn diese eine Verbindungsstelle mit Passungsanforderungen haben. Ist dies nicht der Fall, dann kann jeder Teilraum für sich betrachtet werden, weil Abweichungen innerhalb eines Teilraumes ohne Auswirkung auf einen anderen Teilraum bleiben. Ein solches Vorgehen findet schon mit der Definition des vermessungstechnischen Bezugssystems für ein Bauvorhaben statt. Die Vermessung eines Bauvorhabens innerhalb des zugehörigen Bezugssystems stellt eine Entkoppelung von dem äußeren System der räumlichen Lagefestpunkte dar. Gleichermaßen kann für komplexe Bauvorhaben vorgegangen werden. Für in sich abgeschlossene Bauteile können jeweils eigene Teilsysteme als vermessungstechnisches Bezugssystem definiert werden, sofern die betreffenden Bauteile maßlich nicht direkt gekoppelt oder über ein Passstück miteinander verbunden werden.

Die **früher übliche Bauweise** einer Ausführung weitestgehend vor Ort auf der Baustelle mit zunehmender Genauigkeit bei fortschreitendem Ausbau und mehrschichtigen Konstruktionen, die sich leicht so anpassen lassen, dass die im Endzustand geforderte Genauigkeit sicher erreicht wird, ist **heute** einer ausgelagerten Vorfertigung von Bauteilen und einem Zusammenfügen des Rohbaus aus oberflächenfertigen Teilen gewichen. Die Problematik der **Passgenauigkeit an den Fügestellen** hat damit eine neue Dimension bekommen, sie rückt zunehmend in den **Vordergrund**. Fügestellen müssen zunehmend gesondert geplant und bemessen werden. Sie haben heute einen entscheidenden Einfluss auf den Herstellungsprozess.

2.2 Passungsausgleich an einer Schnittstelle

Der Bauablauf besteht aus einer Abfolge aufeinander aufbauender Leistungen verschiedener Gewerke und auch verschiedener Teilleistungen innerhalb eines Gewerkes. Innerhalb eines Leistungsbereiches können gewerkespezifische Genauigkeitsanforderungen und Möglichkeiten für deren Einhaltung bestehen. An den Schnittstellen mehrerer Gewerke treffen nicht selten unterschiedliche Anforderungen an die Genauigkeit und auch unterschiedlich große Abweichungen aufeinander. Die Leistungsgrenzen sind hierauf sorgfältig abzustimmen. Die Verträglichkeit differierender Toleranzen ist im Sinne einer funktionsgerechten Passung zu bemessen. Im Hinblick auf die erforderliche **Boxgröße** können Schnittstellen unterschieden werden in

- **Schnittstellen mit Passungsausgleich üblicher Toleranzen** der angrenzenden Gewerke, z. B. für den Übergang Rohbau/Fassade oder den Anschluss von Fenster- bzw. Türelementen an die Bauwerksöffnung,
- **Schnittstellen mit Verformungsausgleich**, z. B. Montageverbindungen mit Bauteilen, für die noch wesentliche zeit- und lastabhängige Verformungen zu berücksichtigen sind,
- **Schnittstellen mit reduzierter Toleranz** im Hinblick auf die geforderte Funktion, z. B. für höhengleiche Bodenanschlüsse oder Anschlüsse an Türschwellen sowie
- **Schnittstellen mit erweiterter Toleranz** im Hinblick auf die geforderte Funktion, z. B. die Höhe des oberen Abschlusses einer Gebäudeabdichtung über Gelände.

2.2.1 Schnittstellen mit Passungsausgleich

Eine wichtige **Schnittstelle mit einem Passungsausgleich üblicher Toleranzen** der angrenzenden Gewerke und ggf. auch unterschiedlich großen gewerkespezifischen Abweichungen an der gemeinsamen Leistungsgrenze stellt die Verbindung zwischen Rohbau und Fassade als komplettes Fassadensystem, aber auch als vorgehängte oder im Verbund aufgebrachte Fassadenbekleidung dar. Dies gilt unabhängig von dem jeweiligen Fassadensystem (z. B. als vorgefertigte Metall-Glas-Fassade oder als lokal hergestelltes Wärmedämm-Verbundsystem) und auch unabhängig von der Art der Befestigung (z. B. als vorgehängte Fassade oder als Fassadenbekleidung im Verbund).

An der Schnittstelle zwischen dem Rohbau und einer **vorgefertigten Fassade** (z. B. Metall-Glas-Fassade) besteht in der Regel eine Ausführungsvorgabe für die **Nennlage** des Bauteilanschlusses an der Verbindungsstelle beider Leistungsbereiche, z. B. die Lage einer Deckenstirnseite im Grundriss und in der Höhe im Aufriss. Werden beide Gewerke nach einer gemeinsamen Planvorgabe hergestellt, z. B. der Rohbau vor Ort bei gleichzeitiger Vorfertigung der Fassade im Werk des Herstellers, dann sind die **Nennmaße** für die Befestigung der Fassadenkonstruktion am Rohbau die **kritische Schnittstelle**. Eine äußere Gestalt des Rohbaus, z. B. eine Deckenkante, wird in den 3 Dimensionen Länge, Breite und Höhe des Raumes Abweichungen haben, z. B. in den

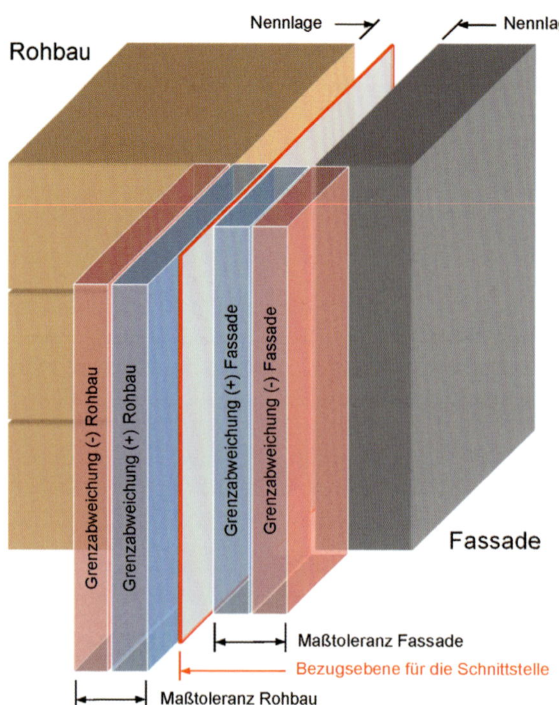

Abb. B 2.3: Schematische Darstellung der Toleranzbereiche an der Schnittstelle zwischen Rohbau und Fassade

Grenzen der Toleranzen nach DIN 18202 unter Berücksichtigung des Boxprinzips. Auch die äußere Gestalt der Fassadenbekleidung an ihrer zum Rohbau gerichteten Rückseite wird Abweichungen haben, z. B. aus der Vermessung der Einbauposition, der Vorfertigung einzelner Bauteile und aus der Positionierung beim Einbau vor Ort. Baupraktisch und im Sinne einer Passungsbemessung wird der Übergang zwischen den beiden Gewerken gebildet von dem Boxbereich für die Gestalt bzw. den zulässigen Gestaltabweichungen des Rohbaus einerseits und der Fassadenkonstruktion andererseits. Die Größe der beiden **Boxbereiche** muss an der Schnittstelle aufgenommen werden können (vgl. Abb. B 2.3).

In der virtuellen, vertikalen **Ebene der Leistungsgrenze** zwischen Außenseite Rohbau und Rückseite Fassadenbekleidung sind eine Anzahl von voneinander unabhängigen **Einzelanforderungen** zu berücksichtigen. Für ein Geschoss sind dies z. B. die Nennhöhe Oberkante Rohdecke, die Nennhöhe Unterkante Deckenuntersicht bzw. die Nennhöhe Oberkante Rohdecke der nächsthöher gelegenen Decke, die Nennhöhe für die lichte Raumhöhe des Geschosses und die Ebenheit der Deckenoberseite bzw. Deckenuntersicht, jeweils mit möglichen Abweichungen innerhalb des zugehörigen **Boxbereiches** (vgl. Abb. B 2.4 und Abb. B 2.5).

Die **Schnittstelle** ist in der Regel eine gemeinsame Fläche, z. B. eine Deckenstirnseite oder Deckenkante zur Aufnahme von Befestigungselementen für die Fassade (vgl. Abb. B 2.6). Jedes einzelne Element muss z. B. bei der Montage einer Metallunterkonstruktion am Rohbau Maßabweichungen des Rohbaus in Länge, Höhe und Breite aufnehmen bzw. ausgleichen können. Die möglichen Abweichungen aller Einzelelemente

Abb. B 2.4: Beispiel für eine Schnittstelle zwischen Rohbau und Fassade

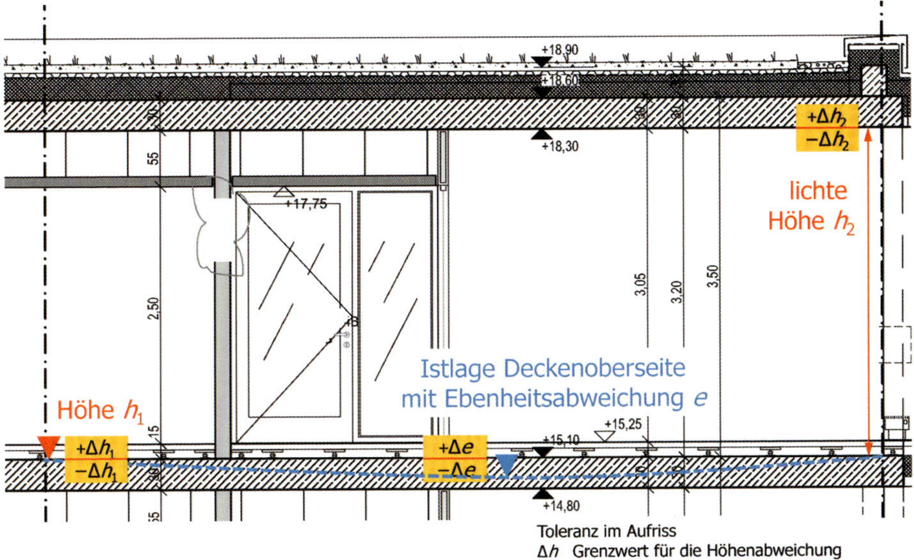

Abb. B 2.5: Schematische Darstellung unterschiedlicher Boxbereiche für Höhe, lichte Höhe und Ebenheit an der Schnittstelle zwischen Rohbau und Fassade

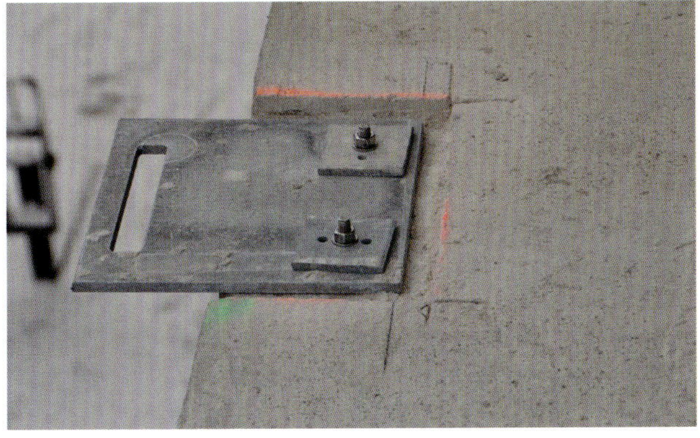

Abb. B 2.6: Beispiel für ein Befestigungselement an der Schnittstelle Rohbau und Fassade mit Toleranzausgleich

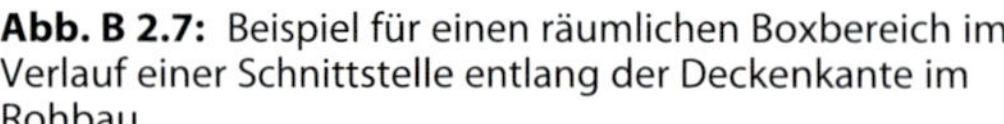
Abb. B 2.7: Beispiel für einen räumlichen Boxbereich im Verlauf einer Schnittstelle entlang der Deckenkante im Rohbau

Abb. B 2.8: Beispiel für ein modulares System von Schnittstellen zwischen Rohbau und Fassade

entlang dieser gemeinsamen Fläche beschreiben einen **räumlichen Boxbereich**, z. B. im Verlauf einer Deckenstirnseite über deren gesamte Länge. Die Einhaltung dieses Boxbereiches in beiden beteiligten Gewerken ist die Voraussetzung für die Passung der Schnittstelle (vgl. Abb. B 2.7).

Für komplexe Systeme mehrgeschossiger, größerer Fassaden bilden die **Schnittstellen** der einzelnen Elemente zumeist ein **modulares System**. Für jede Modulgrenze ist ein räumlicher Boxbereich zu berücksichtigen. Eine solche vielfache Passung setzt voraus, dass nicht nur jeder einzelne Boxbereich von allen beteiligten Gewerken eingehalten wird, sondern dass auch die Position der einzelnen Boxbereiche innerhalb des Modulsystems eingehalten wird. Unterschiedliche Gewerke sind also nicht nur über einen einzelnen Boxbereich miteinander verknüpft, sondern in ihrer räumlichen Ausdehnung auch über die Orientierung der einzelnen Boxbereiche zueinander (vgl. Abb. B 2.8).

An der Schnittstelle zwischen Rohbau und **örtlich hergestellter Fassadenbekleidung**, z. B. einem Wärmedämm-Verbundsystem (WDVS), besteht im Unterschied zu einer vorgefertigten Fassade keine Anforderung an die Lage einzelner Befestigungspunkte, sondern vorrangig eine Anforderung an die Form der Oberfläche des Rohbaus als Untergrund zur Aufnahme der Fassadenbekleidung (vgl. Abb. B 2.9). In Bezug auf die Toleranzarten nach DIN 18202 sind dies in erster Linie die **Ebenheit**, aber auch die Richtung bzw. **Winkelabweichungen** im Verlauf der Fassadenkante und ggf. der Bauwerksachsen innerhalb großer Flächen. Zusätzlich zu den Toleranzen nach DIN 18202 können außerhalb dieser Norm weitere Abweichungen als **schnittstellenrelevant** auftreten, insbesondere **Höhenversätze** z. B. an Bauteilübergängen oder Schalungsstößen (vgl. Abb. B 2.10). Die Größe des Boxbereiches für die Schnittstelle ist zu ermitteln unter Berücksichtigung aller einzelnen unterschiedlichen Boxbereiche, z. B. für die Ebenheitsabweichung oder die Winkelabweichung. Unter baupraktischen Gesichtspunkten ist die Größenordnung des Boxbereiches dieser Schnittstelle mit etwa 20 bis 30 mm zu berücksichtigen, z. B. für Ebenheitsabweichungen über sehr große Messpunktabstände, Winkelabweichungen über große Fassadenlängen bzw. -höhen und auch für unvermeidbare Höhenversätze. Letztere sind in einer Größenordnung bis ca. 20 mm auch bei üblicher Sorgfalt im Betonbau zu erwarten, z. B. am Anschluss

Abb. B 2.9: Beispiel für einen Rohbau mit Fassadenbekleidung als Wärmedämm-Verbundsystem

Abb. B 2.10: Beispiel für die Schnittstelle zwischen Rohbau und Fassadenbekleidung

Abb. B 2.11: Beispiel für einen Höhenversatz an einem Schalungsstoß im Betonbau

Abb. B 2.12: Beispiel für ein Wärmedämm-Verbundsystem mit nur geringer Ausgleichsmöglichkeit in der Kleberschicht

einer Wandschalung an den Deckenrand oder eine Deckenstirnseite (vgl. Abb. B 2.11). Üblicherweise zulässige Schichtdickenschwankungen für die Fassadenbekleidung, z. B. ein maximal zulässiger Ausgleich über eine variable Kleberschichtdicke, sind hingegen deutlich geringer (vgl. Abb. B 2.12). Die vergleichsweise großen Abweichungen im Rohbau können deswegen vielfach mit der Fassadenbekleidung nicht ausgeglichen werden. In der Folge muss eine **zusätzliche Ausgleichsschicht** vorgesehen werden, z. B. als Ausgleichsputz. Diesem Umstand muss bei der Bemessung der Schnittstelle und den Ausführungsvorgaben Rechnung getragen werden.

Eine **vorgehängte Fassadenbekleidung**, die nicht flächig im Verbund mit dem Untergrund ausgeführt wird, erfordert entsprechend ihrer punktuellen Befestigung keinen flächigen Ausgleich. Für die Tragkonstruktion der vorgehängten Fassadenbekleidung reicht ein Passungsausgleich an den einzelnen Befestigungselementen aus, z. B. über längenvariable Verbindungselemente zur Befestigung der Fassadenunterkonstruktion am Rohbau (vgl. Abb. B 2.13). Diese können bei der Befestigung individuell zum Ausgleich der lokalen Ebenheits- bzw. Winkelabweichungen in der Unterkonstruktion angepasst werden.

Abb. B 2.13: Beispiel für eine variable Befestigung einer Fassadenunterkonstruktion auf dem Rohbau

Die **Umsetzung** der Schnittstelle Rohbau/Fassade in der Bauausführung setzt eine sorgfältige **Vermessung** mit einer Minimierung der vermessungsbedingten Abweichungen voraus. Ein wesentliches Element hierfür ist **ein gemeinsames Bezugssystem** für die Vermessung des Rohbaus und die Vermessung der Fassadenkonstruktion. Die Rohbauarbeiten werden geschossweise von unten nach oben ausgeführt. Die **Bauvermessung für den Rohbau** wird dementsprechend ausgehend von der untersten Ebene (Bodenplatte) und den dort angelegten Vermessungshauptachsen ebenenweise nach oben mitgeführt. Erfolgt nun die Vermessung ausgehend von einem Punkt innerhalb der Grundrissebene, so treten zum Rand hin unterschiedliche Längenmaßabweichungen innerhalb der verschiedenen Ebenen auf. Die Lage der Außenkanten des Rohbaus unterliegt dann einer bestimmten Streubreite. Dieser Toleranzbereich muss von der anschließenden Fassadenbekleidung aufgenommen und teilweise ausgeglichen werden, um die Einhaltung der Anforderungen an die fertige Fassadenfläche sicherzustellen (vgl. Abb. B 2.14). Mit zunehmender Abweichung an der Außenkante des Rohbaus steigt - je nach Möglichkeit eines Toleranzausgleichs innerhalb der Fassadenbekleidung - das Risiko eines zusätzlich erforderlichen Passungsausgleichs an der Schnittstelle der beiden Gewerke, z. B. in der Form eines zusätzlichen Ausgleichsputzes oder Mehrschichtdicken für einen Ausgleich am Untergrund der Fassade. Dieses Risiko lässt sich minimieren, wenn der Rohbau mit einem über alle Ebenen einheitlichen Bezug nach der Außenkante vermessen und ausgeführt wird. Es entsteht so eine **gemeinsame Bezugsebene** als äußere Hüllfläche des Rohbaus mit minimalen Abweichungen der Rohbauaußenkanten von dieser Ebene. Die Rückseite der Fassade wird ebenfalls auf diese Ebene bezogen, sodass Abweichungen hinsichtlich der Fassadendicke nach vorne gerichtet sind (vgl. Abb. B 2.15). Für die Bauausführung bedeutet dies, dass zu Beginn der Rohbauarbeiten in der untersten Ebene diese Bezugsebene vermessungstechnisch mit möglichst hoher Genauigkeit hergestellt und durch Markierungen von **Messbezugspunkten** für die weitere Orientierung in der Rohbauphase zur Verfügung gestellt wird. Die Messpunkte müssen für laufende Kontrollen als Ausgangspunkt für die anschließende Ausrichtung der **Fassadenbekleidung** über die gesamte Bauphase bestehen bleiben.

Eine solche gemeinsame Bezugsebene ist außerdem für die gegenseitige Ausrichtung der beiden aneinandergrenzenden Gewerke hilfreich, wenn **wechselseitige formale Bezüge** bestehen, z. B. über Bauwerksöffnungen in der Außenwand. Elemente, die Bestandteil mehrerer Gewerke sind, z. B. ein Fensterelement mit innen- und außenseitigem Fensterbankanschluss, bilden einen Zwangspunkt für die gegenseitige Ausrich-

Abb. B 2.14: Beispiel für die Schnittstelle zwischen Rohbau und vorgehängter Fassadenbekleidung mit gemeinsamer Bezugsebene

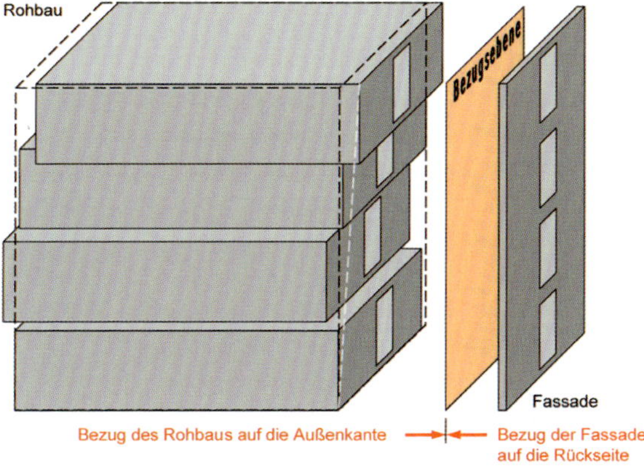

Abb. B 2.15: Schematische Darstellung einer gemeinsame Bezugsebene für die Schnittstelle Rohbau/Fassade

Abb. B 2.16: Beispiel für einen wechselseitigen formalen Bezug zwischen Rohbau und Fassadenbekleidung im Bereich eines Fensterbankanschlusses

tung der Gewerke untereinander (vgl. Abb. B 2.16). Dies wirkt sich auf die Lage der Toleranzräume aus. Mit zunehmender Anzahl solcher Zwangspunkte reduziert sich der mögliche Passungsausgleich an jedem einzelnen Zwangspunkt.

In der Baupraxis lassen sich mitunter größere Abweichungen feststellen, wenn in beiden Gewerken **unterschiedliche Bezugssysteme** für die **Vermessung** oder sogar unterschiedliche Bezugssysteme für die Vermessung innerhalb eines Gewerkes ver-

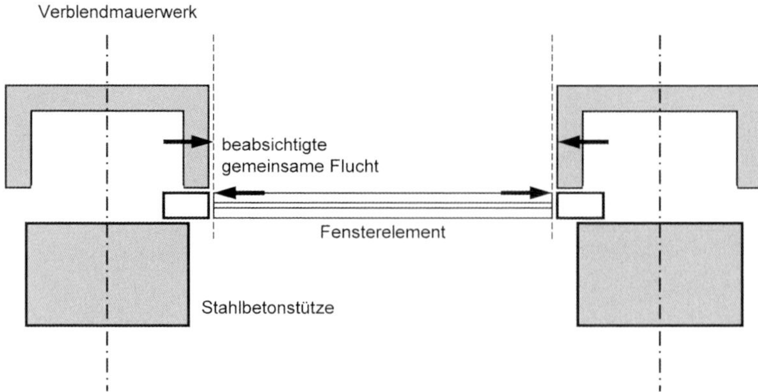

Abb. B 2.17: Beispiel für die Festlegung einer Passungspriorität an einer Fassadenbekleidung

wendet werden. Die für die Ausführung – also Vermessung, Vorfertigung und Montage vor Ort – insgesamt zugelassen Abweichungen können bei unterschiedlichen Bezugssystemen bereits zum größten Teil im Bereich der Vermessung entstehen. Die für die handwerkliche Ausführung erforderliche Toleranz steht dann für die weiteren Schritte der Vorfertigung bzw. Montage nicht mehr ausreichend zur Verfügung. Dies führt zwangsläufig zu Toleranzüberschreitungen, weil ausführungsbedingte Abweichungen nicht beliebig reduziert werden können. Eine Lösung hierfür ist die Verwendung gemeinsamer Bezugspunkte als **notwendige Bezugspunkte** für die Ausführung einschließlich zugehöriger **notwendiger Messpunkte** für die Vermessung. Und schließlich darf die Vermessung nicht den beteiligten Gewerken überlassen bleiben, sondern muss als gewerkeübergreifende Leistung vorgesehen werden.

Eine **unzureichende Abstimmung der notwendigen Bezugspunkte** soll am Beispiel eines Rohbaus (mehrgeschossige Stahlbeton-Skelettkonstruktion) und einer nachfolgenden Fassade aus geschosshohen verglasten Elementen erläutert werden (vgl. Abb. B 2.17). Die großformatigen Fensterelemente wurden außen vor die Stützen des Rohbaus gesetzt. Anschließend wurden die Außenseiten der Außenstützen in der Fassadenfläche mit vorgehängten Schalen bekleidet. Die seitlichen Kanten der Verblendschalen sollten in einer Flucht mit den Rahmen der Verglasungselemente so abschließen, dass zwischen benachbarten Verblendschalen nur die Glasflächen sichtbar bleiben. Die Rahmen der Verglasungen sollten von den Verblendschalen vollständig verdeckt werden. Um dieses Ziel sicher zu erreichen, müssen die Verglasungen und die Verblendschalen in den einzelnen Geschossen einheitlich nach Fassadenachsen ausgerichtet werden. Ein unterschiedlicher Bezug auf die einzelnen Geschosse ist nicht zielführend. Die Passung orientiert sich zudem am höchstrangigen Kriterium, wonach Rahmen und Verblendschale in einer Flucht liegen sollen. Diesem Kriterium muss sich der Toleranzausgleich unterordnen. Lageabweichungen der Verglasungen müssen also beispielsweise durch Maßanfertigungen bei den Verblendschalen aufgenommen werden. Als Folge hieraus wird der zeitliche Bauablauf insofern beeinflusst, als die Herstellung der Verblendschalen erst nach Aufmaß der bereits eingebauten Verglasungen erfolgen kann. Zusätzlich müssen die Verglasungen beim Einbau über die Geschosse ausgerichtet werden. Lassen sich diese Abhängigkeiten nicht in den Bauablauf integrieren, so wird eine geänderte Passungskonstruktion für den Anschluss der Verglasungen an die Verblendschalen erforderlich, die die zu berücksichtigenden Ausführungstoleranzen in optischer Hinsicht aufnehmen kann.

Abb. B 2.18: Beispiel für ein Tragwerk mit Überhöhung an der Schnittstelle zur Dachkonstruktion

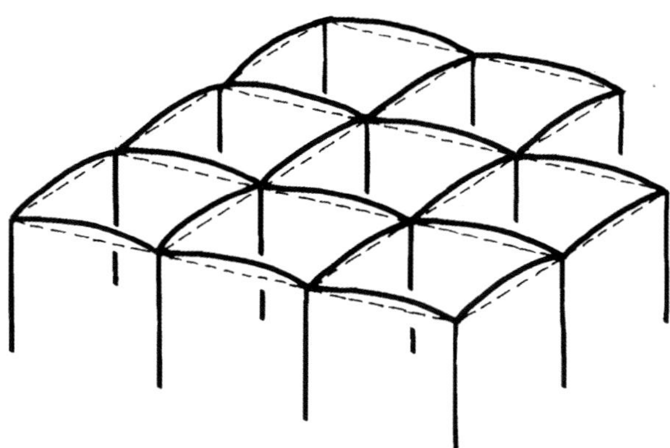

Abb. B 2.19: Schematische Darstellung eines Tragwerks mit Überhöhung an der Schnittstelle zur Dachkonstruktion

2.2.2 Schnittstellen mit Verformungsausgleich

Schnittstellen unterliegen neben Maßabweichungen der aneinandergrenzenden Gewerke mitunter auch **zeit- und lastabhängigen Verformungen**. Dies hat zur Folge, dass sich die Geometrie einer Schnittstelle einseitig oder auch mehrseitig nachträglich verändern kann. Entscheidend für eine dauerhafte **Passung** ist also nicht nur ein Ausgleich von Abweichungen innerhalb der aneinandergrenzenden Gewerke, sondern zusätzlich ein **Ausgleich von späteren Formänderungen**.

Formänderungen können **kurzfristig** in Zusammenhang mit der Ausführung einer Schnittstelle auftreten, z. B. bei der Montage von Bauteilen. Dies betrifft beispielsweise Tragwerke, die mit Überhöhung hergestellt werden, um nach dem Aufbringen weiterer Lasten die langfristig vorgesehene Form zu erhalten. Die Passung (z. B. einer Montageverbindung) muss in diesem Fall die ursprüngliche und die sich später (z. B. mit der Montage) einstellende Form und/oder Lage einer Schnittstelle aufnehmen können (vgl. Abb. B 2.18 und Abb. B 2.19). Verformungen können aber auch erst **langfristig** mit zunehmender Zeitdauer bzw. im Fall einer erst spät aufgebrachten Last auftreten. Dies ist z. B. der Fall bei wassergebundenen Baustoffen, die überschüssiges Anmachwasser erst allmählich abgeben und deswegen einem längerfristigen Schwindprozess unterliegen. Solche Formänderungen treten in der Praxis z. B. bei schwimmend oder auf Trennlage verlegten Zementestrichen im Verbund mit Werksteinbelägen auf (vgl.

Abb. B 2.20: Beispiel für eine nachträgliche Formänderung eines schwimmenden Estrichs als Absenkung am Anschluss an einen Stahlbeton-Treppenlauf mit Belag

Abb. B 2.20). Ein anderer zeitabhängiger Verformungsprozess ist das Kriechen von Stahlbetonbauteilen unter Last. In diesem Fall ist eine Passung bei der Bauausführung zunächst gegeben, verändert sich jedoch allmählich und ist zu einem späteren Zeitpunkt nicht mehr einwandfrei. Ein Beispiel hierfür sind Anschlussfugen etwa von Fertigteil-Treppenläufen mit schalltechnischer Entkoppelung zum Gebäude, die zum Zeitpunkt der Bauausführung verschlossen werden und zu einem späteren Zeitpunkt eine Aufweitung erfahren mit der Folge abgerissener Dichtstofffüllungen.

Die **Bemessung einer Schnittstelle** ist für den Fall eines kurz- oder langfristigen Verformungsausgleichs für die ausführungsbedingten Maßabweichungen der beteiligten Gewerke und zusätzlich – unabhängig von Toleranzen – auch für die zu berücksichtigenden Formänderungen vorzunehmen. Maßgeblich für die Passung können vorrangig Formänderungen sein. Ein Toleranzausgleich ausführungsbedingter Maßabweichungen tritt dann in den Hintergrund. Aus der Kombination der ausführungsbedingten Maßabweichungen und der zeit- und lastabhängigen Formänderungen können sich **erweiterte** bzw. – je nach Verformung – auch erheblich erweiterte **Boxbereiche** ergeben.

2.2.3 Schnittstellen mit reduzierter Toleranz

An **Schnittstellen** können nach ihrem vorgesehenen Gebrauch oder ihrer technischen Funktion auch Genauigkeitsanforderungen über einen Passungsausgleich üblicher Toleranzen der angrenzenden Gewerke hinaus bestehen. Diese **erhöhten Anforderungen** stellen sich baupraktisch oft als **reduzierte Toleranz** dar, können jedoch durchaus unabhängig von ausführungsbedingten Toleranzen sein. Ein Beispiel hierfür sind höhengleiche Übergänge zwischen verschiedenen Bodenaufbauten. Die Forderung nach einem höhengleichen Übergang resultiert zunächst allein aus dem Verwendungszweck wie z. B. bei einem dicht schließenden Bodenanschluss einer Wohnungseingangstür mit erhöhten Schallschutzanforderungen (vgl. Abb. B 2.21) oder einem barrierefreien bzw. verkehrssicher benutzbaren Bodenbelag ohne Stolperschwellen (vgl. Abb. B 2.22).

Die Ausführung der an der Schnittstelle – höhengleicher Übergang – beteiligten Gewerke erfordert die Berücksichtigung üblicher Toleranzen, z. B. für die Nennhöhe

Abb. B 2.21: Beispiel für den Bodenanschluss einer Wohnungseingangstür mit erhöhten Schallschutzanforderungen

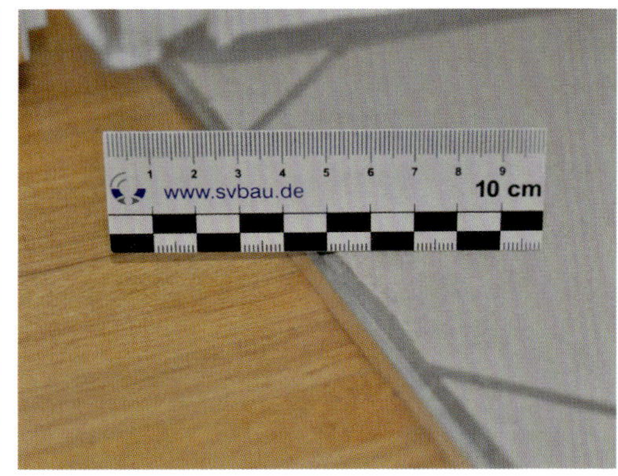

Abb. B 2.22: Beispiel für den Übergang zweier Bodenbeläge mit Höhenversatz

im Raum oder für die Dicke verschiedener Bodenaufbauten. Auftretende Abweichungen werden unter statistischen Gesichtspunkten normal verteilt sein, also beispielsweise mit Abweichungen der Bodenhöhe nach oben und nach unten. Der sich hieraus für die Schnittstelle ergebende Boxbereich hat demzufolge eine bestimmte Höhe. Diese ausführungsbedingte Toleranz ist jedoch mit der weiteren Forderung eines höhengleichen Anschlusses für die spätere Verwendung nicht verträglich. Diesem Umstand kann mit einer **Reduzierung der Toleranz** der angrenzenden Gewerke oder mit einer einseitigen **Ausrichtung der Toleranzbereiche** unter Beibehaltung der Toleranz in ihrer Größe begegnet werden. Wird die Toleranz eines Gewerkes reduziert und werden die im Standardfall üblichen Abweichungen damit nicht zugelassen, dann bedeutet dies einen erhöhten Aufwand und eine Einschränkung in Bezug auf die Umsetzung dieser Anforderung. Ausführungsbedingte Abweichungen lassen sich baupraktisch mit einem erhöhten Aufwand zwar reduzieren, aber nur begrenzt und nicht sicher ausschließen. Es bleibt also fraglich, ob mit dieser Vorgehensweise tatsächlich die Anforderung eines höhengleichen Übergangs im Sinne einer toleranzfreien Ausführung erreicht werden kann. Zielführender ist es, den Toleranzbereich in einer üblichen Größe zu berücksichtigen, diesen aber einseitig anzuordnen. Dies kann z. B. über eine Ausrichtung aller angrenzenden Flächen nach einer gemeinsamen Nennhöhe einschließlich der hierfür erforderlichen Maßnahmen wie etwa des großflächigen Anspachtelns von Bodenflächen erfolgen. Für die baupraktische Umsetzung solcher Schnittstellen mit erhöhter Genauigkeitsanforderung kann es hilfreich sein, **besondere Konstruktionen** zu verwenden, die den entsprechenden **Ausgleich unter Baustellenbedingungen** auch zulassen, z. B. justierbare Lehren.

2.2.4 Schnittstellen mit erweiterter Toleranz

Schnittstellen an der Leistungsgrenze benachbarter Gewerke können auch **ohne unmittelbare Passungsanforderungen** auftreten, z. B. die Höhe des oberen Abschlusses einer Bauwerksabdichtung in Bezug auf angrenzende Bauteile (vgl. Abb. B 2.23)

Abb. B 2.23: Beispiel für die Schnittstelle am oberen Abschluss einer Bauwerksabdichtung mit ausreichender Hochführung

Abb. B 2.24: Beispiel für die Schnittstelle Bauwerksabdichtung/Geländeanschluss

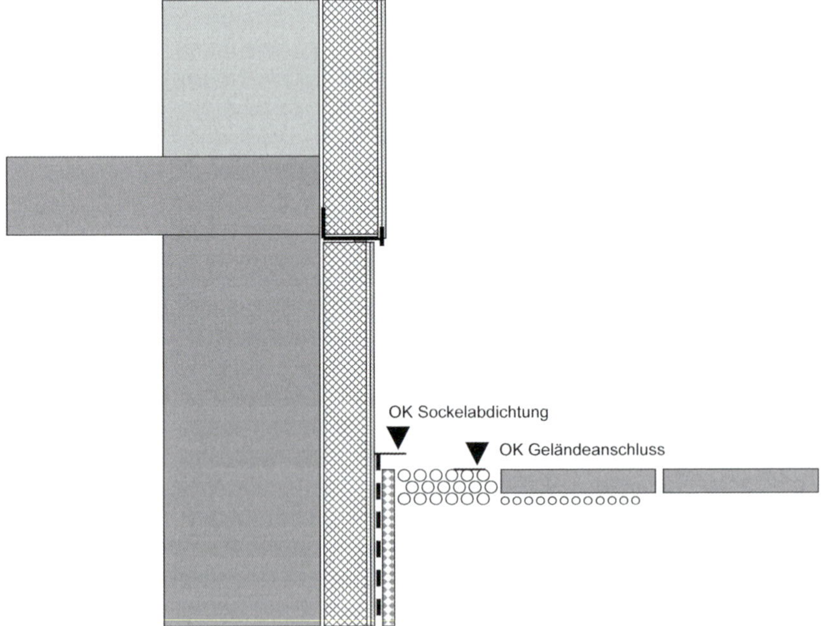

Abb. B 2.25: Schematische Darstellung der Schnittstelle Bauwerksabdichtung/Geländeanschluss

bzw. die anschließende Geländehöhe (vgl. Abb. B 2.24 und Abb. B 2.25). Ein solcher Fall gestattet es, die betreffenden Konstruktionen über die durchschnittlich üblichen Toleranzen hinausgehend auf der sicheren Seite liegend zu dimensionieren. Dies kommt einer **erweiterten Toleranz** gleich, weil auch ungünstige Abweichungen und sogar Über- bzw. Unterschreitungen der zulässigen Abweichungen für die Konstruktion möglichst folgenlos bleiben sollen. Die Bemessung der Schnittstelle richtet sich also – wie im Fall der reduzierten Toleranz – vorrangig nach der Funktion. Ausführungsbedingte Maßabweichungen werden berücksichtigt, sind aber nicht die entscheidende Größe für den Boxbereich einer Passung. Kritische Fehlpassungen sind dementsprechend in der praktischen Bauausführung eher selten zu erwarten.

3 Baupassungen tolerieren

3.1 Fehlerarten

Bei der Herstellung von Bauteilen und Bauwerken sind die Istmaße in aller Regel mit einem Fehler behaftet und weichen um die Größe des Fehlers, die Maßabweichung, von den Nennmaßen ab. Die möglichen **Fehlerarten** werden unterschieden in

- erfassbare systematische Fehler,
- nicht erfassbare systematische Fehler,
- zufällige Fehler und
- grobe Fehler.

Grobe Fehler sind kein charakteristischer Bestandteil der zu untersuchenden Messwerte und entstehen durch besondere äußere Einflüsse, z. B. Messwerte, die durch Unaufmerksamkeit (Falschablesung) entstehen und nicht zu einer statistischen Verteilung gehören. Grobe Fehler, auch als grobe Ausreißer bezeichnet, wird man bei sorgfältiger Kontrolle der Messergebnisse erkennen und aus dem Messergebnis ausscheiden.

Erfassbare systematische Fehler sind nach Betrag und Vorzeichen bekannt und treten in einer Grundgesamtheit von Werten regelmäßig auf (z. B. Überlängen von Fertigteilen aus einer Schalung mit einer entsprechenden Maßabweichung). Diese Fehler können zur Berichtigung der Messergebnisse benutzt werden. Aus der bekannten Größe des Fehlers wird ein Korrekturwert für die Messergebnisse ermittelt.

Die verbleibende **Unsicherheit** der Messergebnisse setzt sich also zusammen aus **nicht erfassbaren systematischen Fehlern** und aus **zufälligen Fehlern**. Zufällige Fehler sind die Folge unkontrollierbarer Einflussfaktoren. Betrag und Vorzeichen zufälliger Fehler sind bei gleichartiger Reproduktion des Ergebnisses stets unterschiedlich, z. B. Fehler bei der Vermessung von Lagepunkten.

Das Ergebnis einer Messung ist somit eine **Zufallsgröße**, die sich aus dem wahren Wert (z. B. den Maßen eines Bauteils) und einem Fehler, der seinerseits einer bestimmten Streuung unterliegt, zusammensetzt.

3.2 Fehlergröße

Maßabweichungen sind eine Zufallsgröße. Sie unterliegen den Gesetzen der Wahrscheinlichkeit und können deshalb **statistisch ausgewertet** werden. Die zu erwartende tatsächliche Maßabweichung lässt sich wegen der unbekannten Fehlereinflüsse nicht exakt vorherbestimmen. Mit der **Wahrscheinlichkeitsrechnung** ist es jedoch möglich, für ein bestimmtes Ereignis, z. B. das Auftreten einer bestimmten Maßabweichung, die Wahrscheinlichkeit seines Eintretens vorherzusagen. Dies heißt wohlgemerkt nicht, dass dieser Fehler dann auch tatsächlich sicher auftritt.

Für die statistische Betrachtung der Maßabweichungen werden aus der Grundgesamtheit der Maße quantitative Merkmale ermittelt, z. B. das Istmaß eines Bauteils. Für diese Auswertung wird eine begrenzte Stichprobe aus der Grundgesamtheit verwendet. Für die Stichprobe werden die **Häufigkeit** eines bestimmten Fehlers und die **Häufigkeitsverteilung** aller Fehler beschrieben. Für eine unendlich große Stichprobe nähert sich deren Häufigkeitsverteilung der Wahrscheinlichkeitsverteilung der Grundgesamt-

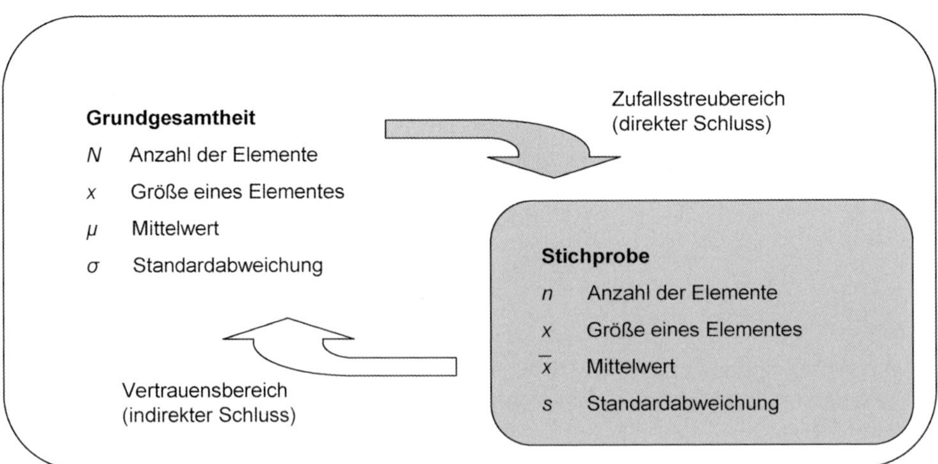

Abb. B 3.1: Begriffsdefinitionen für die Betrachtung der Grundgesamtheit und einer Stichprobe daraus

heit als Grenzwert an. Aus der Stichprobe ist also ein Rückschluss auf die Grundgesamtheit innerhalb eines bestimmten Vertrauensbereiches möglich (vgl. Abb. B 3.1).

Die Verteilung der Werte innerhalb einer **Grundgesamtheit** wird charakterisiert durch den arithmetischen Mittelwert μ und die Standardabweichung σ der Grundgesamtheit (vgl. zu den im Folgenden verwendeten Formelzeichen die Abb. B 3.1):

- arithmetischer **Mittelwert** der Grundgesamtheit:

$$\mu = \frac{1}{N} \sum_{i=1}^{N} x_i$$

- **Standardabweichung** der Grundgesamtheit:

$$\sigma = \sqrt{\frac{1}{N} \sum_{i=1}^{N} (x_i - \mu)^2}$$

Für die statistische Auswertung der Fehlergröße werden jedoch nur die Einzelwerte x_i der **Stichprobe** sowie deren arithmetischer Mittelwert $\bar{x}$ und Standardabweichung s herangezogen:

- arithmetischer **Mittelwert** der Stichprobe:

$$\bar{x} = \frac{1}{n} \sum_{i-1}^{n} x_i$$

- **Standardabweichung** der Stichprobe:

$$s = \sqrt{\frac{1}{n-1} \sum_{i=1}^{n} (x_i - \bar{x})^2}$$

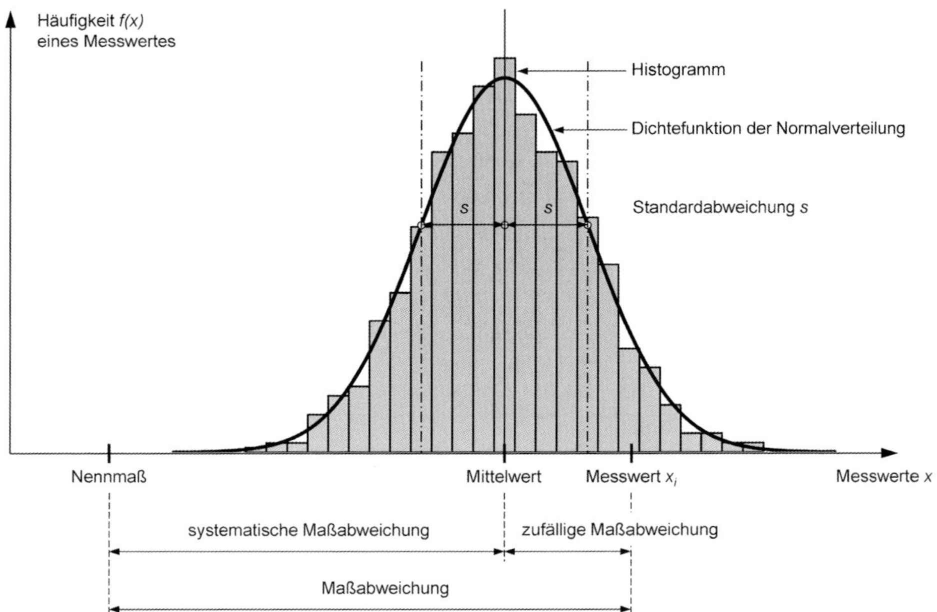

Abb. B 3.2: Beschreibung der Maßabweichungen mithilfe von Histogramm und Dichtefunktion der Normalverteilung

Für eine sehr große Stichprobenanzahl n nähert sich die Standardabweichung der Stichprobe s der Standardabweichung der Grundgesamtheit σ an und es gilt der Grenzwert:

$$s \to \sigma \quad \text{für} \quad n \to N$$

3.3 Fehlerverteilung

Bei einer genügend großen Anzahl von Einzelwerten entspricht deren Häufigkeitsverteilung (Darstellung im Histogramm) meist einer Normalverteilung. Die **Dichtefunktion der Normalverteilung** gibt an, mit welcher **Häufigkeit** $f(x)$ ein bestimmter Wert x_i innerhalb einer größeren Anzahl von Einzelwerten vorkommt (vgl. Abb. B 3.2). Eingangsgrößen der Verteilungsfunktion sind der Mittelwert und die Standardabweichung der Stichprobe:

$$f(x) = \frac{1}{\sqrt{2\pi s^2}} \times e^{\frac{-(x_i - \bar{x})^2}{2s^2}} \qquad \text{(Dichtefunktion der Normalverteilung)}$$

Auch bei kleineren Messreihen, bei einer Anzahl von $n = 5$ bis $n = 25$ Werten, darf die Normalverteilung näherungsweise zugrunde gelegt werden. Die Auswirkung zufälliger Fehler ergibt stets eine symmetrische Normalverteilung. Zur Klärung systematischer und/oder zufälliger Fehlereinflüsse und zur Überprüfung einer angenommenen Normalverteilung stehen statistische Testverfahren zur Verfügung.

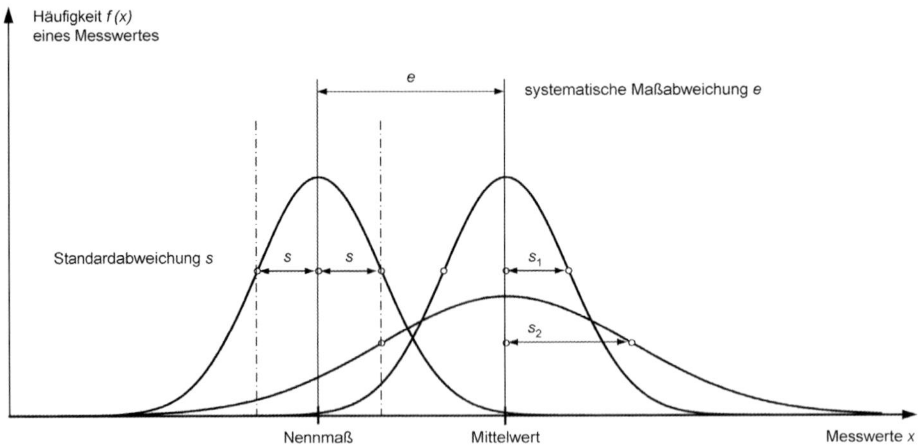

Abb. B 3.3: Beschreibung einer Verteilung mit Nennmaß, Mittelwert und Standardabweichung

Die **Maßstreuung** wird durch 2 Kenndaten beschrieben (vgl. Abb. B 3.3):

- Mittelwert $\overline{x}$ als Bezugspunkt zur Bestimmung der Lage des Streufeldes zum Nennmaß
- Standardabweichung s für die Verteilung der Streuung um den Mittelwert

Die **Abweichung des Mittelwertes** einer Verteilung von der Bezugsgröße, z. B. vom Nennmaß, lässt systematische Fehler erkennen. Die Verschiebung der Verteilungsfunktion gegenüber dem Bezugswert ist eine **systematische Maßabweichung**, die als **Korrekturwert** bei den Messergebnissen Berücksichtigung finden kann (vgl. Abb. B 3.2 und Abb. B 3.3).

Die **Standardabweichung** ist ein Maß für die Streuung und die Spannweite der Messergebnisse. Sie gibt die Größenordnung der zufälligen Fehler wieder. Bei einer kleinen Standardabweichung ist die Streubreite gering; der Funktionsverlauf in der grafischen Darstellung wird schmaler und höher. Bei einer großen Standardabweichung wird der Kurvenverlauf hingegen breiter und flacher (vgl. Abb. B 3.3).

Die **Verteilungsbreite** ist als Mehrfaches der Standardabweichung ein wichtiges Maß für zufällige Fehler. Für eine **Normierung der Normalverteilung**, also einen Funktionsverlauf für einen Mittelwert $\overline{x} = 0$ und eine Standardabweichung $s = 1$, erreicht die vom Funktionsverlauf eingeschlossene Fläche den Wert eins. Die von der normierten und zentrierten Normalverteilung begrenzte Fläche wird als **gaußsches Fehlerintegral** bezeichnet und mit der Funktion $\Phi_0(z)$ beschrieben:

$$\Phi_0(z) = \frac{1}{2\pi} \int_0^z e^{-\frac{1}{2}x^2} \mathrm{d}x$$

mit

$\Phi_0(z)$ gaußsches Fehlerintegral einer normierten und zentrierten Normalverteilung

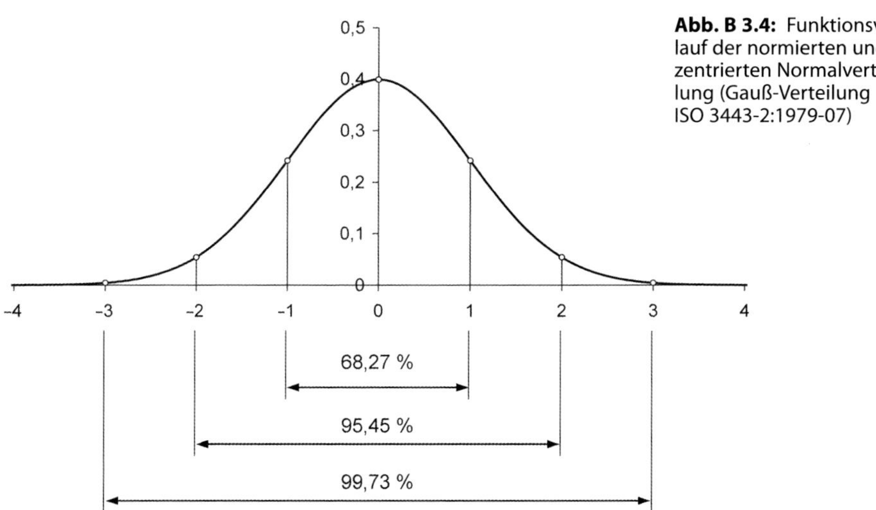

Abb. B 3.4: Funktionsverlauf der normierten und zentrierten Normalverteilung (Gauß-Verteilung nach ISO 3443-2:1979-07)

Mit dem Integral dieser Funktion kann die Wahrscheinlichkeit, mit der eine vorgegebene Maßabweichung eingehalten werden kann, errechnet werden. So stellt sich die **Wahrscheinlichkeit *P*** dafür, dass ein Wert vom Mittelwert um nicht mehr als ein ganzzahliges Vielfaches der Standardabweichung abweicht, folgendermaßen dar (vgl. Tabelle B 3.1 und Abb. B 3.4):

Tabelle B 3.1: Wahrscheinlichkeiten *P* für Verteilungsbreiten, die ein Mehrfaches der Standardabweichung betragen

Bereich mit der Breite	**Wahrscheinlichkeit *P* in %**
Mittelwert ± 1 × Standardabweichung	68,27
Mittelwert ± 2 × Standardabweichung	95,45
Mittelwert ± 3 × Standardabweichung	99,73

Die Wahrscheinlichkeit P kann mit der Verteilungsfunktion $\Phi(z)$ aus dem gaußschen Fehlerintegral $\Phi_0(z)$ ermittelt werden (vgl. Abb. B 3.5):

$$P(z) = 2 \times (\Phi_0(z) - 0{,}5)$$

Mit den Werten s, $2s$ und $3s$ für z ergibt sich die Wahrscheinlichkeit P daraus wie folgt:

$$P(s) = 2 \times (0{,}84134 - 0{,}5) = 0{,}68268 \text{ bzw. } 68{,}27\ \%$$

$$P(2s) = 2 \times (0{,}97725 - 0{,}5) = 0{,}95450 \text{ bzw. } 95{,}45\ \%$$

$$P(3s) = 2 \times (0{,}99865 - 0{,}5) = 0{,}99730 \text{ bzw. } 99{,}73\ \%$$

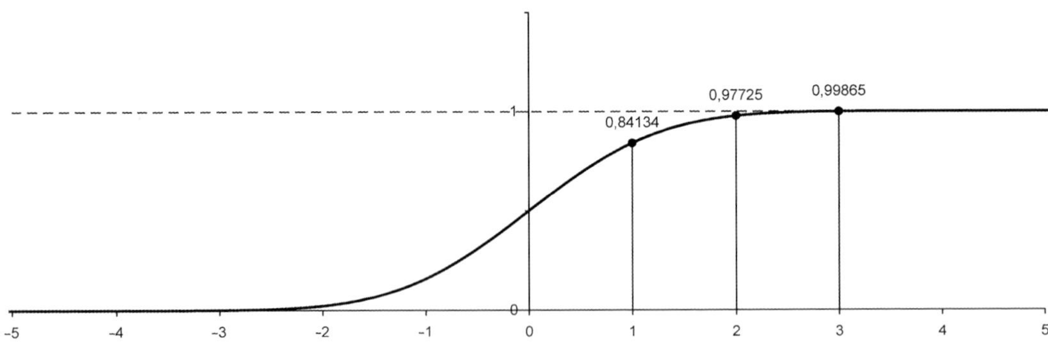

Abb. B 3.5: Wahrscheinlichkeitsintegral der normierten und zentrierten Normalverteilung

Die Wahrscheinlichkeit für das Auftreten eines Fehlers, der maximal um das Dreifache der Standardabweichung vom Mittelwert der zugehörigen Fehlerverteilung abweicht, beträgt somit 99,73 %. Damit ist für die praktische Anwendung bei der Bemessung von Toleranzen ein hinreichend großer **Vertrauensbereich** beschrieben. Für baupraktische Zwecke kann vor diesem Hintergrund der einzuhaltende Grenzwert für eine Maßabweichung mit dem dreifachen Wert der Standardabweichung aus der Verteilung der gemessenen Istmaße angesetzt werden:

Grenzwert $\geq$ 3 $\times$ Standardabweichung

3.4 Anwendung der Fehlerverteilung für die Festlegung von Toleranzen

Bei der Überprüfung von Bauteilmaßen ist der im Idealfall erwartete Messwert für das Istmaß gleich dem Nennmaß des Bauteils. Die Maßabweichung ist dann gleich 0. Tatsächlich wird der Messwert für das Istmaß in den meisten Fällen jedoch um ein bestimmtes Maß vom Nennmaß abweichen. Die zulässige Abweichung wird durch das Mindestmaß bzw. das Höchstmaß begrenzt. Die Verteilung der Messwerte innerhalb dieser Spanne wird in der Regel einer Normalverteilung genügen.

Wird für die Grenzabweichung ein symmetrisch zum Nennmaß angeordneter Bereich als Toleranz zugelassen, so kommt dies einer Ausrichtung der Verteilung der Messwerte für das Istmaß mit dem Mittelwert nach dem Nennmaß gleich (vgl. Abb. B 3.6). In diesem Fall umfasst die Toleranz eine Unterschreitung und eine Überschreitung des Nennmaßes.

Die **Anordnung des Toleranzbereichs** in Bezug auf das Nennmaß kann durch eine **Verschiebung des Mittelwertes** der zugehörigen Verteilungsfunktion verändert werden. Wird beispielsweise eine Unterschreitung eines Nennmaßes ausgeschlossen (z. B. weil im fertigen Zustand ein bestimmtes Mindestmaß sicher eingehalten werden muss), so ist der Toleranzbereich einseitig zu verschieben. Das Nennmaß ist dann Mindestmaß (vgl. Abb. B 3.7).

Die **Breite des Toleranzbereichs** kann durch eine **Veränderung der Standardabweichung** der zugehörigen Verteilungsfunktion variiert werden. Wird beispielsweise die Einhaltung einer geringeren Grenzabweichung erforderlich, so kommt dies einer Stauchung der Verteilungsfunktion mit einer Verringerung der Standardabweichung

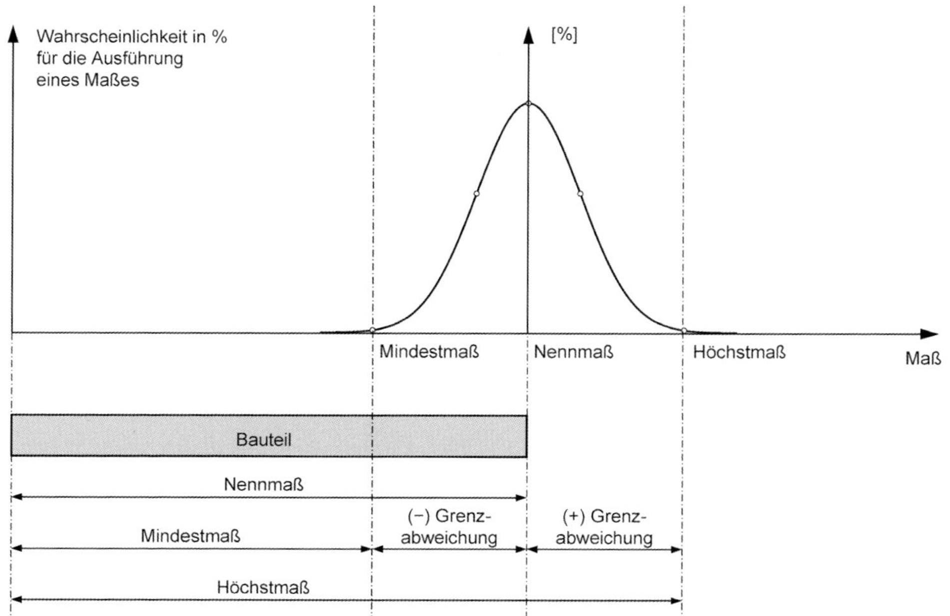

Abb. B 3.6: Verteilung der Istmaße innerhalb des Toleranzbereichs

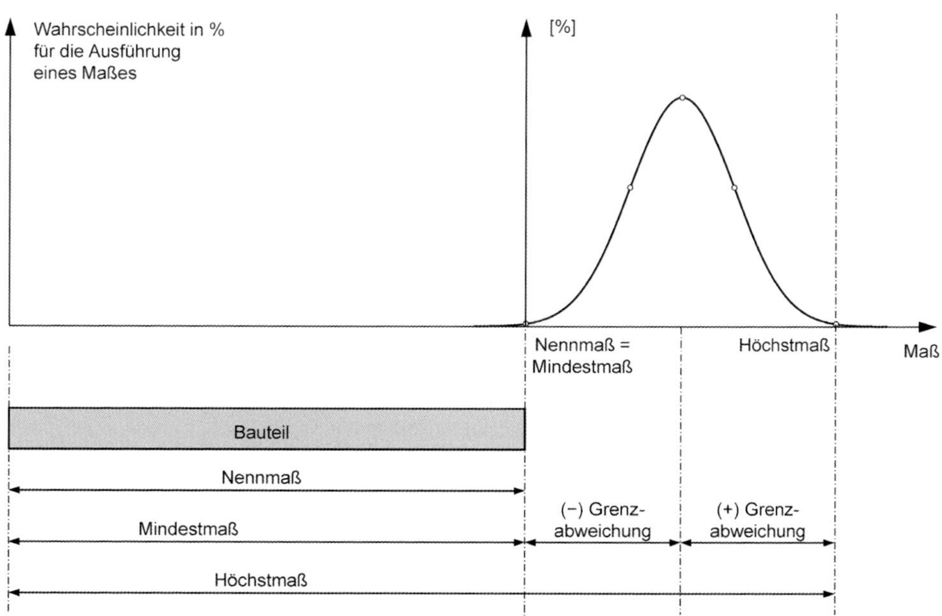

Abb. B 3.7: Einseitige Verschiebung des Toleranzbereichs gegenüber dem Nennmaß

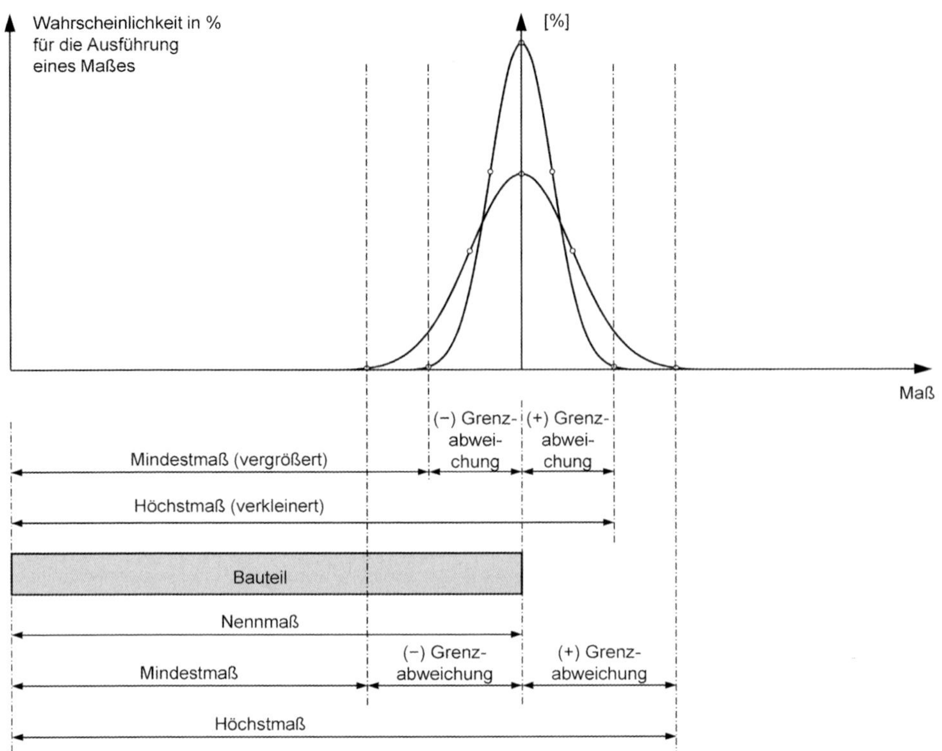

Abb. B 3.8: Veränderung der Breite des Toleranzbereichs durch Veränderung der Standardabweichung

gleich. Für die praktische Umsetzung der geringeren Toleranzbreite bedeutet dies, dass die einzelnen Einflüsse auf die Fehlergröße verringert werden müssen (vgl. Abb. B 3.8). Dies sind insbesondere die Bedingungen für die handwerkliche Ausführung einschließlich der Vermessung.

Für die **absolute Größe des Toleranzbereichs** kann der Vertrauensbereich für das Auftreten eines Einzelwertes nach der normierten Normalverteilung (gaußsche Normalverteilung) herangezogen werden. Definiert man die **statistische Sicherheit** für die Einhaltung der Grenzabweichung mit $P = 99{,}73$ %, so wird damit festgelegt, dass die Grenzabweichung gleich der dreifachen Standardabweichung der zugehörigen Verteilungsfunktion sein muss. Für eine statistische Sicherheit von 95,45 % wird die Grenzabweichung gleich der zweifachen Standardabweichung festgelegt. Mit der Festlegung der statistischen Sicherheit wird also die Toleranz wie folgt bestimmt:

für eine statistische Sicherheit $P = 99{,}73$ %:

- Mindestmaß = Nennmaß – 3 × Standardabweichung s
- Höchstmaß = Nennmaß + 3 × Standardabweichung s
- Grenzabweichung = 3 × Standardabweichung s

Die Grenzabweichung kann damit aus den Zahlenwerten für die Standardabweichung und den Mittelwert der zugehörigen Verteilungsfunktion ermittelt werden. Zahlenwerte für die Standardabweichung und den Mittelwert sind anhand einer Stichprobe

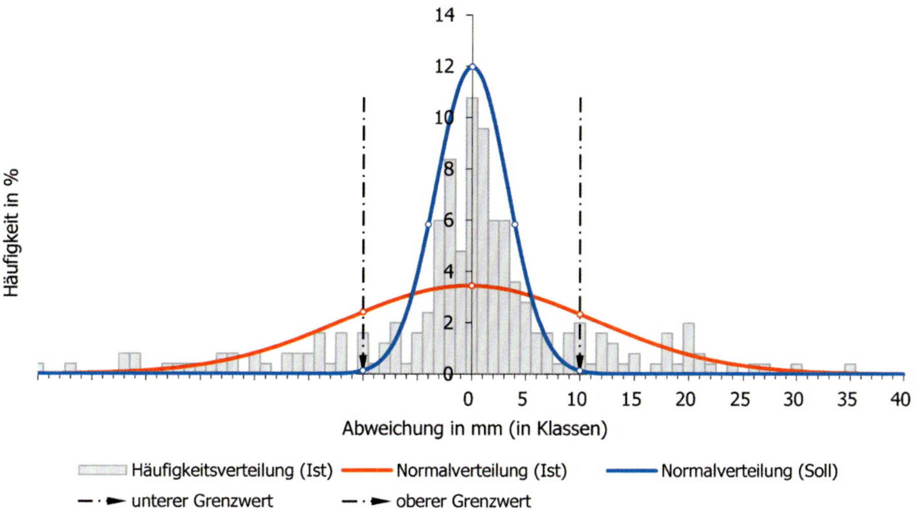

Abb. B 3.9: Frei gewähltes Beispiel für die erreichte Maßhaltigkeit eines Prozesses (Ist) im Vergleich mit der geforderten Genauigkeit (Soll)

tatsächlicher Messergebnisse zu ermitteln. Die Kenntnis der statistischen Sicherheit lässt auch noch eine weitere Anwendung zu. Will man beispielsweise die Anzahl der Kontrollmessungen innerhalb einer Stichprobe verringern, so können die Toleranzen hierfür enger festgelegt werden. Kennt man die Anzahl der Überschreitungen der engeren Toleranzen, so kann hieraus ein bedingter Rückschluss auf die Einhaltung der größeren Toleranzen gezogen werden.

3.5 Anwendung der Fehlerverteilung für die Beurteilung von Abweichungen

Die **Maßhaltigkeit eines Herstellungsprozesses**, z. B. in der Ausführung eines Gewerkes, kann auf der Grundlage einer Stichprobe einer hinreichend großen Anzahl von Messwerten der Istmaße anhand der Verteilung der Abweichungen innerhalb des Toleranzbereiches und auch der Verteilungsbreite in Bezug auf die Breite des Toleranzbereichs **beurteilt** werden.

Eine bestimmte Toleranz kann in der Ausführung eines Prozesses ausreichend sicher eingehalten werden, wenn die **Verteilungsbreite** der Abweichungen im Ergebnis dieses Prozesses innerhalb der Breite des Toleranzbereiches bleibt. Wird die Breite des Toleranzbereiches mit der Verteilungsbreite der Abweichungen überschritten, so bedeutet dies, dass mit den Bedingungen in der Ausführung des jeweiligen Prozesses die geforderte Toleranz nicht mit der erforderlichen Wahrscheinlichkeit erreicht wird. Der Prozess ist also insgesamt nicht ausreichend zielsicher in Bezug auf die Einhaltung der bestimmten Toleranz. Für das Beispiel einer Anzahl von Messwerten für ein bestimmtes Maß, etwa der Abweichungen von einer Ebene, werden hierfür die **Normalverteilung der Messwerte** und die **Normalverteilung für die bestimmte Toleranz** miteinander verglichen (vgl. Abb. B 3.9). In dem dargestellten Beispiel verläuft die aus der Häufigkeitsverteilung der Messwerte ermittelte Normalverteilung deutlich flacher als die Normalverteilung für die vorgegebene Toleranz. Die Streubreite der ermittelten Maßabweichungen ist hinsichtlich Größe und Häufigkeit größer als nach der bestimmten Toleranz erforderlich. Der Herstellungsprozess zeigt also Defizite in Bezug auf die Einhaltung der geforderten Genauigkeit.

Zu der **statistischen Auswertung von Ebenheitsabweichungen** sei angemerkt, dass die Ebenheitsabweichungen nach DIN 18202 an jeder Stelle einzuhalten sind, also mit einer Wahrscheinlichkeit von 100 %. Die Annahme eines Grenzwertes = 3 × Standardabweichung ergibt jedoch nur eine Wahrscheinlichkeit von 99,73 % für die Einhaltung des Grenzwertes. Es verbleiben damit Restbereiche, an denen der Grenzwert nach einer statistischen Betrachtung überschritten wird. Will man die Wahrscheinlichkeit für eine Einhaltung des Grenzwertes weiter gegen 100 % steigern, so muss man die Streubreite der Abweichungen in der Ausführung reduzieren. Der Aufwand für diese zunehmende Genauigkeit wird nach baupraktischer Erfahrung überproportional ansteigen. Kennt man hingegen die Stellen der tatsächlichen Grenzwertüberschreitung und kann diese Messwerte z. B. nach einer lokal begrenzten Überarbeitung der betroffenen Bauteile ausscheiden, so lässt sich ein verbessertes Ergebnis in der statistischen Betrachtung erzielen. Bei Kenntnis der genauen Lage der kritischen Fehlstellen mit Grenzwertüberschreitungen genügt daher in aller Regel eine breitere Streuung der Maßabweichungen als bei einer nur statistischen Betrachtung.

3.6 Fehlerfortpflanzung und Passungsberechnungen

Der Herstellung eines bestimmten Maßes liegt in der Regel eine Abfolge von Einzelmaßnahmen oder Einzelschritten zugrunde, die jeweils für sich mit einem Fehler behaftet sein können. In der Kombination tritt also auch eine Verkettung von Fehlern zu einem Gesamtfehler auf. Die Zusammensetzung des Gesamtfehlers kann nach 2 grundsätzlich unterschiedlichen Ansätzen betrachtet werden:

- nach der Additionsmethode,
- nach der Methode der statistischen Fehlerfortpflanzung.

Bei der **Additionsmethode** geht man von der Annahme aus, dass jeder Einzelvorgang innerhalb einer Abfolge mehrerer Vorgänge mit dem maximal zulässigen Fehler behaftet sein kann und dass der Einzelvorgang dessen ungeachtet in der Abfolge eingeordnet werden kann. Ein Beispiel hierfür ist die Herstellung einer bestimmten Anzahl von Fertigteil-Wandscheiben, die beim Einbau in das Bauwerk aneinandergereiht werden, um eine Wandöffnung zwischen 2 Stützen zu schließen. Die Passung muss so bemessen sein, dass bei Fertigung aller Einzelteile mit der zulässigen Überlänge eine Aneinanderreihung innerhalb der Öffnung noch möglich ist.

Addiert man den Fehler der einzelnen Elemente einer Passungsreihe, so erreicht der **Gesamtfehler** eine **maximale Größe**, mit der jedoch nur im Extremfall zu rechnen ist. Das Zusammentreffen von Höchstmaß mit Höchstmaß innerhalb einer Passungsreihe ist nur **gering wahrscheinlich**. Die Notwendigkeit, selbst diesen gering wahrscheinlichen Extremfall sicher zu berücksichtigen, kann jedoch die Anwendung der Additionsmethode erforderlich machen.

Die **Gesamttoleranz *T*** einer Passungsreihe ergibt sich bei der Additionsmethode aus der Addition der Einzeltoleranzen:

$$T = T_1 + T_2 + T_3 + \ldots = \sum_{i=1}^{n} T_i$$

Bei der **Methode der statistischen Fehlerfortpflanzung** geht man im Unterschied zur Additionsmethode von der Wahrscheinlichkeitsverteilung der Fehlergröße aus. Bei einem normalverteilten Fehler ist die Wahrscheinlichkeit am größten, dass innerhalb einer Passungsreihe unterschiedlich große Fehler bzw. entgegengesetzt gerichtete Fehler aufeinandertreffen. In der Summe kann also an jeder Passungsstelle bereits ein Fehlerausgleich stattfinden. Der **Gesamtfehler** erreicht **mit hoher Wahrscheinlichkeit** eine **mittlere Größe**. In der Regel wird eine Addition aller maximalen Fehler nicht eintreten, dies ist zumindest nur sehr gering wahrscheinlich.

Für **Maßketten** wird das Verhalten einer Summe unabhängiger Zufallsgrößen, also z. B. einzelner Nennmaße, durch das gaußsche Abweichungsfortpflanzungsgesetz (Fehlerfortpflanzungsgesetz) für die Linearkombination beschrieben. Danach ist die **Varianz** σ^2_{ges} einer Summe aus einer oder verschiedenen Grundgesamtheiten gleich der Summe der Einzelvarianzen σ_i^2:

$$\sigma^2_{ges} \cong \sum_{i=1}^{n} \sigma_i^2$$

Nach dem **Zentralen Grenzwertsatz** (vgl. Bronstein, 1987) ist eine Zufallsgröße annähernd normalverteilt, wenn diese als Summe einer großen Anzahl voneinander unabhängiger Summanden aufgefasst wird, von denen jeder zur Summe nur einen unbedeutenden Anteil beiträgt. Werden also eine Anzahl n Werte x_i aus derselben Grundgesamtheit oder aus verschiedenen Grundgesamtheiten in einer **Maßkette** addiert, so ist die Summe $\sum x_i$ auch dann normalverteilt, wenn die Grundgesamtheiten nicht normalverteilt sind; dies gilt für Werte $n \geq 5$.

Die Gesamttoleranz T ist ein Vielfaches der Standardabweichung s einer Verteilung. Es gilt also der Zusammenhang:

$$T = k \times s$$

mit
k Faktor

Die **Gesamttoleranz** T einer Passungsreihe ergibt sich nach dem gaußschen Fehlerfortpflanzungsgesetz aus den Einzeltoleranzen T_i wie folgt:

$$T = \sqrt{T_1^2 + T_2^2 + T_3^2 + \ldots} = \sqrt{\sum_{i=1}^{n} T_i^2}$$

Ausgehend von einer statistischen Sicherheit $P = 99{,}73$ % für die Einhaltung einer Grenzabweichung $3 \times s$ (3-facher Wert der Standardabweichung s) ergibt sich für die Passung bei der Aneinanderreihung von 2 Bauteilen folgende Toleranz:

- nach der Additionsmethode:

$$T = T_1 + T_2 = (3 \times s) + (3 \times s) = 6s$$

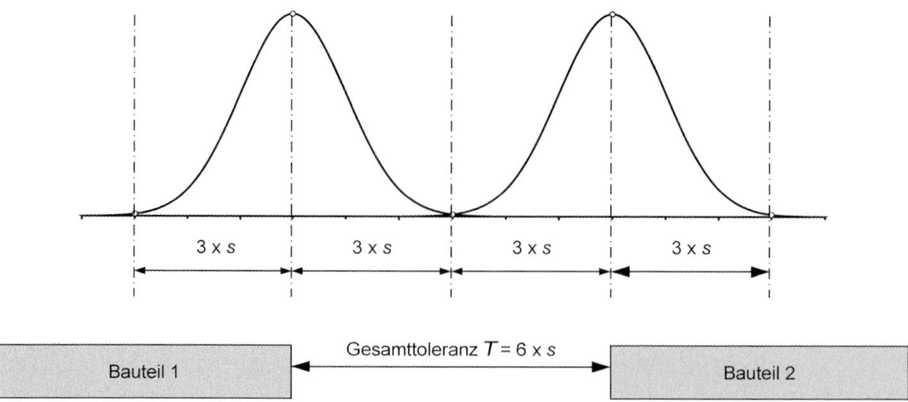

Abb. B 3.10: Gesamttoleranz an der Passung von 2 Bauteilen nach der Additionsmethode

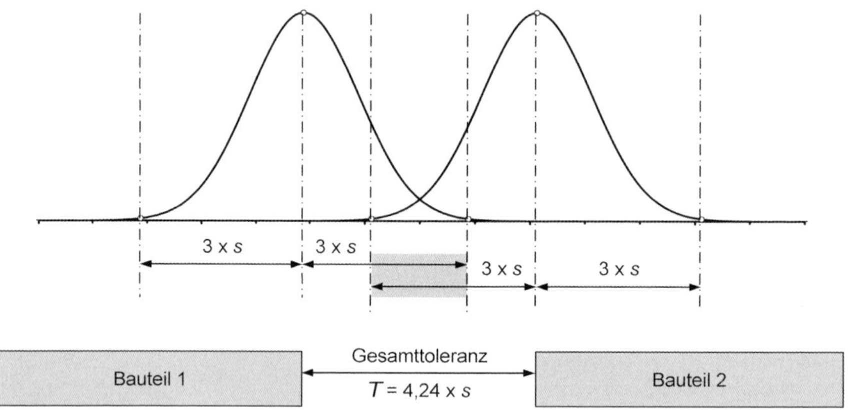

Abb. B 3.11: Gesamttoleranz an der Passung von 2 Bauteilen nach der Fehlerfortpflanzungsmethode

- nach der Fehlerfortpflanzungsmethode:

$$T = \sqrt{T_1^2 + T_2^2} = \sqrt{(3 \times s)^2 + (3 \times s)^2} = s \times \sqrt{18} \cong 4{,}24\,s$$

Der unterschiedliche Gesamtfehler lässt sich mit der Darstellung der Fehlerverteilung wie folgt verdeutlichen (vgl. Abb. B 3.10 und Abb. B 3.11 im Vergleich):

Die Anwendung des Fehlerfortpflanzungsgesetzes bei der Passungsberechnung setzt eine Normalverteilung der Fehler voraus. Dies ist in der Regel bei zufälligen Fehlern der Fall (vgl. Abb. B 3.6), nicht aber bei systematischen Fehlern (vgl. Abb. B 3.7).

Zufällige Fehler können bei der Passungsberechnung also nach dem Fehlerfortpflanzungsgesetz berücksichtigt werden. Systematische Fehler sollten hingegen – wie bei Ansatz eines Korrekturwertes – nach der Additionsmethode mit einbezogen werden. Die **Gesamttoleranz unter Berücksichtigung systematischer und zufälliger Fehler** wird dann wie folgt berechnet:

$$T = \sum_{i=1}^{n} T_{i,\,systematisch} + \sqrt{\sum_{i=1}^{n} (T_{i,\,zufällig})^2}$$

Für das Beispiel der Ermittlung einer Passungstoleranz in der Fertigteilbauweise setzt sich die Gesamttoleranz aus folgenden Fehlern zusammen:

$$T = \sum_{i=1}^{n} T_{i,\,inhärent} + \sqrt{\sum_{i=1}^{n} (T_{i,\,Fertigung})^2 + (T_{i,\,Vermessung})^2 + (T_{i,\,Montage})^2}$$

In dem FDB-**Merkblatt** Nr. 6 **„Toleranzen und Passungsberechnungen für Betonfertigteile“** (Ausgabe 09/2015) der Fachvereinigung Deutscher Betonfertigteilbau e. V. (FDB) wird vorgeschlagen, bei Passungsberechnungen für die Berechnung der **Gesamttoleranz innerhalb einer Prozesskette** die Toleranzen der Teilprozesse einer Prozesskette nach dem Fehlerfortpflanzungsgesetz zu addieren mit Ausnahme der maximalen Toleranz in der gesamten Prozesskette. Dieser größte Toleranzwert soll nach der Additionsmethode berücksichtigt werden. Die Gesamttoleranz T einer Prozesskette wird dann berechnet wie folgt:

$$T = T_{max} + \sqrt{\sum_{i=1}^{n} (T_i)^2}$$

mit

T_{max} maximale Toleranz in einer Prozesskette

T_i jede sonstige Toleranz in einer Prozesskette

In **ISO 3443-3:1987-02** „Toleranzen im Bauwesen; Teil 3: Verfahren zur Festlegung des Sollmaßes und Vorausberechnung der Passungen“ werden für die Herstellung von Fertigteilen bzw. vorgefertigten Bauteilen, aber auch für die Anwendung in der Planung **Methoden für die Berechnung von Toleranzen** mit oberen bzw. unteren Grenzabweichungen für Höchst- bzw. Mindestmaße angegeben. Grundlage dieser Berechnungen sind ebenfalls Eingangsüberlegungen zu einer Berücksichtigung von Maßabweichungen nach der Additionsmethode bzw. der Fehlerfortpflanzungsmethode und dem damit ggf. verbundenen möglichen Risiko einer Fehlpassung. Dies bezieht sich auch auf die im Einzelfall zugelassenen Abweichungen der einzelnen Teile in ihrer Form und in Bezug auf die Lage der Fügestelle. Auch die Art der Abweichungen zufälliger bzw. systematischer Fehler findet hierbei Berücksichtigung.

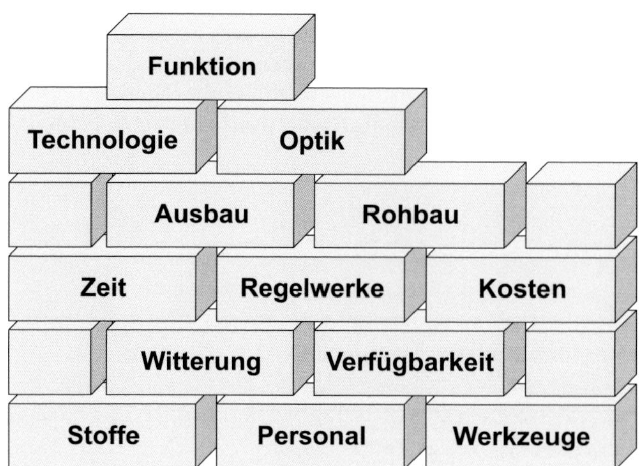

Abb. B 4.1: Einflussfaktoren auf die Genauigkeit in der Bauausführung

4 Anwendungsgrenzen für Toleranzen

4.1 Einflussfaktoren auf die Maßhaltigkeit

Die Inhalte von Bauleistungen werden heute mit „Standardleistungsbeschreibungen" und „Einheitspreisen" definiert. Schon diese begrifflichen Definitionen in der Leistungsvereinbarung machen eine häufige Ursache späterer Auseinandersetzungen deutlich: Die vereinbarte „Standardleistung" hat nicht vollumfänglich die erwartete „Standardqualität"; der „Einheitspreis" soll deshalb nicht voll bezahlt werden.

Bauen ist bis heute ein Fertigungsprozess, der durch Einzelanfertigungen und einen großen Anteil individueller Handarbeit geprägt ist. Wenngleich die heute zur Verfügung stehenden Maschinen, Werkzeuge und technischen Einrichtungen eine Vereinfachung und Vereinheitlichung vieler Arbeitsprozesse mit der Folge einer gleichmäßigeren Ausführung ermöglichen, so bleiben Bauwerke dennoch Unikate und weisen – jedes für sich – Maßabweichungen auf.

Bei der Herstellung von Bauteilen und Bauwerken kann für Maßabweichungen unter dem vorrangigen Aspekt der Passung und der Funktion eine Toleranz durchaus zugelassen werden. Ihre Größe wird beeinflusst durch den Faktor Mensch und menschlich bedingte Ergebnisschwankungen in Abhängigkeit von den **Randbedingungen** in allen Phasen des Bauprozesses. Hierbei spielen persönliche, zeit-, system- oder materialbedingte **Einflüsse** im Zusammenspiel der Beteiligten und unter den örtlichen Bedingungen des Bauablaufs eine wichtige Rolle (vgl. Abb. B 4.1). Folge dieser Genauigkeitseinflüsse auf das Bauen ist, dass nicht regelmäßig eine einheitliche „Standardleistung", sondern die standardmäßig beschriebene Leistung mit wechselnden Abweichungen ausgeführt wird. Die Toleranznormen tragen diesem Umstand Rechnung, indem sie die zulässige Unschärfe der Ausführung als Toleranz für eine noch zu akzeptierende Abweichung von der erwarteten Leistung definieren.

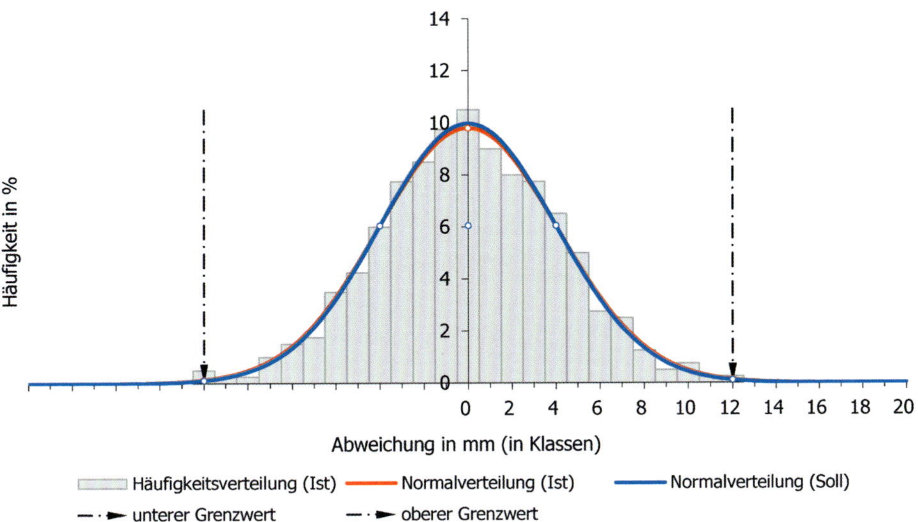

Abb. B 4.2: Frei gewähltes Beispiel für eine Häufigkeitsverteilung und Dichtefunktion der Normalverteilung einer durchschnittlichen Leistung

4.2 Erwartung und Akzeptanz von Maßabweichungen

Ein wesentliches Merkmal von Maßabweichungen in der Bauausführung ist deren **statistische Verteilung** hinsichtlich Größe und Häufigkeit innerhalb eines Prozesses, z. B. der Ausführung eines Mauerwerks oder einer Putzbekleidung. Bei unterschiedlichen und hinsichtlich der äußeren Einflüsse voneinander unabhängigen Prozessen – z. B. der wiederholten Ausführung von Mauerwerk oder Putzbekleidungen bei unterschiedlichen Bauvorhaben oder in unterschiedlichen Räumen eines Bauvorhabens – werden **unterschiedliche Häufigkeitsverteilungen** in Bezug auf die Inanspruchnahme zulässiger Abweichungen auftreten. Die tatsächliche Maßabweichung eines Prozesses kann breiter oder auch weniger breit streuen als diejenige Häufigkeitsverteilung, die der Bemessung der Toleranzen zugrunde gelegt wurde.

Eine **durchschnittliche Leistung** ist gekennzeichnet durch eine Häufigkeitsverteilung mit normal verteilten Abweichungen und einer Verteilungsbreite innerhalb üblicher Grenzwerte der durchschnittlichen Leistung (vgl. Abb. B 4.2). Mit einer Verteilungsbreite als dreifacher Wert der Standardabweichung besteht eine im Bauwesen ausreichende Wahrscheinlichkeit von 99,73 % für das Einhalten des Grenzwertes. Bei einer durchschnittlich zu erwartenden Leistung wird die Toleranz für Maßabweichungen in den meisten Bereichen nur mit geringen Abweichungen, in größeren Teilbereichen mit mittleren Abweichungen und nur in kleineren Teilbereichen mit größeren Abweichungen bis zur Größe der Grenzabweichung in Anspruch genommen.

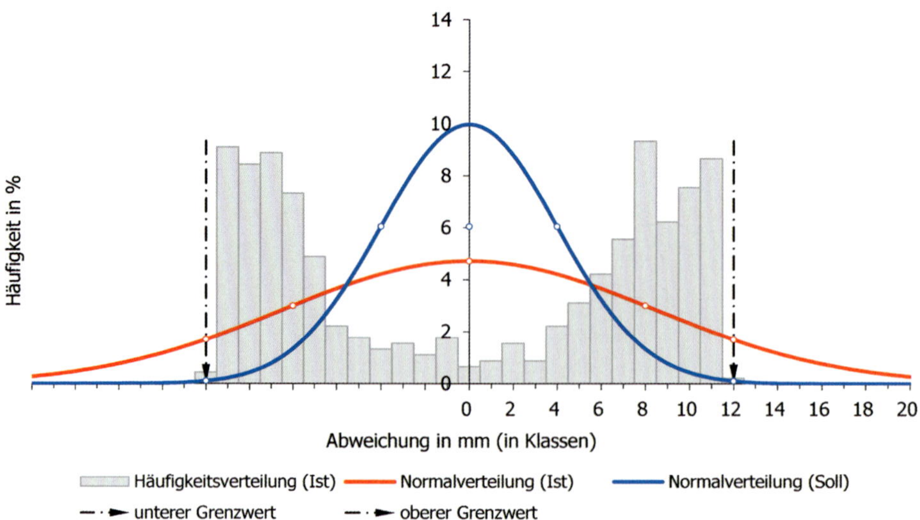

Abb. B 4.3: Frei gewähltes Beispiel für eine Häufigkeitsverteilung und Dichtefunktion der Normalverteilung einer unterdurchschnittlichen Leistung

Eine **unterdurchschnittliche Leistung** weist in ihrer Häufigkeitsverteilung keine normal verteilten Abweichungen und/oder eine erweiterte Verteilungsbreite außerhalb üblicher Grenzwerte der durchschnittlichen Leistung auf (vgl. Abb. B 4.3). Die Toleranz für Maßabweichungen wird in diesem Fall in den meisten Bereichen mit größeren Abweichungen bis zur Größe der Grenzabweichung, in größeren Teilbereichen mit mittleren Abweichungen und nur in kleineren Teilbereichen mit geringen Abweichungen in Anspruch genommen. Eine unterdurchschnittliche Leistung unterscheidet sich von der durchschnittlichen Leistung durch die größere Häufigkeit größerer Abweichungen bis zur Größe der Grenzabweichung und eine geringere Häufigkeit kleinerer Abweichungen. Gleichwohl bleiben die Abweichungen innerhalb der Toleranz.

Eine **überdurchschnittliche Leistung** weist in ihrer Häufigkeitsverteilung keine normal verteilten Abweichungen und/oder eine reduzierte Verteilungsbreite innerhalb üblicher Grenzwerte der durchschnittlichen Leistung auf (vgl. Abb. B 4.4). Die Toleranz für Maßabweichungen wird in diesem Fall in den meisten Bereichen mit kleineren Abweichungen, in größeren Teilbereichen mit kleineren bis mittleren Abweichungen und nur in kleinen Teilbereichen oder gar nicht mit größeren Abweichungen in Anspruch genommen. Eine überdurchschnittliche Leistung unterscheidet sich von der durchschnittlichen Leistung durch eine größere Häufigkeit geringer Abweichungen und eine geringere Häufigkeit größerer Abweichungen. Auch in diesem Fall bleiben alle Abweichungen innerhalb der Toleranz.

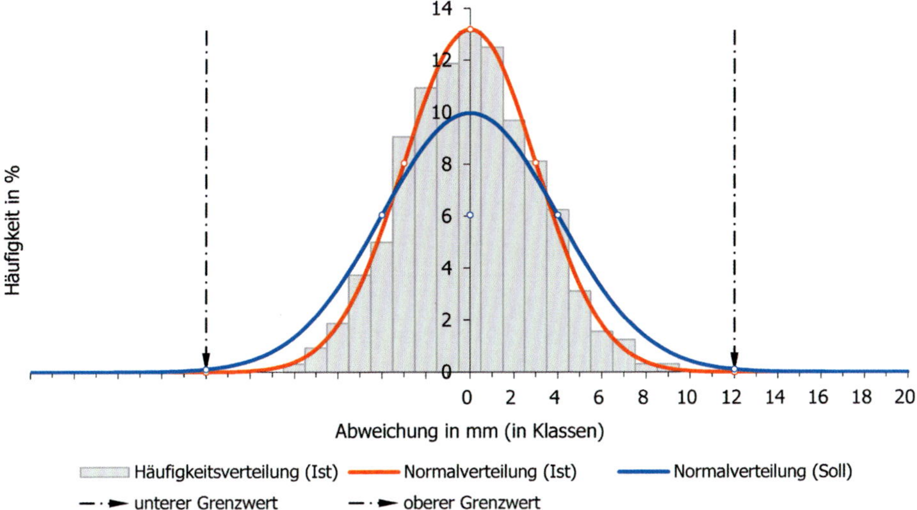

Abb. B 4.4: Frei gewähltes Beispiel für eine Häufigkeitsverteilung und Dichtefunktion der Normalverteilung einer überdurchschnittlichen Leistung

Für eine **Leistung mit Abweichungen innerhalb der für einen Prozess bestimmten Toleranz** ist wegen der erheblichen Streubreite zwischen überdurchschnittlicher, durchschnittlicher und unterdurchschnittliche Leistung außerdem die **Erwartungshaltung** zu berücksichtigen. Leistungen mit Abweichungen außerhalb der geforderten Toleranz können hierbei unberücksichtigt bleiben, weil das Ergebnis der Anforderung nicht genügt, aus technischer Sicht z. B. ein Kriterium des Bausolls nicht erfüllt ist.

Zur Erwartungshaltung in Zusammenhang mit technischen Anforderungen an ein Werk hat der BGH ausgeführt (BGH, Urteil vom 14.05.1998 – VII ZR 184/97, Abschnitt II.2), dass

„[…] der Besteller […] redlicherweise erwarten [kann], dass das Werk zum Zeitpunkt der Fertigstellung und Abnahme diejenigen Qualitäts- und Komfortstandards erfüllt, die auch vergleichbare andere zeitgleich fertiggestellte und abgenommene Bauwerke erfüllen. Der Unternehmer sichert üblicherweise stillschweigend bei Vertragsschluss die Einhaltung dieses Standards zu. […]"

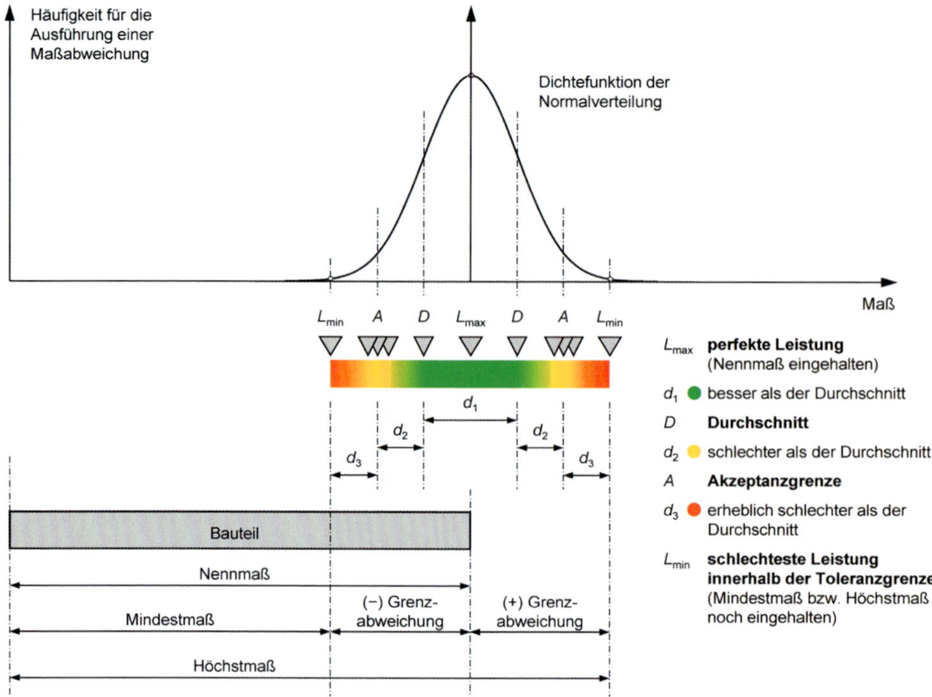

Abb. B 4.5: Beurteilung einer Leistung nach der Häufigkeitsverteilung von Abweichungen innerhalb der zugelassenen Toleranz

Mit dieser Erwartungshaltung wird man eine **durchschnittliche Leistung** regelmäßig akzeptieren. Die Akzeptanz besteht hinsichtlich der Maßabweichungen und ihrer Verteilung darin, dass die Grenzabweichung nur vereinzelt ausgeschöpft wird, die Wahrscheinlichkeit für das tatsächliche Auftreten einer maximal zulässigen Maßabweichung also gering ist. Im Übrigen wird das Werk Maßabweichungen aufweisen, die überwiegend gering oder nur mäßig stark ausgeprägt sind (vgl. Abb. B 4.5).

Weicht nun eine Leistung hinsichtlich der Häufigkeitsverteilung der einzelnen Abweichungen sehr stark von einer durchschnittlich zu erwartenden Leistung ab, dann lässt sich in der Erwartungshaltung des Bestellers in der Praxis eine **Akzeptanzgrenze** feststellen, obwohl die Leistung insgesamt noch innerhalb der festgelegten Toleranz bleibt (vgl. Abb. B 4.5). Eine solche Überschreitung eine Akzeptanzgrenze liegt z. B. vor, wenn eine Grenzabweichung an nahezu jeder Stelle einer Leistung ausgenutzt wird. Bei aufeinanderfolgenden Leistungen wird in einem solchen Fall ein Toleranzausgleich nach dem Fehlerfortpflanzungsgesetz nicht mehr uneingeschränkt möglich sein. Nachfolgende Leistungen müssen unter Umständen – ebenfalls – eine einseitige Fehlerverteilung aufweisen, um einen Ausgleich der Maßabweichungen in der Vorleistung zu gewährleisten. Ein Beispiel hierfür ist eine zu verputzende Mauerwerkswand. Bei durchschnittlicher Ausnutzung der Ebenheitstoleranz an der Mauerwerksoberfläche und einer Überlagerung mit einer Putzbekleidung, die die zulässigen Ebenheitsabweichungen ebenfalls in durchschnittlichem Maße in Anspruch nimmt, findet unter statistischen Gesichtspunkten ein teilweiser Ebenheitsausgleich derart statt,

Abb. B 4.6: Beispiel für eine Mauerwerksoberfläche mit überdurchschnittlicher Ebenheitsabweichung innerhalb der Toleranz

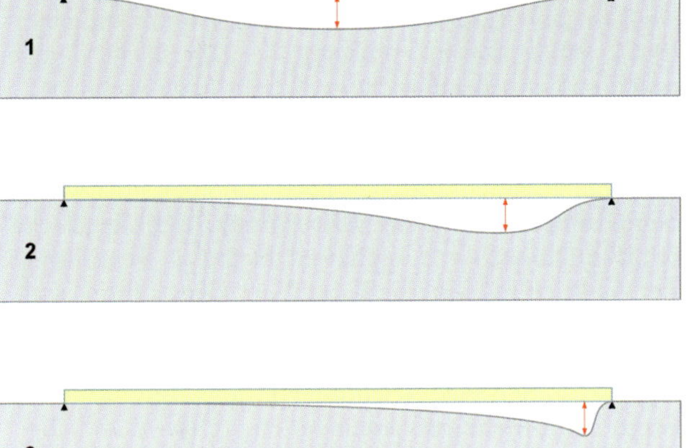

Abb. B 4.7: Beispiele für unterschiedlich ausgeprägte Ebenheitsabweichungen mit allmählichem Verlauf (1), mit kurzwelligem Verlauf (2) und als singuläre Störstelle (3) innerhalb einer bestimmten Messstrecke

dass das Ergebnis insgesamt innerhalb der Toleranz bleibt. Werden hingegen an der Mauerwerksoberfläche die zulässigen Ebenheitsabweichungen in vollem Umfang in Anspruch genommen (vgl. Abb. B 4.6), so wird die geputzte Oberfläche den Ebenheitsanforderungen an die flächenfertige Wand nur genügen, wenn die Toleranzen im Untergrund genau aufgenommen und durch Variation innerhalb der zulässigen Putzdickenschwankung ausgeglichen werden. Liegt in diesem Fall ein dickerer Putzauftrag im Bereich einer Ausbauchung des Untergrundes, so addieren sich die Ebenheitsabweichungen und der erforderliche Ausgleich findet nicht mehr statt.

Die **Bedeutung der durchschnittlichen Fehlerverteilung** wird auch bei einer Grenzwertbetrachtung unterschiedlicher geometrischer Erscheinungsformen einer Ebenheitsabweichung ersichtlich (vgl. Abb. B 4.7). Für das gewählte Beispiel seien der Abstand der Hochpunkte als Messpunktabstand und das Stichmaß für die Ebenheitsabweichung jeweils gleich groß. Der vom Abstand der Messpunkte abhängige Grenzwert für die Ebenheitsabweichung nach DIN 18202 sei eingehalten. Unterschiedlich ist der Krümmungsverlauf der Oberfläche im Bereich der maximalen Ebenheitsabweichung. Hierfür werden 3 Fälle unterschieden. Im ersten Fall (vgl. Abb. B 4.7, Fall 1) hat die Ebenheitsabweichung einen allmählichen Verlauf mit nur geringer Krümmung

Abb. B 4.8: Beispiel für eine sichtbar wellige Putzfläche mit Ebenheitsabweichungen in den Grenzen nach DIN 18202

der Oberfläche. Die Geometrie der Abweichung zeigt ein durchschnittliches Erscheinungsbild und wird im Gebrauch – in den Grenzen von DIN 18202 – unauffällig bleiben. Im zweiten Fall (vgl. Abb. B 4.7, Fall 2) ist die Krümmung der Oberfläche weniger gleichmäßig als im ersten Fall und die Ebenheitsabweichung betrifft hauptsächlich nur einen Teilbereich zwischen den beiden Messpunkten. Für den Gebrauch bedeutet dies, dass die Abweichung eher auffällig wird als im ersten Fall. Im dritten Fall (vgl. Abb. B 4.7, Fall 3) konzentriert sich die Ebenheitsabweichungen auf einen noch weiter reduzierten Teilbereich mit der Folge einer zunehmenden Krümmung der Oberfläche. Messpunktabstand, Abweichung (als Stichmaß) und Grenzwert bleiben – weiterhin – unverändert. Die Auffälligkeit der Abweichung innerhalb der Oberfläche nimmt deutlich zu. In der **Grenzwertbetrachtung** nähert sich die Ebenheitsabweichung zunehmend einer singulären Störstelle an und das Modell der Ebenheitsabweichung mit allmählichem Verlauf ist für die Beurteilung der Abweichung vor dem Hintergrund der Erwartungshaltung als **Maßstab nicht mehr zufriedenstellend**. Der wesentliche Grund hierfür ist die im Grenzfall nicht mehr durchschnittliche, sondern stark vom Durchschnitt abweichende Häufigkeitsverteilung der Ebenheitsabweichung innerhalb des betrachteten Messpunktabstandes.

Auch das **Erscheinungsbild** einer Leistung bleibt bei überdurchschnittlicher Häufigkeit großer Abweichungen bis zu den Grenzabweichungen der zulässigen Toleranz hinter der durchschnittlich zu erwartenden Leistung zurück, wenngleich die zulässigen Maßabweichungen aber noch eingehalten sind. Die Größe der Toleranz wird deshalb nicht mehr allein maßgebend sein. **Andere Kriterien** treten in den Vordergrund. Ein Beispiel hierfür ist das Ausnutzen der maximal zulässigen Abweichungen bei geputzten Oberflächen. Einzelne Abweichungen werden im Gesamterscheinungsbild im Sinne einer durchschnittlich üblichen Ausführungsqualität wohl akzeptiert werden. Wellige Oberflächen in allen Bereichen werden jedoch aus optischen Gründen ablehnt werden, weil dies nicht einer üblichen Erwartung entspricht – auch dann, wenn die Ebenheitsanforderungen nach DIN 18202 eingehalten sind (vgl. Abb. B 4.8).

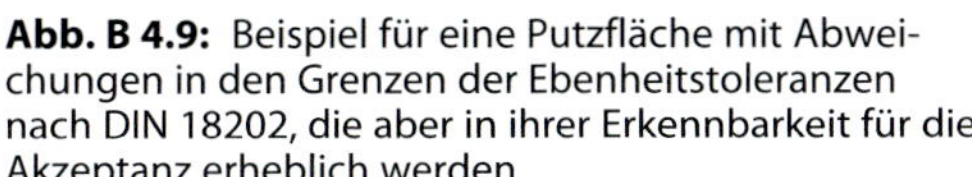

Abb. B 4.9: Beispiel für eine Putzfläche mit Abweichungen in den Grenzen der Ebenheitstoleranzen nach DIN 18202, die aber in ihrer Erkennbarkeit für die Akzeptanz erheblich werden

Abb. B 4.10: Beispiel für einen Fassadenputz mit sichtbaren Ebenheitsabweichungen in den Grenzen der DIN 18202

Ein weiterer Extremfall für die Häufigkeitsverteilung einer Abweichung ist die **„perfekte Leistung“** (vgl. Abb. B 4.5) bzw. eine weitestgehende Annäherung hieran. In diesem Fall würde eine zulässige Toleranz an keiner Stelle („perfekte Leistung“) oder allenfalls an unterdurchschnittlich wenigen Stellen und auch nur in geringem Ausmaß (näherungsweise „perfekte Leistung“) in Anspruch genommen. Eine solche Leistung liegt insgesamt erheblich über der zu erwartenden durchschnittlichen Leistung. Wird diese „perfekte Leistung“ erzielt, so wird man dies in der Ausführung gerne akzeptieren. Andererseits kann jedoch eine solche Leistung nicht als Maßstab zur Beurteilung herangezogen werden, weil eben eine „Perfektleistung“ im Durchschnitt nicht erwartet werden kann.

Die insgesamt **noch akzeptable Abweichung** hängt also von der **Häufigkeit** ab, mit der die Toleranz ausgeschöpft wird. Bei überdurchschnittlicher Inanspruchnahme der Toleranz können andere Maßgaben für die Akzeptanz der Leistung entscheidungserheblich werden, etwa die Passung insgesamt (z. B. beim Fertigteil-Elementbau) oder die Funktion (z. B. bei Fenstern, Türen, beweglichen Teilen) aber auch die optische Erscheinung (z. B. bei einer geputzten Wandfläche, vgl. Abb. B 4.9 und Abb. B 4.10). Der **statistische Charakter** des tatsächlichen Auftretens von Abweichungen innerhalb der Toleranz muss bei der Beurteilung der Maßhaltigkeit einer Leistung deshalb unbedingt berücksichtigt werden. Hieraus kann sich die Problematik ergeben, dass Abweichungen innerhalb der zulässigen Toleranz als überdurchschnittlich auffallen bzw. für den Gebrauch als Beeinträchtigung empfunden werden. Das Ergebnis ist schlechter als der Durchschnitt, obwohl die vorgegebene Toleranz eingehalten ist. Mit der fehlenden Toleranzüberschreitungen liegt häufig aus technischer Sicht auch eine Abweichung von einem diesbezüglichen Bausoll, z. B. der Toleranzen nach DIN 18202, nicht vor. Ein Mangelkriterium im Sinne eines Normenverstoßes – allein durch Zahlenvergleich mit Grenzwerten – ist in solchen Fällen nicht gegeben. Die dennoch nicht erfüllte Erwartungshaltung des Bestellers offenbart eine **Lücke in Bezug auf den erforderlichen Beurteilungsmaßstab**.

Die Grenzwerte für Toleranzen nach DIN 18202 sind im Grenzbereich als **Maßstab** insbesondere **für die Beurteilung von Bauteiloberflächen** bzw. das Erscheinungsbild fertiger Oberflächen nicht mehr geeignet, weil sich die unter dem Aspekt der Funktion formulierten Grenzwerte mit der Akzeptanzgrenze nach den Kriterien des Mangelbegriffs nicht mehr decken. Dies schränkt den Anwendungsbereich der DIN 18202 jedoch nicht ein. Die Intention der DIN 18202 ist die Festlegung von Toleranzen unter dem Aspekt der Passung, nicht unter dem Aspekt der optischen Gestaltung. In der Norm findet sich hierzu der Hinweis, wonach die angegebenen Toleranzen nicht abschließend sind. Für die Beurteilung optischer bzw. gestalterischer Belange, aber auch von Fehlpassungen mit besonderen Anforderungen sind ggf. **alternative Beurteilungsgrundlagen** zu definieren, weil dies über den Anwendungsbereich der DIN 18202 bzw. den Standardanwendungsfall hinausgeht. Toleranzen sollen grundsätzlich dort bemessen und für die Ausführung vorgegeben werden, wo es im Einzelfall erforderlich ist. Und eine solche Vorgabe muss auch Bestandteil z. B. des Bausolls sein. Das nachträgliche Definieren erforderlicher Toleranzen zur Lösungsfindung im Streitfall stellt eine viel schwierigere Aufgabe dar, die erfahrungsgemäß den Erwartungen nur näherungsweise gerecht werden kann.

4.3 Grenzen des Anwendungsbereichs der DIN 18202 und alternative Beurteilungsgrundlagen

Toleranzen nach DIN 18202 haben den Zweck, unvermeidbare ausführungsbedingte Ungenauigkeiten so zu begrenzen, dass Bauteile bzw. einzelne **Leistungsabschnitte** des Roh- und des Ausbaus ohne wesentliche Anpass- und Nacharbeiten **funktionsgerecht zusammengefügt werden** können. Zwar stellen die in dieser Norm angegebenen Toleranzen die für Standardleistungen im Rahmen einer üblichen Sorgfalt zu erreichende Genauigkeit dar, also auch die Genauigkeit in Bezug auf das äußere Erscheinungsbild. **Gestalterische Anforderungen** stehen bei der Formulierung der Grenzwerte in DIN 18202 aber nicht im Vordergrund. Die in dieser Norm angegebenen Toleranzen sind zudem nicht abschließend. Weiter gehende Genauigkeitsanforderungen können erforderlich sein, z. B. hinsichtlich des optischen Erscheinungsbildes.

Für Standardleistungen, also die Ausführung von Bauteilen üblicher Art unter durchschnittlich üblichen Ausführungsbedingungen, beschreiben die Toleranzen nach DIN 18202 die Streubreite der zu berücksichtigenden, zufälligen ausführungsbedingten Maßabweichungen. Dies bezieht sich vor allem auf die Passung funktionsnotwendiger **Fügestellen**, z. B. für die Verbindungsstellen einer Tragkonstruktion aus Fertigteilen (vgl. Abb. B 4.11). Für eine **Begrenzung der Abweichungen** unter dem Aspekt der **Funktion** sind die Toleranzen nach DIN 18202 ein zielführender Maßstab (vgl. Abb. B 4.12).

Abb. B 4.11: Beispiel für eine Fügestelle mit Anforderungen an die Passung

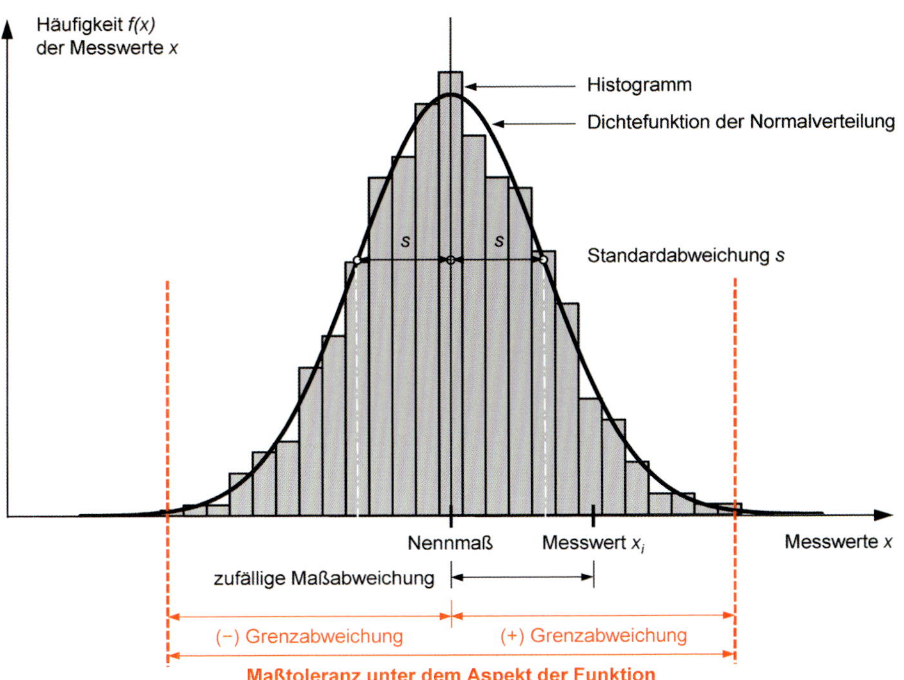

Abb. B 4.12: Streubreite zufälliger ausführungsbedingter Maßabweichungen und Maßtoleranz unter dem Aspekt der Funktion

Abb. B 4.13: Beispiel für eine Fügestelle mit Anforderungen an das Erscheinungsbild

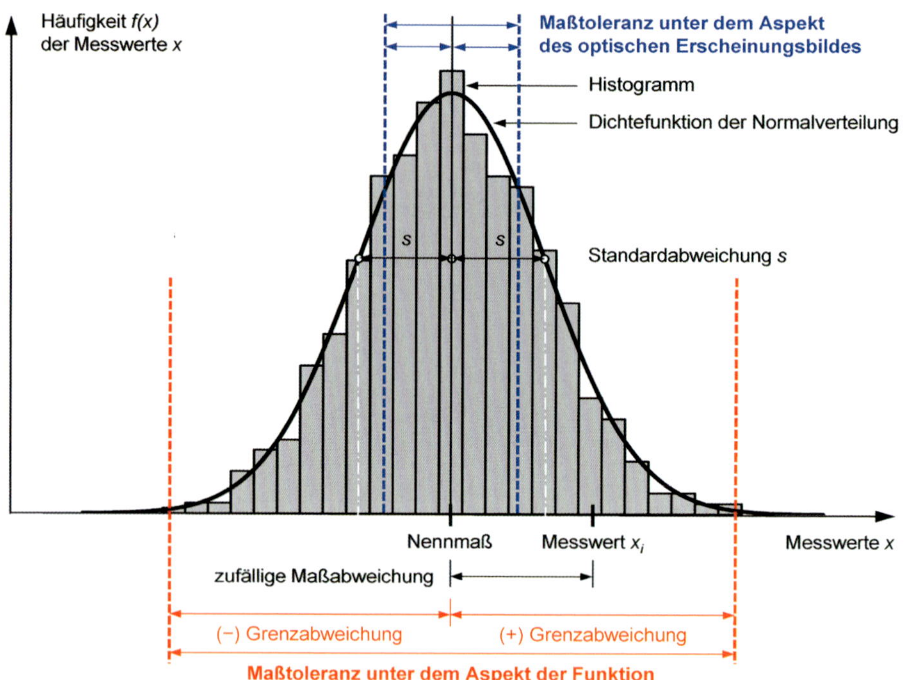

Abb. B 4.14: Unterschiedliche Maßtoleranz unter dem Aspekt der Funktion bzw. unter dem Aspekt des optischen Erscheinungsbildes

An **Fügestellen**, die über die Passung hinaus auch ein bestimmtes **optisches Erscheinungsbild** aufweisen sollen, werden vor allem im Ausbau bzw. bei fertigen Oberflächen Anforderungen an die Maßgenauigkeit gestellt, die über die funktionsnotwendige Toleranz der Passung der einzelnen Bauteile an den Verbindungsstellen hinausgehen. Dies umfasst z. B. Fugenverläufe, Fugen- oder Spaltmaße oder höhengleiche Übergänge. Ein Beispiel hierfür ist der Anschluss eines Türelementes an den Bodenbelag, einschließlich der Sockelbekleidung und etwaiger barrierefreier bzw. höhengleicher Belagwechsel im Verlauf der Türschwelle (vgl. Abb. B 4.13). Die unter dem Aspekt der

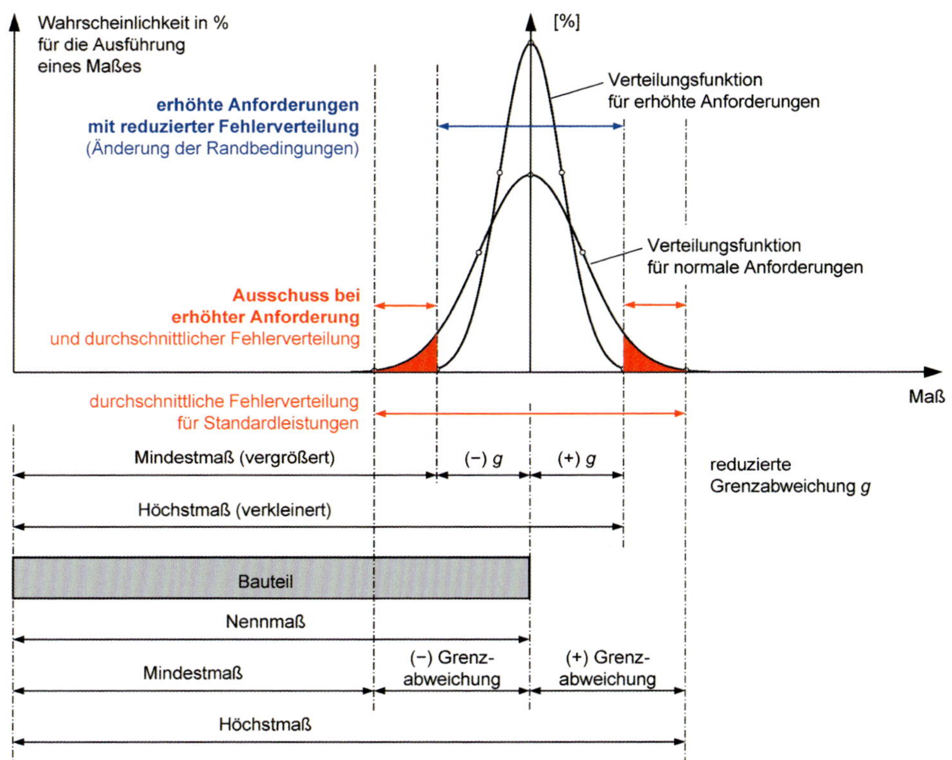

Abb. B 4.15: Missverhältnis zwischen Anforderung und Fehlerverteilung eines Prozesses

Gestaltung geforderte Genauigkeit ist strenger formuliert als die übliche Streubreite zufälliger ausführungsbedingter Maßabweichungen (vgl. Abb. B 4.14).

Die veränderte Anforderung und die zu erwartende Häufigkeitsverteilung der Abweichung sind nicht mehr näherungsweise deckungsgleich. Die Anforderung kann also auf der Grundlage der Toleranzen nach DIN 18202 als Maßstab nicht zielsicher eingehalten werden. Dieses **Missverhältnis** kann entweder über eine Veränderung der Randbedingungen für eine Ausführung mit reduzierter Fehlerverteilung oder alternativ mit einer Inkaufnahme von Ausschuss wegen der erhöhten Anforderung unter Beibehaltung der Randbedingungen des jeweiligen Herstellungsprozesses ausgeräumt werden (vgl. Abb. B 4.15).

Eine erhöhte Genauigkeitsanforderungen kann mit ausreichender Wahrscheinlichkeit entsprechend den Toleranzen nach DIN 18202 nur eingehalten werden, wenn die zufälligen ausführungsbedingten Maßabweichungen mit einer **Veränderung der Randbedingungen** reduziert werden. Ein Beispiel hierfür ist eine Vorfertigung von Bauelementen in einer Werkstatt im Unterschied zu einer örtlichen Ausführung unter Baustellenbedingungen. Werden die Randbedingungen beibehalten, z. B. weil eine Ausführung nur vor Ort auf der Baustelle möglich ist, dann ändert sich auch die Fehlerverteilung des Ergebnisses nicht. Eine höhere Anforderung lässt sich also **alternativ** nur mit einem **erhöhten Ausschussanteil** einhalten.

Aufgrund der Diskrepanz zwischen den Genauigkeitsanforderungen in optischer Hinsicht und den ausführungsbedingt möglichen Genauigkeiten ist es erfahrungsgemäß nicht zielführend, den Anwendungsbereich der DIN 18202 über die Betrachtung von Passungen hinaus auf die Beurteilung **optisch sensibler Bereiche** auszudehnen. Eine solche Vorgehensweise ist letztlich auch nicht erforderlich, weil für Anforderungen an die Maßhaltigkeit fertiger Oberflächen **alternative Beurteilungsgrundlagen** existieren. Dies sind die sog. **Fachregeln eines Handwerks**, die allerdings zumeist nicht als schriftlich gefasstes Regelwerk vorliegen. Anforderungen an die Maßhaltigkeit lassen sich aus gewerkeüblichen und nach den Regeln der Handwerkskunst zu erwartenden Verarbeitungsweisen ableiten. Ein Beispiel hierfür ist die übliche Art, eine geputzte Oberfläche handwerklich zu glätten oder geputzte Kanten geradlinig auszuführen. Die Ausführung einer handwerklichen Leistung entspricht ggf. nicht den zu stellenden Anforderungen und ein üblicherweise zu erwartender Qualitätsstandard wird nicht erreicht, wenn das Ergebnis einer handwerklichen Leistung erkennen lässt, dass beispielsweise

- die Verarbeitungsweise ungeeignet war,
- der Verarbeiter das notwendige handwerkliche Geschick nicht besaß,
- die erforderlichen Werkzeuge nicht eingesetzt wurden,
- die Zubereitung der Stoffe nicht den Anforderungen entsprach oder
- die erforderlichen Umgebungsbedingungen (z. B. Temperatur) nicht vorlagen.

Eine Maßabweichung kann also nach technischer Auffassung auch dann einen Fehler darstellen, wenn sie bei **üblicher handwerklicher Sorgfalt** zu vermeiden gewesen wäre. Der **Beurteilungsmaßstab** ist in diesem Fall nicht die DIN 18202, sondern das üblicherweise **zu erwartende Erscheinungsbild** bei einer Ausführung nach den einschlägigen Fachregeln des Handwerks. Im Sinne des Mangelbegriffs nach § 633 BGB ist dies eine **übliche Beschaffenheit** von Werken gleicher Art, die der Besteller nach der Art des Werkes erwarten kann.

4.4 Bewertung von Maßabweichungen

Die Bewertung einer Maßabweichung muss sehr sorgfältig mit der Beurteilung einhergehen, ob und ggf. in welcher Schwere eine Abweichung – z. B. von einem Bausoll – vorliegt.

Eine fehlerhafte Leistung mit einer **Beeinträchtigung der technischen Funktion**, z. B. der Gebrauchstauglichkeit oder der Dauerhaftigkeit, wird in der Regel als nur eingeschränkt brauchbar für den beabsichtigten Zweck beurteilt werden und deshalb als mangelhaft zurückwiesen werden. Eine Leistung mit einer wesentlichen **Beeinträchtigung der optischen Funktion**, d. h. einer wesentlichen Abweichung von dem gewollten Erscheinungsbild, wird man ebenso als mangelhaft beurteilen, wenn sie wegen der Abweichung zu dem vorgesehenen Zweck nicht verwendet werden kann, z. B. bei repräsentativen Zwecken. Die Folge wird in beiden Fällen regelmäßig eine Beseitigung der Abweichung durch Neuherstellung oder Nachbesserung sein.

Die Beurteilung einer **Abweichung nur des optischen Erscheinungsbildes**, also ohne funktionelle Beeinträchtigungen, muss hingegen differenzieren nach der Schwere der mit der Abweichung verbundenen **Beeinträchtigung**. Einflussfaktoren auf die Wahrnehmung einer solchen Abweichung sind die **Betrachterposition** und die **Belichtungsverhältnisse**. Beide Faktoren müssen sich an dem im Einzelfall vorgesehenen Gebrauch, ansonsten an einem üblichen Gebrauch orientieren. Für die Einordnung

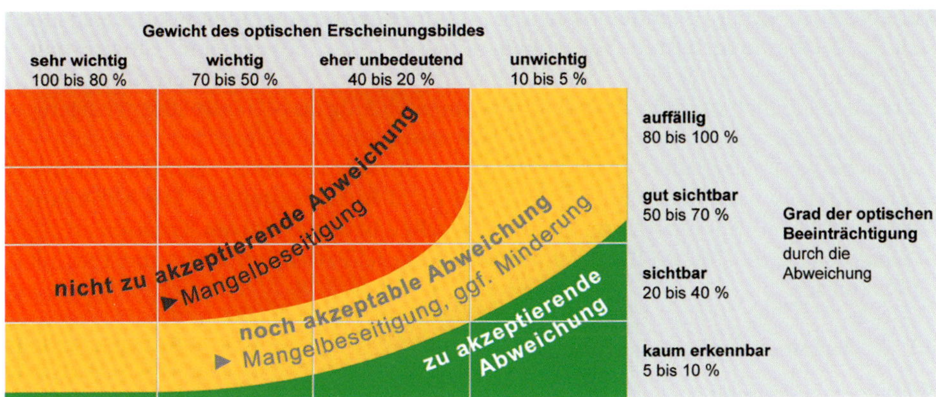

Abb. B 4.16: Grafische Darstellung zur Bewertung optischer Mängel nach Ertl et al., 2017

einer Bewertung haben sich das **Gewicht des optischen Erscheinungsbildes** und der **Grad der optischen Beeinträchtigung** durch die Abweichung als Beurteilungsmaßstäbe etabliert (vgl. Oswald/Abel, 2005; Ertl et al., 2017).

In der **Differenzierung optischer Mängel** sind in einem ersten Grundsatz **optische Unregelmäßigkeiten** immer dann zu beseitigen, wenn dies mit einfachen Maßnahmen und geringen Kosten möglich ist. Eine weitere Bewertung erübrigt sich für diesen Fall, die Abweichung kann leicht beseitigt werden.

Nach einem zweiten Grundsatz sind **besondere Vorgaben** für das optische Erscheinungsbild zu berücksichtigen, z. B. ein bestimmtes vertraglich vereinbartes Bausoll. Für diesen Fall sind Abweichungen immer auf der Grundlage der Vorgaben im Einzelfall zu beurteilen und nicht vorrangig nach der Üblichkeit. Bestehen keine besonderen Vorgaben, so ist nach der Üblichkeit zu beurteilen.

Nach einem dritten Grundsatz ist zu prüfen, ob eine **Bagatelle** vorliegt. Eine Bagatelle bezeichnet eine Abweichung in den Grenzen einer üblichen handwerklichen Sorgfalt und damit eine Situation, die unter den Bedingungen des Einzelfalls aus technischer Sicht als nur geringfügig beeinträchtigt bzw. knapp ausreichende Leistung und deshalb noch als „mangelfrei" einzustufen ist. Die **Abweichung** ist deshalb **zu akzeptieren**.

Für alle nach den Grundsätzen 1 bis 3 noch verbleibenden Fälle liegt nach technischer Auffassung ein optischer Mangel vor (vgl. Abb. B 4.16). Nach dem Gewicht des optischen Erscheinungsbildes und dem Grad der optischen Beeinträchtigung durch die Abweichung ist die **Abweichung nicht zu akzeptieren**. In der Folge wird eine **Mangelbeseitigung** erforderlich. Für den Übergangsbereich zwischen einer nicht zu akzeptierenden Abweichungen und einer Bagatelle kann der **Grenzfall** einer noch **akzeptablen Abweichung** vorliegen. Ist die Grenze zur Bagatelle überschritten, so kann in begründeten Fällen statt einer Mangelbeseitigung alternativ eine **Minderung** auf Basis einer **Minderwertermittlung** in Betracht kommen.

Die **Bewertung** einer Abweichung als nicht zu akzeptierende Abweichung oder als noch akzeptable Abweichung erfolgt **aus technischer Sicht**, die Entscheidung über die Folge einer Mangelbeseitigung bzw. einer Minderung hingegen nicht mehr. Diese Entscheidung ist ggf. aus **rechtlicher Sicht** zu ergänzen.

Für eine noch weiter gehende Bewertung und die **Bezifferung einer Minderung** bietet sich das **Zielbaumverfahren** (vgl. Aurnhammer, 1978, S. 356) mit einer Gewichtung des Umfangs bzw. der Schwere der Beeinträchtigung an. Allerdings führt dieses Verfahren bei lediglich optischen Beeinträchtigungen häufig zu betragsmäßig geringen Minderwerten, weil die Bewertungsmethode sowohl funktionale als auch optische Eigenschaften untergliedert und berücksichtigt. Ein solchermaßen ermittelter Minderwert ist deshalb nach der Erfahrung mitunter nicht zufriedenstellend. Die Akzeptanz hängt in solchen Fällen auch von nicht technischen bzw. subjektiven Kriterien ab. Solche Aspekte müssen im Einzelfall im Spannungsfeld zwischen Recht und Technik gelöst werden.

4.5 Maßabweichungen bei Gebäuden im Bestand

Eine Beurteilung von Maßabweichungen auf der Grundlage von DIN 18202:2019-07 findet Anwendung für neu ausgeführte Bauleistungen, wenn dieses Regelwerk Bestandteil des Bausolls ist. Maßabweichungen bei Gebäuden im Bestand sind hingegen nach dem **bauzeitlichen Bausoll** bzw. bauzeitlichen Regelwerken zu beurteilen. Diese Unterscheidung ist in der Praxis vor allem dann zu berücksichtigen, wenn Änderungen im Bestand ausgeführt werden sollen. Für neu ausgeführte Leistungen sind nach heutigem Bausoll bzw. heutigen Anforderungen im Standardfall die Toleranzen nach DIN 18202 einzuhalten. Vorleistungen im Bestand, z. B. eine bestehende Wand als Untergrund für eine neu auszuführende Putzbekleidung, genügen aber nicht immer heutigen Anforderungen. Die **Schnittstelle zwischen Bestand und Neubau** muss im Sinne einer Passung betrachtet werden, z. B. mit einem zusätzlichen Ausgleich bestehender Maßabweichungen. Für die Beurteilung von Maßabweichungen neu ausgeführter Leistungen im Bestand ist daher vorrangig diese Schnittstelle zu berücksichtigen. Etwaige Überlegungen zu Erwartung und Akzeptanz von Maßabweichungen oder eine Bewertung von Maßabweichungen sind erst nachrangig unter der Voraussetzung einer Maßhaltigkeit des Gebäudebestands – erforderlichenfalls mit Passungsausgleich – nach heutigen Anforderungen zielführend.

5 Checkliste für die Berücksichtigung von Toleranzen beim Planen und Bauen

In DIN 18202 werden Maßtoleranzen für die Ausführung von Bauleistungen bei der Herstellung von Bauteilen und Bauwerken angegeben. Die Berücksichtigung nur dieses Einflusses auf die Maßhaltigkeit reicht jedoch nicht aus, um ein dem vorgesehenen Zweck entsprechendes Bauwerk sicher herstellen zu können. In der Planung, in der Ausschreibung und bei der Ausführung ist unter dem Aspekt der Maßhaltigkeit eine Vielzahl weiterer Einflussgrößen zu berücksichtigen. Diese werden in der nachfolgenden Zusammenstellung in der Chronologie für die **Abwicklung einer Bauaufgabe**, ausgehend von der Definition des Bausolls und dessen Umsetzung in der Planung, der Ausführungsvereinbarung und schließlich der Arbeitsvorbereitung und der eigentlichen Bauausführung bis hin zur Fertigstellung, dargestellt in der Form einer **Checkliste** (vgl. Tabelle B 5.1).

Tabelle B 5.1: Berücksichtigung von Toleranzen in Planung und Ausführung

			✓
1	Planung	**Notwendiges Maß im fertigen Zustand**	
		1.1 Anforderungen für die Nutzung	
		• Welche – vertraglich vereinbarten – Anforderungen bestehen für den fertigen Zustand hinsichtlich der Maße, Winkel, Ebenheiten von Oberflächen und Fluchten von Stützenreihen?	☐
		• Welcher Erfolg ist vertraglich geschuldet?	☐
		• Welche Leistungen sind ggf. vertraglich vereinbart?	☐
		1.2 Anforderungen in technischen Regelwerken	
		• Sind Mindestmaße einzuhalten?	☐
		• Welche DIN-Normen sind zu beachten?	☐
		• Gibt es bauordnungsrechtliche Vorgaben (Bauordnung des Landes)?	☐
		• Gibt es sonstige Anforderungen aus Verordnungen, Erlassen etc. (z. B. Garagenverordnung, Arbeitsstättenverordnung, bauaufsichtlich eingeführte Merkblätter)?	☐
		1.3 Gewährleistung der Funktion	
		• Welche Anforderungen sind an die Maßhaltigkeit zu stellen zur Gewährleistung der vorgesehenen Funktion (z. B. Einbau von technischen Anlagen und Maschinen, Nutzung von Fahrbereichen, Entwässerung von Bauteilen)?	☐
		1.4 Gewährleistung der optischen Erscheinung	
		• Welche Anforderungen sind an die Maßhaltigkeit zu stellen zur Gewährleistung des vorgesehenen optischen Erscheinungsbildes (z. B. Struktur einer Fläche, optische Gestaltung von Toleranzausgleichsmöglichkeiten an Anschlussfugen, Sichtbarkeit eines Bauteils, Hervorhebungen durch Lichteinfall)?	☐

Fortsetzung Tabelle B 5.1

2	Planung	**Ermittlung der Toleranzen**	✓
		2.1 Toleranzen der Stoffe und Bauteile	
		• Welche Stoffe werden verwendet (z. B. Mauersteine)?	☐
		• Welche Toleranzen ergeben sich aus den zugehörigen Stoffnormen?	☐
		• Welche Bauteile werden separat gefertigt (z. B. Stahlbeton-Fertigteile)?	☐
		• Welche Toleranzen sind für separat zu fertigende Bauteile zu beachten?	☐
		• Bestehen Toleranzausgleichsmöglichkeiten an den Anschlüssen der Bauteile?	☐
		• Welche Bauteile werden standardmäßig fertig bezogen (z. B. Toranlagen)?	☐
		• Welche Toleranzen bestehen für Standardbauteile?	☐
		2.2 Inhärente Toleranzen	
		Verformungen infolge Kriechens unter Eigenlast/Verkehrslast	
		• Welche Toleranzen ergeben sich aus der Verformungsberechnung?	☐
		• Wie ist der zeitliche Verlauf der Verformungen?	☐
		• Welche unterschiedlichen Bauzustände sind hinsichtlich der Verformungen zu berücksichtigen?	☐
		• Ist ein Toleranzausgleich für die verschiedenen Bauzustände und langfristig für den Endzustand möglich?	☐
		Verformungen infolge Schwindens unter Änderung des Feuchtegehaltes	
		• Welche Toleranzen ergeben sich aus der Berechnung des Schwindverhaltens?	☐
		• Welche Verformungszustände sind als Bauzustände und auf Dauer zu berücksichtigen?	☐
		• Ist ein entsprechender Toleranzausgleich möglich?	☐
		Verformungen im Gebrauchszustand unter Windlast/Erschütterungen	
		• Welche Toleranzen ergeben sich aus der Berechnung der Elastizität?	☐
		• Ist ein kurzfristiger Toleranzausgleich bei Auftreten der Beanspruchung möglich?	☐
		Verformungen aus Quellen bei Änderung des Feuchtegehaltes	
		• Welche Toleranzen ergeben sich aus der Verformungsberechnung für den Baustoff?	☐
		• Ist ein Toleranzausgleich insbesondere an den Anschlüssen möglich?	☐
		2.3 Ausführungstoleranzen	
		Ausführungstoleranzen nach DIN 18202	
		• Welche Toleranzwerte sind zu berücksichtigen?	☐
		• Werden erhöhte Anforderungen an die Ebenheit von Flächen nach DIN 18202, Tabelle 3, Zeile 4 und 7, gestellt und ist dies erforderlich?	☐
		• Werden für das Bauwerk oder einzelne Bauteile andere Genauigkeiten gefordert als nach DIN 18202?	☐
		Unstetigkeitsstellen der Toleranzfunktion	
		• Sind die Anforderungen an Grenzabweichungen und Grenzwerte für Winkelabweichungen an den Übergängen der Nennmaßbereiche eindeutig festgelegt?	☐
		Passung der Gewerke untereinander	
		• Bestehen für aufeinanderfolgende Gewerke an den Schnittstellen einheitliche Toleranzvorgaben?	☐
		• Bestehen Überschneidungen der Toleranzen nach DIN 18202 mit anderen Regelwerken oder Anforderungen aus dem Bausoll?	☐
		• Bestehen für Bauteile im eingebauten Zustand die gleichen Toleranzanforderungen (DIN 18202) wie für das Bauteil selbst (z. B. nach Ausführungsnormen für das Bauteil)?	☐
		• Wenn keine einheitlichen Toleranzen bestehen: Welche Unterschiede müssen von der Passung an den Schnittstellen aufgenommen werden?	☐
		• Welche Toleranzanforderung ist an den Schnittstellen unter Berücksichtigung des Boxprinzips als maßgebliche Anforderung bestimmend für die Boxgröße?	☐

Fortsetzung Tabelle B 5.1

			✓
		• Ist mit fortschreitendem Ausbau die Einhaltung verfeinerter Toleranzen möglich (d. h., können Toleranzen in der Vorleistung durch das nachfolgende Gewerk ausgeglichen werden)?	☐
		• Sind die Genauigkeitsanforderungen des fertigen Zustandes dem entsprechenden Gewerk zugeordnet (z. B. Stahlbetonwände mit Dünnputzauftrag)?	☐
		Ausführbarkeit geforderter Genauigkeiten	
		• Sind die Anforderungen des Planers baupraktisch unter Berücksichtigung des jeweiligen Bauablaufes erfüllbar?	☐
		• Welches Ausmaß haben übliche Ungenauigkeiten einer handwerklichen Ausführung?	☐
		Temporäre ungleichmäßige Verformungen wegen Veränderung des Feuchtegehaltes	
		• Kann das Auftreten der Verformungen im Bauablauf vermieden bzw. eingeschränkt werden?	☐
		• Bestehen Toleranzausgleichsmöglichkeiten, wenn ein Vermeiden von Verformungen nicht möglich ist (z. B. Schüsseln von Estrichen, Verziehen von Holzfenstern und -türen)?	☐
3	**Planung**	**Gesamtmaß für die Planungsvorgabe**	
		3.1 Maß im fertigen Zustand	
		• Welches Maß ist im fertigen Zustand notwendig?	☐
		3.2 Gesamttoleranzmaß	
		Berechnung der Gesamttoleranz nach der additiven Methode oder nach dem Fehlerfortpflanzungsgesetz	☐
		Summe der Toleranzen für Stoffe und Bauteile + Summe der inhärenten Toleranzen + Summe der ausführungsbedingten Toleranzen = Gesamttoleranzmaß als Vorhaltemaß	☐
		3.3 Nennmaß in der Planung	
		Maß im fertigen Zustand + Gesamttoleranzmaß = Gesamtmaß für die Planung	☐
4	**Ausführung**	**Ausschreibung und Vereinbarung für die Ausführung**	
		4.1 Pläne	
		• Sind notwendige Toleranzmaße in den Ausführungsplänen enthalten bzw. angegeben?	☐
		• Sind notwendige Bezugspunkte in den Ausführungsvorgaben enthalten?	☐
		• Sind notwendige Messpunkte in den Ausführungsvorgaben angegeben?	☐
		4.2 Leistungsverzeichnis	
		• Sind die Genauigkeitsanforderungen für die Ausführung der einzelnen Leistungsbereiche in den Leistungsbeschreibungen angegeben?	☐
		• Sind Maßnahmen zum Ausgleich von Passungsungenauigkeiten an den gemeinsamen Grenzen verschiedener Leistungsbereiche mit unterschiedlichen Genauigkeitsanforderungen in den Ausführungsvorgaben enthalten?	☐
		4.3 Vertrag	
		• Sind die Genauigkeitsanforderungen Bestandteil der Ausführungsvereinbarung?	☐

Fortsetzung Tabelle B 5.1

5	Ausführung	**Vorbereitung der Ausführung**	✓
		5.1 Machbarkeit der für den Endzustand geforderten Genauigkeit	
		• Überprüfen der Toleranzforderungen in Bezug auf die möglichen Maßabweichungen der vorgesehenen Baustoffe und Bauverfahren	☐
		• ggf. Reduzieren der Genauigkeitsforderungen oder Änderung der Technologie (Ausführungsart)	☐
		• Abstimmen der Passungen mit Vor- und Folgeleistungen	☐
		• Bestimmen der Vermessungsart bzw. der Vorgehensweise bei der Durchführung von Genauigkeitsüberprüfungen und der Messmittel	☐
		• Festlegen von Vermessungspunkten für das Einmessen und für Maßkontrollen bzw. von Messstellen	☐
		5.2 Prüfen der Vorleistung	
		• Prüfen, ob Bauwerksmaße, Winkel, Ebenheiten und Fluchten der Vorleistung mit den Planvorgaben übereinstimmen	☐
		• Feststellen der Maßabweichungen in der Vorleistung	☐
		• Prüfen, ob Maßabweichungen der Vorleistung innerhalb der zulässigen Toleranzgrenzen liegen	☐
		5.3 Entscheidung über den Ausführungsbeginn	
		bei fehlerhafter Vorleistung:	
		• Anmelden von Bedenken im Sinne von VOB/B gegenüber dem Auftraggeber vor Ausführungsbeginn	☐
		• Hinweis auf die Konsequenzen für die Ausführung der nachfolgenden Leistung im Rahmen einer Behinderungsanzeige	☐
		• Abstimmen von Maßnahmen zum Ausgleich der mangelhaften Vorleistung mit dem Auftraggeber; Beachten der Haftung für Ausführungsvorschläge	☐
		• Klären der Vergütung für Maßnahmen zum Ausgleich mangelhafter Vorleistungen vorab	☐
		• Ausführen von Maßnahmen zum Ausgleich mangelhafter Vorleistungen nur bei entsprechender Beauftragung (Anmerkung: Fehler, die einmal aufgetreten sind, sollten nicht durch nachfolgende Maßnahmen verdeckt, sondern zuerst beseitigt werden.)	☐
		bei fehlerfreier Vorleistung:	
		• Ausführungsbeginn	☐

Fortsetzung Tabelle B 5.1

6	Ausführung	**Ausführung**	✓
		6.1 Aufnehmen der bestehenden Situation	
		• Berücksichtigen bestehender Ungenauigkeiten beim Anlegen der Folgeleistung	☐
		• Festlegen eines möglichen Toleranzausgleichs aus der Vorleistung	☐
		6.2 Zwischenkontrollen während der Ausführung	
		• stichprobenhafte Kontrollen je nach Erfordernis im Zuge des Baufortschritts	☐
		• Verdichten der Kontrollen je nach Ergebnis der Stichproben unter statistischen Gesichtspunkten	☐
		• Abstimmung der laufenden Ausführung und der dabei auftretenden Toleranzen auf die Möglichkeiten eines Toleranzausgleichs durch die Folgeleistung	☐
		• aufgetretene Fehler möglichst frühzeitig korrigieren (Anmerkung: Der Kostenaufwand hierfür steigt mit zunehmender Fertigstellung in der Regel überproportional an.)	☐
		6.3 Endkontrolle bei Fertigstellung	
		• Maßkontrolle vor Anmeldung der Fertigstellung	☐
		• Korrektur, sofern erforderlich	☐
7	Ausführung	**Fertigstellungsabnahme**	
		7.1 Prüfung	
		• allgemeine Prüfung durch Augenschein	☐
		• in Funktionsbereichen: zusätzliche Kontrolle der Funktion	☐
		• bei besonderen optischen Anforderungen: Kontrolle der optischen Erscheinung unter Gebrauchsbedingungen	☐
		• bei besonderen vertraglich vereinbarten Anforderungen: Kontrolle der vereinbarten Kriterien	☐
		• schwerpunktmäßige Kontrolle der Passung an den Leistungsgrenzen aufeinanderfolgender Gewerke	☐
		7.2 Dokumentation	
		• Dokumentation des Prüfungsergebnisses bzw. der erreichten Genauigkeit (z. B. im Protokoll der Prüfung bzw. in der Abnahmeniederschrift)	☐
		• Abgrenzung der Toleranzen für die nachfolgende Leistung	☐

Die Darstellung des Bauablaufes zeigt, dass sich der Einfluss von Maßabweichungen auf den Erfolg einer Bauaufgabe einem „roten Faden" gleich von den Anfängen der Planung bis zur Fertigstellung für den Gebrauch durch alle Abschnitte des Baugeschehens zieht. Die notwendige Maßgenauigkeit wird sich nur zielsicher ergeben, wenn sie in allen Phasen der Planung und Bauausführung in dem jeweils erforderlichen Maße berücksichtigt wird.

6 Beispiele für Planen und Bauen mit Toleranzen

6.1 Nennmaße für Einbauteile mit Grenzbezug (Beispiel)

Für ein **Koordinationsmaß** von 3,00 m gilt nach DIN 18202, Tabelle 1, Zeile 5, eine Grenzabweichung von ± 16 mm. Das lichte Nennmaß, in das ein Einbauteil eingefügt werden soll, ergibt sich somit zu 3,00 ± 0,016 = 3,016 m (vgl. Abb. B 6.1).

Für ein Koordinationsmaß von 3,00 m, eine Funktionsfuge von 15 mm und eine Grenzabweichung von ± 8 mm (bauteilspezifisch) ergibt sich das Nennmaß für das Einbauteil zu 3,00 – (2 × 0,015) – 0,008 = 2,962 m.

6.2 Nennmaße für Einbauteile mit Achsbezug (Beispiel)

2 benachbarte Stützen sind jeweils mittig auf eine Bauwerksachse bezogen und vermaßt. Zwischen die Stützen sollen insgesamt 4 Einbauteile eingefügt werden (vgl. Abb. B 6.2). Das Nennmaß eines Einbauteils ist unter Berücksichtigung der Toleranzen für Lage und Form der Stützen zu ermitteln wie folgt:

- Koordinationsmaß für den Achsabstand von 2 Stützen: 5,00 m
- Grenzabweichung für den Achsabstand ± 16 mm nach DIN 18202, Tabelle 1, Zeile 1
- Querschnittsmaße einer Stahlbetonstütze: 30/30 cm
- Grenzabweichung für die Stütze ± 6 mm (bauteilspezifisch)
- 4 Einbauteile zwischen den Stützen
- Grenzabweichung für ein Einbauteil ± 8 mm (bauteilspezifisch)
- Fugenbreite 10 mm zwischen den Einbauteilen

Lichtes Maß für den Abstand zweier Stützen:

5,00 – 0,30 – 0,016 – 0,006 = 4,678 m

Nennmaß für eines der insgesamt 4 Einbauteile:

(4,678 – (4 × 0,008) – (5 × 0,010)) : 4 = 1,149 m

6.3 Grenzabweichungen innerhalb einer Maßkette (Beispiel)

In der Ausführungszeichnung für eine Außenwand sind folgende Maße angegeben (vgl. Abb. B 6.3):

- Außenmaß für die Breite (13,24 m)
- Maßkette für die Lage und Breite der Wandöffnungen
- Maßkette für die Dicke der angrenzenden Außenwände und die lichte Breite des Raums im Grundriss

Für die in der Zeichnung angegebenen Nennmaße sind folgende Grenzabweichungen anzusetzen:

- Außenwandlänge außen: 13,24 m ± 20 mm (gemäß DIN 18202, Tabelle 1, Zeile 1, Spalte 5)
- Länge der linken Wandscheibe außen: 3,24 m ± 16 mm (gemäß DIN 18202, Tabelle 1, Zeile 1, Spalte 4)
- Öffnungsmaß 2,01 m ± 12 mm (gemäß DIN 18202, Tabelle 1, Zeile 5, Spalte 3)

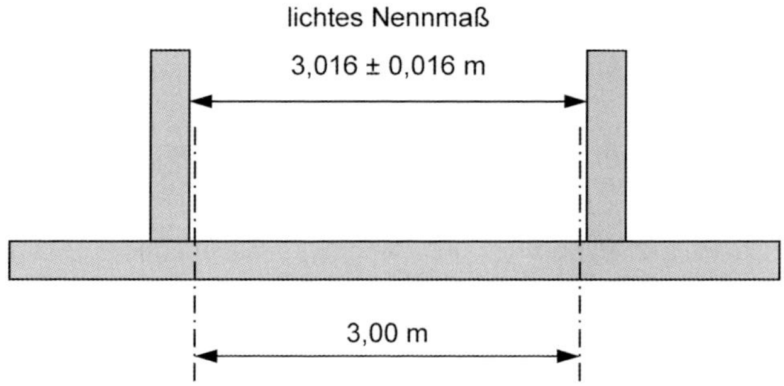

Abb. B 6.1: Beispiel für die Zuordnung lichter Nennmaße bei Grenzbezug

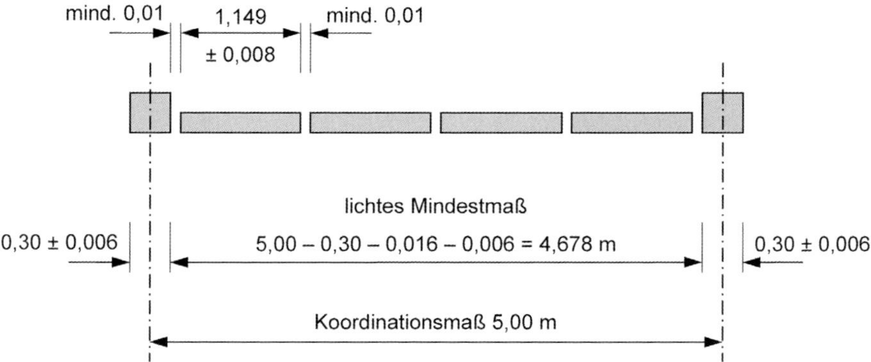

Abb. B 6.2: Beispiel für die Zuordnung von Nennmaßen der Einbauteile bei Achsbezug

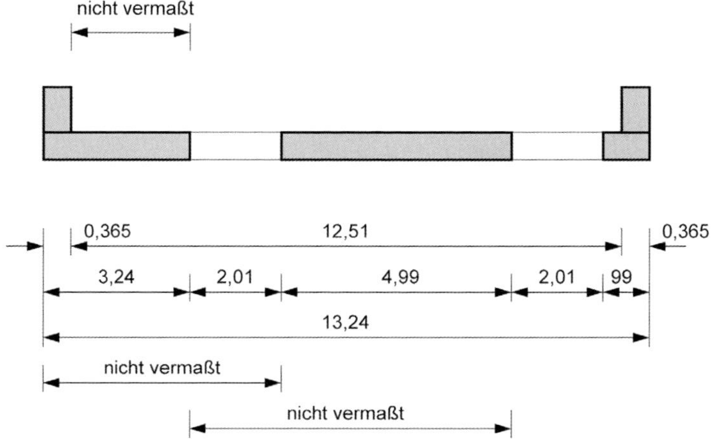

Abb. B 6.3: Beispiel für die Maßkette einer Außenwand

- mittlere Wandscheibe Außenlänge/Innenlänge 4,99 m ± 16 mm (gemäß DIN 18202, Tabelle 1, Zeile 1, Spalte 4)
- Länge der rechten Wandscheibe außen: 0,99 m ± 10 mm (gemäß DIN 18202, Tabelle 1, Zeile 1, Spalte 2)
- lichte Breite des Raums innen: 12,51 m ± 24 mm (gemäß DIN 18202, Tabelle 1, Zeile 3, Spalte 5)

Die Grenzabweichungen gemäß DIN 18202, Tabelle 1, sind für jedes in der Zeichnung angegebene Nennmaß einzuhalten. Für die Breite der Wandscheibe sind insgesamt 3 Maßketten unterschiedlicher Zusammensetzung angegeben. Bei der Addition aller Glieder einer Maßkette und ihrer maximal zulässigen Grenzabweichungen ergeben sich somit für die 3 Maßketten unterschiedliche Gesamtmaße. Maßgebend ist der kleinste Wert dieser 3 Gesamtmaße.

Die Summe der einzelnen Maßketten errechnet sich bei Ansatz der maximalen Grenzabweichung für jedes Nennmaß wie folgt:

Maßkette innen:

$$(0{,}365 + 0{,}01) + (12{,}51 + 0{,}024) + (0{,}365 + 0{,}01) = 13{,}284 \text{ m}$$

Maßkette Längsschnitt Außenwand:

$$(3{,}24 + 0{,}016) + (2{,}01 + 0{,}012) + (4{,}99 + 0{,}016) + (2{,}01 + 0{,}012) + (0{,}99 + 0{,}01) = 13{,}306 \text{ m}$$

Maßkette außen:

$$(13{,}24 + 0{,}02) = 13{,}26 \text{ m (maßgebender Wert)}$$

Für die Maßkette innen und die Maßkette Längsschnitt Außenwand ist eine Ausnutzung aller maximalen Grenzabweichungen in der Addition über alle Glieder der Maßkette hinweg nicht zulässig, weil andernfalls die Grenzabweichung für die Maßkette außen überschritten wäre.

Neben den in der Zeichnung angegebenen Maßketten sind weitere Teilmaßketten denkbar. In der Abb. B 6.3 sind einige denkbare Teilmaßketten beispielhaft mit dem Zusatz „nicht vermaßt" angegeben. Soweit in der Zeichnung für ein Maß kein Nennmaß angegeben ist, ist hierfür auch keine Grenzabweichung nach DIN 18202, Tabelle 1, anzusetzen. Gegenstand einer späteren Überprüfung können daher nur die angegebenen Nennmaße sein.

Ist – in Ergänzung des vorgenannten Beispiels – auf der Innenseite der dargestellten Außenwandkonstruktion ein späterer Einbau vorgesehen, so ist dieser hinsichtlich seiner Maße mit einem weiteren Nennmaß in der Zeichnung anzugeben. Es entsteht damit im vorliegenden Fall eine zusätzliche Maßkette, die sich jedoch nicht mehr nach der Außenabmessung der Wandscheibe orientiert, sondern auf die Lage der raumseitigen Wandoberfläche der Außenwand bezogen ist. Nun bestehen 2 Maßketten, die den Abstand der Bauteilöffnung beschreiben (vgl. Abb. B 6.4).

Nach der außen liegenden Maßkette in der Längsachse der Außenwand gilt für den Abstand der Bauwerksöffnung von der Bauwerksaußenkante:

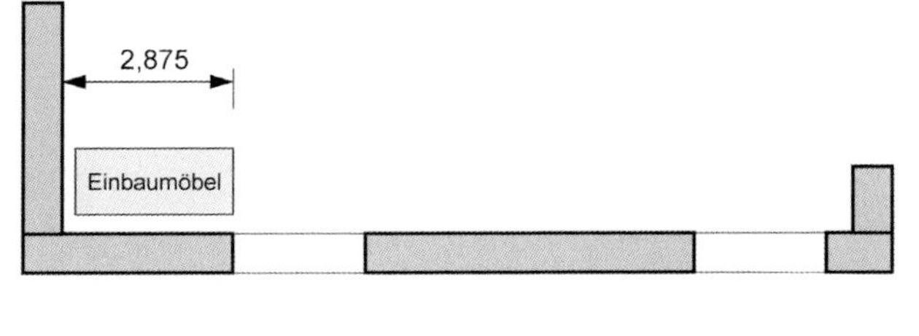

Abb. B 6.4: Beispiel für die Maßkette einer Außenwand mit zusätzlich vermaßten Einbauten

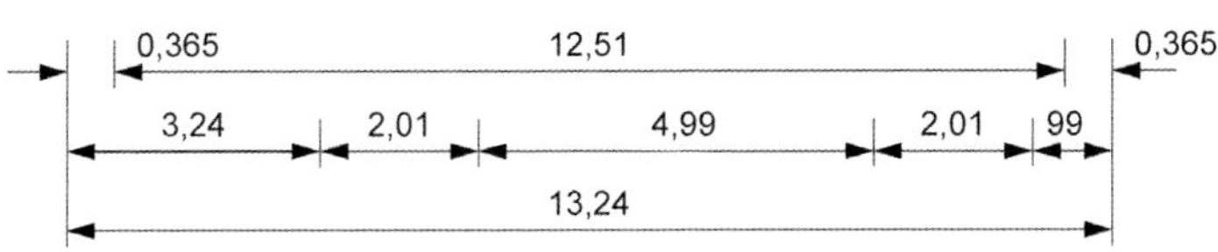

Nennmaß 3,24 m ± 0,016 m (gemäß DIN 18202, Tabelle 1, Zeile 1, Spalte 4)

Nach der innen liegenden Maßkette gilt für den Abstand der Bauwerksöffnung von der raumseitigen Wandoberfläche:

Nennmaß 2,875 m ± 0,012 m (gemäß DIN 18202, Tabelle 1, Zeile 1, Spalte 3)

Auch in diesem Fall sind für die Lage der Bauwerksöffnung beide Maßketten einzuhalten. Entscheidend ist also wiederum die Maßkette mit dem kleineren Summenmaß. Für die Einzelmaße der Maßkette mit dem größeren Summenmaß bedeutet dies, dass die zulässigen Grenzabweichungen nicht maximal ausgeschöpft werden können.

6.4 Grenzabweichungen im Aufriss einer Geschossdecke (Beispiel)

In der Schnittzeichnung eines zweigeschossigen Gebäudes sind folgende Nennmaße angegeben (vgl. Abb. B 6.5):

- Höhenkote Boden EG + 0,00 m
- Höhenkote Oberkante Decke über EG + 3,00 m
- lichte Höhe EG 2,65 m
- lichte Höhe OG 2,65 m

Für die Höhe Decke über EG ist gemäß DIN 18202, Tabelle 1, Zeile 2, Spalte 3, eine Grenzabweichung von ± 16 mm anzusetzen.

Für die lichte Geschosshöhe ist gemäß DIN 18202, Tabelle 1, Zeile 4, Spalte 3, eine Grenzabweichung von ± 20 mm anzusetzen.

Für die Höhenlage der Decke über EG ergibt sich ausgehend von der Höhenkote + 3,00 m für die Deckenoberseite eine Höhe von

- maximal (3,00 + 0,016 =) 3,016 m,
- minimal (3,00 – 0,016 =) 2,984 m.

Für die Höhenlage der Deckenoberseite Decke über EG ergibt sich ausgehend von der lichten Raumhöhe im Obergeschoss eine Höhenlage von

- maximal (3,00 + 0,02 =) 3,02 m,
- minimal (3,00 – 0,02 =) 2,98 m.

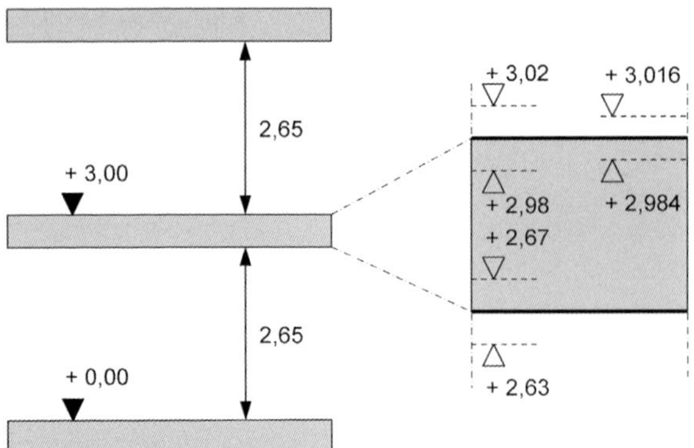

Abb. B 6.5: Beispiel für Grenzabweichungen des Deckenschnitts

Für die Höhenlage der Deckenunterseite Decke über EG ergibt sich ausgehend von der lichten Höhe im Erdgeschoss eine Höhenlage von

- maximal (3,00 – 0,35 + 0,02 =) 2,67 m,
- minimal (3,00 – 0,35 – 0,02 =) 2,63 m.

Hierbei wurde die Deckenstärke für die Decke über EG aus der Höhenkote an der Deckenoberseite und der lichten Raumhöhe im Erdgeschoss sowie der Höhenkote Boden Erdgeschoss ermittelt zu (3,00 – 2,65 =) 0,35 m.

Abb. B 6.5 zeigt die unterschiedlichen Boxbereiche für die vertikale Maßkette lichte Raumhöhe – Deckenstärke – lichte Raumhöhe. Die Boxbereiche für die lichte Raumhöhe und der Boxbereich für die Deckendicke sind wegen der Zuordnung in verschiedene Zeilen der Tabelle 1 in DIN 18202 nicht gleich groß. Für die Passung aller Einzelmaße wird das strengere Kriterium maßgebend. Bei Betrachtung der Einzelmaße ohne Bezug zu angrenzenden Maßen ist der jeweilige Boxbereich einzuhalten.

6.5 Addition systematischer Fehler in einer Maßkette (Beispiel)

Ein Hochhaus wurde unmittelbar neben einem angrenzenden Gebäude erstellt und mit diesem durch Durchgänge verbunden. In den einzelnen Geschossen stimmte das neu erstellte Deckenniveau mit den vorhandenen Ebenen des Nachbargebäudes nicht überein. So lag z. B. das Deckenniveau des zehnten Obergeschosses 60 mm über dem Nennmaß (± 30 mm Grenzabweichung nach DIN 18202, Tabelle 1, Zeile 2, für die Gesamthöhe 10 × 2,85 m = 28,5 m).

Die geschosshohen Fertigteilwände wiesen systematische Überlängen von + 6 mm auf (Grenzabweichung ± 8 mm nach DIN 18203-1, Tabelle 1, Zeile 2). Diese Überlängen wurden bei der Montage nicht ausgeglichen. Im ersten Geschoss betrug das Istabmaß zur Nenngeschosshöhe + 10 mm (zulässig ± 16 mm nach DIN 18202, Tabelle 1, Zeile 2). In den folgenden Geschossen addierte sich das Übermaß und führte im zehnten Obergeschoss zu einer Größe von 60 mm. Die Grenzabweichung für das Summenmaß war überschritten, wenngleich die Grenzabweichungen der Teilmaße innerhalb der Maßkette eingehalten waren.

Um eine Addition systematischer Fehler zu vermeiden, wäre eine ständige Nachkontrolle von Geschoss zu Geschoss erforderlich gewesen. Andererseits würde man bei einem frei stehenden Hochhaus die Überschreitung bzw. größere Höhe von 6 cm weder als Baumangel noch als Funktionsstörung oder als Gestaltungsfehler empfinden.

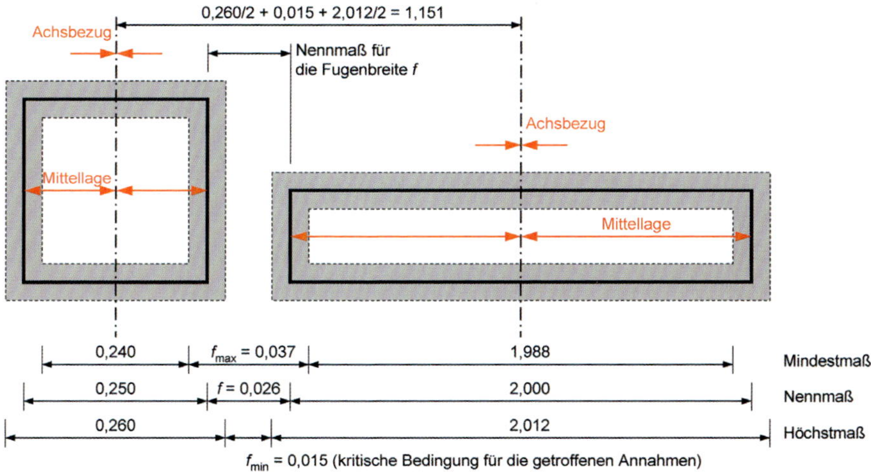

Abb. B 6.6: Beispiel für die Bemessung eines Boxbereiches für eine Anschlussfuge mit Fugenbreite *f* (alle Angaben in m; Skizze nicht maßstäblich)

6.6 Passung an der Fügestelle zweier Bauteile (Beispiel)

Betrachtet wird der Anschluss eines Wandelementes mit einem Nennmaß für die Länge im Grundriss von 2,00 m an eine Stütze mit einem Nennmaß für die Querschnittsbreite von 0,25 m. Die Grenzabweichung für die Elementlänge beträgt 0,012 m (DIN 18202, Tabelle 1, Zeile 1, Spalte 3), für die Stützenbreite 0,010 m (DIN 18202, Tabelle 1, Zeile 1, Spalte 2).

Der Boxbereich ist dann mit folgenden Maßen zu berücksichtigen (vgl. Abb. B 6.6):

- für das Wandelement:
  - Mindestmaß: 2,000 – 0,012 = 1,998 m
  - Nennmaß: 2,000 m
  - Höchstmaß: 2,000 + 0,012 = 2,012 m
- für die Stütze:
  - Mindestmaß: 0,250 – 0,010 = 0,240 m
  - Nennmaß: 0,250 m
  - Höchstmaß: 0,250 + 0,010 = 0,260 m

Für die Passungsbemessung an der Fügestelle sind zunächst folgende Festlegungen zu treffen:

- Annahme 1: Für die Einbausituation der Elemente wird ein Achsbezug mit einer Anordnung der Elemente in Mittellage festgelegt. (Hinweis: Andere Festlegungen für Bezug und Lage sind möglich, die nachfolgende Passungsbemessung ändert sich entsprechend.)
- Annahme 2: Die konstruktionsbedingte Mindestfugenbreite zwischen 2 Bauteilen zur Aufnahme zeit- und lastabhängiger Verformungen und unter Berücksichtigung materialbedingter Anforderungen beträgt f_{min} = 0,015 m (nach gesonderter Bemessung).

Für die getroffenen Annahmen beträgt der Abstand zwischen der Achse der Stütze und der Achse des Elementes dann 0,260/2 + 0,015 + 2,012/2 = 1,151 m. Für diesen Achsabstand zwischen Stütze und Wandelement beträgt die Fugenbreite unter Berücksichtigung der Toleranzen für die Bauelemente wie folgt:

- Nennmaß f für die Fugenbreite: f = 1,151 – 0,250/2 – 2,000/2 = 0,026 m
- maximale Fugenbreite: f_{max} = 1,151 – 0,240/2 – 1,988/2 = 0,037 m
- von der Fuge aufzunehmende Toleranz: $f_{max} - f_{min}$ = 0,037 – 0,015 = 0,022 m

Im Ergebnis kann für die getroffenen Annahmen 1 und 2, d.h. bei Ausrichtung der Elemente nach Achsbezug und Mittellage, die tatsächlich ausgeführte Fugenbreite innerhalb der Toleranz zwischen Mindestmaß f_{min} = 15 mm und Höchstmaß f_{max} = 37 mm liegen.

Anmerkung: Wird für die Ausführung eine Nennfugenbreite f vorgegeben, z.B. f = 2 cm, dann ist zusätzlich eine Angabe erforderlich, ob der Toleranzausgleich über eine variable Fugenbreite oder über eine variable Elementbreite erfolgen soll.

6.7 Boxbereich für Achsmaße einer Stützenreihe (Beispiel)

Eine Industriehalle wird in Stahlbetonskelettbauweise mit Stützen und Dachbindern errichtet. Die Außenwände werden durch nachträgliches Einsetzen von Fertigteil-Wandscheiben zwischen die Stützen gebildet. Die Stützen stehen in einem Raster mit 3 m Abstand der Stützenachsen. Die Lage der Stützen im Grundriss soll den Anforderungen nach DIN 18202, Tabelle 1 – Grenzabweichungen für Maße, genügen. Nach dem Aufstellen der Stützen soll deren Lage im Grundriss überprüft werden (vgl. Abb. B 6.7).

Nach DIN 18202, Tabelle 1, Zeile 1 (Grenzabweichungen für Rastermaße im Grundriss), gilt:

- Achsabstand zwischen 2 Stützen: 3 m ± 12 mm
- Achsabstand zwischen 3 Stützen: 6 m ± 16 mm
- Achsabstand zwischen 4 Stützen: 9 m ± 20 mm

Für die seitliche Abweichung der Lage der einzelnen Stützenachsen von der Nennlage sind folgende Boxbereiche anzusetzen:

Breite des Boxbereichs nach einer Seite: halber Wert der zulässigen Grenzabweichung, also:

- für den einfachen Rasterabstand: 0,5 × ± 12 mm = ± 6 mm
- für den doppelten Rasterabstand: 0,5 × ± 16 mm = ± 8 mm
- für den dreifachen Rasterabstand: 0,5 × ± 20 mm = ± 10 mm

Für die Überprüfung wird man zweckmäßigerweise die Achse der Stütze in der Mitte einer Stütze annehmen. Eventuelle zusätzliche Toleranzen für die Maße des Querschnitts werden so gemittelt. Die Querschnittsmaße sind ggf. gesondert zu prüfen.

Bei der Prüfung ist die tatsächliche Lage der Stützenachsen aufzumessen. Empfehlenswert sind Kontrollmessungen jeweils über den doppelten und dreifachen Rasterabstand.

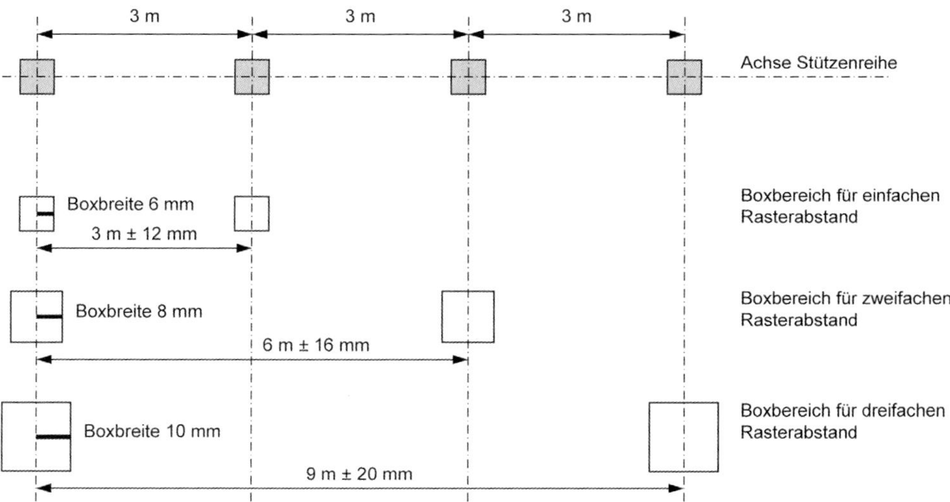

Abb. B 6.7: Beispiel für einen Boxbereich für die Lage der Stützenachsen (schematische Darstellung)

In der Auswertung der Messergebnisse zur Lage der Stützen sind folgende Maße zu kontrollieren:

- einfache Rasterabstände AB, BC und CD: minimal 2,988 m, maximal 3,012 m
- doppelte Rasterabstände AC und BD: minimal 5,984 m, maximal 6,016 m
- dreifacher Rasterabstand AD: minimal 8,980 m, maximal 9,020 m

Die Einhaltung der Grenzabweichungen nach DIN 18202, Tabelle 1, für alle Rasterabstände bedingt, dass der für den einfachen Rasterabstand zulässige Fehler nicht in allen Feldern voll ausgeschöpft werden darf. Die Begrenzung der Grenzabweichung für den dreifachen Rasterabstand auf 20 mm, d. h. einen kleineren Wert als die dreifache Grenzabweichung des einfachen Rasterabstandes (3 × 12 mm) = 36 mm, setzt voraus, dass in der Reihung der Stützenfelder bereits ein Toleranzausgleich unter statistischen Gesichtspunkten stattfindet. Der Gesamtfehler wird also nicht additiv, sondern nach dem Fehlerfortpflanzungsgesetz ermittelt:

- Fehleraddition: 12 + 12 + 12 = 36 mm
- Fehlerfortpflanzungsgesetz: $\sqrt{(12^2 + 12^2 + 12^2)}$ = ca. 20 mm

Anmerkung: Die vorstehende Auswertung berücksichtigt nur die Lage der Stützen in Richtung der Außenwandflucht, da zunächst nur diese für den späteren Einbau der Wandscheiben maßgeblich sind. Die Abweichung der Stützen von der Flucht und eine mögliche Schiefstellung der Stützen (in Richtung der Außenwand und senkrecht zur Außenwand) sind ggf. zusätzlich zu prüfen. Hierauf wurde im Rahmen des vorliegenden Beispiels verzichtet.

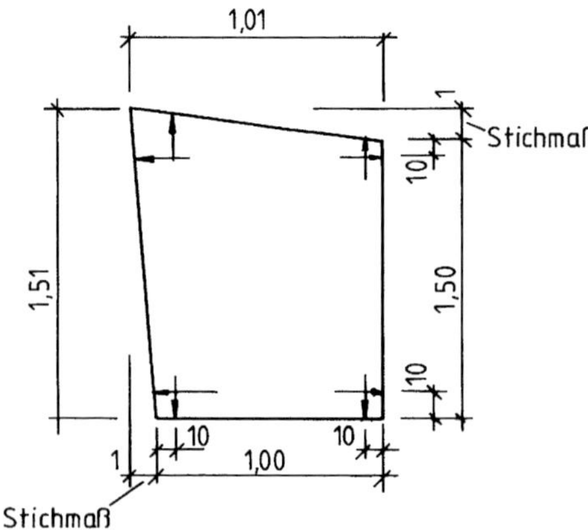

Abb. B 6.8: Beispiel für die Überprüfung der Öffnungsmaße bei einer Fensteröffnung

6.8 Prüfung der lichten Öffnungsmaße auf Einhaltung der Winkelabweichungen (Beispiel)

Beim Einsetzen eines Fensterelements in eine Rohbauöffnung zeigte sich zwischen dem Fenster und der Leibung ein keilförmiger Spalt mit einer maximalen Breite von ca. 10 mm. Die Einhaltung der zulässigen Maßabweichung im Rohbau wurde bezweifelt (vgl. Abb. B 6.8).

Die Prüfung der lichten Breite der Fensteröffnung erfolgte jeweils in horizontaler Richtung in einem Abstand von 10 cm über der Fensterbrüstung und in einem Abstand von 10 cm unterhalb des Fenstersturzes. Die Differenz zwischen der lichten Breite im Bereich des Sturzes und der lichten Breite im Bereich der Brüstung ergab sich zu (1,01 – 1,00 =) 0,01 m. Die zulässige Grenzabweichung für Öffnungen beträgt gemäß DIN 18202, Tabelle 1, insgesamt ± 10 mm. Die gemessene Maßabweichung überschreitet die Grenzabweichung für das Öffnungsmaß nicht.

In einem zweiten Schritt wurde die Winkelabweichung der senkrechten Leibung überprüft. Hierfür ist ebenfalls das gemessene Stichmaß von 10 mm heranzuziehen. Der Grenzwert für die Winkelabweichung beträgt für das Nennmaß = Höhe der Öffnung ± 8 mm (nach DIN 18202, Tabelle 2). Das festgestellte Stichmaß ist größer als der Grenzwert für die Winkelabweichung. Die zulässige Maßtoleranz ist somit hinsichtlich des Leibungswinkels überschritten.

Anmerkung: Eine dritte Längenmessung der lichten Öffnungsmaße in der Mitte der Öffnung ist für einen Vergleich mit den Winkelabweichungen nicht erforderlich, wäre aber für eine vollständige Prüfung der Öffnungsmaße – für sich allein betrachtet – vorzunehmen.

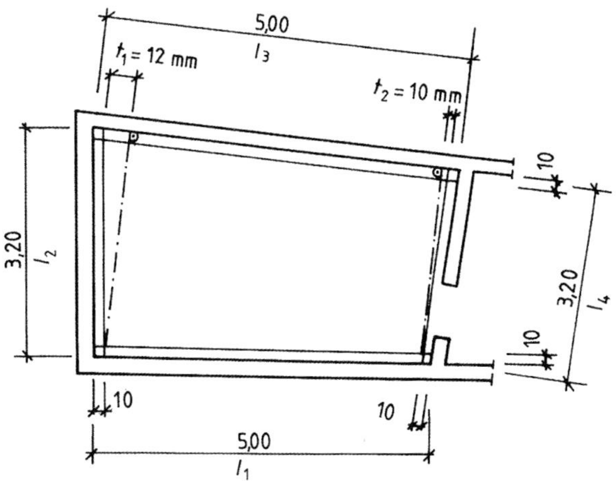

Abb. B 6.9: Beispiel für die Überprüfung der Winkelabweichungen eines Raums im Grundriss unter Berücksichtigung der Grenzabweichung mit t_1 als maßgebliche Winkelabweichung, bezogen auf l_2 oder l_4. Die Maßabweichung ($t_1 + t_2$) ist nach der Grenzabweichung für das Nennmaß l_3 als Bezugslänge zu beurteilen.

6.9 Prüfung der Winkelabweichungen eines Raumes im Grundriss unter Beachtung der Grenzabweichungen (Beispiel)

Nach der Fertigstellung eines Gebäudes kam es zwischen den Vertragspartnern zu Meinungsverschiedenheiten über die Maßhaltigkeit eines Raumes. Die ausgeführte Winkelgenauigkeit im Grundriss wurde infrage gestellt (vgl. Abb. B 6.9).

Zunächst wurden im Grundriss des Raumes die Winkelabweichungen der kurzen Raumseiten l_2 und l_4 überprüft. Die Messung ergab ein Stichmaß von t_1 = 12 mm bezogen auf die Seite l_2 und ein Stichmaß t_2 = 10 mm für die Seite l_4. Der maßgebliche Grenzwert für die Winkelabweichung beträgt bei einem Nennmaß von 3,20 m (Raumlänge) insgesamt ± 12 mm und entspricht somit dem maximal gemessenen Wert.

Durch Ausnutzung der Stichmaße für die Winkelabweichung dürfen die zulässigen Grenzabweichungen nach DIN 18202, Tabelle 2, nicht überschritten werden.

Die festgestellte Maßabweichung für die Raumlänge l_3 ergibt sich aus der Addition der gemessenen Winkelabweichung t_1 und t_2 zu einem Wert von insgesamt (10 + 12 =) 22 mm. Die Grenzabweichung für das Nennmaß 5,0 m der Raumlänge ergibt sich aus DIN 18202, Tabelle 1, Zeile 3, Spalte 4, mit ± 20 mm. Die festgestellte Maßabweichung übersteigt mit 22 mm den Grenzwert ± 20 mm. Mit dem gleichzeitigen Auftreten der beiden jeweils für sich zulässigen Winkelabweichungen wird die zulässige Grenzabweichung für die Raumlänge überschritten.

6.10 Prüfung der lichten Maße im Aufriss unter Beachtung der Winkelabweichungen (Beispiel)

Nach der Errichtung eines Rohbaus kam es zu Meinungsverschiedenheiten über die erzielte Maßgenauigkeit. Der Bauherr rügte eine Unterschreitung der vorgegebenen lichten Raumsollhöhe von 2,55 m.

Die Grenzabweichungen für die lichten Maße im Aufriss (Raumsollhöhe) wurden eingehalten. Durch Ausnutzen der zulässigen Grenzabweichungen wurden jedoch die Grenzwerte für die Winkelabweichungen überschritten (vgl. Abb. B 6.10).

Die Überprüfung der lichten senkrechten Raummaße erfolgte jeweils in den 4 Raumecken in einem Abstand von 10 cm zu den angrenzenden Wandflächen (vgl. Abb. B 6.11). Die lichten Raumhöhen wurden mit 2,54 m und 2,57 m gemessen. Die Maßabweichung betrug somit, ausgehend von der lichten Raumsollhöhe von 2,55 m, wie folgt:

- (2,55 – 2,54 =) 0,01 m
- (2,55 – 2,57 =) –0,02 m

Die Grenzabweichung ist gemäß DIN 18202, Tabelle 1, Zeile 4, Spalte 3, mit ± 20 mm anzusetzen. Die festgestellte Maßabweichung von 10 bzw. 20 mm liegt innerhalb dieses Grenzwertes. Die lichten Maße im Aufriss sind somit eingehalten.

Bei der Überprüfung der Winkelabweichung im Aufriss wurden, ausgehend von einem Meterriss, Stichmaße zur Oberseite des Bodens von

- t_1 = 1,00 m und
- t_2 = 1,02 m

und zur Deckenuntersicht Stichmaße mit

- t_3 = 1,54 m und
- t_4 = 1,55 m

gemessen (vgl. Abb. B 6.12). Für die Ermittlung des Stichmaßes wurden die gleichen Messpunkte wie für die Beurteilung der Grenzabweichungen verwendet. Die maximale Winkelabweichung der Bodenfläche in Bezug auf den Meterriss ergibt sich somit zu (1,02 – 1,00 =) 0,02 m.

Der Grenzwert für die Winkelabweichung beträgt gemäß DIN 18202, Tabelle 2, Zeile 1, Spalte 5, ausgehend von einer Raumlänge l = 4,00 m als Nennmaß insgesamt 12 mm. Die festgestellte Winkelabweichung von 20 mm überschreitet den Grenzwert für die Winkelabweichung. Die Anforderungen hinsichtlich der Winkligkeit im Aufriss sind nicht eingehalten.

Anmerkung: Eine dritte Längenmessung der lichten Höhe in der Mitte der Wandflächen bzw. in der Mitte des Raumes ist für einen Vergleich mit den Winkelabweichungen nicht erforderlich, wäre aber für eine vollständige Prüfung der lichten Maße vorzunehmen.

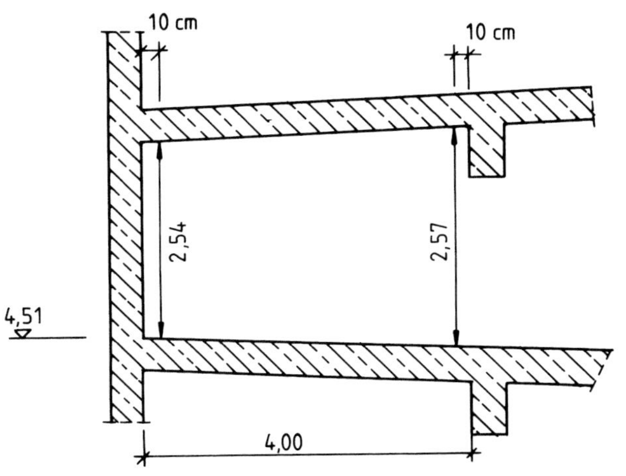

Abb. B 6.10: Beispiel für gemessene Maße des zu kontrollierenden Raums im Aufriss (lichte Raumsollhöhe 2,55 m)

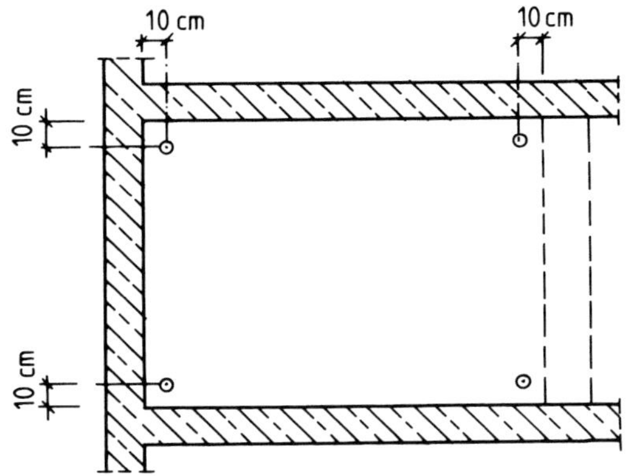

Abb. B 6.11: Beispiel für die Lage der Messpunkte im Grundriss, jeweils im Abstand von 10 cm zu den Raumecken

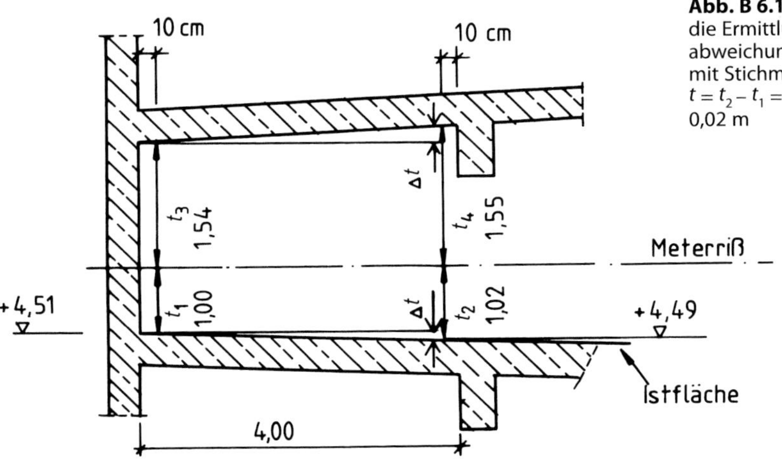

Abb. B 6.12: Beispiel für die Ermittlung der Winkelabweichung im Aufmaß mit Stichmaß
$t = t_2 - t_1 = 1{,}02 - 1{,}00 = 0{,}02$ m

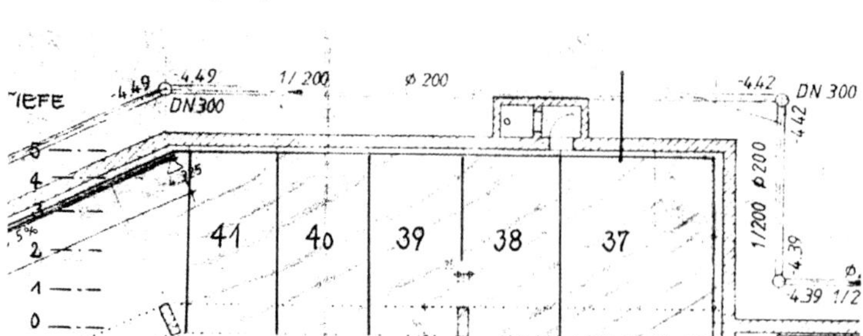

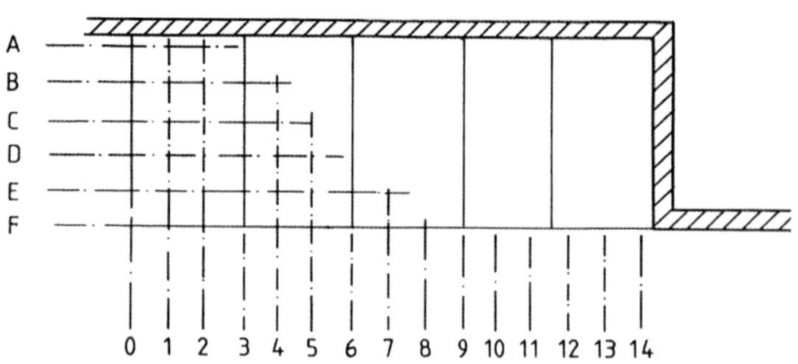

Abb. B 6.13: Beispiel einer Tiefgarage (Ausschnitt) im Grundriss mit Angabe der Rasterachsen für das Rasternivellement; Achsabstand 1,0 m. Die Randmessungen erfolgen jeweils im Abstand von ca. 10 cm vom Rand.

6.11 Prüfung der Neigung und der Ebenheit einer Fläche mit Unterscheidung nach Winkelabweichung und Ebenheitsabweichung (Beispiel)

In einer Tiefgarage sollte ein Bereich von insgesamt 5 nebeneinanderliegenden Stellplätzen mit Nullgefälle eben hergestellt werden. In der Nutzung traten in Teilbereichen größere Pfützenbildungen auf (vgl. Abb. B 6.13).

Der Stellplatzbereich war mit einer Gesamtneigung der betroffenen Fläche zu einer Ecke hin und mit zusätzlichen Unebenheiten im Bereich der tiefsten Ecke ausgebildet worden. Das durch die einfahrenden Fahrzeuge hereingetragene Niederschlagswasser lief in diesem Bereich als Pfütze zusammen (vgl. Abb. B 6.14).

Zu beurteilen war, ob der betroffene Bereich mit dem vorgesehenen Nullgefälle ausgeführt wurde und ob die hierfür zulässigen Abweichungen eingehalten worden waren. Des Weiteren war zu untersuchen, ob die Ebenheit der Oberfläche ausreichend war. Der Beurteilung wurden die Grenzwerte für Ebenheitsabweichungen nach DIN 18202, Tabelle 3, Zeile 3 (flächenfertige Böden mit normalen Anforderungen), zugrunde gelegt.

Die Feststellung der tatsächlichen Höhensituation erfolgte durch ein Rasternivellement mit einem Rasterabstand von 1 m. Die betroffene Fläche wurde in ein entsprechendes Raster unterteilt und die Höhensituation aufgemessen (vgl. Tabelle B 6.1).

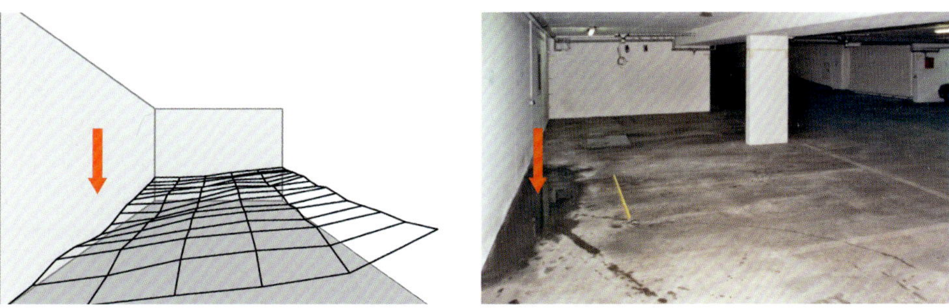

Abb. B 6.14: „Geländemodell" der untersuchten Bodenfläche

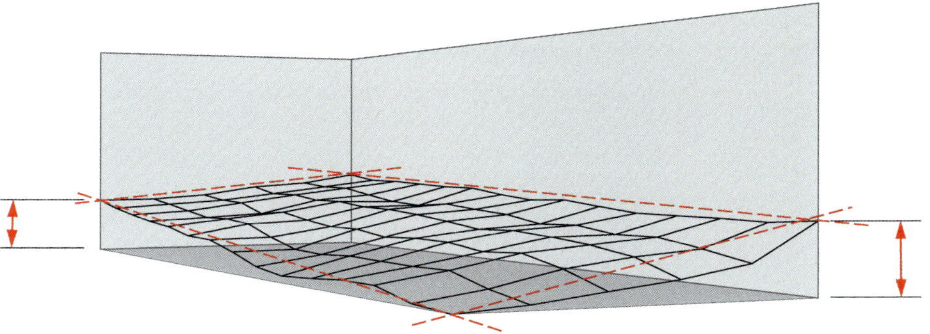

Abb. B 6.15: „Geländemodell" der aufgemessenen Fläche; Darstellung der idealisierten Istfläche als lineare Verbindung der 4 Eckpunkte

Tabelle B 6.1: Höhenkoten im Ergebnis der Rastermessung als Flächennivellement; Angabe der Höhenkoten in cm als Messwerte bezogen auf den gewählten Nivellierhorizont

Achse	0	1	2	3	4	5	6	7	8	9	10	11	12	13	14
A	157,0	157,6	157,6	157,8	158,0	158,1	158,7	159,1	159,0	159,5	159,9	159,9	159,9	160,0	159,7
B	157,9	158,3	158,4	159,1	159,7	160,0	159,7	160,1	160,4	161,1	161,0	161,5	161,5	162,2	163,1
C	158,4	159,2	159,2	159,6	159,7	160,1	160,1	160,5	160,9	161,5	161,4	161,7	162,0	162,7	164,2
D	159,4	159,9	160,1	161,1	160,8	161,4	162,0	162,0	162,4	162,3	162,3	162,8	162,6	163,5	164,9
E	159,8	160,4	161,0	161,6	161,5	161,8	162,9	163,9	164,1	163,8	163,9	164,0	163,9	165,0	165,7
F	160,0	160,7	161,4	161,9	162,3	162,9	163,1	164,0	165,0	165,5	165,3	164,9	164,9	165,9	166,2

Die Auswertung des Rasternivellements erfolgte in 2 Schritten, getrennt nach Winkelabweichungen und Ebenheitsabweichungen.

Für die **Prüfung der Winkelabweichungen** werden zunächst nur die Höhenkoten der 4 Eckpunkte der untersuchten Fläche herangezogen. Betrachtet wird diejenige Fläche, die sich durch die lineare Verbindung der 4 Eckpunkte ergibt (vgl. Abb. B 6.15).

Die Auswertung der Winkelabweichungen wird wie folgt vorgenommen:

- in Achse A:
  - Nennmaß: 14,0 m
  - Höhendifferenz an den Rändern der Fläche: 159,7 – 157,0 = 2,7 cm
  - Stichmaß als Grenzwert bei Nennmaß 14,0 m: 1,6 cm
  - Überschreitung des Grenzwertes für die Winkelabweichung: 2,7 – 1,6 = 1,1 cm
- in Achse F:
  - Nennmaß: 14,0 m
  - Höhendifferenz an den Rändern der Fläche: 166,2 – 160,0 = 6,2 cm
  - Stichmaß als Grenzwert bei Nennmaß 14,0 m: 1,6 cm
  - Überschreitung des Grenzwertes für die Winkelabweichung: 6,2 – 1,6 = 4,6 cm
- in Achse 0:
  - Nennmaß: 5,0 m
  - Höhendifferenz an den Rändern der Fläche: 160,0 – 157,0 = 3,0 cm
  - Stichmaß als Grenzwert bei Nennmaß 5,0 m: 1,2 cm
  - Überschreitung des Grenzwertes für die Winkelabweichung: 3,0 – 1,2 = 1,8 cm
- in Achse 14:
  - Nennmaß: 5,0 m
  - Höhendifferenz an den Rändern der Fläche: 166,2 – 159,7 = 6,5 cm
  - Stichmaß als Grenzwert bei Nennmaß 5,0 m: 1,2 cm
  - Überschreitung des Grenzwertes für die Winkelabweichung: 6,5 – 1,2 = 5,3 cm

Die Länge der untersuchten Fläche beträgt in Achse A bzw. Achse F 14 m. Für dieses Nennmaß beträgt der Grenzwert für die Winkelabweichung gemäß DIN 18202, Tabelle 2, Zeile 1, Spalte 6, insgesamt 16 mm. Die Breite der untersuchten Fläche beträgt 5 m. Für dieses Nennmaß beträgt der Grenzwert für die Winkelabweichung gemäß DIN 18202, Tabelle 2, Zeile 1, Spalte 5, insgesamt 12 mm. Der Grenzwert für die Winkelabweichung ist somit an allen 4 Rändern der Fläche überschritten.

Für die **Prüfung der Ebenheitsabweichung** wurde die untersuchte Fläche einmal in Längsrichtung entlang der Rasterlinie 0 bis 14 und einmal in Querrichtung entlang der Rasterlinien A bis F untersucht. Die Auswertung der Messergebnisse erfolgt getrennt für beide Richtungen.

Betrachtung der Rasterlinie 0 bis 14 (vgl. Abb. B 6.16):

- Die Auswertung erfolgt jeweils zwischen den Randpunkten auf Achse A und Achse F.
- Die Abweichung in einem Punkt B0 beträgt allgemein: $t_{B0} = h_{B0} - ½ \times (h_{A0} + h_{C0})$; Beispiel: $t_{B0} = 157{,}9 - ½ \times (157{,}0 + 158{,}4) = 0{,}2$ cm.
- Anschließend wird für alle dazwischenliegenden Rasterpunkte (Achsen B, C, D und E) die Höhenabweichung entsprechend rechnerisch ermittelt.

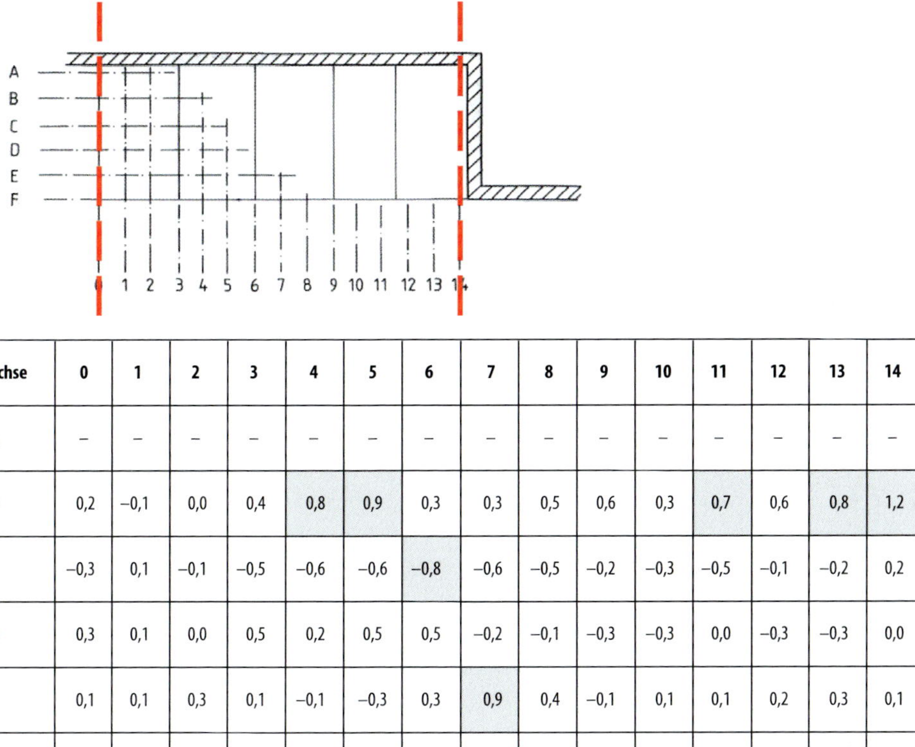

Achse	0	1	2	3	4	5	6	7	8	9	10	11	12	13	14
A	–	–	–	–	–	–	–	–	–	–	–	–	–	–	–
B	0,2	–0,1	0,0	0,4	0,8	0,9	0,3	0,3	0,5	0,6	0,3	0,7	0,6	0,8	1,2
C	–0,3	0,1	–0,1	–0,5	–0,6	–0,6	–0,8	–0,6	–0,5	–0,2	–0,3	–0,5	–0,1	–0,2	0,2
D	0,3	0,1	0,0	0,5	0,2	0,5	0,5	–0,2	–0,1	–0,3	–0,3	0,0	–0,3	–0,3	0,0
E	0,1	0,1	0,3	0,1	–0,1	–0,3	0,3	0,9	0,4	–0,1	0,1	0,1	0,2	0,3	0,1
F	–	–	–	–	–	–	–	–	–	–	–	–	–	–	–

Abb. B 6.16: Rechnerische Auswertung der Stichmaße für die Abweichung von der Ebenheit in cm auf den Rasterlinien 0 bis 14

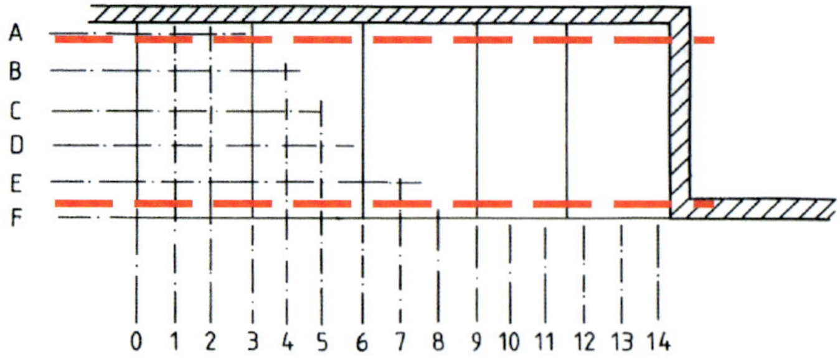

Achse	0	1	2	3	4	5	6	7	8	9	10	11	12	13	14
A	–	0,3	–0,1	0,0	0,1	–0,3	0,1	0,3	–0,3	0,1	0,2	0,0	0,0	0,2	–
B	–	0,2	–0,3	0,0	0,1	0,3	–0,4	0,0	–0,2	0,4	–0,3	0,3	–0,3	–0,1	–
C	–	0,4	–0,2	0,2	–0,2	0,2	–0,2	0,0	–0,1	0,3	–0,2	0,0	–0,2	–0,4	–
D	–	0,2	–0,4	0,7	–0,4	0,0	0,3	–0,2	0,3	–0,1	–0,3	0,4	–0,6	–0,3	–
E	–	0,0	0,0	0,3	–0,2	–0,4	0,0	0,4	0,2	–0,2	0,0	0,1	–0,6	0,2	–
F	–	0,0	0,1	0,0	–0,1	0,2	–0,3	–0,1	0,3	0,3	0,1	–0,2	–0,5	0,3	–

Abb. B 6.17: Rechnerische Auswertung der Stichmaße für die Abweichung von der Ebenheit in cm auf den Rasterlinien A bis F

Betrachtung der Rasterlinien A bis F (vgl. Abb. B 6.17):

- Die Auswertung erfolgt jeweils zwischen den Randpunkten auf Achse 0 und 14.
- Für alle dazwischenliegenden Rasterpunkte (Achsen 1 bis 13) wird die Höhenabweichung analog rechnerisch ermittelt.

Der Grenzwert für die Ebenheitsabweichung beträgt für flächenfertige Böden nach DIN 18202, Tabelle 3, Zeile 3, bei einem Messpunktabstand von 2 m (= doppeltes Rastermaß) insgesamt 0,6 cm.

Die Grenzwerte für die Ebenheitsabweichung werden an folgenden Rasterpunkten überschritten:

- für die Rasterlinie 0 bis 14: Rasterpunkte B4, B5, B11, B13, B14, C6 und E7
- für die Rasterlinien A bis F: Rasterpunkt D3

Das ermittelte Stichmaß überschreitet an den genannten Rasterpunkten (siehe markierte Werte in den Abbildungen) jeweils den Grenzwert für die Ebenheitsabweichung von 0,6 cm.

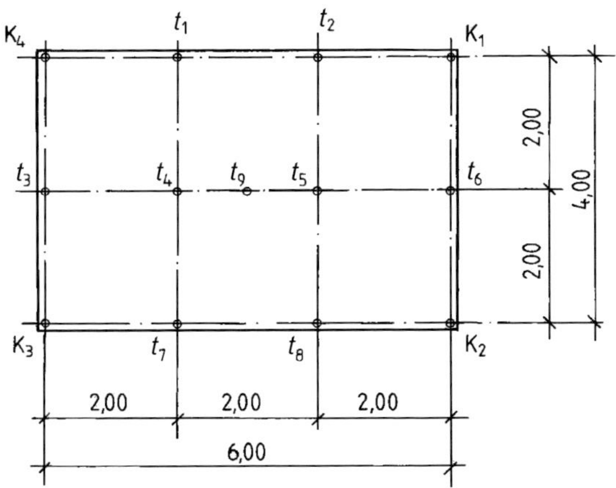

Abb. B 6.18: Überprüfung der Höhenlage, der Horizontalen und der Ebenheit am Beispiel einer Geschossdecke

6.12 Prüfung der Maßabweichungen, der Winkelabweichungen und der Ebenheitsabweichungen einer Geschossdecke (Beispiel)

Ein Bauherr vermutete, dass bei der Erstellung der Geschossdecke die Maßtoleranzen nicht eingehalten wurden, und befürchtete, dass es bei den Nachfolgegewerken zu Unstimmigkeiten kommen könnte. Aus diesem Grunde wurden Kontrollmessungen vereinbart (vgl. Abb. B 6.18).

Für die Höhen k_1 bis k_4 der Messpunkte K_1 bis K_4 und die Höhen t_1 bis t_9 der Messpunkte T_1 bis T_9 wurden folgende Istwerte (in mm) gemessen:

- k_1 = 9.006
- k_2 = 9.004
- k_3 = 9.008
- k_4 = 9.012

- t_1 = 9.010
- t_2 = 9.008
- t_3 = 9.009
- t_4 = 9.006
- t_5 = 9.002
- t_6 = 9.005
- t_7 = 9.006
- t_8 = 9.005
- t_9 = 9.001

Die Höhenlage k_1 der Geschossdecke beträgt bei K_1 9.006 mm. Die Höhe k_1 wird als **Meterriss** gekennzeichnet und weicht von der Nennhöhe (9.000 mm) um 6 mm ab. Die Abweichung liegt nach DIN 18202, Tabelle 1, Zeile 2, mit den Grenzabweichungen von ± 20 mm im zulässigen Bereich.

Von diesem Meterriss wurden die Fußbodenkoten k_2, k_3 und k_4 eingemessen. Sie befanden sich ebenfalls im zulässigen Niveaubereich von 9.000 ± 20 mm. Bei der Überprüfung der Winkelabweichung (waagerechte Lage) wurden die gegenüberliegenden Eckpunkte $K_1 - K_2$, $K_2 - K_3$, $K_3 - K_4$, $K_4 - K_1$ verglichen. Auch hier lagen die Messergebnisse innerhalb der Grenzwerte für Winkelabweichungen nach DIN 18202, Tabelle 2.

6 Beispiele

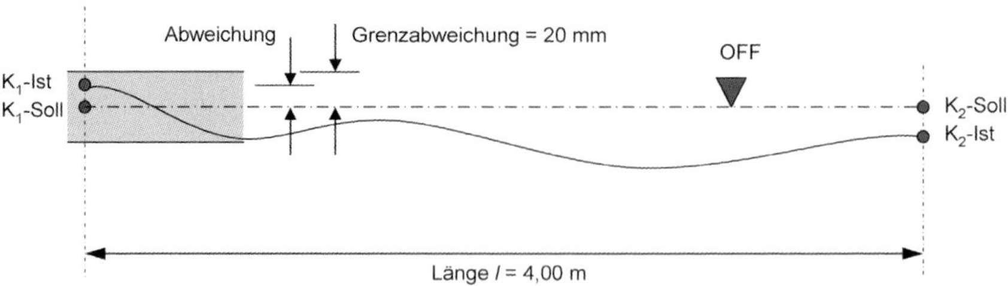

Abb. B 6.19: Überprüfung der Höhenlage am Punkt K_1

Zur Überprüfung der Ebenheit der Deckenoberfläche wurden im Rasterabstand von 2,0 m die Koten t_1 bis t_8 mit einem Nivellement ermittelt. Die Ebenheitsabweichungen liegen nach DIN 18202, Tabelle 3, Zeile 4, Spalte 4, im zulässigen Bereich von 9 mm. In der Raummitte wurde zur Feststellung der Deckendurchbiegung zusätzlich der Punkt t_9 gemessen. Das ermittelte Stichmaß von 4,5 mm ist kleiner als Grenzwert für die Ebenheitsabweichung von 10 mm bei einem Messpunktabstand von 6,0 m.

Für die **Prüfung der Lage (Höhe)** wird an den Ecken die Isthöhe mit der Nennhöhe verglichen. Bei einer Nennhöhe von 9,0 m ist nach DIN 18202, Tabelle 1, eine Grenzabweichung von ± 20 mm anzusetzen (vgl. Abb. B 6.19).

- K_1: 9.006 – 9.000 = + 6 mm
- K_2: 9.004 – 9.000 = + 4 mm
- K_3: 9.008 – 9.000 = + 8 mm
- K_4: 9.012 – 9.000 = + 12 mm

In den Punkten K1 bis K4 wird die Grenzabweichung von ± 20 mm jeweils eingehalten.

Für die **Prüfung der Richtung bzw. des Winkels** in Bezug auf eine horizontale Lage (im Aufriss) als Nennlage wird die relative Höhendifferenz jeweils 2 benachbarter Eckpunkte mit dem Grenzwert für die Winkelabweichung verglichen:

- $k_1 - k_2$ = 9.006 – 9.004 = 2 mm
- $k_2 - k_3$ = 9.004 – 9.008 = 4 mm
- $k_3 - k_4$ = 9.008 – 9.012 = 4 mm
- $k_4 - k_1$ = 9.012 – 9.006 = 6 mm

In den Punkten K_1 bis K_4 wird der Grenzwert für die Winkelabweichung von 12 mm nach DIN 18202, Tabelle 2, jeweils eingehalten (vgl. Abb. B 6.20).

Für die **Prüfung der Ebenheit** der Deckenoberseite wird die Ebenheitsabweichung für jeweils 3 auf einer Linie liegende Messpunkte ermittelt:

- ½ $(k_1 + k_2) - t_6$ = ½ (9.006 + 9.004) – 9.005 = 0 mm
- ½ $(t_2 + t_8) - t_5$ = ½ (9.008 + 9.005) – 9.002 = 4,5 mm

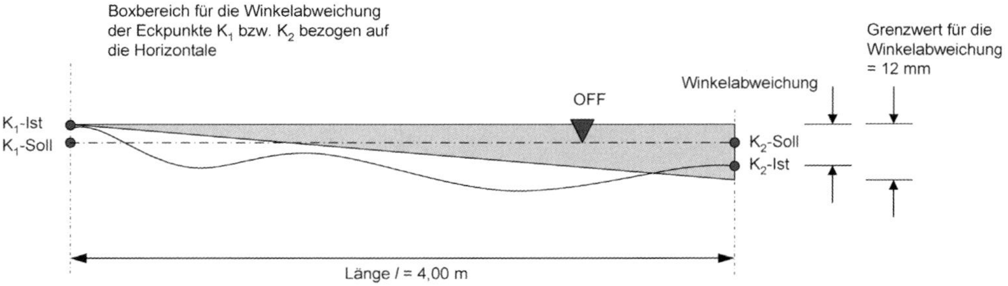

Abb. B 6.20: Überprüfung der Winkelabweichung am Rand $K_1 - K_2$

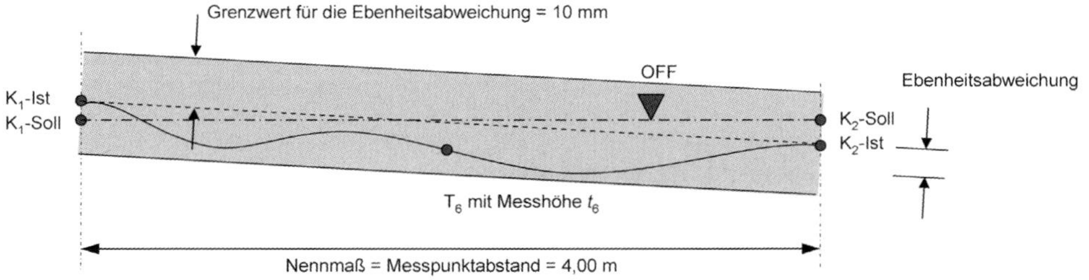

Abb. B 6.21: Überprüfung der Ebenheitsabweichung für den Punkt T_6

- $\frac{1}{2}(t_1 + t_7) - t_4 = \frac{1}{2}(9.010 + 9.007) - 9.006 = 2{,}5$ mm
- $\frac{1}{2}(k_4 + k_3) - t_3 = \frac{1}{2}(9.012 + 9.008) - 9.009 = 1$ mm
- $\frac{1}{2}(k_4 + t_2) - t_1 = \frac{1}{2}(9.012 + 9.008) - 9.010 = 0$ mm
- $\frac{1}{2}(t_1 + k_1) - t_2 = \frac{1}{2}(9.010 + 9.006) - 9.008 = 0$ mm
- $\frac{1}{2}(t_3 + t_5) - t_4 = \frac{1}{2}(9.009 + 9.002) - 9.006 = 0{,}5$ mm
- $\frac{1}{2}(k_3 + t_8) - t_7 = \frac{1}{2}(9.008 + 9.005) - 9.006 = 0{,}5$ mm
- $\frac{1}{2}(t_7 + k_2) - t_8 = \frac{1}{2}(9.006 + 9.004) - 9.005 = 0$ mm

Für alle Messungen wird der Grenzwert für die Ebenheitsabweichung von 10 mm nach DIN 18202, Tabelle 3, Zeile 3 eingehalten.

$$\frac{1}{2}(t_3 + t_6) - t_9 = \frac{1}{2}(9.009 + 9.002) - 9.001 = 4{,}5 \text{ mm}$$

Für die Messung wird der Grenzwert für die Ebenheitsabweichung von 11 mm nach DIN 18202, Tabelle 3, Zeile 3, eingehalten (vgl. Abb. B 6.21).

6 Beispiele

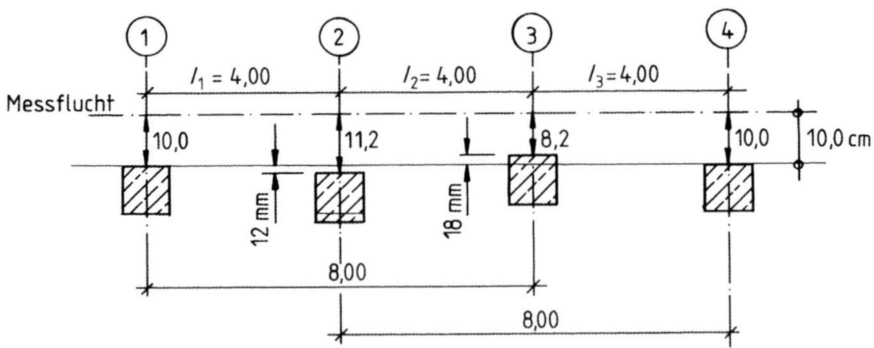

Abb. B 6.22: Beispiel für die Prüfung der Lage von Zwischenstützen in der Flucht

6.13 Prüfung der Fluchtabweichung bei einer Stützenriegelkonstruktion (Beispiel)

Nach der Erstellung einer Stützenreihe war augenscheinlich sichtbar, dass die Zwischenstützen nicht in der Flucht der Endstützen errichtet wurden. Es sollte überprüft werden, ob die Abweichungen noch innerhalb des Toleranzbereichs liegen.

Als Flucht wird die horizontale Verbindungslinie zwischen der Istlage der Endstützen einer Stützenreihe, hier der Stützen 1 und 4, bezeichnet. Als Nennmaß für den Messpunktabstand gilt der Abstand zwischen jeweils 3 Stützen, also 2 Achsabständen. Die Stichmaße für die Fluchtabweichung werden zwischen der Verbindungslinie und der Vorderkante der Stütze in Stützenachse gemessen (vgl. Abb. B 6.22).

Für die Zwischenstütze in Achse 2 wurde ein Stichmaß zwischen der Vorderkante der Stütze und der Bezugslinie von 11,2 cm gemessen. Für die Zwischenstütze in Achse 3 wurde ein Abstand von der Bezugslinie von 8,2 cm gemessen. Die Bezugslinie war in einem Abstand von 10 cm von den Endstützen abgesetzt.

Die Fluchtabweichung der Zwischenstütze in Achse 2 beträgt (11,2 cm – 10,0 cm =) 1,2 cm bzw. 12 mm. Der Grenzwert für die Fluchtabweichung beträgt gemäß DIN 18202, Tabelle 4 für einen Messpunktabstand von 8 m als Nennmaß insgesamt 16 mm. Die Fluchtabweichung bei der Zwischenstütze in Achse 2 überschreitet diesen Grenzwert nicht.

Bei der Zwischenstütze in Achse 3 beträgt die Fluchtabweichung (10,0 cm – 8,2 cm =) 1,8 cm bzw. 18 mm. Der Grenzwert für die Fluchtabweichung von 16 mm wird überschritten.

6.14 Produktionskontrolle einer Serienfertigung (Beispiel)

Kontrollmessungen werden in der Regel aus wirtschaftlichen Gründen nicht an allen Bauteilen einer Produktion, sondern nur anhand einer repräsentativ ausgewählten Stichprobe vorgenommen. Die Größe der Stichprobe muss ausreichend bemessen sein, z. B. 50 Einzelwerte umfassen. Je größer die Stichprobe gewählt wird, desto sicherer ist der Rückschluss auf die restliche Produktion. Die Entnahme einer Stichprobe muss zufällig erfolgen und die Elemente der Stichprobe müssen über die gesamte Serie einer Produktion verteilt sein, um etwaige systematische Fehlereinflüsse (z. B. die zunehmende Verschlechterung der Maßhaltigkeit einer Fertigteilschalung mit zunehmendem Einsatz) auszuschließen.

Wenn die Produktion der Fertigteile und ihre Montage nicht von demselben Unternehmer durchgeführt werden, sollen gegenseitige Kontrollvereinbarungen erfolgen und die Verantwortlichkeit zwischen Auftraggeber, Auftragnehmer und Hersteller vereinbart werden. Die Kontrollvereinbarungen sollen folgende Informationen enthalten:

- Angaben über die Vertragspartner (Firma, Art des Produktionsbetriebes, Anschrift),
- Angaben zum Produkt (Herstellungsverfahren, Produktionsmenge, Verwendungszweck),
- Kontrollverfahren, Datum der Kontrollen,
- physikalische Bedingungen (Temperatur, Feuchtigkeit, Dehnungsverhalten der Baustoffe),
- Messergebnisse und ihre Beziehung zu festgelegten Grenzabmaßen,
- Folgerungen.

Die Kontrollen sollen nur mit geeigneten Messinstrumenten durchgeführt werden, deren Fehlergrenzen ebenfalls bekannt sein müssen. Für werksinterne Messkontrollen kommen infrage: Stahlmessbänder, Stahlmessstäbe, Stahllineale, Nivellierlatten, Schieblehren, Messkluppen, Stahldreiecke, Stahlwinkel sowie Thermometer zur Registrierung der Temperatur und Hygrometer zur Feststellung der Luftfeuchte. Die Messwerkzeuge sind turnusmäßig zu überprüfen und notfalls nachzueichen.

Die Auswertung der Messkontrollen erfolgt in **Formularen**, in denen alle Messdaten enthalten sein sollen und die Auswertung erläutert wird (vgl. Tabelle B 6.2). Für Bauteile ist es wichtig, dass die Maße und ihr Umriss überprüft werden. Eine Maßkontrolle der 3 Dimensionen Länge, Breite und Höhe ist in der Regel zur Feststellung der Brauchbarkeit nicht ausreichend.

Tabelle B 6.2: Beispiel für ein Formular zur Produktionsüberwachung von zulässigen Maßabweichungen bei der Serienproduktion von Bauteilen

Datum der Herstellung: Datum der Messung: Messmethode: Messgeräte:		Bauzeit: Seriengröße: Anzahl der Stichproben:				
Temperatur: Luftfeuchte:		Korrekturbeiwerte:				
Nennmaße in mm Grenzababweich. in mm		$l_1\, l_2$	$b_1\, b_2$	$d_1\, d_2$	$h_1\, h_2$	Bem.
Istmaße/Maßabweichungen in mm	x_1	../..	../..	../..	../..	
	x_2					
	x_3					
	x_4					
	...					
	...					
	...					
Anzahl der Messungen	n					
Summe der Messwerte	$\sum_{i=1}^{n} x_i$					
Mittelwert	$\bar{x} = \frac{1}{n} \sum_{i=1}^{n} x_i$					
Standardabweichung	$s = \sqrt{\frac{1}{n-1} \sum_{i=1}^{n} (x_i - \bar{x})^2}$					
Grenzabweichung	$3 \times s$					

6.15 Statistische Auswertung einer Längenmessung (Beispiel)

Ein Bauteil mit der Länge l = 150 cm (Nennmaß) wurde in einer Anzahl von 20 Stück hergestellt. Die Überprüfung der Bauteillängen ergab folgende Einzelwerte (vgl. Tabelle B 6.3):

Tabelle B 6.3: Messwerte einer Längenmessung an 20 Bauteilen mit Nennmaß l = 150 cm

Messung Nr. in cm	Messwert in cm	Abweichung vom Mittelwert in cm
1	150,14	0,12
2	150,04	0,02
3	149,97	–0,05
4	150,08	0,06
5	149,93	–0,09
6	149,99	–0,03
7	150,13	0,11
8	150,09	0,07
9	149,89	–0,13
10	150,01	–0,01
11	149,99	–0,03
12	150,04	0,02
13	150,02	0,00
14	149,94	–0,08
15	150,19	0,17
16	149,93	–0,09
17	150,09	0,07
18	149,83	–0,19
19	150,03	0,01
20	150,07	0,05

- Der Mittelwert der Messwerte beträgt: m = 150,02 cm.
- Die Standardabweichung der Messwerte beträgt: s = 0,0895 cm.

Die Abweichung des Mittelwertes von dem Nennmaß l beträgt:

$$\Delta l = 150{,}00 - 150{,}02 = -0{,}02 \text{ cm}$$

Bei der Herstellung einschließlich der maßlichen Überprüfung der Bauteile ist also ein systematischer Fehler von –0,02 cm aufgetreten.

Für die Auswertung der Streubreite wird zunächst die Abweichung der Messergebnisse vom Mittelwert ermittelt. Die Messwerte werden damit auf den Mittelwert zentriert und um den systematischen Fehler berichtigt:

Abweichung vom Mittelwert = Messwert – Mittelwert

Für die Bestimmung der Häufigkeitsverteilung werden die gemessenen Abweichungen in Klassen eingeteilt und ausgezählt. Die Größe der Klassen wird mit der Festlegung auf $\pm s$, $\pm 2s$, $\pm 3s$ und $\pm 4s$ normiert. Die Größe der normierten Klassen beträgt:

- $4 \times 0{,}0895 = 0{,}3580$
- $3 \times 0{,}0895 = 0{,}2685$
- $2 \times 0{,}0895 = 0{,}1790$ usw.

Die prozentuale Häufigkeit $H_{prozentual}$ ergibt sich aus der absoluten Häufigkeit $H_{absolut}$ und der Anzahl der Messwerte zu (vgl. Tabelle B 6.4):

$$H_{prozentual} = H_{absolut} : \text{Anzahl Messwerte}$$

Tabelle B 6.4: Klasseneinteilung und Häufigkeitsverteilung der Messergebnisse einer Längenmessung

Klassen	Klassen normiert in cm	Häufigkeit absolut	Häufigkeit in %
–4s	–0,3580	0	0
–3s	–0,2685	0	0
–2s	–0,1790	1	5
–1s	–0,0895	3	15
0	0,0000	6	30
1s	0,0895	7	35
2s	0,1790	3	15
3s	0,2685	0	0
4s	0,3580	0	0
Summe		20	100

Die Häufigkeitsverteilung kann nun in der Form eines Histogramms der normierten und zentrierten Normalverteilung gegenübergestellt werden (vgl. Abb. B 6.23).

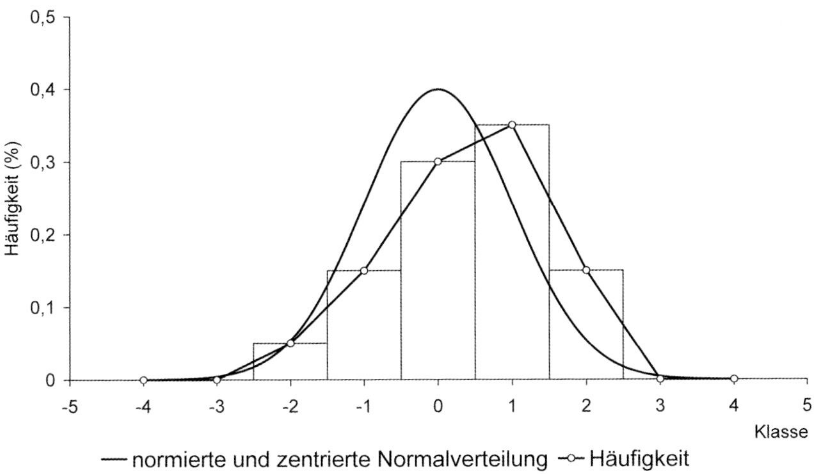

Abb. B 6.23: Häufigkeitsverteilung der gemessenen Abweichungen vom Mittelwert einer Längenmessung im Vergleich mit der gaußschen Normalverteilung

Die grafische Darstellung der Häufigkeitsverteilung zeigt unter Berücksichtigung der vergleichsweise geringen Anzahl an Messwerten, der Anzahl der Klassen und der Klassengröße eine recht gute Annäherung an den Funktionsverlauf der gaußschen Normalverteilung.

Die absolute Häufigkeitsverteilung zeigt, dass alle Abweichungen in den Klassen $\pm\, s$ und $\pm\, 2s$ liegen. Ein Grenzwert, der in der Größe 3 × Standardabweichung, also

$$3 \times 0{,}0895 = 0{,}2685 \text{ bzw. } 0{,}26 \text{ cm oder } 2{,}6 \text{ mm}$$

formuliert wird, wird von den untersuchten Werten sicher eingehalten. Würde man hingegen den Grenzwert mit 2,0 mm oder 0,20 cm vorgeben, so ergäbe sich aus den ermittelten Abweichungen eine Streubreite von:

$$\text{Standardabweichung : Grenzwert} = 0{,}20 \text{ cm} : 0{,}0895 \text{ cm} = 2{,}2$$

Die Wahrscheinlichkeit P für die Einhaltung eines Grenzwertes von 0,20 cm oder 2,0 mm beträgt nach dem gaußschen Fehlerintegral:

$$P(2{,}2s) = 2 \times (0{,}98610 - 0{,}5) = 0{,}9722 \text{ bzw. } 97{,}22\ \%$$

Die für baupraktische Anwendungsfälle anzustrebende Wahrscheinlichkeit von 99,73 % wird bei einem angenommenen Grenzwert von 2,0 mm oder 0,20 cm nicht erreicht. Dies könnte bedeuten, dass beispielsweise das verwendete Produktionsverfahren nicht ausreichend genau ist, um eine Anforderung mit einem Grenzwert von 2,0 mm einzuhalten. Man müsste also das Produktionsverfahren entsprechend verbessern oder für das verwendete Verfahren eine größere Abweichung bzw. einen größeren Grenzwert zulassen.

6.16 Statistische Auswertung einer Ebenheitsmessung (Beispiel)

Eine Bodenfläche sollte als monolithische Bodenplatte oberflächenfertig eben hergestellt werden. Die Ausführung sollte einem Grenzwert von 5 mm Ebenheitsabweichung innerhalb einer 2 m langen Messstrecke genügen. Die Überprüfung der Ebenheit erfolgte mit einem Höhennivellement in einem Raster mit 1 m Rasterabstand. Die Aufnahme erfolgte mit ausreichender Genauigkeit, sodass der Einfluss der Messunsicherheit in diesem Fall vernachlässigt werden konnte. Aus den Messergebnissen des Nivellements wurden zunächst in der einen Richtung des Rasters die Ebenheitsabweichungen durch rechnerischen Vergleich jeweils dreier nebeneinander und auf einer Linie liegender Rasterpunkte ermittelt. Die berechneten Stichmaße der Ebenheitsabweichungen wurden in Klassen eingeteilt und ausgezählt (vgl. Tabelle B 6.5).

Tabelle B 6.5: Messwerte einer Ebenheitsmessung

Klassen (Stichmaß) in mm	Häufigkeit der Abweichung
–10	0
-9	0
-8	0
-7	0
-6	2
-5	27
–4	90
-3	194
-2	358
–1	527
0	742
1	724
2	544
3	310
4	168
5	85
6	46
7	3
8	1
9	0
10	0

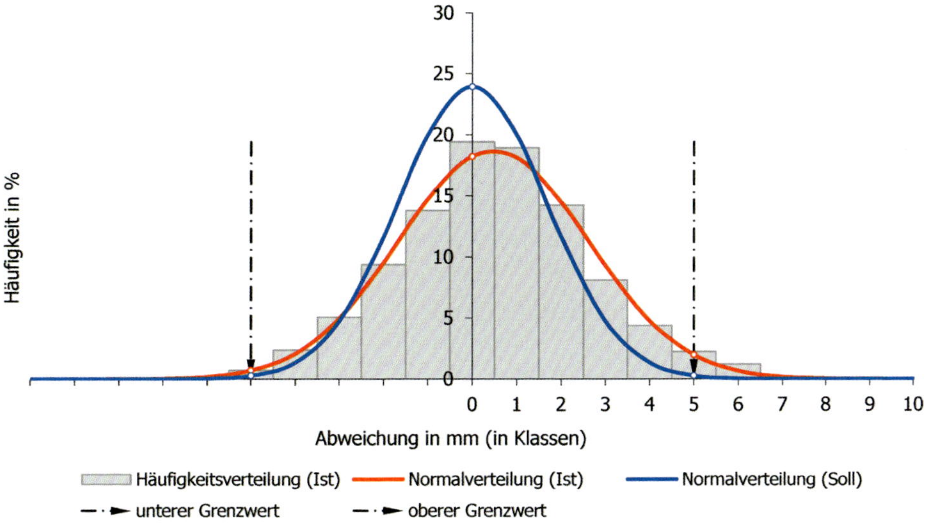

Abb. B 6.24: Häufigkeitsverteilung (Ist) und Normalverteilung (Ist) der gemessenen Ebenheitsabweichungen und Vergleich mit der Normalverteilung (Soll) für den einzuhaltenden Grenzwert 5 mm

- Anzahl der Abweichungen: $n = 3.821$
- Mittelwert: $\bar{x} = 0{,}47$ mm
- Standardabweichung: $s = 2{,}13$ mm

Die Streubreite der Abweichungen beträgt:

$$\text{Grenzwert} : \text{Standardabweichung} = 5 \text{ mm} : 2{,}13 \text{ mm} = 2{,}34$$

Der einzuhaltende Grenzwert beträgt also das 2,34-Fache der Standardabweichung aus der statistischen Verteilung der tatsächlich ausgeführten Maßabweichungen. Die statistische Sicherheit für die Einhaltung des Grenzwertes beträgt für diese Verteilungsbreite nach dem gaußschen Fehlerintegral:

$$P(2{,}34s) = 2 \times (0{,}9904 - 0{,}5) = 0{,}9808 \text{ bzw. } 98{,}08\ \%$$

Ein Anteil von 1,92 % aller Stichmaße liegt somit außerhalb des Grenzwertes.

Die Häufigkeitsverteilung der als Stichmaße ermittelten Ebenheitsabweichungen entspricht in der grafischen Darstellung annähernd einer normierten und zentrierten Normalverteilung mit gleicher Standardabweichung (vgl. Abb. B 6.24). Die grafische Gegenüberstellung mit einer normierten und zentrierten Normalverteilung, deren dreifache Standardabweichung gleich dem Grenzwert 5 mm ist, zeigt jedoch auch, dass die festgestellten Abweichungen eine breitere Verteilung aufweisen als erforderlich. Im Ergebnis der statistischen Auswertung der gemessenen Ebenheitsabweichungen konnte in diesem Fall die geforderte Ebenheitsabweichung nicht mit ausreichender statistischer Sicherheit eingehalten werden.

6.17 Bemessung der Passungstoleranz (Beispiel)

Bei einer Aneinanderreihung von Wandtafeln aus Stahlbetonfertigteilen gibt es Längenmaße von 2,40, 6,00 und zweimal 1,20 m. Wie groß muss die Passungstoleranz T_P sein?

Die Grenzabweichungen der Fertigteile sollen betragen:

- für 1,20 m = ± 8 mm, d. h. $T_1 = T_2 = 16$ mm
- für 2,40 m = ± 8 mm, d. h. $T_3 = 16$ mm
- für 6,00 m = ± 10 mm, d. h. $T_4 = 20$ mm

Passtoleranz nach statistischer Fehlerfortpflanzung:

$$T_P = \sqrt{(2 \times 16^2 + 16^2 + 20^2)} = 34 \text{ mm} \xrightarrow{\textit{also}} \pm 17 \text{ mm}$$

Passtoleranz nach der Additionsmethode:

$$T_P = (2 \times 16 + 16 + 20) = 68 \text{ mm} \xrightarrow{\textit{also}} \pm 34 \text{ mm}$$

6.18 Bemessung von Nennmaßen und Fugenbreiten (Beispiel)

Für eine Passungsberechnung zur Ermittlung der Nennmaße und Fugenbreiten für eine Bauart aus Stahlbeton-Fertigteilen werden folgende Voraussetzungen festgelegt:

- Länge des Gebäudes bis zur Gebäudedehnfuge 36,0 m
- Achsraster der Stahlbeton-Fertigteiltafeln 3,60 m
- Stoßfugendichtung aus Fugendichtmasse mit maximal 25 % Dehnung
- Grenzabweichung eines Gebäudeabschnittes ± 30 mm (DIN 18202)
- Grenzabweichung einer Stahlbeton-Fertigteiltafel (3,60 m Breite) ± 10 mm
- Wärmeausdehnungskoeffizient des Stahlbetons: 0,012 mm/(m × *K)*
- Einbautemperatur ca. + 20 °C
- Temperaturschwankungen nach dem Einbau ± 20 °C
- Endschwindmaß der Tafeln nach der Montage = 0,12 mm/m

Die inhärente Maßveränderlichkeit der Stahlbeton-Fertigteiltafeln aus Temperatur und Schwinden beträgt bei einer Reihung von 36,0 m nach der Montage:

$$(0{,}012 \times 2 \times 20 + 0{,}12) \times 36 = 21{,}6 \text{ mm}$$

Auf 11 Stoßfugen verteilt ergeben sich für jede Stoßfuge ca. 2,0 mm.

Die Maßveränderlichkeit in einer Richtung kann sich nach der Montage auf eine Fuge auswirken bis zu:

$$(0{,}012 \times 20 + 0{,}12) \times 36 : 10 \approx 1{,}2 \text{ mm}$$

Die induzierten Maßabweichungen einer Fuge betragen ausgehend von den Grenzabweichungen der Bauteile und der Gebäudeabmessung:

$$\pm \frac{\sqrt{(2 \times 30)^2 + 10 \times (2 \times 10)^2}}{2 \times 11} = \pm\, 4{,}0 \text{ mm}$$

Würde anstelle der Grenzabweichung ± 10 mm für jede Stahlbeton-Fertigteiltafel die doppelte Genauigkeit von ± 5 mm gefordert, so ergäbe sich als induzierte Maßabweichung einer Fuge anstatt ± 4,0 mm ein Betrag von:

$$\pm \frac{\sqrt{(2 \times 30)^2 + 10 \times (2 \times 5)^2}}{2 \times 11} = \pm\, 3{,}1 \text{ mm}$$

Die Dehnfähigkeit des Fugenmaterials erfordert aus der inhärenten Maßabweichung eine Fugenbreite von mindestens:

$$\pm\, 100 : 25 \times 1{,}2 = 4{,}8 \text{ mm}$$

Die gesamte Fugenbreite aus Inhärenz und Induktion beträgt bei den Stahlbeton-Fertigteiltafeln somit:

$$\pm\, (4{,}8 + 4{,}0) = \pm\, 8{,}8 \text{ mm} \xrightarrow{\textit{gerundet}} \pm\, 10 \text{ mm}$$

Für die alternativ angenommene doppelte Genauigkeit der Tafeln von ± 5 mm ergäbe sich hingegen für die Fugenbreite ein Maß von:

$$\pm\, (4{,}8 + 3{,}1) = \pm\, 7{,}9 \text{ mm}$$

Die Rechnung zeigt, dass eine doppelte Genauigkeit für die einzelnen Bauteile nach dem Gesetz der Fehlerfortpflanzung einen insgesamt nur sehr geringen Einfluss auf die Fugenbreite zwischen den einzelnen Bauteilen hat. Die Wahl der Genauigkeit der einzelnen Bauteile ist also sorgfältig zu überlegen.

Anmerkung: Die Fuge muss in der Regel die Maßabweichungen der angrenzenden Teile aufnehmen und kann deswegen nicht einheitlich breit ausgeführt werden. Wenn die Fugenbreite im Endzustand relevant ist, also z. B. eine einheitliche Fugenbreite ausgeführt werden soll, dann steht der Fugenraum nicht für eine Toleranzausgleich der Teile zur Verfügung und es müssen ein anderer Bezug für die Teile sowie eine andere Lage für den Toleranzausgleichsraum gewählt werden. Dies kann z. B. durch fortlaufende Reihung der Teile mit gleicher Fugenbreite und mit einem auf Maß gefertigten Passstück am Ende der Reihung erfolgen.

6.19 Bemessung einer vorgefertigten Trennwand aus raumhohen Stahlbeton-Fertigteilen (Beispiel)

Voraussetzungen:

- Geschosshöhe einschließlich Deckenstärke 3,0 m
- Grenzabweichung für das Geschossdeckenniveau ± 16 mm (nach DIN 18202)
- Deckenstärke 20 cm
- Grenzabweichung der Deckenstärke ± 10 mm
- Risikofaktor *Q:* 2,5 (= eine Fehlpassung in 160 Fällen)
- Standardabweichung der Geschosshöhen $\frac{1}{3} \times (\pm 16) = \pm 5{,}35$ mm
- Standardabweichung der Deckendicke $\frac{1}{3} \times (\pm 10) = \pm 3{,}33$ mm
- Standardabweichung der lichten Höhe $\frac{1}{3} \times (\pm 20) = \pm 6{,}66$ mm
- Standardabweichung der Ebenheit beim Bodenbelag $\frac{1}{3} \times 9{,}0 = 3{,}0$ mm
- Standardabweichung der Ebenheiten bei der Deckenunterseite $\frac{1}{3} \times 10 = 3{,}33$ mm
- positive systematische Maßabweichung der Geschossdecke $PC = +5$ mm (gewollter Stich in Deckenmitte)
- negative Inhärenz $NC = -20$ mm (Durchbiegung in Deckenmitte bei voller Nutzlast)
- Grenzabweichung der raumhohen Wandbauteile ± 8 mm
- Standardabweichung der raumhohen Wandbauteile $\frac{1}{3} \times (\pm 8) = \pm 2{,}66$ mm
- negative Inhärenz der raumhohen Wandbauteile $NC = -1$ mm (Schwindung)

Zu überprüfen ist, ob mit den genannten Maßabweichungen die Grenzabweichungen für die lichte Raumhöhe von ± 20 mm (nach DIN 18202) einzuhalten sind. Für die vorgefertigte Trennwand sind zusätzlich die eigenen induzierten und inhärenten Maßabweichungen zu berücksichtigen.

Bestimmung des Spielraumes:

$$\sum Z_f = Q \times \sum s = \pm 2{,}5 \times \sqrt{(5{,}35^2 + 3{,}33^2)} = \pm 15{,}8 \text{ mm} \leq \pm 20 \text{ mm}$$

Wahl der Anschlussfugen für die raumhohen Wandbauteile:

$$\sum Z_f = 2{,}5 \times \sqrt{(6{,}66^2 + 3{,}0^2 + 3{,}33^2 + 2{,}66^2)} = 21 \text{ mm}$$

Spielraum in der Anschlussfuge:

$$\sum T = \sum Z_{f,\,unten} + \sum Z_{f,\,oben} + \sum PC + \sum NC$$

mit

$Z_{\mathrm{f,\,unten}}$ untere Anschlussfuge
$Z_{\mathrm{f,\,oben}}$ obere Anschlussfuge
PC positive Inhärenz
NC negative Inhärenz

also: $\sum T = 21 - 5 + 20 + 1 = 37$ mm

Es wird eine Lagerfuge von 15 mm Dicke mit Justiermöglichkeiten bis ± 5 mm vorgesehen. Die Deckenanschlussfuge mit 30 mm Breite wird durch eine 40 mm breite Deckleiste verdeckt, die sich frei beweglich über die Trennwand schiebt.

Spielraum des Bauteilgefüges S_N:

$$\Sigma S_N = \geq \Sigma T = 15 + 30 = 45 \text{ mm} \geq 37 \text{ mm}$$

Der Deckenputz soll 1,5 cm und der Estrich 3 cm dick sein. Die Nennhöhe der vorgefertigten Wandbauteile beträgt dann:

$$3.000 - 200 - 37 - 15 - 30 = 2.718 \text{ mm} \rightarrow \text{gerundet } 2{,}71 \text{ m} \pm 8 \text{ mm}$$

Teil C: Genauigkeitsanforderungen in den Gewerken

In dem vorliegenden Teil C werden Maßtoleranzen aus technischen Regelwerken und Hinweise auf Genauigkeitsanforderungen aus baupraktischen Erfahrungen für die folgenden Gewerke angegeben:

- Gewerke des Rohbaus:
  - Mauerwerksbau
  - Beton- und Stahlbetonbau
  - Holzbau
  - Stahl- und Metallbau
- Gewerke des Ausbaus:
  - Abdichtungen und Dachdeckungen
  - Wand- und Deckenbekleidungen
  - Estriche und Bodenbeläge
  - Fenster und Türen
- Gewerke sonstiger Bauleistungen:
  - Verkehrswege und Grünflächen
  - technische Anlagen

Hierbei werden jeweils unterschieden

- grundlegende Passungsanforderungen,
- statisch-konstruktive Anforderungen,
- funktionale Anforderungen,
- Anforderungen an Bauprodukte sowie
- Anforderungen an die handwerkliche Ausführung von Bauleistungen.

Die verschiedenen Genauigkeitsanforderungen finden in unterschiedlichen Phasen der Planung, Bauvorbereitung und Ausführung Anwendung. Schwerpunkte der grundlegenden Passungsanforderungen sind die Planung und die handwerkliche Ausführung, Schwerpunkte der statisch-konstruktiven Anforderungen und der funktionalen Anforderungen sind die Planung und die Bemessung, Schwerpunkte der Anforderungen an die Bauprodukte und an die handwerkliche Umsetzung sind die Bauvorbereitung und die Bauausführung. Die **Vernetzung der Genauigkeitsanforderungen** über die verschiedenen Leistungsphasen des Baugeschehens hinweg zeigt die Notwendigkeit, Maßabweichungen übergreifend in Planung, Vorbereitung und Ausführung durchgängig zu berücksichtigen.

1 Mauerwerk

1.1 Grundlegende Passungsanforderungen – Maßtoleranzen im Hochbau nach DIN 18202

Für Bauwerke und Bauteile aus **Mauerwerk** gelten die Maßtoleranzen nach DIN 18202 baustoffunabhängig im Rohbau (vgl. Abb. C 1.1) und im Ausbau. Sie sind anzuwenden, soweit nicht andere Genauigkeiten vereinbart werden und stellen die für Standardleistungen bzw. Bauteile und Bauwerke durchschnittlich üblicher Ausführungsart zu erreichende Genauigkeit dar.

Die **Grenzabweichungen für Maße** bei Mauerwerk betragen gemäß DIN 18202, Tabelle 1, wie folgt (vgl. Tabelle C 1.1):

Tabelle C 1.1: Grenzabweichungen für Mauerwerk nach DIN 18202:2019-07, Tabelle 1

Spalte	1	2	3	4	5	6	7
Zeile	**Bezug**	**Grenzabweichungen in mm** bei Nennmaßen					
		bis 1 m	**über 1 bis 3 m**	**über 3 bis 6 m**	**über 6 bis 15 m**	**über 15 bis 30 m**	**über 30 m**
1	**Maße im Grundriss**	± 10	± 12	± 16	± 20	± 24	± 30
2	**Maße im Aufriss**	± 10	± 16	± 16	± 20	± 30	± 30
3	**lichte Maße im Grundriss**	± 12	± 16	± 20	± 24	± 30	
4	**lichte Maße im Aufriss**	± 16	± 20	± 20	± 30		
5	**Öffnungen**	± 10	± 12	± 16			
6	**Öffnungen, oberflächenfertige Leibungen**	± 8	± 10	± 12			

Maße für die Länge und Breite eines Mauerwerks können bei durchschnittlich üblicher Ausführungsqualität im Allgemeinen mit einer Genauigkeit von ca. ± 3 mm hergestellt werden. Dies gilt auch für die Gleichmäßigkeit des Niveaus von Lagerfugen. Für Höhenentwicklungen ist hingegen eine größere Maßabweichung anzusetzen.

Werden **höhere Anforderungen** als nach DIN 18202, Tabelle 1, an die Genauigkeit von Mauerwerk gestellt, so sind in der Regel besondere Maßnahmen, z. B. Hilfsmittel bzw. Lehren, erforderlich. Die erreichbare Genauigkeit richtet sich dann nach der Maßhaltigkeit solcher Lehren. Lehren werden in der Werkstatt hergestellt. Sie ermöglichen eine Reduzierung der Grenzabweichungen auf ca. ± 2 mm für Maße bis 1 m bzw. auf ca. ± 4 mm für Maße bis 6 m. Für Passungen von Einbauteilen mit besonders hoher Genauigkeit können Zargen Anwendung finden, die beim Errichten des Mauerwerks die Funktion einer Lehre übernehmen.

Abb. C 1.1: Beispiel für Mauerwerk im Rohbau

Die **Grenzwerte für Winkelabweichungen** bei Mauerwerk betragen gemäß DIN 18202, Tabelle 2, wie folgt (vgl. Tabelle C 1.2):

Tabelle C 1.2: Grenzwerte für Winkelabweichungen für Mauerwerk nach DIN 18202:2019-07, Tabelle 2

Spalte	1	2	3	4	5	6	7	8
Zeile	**Bezug**	**Stichmaße als Grenzwerte in mm bei Nennmaßen**						
		bis 0,5 m	**über 0,5 bis 1 m**	**über 1 bis 3 m**	**über 3 bis 6 m**	**über 6 bis 15 m**	**über 15 bis 30 m**	**über 30 m**
1	**alle Flächen**	3	6	8	12	16	20	30

Für Abweichungen von der Flucht bzw. vom Lot kann bei einer sorgfältigen, durchschnittlich üblichen Ausführungsqualität ein Grenzwert von ca. ± 5 mm, unabhängig von den Abmessungen der Bauwerksteile, angenommen werden.

Die **Grenzwerte für Ebenheitsabweichungen** bei Mauerwerk gemäß DIN 18202, Tabelle 3, sind in Tabelle C 1.3 dargestellt.

Werden für flächenfertige Wände **erhöhte Anforderungen** nach DIN 18202, Tabelle 3, Zeile 7, an die Ebenheit von Mauerwerksflächen gestellt, so ist dies für die Ausführung gesondert zu vereinbaren. Andernfalls finden die Anforderungen nach Zeile 6 als Standardanforderung Anwendung.

Die **zulässigen Maßabweichungen für Mauersteine** sind in den Grenzwerten für Ebenheitsabweichungen nicht enthalten. Sie sind gesondert zu berücksichtigen.

Bei **einreihigem Mauerwerk** gelten die Ebenheitstoleranzen nur für die bündige Seite. Die bündige Seite sollte als Bezugspunkt angegeben werden. Für die Prüfung der Ebenheit ist also zunächst die bündige Wandseite zu ermitteln. Ebenheitsabweichungen an der **bündigen Wandseite** können unmittelbar nach den Grenzwerten für Ebenheitsabweichungen beurteilt werden. Für die **nicht bündige Wandseite** stellen die gemessenen Ebenheitsabweichungen hingegen eine Kombination von ausführungsbedingten Maßabweichungen und Maßabweichungen der Bauprodukte dar. Die

Tabelle C 1.3: Grenzwerte für Ebenheitsabweichungen bei Mauerwerk nach DIN 18202:2019-07, Tabelle 3

Spalte	1	2	3	4	5	6
Zeile	**Bezug**	**Stichmaße als Grenzwerte in mm** bei Messpunktabständen				
		bis 0,1 m	**bis 1 m**[1)]	**bis 4 m**[1)]	**bis 10 m**[1)]	**bis 15 m**[1),2)]
5	**nicht flächenfertige Wände**	5	10	15	25	30
6	**flächenfertige Wände**	3	5	10	20	25
7	wie Zeile 6, jedoch mit erhöhten Anforderungen	2	3	8	15	20

[1)] Zwischenwerte sind den Bildern 6 und 7 der DIN 18202:2019-07 zu entnehmen und auf ganze Millimeter zu runden.
[2)] Die Grenzwerte für Ebenheitsabweichungen der Spalte 6 gelten auch für Messpunktabstände über 15 m.

Messwerte sind daher um die **Maßabweichungen der Bauprodukte** zu korrigieren und können erst dann nach den Grenzwerten für Ebenheitsabweichungen beurteilt werden. In der Praxis lassen sich bei der Beurteilung der nicht bündigen Wandseite von einreihigem Mauerwerk die Maßabweichungen der Mauersteine nachträglich nur mehr mit erheblichem Aufwand feststellen. Die Steine stehen für eine Prüfung ihrer Abmessungen im eingebauten Zustand nicht mehr zur Verfügung. In einem solchen Fall wird man zweckmäßigerweise aus Herstellerangaben, aus Erfahrungswerten oder aus Messungen an nicht vermauerten Steinen gleicher Beschaffenheit einen Wert für die Maßabweichungen der Steine ermitteln bzw. annehmen. Die Messwerte für die Ebenheitsabweichungen der nicht bündig vermauerten Wandseite können dann um diesen Wert korrigiert und für die Auswertung mit den Grenzwerten für Ebenheitsabweichungen verglichen werden. Dabei ist die Unschärfe des angenommenen Wertes für die Maßabweichungen der Steine zu berücksichtigen. Auch der hierfür in Abzug gebrachte Wert unterliegt einer Streuung. Diese Streuung wird man ebenfalls nur überschlägig abschätzen können.

Die **Grenzwerte für Fluchtabweichungen** bei Mauerwerksstützen betragen gemäß DIN 18202, Tabelle 4, wie folgt (vgl. Tabelle C 1.4):

Tabelle C 1.4: Grenzwerte für Fluchtabweichungen bei Mauerwerksstützen nach DIN 18202:2019-07, Tabelle 4

Spalte	1	2	3	4	5	6
Zeile	**Bezug**	**Stichmaße als Grenzwerte in mm** bei Nennmaßen als Messpunktabstand				
		bis 3 m	**über 3 bis 6 m**	**über 6 bis 15 m**	**über 15 bis 30 m**	**über 30 m**
1	**zulässige Abweichung von der Flucht**	8	12	16	20	30

Abb. C 1.2: Beispiel für Mauerwerk als Tragwerk

1.2 Statisch-konstruktive Anforderungen

1.2.1 Grundlagen der Tragwerksplanung nach DIN EN 1990

Für die Berücksichtigung maßlicher **Imperfektionen in statisch-konstruktiver Hinsicht** werden in DIN EN 1990:2010-12 „Eurocode: Grundlagen der Tragwerksplanung", Abschnitt 4.3, Grundsätze formuliert.

Die für die Ausführung vorgesehenen Nennmaße geometrischer Abmessungen können für die Bemessung verwendet werden. Imperfektionen für Bauteile und Tragwerke sollten nach DIN EN 1996-2 berücksichtigt werden. Maßtoleranzen an Schnittstellen zwischen Bauteilen aus verschiedenen Baustoffen sind zu beachten (vgl. Abb. C 1.2).

1.2.2 Maßtoleranzen für Bemessung und Konstruktion nach DIN EN 1996-2 und DIN EN 1996-2/NA

Die **Bemessung** und Konstruktion **von Mauerwerk** erfolgt auf der Grundlage des EC-6 einschließlich des zugehörigen nationalen Anwendungsdokuments:

- DIN EN 1996-2:2010-12 „Eurocode 6: Bemessung und Konstruktion von Mauerwerksbauten – Teil 2: Planung, Auswahl der Baustoffe und Ausführung von Mauerwerk"
- DIN EN 1996-2/NA:2012-01 „Nationaler Anhang – National festgelegte Parameter – Eurocode 6: Bemessung und Konstruktion von Mauerwerksbauten – Teil 2: Planung, Auswahl der Baustoffe und Ausführung von Mauerwerk"

Nach diesem Regelwerk sollten Grenzwerte für mögliche **Abweichungen** des ausgeführten **Mauerwerks** von den Sollmaßen im Grund- und Aufriss festgelegt werden. Aus **statisch-konstruktiver Sicht** sind für Mauerwerkselemente maximal folgende Abweichungen nach DIN EN 1996-2, Tabelle 3.1, zulässig:

- Abweichung von der **Vertikalität**:
  - über ein Geschoss ± 20 mm
  - über die gesamte Geschosshöhe, bei 3 oder mehr Geschossen ± 50 mm
  - senkrechte Fluchtlinie (Versatz im Grundriss) ± 20 mm

- Abweichung von der **Ebenheit** als maximale Abweichung von einer geraden Linie zwischen 2 beliebigen Punkten gemessen:
  - über 1 m ± 10 mm
  - über 10 m ± 50 mm
- Abweichung von der **Dicke**:
  - der Wandschale ± 5 mm oder ± 5 % der Schalendicke, wobei der größere Wert maßgebend ist
  - der zweischaligen Wand ± 10 mm

Ausgenommen sind Wandschalen mit der Breite oder Länge eines einzelnen Mauersteins, bei denen die Maßtoleranzen des Mauersteins die Schalendicke bestimmen.

Über die vorgenannten Anforderungen hinausgehende Toleranzen nach DIN 18202 bleiben hiervon unberührt. Die erste Schicht eines Mauerwerks sollte im Regelfall nicht mehr als 15 mm über die Kante einer Bodenplatte oder des Fundaments überstehen.

1.2.3 Vergleich mit Toleranzen im Hochbau nach DIN 18202

Die in statisch-konstruktiver Hinsicht zulässigen Abweichungen von der Vertikalität bzw. der Dicke bzw. der Ebenheit nach DIN EN 1996-2/NA sind – mit Ausnahme der Anforderung an die Dicke einer einschaligen Wand – weiter gefasst als die Passungsanforderungen nach DIN 18202 wie folgt (vgl. auch Abb. C 1.3):

Grenzwerte für die **Abweichung von der Vertikalität** (entspricht der Winkelabweichung vom Lot nach DIN 18202):

- über ein Geschoss:
  - ± 20 mm (DIN EN 1996-2/NA)
  - 8 mm (DIN 18202, Tabelle 2, über 1 bis 3 m)
- über die Gebäudehöhe bei 3 oder mehr Geschossen:
  - ± 50 mm (DIN EN 1996-2/NA)
  - 16 mm (DIN 18202, Tabelle 2, über 6 bis 15 m)
  - 20 mm (DIN 18202, Tabelle 2, über 15 bis 30 m)
  - 30 mm (DIN 18202, Tabelle 2, über 30 m)

Grenzwerte für die **Abweichung von der vertikalen Fluchtlinie**:

- für Maße im Grundriss:
  - ± 20 mm (DIN EN 1996-2/NA)
  - ± 10 mm (DIN 18202, Tabelle 1, bis 1 m)
  - ± 12 mm (DIN 18202, Tabelle 1, über 1 bis 3 m)
  - ± 16 mm (DIN 18202, Tabelle 1, über 3 bis 6 m)
  - ± 20 mm (DIN 18202, Tabelle 1, über 6 bis 15 m)

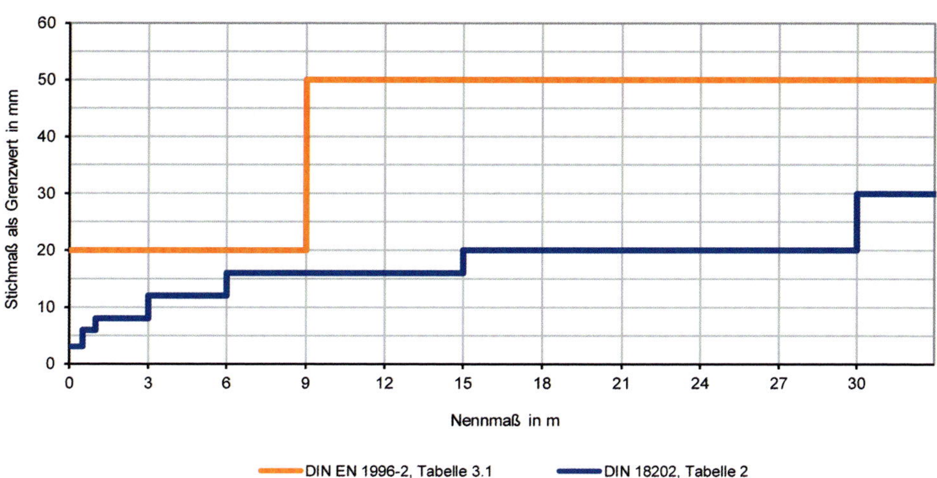

Abb. C 1.3: Funktionsverlauf der Grenzwerte für die Abweichung von der Vertikalität nach DIN EN 1996-2, Tabelle 3.1, bei einer angenommenen Geschosshöhe von 3 m im Vergleich mit den Grenzwerten für die Winkelabweichung nach DIN 18202, Tabelle 2

Grenzwerte für die **Abweichung von der Dicke**:

- einer Wandschale:
  - ± 5 mm (DIN EN 1996-2/NA)
  - ± 10 mm (DIN 18202, Tabelle 1, Zeile 1, bis 1 m)
- einer zweischaligen Wand:
  - ± 10 mm (DIN EN 1996-2/NA)
  - ± 10 mm (DIN 18202, Tabelle 1, Zeile 1, bis 1 m)

Grenzwerte für die **Ebenheitsabweichung** (für nicht flächenfertige Wände nach DIN 18202, Tabelle 3, Zeile 5):

- über 1 m (Messpunktabstand):
  - ± 5 mm (DIN EN 1996-2/NA)
  - 10 mm (DIN 18202, Tabelle 3, Zeile 5)
- über 10 m (Messpunktabstand):
  - ± 10 mm (DIN EN 1996-2/NA)
  - 25 mm (DIN 18202, Tabelle 3, Zeile 5)

Mit der Einhaltung der Anforderungen nach DIN 18202 – in der äußeren Geometrie der Bauteile – ist damit auch den statisch konstruktiven Anforderungen bis auf den Fall der einschaligen Wand ausreichend Rechnung getragen. Eine Ausnahme hiervon bildet lediglich der Grenzwert für die zulässige Abweichung von der Dicke einer Wandschale mit ± 5 mm bzw. 5 % der Schalendicke nach DIN EN 1996-2/NA. Die dieser Anforderung entsprechende Grenzabweichung für die Wanddicke nach DIN 18202, Tabelle 1, Zeile 1, beträgt ± 10 mm.

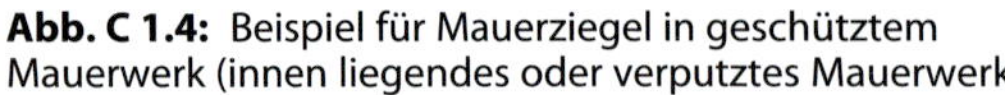

Abb. C 1.4: Beispiel für Mauerziegel in geschütztem Mauerwerk (innen liegendes oder verputztes Mauerwerk)

Abb. C 1.5: Beispiel für Mauerziegel in ungeschütztem Mauerwerk

1.3 Anforderungen an Bauprodukte für Mauerwerk

Für **Mauersteine** werden Grenzwerte für Maßabweichungen in der Normenreihe DIN EN 771 angegeben.

1.3.1 Mauerziegel nach DIN EN 771-1

Für **Mauerziegel** sind in DIN EN 771-1:2015-11 „Festlegungen für Mauersteine – Teil 1: Mauerziegel“ zulässige Grenzabmaße enthalten. Diese werden unterschieden für P-Ziegel zur Verwendung in geschütztem Mauerwerk (d. h. gegen Wasserzutritt geschütztes Mauerwerk; vgl. Abb. C 1.4) und für U-Ziegel zur Verwendung in ungeschütztem Mauerwerk (vgl. Abb. C 1.5). Wird für **Maßabweichungen** ein **Mittelwert** angegeben, so gelten für diesen nach Klassen T unterteilte Grenzabweichungen, wobei der Wert auf ganze mm zu runden ist (vgl. Tabelle C 1.5).

Werden **Maßabweichungen** als **Maßspanne** angegeben, so gelten hierfür Grenzwerte unterteilt nach den Klassen R, wobei der Wert auf ganze mm zu runden ist (vgl. Tabelle C 1.6).

Für Mauerziegel, die mit Dünnbettmörtel vermauert werden, muss der Hersteller die maximale Abweichung der Lagerflächen von der Ebenheit und von der Planparallelität angeben.

Leichtlanglochziegel und **Leichtlanglochziegelplatten** müssen den Festlegungen nach DIN 105-5:2013-06 „Mauerziegel – Teil 5: Leichtlanglochziegel und Leichtlanglochziegelplatten“, Tabelle A.2 und Tabelle A.3, entsprechen. Auch für diese Bauteile wird eine Maßspanne angegeben (vgl. Tabelle C 1.7 und Tabelle C 1.8).

Tabelle C 1.5: Grenzwerte bei Angabe des Mittelwertes für Abmaße bei Mauerziegeln nach DIN EN 771-1:2015-11

Typ	Klasse	Mittelwert
P-Ziegel	T1	± 0,40 √(Sollmaß) mm oder 3 mm, wobei der größere Wert gilt
	T1+	± 0,40 √(Sollmaß) mm oder 3 mm für Länge und Breite, wobei der größere Wert gilt und ± 0,05 √(Sollmaß) mm oder 1 mm für die Höhe, wobei der größere Wert gilt
	T2	± 0,25 √(Sollmaß) mm oder 2 mm, wobei der größere Wert gilt
	T2+	± 0,25 √(Sollmaß) mm oder 2 mm für Länge und Breite, wobei der größere Wert gilt ± 0,05 √(Sollmaß) mm oder 1 mm für die Höhe, wobei der größere Wert gilt
	Tm	eine vom Hersteller in mm angegebene Abweichung (die größer oder kleiner als die anderen Klassen sein darf)
U-Ziegel	T1	± 0,40 √(Sollmaß) mm oder 3 mm, wobei der größere Wert gilt
	T2	± 0,25 √(Sollmaß) mm oder 2 mm, wobei der größere Wert gilt
	Tm	eine vom Hersteller in mm angegebene Abweichung (die größer oder kleiner als die anderen Klassen sein darf)

Tabelle C 1.6: Grenzwerte bei Angabe der Maßspanne für Maßabweichungen bei Mauerziegeln nach DIN EN 771-1:2015-11, Abschnitt 5

Typ	Klasse	Mittelwert
P-Ziegel	R1	0,6 √(Sollmaß) mm
	R1+	0,6 √(Sollmaß) mm für Länge und Breite und 1,0 mm für die Höhe
	R2	0,3 √(Sollmaß) mm
	R2+	0,3 √(Sollmaß) mm für Länge und Breite und 1,0 mm für die Höhe
	Rm	eine vom Hersteller in mm angegebene Maßspanne (die größer oder kleiner als die anderen Klassen sein darf)
U-Ziegel	R1	0,6 √(Sollmaß) mm
	R2	0,3 √(Sollmaß) mm
	Rm	eine vom Hersteller in mm angegebene Maßspanne (die größer oder kleiner als die anderen Klassen sein darf)

Tabelle C 1.7: Maßabweichungen von Leichtlanglochziegeln nach DIN 105-5:2013-06, Tabelle A.2

Art	Nennmaß in mm	zulässige Maßspanne in mm	Mindestmaß in mm	Höchstmaß in mm
Länge *l*	240	10	230	248
	365	12	355	373
	490	15	480	498
Breite *b*	115	6	110	120
	175	8	168	178
	240	10	230	245
	300	12	290	308
Höhe *h*	71	4	68	74
	113	4	108	118
	238	6	233	243

Tabelle C 1.8: Maßabweichungen von Leichtlanglochziegelplatten nach DIN 105-5:2013-06, Tabelle A.3

Art	Nennmaß in mm	zulässige Maßspanne in mm	Mindestmaß in mm	Höchstmaß in mm
Länge *l*	330	12	317	333
	495	15	480	500
	795	18	775	800
	895	18	875	900
	995	18	975	1.000
Höhe *h*	175	8	168	178
	238	10	230	245
	320	12	310	328
Dicke *d*	40	3	38	42
	50	3	48	52
	60	4	57	63
	70	4	67	73
	80	5	76	84
	100	5	96	104
	115	6	100	120

Planziegel müssen in ihren Maßen und Maßabweichungen den Festlegungen nach DIN 105-6:2013-06 „Mauerziegel – Teil 6: Planziegel", Tabelle A.5 und A.6, entsprechen. Innerhalb der Lieferungen für ein Bauwerk dürfen sich jedoch die Maße der größten und kleinsten Ziegel höchstens um die in Tabelle 3, Spalte 5, angegebene Maßspanne *t* unterscheiden (vgl. Tabelle C 1.9).

Tabelle C 1.9: Maßabweichungen von Planziegeln nach DIN 105-6:2013-06, Tabelle A.5 und A.6

Art	Nennmaß in mm	zulässige Maßspanne in mm	Mindestmaß in mm
Länge *l* bzw. Breite *b*	90	5	–5/+5
	115	6	–5/+5
	145	7	–6/+3
	150	7	–7/+3
	175	8	–7/+3
	200	9	–8/+5
	240	10	–10/+5
	300	12	–10/+8
	365	12	–10/+8
	425	12	–10/+8
	490	12	–10/+8
Höhe *h*	40	1	–1/+1
	61	1	–1/+1
	82	1	–1/+1
	124	1	–1/+1
	249	1	–1/+1

Abb. C 1.6: Beispiel für Kalksandsteine

1.3.2 Kalksandsteine nach DIN EN 771-2

Für **Kalksandsteine** (vgl. Abb. C 1.6) werden in DIN EN 771-2:2015-11 „Festlegungen für Mauersteine – Teil 2: Kalksandsteine" zulässige Maßabweichungen – klassifiziert nach den Abmaßklassen T1, T2, T3 und Tm – angegeben (vgl. Tabelle C 1.10).

Tabelle C 1.10: Grenzabmaße von Kalksandsteinen (in mm) einschließlich Abmaßklassen nach DIN EN 771-2:2015-11, Tabelle 1

Maße	**Abmaßklassen für Kalksandsteine in mm**			
	T1	**T2**	**T3**	**Tm**
mittlere Höhe der Probe	Sollhöhe ± 2	Sollhöhe ± 1	–	vom Hersteller deklarierte Abweichung in mm (die größer oder kleiner als die anderen Klassen sein darf)
mittlere Länge der Probe	Solllänge ± 2	Solllänge ± 2	Solllänge ± 2	
mittlere Breite der Probe	Sollbreite ± 2	Sollbreite ± 2	Sollbreite ± 2	
Einzelwert der Höhe der Probe	mittlere Höhe der Probe ± 2	mittlere Höhe der Probe ± 1	Sollhöhe ± 1	
Einzelwert der Länge der Probe	mittlere Länge der Probe ± 2	mittlere Länge der Probe ± 2	Solllänge ± 3	
Einzelwert der Breite der Probe	mittlere Breite der Probe ± 2	mittlere Breite der Probe ± 2	Sollbreite ± 3	
Ebenheit der Lagerflächen	–	–	1,0	
Planparallelität der Lagerflächen	–	–	1,0	

Die Istabmaße des Mittelwertes sind definiert als die Differenzen zwischen den deklarierten Sollmaßen und dem Mittel der gemessenen Werte. Die Istabmaße für Einzelwerte sind definiert als die Differenzen zwischen den Mittelwerten der gemessenen Werte und den gemessenen Einzelwerten. Die vorgenannten Abmaße finden keine

Anwendung für die Richtung senkrecht zur gebrochenen Oberfläche bei einseitig geschnittenen Steinen.

Nach DIN 20000-402:2017-01 „Anwendung von Bauprodukten in Bauwerken – Teil 402: Regeln für die Verwendung von Kalksandsteinen nach DIN EN 771-2:2015-11" müssen Kalksandsteine den Anforderungen nach DIN EN 771-2 genügen.

Für die Verwendung von Kalksandsteinen mit Dünnbettmörtel muss die deklarierte Abmaßklasse nach DIN EN 771-2 mindestens T3, für die Verwendung mit Normal- oder Leichtmauermörtel mindestens T1 entsprechen.

Für Verblender aus Kalksandsteinen muss die Toleranzklasse Tm deklariert sein mit folgenden Grenzabmaßen:

- Sollhöhe ± 2 mm für die mittlere Höhe und mittlere Höhe ± 2 mm für den Einzelwert der Höhe
- Solllänge ± 1 mm für die mittlere Länge und mittlere Länge ± 1 mm für den Einzelwert der Länge
- Sollbreite ± 1 mm für die mittlere Breite und mittlere Breite ± 1 mm für den Einzelwert der Breite

1.3.3 Betonsteine nach DIN EN 771-3

Für **Mauersteine aus Beton** werden in DIN EN 771-3:2015-11 „Festlegungen für Mauersteine – Teil 3: Mauersteine aus Beton (mit dichten und porigen Zuschlägen)" folgende Maßabweichungen – klassifiziert nach den Abmaßklassen D1, D2, D3 und D4 – angegeben (vgl. Tabelle C 1.11):

Tabelle C 1.11: Grenzabmaße für Mauersteine aus Beton nach DIN EN 771-3:2015-11, Tabelle 1

Abmaßklasse	**D1**	**D2**	**D3**	**D4**
Länge in mm	-5/+3	-3/+1	-3/+1	-3/+1
Breite in mm	-5/+3	-3/+1	-3/+1	-3/+1
Höhe in mm	-5/+3	±2	±1,5	±1

Die vorgenannten Abmaße finden keine Anwendung für Steine mit planmäßig unebenen Oberflächen.

Für die Verwendung der Mauersteine aus Beton mit Dünnbettmörtel muss der Hersteller in der Abmaßklasse D4 auch die maximale Abweichung der Lagerflächen von der Ebenheit und von der Planparallelität angeben.

Die vom Hersteller für Mauersteine aus Beton deklarierte Abmaßklasse nach DIN EN 771-3 muss D1 entsprechen (vgl. DIN 20000-403:2019-11 „Anwendung von Bauprodukten in Bauwerken – Teil 403: Regeln für die Verwendung von Mauersteine aus Beton [mit dichten und porigen Zuschlägen] nach DIN EN 771-3:2015-11").

Abb. C 1.7: Beispiel für Porenbetonsteine

1.3.4 Porenbetonsteine nach DIN EN 771-4

Für **Porenbetonsteine** (vgl. Abb. C 1.7) gelten gemäß DIN EN 771-4:2015-11 „Festlegungen für Mauersteine – Teil 4: Porenbetonsteine" die in Tabelle C 1.12 angegebenen Maßabweichungen als Grenzabmaße für Normalmauersteine.

Tabelle C 1.12: Grenzabmaße für Normalmauersteine nach DIN EN 771-4:2015-11, Tabelle 2

Maße	Grenzabmaße in mm für Porenbetonsteine bei Verwendung mit		
	Normalmörtel und Leichtmörtel	Dünnbettmörtel	
	GPLM	TLMA	TLMB
Länge	- 5/+ 3	± 3	± 1,5
Höhe	- 5/+ 3	± 2	± 1,0
Breite	± 3	± 2	± 1,5
Ebenheit der Lagerflächen	keine Anforderungen	keine Anforderungen	≤ 1,0
Planparallelität der Lagerflächen	keine Anforderungen	keine Anforderungen	≤ 1,0

Nach DIN 20000-404:2018-04 „Anwendung von Bauprodukten in Bauwerken – Teil 404: Regeln für die Verwendung von Porenbetonsteinen nach DIN EN 771-4: 2015-11" müssen Porenbetonsteine für die Verwendung mit Dünnbettmörtel hinsichtlich der Abmaße, der Ebenheit der Lagerflächen und der Planparallelität der Lagerflächen mindestens der Abmaßklasse TLMB nach DIN EN 771-4 entsprechen.

Für **Hohlwandplatten aus Leichtbeton** sind die Grenzabmaße nach DIN 18148: 2000-10 „Hohlwandplatten aus Leichtbeton", Tabelle 1, einzuhalten:

- Länge und Breite: ± 3 mm
- Höhe: ± 4 mm

Abb. C 1.8: Beispiel für Mauerarbeiten

Für **unbewehrte Wandbauplatten aus Leichtbeton** sind die Grenzabmaße nach DIN 18162:2000-10 „Wandbauplatten aus Leichtbeton, unbewehrt", Tabelle 1, einzuhalten:

- Länge und Breite: ± 3 mm
- Höhe: ± 4 mm

1.4 Ausführung von Mauerarbeiten

1.4.1 Maßtoleranzen nach VOB/C ATV DIN 18330 Mauerarbeiten

Die ATV DIN 18330:2019-09 **„Mauerarbeiten"** gilt für Mauerwerk jeder Art aus natürlichen und künstlichen Steinen (vgl. Abb. C 1.8). Sie gilt nicht für Schalungssteine, statisch nicht mittragende Naturwerksteine oder Betonwerksteine, Trockenbauarbeiten sowie auch nicht für Wärmedämm-Verbundsysteme.

Bei der **Ausführung von Mauerwerk** nach ATV DIN 18330 sind Abweichungen von den vorgeschriebenen Maßen in den durch DIN 18202 bestimmten Grenzen zulässig.

Die erforderlichen Leistungen sind Besondere Leistungen, wenn an die Ebenheit von Bauteiloberflächen die folgenden Anforderungen gestellt werden:

- höhere Anforderungen als nach DIN 18202, Tabelle 3, Zeile 1 (nicht flächenfertige Oberseiten von Decken, Unterbeton und Unterböden) oder Zeile 5 (nicht flächenfertige Wände und Unterseiten von Rohdecken) oder
- sonstige erhöhte Anforderungen an die Maßhaltigkeit gegenüber den in DIN 18202 aufgeführten Werten, einschließlich erhöhter Anforderungen an die Ebenheit nach DIN 18202, Tabelle 3, Zeile 4 oder Zeile 7.

Als Bedenken im Sinne von VOB/B kommen in Betracht:

- Abweichungen des Bestandes gegenüber den Vorgaben oder
- fehlende Bezugspunkte.

Die Ausführung von **Sichtmauerwerk** ist aus technischer Sicht im Standardfall hinsichtlich der Anforderungen an die Ebenheit als flächenfertige Wand nach DIN 18202, Tabelle 3, Zeile 6, und der ATV DIN 18330 folgend als Besondere Leistung im Sinne der VOB/C einzuordnen.

1.4.2 Vermauerung und Fugenausbildung nach DIN EN 1996-1-1/NA

Bei der Ausführung von Mauerwerk gemäß DIN EN 1996-1-1/NA:2019-12 „Nationaler Anhang – National festgelegte Parameter – Eurocode 6: Bemessung und Konstruktion von Mauerwerksbauten – Teil 1-1: Allgemeine Regeln für bewehrtes und unbewehrtes Mauerwerk", Abschnitt 8, sollen **vermörtelte Stoßfugen** in der Regel 10 mm dick sein. **Lagerfugen** sollen in der Regel 12 mm dick sein. Bei der Vermauerung der Steine mit **Dünnbettmörtel** muss die Dicke der vermörtelten Stoß- und Lagerfuge 1 bis 3 mm betragen.

Bei der Ausführung von Mauerwerk mit **mörtelloser Stoßfuge** werden Steine knirsch verlegt. Die Steine gelten dann als knirsch verlegt, wenn sie ohne Mörtel so dicht aneinandergestoßen werden, wie dies wegen der herstellungsbedingten Unebenheiten der Stoßfugenflächen möglich ist. Der Abstand der Steine soll dabei im Allgemeinen nicht größer als 5 mm sein. Wird eine Stoßfugenbreite von 5 mm überschritten, so muss die Stoßfuge beim Mauern beidseitig an der Wandoberfläche mit Mörtel verschlossen werden.

Eine **Toleranz für die Fugenbreite** ist in DIN EN 1996-1-1/NA nicht angegeben. Baupraktisch muss in der Ausführung des Mauerwerks ein Ausgleich von Maßabweichungen der Steine in ihrer Form und auch von ausführungsbedingten Lageabweichungen der einzelnen Steine innerhalb des Verbandes über eine variable Fugenbreite erfolgen. Als Richtwert hierfür kann bei normal vermörtelter Fuge eine **Schwankungsbreite** von etwa ± 3 mm, an Einzelstellen bis etwa ± 5 mm angesetzt werden (vgl. Abb. C 1.9). Für eine Vermörtelung mit Dünnbettmörtel kann aus der Forderung nach einer 1 bis 3 mm dicken Fuge eine Schwankungsbreite von ± 1 mm abgeleitet werden (vgl. Abb. C 1.10). Eine Toleranz für die Fugenbreite muss jedoch primär vor dem Hintergrund der Festigkeit des Mauerwerks bzw. des bei Sichtmauerwerk beabsichtigten optischen Erscheinungsbildes betrachtet werden. Größere **Abweichungen der Fugendicke** als die angegebenen Schwankungsbreiten sind deshalb nicht im Sinne einer Grenzwertüberschreitung, sondern unter dem Aspekt damit etwa verbundener Nachteile in Bezug auf das Bausoll, also z. B. die Festigkeit oder das Erscheinungsbild im Gebrauchszustand, zu beurteilen. Für **Sichtmauerwerk** ist unter dem Aspekt der gestalterischen Wirkung vorrangig eine Toleranz für die Fugenbreite ausgehend von einer üblichen handwerklichen Sorgfalt der jeweiligen Leistung zu berücksichtigen (vgl. Abb. C 1.11). Sichtbare Abweichungen wird man in diesem Fall nicht nach einem Grenzwert für die Fugenbreite, sondern nach der Vorgehensweise zur Beurteilung optischer Mängel bewerten (vgl. hierzu die Erläuterungen zu den Grenzen für die Anwendung von Toleranzen in Teil B des vorliegenden Buches).

Für Mauerwerk als **Bauart mit Fugen** nach DIN 4172 finden auf Baunormzahlen aufbauende Baurichtmaße für die Maße der Mauersteine Anwendung. Die Nennmaße sind aus den Baurichtmaßen durch Abzug oder Zuschlag des Fugenanteils abzuleiten. Damit besteht auch eine Nennlage für die Mauerwerksfugen. Aus der **Maßordnung** für eine Mauerwerksbauweise unter Berücksichtigung von Fugen ergibt sich, dass Maßabweichungen der einzelnen Steine jeweils in der unmittelbar angrenzenden Fuge durch eine Verkleinerung oder eine Vergrößerung der Fugenbreite aufgenommen werden müssen.

Bei der Verwendung **großformatiger Steine** oder der Anwendung von Mauerwerk ohne Stoßfugenvermörtelung bzw. von **Mauerwerk mit Dünnbettkleber** anstelle einer Lagerfugenvermörtelung bestehen nur wenige Möglichkeiten zum **Ausgleich von**

Abb. C 1.9: Beispiel für Mauerwerk mit Fugenvermörtelung und Ausgleich von Maßabweichungen über eine veränderliche Fugendicke

Abb. C 1.10: Beispiel für eine Vermauerung mit Dünnbettmörtel

Abb. C 1.11: Beispiel für Sichtmauerwerk mit optischen Anforderungen an das Fugenbild

Abb. C 1.12: Beispiel für Ziegelmauerwerk mit Dünnbettmörtel und mörtelloser Stoßfuge

Abb. C 1.13: Beispiel für Kalksandsteinmauerwerk mit Dünnbettmörtel und mörtelloser Stoßfuge

Abb. C 1.14: Beispiel für die unterste Lagerfuge eines Mauerwerks mit Dünnbettmörtel und eine mit Mörtel verschlossene Stoßfuge bei Überschreitung der vorgesehenen Fugenbreite

Abb. C 1.15: Beispiel für eine Vormauerschale mit Abstand zur Wandkonstruktion

Toleranzen (vgl. Abb. C 1.12 und Abb. C 1.13). Die Unterlage der ersten Steinreihe muss einer vergleichsweise hohen Genauigkeit genügen und darf nur sehr geringe Winkelabweichungen bzw. Ebenheitsabweichungen aufweisen (vgl. Abb. C 1.14). Andernfalls ist die Passung der Fugen beim anschließenden Aufmauern nicht mehr sichergestellt. Bei Wegfall ausreichend breiter Lager- und Stoßfugen ist ein Längen- bzw. Höhenausgleich an den **Bauteilrändern** nur durch ein passgenaues **Zuschneiden** der einzelnen Mauersteine möglich. Hierfür sind die Verarbeitungsvorschriften der Hersteller zu beachten. Insbesondere bei hoch wärmedämmenden Mauersteinen ist aufgrund der Porosität des Materials das früher übliche Zuschlagen der Steine nicht mehr zulässig. Auch aus Gründen des Wärmeschutzes kommt der Maßhaltigkeit geschnittener Steine eine besondere Bedeutung bei. Wird beispielsweise hoch wärmedämmendes Mauerwerk anstelle einer vorgesehenen Stoßfugenverzahnung mit vermörtelten Ausgleichsfugen hergestellt, so können hieraus Wärmebrücken resultieren (vgl. Abb. C 1.14).

1.4.3 Schalenabstand im Mauerwerk nach DIN EN 1996-2/NA

Für die Ausführung von **zweischaligen Außenwänden** mit Luftschicht ist nach DIN EN 1996-2/NA:2012-01, Abschnitt NA.D.2, eine Luftschicht von mindestens 60 mm Dicke auszuführen. Die Dicke der Luftschicht darf jedoch bis auf 40 mm vermindert werden, wenn der Fugenmörtel mindestens an einer Hohlraumseite abgestrichen wird. Für die Dicke der **Luftschicht** ist ein Nennmaß in der Planung festzulegen. Abweichungen von diesem Nennmaß sind in den Grenzen der DIN 18202 zulässig. Um die geforderten Mindest- bzw. Höchstabstände im fertigen Zustand zu erzielen, ist beim Anlegen der Hohlraumbreite neben dem Mindest- bzw. Höchstmaß der Luftschicht auch der Grenzwert für die Winkelabweichung bzw. die Ebenheitsabweichung zu berücksichtigen. Beim Anlegen der Vormauerschale sind also für den Abstand von der Wand die Winkel- bzw. Ebenheitsabweichungen in Abhängigkeit von der Gesamthöhe der Wand mit zu berücksichtigen. Diese Toleranzen sind als Vorhaltemaß für die Dicke der Luftschicht in der Planung entsprechend mit vorzusehen (vgl. Abb. C 1.15).

Abb. C 1.16: Beispiel für den Einsatz einer Mauerwerkslehre bei der Herstellung einer Öffnung

Abb. C 1.17: Beispiel für den Einsatz einer Mauerwerkslehre bei der Herstellung eines seitlichen Abschlusses von Sichtmauerwerk

Abb. C 1.18: Beispiel für einen nur begrenzt möglichen Toleranzausgleich in der Klebemörtelschicht zwischen Außenwand und Dämmplatten im Untergrund des Wärmedämm-Verbundsystems

1.4.4 Hinweise zu besonderen Genauigkeitsanforderungen an Schnittstellen zu anderen Gewerken

Die **Maßhaltigkeit an seitlichen Abschlüssen**, freien Rändern, Öffnungen, Leibungen etc. kann mit dem Einsatz von **Mauerwerkslehren** deutlich verbessert werden. Bei Sichtmauerwerk, Mauerwerk aus Plansteinen und einer vorgesehenen Dünnputzbekleidung, oberflächenfertigen Leibungen für Einbauelemente usw. sollten Lehren vorgesehen werden, um die vorgesehene Genauigkeit zielsicher und ohne aufwendige Anpass- und Nacharbeiten zu erreichen (vgl. Abb. C 1.16 und Abb. C 1.17). Die Funktion einer Mauerwerkslehre kann auch das Einbauteil selbst übernehmen, z. B. Metallzargen als Eckzargen, Metalltürelemente oder Einbaurahmen für Fenster- und Türelemente.

Bei **Wärmedämm-Verbundsystemen** müssen insbesondere die Anschlüsse an Einbauelemente wie Fenster und Türen, Leibungskanten usw. im Hinblick auf das zu erzielende optische Erscheinungsbild eine besondere Genauigkeit einhalten. Die Möglichkeiten des **Toleranzausgleichs** sind mit der vorgegebenen Schichtdicke der Dämmplatten in der Regel auf einen Bereich von wenigen Millimetern stark begrenzt. Dies hat eine erhöhte Anforderung an die Maßhaltigkeit der Unterkonstruktion zur Folge. Der **Untergrund** muss erforderlichenfalls mit einer besonderen Toleranzausgleichsschicht (z. B. einem Leibungsputz) so vorbereitet und auf die nachfolgende Bekleidung abgestimmt werden, dass ein ausreichender Ausgleich der noch verbleibenden Maßabweichungen mit der Bekleidung möglich ist (vgl. Abb. C 1.18).

1.4.5 Hinweise zu Planblockmauerwerk mit Dünnputz bzw. Spachtelung

Bei der Ausführung von Mauerwerkswänden aus großformatigen **Planblocksteinen** und einer anschließenden **Dünnputzbekleidung** oder Spachtelung anstelle eines herkömmlichen Wandputzes besteht die Gefahr, dass Knickstellen oder Versätze an den Stoßstellen der einzelnen Steine in der flächenfertigen Wandoberfläche sichtbar bleiben. Bei einer Bekleidung mit vergleichsweise geringer Schichtdicke entfällt die herkömmliche Möglichkeit eines Ausgleichs von Maßabweichungen im Untergrund durch einen entsprechend dicken Putzauftrag. Die Ausführung eines Dünnputzes oder einer Spachtelung gestattet keinen nennenswerten Ebenheitsausgleich. Die Oberfläche des Mauerwerks muss also den Genauigkeitsanforderungen an die fertige Wandoberfläche genügen. Dies ist bei der Kalkulation und bei der Ausführung des Mauerwerks zu berücksichtigen. Auch die Maßhaltigkeit von Maßen und lichten Maßen im Grundriss und im Aufriss muss bei der Ausführung des Mauerwerks bereits den Anforderungen an die oberflächenfertige Wand genügen. Den Einsparungen durch den Entfall einer herkömmlichen Putzbekleidung stehen somit Mehraufwendungen für die sorgfältige Herstellung eines oberflächenfertigen Mauerwerks analog der Ausführung von Sichtmauerwerk gegenüber.

Die Festlegung der Ebenheitsabweichungen in DIN 18202 geht von dem Modell einer **mehrlagigen Bekleidung** aus, die es gestattet, die Unebenheiten des Untergrundes entsprechend den Möglichkeiten der Bekleidung schrittweise auszugleichen, bis die Anforderung an die fertige Oberfläche erreicht ist. Diese Möglichkeit des Ausgleichs entfällt bei der Verwendung von Dünnputzen und Spachtelungen. Mauerwerk als Untergrund für diese Bekleidungen ist in der Konsequenz hinsichtlich der Maßhaltigkeitsanforderung als oberflächenfertig einzustufen.

1.4.6 Hinweise zu Stürzen und Rollladenkästen

Bei der Ausführung einer **vorgemauerten Fassadenbekleidung** und der Auflagerung des Sturzes als Rollschicht auf einem tragenden Profil ist mit **Durchbiegungen des Sturzes** aus der Belastung des aufliegenden Mauerwerks zu rechnen (vgl. Abb. C 1.19). Das Maß solcher Durchbiegungen ist insbesondere von der Spannweite des Sturzes abhängig. Durchbiegungen unterhalb der Waagerechten können bei der Betrachtung der Fassade sichtbar sein und das optische Erscheinungsbild beeinträchtigen. Bei der Durchbiegung des Sturzes handelt es sich um eine lastabhängige Verformung. Diese kann nach DIN 18202 nicht beurteilt werden. Soweit aus optischen Gründen eine Durchbiegung im belasteten Zustand vermieden werden soll bzw. nicht als Durchbiegung erkennbar sein soll, ist das belastete Bauteil mit einer entsprechenden Überhöhung einzubauen. Lastabhängige Verformungen sind zusätzlich zu den Ausführungstoleranzen nach DIN 18202 zu berücksichtigen.

Abb. C 1.19: Beispiel eines gemauerten Sturzes bei Verblendmauerwerk

Abb. C 1.20: Beispiel für einen vorgefertigten Rollladenkasten aus Formsteinen

Auch bei der Verwendung von **vorgefertigten Rollladenkästen**, z. B. aus Formsteinen (vgl. Abb. C 1.20), können Durchbiegungen der Sturzkante an der Unterseite des Rollladenkastens auftreten. Für solche Maßabweichungen kann die DIN 18202 nicht angewendet werden. Vielmehr ist bei vorgefertigten Bauteilen die im Regelfall erzielbare Genauigkeit als Beurteilungsmaßstab heranzuziehen. Wird beispielsweise die Unterkante eines vorgefertigten Rollladenkastens mit einem Metallprofil eingefasst, so kann man davon ausgehen, dass ein solches Profil werkmäßig hergestellt wird und nahezu keine Durchbiegung aufweist. Eine Durchbiegung des Rollladenkastens wird erst bei übermäßiger Belastung oder mechanischer Beanspruchung auftreten. Dies stellt jedoch einen besonderen äußeren Einfluss dar und ist mit den regelmäßig zu erwartenden Ausführungsungenauigkeiten, wie sie von der DIN 18202 erfasst werden, nicht mehr gleichzusetzen.

2 Beton- und Stahlbetonbau

Maßabweichungen für Bauteile aus **Beton, Stahlbeton und Spannbeton** werden in den einschlägigen europäischen und nationalen technischen Regelwerken unterschieden nach Abweichungen in Bezug auf

- die Standsicherheit,
- die Gebrauchstauglichkeit während der Nutzung und
- die Passgenauigkeit bei der Errichtung des Tragwerks.

Bei der **Bemessung** eines Tragwerks sind standsicherheitsrelevante Maßabweichungen mit geometrischen Ersatzimperfektionen sowie zeit- und lastabhängige Verformungen mit einer Begrenzung der Durchbiegung zu erfassen (nach DIN EN 1992-1-1:2011-01 und DIN EN 1992-1-1/A1:2015-03 bzw. dem nationalen Anwendungsdokument DIN EN 1992-1-1/NA:2013-04).

Für die **Ausführung** sind Maßabweichungen unter dem Aspekt der Passgenauigkeit mit den Toleranzen nach DIN 18202 zu berücksichtigen (nach DIN EN 13670:2011-03 und dem nationalen Anwendungsdokument DIN 1045-3:2012-03).

2.1 Grundlegende Passungsanforderungen – Maßtoleranzen im Hochbau nach DIN 18202

Für Bauwerke und Bauteile aus **Beton, Stahlbeton und Spannbeton** gelten die Maßtoleranzen nach DIN 18202 baustoffunabhängig im Rohbau (vgl. Abb. C 2.1) und im Ausbau. Sie sind anzuwenden, soweit nicht andere Genauigkeiten vereinbart werden und stellen die für Standardleistungen bzw. Bauteile und Bauwerke durchschnittlich üblicher Ausführungsart zu erreichende Genauigkeit dar.

Die **Grenzabweichungen für Maße** bei Bauteilen und Bauwerken aus Beton und Stahlbeton betragen gemäß DIN 18202, Tabelle 1, wie folgt (vgl. Tabelle C 2.1):

Tabelle C 2.1: Grenzabweichungen für Bauteile und Bauwerke aus Beton und Stahlbeton nach DIN 18202:2019-07, Tabelle 1

Spalte	1	2	3	4	5	6	7
Zeile	**Bezug**	**Grenzabweichungen in mm** bei Nennmaßen					
		bis 1 m	**über 1 bis 3 m**	**über 3 bis 6 m**	**über 6 bis 15 m**	**über 15 bis 30 m**	**über 30 m**
1	**Maße im Grundriss**	± 10	± 12	± 16	± 20	± 24	± 30
2	**Maße im Aufriss**	± 10	± 16	± 16	± 20	± 30	± 30
3	**lichte Maße im Grundriss**	± 12	± 16	± 20	± 24	± 30	
4	**lichte Maße im Aufriss**	± 16	± 20	± 20	± 30		
5	**Öffnungen**	± 10	± 12	± 16			
6	**Öffnungen, oberflächenfertige Leibungen**	± 8	± 10	± 12			

Abb. C 2.1: Beispiel für Stahlbetonbau im Rohbau

Die **Grenzwerte für Winkelabweichungen** bei Bauteilen und Bauwerken aus Beton und Stahlbeton betragen gemäß DIN 18202, Tabelle 2, wie folgt (vgl. Tabelle C 2.2):

Tabelle C 2.2: Grenzwerte für Winkelabweichungen bei Bauteilen und Bauwerken aus Beton und Stahlbeton nach DIN 18202:2019-07, Tabelle 2

Spalte	1	2	3	4	5	6	7	8
Zeile	**Bezug**	**Stichmaße als Grenzwerte in mm** bei Nennmaßen						
		bis 0,5 m	**über 0,5 bis 1 m**	**über 1 bis 3 m**	**über 3 bis 6 m**	**über 6 bis 15 m**	**über 15 bis 30 m**	**über 30 m**
1	**alle Flächen**	3	6	8	12	16	20	30

Die **Grenzwerte für Ebenheitsabweichungen** bei Bauteilen und Bauwerken aus Beton und Stahlbeton betragen gemäß DIN 18202, Tabelle 3, wie folgt (vgl. Tabelle C 2.3):

Tabelle C 2.3: Grenzwerte für Ebenheitsabweichungen bei Bauteilen und Bauwerken aus Beton und Stahlbeton nach DIN 18202:2019-07, Tabelle 3

Spalte	1	2	3	4	5	6
Zeile	**Bezug**	**Stichmaße als Grenzwerte in mm** bei Messpunktabständen				
		bis 0,1 m	**bis 1 m**[1]	**bis 4 m**[1]	**bis 10 m**[1]	**bis 15 m**[1), 2)]
1	**nicht flächenfertige Oberseiten von Decken** und Böden	10	15	20	25	30
2a	wie Zeile 1, jedoch zur Aufnahme von Bodenaufbauten	5	8	12	15	20
2b	**flächenfertige Oberseiten von Decken** und Bodenplatten, **für untergeordnete Zwecke**	5	8	12	15	20
3	**flächenfertige Böden**	2	4	10	12	15
4	wie Zeile 3, jedoch mit erhöhten Anforderungen	1	3	9	12	15
5	**nicht flächenfertige Wände und Unterseiten** von Decken	5	10	15	25	30
6	**flächenfertige Wände und Unterseiten** von Decken	3	5	10	20	25
7	wie Zeile 6, jedoch mit erhöhten Anforderungen	2	3	8	15	20

1) Zwischenwerte sind den Bildern 6 und 7 der DIN 18202:2019-07 zu entnehmen und auf ganze Millimeter zu runden.
2) Die Grenzwerte für Ebenheitsabweichungen der Spalte 6 gelten auch für Messpunktabstände über 15 m.

Nicht flächenfertige Oberseiten von Decken, Unterbeton und Unterböden werden hinsichtlich der Ebenheitsanforderung in die Zeile 1 von Tabelle 3 der DIN 18202 eingeordnet, wenn wegen des weiter vorgesehenen Aufbaus keine besonderen Anforderungen an die Maßhaltigkeit gestellt werden müssen. Dies ist z. B. dann der Fall, wenn eine weitere dickere Ausgleichsschicht, eine Ortbetonergänzung usw. vorgesehen sind. Soweit der weiter vorgesehene Bodenaufbau nur einen begrenzten Ebenheitsausgleich durch Variation der Schichtdicken zulässt, muss die nicht flächenfertige Oberseite einer Decke oder eines Bodens als Unterlage hierfür einer dementsprechend höheren Ebenheitsanforderung genügen und ist deshalb in die Zeile 2 von Tabelle 3 der DIN 18202 einzuordnen. Dies gilt insbesondere für Estriche auf Trennlage bzw. auf Dämmschicht.

Abb. C 2.2: Beispiel für eine nicht flächenfertige Oberseite einer Decke (im Rohbau) nach DIN 18202, Tabelle 3, Zeile 1

Abb. C 2.3: Beispiel für eine nicht flächenfertige Oberseite einer Decke zur Aufnahme eines Bodenaufbaus nach DIN 18202, Tabelle 3, Zeile 2a

Abb. C 2.4: Beispiel für eine flächenfertige Oberseite eines Bodens für untergeordnete Zwecke nach DIN 18202, Tabelle 3, Zeile 2b

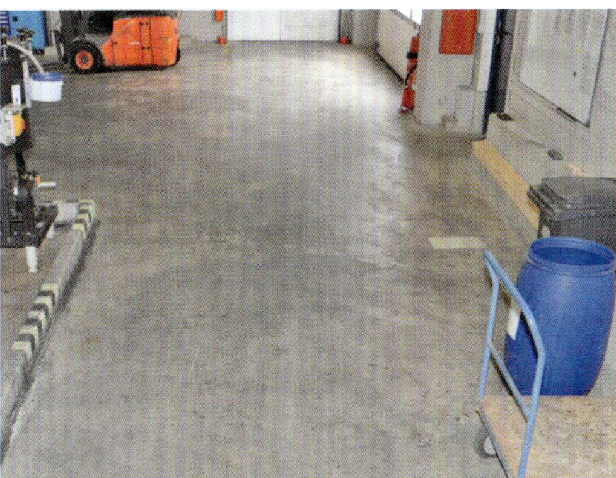

Abb. C 2.5: Beispiel für einen flächenfertigen Boden als Nutzestrich nach DIN 18202, Tabelle 3, Zeile 3

Die **Einordnung einer Bodenfläche** nach DIN 18202, Tabelle 3, als nicht flächenfertig (Zeile 1 oder Zeile 2a) bzw. flächenfertig (Zeile 2b oder Zeile 3) bzw. flächenfertig mit erhöhten Anforderungen (Zeile 4) soll im Sinne dieser Norm als **Ergebnis einer Bemessung** nach der Erfordernis für den jeweiligen Einzelfall erfolgen und nicht als automatische Einordnung nach einer bestimmten Bauweise. Die erforderliche Bauweise bzw. Bearbeitung der Oberfläche richtet sich nach der zu erreichenden Genauigkeit. Für eine einfache Oberfläche nach Tabelle 3, Zeile 1, genügt beispielsweise ein grobes Abziehen (vgl. Abb. C 2.2). Für eine Oberfläche zur Aufnahme von Bodenaufbauten nach Tabelle 3, Zeile 2a, ist hingegen ein über die Anforderungen nach Zeile 1 hinausgehendes, sorgfältiges Abziehen und ggf. Zureiben erforderlich (vgl. Abb. C 2.3). Dies gilt auch für flächenfertige Oberflächen für untergeordnete Zwecke nach Tabelle 3, Zeile 2b (vgl. Abb. C 2.4). Flächenfertige Böden nach Tabelle 3, Zeile 3, müssen an der Oberfläche zusätzlich geglättet werden (vgl. Abb. C 2.5). Zur Einhaltung erhöhter

Abb. C 2.6: Beispiel für eine maschinell geglättete flächenfertige Oberfläche mit erhöhten Anforderungen nach DIN 18202, Tabelle 3, Zeile 4

Anforderungen an die Ebenheit nach Tabelle 3, Zeile 4, muss eine besonders sorgfältige und geeignete Oberflächenbearbeitung erfolgen, z. B. ein Abziehen über Lehren und/oder ein maschinelles Glätten (vgl. Abb. C 2.6).

Eine **Zuordnung im Umkehrschluss**, z. B. dass eine maschinell geglättete Oberfläche wegen der Art der Bearbeitung den Ebenheitsanforderungen nach einer bestimmten Zeile der Tabelle 3 genügen müsse, ist in der Intention der DIN 18202 nicht vorgesehen (vgl. hierzu die Kommentierung zu Abschnitt 5 der DIN 18202 in Teil A des vorliegenden Buches).

Die **Grenzwerte für Fluchtabweichungen** bei Stützen aus Beton und Stahlbeton betragen gemäß DIN 18202, Tabelle 4, wie folgt (vgl. Tabelle C 2.4):

Tabelle C 2.4: Grenzwerte für Fluchtabweichungen bei Stützen aus Beton und Stahlbeton nach DIN 18202:2019-07, Tabelle 4

Spalte	1	2	3	4	5	6
Zeile	**Bezug**	**Stichmaße als Grenzwerte in mm** bei Nennmaßen als Messpunktabstand				
		bis 3 m	**über 3 bis 6 m**	**über 6 bis 15 m**	**über 15 bis 30 m**	**über 30 m**
1	**zulässige Abweichung von der Flucht**	8	12	16	20	30

2.2 Statisch-konstruktive Anforderungen

2.2.1 Grundlagen der Tragwerksplanung nach DIN EN 1990

Für **Tragwerke** sind in DIN EN 1990:2010-12 – baustoffunabhängig – Grundsätze zur Berücksichtigung von Maßabweichungen in statisch-konstruktiver Hinsicht formuliert. Danach ist zu unterscheiden zwischen

- geometrischen Imperfektionen (Maßabweichungen) und
- zeit- und lastabhängigen Verformungen.

Abb. C 2.7: Beispiel für ein Stahlbetontragwerk

Für die Bemessung können die für die Ausführung vorgesehenen Nennmaße geometrischer Abmessungen verwendet werden.

Ausführungsbedingte Maßabweichungen sind für Bauteile und Tragwerke aus Stahlbeton und Spannbeton (vgl. Abb. C 2.7) als geometrische **Imperfektionen** nach der Normenreihe DIN EN 1992 (Eurocode 2) zu berücksichtigen. Maßtoleranzen an Schnittstellen zwischen Bauteilen aus verschiedenen Baustoffen sind zu beachten (DIN EN 1990, Abschnitt 4.3).

Zeit- und lastabhängige Verformungen sind im Rahmen des Nachweises der Gebrauchstauglichkeit des Tragwerks mit einer Begrenzung der Durchbiegung zu berücksichtigen (DIN EN 1990, Abschnitt 3.4).

2.2.2 Grundsätze nach DIN EN 1992-1-1

Die **Bemessung und Konstruktion von Tragwerken** aus Beton-, Stahlbeton und Spannbeton erfolgt auf der Grundlage des Eurocodes 2 (EC-2) einschließlich des zugehörigen nationalen Anwendungsdokuments:

- DIN EN 1992-1-1:2011-01 „Eurocode 2: Bemessung und Konstruktion von Stahlbeton- und Spannbetontragwerken – Teil 1-1: Allgemeine Bemessungsregeln und Regeln für den Hochbau"
- DIN EN 1992-1-1/A1:2015-03 „Eurocode 2: Bemessung und Konstruktion von Stahlbeton- und Spannbetontragwerken – Teil 1-1: Allgemeine Bemessungsregeln und Regeln für den Hochbau"
- DIN EN 1992-1-1/NA:2013-04 „Nationaler Anhang – National festgelegte Parameter – Eurocode 2: Bemessung und Konstruktion von Stahlbeton- und Spannbetontragwerken – Teil 1-1: Allgemeine Bemessungsregeln und Regeln für den Hochbau"

Das grundsätzliche **Bemessungskonzept** sieht vor, mögliche Abweichungen in der **Tragwerksgeometrie** bei der Ermittlung der Schnittgrößen von Bauteilen und Tragwerken zu berücksichtigen. Auch hier wird unterschieden zwischen geometrischen Imperfektionen und zeit- und lastabhängigen Verformungen.

Tragwerksimperfektionen müssen bei der Bemessung der Tragfähigkeit berücksichtigt werden, z. B. durch **geometrische Ersatzimperfektionen** wie die Schiefstellung einer Stütze (vgl. DIN EN 1992-1-1:2011-01, Abschnitt 5.2). Weiter gehende Bestimmungen, z. B. Zahlenwerte für Ersatzimperfektionen, können in einem nationalen

Abb. C 2.8: Beispiel für ein Tragwerk mit begrenzt zulässigen Abweichungen von dem statischen Modell

Anhang zu dieser Norm Regelung finden. Abweichungen bei den **Querschnittsabmessungen** sind im Allgemeinen in den Materialsicherheitsfaktoren berücksichtigt und brauchen bei der Schnittgrößenermittlung nicht erfasst zu werden.

Verformungen sind **zu begrenzen** unter dem Aspekt der Gebrauchstauglichkeit und der Beschädigung angrenzender Bauteile. Die rechnerische Verformung eines Tragwerks unter Last ist auf 1/250 bzw. 1/500 zu begrenzen, die Überhöhung einer Schalung ist in der Regel auf 1/250 der Stützweite zu begrenzen (vgl. DIN EN 1992-1-1: 2011-01, Abschnitt 7.4).

Lager müssen so bemessen und konstruktiv gestaltet sein, dass sie unter Berücksichtigung von Herstellungs- und Montagetoleranzen eine korrekte Lage sicherstellen.

2.2.3 Grundsätze nach DIN EN 13670 und DIN 1045-3

Für die **Ausführung von Tragwerken** aus Beton werden in DIN EN 13670:2011-03 „Ausführung von Tragwerken aus Beton" **Maßtoleranzen** für Abweichungen von dem statischen Modell formuliert unter den Aspekten der

- **Standsicherheit** (geometrische Imperfektionen),
- **Gebrauchstauglichkeit** (zeit- und lastabhängige Verformungen) und
- **Passgenauigkeit** für die Errichtung des Tragwerks und die Montage seiner nicht tragenden Bauteile (vgl. Abb. C 2.8).

Die angegebenen Toleranzen werden nach der Art des Bauteils bzw. nach der Art der Abweichung weiter unterschieden wie folgt (vgl. DIN EN 13670, Abschnitt 10 und Anhang G):

- allgemeine Anforderungen und Bezugssystem,
- Toleranzen für Gründungen,
- Toleranzen für Stützen und Wände,
- Toleranzen für Balken und Platten,
- Toleranzen für Querschnitte,
- Toleranzen für die Betondeckung,
- Toleranzen für die Ebenheit von Oberflächen und Kanten sowie
- Toleranzen für Öffnungen und Einbauteile.

Für die nationale Anwendung der DIN EN 13670 in Deutschland sind in DIN 1045-3:2012-03 „Tragwerke aus Beton, Stahlbeton und Spannbeton – Teil 3: Bauausführung – Anwendungsregeln zu DIN EN 13670" Anwendungsregeln angegeben. Nach diesem nationalen Anwendungsdokument gelten die Toleranzen nach DIN EN 13670 in Deutschland überwiegend nicht und werden durch die Toleranzen nach DIN 18202 ersetzt (vgl. Tabelle C 2.5). Für die Anwendung in Deutschland nicht ausgeschlossen sind nach DIN 1045-3 die Toleranzen nach DIN EN 13670, Bild 2, für konstruktive Abweichungen bei Stützen und Wänden (vgl. Abb. C 2.9) und nach DIN EN 13670, Bild 3, für konstruktive Abweichungen bei Balken und Platten (vgl. Abb. C 2.10).

Tabelle C 2.5: Maßtoleranzen nach DIN EN 13670:2011-03 und ihre Anwendung in Deutschland nach DIN 1045-3:2012-03

DIN EN 13670 Abschnitt 10 – Maßtoleranzen	**DIN EN 13670**		**DIN 1045-3**	
	Tragsicherheit	**Passgenauigkeit**	**Tragsicherheit**	**Passgenauigkeit**
Abschnitt 10.1 Allgemeines	DIN EN 1992	DIN EN 13670, Anhang G	DIN 18202	DIN 18202; Anhang G der DIN EN 13670 gilt nicht
Abschnitt 10.3 Gründungen (Fundamente)	–	DIN EN 13670, Anhang G, Bild G.1	–	Anhang G der DIN EN 13670 gilt nicht
Abschnitt 10.4 Stützen und Wände	DIN EN 13670, Bild 2	DIN EN 13670, Anhang G, Bild G.2	DIN EN 13670, Bild 2	Anhang G der DIN EN 13670 gilt nicht
Abschnitt 10.5 Balken und Platten	DIN EN 13670, Bild 3	DIN EN 13670, Anhang G, Bild G.3	DIN EN 13670, Bild 3	Anhang G der DIN EN 13670 gilt nicht
Abschnitt 10.6 (Abs. 1) Querschnitte	DIN EN 13670, Bild 4	DIN EN 13670, Anhang G, Bild G.4	DIN 1045-3, Bild 4.NA	Anhang G der DIN EN 13670 gilt nicht
Abschnitt 10.6 (Abs. 2) Betondeckung	DIN EN 13670, Bild 4	–	DIN 1045-3, Abs. NA.2, NA.3	–
Abschnitt 10.7 Ebenheit von Oberflächen/ Kanten	–	DIN EN 13670, Anhang G, Bild G.5	–	DIN 18202; Anhang G der DIN EN 13670 gilt nicht
Abschnitt 10.8 Öffnungen und Einbauteile	–	DIN EN 13670, Anhang G, Bild G.6	–	DIN 18202; Anhang G der DIN EN 13670 gilt nicht

Nr.	Art der Abweichung	Beschreibung	Zulässige Abweichung Δ Toleranzklasse 1
a	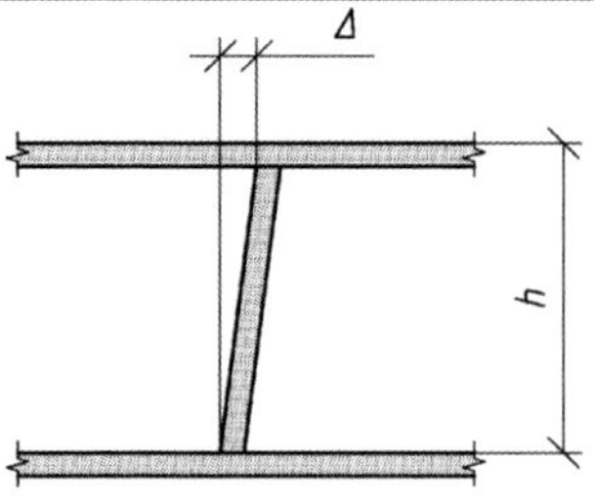 Δ h h = lichte Höhe	Schiefstellung einer Stütze oder Wand in einem beliebigen Geschoss eines ein- oder mehrgeschossigen Gebäudes $h \leq 10$ m $h > 10$ m	Größerer Wert von 15 mm oder h / 400 25 mm oder h / 600
b	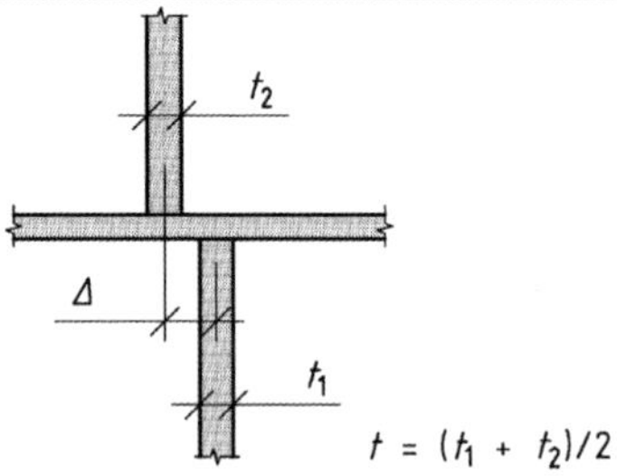 t_2 Δ t_1 $t = (t_1 + t_2)/2$	Versatz zwischen den Achsen	Größerer Wert von t / 30 oder 15 mm aber nicht größer als 30 mm
c	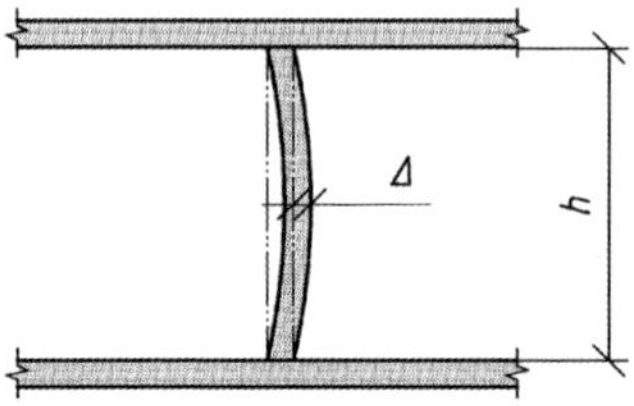 Δ h	Auslenkung einer Stütze oder einer Wand zwischen benachbarten Geschossebenen	Größerer Wert von h / 300 oder 15 mm aber nicht größer als 30 mm
d	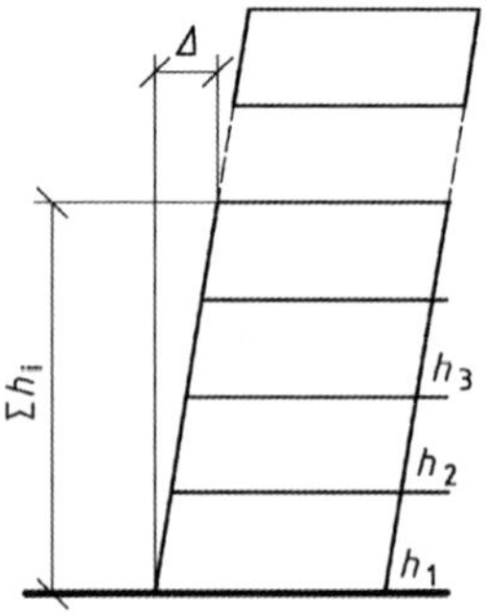 Δ Σh_i h_3 h_2 h_1 Σh_i — Summe der Höhen der betrachteten Geschosse	Abweichung von Stützen oder Wänden in jeder Geschossebene von der Lotrechten (Schiefstellung) durch deren vorgesehenen Mittelpunkt in der Gründungsebene eines mehrgeschossigen Gebäudes n ist die Anzahl der Geschosse, dabei ist $n > 1$	Kleinerer Wert von 50 mm oder Σh_i / (200 $n^{1/2}$)

Abb. C 2.9: Maßtoleranzen für konstruktive Abweichungen bei Stützen und Wänden (Quelle: DIN EN 13670:2011-03, Bild 2)

Nr.	Art der Abweichung	Beschreibung	Zulässige Abweichung Δ Toleranzklasse 1
a	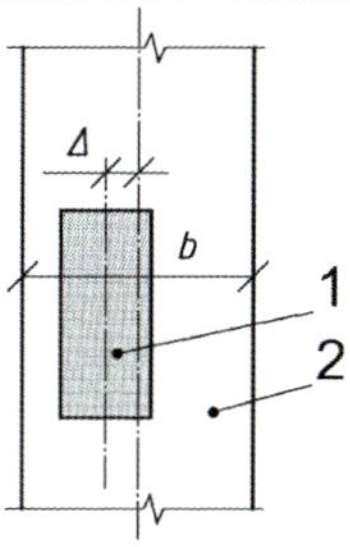 Δ, b, 1, 2 1 Balken, Querschnitt 2 Stütze, Ansicht	Lage einer Balken-Stützen-Verbindung, bezogen auf die Stütze b = Maß der Stütze in Richtung Δ	Größerer Wert von ± b / 30 oder ± 20 mm
b	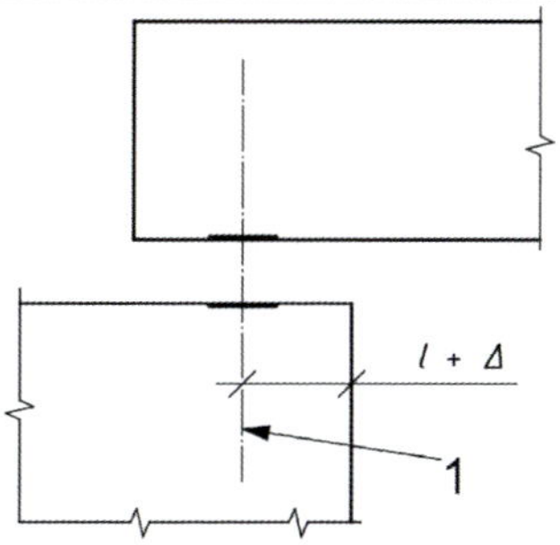 l + Δ, 1 1 tatsächliche Auflagerachse	Lage der Auflagerachse bei Verwendung von Lagern l = vorgesehener Abstand zur Kante	Größerer Wert von ± l / 20 oder ± 15 mm

Abb. C 2.10: Maßtoleranzen für konstruktive Abweichungen bei Balken und Platten (Quelle: DIN EN 13670:2011-03, Bild 3)

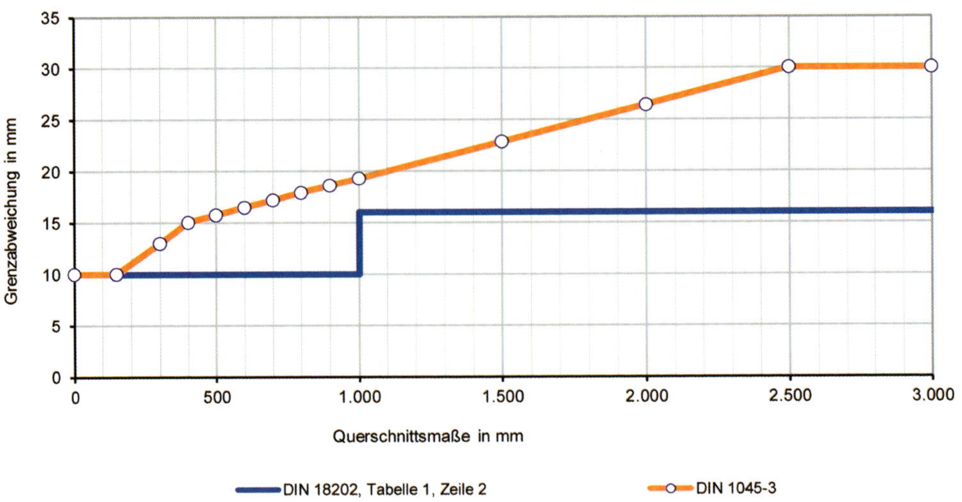

Abb. C 2.11: Funktionsverlauf der Grenzabweichungen für Querschnittsmaße nach DIN 18202 und DIN 1045-3

Für **Querschnittsmaße** von Balken, Platten und Stützen sind nach DIN 1045-3, Bild 4.NA, folgende Abweichungen zulässig:

- für Nennmaße l < 150 mm: ± 10 mm
- für Nennmaße l = 400 mm: ± 15 mm
- für Nennmaße l ≥ 2.500 mm: ± 30 mm

Die angegebenen Zahlenwerte für Maßabweichungen sind Zwischenpunkte eines abschnittsweise linearen Kurvenverlaufs (vgl. Abb. C 2.11). Zwischenwerte für andere Querschnittsmaße als 150 mm bzw. 400 mm bzw. 2.500 mm dürfen linearer interpoliert werden.

Für die **Betondeckung** sind nach DIN 1045-3, Abs. NA.2 und NA.3 zu Abschnitt 10 der DIN EN 13670, das Nennmaß c_{nom} für die Betondeckung bzw. die erforderliche Mindestbetondeckung c_{min} nach DIN EN 1992-1-1 in Verbindung mit dem nationalen Anhang DIN EN 1992-1-1/NA einzuhalten.

Bei der **Bemessung von Bauteilanschlüssen** in der Tragwerksplanung sind Maßtoleranzen so zu berücksichtigen, dass eine Unterschreitung der **Mindestbetondeckung** in jedem Fall vermieden wird. So ist z. B. bei der Stahlbetonskelettbauweise für eine geschossweise durchlaufende Stütze die zulässige Abweichung vom Lot und die sich hieraus ergebende Ausmittigkeit des Bewehrungsanschlusses am Stützenkopf so zu berücksichtigen, dass bei planmäßiger Lage der darüber anschließenden Stütze die Betondeckung der durchlaufenden Bewehrung trotz der Ausmittigkeit der Anschlussbewehrung an jeder Stelle eingehalten wird (vgl. Abb. C 2.12).

Abb. C 2.12: Beispiel für einen Bauteilquerschnitt mit begrenzten Reserven für Maßabweichungen

Bei der **Anordnung der Bewehrung** im Querschnitt eines Bauteils sind daher folgende Aspekte zu beachten:

- die Bewehrungsquerschnitte,
- die Mindestabstände der Bewehrung,
- notwendige Zwischenräume für Rüttelgassen usw.,
- die Mindestbetondeckung c_{nom} am Rand,
- Toleranzen für die Tragsicherheit,
- Toleranzen für die Passgenauigkeit nach DIN 18202.

Wird ein Bauteilquerschnitt nur unter Berücksichtigung der Bewehrungsquerschnitte, der Mindestabstände der Bewehrung und der Mindestbetondeckung c_{nom} bemessen, so hat eine Inanspruchnahme der regelmäßig üblichen Ausführungstoleranzen eine Unterschreitung der Mindestbetondeckung oder der Mindestabstände der Bewehrung zur Folge. Die Anordnung der Bewehrung muss also neben den allgemeinen Bewehrungsregeln auch ein zusätzliches **Vorhaltemaß** für ausführungsbedingte Maßabweichungen berücksichtigen.

2.3 Anforderungen an Bauprodukte im Beton- und Stahlbetonbau

2.3.1 Allgemeine Regeln für Betonfertigteile nach DIN EN 13369

Für die Herstellung von **Betonfertigteilen** als werkmäßig hergestellte Bauteile für den Hoch- und Ingenieurbau werden in DIN EN 13369:2018-09 „Allgemeine Regeln für Betonfertigteile“, Abschnitt 4.3.1, grundsätzliche Anforderungen hinsichtlich der geometrischen Eigenschaften formuliert. Diese betreffen Querschnittsmaße (Breite, Höhe), Bauteillängen und die Lage von Bohrungen, Öffnungen, Einbauteilen usw. sowie die Lage von Stahl im Bauteil. Die angegebenen Toleranzen werden für die Ausführung empfohlen wie folgt:

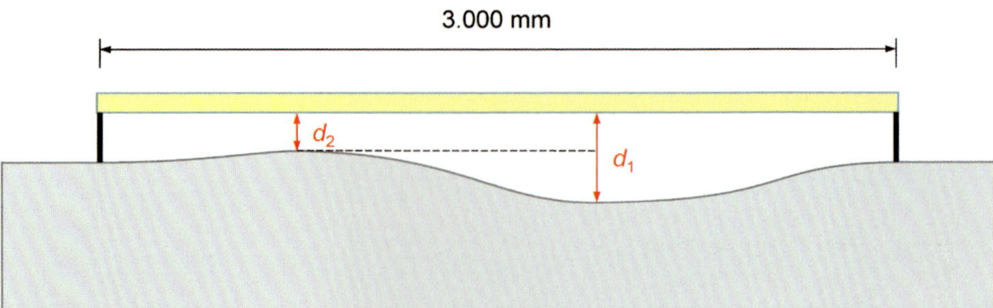

Abb. C 2.13: Schematische Darstellung der Prüfung der Ebenheitsabweichung nach DIN EN 13369:2018-09, Bild H.5

Grenzabweichungen für **Querschnittsmaße**:

- für Nennmaße ≤ 150 mm: +10/−5 mm
- für Nennmaße = 400 mm: ± 15 mm
- für Nennmaße ≥ 2.500 mm: ± 30 mm

Zwischenwerte sind linear zu interpolieren. Die Grenzabweichungen entsprechen im Wesentlichen den Anforderungen nach DIN 1045-3 (vgl. Abb. C 2.11).

Grenzabweichung für **Längenmaße** ΔL:

- für die Länge L in mm: $\Delta L = \pm (10 + L/1.000) \leq \pm 40$ mm

Grenzabweichungen für **Bohrungen, Öffnungen, Stahlplatten, Einbauteile** usw.:

- für die Form (Größe) der Bohrung oder Öffnung: ± 10 mm
- für die Lage der Bohrungen bzw. Öffnung bzw. Einbauteile: ± 25 mm

Bei der **Prüfung** sollten die Maße für die Länge, Höhe, Breite und Dicke eines Fertigteils nicht an den Kanten, sondern etwa 10 cm seitlich von den Kanten abgerückt in den Flächen gemessen werden. Die Ebenheit von Flächen bzw. die Geradheit von Kanten sollten als Stichmaß über die gesamte Bauteillänge gemessen werden. Die Prüfung der Rechtwinkligkeit erfolgt über die Diagonale. Anforderungen an die Toleranzen für die Rechtwinkligkeit sollten als Längendifferenz zwischen den beiden Diagonalen angegeben werden (vgl. DIN EN 13369, Anhang H).

Die **Ebenheit** ist als Oberflächenabweichung in Bezug auf die Welligkeit formuliert. Für die Prüfung der Ebenheit wird ein Lineal mit einer Länge von 3.000 mm verwendet. Dieses wird auf die zu prüfende Oberfläche aufgesetzt. Als Stichmaß Δd (= $d_1 - d_2$) wird die Differenz zwischen dem höchsten und dem tiefsten Punkt innerhalb der Länge des Prüflineals gemessen (vgl. Abb. C 2.13). Die Prüfung unterscheidet sich damit von der Prüfung der Ebenheit nach DIN 18202, weil das Prüflineal nach DIN EN 13369 nicht auf 2 höchstgelegenen Punkten aufgelegt wird und als Bezugslänge nicht der Abstand zweier Hochpunkte, sondern die fest definierte Länge des Prüflineals verwendet wird. Auch bleibt der Abstand zwischen dem höchsten und dem tiefsten Punkt bei der Prüfung unberücksichtigt. Besonders kurzwellige Ebenheitsabweichungen werden wegen der damit verbundenen Störwirkung zusätzlich als

Abb. C 2.14: Beispiel für Wandelemente als Betonfertigteile

singuläre Oberflächenabweichung betrachtet, z. B. als Erhöhung, Rille, Wulst oder Absatz. Hierfür gelten gesonderte Grenzwerte.

Für **Auflager** sind Toleranzen insbesondere bei der Bemessung von Tragwerken zu berücksichtigen. Als Anleitung für die Bestimmung der Abstände vom Auflagerrand bis zum Rand des Betonfertigteils kann DIN EN 1992-1-1 verwendet werden. Hierbei dürfen Gesamttoleranzen nicht kombiniert werden.

2.3.2 Betonfertigteile – Wandelemente nach DIN EN 14992

Für **Wandelemente als Betonfertigteile** (vgl. Abb. C 2.14) werden in DIN EN 14992:2012-09 „Betonfertigteile – Wandelemente", Abschnitt 4.3.1, Herstellungstoleranzen in Ergänzung zu DIN EN 13369 angegeben. Die Grenzabweichungen für Maße und für die Lage von Öffnungen und Einbauteilen betragen danach wie folgt (vgl. Tabelle C 2.6):

Tabelle C 2.6: Grenzabweichungen für Maße und die Lage von Öffnungen und Einbauteilen nach DIN EN 14992:2012-09, Tabellen 1 und 2

Nennmaße	Grenzabweichung	
	Klasse A	Klasse B
Lage von Öffnungen und Einbauteilen	± 10 mm	± 15 mm
Maße bis 0,5 m	± 3 mm[1)]	± 8 mm
Maße über 0,5 bis 3 m	± 5 mm[1)]	± 14 mm
Maße über 3 bis 6 m	± 6 mm	± 16 mm
Maße über 6 bis 10 m	± 8 mm	± 18 mm
Maße über 10 m	± 10 mm	± 20 mm

[1)] im Falle kleinteiliger Verkleidungen ± 2 mm

Abb. C 2.15: Beispiel für stabförmige Betonfertigteile als Stützen bzw. Träger

2.3.3 Betonfertigteile – stabförmige tragende Bauteile nach DIN EN 13225

Für **stabförmige tragende Bauteile**, die als Betonfertigteile in der Funktion einer Stütze oder eines Trägers Verwendung finden (vgl. Abb. C 2.15), werden in DIN EN 13225:2013-06 „Betonfertigteile – Stabförmige tragende Bauteile", Abschnitt 4.3.1, Herstellungstoleranzen in Ergänzung zu DIN EN 13369 angegeben.

Für Grenzabweichungen für **Maße** gilt:

- für die Bauteillänge *L*: siehe DIN EN 13369
- für Querschnittsmaße (Breite, Höhe): siehe DIN EN 13369
- für die Lage der Bewehrung: siehe DIN EN 13369

Die Grenzwerte für die **Winkelabweichung und Krümmung** stabförmiger Betonfertigteile betragen:

- Winkelabweichung von Randbereichen und Querschnitten: Höhe $h/100 \geq 5$ mm
- Krümmung in jeder Hauptebene: Länge $L/700$

Bei der Größe von **Durchbrüchen und Öffnungen** und bei der Gesamtpositionierung von Durchbrüchen und Einbauteilen darf das 1,5-Fache der vorgenannten Toleranzwerte angesetzt werden. Bei Betonfertigteilen aus Spannbeton darf für Maßabweichungen einschließlich der Auswirkungen infolge des Vorspannens ebenfalls der 1,5-fache Toleranzwert angesetzt werden.

Die Grenzwerte für Maßabweichungen bei **Trägern** betragen:

- Schiefheit der vertikalen Mittelebene: Länge $L/700$
- Überhöhung: Länge $L/700$

Bei Betonfertigteilen aus Spannbeton darf für Maßabweichungen einschließlich der Auswirkungen infolge des Vorspannens der 1,5-fache Toleranzwert angesetzt werden.

Die zulässigen Abweichungen sind in DIN EN 13225 ergänzend grafisch dargestellt.

Abb. C 2.16: Beispiel für Deckenplatten als Betonfertigteile zur Ergänzung mit Ortbeton

2.3.4 Betonfertigteile – Deckenplatten mit Ortbetonergänzung nach DIN EN 13747

Für **Deckenplatten als Betonfertigteile** mit Ortbetonergänzung (vgl. Abb. C 2.16) werden in DIN EN 13747:2010-08 „Betonfertigteile – Deckenplatten mit Ortbetonergänzung“, Abschnitt 4.3.1, Herstellungstoleranzen angegeben.

Die Grenzwerte für **Nennmaße** betragen:

- für die Nennlänge: ± 20 mm
- für die Nennbreite: +5/–10 mm
- für die mittlere Nenndicke der Plattendicke h_P:
  - mit $X = \min(h_P/10; 10\ \text{mm}) \geq 5$ mm (Örtlich können jedoch auch größere Toleranzen akzeptiert werden, z. B. +15/–10 mm.) +10/–X mm

Die Grenzwerte für die **Abweichung von der Gestalt** betragen:

- Geradheit der Ränder der Fertigteilplatte:
  - mit der Nennlänge L_e eines Randes der Fertigteilplatte ± (5 + L_e/1.000) mm
- Ebenheit der geschalten Oberfläche:
  - bei Verwendung eines Lineals von 20 cm Länge 1 mm
  - bei Verwendung eines Lineals von 1 m Länge 3 mm
- Lage und Maße von Aussparungen und Nuten: ± 30 mm
- Position von Einbauteilen und Verdrängungskörpern:
  - in Längsrichtung ± 50 mm
  - in Querrichtung für die Nennbreite b_w einer zwischen Verdrängungskörpern angeordneten Versteifungs- oder Ortbetonrippe ± b_w/10
- Rippenhöhe h_r:
  - mit $X = \min(h_r/10; 10\ \text{mm}) \geq 5$ mm +10/–X mm

Abb. C 2.17: Beispiel für Deckenplatten mit Stegen als Betonfertigteile

2.3.5 Betonfertigteile – Deckenplatten mit Stegen nach DIN EN 13224

Für **Deckenplatten mit Stegen als Betonfertigteile** (vgl. Abb. C 2.17) werden in DIN EN 13224:2012-01 „Betonfertigteile – Deckenplatten mit Stegen", Abschnitt 4.3.1, Herstellungstoleranzen in Ergänzung zu EN 13369 angegeben.

Die Grenzwerte für **Winkelabweichung** und **seitliche Krümmung** betragen:

- Winkelabweichung der Platte: ± 15 mm
- seitliche Krümmung (größerer Wert maßgebend): ± 10 mm oder $L/1.000$
- Winkelabweichung der Stege: ± 15 mm

Bei vorgespannten Deckenplatten darf für die Grenzwerte der seitlichen Krümmung und der Winkelabweichung der Stege einschließlich der Auswirkungen infolge des Vorspannens der 1,5-fache Toleranzwert angesetzt werden.

2.3.6 Betonfertigteile – Hohlplatten nach DIN EN 1168

Für **Hohlplatten als Betonfertigteile** werden in DIN EN 1168:2011-12 „Betonfertigteile – Hohlplatten", Abschnitt 4.3.1, Maßtoleranzen in Bezug auf die Standsicherheit und in Bezug auf die Herstellung (Ausführung) angegeben.

In Bezug auf die **Standsicherheit** sind folgende Grenzabweichungen von den festgelegten Nennmaßen zulässig:

- für die Plattendicke h:
  - $h \leq 150$ mm: –5/+10 mm
  - 150 mm $< h \leq 250$ mm: Zwischenwerte linear interpoliert
  - $h \geq 250$ mm: ± 15 mm
- für den Nennwert der Mindeststegdicke:
  - Einzelsteg: –10 mm
  - Summe je Platte: –20 mm
- für den Nennwert der Mindestflanschdicke (ober- und unterhalb der Hohlräume):
  - Einzelflansch: –10/+15 mm

In Bezug auf die **Herstellung** (Ausführung) sind folgende Grenzabweichungen von den festgelegten Nennmaßen zulässig:

- für die Plattenlänge: ± 25 mm
- für die Plattenbreite, allgemein: ± 5 mm
- für die Plattenbreite bei Passplatten: ± 25 mm
- für die Plattenbreite von längs gesägten Platten: ± 25 mm

2.3.7 Betonfertigteile – Balkendecken mit Zwischenbauteilen nach DIN EN 15037-1 und DIN EN 15037-2

Für **Balkendecken mit Zwischenbauteilen als Betonfertigteile** werden in DIN EN 15037-1:2008-07 „Betonfertigteile – Balkendecken mit Zwischenbauteilen – Teil 1: Balken" und in DIN EN 15037-2:2011-07 „Betonfertigteile – Balkendecken mit Zwischenbauteilen – Teil 2: Zwischenbauteile aus Beton", jeweils Abschnitt 4.3.1, Maßtoleranzen für die Ausführung angegeben.

Die Grenzabweichungen für **Nennmaße** von **Betonbalken** betragen:

- für die Nennlänge: ± 25 mm
- für Nennhöhe $h \leq 100$ mm: –5/+10 mm
- für Nennhöhe 100 mm < $h \leq 200$ mm: –5h/100 mm / +10 mm
- für Nennhöhe 200 mm < $h \leq 500$ mm: ± 10 mm
- für die Breite des Unterflansches: ± 5 mm
- für Quermaße selbsttragender Balken: –5/+10 mm
- für Quermaße nicht selbsttragender Balken ohne Stegvoute: –5/+10 mm
- für Quermaße nicht selbsttragender Balken mit Stegvoute: ± 5 mm

Der Grenzwert für die Abweichung von der **Geradheit** beträgt:

- für Spannbetonbalken in der horizontalen Ebene: ≤ 1/250 des Betonbalkens

Die Grenzabweichungen für **Nennmaße** von **Zwischenbauteilen** aus Beton betragen:

- für die Breite der Nase: ± 3 mm
- für alle anderen Maße (nicht Länge, Breite, Höhe): ± 5 mm
- für die Länge, Breite, Höhe in Klasse T1: ± 10 mm
- für die Länge in Klasse T2: ± 5 mm
- für die Breite, Höhe in Klasse T2: –0/+5 mm

Der Hersteller darf geringere Toleranzen angeben.

Abb. C 2.18: Beispiel für einen Treppenlauf als Betonfertigteil

2.3.8 Betonfertigteile – Treppen nach DIN EN 14843

Für **Treppen als Betonfertigteile** (vgl. Abb. C 2.18) werden in DIN EN 14843:2007-07 „Betonfertigteile - Treppen", Abschnitt 4.3.1, Fertigungstoleranzen für Querschnittsmaße als Änderung gegenüber DIN EN 13369:2004-09, Tabelle 4, angegeben. Diese sind anzuwenden, soweit nicht in der Spezifikation für das Bauvorhaben engere Toleranzen angegeben sind.

Die Grenzabweichungen für **Querschnittsmaße** von Bauteilen betragen:

- für Nennmaße ≤ 150 mm: +10/–5 mm
- für Nennmaße über 150 bis 400 mm: Zwischenwerte linear interpoliert
- für Nennmaße ≥ 400 mm: ± 15 mm

Die Differenz zwischen 2 aufeinanderfolgenden Steigungen darf höchstens 6 mm betragen.

Die **Mindestmaße für Nennmaße** betragen:

- für die Dicke einer Stufe oder eines Podestes: 45 mm
- für die Dicke einer Wand: 80 mm
- für die Dicke eines Geländers: 60 mm
- für die Wandungsdicke eines Hohlelementes: 45 mm
- für das Grundrissmaß einer Stütze: 120 mm

Für die **Ebenheit** als Oberflächenbeschaffenheit ist eine begrenzte Abweichung als Welligkeit innerhalb der Länge L des Bezugslineals zulässig wie folgt:

- Stichmaß $\Delta d = (d_1 - d_2) \leq (2 + L/500)$ in mm bzw.:
  - für $L = 200$ mm Stichmaß $\Delta d = \leq 2{,}4$ mm
  - für $L = 1.000$ mm Stichmaß $\Delta d = \leq 4{,}0$ mm

Die Länge L des Bezugslineals darf abhängig von den Bauteilabmessungen 200 bzw. 1.000 mm betragen.

2.3.9 Betonfertigteile – besondere Fertigteile für Dächer nach DIN EN 13693

Für besondere **Fertigteile für Dächer**, die als Betonfertigteile zur Ausführung kommen, werden in DIN EN 13693:2009-10 „Betonfertigteile – Besondere Fertigteile für Dächer", Abschnitt 4.3.1, Grenzabweichungen für Bauteilabmessungen angegeben.

Die Grenzabweichungen für **Nennmaße** betragen:

- für die Breite b und Quermaße ($b < 2.500$ mm): $\pm 12 + b/140$ mm
- für die Dicke t von dünnen Stegen und Platten ($t \leq 150$ mm): $+10/-5$ mm
- für die Gesamthöhe h eines Querschnitts ($h < 2.500$ mm): $\pm 12 + h/140$ mm
- für das Stichmaß von Seitenkanten (Bauteillänge L): $\pm L/700$
- für die Überhöhung in der vertikalen Ebene (Bauteillänge L): $\pm L/700$

Die Grenzabweichungen für die **Länge** sind nach DIN EN 13369 anzuwenden. Als Grenzabweichung für Maße von **Durchbrüchen** und **Öffnungen** darf der 1,5-fache Wert der Grenzabweichung für die Breite angenommen werden. Als Grenzabweichung für die Lage von Durchbrüchen und **Einbauteilen** darf der 1,5-fache Wert der Grenzabweichungen für die Länge und die Breite angenommen werden. Andere Werte hierfür können in den Ausführungsunterlagen angegeben werden.

Bei vorgespannten Elementen darf als Grenzabweichung für die **Überhöhung** der 1,5-fache Wert der Grenzabweichung für die Überhöhung (ohne Vorspannen) angesetzt werden. In dem erhöhten Wert enthalten sind die Auswirkungen der Vorspannung auf die Toleranzen. Andere Werte hierfür können in den Ausführungsunterlagen angegeben werden.

2.3.10 Vorgefertigte Teile aus Beton, Stahlbeton und Spannbeton nach DIN 18203-1

Die Norm DIN 18203-1:1997-04 „Toleranzen im Hochbau – Teil 1: **Vorgefertigte Teile aus Beton, Stahlbeton und Spannbeton"** wurde 2014 als nationale Norm **ersatzlos zurückgezogen**, weil Toleranzen für Stahlbeton-Fertigteile zwischenzeitlich Bestandteil neuerer Normen auf europäischer Ebene geworden sind (vgl. DIN EN 13369:2013-08 und weitere). DIN 18203-1 ist daher auf nationaler Ebene **nicht mehr anzuwenden**, soweit ihre Anwendung nicht im Einzelfall für die Ausführung vereinbart ist. Nach der aktuellen Erfahrung besteht in der Literatur derzeit noch eine Vielzahl von Verweisen auf dieses Regelwerk, sodass dessen Inhalte nachfolgend informativ angegeben werden.

Der Anwendungsbereich von DIN 18203-1 umfasste vorgefertigte Bauteile aus Beton, Stahlbeton und Spannbeton wie Stützen, Wandtafeln, Decken- und Dachplatten, Binder, Pfetten und Unterzüge. Bei der Anwendung der Zahlenwerte für Toleranzen nach DIN 18203-1 sind die Grundsätze der Toleranznorm DIN 18202 zu berücksichtigen.

Zeit- und lastabhängige Verformungen sind nicht Bestandteil der Regelungen in DIN 18203-1 und zusätzlich zu berücksichtigen. Die angegebenen Toleranzen gelten nur für ausführungsbedingte Maßabweichungen.

Die Grenzabmaße für **Längen-, Breiten- und Querschnittsmaße** sowie die Grenzwerte für **Winkelabweichungen** gemäß DIN 18203-1 sind Tabelle C 2.7, Tabelle C 2.8 und Tabelle C 2.9 zu entnehmen.

Tabelle C 2.7: Grenzabmaße für Längen- und Breitenmaße nach DIN 18203-1:1997-04, Tabelle 1 (zurückgezogen)

Zeile	Bauteile	Grenzabmaße in mm bei Nennmaßen							
		bis 1,5 m	über 1,5 bis 3 m	über 3 bis 6 m	über 6 bis 10 m	über 10 bis 15 m	über 15 bis 22 m	über 22 bis 30 m	über 30 m
1	Längen stabförmiger Bauteile (z. B. Stützen, Binder, Unterzüge)	± 6	± 8	± 10	± 12	± 14	± 16	± 18	± 20
2	Längen und Breiten von Decken-platten und Wandtafeln	± 8	± 8	± 10	± 12	± 16	± 20	± 20	± 20
3	Längen vorgespannter Bauteile	–	–	–	± 16	± 16	± 20	± 25	± 30
4	Längen und Breiten von Fassaden tafeln	± 5	± 6	± 8	± 10	–	–	–	–

Tabelle C 2.8: Grenzabmaße für Querschnittsmaße nach DIN 18203-1:1997-04, Tabelle 2 (zurückgezogen)

Zeile	Bauteile	Grenzabmaße in mm bei Nennmaßen					
		bis 0,15 m	über 0,15 bis 0,3 m	über 0,3 bis 0,6 m	über 0,6 bis 1,0 m	über 1,0 bis 1,5 m	über 1,5 m
1	Dicken von Deckenplatten	± 6	± 8	± 10	–	–	–
2	Dicken von Wand- und Fassaden-tafeln	± 5	± 6	± 8	–	–	–
3	Querschnittsmaße stabförmiger Bauteile (z. B. Stützen, Unterzüge, Binder, Rippen)	± 6	± 6	± 8	± 12	± 16	± 20

Tabelle C 2.9: Winkeltoleranzen nach DIN 18203-1:1997-04, Tabelle 3 (zurückgezogen)

Zeile	Bauteile	Winkeltoleranzen als Stichmaße in mm bei Längen					
		bis 0,4 m	über 0,4 bis 1,0 m	über 1,0 bis 1,5 m	über 1,5 bis 3,0 m	über 3,0 bis 6,0 m	über 6,0 m
1	nicht oberflächenfertige Wand-tafeln und Deckenplatten	8	8	8	8	10	12
2	oberflächenfertige Wandtafeln und Fassadentafeln	5	5	5	6	8	10
3	Querschnitt stabförmiger Bauteile (z. B. Stützen, Unterzüge, Binder, Rippen)	4	6	8	–	–	–

Grenzabmaße werden auf Nennmaße bezogen. Winkelabweichungen werden auf die kürzere Seitenlänge bezogen.

2.3.11 Vorgefertigte Bauteile aus dampfgehärtetem Porenbeton nach DIN EN 12602 und DIN 4223-100

In DIN EN 12602:2016-12 „Vorgefertigte bewehrte Bauteile aus dampfgehärtetem Porenbeton" werden für **vorgefertigte bewehrte Bauteile aus dampfgehärtetem Porenbeton**, die für die Verwendung in Gebäuden vorgesehen sind, Grenzabweichungen für Maße sowie Grenzwerte für Abweichungen von der Rechtwinkligkeit und von der Ebenheit bzw. Parallelität der Kontaktflächen in den Fugen angegeben. Zusätzlich werden Grenzabweichungen für die Lage der Bewehrung im Bauteil festgelegt.

Zugelassene **Grenzabweichungen für Maße** (z. B. Länge, Höhe, Dicke, Breite), Grenzwerte für Ebenheitsabweichungen und Grenzwerte für Abweichungen von der Parallelität der Kontaktfläche in den Fugen sind vorrangig vom Hersteller zu deklarieren. Die größten Abweichungen dürfen jedoch die Anforderungen nach DIN EN 12602 nicht übersteigen.

Die **Grenzabweichungen** für Maße betragen:

- in der **Toleranzklasse T1**:
  - für die Länge ± 5 mm
  - für die Höhe ± 3 mm
  - für die Breite ± 3 mm
- in der **Toleranzklasse T2 und T3**:
  - für die Länge ± 3,0 mm
  - für die Höhe ± 1,0 mm
  - für die Breite ± 1,5 mm

Die Grenzwerte für Abweichungen von der **Rechtwinkligkeit** betragen:

- allgemein: 3 mm/0,5 m
- bei in Dünnbettmörtel verlegten stehenden Wandbauteilen: 0,2 mm/0,5 m

Die Grenzwerte für die **Ebenheit** und **Parallelität** in den Kontaktflächen der Fugen betragen in der Toleranzklasse T3:

- für die Ebenheit der Kontaktflächen in den Fugen: ≤ 1,0 mm
- für die Parallelität der Kontaktflächen in den Fugen: ≤ 1,0 mm

Für die Toleranzklassen T1 und T2 bestehen keine Anforderungen.

Zur Regelung der **nationalen Anforderungen**, die nicht in DIN EN 12602 geregelt sind, sind zusätzliche Bestimmungen in der Norm DIN 4223-100:2014-12 „Anwendung von vorgefertigten bewehrten Bauteilen aus dampfgehärtetem Porenbeton – Teil 100: Eigenschaften und Anforderungen an Baustoffe und Bauteile" als nationales Anwendungsdokument enthalten.

Für **plattenförmige Dachbauteile** (RF-1) und **Deckenbauteile** (RF-2) betragen die Grenzabmaße gemäß DIN 4223-100, Tabelle 5, wie folgt:

- für Längen ≤ 8.500 mm (maximale Stützweite 8.000 mm): ± 5 mm
- für Breiten ≥ 500 mm: ± 3 mm
- für Dicken ≥ 100 mm: ± 3 mm

Hinsichtlich der Breite sind Sonderbauteile mit Breiten zwischen 200 und 500 mm als Passbauteile zulässig.

Für **Dachbauteile** (RF-1-D) mit ebenen Verbindungsflächen, die mit Dünnbettmörtel verbunden werden, betragen die Grenzabmaße gemäß DIN 4223-100, Tabelle 6, wie folgt:

- für Längen ≤ 7.000 mm (maximale Stützweite 6.000 mm): ± 3,0 mm
- für Breiten ≥ 500 mm: ± 1,0 mm
- für Dicken ≥ 200 mm: ± 1,5 mm
- für die Abweichung der Verbindungsflächen von der Ebenheit und Planparallelität: ≤ 1,0 mm

Hinsichtlich der Breite sind Sonderbauteile mit Breiten zwischen 200 und 500 mm als Passplatten zulässig.

Für **Wandbauteile mit statisch anrechenbarer Bewehrung** (W1, W2) betragen die Grenzabmaße gemäß DIN 4223-100, Tabelle 7, wie folgt:

- für Längen ≤ 8.500 mm: ± 5,0 mm
- für Breiten ≥ 500 mm: ± 3,0 mm
- für Dicken ≥ 100 mm: ± 3,0 mm

Hinsichtlich der Breite sind Sonderbauteile mit Breiten zwischen 200 und 500 mm als Passbauteile zulässig.

Für die Ebenheit und die Planparallelität der Verbindungsflächen gelten die Anforderungen nach DIN EN 12602, Toleranzklasse T3.

Für die Rechtwinkligkeit stehend angeordneter belasteter Wandbauteile beträgt die zulässige Abweichung 0,2 mm je 0,5 m.

Für **Wandbauteile mit statisch nicht anrechenbarer Bewehrung** (W3), die **vertikal** angeordnet werden, betragen die Grenzabmaße gemäß DIN 4223-100, Tabelle 8, wie folgt:

- für Längen ≤ 3.500 mm: ± 3,0 mm
- für Breiten ≥ 500 mm: ± 1,0 mm
- für Dicken ≥ 100 mm: ± 1,5 mm

Hinsichtlich der Breite sind Passbauteile mit Breiten zwischen 200 und 500 mm zulässig.

Für Wandbauteile mit statisch nicht anrechenbarer Bewehrung (W4), die **horizontal** angeordnet werden, betragen die Grenzabmaße gemäß DIN 4223-100, Tabelle 9, wie folgt:

- für Längen ≥ 3.000 mm und ≤ 8.000 mm: ± 3,0 mm
- für Breiten ≥ 500 mm: ± 1,0 mm
- für Dicken ≥ 100 mm: ± 1,5 mm

Hinsichtlich der Länge sind Passbauteile zulässig mit Längen zwischen 0,4 × Breite und 0,3 × Systemwandfeldlänge (vgl. DIN 4223-102:2014-12 „Anwendung von vorgefertigten bewehrten Bauteilen aus dampfgehärtetem Porenbeton – Teil 102: Anwendung in Bauwerken"). Hinsichtlich der Breite sind Passbauteile als Höhenausgleichselemente mit Breiten zwischen 200 und 500 mm zulässig.

Für die Ebenheit und die Planparallelität der Verbindungsflächen gelten die Anforderungen nach DIN EN 12602, Toleranzklasse T3.

Für die Rechtwinkligkeit stehend angeordneter belasteter Wandbauteile beträgt die zulässige Abweichung 0,2 mm je 0,5 m.

Für **Balken** (BL) mit überwiegend einachsiger Beanspruchung, einer Stützweite von mindestens der zweifachen Bauteildicke und einer Breite von höchstens der zweifachen Bauteildicke betragen die Grenzabmaße gemäß DIN 4223-100, Tabelle 10, wie folgt:

- für die Länge: ± 5 mm
- für die Breite: ± 1,5 mm
- für die Dicke: ± 1 mm

Für Sonderbauteile, z. B. für Treppenstufen, Podestplatten oder Treppenläufe, betragen die Grenzabmaße gemäß DIN 4223-100, Tabelle 11, wie folgt:

- für die Länge: ± 5 mm
- für die Breite: ± 3 mm
- für die Dicke: ± 3 mm

2.3.12 Vorgefertigte bewehrte Bauteile aus haufwerksporigem Leichtbeton nach DIN EN 1520

Für **vorgefertigte bewehrte Bauteile aus haufwerksporigem Leichtbeton** werden in DIN EN 1520:2011-06 „Vorgefertigte Bauteile aus haufwerksporigem Leichtbeton und mit statisch anrechenbarer oder nicht anrechenbarer Bewehrung", Abschnitt 5.3.2, Toleranzen für die Bauteilabmessungen angegeben.

Die Grenzabweichungen für **Nennmaße** betragen:

- für die Dicke: ± 5 mm
- für die Länge, Höhe und Breite: ± 8 mm
- für die lastübertragende Fläche horizontal gespannter Wandbauteile, die trocken verlegt werden sollen:
  - in Querrichtung ± 2 mm
  - in Längsrichtung ± 4 mm

Der Grenzwert für die **Ebenheitsabweichung** beträgt für Wandbauteile mit vertikalen Lasten:

- bei Prüfung mit einem 2 m langen Richtscheit: 5 mm

Bei der Prüfung der Ebenheitsabweichung ist das Richtscheit auf die Bauteiloberfläche aufzulegen. Bei konkaver Krümmung ist der größte Abstand vom Richtscheit als Stichmaß zu messen. Bei konvexer Krümmung ist das Richtscheit auf den höchsten Punkt aufzulegen mit gleich großem Abstand zur Bauteiloberfläche an den beiden Enden des Richtscheites. Dieser Abstand ist als Stichmaß zu messen.

Für planmäßig ebene lastübertragende Flächen wird die Abweichung von der **Parallelität** aus der größten Differenz zwischen den einzelnen Werten der Bauteilbreiten ermittelt.

Die Grenzwerte für die Abweichung von der **Rechtwinkligkeit** in Bauteilebene betragen:

- für Bauteilbreiten bis 1,0 m: 3 mm je 0,5 m
- für Bauteilbreiten über 1,0 m: 2 mm je 0,5 m

Abb. C 2.19: Beispiel für die Ausführung von Beton- und Stahlbetonarbeiten

2.4 Ausführung von Beton- und Stahlbetonarbeiten

2.4.1 Maßtoleranzen nach VOB/C ATV DIN 18331 Betonarbeiten

Die ATV DIN 18331:2019-09 **„Betonarbeiten"** gilt für das Herstellen von Bauteilen aus bewehrtem oder unbewehrtem Beton jeder Art. Sie gilt nicht für Einpressarbeiten, Schlitzwandarbeiten, Spritzbetonarbeiten, Oberbauschichten, Betonwerksteinarbeiten, Stahlbauarbeiten, oder Betonerhaltungsarbeiten.

Gemäß ATV DIN 18331 sind bei der **Ausführung von Beton- und Stahlbetonarbeiten** (vgl. Abb. C 2.19) Abweichungen von vorgeschriebenen Maßen in den durch DIN 18202 bestimmten Grenzen zulässig.

Die erforderlichen Leistungen sind Besondere Leistungen im Sinne der VOB/C, wenn an die Ebenheit von Bauteiloberflächen die folgenden Anforderungen gestellt werden:

- höhere Anforderungen als nach DIN 18202, Tabelle 3, Zeile 1 (nicht flächenfertige Oberseiten von Decken, Unterbeton und Unterböden) oder Zeile 5 (nicht flächenfertige Wände und Unterseiten von Rohdecken) oder
- sonstige erhöhte Anforderungen an die Maßhaltigkeit gegenüber den in DIN 18202 aufgeführten Werten, einschließlich erhöhter Anforderungen an die Ebenheit nach Tabelle 3, Zeile 4 oder Zeile 7.

Als Bedenken im Sinne von VOB/B kommen in Betracht:

- Abweichungen des Bestandes gegenüber den Vorgaben oder
- fehlende Bezugspunkte.

In der Leistungsbeschreibung sind nach den Erfordernissen des Einzelfalls insbesondere die Neigung, die Krümmung und Höhensprünge von Flächen anzugeben. Letzteres umfasst auch die Problematik von **Höhenversätzen** benachbarter Bauteile, z. B. Filigrandeckenplatten mit Ortbetonergänzung.

Abb. C 2.20: Beispiel für Außenwandfugen zwischen Betonfertigteilen

Die Ausführung von **nicht flächenfertigen Oberseiten von Decken oder Bodenplatten zur Aufnahme von Bodenaufbauten**, z. B. Estriche, Industrieböden oder Plattenbeläge im Mörtelbett, ist aus technischer Sicht im Standardfall hinsichtlich der Anforderungen an die Ebenheit nach DIN 18202, Tabelle 3, Zeile 2a, und der ATV DIN 18331 folgend als Besondere Leistung im Sinne der VOB/C einzuordnen. Dies steht im **Widerspruch** zur üblichen Baupraxis, wonach Oberseiten von Decken oder Bodenplatten zur Aufnahme von Bodenaufbauten, insbesondere Estrichkonstruktionen, heute überwiegend und mit üblicher handwerklicher Sorgfalt als Standardkonstruktion ohne erhöhten Aufwand entsprechend den Ebenheitsanforderungen nach DIN 18202, Tabelle 3, Zeile 2a, hergestellt werden können. Beispielhaft hierfür ist der Standardfall einer Geschossdecke im Wohn- oder Gewerbebau mit einem üblichen Estrichaufbau.

Eine Einordnung als Besondere Leistungen im Sinne der VOB/C zur Verdeutlichung eines in der Ausführung zu berücksichtigenden Mehraufwandes bereits in der Leistungsbeschreibung ist aus technischer Sicht nicht erforderlich, weil ein solcher bei einer durchschnittlich üblichen Sorgfalt nicht besteht. Unabhängig hiervon ist es aus technischer Sicht zielführend, Anforderungen in der Leistungsbeschreibung möglichst zu konkretisieren.

2.4.2 Maßtoleranzen für Fugen nach DIN 18540

Für die Abdichtung von **Außenwandfugen** (vgl. Abb. C. 2.20) zwischen Bauteilen aus Ortbeton und/oder Betonfertigteilen mit geschlossenem Gefüge werden in DIN 18540:2014-09 „Abdichten von Außenwandfugen im Hochbau mit Fugendichtstoffen“, Tabelle 2, Grenzabmaße für die Dicke des Fugendichtstoffes wie folgt angegeben (vgl. Tabelle C 2.10):

Tabelle C 2.10: Grenzabmaße für die Dicke des Fugendichtstoffes bei Fugen und Fugenabdichtungen für Außenwandfugen zwischen Bauteilen aus Ortbeton und/oder Betonfertigteilen mit geschlossenem Gefüge nach DIN 18540:2014-09, Tabelle 2

Fugenabstand	Fugenbreite		Dicke des Fugendichtstoffes [3)]	
	Nennmaß [1)]	Mindestmaß [2)]		
in m	b in mm	b_{min} in mm	d in mm	Grenzabmaß in mm
bis 2	15	10	8	± 2
über 2 bis 3,5	20	15	10	± 2
über 3,5 bis 5	25	20	12	± 2
über 5 bis 6,5	30	25	15	± 3
über 6,5 bis 8	35[4)]	30	15	± 3

[1)] Nennmaß für die Planung
[2)] Mindestmaß zum Zeitpunkt der Fugenabdichtung
[3)] Die angegebenen Werte gelten für den Endzustand, dabei ist auch die Volumenänderung des Fugendichtstoffes zu berücksichtigen.
[4)] Bei größeren Fugenbreiten sind die Anweisungen des Dichtstoffherstellers zu beachten.

2.4.3 Maßtoleranzen für Sichtbetonflächen nach DBV-Merkblatt Sichtbeton

In dem DBV-Merkblatt „Sichtbeton" (Fassung 06/2015) des Deutschen Beton- und Bautechnik-Vereins e. V. (DBV) werden **Sichtbetonklassen** zur Festlegung von Sichtbeton (vgl. Abb. C 2.21) mit unterschiedlichen Anforderungen an die Ebenheit definiert wie folgt:

Sichtbetonklasse SB1:

- für Sichtbeton mit geringen Anforderungen
- Betonflächen mit geringen gestalterischen Anforderungen, z. B. Kellerwände oder Bereiche mit vorwiegend gewerblicher Nutzung
- Anforderung Ebenheitsklasse E1

Sichtbetonklasse SB2:

- für Sichtbeton mit normalen Anforderungen
- Betonflächen mit normalen gestalterischen Anforderungen, z. B. Treppenhausräume, Stützwände
- Anforderung Ebenheitsklasse E1

Sichtbetonklasse SB3:

- für Sichtbeton mit besonderen Anforderungen
- Betonflächen mit hohen gestalterischen Anforderungen, z. B. Fassaden
- Anforderung Ebenheitsklasse E2

Abb. C 2.21: Beispiel für eine Bauteiloberfläche mit Anforderungen als Sichtbetonfläche

Sichtbetonklasse SB4:

- für Sichtbeton mit besonderen Anforderungen
- Betonflächen mit besonders hohen gestalterischen Anforderungen, repräsentative Bauteile
- Anforderung Ebenheitsklasse E3

Für die verschiedenen Sichtbetonklassen wird die Einzelanforderung hinsichtlich der Ebenheit **geschalter Sichtbetonflächen nach Ebenheitsklassen** E1, E2 und E3 unterschieden wie folgt:

Ebenheitsklasse E1:

- Ebenheitsanforderungen nach DIN 18202, Tabelle 3, Zeile 5
- Einmessen der Schalung erforderlich
- zusätzliche Berücksichtigung von Toleranzen aus anderen Normen
- Maßkoordination bei Verwendung von Schalungen verschiedener Hersteller erforderlich
- ausreichende Stabilisierung und Lagesicherung der Bewehrung, der Einbauteile usw. erforderlich
- ausreichende Abstützung der Schalung einschließlich Fixierung der Schalungsanker erforderlich

Ebenheitsklasse E2:

- Ebenheitsanforderung nach DIN 18202, Tabelle 3, Zeile 6
- Anforderungen wie Ebenheitsklasse E1, jedoch zusätzlich:
  - Berücksichtigung von höheren Anforderungen an die Ebenflächigkeit als Leistungsposition
  - sorgfältige Lagerung der Schalhaut erforderlich
  - Treffen von besonderen Regelungen für gekrümmte Schalungen und Sonderausführungen
  - sorgfältige Reinigung der Schalung erforderlich
  - Berücksichtigung von Fertigungstoleranzen des Schalungssystems

Ebenheitsklasse E3:

- Ebenheitsanforderung nach DIN 18202, Tabelle 3, Zeile 6
- höhere Ebenheitsanforderungen, z. B. nach DIN 18202, Tabelle 3, Zeile 7, technisch nicht zielsicher erfüllbar
- Anforderungen wie Ebenheitsklasse E2, jedoch zusätzlich:
  - ggf. gesonderte Vereinbarung von Anforderungen, die über DIN 18202, Tabelle 3, Zeile 6, hinausgehen
  - Planung und Festlegung der zum Erreichen von über DIN 18202, Tabelle 3, Zeile 6, hinausgehenden Ebenheitsanforderungen durch den Auftraggeber erforderlich
  - geodätisches Einmessen der Schalung erforderlich
  - Prüfung der Maßtoleranzen und der Ebenflächigkeit von Schalhaut und Befestigung vor Ort
  - ggf. Detailplanung erforderlich

Die **Ebenheitsanforderungen** nach DIN 18202 beziehen sich auf unvermeidbare Abweichungen in der handwerklichen Ausführung, z. B. auf die Maßhaltigkeit einer geschalten und betonierten Oberfläche. Eine durch die Flächengestaltung bedingte Struktur, z. B. Rautiefen oder eine Raustruktur bearbeiteter Sichtbetonoberflächen, Abdrücke der Schalung usw., sind unabhängig von den Ebenheitstoleranzen zu betrachten. Dies gilt auch für etwaige strukturbedingte Höhenversätze innerhalb einer Fläche, z. B. bei rauen Brettschalungen (zur Berücksichtigung von Maßabweichungen bei Bauprodukten vgl. Teil A, Kapitel 5.4).

Das **Aussehen der Sichtbetonflächen** und die Gestaltungsmerkmale sollen im Entwurf vom Planer festgelegt werden. In der Leistungsbeschreibung ist die maßgebende Sichtbetonklasse auszuwählen und die für das Gesamtbild der Sichtbetonflächen erwartete Leistung eindeutig und hinreichend zu beschreiben. Der Ausführende soll bereits bei der Kalkulation – und auch in der späteren Arbeitsvorbereitung – erkennen können, welche Maßnahmen und welcher Aufwand erforderlich sind, um die beschriebene Leistung zu erbringen.

Bei der **Beurteilung von Sichtbetonflächen** ist der Gesamteindruck der Ansichtsfläche aus dem üblichen Betrachtungsabstand und unter üblichen Lichtverhältnissen das maßgebende Kriterium. Die Ebenheit als Einzelkriterium wird nur geprüft, wenn der Gesamteindruck der Ansichtsfläche den vereinbarten Anforderungen nicht entspricht.

Wird ein nach den beschriebenen Anforderungen definiertes Einzelkriterium verfehlt, so soll aus technischer Sicht eine Mangelbeseitigung nur dann erfolgen, wenn die Gestaltungswirkung gestört ist.

2.4.4 Hinweise zu Höhenversätzen und Knickstellen an den Passungen benachbarter Bauteile

Bei der Ortbetonbauweise sind **Höhenversätze** benachbarter Schalungselemente bzw. im Verlauf von Anschlussfugen an bereits fertiggestellte Bauteile nur begrenzt vermeidbar (vgl. Abb. C 2.22). Auch bei der Verwendung vorgefertigter Bauteile sind Höhenversätze zwischen benachbarten Elementen aufgrund von unvermeidbaren Formabweichungen der Teile, z. B. als Windschiefe, oder aufgrund von Abweichungen bei der Montage nicht auszuschließen, z. B. an den Stoßstellen von Filigrandeckenplatten (vgl. Abb. C 2.23). Gleiches gilt auch für Knickstellen, wenn benachbarte Elemente zwar höhengleich, aber nicht ebenengleich aneinander anschließen (vgl. Abb. C 2.24).

Abb. C 2.22: Beispiel für einen Schalungsstoß mit Höhenversatz bei Ortbetonbauweise

Abb. C 2.23: Beispiel für einen Höhenversatz an einem Filigrandeckenstoß

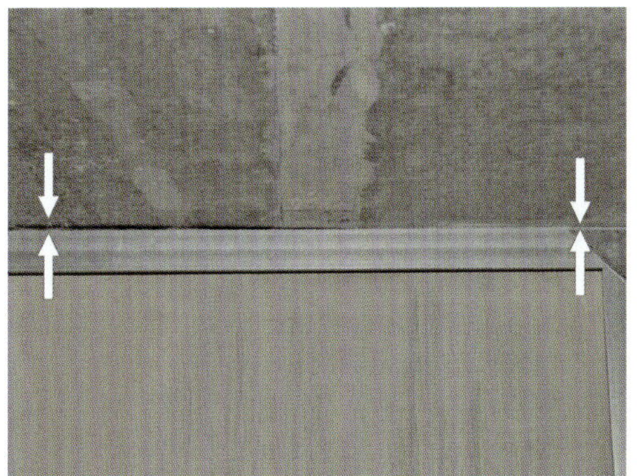

Abb. C 2.24: Beispiel für eine Knickstelle mit höhengleichem, aber nicht ebenengleichem Filigrandeckenstoß

Vom Anwendungsbereich der DIN 18202 werden **Höhenversätze zwischen benachbarten Bauteilen** nicht erfasst. Die in dieser Norm angegebenen Grenzwerte für Maßabweichungen, Winkelabweichungen, Fluchtabweichungen und insbesondere Ebenheitsabweichungen beziehen sich jeweils nur auf die Gestalt eines Bauteils, aber nicht auf den Übergang zwischen 2 Bauteilen (vgl. auch Teil A, Kapitel 5). In DIN 18202, Abschnitt 5.4, wird zudem ausdrücklich darauf hingewiesen, dass die Grenzwerte für Ebenheitsabweichungen nach Tabelle 3 der Norm für Höhenversätze zwischen benachbarten Bauteilen keine Anwendung finden.

Bei der **Beurteilung von Höhenversätzen** ist das im Einzelfall geltende Bausoll zu beachten. Für **Bauteiloberflächen in Ortbetonbauweise** sind Höhenversätze an den Stoßstellen der Schalung beispielsweise nach den jeweiligen Anforderungen an die Schalung zu beurteilen. Hierbei sind die mit der Schalung selbst bzw. die mit dem Einbau der Schalung verbundenen Abweichungen im Rahmen einer üblichen handwerklichen Sorgfalt zu berücksichtigen. Auch notwendige Korrekturen bereits aufgetretener Maßabweichungen in den Grenzen der zugelassenen Toleranzen können z. B. einen Höhenversatz zwischen einer Deckenkante als Aufstandsfläche für eine Wandschalung und dem Fußpunkt für die aufgehende Wand zur Folge haben (vgl. Abb. C 2.22).

Abb. C 2.25: Beispiel für eine Sichtbetonfläche mit Höhenversatz im Verlauf eines Schalungsstoßes

Abb. C 2.26: Beispiel für einen Höhenversatz an einem Schalungsstoß

Bei der **Verlegung von Fertigteilen**, die in der Summe der Oberflächen mehrerer Teile eine gemeinsame Fläche erzeugen, z. B. eine Deckenuntersicht bestehend aus mehreren Filigranelementen, ist außerdem zu unterscheiden zwischen den Anforderungen an die Maßhaltigkeit der einzelnen Teile einerseits und der Gesamtfläche andererseits. Diese können durchaus unterschiedlich sein. Für die einzelnen Fertigteile sind Maßabweichungen in der Herstellung und bei der Montage unvermeidbar, z. B. in den Grenzen üblicher Toleranzen für Fertigteile. Wird nun eine darüber hinausgehende Einheitlichkeit z. B. einer gesamten Deckenuntersichtsfläche ohne optische Störungen als Bausoll gefordert, so bedarf es hierzu zusätzlicher Maßnahmen für einen Ausgleich möglicher Abweichungen an den Fügestellen der Elemente innerhalb der Fläche. Diese müssen als Bestandteil des Bausolls für die Gesamtfläche Berücksichtigung finden.

In der Praxis ist zu beobachten, dass Bauteiloberflächen unter Verwendung **oberflächenfertiger Fertigteilelemente** und unter **Verzicht auf eine zusätzliche Bekleidung** hergestellt werden sollen. Erwartet wird eine einheitliche Gesamtfläche in der Qualität der Oberflächen der einzelnen Elemente. Diese Erwartung geht fehl, weil sie die Problematik der Fügestelle außer Acht lässt und voraussetzt, dass die vergleichsweise geringen Abweichungen vorgefertigter Oberflächen der Elemente ohne Weiteres auf die Gesamtfläche übertragen werden können. Schon unvermeidbare Abweichungen in den Grenzen einer üblichen handwerklichen Sorgfalt können die Erwartung empfindlich stören (z. B. optisch erkennbare Knickstellen oder auch nur geringe Höhenversätze innerhalb einer geschlossenen Deckenuntersichtsfläche). Es ist deshalb zu empfehlen, einen Ausgleich für unvermeidbare Höhenversätze als Bestandteil der Ausführung vorzusehen, z. B. gestaffelt nach Notwendigkeit wie folgt:

- Höhengleiche Stoßfugen von Fertigteilen werden verspachtelt und geschliffen.
- Höhenversätze bis ca. 2 mm werden durch ein großflächiges Ausziehen der Spachtelung ausgeglichen.
- Höhenversätze bis ca. 5 mm werden durch das Aufspachteln ganzer Teilflächen ausgeglichen.
- Höhenversätze von mehr als 5 mm werden durch das Aufbringen einer zusätzlichen Putzlage überdeckt.

Werden solche Vereinbarungen für den Eventualfall rechtzeitig vorab getroffen, so lassen sich strittige Auseinandersetzungen vermeiden und drohende Mehraufwendungen für den nachträglichen Ausgleich von Maßabweichungen bei Wegfall der gebotenen Sorgfalt bei der Verlegung der Fertigteile im Vorfeld sicher kalkulieren.

Für **Sichtbetonflächen** werden in dem DBV-Merkblatt „Sichtbeton" (Fassung 06/2015), Tabelle 2, Anforderungen an die Arbeits- und Schalhautfugen geschalter Sichtbetonflächen definiert. Unterschieden werden hierfür die Klassen AF1 und AF2 mit einem **zulässigen Versatz der Flächen** im Arbeitsfugen- bzw. Schalungsstoßbereich von ca. 10 mm sowie die Klassen AF3 mit einer reduzierten Versatzgröße von ca. 5 mm bzw. AF4 mit einer noch weiter reduzierten Versatzgröße von ca. 3 mm (vgl. Abb. C 2.25 und Abb. C 2.26). Diese Anforderung ist aus technischer Sicht anzuwenden, wenn sie im Einzelfall Bestandteil des Bausolls für die Ausführung geworden ist.

2.4.5 Hinweise zur Ausführbarkeit geforderter Genauigkeiten

Bei der Festlegung von Genauigkeitsanforderungen sind neben den Anforderungen an das fertiggestellte Bauteil vor allem auch die **Einflussfaktoren** auf den Ausführungs- bzw. Herstellungsprozess zu berücksichtigen. Im Einzelnen sind hierbei folgende Einflussfaktoren zu nennen:

- Geometrie der Bauteile (z.B. gewendelte Bauteile, Verschneidungen, nicht rechtwinklige Kanten oder Ecken),
- Arbeitsvorbereitung und Herstellung von Hilfsmitteln für die Ausführung (z.B. besondere Schalungen, Lehren, Montagehilfen),
- zeitliche Abfolge der Ausführung,
- Zugänglichkeit und verfügbarer Arbeitsraum für das Aufbauen von Schalungen, das Einbauen von Teilen (z.B. Fugenbändern) und das Einbauen und Verdichten des Frischbetons (z.B. Rüttelgassen, Bewehrungsabstände, Bauteilquerschnitte),
- Witterungsbedingungen bei der Ausführung (z.B. Jahreszeit, insbesondere Winterbaumaßnahmen, Temperatur und Witterung),
- Qualifikation und Erfahrung der Ausführenden.

Eine handwerklich sorgfältige Ausführung setzt voraus, dass die vorgenannten Einflussfaktoren eine Umsetzung der Planungsvorgaben auch tatsächlich zulassen. Wegen der zu berücksichtigenden äußeren Einflüsse auf die Ausführung sind überhöhte **Erwartungen des Planenden oder des Bestellers** unter baupraktischen Gegebenheiten mitunter nicht erfüllbar. In der Planung, in der Arbeitsvorbereitung und in der Organisation des Baustellengeschehens ist deshalb bereits zu berücksichtigen, dass gewollte Ausführungsgenauigkeiten baupraktisch auch tatsächlich umsetzbar sind. Die für die Herstellung des Bauwerks notwendigen Voraussetzungen und äußeren Umstände müssen gegeben sein bzw. für die Ausführung bereitgestellt werden. Die Zielvorstellungen des Planenden müssen dem Ausführenden im Einzelnen bekannt sein, damit die notwendigen Voraussetzungen für die Einhaltung der gewollten Genauigkeitsanforderungen auch kalkuliert, in der Arbeitsvorbereitung berücksichtigt und schließlich in der Ausführung umgesetzt werden können. Dies gilt insbesondere dann, wenn Oberflächen von Massivbauteilen in Ortbetonbauweise unter – mitunter widrigen – Baustellenbedingungen bereits in der Rohbauphase flächenfertig, d.h. in einer der

Abb. C 2.27: Schalung eines gewendelten Treppenlaufs in Ortbetonbauweise als Beispiel für die Grenzen der Ausführbarkeit geforderter Genauigkeiten

Abb. C 2.28: Beispiel für die Grenze der Machbarkeit: Rundtreppenhaus in Ortbetonbauweise oberflächenfertig geschalt. Die Treppenläufe werden als gewendelte Fertigteile hergestellt und nachträglich von oben eingehoben.

späteren Ausbauphase entsprechenden Maßgenauigkeit, hergestellt werden sollen. Hier können der Ausführung auch **Grenzen der Machbarkeit** gesetzt sein (vgl. Abb. C 2.27 und Abb. C 2.28).

2.4.6 Hinweise zu zeit- und lastabhängigen Verformungen

Bei Bauteilen aus Beton, Stahlbeton und Spannbeton spielen zeit- und lastabhängige Verformungen durch **Kriechen und Schwinden** eine besondere Rolle hinsichtlich der Passungsüberlegungen. Solche Verformungen sind auch bei besonders sorgfältiger Verarbeitung des Betons in einem bestimmten Maße unvermeidbar. Sie müssen bei der Bemessung von Passungen zusätzlich zu den Grenzwerten für Maßabweichungen, Winkelabweichungen und Ebenheitsabweichungen berücksichtigt werden. Werte für zeit- und lastabhängige Verformungen sind nicht Gegenstand der DIN 18202. Sie sind im Einzelfall für das jeweilige Bauteil bzw. Bauwerk rechnerisch zu ermitteln. Aus den Erfahrungswerten über den zeitlichen Verlauf des Schwindverhaltens von Bauteilen im jungen Alter bzw. des Verformungsverhaltens belasteter Bauteile lassen sich die Anteile zeit- und lastabhängiger Verformungen abschätzen. Dabei ist zu berücksichtigen, dass die Genauigkeit einer solcher Abschätzung nie besser sein kann als die Genauigkeit des zugrunde liegenden Modells für die Bemessung. Für **zeit- und lastabhängige Verformungen** ist also stets eine **Unschärfe** zu berücksichtigen. Für die nachträgliche Unterscheidung festgestellter Maßabweichungen in ausführungsbedingte Maßabweichungen und zeit- bzw. lastabhängige Verformungsanteile kommt der Genauigkeit einer Abschätzung zeit- und lastabhängiger Komponenten eine besondere Bedeutung zu, weil diese Verformungsanteile häufig die gleiche Größenordnung aufweisen wie

Abb. C 2.29: Beispiel für ein Tragwerk, das nach dem Ausschalen zeit- und lastabhängige Verformungen erfährt

Abb. C 2.30: Beispiel für eine Wandschalung mit Abstützung zur Ausrichtung und Fixierung

ausführungsbedingte Maßabweichungen. Messergebnisse kombinierter Abweichungen lassen sich daher nur unter Berücksichtigung der Unschärfe ihrer Anteile mit den Grenzwerten vergleichen.

Für eine **nachträgliche Abgrenzung** der ausführungsbedingten Maßabweichungen von den zeit- und lastabhängigen Verformungen kann es zweckmäßig sein, eine Bauteiloberfläche, z. B. eine betonierte Deckenoberseite, vor dem ersten Ausschalen z. B. mit einem Höhennivellement zu vermessen. Eine solche **„Nullmessung"** kann dann zu Vergleichszwecken als Grundlage für die Ermittlung zeit- und lastabhängiger Verformungsanteile zu einem späteren Zeitpunkt herangezogen werden (vgl. Abb. C 2.29).

2.4.7 Hinweise zu Genauigkeitseinflüssen bei der Ortbetonbauweise

Die **erreichbare Genauigkeit** bei der Herstellung von **Ortbetonbauteilen** hängt von der Maßhaltigkeit der Schalung selbst, der Genauigkeit beim Aufbauen und Ausrichten der Schalung, dem Betoniervorgang sowie der Phase des Aushärtens des jungen Betons ab (vgl. Abb. C 2.30).

Die Genauigkeitsanforderungen nach DIN 18202 gelten **baustoffunabhängig**. Für den Baustoff „Ortbeton" hängt die Maßhaltigkeit primär aber nicht vom Beton, sondern von der **Schalung** ab.

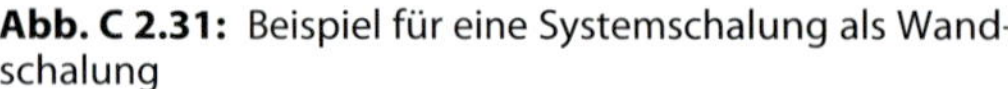

Abb. C 2.31: Beispiel für eine Systemschalung als Wandschalung

Abb. C 2.32: Beispiel für eine Systemschalung als Deckenschalung

Eine hohe Genauigkeit der Schalung lässt sich mit der Verwendung von Systemschalungen erreichen (vgl. Abb. C 2.31). **Kleinformatige Systeme** haben eine vergleichsweise hohe Genauigkeit der einzelnen Elemente. Die Genauigkeit der späteren Oberfläche eines Bauteils wird jedoch auch durch die Genauigkeit bei der Verbindung der einzelnen Schalelemente und ihrer Ausrichtung zueinander beeinflusst. **Großflächenschalungen** mit vergüteter Oberfläche und Kantenschutz gewährleisten eine hohe Genauigkeit in der Fläche. Dies kann ein Vorteil gegenüber kleinteiligen Systemen sein, der praktisch allerdings mit dem Nachteil größerer Abweichungen im Umgang mit großformatigen Systemen bei der Positionierung einhergehen kann.

Eine hohe Genauigkeitsanforderung setzt ein sorgfältiges **Einmessen der Schalung** und Möglichkeiten zur Justierung der Schalung voraus. Für das Beispiel einer Deckenschalung (vgl. Abb. C 2.32) ist beim Aufbau der Schalung der Boxbereich für eine Lageabweichung der späteren Deckenplatte von der Nennhöhe mit z. B. ± 20 mm (nennmaßabhängig) einzuhalten. Dieser Boxbereich darf mit der Schalung selbst allerdings nur teilweise in Anspruch genommen werden, weil er außerdem für zusätzliche ausführungsbedingte Maßabweichungen in der weiteren Herstellung des Bauteils erforderlich ist.

Für die **Vermessung** müssen Bezugspunkte zur Orientierung der Schalung in ihrer Lage festgelegt werden. Dies können markante Punkte oder zweckmäßig angelegte **Messpunkte** sein. Sie sollen dauerhaft markiert werden. Ihre Position muss eine Überprüfung und Korrektur der Innenkanten, Innenflächen bzw. Innenseiten der Schalung nach ihrem Aufbau und vor dem Betonieren ermöglichen. Einzelne Bauteile (z. B. Stützen) können durch Schablonen oder Festpunkte ausgerichtet werden. Für den **Bezug der Vermessung** innerhalb des Bezugssystems müssen Sichtachsen für Messgeräte, markierte Bezugspunkte usw. vorhanden sein.

Maßabweichungen der Schalung, die im Zuge der Vermessung festgestellt werden, müssen korrigierbar sein. In der Rüstung sind Möglichkeiten für ein **Feinjustieren der Schalung** vorzusehen entsprechend den einzuhaltenden Anforderungen (vgl. Abb. C 2.33). Nach der Herstellung aller Schalungsteile und dem Einlegen der Bewehrung soll vor dem Betoniervorgang eine letzte Überprüfung der Maßhaltigkeit erfolgen.

Während des **Betoniervorgangs** wird die Maßhaltigkeit entstehender Ortbetonbauteile entscheidend durch die Steifigkeit der Schalung und der Rüstung beeinflusst. Dies

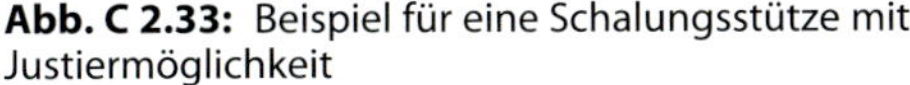

Abb. C 2.33: Beispiel für eine Schalungsstütze mit Justiermöglichkeit

Abb. C 2.34: Beispiel für eine temporäre Abstützung nach dem Ausschalen

beginnt mit der Belastung der Schalung beim Einbringen des Betons. Eine ungleichmäßige **Lastverteilung** auf der Schalung oder eine zu große Fallhöhe des Frischbetons können sich bei einer eher verformungsweichen Schalung nachteilig auswirken. Gleiches gilt für große Betonierhöhen und den damit verbundenen **Frischbetondruck** auf die Schalhaut und auf die aussteifende Rüstung. Eine unzureichende Lagesicherung der Schalung an Rändern bzw. Ecken kann Verformungen zur Folge haben, die sich im späteren, ausgeschalten Zustand als Lageabweichung einer Kante, Winkelabweichung oder Ebenheitsabweichung darstellen. In der Fläche können ungenügend unterstützte Schalungen Durchbiegungen beim Betonieren erfahren, die als spätere Ebenheitsabweichung verbleiben, z. B. an einer Deckenuntersicht.

In der **Phase der Aushärtung** muss die Schalung auftretende temperaturbedingte **Formänderungen** des Betons nach Möglichkeit verformungsarm aufnehmen können. Bauteile mit großen Abmessungen, z. B. Deckenplatten, können bei temperaturbedingter Ausdehnung Verformungen bzw. Verschiebungen der Schalung an ihren Rändern verursachen, die bei einer anschließenden Abkühlung des Betons nicht oder nur teilweise reversibel sind. Dies kann sich am fertigen Bauteil als Maßabweichung zeigen.

Für **Beton im jungen Alter** ist bis zum Erreichen einer ausreichenden Festigkeit und zur Begrenzung ungewollter Verformungen die Einhaltung notwendiger **Ausschalfristen** zu beachten. Auch nach dem Ausschalen kann zur Vermeidung von Verformungen bzw. Durchbiegungen eine **temporäre Abstützung** erforderlich bzw. im Hinblick auf die Maßhaltigkeit zweckdienlich sein (vgl. Abb. C 2.34).

Maßkontrollen für das fertige Bauteil sollen bei einer Ortbetonbauweise zeitnah in Zusammenhang mit der Herstellung der Oberfläche erfolgen. Für frei zugängliche Oberseiten von Bauteilen, z. B. Deckenoberseiten, ist dies bereits kurze Zeit nach dem Betonieren möglich, wenn der Beton so weit ausgehärtet ist, dass er begangen werden kann. Bei einer Maßkontrolle vor oder kurzfristig nach dem Ausschalen sind zeit- und lastabhängige Verformungen noch nicht oder nur in vergleichsweise geringem Umfang aufgetreten. Gemessene Abweichungen lassen sich deswegen leicht als ausführungsbedingte Abweichungen einordnen. Bei späteren Maßkontrolle am fertigen Bauwerk muss die Zeitdauer seit der Herstellung und der daraus resultierende Einfluss nachträglicher Verformungen zusätzlich berücksichtigt werden.

Abb. C 2.35: Beispiel für einen monolithischen Betonboden mit erhöhten Ebenheitsanforderungen

2.4.8 Hinweise zu monolithischen Betonböden

Für **monolithische Betonböden**, z. B. für eine industrielle oder gewerbliche Nutzung (vgl. Abb. C 2.35), werden mitunter Anforderungen an die Ebenheit der Oberfläche gestellt, die über die Grenzwerte für Ebenheitsabweichungen nach DIN 18202 hinausgehen, im Einzelfall auch deutlich. Nach baupraktischer Erfahrung ist die Herstellung von **massiven Platten** bzw. Decken mit Ebenheitsabweichungen in den Grenzen der **erhöhten Anforderungen** nach DIN 18202, Tabelle 3, Zeile 4, möglich, erfordert aber besondere Maßnahmen und Erfahrungswerte im Sinne eines geschlossenen Konzeptes für die Umsetzung. In der **Ausführung** monolithischer Platten mit fertiger, d. h. nicht weiter zu bearbeitender Oberfläche als Rohbaukonstruktion, sind baupraktisch unvermeidbare Abweichungen in der Genauigkeit sowie handwerkliche Fehler in der Ausführung grundsätzlich zu berücksichtigen. Völlig fehlerfreie Leistungen können im Baustellenbetrieb und für im ersten Versuch hergestellte Bauteile – im Unterschied zu industriellen Fertigungsverfahren – nicht erwartet werden. Jede Baukonstruktion muss deswegen aus technischer Sicht eine bestimmte **Fehlertoleranz** zulassen. Auch dies ist bereits in der Planung und in der Leistungsbeschreibung zu berücksichtigen, z. B. mit einem möglichen Ebenheitsausgleich für Abweichungen monolithisch hergestellter fertiger Oberflächen durch nachträgliches Schleifen im Bereich von Hochpunkten und/oder einen Materialauftrag im Bereich von Tiefpunkten.

Eine wichtige Voraussetzung für maßhaltige monolithische Betonböden ist eine **messtechnische Begleitung** mit hoher Genauigkeit beim Einbau des Betons und dem Abziehen und Glätten der Oberfläche. Eine weitere Voraussetzung sind besondere Maßnahmen zur Verbesserung der Genauigkeit. Dies sind z. B. Lehren für den Einbau, eine vermessungsgesteuerte maschinelle Herstellung oder maschinelle Verfahren für das Egalisieren und Glätten der Oberfläche.

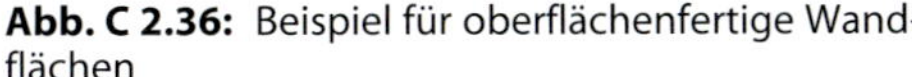

Abb. C 2.36: Beispiel für oberflächenfertige Wandflächen

Abb. C 2.37: Beispiel für einen Schalungsversatz und Betonierüberstände bei oberflächenfertigen Bauteilen

Für bestimmte Anwendungsfälle wird eine **über die erhöhten Ebenheitsanforderungen** nach DIN 18202, Tabelle 3, Zeile 4, **noch hinausgehende Ebenheit** gefordert, z. B. für Lagersysteme mit leitliniengeführten Flurförderzeugen. Dies stellt aus technischer Sicht keine Standardleistung bzw. keine durchschnittlich übliche Ausführungsart dar im Sinne von DIN 18202, Abschnitt 4.3. Die Anforderungen sollten deshalb im Einzelfall einschließlich Festlegungen für die Prüfung der fertigen Oberfläche und einer Beschreibung der für die Herstellung notwendigen Maßnahmen definiert werden (vgl. auch Teil C, Kapitel 7).

2.4.9 Hinweise zu oberflächenfertigen Rohbaukonstruktionen

Bauteile, die im **Rohbau** hergestellt und deren Oberflächen im Zuge des Ausbaus lediglich nachbehandelt werden (z. B. durch Spachtelung, Abschleifen oder Beschichten), erfahren durch den Ausbau keine nennenswerte Verbesserung der Genauigkeit in der Fläche. Maßnahmen wie Abschleifen oder Spachteln sind deshalb nicht geeignet, die höhere Genauigkeitsanforderung einer **oberflächenfertigen Fläche** im Vergleich zu einer nicht flächenfertigen Rohbauoberfläche zu gewährleisten (vgl. Abb. C 2.36 und Abb. C 2.37). Flächenfertige Oberflächen bzw. solche Oberflächen, die keine Bekleidung größerer Schichtdicke mehr erhalten sollen, sind deshalb bereits im Rohbau in der für den Ausbauzustand geforderten Genauigkeit herzustellen. Dies erfordert in der Regel einen deutlich höheren Aufwand, weil die Verhältnisse bei der Ausführung eines Rohbaus nicht immer geeignet sind, um eine Ausbaugenauigkeit zu gewährleisten. Die baupraktische Umsetzbarkeit solcher Genauigkeitsanforderungen und der hierfür erforderliche Aufwand sind daher bei der Planung und bei der Arbeitsvorbereitung des Rohbaus sorgfältig zu beachten. Hierbei sind auch die Möglichkeiten des Schalungsbaus und die Möglichkeiten der Bauvermessung einzubeziehen.

Abb. C 2.38: Beispiel für eine gefaste Kante mit uneinheitlicher Breite

Abb. C 2.39: Beispiel für eine gefaste Kante mit gleichmäßiger Breite und geradlinigem Verlauf

2.4.10 Hinweise zur Maßhaltigkeit von Kanten

Kanten von Betonbauteilen können scharfkantig, leicht gebrochen oder durch das Einlegen von unterschiedlich breiten Dreiecksleisten mit verschieden breiter Fase hergestellt werden. Unabhängig von der Kantengestaltung im Detail wird für die **Kante** in der Regel ein geradliniger und fluchtgerechter Verlauf sowie ggf. eine gleichmäßig breite Fase erwartet (vgl. Abb. C 2.38 und Abb. C 2.39).

Bei einer Kontrolle der Maßhaltigkeit von Bauteilkanten auf der Grundlage von DIN 18202 sind die **Winkelabweichung der Kante** von ihrer Nennlage und die Ebenheitsabweichung als **Abweichung von der Geradlinigkeit** im Verlauf der Kante zu prüfen.

Für die **Prüfung der Winkelabweichung** sind ein Messpunkt am Anfangspunkt der Kante und ein zweiter Messpunkt am Endpunkt der Kante zu verwenden. Die Abweichung der linearen Verbindung dieser beiden Messpunkte von der Nennlage stellt die Winkelabweichung bezogen auf die Kantenlänge im Sinne der DIN 18202 dar. Der Verlauf der Kante zwischen den beiden Messpunkten bleibt hierbei unberücksichtigt. Eine Prüfung der Winkelabweichung über eine Teillänge der Kante ist im Sinne der Begriffsdefinition nach DIN 18202 nicht zulässig.

Für die **Prüfung der Ebenheitsabweichung** ist für 2 Hochpunkte im Verlauf der Kante das Stichmaß an dem dazwischenliegenden tiefsten Punkt zu bestimmen und auf den Abstand der Hochpunkte zu beziehen. Alternativ kann eine Rastermessung entlang der Kante als Rasterlinie zur Anwendung kommen.

Die Einhaltung der zulässigen Maßtoleranzen nach DIN 18202 gewährleistet in der Regel nicht das für oberflächenfertige Bauteile üblicherweise erwartete **optische Erscheinungsbild**. Die nach baupraktischer Erfahrung in optischer Hinsicht tolerierbaren Abweichungen von der Geradlinigkeit bzw. von einer gleichmäßigen Fasenausbildung sind in der Größenordnung deutlich geringer als die nach DIN 18202 zulässigen Winkel- und Ebenheitsabweichungen. Für die Beurteilung der Geradlinigkeit von Kanten bzw. der Gleichmäßigkeit einer gefasten Kante ist deshalb in der Regel das nach der Ausführungsvorgabe bei üblicher handwerklicher Sorgfalt in der Ausführung zu erwartende optische Erscheinungsbild als **Beurteilungsmaßstab** zugrunde zu legen.

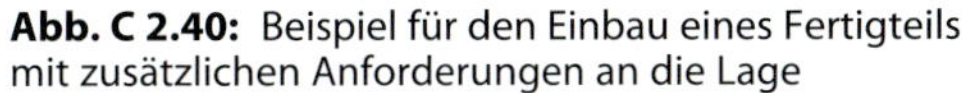

Abb. C 2.40: Beispiel für den Einbau eines Fertigteils mit zusätzlichen Anforderungen an die Lage

Abb. C 2.41: Beispiel für Fertigteile im eingebauten Zustand mit Anforderungen an die Maßhaltigkeit in Bezug auf die Lage der Fügestellen

2.4.11 Hinweise zu dem Einbau vorgefertigter Bauteile am Bauwerk

Die **Genauigkeit** des fertigen Bauwerks hängt **bei der Verwendung von Fertigteilen** ab von

- der Maßhaltigkeit der Fertigteile,
- der Genauigkeit beim Vermessen des Einbauortes,
- der Genauigkeit bei der Montage von Fertigteilen an den Passungs- bzw. Fügestellen.

Für **Fertigteile** sind in der Herstellung die nach den hierfür einschlägigen Normen bestehenden Genauigkeitsanforderungen einzuhalten. Sie beschreiben nur zulässige Abweichungen von der Form. Zusätzlich sind für die Form der Fertigteile die Anforderungen nach DIN 18202 einzuhalten, diese gilt für Bauwerke und deren Teile.

Für den **eingebauten Zustand** von vorgefertigten Bauteilen gelten die Maßtoleranzen nach DIN 18202, und zwar in Bezug auf die Form der Teile und deren Lage innerhalb des Bauwerks (vgl. Abb. C 2.40 und Abb. C 2.41). Die Anforderungen an die Lage kommen also mit dem Einbau hinzu. Abweichungen beim Einbau schließen auch Abweichungen aus der Vermessung und der Montage der Bauteile am Bauwerk mit ein. Die Genauigkeitsanforderungen an die einzelnen Fertigteile sind nicht vollumfänglich deckungsgleich mit den Anforderungen nach DIN 18202. Mit der Einhaltung der Toleranzen für die Teile ist deswegen nicht automatisch sichergestellt, dass auch die Anforderungen nach DIN 18202 im eingebauten Zustand eingehalten werden.

Die **Genauigkeit bei der Montage** der Fertigteile unterliegt ebenfalls mehreren äußeren Einflüssen. Die Art der verwendeten Hebezeuge sowie die Zugänglichkeit und Möglichkeit für eine Positionierung des Fertigteils vor dem Absetzen an den vorgesehenen Einbauort spielen eine entscheidende Rolle. Daneben ist auch die Zugänglichkeit des Einbauortes für das Vermessen der Lage eines Fertigteils wichtig.

Die **Fügestellen** sind bei einer Bauweise mit Fertigteilen im Unterschied zur Ortbetonbauweise besonders zu bemessen. Vor Ort können Bauteile angepasst an die jeweilige maßliche Situation bzw. an die Istmaße hergestellt und Abweichungen mit der Form der Teile ausgeglichen werden. Nach Nennmaßen vorgefertigte Bauteile lassen einen solchen Ausgleich nicht zu. Abweichungen können bei Fertigteilen nur mit ihrer Lage

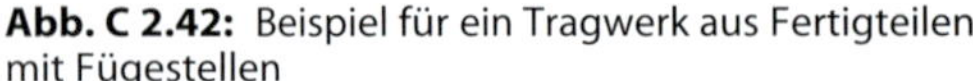

Abb. C 2.42: Beispiel für ein Tragwerk aus Fertigteilen mit Fügestellen

Abb. C 2.43: Beispiel für eine Fügestelle zur Aufnahme unterschiedlicher Abweichungen von Form und Lage

und in den Fügestellen zu angrenzenden Bauteilen aufgenommen werden. Für die Passung einer Fügestelle ist dementsprechend ein ausreichender Raum zur Aufnahme unvermeidbarer Abweichungen in den Grenzen der bestimmten Toleranzen vorzusehen. Andernfalls sind Fehlpassungen bei der Montage nicht sicher zu vermeiden (vgl. Abb. C 2.42 und Abb. C 2.43).

2.4.12 Hinweise zur Verwendung von Einbauteilen

Bauelemente, die als Einbauteile in Ortbetonbauteilen (z. B. Fensterelemente) verwendet werden, sind besonders sorgfältig und maßgenau in die vorbereitete Schalung einzubauen. Eine nachträgliche Korrektur von Maßabweichungen nach dem Einbringen des Ortbetons ist nur noch mit einem vergleichsweise hohen Aufwand möglich. Die Lage solcher Bauelemente wird vor allem durch die Genauigkeit beim Vermessen während des Schalungsbaus bestimmt. Für eine sichere Positionierung der Elemente während des Betonierens müssen diese ausreichend ausgesteift und lagesicher innerhalb der Schalung befestigt werden. Andernfalls sind Lageverschiebungen oder Formänderungen aufgrund des einwirkenden Frischbetondrucks nach dem Einbringen des Ortbetons nicht auszuschließen. Treten dennoch Maßabweichungen auf, so sind hiermit nicht selten Funktionsbeeinträchtigungen verbunden (z. B. bei der Lage von abdichtenden Fugenbändern, Einbau von Fensterelementen – vgl. Abb. C 2.44).

Einbauteile können mit einer primären Anforderung an die technische Funktion und/ oder das optische Erscheinungsbild im fertigen Zustand verbunden sein, z. B. Befestigungsschienen, Ankerschienen oder -platten oder Einbauelemente für technische Ausrüstung (vgl. Abb. C 2.45 und Abb. C 2.46). Für tragende Einbauteile sind für die Maßhaltigkeit der Einbauposition in der Regel Anforderungen einzuhalten, z. B. aus einer technischen Zulassung. Dies betrifft z. B. auch Mindestrandabstände von Dübeln, verklebten Einbauteilen, Befestigungsbolzen usw.

Abb. C 2.44: Beispiel für ein Fensterelement zum Einbau in die Schalung mit einer Verformung am unteren Rand im Zuge des Einbaus

Abb. C 2.45: Beispiel für eine Massivdecke mit in die Schalung eingelegten Einbaudosen für die spätere Beleuchtung

Abb. C 2.46: Beispiel für Ankerschienen mit Anforderungen an die Lage

Die Einhaltung der **Genauigkeitsanforderungen für die Lage** solcher Einbauteile bedarf deswegen einer besonderen Sorgfalt. Bei der Ausführung sollen solche Einbauteile mit einheitlichem Bezug vermessen und positioniert werden. Soweit für den fertigen Zustand eine vorrangige Anforderung an die Lagegenauigkeit besteht (z. B. eine Fluchtabweichung), muss dies einschließlich der hierfür notwendigen Bezugspunkte in den Ausführungsunterlagen angegeben werden.

Toleranzen für Einbauteile sind nach DIN 18202 nicht besonders vorgesehen. Nennmaße für die Lage der Einbauteile im Bauwerk müssen den Grenzabweichungen für Maße nach DIN 18202, Tabelle 1, genügen. Nennmaße für die Lage der Einbauteile in vorgefertigten Bauteilen müssen den Genauigkeitsanforderungen an diese Bauteile genügen, z. B. nach DIN EN 13369 für Betonfertigteile. Soweit für den Einzelfall andere Genauigkeiten erforderlich sind, sind diese im Sinne der DIN 18202 besonders zu vereinbaren. Dies schließt auch notwendige Bezugspunkte mit ein.

2.5 Ausführung von Spritzbetonarbeiten

2.5.1 Maßtoleranzen nach VOB/C ATV DIN 18314 Spritzbetonarbeiten

Für die Ausführung von **Spritzbetonarbeiten** findet die ATV DIN 18314:2016-09 „Spritzbetonarbeiten" Anwendung. Sie gilt für das Herstellen und Verarbeiten von bewehrten und unbewehrten Betonen und Mörteln jeder Art, die im Spritzverfahren aufgetragen und dabei verdichtet werden. Sie gilt nicht für das Erhalten oder Instandsetzen von Bauwerken oder Bauteilen aus Beton und nicht für das Auftragen von Putzmörtel im Spritzverfahren.

Für die Ausführung vereinbarte **Auftragsdicken** sind gemäß ATV DIN 18314, Abschnitt 3.1.4, Mindestdicken. Eine Toleranz für eine Unterschreitung der Mindestdicke ist nicht angegeben. Die Auftragsmenge ist deshalb so zu wählen, dass die Mindestdicke sicher eingehalten wird. Damit ergibt sich für die Dickenabweichung ein Boxbereich mit einseitiger Begrenzung.

Soweit eine **Nennlage für die Oberfläche** vorgegeben wird, dürfen Abweichungen von dieser nicht mehr als 5 cm betragen (vgl. ATV DIN 18314, Abschnitt 3.1.5).

Die **Oberfläche** des Spritzbetons ist gemäß ATV DIN 18314, Abschnitt 3.2, **spritzrau** zu belassen. Geschalte Flächen sind schalungsrau zu belassen. Die Grenzwerte für Ebenheitsabweichungen gemäß DIN 18202, Abschnitt 5.4, gelten nicht für spritzrau belassene Spritzbetonoberflächen. Eine Anforderung an die Ebenheit von Spritzbetonoberflächen besteht daher nach den Bestimmungen der DIN 18202 nicht. Die Beschaffenheit der Oberfläche richtet sich nach der maßlichen Vorgabe des Untergrundes und dem Spritzbetonauftrag.

2.5.2 Spritzbeton nach DIN EN 14487-2 und DIN 18551

Für die **Herstellung von Spritzbeton** nach DIN EN 14487-2:2007-01 „Spritzbeton – Teil 2: Ausführung" sind für die nationale Anwendung in Deutschland zusätzlich die Bestimmungen nach DIN 18551:2014-08 „Spritzbeton – Nationale Anwendungsregeln zur Reihe DIN EN 14487 und Regeln für die Bemessung von Spritzbetonkonstruktionen" zu berücksichtigen.

Für geometrische Abweichungen gelten in der nationalen Anwendung die Anforderungen nach DIN EN 13670 in Verbindung mit DIN 1045-3 bzw. DIN 18202 (vgl. DIN 18551, Abschnitt 10.1).

Nach DIN EN 14487-2, Abschnitt 9, muss die **Oberfläche** in der Regel **spritzrau** belassen werden, da bei ihrer Bearbeitung die Eigenschaften des Betons nachteilig verändert werden können. Eine Bearbeitung der Oberfläche setzt voraus, dass die Eigenschaften des Spritzbetons dem nicht entgegenstehen. Wird eine glatte Oberfläche gefordert, so ist in der Regel in einem getrennten Arbeitsgang eine weitere Abschlussschicht aufzubringen, die nachbearbeitet werden kann.

Die Einschränkungen nach DIN 18202, Abschnitt 5.4, wonach die **Ebenheitsabweichungen** nicht für spritzrau belassenen Flächen gelten, tragen dieser Anforderung Rechnung. Die Technologie bei der Verarbeitung und dem Einbau von Spritzbeton lässt eine Egalisierung der Oberfläche wie bei einer Bearbeitung mit einem Glättwerkzeug materialbedingt nicht zu (vgl. Abb. C 2.47).

Abb. C 2.47: Beispiel für die Verarbeitung von Spritzbeton

Soweit Spritzbetonoberflächen eine zusätzliche Überarbeitung erfahren (z. B. durch einen zusätzlichen Putzauftrag oder eine Spachtelung), sollen die Ebenheitsanforderungen gemäß DIN 18202 hierfür Anwendung finden. Es ist jedoch zu beachten, dass für einen Ebenheitsausgleich und die Einhaltung der Grenzwerte für Ebenheitsabweichungen nach DIN 18202 eine zusätzliche Abschlussschicht mit einer bestimmten Mindestschichtdicke erforderlich ist.

2.6 Ausführung von Betonerhaltungsarbeiten – Maßtoleranzen nach VOB/C ATV DIN 18349 Betonerhaltungsarbeiten

Für Arbeiten zur **Erhaltung und Instandsetzung** von Bauwerken und Bauteilen aus bewehrtem oder unbewehrtem Beton sowie für das Aufbringen zugehöriger Oberflächenschutzsysteme findet die ATV DIN 18349:2019-09 **„Betonerhaltungsarbeiten"** Anwendung. Diese ATV gilt jedoch nicht für das Herstellen von Bauteilen aus bewehrtem oder unbewehrtem Beton im Spritzverfahren, für das Herstellen von Bauteilen aus Beton und auch nicht für die Oberflächenbehandlung von Bauten und Bauteilen.

Bei der Ausführung von **Betoninstandsetzungsarbeiten** sind nach ATV DIN 18349, Abschnitt 3.1.4, Maßabweichungen in den durch DIN 18202 bestimmten Grenzen zulässig.

Werden an die **Ebenheit** von Flächen erhöhte Anforderungen nach DIN 18202, Tabelle 3, Zeile 4 oder Zeile 7, oder darüber hinaus gestellt, so sind die zu treffenden Maßnahmen Besondere Leistungen im Sinne der VOB/C.

2.7 Ausführung von Bohrarbeiten

2.7.1 Maßtoleranzen nach VOB/C ATV DIN 18301 Bohrarbeiten

Für **Bohrungen** jeder Art, Neigung und Tiefe, findet die ATV DIN 18301:2019-09 „Bohrarbeiten" Anwendung. Diese ATV gilt jedoch nicht für den Ausbau von Bohrungen, Rohrvortriebsarbeiten oder Bohrarbeiten in Hochbauten. Letztere fallen in den Anwendungsbereich der Abbruch- und Rückbauarbeiten nach ATV DIN 18459:2016-09 „Abbruch- und Rückbauarbeiten".

Bohrarbeiten sind Leistungen des **Tiefbaus**. Die Art der Arbeiten und die Ausführungsbedingungen auf der Baustelle unterscheiden sich grundsätzlich von den Arbeiten des allgemeinen Hochbaus. Die im Tiefbau erzielbare Ausführungsgenauigkeit unterliegt dementsprechend anderen Parametern als bei Hochbauarbeiten. Die ATV DIN 18301 enthält auch für die Ausführung der Arbeiten keinen Hinweis auf die Genauigkeitsanforderungen nach DIN 18202.

2.7.2 Bohrpfähle nach DIN EN 1536

Für die Ausführung von **Bohrpfählen** findet DIN EN 1536:2015-10 „Ausführung von Arbeiten im Spezialtiefbau – Bohrpfähle" Anwendung. Sie gilt definitionsgemäß für Pfähle oder Schlitzwandelemente, die im Baugrund mit oder ohne Verrohrung durch Bohren bzw. Aushub und Verfüllen des geschaffenen Hohlraumes mit Beton oder Stahlbeton hergestellt werden.

Die **Bohrpfähle** (und Schlitzwandelemente) sind innerhalb folgender geometrischer Toleranzen herzustellen:

Grenzwert e_{max} für Lageabweichungen des Ansatzpunktes von vertikalen und geneigten Pfählen in Höhe der Arbeitsebene:

- e_{max} = 0,10 m für Pfähle bis 1,0 m Durchmesser
- e_{max} = 0,1 × Durchmesser D für Pfähle über 1,0 bis 1,5 m Durchmesser
- e_{max} = 0,15 m für Pfähle über 1,5 m Durchmesser

Neigungsabweichung i_{max} vertikaler Pfähle oder Pfähle mit einer Neigung von mehr als 86° gegen die Horizontale:

- i_{max} = 0,02 m/m

Neigungsabweichung i_{max} schräger Pfähle mit einer Neigung von mehr als 76° und weniger als 86° gegen die Horizontale:

- i_{max} = 0,04 m/m

Abweichungen e_{max} der Mitte von Aufweitungen zur Pfahlachse:

- e_{max} = 0,1 × Durchmesser D

2.7.3 Hinweise für die Schnittstelle Tiefbau/Hochbau

Bohrpfahlarbeiten sind dem Bereich der **Tiefbauarbeiten** (vgl. Abb. C 2.48) zuzuordnen und nicht Bestandteil des allgemeinen Hochbaus. Bohrpfähle fallen damit in der Regel auch **nicht in den Anwendungsbereich der DIN 18202**. Die geometrischen Toleranzen für Bohrpfähle sind unter Berücksichtigung der herstellungsbedingten Genauigkeitseinflüsse weiter gefasst als die Toleranzen nach DIN 18202 für den Hochbau.

Für die **Schnittstelle** von Tiefbau- und Hochbauarbeiten, z. B. Fundamente als oberer Abschluss von Pfahlköpfen, **Pfahlwänden** oder Schlitzwänden oder auch Wandkonstruktionen vor Pfahl- oder Schlitzwänden, sind sowohl die im Tiefbau erreichbaren Ausführungsgenauigkeiten als auch die Anforderungen an die Bauteile des Hochbaus zu berücksichtigen. Ein Beispiel hierfür sind auch Baugrubenumspundungen aus Bohrpfählen, an die in der weiteren Bauausführung die Gebäudeumfassungswände unmittelbar anschließen sollen (vgl. Abb. C 2.49 und Abb. C 2.50). Hierbei sind die Genauigkeitsanforderungen für den Hochbau im Allgemeinen – ausführungsbedingt – strenger formuliert als für den Tiefbau. Dies darf jedoch nicht dazu führen, dass die

Abb. C 2.48: Beispiel für einen Baugrubenverbau im Tiefbau

Abb. C 2.49: Beispiel für eine Bohrpfahlwand

Abb. C 2.50: Beispiel für eine Spritzbetonschale vor einer Bohrpfahlwand

Einhaltung der Hochbautoleranzen auch für den **Tiefbau** gefordert wird. Vielmehr muss der Übergangsbereich im Sinne einer Passung so bemessen werden, dass die unterschiedlichen Anforderungen aus Hoch- und Tiefbau in der Konstruktion aufgenommen werden können. Hierfür kommen Ausgleichsschichten in Betracht. Alternativ können Genauigkeitsanforderungen an den Hochbau im Bereich der Schnittstelle zum Tiefbau mit hochbauseitiger Anordnung des Toleranzbereiches definiert werden.

Eine **Übertragung** der gegenüber DIN EN 1536 höheren Anforderungen an den Hochbau nach **DIN 18202** auch auf die **Leistungen des Tiefbaus** ist im Regelfall nicht sinnvoll, weil die Toleranzen für den Tiefbau auf die üblichen Technologien und Verfahrensweisen des Tiefbaues abgestimmt sind. Eine Ebenheitsanforderung nach DIN 18202 kann mit den üblichen Bauweisen im Tiefbau in der Regel nicht erreicht werden, erfordert also hochbauspezifische Maßnahmen, z. B. das Auftragen von Putzmörtel mit Lehren als Ebenheitsausgleich, hochwertige Schalungen für vorgesetzte Betonschalen etc. Will man eine solche Genauigkeitsanforderung im Tiefbau dennoch erzielen, so ist zu beachten, dass auch die erforderlichen Umgebungsbedingungen für die Ausführung hochbauspezifischer Arbeiten in der besonderen Baustellensituation einer Tiefbaumaßnahme hinsichtlich Baustelleneinrichtung, Zugänglichkeit, notwendiger Bezugspunkte, Vermessung usw. berücksichtigt werden müssen.

3 Holzbau

3.1 Grundlegende Passungsanforderungen – Maßtoleranzen im Hochbau nach DIN 18202

Für Bauwerke und Bauteile aus **Holz und Holzwerkstoffen** gelten die Maßtoleranzen nach DIN 18202 baustoffunabhängig im Rohbau und im Ausbau (vgl. Abb. C 3.1). Sie sind anzuwenden, soweit nicht andere Genauigkeiten vereinbart werden und stellen die für Standardleistungen bzw. Bauteile und Bauwerke durchschnittlich üblicher Ausführungsart zu erreichende Genauigkeit dar.

Die **Grenzabweichungen für Maße** bei Bauteilen und Bauwerken aus Holz und Holzwerkstoffen betragen gemäß DIN 18202, Tabelle 1, wie folgt (vgl. Tabelle C 3.1):

Tabelle C 3.1: Grenzabweichungen für Bauteile und Bauwerke aus Holz und Holzwerkstoffen nach DIN 18202:2019-07, Tabelle 1

Spalte	1	2	3	4	5	6	7
Zeile	**Bezug**	**Grenzabweichungen in mm** bei Nennmaßen					
		bis 1 m	**über 1 bis 3 m**	**über 3 bis 6 m**	**über 6 bis 15 m**	**über 15 bis 30 m**	**über 30 m**
1	**Maße im Grundriss**	± 10	± 12	± 16	± 20	± 24	± 30
2	**Maße im Aufriss**	± 10	± 16	± 16	± 20	± 30	± 30
3	**lichte Maße im Grundriss**	± 12	± 16	± 20	± 24	± 30	
4	**lichte Maße im Aufriss**	± 16	± 20	± 20	± 30		
5	**Öffnungen**	± 10	± 12	± 16			
6	**Öffnungen, oberflächenfertige Leibungen**	± 8	± 10	± 12			

Die **Grenzwerte für Winkelabweichungen** bei Bauteilen und Bauwerken aus Holz und Holzwerkstoffen betragen gemäß DIN 18202, Tabelle 2, wie folgt (vgl. Tabelle C 3.2):

Tabelle C 3.2: Grenzwerte für Winkelabweichungen bei Bauteilen und Bauwerken aus Holz und Holzwerkstoffen nach DIN 18202:2019-07, Tabelle 2

Spalte	1	2	3	4	5	6	7	8
Zeile	**Bezug**	**Stichmaße als Grenzwerte in mm** bei Nennmaßen						
		bis 0,5 m	**über 0,5 bis 1 m**	**über 1 bis 3 m**	**über 3 bis 6 m**	**über 6 bis 15 m**	**über 15 bis 30 m**	**über 30 m**
1	**alle Flächen**	3	6	8	12	16	20	30

Abb. C 3.1: Beispiel für Holzbau im Rohbau

Die **Grenzwerte für Ebenheitsabweichungen** bei Bauteilen und Bauwerken aus Holz und Holzwerkstoffen betragen gemäß DIN 18202, Tabelle 3, wie folgt (vgl. Tabelle C 3.3):

Tabelle C 3.3: Grenzwerte für Ebenheitsabweichungen bei Bauteilen und Bauwerken aus Holz und Holzwerkstoffen nach DIN 18202:2019-07, Tabelle 3

Spalte	1	2	3	4	5	6
Zeile	**Bezug**	**Stichmaße als Grenzwerte in mm** bei Messpunktabständen				
		bis 0,1 m	**bis 1 m[1)]**	**bis 4 m[1)]**	**bis 10 m[1)]**	**bis 15 m[1),2)]**
1	**nicht flächenfertige Oberseiten von Decken** und Böden	10	15	20	25	30
2a	wie Zeile 1, jedoch zur Aufnahme von Bodenaufbauten	5	8	12	15	20
2b	**flächenfertige Oberflächen von Decken und Bodenplatten, für untergeordnete Zwecke**	5	8	12	15	20
3	**flächenfertige Böden**	2	4	10	12	15
4	wie Zeile 3, jedoch mit erhöhten Anforderungen	1	3	9	12	15
5	**nicht flächenfertige Wände und Unterseiten** von Decken	5	10	15	25	30
6	**flächenfertige Wände und Unterseiten** von Decken	3	5	10	20	25
7	wie Zeile 6, jedoch mit erhöhten Anforderungen	2	3	8	15	20

1) Zwischenwerte sind den Bildern 6 und 7 der DIN 18202:2019-07 zu entnehmen und auf ganze Millimeter zu runden.
2) Die Grenzwerte für Ebenheitsabweichungen der Spalte 6 gelten auch für Messpunktabstände über 15 m.

Die **Grenzwerte für Fluchtabweichungen** bei Stützen aus Holz und Holzwerkstoffen betragen gemäß DIN 18202, Tabelle 4, wie folgt (vgl. Tabelle C 3.4):

Tabelle C 3.4: Grenzwerte für Fluchtabweichungen bei Stützen aus Holz und Holzwerkstoffen nach DIN 18202:2019-07, Tabelle 4

Spalte	1	2	3	4	5	6
Zeile	**Bezug**	**Stichmaße als Grenzwerte in mm** bei Nennmaßen als Messpunktabstand				
		bis 3 m	**von 3 bis 6 m**	**über 6 bis 15 m**	**über 15 bis 30 m**	**über 30 m**
1	zulässige Abweichung von der Flucht	8	12	16	20	30

3.2 Statisch-konstruktive Anforderungen

3.2.1 Grundlagen der Tragwerksplanung nach DIN EN 1990

Für die Berücksichtigung maßlicher **Imperfektionen in statisch-konstruktiver Hinsicht** werden in DIN EN 1990:2010-12, Abschnitt 4.3, Grundsätze formuliert.

Die für die Ausführung vorgesehenen Nennmaße geometrischer Abmessungen können für die Bemessung verwendet werden. Imperfektionen für Bauteile und Tragwerke sollten nach DIN EN 1995-1-1 berücksichtigt werden. Maßtoleranzen an Schnittstellen zwischen Bauteilen aus verschiedenen Baustoffen sind zu beachten (vgl. Abb. C 3.2).

3.2.2 Grundsätze nach DIN EN 1995-1-1

Die Bemessung und konstruktive Ausführung von Holztragwerken erfolgt auf der Grundlage des EC-5 einschließlich des zugehörigen nationalen Anwendungsdokuments:

- DIN EN 1995-1-1:2010-12 „Eurocode 5: Bemessung und Konstruktion von Holzbauten – Teil 1-1: Allgemeines – Allgemeine Regeln und Regeln für den Hochbau“
- DIN EN 1995-1-1/A2:2014-07 „Eurocode 5: Bemessung und Konstruktion von Holzbauten – Teil 1-1: Allgemeines – Allgemeine Regeln und Regeln für den Hochbau“
- DIN EN 1995-1-1/NA:2013-08 „Nationaler Anhang – National festgelegte Parameter – Eurocode 5: Bemessung und Konstruktion von Holzbauten – Teil 1-1: Allgemeines – Allgemeine Regeln und Regeln für den Hochbau“

Der **statisch-konstruktive Nachweis** des Tragwerks geht in Bezug auf die Maßhaltigkeit und Maßabweichungen der Konstruktion von einem Grenzzustand der Gebrauchstauglichkeit aus, bei dem die Verformung der Konstruktion infolge der Beanspruchung in angemessenen Grenzen bleiben muss. Für Einflüsse

- aus geometrischen Imperfektionen der Bauteile,
- aus strukturellen Imperfektionen aus der Herstellung und Errichtung sowie
- aus Inhomogenitäten der Baustoffe

werden in dieser Norm **Bemessungswerte für geometrische Imperfektionen** formuliert.

Abb. C 3.2: Beispiel für Holzbau als Tragwerk

Abb. C 3.3: Beispiel für Stützen, Träger und Binder aus Holz

Maßabweichungen unter dem Aspekt der statisch-konstruktiven Anforderungen sind damit ein Bestandteil des **Bemessungskonzeptes** im Hinblick auf die Tragsicherheit und die Gebrauchstauglichkeit. Sie werden nicht als isolierte Anforderung ausgewiesen.

3.3 Anforderungen an Bauprodukte im Holzbau

3.3.1 Bauteile aus Holz und Holzwerkstoffen nach DIN 18203-3

Für **Bauteile aus Holz und Holzwerkstoffen** finden die Maßtoleranzen nach DIN 18203-3:2008-08 „Toleranzen im Holzbau – Teil 3: Bauteile aus Holz und Holzwerkstoffen" Anwendung (vgl. Abb. C. 3.3). Diese Norm gilt für Bauteile wie Stützen, Träger, Binder, Wand-, Boden-, Decken- und Dachtafeln. Die angegebenen Toleranzen gelten nur für ausführungsbedingte Maßabweichungen. Zeit- und lastabhängige Verformungen, auch Maßänderungen durch Schwinden und Quellen, sind nicht Bestandteile der Regelungen in DIN 18203-3.

Sofern bei der Ausführung von Bauteilen aus Holz oder Holzwerkstoffen von den Maßtoleranzen nach DIN 18203-3 abgewichen werden muss, sind die abweichenden Toleranzen bzw. Holzfeuchten gesondert zu vereinbaren.

Die **Grenzabweichungen** für **Träger, Binder und Stützen** aus Bauschnitt- und Baurundholz sowie für daraus hergestellte genagelte, gedübelte, geleimte oder auf andere Art verbundene Bauteile werden in DIN 18203-3, Tabelle 1, angegeben (vgl. Tabelle C 3.5).

Tabelle C 3.5: Grenzabweichungen für Träger, Binder und Stützen nach DIN 18203-3:2008-08, Tabelle 1

Zeile	**Träger, Binder, Stützen**	**Mess-bezugs-feuchte**	**Grenzabweichungen in mm** bei Nennmaßen						
			bis 0,1 m	**über 0,1 bis 0,4 m**	**über 0,4 bis 0,8 m**	**über 0,8 bis 2 m**	**über 2 bis 6 m**	**über 6 bis 20 m**	**über 20 m**
1	**Vollholz, sägerau,** Breite und Höhe	20 %	+3/−1[1]	+4/−2[1]	–	–	–	–	–
2	**Vollholz, gehobelt/egalisiert,** Breite und Höhe	20 %	±1[2]	±1,5[2]	–	–	–	–	–
3	**Holzwerkstoffe,** Breite und Höhe	10 %	±1[2]	±1,5[2]	–	–	–	–	–
4	**zusammengesetzte Querschnitte,** Breite und Höhe	20 %	wie Vollholz	wie Vollholz	+5/−2	+6/−3	+8/−4	–	–
5	**Balkenschichtholz,** Breite und Höhe	15 %	±1[2]	±1,5[2]	–	–	–	–	–
6	**einteilige Brettschichtholzbauteile[4],** Breite	12 %	±2[3]	±2[3]	+1 %/ −0,5 %	+1 %/ −0,5 %	+1 %/ −0,5 %	–	–
	wie vor, Höhe	12 %	+4/−2[3]	+4/−2[3]	+1 %/ −0,5 %	+1 %/ −0,5 %	+1 %/ −0,5 %	–	–
7	**Längen und Abstände** (z. B. zwischen Bohrungen)	wie Zeile 1 bis 6	±2[3]	±2[3]	±2[3]	±2[3]	±0,1 %[3]	±0,1 %[3]	±20[3]

[1] entspricht DIN EN 336:2003-09, Maßtoleranzklasse 1
[2] entspricht DIN EN 336:2003-09, Maßtoleranzklasse 2
[3] entspricht DIN EN 390:1995-03
[4] Brettschichtholz wird zunehmend auch flachkant eingesetzt (BS-Holz-Decke oder Brückenträger). Die Höhe wird immer senkrecht und die Breite immer parallel zu den Flächenverklebungen gemessen.

Die **Grenzabweichungen** für Maße, Dicke und Öffnungen in **Wand-, Boden-, Decken- und Dachtafeln** werden in DIN 18203-3, Tabelle 2, angegeben (vgl. Tabelle C 3.6).

Tabelle C 3.6: Grenzabweichungen für Wand-, Boden-, Decken- und Dachtafeln nach DIN 18203-3: 2008-08, Tabelle 2

Zeile	**Tafeln**	**Mess-bezugs-feuchte**	**Grenzabweichungen in mm** bei Nennmaßen				
			bis 0,1 m	**über 0,1 bis 0,4 m**	**über 0,4 m**	**bis 1 m**	**über 1 m**
1	**Breite, Höhe** (Kantenlänge) **und Öffnungen**	siehe Zeilen 1 bis 6 aus Tabelle C 3.5	–	–	–	±2	±0,2 % des Nenn-maßes, max. ±5
2	**Dicke**	siehe Zeilen 1 bis 6 aus Tabelle C 3.5	+2/–1	+3/–2	+4/–2	–	–

Die zulässigen Maßabweichungen gelten jeweils für die angegebene **Bezugsholzfeuchte**. Weicht die tatsächliche Holzfeuchte zum Zeitpunkt der Prüfung von der angegebenen Bezugsholzfeuchte ab, so ist die aus der Änderung des Feuchtegehalts resultierende Formänderung zusätzlich zu ermitteln und bei der Beurteilung der Messwerte zu berücksichtigen.

Bei Holztafeln sind **Winkelabweichungen in der Länge und Breite** innerhalb der Grenzwerte nach DIN 18203-3, Tabelle 2, Zeile 1 (Grenzabweichungen für Breite, Höhe und Öffnungen) zulässig. Nennmaß ist jeweils der längere Schenkel des betrachteten Winkels.

Für die **Dicke** von Holztafeln sind Winkelabweichungen innerhalb der Grenzwerte nach DIN 18203-3, Tabelle 2, Zeile 2 (Grenzabweichungen für die Dicke) zulässig.

Ebenheitsabweichungen sind für Balkenschichtholz und einteilige Brettschichtholzbauteile als eine **Längskrümmung** von maximal 4 mm auf einer Messlänge von 2.000 mm zulässig. Die **Querkrümmung** (Schüsseln) darf maximal 1/200 der größeren Querschnittsseite betragen.

Die **Prüfung** der Maßabweichungen erfolgt nach DIN 18202. Bei der Prüfung muss zusätzlich die **Holzfeuchte** festgestellt und mit der Bezugsholzfeuchte verglichen werden. Die Holzfeuchte verändert sich mit einer Änderung der vorherrschenden klimatischen Verhältnisse über die Zeit. Formänderungen aufgrund eines geänderten Feuchtegehalts stellen somit zeitabhängige Verformungen dar. Diese sind entsprechend dem Anwendungsbereich der DIN 18203-3 zusätzlich zu berücksichtigen.

3.3.2 Bauholz für tragende Zwecke nach DIN EN 336

Für **Bauschnittholz für tragende Zwecke** mit Rechteckquerschnitt und parallelen Kanten bei Dicken oder Breiten von mehr als 6 mm werden in DIN EN 336:2013-12 „Bauholz für tragende Zwecke – Maße, zulässige Abweichungen" zulässige Querschnittsabweichungen und zulässige Längenabweichungen angegeben.

Die zulässigen Maßabweichungen nach DIN EN 336 werden für eine **Bezugsholzfeuchte** von 20 % bei der Messung angegeben. Wenn keine anderen Vereinbarungen bestehen, ist davon auszugehen, dass sich Querschnittsabmessungen eines Bauholzstückes

- bei Nadelholz und Pappel bei Holzfeuchten von 20 bis 30 % um 0,25 % je 1 % Feuchtezunahme vergrößern bzw. bei Holzfeuchten von weniger als 20 % um 0,25 % je 1 % Feuchteabnahme verringern,
- bei Laubholz bei Holzfeuchten von 20 bis 30 % um 0,35 % je 1 % Feuchtezunahme vergrößern bzw. bei Holzfeuchten von weniger als 20 % um 0,35 % je 1 % Feuchteabnahme verringern.

Die **Grenzabweichungen für Querschnittsmaße** betragen bei einer Bezugsholzfeuchte von 20 % wie folgt (vgl. Tabelle C 3.7):

Tabelle C 3.7: Grenzabweichungen für Querschnittsabmessungen bei 20 % Bezugsholzfeuchte nach DIN EN 336:2013-12

	für Dicken und Breiten ≤ 100 mm	**für Dicken und Breiten > 100 mm und ≤ 300 mm**	**für Dicken und Breiten > 300 mm**
Maßtoleranzklasse 1	+3/–1 mm	+4/–2 mm	+5/–3 mm
Maßtoleranzklasse 2	+1/–1 mm	+1,5/–1,5 mm	+2/–2 mm

Bei Bauholz für tragende Zwecke mit Rechteckquerschnitt müssen die mittlere Istdicke und die mittlere Istbreite den Nennmaßen (Sollmaßen) entsprechen.

Negative **Längenabweichungen** sind gemäß DIN EN 336 nicht zulässig. Für positive Längenabweichungen werden keine Maßtoleranzen angegeben. Für Überlängen sind ggf. Grenzwerte im Einzelfall zu vereinbaren.

3.3.3 Brettschichtholz nach DIN EN 14080

Für **geklebte Schichtholzprodukte** (Brettschichtholz, Balkenschichtholz und Verbundbauteile) zur Verwendung im Hoch- und Brückenbau (vgl. Abb. C 3.4) werden in DIN EN 14080:2013-09 „Holzbauwerke – Brettschichtholz und Balkenschichtholz – Anforderungen" Grenzabweichungen und die Messbezugsfeuchte festgelegt.

Bei einer von der **Bezugsholzfeuchte** abweichenden **Istholzfeuchte** wird das Istbezugsmaß l_{cor} anhand des Istmaßes l_a berechnet wie folgt:

Abb. C 3.4: Beispiel für Brettschichtholz für tragende Zwecke

$$l_{cor} = l_a\,(1 + k\,[u_{ref} - u_a])$$

mit

- l_{cor} Istbezugsmaß in mm
- l_a Istmaß in mm
- k Quell- und Schwindmaß für eine Änderung des Feuchtegehaltes von 1 %; k = 0,0025 rechtwinklig zur Faserrichtung; k = 0,0001 parallel zur Faserrichtung (Die Werte für k gelten für Nadelhölzer und Pappel und einen Holzfeuchtebereich von 6 bis 25 %.)
- u_a Istholzfeuchte (tatsächlicher Feuchtegehalt) in %
- u_{ref} Bezugsholzfeuchte (= 12 % für alle geklebten Schichtholzprodukte)

Die **Grenzabweichungen für Brettschichtholz** (einschließlich Brettschichtholz mit Universal-Keilzinkenverbindung und Verbundbauteile aus Brettschichtholz) betragen:

- für die Querschnittsbreite: ± 2 mm
- für die Querschnittshöhe:
  - $h \leq 400$ mm +4/–2 mm
  - $h > 400$ mm +1/–0,5 %
- maximale Winkelabweichung des Querschnitts vom rechten Winkel: 1/50
- für die Länge eines geraden Bauteils bzw. die abgewickelte Länge eines gekrümmten Bauteils:
  - $l \leq 2$ m ± 2 mm
  - 2 m $< l \leq 20$ m ± 0,1 %
  - $l > 20$ m ± 20 mm
- für die Längskrümmung gerader Bauteile, gemessen als maximal zulässiger Stich über eine Länge von 2.000 mm, ohne Berücksichtigung einer Überhöhung: 4 mm
- für den Strich gekrümmter Bauteile je m abgewickelte Länge:
  - für ≤ 6 Lamellen ± 4 mm
  - für > 6 Lamellen ± 2 mm

Die **Grenzabweichungen** für **Balkenschichtholz** betragen:

- für die Dicke und Breite:
  - ≤ 100 mm ± 1 mm
  - > 100 mm ± 1,5 mm
- maximale Winkelabweichung des Querschnitts vom rechten Winkel: 1/50
- für die Länge:
  - $l \leq 10$ m ± 3 mm
  - $l > 10$ m ± 5 mm

3.3.4 Massivholzplatten nach DIN EN 13353

In DIN EN 13353:2011-07 „Massivholzplatten (SWP) – Anforderungen" werden Anforderungen an **Massivholzplatten**, definiert nach DIN EN 12775:2001-04 „Massivholzplatten – Klassifizierung und Terminologie", mit einer Dicke von höchstens 80 mm zur Verwendung im Trocken-, Feucht- und Außenbereich wie folgt angegeben:

- Grenzabmaße für Länge und Breite: ± 2,0 mm
- Grenzabmaße für die Dicke: ± 1,0 mm
- Toleranz für die Dicke innerhalb einer Platte: 0,5 mm
- Toleranz für die Kantengeradheit: 1,0 mm/m
- Toleranz für die Rechtwinkligkeit: 1,0 mm/m

Die Maßabweichungen sind zu bestimmen nach DIN EN 324-1:1993-08 bzw. -2:1993-08 „Holzwerkstoffe; Bestimmung der Plattenmaße – Teil 1: Bestimmung der Dicke, Breite und Länge; Teil 2: Bestimmung der Rechwinkligkeit und der Kantengeradheit".

Die angegebenen Maßabweichungen gelten für einen Feuchtegehalt bei der Auslieferung wie folgt:

- für die Verwendung im Trockenbereich: (8 ± 2) %
- für die Verwendung im Feuchtbereich: (10 ± 3) %
- für die Verwendung im Außenbereich: (12 ± 3) %

Wenn aufgrund besonderer regionaler Klimabedingungen andere Feuchtegehalte notwendig sind, so ist dies gesondert anzugeben.

3.3.5 Schnittholz nach DIN 4074

Für **Nadelschnittholz** werden in DIN 4074-1:2012-06 „Sortierung von Holz nach Tragfähigkeit – Teil 1: Nadelschnittholz" Toleranzen für die Längskrümmung und für die Verdrehung von Kanthölzern und vorwiegend hochkant biegebeanspruchten Brettern und Bohlen bei der visuellen Sortierung festgelegt. Die Grenzwerte für Maßabweichungen werden als Sortierkriterien angegeben.

Die Einteilung des Schnittholzes erfolgt nach den Querschnittsabmessungen für die Dicke d bzw. die Höhe h und die Breite b wie folgt:

- Latten: $d \leq 40$ mm und $b < 80$ mm
- Bretter, Bohlen: $d \leq 40$ mm und $b \geq 80$ mm
  $d > 40$ mm und $b > 3 \times d$
- Kantholz: $b \leq h \leq 3 \times b$ und $b > 40$ mm

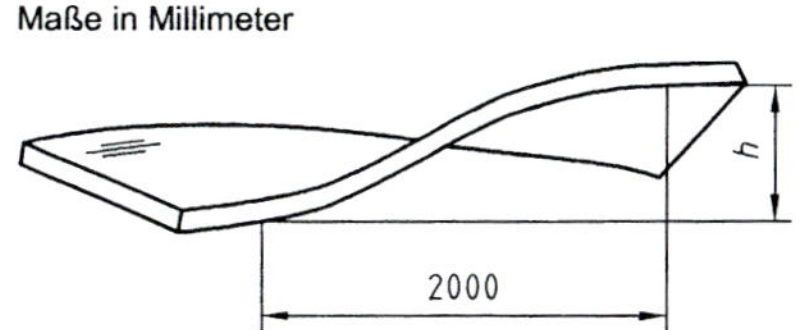

Abb. C 3.5: Definition der Verdrehung von Schnittholz (Quelle: DIN 4074-1:2012-06, Bild 13)

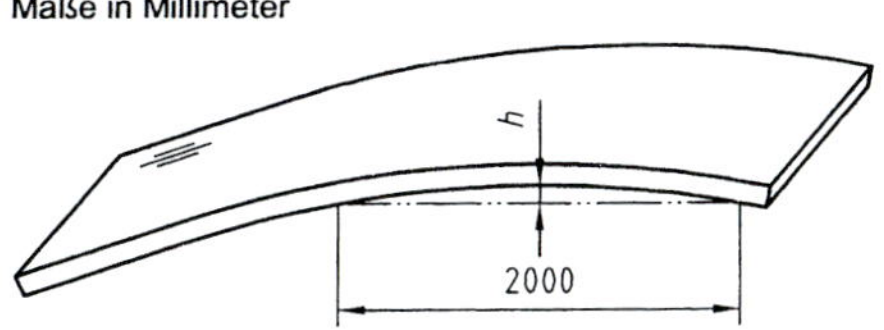

Abb. C 3.6: Definition der Längskrümmung von Schnittholz: Krümmung in Richtung der Dicke (Quelle: DIN 4074-1:2012-06, Bild 14)

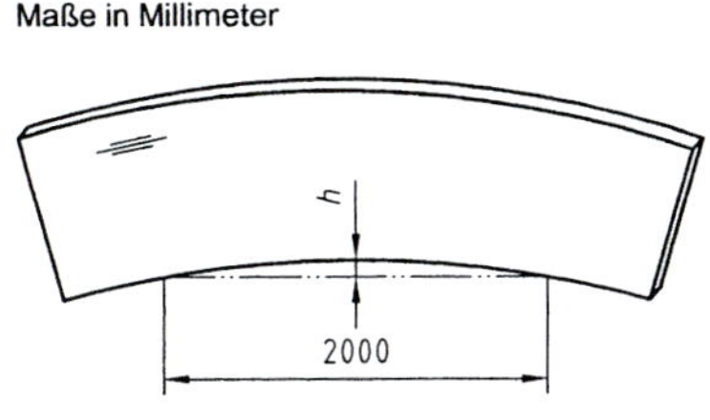

Abb. C 3.7: Definition der Längskrümmung von Schnittholz: Krümmung in Richtung der Breite (Quelle: DIN 4074-1:2012-06, Bild 15)

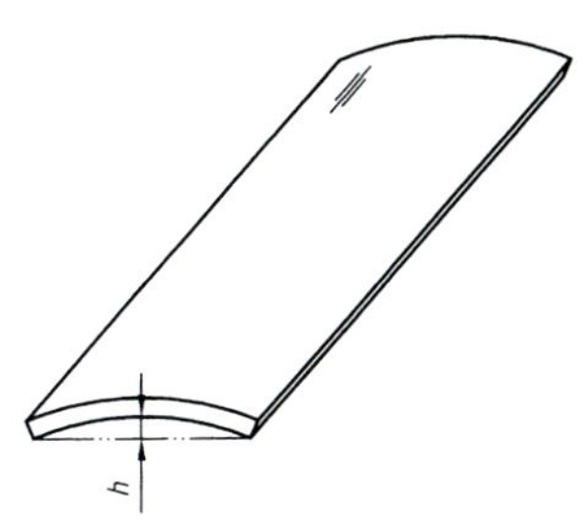

Abb. C 3.8: Definition der Querkrümmung (Quelle: DIN 4074-1:2012-06, Bild 16)

Verdrehung und **Längskrümmung** werden als Pfeilhöhe bzw. Stichmaß *h* an der Stelle der größten Verformung ermittelt und auf eine Messlänge von 2.000 mm bezogen. Die **Querkrümmung** wird berechnet als Pfeilhöhe *h* und auf die Breite des Schnittholzes bezogen (vgl. Abb. C 3.5 bis Abb. C 3.8).

Die **Grenzwerte für die Krümmung** betragen gemäß DIN 4074-1, Tabelle 2, für Nadelschnittholz wie folgt (vgl. Tabelle C 3.8):

Tabelle C 3.8: Sortierkriterien für Nadelschnittholz nach DIN 4074-1:2012-06, Tabellen 2, 3 und 4

Art	Sortierklasse	Längs-krümmung	Verdrehung	Quer-krümmung
Kanthölzer, vorwiegend hochkant biegebeanspruchte Bretter und Bohlen	S7, S7K	bis 8 mm	1 mm/25 mm Höhe	
	S10. S10K	bis 8 mm	1 mm/25 mm Höhe	
	S13, S13K	bis 8 mm	1 mm/25 mm Höhe	
Bretter und Bohlen	S7	bis 12 mm	2 mm/25 mm Breite	bis 1/20
	S10	bis 8 mm	1 mm/25 mm Breite	bis 1/30
	S13	bis 8 mm	1 mm/25 mm Breite	bis 1/50
Latten	S10	bis 12 mm	1 mm/25 mm Breite	
	S13	bis 8 mm	1 mm/25 mm Breite	

Die Sortierkriterien sind auf eine mittlere **Holzfeuchte** von 20 % bezogen. Längskrümmung und Verdrehung sind an der ungünstigsten Stelle im Schnittholz zu ermitteln. Bei nicht trocken sortierten Hölzern bleibt das Sortiermerkmal Krümmung unberücksichtigt.

Bei der nachträglichen Inspektion einer Lieferung sortierten Holzes sind ungünstige Abweichungen von den vorgenannten Grenzwerten bis 10 % bei 10 % der Menge zulässig.

Für **Laubschnittholz** gelten entsprechende Maßabweichungen für die **Längskrümmung**, die **Verdrehung** und die **Querkrümmung** gemäß DIN 4074-5:2008-12 „Sortierung von Holz nach der Tragfähigkeit – Teil 5: Laubschnittholz", jedoch mit folgenden abweichenden Bezeichnungen für die Sortierklassen (vgl. Tabelle C 3.9):

Tabelle C 3.9: Sortierkriterien für Laubschnittholz nach DIN 4074-5:2008-12, Tabellen 2 und 3

Art	Sortierklasse	Längs-krümmung	Verdrehung	Quer-krümmung
Kanthölzer, vorwiegend hochkant biegebeanspruchte Bretter und Bohlen	LS7, LS7K	bis 12 mm	2 mm/25 mm Breite	
	LS10, LS10K	bis 8 mm	1 mm/25 mm Breite	
	LS13, LS13K	bis 8 mm	1 mm/25 mm Breite	
Bretter und Bohlen	LS7	bis 12 mm	2 mm/25 mm Breite	bis 1/20
	LS10	bis 8 mm	1 mm/25 mm Breite	bis 1/30
	LS13	bis 8 mm	1 mm/25 mm Breite	bis 1/50

3.3.6 Bauholz für Zimmerarbeiten nach DIN 68365

Anforderungen an das **Aussehen von Nadelschnittholz für Zimmererarbeiten** werden in DIN 68365:2008-12 „Schnittholz für Zimmererarbeiten – Sortierung nach dem Aussehen – Nadelholz" angegeben. Diese Norm gilt nicht für keilgezinktes Holz. Die Sortierung von Nadelschnittholz für Zimmererarbeiten nach der Tragfähigkeit ist gesondert geregelt.

Die Einteilung des **Schnittholzes** erfolgt nach den Querschnittsabmessungen mit unterschiedlichen **Begriffen** in Abhängigkeit von den Maßen für die Dicke d bzw. die Höhe h und die Breite b wie folgt:

- Latten: $d \leq 40$ mm und $b < 80$ mm
- Bretter, Bohlen: $d \leq 40$ mm und $b \geq 80$ mm
$d > 40$ mm und $b > 3 \times d$
- Kantholz: $b \leq h \leq 3 \times b$ und $b > 40$ mm

Als **Gütemerkmale** hinsichtlich der Maßhaltigkeit werden die Grenzwerte für die **Verdrehung** und die **Längskrümmung** berechnet als Pfeilhöhe h an der Stelle der größten Verformung, bezogen auf 2.000 mm Messlänge (vgl. Tabelle C 3.10; vgl. zu den Begriffsdefinitionen Abb. C 3.5 bis Abb. C 3.8).

Tabelle C 3.10: Sortierkriterien für Schnittholz nach DIN 68365:2008-12, Tabellen 2, 3 und 4

Art	Güteklasse	Verdrehung (Pfeilhöhe *h*)	Längskrümmung (Pfeilhöhe *h*)
Kantholz	1	1 mm/25 mm Breite	bis 4 mm
	2	1 mm/25 mm Breite	bis 8 mm
	3	2 mm/25 mm Breite	bis 12 mm
Bretter, Bohlen	1	1 mm/25 mm Breite	bis 8 mm
	2	1 mm/25 mm Breite	bis 8 mm
	3	1 mm/25 mm Breite	bis 12 mm
Rauspund	–	1 mm/25 mm Breite	bis 8 mm

3.3.7 OSB-Platten nach DIN EN 300

Für **OSB-Platten** zu tragenden und nicht tragenden Zwecken werden in DIN EN 300:2006-09 „Platten aus langen, flachen, ausgerichteten Spänen (OSB) – Definitionen, Klassifizierung und Anforderungen" allgemeine **Anforderungen** hinsichtlich der Maßhaltigkeit angegeben wie folgt:

- Grenzabmaße:
  - Dicke (geschliffen) innerhalb und zwischen den Platten ± 0,3 mm
  - Dicke (ungeschliffen) innerhalb und zwischen den Platten ± 0,8 mm
  - Länge und Breite ± 3,0 mm
- Kantengeradheitstoleranz: 1,5 mm/m
- Rechtwinkligkeitstoleranz: 2,0 mm/m
- Feuchtegehalt: 2 bis 12 %

Die **Prüfung** der Abmaße erfolgt nach DIN EN 324-1, die Prüfung der Kantengeradheit und der Rechtwinkligkeit nach DIN EN 324-2. Für bestimmte Verwendungszwecke der OSB-Platten können andere Toleranzen erforderlich werden.

Die Anforderungen müssen bei der Auslieferung aus dem Herstellwerk eingehalten werden.

3.3.8 Spanplatten nach DIN EN 312

Für kunstharzgebundene unbeschichtete **Spanplatten** für tragende und nicht tragende Zwecke werden in DIN EN 312:2010-12 „Spanplatten – Anforderungen" allgemeine **Anforderungen** hinsichtlich der Maßhaltigkeit angegeben wie folgt:

- Grenzabmaße:
  - Dicke (geschliffen) innerhalb und zwischen den Platten ± 0,3 mm
  - Dicke (ungeschliffen) innerhalb und zwischen den Platten –0,3/+1,7 mm
  - Länge und Breite ± 5 mm
- Kantengeradheitstoleranz: 1,5 mm/m
- Rechtwinkligkeitstoleranz: 2,0 mm/m
- Feuchtegehalt: 5 bis 13 %

Die Anforderungen müssen bei der Auslieferung aus dem Herstellwerk eingehalten werden.

3.3.9 Sperrholz nach DIN EN 315

Für **Sperrholzplatten** werden in DIN EN 315:2000-10 „Sperrholz – Maßtoleranzen" Maßtoleranzen und Grenzabmaße für die Dicke sowie Toleranzen für die Geradheit der Kanten und für die Rechtwinkligkeit angegeben.

Maßtoleranzen für den **Dickenunterschied** innerhalb einer Platte und **Grenzabmaße** für die Nenndicke für nicht geschliffene Platten bzw. geschliffene Platten werden wie folgt angegeben (vgl. Tabelle C 3.11):

Tabelle C 3.11: Maßtoleranzen und Grenzabmaße für die Dicke nach DIN EN 315:2000-10, Tabelle 1

Art	Nenndicke *t*			
	über 3 bis 12 mm	über 12 bis 25 mm	über 25 bis 30 mm	über 30 mm
nicht geschliffene Platten				
Dickenunterschied innerhalb einer Platte in mm	1,0	1,5	1,5	1,5
Grenzabmaße für die Nenndicke in mm	$+(0{,}8 + 0{,}03\,t)$ $-(0{,}4 + 0{,}03\,t)$	$+(0{,}8 + 0{,}03\,t)$ $-(0{,}4 + 0{,}03\,t)$	$+(0{,}8 + 0{,}03\,t)$ $-(0{,}4 + 0{,}03\,t)$	$+(0{,}8 + 0{,}03\,t)$ $-(0{,}4 + 0{,}03\,t)$
geschliffene Platten				
Dickenunterschied innerhalb einer Platte in mm	0,6	0,6	0,8	0,8
Grenzabmaße für die Nenndicke in mm	$+(0{,}2 + 0{,}03\,t)$ $-(0{,}4 + 0{,}03\,t)$	$+(0{,}2 + 0{,}03\,t)$ $-(0{,}4 + 0{,}03\,t)$	$+(0{,}0 + 0{,}05\,t)$ $-(0{,}4 + 0{,}05\,t)$	$+(0{,}0 + 0{,}03\,t)$ $-(0{,}4 + 0{,}03\,t)$

Der Grenzwert für die Abweichung von der **Geradheit** beträgt: 1 mm/m
Der Grenzwert für die Abweichung von der **Rechtwinkligkeit** beträgt: 1 mm/m

3.3.10 Faserplatten nach DIN EN 622-1

Für **unbeschichtete Faserplatten** werden in DIN EN 622-1:2003-09 „Faserplatten – Anforderungen – Teil 1: Allgemeine Anforderungen" allgemeine **Anforderungen** hinsichtlich der Maßhaltigkeit angegeben wie folgt:

- Grenzabmaße für die Dicke:
  - harte Platten (HB) mit Nenndicke
    - bis 3,5 mm ± 0,3 mm
    - über 3,5 bis 5,5 mm ± 0,5 mm
    - über 5,5 mm ± 0,7 mm
  - mittelharte Platten (MBL und MBH) mit Nenndicke
    - bis 10 mm ± 0,7 mm
    - über 10 mm ± 0,8 mm

– poröse Platten (SB) mit Nenndicke	bis 10 mm	± 0,7 mm
	über 10 bis 19 mm	± 1,2 mm
	über 19 mm	± 1,8 mm
– Platten nach dem Trockenverfahren (MDF) mit Nenndicke	bis 6 mm	± 0,2 mm
	über 6 bis 19 mm	± 0,2 mm
	über 19 mm	± 0,3 mm
• Grenzabmaße für die Länge und Breite:		± 2 mm/m
	höchstens	± 5 mm
• Rechtwinkligkeitstoleranz:		2 mm/m
• Kantengeradheitstoleranz Länge und Breite:		1,5 mm/m

Die **Prüfung** der Abmaße erfolgt nach DIN EN 324-1, die Prüfung der Kantengeradheit und der Rechtwinkligkeit nach DIN EN 324-2.

Die Anforderungen müssen bei Auslieferung aus dem Herstellwerk eingehalten sein. Bei bestimmten Verwendungen von Faserplatten (siehe spezielle Normen für Faserplattentypen und allgemeine Normen für Leistungsfähigkeit von Holzwerkstoffen) oder zur Auslieferung in Zuschnitten oder nach zusätzlicher maschineller Bearbeitung (z. B. mit Nut- und Federprofil) dürfen **spezielle** Grenzabmaße und **Toleranzen** für Rechtwinkligkeit und Kantengeradheit vereinbart werden. Die angegebenen Werte für Grenzabmaße (Dicke, Breite und Länge), Toleranzen für Rechtwinkligkeit und Kantengeradheit gelten für einen Feuchtegehalt, der sich im Werkstoff bei einer Temperatur von 20 °C und einer relativen Luftfeuchte von 65 % einstellt.

3.3.11 Zementgebundene Spanplatten nach DIN EN 634-1

Für **zementgebundene Spanplatten** werden in DIN EN 634-1:1995-04 „Zementgebundene Spanplatten – Anforderungen – Teil 1: Allgemeine Anforderungen" allgemeine **Anforderungen** hinsichtlich der Maßhaltigkeit angegeben wie folgt:

• Grenzabmaße:		
– Dicke (geschliffen) innerhalb und zwischen den Platten		± 0,3 mm
– Dicke (ungeschliffen) innerhalb und zwischen den Platten mit einer Nenndicke	bis 12 mm Dicke	± 0,7 mm
	über 12 bis 15 mm	± 1,0 mm
	über 15 bis 19 mm	± 1,2 mm
	über 19 mm	± 1,5 mm
– Länge und Breite		± 5 mm
• Kantengeradheitstoleranz:		1,5 mm/m
• Rechtwinkligkeitstoleranz:		2,0 mm/m
• Feuchtegehalt:		6 bis 12 %

Die **Prüfung** der Abmaße erfolgt nach DIN EN 324-1, die Prüfung der Kantengeradheit und der Rechtwinkligkeit nach DIN EN 324-2.

Die Anforderungen müssen bei der Auslieferung aus dem Herstellwerk eingehalten werden.

3.3.12 Gespundete Bretter aus Nadelholz nach DIN 4072

Für **gespundete Bretter** (einschließlich Rauspund) aus Nadelholz werden in DIN 4072:2019-04 „Gespundete Bretter aus Nadelholz" Grenzabweichungen angegeben wie folgt:

- für die Brettdicke t:
  - t = 18 bis 24 mm ± 0,5 mm
  - t = 28 bis 35,5 mm ± 1 mm
- für die Profilbreite p: ± 1,5 mm
- für die Länge: +50/–25 mm

Die Maße gelten bei einer Messbezugsfeuchte von 20 % bezogen auf das Darrgewicht.

3.3.13 Schwind- und Quellmaße für Holz nach DIN EN 1995-1-1

Holzbauwerke werden in DIN EN 1995-1-1, Abschnitt 2.3.1.3, nach **Nutzungsklassen** entsprechend der langfristig vorherrschenden klimatischen Bedingungen eingeteilt. Diejenige Feuchte, die sich in einem Bauwerk im Gebrauchszustand im Mittel einstellt, wird als Gleichgewichtsfeuchte definiert. Den Nutzungsklassen ist jeweils eine spezifische **Gleichgewichtsfeuchte** zugeordnet.

Nutzungsklasse 1 ist durch eine Holzfeuchte gekennzeichnet, die einer Temperatur von 20 °C und einer relativen Luftfeuchte der umgebenden Luft entspricht, die nur für einige Wochen pro Jahr einen Wert von 65 % übersteigt, z. B. in allseitig geschlossenen und beheizten Bauwerken. Die Gleichgewichtsfeuchte beträgt 5 bis 15 %; in den meisten Nadelhölzern wird ein mittlerer Feuchtegehalt von 12 % nicht überschritten.

Nutzungsklasse 2 ist durch eine Holzfeuchte gekennzeichnet, die einer Temperatur von 20 °C und einer relativen Luftfeuchte der umgebenden Luft entspricht, die nur für einige Wochen pro Jahr einen Wert von 85 % übersteigt, z. B. bei überdachten offenen Bauwerken. Die Gleichgewichtsfeuchte beträgt 10 bis 20 %; in den meisten Nadelhölzern wird ein mittlerer Feuchtegehalt von 20 % nicht überschritten.

Nutzungsklasse 3 erfasst Klimabedingungen, die zu höheren Holzfeuchten führen als in Nutzungsklasse 2 angegeben, z. B. für Konstruktionen, die der Witterung ausgesetzt sind (in Ausnahmefällen auch überdachte Bauwerke). Die Gleichgewichtsfeuchte beträgt 12 bis 24 %.

Schwind- und Quellmaße für Holz bei einer Änderung des Feuchtegehalts werden in DIN EN 1995-1-1/NA, Tabelle NA.7, für Formänderungen **rechtwinklig zur Faserrichtung** bzw. bei Holzwerkstoffen in Plattenebene wie folgt angegeben (vgl. Tabelle C 3.12):

Tabelle C 3.12: Rechenwerte für das Schwind- und Quellmaß rechtwinklig zur Faserrichtung des Holzes bzw. in Plattenebene[1), 2)] bei unbehindertem Quellen und Schwinden nach DIN EN 1995-1-1/NA:2013-08, Tabelle NA.7

	Baustoff	**Schwind- und Quellmaß in % für Änderung der Materialfeuchte um 1 % unterhalb der Fasersättigung**
1	Nadelholz	0,25
2	Laubholz	0,35
3a	Sperrholz in Plattenebene	0,02
3b	Sperrholz rechtwinklig zur Plattenebene	0,32
3c	Brettsperrholz, Massivholzplatten in Plattenebene	0,02
3d	Brettsperrholz, Massivholzplatten rechtwinklig zur Plattenebene	0,25
4a	Furnierschichtholz ohne Querfurniere	
	• in Faserrichtung der Deckfurniere	0,01
	• rechtwinklig zur Faserrichtung der Deckfurniere (in Plattenebene)	0,32
4b	Furnierschichtholz mit Querfurnieren	
	• in Faserrichtung der Deckfurniere	0,01
	• rechtwinklig zur Faserrichtung der Deckfurniere (in Plattenebene)	0,03
5	kunstharzgebundene Spanplatten; Faserplatten	0,035
6	zementgebundene Spanplatten	0,03
7a	OSB-Platten, Typen OSB/2 und OSB/3	0,03
7b	OSB-Platten, Typ OSB/4	0,015

1) Werte gelten für etwa gleichförmige Feuchteänderung über den Querschnitt.
2) Für Hölzer nach den Zeilen 1 und 2 gilt in Faserrichtung des Holzes ein Rechenwert von 0,01 %/%.

Das **Schwind- und Quellmaß** des Holzes **in Faserrichtung** beträgt im Durchschnitt 0,01 % je 1 % Änderung der Materialfeuchte. Schwinden und Quellen des Holzes in Faserrichtung braucht deshalb nur in Sonderfällen berücksichtigt zu werden. Das Gleiche gilt für Holzwerkstoffe in Plattenebene. Bei Holzwerkstoffen darf auch das Schwinden und Quellen rechtwinklig zur Plattenebene vernachlässigt werden.

Wird das **Quellen** des Holzes **behindert**, so können geringere Quellmaße als die angegebenen wirksam werden. Dies gilt bei Holzwerkstoffen auch für behindertes Schwinden.

Abb. C 3.9: Beispiel für eine Holzbaukonstruktion

3.4 Ausführung von Zimmer- und Holzbauarbeiten

3.4.1 Maßtoleranzen nach VOB/C ATV DIN 18334 Zimmer- und Holzbauarbeiten

Die ATV DIN 18334:2016-09 **„Zimmer- und Holzbauarbeiten"** findet für alle Konstruktionen des Holzbaus und des Ingenieurholzbaus Anwendung (vgl. Abb. C 3.9). Sie gilt nicht für Schalarbeiten, Verbauarbeiten, Trockenbauarbeiten, Parkettarbeiten, gestemmte Türen und Tore sowie großformatige, hinterlüftete Außenwandbekleidungen mit Unterkonstruktionen.

Gemäß ATV DIN 18334, Abschnitt 3.1.2, sind bei der **Ausführung von Zimmer- und Holzbauarbeiten** Abweichungen von vorgeschriebenen Maßen in den durch DIN 18202 und DIN 18203-3 bestimmten Grenzen zulässig. Ebenheitsabweichungen in den Oberflächen, die bei Streiflicht sichtbar werden, sind zulässig, wenn diese innerhalb der Toleranzen nach DIN 18202 liegen.

Angegebene Mindestmaße für Holzdicken und Holzquerschnitte sind nach dieser ATV Nennmaße, für die Maßabweichungen in den Grenzen der Toleranzen nach den jeweiligen Baustoffnormen zulässig sind.

Als Bedenken im Sinne von VOB/B kommen in Betracht:

- unrichtige Lage und Höhe sowie ungeeignete Beschaffenheit des Untergrundes oder
- fehlende Bezugspunkte.

Bauholz für die Verwendung im **Holzhausbau**, im **Holzrahmenbau** und im **Holztafelbau** ist gemäß ATV DIN 18334, Abschnitt 3.3.1, mit einer Holzfeuchte von maximal 18 % und mit einer Maßhaltigkeit des Querschnitts gemäß Maßtoleranzklasse 2 nach DIN EN 336 einzubauen.

Abb. C 3.10: Beispiel für den Einbau vorgefertigter Teile aus Holz

3.4.2 Hinweise zu dem Einbau vorgefertigter Bauteile am Bauwerk

Die Genauigkeit von Bauwerken aus vorgefertigten Bauteilen hängt ab von der Maßhaltigkeit der vorgefertigten Teile, der Genauigkeit beim Vermessen des Einbauortes und der **Genauigkeit bei der Montage** der vorgefertigten Bauteile im Bauwerk (vgl. Abb. C 3.10). Für den eingebauten Zustand vorgefertigter Teile gelten die Anforderungen nach DIN 18202. Die Einhaltung der zulässigen Maßabweichungen der vorgefertigten Teile nach DIN 18203-3 ist nicht gleichbedeutend mit einer Einhaltung der Maßtoleranzen nach DIN 18202 im eingebauten Zustand dieser Teile. Beide Genauigkeitsanforderungen müssen unabhängig voneinander eingehalten werden.

3.4.3 Hinweise für die Maßhaltigkeit sichtbarer Holzkonstruktionen

Tragende **Holzkonstruktionen**, die in der späteren Nutzung eines Bauwerks **sichtbar** bleiben sollen, erfordern mitunter besondere Genauigkeiten, insbesondere an Passungen zu angrenzenden Bauteilen wie beispielsweise nachträglich eingefügten Mauerwerkswänden, Decken oder Dachanschlüssen. Tragende Konstruktionen sind Bestandteile des Rohbaus und werden unter Rohbaubedingungen errichtet. Die Maßhaltigkeit des Gebäudes wird mit der Errichtung der tragenden Konstruktion festgelegt. Die Genauigkeit der tragenden Konstruktion ist deshalb nicht nur von der Genauigkeit ihrer einzelnen Teile, sondern vor allem auch von der Genauigkeit bei der Vermessung und bei der Montage der einzelnen Teile abhängig.

Konstruktionsteile, die im **Ausbauzustand** keine weitere Veränderung hinsichtlich ihrer Form und Lage mehr erfahren, müssen dementsprechend bereits während der Rohbauphase mit der Genauigkeit am Bauwerk eingebaut werden, die für den späteren Ausbauzustand gefordert wird. Dies erfordert in der Regel einen höheren Aufwand, als

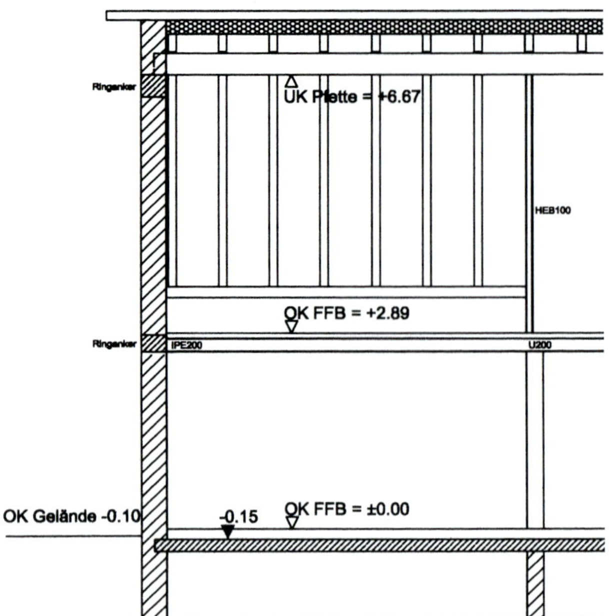

Abb. C 3.11: Beispiel für die Planung eines Sichtdachstuhls mit Streichsparren entlang der nachträglich angeschlossenen Massivwände

Abb. C 3.12: Beispiel für einen Sichtdachstuhl mit Anschlussfuge an die angrenzende Wand

für die Ausführung von Rohbaukonstruktionen erforderlich ist (vgl. Abb. C 3.11 und Abb. C 3.12). Maßstab für die Genauigkeit der Teile und Verbindungen insbesondere in Bezug auf das optische Erscheinungsbild sind auch die übliche handwerkliche Sorgfalt und Genauigkeit des Zimmerers beim Zuschneiden und Abbinden der Bauteile, z. B. Pfetten, Sparren, Aussparungen, Wechsel etc.

Holzkonstruktionen unterliegen in der Regel einem länger anhaltenden **Austrocknungsprozess**, wenn die bei Herstellung der Konstruktion vorhandene Bauholzfeuchte im Gebrauchszustand allmählich auf den Gleichgewichtsfeuchtegehalt abtrocknet. Diese Änderung des Feuchtegehalts kann bei Massivholzquerschnitten vergleichsweise große **inhärente Formänderungen** des „lebendigen“ Baustoffes Holz zur Folge haben. Formänderungen können zu Rissen, Verdrehungen, Verkrümmungen etc. führen. Bei

Abb. C 3.13: Beispiel für eine Formänderung eines Balkenquerschnitts, verbunden mit einer Rissbildung

Abb. C 3.14: Beispiel für das Klaffen einer Fügestelle nach feuchtebedingten Formänderungen

Abb. C 3.15: Beispiel für die Verdrehung eines Massivholzbalkens um die Längsachse

einer nachträglichen Erhöhung des Feuchtegehalts sind Formänderungen aufgrund des Quellens zu erwarten. Ein mehrfacher Wechsel von Schwind- und Quellvorgängen ist nicht zwingend mit reversiblen Formänderungen verbunden. Durch Quellen verursachte Formänderungen sind nicht unbedingt identisch mit denjenigen Formänderungen, die bei einem anschließenden Schwinden zu erwarten sind (vgl. Abb. C 3.13 bis Abb. C 3.15).

An den **Fügestellen von Massivholzbauteilen** ist die Möglichkeit einer Verformung aufgrund zeit- und lastabhängiger Einflüsse sicherzustellen, um Schäden an angrenzenden Bauteilen sicher zu vermeiden. Formänderungen nach Schwindprozessen können bei Zwängungen durch angrenzende Bauteile vergleichsweise sehr hohe Spannungen zur Folge haben. Behinderte Verformungen führen nicht selten zu einer ausgeprägten Rissbildung.

Holzkonstruktionen unterliegen über die Zeit betrachtet neben feuchtebedingten Formänderungen auch **lastabhängigen Formänderungen**. Formänderungen, z. B. Durchbiegungen unter Belastung, enthalten einen elastischen und einen plastischen Verformungsanteil. Während elastische Verformungsanteile bei Wegfall der Lasteinwirkung reversibel sind, bleiben plastische Verformungsanteile auf Dauer bestehen.

3.4.4 Hinweise zu Fügestellen von Holzbauteilen stark unterschiedlicher Abmessungen

Die bei Holzbauteilen im Gebrauchszustand langfristig zu erwartenden **Formänderungen** sind an den **Fügestellen von Holzkonstruktionen** zu beachten (vgl. Abb. C 3.18). Formänderungen müssen verträglich sein, um das Entstehen von Zwängungen an den Fügestellen oder das spätere Aufklaffen von Fügestellen zu vermeiden.

Als Beispiel hierfür sei eine Holzbalkendecke, bestehend aus 2 Teilflächen mit unterschiedlichen Spannweiten, genannt. Die unterschiedlichen Bauteilabmessungen und die unterschiedlichen Lagerungsbedingungen der beiden **Tragsysteme** haben unterschiedliche Verformungen am Übergang zwischen den beiden Teilflächen zur Folge. Im Gebrauchszustand ist wegen der **Unverträglichkeit der Verformungen** beider Systeme mit dem Entstehen eines Höhenversatzes zu rechnen. Dies ist durch konstruktive Maßnahmen bei der Ausbildung der Tragsysteme zu berücksichtigen (vgl. Abb. C 3.16 und Abb. C 3.17).

Für dieses Beispiel sei besonders darauf hingewiesen, dass es sich bei den zu erwartenden Verformungen um **zeit- und lastabhängige Verformungen** handelt. Diese sind nicht Gegenstand der DIN 18202. Gleichwohl sind sie für den Gebrauchszustand des Bauteils bzw. Bauwerks unbedingt zu beachten. Bei der nachträglichen Überprüfung einer solchen Bauteilsituation sind die Anteile für zeit- und lastabhängige Verformungen und für ausführungsbedingte Maßabweichungen getrennt zu ermitteln. Nur die anteiligen ausführungsbedingten Maßabweichungen können nach den Toleranzen in DIN 18202 beurteilt werden.

Das Entstehen von **Höhenversätzen** benachbarter Bauteile fällt ebenfalls nicht in den Anwendungsbereich der DIN 18202.

3.4.5 Hinweise zur Holztafelbauweise

Bauteile in **Holztafelbauweise** bestehen aus einem tragenden Fachwerk mit einer beidseitigen Beplankung (vgl. Abb. C 3.18 und Abb. C 3.19). **Formänderungen** einzelner Teile des tragenden Gerippes, z. B. einzelner Pfosten, aufgrund nachträglicher Feuchteänderungen können ein Ausbeulen der Beplankung zur Folge haben. Die Beschaffenheit der Oberfläche einer Holztafel kann – innerhalb einer in sich geschlossenen Fläche – nach den Grenzwerten für Ebenheitsabweichungen in DIN 18202 beurteilt werden. Hierzu ist jedoch anzumerken, dass die zu erwartenden Verformungen einer Holztafel aufgrund der üblichen Vortrocknung des verwendeten Holzes für das Traggerippe im Vergleich mit den Grenzwerten für Ebenheitsabweichungen nach DIN 18202 sehr gering sind. Eine Inanspruchnahme dieser Grenzabweichungen wird daher bei fachgerechter Vortrocknung des Holzes für die Holztafelbauweise nicht zu erwarten sein.

Für die **Fügestellen** einzelner Holztafeln oder Bauelemente bei der Holztafelbauweise finden die Betrachtungen zu Höhenversätzen bei Fertigteilen in Beton- oder Stahlbetonbauweise analog Anwendung. **Höhenversätze** benachbarter Bauteile sind in DIN 18202 nicht geregelt. Sie sind aus dem Anwendungsbereich dieser Norm explizit herausgenommen. Soweit für das fertige Bauteil oder Bauwerk Höhenversätze benachbarter Bauteile unbedingt zu vermeiden sind, ist hierfür eine entsprechende Passungskonstruktion an den Fügestellen vorzusehen, z. B. eine Nut- und Federverbindung.

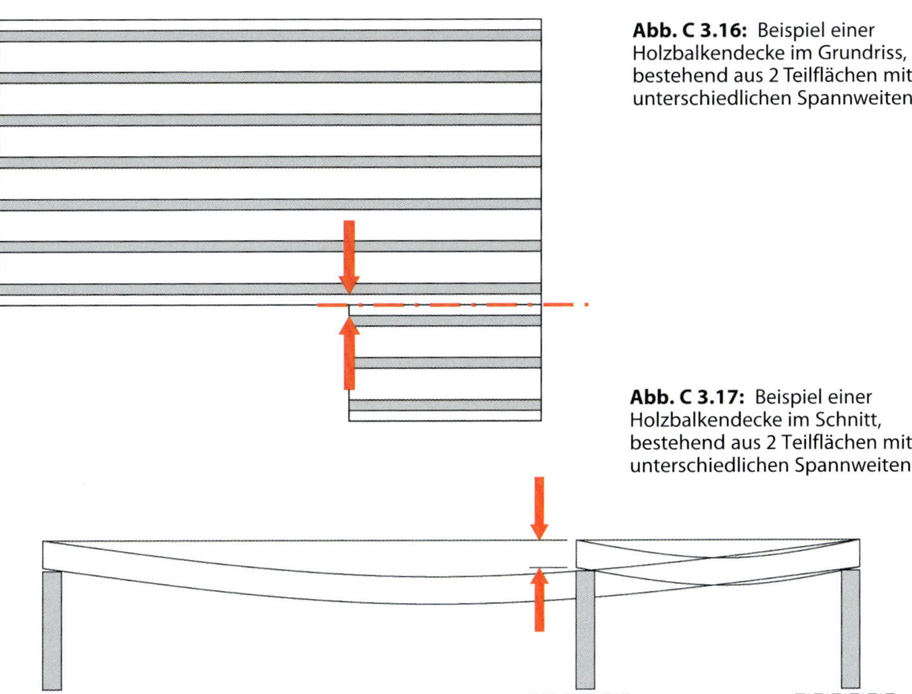

Abb. C 3.16: Beispiel einer Holzbalkendecke im Grundriss, bestehend aus 2 Teilflächen mit unterschiedlichen Spannweiten

Abb. C 3.17: Beispiel einer Holzbalkendecke im Schnitt, bestehend aus 2 Teilflächen mit unterschiedlichen Spannweiten

Abb. C 3.18: Beispiel für ein Deckenelement in Holztafelbauweise

Abb. C 3.19: Beispiel für ein Holztafelelement bestehend aus einem Traggerippe mit Beplankung

Abb. C 3.20: Beispiel für eine Fügestelle bei der Holztafelbauweise

Besondere Anforderungen sind bei der Holztafelbauweise auch an die **Passung der Fügestellen** zu stellen. Raumbildende Elemente der Tragkonstruktionen müssen zur Aufnahme der einwirkenden Lasten bzw. Kräfte bei der Montage sicher miteinander verbunden werden können. Örtliche Anpass- oder Nacharbeiten sind unter Baustellenbedingungen nicht oder nur sehr eingeschränkt möglich. Für raumabschließende Außenbauteile sind außerdem bauphysikalische Anforderungen (z. B. an die Luftdichtheit, den Wärme- oder den Schallschutz) vor allem auch an den Verbindungsstellen einzuhalten. Fügestellen müssen deswegen nicht nur für die Passung, sondern auch für die sonstigen Funktionen der Konstruktion bemessen sein (vgl. Abb. C 3.20).

Abb. C 4.1: Beispiel für eine Stahlbaukonstruktion im Rohbau

Abb. C 4.2: Beispiel für eine Metallfassade im Ausbau

4 Stahl- und Metallbau

4.1 Grundlegende Passungsanforderungen – Maßtoleranzen im Hochbau nach DIN 18202

Für Bauwerke und Bauteile im **Stahlbau und Metallbau** gelten die Maßtoleranzen nach DIN 18202 baustoffunabhängig im Rohbau (vgl. Abb. C 4.1) und im Ausbau (vgl. Abb. C 4.2). Sie sind anzuwenden, soweit nicht andere Genauigkeiten vereinbart werden und stellen die für Standardleistungen bzw. Bauteile und Bauwerke durchschnittlich üblicher Ausführungsart zu erreichende Genauigkeit dar. Die Einhaltung anderer, insbesondere im Stahl- und Metallbau höherer Anforderungen, z. B. aus Regelwerken für Schweißkonstruktionen, bleibt hiervon unberührt.

Die **Grenzabweichungen für Maße** bei Bauteilen und Bauwerken im Stahlbau und im Metallbau betragen gemäß DIN 18202, Tabelle 1, wie folgt (vgl. Tabelle C 4.1):

Tabelle C 4.1: Grenzabweichungen für Bauteile und Bauwerke im Stahlbau und Metallbau nach DIN 18202:2019-07, Tabelle 1

Spalte	1	2	3	4	5	6	7
Zeile	**Bezug**	**Grenzabweichungen in mm** bei Nennmaßen					
		bis 1 m	**über 1 bis 3 m**	**über 3 bis 6 m**	**über 6 bis 15 m**	**über 15 bis 30 m**	**über 30 m**
1	**Maße im Grundriss**	± 10	± 12	± 16	± 20	± 24	± 30
2	**Maße im Aufriss**	± 10	± 16	± 16	± 20	± 30	± 30
3	**lichte Maße im Grundriss**	± 12	± 16	± 20	± 24	± 30	
4	**lichte Maße im Aufriss**	± 16	± 20	± 20	± 30		
5	**Öffnungen**	± 10	± 12	± 16			
6	**Öffnungen, oberflächenfertige Leibungen**	± 8	± 10	± 12			

Die **Grenzwerte für Winkelabweichungen** bei Bauteilen und Bauwerken im Stahlbau und Metallbau betragen gemäß DIN 18202, Tabelle 2, wie folgt (vgl. Tabelle C 4.2):

Tabelle C 4.2: Grenzwerte für Winkelabweichungen bei Bauteilen und Bauwerken im Stahlbau und Metallbau nach DIN 18202:2019-07, Tabelle 2

Spalte	1	2	3	4	5	6	7	8
Zeile	**Bezug**	**Stichmaße als Grenzwerte in mm** bei Nennmaßen						
		bis 0,5 m	**über 0,5 bis 1 m**	**über 1 bis 3 m**	**über 3 bis 6 m**	**über 6 bis 15 m**	**über 15 bis 30 m**	**über 30 m**
1	**alle Flächen**	3	6	8	12	16	20	30

Die **Grenzwerte für Ebenheitsabweichungen** bei Bauteilen und Bauwerken im Stahlbau und Metallbau betragen gemäß DIN 18202, Tabelle 3, wie folgt (vgl. Tabelle C 4.3):

Tabelle C 4.3: Grenzwerte für Ebenheitsabweichungen bei Bauteilen und Bauwerken im Stahlbau und Metallbau nach DIN 18202:2019-07, Tabelle 3

Spalte	1	2	3	4	5	6
Zeile	**Bezug**	**Stichmaße als Grenzwerte in mm** bei Messpunktabständen				
		bis 0,1 m	**bis 1 m**[1]	**bis 4 m**[1]	**bis 10 m**[1]	**bis 15 m**[1),2)]
1	**nicht flächenfertige Oberseiten von Decken** und Böden	10	15	20	25	30
2a	wie Zeile 1, jedoch zur Aufnahme von Bodenaufbauten	5	8	12	15	20
2b	**flächenfertige Oberseiten von Decken** und Bodenplatten, **für untergeordnete Zwecke**	5	8	12	15	20
3	**flächenfertige Böden**	2	4	10	12	15
4	wie Zeile 3, jedoch mit erhöhten Anforderungen	1	3	9	12	15
5	**nicht flächenfertige Wände und Unterseiten** von Decken	5	10	15	25	30
6	**flächenfertige Wände und Unterseiten** von Decken	3	5	10	20	25
7	wie Zeile 6, jedoch mit erhöhten Anforderungen	2	3	8	15	20

1) Zwischenwerte sind den Bildern 6 und 7 der DIN 18202:2019-07 zu entnehmen und auf ganze Millimeter zu runden.
2) Die Grenzwerte für Ebenheitsabweichungen der Spalte 6 gelten auch für Messpunktabstände über 15 m.

Abb. C 4.3: Beispiel für ein Stahltragwerk

Die **Grenzwerte für Fluchtabweichungen** bei Stützen im Stahlbau und Metallbau betragen gemäß DIN 18202, Tabelle 4, wie folgt (vgl. Tabelle C 4.4):

Tabelle C 4.4: Grenzwerte für Fluchtabweichungen bei Stützen im Stahlbau und Metallbau nach DIN 18202:2019-07, Tabelle 4

Spalte	1	2	3	4	5	6
Zeile	**Bezug**	**Stichmaße als Grenzwerte in mm** bei Nennmaßen als Messpunktabstand				
		bis 3 m	**von 3 bis 6 m**	**über 6 bis 15 m**	**über 15 bis 30 m**	**über 30 m**
1	zulässige Abweichung von der Flucht	8	12	16	20	30

4 Stahl- und Metallbau

4.2 Statisch-konstruktive Anforderungen

4.2.1 Grundlagen der Tragwerksplanung nach DIN EN 1990

Für **Tragwerke** sind zur in DIN EN 1990:2010-12 – baustoffunabhängig – Grundsätze zur Berücksichtigung von Maßabweichungen in statisch-konstruktiver Hinsicht formuliert (vgl. Abb. C 4.3).

Die für die Ausführung vorgesehenen Nennmaße geometrischer Abmessungen können für die Bemessung verwendet werden. **Imperfektionen** für Bauteile und Tragwerke sollten nach DIN EN 1993-1-1 (Tragwerke aus Stahl) und DIN EN 1999-1-1 (Tragwerke aus Aluminium) berücksichtigt werden. Maßtoleranzen an Schnittstellen zwischen Bauteilen aus verschiedenen Baustoffen sind zu beachten.

4.2.2 Grundsätze für Stahlbauten nach DIN EN 1993-1-1

Die **Bemessung** und Konstruktion **von Stahlbauten** erfolgt auf der Grundlage des EC-3 (Eurocode 3) einschließlich des zugehörigen nationalen Anwendungsdokuments:

- DIN EN 1993-1-1:2010-12 „Eurocode 3: Bemessung und Konstruktion von Stahlbauten – Teil 1-1: Allgemeine Bemessungsregeln und Regeln für den Hochbau“

- DIN EN 1993-1-1/A1:2014-07 „Eurocode 3: Bemessung und Konstruktion von Stahlbauten – Teil 1-1: Allgemeine Bemessungsregeln und Regeln für den Hochbau"
- DIN EN 1993-1-1/NA:2018-12 „Nationaler Anhang – National festgelegte Parameter – Eurocode 3: Bemessung und Konstruktion von Stahlbauten – Teil 1-1: Allgemeine Bemessungsregeln und Regeln für den Hochbau"

Geometrische Imperfektionen wie

- Schiefstellung,
- Abweichungen von der Geradheit, Ebenheit und Passung sowie
- Exzentrizitäten, die größer als die grundlegenden Toleranzen nach DIN EN 1090-2 sind,

sind bei der Tragwerksberechnung mit geeigneten Ansätzen, z. B. **geometrischen Ersatzimperfektionen**, zu erfassen. Hierbei sind in der Regel Imperfektionen für Gesamttragwerke und aussteifende Systeme sowie örtliche Imperfektionen einzelner Bauteile zu berücksichtigen.

Für die Bemessung des Tragwerks in statisch-konstruktiver Hinsicht sind die **Nennmaße** aus den Ausführungsunterlagen zu verwenden. Für **geschweißte Bauteile** sind die Toleranzen nach DIN EN 1090-2 einzuhalten (vgl. Teil C, Kapitel 4.4.2). Toleranzen für Abmessungen von Profilen und Blechen sollen den zugehörigen Produktnormen bzw. Zulassungen entsprechen, soweit nicht strengere Anforderungen vorgesehen sind (vgl. DIN EN 1993-1-1, Abschnitt 3.2.5).

Weiter gehende Angaben zu grundlegenden Toleranzen im Hinblick auf statisch-konstruktive Anforderungen bei der Ausführung von Stahlbauten finden sich in DIN EN 1090-2 (vgl. Teil C, Kapitel 4.4.2).

4.2.3 Grundsätze für Aluminiumtragwerke nach DIN EN 1999-1-1

Die **Bemessung** und Konstruktion **von Aluminiumtragwerken** erfolgt auf der Grundlage des EC-9 (Eurocode 9) einschließlich des zugehörigen nationalen Anwendungsdokuments:

- DIN EN 1999-1-1:2014-03 „Eurocode 9: Bemessung und Konstruktion von Aluminiumtragwerken – Teil 1-1: Allgemeine Bemessungsregeln"
- DIN EN 1999-1-1/NA:2018-03 „Nationaler Anhang – National festgelegte Parameter – Eurocode 9: Bemessung und Konstruktion von Aluminiumtragwerken – Teil 1-1: Allgemeine Bemessungsregeln"

Geometrische Imperfektionen (z. B. Schiefstellungen, Abweichungen von der Geradheit, Ebenheit und Passung) sind bei der Tragwerksberechnung analog zu der Bemessung von Stahlbauten mit geeigneten Ansätzen zu erfassen. Sie sind in den Beanspruchbarkeitsformeln, den Knickkurven usw. berücksichtigt. In den Berechnungen sollten äquivalente geometrische Ersatzimperfektionen verwendet werden, deren Werte die möglichen Wirkungen aller Imperfektionen abdecken.

4.3 Anforderungen an Bauprodukte im Stahl- und Metallbau

4.3.1 Herstelltoleranzen für Erzeugnisse aus Stahl

Herstelltoleranzen für **Erzeugnisse aus Stahl**, z. B. warmgewalzte, warmgeformte oder kaltgeformte Erzeugnisse, werden in unterschiedlichen Produktnormen im Sinne von technischen Lieferbedingungen angegeben, z. B. für Bleche, Blechformteile, Profile usw. (vgl. Abb. C 4.4). Darüber hinaus werden für die Ausführung von Stahltragwerken in DIN EN 1090-2 Herstelltoleranzen definiert (vgl. Teil C, Kapitel 4.4.2).

Abb. C 4.4: Beispiel für Profilbleche aus Stahl

Abb. C 4.5: Beispiel für Profilbleche als Bedachungselemente

4.3.2 Profilbleche nach DIN EN 508

Für **selbsttragende Bedachungselemente** (vgl. Abb. C 4.5) aus Stahlblech, Aluminiumblech und nicht rostendem Stahlblech werden in der Normenreihe DIN EN 508 mit den Teilen

- DIN EN 508-1:2014-08 „Dachdeckungs- und Wandbekleidungsprodukte aus Metallblech – Spezifikation für selbsttragende Dachdeckungsprodukte aus Stahlblech, Aluminiumblech oder nichtrostendem Stahlblech – Teil 1: Stahl“,
- DIN EN 508-2:2019-10 „Dachdeckungs- und Wandbekleidungselemente aus Metallblech – Spezifikation für selbsttragende Bedachungselemente aus Stahlblech, Aluminiumblech oder nichtrostendem Stahlblech – Teil 2: Aluminium“,
- DIN EN 508-3:2009-07 „Dachdeckungsprodukte aus Metallblech – Festlegungen für selbsttragende Bedachungselemente aus Stahlblech, Aluminiumblech oder nichtrostendem Stahlblech – Teil 3: Nichtrostender Stahl“ sowie
- DIN EN 508-3 Berichtigung 1:2009-11 „Dachdeckungsprodukte aus Metallblech – Festlegungen für selbsttragende Bedachungselemente aus Stahlblech, Aluminiumblech oder nichtrostendem Stahlblech - Teil 3: Nichtrostender Stahl“

Toleranzen für folgende **Profilmaße** definiert:

- Profilhöhe,
- Sickentiefe,
- Profilbreite,
- Breite des Ober- und Untergurtes,
- Baubreite,
- Biegeradius,
- Abweichung von der Geradheit,
- Abweichung von der Rechtwinkligkeit,
- Länge,
- Randwelligkeit des Längsstoßes,
- Krümmungsradius und -winkel.

Hinsichtlich der Einzelanforderungen wird hier auf die Normen und die dort enthaltenen zeichnerischen Darstellungen verwiesen.

Abb. C 4.6: Beispiel für einen Stahlbau des konstruktiven Ingenieurbaus

4.4 Ausführung von Stahlbau- und Aluminiumbauarbeiten

4.4.1 Maßtoleranzen nach VOB/C ATV DIN 18335 Stahlbauarbeiten

Für die Ausführung von **Stahlleistungen des konstruktiven Ingenieurbaus** im Hoch- und Tiefbau einschließlich des Stahlverbundbaues findet die ATV DIN 18335:2016-09 **„Stahlbauarbeiten"** Anwendung (vgl. Abb. C 4.6). Sie gilt jedoch nicht für Metallbauarbeiten.

Für die **Ausführung von tragenden Bauteilen aus Stahl** sind nach ATV DIN 18335 Abweichungen in folgenden Grenzen zulässig:

- für die **Herstellung** der Bauteile:
  - grundlegende Toleranzen nach DIN EN 1090-2
  - ergänzende Toleranzen nach DIN EN ISO 13920 für geschweißte und nicht geschweißte Tragwerke, Maßtoleranzen der Toleranzklasse C für Längen- und Winkelmaße und Toleranzklasse G für Geradheit, Ebenheit und Parallelität
- für die **Montage** der Bauteile:
  - grundlegende Toleranzen nach DIN EN 1090-2
  - Toleranzen nach DIN 18202 für das fertige Bauwerk mit Nennmaßen bis zu 60 m

Darüber hinausgehende **erhöhte Anforderungen** an die Maßhaltigkeit gegenüber den Werten der vorgenannten Normen, z. B. auch erhöhte Anforderungen an die Ebenheit nach DIN 18202, Tabelle 3, sind Besondere Leistungen im Sinne der VOB/C.

Als Bedenken im Sinne von VOB/B kommen in Betracht:

- größere Abweichungen der Anbindungs- und Auflagerpunkte der Stahlkonstruktion als nach DIN 18202 zulässig bzw. vertraglich vereinbart oder
- größere Abweichungen für Bauteile aus Beton als nach DIN EN 1992 (Eurocode 2) in Verbindung mit DIN EN 13670 und dem nationalen Anwendungsdokument DIN 1045-3 für Tragwerke aus Beton zulässig.

4.4.2 Ausführung von Stahltragwerken nach DIN EN 1090-2

Anforderungen an die **Stahlbauausführung bei Tragwerken** oder Bauteilen, die aus Stahlerzeugnissen, Blechen, Profilen etc. hergestellt sind, werden festgelegt in DIN EN 1090-2:2018-09 „Ausführung von Stahltragwerken und Aluminiumtragwerken – Teil 2: Technische Regeln für die Ausführung von Stahltragwerken". Diese Norm

Abb. C 4.7: Beispiel für ein Tragwerk aus Stahl bzw. Stahlerzeugnissen

gilt für Stahltragwerke, die nach Eurocode 3 (DIN EN 1993) bemessen wurden, bzw. für Stahlbauteile in Verbundtragwerken aus Stahl und Beton, die nach Eurocode 4 (DIN EN 1994) bemessen wurden (vgl. Abb. C 4.7).

Geometrische Abweichungen werden unterschieden in

- **grundlegende Toleranzen** unter dem Aspekt **statisch-konstruktiver** Anforderungen,
- **ergänzende Toleranzen** unter dem Aspekt der **Passgenauigkeit** und des Aussehens.

Innerhalb dieser beiden Abweichungsarten werden zudem Anforderungen für Bauteile in Bezug auf **Herstellungstoleranzen** und auf **Montagetoleranzen** unterschieden wie folgt (vgl. Tabelle C 4.5):

Tabelle C 4.5: Unterscheidung der geometrischen Abweichungen nach DIN EN 1090-2:2018-09

Anforderung	**statisch-konstruktiv**	**Passgenauigkeit und Aussehen**
bei der Herstellung	grundlegende Herstelltoleranzen	ergänzende Herstelltoleranzen
bei der Montage	grundlegende Montagetoleranzen	ergänzende Montagetoleranzen

Grundlegende Toleranzen müssen den in Anhang B zur DIN EN 1090-2 festgelegten Werten für zulässige Abweichungen entsprechen. Überschreitungen müssen korrigiert werden, sofern sie nicht durch eine Neuberechnung berücksichtigt werden können.

Ergänzende Toleranzen müssen den in Anhang B zur DIN EN 1090-2 tabellierten Werten für zulässige Abweichungen entsprechen oder – sofern festgelegt – alternativen Kriterien. **Alternative Kriterien** sind

- für geschweißte Tragwerke und nicht geschweißte Bauteile die Toleranzen nach DIN EN ISO 13920:1996-11, Klasse C für Längen- und Winkelmaße sowie Klasse G für Geradheit, Ebenheit und Parallelität,
- in anderen Fällen für jede Abmessung d eine zulässige Abweichung $\pm d/500$ oder ± 5 mm, wobei der größere Wert maßgebend ist.

Abb. C 4.8: Beispiel für Bauteile als Tragwerkselemente

Für die **Ausführung von Stahlbauarbeiten** sind damit im Standardfall folgende Genauigkeitsanforderungen zu berücksichtigen:

- grundlegende Herstell- und Montagetoleranzen in statisch-konstruktiver Hinsicht nach DIN EN 1090-2, Anhang B,
- ergänzende Herstell- und Montagetoleranzen für die Passgenauigkeit nach DIN EN 1090-2, Anhang B, oder alternativ nach DIN EN ISO 13920, Klasse C/G (je nach Festlegung).

Elastische Verformungen der Konstruktion sind in den vorgenannten Toleranzen nicht enthalten und ggf. zusätzlich zu berücksichtigen.

Die Anforderungen gelten für den **Zeitpunkt** der abschließenden Abnahmeprüfung. Soweit vorgefertigte Bauteile als Teile eines auf der Baustelle zu errichtenden Tragwerks zum Einsatz kommen, müssen die einzuhaltenden Toleranzen sowohl für die vorgefertigten Bauteile als auch für die abschließende Überprüfung des errichteten Bauwerks festgelegt werden.

Für die **Herstellung von Bauteilen aus Stahl** (vgl. Abb. C 4.8) werden in DIN EN 1090-2, Anhang B, Tabellen B.1 bis B.14, Toleranzen mit einer Unterscheidung nach der Art des Bauteils angegeben. Für die einzelnen Bauteile werden jeweils unterschiedliche Merkmale mit einem Grenzwert für die Abweichung des Merkmals von seinem Nennmaß festgelegt.

Für die **geregelten Bauteile** werden in Tabelle C 4.6 die **Herstelltoleranzen** für ausgewählte, baupraktisch wichtige Merkmale angegeben. Für die übrigen Merkmale wird jeweils auf die Inhalte im Anhang zu DIN EN 1090-2 einschließlich der dort enthaltenen zeichnerischen Darstellungen zur Veranschaulichung der Einzelanforderung verwiesen.

Tabelle C 4.6: Grundlegende Herstelltoleranzen (mit statisch-konstruktiver Anforderung) und ergänzende Herstelltoleranzen (mit Anforderung an die Passgenauigkeit) für Stahlbauarbeiten nach DIN EN 1090-2:2018-09, Anhang B, Tabelle B.1 bis Tabelle B.14

Bauteil und Merkmal/ Parameter	**grundlegende Herstelltoleranzen**	**ergänzende Herstelltoleranzen**	
		Klasse 1	**Klasse 2**
geschweißte Profile (Tabelle B.1)			
Gesamthöhe *h*, bis 900 mm	–*h*/50	± 3 mm	± 2 mm
wie vor, über 900 bis 1.800 mm		± *h*/300	± *h*/450
wie vor, über 1.800 mm		± 6 mm	± 4 mm
Flanschbreite *b*	–*b*/100	+*b*/100, mindestens 3 mm	+*b*/100, mindestens 2 mm
Stegexzentrizität	keine Anforderungen	Tabelle B.1	Tabelle B.1
Rechtwinkligkeit der Flansche			
Ebenheit der Flansche			
Rechtwinkligkeit bei Lagern	Tabelle B.1		
Stegkrümmung			
Stegverwölbung			
Stegwelligkeit			
Lochstegträger, einwandig oder als Kastenträger	keine Anforderungen		
gekantete Profile (Tabelle B.2)			
ausgesteifte Bauteilbreite	Tabelle B.2	Tabelle B.2	Tabelle B.2
unausgesteifte Bauteilbreite			
Geradheit bei seitlich nicht gehaltenen Bauteilen mit der Länge *L*	± *L*/1.000	keine Anforderungen	keine Anforderungen
Ebenheit	keine Anforderungen	Tabelle B.2	Tabelle B.2
Biegeradius			
Form			

Fortsetzung Tabelle C 4.6

Bauteil und Merkmal/ Parameter	**grundlegende Herstelltoleranzen**	**ergänzende Herstelltoleranzen**	
		Klasse 1	**Klasse 2**
Flansche geschweißter Profile (Tabelle B.3)			
lokale Beule der Flansche von I-Profilen	Tabelle B.3	Tabelle B.3	Tabelle B.3
Welligkeit der Flansche von I-Profilen			
Geradheit von seitlich nicht gehaltenen Bauteilen der Länge *L*	± *L*/1.000	± *L*/1.000	± *L*/1.000
Flansche geschweißter Kastenprofile (Tabelle B.4)			
Profilabmessungen *b*, bis 900 mm	–*b*/100	± 3 mm	± 2 mm
wie vor, über 900 bis 1.800 mm		± *b*/300	± *b*/450
wie vor, über 1.800 mm		± 6 mm	± 4 mm
Verdrillung	keine Anforderungen	Tabelle B.4	Tabelle B.4
Ebenheitsabweichungen von Blechfeldern zwischen Stegen oder Streifen, allgemeiner Fall	Tabelle B.4		
Ebenheitsabweichung von Blechfeldern zwischen Stegen oder Steifen, besonderer Fall			
Rechtwinkligkeit	keine Anforderungen		
Stegaussteifungen und Kreuzstöße von Profilen oder Kastenprofilen (Tabelle B.5)			
Geradheit in der Ebene	Tabelle B.5	Tabelle B.5	Tabelle B.5
Geradheit senkrecht zur Ebene			
Lage der Stegaussteifungen			
Lage der Stegaussteifungen an Auflagern			
Exzentrizität der Stegaussteifungen			
Exzentrizität der Stegaussteifungen an den Auflagern			

Fortsetzung Tabelle C 4.6

Bauteil und Merkmal/ Parameter	grundlegende Herstelltoleranzen	ergänzende Herstelltoleranzen	
		Klasse 1	Klasse 2
Bauteile (Tabelle B.6)			
Länge *L*, allgemeiner Fall	–	± (*L*/5.000 + 2) mm	± (*L*/10.000 + 2) mm
wie vor, mit für Kontaktstöße vorbereiteten Enden		± 1 mm	± 1 mm
Länge, wenn ein ausreichender Ausgleich mit den angrenzenden Bauteilen möglich ist		± 50 mm	± 50 mm
Geradheit		± *L*/1.000, mindestens ± 5 mm	± *L*/1.000, mindestens ± 3 mm
Überhöhung oder planmäßige Vorkrümmung		± *L*/500, mindestens ± 6 mm	± *L*/1.000, mindestens ± 4 mm
Oberflächenbehandlung für Kontaktstöße		0,5 mm	0,25 mm
Rechtwinkligkeit von Enden (Bauteilhöhe *D*), für Kontaktstöße vorgesehen		± *D*/1.000	± *D*/1.000
wie vor, für Kontaktstöße nicht vorgesehen		± *D*/100	± *D*/300, maximal ± 10 mm
Verdrillung		Tabelle B.6	Tabelle B.6
ausgesteifte Platten (Tabelle B.7)			
Geradheit von Längssteifen in längsausgesteiften Platten	Tabelle B.7	Tabelle B.7	Tabelle B.7
Geradheit von Quersteifen in quer- und längsausgesteiften Platten			
Lage von Queraussteifungen bei ausgesteiften Platten			
Löcher, Ausklinkungen und Schnittkanten (Tabelle B.8)			
Lage von Schraubenlöchern, Mittellage	± 2 mm	± 2 mm	± 1 mm
Lage von Schraubenlöchern, Randabstand	Tabelle B.8	Tabelle B.8	Tabelle B.8
Lage von Lochgruppen			

Fortsetzung Tabelle C 4.6

Bauteil und Merkmal/ Parameter	**grundlegende Herstelltoleranzen**	**ergänzende Herstelltoleranzen**	
		Klasse 1	**Klasse 2**
Abstand zwischen Lochgruppen, allgemeiner Fall	keine Anforderungen	± 5 mm	± 2 mm
wie vor, bei einem Einzelteil, das durch die Verbindung zweier Schraubengruppen entsteht		± 2 mm	± 1 mm
Verdrehung einer Lochgruppe		Tabelle B.8	Tabelle B.8
Ovalisierung von Löchern			
Ausklinkungen			
Kranbahnträger (Tabelle B.9)			
Ebenheit des Obergurts eines Kranbahnträgers	Tabelle B.9	Tabelle B.9	Tabelle B.9
Exzentrizität der Schiene zum Steg			
Neigung der Schiene			
Höhenlage der Schiene			
Seitenlage der Schiene			
Stützenstößen und Fußplatten (Tabelle B.10)			
Stützenstoß, Exzentrizität	keine Anforderungen	5 mm	3 mm
Fußplatte, unplanmäßige Exzentrizität in jeder Richtung	keine Anforderungen	5 mm	3 mm
zylindrische und konische Schalen (Tabelle B.11)			
Unrundheit	Tabelle B.11	Tabelle B.11	Tabelle B.11
Versatz der Wandbleche			
Einbeulungen			

Fortsetzung Tabelle C 4.6

Bauteil und Merkmal/ Parameter	**grundlegende Herstelltoleranzen**	**ergänzende Herstelltoleranzen**	
		Klasse 1	**Klasse 2**
Fachwerkbauteile (Tabelle B.12)			
Geradheit und Überhöhung, über die Länge *L*	± *L*/500, mindestens ± 12 mm	± *L*/500, mindestens ± 12 mm	± *L*/500, mindestens ± 6 mm
Fachwerkabmessungen, einzelne Abstände zwischen Knotenpunkten	keine Anforderungen	± 5 mm	± 3 mm
wie vor, kumulierte Abweichungen der Lage von Knoten		± 10 mm	± 6 mm
Geradheit von Fachwerkstreben	Tabelle B.12	Tabelle B.12	Tabelle B.12
Querschnittsabmessungen, bis 300 mm	keine Anforderungen	± 3 mm	± 2 mm
wie vor, über 300 bis 1.000 mm		± 5 mm	± 4 mm
wie vor, über 1.000 mm		± 10 mm	± 6 mm
überschneidende Fachwerkanschlüsse		Tabelle B.12	Tabelle B.12
Fachwerkanschlüsse mit Spalt			
Brückenfahrbahnen (Tabelle B.13)			
Länge und Dicke/Breite des Fahrbahnbleche	–	Tabelle B.13	Tabelle B.13
Tabelle B.13			
Ebenheit des Fahrbahnblechs			
Trapezprofile zum Durchstecken durch Querträgerausnehmungen			
Geradheit von Trapezprofilen			
Länge/Breite eines Flachprofils für beidseitiges Schweißen			
Geradheit von Flachprofilen für beidseitiges Schweißen			

Fortsetzung Tabelle C 4.6

Bauteil und Merkmal/ Parameter	**grundlegende Herstelltoleranzen**	**ergänzende Herstelltoleranzen**	
		Klasse 1	**Klasse 2**
Türme und Maste (Tabelle B.14)			
Bauteillänge	–	Tabelle B.14	Tabelle B.14
Länge oder Abstand			
Risslinien bei Winkelprofilen			
Rechtwinkligkeit von Schnittkanten			
Rechtwinkligkeit von Enden			
Oberflächen für Kontaktstöße, Ebenheit			
Lage von Schraubenlöchern			
Lage von Lochgruppen			
Abstand von Lochgruppen			

Für die **Montage von Bauteilen aus Stahl** (vgl. Abb. C 4.9 bis C 4.12) werden – analog zu den Anforderungen an die Herstellung der Bauteile – in DIN EN 1090-2, Anhang B, Tabellen B.15 bis B.25, Toleranzen mit einer Unterscheidung nach der Art des Bauteils angegeben. Für die einzelnen Bauteile werden wiederum unterschiedliche Merkmale mit einem Grenzwert für die Abweichung des Merkmals von seinem Nennmaß festgelegt.

Für die **geregelten Bauteile** werden in Tabelle C 4.7 die **Montagetoleranzen** für ausgewählte, baupraktisch wichtige Merkmale angegeben. Für die übrigen Merkmale wird jeweils auf die Inhalte im Anhang zu DIN EN 1090-2 einschließlich der dort enthaltenen zeichnerischen Darstellungen zur Veranschaulichung der Einzelanforderung verwiesen.

Abb. C 4.9: Beispiel für die Montage eines Stahltragwerks

Abb. C 4.10: Beispiel einer Montageverbindung von Bauteilen

Abb. C 4.11: Beispiel einer Montageverbindung mit dem Fundament

Abb. C 4.12: Beispiel für eine Ankerplatte zur Montage am Bauwerk

Tabelle C 4.7: Grundlegende Montagetoleranzen (mit statisch-konstruktiver Anforderung) und ergänzende Montagetoleranzen (mit Anforderung an die Passgenauigkeit) für Stahlbauarbeiten nach DIN EN 1090-2:2018-09, Anhang B, Tabelle B.15 bis Tabelle B.25

Bauteil und Merkmal/ Parameter	**grundlegende Montagetoleranzen**	**ergänzende Montagetoleranzen**	
		Klasse 1	**Klasse 2**
Gebäude (Tabelle B.15)			
Gesamthöhe *h*, bis 20 m	–	± 20 mm	± 10 mm
wie vor, über 20 bis 100 m		± 0,5 (*h* + 20) mm	± 0,25 (*h* + 20) mm
wie vor, über 100 m		± 0,2 (*h* + 200) mm, *h* in m	± 0,1 (*h* + 200) mm, *h* in m
Stockwerkshöhe		± 10 mm	± 5 mm
Horizontalität als Höhendifferenz zwischen dem Ende eines Trägers der Länge *L*		± *L*/500, maximal ± 10 mm	± *L*/1.000, maximal ± 5 mm
Stützenstoß, unplanmäßige Exzentrizität		5 mm	3 mm
Stützenfuß, Höhenlage		± 5 mm	± 5 mm
relative Höhenlagen als Höhendifferenz benachbarter Träger an den Trägerenden		± 10 mm	± 5 mm
Höhenlagen von Anschlüssen als Höhendifferenz zwischen Träger und Anschluss		± 10 mm	± 5 mm
Träger in Gebäuden (Tabelle B.16)			
Abstand zwischen Trägermittellinien	–	± 10 mm	± 5 mm
Lage an Stützen		± 5 mm	± 3 mm
Geradheit im Grundriss als Strich bezogen auf die Länge *L*		± *L*/500	± *L*/1000
Überhöhung als Strich bezogen auf die Länge *L*		± *L*/300	± *L*/500
Vorverformung eines Kragarms der Länge *L*		± *L*/200	± *L*/300

Fortsetzung Tabelle C 4.7

Bauteil und Merkmal/ Parameter	**grundlegende Montagetoleranzen**	**ergänzende Montagetoleranzen**	
		Klasse 1	**Klasse 2**
Stützen einstöckiger Gebäude (Tabelle B.17)			
Schiefstellung von Stützen in einstöckigen Gebäuden der Stockwerkshöhe *h*	± *h*/300	± *h*/300	± *h*/500
Schiefstellung einzelner Stiele der Höhe *h* in einstöckigen Rahmentragwerken	keine Anforderungen	± *h*/150	± *h*/300
Schiefstellung einstöckiger Rahmentragwerke der Höhe *h*	± *h*/500	± *h*/500	± *h*/500
Schiefstellung einer Kranbahnstütze der Höhe *h*	± *h*/1.000	± 25 mm	± 15 mm
Geradheit einer einstöckigen Stütze der Höhe *h*	± *h*/1.000	keine Anforderungen	keine Anforderungen
mehrstöckige Gebäude (Tabelle B.18)			
Lage der *n*-ten Stockwerksebene über der Basis	Tabelle B.18	Tabelle B.18	Tabelle B.18
Stützenschiefstellung zwischen benachbarten Stockwerksebenen	± *h*/300	± *h*/300	± *h*/500
Geradheit einer ungestoßenen Stütze zwischen benachbarten Stockwerksebenen	± *h*/1.000	± *h*/1.000	± *h*/1.000
Geradheit einer gestoßenen Stütze der Höhe *s* zwischen benachbarten Stockwerksebenen	± *s*/1.000 mit *s* ≤ *h*/2	± *s*/1.000 mit *s* ≤ *h*/2	± *s*/1.000 mit *s* ≤ *h*/2
Kontaktstöße (Tabelle B.19)			
örtliche Winkelabweichung	Tabelle B.19	Tabelle B.19	Tabelle B.19
Stützenpositionen (Tabelle B.20)			
Position der Stütze, Mittellinie	–	± 10 mm	± 5 mm
Gesamtlänge *L* eines Gebäudes, bis 30 m		± 20 mm	± 16 mm
wie vor, über 30 bis 250 m		± 0,25 (*L* + 50) mm	± 0,2 (*L* + 50) mm

4 Stahl- und Metallbau

Fortsetzung Tabelle C 4.7

Bauteil und Merkmal/ Parameter	grundlegende Montagetoleranzen	ergänzende Montagetoleranzen	
		Klasse 1	**Klasse 2**
wie vor, über 250 m	–	± 0,1 (*L* + 500) mm, *L* in m	± 0,1 (*L* + 350) mm, *L* in m
Stützenabstand *L*, bis 5 m		± 10 mm	± 7 mm
wie vor, über 5 m		± 0,2 (*L* + 45) mm, *L* in m	± 0,2 (*L* + 30) mm, *L* in m
Stützenausrichtung, bezogen auf die Achsen		± 10 mm	± 7 mm
Stützenausrichtung, bezogen auf die Außenseiten		± 10 mm	± 7 mm
Brückenfahrbahnen (Tabelle B.21)			
Blechstöße und Verbindungen	–	Tabelle B.21	Tabelle B.21
Kranbahnen (Tabelle B.22)			
Lage der Schienen und Neigung	–	Tabelle B.22	Tabelle B.22
Betonfundamente und Abstützungen (Tabelle B.23)			
Höhenlage eines Fundaments	–	–15/+5 mm	–
vertikale Betonwand		± 25 mm	
eingebaute Ankerschraube mit Reguliermöglichkeit, Lage der Spitze		± 10 mm	
wie vor, vertikaler Überstand		–5/+20 mm	
eingebaute Ankerschraube ohne Reguliermöglichkeit, Lage bzw. Höhenlage der Spitze		± 3 mm	
wie vor, vertikaler Überstand		–5/+45 mm	
wie vor, horizontaler Überstand		–5/+45 mm	
in Beton eingebettete Stahlankerplatte, in jeder Richtung		± 10 mm	

Fortsetzung Tabelle C 4.7

Bauteil und Merkmal/ Parameter	**grundlegende Montagetoleranzen**	**ergänzende Montagetoleranzen**	
		Klasse 1	**Klasse 2**
Türme und Maste (Tabelle B.24)			
Geradheit von Eckstielen und Gurtbauteilen	Tabelle B.24	–	–
Hauptmaße			
Lage der Bauteilachse einer Ausfachung			
Ausrichtung der Bauteilachsen			
Vertikalität bei Masten			
Vertikalität bei Türmen			
Verdrehung über die Tragwerkshöhe			
Verdrehung zwischen benachbarten Tragwerkshöhen			
biegebeanspruchte Balken und druckbeanspruchte Bauteile (Tabelle B.25)			
Geradheit, sofern seitlich nicht gehalten, über die Länge L	$\pm L/750$	–	–

Für das fertiggestellte Tragwerk ist eine **Vermessung** erforderlich. Zusätzlich ist die Einhaltung der geforderten Genauigkeiten im Zuge der Montage einzelner Bauteile bzw. Teile des Tragwerks notwendig im Hinblick auf die Maßhaltigkeit des Gesamttragwerkes. Die Vermessung muss **auf das Sekundärsystem bezogen** sein (vgl. DIN EN 1090-2, Abschnitt 12.7). Das Messverfahren ist freigestellt. Allerdings muss die Genauigkeit des gewählten Verfahrens im Verhältnis zu den Prüfkriterien (für die Ausführung bestimmte Toleranzen) geeignet, d. h. hinreichend genau bzw. mit einer hinreichend kleinen Unschärfe verbunden sein. Sogenannte Cloud-Point-Vermessungs-Verfahren können angewendet werden.

Für die Vermessung angewendete **Verfahren** und Messeinrichtungen dürfen gewählt werden nach ISO 7976-1:1989-03 „Toleranzen im Bauwesen; Verfahren zur Messung von Bauwerken und Bauprodukten; Teil 1: Verfahren und Instrumente“ und ISO 7976-2:1989-03 „Toleranzen im Bauwesen; Verfahren zur Messung von Bauwerken und Bauprodukten; Teil 2: Lage der Meßpunkte“.

Abb. C 4.13: Beispiel für eine geschweißte Stahlkonstruktion

4.4.3 Maßtoleranzen für Schweißkonstruktionen nach DIN EN ISO 13920

Für **geschweißte Konstruktionen** werden in DIN EN ISO 13920:1996-11 „Schweißen – Allgemeintoleranzen für Schweißkonstruktionen – Längen- und Winkelmaße; Form und Lage" Allgemeintoleranzen für Längen- und Winkelmaße sowie für Form und Lage bei Schweißkonstruktionen ohne Einschränkung der Anwendungsgebiete angegeben (vgl. Abb. C 4.13). Diese Toleranzen sind mindestens mit einem allgemeinen Hinweis auf die Toleranzklasse in den Ausführungsunterlagen anzugeben.

Die Toleranzen werden in 4 Klassen unterteilt, die auf werkstattüblichen Genauigkeiten basieren. Die Auswahl einer bestimmten **Toleranzklasse** sollte unter dem Aspekt der funktionellen Anforderungen an das fertige Bauteil bzw. Bauwerk erfolgen. Die angegebenen Toleranzen für Maße und die Toleranzen für die geometrische Form eines Bauteils sind jeweils unabhängig voneinander einzuhalten.

Die **Grenzabmaße für Längenmaße** betragen bei geschweißten Konstruktionen gemäß DIN EN ISO 13920, Tabelle 1, wie folgt (vgl. Tabelle C 4.8):

Tabelle C 4.8: Grenzabmaße für Längenmaße bei geschweißten Konstruktionen nach DIN EN ISO 13920:1996-11, Tabelle 1

Toleranzklasse	**Nennmaßbereich *l* in mm**										
	2 bis 30	**über 30 bis 120**	**über 120 bis 400**	**über 400 bis 1.000**	**über 1.000 bis 2.000**	**über 2.000 bis 4.000**	**über 4.000 bis 8.000**	**über 8.000 bis 12.000**	**über 12.000 bis 16.000**	**über 16.000 bis 20.000**	**über 20.000**
	Grenzabmaße *t* in mm										
A	±1	±1	±1	±2	±3	±4	±5	±6	±7	±8	±9
B		±2	±2	±3	±4	±6	±8	±10	±12	±14	±16
C		±3	±4	±6	±8	±11	±14	±18	±21	±24	±27
D		±4	±7	±9	±12	±16	±21	±27	±32	±36	±40

Abb. C 4.14: Beispiel für eine Schweißkonstruktion

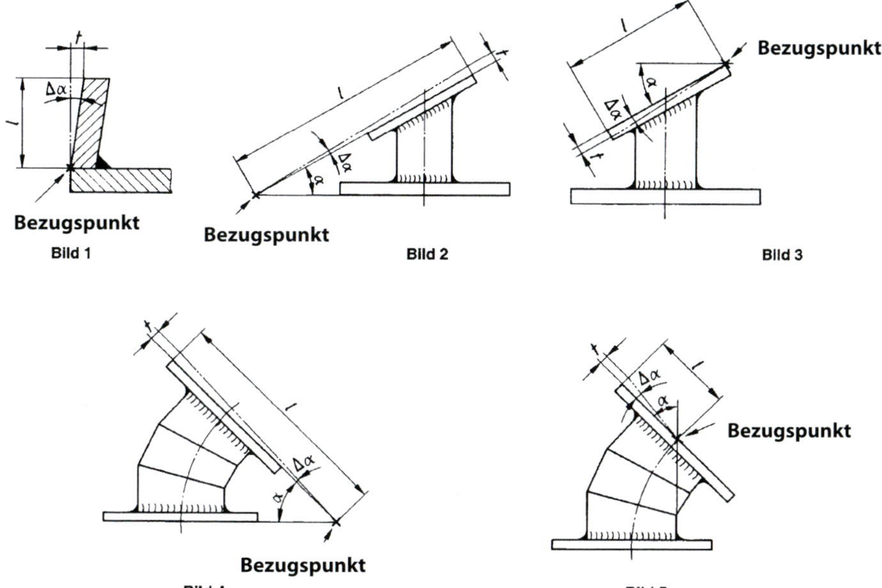

Abb. C 4.15: Definition des Bezugspunktes bei der Bestimmung von Winkelabweichungen (Quelle: DIN EN ISO 13920:1996-11, Bild 1 bis Bild 5)

Die **Grenzabmaße für Winkelmaße** bei geschweißten Konstruktionen betragen gemäß DIN EN ISO 13920, Tabelle 2, wie folgt (vgl. Tabelle C 4.9 sowie Abb. C 4.14 und Abb. C 4.15):

Tabelle C 4.9: Grenzabmaße für Winkelmaße bei geschweißten Konstruktionen nach DIN EN ISO 13920:1996-11, Tabelle 2

Toleranzklassen	Nennmaßbereich *l* in mm (Länge oder kürzerer Schenkel)		
	bis 400	**über 400 bis 1.000**	**über 1.000**
	Grenzabmaße Δα (in Grad und Minuten)		
A	±20′	±15′	±10′
B	±45′	±30′	±20′
C	± 1°	±45′	±30′
D	±1° 30′	±1° 15′	± 1°
	gerechnete und gerundete Grenzabmaße *t* in mm/m[1)]		
A	± 6	± 4,5	± 3
B	±13	± 9	± 6
C	±18	±13	± 9
D	±26	±22	±18

[1)] Die Angabe in mm/m entspricht dem Tangenswert der Grenzabmaße. Sie ist mit der Länge in Meter des kürzeren Schenkels zu multiplizieren.

Die Abweichung bzw. das Grenzabmaß wird jeweils auf die kürzere Länge bzw. den kürzeren Schenkel eines Winkels bezogen (vgl. Abb. C 4.15). Die Festlegung eines anderen Bezugspunktes ist im konkreten Einzelfall möglich.

Toleranzen für die Geradheit, die Ebenheit und die Parallelität von geschweißten Bauteilen sind in DIN EN ISO 13920, Tabelle 3, wie folgt angegeben (vgl. Tabelle C 4.10):

Tabelle C 4.10: Geradheits-, Ebenheits- und Parallelitätstoleranzen für geschweißte Bauteile nach DIN EN ISO 13920:1996-11, Tabelle 3

Toleranzklasse	Nennmaßbereich *l* in mm (bezieht sich auf die längere Seite der Oberfläche)									
	über 30 bis 120	**über 120 bis 400**	**über 400 bis 1.000**	**über 1.000 bis 2.000**	**über 2.000 bis 4.000**	**über 4.000 bis 8.000**	**über 8.000 bis 12.000**	**über 12.000 bis 16.000**	**über 16.000 bis 20.000**	**über 20.000**
	Toleranzen *t* in mm									
E	0,5	1	1,5	2	3	4	5	6	7	8
F	1	1,5	3	4,5	6	8	10	12	14	16
G	1,5	3	5,5	9	11	16	20	22	25	25
H	2,5	5	9	14	18	26	32	36	40	40

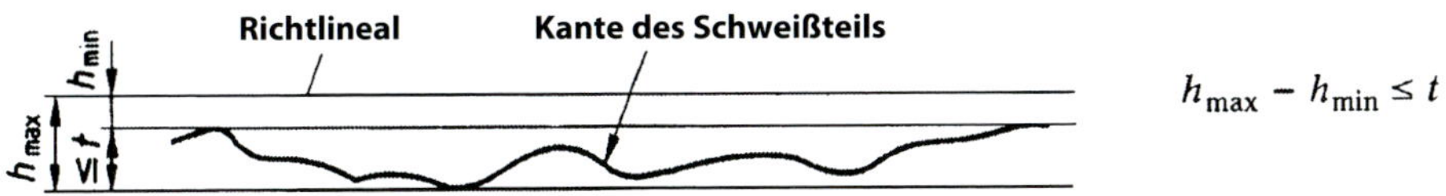

Abb. C 4.16: Geradheitsprüfung geschweißter Bauteile (Quelle: DIN EN ISO 13920:1996-11, Bild 6)

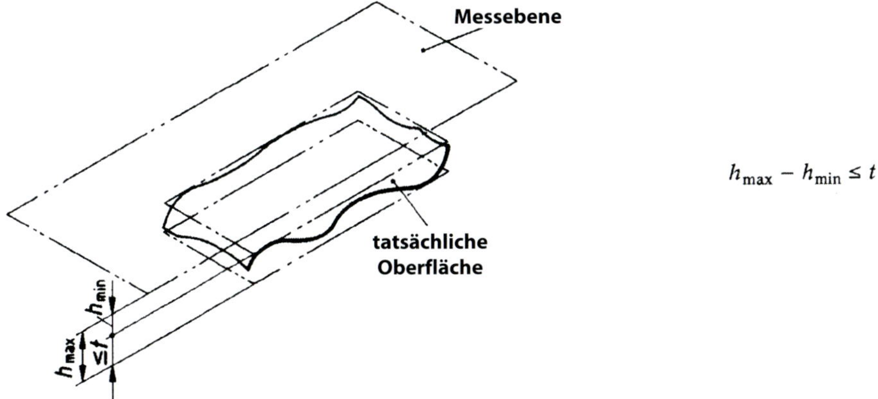

Abb. C 4.17: Prüfung der Ebenheit geschweißter Bauteile (Quelle: DIN EN ISO 13920:1996-11, Bild 7)

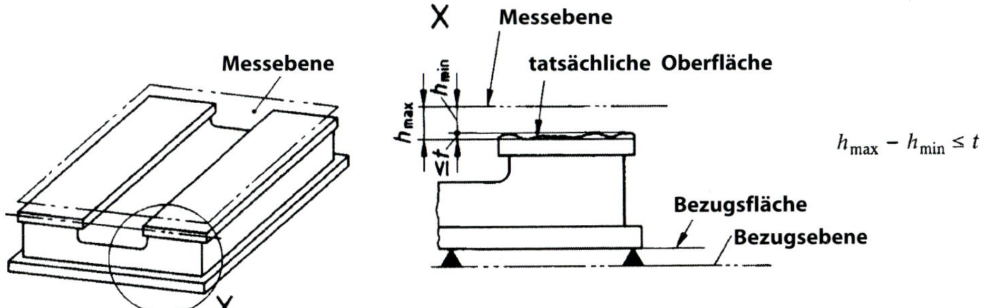

Abb. C 4.18: Parallelitätsprüfung geschweißter Bauteile (Quelle: DIN EN ISO 13920:1996-11, Bild 8)

Bei der **Prüfung von Maßabweichungen** sind äußere Einflüsse aus ungewöhnlichen Temperaturen oder Witterungsverhältnissen, insbesondere bei starker Sonneneinstrahlung, entsprechend der Längenänderung der Bauteile zu berücksichtigen.

Winkelabweichungen werden durch das tangentiale Anlegen des Messwerkzeugs an das Schweißteil außerhalb der unmittelbar beeinflussten Zone festgestellt. Die Winkelabweichung kann als Winkel in Grad oder als Stichmaß in Millimeter festgestellt werden.

Für die **Prüfung der Geradheit** wird das Richtlineal auf die Kante des Schweißteils aufgelegt. Gemessen wird der größte Abstand zwischen dem Richtlineal und der tatsächlichen Oberfläche als Stichmaß (vgl. Abb. C 4.16).

Für die **Prüfung der Ebenheit** wird die Messebene auf die Oberfläche des zu prüfenden Bauteils aufgelegt. Die Ebenheitsabweichung wird als Stichmaß zwischen der Messebene und der Bauteiloberfläche gemessen (vgl. Abb. C 4.17).

Für die **Prüfung der Parallelität** ist eine Messebene parallel zur Bezugsfläche auszurichten. Die Messebene ist außerhalb des Schweißteils zu schaffen. Die Abweichungen von der Parallelität werden als Stichmaß zwischen der tatsächlichen Oberfläche und der Messebene ermittelt (vgl. Abb. C 4.18).

4.4.4 Ausführung von Aluminiumtragwerken nach DIN EN 1090-3

Anforderungen an die **Ausführung von tragenden Bauteilen aus Aluminium** und Aluminiumtragwerken werden festgelegt in DIN EN 1090-3:2019-07 „Ausführung von Stahltragwerken und Aluminiumtragwerken – Teil 3: Technische Regeln für die Ausführung von Aluminiumtragwerken". Diese Norm gilt für Tragwerke, die nach den maßgebenden Teilen von Eurocode 9 (DIN EN 1999) bemessen wurden.

Geometrische Toleranzen werden analog zu den Bestimmungen für den Stahlbau in 2 Kategorien unterschieden:

- **grundlegende Toleranzen** unter dem Aspekt statisch-konstruktiver Anforderungen,
- **ergänzende Toleranzen** unter dem Aspekt der Passgenauigkeit und des Erscheinungsbildes.

Grundlegende Toleranzen müssen den in Anhang F und/oder Anhang H (für Schalentragwerke) zur DIN EN 1090-3 festgelegten Werten für zulässige Abweichungen entsprechen. Überschreitungen müssen korrigiert werden, sofern sie nicht durch einen entsprechenden Nachweis berücksichtigt werden können.

Ergänzende Toleranzen müssen den in Anhang G zur DIN EN 1090-3 tabellierten Werten für zulässige Abweichungen entsprechen. Sofern die dort enthaltenen Anforderungen nicht ausreichen, können folgende Toleranzen festgelegt werden:

- für geschweißte Tragwerke die Toleranzen nach DIN EN ISO 13920, Klasse C für Längen- und Winkelmaße sowie Klasse G für Geradheit, Ebenheit und Parallelität,
- für alle anderen Fällen für jede Abmessung d eine zulässige Abweichung $\pm d/500$ oder ± 5 mm, wobei der größere Wert maßgebend ist.

Für die **Ausführung von Aluminiumtragwerken** sind damit in der Regel folgende Genauigkeitsanforderungen zu berücksichtigen:

- grundlegende Herstell- und Montagetoleranzen in statisch-konstruktiver Hinsicht nach DIN EN 1090-3, Anhang F und/oder H,
- ergänzende Herstell- und Montagetoleranzen für die Passgenauigkeit nach DIN EN 1090-3, Anhang G, und erforderlichenfalls ergänzend nach DIN EN ISO 13920, Klasse C/G (je nach Festlegung).

In den zugelassenen Abweichungen sind **elastische Verformungen** nicht enthalten. Diese sind gesondert zu berücksichtigen. Nennmaße für die Ausführung gelten immer für eine **Bezugstemperatur** von 20 °C (Raumtemperatur). Messergebnisse, die bei anderen Temperaturen als der Bezugstemperatur ermittelt wurden, sind auf die Bezugstemperatur von 20 °C umzurechnen. Die Genauigkeitsanforderungen gelten für die Endabnahme. Ihre Einhaltung ist vorrangig zum **Zeitpunkt** der fertigten Errichtung des Tragwerks zu prüfen. Zwischenmessungen an Bauteilen sind nachrangig einzustufen.

Für die **Herstellung von Bauteilen aus Aluminium** werden in DIN EN 1090-3, Anhang F, Toleranzen mit einer Unterscheidung nach der Art des Bauteils angegeben. Für die einzelnen Bauteile werden jeweils unterschiedliche Merkmale mit einem Grenzwert für die Abweichung des Merkmals von seinem Nennmaß festgelegt. In der nachfolgenden Tabelle C 4.11 werden die **Herstelltoleranzen** für ausgewählte Merkmale angegeben. Für die übrigen Merkmale wird jeweils auf die Inhalte im Anhang zur DIN EN 1090-3 einschließlich der dort enthaltenen zeichnerischen Darstellungen zur Veranschaulichung der Einzelanforderung verwiesen.

Tabelle C 4.11: Grundlegende Herstelltoleranzen (mit statisch-konstruktiver Anforderung) und ergänzende Herstelltoleranzen (mit Anforderung an die Passgenauigkeit) für Aluminiumtragwerke nach DIN EN 1090-3:2019-07, Anhang F, Tabelle F.1 bis Tabelle F.7, und Anhang G, Tabelle G.1 bis Tabelle G.5

Bauteil und Merkmal/Parameter	**grundlegende Herstelltoleranzen** **Anhang F**	**ergänzende Herstelltoleranzen** **Anhang G**
geschweißte I-Querschnitte (Tabelle F.1)		
Querschnittshöhe *h*, bis 900 mm	± 3 mm	
wie vor, über 900 bis 1.800 mm	± 5 mm	
wie vor, über 1.800 mm	+8/–5 mm	
Flanschbreite *b*, bis 300 mm	± 3 mm	
wie vor, über 300 mm	± 5 mm	
Lage des Stegs	Tabelle F.1	
Abweichung von der Rechtwinkligkeit		
Abweichung von der Ebenheit		
geschweißte Kastenquerschnitte (Tabelle F.2, Tabelle G.1)		
Profilabmessungen, bis 300 mm	± 3 mm	
wie vor, über 300 mm	± 5 mm	
Rechtwinkligkeit		Tabelle G.1
Plattenverwölbung		
Trägerstege (Tabelle F.3)		
Stegblechverwölbung	Tabelle F.3	
Stegsteifen		

Fortsetzung Tabelle C 4.11

Bauteil und Merkmal/Parameter	**grundlegende Herstelltoleranzen** **Anhang F**	**ergänzende Herstelltoleranzen** **Anhang G**
Bauteile (Tabelle F.4, Tabelle G.2)		
Rechtwinkligkeit an Auflagern	*b*/300, mindestens 3 mm	
Geradheit über die Länge *L*	*L*/1.000	
Länge *L*		± (2 mm + L/5000)
wie vor, für Bauteile mit beidseitig für Kontaktstoß bearbeiteten Enden		± 2 mm
Überhöhung, als Strich bezogen auf die Länge *L*		L/1.000
Rechtwinkligkeit an den Enden mit Profilhöhe *D*, nicht als Kontaktstoß bearbeitet		± D/300
wie vor, als Kontaktstoß bearbeitet		± D/1.000
Steifen (Tabelle G.3)		
Ort der Steifen		Tabelle G.3
Löcher, Ausklinkungen und Enden (Tabelle G.4)		
Position von Löchern für Verbindungsmittel, Randabstand		+2/–0 mm
Position von Löchern für Verbindungsmittel, Mittellinie, für normale Löcher		± 0,5 mm
wie vor, für Verbindungsmittel in Löchern mit festgelegtem Lochspiel		± 2 mm
Position der Lochgruppe, für normale Löcher		± 0,5 mm
wie vor, für Verbindungsmittel in Löchern mit festgelegtem Lochspiel		± 2 mm
Abstand von Lochgruppen		Tabelle G.4
Verdrehung einer Lochgruppe		
Ausklinkungen		
Enden		

Fortsetzung Tabelle C 4.11

Bauteil und Merkmal/Parameter	**grundlegende Herstelltoleranzen** **Anhang F**	**ergänzende Herstelltoleranzen** **Anhang G**
Fußplatten- und Kopfplattenanschlüsse (Tabelle F.5)		
Fußplatten- und Kopfplattenanschlüsse, unplanmäßige Exzentrizität	5 mm	
Stützenstöße (Tabelle F.6)		
Stützenstoß, unplanmäßige Exzentrizität, mit der Breite d des breiteren Querschnitts	*d*/50, maximal 5 mm, mindestens 2 mm	
werkmäßig hergestellte Fachwerkbauteile (Tabelle F.7, Tabelle G.5)		
Anschlussaußermittigkeit mit Nennbreite *b* der Strebe	*b*/20 + 5 mm	
Fachwerkstreben nach dem Schweißen	Tabelle F.7	
Hauptquerschnittsmaße, bis 300 mm		± 3 mm
wie vor, über 300 bis 1.000 mm		± 5 mm
wie vor, über 1.000 mm		± 10 mm

Für die **Montage von Bauteilen aus Aluminium** werden in DIN EN 1090-3, Anhang F und Anhang G, ebenfalls Toleranzen mit einer Unterscheidung nach der Art des Bauteils angegeben. Für die einzelnen Bauteile werden jeweils unterschiedliche Merkmale mit einem Grenzwert für die Abweichung des Merkmals von seinem Nennmaß festgelegt. In der Tabelle C 4.12 werden die **Montagetoleranzen** für ausgewählte Merkmale angegeben. Für die übrigen Merkmale wird auf die Inhalte im Anhang zur DIN EN 1090-3 einschließlich der dort enthaltenen zeichnerischen Darstellungen zur Veranschaulichung der Einzelanforderung verwiesen.

Tabelle C 4.12: Grundlegende Montagetoleranzen (mit statisch-konstruktiver Anforderung) und ergänzende Montagetoleranzen (mit Anforderung an die Passgenauigkeit) für Aluminiumtragwerke nach DIN EN 1090-3:2019-07, Anhang F, Tabelle F.8 bis Tabelle F.10, und Anhang G, Tabelle G.6 bis Tabelle G.8

Bauteil und Merkmal/Parameter	**grundlegende Montagetoleranzen** **Anhang F**	**ergänzende Montagetoleranzen** **Anhang G**
Stützen (Tabelle F.8, Tabelle G.6)		
Neigungsmaß einer Stütze zwischen direkt übereinanderliegenden Geschossebenen mit Höhe *h*	± *h*/500	
Lage des Stützenstoßes direkt übereinanderliegender Geschossebenen	Tabelle F.8	
Lage des Stützenkopfes		
Neigungsmaß einer Stütze bei eingeschossigen Gebäuden	± *h*/300	
Neigungsmaß einer Kranbahnstütze	Tabelle F.8	
Neigungsmaß von Stützen von Portalrahmen		
Lage des Mittelpunktes einer Stütze im Grundriss		± 5 mm
Höhe über alle Stützen, bis 20 m		± 10 mm
wie vor, über 20 bis 100 m		± 0,25 (*h* + 20) mm, *h* in m
wie vor, über 100 m		± 0,1 (*h* + 200) mm, *h* in m
Abstand *L* zwischen den Endstützen einer Reihe, bis 30 m		± 20 mm
wie vor, über 30 bis 250 m		± 0,25 (*L* + 50) mm, *L* in m
wie vor, über 250 m		± 0,1 (*L* + 500) mm, *L* in m
Abstand zwischen Nachbarstützen		± 10 mm
Lage der Stützen in Bezug auf die Verbindungslinie der beiden Nachbarstützen		± 10 mm

Fortsetzung Tabelle C 4.12

Bauteil und Merkmal/Parameter	**grundlegende Montagetoleranzen** **Anhang F**	**ergänzende Montagetoleranzen** **Anhang G**
Träger (Tabelle G.7)		
Höhe eines Trägers an der Verbindungsstelle zur Stütze relativ zur tatsächlichen Geschossebenen		± 10 mm
Höhe der Oberkante der entgegengesetzten Trägerenden, Trägerlänge *L*		*L*/500, maximal 10 mm
Höhe der Oberkanten benachbarter Träger am gleichgerichteten Ende		± 10 mm
Abstand benachbarter Träger am gleichgerichteten Ende		± 10 mm
Höhe zum nächstgelegenen Geschoss		± 10 mm
Anschlüsse von Trägern an Stützen (Tabelle F.9)		
Lage der Riegel-Stützen-Verbindung für Stützenbreite *b*	*b*/50, maximal 5 mm, mindestens 2 mm	
Kontaktstöße (Tabelle F.10)		
Luftspalt	Tabelle F.10	
Brücken (Tabelle G.8)		
Spannweite		Tabelle G.8
Brücke im Aufriss und im Grundriss		
Oberflächengenauigkeit		
Schweißungen		

Für das Ausrichten und **Vermessen der Aluminiumkonstruktion** auf der Baustelle ist ein **Bezugssystem** nach ISO 4463-1 zu vereinbaren und zu verwenden. Die Koordinaten dieses Sekundärsystems sind unter der Voraussetzung einer Übereinstimmung mit den in ISO 4463-1 festgelegten Abnahmekriterien als korrekt anzunehmen. Abweichungen bei montierten Bauteilen sind relativ zu ihren Positionspunkten zu messen, bei fehlendem Positionspunkt hilfsweise relativ zum Sekundärsystem. Auch die **Bezugstemperatur** für das Ausrichten und Vermessen des Aluminiumtragwerks ist festzulegen.

Abb. C 4.19: Beispiel für eine Metallbaufassade

4.5 Ausführung von Metallbauarbeiten

4.5.1 Maßtoleranzen nach VOB/C ATV DIN 18360 Metallbauarbeiten

Die ATV DIN 18360:2019-09 **„Metallbauarbeiten"** gilt für Konstruktionen aus Metall auch im Verbund mit anderen Werkstoffen (siehe Abb. C 4.19). Sie gilt nicht für Stahlbauarbeiten, für Klempnerarbeiten, für abgehängte Decken aus industriell gefertigten Komponenten, für hinterlüftete Fassaden, für Beschlagarbeiten und für Rollladenarbeiten.

Für das **Herstellen** von Bauteilen sind Abweichungen von vorgeschriebenen Maßen in den durch DIN EN ISO 13920 bestimmten Grenzen zulässig. Es gelten die Toleranzen für geschweißte und nicht geschweißte Bauteile der Toleranzklasse C für Längen- und Winkelmaße und der Toleranzklasse G für Geradheit, Ebenheit und Parallelität.

Für die **Montage** sind Abweichungen von den vorgeschriebenen Maßen in den durch DIN 18202 bestimmten Grenzen zulässig. Dies gilt nur, soweit die Funktion und die Tragfähigkeit der Bauteile nicht beeinträchtigt werden.

Die erforderlichen Leistungen sind Besondere Leistungen im Sinne der VOB/C, wenn an die Ebenheit von Bauteiloberflächen folgende Anforderungen gestellt werden:

- höhere Anforderungen als nach DIN 18202, Tabelle 3, Zeile 7 (flächenfertige Wände und Unterseiten von Decken, z. B. Wandbekleidungen und untergehängte Decken, mit erhöhten Anforderungen) oder
- sonstige erhöhte Anforderungen an die Maßhaltigkeit gegenüber den in den genannten Normen aufgeführten Werten.

Ebenheitsabweichungen in den Oberflächen, die bei Streiflicht sichtbar werden, sind zulässig, wenn diese innerhalb der Grenzwerte nach DIN 18202, Tabelle 3, Zeile 6 (flächenfertige Wände und Unterseiten von Decken), bleiben.

Als Bedenken im Sinne von VOB/B kommen in Betracht:

- fehlende Bezugspunkte für die Montage, insbesondere fehlende Höhenbezugspunkte und Achspunkte je Geschoss, sowie
- größere Maßabweichungen als nach DIN EN ISO 13920 bzw. DIN 18202 zulässig.

Die **Art der Befestigung** von Bauteilen am Bauwerk bleibt dem Auftragnehmer grundsätzlich überlassen. Verbindungen und Befestigungen sind jedoch so auszufüh-

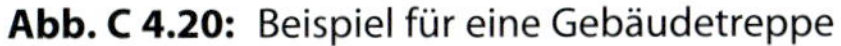

Abb. C 4.20: Beispiel für eine Gebäudetreppe

Abb. C 4.21: Beispiel einer Unterkonstruktion aus Stahlprofilen für eine Gebäudehülle aus Metallleichtbauelementen

ren, dass Kräfte sicher in den Baukörper übertragen und **Bewegungen** aus den Bauteilen und dem Bauwerk **aufgenommen** werden können. Dies ist bei der Passung der Anschlusskonstruktionen zu berücksichtigen.

Bei der Ausführung von **Gebäudetreppen** (vgl. Abb. C 4.20) sind die Maßtoleranzen nach DIN 18065 für Gebäudetreppen einzuhalten (siehe auch Teil C, Kapitel 7).

4.5.2 Metallleichtbau nach den IFBS-Fachregeln

In dem vom Internationalen Verband für den Metallleichtbau (IFBS) herausgegebenen Merkblatt „Ausführungstoleranzen für den Metallleichtbau" (Ausgabe 07/2017) werden **Ausführungstoleranzen** für den **Metallleichtbau** angegeben (vgl. IFBS-Fachregeln des Metallleichtbaus – Planung und Ausführung, 2020, Kapitel 9). Die Toleranzen werden unterschieden in Anforderungen an den Untergrund bzw. Vorgewerke und Toleranzen für die Ausführung des Metallleichtbaus.

Für die **Unterkonstruktion** der Gebäudehülle (Wand, Dach; vgl. Abb. C 4.21) wird die Einhaltung der halben Werte gefordert für die Ebenheitsabweichungen nach DIN 18202, Tabelle 3, Zeile 1 (für Dächer) bzw. Zeile 6 (für Wände, normale Anforderungen) bzw. Zeile 7 (für Wände, erhöhte Anforderung). Zusätzlich zu den Grenzwerten für Ebenheitsabweichungen werden Grenzwerte für Unterkonstruktionen aus Tragprofilen formuliert wie folgt:

- Abweichung von der Flucht im Mehrfeldsystem: ± 5,0 mm/10 m
- Abweichung von der Neigung über die Wandhöhe: ± 1°, maximal 16 mm
- Abweichung benachbarter Riegel/Pfetten: ± 1,0 mm/1 m Abstand, maximal 5,0 mm

Die Forderung nach einer erhöhten Ebenheit gegenüber DIN 18202 ist aus technischer Sicht verständlich für die **Montage von Sandwichelementen** auf einer Unterkonstruktion, wenn die werkmäßig vorgefertigten Elemente selbst keine oder nur eine begrenzte Genauigkeitsverbesserung gegenüber der Unterkonstruktion zulassen. Allerdings geht bereits die Reduzierung der Grenzwerte nach Tabelle 3, Zeile 6, auf die halben Werte über die erhöhten Anforderungen nach DIN 18202, Tabelle 3, Zeile 7, hinaus. Die aus der Sicht des Metallleichtbaus geforderte Genauigkeit entspricht damit nicht der im Rohbau für die Unterkonstruktion regelmäßig üblichen Genauigkeit. Dieser Umstand ist vor allem bei der Bemessung der Schnittstellen zur Aufnahme von Konstruktionen des Metallleichtbaus zu berücksichtigen. **Erhöhte Anforderungen** an die Genauigkeit gegenüber DIN 18202 gehen erfahrungsgemäß mit einem deutlichen Mehraufwand einher. Es sollte deshalb im Einzelfall geprüft werden, ob nicht anstelle einer erhöhten Genauigkeit für die Unterkonstruktion ein entsprechender Passungsausgleich an den Verbindungsstellen zwischen Unterkonstruktion und Metallleichtbau angewendet werden kann. In jedem Fall müssen – aus technischer Sicht – die für Unterkonstruktionen für den Metallleichtbau geforderten erhöhten Anforderungen als Bestandteil der Ausführungsvorgaben für die Vorgewerke eindeutig angegeben sein.

Für die **Ausführung** des fertigen Gewerks im **Metallleichtbau** gelten die Toleranzen nach DIN 18202 (vgl. Abb. C 4.22 und Abb. C 4.23). Zusätzlich sind nach DIN 18202 die bei **Bauprodukten** zulässigen Maßabweichungen zu berücksichtigen. Diese werden für den Metallleichtbau angegeben wie folgt:

- Grenzabweichungen für **Sandwichelemente**:
  - Linienführung eines Tropfprofils an der Vorderkante — ± 2 mm/1 m, maximal 10 mm/5 m
  - Versatz am Querrand — ≤ 8 mm
  - Querwölbung — ≤ 10 mm/m Breite
  - Längswölbung Wand — ≤ 2 mm/m Elementlänge, maximal 10 mm
  - Längswölbung Dach — ≤ 2 mm/m Elementlänge, maximal 15 mm
  - Oberflächenebenheit — 0,6 mm bis 200 mm bzw. 1,0 mm bei 400 mm bzw. 1,5 mm über 700 mm (Zwischenwerte sind zu interpolieren)
  - Sichtbarkeit der Befestigung (Eindellung, Aufklaffen am Auflager) — ≤ 2 mm
- Grenzabweichungen für **Trapez- und Wellprofile** (Wand):
  - Linienführung eines Tropfprofils an der Vorderkante — ± 2 mm/1 m, maximal 10 mm/5 m
  - Versatz am Querrand — ≤ 7 mm
  - Oberflächenebenheit der fertigen Wand — DIN 18202, Tabelle 3, Zeile 6
  - Längswölbung — ≤ 1,0 mm/m Profillänge, maximal 5,0 mm
- Grenzabweichungen für **bekleidete Kantprofile**:
  - Parallelverlauf zur Bezugsachse — Winkelabweichung nach DIN 18202, Tabelle 2
  - Oberflächenebenheit — keine Anforderung

Abb. C 4.22: Beispiel für Wandelemente im Metallleichtbau

Abb. C 4.23: Beispiel für Dachelemente im Metallleichtbau

- Grenzabweichungen für **Wandpaneele, rollgeformt oder gekantet**:
  - Oberflächenebenheit — 0,7 mm bis 200 mm bzw. 1,2 mm bei 400 mm bzw. 1,5 mm über 700 mm (Zwischenwerte sind zu interpolieren)
  - Längsfugenbreite — Herstelltoleranz +2 mm
  - Unterschied der Bautiefe benachbarter Paneele — Herstelltoleranz +2 mm, ≤ 4 mm
  - Abweichung von der Solllinie an den Fugen — Herstelltoleranz ± 1 mm
  - Versatz an Kreuzungspunkten — Herstelltoleranz ± 1 mm, maximal 2 mm
  - Querwölbung des einzelnen Paneels — $0{,}005\,b + 2$ mit Breite b in mm
  - Längswölbung — ≤ 1,0 mm/m Paneellänge, maximal 5,0 mm

Abb. C 4.24: Beispiel für die Montage einer Metallfassade

Abb. C 4.25: Beispiel für die Montage einer Metallfassade. Die Befestigungselemente für die Unterkonstruktion sind mit vielfachen Toleranzausgleichsmöglichkeiten versehen.

4.5.3 Hinweise zum Toleranzausgleich bei Fassaden

Bei der Ausführung von Fassadenbekleidungen muss die Unterkonstruktion der Bekleidung Maßabweichungen der Rohbaukonstruktion gegenüber der Fassadenbekleidung aufnehmen können (vgl. Abb. C 4.24 und Abb. C 4.25). Ein Ausgleich der Rohbautoleranzen wird über die **Befestigungselemente** erzielt. Für das Justieren der Fassadenbekleidung sind Mehrfachlochungen oder Langlöcher in den Unterkonstruktionen vorzusehen (vgl. Abb. C 4.26, Abb. C 4.27 und Abb. C 4.28). Die Abmessungen der Mehrfachlochungen bzw. Langlöcher ergeben sich aus den zulässigen Maßabweichungen für die Rohbaukonstruktion. Zusätzlich ist das **Bezugssystem** für Fassadenbekleidung und Rohbau zu berücksichtigen. Außenwandkonstruktion und Fassadenbekleidung sind nach einem einheitlichen Bezugssystem auszurichten, um Maßabweichungen in der **Vermessung** nach Möglichkeit auszuschließen (vgl. Teil A

Abb. C 4.26: Beispiel für die Montage einer Metallfassade am Rohbau

Abb. C 4.27: Beispiel für eine Befestigung der Metallfassade über längenvariable Konsolen am Rohbau

Abb. C 4.28: Beispiel für eine Fassadenbefestigung über einseitige Langlöcher

[Erläuterungen zum vermessungstechnischen Bezugssystem] und Teil B [Passungsüberlegungen und Schnittstellen] des vorliegenden Buches).

4.5.4 Hinweise zur Ausführung geschweißter Geländerkonstruktionen

Bei der Ausführung geschweißter **Geländerkonstruktionen** ist aus Gründen des optischen Erscheinungsbildes eine besonders hohe Genauigkeit erforderlich. Das Gewicht des optischen Erscheinungsbildes wird noch verstärkt durch den vergleichsweise geringen Betrachtungsabstand, z. B. bei Treppengeländern, Balkongeländern und dergleichen. Neben den Anforderungen an die Passung vorgefertigter Teile für den späteren Einbau am Bauwerk sind in diesen Fällen auch Anforderungen an das optische Erscheinungsbild zu stellen. Die Erwartungen hinsichtlich des **optischen Erscheinungsbildes** erfordern dabei in der Regel weit höhere Genauigkeiten als dies für die Passung beim Einbau der Teile notwendig wäre. Passungstoleranzen für die Montage und Toleranzen für das optische Erscheinungsbild sollten getrennt festgelegt und für die Ausführung vorgegeben werden. Hierbei ist zu berücksichtigen, dass werkmäßig vorgefertigte Teile im Allgemeinen eine höhere Genauigkeit aufweisen können, als dies bei der nachträglichen Herstellung von Schweißverbindungen auf der Baustelle möglich ist. So hängt die Genauigkeit vor Ort hergestellter Schweißverbindungen z. B. von

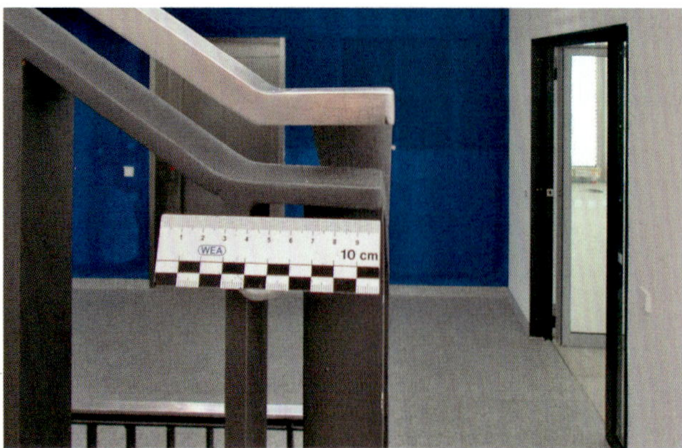

Abb. C 4.29: Beispiel für eine sichtbare Maßabweichung in der Ausrichtung der Metallprofile zueinander

Abb. C 4.30: Beispiel für eine sichtbare Maßabweichung eines auf der Baustelle geschweißten Profilstoßes

der Möglichkeit ab, die zu verschweißenden Teile in ihrer Lage auszurichten (vgl. Abb. C 4.29 und Abb. C 4.30).

Eine **Beurteilung** geschweißter Geländerkonstruktionen hinsichtlich des optischen **Erscheinungsbildes** auf der Grundlage der in DIN 18202 enthaltenen Toleranzen wird in der Regel nicht zielführend sein. Unter dem Aspekt der Gestaltung sind strengere Anforderungen an die Maßhaltigkeit zu stellen als unter dem Aspekt der Passung (z. B. eines Montagestoßes). Diese Anforderungen sind ggf. unter Wirtschaftlichkeitsgesichtspunkten gesondert zu definieren und zu vereinbaren.

4.5.5 Hinweise zu Konstruktionen aus Metallprofilen

Bei der Ausführung von Konstruktionen aus **Metallprofilen** (vgl. Abb. C 4.31) können die Regelungen der DIN 18202 für Verkrümmungen oder Verdrehungen einzelner Profile keine Anwendung finden. Maßabweichungen und Winkelabweichungen werden gemäß DIN 18202 nur an den Ecken eines Bauteils gemessen. Ebenheitsabweichungen gelten nur für in sich geschlossene Flächen. Die Geradlinigkeit von Pro-

Abb. C 4.31: Beispiel für eine Konstruktion aus Metallprofilen

Abb. C 4.32: Beispiel für eine Geländerkonstruktion mit einer unplanmäßigen seitlichen Auslenkung des Rahmenprofils

filkanten lässt sich hingegen nach DIN 18202 nicht zufriedenstellend beurteilen. Bei Verkrümmungen oder Verdrehungen von **Profilen** ist zu beachten, dass diese Teile in der Regel werkmäßig hergestellt werden und eine vergleichsweise sehr hohe Genauigkeit aufweisen. Maßabweichungen werden im Regelfall augenscheinlich nicht erkennbar sein und bei Kontrollmessungen allenfalls in einer verglichen mit DIN 18202 sehr geringen Größenordnung vorliegen. Werden Verkrümmungen oder Verdrehungen dennoch festgestellt, so ist dies zumeist auf einen handwerklichen Fehler bei der Herstellung der Konstruktion und somit auf eine ungenügende Sorgfalt zurückzuführen. Beurteilungsmaßstab hierfür ist also sinnvollerweise nicht die DIN 18202, sondern die **übliche handwerkliche Sorgfalt** innerhalb der Fachregeln für das Metallhandwerk (vgl. Abb. C 4.32).

5 Abdichtungen und Dachdeckungen

5.1 Grundlegende Passungsanforderungen – Maßtoleranzen im Hochbau nach DIN 18202

Maßtoleranzen nach DIN 18202 gelten baustoffunabhängig für Bauwerke und deren Teile. Sie sind anzuwenden, soweit nicht andere Genauigkeiten vereinbart werden und stellen die für Standardleistungen bzw. Bauteile und Bauwerke durchschnittlich üblicher Ausführungsart zu erreichende Genauigkeit dar. Für **Abdichtungen** aus bahnenförmigen, pastösen oder flüssigen Stoffen, die in einer vergleichsweise dünnen Schicht aufgebracht werden, hängt die Genauigkeit der fertigen Bekleidung unmittelbar von ihrem Untergrund ab. Gleiches gilt für **Dachdeckungen**, vor allem aus kleinformatigen Elementen, die bei der Verlegung selbst kaum einen Einfluss auf die Maßhaltigkeit der Gesamtkonstruktion haben (vgl. Abb. C 5.1).

Die **Grenzabweichungen für Maße** bei Abdichtungsarbeiten, Dachdeckungs- und Dachabdichtungsarbeiten sowie bei Klempnerarbeiten betragen gemäß DIN 18202, Tabelle 1, wie folgt (vgl. Tabelle C 5.1):

Tabelle C 5.1: Grenzabweichungen für Maße bei Abdichtungsarbeiten, Dachdeckungs- und Dachabdichtungsarbeiten sowie bei Klempnerarbeiten nach DIN 18202:2019-07, Tabelle 1

Spalte	1	2	3	4	5	6	7
Zeile	**Bezug**	**Grenzabweichungen in mm** bei Nennmaßen					
		bis 1 m	**über 1 bis 3 m**	**über 3 bis 6 m**	**über 6 bis 15 m**	**über 15 bis 30 m**	**über 30 m**
1	**Maße im Grundriss**	± 10	± 12	± 16	± 20	± 24	± 30
2	**Maße im Aufriss**	± 10	± 16	± 16	± 20	± 30	± 30
3	**lichte Maße im Grundriss**	± 12	± 16	± 20	± 24	± 30	
4	**lichte Maße im Aufriss**	± 16	± 20	± 20	± 30		
5	**Öffnungen**	± 10	± 12	± 16			
6	**Öffnungen, oberflächenfertige Leibungen**	± 8	± 10	± 12			

Abb. C 5.1: Beispiel für Abdichtungen und Dachdeckungen

Die **Grenzwerte für Winkelabweichungen** bei Abdichtungsarbeiten, Dachdeckungs- und Dachabdichtungsarbeiten sowie bei Klempnerarbeiten betragen gemäß DIN 18202, Tabelle 2, wie folgt (vgl. Tabelle C 5.2):

Tabelle C 5.2: Winkelabweichungen bei Abdichtungsarbeiten, Dachdeckungs- und Dachabdichtungsarbeiten sowie bei Klempnerarbeiten nach DIN 18202:2019-07, Tabelle 2

Spalte	1	2	3	4	5	6	7	8
Zeile	**Bezug**	**Stichmaße als Grenzwerte in mm** bei Nennmaßen						
		bis 0,5 m	**über 0,5 bis 1 m**	**über 1 bis 3 m**	**über 3 bis 6 m**	**über 6 bis 15 m**	**über 15 bis 30 m**	**über 30 m**
1	**alle Flächen**	3	6	8	12	16	20	30

Die **Grenzwerte für Ebenheitsabweichungen** bei Abdichtungsarbeiten, Dachdeckungs- und Dachabdichtungsarbeiten sowie bei Klempnerarbeiten betragen gemäß DIN 18202, Tabelle 3, wie folgt (vgl. Tabelle C 5.3):

Tabelle C 5.3: Grenzwerte für Ebenheitsabweichungen bei Abdichtungsarbeiten, Dachdeckungs- und Dachabdichtungsarbeiten sowie bei Klempnerarbeiten nach DIN 18202:2019-07, Tabelle 3

Spalte	1	2	3	4	5	6
Zeile	**Bezug**	**Stichmaße als Grenzwerte in mm** bei Messpunktabständen				
		bis 0,1 m	**bis 1 m**[1]	**bis 4 m**[1]	**bis 10 m**[1]	**bis 15 m**[1),2]
1	**nicht flächenfertige Oberseiten von Decken** und Böden	10	15	20	25	30
2a	wie Zeile 1, jedoch zur Aufnahme von Bodenaufbauten	5	8	12	15	20
2b	**flächenfertige Oberseiten von Decken** und Bodenplatten, **für untergeordnete Zwecke**	5	8	12	15	20
3	**flächenfertige Böden**	2	4	10	12	15
4	wie Zeile 3, jedoch mit erhöhten Anforderungen	1	3	9	12	15
5	**nicht flächenfertige Wände und Unterseiten** von Decken	5	10	15	25	30
6	**flächenfertige Wände und Unterseiten** von Decken	3	5	10	20	25
7	wie Zeile 6, jedoch mit erhöhten Anforderungen	2	3	8	15	20

[1] Zwischenwerte sind den Bildern 6 und 7 der DIN 18202:2019-07 zu entnehmen und auf ganze Millimeter zu runden.
[2] Die Grenzwerte für Ebenheitsabweichungen der Spalte 6 gelten auch für Messpunktabstände über 15 m.

Die **Grenzwerte für Fluchtabweichungen** bei Stützen betragen gemäß DIN 18202, Tabelle 4, wie folgt (vgl. Tabelle C 5.4):

Tabelle C 5.4: Grenzwerte für Fluchtabweichungen bei Stützen nach DIN 18202:2019-07, Tabelle 4

Spalte	1	2	3	4	5	6
Zeile	**Bezug**	**Stichmaße als Grenzwerte in mm** bei Nennmaßen als Messpunktabstand				
		bis 3 m	**über 3 bis 6 m**	**über 6 bis 15 m**	**über 15 bis 30 m**	**über 30 m**
1	zulässige Abweichung von der Flucht	8	12	16	20	30

Abb. C 5.2: Beispiel für eine Bauwerksabdichtung auf einer später erdüberschütteten Deckenplatte

5.2 Statisch-konstruktive Anforderungen

Selbsttragende Konstruktionen mit einer Funktion als Abdichtung und/oder Dachdeckung unterliegen den Bemessungsanforderungen für Tragwerke. Die Genauigkeitsanforderungen richten sich in diesem Fall nach den der Tragwerksbemessung zugrunde zu legenden Anforderungen, z. B. aus dem Massivbau, dem Holzbau oder dem Stahlbau. Auf die entsprechenden Ausführungen zu diesen Gewerken wird verwiesen.

Nicht selbsttragende Abdichtungen und/oder Dachdeckungen werden auf eine Unterkonstruktion mit tragender Funktion aufgebracht (vgl. Abb. C 5.2). In diesem Fall sind an den Belag in der Regel keine statisch-konstruktiven Anforderungen in Bezug auf die geometrischen Toleranzen zu stellen. Die Ausführung muss in erster Linie den Genauigkeitsanforderungen in Bezug auf die Passgenauigkeit innerhalb des betreffenden Gewerkes und an den Schnittstellen zu den angrenzenden Leistungsbereichen genügen. Hierzu sind nachfolgend Genauigkeitsanforderungen an die Bauprodukte und an die handwerkliche Verarbeitung angegeben.

5.3 Anforderungen an Bauprodukte für Abdichtungen und Dachdeckungen

5.3.1 Abdichtungsstoffe

Für **Stoffe** zur Ausführung von **Bauwerksabdichtungen** werden in den folgenden Normenreihen Anforderungen an Abdichtungsstoffe sowie Bestimmungen für die Ausführung angegeben:

- DIN 18531 „Abdichtung von Dächern sowie von Balkonen, Loggien und Laubengängen“,
- DIN 18532 „Abdichtung von befahrenen Verkehrsflächen aus Beton“,
- DIN 18533 „Abdichtung von erdberührten Bauteilen“,
- DIN 18534 „Abdichtung von Innenräumen“.

Abb. C 5.3: Beispiel für bahnenförmige Abdichtungsstoffe

Für die unterschiedlichen Abdichtungen kommen zur Anwendung:

- bahnenförmige Stoffe, z. B. Bitumen-Schweißbahnen (vgl. Abb. C 5.3),
- pastöse Stoffe, z. B. Dickbeschichtungen auf Bitumen- oder Zementbasis, sowie
- flüssige Stoffe, z. B. Flüssigkunststoffe.

Anforderungen an Abdichtungsstoffe umfassen auch Materialdicken. Wegen der vergleichsweise geringen Materialstärken sind Maßtoleranzen für Stoffe zur Bauwerksabdichtung ohne maßgeblichen Einfluss auf die Genauigkeit bei der Ausführung solcher Arbeiten. **Maßtoleranzen der Bauprodukte** sind daher in erster Linie bei der werkmäßigen Herstellung der Produkte zu berücksichtigen. Für die Ausführung bleiben die Maßtoleranzen der Bauprodukte baupraktisch ohne Belang.

5.3.2 Dach- und Formsteine aus Beton nach DIN EN 490

Für **Dach- und Formsteine aus Beton** (vgl. Abb. C 5.4) werden in DIN EN 490:2017-04 „Dach- und Formsteine aus Beton für Dächer und Wandbekleidungen – Produktspezifikationen" Maßtoleranzen für die Hängelänge und Rechtwinkligkeit, für die Deckbreite und für die Ebenheit angegeben.

Die **Hängelänge** darf bei Dachsteinen mit regelmäßiger Vorderkante gemäß DIN EN 490, Abschnitt 5.2, um nicht mehr als ± 4 mm von dem vom Hersteller angegebenen Wert abweichen. Bei der Prüfung der **Rechtwinkligkeit** von Dachsteinen mit nominell konstanter Hängelänge darf sich der Wert für die Hängelänge an beiden Seiten um nicht mehr als 4 mm unterscheiden. Bei Dachsteinen mit unregelmäßiger Vorderkante ist diese Anforderung nicht anwendbar.

Für die **Deckbreite** von Dachsteinen mit Falz kann vom Hersteller ein Deckbreitenverzug angegeben werden. Für Dachsteine ohne Deckbreitenverzug oder Dachsteine ohne Angabe zum Deckbreitenverzug darf die mittlere Deckbreite um maximal ± 5 mm von dem vom Hersteller angegebenen Wert abweichen. Für Dachsteine ohne Falz beträgt der Grenzwert ± 3 mm für die Abweichung der mittleren Deckbreite von dem vom Hersteller angegebenen Wert (vgl. DIN EN 490, Abschnitt 5.2).

Die Abweichung von der **Ebenheit** darf bei Dachsteinen gemäß DIN EN 490, Abschnitt 5.2, maximal 3 mm oder $^{1}/_{100}$ der Nenndeckbreite des Dachsteins (gerundet auf ganze Millimeter) betragen. Der jeweils größere Wert ist maßgebend. Dies gilt nicht, sofern der Hersteller erklärt, dass Dachsteine planmäßig weniger als 4 Berüh-

Abb. C 5.4: Beispiel für Dachsteine aus Beton

Abb. C 5.5: Beispiel für Dachziegel

rungspunkte mit einer ebenen Fläche haben und/oder Dachsteine planmäßig unregelmäßig in Bezug auf die Ebenheit sind.

5.3.3 Dachziegel nach DIN EN 1304

Für **Dachziegel** (vgl. Abb. C 5.5) für überlappende Verlegung werden in DIN EN 1304:2013-08 „Dach- und Formziegel – Begriffe und Produktspezifikationen" Grenzwerte für Abweichungen von der Gleichmäßigkeit der Form und von der Geradlinigkeit sowie Grenzabweichungen für Maße angegeben.

Abweichungen von der Ebenheit der Flachziegel, Falzziegel, Strangfalzziegel, Hohlpfannen und der entsprechenden Formziegel sind gemäß DIN EN 1304, Abschnitt 4.3.2, begrenzt auf 1,5 % bei Ziegeln mit einer Gesamtlänge > 300 mm, angegeben als Mittelwert des Koeffizienten der Ebenheit nach DIN EN 1024:2012-06 „Tondachziegel für überlappende Verlegung – Bestimmung der geometrischen Kennwerte". Bei Ziegeln mit einer Gesamtlänge ≤ 300 mm beträgt der Grenzwert für die Ebenheitsabweichung 2 %, angegeben als Mittelwert des Koeffizienten der Ebenheit. Für die **Gleichförmigkeit der Querprofile** von Mönch- und Nonnenziegeln beträgt die maximal zulässige Abweichung zwischen dem größten und dem kleinsten Wert der am engen Ende gemessenen Breite und zwischen dem größten und dem kleinsten Wert der am weiten Ende gemessenen Breite 15 mm.

Bei Falzziegeln, Strangfalzziegeln, Hohlpfannen sowie Mönch- und Nonnenziegeln mit einer Gesamtlänge > 300 mm darf der Mittelwert der **Geradlinigkeit** in Längsrichtung, bestimmt nach DIN EN 1024, nicht größer als 1,5 % sein. Bei Ziegeln mit einer Gesamtlänge ≤ 300 mm darf der Mittelwert der Geradlinigkeit in Längsrichtung nicht größer als 2 % sein (vgl. DIN EN 1304, Abschnitt 4.3.3).

Bei Flachziegeln (Biberschwanzziegeln) mit einer Länge > 300 mm darf der Mittelwert der Geradlinigkeit in Längs- und Querrichtung nicht größer als 1,5 % sein. Bei Flachziegeln mit einer Länge von ≤ 300 mm darf der Mittelwert der Geradlinigkeit in Längs- und Querrichtung nicht größer als 2 % sein (vgl. DIN EN 1304, Abschnitt 4.3.3).

Die **Einzelmaße** und die **Deckmaße** müssen nach DIN EN 1024 bestimmt werden. Die Mittelwerte für die Länge und die Breite der Dachziegel dürfen gemäß

Abb. C 5.6: Beispiel für Bedachungselemente aus Titanzinkblech

DIN EN 1304, Abschnitt 4.3.4, nicht mehr als ± 2 % von den Herstellerangaben abweichen. Dies gilt nicht für die Breite der Mönch- und Nonnenziegel. Das gemessene mittlere Deckmaß (Decklänge und Deckbreite) darf höchstens um ± 2 % von dem vom Hersteller angegebenen Deckmaß abweichen. Für Falzziegel mit variabler Decklänge oder variabler Deckbreite darf die gemessene maximale Decklänge bzw. Deckbreite die vom Hersteller angegebene maximale Decklänge bzw. Deckbreite nicht unterschreiten.

5.3.4 Bedachungselemente aus Zinkblech nach DIN EN 501

Für **Bedachungselemente** zur Herstellung der Eindeckung geneigter Dächer, die aus **Titanzink-Blech** und -Band ohne oder mit zusätzlichen organischen Beschichtungen hergestellt sind (vgl. Abb. C 5.6), werden in DIN EN 501:1994-11 „Dacheindeckungsprodukte aus Metallblech – Festlegung für vollflächig unterstützte Bedachungselemente aus Zinkblech“ Maßtoleranzen angegeben (die Bezeichnung Titanzink bezieht sich auf Zink mit geringen Legierungszusätzen von Kupfer und Titan).

Für Erzeugnisse ohne auf der Baustelle gefalzte Verbindungen betragen die zulässigen Maßabweichungen:

- für die Länge: + 10/– 0 mm
- für die Geradheit: 2 mm/m Länge
- für die Baubreite: ± 5 mm
- für die Profilhöhe: + 1,5/– 0 mm

Für Erzeugnisse mit auf der Baustelle gefalzten Verbindungen müssen die Formen und die zugehörigen Toleranzen entsprechend der Anwendung zwischen Besteller und Lieferer abgestimmt werden. Sie hängen im Wesentlichen von technischen und architektonischen Anforderungen im Einzelfall ab.

Abb. C 5.7: Beispiel für Bedachungselemente aus Kupferblech

5.3.5 Bedachungselemente aus nicht rostendem Stahlblech nach DIN EN 502

Für **Dachdeckungsprodukte**, die für die Eindeckung geneigter Dächer verwendet werden und aus **nicht rostendem Stahlblech**, nicht rostendem Terneblech, verzinntem oder organisch beschichtetem, nicht rostendem Stahlblech bestehen, werden in DIN EN 502:2013-06 „Dachdeckungsprodukte aus Metallblech – Spezifikation für vollflächig unterstützte Dachdeckungsprodukte aus nicht rostendem Stahlblech" Maßtoleranzen bzw. Grenzabweichungen angegeben wie folgt:

- für die Breite: –0/+2 mm
- für die Länge *l* der Blechtafeln und Zuschnitte:
  - bis 2 m Nennlänge –0/+5 mm
  - über 2 m Nennlänge –2/(+*l*/400) mm

5.3.6 Bedachungselemente aus Kupferblech nach DIN EN 504

Für geformte **Dachdeckungsprodukte**, die für die Herstellung geneigter Dächer verwendet werden und aus **Kupferblech** bestehen (vgl. Abb. C 5.7), werden in DIN EN 504:2000-01 „Dachdeckungsprodukte aus Metallblech – Festlegungen für vollflächig unterstützte Bedachungselemente aus Kupferblech" Maßtoleranzen bzw. Grenzabweichungen angegeben wie folgt:

- für die Länge: +10/–0 mm
- für die Baubreite: ±5 mm
- für die Rechtwinkligkeit: 3 mm/m Breite
- für die Geradlinigkeit: 2 mm/m Länge ≤ 10 mm
- für die Höhe: 3 % der Nennhöhe, maximal ±2 mm

Die Messungen sind mindestens 200 mm von den Produktkanten entfernt durchzuführen.

5.3.7 Bedachungselemente aus Stahlblech nach DIN EN 505

Für geformte **Dachdeckungsprodukte**, die für die Herstellung geneigter Dächer verwendet werden und aus metallüberzogenem **Stahlblech** mit oder ohne zusätzliche organische Beschichtungen hergestellt sind, werden in DIN EN 505:2013-06 „Dachdeckungsprodukte aus Metallblech – Spezifikation für vollflächig unterstützte Dachdeckungsprodukte aus Stahlblech" Maßtoleranzen bzw. Grenzabweichungen angegeben wie folgt:

- für die Länge:
  - bis 3.000 mm Nennlänge: –3/+5 mm
  - über 3.000 mm Nennlänge: –0,1/+0,2 % der Nennlänge
- für die Rechtwinkligkeit: 3 mm/m Breite
- für die Geradlinigkeit: 2 mm/m Länge ≤ 10 mm
- für die Baubreite: ± 5 mm
- für die Profilhöhe: –1/+1,5 mm

5.3.8 Gewalzte Flacherzeugnisse aus Zink und Zinklegierungen nach DIN EN 988

Für gewalzte **Flacherzeugnisse aus Titanzink** zur Verwendung im Bauwesen in der Erzeugnisform für Band, Blech oder Streifen in Dicken von 0,6 mm bis einschließlich 1,0 mm und mit Breiten von 100 mm bis einschließlich 1.000 mm werden in DIN EN 988:1996-08 „Zink und Zinklegierungen – Anforderungen an gewalzte Flacherzeugnisse für das Bauwesen" Maßtoleranzen bzw. Grenzabweichungen angegeben wie folgt:

- für die Dicke: ± 0,03 mm
- für die Breite: +2/– 0 mm
- für die Länge: +10/– 0 mm
- für die Säbelförmigkeit (Geradheit): 1,5 mm/m
- für die Planheit: 2 mm

Die Säbelförmigkeit ist als die Abweichung einer Seitenkante von der Geraden definiert. Abweichungen von der Planheit treten infolge von Querwölbung, Längswölbung, Buckel und Randwellen auf.

Die Bestimmung der Säbelförmigkeit oder der Planheit muss mit einem geeigneten Messgerät vorgenommen werden, z. B. einer Fühlerlehre, einer Messuhr oder einem Messstab. Die Messung der Abweichung von der Säbelförmigkeit muss an der konkaven Seite vorgenommen werden.

5.3.9 Unterdeckplatten für Dachdeckungen nach DIN EN 14964

Für fabrikgefertigte Platten mit oder ohne Profil (Holzwerkstoffplatten, Faserzement-Tafeln oder Bitumen-Wellplatten), die als **Unterdeckplatten** bei Schrägdächern mit überlappender Eindeckung (z. B. mit Dachziegeln oder Schieferplatten) verwendet werden, sind in DIN EN 14964:2007-01 „Unterdeckplatten für Dachdeckungen – Definitionen und Eigenschaften" Maßtoleranzen bzw. Grenzabweichungen angegeben wie folgt:

- für überlappend verlegte Unterdeckplatten:
  - für die Länge ± 5 mm
  - für die Breite ± 1 %
  - für die Geradheit 4 mm/m Länge
  - für die Rechtwinkligkeit 4 mm/m Länge
  - für die Dicke flacher Produkte ± 1 mm
  - für die Dicke gewellter Produkte ± 10 %
  - für die Wellenhöhe ± 1 %
  - für die Wellenteilung ± 1 %
- für verfalzt verlegte Unterdeckplatten:
  - für die Länge ± 5 mm
  - für die Breite ± 3 mm, maximal 1/3 der Falzbreite
  - für die Dicke +3/–1 mm
  - für die Rechtwinkligkeit 2 mm/m Länge
  - für die Geradheit 1,5 mm/m, maximal 1/3 der Falzbreite

5.3.10 Dachrinnen und Regenfallrohre nach DIN EN 612

Für das Nennmaß der Zuschnittbreite und die Querschnittsmaße von **Dachrinnen** gelten nach DIN EN 612:2005-04 „Hängedachrinnen mit Aussteifung der Rinnenvorderseite und Regenrohre aus Metallblech mit Nahtverbindungen" folgende Maßtoleranzen:

- für die Zuschnittbreite *w*: ± 2 mm
- für die Höhe der Rinnenvorderseite *a*: ± 2 mm
- für die äußere Breite der Rinnensohle *b*: + 0/– 2 mm
- für die Höhe der Rinnenrückseite *c*: ± 2 mm
- für den Wulstdurchmesser *d*: + 2/– 1 mm
- für die Geradheit des Wulstes, gemessen an der umgedreht auf einer ebenen Unterlage aufliegenden Dachrinne als Abweichung von der geraden Linie: maximal 2 mm/m
- für die Herstelllänge: + 10/– 0 mm

Für die Formen von **Fallrohren** gelten nach DIN EN 612 folgende Grenzabmaße:

- für die innere Weite des Querschnitts (Durchmesser, Quadratseite oder lange Seite des Rechtecks): ± 1 mm
- für die Geradheit, gemessen als Abweichung von der Mittelachse: maximal 2,5 mm/m
- für die Herstelllänge: + 10/– 0 mm

Abb. C 5.8: Beispiel für eine Dachabdichtung aus Bitumenbahnen

5.4 Ausführung von Abdichtungsarbeiten

5.4.1 Maßtoleranzen nach VOB/C ATV DIN 18336 Abdichtungsarbeiten

Die ATV DIN 18336:2019-09 „Abdichtungsarbeiten" gilt für **Abdichtungen von Dächern** sowie von Balkonen, Loggien und Laubengängen, befahrbaren Verkehrsflächen aus Beton, erdberührten Bauteilen, Innenräumen, Behältern und Becken (vgl. Abb. C 5.8).

Maßtoleranzen werden für die Ausführung von Abdichtungsarbeiten in ATV DIN 18336 nicht angegeben. Insbesondere wird nicht Bezug genommen auf Maßtoleranzen nach DIN 18202.

Als Bedenken im Sinne von VOB/B kommen in Betracht:

- ungeeignetes Gefälle,
- ungeeignete Beschaffenheit des Abdichtungsuntergrundes (z. B. ungenügende Ebenheiten) sowie
- eine ungeeignete Lage von Abläufen, Einbauteilen usw.

Bei der Ausführung von kunststoffmodifizierten **Bitumendickbeschichtungen (PMBC)** als Abdichtung von Außenwandflächen gegen Bodenfeuchte und nicht stauendes Sickerwasser ist gemäß ATV DIN 18336, Abschnitt 3.4, eine **Trockenschichtdicke** von mindestens 3 mm einzuhalten. Dieses Maß darf bei der Ausführung nicht unterschritten werden. Toleranzen für die Ausführung sind dementsprechend als Vorhaltemaß zusätzlich zu dieser Mindestschichtdicke zu berücksichtigen.

5.4.2 Abdichtung von Dächern, Balkonen, Loggien und Laubengängen nach DIN 18531-1

In DIN 18531-1:2017-07 „Abdichtung von Dächern sowie von Balkonen, Loggien und Laubengängen – Teil 1: Nicht genutzte und genutzte Dächer – Anforderungen, Planungs- und Ausführungsgrundsätze" werden Anforderungen an die **Abdichtung** von nicht genutzten und genutzten **Dächern** gegen Niederschlagswasser festgelegt.

Zur **Entwässerung** sollte die Abdichtung mit einem **Mindestgefälle** von 2 % geplant werden, um lang anhaltend auf der Abdichtungsschicht anstehendes Niederschlagswasser zu vermeiden (vgl. Abb. C 5.9). Ein **erhöhtes Mindestgefälle** von 5 % soll geplant werden, um **Pfützenfreiheit** zu erreichen. Mit diesem erhöhten Wert werden zulässige Ebenheitsabweichungen im Untergrund der Abdichtung, zeit- und lastab-

Abb. C 5.9: Beispiel für eine Dachabdichtung mit weniger als 2 % Gefälle, bei der Pfützenbildung auftritt

Abb. C 5.10: Beispiel für Pfützenbildung durch Bahnenüberlappungen

Abb. C 5.11: Beispiel für Pfützenbildung bei nicht oberflächenbündig eingelassenen Dachabläufen

hängige Verformungen des Tragwerks, vorhandenes Gegengefälle und durch Bahnenüberlappungen bzw. Bahnenverstärkungen bedingte Unebenheiten berücksichtigt (vgl. Abb. C 5.10). Soweit stehendes Wasser im Einzelfall die Konstruktion schädigen kann, muss die Abdichtung durch ein planmäßiges Gefälle oder andere Maßnahmen entwässert werden.

Dachabläufe sind bei einer Innenentwässerung an den tiefsten Stellen anzuordnen. Für die zu entwässernde Fläche sind zu erwartende Verformungen bzw. Durchbiegungen zu berücksichtigen. Die Abläufe sind in die Abdichtung so einzubauen, dass in ihrem Umfeld kein Wasseranstau entstehen kann, z. B. durch oberflächenbündiges Einlassen in die Abdichtungsebene (vgl. Abb. C 5.11).

Der **Untergrund** für eine Abdichtungsschicht muss stetig verlaufen und eben sein.

Die Anforderung eines **Mindestgefälles ist als Nennmaß** (Planmaß) im Sinne der DIN 18202 formuliert. In der Ausführung sind zusätzliche Einflüsse aus ausführungsbedingten Maßabweichungen sowie zeit- und lastabhängigen Verformungen zu berücksichtigen. Diese Einflüsse können sich in ungünstiger Kombination so auswirken, dass im Gebrauchszustand auf Dauer kein resultierendes Gefälle mehr verbleibt oder sogar ein geringes Gegengefälle auftritt. Unter dem Aspekt der Entwässerung kann daher ein größeres Nenngefälle als 2 % sinnvoll sein. Soweit ein bestimmtes

Mindestgefälle im fertigen Zustand und auf Dauer eingehalten werden soll, sind ausführungsbedingte sowie zeit- und lastabhängige Maßabweichungen im Sinne eines **Vorhaltemaßes** bei der **Bemessung** des Nennmaßes zusätzlich zu berücksichtigen.

5.4.3 Abdichtung von befahrenen Verkehrsflächen aus Beton nach DIN 18532-1

In DIN 18532-1:2017-07 „Abdichtung von befahrenen Verkehrsflächen aus Beton – Teil 1: Anforderungen, Planungs- und Ausführungsgrundsätze“ werden Anforderungen an die **Abdichtung von befahrenen Verkehrsflächen** aus Beton festgelegt.

Zur **Entwässerung** der **Abdichtungsebene** sollte diese ein **Gefälle** von 2,5 % aufweisen. Hierbei wird von einer Einhaltung der Grenzwerte für Ebenheitsabweichungen nach DIN 18202, Tabelle 3, Zeile 3, für Stahlbetondecken ausgegangen. Dieses Gefälle kann reduziert werden, wenn ein Ausgleich durch konstruktive Maßnahmen (z. B. eine Überhöhung des Tragwerks) oder durch erhöhte Anforderungen an die Ebenheit des Untergrundes für die Abdichtung erfolgt. Für ein geringeres Gefälle als 2,5 % ist für die Abdichtung eine erhöhte Einwirkung durch zeitweise stehendes Wasser – als Pfützenbildung – zu berücksichtigen.

Für die **Nutzungsebene** gelten entsprechende Anforderungen, soweit diese nicht unmittelbar entwässert wird, z. B. über aufgeständerte Platten.

Abläufe müssen in die Abdichtungsebene so eingebaut werden, dass kein Höhenversatz mit der Folge einer **Pfützenbildung** entsteht. Dies erfordert im Standardfall ein oberflächenbündiges Einlassen der Abläufe in die Abdichtungsebene.

Entwässerungsrinnen sollten mit einem Gefälle von mindestens 1,0 % zu den Abläufen hin ausgebildet werden.

5.4.4 Abdichtung von erdberührten Bauteilen nach DIN 18533-1

In DIN 18533-1:2017-07 „Abdichtung von erdberührten Bauteilen – Teil 1: Anforderungen, Planungs- und Ausführungsgrundsätze“ werden Anforderungen an die **Abdichtung von erdberührten Bauteilen** festgelegt.

Ein bestimmtes **Gefälle** zur Entwässerung der Abdichtung kann in Abhängigkeit von ihrer Bauart erforderlich sein. Soweit auf ein Gefälle bzw. ein ausreichend großes Gefälle verzichtet wird, ist der hieraus resultierenden Wassereinwirkung mit einer entsprechenden Bauart der Abdichtung Rechnung zu tragen.

Abläufe zur **Entwässerung** der Abdichtung sind an der tiefsten Stelle anzuordnen. Für den Untergrund der Abdichtung sind zeit- und lastabhängige Verformungen im Hinblick auf die Entwässerungsführung zu berücksichtigen.

5.4.5 Abdichtung von Innenräumen nach DIN 18534-1

In DIN 18534-1:207-07 „Abdichtung von Innenräumen – Teil 1: Anforderungen, Planungs- und Ausführungsgrundsätze“ werden Anforderungen an **Abdichtungen von Boden- und Wandflächen in Innenräumen** festgelegt.

Die Abdichtung bzw. die Oberfläche der Nutzschicht als zu entwässernde Ebene sollte ein ausreichendes **Gefälle** haben. Dies wird jedoch nicht zwingend gefordert. Auf ein Gefälle bzw. ein ausreichend großes Gefälle kann verzichtet werden, wenn die Ableitung des Wassers auf andere Weise erfolgt.

Abb. C 5.12: Beispiel für eine nicht genutzte, bekieste Dachfläche

5.4.6 Abdichtungen nach der Flachdachrichtlinie

Für Abdichtungen nicht genutzter **Dachflächen** einschließlich extensiv begrünter Dachflächen, genutzter Dach- und Deckenflächen, erdüberschütteter Deckenflächen sowie befahrener Dach- und Deckenflächen (vgl. Abb. C 5.12) werden auch in der vom Zentralverband des Deutschen Dachdeckerhandwerks herausgegebenen „Fachregel für Abdichtungen – **Flachdachrichtlinie**" (Ausgabe Dezember 2016 [mit Änderungen November 2017, Mai 2019 und März 2020) Anforderungen an Dachneigung bzw. **Gefälle** zur **Dachentwässerung** formuliert (vgl. Deutsches Dachdeckerhandwerk – Regeln für Abdichtungen, 2020).

Die Unterlage einer Abdichtung soll im Hinblick auf die Entwässerung mit einem **Mindestgefälle** von 2 % in der Fläche als Nennmaß geplant werden. In der Ausführung kann das tatsächlich erreichte Gefälle infolge ausführungsbedingter Maßabweichungen sowie zeit- und lastabhängiger Verformungen von diesem Nennmaß abweichen. Bahnenüberlappungen bleiben bei dieser Betrachtung unberücksichtigt. Soweit Pfützenfreiheit gefordert wird, ist das Mindestgefälle mit 5 % anzusetzen unter Berücksichtigung von ausführungsbedingten Maßabweichungen, Verformungen, Bahnenüberlappungen bzw. Bahnenverstärkungen.

Für **flach geneigte Dachkonstruktionen** ist im Standardfall eine zeit- und lastabhängige Durchbiegung der Dachkonstruktion zu berücksichtigen, insbesondere für Dächer mit großen Spannweiten. Die Verformung kann dem Nenngefälle entgegen gerichtet sein. Werden bei Dachkonstruktionen die nach DIN 18202 zulässigen Grenzwerte für Maßabweichungen (z. B. Höhenmaße), Winkelabweichungen und/oder Ebenheitsabweichungen in Anspruch genommen, so kann das tatsächliche Gefälle unter dem Nenngefälle bleiben oder sogar ein Gegengefälle entstehen. In der Zusammenschau dieser Einflüsse wird als Ausgleich zur **Vermeidung von Pfützenbildung** ein Mindestgefälle in der Größenordnung von etwa 5 % erforderlich. Für sehr große Dachflächen, z. B. ausgedehnte Hallen, kann im Hinblick auf die Entwässerung auch ein Nenngefälle von mehr als 5 % im Einzelfall zweckmäßig sein.

Abb. C 5.13: Beispiel für eine Abdichtung im Verbund mit Fliesen

5.4.7 Abdichtungen im Verbund mit Bekleidungen und Belägen aus Fliesen und Platten

Bei der Ausführung von **Abdichtungen im Verbund** mit Bekleidungen und Belägen aus Fliesen und Platten (vgl. Abb. C 5.13) sollen nach dem ZDB-Merkblatt „Abdichtungen im Verbund" (Ausgabe August 2019) des Zentralverbandes des Deutschen Baugewerbes (ZDB) die Maßgenauigkeit und die Lage des Untergrundes der fertigen Bekleidungsfläche entsprechen. Größere Maßungenauigkeiten sind vor der Ausführung der Abdichtungsmaßnahme im Untergrund auszugleichen. Für die Beurteilungen der Ebenflächigkeit findet DIN 18202 Anwendung.

5.5 Ausführung von Dachdeckungsarbeiten

5.5.1 Maßtoleranzen nach VOB/C ATV DIN 18338 Dachdeckungsarbeiten

Die ATV DIN 18338:2019-09 **„Dachdeckungsarbeiten"** findet Anwendung für Dachdeckungen einschließlich der erforderlichen Dichtungs-, Dämmstoff- und Schutzschichten. Sie findet auch Anwendung für Außenwandbekleidungen mit Dachdeckungsstoffen.

In ATV DIN 18338 sind keine Angaben zu **Ausführungstoleranzen** enthalten. Insbesondere findet sich dort kein Bezug auf die Maßtoleranzen nach DIN 18202.

5.5.2 Hinweise für die Ebenflächigkeit von Dachdeckungen

Bei der Ausführung von **Dachdeckungen** mit Dachziegeln oder Dachsteinen kann die fertig gedeckte Dachfläche mitunter sichtbare Abweichungen, z. B. als Wellenbildung, aufweisen. In der vom Zentralverband des Deutschen Dachdeckerhandwerks herausgegebenen „Fachregel für Dachdeckungen mit Dachziegeln und Dachsteinen" (Ausgabe Dezember 2012 [mit Änderungen Februar 2016]) werden für die Ausführung von Dachdeckungen mit Dachziegeln und Dachsteinen keine Maßtoleranzen angegeben (vgl. Deutsches Dachdeckerhandwerk – Regeln für Dachdeckungen, 2019). Bezüglich der Maße und Toleranzen der Dachsteine wird auf die zugehörigen Produktdatenblätter verwiesen. Die Maßhaltigkeit der Dacheindeckung ergibt sich im Standardfall unmittelbar aus der Maßhaltigkeit der Unterkonstruktion. Übliche Konstruktionen für die Dachdeckung, z. B. Lattungen, lassen sich nur mit besonderen Maßnahmen hinsichtlich der Ebenheit der Dachfläche gestalten, z. B. durch Unterfütterung mit Distanzplättchen. Soweit die Unterkonstruktion einer Dachdeckung, z. B. eine Balken-

Abb. C 5.14: Maßabweichungen in der Dachkonstruktion können in der Lattung für die Dachsteine ausgeglichen werden.

Abb. C 5.15: Beispiel für eine Dachdeckung aus Dachsteinen mit geringen Ebenheitsabweichungen in der Fläche

oder Sparrenlage, nicht ausreichend eben bzw. maßhaltig ist, wird zunächst ein entsprechender Ausgleich auf der Unterkonstruktion erforderlich (vgl. Abb. C 5.14).

An die **Oberfläche einer Dachdeckung** mit Dachziegeln und Dachsteinen wird man im Regelfall keine Passungsanforderungen stellen. Die Beurteilung von Maßabweichungen der Dachdeckung fällt somit nicht klassischerweise in den Anwendungsbereich der DIN 18202 als Passungsnorm. Maßabweichungen der Dachdeckung in der Größenordnung der Grenzwerte nach DIN 18202 wird man zudem bei gebrauchsüblichem Betrachtungsabstand einer Dachfläche im Regelfall mit bloßem Auge nicht mehr als auffällig oder störend wahrnehmen. Auch unter diesem Aspekt ist die DIN 18202 für die Beurteilung von Dachdeckungen nicht geeignet. Als Beurteilungsgrundlage sichtbarer Maßabweichungen im **Gesamterscheinungsbild** einer Dachdeckung ist vielmehr die gewerkeübliche Beschaffenheit heranzuziehen. Hierbei ist von einer Ausführung nach den einschlägigen Fachregeln – ausgehend von einer ausreichend ebenen Unterlage für die Dachdeckung und ihrer Unterkonstruktion – auszugehen (vgl. Abb. C 5.15).

Soweit bei Dachdeckungen die einzelnen Dachziegel oder Dachsteine nicht gleichmäßig aufeinanderliegen, sind hierfür als Ursache zunächst Maßabweichungen der einzelnen Ziegel bzw. Steine in Betracht zu ziehen. Auf die einschlägigen Stoffnormen wird verwiesen.

Abb. C 5.16: Beispiel für ein Metalldach in Klempnertechnik

Treten Ebenheitsabweichungen, Wellenbildungen usw. an der sichtbaren Oberfläche der Dacheindeckung bzw. der Dachhaut erst mit zeitlicher Verzögerung nach der Bauausführung auf, so handelt es sich in der Regel um **zeit- und lastabhängige Verformungen** der tragenden Bauteile unter Last (z. B. aus Schwinden und Kriechen von Tragbalken usw.). Diese Verformungen sind ausdrücklich nicht Bestandteil der Maßtoleranzen nach DIN 18202. Bei der Beurteilung von Maßabweichungen einer Dachdeckung sind deshalb zeit- und lastabhängige – inhärente – Maßabweichungen und ausführungsbedingte Maßabweichungen unabhängig voneinander zu betrachten.

5.6 Ausführung von Klempnerarbeiten

5.6.1 Maßtoleranzen nach VOB/C ATV DIN 18339 Klempnerarbeiten

Die ATV DIN 18339:2019-09 **„Klempnerarbeiten"** findet für die Ausführung von Metalldächern, von Metallwandbekleidungen mit am Bau zu falzenden Metallbauteilen und von sonstigen Klempnerarbeiten Anwendung (vgl. Abb. C 5.16).

In ATV DIN 18339 werden keine Maßtoleranzen für die **Ausführung** von Klempnerarbeiten angegeben. Insbesondere ist kein Bezug auf die Maßtoleranzen nach DIN 18202 für die Klempnerarbeiten selbst enthalten.

Als Bedenken im Sinne von VOB/B kommen in Betracht:

- größere Unebenheiten des Untergrundes als nach DIN 18202 zulässig oder
- fehlende Bezugspunkte.

Mit der Formulierung der in Betracht kommenden Bedenken erfolgt ein indirekter **Bezug auf** die Maßtoleranzen nach **DIN 18202**, sowohl in Bezug auf Grenzwerte für Abweichungen als auch in Bezug auf notwendige Bezugspunkte. Mit einer Bekleidung aus Metall kann – wie auch bei Abdichtungen bzw. Dachdeckungen – kein nennenswerter Ausgleich von Maßabweichungen erreicht werden, weil diese unmittelbar auf ihrer Unterkonstruktion befestigt wird. Ausgenommen hiervon sind nur selbsttragende Konstruktionen aus Metall. Die Maßhaltigkeit der fertigen Oberfläche wird deswegen durch die Maßhaltigkeit der Unterkonstruktion bestimmt. Für diese findet im Standardfall DIN 18202 Anwendung, allerdings als Bestandteil eines anderen Gewerkes, z. B. im Holzbau oder Massivbau.

Abb. C 5.17: Beispiel für eine Dachrinne ohne Längsgefälle, in der zeitweise Pfützenbildung auftritt

5.6.2 Hinweise für die Ausführung von Dachrinnen

Außen liegende, **vorgehängte Dachrinnen** können nach Abschnitt 10.1.2 der vom Zentralverband des Deutschen Dachdeckerhandwerks herausgegebenen „Fachregel für Metallarbeiten im Dachdeckerhandwerk" (Ausgabe Juni 2017 [mit Änderungen März 2020]) mit oder ohne Gefälle zu den Abläufen verlegt werden (vgl. Deutsches Dachdeckerhandwerk – Regeln für Metallarbeiten im Dachdeckerhandwerk, 2020). **Aufliegende Dachrinnen** (schräg oberhalb der Traufe) sind in Abhängigkeit von der Dachneigung mit ausreichendem Gefälle auszuführen. **Innen liegende Dachrinnen** können ebenfalls mit oder ohne Gefälle verlegt werden.

5 Abdichtungen, Dachdeckungen

Gemäß DIN EN 12056-3:2001-01 „Schwerkraftentwässerungsanlagen innerhalb von Gebäuden – Teil 3: Dachentwässerung, Planung und Bemessung" sollten Dachrinnen mit einem **Gefälle** von 1 bis 3 mm/m verlegt werden, wo dies machbar ist. Wird das Gefälle allerdings zu groß gewählt und kommt die Dachrinne – bei einer größeren Rinnenlänge – deswegen zu weit unterhalb der Traufkante zu liegen, kann dies ein Überschießen großer Ablaufmengen über die Vorderkante der Dachrinne zur Folge haben. Innen liegende und eingebaute Dachrinnen dürfen nach DIN EN 12056-3, Abschnitt 5.2, mit oder ohne Gefälle verlegt werden. Eine Dachrinne mit einem Gefälle von 3 mm/m oder weniger wird als Dachrinne ohne Gefälle bezeichnet und ist auch als Dachrinne ohne Gefälle zu planen. Bei der Planung einer Dachentwässerungsanlage sind gemäß DIN EN 12056-3, Abschnitt 7.1, Bauwerkstoleranzen und ein Toleranzausgleich so zu berücksichtigen, dass ein Gegengefälle und Wassersäcke verhindert werden. Ein Gegengefälle bzw. anhaltend stehendes Wasser können sich aufgrund von Verschlammungen bzw. Korrosionseinwirkungen und einer Bildung von Inkrustationen sowie einer Eislinsenbildung nachteilig auf die Nutzungsdauer der Dachentwässerungsanlage auswirken.

Bei der Ausführung von **Dachrinnen ohne Längsgefälle** ist mit dem zeitweiligen Auftreten von Pfützen zu rechnen (vgl. Abb. C 5.17). **Wasserrückstände** in gefällelos oder mit nur sehr geringem Längsgefälle verlegten Dachrinnen sind unvermeidbar. Eine dementsprechend geringe Pfützenbildung in der Rinne ist aus technischer Sicht zulässig, soweit die Rinne nur geringe Abweichungen in den Grenzen einer üblichen handwerklichen Sorgfalt aufweist. Auch bei Einbau eines Bewegungsausgleichs in die Rinne sind Pfützenbildungen unvermeidbar. Für die Entwässerungsführung sind zudem längerfristige, zeit- und lastabhängige Formänderungen der die Rinne tragenden Konstruktion zu berücksichtigen. Pfützenbildungen können ein vermehrtes Ablagern von Verschmutzungen in der Dachrinne und eine Eislinsenbildung zur Folge haben. Zu deren Vermeidung sollte daher nach Möglichkeit ein Längsgefälle ausgeführt werden.

Die **Selbstreinigungsfähigkeit von Dachrinnen**, d. h. der Abtrag von Verschmutzungen durch ablaufendes Niederschlagswasser, tritt in der Regel erst bei einem Längsgefälle von ca. 5 mm/m oder mehr ein. Ein Gefälle in dieser Größenordnung wirkt sich entscheidend auf das äußere Erscheinungsbild der Rinnenkonstruktion aus und wird daher im Standardfall nicht ausgeführt.

Eine Ausführung von Rinnen mit **Gegengefälle in Längsrichtung** ist hingegen nicht fachgerecht. Hierbei ist zu unterscheiden zwischen einem ausführungsbedingten Gegengefälle bei Herstellung der Rinnenkonstruktion und unvermeidbaren zeit- und lastabhängigen Veränderungen der Unterkonstruktion über die technische Nutzungsdauer hinweg, die ein nachträgliches Auftreten von Gegengefälle zur Folge haben können. Solche nachträglichen Formänderungen haben jedoch zumeist nur ein vergleichsweise geringes Gegengefälle zur Folge.

Dachrinnen, die im Zuge der Nutzung **dauernd einsehbar sind**, z. B. im Bereich von Balkonen oder Dachterrassen, unterliegen zusätzlich zu der Entwässerungsfunktion einer optischen Anforderung an das Gesamterscheinungsbild. Verschmutzungen oder Inkrustationen bei Dachrinnen ohne Längsgefälle oder mit nur sehr geringem Längsgefälle können im Hinblick auf das optische Erscheinungsbild Beanstandungen durch die Nutzer der angrenzenden Dachbereiche zur Folge haben. In solchen Fällen ist ein Mindestgefälle in Längsrichtung von ca. 1 bis 3 mm/m für die Ausführung zu empfehlen.

5.7 Ausführung von Dachbegrünungen

Für **intensive und extensive Begrünungen** auf Decken und Dächern, Dachterrassen, Hallendächern, Tiefgaragen und anderen Bauwerksüberdeckungen bis 2 m Überdeckung (vgl. Abb. C 5.18) finden die Dachbegrünungsrichtlinien (Ausgabe August 2018) der Forschungsgesellschaft Landschaftsentwicklung Landschaftsbau (FLL) Anwendung.

Dächer mit Extensivbegrünung oder einfacher Intensivbegrünung sollen mit einem **Nenngefälle** von 2 % ausgeführt werden. Bei geringerem Gefälle kann ein unbeabsichtigter Wasseranstau auftreten mit der Folge einer nachteiligen Beeinflussung der Vegetationsentwicklung. Bei zu großem Gefälle steigt hingegen die Entwässerungsleistung der Dachfläche. Dies kann für die Vegetationsentwicklung eine Anpassung des Wasserrückhaltevermögens im Schichtaufbau der Begrünung erfordern.

Abweichungen von dem **Nenngefälle** (auch Gegengefälle) und Unebenheiten auf der Dachoberfläche müssen bei der Bemessung der Dränschicht berücksichtigt werden.

Abb. C 5.18: Beispiel für eine extensive Dachbegrünung

Dachbegrünungsstoffe sind ebenflächig einzubauen. Als Grenzwert für eine **Ebenheitsabweichung** der Schichten gilt ein Stichmaß innerhalb einer 4 m langen Messstrecke wie folgt:

- bei Schichtdicken bis 10 cm: 1,0 cm
- bei Schichtdicken über 10 bis 20 cm: 1,5 cm
- bei Schichtdicken über 20 cm: 2,0 cm

Die Mindestschichtdicke muss jeweils eingehalten sein. Ein Toleranzausgleich findet über entsprechende Mehrschichtdicken statt. Bei einem Dachgefälle von weniger als 2 % sind die Ebenheitsabweichungen durch geeignete Maßnahmen auszugleichen, z. B. durch eine Variation der Dränschichtdicke.

6 Wand- und Deckenbekleidungen – Putz, Fassaden, Trockenbau, Anstriche

6.1 Grundlegende Passungsanforderungen

6.1.1 Maßtoleranzen im Hochbau nach DIN 18202

Für **Wand- und Deckenbekleidungen** gelten Maßtoleranzen nach DIN 18202 baustoffunabhängig (vgl. Abb. C 6.1). Sie sind anzuwenden, soweit nicht andere Genauigkeiten vereinbart werden, und stellen die für Standardleistungen bzw. Bauteile und Bauwerke durchschnittlich üblicher Ausführungsart zu erreichende Genauigkeit dar.

Die Toleranzen in DIN 18202 wurden im Hinblick auf ein funktionsgerechtes Zusammenfügen von Bauteilen des Roh- und des Ausbaues bei der Erstellung eines Bauwerks formuliert. Aufwendungen für Anpass- und Nacharbeiten sollen weitgehend vermieden werden. Die Festlegung der Toleranzen in DIN 18202 ist **funktionsbezogen**. Dies betrifft die Anforderungen an Fügestellen und Passungen bei der Montage und an die Gesamtfunktion des fertigen Bauwerks. Die Grenzwerte für Maßabweichungen wurden nicht im Hinblick auf die Erfüllung **optischer Anforderungen** festgelegt.

Die Intention der DIN 18202 schließt eine **Anwendung auf geputzte Bauteil- oder Bauwerksoberflächen**, insbesondere hinsichtlich der Ebenheit, gleichwohl nicht aus. Geputzte Oberflächen kennzeichnen die Größe, Lage und Gestalt eines Bauteils oder Bauwerks und können deshalb einen Funktionsbezug haben (z. B. die Einhaltung lichter Mindestmaße im fertigen Zustand). Auch die Maßhaltigkeit in Bezug auf Abweichungen vom vorgesehenen Winkel oder der Ebenheit kann im Hinblick auf die Funktion oder Passungsanforderungen wesentlich sein, z. B. für die Passung beim Einbau von Türzargen in geputzte Wände, beim Anschluss von Trennwänden an geputzte Wandoberflächen oder Deckenunterseiten, für Einbaumöbel und dergleichen.

Für **geputzte, oberflächenfertige Bauteile** bzw. Oberflächen werden in DIN 18202, Tabelle 1, Zeile 6, Grenzabweichungen explizit angegeben. Des Weiteren werden in DIN 18202, Tabelle 3, Zeile 6 und 7, für geputzte Wände und Unterseiten von Decken Ebenheitsanforderungen ausgewiesen. Eine Anwendung der Toleranzen nach DIN 18202 ist also für geputzte Oberflächen ausdrücklich **vorgesehen**. Die **Prüfung** auf etwaige Maßabweichungen ist gemäß DIN 18202, Abschnitt 6.1, jedoch auf erforderliche Fälle zu beschränken. Anlass für eine Prüfung soll aus technischer Sicht im Sinne der DIN 18202 ein Funktionsbezug sein, also z. B. eine notwendige Passung oder eine stichprobenartige Prüfung des zu putzenden Untergrundes im Hinblick auf einen Toleranzausgleich durch den Putzauftrag und die Einhaltung der Toleranzen für die fertige Oberfläche. Eine großflächige, umfassende Überprüfung geputzter Oberflächen nur zum Zwecke der Feststellung der Ausführungsqualität der Putzarbeiten im Hinblick auf Maßabweichungen ist hingegen nicht im Sinne der DIN 18202, weil hierbei ein Funktionsbezug bzw. ein Anlass für die Prüfung fehlt.

Die Toleranzen nach DIN 18202 sind vielfach nicht geeignet, **optische Anforderungen** an fertige Oberflächen, also z. B. ein ebenes und gleichmäßiges optisches Erscheinungsbild geputzter Flächen oder maßhaltige Winkel und Anschlüsse, zufriedenstellend zu beurteilen (vgl. die nachfolgenden Hinweise in Teil C, Kapitel 6.4). Hierfür sind ggf. **alternative Beurteilungsgrundlagen** heranzuziehen, z. B. ein bei fachgerechter und sorgfältiger handwerklicher Ausführung üblicherweise zu erwarten-

Abb. C 6.1: Beispiel für eine Fassadenputzbekleidung

des Erscheinungsbild oder Anforderungen nach Qualitätsstufen, die im Hinblick auf das optische Erscheinungsbild formuliert wurden (z. B. in der Normenreihe DIN EN 13914 „Planung, Zubereitung und Ausführung von Außen- und Innenputzen“). Dies schließt eine Anwendung der DIN 18202 in den Grenzen ihres Anwendungsbereichs jedoch nicht aus (vgl. Teil B, Kapitel 4).

Die **Grenzabweichungen für Maße** bei Wand- und Deckenbekleidungen betragen gemäß DIN 18202, Tabelle 1, wie folgt (vgl. Tabelle C 6.1; vgl. für Innenputz auch die Maßtoleranzen nach DIN EN 13914-2 [Teil C, Kapitel 6.4.4]):

Tabelle C 6.1: Grenzabweichungen für Wand- und Deckenbekleidungen nach DIN 18202:2019-07, Tabelle 1

Spalte	1	2	3	4	5	6	7
Zeile	**Bezug**	**Grenzabweichungen in mm** bei Nennmaßen					
		bis 1 m	**über 1 bis 3 m**	**über 3 bis 6 m**	**über 6 bis 15 m**	**über 15 bis 30 m**	**über 30 m**
1	**Maße im Grundriss**	±10	±12	±16	±20	±24	±30
2	**Maße im Aufriss**	±10	±16	±16	±20	±30	±30
3	**lichte Maße im Grundriss**	±12	±16	±20	±24	±30	
4	**lichte Maße im Aufriss**	±16	±20	±20	±30		
5	**Öffnungen**	±10	±12	±16			
6	**Öffnungen, oberflächenfertige Leibungen**	±8	±10	±12			

Die **Grenzwerte für Winkelabweichungen** betragen bei Wand- und Deckenbekleidungen gemäß DIN 18202, Tabelle 2, wie folgt (vgl. Tabelle C 6.2; vgl. für Innenputz auch die Maßtoleranzen nach DIN EN 13914-2 [Teil C, Kapitel 6.4.4]):

Tabelle C 6.2: Grenzwerte für Winkelabweichungen bei Wand- und Deckenbekleidungen nach DIN 18202:2019-07, Tabelle 2

Spalte	1	2	3	4	5	6	7	8
Zeile	**Bezug**	**Stichmaße als Grenzwerte in mm** bei Nennmaßen						
		bis 0,5 m	**über 0,5 bis 1 m**	**über 1 bis 3 m**	**über 3 bis 6 m**	**über 6 bis 15 m**	**über 15 bis 30 m**	**über 30 m**
1	**alle Flächen**	3	6	8	12	16	20	30

Die **Grenzwerte für Ebenheitsabweichungen** bei Wand- und Deckenbekleidungen betragen gemäß DIN 18202, Tabelle 3, wie folgt (vgl. Tabelle C 6.3):

Tabelle C 6.3: Grenzwerte für Ebenheitsabweichungen bei Wand- und Deckenbekleidungen nach DIN 18202:2019-07, Tabelle 3

Spalte	1	2	3	4	5	6
Zeile	**Bezug**	**Stichmaße als Grenzwerte in mm** bei Messpunktabständen				
		bis 0,1 m	**bis 1 m**[1)]	**bis 4 m**[1)]	**bis 10 m**[1)]	**bis 15 m**[1),2)]
1	**nicht flächenfertige Oberseiten von Decken** und Böden	10	15	20	25	30
2a	wie Zeile 1, jedoch zur Aufnahme von Bodenaufbauten	5	8	12	15	20
2b	**flächenfertige Oberseiten von Decken** und Bodenplatten, **für untergeordnete Zwecke**	5	8	12	15	20
3	**flächenfertige Böden**	2	4	10	12	15
4	wie Zeile 3, jedoch mit erhöhten Anforderungen	1	3	9	12	15
5	**nicht flächenfertige Wände und Unterseiten** von Decken	5	10	15	25	30
6	**flächenfertige Wände und Unterseiten** von Decken	3	5	10	20	25
7	wie Zeile 6, jedoch mit erhöhten Anforderungen	2	3	8	15	20

1) Zwischenwerte sind den Bildern 6 und 7 der DIN 18202:2019-07 zu entnehmen und auf ganze Millimeter zu runden.
2) Die Grenzwerte für Ebenheitsabweichungen der Spalte 6 gelten auch für Messpunktabstände über 15 m.

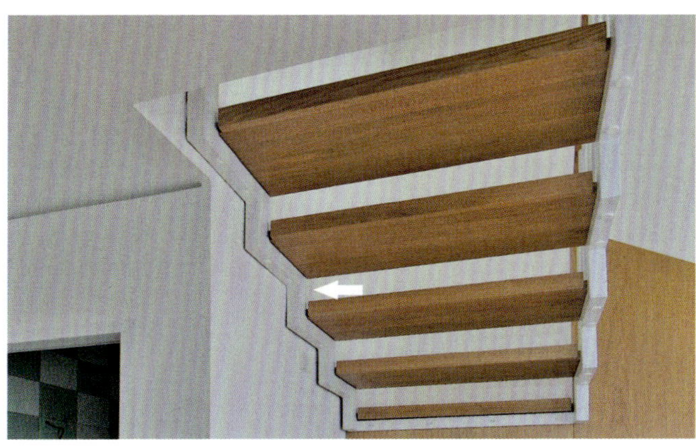

Abb. C 6.2: Beispiel für eine optisch auffällige Maßabweichung am Anschluss einer Treppenkonstruktion an eine geputzte Wandfläche

Erhöhte Anforderungen an die Ebenheit von Oberflächen sind gesondert zu vereinbaren. Bei flächenfertigen Wand- und Deckenbekleidungen sollten Sprünge und Absätze vermieden werden. Dies betrifft jedoch nicht die durch die Flächengestaltung bedingte Struktur. Für **Höhenversätze** in den fertigen Bauteiloberflächen finden die Grenzwerte für Ebenheitsabweichungen keine Anwendung. Hierfür sind gesonderte Regelungen zu treffen.

Ebenheitsanforderungen an den **Untergrund** einer zu putzenden Fläche und an die fertige **Oberfläche** sind getrennt zu beurteilen und **unabhängig voneinander einzuhalten**. Für nicht flächenfertige Oberflächen und flächenfertige Oberflächen werden in DIN 18202, Tabelle 3, unterschiedliche Anforderungen explizit angegeben. Eine Addition der Grenzwerte nach Tabelle 3, Zeile 5 und Zeile 6 (bzw. Zeile 7 bei erhöhten Anforderungen) für die fertige geputzte Oberfläche ist nicht zulässig.

Die **Grenzwerte für Fluchtabweichungen** bei Stützen betragen gemäß DIN 18202, Tabelle 4, wie folgt (vgl. Tabelle C 6.4):

Tabelle C 6.4: Grenzwerte für Fluchtabweichungen bei Stützen nach DIN 18202:2019-07, Tabelle 4

Spalte	1	2	3	4	5	6
Zeile	**Bezug**	**Stichmaße als Grenzwerte in mm** bei Nennmaßen als Messpunktabstand				
		bis 3 m	**über 3 bis 6 m**	**über 6 bis 15 m**	**über 15 bis 30 m**	**über 30 m**
1	zulässige Abweichung von der Flucht	8	12	16	20	30

Vor der **Ausführung von Putzarbeiten** ist der Putzgrund auf seine Eignung zur Aufnahme des Putzes zu prüfen. Eine Kontrolle erfolgt damit auch hinsichtlich der Einhaltung der zulässigen Maßabweichungen für die Rohbaukonstruktion. Die Prüfung wird primär durch Augenschein vorgenommen. Hierbei kommt der Erfahrung des Prüfers eine besondere Bedeutung zu. Die visuelle Kontrolle kann stichprobenartig an exemplarisch ausgewählten Flächen ergänzt werden durch eine Prüfung mittels Richtlatte und Metermaß bzw. Messkeil. Werden hierbei größere Maßabweichungen festgestellt als nach DIN 18202 zulässig, so ist der Umfang der Prüfung ggf. auszuweiten.

Die **Prüfung** ist unter dem Aspekt der Passung auf ausgewählte Punkte mit Maßhaltigkeitsanforderungen zu konzentrieren. Dies sind z. B. Schnittstellen für Einbauteile oder an die Putzfläche anschließende Gewerke. Auch optisch auffällige bzw. durch einfachen Augenschein bereits gut sichtbare Maßabweichungen sind in der Regel ein Anlass zur Prüfung des betreffenden Bereichs (vgl. Abb. C 6.2). Eine **flächendeckende Überprüfung** zu putzender Flächen ist im Sinne der DIN 18202 **nicht vorzunehmen**, es sei denn, es besteht hierfür ein im Einzelfall begründeter Anlass.

6.1.2 Lichte Mindestmaße im fertigen Zustand

Im fertiggestellten **Ausbauzustand** sind für bestimmte Bauteile oder Bereiche nach den Bestimmungen des Bauordnungsrechtes **lichte Mindestmaße** einzuhalten. Hierzu zählen beispielsweise die folgenden Maße:

- die lichte Höhe von Aufenthaltsräumen (2,40 m),
- die lichte Durchgangshöhe von bauordnungsrechtlich notwendigen Treppen (2 m),
- die lichte Breite von notwendigen Fluren und Ausgängen ins Freie (mindestens 1 m),
- die nutzbare lichte Breite von Treppenläufen auf notwendigen Treppen (mindestens 1 m),
- die Höhe von Absturzsicherungen und Umwehrungen (in der Regel 0,9 m bzw. 1,2 m),
- die lichte Höhe in den zum Begehen bestimmten Bereichen von Garagenbauwerken (2 m bzw. 2,10 m),
- die lichte Breite von Stellplätzen in Garagenbauwerken (z. B. mindestens 2,30 m),
- die lichte Breite von Fahrgassen etc. in Garagenbauwerken (z. B. 6 m).

Mindestabmessungen nach bauordnungsrechtlichen Regelungen sind bei der Ausführung im gebrauchsfertigen Zustand an jeder betreffenden Stelle auf Dauer einzuhalten. Toleranzmaße für eine Unterschreitung von Mindestabmessungen sind nicht vorgesehen. In Planung und Ausführung sind deshalb für Bauwerksteile, die im fertigen Zustand ein Mindestmaß erreichen müssen, Toleranzen durch die Bemessung eines einseitigen Boxbereichs so vorzusehen, dass ausführungsspezifische Ungenauigkeiten und inhärente Verformungen (z. B. zeit- und lastabhängige Verformungen) nicht zu einer Unterschreitung des erforderlichen Mindestmaßes führen. Nennmaße sind deshalb als Mindestmaße um ein notwendiges Toleranzmaß im Sinne eines Vorhaltemaßes zu vergrößern. Werden notwendige Mindestmaße in der fertigen Ausführung unterschritten, weil ausführungsspezifische Toleranzen in der Planung unberücksichtigt geblieben sind, so stellt dies im Allgemeinen eine fehlerhafte Planungsvorgabe dar (vgl. Teil B, Kapitel 1).

Abb. C 6.3: Beispiel für Wärmedämmplatten aus Mineralwolle mit Kaschierung

6.2 Statisch-konstruktive Anforderungen

Selbsttragende Wand- und Deckenbekleidungen unterliegen den Bemessungsanforderungen für Tragwerke. Die Genauigkeitsanforderungen richten sich in diesem Fall nach den der Tragwerksbemessung zugrunde zu legenden Anforderungen, z. B. aus dem Massivbau, dem Holzbau oder dem Stahlbau. Auf die entsprechenden Ausführungen zu diesen Gewerken wird verwiesen.

Nicht selbsttragende Wand- und Deckenbekleidungen werden auf eine Unterkonstruktion mit tragender Funktion aufgebracht. In diesem Fall sind an die Bekleidung in der Regel keine statisch-konstruktiven Anforderungen in Bezug auf die geometrischen Toleranzen zu stellen. Die Ausführung muss in erster Linie den Genauigkeitsanforderungen unter dem Aspekt der Passgenauigkeit innerhalb des betreffenden Gewerkes und an den Schnittstellen zu den angrenzenden Leistungsbereichen genügen. Hierzu sind nachfolgend Genauigkeitsanforderungen an die Bauprodukte und an die handwerkliche Verarbeitung angegeben.

6.3 Anforderungen an Bauprodukte für Wand- und Deckenbekleidungen

6.3.1 Wärmedämmstoffe aus Mineralwolle nach DIN EN 13162

In DIN EN 13162:2015-04 „**Wärmedämmstoffe** für Gebäude – Werkmäßig hergestellte Produkte aus Mineralwolle (MW) – Spezifikation" werden Anforderungen für werkmäßig hergestellte Produkte **aus Mineralwolle** mit und ohne Kaschierung festgelegt, die für die Wärmedämmung von Gebäuden benutzt werden (vgl. Abb. C 6.3). Die Produkte werden in Form von Matten oder Platten hergestellt und werden auch in vorgefertigten Wärmedämmsystemen und Mehrschichtverbundplatten angewendet.

Für die **Länge und Breite** beträgt die zulässige Grenzabweichung:

- für die Länge: ± 2 %
- für die Breite: ± 1,5 %

Für die **Dicke** von Wärmedämmstoffen sind in DIN EN 13162, Tabelle 1, Grenzabmaße festgelegt (vgl. Tabelle C 6.5). Die Dicke ist nach DIN EN 823:2013-05 „Wärmedämmstoffe für das Bauwesen – Bestimmung der Dicke" zu bestimmen.

Tabelle C 6.5: Stufen bzw. Klassen der Grenzabmaße für die Dicke von Wärmedämmstoffen nach DIN EN 13162:2015-04, Tabelle 1

Stufe bzw. Klasse	Grenzabmaße	
T1	– 5 % oder – 5 mm[1)]	Überschreitung zulässig
T2	– 5 % oder – 5 mm[1)]	+ 15 % oder + 15 mm[2)]
T3	– 3 % oder – 3 mm[1)]	+ 10 % oder + 10 mm[2)]
T4	– 3 % oder – 3 mm[1)]	+ 5 % oder + 5 mm[2)]
T5	– 1 % oder – 1 mm[1)]	+ 3 mm

[1)] Der größere numerische Wert ist maßgebend.
[2)] Der kleinere numerische Wert ist maßgebend.

Die Abweichung von der **Rechtwinkligkeit** in der Richtung der Länge und der Breite von Wärmedämmplatten darf 5 mm/m nicht überschreiten. Die Rechtwinkligkeit ist nach DIN EN 824:2013-05 „Wärmedämmstoffe für das Bauwesen – Bestimmung der Rechtwinkligkeit" zu bestimmen.

Die Abweichung von der **Ebenheit** von Platten darf 6 mm nicht überschreiten. Die Ebenheit von Wärmedämmplatten ist nach DIN EN 825:2013-05 „Wärmedämmstoffe für das Bauwesen – Bestimmung der Ebenheit" zu bestimmen.

6.3.2 Wärmedämmstoffe aus expandiertem Polystyrol nach DIN EN 13163

In DIN EN 13163:2017-02 „**Wärmedämmstoffe** für Gebäude – Werkmäßig hergestellte Produkte **aus expandiertem Polystyrol** (EPS) – Spezifikation" werden Anforderungen für werkmäßig hergestellte Produkte aus EPS mit oder ohne Kaschierung festgelegt, die für die Wärmedämmung von Gebäuden benutzt werden. Die Produkte werden in Form von Platten oder Rollen oder anderer vorgeformter Ware hergestellt. Sie werden auch für die Schalldämmung und in vorgefertigten Wärmedämmsystemen und Mehrschichtverbundplatten angewendet (vgl. Abb. C 6.4).

Für **Maßabweichungen der Länge, der Breite und der Dicke** von Dämmstoffen sowie für Abweichungen von der Rechtwinkligkeit und von der Ebenheit werden in DIN EN 13163, Tabelle 1, Grenzabmaße angegeben (vgl. Tabelle C 6.6).

Länge und Breite sind jeweils nach DIN EN 822:2013-05 „Wärmedämmstoffe für das Bauwesen – Bestimmung der Länge und Breite" zu bestimmen. Die Dicke ist nach DIN EN 823 zu bestimmen. Die Rechtwinkligkeit ist nach DIN EN 824 zu bestimmen. Die Ebenheit ist nach DIN EN 825 zu bestimmen.

Abb. C 6.4: Beispiel für Wärmedämmplatten aus EPS ohne Kaschierung

Tabelle C 6.6: Klassen der Grenzabmaße für Wärmedämmstoffe nach DIN EN 13163:2017-02, Tabelle 1

Eigenschaft	Klasse	Grenzabmaße	
		Platten	**Rollen**
Länge	L(2)	± 2 mm	−1 % + unbegrenzt
	L(3)	± 0,6 % oder ± 3 mm[1]	
Breite	W(1)	± 1 mm	± 0,6 % oder ± 1 mm[1]
	W(2)	± 2 mm	
	W(3)	± 0,6 % oder ± 3 mm[1]	± 0,6 % oder ± 3 mm[1]
Dicke[2]	T(1)	± 1 mm	
	T(2)	± 2 mm	
Rechtwinkligkeit in Längen- und in Breitenrichtung	S(1)	± 1 mm/m	
	S(2)	± 2 mm/m	
	S(5)	± 5 mm/m	
Ebenheit[3]	P(3)	3 mm	
	P(5)	5 mm	
	P(10)	10 mm	
	P(15)	15 mm	
	P(30)	30 mm	

1) Der größere numerische Wert ist maßgebend.
2) weitere Klassen siehe DIN EN 13163:2017-02, Abschnitt 4.3.15.1
3) Die Ebenheit ist bezogen auf den laufenden Meter angegeben.

Abb. C 6.5: Beispiel für Dämmplatten aus extrudiertem Polystyrol-Hartschaum

6.3.3 Wärmedämmstoffe aus extrudiertem Polystyrolschaum nach DIN EN 13164

In DIN EN 13164:2015-04 „**Wärmedämmstoffe** für Gebäude – Werkmäßig hergestellte Produkte **aus extrudiertem Polystyrolschaum** (XPS) – Spezifikation" werden Anforderungen für werkmäßig hergestellte extrudierte Polystyrolschaumprodukte mit oder ohne Kaschierung festgelegt, die für die Wärmedämmung von Gebäuden verwendet werden. Diese Produkte werden in Form von Platten hergestellt (vgl. Abb. C 6.5).

Für die **Abweichung von der Länge, Breite, Rechtwinkligkeit und Ebenheit** werden in DIN EN 13164, Tabelle 1, Grenzwerte wie folgt angegeben:

- Grenzabmaße für die Länge oder Breite:
  - für Nennlänge l oder Nennbreite $b \leq 1.500$ mm ± 8 mm
  - für Nennlänge l oder Nennbreite $b > 1.500$ mm ± 10 mm
- Grenzabmaß für die Rechtwinkligkeit in Längen- und Breitenrichtung:
  - für die Nennlänge l oder Nennbreite b 5 mm/m
- Grenzabmaß für die Ebenheit: 6 mm/m

Länge und Breite sind nach DIN EN 822, die Rechtwinkligkeit in Längen- und Breitenrichtung nach DIN EN 824 und die Ebenheit nach DIN EN 825 zu bestimmen. Kein Prüfergebnis darf von den Nennwerten mehr als die angegebenen Grenzwerte abweichen.

Für **Abweichungen von der Dicke** werden in DIN EN 13164, Tabelle 2, folgende Grenzwerte angegeben (vgl. Tabelle C 6.7):

Abb. C 6.6: Beispiel für Dämmplatten aus PU-Hartschaum mit Kaschierung

Tabelle C 6.7: Klassen der Grenzabmaße für die Dicke von XPS-Produkten nach DIN EN 13164:2015-04, Tabelle 2

Klasse	Grenzabmaße in mm		Dicke in mm
T1	−2 −2 −2	+2 +3 +6	< 50 $50 \leq d_N \leq 120$ > 120
T2	−1,5 −1,5 −1,5	+1,5 +1,5 +1,5	< 50 $50 \leq d_N \leq 120$ > 120
T3	−1 −1 −1	+1 +1 +1	< 50 $50 \leq d_N \leq 120$ > 120
d_N Nenndicke			

Die Dicke ist nach DIN EN 823 zu bestimmen. Kein Prüfergebnis darf von der Nenndicke um mehr als die angegebenen Grenzabmaße abweichen.

6.3.4 Wärmedämmstoffe aus Polyurethan-Hartschaum (PU) nach DIN EN 13165

Für werkmäßig hergestellte **Produkte aus Polyurethan-Hartschaum** (PU) mit oder ohne Kaschierung oder Beschichtung, die für die Wärmedämmung von Gebäuden benutzt werden, werden in DIN EN 13165:2016-09 „Wärmedämmstoffe für Gebäude – Werkmäßig hergestellte Produkte aus Polyurethan-Hartschaum (PU) – Spezifikation" Maßabweichungen angegeben (vgl. Abb. C 6.6).

Die **Grenzabmaße für die Länge und die Breite** von Wärmedämmstoffen aus PU werden in DIN EN 13165, Tabelle 1, wie folgt angegeben (vgl. Tabelle C 6.8):

Tabelle C 6.8: Grenzabmaße für die Länge und die Breite von PU-Produkten nach DIN EN 13165:2016-09, Tabelle 1

Maße in mm	Grenzabmaße in mm
bis 1.000	± 5
über 1.000 bis 2.000	± 7,5
über 2.000 bis 4.000	± 10
über 4.000	± 15

Die Länge und die Breite sind nach DIN EN 822 zu bestimmen.

Die **Grenzabmaße für die Dicke** von Wärmedämmstoffen aus PU werden in DIN EN 13165, Tabelle 2, wie folgt angegeben (vgl. Tabelle C 6.9):

Tabelle C 6.9: Klassen der Grenzabmaße für die Dicke von PU-Produkten nach DIN EN 13165:2016-09, Tabelle 2

Klasse	Nenndicke in mm		
	< 50	50 bis 75	> 75
	Grenzabmaße in mm		
T1	± 3	± 4	+ 6 − 4
T2	± 2	± 3	+ 5 − 3
T3	± 1,5	± 1,5	± 1,5

Die Dicke ist nach DIN EN 823 zu bestimmen.

Die **Abweichung von der Rechtwinkligkeit** in Längen- und in Breitenrichtung darf 5 mm/m gemäß DIN EN 13165, Abschnitt 4.2.4, nicht überschreiten. Die Rechtwinkligkeit ist nach DIN EN 824 zu bestimmen.

Für die **Abweichung von der Ebenheit** von Platten werden in DIN EN 13165, Tabelle 3, folgende Grenzwerte angegeben (vgl. Tabelle C 6.10):

Tabelle C 6.10: Abweichungen von der Ebenheit von PU-Produkten nach DIN EN 13165:2016-09, Tabelle 3

Produkt in Liefermaßen		
Länge in m	**Fläche in m^2**	**Abweichung von der Ebenheit in mm**
≤ 2,50	≤ 0,75	≤ 5
	> 0,75	≤ 10

Die Ebenheit ist nach DIN EN 825 zu bestimmen.

6.3.5 Wärmedämmstoffe aus Holzwolle (WW) nach DIN EN 13168

Für werkmäßig hergestellte **Produkte aus Holzwolle** mit oder ohne Kaschierung oder Beschichtung, die für die Wärmedämmung von Gebäuden benutzt werden, werden in DIN EN 13168:2015-04 „Wärmedämmstoffe für Gebäude – Werkmäßig hergestellte Produkte aus Holzwolle (WW) – Spezifikation" Maßtoleranzen angegeben.

Folgende **Grenzwerte** dürfen bei Holzwolleprodukten bei keinem Prüfergebnis überschritten werden (vgl. Tabelle C 6.11):

Tabelle C 6.11: Grenzwerte für Maßabweichungen bei Produkten aus Holzwolle nach DIN EN 13168: 2015-04, Tabellen 1 bis 4

Eigenschaft	Klasse	Anforderung/Grenzabmaße	Prüfung nach
Länge	L1	+5/–10 mm	DIN EN 822
	L2	+3/–5 mm	
	L3	+2/–3 mm	
	L4	± 1 mm für Nennlängen bis 1.250 mm ± 2 mm für Nennlängen über 1.250 mm	
Breite	W1	± 3 mm	DIN EN 822
	W2	± 1 mm	
Dicke	T1	+3/–2 mm für Nennlängen bis 1.250 mm; +4/–3 mm für Nennlängen über 1.250 mm	DIN EN 823
	T2	± 1 mm für Nennlängen bis 1.250 mm; ± 2 mm für Nennlängen über 1.250 mm	
Rechtwinkligkeit		≤ 5 mm/m	DIN EN 824
Ebenheit	P1	≤ 6 mm	DIN EN 825
	P2	≤ 3 mm	

6.3.6 Wärmedämmstoffe aus Holzfasern nach DIN EN 13171

Für werkmäßig hergestellte **Erzeugnisse aus Holzfasern** einschließlich etwaiger Kaschierungen oder Beschichtungen, die zur Wärmedämmung von Gebäuden verwendet werden, werden in DIN EN 13171:2015-04 „**Wärmedämmstoffe für** Gebäude – Werkmäßig hergestellte Produkte aus Holzfasern (WF) – Spezifikation" Maßtoleranzen angegeben.

Folgende **Grenzwerte** dürfen bei Erzeugnissen aus Holzfasern bei keinem Prüfergebnis überschritten werden (vgl. Tabelle C 6.12):

Tabelle C 6.12: Grenzabmaße für Maßabweichungen bei Erzeugnissen aus Holzfasern nach DIN EN 13171:2015-04

Eigenschaft	Klasse	Anforderung/Grenzabmaße	Prüfung nach
Länge		± 2 % (gilt nicht für Rollen, Matten und Filze)	DIN EN 822
Breite		± 1,5 %	DIN EN 822
Dicke	T1	–5 mm/Überschreitung zulässig	DIN EN 823
	T2	–5 mm/+15 % oder +15 mm (der kleinere numerische Wert ist maßgebend)	
	T3	–4 mm/+10 % oder +10 mm (der kleinere numerische Wert ist maßgebend)	
	T4	–3 mm/+5 % oder +5 mm (der kleinere numerische Wert ist maßgebend)	
	T5	–1/+3 mm	
Rechtwinkligkeit		≤ 5 mm/m	DIN EN 824
Ebenheit		≤ 6 mm/m	DIN EN 825

Die Dicke ist nach DIN EN 823 unter einem Belastungsdruck von 250 ± 5 Pa zu prüfen.

6.3.7 Wandbekleidungselemente für die Innen- und Außenanwendung aus Metallblech nach DIN EN 14783

Für Metallrollen, Bänder und flache Tafeln sowie für werkmäßig hergestellte Metallbleche, die in Form von vorgefertigten Bauteilen für vollflächig unterstützte Dachdeckungs- und Wandbekleidungsanwendungen geliefert werden, werden in DIN EN 14783:2013-07 „Vollflächig unterstützte Dachdeckungs- und Wandbekleidungselemente für die Innen- und Außenanwendung aus Metallblech – Produktspezifikation und Anforderungen" Maßtoleranzen angegeben. Diese Anforderungen gelten nicht für Produkte, die auf der Baustelle hergestellt werden.

Wandbekleidungselemente nach DIN EN 14783 dürfen die Maßtoleranzen, die in der für den betreffenden Fall geltenden Norm DIN EN 501, DIN EN 502, DIN EN 504 und DIN EN 505 festgelegt sind, nicht überschreiten. Auf die gleichlautenden Anforderungen für

- Bedachungselemente aus Zinkblech nach DIN EN 501,
- Bedachungselemente aus nicht rostendem Stahlblech nach DIN EN 502,
- Bedachungselemente aus Kupferblech nach DIN EN 504,
- Bedachungselemente aus Stahlblech nach DIN EN 505

wird verwiesen.

6.3.8 Faserzement-Wellplatten nach DIN EN 494

Für **Faserzement-Wellplatten** und die dazugehörigen Faserzement-Formteile zur Verwendung als Bedachung, Innenwandbekleidung, Außenwandbekleidung oder Deckenbekleidung werden in DIN EN 494:2015-12 „Faserzement-Wellplatten und dazugehörige Formteile – Produktspezifikation und Prüfverfahren" Maßtoleranzen angegeben.

Folgende **Grenzabweichungen für Nennmaße** sind einzuhalten:

• für die Wellenbreite *a*:	
– bis 75 mm	± 1,5 mm
– über 75 bis 180 mm	± 2,0 mm
– über 180 bis 260 mm	± 2,5 mm
– über 260 mm	± 3,0 mm
• für die Höhe *h*:	
– über 15 bis 45 mm	± 2,0 mm
– über 45 bis 150 mm	± 3,0 mm
• für die Länge *l*:	± 10 mm
• für die Breite *w*:	+ 10/– 5 mm
• für die Nenndicke *e*:	
– durchschnittliche Dicke	± 0,6 mm, maximal ± 10 %
• für die Rechtwinkligkeit:	≤ 6,0 mm

Die **Prüfung** der Maßhaltigkeit erfolgt an einer vollständigen Wellplatte im Auslieferungszustand und ohne Vorbehandlung. Der Probekörper wird für die Prüfung auf eine ebene Fläche, die für die Größe der Platte ausreichend ist, aufgelegt.

Die Länge wird jeweils ca. 50 mm von jeder Seite entfernt und in Plattenmitte gemessen. Die Breite wird jeweils etwa 50 mm von jedem Ende entfernt oder weiter platteneinwärts, falls erforderlich, um Ecken mit Gehrungsschnitt zu umgehen, sowie in Plattenmitte gemessen. Bei Wellplatten mit einer Länge bis 0,9 m entfällt die dritte Messung in Plattenmitte. Alle Messungen sind auf 1 mm genau abzulesen. Der Mittelwert von Länge und Breite ist aus den Einzelmessungen zu berechnen und muss den Anforderungen entsprechen.

Die Dicke wird an 6 Messpunkten jeweils etwa 15 mm vom Plattenrand entfernt mit einer Genauigkeit von 0,1 mm gemessen.

Die Rechtwinkligkeit wird durch Vergleich mit einem auf den Probekörper aufgelegten rechtwinkligen Rahmen bestimmt. Der Rahmen soll zur Berücksichtigung der Wellen 2 gewellte Enden und 2 glatte Seiten sowie eine maximale Maßabweichung von 1 mm haben. Der gemessene Einzelwert muss den Anforderungen entsprechen.

6.3.9 Fassadenplatten und Fassadenelemente aus Betonwerkstein nach DIN V 18500

Für Fassadenplatten und **Fassadenelemente**, die als vorgefertigte Bauteile **aus Beton** hergestellt werden und mit einer werksteinmäßig bearbeiteten oder besonders gestalteten Oberfläche versehen werden, werden in DIN V 18500:2006-12 „Betonwerkstein – Begriffe, Anforderungen, Prüfung, Überwachung" Maßtoleranzen angegeben.

Die **Grenzabweichungen für Maße** von Fassadenplatten und Fassadenelementen betragen nach DIN V 18500, Tabelle 1, wie folgt (vgl. Tabelle C 6.13):

Tabelle C 6.13: Grenzabmaße für Fassadenplatten und Fassadenelemente aus Betonwerkstein nach DIN V 18500:2006-12, Tabelle 1

größte Seitenlänge (Nennmaß)	Grenzabmaße für Länge und Breite	Grenzabmaße für die Dicke
bis 1.000 mm	± 3 mm	± 3 mm
über 1.000 bis 2.500 mm	± 4 mm	± 3 mm
über 2.500 bis 4.000 mm	± 5 mm	± 5 mm
über 4.000 mm	nach DIN 18203-1	nach DIN 18203-1

DIN 18203-1 wurde zwischenzeitlich ersatzlos zurückgezogen. Die Anwendung dieser Norm aufgrund des Verweises in DIN V 18500 ist im Einzelfall zu klären.

Ebenheitsabweichungen sind innerhalb der Grenzwerte nach DIN 18202 zulässig. Diese sind nur anzuwenden auf planmäßig ebene Oberflächen.

6.3.10 Putzträger und Putzprofile aus Metall für Innenputze nach DIN EN 13658-1

Für **Putzträger und Putzprofile aus Metall für Innenputze** werden in DIN EN 13658-1:2005-09 „Putzträger und Putzprofile aus Metall – Begriffe, Anforderungen und Prüfverfahren – Teil 1: Innenputze" Maßtoleranzen angegeben.

Für **Putzträger** betragen die zulässigen **Grenzabweichungen für Maße**:

- für Streckmetall, Rippenstreckmetall und Drahtgittergewebe:
  – für die Länge ± 1 %
  – für die Breite ± 15 mm
- für normales und nicht rostendes Ziegeldrahtgewebe:
  – für Länge und Breite ± 2 %

Der Hersteller muss die Nennlänge und die Nennbreite der Putzträger angeben.

Bei der **Prüfung** sind die Maße für die Länge und die Breite an insgesamt 5 Probekörpern an jeweils 3 verschiedenen Stellen direkt zu messen. Für jeden Probekörper ist das arithmetische Mittel aus 3 Messungen zu bilden. Jeder Probekörper muss die angegebenen Anforderungen erfüllen. Die Probekörper sind für die Messung auf eine ebene Fläche zu legen. Die Messung erfolgt mit einem Metalllineal oder einem Metallbandmaß, das eine Ablesung auf 1,0 mm ermöglicht.

Abb. C 6.7: Beispiel für Putzprofile aus Metall im Außenputz

Abb. C 6.8: Beispiel für ein Putzprofil im Außenputz

Für **Putzprofile** betragen die zulässigen **Grenzabweichungen für Maße**:

- für die Länge:
  - bei gelochtem oder gestrecktem Metallband ± 10 mm
  - bei verzinktem oder nicht rostendem Stahldraht ± 20 mm
- für die Geradheit:
  - bei Eckschienen maximal *L*/400
  - bei Abschluss- und Anschlussprofilen maximal *L*/600

Der Hersteller muss die Nennlänge *L* der Putzprofile angeben.

Bei der **Prüfung** sind die Maße für die Länge an insgesamt 5 Probekörpern zu messen. Jede Messung muss die angegebenen Anforderungen erfüllen.

Die Geradheit ist ebenfalls an insgesamt 5 Probekörpern zu messen. Die Probekörper sind für die Messung auf eine ebene Fläche zu legen. Die Abweichung von der ebenen Fläche ist zu messen. Jede Messung muss die angegebenen Anforderungen erfüllen. Die Messung erfolgt mit einem Messschieber mit Millimeterteilung, der Ablesungen auf 0,5 mm ermöglicht.

6.3.11 Putzträger und Putzprofile aus Metall für Außenputze nach DIN EN 13658-2

Für **Putzträger und Putzprofile aus Metall für Außenputze** werden in DIN EN 13658-2:2005-09 „Putzträger und Putzprofile aus Metall – Begriffe, Anforderungen und Prüfverfahren – Teil 2: Außenputze" Maßtoleranzen angegeben (vgl. Abb. C 6.7 und Abb. C 6.8).

Für **Putzträger** betragen die zulässigen **Grenzabweichungen für Maße**:

- für Streckmetall, Rippenstreckmetall und Drahtgittergewebe:
  - für die Länge ± 1 %
  - für die Breite ± 15 mm
- für nicht rostendes Ziegeldrahtgewebe:
  - für Länge und Breite ± 2 %

Der Hersteller muss die Nennlänge und die Nennbreite der Putzträger angeben.

Bei der **Prüfung** sind die Maße für die Länge und die Breite an insgesamt 5 Probekörpern an jeweils 3 verschiedenen Stellen direkt zu messen. Für jeden Probekörper ist das arithmetische Mittel aus 3 Messungen zu bilden. Jeder Probekörper muss die angegebenen Anforderungen erfüllen. Die Probekörper sind für die Messung auf eine ebene Fläche zu legen. Die Messung erfolgt mit einem Metalllineal oder einem Metallbandmaß, das eine Ablesung auf 1,0 mm ermöglicht.

Für **Putzprofile** betragen die zulässigen **Grenzabweichungen für Maße**:

- für die Länge:
  - bei gelochtem oder gestrecktem Metallband ± 10 mm
  - bei verzinktem oder nicht rostendem Stahldraht ± 20 mm
- für die Geradheit:
  - bei Eckschienen maximal *L*/400
  - bei Abschluss- und Anschlussprofilen maximal *L*/600

Der Hersteller muss die Nennlänge *L* der Putzprofile angeben.

Bei der **Prüfung** sind die Maße für die Länge an insgesamt 5 Probekörpern zu messen. Jede Messung muss die angegebenen Anforderungen erfüllen.

Die Geradheit ist ebenfalls an insgesamt 5 Probekörpern zu messen. Die Probekörper sind für die Messung auf eine ebene Fläche zu legen. Die Abweichung von der ebenen Fläche ist zu messen. Jede Messung muss die angegebenen Anforderungen erfüllen. Die Messung erfolgt mit einem Messschieber mit Millimeterteilung, der Ablesungen auf 0,5 mm ermöglicht.

6.3.12 Gips-Wandbauplatten nach DIN EN 12859

Für **Gips-Wandbauplatten** mit glatten Sichtflächen, die hauptsächlich zur Herstellung nicht tragender Trennwände, frei stehender Wand-Vorsatzschalen und des Brandschutzes eingesetzt werden, werden in DIN EN 12859:2011-05 „Gips-Wandbauplatten – Begriffe, Anforderungen und Prüfverfahren" Toleranzen angegeben.

Für **Einzelplatten** sind folgende **Grenzabmaße** einzuhalten:

- für die Dicke: ± 0,5 mm
- für die Länge: ± 5 mm
- für die Breite: ± 2 mm

Die maximale Abweichung von der Ebenheit der einzelnen Platte darf nicht größer als 1 mm sein.

6.3.13 Metallprofile für Unterkonstruktionen von Gipsplatten-Systemen nach DIN EN 14195

Für **Metallprofile**, die bei Hochbauarbeiten zusammen mit Gipsplatten nach DIN EN 520:2009-12 (vgl. Teil C, Kapitel 6.3.15) und Gipsplatten-Produkten aus der Weiterverarbeitung nach DIN EN 14190:2014-09 „Gipsplatten-Produkte aus der Weiterverarbeitung – Begriffe, Anforderungen und Prüfverfahren" bei nicht tragenden Systemen verwendet werden (wie z. B. bei Trennwänden, Wand- und Deckenbekleidungen, Bekleidungen von Kanälen und Aufzugschächten und Ummantelungen von Stützen und Trägern), werden in DIN EN 14195:2020-07 „Metall-Unterkonstruktionsbauteile für Gipsplatten-Systeme – Begriffe, Anforderungen und Prüfverfahren" Maßtoleranzen angegeben (vgl. Abb. C 6.9).

Abb. C 6.9: Beispiel für Metallprofile zur Beplankung mit Gipsplatten

Folgende **Grenzwerte für Maßabweichungen** der Metallprofile sind einzuhalten:

• für die Länge:		
– bis 3.000 mm Nennlänge		± 3 mm
– über 3.000 bis 5.000 mm Nennlänge		± 4 mm
– über 5.000 mm Nennlänge		± 5 mm
• für die Breite:		± 0,5 mm
– für die Flanschbreite	zwischen 2 Umbiegungen	± 0,5 mm
	zwischen 1 Umbiegung und 1 Schnittkante	± 1,0 mm
• für das Winkelmaß:		
– zwischen Steg und Flansch		± 2 Grad
• für die Geradheit:		
– bezogen auf die Nennlänge L		$L/400$
• für die Verdrehung:		
– bezogen auf die Spaltbreite h und die Nennbreite W		$h/W \leq 0{,}1$

Die angegebenen Grenzabmaße sind für alle Einzelmessungen einzuhalten.

Die **Prüfung** erfolgt an einer Stichprobe von 3 Profilen jedes Typs, jeder Dicke und jedes Querschnittes. Es werden die Dicke, die Länge, die Winkelmaße, die Geradheit, die Verdrehung, die Profilbreite und die Flanschbreite gemessen.

Die **Dicke** ist mit dem Mikrometer an 3 Stellen eines repräsentativen Oberflächenbereichs, der gerade und frei von durch das Schneiden entstandenen Verformungen (z. B. Grate) ist, zu messen. Die Messergebnisse sind mit einer Genauigkeit von 0,01 mm anzugeben.

Die **Länge** ist mit dem Bandmaß entlang des Steges zu messen. Für die Messung ist der Prüfkörper auf eine durchgehende ebene Fläche zu legen, die groß genug ist, um das längste Profil zu messen, und die eine Ebenheit von $L/1.000$ aufweist. Die Messergebnisse sind mit einer Genauigkeit von 1 mm anzugeben.

Winkelmaße sind mit einem Winkelmessgerät mit Dreharm mit einer Messgenauigkeit von 1° zu messen. Das Winkelmessgerät ist so auf eine Profilfläche zu legen, dass es diese unmittelbar berührt und auf der Oberfläche richtig aufliegt. Das Winkelmessgerät ist in die Nähe des Winkels zu bringen. Der Arm ist zu drehen, bis er

Abb. C 6.10: Beispiel für Gipsplatten

den angrenzenden Flansch unmittelbar berührt. Der am Winkelmessgerät angezeigte Winkel ist abzulesen.

Die **Geradheit** ist als der größte Abstand zwischen dem Profil und einer ebenen Unterlage mit dem Metalllineal zu messen. Die Ebenheit der Unterlage muss $L/1.000$ betragen. Die Messung ist für einen um 90° um seine Längsachse gedrehten Prüfkörper zu wiederholen. Die Messergebnisse für die Geradheit sind auf 1 mm gerundet anzugeben.

Die **Stegbreite des Profils** ist an einem mit dem Steg nach oben auf einer ebenen Unterlage liegenden Prüfkörper zu bestimmen. 3 Messpunkte, deren Abstand vom Ende des Profils mindestens 150 mm beträgt, sind zu wählen. Die Außenseite des Prüfkörpers ist mit dem Messschieber zu messen. Die Messungen sind so nahe an den Umbiegungen wie möglich vorzunehmen. Die Messergebnisse für die Breite sind auf 0,1 mm gerundet anzugeben.

Die **Flanschbreite des Profils** ist an einem mit dem zu messenden Flansch nach oben auf einer ebenen Unterlage liegenden Prüfkörper zu bestimmen. Mit dem Messschieber ist der Flansch an 3 Messpunkten, deren Abstand vom Ende des Profils mindestens 150 mm beträgt, zu messen. Die Messergebnisse für die Breite sind auf 0,1 mm gerundet anzugeben.

6.3.14 Gipsplatten nach DIN 18180

Für **Gipsplatten** und sinngemäß auch für werkmäßig mechanisch bearbeitete Plattenarten wie z. B. Zuschnitt-Gipsplatten und gelochte Gipsplatten werden in DIN 18180: 2014-09 „Gipsplatten – Arten und Anforderungen" Maßtoleranzen angegeben (vgl. Abb. C 6.10).

Bei allseitig **zugeschnittenen Platten** mit rechten Winkeln und Kantenlängen ≥ 500 mm gelten folgende Anforderungen:

- Grenzabmaß für die Kantenlänge:
  - bezogen auf das Nennmaß ± 0,15 %
- Abweichung vom rechten Winkel:
  - bezogen auf das Nennmaß der Kantenlänge maximal 0,2 %

Bei kleineren Kantenlängen sind die Abweichungen einzuhalten, die für die jeweils kürzere Kantenlänge gelten.

6.3.15 Gipsplatten nach DIN EN 520

Für **Gipsplatten**, die in Bauwerken verwendet werden, einschließlich derer, die zur Weiterverarbeitung bestimmt sind, werden in DIN EN 520:2009-12 „Gipsplatten – Begriffe, Anforderungen und Prüfverfahren“ Maßtoleranzen angegeben. Diese gelten auch für Platten, die zur direkten Aufnahme einer dekorativen Beschichtung oder eines Gipsputzes vorgesehen sind.

Für **Gipsplatten Typ P** (Putzträgerplatten) gelten folgende Grenzabmaße:

- für die Breite: + 0/–8 mm
- für die Länge: + 0/–6 mm
- für die Dicke: ± 0,6 mm

Für **Gipsplatten der Typen A, H, D, E, F, I, R** oder kombiniert gelten folgende **Grenzabmaße**:

- für die Breite: + 0/–4 mm
- für die Länge: + 0/–5 mm
- für die Dicke:
  - für Nenndicken <18 mm ± 0,5 mm
  - für Nenndicken ≥ 18 mm ± 0,4 × Dicke in mm

Berechnete Grenzabmaße für die Dicke werden auf 0,1 mm gerundet.

Die Abweichung von der **Rechtwinkligkeit** darf 2,5 mm je m Breite nicht überschreiten.

Bei der **Prüfung** wird die **Breite** als Abstand der Längskanten an 3 Stellen entlang der Plattenlänge gemessen. Dabei ist je eine Messung in der Nähe der beiden Querkanten und eine etwa in der Mitte der Platte vorzunehmen. Die Messung erfolgt mit einem Metalllineal oder einem Metallbandmaß, das Ablesungen auf 1 mm genau ermöglicht.

Die **Länge** wird als Abstand der Querkanten an 3 Stellen quer zur Plattenbreite gemessen. Dabei ist je eine Messung in der Nähe der beiden Längskanten und eine etwa in der Mitte der Platte vorzunehmen. Die Messung erfolgt mit einem Metalllineal oder einem Metallbandmaß, das Ablesungen auf 1 mm genau ermöglicht.

Die **Dicke** der Platten wird an 6 Stellen entlang einer der Plattenquerkanten gemessen. Die Messungen sind entlang in etwa gleichen Abständen über die Breite verteilt durchzuführen. Die Messpunkte sind in einem Abstand von mindestens 25 mm zu der Querkante und mindestens 100 mm zu den Längskanten anzuordnen. Bei Platten mit einer Nennbreite von höchstens 600 mm reichen 3 Messungen aus. Die Messung erfolgt mit einem Mikrometer oder einer Messuhr bzw. Messlehre mit einem Mess-amboss-Durchmesser von mindestens 10 mm, die Ablesungen auf 0,1 mm genau ermöglichen.

Für die Prüfung der **Rechtwinkligkeit** werden 2 Platten miteinander verglichen. Dafür sind die beiden Platten so aufeinanderzulegen, dass sie sich an einer Längskante und einer Ecke decken. Der Abstand Δ_1 zwischen den Ecken der gegenüberliegenden Kanten ist auf 1 mm genau mit einem Metalllineal oder einem Metallbandmaß zu messen. Danach ist die obere der beiden Platten so umzudrehen, dass sich dieselben Kanten wie bei der ersten Messung decken und sich die Ecke der oberen Platte mit der Ecke der unteren Platte, die bei der ersten Messung verwendet wurde, deckt. Nun ist der

Abb. C 6.11: Beispiel für eine abgehängte Unterdecke

neue Abstand Δ_2 zwischen den Enden der gegenüberliegenden Kanten zu messen. Sind 3 Platten zu messen, ist eine zweimal zu verwenden.

Die Rechtwinkligkeit wird für die eine der beiden Platten durch die Hälfte der Summe, $(\Delta_1 + \Delta_2) : 2w$, und für die andere Platte durch die Hälfte der Differenz, $(\Delta_1 - \Delta_2) : 2w$, in mm/m angegeben, charakterisiert. Dabei ist w die Plattenbreite.

6.3.16 Unterdecken nach DIN EN 13964

Für Deckenlagen von **Unterdecken**, einzelne Bauteile von Unterkonstruktionen, Bausätze für Unterkonstruktionen und Bausätze für abgehängte Decken, die in Verkehr gebracht werden, werden in DIN EN 13964:2014-08 „Unterdecken – Anforderungen und Prüfverfahren" Maßtoleranzen angegeben (vgl. Abb. C 6.11).

Die **ebenen Maße** der **Unterdecke**, der Unterkonstruktion und der Decklagenbauteile müssen auf der Modularkoordination nach ISO 1006:1983-11 „Modularkoordination; Grundmodul" basieren. Die üblicherweise verwendeten Modulmaße von Decklagen müssen auf $n \times 100$ mm oder einem Untermodul von $n \times 50$ mm oder $n \times 25$ mm basieren.

Die **Grenzabmaße** des **Querschnitts** von Profilen betragen:

- bei T-Profilen, Z-Profilen, Bandrasterprofilen und CD-Profilen: ± 0,3 mm
- bei Randprofilen und Anschlussprofilen: ± 0,5 mm

Die **Grenzabmaße für die Unterkonstruktion** betragen:

- für den Achsabstand zwischen 2 Hauptschienen: ± 0,25 mm/m
- für den Achsabstand zwischen 2 T-Profilen: ± 0,25 mm
- für die Krümmung: ≤ 1,5 mm/m
- für Wölbung (Aufwölbung, Überhöhung): ≤ 1,5 mm/m
- für die Verdrehung: ≤ 2°/m

Die Rechtwinkligkeit und die Ebenheit hängen von der Genauigkeit des Einbaus ab.

Die **Grenzabmaße für dickwandige Decklagenbauteile** betragen:

- für die Länge: ± 1,5 mm
- für die Breite: ± 1,5 mm

- für die Dicke: ± 1,5 mm
- für die Abweichung von der Rechtwinkligkeit: 1/500
- für die Abweichung von der Ebenheit, bezogen auf die gemessene Länge: 1/300

Die **Grenzabmaße dünnwandiger Decklagenelemente** betragen:

- für die Länge:
  - über 1.000 mm Nennlänge + 0/–0,4 mm
  - bis 1.000 mm Nennlänge + 0/–0,5 mm
- für die Breite: + 0/–0,4 mm

Die Grenzwerte für die Ebenheitsabweichung dünnwandiger Decklagenelemente gemessen als Stichmaß in Elementmitte bzw. in der Mitte eines Elementrandes und bezogen auf die Länge des Elementes betragen wie folgt (vgl. Tabelle C 6.14):

Tabelle C 6.14: Grenzwerte in Millimeter für Ebenheitsabweichungen dünnwandiger Decklagenelemente nach DIN EN 13964:2014-08, Tabelle 4

Länge in mm	bis 1.000		über 1.000 bis 2.000		über 2.000 bis 3.000	
Breite in mm	**am Rand**	**in der Mitte**	**am Rand**	**in der Mitte**	**am Rand**	**in der Mitte**
bis 400	–0,5/+0,5	–0,2/+3,0	–0,5/+1,5	–0,2/+4,0	–0,5/+3,0	–0,2/+6,0
über 400 bis 500	–0,5/+0,5	–0/+4,0	–0,5/+1,5	–0/+5,0	–0,5/+3,5	–0/+7,0
über 500 bis 625	–0,5/+0,5	–0/+6,0	–0,5/+1,5	–0/+7,0	–0,5/+4,0	–0/+9,0
über 625 bis 1.250	–0,5/+0,5	–0/+10,0	–0,5/+1,5	–0/+13,0	–/–	–/–

Die Grenzwerte für Ebenheitsabweichungen gelten für nicht perforierte und perforierte dünnwandige Decklagenelemente mit einem Lochdurchmesser von höchstens 4 mm und einer Öffnungsfläche von maximal 25 %.

Der **Grenzwert für die Abweichung von der Rechtwinkligkeit** der langen Kante zur kurzen Kante beträgt für dünnwandige Deckelemente:

- mit Paneelbreiten bis 625 mm: ± 0,5 mm
- mit Paneelbreiten über 625 bis 1.250 mm: ± 0,6 mm

Für **Unterdeckensysteme** betragen die **Grenzabmaße der Paneele**:

- für die Bauteilhöhe: ± 0,5 mm
- für die Bauteillänge:
  - für Nennlängen über 850 bis 3.000 mm ± 1,25 mm
  - für Nennlängen über 3.000 bis 6.000 mm ± 2,0 mm
- für die Bauteilbreite: 0,75 mm

Die **Grenzwerte für die Ebenheitsabweichung** der Paneele in **Querrichtung** gemessen als Stichmaß in Paneelmitte bzw. in der Mitte eines Paneelendes und bezogen auf die Breite des Paneels betragen wie folgt (vgl. Tabelle C 6.15):

Tabelle C 6.15: Grenzwerte in Millimeter für Ebenheitsabweichungen von Paneelen nach DIN EN 13964:2014-08, Tabelle 5

Paneelbreite in mm	am Rand	in der Mitte
bis 100	± 1,5	+1,5/–1,0
über 100 bis 200	+2,0/–2,5	+2,0/–1,25
über 200 bis 300	+2,5/–3,5	+2,5/–1,5
über 300 bis 400	+2,7/–4,0	+2,7/–1,75

Positive Werte bezeichnen eine konvexe Ebenheitsabweichung, negative Werte eine konkave Ebenheitsabweichung.

Die **Grenzwerte für die Ebenheitsabweichung** der Paneele in **Längsrichtung** (Wellenbildung) betragen:

- für Paneelbreiten bis 200 mm: –0,5/+0,5 mm
- für Paneelbreiten über 200 bis 400 mm: –0,8/+0,8 mm

Der **Grenzwert für eine Wölbung** der Paneele in Längsrichtung beträgt 1/1.500 der Paneellänge gemessen in Paneelmitte. Dies entspricht 0,67 mm bei einer Länge von 1 m.

Die Länge des Grundprofils ist ein Vielfaches des Grundprofilmoduls. Das **Grenzabmaß für die Länge des Grundprofils** ergibt sich aus der Anzahl der Grundprofilmodule und der Modultoleranzen abzüglich einer Schnitttoleranz, die vom Hersteller angegeben wird. Das Grenzabmaß des Grundprofilmoduls beträgt ± 0,06 mm bei einem Paneelmodul von 100 mm.

Der **Grenzwert für die Paneeldurchbiegung** zwischen 2 Grundprofilen/Auflagern, gemessen in der Mitte der Spannweite, beträgt 1/500 der Spannweite.

6.4 Ausführung von Putz- und Stuckarbeiten

6.4.1 Maßtoleranzen nach VOB/C ATV DIN 18350 Putz- und Stuckarbeiten

Für die **Ausführung von Putz**, Stuck und Wärmedämmputz findet die ATV DIN 18350:2019-09 „Putz- und Stuckarbeiten" Anwendung (vgl. Abb. C 6.12).

Maßabweichungen von den vorgeschriebenen Maßen sind bei der Ausführung von Putz-, Stuck- und Wärmedämmputzarbeiten nach ATV DIN 18350 in den durch DIN 18202 bestimmten Grenzen zulässig. Unebenheiten in den Oberflächen, die bei Streiflicht sichtbar werden, sind zulässig, wenn diese innerhalb der Toleranzen nach DIN 18202 liegen. Werden an die Ebenheit von Oberflächen **erhöhte Anforderungen** gemäß DIN 18202, Tabelle 3, Zeile 7, gestellt, so sind die hierfür zu treffenden Maßnahmen Besondere Leistungen. Diese umfassen auch Maßnahmen, die erforderlich werden zum Ausgleich von größeren Unebenheiten des Untergrundes als nach den Grenzwerten in DIN 18202 zulässig.

Abb. C 6.12: Beispiel für die Ausführung von Putz

Abb. C 6.13: Beispiel für eine Außenputzbekleidung

Als Bedenken im Sinne von VOB/B kommen in Betracht:

- größere Unebenheiten des Untergrundes als nach DIN 18202 zulässig oder
- fehlende Bezugspunkte.

6.4.2 Maßtoleranzen für Außenputz nach DIN EN 13914-1

Außenputze nach DIN EN 13914-1:2016-09 „Planung, Zubereitung und Ausführung von Außen- und Innenputzen – Teil 1: Außenputze“ werden in 2 Lagen mit einer Mindestputzdicke von 15 mm oder in 3 Lagen mit einer Mindestputzdicke von 20 mm aufgebracht (vgl. Abb. C 6.13).

Die **Mindestgesamtputzdicke** hängt von Form und Ebenheit des Putzgrundes ab. Die festgelegte Dicke muss größer sein als die Mindestdicke, um Unebenheiten in der Beschaffenheit des Putzgrundes, der Oberflächenstruktur usw. auszugleichen.

Örtlich begrenzte **Vertiefungen im Putzgrund** sind vor dem Auftrag der ersten Unterputzlage durch Auffüllen auszugleichen. Dieses Ausgleichen wird nicht bei der Dicke des Putzsystems berücksichtigt. Bei der Vorbereitung des Putzgrundes sollten Form und Ebenheit des Putzgrundes überprüft werden, um festzulegen, ob der Putz in einer gleichmäßigen Dicke aufgetragen werden kann oder ob Ausbesserungsarbeiten notwendig sind.

Unterputz muss aufgetragen werden, um eine für den Oberputz geeignete ebene Oberfläche zu erreichen. Wenn das aufgrund vorhandener Unregelmäßigkeiten im Putzgrund nicht erreichbar ist, dann ist eine zusätzliche **Unterputzlage** erforderlich. Die Differenz zwischen den zulässigen Ebenheitsabweichungen des Putzuntergrundes (nach DIN 18202, Tabelle 3, Zeile 5 – nicht flächenfertige Wände) und den Ebenheitsabweichungen der fertigen Putzoberfläche (nach DIN 18202, Tabelle 3, Zeile 6 – flächenfertige Wände) muss also mit dem Unterputz ausgeglichen werden.

Der **Oberputz** sollte eine gleichmäßige Dicke haben, außer wenn eine strukturierte Oberfläche vorgeschrieben ist. Er sollte nicht zum Ausgleichen von Unebenheiten verwendet werden.

Abb. C 6.14: Beispiel für eine Innenwandputzbekleidung

6.4.3 Maßtoleranzen für Außenputz nach DIN 18550-1

In Ergänzung zu DIN EN 13914-1 und zur Anwendung in Verbindung mit dieser Norm werden in dem nationalen Anwendungsdokument DIN 18550-1:2018-01 „Planung, Zubereitung und Ausführung von Außen- und Innenputzen – Teil 1: Ergänzende Festlegungen zu DIN EN 13914-1:2016-09 für **Außenputze**" ergänzende Festlegungen für die Ausführung von Außenputzen getroffen. Diese umfassen jedoch keine Angaben über zulässige Maßabweichungen bei Außenputz.

6.4.4 Maßtoleranzen für Innenputz nach DIN EN 13914-2

Für **Innenputze** werden in DIN EN 13914-2:2016-09 „Planung, Zubereitung und Ausführung von Innen- und Außenputzen – Teil 2: Innenputze" Maßtoleranzen für die Ebenheit, für die Lothaltigkeit und für die Winkligkeit der Putzoberfläche angegeben (vgl. Abb. C 6.14).

Die **Ebenheit der verputzten Oberfläche** hängt von der Genauigkeit, mit welcher der Putzgrund aufgebaut wurde, und von der für den Putz festgelegten Dicke ab. Wird der Putz in dünnen Lagen aufgebracht, lassen sich nur geringfügige Unebenheiten oder kleine Abweichungen des Putzgrundes von der Geraden ausgleichen. In der Regel können für sehr dünne Putzlagen keine Toleranzen festgelegt werden, da diese den Umriss des Putzgrundes sehr genau wiedergeben.

Ein Putzsystem muss ggf. vorhandene kleinere **Unebenheiten des Putzgrundes** ausgleichen und so für eine ebene Fläche sorgen. Bei der Planung eines Putzsystems muss beachtet werden, ob ein Ausgleich von Unebenheiten des Putzgrundes gefordert werden kann. Je geringer die festgelegte Putzlagendicke ist, desto wichtiger ist es, dass der betreffende Putzgrund möglichst maßhaltig und eben ist.

Bei größeren Unebenheiten des Putzgrundes kann die Putzoberfläche nur dann den Ebenheitsanforderungen nach DIN EN 13914-2 genügen, wenn eine größere Putzdicke und/oder eine oder mehrere zusätzliche **Putzausgleichsschichten** zur Ausführung kommen.

Die **zulässigen Ebenheitsabweichungen** verputzter Oberflächen und die als Voraussetzung hierfür maximal zulässigen Ebenheitsabweichungen des Putzgrundes werden klassifiziert wie folgt (angegeben als Stichmaß unter einer Richtlatte):

- Grenzwert für die **Ebenheitsabweichung des Putzgrundes**:
  - Klasse 0 keine Anforderung
  - Klasse 1 15 mm auf 2 m
  - Klasse 2 12 mm auf 2 m
  - Klasse 3 10 mm auf 2 m
  - Klasse 4 5 mm auf 2 m
  - Klasse 5 2 mm auf 2 m
- Grenzwert für die **Ebenheitsabweichung der Putzoberfläche**:
  - Klasse 0 keine Anforderung
  - Klasse 1 10 mm auf 2 m
  - Klasse 2 7 mm auf 2 m
  - Klasse 3 5 mm auf 2 m
  - Klasse 4 3 mm auf 2 m
  - Klasse 5 2 mm auf 2 m

Die Anforderungen der Klassen 4 und 5 treffen nur bei Putzsystemen mit einer Putzdicke bis 6 mm zu.

Nach DIN 18202, Tabelle 3, Zeilen 5 bis 7, sind bei einem Messpunktabstand von 2 m folgende Grenzwerte für Ebenheitsabweichungen für Wände und Unterseiten von Decken klassifiziert:

- Zeile 5: nicht flächenfertige Wände und Unterseiten von Rohdecken 12 mm auf 2 m
- Zeile 6: flächenfertige Wände und Unterseiten von Rohdecken 7 mm auf 2 m
- Zeile 7: wie Zeile 6, jedoch mit erhöhten Anforderungen 5 mm auf 2 m

Die Anforderungen nach DIN EN 13914-2, Ebenheitsklasse 2, entsprechen den normalen Ebenheitsanforderungen nach DIN 18202, Tabelle 3, Zeile 6, bzw. die Anforderungen nach Ebenheitsklasse 3 den erhöhten Anforderungen nach DIN 18202, Tabelle 3, Zeile 7, hinsichtlich Putzgrund und Putzoberfläche.

Ist eine **Ebenheitsklasse** festgelegt, sollte die Putzdicke unter Berücksichtigung der Abweichungen des Putzgrundes berechnet werden. Ist jedoch eine bestimmte Putzdicke festgelegt, lässt sich für eine gegebene Abweichung des Putzgrundes nur eine bestimmte Ebenheitsklasse erzielen.

Für den Fall einer Beleuchtung des Putzes mit **Streiflicht**, wie z. B. in langen, nur am Ende beleuchteten Fluren, können unter bestimmten Bedingungen auch bei Einhaltung der Ebenheitsklassen kleinere Unebenheiten sichtbar werden.

Die **Lothaltigkeit verputzter Oberflächen** hängt von der Genauigkeit, mit welcher der Putzgrund aufgebaut wurde, und von der für den Putz festgelegten Dicke ab. Der Putzgrund sollte daher mit angemessener Genauigkeit errichtet sein. Verkleidungen, Öffnungen und Fenster usw. sollten senkrecht sein. Putzlehren sollten an einer ordnungsgemäß angelegten Ebene befestigt sein.

Abb. C 6.15: Beispiel für eine Innenputzfläche mit Anforderungen nach den Qualitätsstufen Q1 bis Q4

Für die **Winkligkeit zwischen benachbarten Oberflächen** des Putzgrundes bzw. benachbarten verputzten Oberflächen werden in DIN EN 13914-2, Tabelle 7, Grenzwerte empfohlen, wenn ein hohes Maß an Genauigkeit gefordert ist. Die zulässigen Abweichungen vom rechten Winkel werden in Abhängigkeit von der Länge *l* der angrenzenden Oberfläche angegeben wie folgt:

- für Länge *l* bis 0,25 m: maximal 3 mm
- für Länge *l* über 0,25 bis 0,5 m: maximal 5 mm
- für Länge *l* über 0,5 bis 1,0 m: maximal 6 mm
- für Länge *l* über 1,0 bis 3,0 m: maximal 8 mm

Die Anforderungen an die Winkligkeit nach DIN EN 13914-2, Tabelle 2, entsprechen weitestgehend den Grenzwerten für Winkelabweichungen nach DIN 18202, Tabelle 2, und sind lediglich für den Nennmaßbereich über 0,25 bis 0,5 m um 2 mm Abweichung weiter gefasst als DIN 18202.

6.4.5 Maßtoleranzen für Innenputz nach DIN 18550-2

In Ergänzung zu DIN EN 13914-2 und zur Anwendung in Verbindung mit dieser Norm werden in dem nationalen Anwendungsdokument DIN 18550-2:2018-01 „Planung, Zubereitung und Ausführung von Außen- und Innenputzen – Teil 2: Ergänzende Festlegungen zu DIN EN 13914-2:2016-09 für Innenputze“ Anforderungen an die Ausführung von **Innenputzen** angegeben.

Die **Dicke der Putzlage** an Wänden und Decken sollte bei Innenputz 15 mm betragen, mindestens jedoch 10 mm. Diese Mindestdicke muss sich auf einzelne Stellen beschränken. Die zulässige Schwankung der Putzdicke ist damit auf eine Größenordnung von etwa 5 mm begrenzt. Dies entspricht auch der Differenz der Grenzwerte für Ebenheitsabweichungen des Putzgrundes als nicht flächenfertige Oberfläche nach DIN 18202, Tabelle 3, Zeile 5, bzw. der Putzoberfläche als flächenfertige Oberfläche nach DIN 18202, Tabelle 3, Zeile 6.

Eine Verwendung von **Putzlehren** wird empfohlen bei erhöhten Anforderungen an die Ebenheit bzw. Maßhaltigkeit sowie bei stark unebenen Putzgründen, die eine Putzdicke von mehr als 20 mm erfordern.

Für die **Gestaltung der Putzoberflächen** werden in DIN 18550-2 in Ergänzung zu DIN EN 13914-2 die **Qualitätsstufen** Q1 bis Q4 für die Oberfläche abgezogener bzw. gefilzter bzw. abgeriebener Innenputze formuliert. Diese umfassen auch das Merkmal der **Ebenheit** der Putzoberfläche unter Verweis auf DIN 18202 (vgl. Abb. C 6.15).

Die **Qualitätsstufen für abgezogene Putze** sind der folgenden Tabelle C 6.16 zu entnehmen.

Tabelle C 6.16: Qualitätsstufen für abgezogene Putze nach DIN 18550-2:2018-01, Tabelle DE.4

Qualitätsstufe	Beschaffenheit/Eignung der Oberflächen	Maßtoleranz
Q1 – abgezogen	geschlossene Putzfläche	–
Q2 – abgezogen/Standard	geeignet z. B. für: • Oberputze Körnung ≥ 2,0 mm • Wandbeläge aus Keramik (Fliesen), Natur- und Betonwerkstein usw.	Standardanforderungen an die Ebenheit (nach DIN 18202, Tabelle 3, Zeile 6)
Q3 – abgezogen	geeignet z. B. für: • Oberputze Körnung ≥ 1,0 mm • Wandbeläge aus Fein-Keramik, großformatige Fliesen (z. B. > 900 cm²), Glas und Naturwerkstein usw.	erhöhte Anforderungen an die Ebenheit (nach DIN 18202, Tabelle 3, Zeile 7; Ausführung mit Unterputzprofilen oder Putzleisten)
Q4 – abgezogen	–	–

Die **Qualitätsstufen für geglättete Putze** sind der folgenden Tabelle C 6.17 zu entnehmen.

Tabelle C 6.17: Qualitätsstufen für geglättete Putze nach DIN 18550-2:2018-01, Tabelle DE.4

Qualitätsstufe	Beschaffenheit/Eignung der Oberflächen	Maßtoleranz
Q1 – geglättet	geschlossene Putzfläche	–
Q2 – geglättet/Standard	geeignet für: • Oberputze Körnung > 1,0 mm • mittel bis grob strukturierte Wandbekleidungen, z. B. Raufasertapeten mit Körnung RM (mittlere Körnung) oder RG (grobe Körnung) • matte, gefüllte Anstriche/Beschichtungen (z. B. Dispersionsanstrich), die mit langflorigem Farbroller oder mit Strukturrolle aufgetragen werden	Standardanforderungen an die Ebenheit (nach DIN 18202, Tabelle 3, Zeile 6)
Q3 – geglättet	geeignet für: • Oberputze Körnung ≤ 1,0 mm • fein strukturierte Wandbekleidungen, z. B. Vlies, Raufasertapeten mit Körnung RF (feine Körnung) • matte, fein strukturierte Anstriche/Beschichtungen	Standardanforderungen an die Ebenheit (nach DIN 18202, Tabelle 3, Zeile 6)

Fortsetzung Tabelle C 6.17

Qualitätsstufe	Beschaffenheit/Eignung der Oberflächen	Maßtoleranz
Q4 – geglättet	geeignet für glatte Wandbekleidungen und Beschichtungen mit Glanz: • Metall, Vinyl- oder Seidentapeten • Lasuren oder Anstriche/ Beschichtungen bis zum mittleren Glanz • Spachtel- und Glättetechniken	erhöhte Anforderungen an die Ebenheit (nach DIN 18202, Tabelle 3, Zeile 7; im Allgemeinen sind Unterputzprofile oder Putzleisten einzusetzen)

Die **Qualitätsstufen für gefilzte/abgeriebene Putze** sind der folgenden Tabelle C 6.18 zu entnehmen.

Tabelle C 6.18: Qualitätsstufen für gefilzte/abgeriebene Putze nach DIN 18550-2:2018-01, Tabelle DE.4

Qualitätsstufe	Beschaffenheit/Eignung der Oberflächen	Maßtoleranz
Q1 – gefilzt bzw. abgerieben	geschlossene Putzfläche	–
Q2 – gefilzt bzw. abgerieben/Standard	geeignet z. B. für: • matte, gefüllte Anstriche/Beschichtungen • grob strukturierte Wandbekleidungen, z. B. Raufasertapeten mit Körnung RM oder RG	Standardanforderungen an die Ebenheit (nach DIN 18202, Tabelle 3, Zeile 6)
Q3 – gefilzt bzw. abgerieben	geeignet z. B. für: • matte, nicht strukturierte/nicht gefüllte Anstriche/Beschichtungen	Standardanforderungen an die Ebenheit (nach DIN 18202, Tabelle 3, Zeile 6)
Q4 – gefilzt bzw. abgerieben	abgeriebene Putzoberfläche, geeignet z. B. für: • Lasuren oder Anstriche/Beschichtungen bis zum mittleren Glanz gefilzte Putzoberfläche, geeignet z. B. für: • matte, nicht strukturierte/nicht gefüllte Anstriche/Beschichtungen	erhöhte Anforderungen an die Ebenheit (nach DIN 18202, Tabelle 3, Zeile 7; im Allgemeinen sind Unterputzprofile oder Putzleisten einzusetzen)

Für **Abweichungen des Putzgrundes vom Lot** und für **Winkelabweichungen** finden die Grenzabweichungen nach DIN EN 13914-2 und zusätzlich die Anforderungen nach DIN 18202 Anwendung.

6.4.6 Genauigkeitsanforderungen nach Merkblatt „Putzoberflächen im Innenbereich"

In Merkblatt 3 „Putzoberflächen im Innenbereich" des Bundesverbandes der Gipsindustrie (Stand/Ausgabe Oktober 2011) werden für Putzoberflächen im Innenbereich Qualitätsstufen für abgezogene Putze, für geglättete Putze, für abgeriebene Putze und für gefilzte Putze definiert. Unterschieden werden die **Qualitätsstufen Q1 bis Q4**.

Die **Standardanforderungen** gelten, soweit keine Vereinbarungen zu den Ebenheitstoleranzen getroffen werden. Für die Qualitätsstufe Q3 sollten Ebenheitstoleranzen mit erhöhten Anforderungen vereinbart werden. Für die Qualitätsstufe Q4 müssen Ebenheitstoleranzen mit erhöhten Anforderungen vereinbart werden.

Im Einzelnen gelten für die unterschiedlichen Arten der Putzbearbeitung die folgenden Anforderungen an die Ebenheit und hinsichtlich des optischen Erscheinungsbildes der Oberfläche (vgl. Tabelle C 6.19):

Tabelle C 6.19: Qualitätsstufen und Anforderungen für Putze im Innenbereich nach Merkblatt 3 „Putzoberflächen im Innenbereich" des Bundesverbandes der Gipsindustrie (Stand/Ausgabe Oktober 2011)

Beschreibung	**Qualitätsstufen**			
	Q1 **ohne Anforderung**	**Q2** **Standard**	**Q3** **erhöhte Anforderung**	**Q4** **höchste Anforderung**
abgezogene Putze				
Ebenheitsanforderung	keine	normale Anforderung	erhöhte Anforderung	–
optische Anforderung	keine Bearbeitungsspuren sind sichtbar.	keine	keine	–
Ausführung	abgezogen	abgezogen und ausgerichtet	über Unterputzprofile oder Putzleisten abgezogen	–
geglättete Putze				
Ebenheitsanforderung	keine	normale Anforderung	normale Anforderungen	erhöhte Anforderungen
optische Anforderung	keine Bearbeitungsspuren sind sichtbar.	Vereinzelte Abzeichnungen sind nicht auszuschließen. Schattenfreiheit bei Streiflicht kann nicht erreicht werden.	Bearbeitungsspuren werden weitgehend vermieden. Schattenfreiheit bei Streiflicht kann nicht erreicht werden.	Abzeichnungen werden minimiert. Absolute Schattenfreiheit bei Streiflicht kann nicht erreicht werden.

Fortsetzung Tabelle C 6.19

Beschreibung	**Qualitätsstufen**			
	Q1 **ohne Anforderung**	**Q2** **Standard**	**Q3** **erhöhte Anforderung**	**Q4** **höchste Anforderung**
Ausführung	abgezogen	abgezogen, ausgerichtet und geglättet	wie Q2, zusätzlich geglättet	wie Q3, zusätzlich vollflächig überarbeitet
abgeriebene Putze				
Ebenheitsanforderung	keine	normale Anforderungen	normale Anforderungen	erhöhte Anforderungen
optische Anforderung	keine Bearbeitungsspuren sind sichtbar.	übliche Anforderung Vereinzelte Abzeichnungen sind nicht auszuschließen. Schattenfreiheit bei Streiflicht kann nicht erreicht werden.	Gesamteindruck der Struktur ohne Störung Schattenbildung bei Streiflicht ist hinzunehmen.	Strukturbild muss gleichmäßig sein. Absolute Schattenfreiheit bei Streiflicht kann nicht erreicht werden.
Ausführung	abgerieben	abgezogen, ausgerichtet und abgerieben	abgezogen, ausgerichtet, vor- und nachgerieben	abgezogen, ausgerichtet und zweilagig abgerieben
gefilzte Putze				
Ebenheitsanforderung	keine	normale Anforderungen	normale Anforderungen	erhöhte Anforderungen
optische Anforderung	keine Bearbeitungsspuren sind sichtbar.	übliche Anforderung Vereinzelte Abzeichnungen sind nicht auszuschließen. Schattenfreiheit bei Streiflicht kann nicht erreicht werden.	Gesamteindruck der Struktur ohne Störung Schattenbildung bei Streiflicht ist hinzunehmen.	Gesamteindruck der Struktur ohne Störung Absolute Schattenfreiheit bei Streiflicht kann nicht erreicht werden.
Ausführung	gefilzt	abgezogen, ausgerichtet und gefilzt	abgezogen, ausgerichtet, vor- und nachgefilzt	abgezogen, ausgerichtet, vor- und nachgefilzt

Abb. C 6.16: Beispiel für eine erhöhte Schichtdicke des Klebemörtels eines Wärmedämm-Verbundsystems zum Ausgleich von Ebenheitsabweichungen

6.4.7 Hinweise zum Toleranzausgleich durch Putzauftrag

Für die **Ebenheit des Untergrundes** einer zu putzenden bzw. zu bekleidenden Fläche gelten die Grenzwerte für Ebenheitsabweichungen nach DIN 18202, Tabelle 3, Zeile 5. Für die Ebenheit der **fertigen Oberfläche** gelten die Grenzwerte für Ebenheitsabweichungen nach DIN 18202, Tabelle 3, Zeile 6. Die Grenzwerte für den Putzuntergrund und für die fertige Putzoberfläche unterscheiden sich zahlenmäßig um 5 mm. Bei Messpunktabständen bis 0,1 m beträgt der zahlenmäßige Unterschied weniger als 5 mm.

Die mit dem zunehmenden Ausbau einhergehenden verfeinerten Genauigkeitsanforderungen müssen über eine **Variation der Schichtdicke** einer Putzbekleidung bzw. der Kleberschichtdicke (bei Bekleidungen im Verbund) ausgeglichen werden.

Für Putzbekleidungen ist dies mit 5 mm Differenz zwischen der **Nennputzdicke** und der zulässigen **Mindestputzdicke** möglich. Auch Schichtdicken für Klebemörtel usw. können im Standardfall in dieser Größenordnung schwanken. Die Mehrschichtdicke einer Putzbekleidung ist allerdings nach oben begrenzt wegen der Gefahr einer Rissbildung großer Schichtdicken. Auch Schichtdicken für Klebemörtel sind im Hinblick auf die nachzuweisende Festigkeit einer Verklebung in ihrer Variation begrenzt (vgl. Abb. C 6.16).

Genügt der **Untergrund** für eine zu putzende Fläche den Ebenheitsanforderungen nach DIN 18202 nicht, so ist zunächst ein Ebenheitsausgleich durch eine **zusätzliche Ausgleichsschicht** erforderlich. Dies stellt aus technischer Sicht eine Besondere Leistung dar. Ein Ausgleich von Toleranzüberschreitungen im Rohbau sollte im Hinblick auf das Schwindverhalten und die Gefahr von Rissbildungen nicht in einer Schicht zusammen mit dem eigentlichen Putzauftrag erfolgen. Der Ausgleich muss vielmehr als gesonderte Vorleistung vor dem Putzauftrag ausgeführt werden.

Putzschichten müssen die zulässigen Maßabweichungen des Untergrundes in den Grenzen der Toleranzen aufnehmen und ausgleichen. Dieser Forderung liegt die Annahme einer durchschnittlich üblichen Fehlerverteilung im Sinne von **Mehr- und Minderstärken** zugrunde. Der Ausgleich soll sich nach dem mittleren Fehler und nicht nach den maximalen bzw. minimalen Abweichungen richten. Bei der Ermittlung notwendiger Ausgleichsmengen soll entsprechend dem Charakter einer statistischen

Abb. C 6.17: Beispiel für Mauerwerk mit Dünnlagenputz und sich an der Putzoberfläche abzeichnende Mauerwerksfugen

Normalverteilung der Fehler auch ein durchschnittlicher Fehlerwert zugrunde gelegt werden.

Zusätzlich zu etwaigen Ebenheitsanforderungen an den Untergrund einer Bekleidung ist für die Kombination verschiedener Gewerke miteinander – z. B. Putzbekleidung und Rohbau – immer auch die **Schnittstelle** aneinandergrenzender Leistungen zu **bemessen** hinsichtlich der **gewerkespezifischen Maßabweichungen**. Maßabweichungen nach DIN 18202 beschreiben eine durchschnittliche Ausführung im Standardfall. Darüber hinaus können im Einzelfall immer andere bzw. weiter gehende Anforderungen bestehen. Diese richten sich nach der Passung aneinandergrenzender Gewerke und dem jeweils möglichen Toleranzausgleich.

6.4.8 Hinweise zu Maßhaltigkeitsanforderungen bei Wegfall des Innenputzes

Bei der Ausführung von **Dünnlagenputzen** mit nur wenigen Millimetern Auftragsstärke oder bei der Ausführung von Stahlbetonwänden mit einer **Oberflächenspachtelung** anstelle eines konventionellen Innenputzes entfällt die Möglichkeit eines nachträglichen Ausgleichs von Maßabweichungen – insbesondere Ebenheitsabweichungen – in den Wandflächen. Der Putzuntergrund muss in diesem Fall den Ebenheitsanforderungen der flächenfertigen Wand genügen. Der empfohlene Dickenbereich für das Auftragen von Innenputz als Dünnlagenputz beträgt nach DIN EN 13914-2, Tabelle 4, etwa 1 bis 6 mm, für eine Glätt- bzw. Spachtellage ca. 0,1 bis 5 mm. Je geringer die festgelegte Putzlagendicke ist, desto wichtiger ist ein maßhaltiger und ebener Putzgrund.

Der **Putzuntergrund** ist deshalb bereits mit der Genauigkeit herzustellen, die im späteren Ausbau gefordert wird. Soweit dies im Rohbau wegen der für den Rohbau zu berücksichtigenden ausführungsbedingten Maßabweichungen nicht mit ausreichender Maßhaltigkeit erfolgen kann, wird ggf. eine zusätzliche Ausgleichsschicht erforderlich. Die spätere Oberflächenspachtelung gestattet keinen Genauigkeitsausgleich mehr. **Besondere Genauigkeitsanforderungen** für die Rohbaukonstruktion, etwa als erhöhte Ebenheitsanforderung oder sonstige reduzierte Toleranzen, sind für die Ausführung vorzugeben. Hierbei ist die Umsetzbarkeit in der Rohbauphase zu beachten und ggf. durch geeignete Maßnahmen sicherzustellen (vgl. Abb. C 6.17).

Bei der Ausführung von **Stahlbetonbauteilen** kommt der Schalung eine besondere Bedeutung zu hinsichtlich der Maßhaltigkeit, der Steifigkeit und der Lagesicherung.

Abb. C 6.18: Beispiel für eine glatt geschalte Deckenuntersicht, die zur Überarbeitung der Schalungsstöße einen mehrere Millimeter dicken Spachtelauftrag erfordert

Abb. C 6.19: Beispiel für eine glatt geschalte Deckenuntersicht mit Vertiefung als Abdruck der Schalungsrahmen

Abb. C 6.20: Beispiel für eine Fügestelle ohne Toleranzausgleichsmöglichkeit am Anschluss eines Fensterelementes an eine gespachtelte Rohbaukonstruktion

Nachgiebigkeiten der Schalung oder der Rüstung infolge des Frischbetondrucks führen zu Ausbauchungen und damit zu Ebenheitsabweichungen oder auch zu Winkelabweichungen über die gesamte Bauteilhöhe.

Die Ausführung von Stahlbetonbauteilen in üblicher **Rohbauqualität** reicht hinsichtlich der Maßhaltigkeit für die spätere Verwendung der Teile im Ausbau ohne weiteren Putzauftrag im Standardfall nicht aus. Für glatt geschalte Deckenuntersichten ist beispielsweise zu berücksichtigen, dass bedingt durch Maßabweichungen der Schalelemente in der Schalhaut und an den Schalungsstößen insbesondere eine begrenzte Gratausbildung oder Abdrücke der Schalungsrahmen unvermeidbar sind (vgl. Abb. C 6.18 und Abb. C 6.19). Eine einfache **Poren- und Lunkerspachtelung** einer betonierten Oberfläche reicht erfahrungsgemäß nicht aus, um schalungsbedingte Abzeichnungen einheitlich in der Fläche zu überdecken. Hierfür wird eine **flächige Spachtelung** mit einem Materialauftrag von mehreren Millimetern Schichtdicke erforderlich. Vertiefungen in der betonierten Oberfläche als Abdruck der Schalung müssen vor einer Flächenspachtelung ggf. zusätzlich bzw. in einem separaten Arbeitsgang aufgefüllt und egalisiert werden.

Mit dem **Wegfall** einer dickschichtigen Bekleidung, z. B. dem Entfall eines normalen Innenputzes, entfällt auch die Möglichkeit eines **Toleranzausgleichs an Passungsstellen**, z. B. dem Anschluss eines Fensterelementes an eine Leibungsfläche (vgl. Abb. C 6.20). Für Flächen, die im Rohbau hergestellt werden, müssen die in der Rohbau-

Abb. C 6.21: Beispiel für eine Wandfläche, die sich über mehrere Geschosse erstreckt und auf Höhe der Deckenstirnseite Abweichungen von der Wandflucht aufweist

situation unvermeidbaren ausführungsbedingten Maßabweichungen berücksichtigt werden. Höhere Genauigkeiten, wie sie etwa mit Putzbekleidungen erzielbar sind, lassen sich im Rohbau, z. B. für eine betonierte Leibungsfläche, nur bedingt und nur mit erhöhtem Aufwand herstellen. Die Maßhaltigkeit einer verputzten Oberfläche kann deswegen nicht ohne Weiteres bereits im Rohbau hergestellt werden. Der Entfall einer toleranzausgleichenden und genauigkeitsverbessernden Bekleidung bedeutet eine Oberfläche in der – reduzierten – Maßhaltigkeit einer Rohbaukonstruktion.

6.4.9 Hinweise zur Ebenheit des Untergrundes bei einreihigem Mauerwerk

Einreihiges Mauerwerk wird in der Regel mit einer bündigen und einer nicht bündigen Wandseite hergestellt. Die Maßabweichungen der einzelnen Mauersteine haben dann auf der nicht bündig vermauerten Seite einen zusätzlichen Einfluss auf Ebenheitsabweichungen. In den Grenzwerten für Ebenheitsabweichungen nach DIN 18202 sind nur ausführungsbedingte Maßabweichungen berücksichtigt. Maßabweichungen der einzelnen Mauersteine sind zusätzlich zu berücksichtigen. Für die Beschaffenheit der nicht bündigen Wandseite bei einreihigem Mauerwerk bedeutet dies, dass Ebenheitsabweichungen aus Maßabweichungen der Mauersteine zusätzlich zu den Grenzwerten für Ebenheitsabweichungen nach DIN 18202 auftreten können. Ein Ausgleich der ausführungsbedingten Ebenheitsabweichungen nach DIN 18202 reicht also nicht unbedingt aus, um eine gleichmäßig ebene Putzoberfläche herzustellen. Für den **Ausgleich von Maßabweichungen der Mauersteine** kann eine zusätzliche Ausgleichsschicht erforderlich werden.

6.4.10 Hinweise zu Höhenversätzen im Untergrund

Bei Wandflächen, die sich über mehrere Geschosse erstrecken, tritt auf Höhe der **Deckenstirnseiten** mitunter eine **Abweichung** der Deckenstirnseite **von der vertikalen Flucht** der durchlaufenden Wandoberfläche auf (vgl. Abb. C 6.21). Die Abweichung wird in der Regel als **Höhenversatz** am Übergang zwischen der Deckenstirnseite und der nach unten bzw. oben anschließenden Wandfläche sichtbar. Bei der Ausführung einer nachfolgenden Wandbekleidung muss diese Abweichung als Versprung im Untergrund der Bekleidung aufgenommen werden. Erforderlichenfalls muss der Untergrund hinsichtlich der Maßhaltigkeit mit zusätzlichen Maßnahmen ausgeglichen werden.

Abb. C 6.22: Beispiel für eine singuläre Ebenheitsabweichung an einer geputzten Wandoberfläche ohne Streiflicht

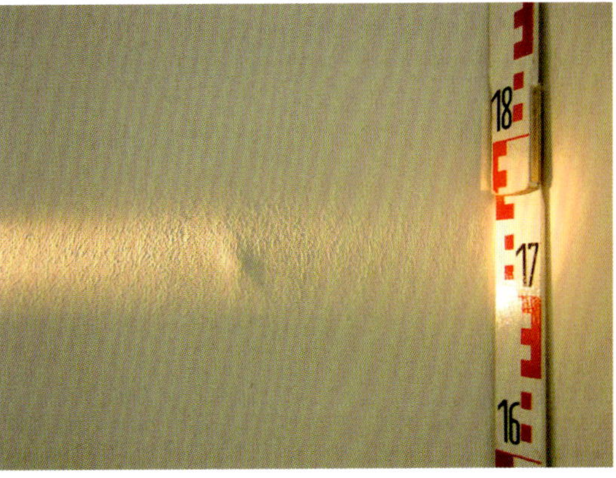

Abb. C 6.23: Beispiel für eine singuläre Ebenheitsabweichung an einer geputzten Wandoberfläche mit Streiflicht

Höhenversätze bzw. Fluchtabweichungen dieser Art sind in DIN 18202 nicht geregelt. Sie sind mit den Formulierungen in Abschnitt 5.4 der Norm sogar explizit aus dem Anwendungsbereich der DIN 18202 ausgenommen. Für den Bauteilübergang Wand–Deckenstirnseite–Wand sind daher in der Planung und der Leistungsbeschreibung einzelfallspezifische Regelungen vorzusehen, welche die Passungsanforderungen aller angrenzenden Bauteile einschließlich der Bekleidung berücksichtigen. Die von der Bekleidung aufnehmbaren Abweichungen des Untergrundes können stark unterschiedlich sein. So kann beispielsweise mit Wärmedämm-Verbundsystemen oder mineralischen Putzen eine nur vergleichsweise geringe Maßabweichung des Untergrundes aufgenommen werden, bei vorgehängten Fassadenbekleidungen bleiben hingegen in der Regel deutlich größere Abweichungen unkritisch hinsichtlich der **Passung**. Die **Schnittstelle** zwischen unterschiedlichen Gewerken ist ggf. unter Berücksichtigung der schärfsten Anforderung im Hinblick auf die Passung zu definieren.

6.4.11 Hinweise zu Unebenheiten im Streiflicht

Bei geputzten und gespachtelten flächenfertigen Oberflächen treten mitunter Unebenheiten auf, die zwar innerhalb der Maßtoleranzen nach DIN 18202 liegen, in optischer Hinsicht aber dennoch auffällig sind. Unebenheiten in den Oberflächen von Bauteilen, die nur im Streiflicht sichtbar werden, sind nach ATV DIN 18350, Abschnitt 3.1.2, zulässig, wenn die Toleranzen nach DIN 18202 eingehalten worden sind. Diese Regelung kann jedoch nur für **Abweichungen mit gleichmäßigem allmählichem Verlauf** angewendet werden, die zudem **nur im Streiflicht sichtbar** werden und nicht bei der üblicherweise vorherrschenden Belichtung oder Beleuchtung. Von dieser Regelung **nicht erfasst** werden

- Abweichungen mit gleichmäßigem allmählichem Verlauf, die auch bei üblicher gleichmäßiger Beleuchtung sichtbar sind (z. B. Decken- und Wandkehlen mit welligem Verlauf),
- Abweichungen an singulären Stellen (z. B. kleinere Dellen oder Erhebungen in einer Oberfläche, vgl. Abb. C 6.22 im Vergleich mit Abb. C 6.23, oder sich abzeichnende Fugen bei Mauerwerk als Putzgrund, vgl. Abb. C 6.20),

Abb. C 6.24: Beispiel für Verarbeitungsspuren an der Putzoberfläche, die strukturbedingt nicht gewollt sind und im Streiflicht sichtbar werden

- Verarbeitungsspuren an der Putzoberfläche, sofern diese nicht strukturbedingt gewollt sind (z. B. Spachtelspuren, Ansatzspuren des abschließenden Zureibens, vgl. Abb. C 6.24).

In den vorgenannten Fällen ist nicht die Ebenheit der Oberfläche maßgebendes Beurteilungskriterium, sondern die **Beschaffenheit der Putzoberfläche**, die in ihrem optischen Erscheinungsbild frei von Fehlstellen bzw. an den Abschlüssen geradlinig begrenzt sein soll. Die Beurteilung richtet sich in diesen Fällen also nicht nach DIN 18202, sondern nach dem beabsichtigten Erscheinungsbild der Oberfläche und der zu erwartenden Oberflächengüte in den Grenzen einer durchschnittlich **üblichen handwerklichen Sorgfalt**.

Bei geputzten oder gespachtelten flächenfertigen Oberflächen, die im **Gebrauchszustand** häufig oder ausschließlich **mit Streiflicht belichtet** werden, sind im Hinblick auf die Erkennbarkeit von bereits kleineren Unebenheiten und Fehlstellen besondere Maßnahmen erforderlich, um eine entsprechend hohe Oberflächengüte herzustellen. Beispiele hierfür sind beleuchtete Fassadenflächen (vgl. Abb. C 6.25 im Vergleich mit Abb. C 6.26), Geschossflure mit Belichtung über Fenster an den Stirnseiten bzw. künstlicher Beleuchtung über Wandlichtauslässe (vgl. Abb. C 6.27) oder Fassaden mit hohem Gestaltungsanspruch unter wechselndem Sonnenlichteinfall (vgl. Abb. C 6.28). Die in diesen Fällen notwendigen Aufwendungen sind in der Planung, bei der Ausführungsvorgabe und bei der Ausführung zu berücksichtigen. Gegebenenfalls sind für solche Flächen **höhere Genauigkeitsanforderungen** festzuschreiben, die sich allerdings an den unvermeidbaren ausführungsbedingten Maßabweichungen orientieren müssen. Erhöhte Genauigkeitsanforderungen lassen sich erfahrungsgemäß nur mit einem zusätzlichen Aufwand zielsicher erreichen.

Die Beurteilung von im Streiflicht sichtbaren Abweichungen richtet sich nach dem im vorgesehenen Gebrauchszustand regelmäßig zu erwartenden Erscheinungsbild. Der Einsatz **von Streiflicht bei der Prüfung von Putzflächen** ist hiervon unabhängig. Eine Kontrolle von Putzflächen setzt gutes Licht und eine vollständige Ausleuchtung aller Flächen voraus. Für die Prüfung ist der Einsatz einer gebrauchsunüblichen Beleuch-

Abb. C 6.25: Beispiel für eine Fassadenfläche mit Ebenheitsabweichungen ohne Streiflicht

Abb. C 6.26: Beispiel für eine Fassadenfläche mit Ebenheitsabweichungen bei Streiflichtbeleuchtung

Abb. C 6.27: Beispiel für eine Wandfläche, die im Gebrauchszustand ausschließlich im direkten Streiflicht erscheint

Abb. C 6.28: Beispiel für eine Fassadenfläche, die bei Besonnung zeitweise im Streiflicht erscheint

tung, z. B. starker Scheinwerfer, und auch von Streiflicht grundsätzlich zulässig. Bei der Prüfung ist jedoch von einem sachkundigen Prüfer zu entscheiden, ob eine bei Streiflicht erkennbare Unregelmäßigkeit noch innerhalb einer durchschnittlichen handwerklichen Leistung liegt und für den Gebrauchszustand akzeptiert werden kann oder ob das Gesamterscheinungsbild hierdurch beeinträchtigt wird.

Von etwaigen Unebenheiten im Streiflicht zu unterscheiden sind **Ungleichmäßigkeiten in der Oberflächenstruktur** geputzter Flächen, die bei seitlicher Beleuchtung oder bei Streiflicht ein wolkiges Erscheinungsbild in der Optik von Unebenheiten zur Folge haben können. Für die Beurteilung solcher Erscheinungen sind die Ebenheitsanforderungen nach DIN 18202 nicht geeignet. Hierbei handelt es sich um ausschließlich optische Anforderungen, die nach den Kriterien einer handwerklichen Ausführung üblicher Sorgfalt zu beurteilen sind.

Auch ein **ungenügendes Glätten einer Putzoberfläche** kann in der Regel nicht nach den Ebenheitsanforderungen in DIN 18202 beurteilt werden, weil diese Grenzwerte

Abb. C 6.29: Beispiel für eine ungenügend geglättete und deswegen wellige Putzfläche mit Ebenheitsabweichungen in den Grenzen von DIN 18202

Abb. C 6.30: Beispiel für ein sog. „Zeichen des Handwerks" in einer geputzten Fläche. Die Akzeptanz ist im Einzelfall zu beurteilen.

Abb. C 6.31: Beispiel für eine Ausbesserung in einer geputzten Wandfläche, die nicht mehr als sog. „Zeichen des Handwerks" eingeordnet werden kann

zu weit gefasst sind, um das optische Erscheinungsbild zufriedenstellend zu beurteilen (vgl. Abb. C 6.29). Bei Einhaltung der Ebenheitstoleranzen nach DIN 18202 wird ein unzureichendes Glätten bzw. Egalisieren der Putzoberfläche dennoch deutlich sichtbar sein. Beurteilungsmaßstab muss in einem solchen Fall das bei einer handwerklich sorgfältigen Ausführung üblicherweise erzielbare Erscheinungsbild der fertig bearbeiteten Oberfläche sein. Die Beurteilung bezieht sich in diesem Fall nicht auf die erreichte Maßhaltigkeit einer Fläche, sondern auf die beabsichtigte gleichmäßige Oberflächenstruktur.

Einzelne Auffälligkeiten in einer geputzten oder gespachtelten Oberfläche können nicht nach den Grundsätzen für Ebenheitsabweichungen in DIN 18202 beurteilt werden. Solche Auffälligkeiten wird man als „**Zeichen des Handwerks**" akzeptieren, wenn hierdurch das Gesamterscheinungsbild nicht beeinträchtigt wird (vgl. Abb. C 6.30). Eine Häufung von kleineren Auffälligkeiten, die jeweils für sich genommen nicht zu beanstanden wären, in der Gesamtheit jedoch eine Beeinträchtigung des optischen Erscheinungsbildes darstellen, ist hingegen in der Regel aus optischen Gründen zu bemängeln (vgl. Abb. C 6.31). Bei Unzulänglichkeiten, die innerhalb der zulässigen Ausführungstoleranzen nach DIN 18202 liegen, ist deshalb zusätzlich eine Beurteilung im Einzelfall erforderlich.

Abb. C 6.32: Beispiel für eine Fassadenfläche mit einer Ebenheitsabweichung ohne Nachteil in Bezug auf Funktion und Erscheinungsbild (vgl. Abb. C 6.33 [Detail])

Abb. C 6.33: Ebenheitsabweichung außerhalb der Grenzwerte nach DIN 18202 ohne Nachteil in Bezug auf Funktion und Erscheinungsbild (Detail zu Abb. C 6.32)

Eine Beurteilung von Unstetigkeitsstellen der Oberfläche an **Höhenversätzen** ist nach den Regeln zu Unebenheiten im Streiflicht ebenfalls nicht zulässig. Höhenversätze fallen nicht in den Anwendungsbereich nach DIN 18202. Hierzu sind gesonderte Vereinbarungen zu treffen bzw. ist, falls dies nicht der Fall war, eine Beurteilung im Einzelfall vorzunehmen.

6.4.12 Hinweise zur Gewichtung des Erscheinungsbildes bei Toleranzüberschreitungen

Ebenheitsabweichungen, die nur **im Streiflicht sichtbar** werden, sind charakterisiert durch eine Abweichung innerhalb der Grenzwerte für Ebenheitsabweichungen nach DIN 18202, die dennoch bei bestimmten Situationen im **Erscheinungsbild** gut sichtbar bis auffällig wird. Mitunter sind die Grenzwerte für Ebenheitsabweichungen sogar nur zu einem geringen Anteil in Anspruch genommen. Eine Beurteilung auf der Grundlage von Grenzwerten nach DIN 18202 ist in diesen Fällen im Hinblick auf die Störwirkung im Erscheinungsbild nicht zielführend und vermag auch nicht zu überzeugen.

Anders stellt sich die Situation dar, wenn eine **Maßabweichung außerhalb der Grenzwerte** nach DIN 18202 tatsächlich vorhanden ist, im Gebrauchszustand **ohne Beeinträchtigung** der Funktion bleibt und auch im optischen Erscheinungsbild untergeordnet bleibt, etwa weil die Abweichung nur nach genauem Hinsehen oder Nachsuchen visuell erkennbar wird. Ein Beispiel hierfür sind Ebenheitsabweichungen mit allmählichem Verlauf innerhalb von Putzflächen mit zumeist geringen Überschreitungen der Ebenheitstoleranz nach DIN 18202 (vgl. Abb. C 6.32 als Übersicht und Abb. C 6.33 als Detail).

Wird im Einzelfall von einer **Maßhaltigkeit nach DIN 18202** als Bausoll oder – soweit eine bestimmte Anforderung im Einzelfall nicht besteht – im Standardfall von einer durchschnittlich üblichen Genauigkeit nach DIN 18202 ausgegangen, so stellt eine Überschreitung dieser Grenzwerte zunächst eine Abweichung von einem Sollzustand dar. Nach der Intention der DIN 18202 soll eine Prüfung hierzu nur dann erfolgen, wenn es einen Anlass gibt. Ein solcher fehlt in den hier betrachteten Fällen, weil die Funktion gewährleistet ist und das optische Erscheinungsbild unauffällig bleibt. Wird eine Abweichung dennoch ermittelt, dann richtet sich die **Beurteilung** nicht ausschließlich nach einer etwaigen Genauigkeitsanforderung nach DIN 18202, sondern

Abb. C 6.34: Beispiel für sichtbare Strukturunterschiede in einer geputzten Fassadenfläche

vorrangig danach, ob die Ausführung in den Grenzen einer üblichen **handwerklichen Sorgfalt** bleibt und ob nach der Erwartung an das fertige Werk und seine Gebrauchstauglichkeit auf Dauer ein – aus technischer Sicht – maßgeblicher Nachteil verbleibt. In der Praxis lässt sich ein solcher **maßgeblicher Nachteil** bei den hier betrachteten Abweichungen zumeist nicht feststellen, weswegen eine Toleranzüberschreitung in der Zusammenschau aller Einzelanforderungen an das fertige Werk letztendlich – aus technischer Sicht – auch keine maßgebliche Abweichung (etwa im Sinne eines technischen Mangels) darstellen soll.

6.4.13 Hinweise zur Sichtbarkeit von Gerüstlagen in Putzflächen

Bei der Ausführung von Fassadenputzen zeichnen sich mitunter Strukturänderungen innerhalb der geputzten Fassadenoberfläche auf Höhe der **Gerüstlagen** ab. Solche Strukturunregelmäßigkeiten entstehen immer dann, wenn Teilflächen aufgrund der Gerüststellung zu unterschiedlichen Zeiten ausgeführt werden und wenn ein in der Fläche durchgängiges Zureiben der frisch verputzten Oberfläche, bedingt durch die Zugänglichkeit in den einzelnen Gerüstlagen, nicht möglich ist. Die Übergangsbereiche können neben sichtbaren **Strukturunterschieden** auch einen leicht welligen Verlauf aufweisen (vgl. Abb. C 6.34).

Im **Gesamterscheinungsbild** einer Fassade können solche Strukturunterschiede bei einer Betrachtung der Fassade aus gebrauchsüblicher Entfernung gut sichtbar bis auffällig sein. Bei klaren, sonnigen Lichtverhältnissen mit scharfem Schattenwurf können solche Strukturabweichungen besonders auffällig hervortreten.

Ebenheitsabweichungen in solchen Übergangsbereichen liegen erfahrungsgemäß deutlich unterhalb der Grenzwerte für Ebenheitsabweichungen nach DIN 18202. Das optische Erscheinungsbild lässt sich nach der Maßgabe der DIN 18202 nicht zufriedenstellend beurteilen. Als **Beurteilungsgrundlage** ist in diesem Fall von einer durchschnittlich sorgfältigen handwerklichen Ausführung auszugehen. Auffällige Strukturabweichungen sind bei sorgfältiger Arbeitsweise in der Regel vermeidbar und müssen deshalb aus technischer Sicht nicht hingenommen werden. Die Beurteilung einer optischen Beeinträchtigung muss im Einzelfall unter Berücksichtigung des **optischen Gesamteindrucks** aus einem üblichen Betrachtungsabstand vorgenommen werden.

6.4.14 Hinweise zum Putzanschluss an Türzargen

Der **Putzanschluss einer Türzarge** stellt eine **Schnittstelle** zwischen 2 Gewerken mit verschiedenen Genauigkeitsanforderungen dar. Die **Putzoberfläche** muss an den Flächenrändern den Grenzwerten für Winkelabweichungen nach DIN 18202 genügen. Dies gilt auch für den Rand der Putzfläche entlang der Türöffnung. Innerhalb der zulässigen Winkeltoleranzen ist somit eine Abweichung der Wandoberfläche vom Lot im Verlauf der Putzfläche neben der Türöffnung zulässig. Zusätzlich zu den Winkelabweichungen der Putzoberfläche an den Rändern sind Ebenheitsabweichungen der Putzfläche innerhalb der Grenzwerte nach DIN 18202 zulässig. So ergibt sich bei einer Höhe von ca. 2 m für die Türöffnung eine zulässige Winkelabweichung von 8 mm (Stichmaß). Die Ebenheitsabweichung darf bei einem Messpunktabstand von 2 m maximal 7 mm betragen, bei einem Messpunktabstand von ca. 2,5 m (z. B. über die gesamte Raumhöhe) ca. 8 mm.

Der **Einbau der Türzarge** muss lotrecht erfolgen, um die Funktion der Türe sicherzustellen. Für die Ausführung und die Vermessung der Türzarge ist im Allgemeinen eine Winkelabweichung von maximal 1 mm/m als Ablesegenauigkeit einer Wasserwaage anzusetzen. Werden nun einerseits die zulässigen Winkelabweichungen und Ebenheitsabweichungen innerhalb der Putzfläche in Anspruch genommen und wird die Türzarge andererseits lotrecht eingebaut, so ergibt sich für den Anschluss der Zarge an die Putzoberfläche bei ungünstiger Ausnutzung der Toleranzen ein keilförmig zulaufender **Anschlussspalt**. Die Spaltbreite kann – in den Grenzen von DIN 18202 – von 0 bis ca. 7 mm betragen.

Für das Herstellen einer möglichst guten **Passung zwischen Türzarge und Putzoberfläche** ist die Vorgabe einer höheren Genauigkeit für die Putzoberfläche entlang der Türöffnung erforderlich als nach DIN 18202 üblicherweise zulässig. Dies kann z. B. durch die Verwendung von Lehren für das Anputzen der Öffnungsleibungen oder durch das vorherige Setzen von Putzschienen erfolgen. Werden besondere Maßnahmen zur Verbesserung der Maßhaltigkeit der Putzoberfläche nicht getroffen, so sind für den Fall des tatsächlichen Auftretens von Klaffungen an der Schnittstelle zwischen Putzoberfläche und Zarge zusätzliche Maßnahmen vorzusehen. Hierzu zählen beispielsweise Verleistungen als Abdeckung der klaffenden Fuge oder ein Schließen der Fuge mit elastischen Fugendichtstoffen. Solche Maßnahmen für das Abdecken einer Passungsstelle sind aus technischer Sicht notwendige Maßnahmen für den Ausgleich unterschiedlicher Genauigkeitsanforderungen von 2 aneinandergrenzenden Gewerkeleistungen.

Für die **Prüfung der Maßhaltigkeit** einer Putzfläche ist die Winkelabweichung an den Rändern der Fläche einschließlich der Ränder entlang der Wandöffnung festzustellen. Unabhängig vom Ebenheitsverlauf der gesamten Wandfläche im Türbereich muss aus Passungsgründen die maximal zulässige Winkelabweichung der Wand entlang der Türzarge eingehalten werden. Dies bedeutet, dass die Winkelabweichung der Wandoberfläche auch an den Flächenrändern entlang der Öffnung zu prüfen ist.

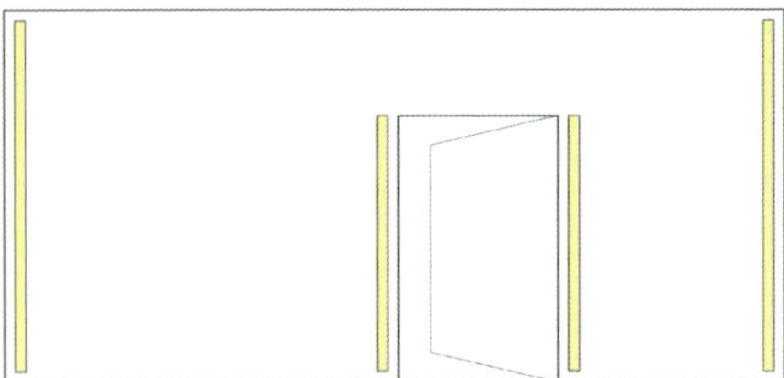

Abb. C 6.35: Messstellen für die Überprüfung der Winkelabweichungen einer geputzten Wandfläche im Anschlussbereich an eine Öffnung

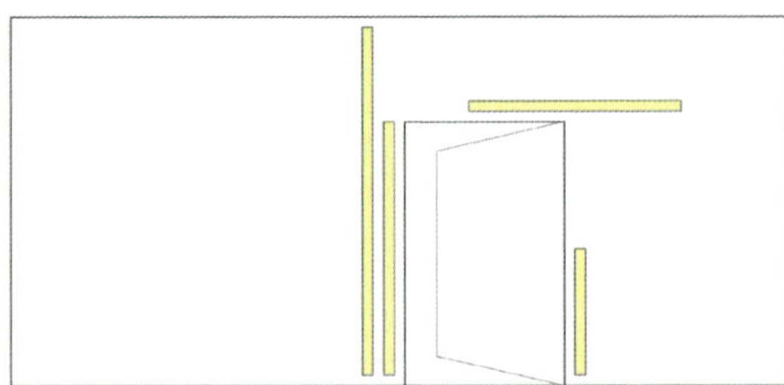

Abb. C 6.36: Mögliche Messstellen für die Überprüfung der Ebenheitsabweichungen einer geputzten Wandfläche im Anschlussbereich an eine Öffnung (exemplarische Darstellung)

Die **Messung der Winkelabweichung** erfolgt jeweils über die gesamte Länge des Flächenrandes. Für die Prüfung der Ebenheit sind z. B. Einzelmessungen mit einer Richtlatte im Randbereich der geputzten Fläche zur Öffnung hin vorzunehmen. Hierbei sind die Grenzwerte für Ebenheitsabweichungen für verschiedene Messpunktabstände, also für verschiedene Messlängen, einzuhalten (vgl. Abb. C 6.35 und Abb. C 6.36).

6.4.15 Hinweise zu Maßabweichungen bei Bauteilen mit kurzen Abmessungen

Bei Bauteilen mit vergleichsweise kurzen Abmessungen, z. B. bei Leibungen, reicht die Einhaltung der nach DIN 18202 zulässigen Maßtoleranzen mitunter nicht aus, um neben den Anforderungen an die Passung von Bauteilen auch ein einheitliches und gleichmäßiges optisches Erscheinungsbild zu gewährleisten (vgl. Abb. C 6.37). In DIN 18202 sind für **kurze Nennmaße** bis 1 m Grenzabweichungen angegeben. Ebenso sind für Nennmaße bis 0,5 m Grenzwerte für Winkelabweichungen festgelegt. Für Messpunktabstände bis 0,1 m sind Grenzwerte für Ebenheitsabweichungen formuliert. Im Hinblick auf die Passung von Bauteilen bestehen damit vergleichsweise hohe Anforderungen an die Maßhaltigkeit. Für das Einputzen von Winkeln oder Kanten (z. B. bei Versprüngen und Leibungen) wird man in der Regel unter dem Aspekt des optischen Erscheinungsbildes eine nochmals höhere Genauigkeit erwarten. Bei guter und sorgfältiger handwerklicher Ausführung werden geputzte Flächen im Allgemeinen auch deutlich kleinere Maßabweichungen aufweisen als nach den Grenzwerten in DIN 18202 zulässig. Werden aus Gründen des optischen Erscheinungsbildes höhere Genauigkeiten als nach den Grenzwerten in DIN 18202 erforderlich, so sind diese ggf. zusätzlich für die Ausführung vorzugeben. Der hierfür erforderliche Aufwand ist jedoch im Einzelfall abzuwägen.

6.4.16 Hinweise zur Gradlinigkeit von Kanten

Kanten von oberflächenfertigen Flächen haben in der Regel einen erkennbar geradlinigen Verlauf. Für eine dem entsprechende Kantenausbildung kommen Hilfsstoffe zum Einsatz. **Putzschienen** unterstützen den Putzabschluss und die Herstellung von Winkeln und können die Widerstandsfähigkeit gegen mechanische Beanspruchungen verbessern (vgl. Abb. C 6.38). Die hierfür erforderlichen Profile werden werkmäßig mit ausreichender Geradheit hergestellt. In der Montage sind die Profile lot- und

Abb. C 6.37: Beispiel für eine gut sichtbare Winkelabweichung einer geputzten Fensterleibung

Abb. C 6.38: Beispiel für eine Kantenausbildung mit Metallprofilen

Abb. C 6.39: Beispiel für eine erkennbar nicht geradlinige Kantenausbildung

Abb. C 6.40: Beispiel für eine wellige Deckenkehle

fluchtrecht auszurichten. Als Messhilfsmittel für die Ausrichtung kommt in der Regel eine Wasserwaage oder eine Richtlatte zur Anwendung. Die Ablesegenauigkeit einer Wasserwaage beträgt ca. 1 mm/m. Abweichungen in dieser Größenordnung bleiben bei Betrachtung aus gebrauchsüblichem Abstand erfahrungsgemäß vernachlässigbar, weil sie nicht störend auffallen. Größere Abweichungen können hingegen sichtbar werden und das optische Erscheinungsbild einer Putzkante beeinträchtigen (z. B. bei Decken- und Wandkanten mit **sichtbar welligem Verlauf** – vgl. Abb. C 6.39 und Abb. C 6.40). Als Beurteilungsmaßstab sind die Maßtoleranzen nach DIN 18202 in der Regel nicht geeignet, weil sich das üblicherweise zu erwartende optische Erscheinungsbild einer eingefassten Putzkante mit diesen Werten nicht zutreffend beschreiben lässt. Die übliche handwerkliche Sorgfalt geht zudem erheblich über die Maßtoleranzen nach DIN 18202 hinaus und muss deshalb als Beurteilungsgrundlage herangezogen werden.

Abb. C 6.41: Beispiel für eine hinterlüftete keramische Außenwandbekleidung

6.5 Ausführung von Fassadenarbeiten

6.5.1 Maßtoleranzen nach VOB/C ATV DIN 18351 Vorgehängte Hinterlüftete Fassaden

Für die Ausführung von **vorgehängten hinterlüfteten Bekleidungen** von Bauteilen im Außen- und Innenbereich (z. B. Wände, Stützen, Brüstungen, Decken usw.) findet die ATV DIN 18351:2019-09 „Vorgehängte Hinterlüftete Fassaden" Anwendung (vgl. Abb. C 6.41).

Maßabweichungen von den vorgeschriebenen Maßen sind bei der Ausführung von vorgehängten hinterlüfteten Bekleidungen nach ATV DIN 18351 in den durch DIN 18202 bestimmten Grenzen zulässig. Unebenheiten in den Oberflächen, die bei Streiflicht sichtbar werden, sind zulässig, wenn diese innerhalb der Toleranzen nach DIN 18202 liegen. Werden an die Ebenheit von Oberflächen **erhöhte Anforderungen** gemäß DIN 18202, Tabelle 3, Zeile 7, oder sonstige erhöhte Anforderungen an die Maßhaltigkeit gestellt, so sind die hierfür zu treffenden Maßnahmen Besondere Leistungen. Diese umfassen auch Maßnahmen, die erforderlich werden zum Ausgleich von größeren Unebenheiten des Untergrundes als nach den Grenzwerten in DIN 18202 zulässig.

Als Bedenken im Sinne von VOB/B kommen in Betracht:

- Abweichungen des Bestandes gegenüber den Vorgaben (z. B. nicht ausreichend flucht- und lotrechte Auflager),
- größere Unebenheiten des Untergrundes als nach DIN 18202 zulässig oder
- fehlende Bezugspunkte.

Unebenheiten in den Oberflächen von Bekleidungen, die nur im **Streiflicht** sichtbar werden, sind nach ATV DIN 18351, Abschnitt 3.1.4, zulässig, wenn die Toleranzen nach DIN 18202 eingehalten sind. Dies gilt jedoch nur für Abweichungen mit gleichmäßigem allmählichem Verlauf und nicht für Höhenversätze an den Stößen von benachbarten Bekleidungselementen. Bei großen Fassadenflächen ohne Unterbrechungen durch Fenster usw. können bei ungünstigen Lichtverhältnissen (z. B. sehr schräg einfallendem klarem Sonnenlicht) Unebenheiten im Streiflicht verstärkt durch Schlagschatten deutlich sichtbar hervortreten. In Abhängigkeit von den optischen Anforderungen an die fertige Bekleidungsfläche, den zu erwartenden Belichtungsverhältnissen und der Einsehbarkeit der Fassadenfläche sind ggf. entsprechende Justiermöglichkeiten zum Ausgleich von Passungsungenauigkeiten vorzusehen.

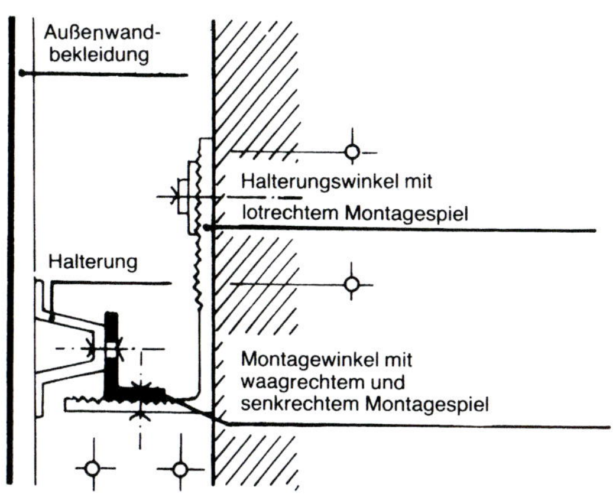

Abb. C 6.42: Beispiel für einen Toleranzausgleich in den Befestigungselementen für eine Außenwandbekleidung

Abb. C 6.43: Beispiel für die Montage einer Bekleidung mit Unterkonstruktion

Für **Höhenversätze benachbarter Bekleidungselemente** an deren Stoßstellen werden in ATV DIN 18351 keine Regelungen getroffen. Nach DIN 18202, Abschnitt 5, sollen bei flächenfertigen Wänden Sprünge und Absätze vermieden werden. Dies gilt nicht für die durch die Flächengestaltung bedingte Struktur. Absätze und Höhensprünge zwischen benachbarten Bauteilen fallen nicht in den Anwendungsbereich der DIN 18202 und sind daher im Einzelfall gesondert zu regeln.

Unterkonstruktionen sind flucht- und lotrecht unter Berücksichtigung der Grenzwerte für Maßabweichungen, Winkelabweichungen und Ebenheitsabweichungen nach DIN 18202 zu montieren. Gesonderte Toleranzen für den Einbau von Unterkonstruktionen sind in ATV DIN 18351 nicht vorgesehen. Für die nicht oberflächenfertige Wand zur Aufnahme der Unterkonstruktion und für die flächenfertige Bekleidung gelten unterschiedliche Genauigkeitsanforderungen nach DIN 18202. Der notwendige Ausgleich von Maßabweichungen muss in der Unterkonstruktion erfolgen. In den Befestigungselementen der Unterkonstruktion sind z. B. Mehrfachbohrungen bzw. Langlöcher so vorzusehen, dass eine Feinjustierung der Unterkonstruktion an den Befestigungsstellen ermöglicht wird (vgl. Abb. C 6.42 und Abb. C 6.43).

Abb. C 6.44: Beispiel für die Ausführung von Wärmedämm-Verbundarbeiten

6.5.2 Hinweise zu notwendigen Bezugspunkten für Fassadenbekleidung und Rohbaukonstruktion

Für die Ausführung einer Fassadenbekleidung stellt die Nennlage der zu bekleidenden Außenwandfläche die Bezugsfläche dar. Die tatsächliche Außenwandfläche kann von dieser Nennlage abweichen. Diese Abweichungen sind bei der Ausrichtung der Bekleidung zu berücksichtigen. In der Planung und in der Ausführung ist deshalb sicherzustellen, dass für die Rohbaukonstruktion in der Außenansicht und für die Fassadenbekleidung ein **einheitliches Bezugssystem** verwendet wird. So darf z. B. die maßliche Orientierung in den einzelnen Geschossen des Rohbaus nicht ausschließlich nach dem Grundriss erfolgen, sondern muss auch die unterschiedlichen Geschosse im Aufriss einbeziehen. Wird bei der Ausführung der Rohbaukonstruktion ein vertikales Bezugssystem nicht beachtet, so können durch zulässige Maßabweichungen im Grundriss Abweichungen auftreten, die sich an gemeinsamen maßlichen Bezügen unmittelbar auf den Aufriss und die spätere Bekleidung auswirken, z. B. an Achsen, Stützen, Fenstern oder Leibungskanten.

6.6 Ausführung von Wärmedämm-Verbundsystemen

6.6.1 Maßtoleranzen nach VOB/C ATV DIN 18345 Wärmedämm-Verbundsysteme

Für die Ausführung von **Wärmedämm-Verbundsystemen** und verputzten Außenwanddämmungen einschließlich der zugehörigen Oberflächen findet die ATV DIN 18345:2019-09 „Wärmedämm-Verbundsysteme" Anwendung (vgl. Abb. C 6.44).

Maßabweichungen von den vorgeschriebenen Maßen sind bei der Ausführung von Wärmedämm-Verbundsystemen und verputzten Außenwanddämmungen nach ATV DIN 18345 in den durch DIN 18202 bestimmten Grenzen zulässig. Unebenheiten in den Oberflächen, die bei **Streiflicht** sichtbar werden, sind zulässig, wenn diese innerhalb der Toleranzen nach DIN 18202 liegen. Werden an die Ebenheit von Oberflächen **erhöhte Anforderungen** gemäß DIN 18202, Tabelle 3, Zeile 7, gestellt, so sind die hierfür zu treffenden Maßnahmen Besondere Leistungen. Diese umfassen auch Maßnahmen, die erforderlich werden zum Ausgleich von größeren Unebenheiten des Untergrundes als nach den Grenzwerten in DIN 18202 zulässig.

Als Bedenken im Sinne von VOB/B kommen in Betracht:

- größere Unebenheiten des Untergrundes als nach DIN 18202 zulässig oder
- fehlende Bezugspunkte.

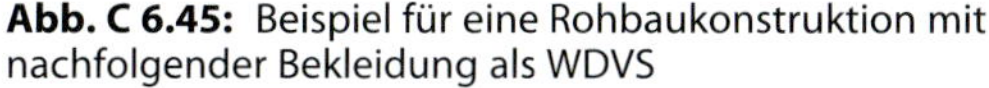
Abb. C 6.45: Beispiel für eine Rohbaukonstruktion mit nachfolgender Bekleidung als WDVS

Abb. C 6.46: Beispiel für eine WDVS-Bekleidung mit Anforderung an lotrechte bzw. winkelgerechte Kantenverläufe

6.6.2 Maßtoleranzen für Wärmedämm-Verbundsysteme nach DIN 55699

Bei der Verarbeitung von **außenseitigen Wärmedämm-Verbundsystemen** nach DIN 55699:2017-08 „Anwendung und Verarbeitung von außenseitigen Wärmedämm-Verbundsysteme (WDVS) mit Dämmstoffen aus expandiertem Polystyrol-Hartschaum (EPS) oder Mineralwolle (MW)“ muss der Untergrund eine bestimmte Maßhaltigkeit in Abhängigkeit von dem jeweiligen System aufweisen. **Unebenheiten des Untergrundes** dürfen überbrückt werden:

- bei geklebten Systemen: bis 1 cm/m
- bei geklebten und gedübelten Systemen: bis 2 cm/m
- bei Schienensystemen: bis 3 cm/m

Abweichende Anforderungen können in den Zulassungen bzw. Verarbeitungsrichtlinien der Systemhersteller enthalten sein.

Für größere als die angegebenen Abweichungen im Untergrund müssen Unebenheiten mechanisch egalisiert oder durch einen geeigneten Putzmörtel ausgeglichen werden. Alternativ kann ein Ausgleich über eine Variation der Dämmstoffdicke erfolgen.

6.6.3 Maßtoleranzen nach den technischen Richtlinien für Maler- und Lackiererarbeiten

Für die Verarbeitung von **Wärmedämm-Verbundsystemen** (WDVS) wird in Abschnitt 3.3.2 des BFS-Merkblatts Nr. 21 „Technische Richtlinien für die Planung und Verarbeitung von WDVS“ (2012) des Bundesausschusses Farbe und Sachwertschutz (BFS) die Einhaltung der Ebenheitsabweichungen nach DIN 18202 für den Untergrund gefordert. Werden die Grenzwerte für Ebenheitsabweichungen überschritten, so ist ein zusätzlicher **Ausgleichsputz** als Besondere Leistung vor dem Aufbringen des Wärmedämm-Verbundsystems herzustellen.

6.6.4 Hinweise zu Anforderungen an den Untergrund von Wärmedämm-Verbundsystemen

Rohbaukonstruktionen, die für eine weitere Bekleidung vorgesehen sind (z. B. Wärmedämm-Verbundsysteme), unterliegen hinsichtlich der Ebenheit den Anforderungen nach DIN 18202, Tabelle 3, Zeile 5, für nicht flächenfertige Wände. Die fertige **Oberfläche von Wärmedämm-Verbundsystemen** muss hingegen mindestens den

Abb. C 6.47: Beispiel für einen Ebenheitsausgleich in der Kleberschichtdicke eines Wärmedämm-Verbundsystems

Ebenheitsanforderungen für flächenfertige Wände nach DIN 18202, Tabelle 3, Zeile 6, genügen. Die Winkelabweichungen müssen in den Grenzen von DIN 18202, Tabelle 2, bleiben. An Anschlüssen an angrenzende Bauteile, z. B. Fensterleibungen, können auch höhere Anforderungen an die Winkligkeit bestehen, z. B. eine Ausrichtung nach lot- und fluchtrechten Fensterkanten (vgl. Abb. C 6.45 und Abb. C 6.46).

Der **notwendige Ebenheitsausgleich** bzw. Maßhaltigkeitsausgleich zwischen den unterschiedlichen Anforderungen an den Untergrund und an die fertige Bekleidungsoberfläche muss in der Schichtdicke des Wärmedämm-Verbundsystems erfolgen. Die Variationsmöglichkeit für die Schichtdicke ist wegen der vorgegebenen Dämmstoffdicken und der vergleichsweise geringen Putzdicke jedoch stark begrenzt. Als **Ausgleichsmöglichkeit** stehen daher in der Regel nur eine Variation der Dicke des Kleberbettes für die Dämmplatten in den Grenzen der Systemzulassung oder eine Ausgleichsschicht aus Putzmörtel oder zusätzlichen, in der Oberfläche zugearbeiteten Dämmplatten zur Verfügung (vgl. Abb. C 6.47). Ein solcher Ausgleich von Maßabweichungen des Untergrundes ist erfahrungsgemäß mit einem vergleichsweise hohen zusätzlich Aufwand verbunden. Die Maßhaltigkeit des Untergrundes für Wärmedämm-Verbundsysteme sollte deshalb in der Ausführung frühzeitig auf die Eignung zur Aufnahme der vorgesehenen Bekleidung überprüft und ggf. mit Ausgleichsmaßnahmen vorbereitet werden.

6.7 Ausführung von Trockenbauarbeiten

6.7.1 Maßtoleranzen nach VOB/C ATV DIN 18340 Trockenbauarbeiten

Für die Ausführung von **raumbildenden Bauteilen des Ausbaus**, die in trockener Bauweise hergestellt werden, findet die ATV DIN 18340:2019-09 „Trockenbauarbeiten“ Anwendung. **Trockenbauarbeiten** im Sinne der ATV DIN 18340 umfassen das Herstellen von offenen und geschlossenen Deckenbekleidungen und Unterdecken, Wandbekleidungen, Trockenputz, Innendämmungen und Vorsatzschalen, Brand-

Abb. C 6.48: Beispiel für die Ausführung einer Trennwand in Trockenbauweise

Abb. C 6.49: Beispiel für die Ausführung einer Deckenbekleidung in Trockenbauweise

schutzbekleidungen, Trenn-, Montage- und Systemwänden, Fertigteilestrichen, Trockenunterböden und Systemböden sowie die Montage von Zargen, Türen und anderen Einbauteilen in den vorgenannten Konstruktionen (vgl. Abb. C 6.48 und Abb. C 6.49).

Nicht Bestandteil des Anwendungsbereichs sind Konstruktionen des Holzbaus, Putz- und Stuckarbeiten, Estricharbeiten, Tischlerarbeiten, Metallbauarbeiten, Maler- und Lackierarbeiten sowie Bodenbelagsarbeiten.

Maßabweichungen von den vorgeschriebenen Maßen sind bei der Ausführung von Trockenbauarbeiten nach ATV DIN 18340 in den durch DIN 18202 bestimmten Grenzen zulässig. Unebenheiten in den Oberflächen, die bei **Streiflicht** sichtbar werden, sind zulässig, wenn diese innerhalb der Toleranzen nach DIN 18202 liegen. Werden an die Ebenheit von Oberflächen **erhöhte Anforderungen** gestellt gemäß DIN 18202, Tabelle 3, Zeile 7, so sind die hierfür zu treffenden Maßnahmen Besondere Leistungen. Diese umfassen auch Maßnahmen, die erforderlich werden zum Ausgleich von größeren Unebenheiten des Untergrundes als nach den Grenzwerten in DIN 18202 zulässig.

Als Bedenken im Sinne von VOB/B kommen in Betracht:

- Abweichungen des Bestandes gegenüber den Vorgaben (z. B. bei unrichtiger Lage und Höhe des Untergrundes),
- größere Unebenheiten des Untergrundes als nach DIN 18202 zulässig,
- fehlende Bezugspunkte oder
- fehlende Angaben zum Bodenaufbau im Übergangsbereich von unterschiedlichen Bodenflächen.

Abb. C 6.50: Beispiel für eine Trockenbaubekleidung aus Gipsplatten mit Standardverspachtelung (Leistungsumfang Q2)

Eine **Verspachtelung** von Gipsplatten bzw. Gipsfaserplatten ist abhängig von der geforderten Qualitätsstufe nach folgender Klassifizierung auszuführen (vgl. auch Abb. C 6.50):

- für **Qualitätsstufe Q1** (Grundverspachtelung):
  - für Oberflächen, an die keine optischen oder dekorativen Anforderungen gestellt werden
  - Grundverspachtelung für das Füllen der Stoßfugen und Überziehen der sichtbaren Teile der Befestigungselemente
  - überstehende Spachtelmasse ist abzustoßen, werkzeugbedingte Grate zulässig
- für **Qualitätsstufe Q2** (Standardverspachtelung, normale Anforderung):
  - für Oberflächen als Untergrund für matte, füllende Anstriche und Beschichtungen, für mittel- und grob strukturierte Wandbekleidungen sowie für Oberputze mit Größtkorn > 1 mm
  - Grundverspachtelung wie Q1
  - Nachverspachtelung bis zum Erreichen eines stufenlosen Übergangs der Spachtelung zur Plattenoberfläche
  - keine Bearbeitungsabdrücke oder Spachtelgrate sichtbar
- für **Qualitätsstufe Q3** (Sonderverspachtelung, erhöhte Anforderung):
  - für Oberflächen als Untergrund für matte, nicht strukturierte Anstriche, feinstrukturierte Wandbekleidungen sowie für Oberputze mit Größtkorn bis 1 mm
  - Grundverspachtelung und Nachverspachtelung wie Q2
  - zusätzlich breites Ausspachteln der Fugen und scharfes Abziehen der Kartonoberfläche mit Spachtelmasse zum Porenverschluss (für Gipsplatten) bzw. vollflächiges, deckendes Überziehen der gesamten Oberfläche mit Spachtelmaterial (bei Gipsfaserplatten)
- für **Qualitätsstufe 4** (Sonderverspachtelung, höchste Anforderung):
  - für Oberflächen als Untergrund für glatte oder strukturierte Wandbekleidungen, Lasuren, hochwertige Glättetechniken
  - Grundverspachtelung und Nachverspachtelung wie Q2
  - zusätzlich vollflächiges Überziehen und Glätten der gesamten Oberfläche mit Flächenspachtel mit einer Schichtdicke von mindestens 1 mm

Oberflächenqualitäten mit dem Leistungsumfang Q3 oder Q4 sind **erhöhte Anforderungen** im Sinne einer Besonderen Leistung.

Abb. C 6.51: Beispiel für eine Trockenbauwand mit Ebenheitsabweichung infolge einer nicht maßhaltigen Unterkonstruktion

Auf eine entsprechende **Klassifizierung von Spachtelarbeiten** nach den Qualitätsstufen Q1 bis Q4 bei der Verarbeitung von Gipsplatten wird auch hingewiesen in Merkblatt 2 „Verspachtelung von Gipsplatten – Oberflächengüten“ des Bundesverbandes der Gipsindustrie (Stand/Ausgabe November 2017) sowie in dem BFS-Merkblatt Nr. 12 „Oberflächenbehandlung von Gipsplatten (Gipskartonplatten) und Gipsfaserplatten“ (2007) des Bundesausschusses Farbe und Sachwertschutz (BFS).

6.7.2 Hinweise zur Maßhaltigkeit der Unterkonstruktion von Trockenbauwänden

Bei der Ausführung von **Trockenbauwänden in Ständerbauweise** wird die Maßhaltigkeit der fertigen Wandoberfläche ausschließlich durch die Maßhaltigkeit der Unterkonstruktion festgelegt. Das Ständerwerk sowie die Wand-, Decken- und Bodenanschlüsse sind dementsprechend lot- und fluchtrecht auszurichten. Bei der anschließenden Bekleidung des Ständerwerks kommen werkmäßig vorgefertigte Platten zum Einsatz. Ein Bearbeiten der Beplankung hinsichtlich der Schichtdicke zum Ausgleich etwaiger **Maßabweichungen in der Unterkonstruktion** findet in der Regel nicht statt. Maßabweichungen in der Unterkonstruktion werden sich somit auch in der späteren fertigen Wandoberfläche zeigen. Die übliche Verspachtelung an den Stoßstellen der einzelnen Bekleidungselemente ist nicht geeignet, Maßabweichungen in der Unterkonstruktion nachträglich auszugleichen (vgl. Abb. C 6.51).

6.7.3 Hinweise zum Erscheinungsbild von Spachtelarbeiten

Oberflächen, die flächenfertig verspachtelt sind, dürfen bei einer Standardverspachtelung keine Spachtelspuren, Materialantragstellen, Bearbeitungsabdrücke, Spachtelgrate usw. aufweisen. Übergänge in der Fläche müssen stufenlos und ansatzfrei erscheinen. Sichtbare **Abzeichnungen in der verspachtelten Oberfläche** können nicht nach den Ebenheitsanforderungen in DIN 18202 beurteilt werden. Diese Grenzwerte sind mit einer funktionsbezogenen Intention und zahlenmäßig zu weit gefasst, um das optische Erscheinungsbild einer gespachtelten Fläche zufriedenstellend zu beurteilen. Verarbeitungsspuren des Verspachtelns an der Bauteiloberfläche werden in den Grenzen der zulässigen Ebenheitsabweichungen nach DIN 18202 sichtbar, mitunter gut sichtbar bis auffällig bleiben (vgl. Abb. C 6.52 und Abb. C 6.53). Beurteilungsmaßstab muss auch in diesem Fall das bei einer handwerklich sorgfältigen Ausführung üblicherweise

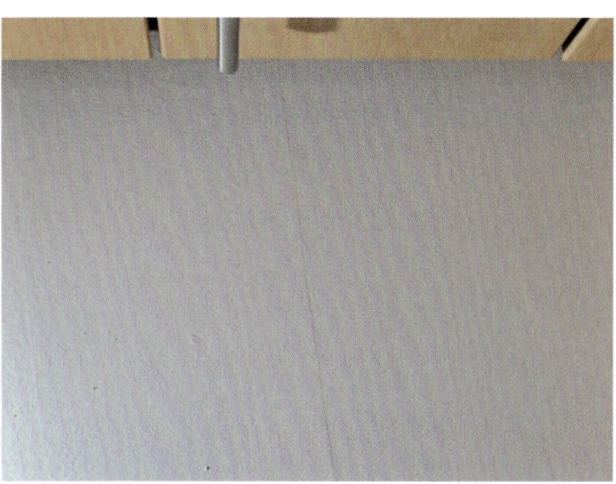

Abb. C 6.52: Beispiel für einen verspachtelten Plattenstoß mit sichtbarer Abzeichnung des Spachtelauftrags

Abb. C 6.53: Beispiel für sichtbare Spachtelspuren bzw. einen sichtbaren Materialantrag

Abb. C 6.54: Beispiel für eine gespachtelte Trockenbauwand mit annähernd gleichmäßigem Erscheinungsbild bei starkem Lichteinfall (vgl. auch Abb. C 6.55)

Abb. C 6.55: Beispiel für eine gespachtelte Trockenbauwand mit stark ungleichmäßigem Erscheinungsbild bei Streiflichteinfall (vgl. auch Abb. C 6.54)

erzielbare Erscheinungsbild der fertig bearbeiteten Oberfläche sein. Die Beurteilung bezieht sich somit nicht auf die erreichte Maßhaltigkeit einer Fläche, sondern auf die beabsichtigte gleichmäßige Oberflächengestalt.

Dies gilt auch für **Abzeichnungen**, die nur im **Streiflicht sichtbar** werden, hinsichtlich der Größe der Abweichung aber innerhalb der Grenzwerte für Ebenheitsabweichungen nach DIN 18202 bleiben (vgl. Abb. C 6.54 im Vergleich mit Abb. C 6.55). Eine Beurteilung muss in diesem Fall unter Berücksichtigung der im Gebrauchszustand vorherrschenden Lichtverhältnisse und des gebrauchsüblichen Betrachtungsabstandes nach dem Maßstab einer üblichen handwerklichen Sorgfalt für das geforderte fertige Werk erfolgen. Die Anforderungen – etwa hinsichtlich einer bestimmten Qualitätsstufe für die Verspachtelung – richten sich dabei nach den Bedingungen des Einzelfalls, z. B. dem für die Ausführung bestimmten Bausoll.

Abb. C 6.56: Beispiel für die Ausführung von Naturwerksteinarbeiten

6.8 Ausführung von Naturwerksteinarbeiten

6.8.1 Maßtoleranzen nach VOB/C ATV DIN 18332 Naturwerksteinarbeiten

Für das **Bearbeiten von Naturstein** sowie das Verlegen und Versetzen von Fliesen, Platten und Werkstücken aus Naturwerkstein und außerdem für Mauerwerk aus Naturwerkstein findet die ATV DIN 18332:2019-09 „Naturwerksteinarbeiten" Anwendung (vgl. Abb. C 6.56).

Für **Platten und Werkstücke aus Naturwerkstein**, die nicht in europäischen Produktnormen geregelt sind, sind folgende **Grenzabweichungen** zulässig:

- für die **Dicke**:
  - bis zu einer Dicke von 30 mm ± 10 %
  - bei einer Dicke von mehr als 30 mm ± 3 mm
  - bei einer Dicke von mehr als 80 mm ± 5 mm
  - bei zusammengesetzten Platten die sichtbare Dicke am Stoß ± 1 mm
  - bei zusammengesetzten Werkstücken die sichtbare Dicke am Stoß 2 mm
- für die **Länge**:
  - bei einer Länge bis zu 600 mm ± 1 mm
  - bei einer Länge von mehr als 600 mm ± 2 mm
  - bei einer Dicke von mehr als 80 mm ± 5 mm
- für den **Winkel**:
  - bei einem vorgegebenen Winkel, bezogen auf die Kantenlänge: 0,2 % bis zu maximal 2 mm

Die angegebenen Grenzabmaße gelten nicht für gespaltene oder handbekantete Platten und Werkstücke.

Ebenheitsabweichungen dürfen für Platten mit geschliffener oder polierter Oberfläche nicht größer als 0,2 % der größten Plattenlänge sein, maximal jedoch 3 mm. Diese Anforderung gilt nicht für bruchraue oder gespaltene Oberflächen.

Maßabweichungen von den vorgeschriebenen Maßen sind bei der **Ausführung** von Naturwerksteinarbeiten in den durch DIN 18202 bestimmten Grenzen zulässig. Unebenheiten in den Oberflächen, die bei **Streiflicht** sichtbar werden, sind zulässig, wenn diese innerhalb der Toleranzen nach DIN 18202 liegen. Werden an die Ebenheit von Oberflächen **erhöhte Anforderungen** gemäß DIN 18202, Tabelle 3, Zeile 4, oder sonstige erhöhte Anforderungen an die Maßhaltigkeit gegenüber den in DIN 18202 aufgeführten Werten gestellt, so sind die hierfür zu treffenden Maßnahmen Besondere Leistungen.

Als Bedenken im Sinne von VOB/B kommen in Betracht:

- größere Unebenheiten als nach DIN 18202 zulässig,
- fehlende Höhenbezugspunkte je Geschoss oder
- fehlendes, ungenügendes oder von der Angabe in den Ausführungsunterlagen abweichendes Gefälle.

Das **Verlegen oder Versetzen** von Platten und Werkstücken aus Naturwerkstein muss **senkrecht, fluchtrecht, waagrecht** oder mit dem vorgegebenen Gefälle unter Berücksichtigung des angegebenen Höhenbezugspunktes erfolgen. Für die gesamte Bekleidungsfläche gelten die Grenzwerte für **Winkelabweichungen** nach DIN 18202, Tabelle 2.

Ebenheitsabweichungen sind bei der Ausführung von Naturwerksteinarbeiten in den Grenzen nach DIN 18202, Tabelle 3 zulässig. Die bei Bauprodukten für die Ebenheit zulässigen Abweichungen sind in den Grenzwerten für Ebenheitsabweichungen nach DIN 18202 nicht enthalten und zusätzlich zu berücksichtigen. Die Grenzwerte für Ebenheitsabweichungen nach DIN 18202, Tabelle 3, stellen insbesondere bei kurzen Messpunktabständen und bei geschliffenen oder polierten Oberflächen ein Maß dar, das im Einzelfall optisch stark auffällig sein kann. Die Einhaltung dieser Grenzwerte garantiert deshalb nicht in jedem Fall ein einwandfreies Erscheinungsbild. Ein geringeres Toleranzmaß als in DIN 18202 angegeben ist unter dem Aspekt des optischen Erscheinungsbildes geboten und nach baupraktischer Erfahrung vom Ausführenden im Standardfall auch zu erwarten.

Bei der **Verlegung** von Wandbekleidungen **im Dickbett** ist für das Mörtelbett eine Dicke von 10 bis 20 mm einzuhalten. Mit der zulässigen Schwankung der Mörtelbettdicke können **Maßabweichungen des Untergrundes** ausgeglichen werden. Ein Ausgleich der unterschiedlichen Ebenheitsanforderungen für den Untergrund und für die fertige Oberfläche der Bekleidung erfolgt damit in der Mörtelschicht. Darüber hinaus müssen die zulässigen Maßabweichungen bzw. Ebenheitsabweichungen der einzelnen Platten bzw. Werkstücke in der Mörtelbettdicke aufgenommen werden. Die Mindest- und Höchstmaße für die Mörtelbettdicken sind jedoch in jedem Fall einzuhalten.

Das **Ausgleichen** von Unebenheiten **des Untergrundes** innerhalb der nach DIN 18202 zulässigen Toleranzen beim Ansetzen oder Verlegen von Platten im Mörtelbett stellt nach ATV DIN 18332, Abschnitt 4.1.3, eine Nebenleistung – keine Besondere Leistung – dar.

Die **Fugen** sind gemäß ATV DIN 18332, Abschnitt 3.3.2, gleichmäßig breit anzulegen. Die Abmaße der Platten und der Werkstücke sind in den Fugen auszugleichen. Die **Fugenbreite** soll bei Plattenformaten bis 600 mm Kantenlänge und einer mineralischen Mörtelfuge im Mittel 3 mm betragen. Bei größeren Kantenlängen soll die Fugenbreite im Mittel 5 mm betragen. Bei massiven Werkstücken müssen die Fugen mindestens 10 mm Breite haben.

Ungleichmäßigkeiten des **Fugenbildes** werden bei optisch abgesetzten Fugen eher als störend wahrgenommen als bei einem optisch einheitlichen Erscheinungsbild von Platten und Fugen. Als baupraktische Toleranz für die Fugenbreite ist nur die für die Abmessungen der Platten und Werkstücke zulässige Toleranz anzusetzen, da diese in den Fugen aufgenommen werden muss. Eine zusätzliche Ausführungstoleranz für die Fugenbreite wird in der Regel ein optisch unsauberes Fugenbild zur Folge haben und ist deshalb nicht anzusetzen. Bei durchschnittlich üblicher handwerklicher Sorgfalt kann eine entsprechende Verlegegenauigkeit erzielt werden.

6.8.2 Ausführung von Bekleidungen im Dünnbettverfahren nach DIN 18157-1

Für die Ausführung von Wandbekleidungen mit **Naturwerkstein im Dünnbettverfahren** mit zementhaltigen Mörteln im Innen- und Außenbereich werden Anforderungen an die Maßhaltigkeit in DIN 18157-1:2017-04 „Ausführung von Bekleidungen und Belägen im Dünnbettverfahren – Teil 1: Zementhaltige Mörtel" angegeben.

Die Maßgenauigkeit einer Ansetz- und Verlegefläche muss der Genauigkeit der fertigen Bekleidungsfläche entsprechen. Abweichungen sind in den Grenzen der Maßabweichungen nach DIN 18202 zulässig. Größere Maßabweichungen sind vor dem Verlegen der Bekleidung auszugleichen. In DIN 18157-1 wird darauf hingewiesen, dass eine **zusätzliche Spachtelung des Verlegeuntergrundes** erforderlich sein kann, – auch – wenn der Untergrund Ebenheitsabweichungen in den Grenzen der nach DIN 18202 zulässigen Ebenheitsabweichungen aufweist.

Eine Verlegung im Dünnbettverfahren lässt wegen der begrenzten Schichtdicke keinen nennenswerten Ausgleich von Maßabweichungen innerhalb des Dünnbettes zu. Hieraus leitet sich die Forderung nach einer Maßgenauigkeit der Ansetz- und Verlegefläche entsprechend der Genauigkeit der fertigen Bekleidung ab. Weil aber nicht jeder Untergrund im Standardfall mit einer dem entsprechenden Genauigkeit hergestellt wird oder werden kann (z. B. Flächen im Rohbau oder bei Entfall einer ausgleichenden Putzschicht bzw. eines Dickbettmörtels), kann eine zusätzliche **Ausgleichsschicht** erforderlich sein, z. B. als Spachtelung.

6.8.3 Hinweise zu Höhenversätzen zwischen benachbarten Bauteilen

Höhenversätze zwischen benachbarten Bauteilen sind gemäß DIN 18202, Abschnitt 1, gesondert zu regeln. Bei flächenfertigen Wänden sollen Sprünge und Absätze vermieden werden. Dies bezieht sich auch auf mögliche Höhenversätze zwischen 2 benachbarten Platten einer Bekleidung. In ATV DIN 18332 werden zu Höhenversätzen zwischen benachbarten Platten keine Angaben gemacht. Nach Meinung des Verfassers stellt ein Toleranzmaß von ca. 0,5 bis 1,0 mm für den Höhenversatz benachbarter Platten mit geschliffener oder polierter Oberfläche ein Maß dar, das baupraktisch bei handwerklich sorgfältiger Arbeit eingehalten werden kann. Bei Bodenbelägen können im Gegensatz dazu Versätze bis ca. 1,5 mm akzeptiert werden, weil sich die Übergänge erfahrungsgemäß in größerer Sichtentfernung vom Betrachter befinden und weil sich die Anforderung in erster Linie auf die Verkehrssicherheit und nicht auf das optische Erscheinungsbild bezieht. Weiter gehende Anforderungen an die Ebenheit der Oberfläche der Bekleidung sollten gesondert vereinbart werden.

6.9 Ausführung von Betonwerksteinarbeiten

6.9.1 Maßtoleranzen nach VOB/C ATV DIN 18333 Betonwerksteinarbeiten

Für das **Bearbeiten von Betonoberflächen** und das **Einbauen**, Verlegen und Versetzen **von Betonwerkstein** in und an Gebäuden findet die ATV DIN 18333:2019-09 „Betonwerksteinarbeiten" Anwendung. Sie gilt nicht für das Herstellen von Bauteilen aus bewehrtem oder unbewehrtem Beton.

Maßabweichungen von den vorgeschriebenen Maßen sind bei der Ausführung von Betonwerksteinarbeiten in den durch DIN 18202 bestimmten Grenzen zulässig. Unebenheiten in den Oberflächen, die bei **Streiflicht** sichtbar werden, sind zulässig, wenn diese innerhalb der Toleranzen nach DIN 18202 liegen. Werden an die Ebenheit von Oberflächen **erhöhte Anforderungen** gemäß DIN 18202, Tabelle 3, Zeile 4, oder sonstige erhöhte Anforderungen an die Maßhaltigkeit gegenüber den in DIN 18202 aufgeführten Werten gestellt, so sind die hierfür zu treffenden Maßnahmen Besondere Leistungen.

Als Bedenken im Sinne von VOB/B kommen in Betracht:

- größere Unebenheiten des Untergrundes als nach DIN 18202 zulässig oder
- fehlende Bezugspunkte.

Der **Einbau** von Platten für **Wandbekleidungen** aus Betonwerkstein muss fluchtrecht und lotrecht erfolgen. Für die gesamte Bekleidungsfläche gelten die Grenzwerte für **Winkelabweichungen** nach DIN 18202, Tabelle 2.

Ebenheitsabweichungen sind in den durch DIN 18202 bestimmten Grenzen zulässig. Die für die Bauteile bzw. Bauprodukte aus Betonwerkstein zulässigen Ebenheitsabweichungen sind in den Grenzwerten für Ebenheitsabweichungen nach DIN 18202, Tabelle 3, nicht enthalten und zusätzlich zu berücksichtigen.

Höhenversätze benachbarter Bauteile sind gemäß ATV DIN 18333, Abschnitt 3.1.3, in folgenden Grenzen abhängig von der Plattengröße und der Beschaffenheit der Oberfläche zulässig:

- in **Innenräumen**:
  - bei Platten bis 0,25 m² — bis 1,5 mm
  - bei Platten über 0,25 bis 0,5 m² — bis 2 mm
  - bei Platten über 0,5 m² — nach gesonderter Vereinbarung
- in **bewitterten Bereichen**:
  - bei Platten bis 0,25 m² — bis 2 mm
  - bei Platten bis 0,25 m² mit grob bearbeiteter, wie ausgewaschener, gestrahlter, flammgestrahlter, gespaltener, bossierter, gespitzter, gestockter oder scharrierter Oberfläche — bis 5 mm
  - bei Platten über 0,25 m² — nach gesonderter Vereinbarung

In ATV DIN 18333 werden zulässige Höhenversätze benachbarter Bauteile nicht nach Bekleidungen oder Belägen differenziert. Aus baupraktischer Erfahrung können bei **Bekleidungen** je nach Art der Befestigung der einzelnen Platten im Allgemeinen geringere **Höhendifferenzen** als 1,5 bzw. 2 mm zwischen benachbarten Platten ausgeführt werden, z. B. bei Befestigung über fein justierbare Schraubenbolzen. Auch in optischer Hinsicht sind geringere Toleranzen als die angegebenen Grenzwerte erstrebenswert, wenn Wandbekleidungen eine geringere Sichtentfernung zum Betrachter als der Bodenbelag haben und Unebenheiten wegen der Oberflächengestaltung optisch stärker wahrgenommen werden. Nach Meinung des Verfassers stellt – analog zu Bekleidungen aus Naturwerkstein – ein Toleranzmaß von ca. 0,5 bis 1,0 mm für den Höhenversatz benachbarter Platten ein Maß dar, das baupraktisch bei handwerklich sorgfältiger Ausführung eingehalten werden kann, wenn die Oberfläche vergleichbar geschliffen oder poliert wurde und soweit nicht größere Abweichungen der Platten selbst dem entgegenstehen. Die einzuhaltenden Toleranzen sollten im Einzelfall auf die gewünschte Oberflächengestaltung abgestimmt und für die Ausführung festgelegt werden.

Höhenversätze benachbarter Bauteile fallen nicht in den Anwendungsbereich von DIN 18202. Sie sind gesondert zu regeln. Gemäß Abschnitt 5 der DIN 18202 sollen Sprünge und Absätze bei flächenfertigen Wänden vermieden werden.

Die **Fugen** zwischen den Platten und Werkstücken aus Betonwerkstein sind gemäß ATV DIN 18333, Abschnitt 3.7.1, gleichmäßig breit anzulegen. Maßabweichungen der Werkstücke sind in den Fugen auszugleichen. Die **Fugenbreiten** sind gemäß ATV DIN 18333, Abschnitt 3.7.2, bei Betonwerksteinplatten im Mörtelbett wie folgt anzulegen:

- bei Kantenlängen bis 60 cm: 3 mm Breite
- bei Kantenlängen über 60 cm: 5 mm Breite

Bei Betonwerksteinplatten ohne Mörtelbett sind die Fugen mit einer Breite von 5 mm anzulegen. Lager- und Stoßfugen sind gemäß ATV DIN 18333, Abschnitt 3.7.3, in Gebäuden mit 2 mm Breite und im Freien mit 5 mm Breite auszuführen.

Die **Toleranz für die Fugenbreite** ist aus technischer Sicht auf den Ausgleich von Maßabweichungen der Platten bzw. Bauteile zu begrenzen. Andernfalls ist ein einheitliches optisches Erscheinungsbild nicht mehr sichergestellt. Eine zusätzliche Ausführungstoleranz für die Fugenbreite ist nicht anzusetzen.

6.9.2 Ausführung von Bekleidungen im Dünnbettverfahren nach DIN 18157-1

Für die Ausführung von Wandbekleidungen mit **Betonwerkstein im Dünnbettverfahren** mit zementhaltigen Mörteln im Innen- und Außenbereich werden Anforderungen an die Maßhaltigkeit in DIN 18157-1 angegeben.

Die Maßgenauigkeit einer Ansetz- und Verlegefläche muss der Genauigkeit der fertigen Bekleidungsfläche entsprechen. Abweichungen sind in den Grenzen der Maßabweichungen nach DIN 18202 zulässig. Größere Maßabweichungen sind vor dem Verlegen der Bekleidung auszugleichen. In DIN 18157-1 wird darauf hingewiesen, dass eine **zusätzliche Spachtelung des Verlegeuntergrundes** erforderlich sein kann, – auch – wenn der Untergrund Ebenheitsabweichungen in den Grenzen der nach DIN 18202 zulässigen Ebenheitsabweichungen aufweist.

Eine Verlegung im Dünnbettverfahren lässt wegen der begrenzten Schichtdicke keinen nennenswerten Ausgleich von Maßabweichungen innerhalb des Dünnbettes zu. Hieraus leitet sich die Forderung nach einer Maßgenauigkeit der Ansetz- und Verlegefläche entsprechend der Genauigkeit der fertigen Bekleidung ab. Weil aber nicht jeder Untergrund im Standardfall mit einer dem entsprechenden Genauigkeit hergestellt wird oder werden kann (z. B. Flächen im Rohbau oder bei Entfall einer ausgleichenden Putzschicht bzw. eines Dickbettmörtels), kann eine zusätzliche **Ausgleichsschicht** erforderlich sein, z. B. als Spachtelung.

6.9.3 Hinweise zu Maßabweichungen für Platten und Werkstücke aus Betonwerkstein

Für **Maße von Bauteilen aus Betonwerkstein** können die zulässigen Grenzabweichungen für Längen- und Breitenmaße nach DIN 18202, Tabelle 1, Zeile 1, Anwendung finden. Diese sind mit ± 10 mm (bei Nennmaßen bis 1 m) bzw. ± 12 mm (bei Nennmaßen über 1 bis 3 m) jedoch vergleichsweise groß. Bei Inanspruchnahme dieser

Abb. C 6.57: Beispiel für die Ausführung von Fliesen- und Plattenarbeiten

Maßabweichungen ist die Verlegung mit einem einheitlichen Fugenbild nicht mehr gewährleistet. Aus technischer Sicht sind daher die Grenzabweichungen gemäß DIN 18202 nur bedingt geeignet, um Maßabweichungen von Platten und Werkstücken aus Betonwerkstein zu beurteilen.

Für Betonwerksteine sind in ATV DIN 18333 keine Angaben über zulässige Maßabweichungen einzelner Stoffe bzw. Bauteile enthalten. Verwiesen wird jedoch auf DIN V 18500 für Fassadenplatten und Fassadenelemente aus Betonwerkstein.

6.10 Ausführung von Fliesen- und Plattenarbeiten

6.10.1 Maßtoleranzen nach VOB/C ATV DIN 18352 Fliesen- und Plattenarbeiten

Für das **Ansetzen und Verlegen von Fliesen, Platten und Mosaik** aus Keramik oder Glas findet die ATV DIN 18352:2019-09 „Fliesen- und Plattenarbeiten“ Anwendung (vgl. Abb. C 6.57). Sie gilt nicht für das Ansetzen und Verlegen von Fliesen, Platten oder Mosaik aus Naturwerksteinen und nicht für Platten aus Betonwerkstein.

Maßabweichungen von den vorgeschriebenen Maßen sind bei der Ausführung von Fliesen- und Plattenarbeiten nach ATV DIN 18352 in den durch DIN 18202 bestimmten Grenzen zulässig. Werden an die Ebenheit **höhere Anforderungen** gestellt als in DIN 18202, Tabelle 3, Zeile 3 und Zeile 6, angegeben oder sonstige erhöhte Anforderungen an die Maßhaltigkeit als in den einschlägigen Normen angegeben, so sind die hierfür zu treffenden Maßnahmen Besondere Leistungen. Diese umfassen auch Maßnahmen, die erforderlich werden zum Ausgleich von größeren Unebenheiten des Untergrundes als nach den Grenzwerten in DIN 18202 zulässig.

Als Bedenken im Sinne von VOB/B kommen in Betracht:

- größere Unebenheiten des Untergrundes als nach DIN 18202 zulässig,
- fehlende, ungenügende oder von den Angaben in den Ausführungsunterlagen abweichende Gefälle oder
- fehlende Bezugspunkte.

Ebenheitsabweichungen sind in den durch DIN 18202 bestimmten Grenzen zulässig. Die für die Fliesen und Platten zulässigen Ebenheitsabweichungen sind in den Grenzwerten für Ebenheitsabweichungen nach DIN 18202, Tabelle 3, nicht enthalten und zusätzlich zu berücksichtigen.

Die **Fugen** von Fliesen- und Plattenarbeiten sind nach ATV DIN 18352 gleichmäßig breit anzulegen. Maßabweichungen der Fliesen bzw. Platten und ausführungsbedingte Abweichungen sind in den Fugen auszugleichen. Die technisch notwendige **Fugenbreite** beträgt 2 bis 8 mm, unabhängig von den Maßen der Fliesen bzw. Platten. Die im Einzelfall gewählte Fugenbreite muss Art, Format, Materialtoleranz und Verwendungszweck der Belagsstoffe berücksichtigen. Eine größere Fugenbreite als die technisch notwendige kann deswegen erforderlich sein.

Für die Ausführung einer in sich geschlossenen Belagfläche ist eine **einheitliche Fugenbreite** zu wählen. Schwankungen der gewählten Fugenbreite sind nur für den Ausgleich von Maßtoleranzen der Belagstoffe zulässig, um ein einheitliches Erscheinungsbild zu gewährleisten.

6.10.2 Ausführung von Bekleidungen im Dünnbettverfahren nach DIN 18157-1

Für die Ausführung von Wandbekleidungen mit **keramischen Fliesen und Platten im Dünnbettverfahren** mit zementhaltigen Mörteln im Innen- und Außenbereich werden Anforderungen an die Maßhaltigkeit in DIN 18157-1 angegeben. Diese Norm gilt auch für andere Arten von Fliesen und Platten, z. B. Glasmosaik oder kunstharzgebundene Fliesen und Platten.

Die Maßgenauigkeit einer Ansetz- und Verlegefläche muss der Genauigkeit der fertigen Bekleidungsfläche entsprechen. Abweichungen sind in den Grenzen der Maßabweichungen nach DIN 18202 zulässig. Größere Maßabweichungen sind vor dem Verlegen der Bekleidung auszugleichen. In DIN 18157-1 wird darauf hingewiesen, dass eine **zusätzliche Spachtelung des Verlegeuntergrundes** erforderlich sein kann, – auch – wenn der Untergrund Ebenheitsabweichungen in den Grenzen der nach DIN 18202 zulässigen Ebenheitsabweichungen aufweist.

Eine Verlegung im Dünnbettverfahren lässt wegen der begrenzten Schichtdicke keinen nennenswerten Ausgleich von Maßabweichungen innerhalb des Dünnbettes zu. Hieraus leitet sich die Forderung nach einer Maßgenauigkeit der Ansetz- und Verlegefläche entsprechend der Genauigkeit der fertigen Bekleidung ab. Weil aber nicht jeder Untergrund im Standardfall mit einer dem entsprechenden Genauigkeit hergestellt wird oder werden kann (z. B. Flächen im Rohbau oder bei Entfall einer ausgleichenden Putzschicht bzw. eines Dickbettmörtels), kann eine zusätzliche **Ausgleichsschicht** erforderlich sein, z. B. als Spachtelung.

Ein zusätzliches Ausgleichen zulässiger Ebenheitsabweichungen im Verlegeuntergrund kann insbesondere für **großformatige Fliesen und Platten** notwendig sein (vgl. Abb. C 6.57). Zudem sind die zulässigen Maßabweichungen der verlegten Platten mit einem Ebenheitsausgleich zu berücksichtigen. Dies gilt auch im Hinblick auf eine Vermeidung von Höhenversätzen benachbarter Platten.

6.10.3 Hinweise zu Höhenversätzen bei Bekleidungen aus Fliesen und Platten

In ATV DIN 18352 sind für Stoßstellen benachbarter Fliesen und Platten keine Regelungen hinsichtlich zulässiger **Höhenversätze** enthalten. Gemäß DIN 18202, Abschnitt 5, sollen bei flächenfertigen Bodenbelägen Sprünge und Absätze vermieden werden. Höhenversätze fallen jedoch nicht in den Anwendungsbereich der DIN 18202.

Abb. C 6.58: Beispiel für einen scharfkantigen Höhenversatz benachbarter Platten von ca. 1,3 mm

Abb. C 6.59: Beispiel für einen Höhenversatz von ca. 2 mm bei gerundeten Kanten

Für die Beurteilung von Stoßstellen benachbarter Fliesen und Platten werden aus baupraktischer Erfahrung folgende **Grenzwerte für Höhenversätze** vorgeschlagen (vgl. auch Abb. C 6.58):

- bei Fliesen und Platten mit geschliffener oder polierter Oberfläche oder vergleichbarer Glasuroberfläche: ca. 1,0 bis 1,5 mm
- bei Fliesen und Platten mit nicht gleichmäßig egalisierter Oberfläche (z. B. rustikale Fliesen mit herstellungsbedingt unebener Oberfläche): Ebenheitsabweichung der Fliesen-/Plattenoberfläche zuzüglich ca. 1,5 mm ausführungsbedingter Abweichung

Für Bekleidungen aus Fliesen und Platten wird in dem ZDB-Merkblatt „Höhendifferenzen“ (Ausgabe August 2019) des Zentralverbandes des Deutschen Baugewerbes (ZDB) als **zulässige Höhendifferenz** zwischen 2 benachbarten Fliesen oder Platten eine Summe von maximal 2 mm aus einer hinzunehmenden handwerklichen Verlegetoleranz von 1,0 mm und der produktbedingten maximalen Ebenheitsabweichungen nach DIN EN 14411:2016-12 „Keramische Fliesen und Platten – Definitionen, Klassifizierung, Eigenschaften, Bewertung und Überprüfung der Leistungsbeständigkeit und Kennzeichnung“ genannt. Auf die Kommentierung hierzu in Kapitel 7.9.2 von Teil C des vorliegenden Buches wird verwiesen.

Die Auffälligkeit und die **Störwirkung eines Höhenversatzes** in einer Bekleidung hängen auch von der Art der Kantenausbildung und der Oberflächenbeschaffenheit ab. Scharfkantig begrenzte Höhenversätze treten in ihrem Erscheinungsbild stärker hervor, als dies bei gerundeten Kanten der Fall ist (vgl. Abb. C 6.59). Dies erschwert die Formulierung eines absoluten Zahlenwertes als Grenzwert. Für die praktische Beurteilung hat sich deshalb ein Bereich in der Größenordnung von ca. 1,0 bis 1,5 mm bzw. darüber bewährt, der die Situation des Einzelfalls im Hinblick auf die jeweilige Störwirkung berücksichtigt.

Die Problematik der Höhenversätze benachbarter Fliesen bzw. Platten tritt insbesondere bei **großen Formaten** auf, wenn die einzelnen Platten herstellungsbedingt eine Verwölbung aufweisen und nicht im Kreuzverband verlegt werden. In diesem Fall entstehen T-Fugen, an denen die Verwölbung im Verlauf einer Platte wegen des Bezuges auf die unmittelbar angrenzenden Plattenecken besonders in Erscheinung tritt. Der **Höhenversatz** wird für den Fall halb versetzt verlegter Platten maximal. Wird

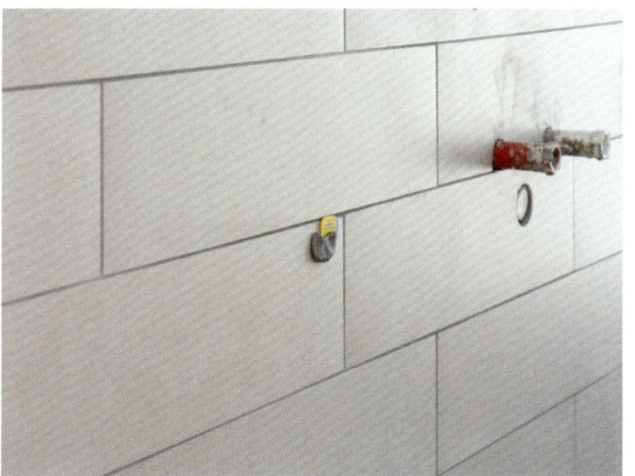

Abb. C 6.60: Beispiel für eine Verlegung mit Drittelversatz und Höhenversätzen an den T-Fugen

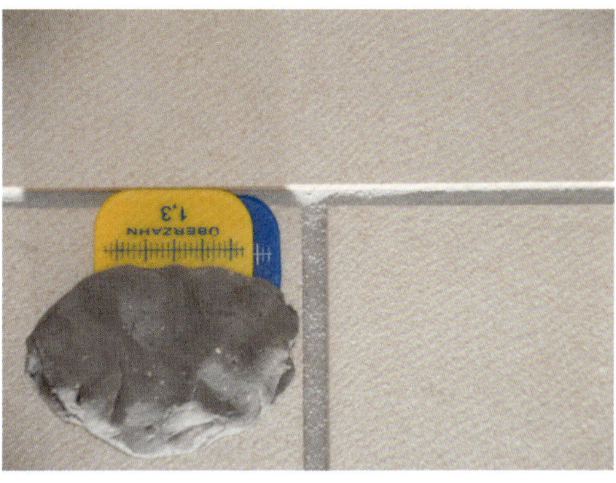

Abb. C 6.61: Beispiel für einen Höhenversatz von ca. 2,5 mm in der Kombination von materialbedingten und ausführungsbedingten Ebenheitsabweichungen

Abb. C 6.62: Beispiel für eine Oberfläche mit optisch und haptisch störenden Höhenversätzen aufgrund verwölbter Platten

eine Verlegung mit Drittelversatz (vgl. Abb. C 6.60) oder – vor allem bei sehr großen Formaten – mit Viertelversatz gewählt, so kann die Problematik des verwölbungsbedingten Höhenversatzes reduziert, aber nicht sicher vermieden werden. Zusätzlich zu den Maßabweichungen einzelner Platten sind auch unvermeidbare ausführungsbedingte Maßabweichungen bei der Verlegung zu berücksichtigen. An den Übergängen benachbarter Platten kommen beide Einflüsse zusammen. Für das Zahlenbeispiel einer plattenbedingten Verwölbung von ca. 1,5 mm Stichmaß und einer ausführungsbedingten Ebenheitsabweichung von ca. 1 mm Stichmaß sind bei einer Verlegung mit versetzten Fugen Höhenversätze in einer Größenordnung von ca. 2 bis 2,5 mm möglich (vgl. Abb. C 6.61). Das **optische Erscheinungsbild** der fertig verlegten Fläche und die **haptische Wahrnehmung**, z. B. beim Reinigen der Oberfläche von Hand, können hierdurch empfindlich gestört werden (vgl. Abb. C 6.62). Für große Formate ist deshalb eine hohe Maßhaltigkeit mit einer nur geringen Verwölbung erforderlich, um unter Berücksichtigung unvermeidbarer Maßabweichungen in den Grenzen einer üblichen handwerklichen Sorgfalt eine fertige Oberfläche ohne störende Höhenversätze zu gewährleisten. Höhenversätze können im Einzelfall in der Größenordnung von etwa 1 mm bereits gut sichtbar bis auffällig und störend sein. Der Erwartung an die fertige Oberfläche ist unter Berücksichtigung einer baupraktischen Ausführbarkeit mit der Festlegung entsprechender Anforderungen an Material und Verlegung im Einzelfall Rechnung zu tragen.

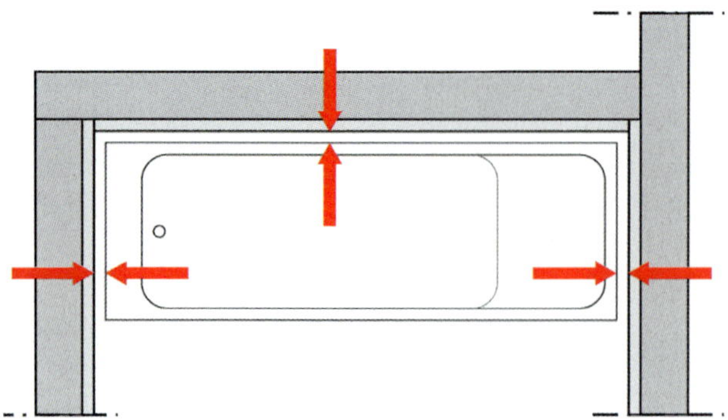

Abb. C 6.63: Beispiel für die Passung für eine Einbaubadewanne bei dreiseitig umlaufenden Wänden. Bei Wegfall eines Wandputzes muss der Passungsausgleich in der Wandanschlussfuge des Wannenkörpers erfolgen.

6.10.4 Hinweise für die Ausführung von Fliesenbekleidungen auf Wänden mit Dünnputz/Spachtelung

Bei der Ausführung von Bekleidungen aus **Fliesen und Platten** auf massiven Wandunterkonstruktionen, deren Oberfläche als Untergrund für die Bekleidung nur mit einem **Dünnputz** oder einer **Spachtelung** egalisiert wurde, ist zu beachten, dass mit dieser Art der Bekleidung ein normaler Genauigkeitsausgleich von Maßabweichungen der Rohbaukonstruktion im Zuge des fortschreitenden Ausbaus nicht möglich ist. Dünnputze, Spachtelungen und Dünnbettverklebungen von Bekleidungen lassen aufgrund ihrer begrenzten Schichtdicke einen nennenswerten Ausgleich von Maßabweichungen, Winkelabweichungen oder Ebenheitsabweichungen nicht zu. Die Genauigkeit der Rohbaukonstruktion muss also der für den fertigen Ausbauzustand geforderten Maßhaltigkeit entsprechen. Dies erfordert erhöhte Anforderungen an die Genauigkeit im Rohbau und eine dem entsprechende Ausführungsvorgabe. Zusätzlich bestehen bei Bekleidungen mit Fugen besondere Anforderungen an ein einheitliches und geradlinig zu den angrenzenden Bauteilen verlaufendes **Fugenbild**. Auch die Positionierung von Einbauteilen, z. B. der Einbau von Sanitärgegenständen, unterliegt Genauigkeitsanforderungen in Bezug auf die Einhaltung von Abständen und Höhen oder die Ausrichtung nach dem Fugenbild.

Die gleichen Anforderungen gelten analog auch für Wände und abgehängte Deckenbekleidungen in **Trockenbauweise**. Die Maßhaltigkeit der fertigen Wandoberfläche bzw. Deckenuntersicht hängt entscheidend von der Maßhaltigkeit der Unterkonstruktion des Trockenbaus ab. Weder mit der Beplankung der Wand bzw. Deckenuntersicht noch mit der darauf im Dünnbett aufgebrachten Bekleidung aus Fliesen oder Platten kann ein nennenswerter Toleranzausgleich erfolgen.

Werden Fügestellen mit Passungen für Einbauteile vorgesehen, z. B. **Wandnischen** für den Einbau von Wannenkörpern (vgl. Abb. C 6.63), ist für den Einbau dieser Teile ebenfalls nur ein begrenzter Ausgleich an den Fügestellen möglich. Die Genauigkeit einer Wandkonstruktionen im Rohbau kann z. B. durch die Verwendung von Lehren erhöht werden.

Abb. C 6.64: Beispiel für eine Wand mit Winkelabweichung vom Lot und keilförmig zulaufendem Bekleidungsanschluss

Abb. C 6.65: Beispiel für eine Vorsatzschale mit Winkelabweichung im Grundriss und trapezförmiger Draufsicht

6.10.5 Hinweise zur Ausrichtung des Fugenbildes

Für Wände als Untergründe von Bekleidungen aus Fliesen und Platten sind Winkelabweichungen im Grundriss und im Aufriss nach DIN 18202 zulässig. Die Fliesen bzw. Platten einer Bekleidung sind hingegen lot- und fluchtrecht und mit einem handwerklich sorgfältig ausgerichteten Fugenbild einzubauen. Für Schnittstellen an Wandecken, Kanten, Flächenrändern usw. ergibt sich damit eine unterschiedliche **Genauigkeitsanforderung** für den Untergrund und für das **Fugenbild der Bekleidung**. In der Folge können keilförmig zulaufende Bekleidungsanschlüsse auftreten, die in der Regel wegen der markanten Linienführung eines Fugenrasters gut sichtbar sind (vgl. Abb. C 6.64 und Abb. C 6.65).

Eine Vermeidung solcher Maßabweichungen ist möglich, wenn deutlich **höhere Genauigkeitsanforderungen** an den Untergrund der Bekleidung gestellt werden und diese z. B. mit Fliesenverlegeplänen für die Ausführung vorgegeben werden. Hierbei ist allerdings zu beachten, dass die vergleichsweise sehr hohe Genauigkeit eines späteren Fugenbildes in der Rohbauphase und in der frühen Phase des Ausbaues erfahrungsgemäß nicht zielsicher umgesetzt werden kann. Die hierfür notwendige Maßhaltigkeit des Untergrundes kann z. B. durch Putzauftrag nach ausgerichteten und eingemessenen Putzlehren erzielt werden. Mit Wandkonstruktionen ohne eine solche Ausgleichsmöglichkeit ist die notwendige Maßhaltigkeit hingegen in der Regel nicht sicher zu erreichen (z. B. massive Wände mit Dünnputzen oder Spachtelungen oder mit Trockenbaukonstruktionen).

Abb. C 6.66: Beispiel für die Ausführung von Tischlerarbeiten

6.11 Ausführung von Tischlerarbeiten – Maßtoleranzen nach VOB/C ATV DIN 18355 Tischlerarbeiten

Für das Herstellen und Einbauen von **Bauteilen aus Holz und Kunststoff** (z. B. Trennwände, Wand- und Deckenbekleidungen, Schrankwände, Innenausbauten oder Einbaumöbel) findet die ATV DIN 18355:2019-09 „Tischlerarbeiten" Anwendung (vgl. Abb. C 6.66). Sie gilt nicht für Außenwandbekleidungen mit Unterkonstruktionen (als vorgehängte hinterlüftete Fassaden), Beschläge und Verglasungsarbeiten.

Maßabweichungen von den vorgeschriebenen Maßen sind bei der Ausführung von Tischlerarbeiten in den durch DIN 18202 und DIN 18203-3 bestimmten Grenzen zulässig. Unebenheiten in den Oberflächen von Bauteilen, die bei Streiflicht sichtbar werden, sind zulässig, wenn diese innerhalb der Toleranzen nach DIN 18202 liegen.

Als Bedenken im Sinne von VOB/B kommen in Betracht:

- fehlende Möglichkeiten, vor Beginn der Fertigung die Maße am Bau zu prüfen,
- größere Maßabweichungen des Untergrundes als nach DIN 18202 zulässig,
- unrichtige Lage und Höhe von Auflagern und sonstigen Unterkonstruktionen oder
- fehlende Bezugspunkte.

Das Berücksichtigen von Abweichungen der Fertigmaße von den in der Leistungsbeschreibung oder Zeichnung angegebenen Breiten und Höhen der Fenster, Türen und Tore oder von entsprechenden Maßen anderer Bauteile bis 5 % jedes dieser Maße, höchstens jedoch bis 50 mm, stellt eine Nebenleistung gemäß ATV DIN 18355, Abschnitt 4.1.6, dar, wenn

- die Notwendigkeit der Abweichungen vor Beginn der Fertigung festgestellt wird oder vom Auftragnehmer hätte festgestellt werden müssen,
- das Rahmenaußenmaß für die Gesamtmengen der einzelnen Positionen einheitlich abweicht oder
- die Abweichung eine Konstruktionsänderung aus statischen Gründen nicht notwendig macht.

Abb. C 6.67: Beispiel für die Ausführung von Maler- und Lackierarbeiten

Tischlerarbeiten umfassen zumeist **funktionale Anforderungen** in Bezug auf die Passung, z. B. das Schließen von Fensterflügeln in profilierten Rahmen. Hierfür sind unter dem Aspekt der Funktion und Gebrauchstauglichkeit mitunter auch höhere Genauigkeitsanforderungen erforderlich als nach DIN 18202 oder DIN 18203-3 vorgegeben. Maßabweichungen müssen über die bestimmten Toleranzen hinaus auch unter dem Aspekt der erforderlichen Funktion eingehalten sein.

6.12 Ausführung von Maler- und Lackierarbeiten – Maßtoleranzen nach VOB/C ATV DIN 18363 Maler- und Lackierarbeiten

Für das **Beschichten mit Lacken, Anstrichstoffen** und anderen Beschichtungsstoffen findet die ATV DIN 18363:2019-09 „Maler- und Lackierarbeiten" Anwendung (vgl. Abb. C 6.67). Anforderungen an die Maßhaltigkeit bei der Ausführung von Maler- und Lackierarbeiten sind in ATV DIN 18363 nicht enthalten. Insbesondere wird kein Bezug zu DIN 18202 hergestellt.

Anschlüsse einer Farbbeschichtung an Türen, Fenstern, Fußleisten, Sockeln und dergleichen sind scharf und geradlinig zu begrenzen. Die Oberfläche einer Beschichtung muss nach der Art des Beschichtungsstoffes und des angewendeten Verfahrens gleichmäßig ohne Ansätze und ohne Streifen erscheinen.

6.13 Ausführung von Tapezierarbeiten

6.13.1 Maßtoleranzen nach VOB/C ATV DIN 18366 Tapezierarbeiten

Für das **Tapezieren** und das Spannen von Wand- und Deckenbekleidungen einschließlich Kleben tapetenähnlicher Stoffe findet die ATV DIN 18366:2019-09 „Tapezierarbeiten" Anwendung. Aussagen zu Maßtoleranzen für die Ausführung von Tapezierarbeiten sind in ATV DIN 18366 nicht enthalten.

Tapetenbahnen sind blasen- und faltenfrei zu tapezieren. An Wänden sind sie lotrecht anzubringen. Anschlüsse an Türen, Fenster, Fußleisten, Sockel und andere Bauteile müssen mit einem scharf begrenzten Stoß der Tapete ausgeführt werden. Leisten von Tapetenabschlüssen sind am Stoß genau aneinanderzupassen. Borten sind geradlinig und mustergerecht anzubringen.

6.13.2 Maßtoleranzen nach den technischen Richtlinien für Maler- und Lackiererarbeiten

Nach dem BFS-Merkblatt Nr. 10 „Beschichtungen, Tapezier- und Klebearbeiten auf Innenputz“ (2012) des Bundesausschusses Farbe und Sachwertschutz (BFS) muss der **Putz als Untergrund** für Beschichtungen, Tapezier- und Klebearbeiten fluchtgerecht sein und den Anforderungen gemäß DIN 18202 entsprechen. Bei erhöhten Anforderungen, z. B. aufgrund von Streiflicht, sind die besonderen Anforderungen an die Ebenheit nach DIN 18202 einzuhalten. Weiter gehende Genauigkeitsanforderungen werden in diesem Merkblatt nicht formuliert.

Abb. C 7.1: Beispiel für einen Bodenaufbau mit Belag

7 Böden – Estriche, Bodenbeläge

7.1 Grundlegende Passungsanforderungen

7.1.1 Maßtoleranzen im Hochbau nach DIN 18202

Für **Bodenaufbauten und Beläge** gelten Maßtoleranzen nach DIN 18202 baustoffunabhängig (vgl. Abb. C 7.1). Sie sind anzuwenden, soweit nicht andere Genauigkeiten vereinbart werden, und stellen die für Standardleistungen bzw. Bauteile und Bauwerke durchschnittlich üblicher Ausführungsart zu erreichende Genauigkeit dar.

Die **Grenzabweichungen für Maße** bei Estrichen und Bodenbelägen betragen gemäß DIN 18202, Tabelle 1, wie folgt (vgl. Tabelle C 7.1):

Tabelle C 7.1: Grenzabweichungen für Estriche und Bodenbeläge nach DIN 18202:2019-07, Tabelle 1

Spalte	**1**	**2**	**3**	**4**	**5**	**6**	**7**
Zeile	**Bezug**	**Grenzabweichungen in mm** bei Nennmaßen					
		bis 1 m	**über 1 bis 3 m**	**über 3 bis 6 m**	**über 6 bis 15 m**	**über 15 bis 30 m**	**über 30 m**
1	**Maße im Grundriss**	± 10	± 12	± 16	± 20	± 24	± 30
2	**Maße im Aufriss**	± 10	± 16	± 16	± 20	± 30	± 30
3	**lichte Maße im Grundriss**	± 12	± 16	± 20	± 24	± 30	
4	**lichte Maße im Aufriss**	± 16	± 20	± 20	± 30		
5	**Öffnungen**	± 10	± 12	± 16			
6	**Öffnungen, oberflächenfertige Leibungen**	± 8	± 10	± 12			

Die **Grenzwerte für Winkelabweichungen** bei Estrichen und Bodenbelägen betragen gemäß DIN 18202, Tabelle 2, wie folgt (vgl. Tabelle C 7.2):

Tabelle C 7.2: Grenzwerte für Winkelabweichungen bei Estrichen und Bodenbelägen nach DIN 18202: 2019-07, Tabelle 2

Spalte	1	2	3	4	5	6	7	8
Zeile	**Bezug**	**Stichmaße als Grenzwerte in mm** bei Nennmaßen						
		bis 0,5 m	**über 0,5 bis 1 m**	**über 1 bis 3 m**	**über 3 bis 6 m**	**über 6 bis 15 m**	**über 15 bis 30 m**	**über 30 m**
1	**alle Flächen**	3	6	8	12	16	20	30

Die **Grenzwerte für Ebenheitsabweichungen** bei Estrichen und Bodenbelägen betragen gemäß DIN 18202, Tabelle 3, wie folgt (vgl. Tabelle C 7.3):

Tabelle C 7.3: Grenzwerte für Ebenheitsabweichungen bei Estrichen und Bodenbelägen nach DIN 18202:2019-07, Tabelle 3

Spalte	1	2	3	4	5	6
Zeile	**Bezug**	**Stichmaße als Grenzwerte in mm** bei Messpunktabständen				
		bis 0,1 m	**bis 1 m**[1)]	**bis 4 m**[1)]	**bis 10 m**[1)]	**bis 15 m**[1),2)]
1	**nicht flächenfertige Oberseiten von Decken und Böden**	10	15	20	25	30
2a	wie Zeile 1, jedoch zur Aufnahme von Bodenaufbauten, z. B. Estriche im Verbund oder auf Trennlage, schwimmende Estriche, Industrieböden, Fliesen- und Plattenbeläge im Mörtelbett	5	8	12	15	20
2b	**flächenfertige Oberseiten von Decken oder Bodenplatten für untergeordnete Zwecke**, z. B. in Lagerräumen, Kellern	5	8	12	15	20
3	**flächenfertige Böden**, z. B. Estriche als Nutzestriche, Estriche zur Aufnahme von Bodenbelägen, Bodenbeläge, Fliesenbeläge, gespachtelte und geklebte Beläge	2	4	10	12	15
4	wie Zeile 3, jedoch mit erhöhten Anforderungen	1	3	9	12	15
5	**nicht flächenfertige Wände und Unterseiten** von Decken	5	10	15	25	30

Fortsetzung Tabelle C 7.3

Spalte	1	2	3	4	5	6
Zeile	**Bezug**	**Stichmaße als Grenzwerte in mm** bei Messpunktabständen				
		bis 0,1 m	**bis 1 m[1)]**	**bis 4 m[1)]**	**bis 10 m[1)]**	**bis 15 m[1),2)]**
6	**flächenfertige Wände und Unterseiten** von Decken	3	5	10	20	25
7	wie Zeile 6, jedoch mit erhöhten Anforderungen	2	3	8	15	20

[1)] Zwischenwerte sind den Bildern 6 und 7 der DIN 18202:2019-07 zu entnehmen und auf ganze Millimeter zu runden.
[2)] Die Grenzwerte für Ebenheitsabweichungen der Spalte 6 gelten auch für Messpunktabstände über 15 m.

Der Klassifizierung von Bauteiloberflächen in **nicht flächenfertige** Oberflächen und **flächenfertige** Oberflächen liegt die Annahme zugrunde, dass die Ebenheit der fertigen Oberfläche erst durch das Aufbringen von Ausgleichsschichten erreicht wird.

Die **Grenzwerte für Fluchtabweichungen** bei Stützen betragen gemäß DIN 18202, Tabelle 4, wie folgt (vgl. Tabelle C 7.4):

Tabelle C 7.4: Grenzwerte für Fluchtabweichungen bei Stützen nach DIN 18202:2019-07, Tabelle 4

Spalte	1	2	3	4	5	6
Zeile	**Bezug**	**Stichmaße als Grenzwerte in mm** bei Nennmaßen als Messpunktabstand				
		bis 3 m	**über 3 bis 6 m**	**über 6 bis 15 m**	**über 15 bis 30 m**	**über 30 m**
1	zulässige Abweichung von der Flucht	8	12	16	20	30

7.1.2 Maßtoleranzen für Treppen nach DIN 18065

In DIN 18065:2020-08 „Gebäudetreppen – Begriffe, Messregeln, Hauptmaße" werden zulässige **Maßabweichungen für Treppen** im Bauwesen werkstoffunabhängig aus beliebigen Baustoffen angegeben. Ausgenommen sind einschiebbare Treppen, Roll- und Fahrtreppen sowie Freitreppen im Gelände. Eine **Treppe** ist definitionsgemäß ein fest mit dem Bauwerk verbundenes, nicht bewegbares Bauteil. Sie besteht aus mindestens einem Treppenlauf, dieser wiederum aus einer ununterbrochenen Folge von mindestens 3 Treppenstufen bzw. 3 Steigungen zwischen 2 Ebenen (vgl. Abb. C 7.2).

Abb. C 7.2: Beispiel für eine Treppe

Abb. C 7.3: Beispiel einer Stufe mit Treppenauftritt und Treppensteigung

Minimale und maximale Maße für nutzbare Treppenlaufbreite, Treppensteigung und Treppenauftritt nach DIN 18065 dürfen durch Fertigungs- und Einbautoleranzen nicht unterschritten bzw. nicht überschritten werden (vgl. Abschnitt 6 der Norm). **Toleranzen** nach dieser Norm dürfen auf die angegebenen Mindest- bzw. Höchstmaße **nicht angerechnet** werden. Die Nennmaße müssen in der Planung als Ausführungsvorgabe so bemessen werden, dass die nach DIN 18065 geforderten Maße im fertigen Zustand sicher eingehalten werden können. Unvermeidbare ausführungsbedingte Maßabweichungen sind deswegen bei der Festlegung der Nennmaße als **Vorhaltemaß** zu berücksichtigen.

Die Anforderungen an die maßliche Gestaltung richten sich nach dem **Schutzziel der Verkehrssicherheit** einer Treppe im Gebrauch. Eine Treppe muss für unterschiedliche Personen leicht und sicher begehbar sein und dies insbesondere auch im Gefahrenfall.

Die **maximale Treppensteigung** und der **kleinste Treppenauftritt** müssen nach DIN 18065, Abschnitt 7, in jedem Fall eingehalten werden (vgl. Abb. C 7.3). Auf die höchstzulässige Steigung und auf den mindestens erforderlichen Auftritt dürfen die Toleranzen für Treppensteigung bzw. Treppenauftritt nicht angewendet werden.

Innerhalb eines fertigen Treppenlaufes (mit Ausnahme der Steigung der Antrittstufe) dürfen die Istmaße von **Treppensteigung** und **Treppenauftritt** um nicht mehr als 5 mm vom Nennmaß abweichen (vgl. Abb. C 7.4 für Gebäude im Allgemeinen und Abb. C 7.5 für Wohngebäude mit bis zu 2 Wohnungen und innerhalb von Wohnungen). Von einer Stufe zur jeweils benachbarten Stufe (nach oben bzw. unten) darf die Abweichung der Istmaße untereinander dabei jedoch nicht mehr als 5 mm betragen. Von diesen Grenzabweichungen für den Auftritt darf bei gewendelten Treppen im Bereich der gewendelten Stufen abgewichen werden mit einer Vergrößerung des Treppenauftritts bis zu 15 mm über das Nennmaß, wenn dadurch ein stetiges Stufenbild erreicht wird, also die Verziehung der Stufen dies erfordert. Das Istmaß der Steigung der **Antrittsstufe** darf bei Gebäuden im Allgemeinen um höchstens 5 mm, bei Wohngebäuden mit nicht mehr als 2 Wohnungen und innerhalb von Wohnungen um höchstens 15 mm vom Nennmaß abweichen.

Die **Steigungsverhältnisse** einzelner Treppenläufe dürfen voneinander abweichen. Sie müssen innerhalb eines Treppenlaufes jedoch einheitlich sein.

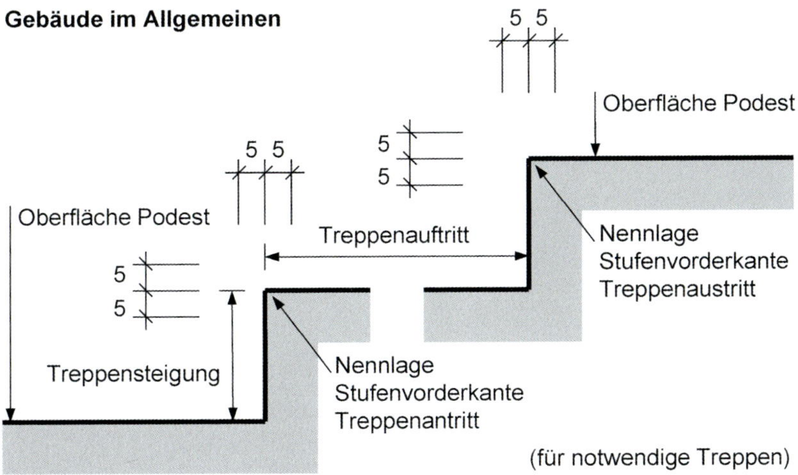

Abb. C 7.4: Grenzabweichung (in mm) für Treppensteigung und Treppenauftritt für notwendige Treppen in Gebäuden im Allgemeinen nach DIN 18065:2020-08, Bild A.19a

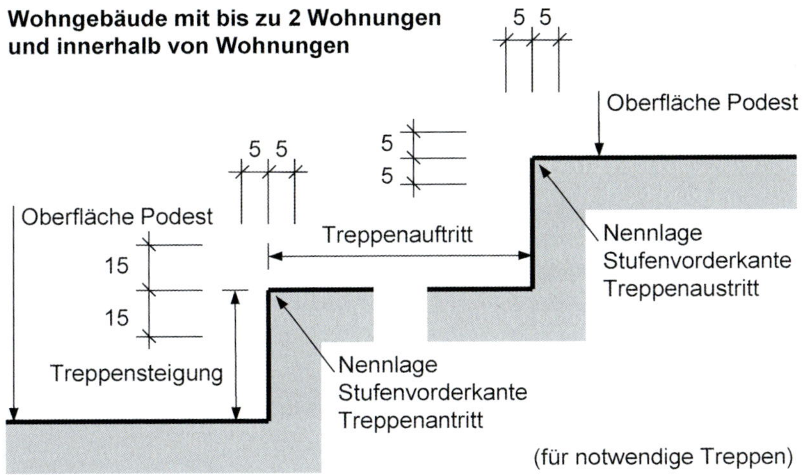

Abb. C 7.5: Grenzabweichung (in mm) für Treppensteigung und Treppenauftritt für notwendige Treppen bei Wohngebäuden mit bis zu 2 Wohnungen und innerhalb von Wohnungen nach DIN 18065:2020-08, Bild A.19b

Trittstufen müssen eine **waagerechte Nennlage** haben (vgl. DIN 18065, Abschnitt 6.3). Für Treppen mit notwendiger Entwässerung muss ein Funktionsgefälle hergestellt werden, das einen Grenzwert von 3 % nicht überschreiten darf. Von der waagerechten Nennlage dürfen die **Auftrittsflächen** der Stufen im eingebauten Zustand maximal wie folgt abweichen (vgl. DIN 18065, Abschnitt 7):

- an der Stufenvorderkante in der Treppenlaufbreite gemessen: ± 0,5 %
- senkrecht zur Stufenvorderkante in der Auftrittstiefe (im Gehbereich) gemessen: ± 1 %

Abb. C 7.6: Beispiel für die Prüfung der Neigung in Treppenlaufbreite

Abb. C 7.7: Beispiel für die Prüfung der Neigung in der Auftrittstiefe

Gegenläufige Neigungen zwischen 2 Auftritten dürfen addiert nicht überschreiten (bezogen auf das Nennmaß):

- an der Stufenvorderkante: 0,5 %
- senkrecht zur Stufenvorderkante: 1,0 %

Durch Ausnutzung der **Neigungstoleranzen** dürfen die Toleranzen für die Treppensteigung *s* und den Treppenauftritt *a* nicht überschritten werden. Auch der Grenzwert für ein Funktionsgefälle der Auftrittsflächen darf nicht überschritten werden (vgl. Abb. C 7.6 und Abb. C 7.7).

Zwischenpodeste dürfen in der Auftrittsfläche im eingebauten Zustand von der waagerechten Nennlage in jede Richtung maximal ± 0,5 % (jedoch maximal 1 cm) abweichen. Der Grenzwert für ein Funktionsgefälle der Auftrittsflächen darf ebenfalls nicht überschritten werden.

Trittflächen von Stufen und Podesten dürfen durch Bauteile in ihrer Fläche **Höhendifferenzen** von maximal 2 mm aufweisen, z. B. durch Stufenkantenzusätze.

Weitere Anforderungen an Treppenmaße sind in der Informationsschrift „Treppen" der Berufsgenossenschaften unter Bezugnahme auf die Maßvorgaben der DIN 18065 enthalten (vgl. DGUV Information 208-005, 2010). Diese beruhen auf der Auswertung von Sturzunfällen auf Treppen. Angegeben werden vor allem Vorzugsmaße für die Ausbildung, zum Teil als Von-bis-Maße.

7.1.3 Maßtoleranzen für Lagersysteme mit leitliniengeführten Flurförderzeugen nach DIN 15185-1

Für den Einsatz von **leitliniengeführten Flurförderzeugen** in **Lagersystemen** werden in DIN 15185-1:1991-08 „Lagersysteme mit leitliniengeführten Flurförderzeugen; Anforderungen an Boden, Regal und sonstige Anforderungen" Maßtoleranzen für Bodenflächen angegeben. In diesem Regelwerk werden Anforderungen an den Boden, das Regal, die Leitlinienführung und die Übergabeeinrichtungen für die Regalbedienung mit leitliniengeführten Flurförderzeugen innerhalb eines Lagersystems aus der Sicht des Maschinenbaus festgelegt.

Abb. C 7.8: Beispiel für ein Hochregallager mit Betrieb von Flurförderzeugen

An **Hochregallager**, die mit flurgebundenen Staplerfahrzeugen beschickt werden, sind sehr hohe Anforderungen an die Ebenheit der Bodenfläche zu stellen. Der reibungslose Transport von Paletten, insbesondere in die oberen Regalebenen, erfordert eine definierte Passung für die Paletten innerhalb der Regalboxen. Diese Passungsanforderungen werden mit der Festlegung von Ebenheitstoleranzen für die Bodenflächen umgesetzt. Die Maßhaltigkeit der Bodenflächen ist entscheidend für Schiefstellungen des Staplerfahrzeugs und damit für die Positionierung der Staplergabel im hochgefahrenen Zustand vor der Regalöffnung (vgl. Abb. C 7.8).

Die **Anforderungen an den Boden** sind so zu wählen, dass die vorgesehene Funktion des Lagerbetriebs sichergestellt ist. **Grenzwerte für Maßabweichungen** resultieren für diese Anwendung erfahrungsgemäß aus dem dynamischen Verhalten der vorgesehenen Förderzeuge unter Last. Dies steht im Gegensatz zu den Maßtoleranzen im allgemeinen Hochbau, die vor dem Hintergrund der in den Grenzen einer üblichen handwerklichen Sorgfalt zielsicher zu erreichenden Maßhaltigkeit formuliert sind. Eine Übertragung von Erfahrungswerten aus dem Hochbau ist deswegen für diese Verwendung nicht ohne Weiteres geeignet.

In DIN 15185-1 werden die Anforderungen an den Boden unterschieden nach allgemeinen Anforderungen, Anforderungen an den tragenden Untergrund und Anforderungen an den flächenfertigen Boden. Der **Boden** muss eben und horizontal sein. Für die Maßhaltigkeit des tragenden **Untergrundes** gelten die Grenzwerte nach DIN 18202 mit der zusätzlichen Anforderung, dass auch unter Berücksichtigung möglicher Setzungen – als zeit- und lastabhängige Formänderungen – die zulässigen Grenzwerte für Winkelabweichungen nach DIN 18202 nicht überschritten werden dürfen. Dies stellt eine **Verschärfung der Anforderungen** gegenüber DIN 18202 dar. Die Toleranzen nach DIN 18202 umfassen unvermeidbare ausführungsbedingte Maßabweichungen. Zeit- und lastabhängige Verformungen, z. B. Setzungen, sind zusätzlich zu berücksichtigen. In diesem Fall darf die Summe der ausführungsbedingten Maßabweichungen und der Verformungen die Grenzwerte nach DIN 18202 nicht übersteigen, weshalb für die praktische Ausführung nur ein reduzierter Anteil der Toleranzen verbleibt.

Bodenflächen in Schmalgängen und in Bereichen, in denen mit angehobener Last gefahren wird, müssen in den Bereichen der **Fahrspuren** abweichend von DIN 18202 und über die dort formulierten Grenzwerte hinausgehend die Toleranzen für Höhen-

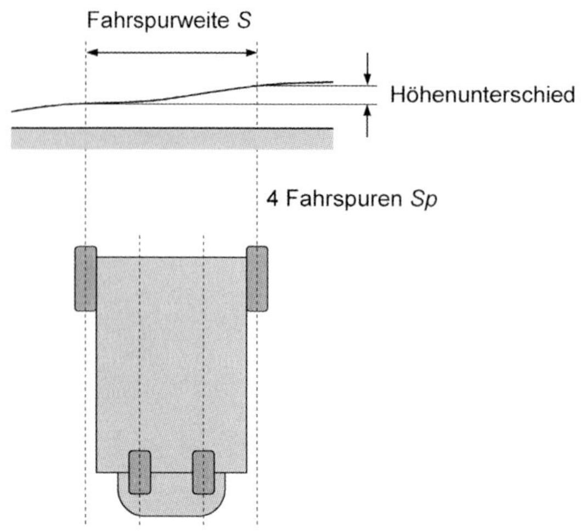

Abb. C 7.9: Höhenunterschied *h*, Spurweite *S* und Fahrspuren *Sp* nach DIN 15185-1, Bild 1

unterschiede quer zur Fahrspur nach DIN 15185-1, Tabelle 1, und die Ebenheitstoleranzen längs zu den Fahrspuren nach DIN 15185-1, Tabelle 2, einhalten (vgl. Abb. C 7.9).

Quer zu den Fahrspuren betragen die Grenzwerte für den zulässigen Höhenunterschied *h* zwischen den äußeren Fahrspuren *Sp* bei einer Fahrspurweite *S*:

- für eine Flurförderzeug-Hubhöhe bis 6,00 m:
  - mit Fahrspurweite bis 1,0 m — 2,0 mm
  - mit Fahrspurweite über 1,0 bis 1,5 m — 2,5 mm
  - mit Fahrspurweite über 1,5 bis 2,0 m — 3,0 mm
  - mit Fahrspurweite über 2,0 bis 2,5 m — 3,5 mm
- für eine Flurförderzeug-Hubhöhe über 6,01 m:
  - mit Fahrspurweite bis 1,0 m — 2,5 mm
  - mit Fahrspurweite über 1,0 bis 1,5 m — 3,0 mm
  - mit Fahrspurweite über 1,5 bis 2,0 m — 3,5 mm
  - mit Fahrspurweite über 2,0 bis 2,5 m — 4,0 mm

Die Toleranzen für Höhenunterschiede quer zur Fahrspur haben den Charakter einer Winkelabweichung.

In Richtung der Fahrspuren betragen die Grenzwerte für Ebenheitsabweichungen in den Fahrspuren (angegeben als Stichmaß) für alle Einsatzarten:

- bei 1 m Messpunktabstand: 2,0 mm
- bei 2 m Messpunktabstand: 3,0 mm
- bei 3 m Messpunktabstand: 4,0 mm
- bei 4 m Messpunktabstand: 5,0 mm

Die **Prüfung der Ebenheit** in den Fahrspuren erfolgt nach DIN 18202.

Abb. C 7.10: Beispiel für eine Unstetigkeitsstelle im Verlauf einer Fuge in der Bodenfläche

Die **übrige Bodenfläche außerhalb der Schmalgänge** bzw. Fahrspuren, in denen mit gehobener Last gefahren wird, müssen den Grenzwerten für Ebenheitsabweichungen nach DIN 18202, Tabelle 3, Zeile 3 (flächenfertige Böden mit normalen Anforderungen), genügen. Der Boden darf sich unter Last nicht plastisch verformen.

Die **Toleranzen nach DIN 15185-1** für die Ebenheit der Fahrspuren bzw. für Höhenunterschiede quer zur Fahrspur sind um etwa die Hälfte bis ein Drittel kleiner als die Maßtoleranzen nach DIN 18202, Tabelle 3, Zeile 4 (Grenzwerte für Ebenheitsabweichungen flächenfertiger Böden mit erhöhten Anforderungen), und gehen damit über die Maßhaltigkeitsanforderungen nach DIN 18202 deutlich hinaus. Die **erhöhten Anforderungen** an die Maßhaltigkeit des flächenfertigen Fahrbodens sind als vorrangiger Bestandteil der **maschinentechnischen Einrichtung** für die Ausführung zu vereinbaren.

Die **Umsetzung der erhöhten Anforderungen** an die fertige Bodenfläche nach DIN 15185-1 erfordert erfahrungsgemäß besondere technische Maßnahmen bzw. Hilfsmittel. Für den Einbau des Bodens können z. B. sensorgesteuerte, selbstjustierende Geräte eingesetzt werden oder justierbare Lehren für das Abziehen der Oberflächen. Eine hohe Maßhaltigkeit der Bodenfläche kann z. B. erreicht werden mit dem Einsatz selbstnivellierender Spachtelmassen und/oder einem flächigen Schleifen der Oberfläche. Für Standardleistungen im Hochbau mit durchschnittlich üblicher Ausführungsart, z. B. monolithisch hergestellte Bodenplatten mit einer geglätteten Oberfläche, können hingegen nur die Anforderungen nach DIN 18202 zielsicher erfüllt werden. Die Umsetzbarkeit der besonderen Anforderungen nach DIN 15185-1 muss daher in der Planung, in der Leistungsbeschreibung und bei der Arbeitsvorbereitung hinsichtlich Material und Verarbeitung besonders berücksichtigt werden.

Unstetigkeitsstellen wie z. B. Übergänge im Bereich von Arbeitsfugen zwischen 2 unterschiedlich hergestellten Bodenplatten (vgl. Abb. C 7.10) fallen weder in den Anwendungsbereich von DIN 18202 noch werden sie mit den Toleranzen nach DIN 15185-1 erfasst. Zulässige Grenzwerte für etwaige Höhenversätze oder Knickstellen richten sich nach den Anforderungen für einen bestimmungsgemäßen Gebrauch im Einzelfall.

Abb. C 7.11: Beispiel für ein ortsfestes Regalsystem

7.1.4 Maßtoleranzen für ortsfeste Regalsysteme aus Stahl nach DIN EN 15620

Für ortsfeste **Regalsysteme**, die **mit maschinentechnischen Einrichtungen** bzw. mit Regalbediengeräten beschickt werden, werden in DIN EN 15620:2010-05 „Ortsfeste Regalsysteme aus Stahl – Verstellbare Palettenregale – Grenzabweichungen, Verformungen und Freiräume", Grenzabweichungen für Bodenflächen angegeben (vgl. Abb. C 7.11).

Schiefstellungen von Bodenflächen mit einer Funktion als Aufstandsfläche für Staplerfahrzeuge zur Beschickung von Hochregalen haben Positionsabweichungen der Hubgabel des Transportgerätes zur Folge, insbesondere bei großen Hubhöhen. Diese Abweichungen müssen begrenzt werden, damit das Lagergut ausreichend passgenau an der vorgesehenen Regalposition abgestellt bzw. aufgenommen werden kann. In der Folge ergeben sich entsprechende Genauigkeitsanforderungen auch an die Bodenflächen. Diese sind aus der Sicht des Maschinen- und Anlagenbaus – ausgehend von dort höheren Genauigkeitsanforderungen – genauer als im Hochbau üblich formuliert. Sie berücksichtigen vorrangig die Funktion der technischen Anlagen. Im Unterschied dazu spiegeln die Toleranzen nach DIN 18202 die im allgemeinen Hochbau für eine durchschnittliche handwerkliche Ausführung in der Regel erreichbaren Genauigkeiten wider.

Bei der Ausführung von Hochbauleistungen zur Verwendung für Regalsysteme nach DIN EN 15620 ist deshalb zu beachten, dass funktionsabhängig wesentlich höhere Genauigkeiten erforderlich sein können als mit den üblichen Bauverfahren sicher erreichbar. Es können deswegen Spezialbauverfahren und/oder besondere Maßnahmen notwendig sein, die bereits in der Planung vorgesehen und in der Bauvorbereitung berücksichtigt werden müssen. Solche Baumaßnahmen fallen in der Regel auch nicht mehr in den **Anwendungsbereich** der DIN 18202. Soweit für ein Bauwerk im Hinblick auf dessen Funktion andere Genauigkeiten erforderlich werden als in DIN 18202 angegeben, sollen diese nach wirtschaftlichen Maßstäben für den Einzelfall vereinbart werden (vgl. DIN 18202, Abschnitt 4.3).

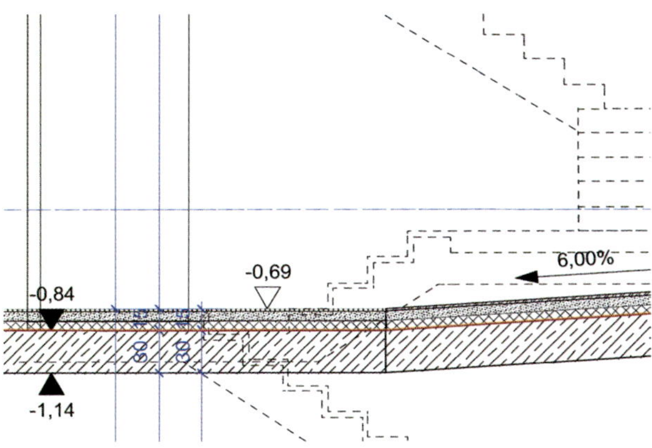

Abb. C 7.12: Beispiel für einen mehrschichtigen Bodenaufbau in der Planung

7.1.5 Hinweise zum Toleranzausgleich bei Höhenabweichungen

Die verschiedenen **Schichten eines Bodenaufbaus**, beginnend mit der Oberfläche des Rohbodens bzw. der Rohdecke bis zur Oberfläche des fertigen Belages, sind einheitlich nach der Nennlage Oberkante Rohfußboden (OKRF) bzw. Oberkante Fertigfußboden (OKFF) auszurichten (vgl. Abb. C 7.12). Jede Schicht kann **Abweichungen von der Nennhöhe** als Lage im Aufriss, Winkelabweichungen und Ebenheitsabweichungen aufweisen. Die unterschiedlichen Abweichungen sind auf ihren jeweiligen Boxbereich über die gesamte Flächenausdehnung begrenzt. Mit der Forderung nach DIN 18202, jede Abweichungsart für sich innerhalb der zugehörigen Grenzen einzuhalten, wird der kleinste Boxbereich als strengste an eine Fläche zu stellende Anforderung insgesamt maßgeblich.

Die mit zunehmendem Ausbau ebenfalls zunehmendem Anforderungen an die Genauigkeit der Oberfläche, insbesondere deren Ebenheit, werden über einen **Ausgleich in der Schichtdicke** der Bodenkonstruktion erreicht. Zwar sind Fußbodenkonstruktionen in einer gleichmäßigen Dicke herzustellen (z. B. Estriche). Der notwendige Ausgleich von Maßabweichungen im Untergrund kann jedoch im Standardfall über die zulässige Schwankung der Schichtdicke des Bodenaufbaus erfolgen. Fußbodenkonstruktionen sind dementsprechend mit der Möglichkeit eines Ausgleichs vorzusehen. Für die **Bemessung der Nennhöhen des Fußbodenaufbaus** bzw. die Bemessung der Höhenkoten OKRF und OKFF bedeutet dies, dass insbesondere nicht von Mindestmaßen für den fertigen Zustand ausgegangen werden darf. Vielmehr muss die Aufbauhöhe mit einer Reserve zur Aufnahme der zulässigen Maßabweichungen bemessen werden, sodass bei einer Inanspruchnahme zulässiger Abweichungen notwendige Mindestmaße (z. B. in bauphysikalischer Hinsicht) immer noch eingehalten sind.

Für die **Schnittstelle zwischen Fußbodenaufbau und Unterkonstruktion** können unterschiedliche Genauigkeitsanforderungen bestehen. Für den Fall, dass eine zulässige Maßabweichung im Untergrund über die zulässige Schichtdickenschwankung des weiteren Aufbaus nicht ausgeglichen werden kann, wird ggf. eine gesonderte **Ausgleichsschicht** erforderlich. Die Aufbauhöhe des Fußbodens ist deswegen auch unter Berücksichtigung der Schnittstelle der beteiligten Gewerke mit ausreichenden Reserven zu bemessen.

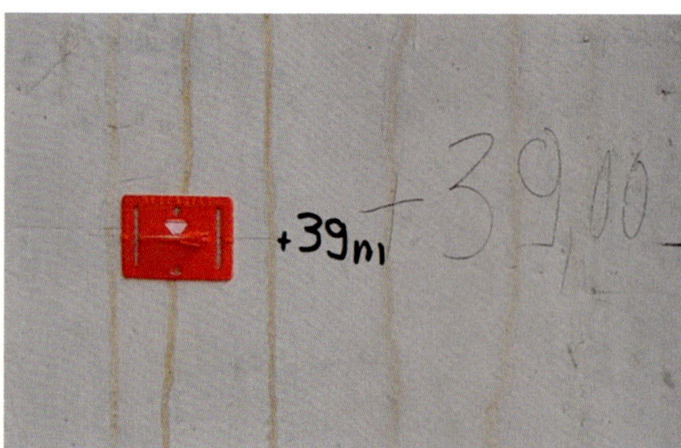

Abb. C 7.13: Beispiel für eine Meterrissmarkierung am Bauwerk

Die **Nennhöhe** des fertigen Fußbodens OKFF ist auch eine wichtige Schnittstelle zu anderen Gewerken außerhalb des Fußbodens, z. B. Anschlusshöhen an Treppenläufe, Aufzugsschächte, Türhöhen oder die Höhe von Brüstungen bzw. Umwehrungen. Zur Sicherstellung der Passungsanforderungen an den Gewerkeübergängen bedarf es einer einheitlichen Nennhöhe. Von zentraler Bedeutung ist ihre Umsetzung mit der Festlegung des Meterrisses im Bauwerk. Der **Meterriss** markiert die Lage der Nennhöhe als **Bezugshöhe** für alle Gewerke (vgl. Abb. C 7.13).

Abweichungen in einer bereits ausgeführten Baukonstruktion, z. B. dem Rohbau, dürfen nicht leichtfertig über eine **nachträgliche Anpassung des Meterrisses** an die Konstruktion ausgeglichen werden. Ein solches Vorgehen kann zielführend sein, wenn vorhandene Abweichungen durch nachfolgende Konstruktionen aufgegriffen werden können und deswegen nicht zwingend beseitigt werden müssen. Hierbei ist allerdings das Zusammenspiel aller betroffenen Leistungen zu berücksichtigen. Eine Änderung des Meterrisses stellt eine nachträgliche **Änderung der Nennmaße als Ausführungsvorgabe** dar. Dies kann sich weitreichend auf das Bausoll anderer Gewerke auswirken, z. B. wenn sich damit vereinbarte Planinhalte nachträglich ändern.

7.1.6 Hinweise zu Gefälle und Entwässerung von Bodenflächen

Bodenflächen, die im Rahmen der vorgesehenen Nutzung mit freiem Wasser beaufschlagt und dementsprechend entwässert werden sollen, erfordern eine besondere Genauigkeit zur Sicherstellung der **Entwässerungsfunktion** (vgl. Abb. C 7.14).

Eine Bodenfläche, die als ebene Fläche gefällelos bzw. mit einem bestimmten Nenngefälle ausgeführt werden soll, kann in der Ausführung **Abweichungen** von der **Nennlage** und/oder Abweichungen von der **ebenen Form** haben. Ausführungsbedingte

Abb. C 7.14: Beispiel einer Pfützenbildung auf einer zu entwässernden Bodenfläche einer Garage

Abb. C 7.15: Beispiel für eine zu entwässernde Bodenfläche ohne Nenngefälle mit Gegengefälle aufgrund von ausführungsbedingten Maßabweichungen und einer daraus resultierenden Pfützenbildung

Abweichungen dieser Art sind sowohl nach DIN 18202 als auch in den Grenzen einer üblichen handwerklichen Sorgfalt als unvermeidbar zu berücksichtigen. Für ebene und **gefällelose Bodenflächen** ist deswegen **immer** mit einer **Pfützenbildung** entsprechend der ausführungsbedingten Maßabweichungen beim Herstellen einer solchen Oberfläche zu rechnen (vgl. Abb. C 7.15). Soll eine verbleibende Pfützenbildung vermieden werden, so ist für die zu entwässernde Fläche ein Gefälle vorzugeben. Dieses muss mindestens so groß sein, dass ein etwa durch Maßabweichungen bedingtes Gegengefälle ausgeglichen wird. Für die Bemessung der Größe dieses **Mindestgefälles** kann von den ausführungsbedingten Maßabweichungen und ggf. zusätzlich zu berücksichtigenden zeit- und lastabhängigen Verformungen (z. B. bei freitragenden Deckenplatten) ausgegangen werden.

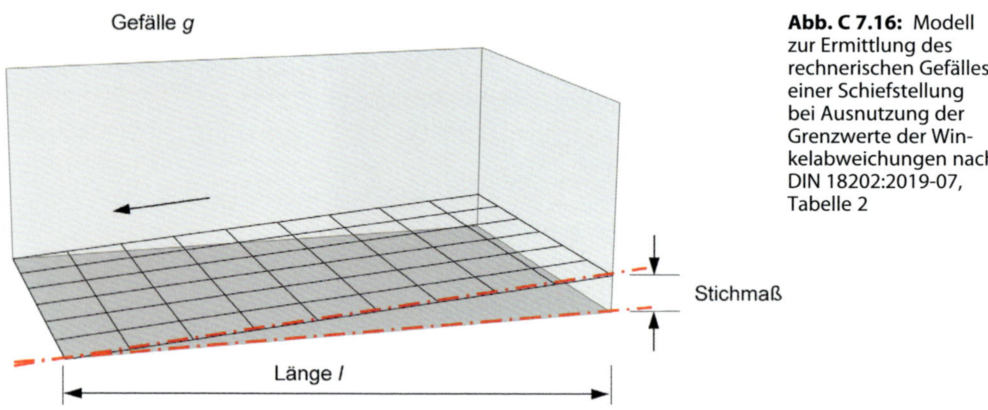

Abb. C 7.16: Modell zur Ermittlung des rechnerischen Gefälles einer Schiefstellung bei Ausnutzung der Grenzwerte der Winkelabweichungen nach DIN 18202:2019-07, Tabelle 2

Bei einer **Lageabweichung einer horizontalen Ebene** in Form einer einseitigen Schiefstellung ergibt sich in den Grenzen zulässiger **Winkelabweichungen** nach DIN 18202, Tabelle 2, im ungünstigsten Fall über die Länge l der Fläche ein Gegengefälle $g = s/l$ (vgl. Abb. C 7.16 und Tabelle C 7.5).

Tabelle C 7.5: Rechnerisches Gegengefälle bei Ausnutzung der Grenzwerte für Winkelabweichungen nach DIN 18202:2019-07, Tabelle 2

Anforderung	**Messpunktabstand *l***	**Stichmaß *s***	**Gefälle *g***
einfache Anforderungen	1 m	6 mm	0,6 %
	3 m	8 mm	0,3 %
	6 m	12 mm	0,2 %
	15 m	16 mm	0,1 %
	30 m	20 mm	0,1 %

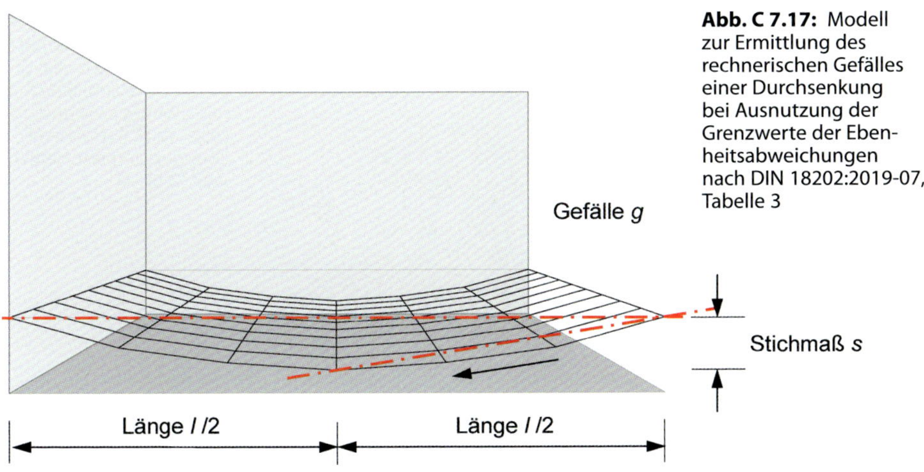

Abb. C 7.17: Modell zur Ermittlung des rechnerischen Gefälles einer Durchsenkung bei Ausnutzung der Grenzwerte der Ebenheitsabweichungen nach DIN 18202:2019-07, Tabelle 3

Bei einer **Formabweichung einer horizontalen Ebene** in Form einer symmetrisch verteilten Durchsenkung in Flächenmitte ergibt sich in den Grenzen zulässiger **Ebenheitsabweichungen** nach DIN 18202, Tabelle 3, im ungünstigsten Fall ein Gefälle zur Flächenmitte hin, das näherungsweise mit einem Mittelwert $g = 2 \times s/l$ angesetzt werden kann (vgl. Abb. C 7.17 und Tabelle C 7.6).

Tabelle C 7.6: Rechnerisches Gefälle einer Durchsenkung bei Ausnutzung der Grenzwerte der Ebenheitsabweichungen nach DIN 18202:2019-07, Tabelle 3

Anforderung	**Messpunktabstand *l***	**Stichmaß *s***	**Gefälle *g***
einfache Anforderungen	1 m	4 mm	0,8 %
	2 m	6 mm	0,6 %
	4 m	10 mm	0,5 %
erhöhte Anforderungen	1 m	3 mm	0,6 %
	2 m	5 mm	0,5 %
	4 m	9 mm	0,45 %

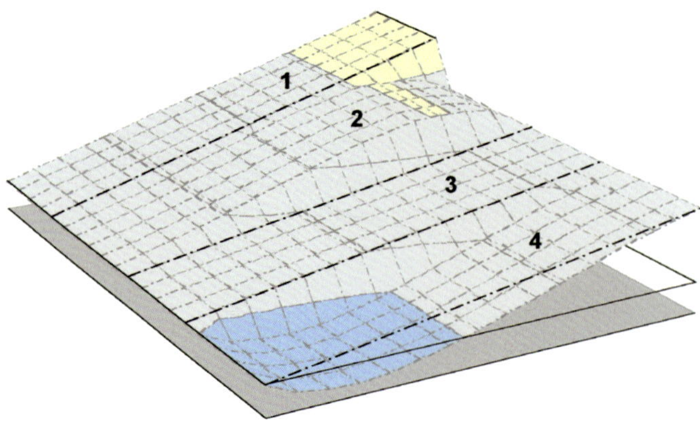

Abb. C 7.18: Schematische Darstellung einer im Gefälle zu entwässernden Bodenfläche mit Nennlage (1) und Lage- bzw. Formabweichungen von der Nennlage (2 bis 4)

Wird nun die Nennlage einer im Gefälle zu entwässernden Bodenfläche mit einer möglichen Lageabweichung (als Winkelabweichung) und einer möglichen Formabweichung (als Ebenheitsabweichung) – jeweils nach oben oder nach unten gerichtet – kombiniert, so lassen sich für die **geometrische Abweichung der Fläche vom Sollzustand** folgende Fälle unterscheiden (vgl. Abb. C 7.18):

- Fläche 1: Dargestellt ist die Nennlage (Solllage ohne Abweichungen) der im Gefälle zu entwässernden Fläche.
- Fläche 2: Dargestellt ist die Überlagerung der Nennlage mit einer Winkelabweichung nach unten und einer Ebenheitsabweichung nach oben.
- Fläche 3: Dargestellt ist die Überlagerung der Nennlage mit einer Winkelabweichung nach unten (ohne Ebenheitsabweichung).
- Fläche 4: Dargestellt ist die Überlagerung der Nennlage mit einer Winkelabweichung nach unten und einer Ebenheitsabweichung nach unten.

Ausgehend von den Nennmaßen der Bodenfläche im Grundriss und den nennmaßabhängigen Grenzwerten für die Winkelabweichung bzw. die Ebenheitsabweichung bemisst sich das erforderliche Sollgefälle für das gleichzeitige Auftreten der beiden **Abweichungen** (vgl. Abb. C 7.19).

Für die Überlagerung des Gefälles infolge einer Schiefstellung bei Ausnutzung der Grenzwerte der Winkelabweichungen und des Gefälles infolge einer Durchsenkung bei Ausnutzung der Grenzwerte der Ebenheitsabweichungen nach DIN 18202 ergibt sich im ungünstigsten Fall ein **Gesamtgefälle** in der Größenordnung von ca. 1,5 %.

Dieser Wert ist als Mindestgefälle anzusetzen, wenn ein Gegengefälle aufgrund der maximal zulässigen ausführungsbedingten Maßabweichungen mindestens auf 0 ausgeglichen werden soll. Soll über den Ausgleich von Maßabweichungen hinaus ein resultierendes Gefälle im fertigen Zustand bestehen, so ist das Nennmaß mit einem Vorhaltemaß von etwa 1,5 % größer als das resultierende Gefälle im fertigen Zustand anzusetzen. Zusätzlich sind ggf. auch zeit- und lastabhängige Einflüsse auf die Gefällesituation eines Bauteils im langfristigen Gebrauchszustand zu erfassen.

Ausführungsbedingte Maßabweichungen treten allerdings unter statistischen Gesichtspunkten mit einer hohen Wahrscheinlichkeit nicht an jeder Stelle mit ihrem Maximalwert und in Kombination mit anderen Abweichungsarten auf. **Bauprak-**

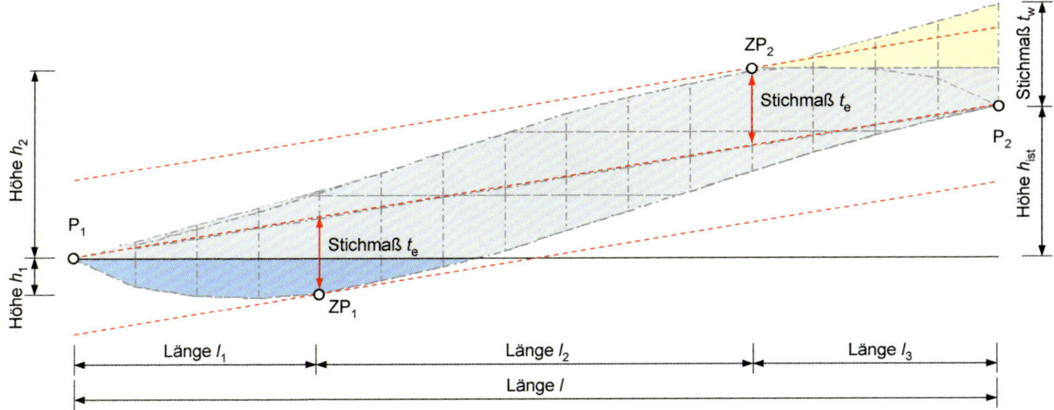

Abb. C 7.19: Bemessung des Sollgefälles einer Fläche zwischen 2 Punkten P_1 und P_2 unter Berücksichtigung einer zulässigen Winkelabweichung mit Stichmaß t_w und einer zulässigen Ebenheitsabweichung mit Stichmaß t_e an dem Zwischenpunkt ZP1 (Tiefpunkt) bzw. ZP2 (Hochpunkt)

Abb. C 7.20: Beispiel für ein geringes, aber noch funktionsfähiges resultierendes Gefälle

tisch relevant ist der eher wahrscheinliche Fall, dass die zulässigen Maßabweichungen – meist, aber nicht immer – nur zu einem Teil innerhalb einer Fläche tatsächlich auftreten. Dies entspricht auch der Erfahrung, wonach eine mit einem **Nenngefälle** von mindestens 2 % (für sehr glatte Oberflächen mit sehr geringer Rautiefe) bzw. mindestens 2,5 % (für geglättete Flächen mit geringer bis mittlerer Rautiefe) ausgeführte Fläche zumeist pfützenfrei bleibt, also mindestens überwiegend ein ausreichend funktionsfähiges resultierendes Gefälle hat (vgl. Abb. C 7.20).

Als **untere Grenze für ein Nenngefälle** einer zu entwässernden Bodenflächen kann bei einer normalen Sorgfalt in der Ausführung ein Wert von etwa 2 bis 2,5 % gelten. Nach Abzug von ausführungsbedingten Maßabweichungen in einer mittleren Größenordnung von ca. 1 bis 1,5 % Gegengefälle ist in diesem Fall ein resultierendes Gefälle von etwa 1 % ± 0,5 % zu erwarten. Für ein geringeres Nenngefälle als 2 % kann eine spätere **Pfützenbildung** bei einer Herstellung in den Grenzen einer normalen handwerklichen Sorgfalt nicht sicher ausgeschlossen werden. Alternativ werden **erhöhte**

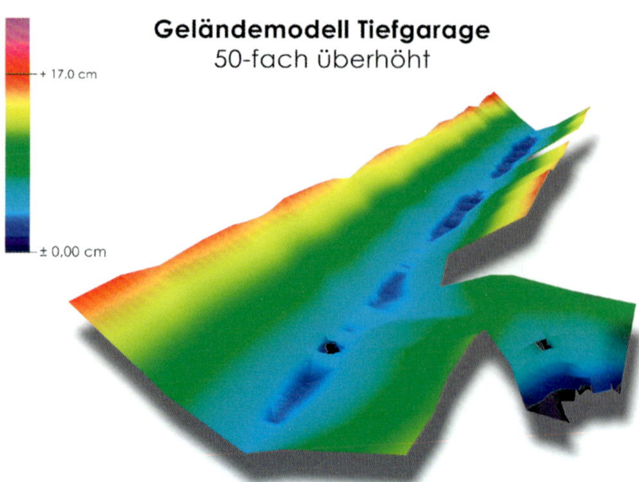

Abb. C 7.21: Beispiel für eine zu entwässernde Fläche mit hohen Anforderungen an ein verbleibendes resultierendes Gefälle in Richtung der Entwässerungsführung

Anforderungen an die Maßhaltigkeit der Oberfläche oder besondere Maßnahmen für einen Ausgleich von Maßabweichungen erforderlich, z. B. maschinelle Glättverfahren, ein Egalisieren der Oberfläche durch Materialabtrag (Schleifen) oder Materialauftrag (Spachtelungen).

Auch die **Rautiefe einer Oberfläche** wirkt sich auf die Entwässerung aus. Für geglättete bzw. glatte Oberflächen mit geringer Rautiefe kommt die Entwässerung im freien Gefälle aufgrund der Oberflächenspannung des freien Wassers bei einem Gefälle von weniger als ca. 0,5 bis 1,0 % zum Erliegen und es verbleibt ein Wasserfilm. Für raue oder aufgeraute Flächen, z. B. mit Besenstrich ausgebildete Oberflächen, verbleibt auch bei mehr als etwa 1 % Gefälle stehendes Wasser in den Vertiefungen der Oberfläche. Eine solche Oberfläche kann bei überstehenden Kornspitzen der Raustruktur dennoch ohne wesentliche Missstände benutzbar sein. In jedem Fall sollte die beabsichtigte Raustruktur in die Bemessung des Nenngefälles einer Oberfläche mit einfließen.

Für **Flächen**, bei denen nicht nur von einer mittleren Abweichung, sondern im Hinblick auf die Entwässerungsfunktion auf der sicheren Seite liegend von **maximal zulässigen Maßabweichungen** ausgegangen wird, ergibt sich hingegen ein Nenngefälle von etwa 3 % und darüber, für biegeweiche Bauteile wegen der Gefahr des Durchhängens infolge von Kriechen und Schwinden oder unter Last ein Nenngefälle von etwa 5 % und – konstruktionsabhängig – ggf. auch darüber.

Für **sehr ausgedehnte Flächen**, z. B. in Parkbauten und Tiefgaragen, wirken sich Nenngefälle bereits in einer Größenordnung ab etwa 2 % abhängig von der Flächengröße deutlich auf die **gefällebedingte Konstruktionshöhe** aus (vgl. Abb. C 7.21). Die Gefällegebung muss dementsprechend frühzeitig in den Entwurf der Konstruktion einfließen. Das nachträgliche Herstellen eines größeren Gefälles als ursprünglich ausgeführt, z. B. bei notwendigen Instandsetzungsmaßnahmen, ist wegen einer begrenzten Höhensituation für große Flächen zumeist nicht oder nur sehr eingeschränkt möglich.

Abb. C 7.22: Beispiel für eine zweilagige Trittschalldämmung aus EPS- und PUR-Schaumkunststoff

7.2 Statisch-konstruktive Anforderungen

Selbsttragende Bodenkonstruktionen unterliegen den Bemessungsanforderungen für Tragwerke. Die Genauigkeitsanforderungen hierfür richten sich nach den der Tragwerksbemessung zugrunde zu legenden Anforderungen, z. B. aus dem Massivbau, dem Holzbau oder dem Stahlbau. Auf die entsprechenden Ausführungen zu diesen Gewerken wird verwiesen.

Nicht selbsttragende Bodenkonstruktionen werden auf eine Unterkonstruktion mit tragender Funktion aufgebracht. In diesem Fall sind an den Aufbau, z. B. als Estrich oder Belag, in der Regel keine statisch-konstruktiven Anforderungen in Bezug auf die geometrischen Toleranzen zu stellen. Die Ausführung muss in erster Linie den Genauigkeitsanforderungen unter dem Aspekt der Passgenauigkeit innerhalb des betreffenden Gewerkes und an den Schnittstellen zu den angrenzenden Leistungsbereichen genügen. Hierzu sind nachfolgend Genauigkeitsanforderungen an die Bauprodukte und an die handwerkliche Verarbeitung angegeben.

7.3 Anforderungen an Bauprodukte für Estriche und Bodenbeläge

7.3.1 Trittschalldämmstoffe nach DIN 4108-10

In DIN 4108-10:2015-12 „Wärmeschutz und Energie-Einsparung in Gebäuden – Teil 10: Anwendungsbezogene Anforderungen an Wärmedämmstoffe – Werkmäßig hergestellte Wärmedämmstoffe“ werden Anforderungen an **werkmäßig hergestellte Wärmedämmstoffe** für Gebäude nach der Normengruppe DIN EN 13162 bis DIN EN 13171 „Wärmedämmstoffe für Gebäude“ festgelegt.

Weiter werden Wärmedämmstoffe **Anwendungsgebieten** zugeordnet, die durch Kurzzeichen gekennzeichnet sind. Für den Bereich der Bodenaufbauten sind dies Dämmstoffe für die Innendämmung der Decke oder Bodenplatte (oberseitig) unter Estrich mit Schallschutzanforderungen mit dem Kurzzeichen DES (vgl. Abb. C 7.22)

Auf die Inhalte der **Stoffnormen** in Kapitel 6 (Wand- und Deckenbekleidungen) von Teil C des vorliegenden Buches wird verwiesen.

Abb. C 7.23: Beispiel für einen Doppelboden

7.3.2 Doppelböden nach DIN EN 12825

In DIN EN 12825:2002-04 „Doppelböden" werden Anforderungen an **Doppelböden** festgelegt, die hauptsächlich für den Innenausbau von Gebäuden unter Bereitstellung einer freien Zugänglichkeit zum Hohlraum eingesetzt werden (vgl. Abb. C 7.23).

Die **Grenzabmaße für die Plattenabmessungen** der einzelnen Platten des Doppelbodens werden in DIN EN 12825, Tabelle 3, angegeben wie folgt (vgl. Tabelle C 7.7):

Tabelle C 7.7: Grenzabmaße für Plattenabmessungen von Doppelböden nach DIN EN 12825:2002-04, Tabelle 3

Bezeichnung	**Grenzabmaß in mm**	
	Klasse 1	**Klasse 2**
Kantenlänge, nach DIN EN 12825:2002-04, Abschnitt 5.6.3	± 0,2	± 0,4
Rechtwinkligkeit der Platte, nach DIN EN 12825:2002-04, Abschnitt 5.6.4	± 0,3	± 0,5
horizontale Geradheit der Kante, nach DIN EN 12825:2002-04, Abschnitt 5.6.5	± 0,3	± 0,5
Plattenstärke ohne Belag, nach DIN EN 12825:2002-04, Abschnitt 5.6.6	± 0,3	± 0,5
Plattenstärke mit Belag[1)], nach DIN EN 12825:2002-04, Abschnitt 5.6.6	± 0,3	± 0,5
Plattenverwindung, nach DIN EN 12825:2002-04, Abschnitt 5.6.7	0,5	0,7
vertikale Geradheit der Kante, nach DIN EN 12825:2002-04, Abschnitt 5.6.8	0,3	0,6
Höhenunterschied zwischen Kantenbeschichtung und Plattenoberfläche, nach DIN EN 12825:2002-04, Abschnitt 5.6.9	± 0,3	± 0,4

[1)] zuzüglich des Dickengrenzabmaßes des Bodenbelags, sofern die Messung diesen mit einschließt

Abb. C 7.24: Beispiel für einen Bodenbelag aus Natursteinfliesen

Die Prüfung der Maße und der Maßabweichungen ist nach den in Tabelle C 7.7 angegebenen Abschnitten der DIN EN 12825 vorzunehmen.

7.3.3 Natursteinfliesen nach DIN EN 12057

Für glatte **Fliesen aus Naturstein**, die als Belag für Fußböden und Treppenstufen sowie als Wandbekleidungen und für Deckenflächen eingesetzt werden, sind in DIN EN 12057:2015-05 „Natursteinprodukte – Fliesen – Anforderungen" Anforderungen an Maße, Ebenheit und Rechtwinkligkeit angegeben (vgl. Abb. C 7.24).

Für **glatte Fliesen** gelten folgende **Grenzabweichungen** für Maße, Ebenheit und Rechtwinkligkeit nach DIN EN 12057, Abschnitt 4.1.2:

- Grenzabweichung für die **Nennlänge** *l* und/oder die Nennlänge *b*:
  - unkalibrierte Fliesen ± 1 mm
  - kalibrierte Fliesen ± 1 mm
- Grenzabweichung für die **Nenndicke** *d*:
  - unkalibrierte Fliesen ± 1,5 mm
  - kalibrierte Fliesen ± 0,5 mm
- Grenzabweichung von der **Ebenheit** bei geschliffenen und polierten Oberflächen:
  - unkalibrierte Fliesen 0,15 %
  - kalibrierte Fliesen 0,10 %
- Grenzabweichung von der **Rechtwinkligkeit**:
  - unkalibrierte Fliesen 0,15 %
  - kalibrierte Fliesen 0,10 %

Kalibrierte Fliesen weisen auf ein Produkt hin, das zur Verbesserung der Maßhaltigkeit einer Oberflächenbearbeitung unterzogen wurde. Diese Fliesen könnten zur Verlegung in einem dünnen Mörtelbett oder mit Klebstoffen geeignet sein.

Für **Fliesen mit naturrauen bzw. spaltrauen Oberflächen** müssen die Grenzabmaße für Maße, Ebenheit und Rechtwinkligkeit vom Hersteller angegeben werden.

Abb. C 7.25: Beispiel für einen Bodenbelag aus Naturwerksteinplatten

7.3.4 Bodenplatten und Stufenbeläge aus Naturstein nach DIN EN 12058

Für glatte **Platten aus Naturstein**, die für den Einsatz **als Belag für Fußböden** und Treppenstufen hergestellt werden, sind in DIN EN 12058:2015-05 „Natursteinprodukte – Bodenplatten und Stufenbeläge – Anforderungen" Anforderungen an geometrische Merkmale angegeben (vgl. Abb. C 7.25).

Für **Boden- und Stufenbeläge aus Naturstein** beträgt die **Grenzabweichung für die Plattendicke**:

- für eine Nenndicke über 12 bis 30 mm: ± 10 %
- für eine Nenndicke über 30 bis 80 mm: ± 3 mm
- für eine Nenndicke über 80 mm: ± 5 mm

Der Hersteller darf geringere Grenzabweichungen angeben. Engere Grenzabweichungen können erforderlich werden, wenn die Platten durch Klebstoff oder in einem dünnen Mörtelbett zu befestigen sind.

Der **Grenzwert für die Ebenheitsabweichung** beträgt bei glatten Platten 0,2 % der Plattenlänge bzw. 3 mm. Für naturrau gespaltene Oberflächen muss die Ebenheitstoleranz vom Hersteller angegeben werden.

Die **Grenzabweichung für die Länge und Breite** beträgt:

- für Nennmaße der Länge oder Breite < 600 mm:
  - und bei einer Dicke der Sägekanten bis 50 mm ± 1 mm
  - und bei einer Dicke der Sägekanten über 50 mm ± 2 mm
- für Nennmaße der Länge oder Breite ≥ 600 mm:
  - und bei einer Dicke der Sägekanten bis 50 mm ± 1,5 mm
  - und bei einer Dicke der Sägekanten über 50 mm ± 3 mm

Geringere Grenzabweichungen können vom Hersteller angegeben werden.

Die **Grenzabweichung vom Winkel** wird durch den Boxbereich der Grenzabweichungen für die Länge und die Breite festgelegt. Winkelabweichungen einer Kante dürfen die zulässigen Grenzabweichungen für die angrenzende Kante nicht überschreiten. Jeder Winkel muss der festgelegten Geometrie entsprechen. Der Hersteller darf geringere Grenzwerte angeben.

Abb. C 7.26: Beispiel für einen Bodenbelag aus Betonwerkstein

7.3.5 Werkstücke aus Betonwerkstein nach DIN V 18500

Für Beläge, die als **vorgefertigte Bauteile aus Beton** hergestellt werden und mit einer werksteinmäßig bearbeiteten oder besonders gestalteten Oberfläche versehen werden, werden in DIN V 18500:2006-12 „Betonwerkstein – Begriffe, Anforderungen, Prüfung, Überwachung" Maßtoleranzen angegeben (vgl. Abb. C 7.26).

Für **Stufen**, **Stufenbeläge** und **sonstige Werkstücke** gelten folgende Grenzabmaße und Grenzwerte für Ebenheitsabweichungen nach DIN V 18500, Tabelle 1 (vgl. Tabelle C 7.8):

Tabelle C 7.8: Grenzabmaße und Grenzwerte für Ebenheitsabweichungen für Stufen, Stufenbeläge und sonstige Werkstücke aus Betonwerkstein nach DIN V 18500:2006-12, Tabelle 1

Art des Erzeugnisses	größte Seitenlänge (Nennmaß) in mm	Grenzabmaße für Länge und Breite in mm	Grenzabmaße für die Dicke in mm	Ebenheitstoleranz als Stichmaß, bezogen auf die größte Seitenlänge in %
Stufen und Stufenbeläge	bis 1.500	± 3	± 2	0,3
	über 1.500	± 5	± 2	0,3
sonstige Werkstücke	bis 1.000	± 2	± 3	0,3
	über 1.000 bis 2.500	± 4	± 3	0,3
	über 2.500	± 5	± 3	0,3

Abb. C 7.27: Beispiel für keramische Fliesen bzw. Platten

7.3.6 Keramische Fliesen und Platten nach DIN EN 14411

Für **keramische Fliesen und Platten** werden in DIN EN 14411:2016-12 „Keramische Fliesen und Platten – Definitionen, Klassifizierung, Eigenschaften, Bewertung und Überprüfung der Leistungsbeständigkeit und Kennzeichnung“ Grenzwerte für Abweichungen von Maßen für Länge, Breite und Dicke, von der Geradheit der Seiten, von der Rechtwinkligkeit und von der Ebenflächigkeit angegeben (vgl. Abb. C 7.27).

Die einzelnen **Merkmale keramischer Fliesen und Platten** sind definiert wie folgt:

- **Länge und Breite:**
  - zulässige Abweichung der durchschnittlichen Seitenlänge jeder Fliese/Platte (2 oder 4 Seiten) vom Werkmaß *W*
  - zulässige Abweichung der durchschnittlichen Seitenlänge jeder Fliese/Platte (2 oder 4 Seiten) von der durchschnittlichen Seitenlänge der 10 Probekörper (20 oder 40 Seiten)
- **Dicke:**
  - zulässige Abweichung der durchschnittlichen Dicke jeder Fliese/Platte vom Werkmaß
- **Geradheit der Seiten (Ansichtsflächen):**
  - maximal zulässige Abweichung von der Geradheit, bezogen auf die entsprechenden Werkmaße
- **Rechtwinkligkeit:**
  - maximal zulässige Abweichung von der Rechtwinkligkeit, bezogen auf die entsprechenden Werkmaße
- **Ebenflächigkeit** nach DIN EN ISO 10545-2:1997-12:
  - **Mittelpunktwölbung**: Abstand des Mittelpunktes der Fliese oder Platte von der Ebene, in der 3 von 4 Ecken liegen, bezogen auf die aus den Werkmaßen berechnete Diagonale
  - **Kantenwölbung**: Abstand der Mitte einer Fliesen- oder Plattenkante von der Ebene, in der 3 von 4 Punkten liegen, bezogen auf die entsprechenden Werkmaße
  - **Windschiefe**: Abstand der vierten Ecke einer Fliese oder Platte von der Ebene, in der die anderen 3 Ecken liegen, bezogen auf die aus den Werkmaßen berechnete Diagonale

Keramische Fliesen und Platten werden hinsichtlich der Anforderungen an die einzelnen Merkmale unterschieden nach der Art der Herstellung und nach der **Wasseraufnahme** E_b wie folgt:

- stranggepresste keramische Fliesen und Platten:
  - Gruppe AI_a mit $E_b \leq 0{,}5$ %
  - Gruppe AI_b mit 0,5 % < $E_b \leq 3$ %
  - Gruppe AII_{a-1} mit 3 % < $E_b \leq 6$ %
  - Gruppe AII_{a-2} mit 3 % < $E_b \leq 6$ %
  - Gruppe AII_{b-1} mit 6 % < $E_b \leq 10$ %
  - Gruppe AII_{b-2} mit 6 % < $E_b \leq 10$ %
  - Gruppe AIII mit $E_b > 10$ %
- trocken gepresste Fliesen und Platten:
  - Gruppe BI_a mit $E_b \leq 0{,}5$ %
  - Gruppe BI_b mit 0,5 % < $E_b \leq 3$ %
  - Gruppe BII_a mit 3 % < $E_b \leq 6$ %
  - Gruppe BII_b mit 6 % < $E_b \leq 10$ %
  - Gruppe BIII mit $E_b > 10$ %

Die Anforderungen sind zudem klassifiziert in „**Präzision**" und „**Natur**". Die **Genauigkeitsanforderungen** für die verschiedenen Gruppen werden nachfolgend in den Tabellen C 7.9 bis C 7.12 für **stranggepresste keramische Fliesen und Platten** sowie in den Tabellen C 7.13 bis C 7.15 für **trocken gepresste keramische Fliesen und Platten** angegeben.

Tabelle C 7.9: Anforderungen an stranggepresste keramische Fliesen und Platten der Gruppe AI_b nach DIN EN 14411:2016-12, Anhang A

Grenzabweichung	**Präzision**	**Natur**
Länge und Breite, vom Werkmaß	± 1,0 % bis höchstens ± 2 mm	± 2,0 % bis höchstens ± 4 mm
Länge und Breite, vom Mittelwert	± 1,0 %	± 1,5 %
Dicke	± 10 %	± 10 %
Geradheit der Seiten	± 0,5 %	± 0,6 %
Rechtwinkligkeit	± 1,0 %	± 1,0 %
Ebenheit, Mittelpunktswölbung	± 0,5 %	± 1,5 %
Ebenheit, Kantenwölbung	± 0,5 %	± 1,5 %
Ebenheit, Windschiefe	± 0,8 %	± 1,5 %

Tabelle C 7.10: Anforderungen an stranggepresste keramische Fliesen und Platten der Gruppe AII_{a-1} nach DIN EN 14411:2016-12, Anhang B

Grenzabweichung	Präzision	Natur
Länge und Breite, vom Werkmaß	± 1,25 % bis höchstens ± 2 mm	± 2,0 % bis höchstens ± 4 mm
Länge und Breite, vom Mittelwert	± 1,0 %	± 1,5 %
Dicke	± 10 %	± 10 %
Geradheit der Seiten	± 0,5 %	± 0,6 %
Rechtwinkligkeit	± 1,0 %	± 1,0 %
Ebenheit, Mittelpunktswölbung	± 0,5 %	± 1,5 %
Ebenheit, Kantenwölbung	± 0,5 %	± 1,5 %
Ebenheit, Windschiefe	± 0,8 %	± 1,5 %

Tabelle C 7.11: Anforderungen an stranggepresste keramische Fliesen und Platten der Gruppe AII_{a-2} nach DIN EN 14411:2016-12, Anhang C

Grenzabweichung	Präzision	Natur
Länge und Breite, vom Werkmaß	± 1,5 % bis höchstens ± 2 mm	± 2,0 % bis höchstens ± 4 mm
Länge und Breite, vom Mittelwert	± 1,5 %	± 1,5 %
Dicke	± 10 %	± 10 %
Geradheit der Seiten	± 1,0 %	± 1,0 %
Rechtwinkligkeit	± 1,0 %	± 1,0 %
Ebenheit, Mittelpunktswölbung	± 1,0 %	± 1,5 %
Ebenheit, Kantenwölbung	± 1,0 %	± 1,5 %
Ebenheit, Windschiefe	± 1,5 %	± 1,5 %

Tabelle C 7.12: Anforderungen an stranggepresste keramische Fliesen und Platten der Gruppen AII_{b-1}, AII_{b-2} und AIII nach DIN EN 14411:2016-12, Anhang D, E und F

Grenzabweichung	Präzision	Natur
Länge und Breite, vom Werkmaß	± 2,0 % bis höchstens ± 2 mm	± 2,0 % bis höchstens ± 4 mm
Länge und Breite, vom Mittelwert	± 1,5 %	± 1,5 %
Dicke	± 10 %	± 10 %
Geradheit der Seiten	± 1,0 %	± 1,0 %
Rechtwinkligkeit	± 1,0 %	± 1,0 %
Ebenheit, Mittelpunktswölbung	± 1,0 %	± 1,5 %
Ebenheit, Kantenwölbung	± 1,0 %	± 1,5 %
Ebenheit, Windschiefe	± 1,5 %	± 1,5 %

Tabelle C 7.13: Anforderungen an trocken gepresste keramische Fliesen und Platten der Gruppen BI_a und BI_b nach DIN EN 14411:2016-12, Anhang G und H

Grenzabweichung	Nennmaß *N* < 7 cm	7 cm ≤ Nennmaß *N* < 15 cm	Nennmaß *N* ≥ 15 cm	
Länge und Breite, vom Werkmaß	± 0,5 mm	± 0,90 mm	± 0,6 %	± 2,0 mm
Dicke	± 0,5 mm	± 0,50 mm	± 5,0 %	± 0,5 mm
Geradheit der Seiten	–	± 0,75 mm	± 0,5 %	± 1,5 mm
Rechtwinkligkeit	–	± 0,75 mm	± 0,5 %	± 2,0 mm
Ebenheit, Mittelpunktswölbung	–	± 0,75 mm	± 0,5 %	± 2,0 mm
Ebenheit, Kantenwölbung	–	± 0,75 mm	± 0,5 %	± 2,0 mm
Ebenheit, Windschiefe	–	± 0,75 mm	± 0,5 %	± 2,0 mm

Tabelle C 7.14: Anforderungen an trocken gepresste keramische Fliesen und Platten der Gruppen BII_a und BII_b nach DIN EN 14411:2016-12, Anhang J und K

Grenzabweichung	7 cm ≤ Nennmaß *N* < 15 cm	Nennmaß *N* ≥ 15 cm	
Länge und Breite, vom Werkmaß	± 0,90 mm	± 0,6 %	± 2,0 mm
Dicke	± 0,50 mm	± 5,0 %	± 0,5 mm
Geradheit der Seiten	± 0,75 mm	± 0,5 %	± 1,5 mm
Rechtwinkligkeit	± 0,75 mm	± 0,5 %	± 2,0 mm
Ebenheit, Mittelpunktswölbung	± 0,75 mm	± 0,5 %	± 2,0 mm
Ebenheit, Kantenwölbung	± 0,75 mm	± 0,5 %	± 2,0 mm
Ebenheit, Windschiefe	± 0,75 mm	± 0,5 %	± 2,0 mm

Tabelle C 7.15: Anforderungen an trocken gepresste keramische Fliesen und Platten der Gruppe BIII nach DIN EN 14411:2016-12, Anhang L

Grenzabweichung	7 cm ≤ Nennmaß *N* < 15 cm	Nennmaß *N* ≥ 15 cm	
Länge und Breite, vom Werkmaß	± 0,75 mm	± 0,5 %	± 2,0 mm
Dicke	± 0,50 mm	± 10 %	± 0,5 mm
Geradheit der Seiten	± 0,50 mm	± 0,3 %	± 1,5 mm
Rechtwinkligkeit	± 0,75 mm	± 0,5 %	± 2,0 mm
Ebenheit, Mittelpunktswölbung	+ 0,75 mm – 0,50 mm	+ 0,5 % – 0,3 %	+ 2,0 mm – 1,5 mm
Ebenheit, Kantenwölbung	+ 0,75 mm – 0,50 mm	+ 0,5 % – 0,3 %	+ 2,0 mm – 1,5 mm
Ebenheit, Windschiefe	± 0,75 mm	± 0,5 %	± 2,0 mm

7.3.7 Massivholz-Elemente mit Nut und/oder Feder nach DIN EN 13226

Für **Massivholz-Elemente** mit Nut und/oder Feder für die Verwendung als Fußbodenbelag in Innenräumen werden in DIN EN 13226:2009-09 „Holzfußböden – Massivholz-Elemente mit Nut und/oder Feder" Maßtoleranzen angegeben. Diese Norm betrifft nicht aus Stäben zusammengesetzte Parketttafeln und nicht Laubholzdielen nach DIN EN 13629:2020-05.

Massivholz-Elemente nach DIN EN 13226 werden hinsichtlich ihrer Nennmaße von Laubholzdielen nach DIN EN 13629 unterschieden wie folgt:

- Dicke mindestens 14 mm (bei Laubholzdielen mindestens 10 mm)
- Breite mindestens 40 mm (bei Laubholzdielen mindestens 90 mm)
- Länge mindestens 250 mm (bei Laubholzdielen mindestens 400 mm)

Alle Maße werden für eine **Bezugsfeuchte** von 9 % angegeben, ausgenommen die Maße für Kastanie und Seekiefer, die für eine Bezugsfeuchte von 10 % gelten. Soweit keine anderen Angaben vorliegen, ist davon auszugehen, dass die Dicke und Breite eines Holzstückes je 1 % Feuchtezunahme über die Bezugsfeuchte hinaus um 0,25 % zunimmt bzw. je 1 % Feuchteabnahme unter die Bezugsfeuchte um 0,25 % abnimmt.

Die **Grenzabweichungen von den Nennmaßen** des Stabes betragen:

- für die Dicke *t*: ± 0,2 mm
  - (Für einen vom Hersteller oder nachträglich oberflächenbehandelten Stab gilt: *t* – 0,5 mm; dieser Stab entspricht dann dem handelsüblichen Maß der Nenndicke *t*.)
- für die Länge *L*: ± 0,5 mm
  - (Die Grenzabweichung gilt nicht für beliebige Längen; die Grenzabweichungen zum „ungarischen“ oder „regelmäßigen Verband“ betragen ± 0,2 mm.)
- für die Breite *b*: ± 0,5 mm
- für die Tiefe der Nut b_1: +0,3/–0 mm
  - mit $(b_1 - b_2) \geq 1$ mm
- für die Breite der Feder: + 0/–0,3 mm
  - mit $(b_1 - b_2) \geq 1$ mm (Der horizontale Anteil der Feder kann auf 2,5 mm für $b < 70$ mm sowie 3 mm für $b \geq 70$ mm sinken; dies ist jedoch auf 10 % der Länge jedes Stabes beschränkt.)
- für die Breite der Nut t_2 und die Dicke der Feder t_3: 0,1 mm $\leq t_2 - t_3 \leq$ 0,4 mm

Die Abweichung von allen 90°-Winkeln (**Rechtwinkligkeit**) sowie von den für spezielle Schnittformen erforderlichen Winkeln darf über die Breite gemessen 0,2 % nicht überschreiten.

Die **Querkrümmung** darf bei Erstauslieferung des Erzeugnisses 0,5 % der Breite nicht überschreiten.

Die **Längskrümmung der Breitseite** darf für zu verklebende Stäbe zum Zeitpunkt der Erstauslieferung 0,5 % der Länge nicht überschreiten. Sollen die Stäbe genagelt werden, so ist die zulässige Längskrümmung der Breitseite in Abhängigkeit von der Verlegbarkeit der Stäbe bei Einsatz üblicher Ausrüstung zu bestimmen.

Die **Längskrümmung der Schmalseite** darf zum Zeitpunkt der Erstauslieferung folgende Grenzwerte nicht überschreiten:

- für Längen bis 1 m: 0,5 ‰ der Länge
- für Längen über 1 m: 1,0 ‰ der Länge
- für zu verklebende Stäbe: 0,5 ‰ der Länge

Für zu vernagelnde Stäbe ist die zulässige Längskrümmung in Abhängigkeit von der Verlegbarkeit der Stäbe bei üblicher Ausrüstung zu bestimmen.

Abb. C 7.28: Beispiel für einen Holzfußboden aus massiven Laubholzdielen

7.3.8 Massive Laubholzdielen nach DIN EN 13629

Für **massive Laubholzdielen** und zusammengesetzte Laubholzdielen-Elemente mit Nut und/oder Feder als Holzfußboden im Innenbereich werden in DIN EN 13629: 2020-05 „Holzfußböden – Massive Laubholzdielen und zusammengesetzte massive Laubholzdielen-Elemente" Maßtoleranzen angegeben (vgl. Abb. C 7.28). Diese Norm gilt nicht für Massivholz-Elemente nach DIN EN 13226.

Laubholzdielen nach DIN EN 13629 werden hinsichtlich ihrer Nennmaße von Massivholz-Elementen nach DIN EN 13226 unterschieden wie folgt:

- Dicke mindestens 10 mm (bei Massivholz-Elementen mindestens 14 mm)
- Breite mindestens 90 mm (bei Massivholz-Elementen mindestens 40 mm)
- Länge mindestens 100 mm (bei Massivholz-Elementen mindestens 250 mm)

Alle Maße werden für eine **Bezugsfeuchte** von 9 % angegeben. Soweit keine anderen Angaben vorliegen, ist davon auszugehen, dass die Dicke und Breite eines Holzstückes je 1 % Feuchtezunahme über die Bezugsfeuchte hinaus um 0,25 % zunimmt bzw. je 1 % Feuchteabnahme unter die Bezugsfeuchte um 0,25 % abnimmt.

Die **Grenzabweichungen von den Nennmaßen** einer Laubholzdiele betragen abhängig von der Oberflächenbehandlung:

- für die Länge:
  - einer unbehandelten Laubholzdiele ± 2,0 mm
  - einer vorbehandelten Laubholzdiele ± 2,0 mm
- für die Breite:
  - einer unbehandelten Laubholzdiele ± 1,0 mm
  - einer vorbehandelten Laubholzdiele ± 0,3 %
- für die Dicke:
  - einer unbehandelten Laubholzdiele ± 1,0 mm
  - einer vorbehandelten Laubholzdiele ± 0,3 mm
- für den Versatz zwischen den Elementen:
  - einer unbehandelten Laubholzdiele ≤ 0,3 mm
  - einer vorbehandelten Laubholzdiele ≤ 0,3 mm

Abb. C 7.29: Beispiel für einen Holzfußboden aus Mosaikparkettstäben

Laubholzdielen sollten so vorbereitet werden, dass die Abweichung der Breite zwischen angrenzend verlegten Teilen bei unbehandelten Dielen 0,5 mm und bei vorbehandelten Dielen 0,25 mm nicht überschreitet.

Die Abweichung von allen 90°-Winkeln (**Rechtwinkligkeit**) sowie von den für spezielle Schnittformen erforderlichen Winkeln darf über die Breite gemessen 0,2 % nicht überschreiten.

Die **Querkrümmung** darf bei Erstauslieferung des Erzeugnisses 0,7 % der Breite nicht überschreiten.

Die **Längskrümmung der Breitseite** darf für zu verklebende Stäbe zum Zeitpunkt der Erstauslieferung 0,5 % der Länge nicht überschreiten. Im Übrigen ist die Längskrümmung der Breitseite unter Berücksichtigung der Dicke, Länge, Holzart und Art der Verlegung zu beurteilen.

Die **Längskrümmung der Schmalseite** darf zum Zeitpunkt der Erstauslieferung folgende Grenzwerte nicht überschreiten:

- für Längen bis 1 m: 0,5 ‰ der Länge
- für Längen über 1 m: 2,0 ‰ der Länge
- für zu verklebende Dielen: 1,0 ‰ der Länge

7.3.9 Mosaikparkettelemente nach DIN EN 13488

Für **Massivholz-Mosaikparkettlamellen**, Mosaikwürfel, Mosaikparkettverlegeeinheiten und Mosaikparketttafeln mit und ohne Oberflächenbehandlung für die Verwendung als Fußbodenbelag in Innenräumen werden in DIN EN 13488:2003-05 „Holzfußböden – Mosaikparkettelemente“ Maßtoleranzen angegeben (vgl. Abb. C 7.29).

Alle Maße werden für eine **Bezugsfeuchte** von 9 % angegeben, ausgenommen die Maße für Kastanie und Seekiefer, die für eine Bezugsfeuchte von 10 % gelten. Soweit keine anderen Angaben vorliegen, ist davon auszugehen, dass die Dicke und Breite eines Holzstückes je 1 % Feuchtezunahme über die Bezugsfeuchte hinaus um 0,25 % zunimmt bzw. je 1 % Feuchteabnahme unter die Bezugsfeuchte um 0,25 % abnimmt.

Abb. C 7.30: Beispiel für einen Holzfußboden aus Mehrschichtparkettelementen

Die **Grenzabweichungen für Mosaikparkettelemente** betragen:

- für Mosaikparkettlamellen mit Oberflächenbehandlung:
  - für die Dicke ± 0,3 mm
  - für die Breite ± 0,1 mm
  - für die Länge ± 0,2 mm
- für Mosaikparketttafeln ohne Oberflächenbehandlung:
  - für die Länge und Breite +0,30/–0,15 %
- für Mosaikparketttafeln mit Oberflächenbehandlung:
  - für die Länge und Breite ± 0,1 %
- für die Rechtwinkligkeit, gemessen über die Breite: ± 0,2 %

7.3.10 Mehrschichtparkettelemente nach DIN EN 13489

Für **Mehrschichtparkettelemente** für die Verwendung als Fußbodenbelag in Innenräumen werden in DIN EN 13489:2017-12 „Holzfußböden und Parkett – Mehrschichtparkettelemente" Maßtoleranzen angegeben (vgl. Abb. C 7.30).

Alle Anforderungen werden für eine **Bezugsfeuchte** von 7 % angegeben und gelten zum Zeitpunkt der Erstlieferung des Erzeugnisses. Für eine einfache Berechnung ist davon auszugehen, dass die Dicke und Breite eines Elementes sich um 0,25 % je 1 % Feuchtegehalt ändern.

Die **Grenzabweichungen von den Nennmaßen** eines Mehrschichtparkettelementes betragen:

- für die Länge: ± 0,1 %
- für die Breite: ± 0,2 mm

Die **zulässige Überzahnung (Höhenversatz)** zwischen den Elementen darf maximal 0,2 mm betragen.

Die zulässige Abweichung von der **Rechtwinkligkeit** beträgt maximal 0,2 % über die Breite. Bei kleinen Elementen sollte die Rechtwinkligkeit nicht größer als 0,1 % über die Breite sein.

Der Grenzwert für die **Querkrümmung** über das Element beträgt 0,2 % über die Breite. Bei kleinen Elementen sollte die Querkrümmung über die Breite nicht größer als 0,3 % sein.

Abb. C 7.31: Beispiel für einen Estrich

Der Grenzwert für die **Längskrümmung** über das Element beträgt 0,1 % über die Länge.

7.4 Ausführung von Estricharbeiten

7.4.1 Maßtoleranzen nach VOB/C ATV DIN 18353 Estricharbeiten

Für das Herstellen von **Estrichen aus Estrichmörteln** einschließlich der erforderlichen Trenn-, Dämmstoff- und Schutzschichten findet die ATV DIN 18353:2019-09 „Estricharbeiten" Anwendung (vgl. Abb. C 7.31). Sie gilt nicht für das Herstellen von Asphaltestrichen und nicht für das Herstellen von Fertigteilestrichen und Trockenunterböden.

Maßabweichungen von den vorgeschriebenen Maßen sind bei der Ausführung von Estricharbeiten nach ATV DIN 18353 in den durch DIN 18202 bestimmten Grenzen zulässig. Unebenheiten in den Oberflächen, die bei **Streiflicht** sichtbar werden, sind zulässig, wenn diese innerhalb der Toleranzen nach DIN 18202 liegen. Werden an die Ebenheit von Oberflächen **erhöhte Anforderungen** nach DIN 18202, Tabelle 3, Zeile 4, oder sonstige erhöhte Anforderungen an die Maßhaltigkeit gegenüber den in der Norm aufgeführten Werten gestellt, so sind die hierfür zu treffenden Maßnahmen Besondere Leistungen. Diese umfassen auch Maßnahmen, die erforderlich werden zum Ausgleich von größeren Unebenheiten des Untergrundes als nach den Grenzwerten in DIN 18202 zulässig.

Als Bedenken im Sinne von VOB/B kommen in Betracht:

- größere Ebenheitsabweichungen des Untergrundes als nach DIN 18202 zulässig,
- fehlende Bezugspunkte,
- zu geringe Höhe für den Einbau der Estrichkonstruktionen oder
- fehlendes, ungenügendes oder von der Angabe in den Ausführungsunterlagen abweichendes Gefälle oder Gefälle, das keine Ausführung von Estrichen in einer gleichmäßigen Dicke zulässt.

Kunstharzestriche sowie Nutz- und Schutzschichten aus Kunstharzen auf Estrichen und Beton sind gemäß ATV DIN 18353, Abschnitt 3.2.5 und Abschnitt 3.2.6, mit folgenden Mindestnenndicken ohne Unterschreitung auszuführen (vgl. Tabelle C 7.16):

Tabelle C 7.16: Grenzabweichungen für die Nenndicke von Kunstharzestrichen sowie Nutz- und Schutzschichten aus Kunstharzen auf Estrich nach ATV DIN 18353:2019-09, Abschnitt 3.2.5 und Abschnitt 3.2.6

Beschichtung/Aufbau	Mindestnenndicke	Grenzabweichung für die Nenndicke
Kunstharzestriche	mindestens 5 mm	Unterschreitung an keiner Stelle
Kunstharzversiegelung	mindestens 0,1 mm	Unterschreitung an keiner Stelle
Kunstharzbeschichtung	mindestens 0,5 mm	Unterschreitung an keiner Stelle
Kunstharzbeläge	mindestens 2,0 mm	Unterschreitung an keiner Stelle

Ein **Ebenheitsausgleich** ist bei der Verwendung dieser Materialien wegen der nur geringen Schichtdicke praktisch nicht möglich. Der Untergrund zur Aufnahme eines Kunstharzestrichs oder einer Kunstharzbeschichtung muss also den Anforderungen an die fertige Estrichoberfläche genügen.

7.4.2 Maßtoleranzen für die Estrichdicke nach DIN 18560-1

Estriche aus Estrichmörteln und Estrichmassen, die unter Verwendung von Calciumsulfat, Gussasphalt, Kunstharz, kaustischem Magnesia oder Zement hergestellt sind, sind gemäß DIN 18560-1:2015-01 „Estriche im Bauwesen – Teil 1: Allgemeine Anforderungen, Prüfung und Ausführung", Abschnitt 5.1, mit einer möglichst gleichmäßigen Dicke und einer ebenen Oberfläche unter Einhaltung der Ebenheitstoleranzen nach DIN 18202 auszuführen.

Für die **Estrichdicke** werden in DIN 18560-1, Tabelle 1, eine Nenndicke, ein zugehöriger kleinster Einzelwert für die Nenndicke und ein Mittelwert angegeben. Der kleinste Einzelwert und der Mittelwert unterscheiden sich um 5 mm für Estrichdicken bis 50 mm Nenndicke bzw. um 10 mm für Estrichdicken von mehr als 50 mm Nenndicke.

Die **Ebenheitsanforderungen** für nicht flächenfertige Oberseiten von Decken zur Aufnahme von Estrichen nach DIN 18202, Tabelle 3, Zeile 2a, und die Ebenheitsanforderungen für flächenfertige Estrichoberflächen nach DIN 18202, Tabelle 3, Zeile 3, unterscheiden sich innerhalb der einzelnen Nennmaßbereiche für die Messpunktabstände in der Größenordnung von 2 bis 5 mm. Der mit dem Estrich zu erreichende **Ebenheitsausgleich zwischen dem Estrichuntergrund und der Estrichoberfläche** ist zahlenmäßig etwas kleiner als die zulässige Abweichung von der Estrichdicke nach DIN 18560-1. Ein Ebenheitsausgleich kann also unter Inanspruchnahme der zulässigen Dickenschwankung des Estrichs erreicht werden. Wird ein größerer Ebenheitsausgleich erforderlich, so ist zunächst ein Ausgleichsestrich und anschließend der Estrich einzubauen. Die Ausführung in 2 oder mehr Arbeitsgängen ist erforderlich, um die Dicke der Estrichschicht möglichst gleichmäßig zu halten und damit unter Beachtung der Estrichtechnologie die Gefahr eines ungleichmäßigen Schwindverhaltens oder einer ungleichmäßigen Rissneigung möglichst gering zu halten.

7.4.3 Maßtoleranzen für den Estrichuntergrund nach DIN 18202

Für **Estriche auf Dämmschichten** (schwimmende Estriche) und Heizestriche wird gemäß DIN 18560-2:2009-09 „Estriche im Bauwesen – Teil 2: Estriche und Heizestriche auf Dämmschichten (schwimmende Estriche)", Abschnitt 4.1, für den tragenden

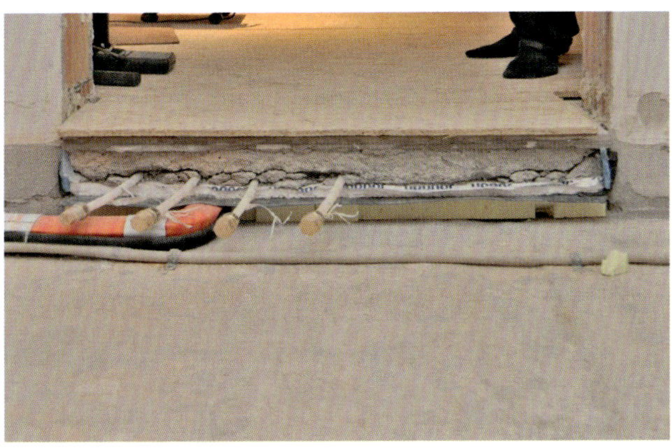

Abb. C 7.32: Beispiel für einen schwimmenden Heizestrich

Untergrund die Einhaltung der Grenzwerte für die Ebenheitsabweichungen und Winkelabweichungen nach DIN 18202 gefordert. Die Oberfläche des Untergrundes muss eben sein (vgl. Abb. C 7.32).

Auch für Estriche, die im Verbund mit dem tragenden Untergrund hergestellt werden (**Verbundestriche**), wird gemäß DIN 18560-3:2006-03 „Estriche im Bauwesen – Teil 3: Verbundestriche", Abschnitt 4.1, für die Oberfläche des tragenden Untergrundes die Einhaltung der Grenzwerte für die Ebenheitsabweichungen nach DIN 18202 gefordert. Dies gilt nicht, wenn ein Zementestrich „frisch auf frisch" auf einen Betonuntergrund aufgebracht wird. Weist der tragende Untergrund größere Unebenheiten auf als nach den Grenzwerten für Ebenheitsabweichungen in DIN 18202 zulässig, so ist zunächst ein Ausgleichsestrich einzubauen. Dieser muss mit dem Untergrund fest verbunden sein und seinerseits als tragender Untergrund den Ebenheitsanforderungen genügen.

Für Estriche, die vom tragenden Untergrund durch eine dünne Zwischenlage getrennt sind (**Estriche auf Trennschicht**), wird in DIN 18560-4:2012-06 „Estriche im Bauwesen – Teil 4: Estriche auf Trennschicht", Abschnitt 4.1, wie für die Ausführung der anderen Estricharten auch ein ebener Untergrund unter Einhaltung der Grenzwerte für Ebenheitsabweichungen nach DIN 18202 gefordert.

Nicht flächenfertige Oberseiten von Decken oder Bodenplatten werden in DIN 18202, Tabelle 3, hinsichtlich der Ebenheitsanforderung unterschieden nach Bauteiloberflächen ohne weiter konkretisierte Bestimmung (Zeile 1) und Flächen zur Aufnahme von Bodenaufbauten (Zeile 2a). Letztere sind z. B. Estriche im Verbund oder auf Trennlage, schwimmende Estriche, Industrieböden oder Fliesen- und Plattenbeläge im Mörtelbett.

Die **Unterscheidung nach Zeile 1 und Zeile 2a** erfolgt vor dem Hintergrund, dass für bestimmte Bodenaufbauten, insbesondere übliche Estriche, die Variation der Schichtdicke zum Zweck des Ausgleichs von Ebenheitsabweichungen im Untergrund aus materialtechnischen Gründen begrenzt ist. Diese Genauigkeitsanforderung ist gleichwohl nicht in allen Fällen erforderlich, daher sind auch größere Ebenheitsabweichungen nach Zeile 1 aus technischer Sicht in bestimmten Anwendungsfällen möglich. Die Eingruppierung einer Bauteiloberfläche in die Anforderungen nach Zeile 1 oder Zeile 2a soll unter Berücksichtigung des Verwendungszweckes erfolgen.

7.4.4 Hinweise zu Estrichen mit geringer Dicke

Werden **Estriche mit geringer Dicke** vorgesehen (z. B. Kunstharzestriche oder Fließestriche mit ca. 10 bis 15 mm Schichtdicke), so ist ein Ausgleich der zulässigen Ebenheitstoleranzen für den Untergrund (nach DIN 18202, Tabelle 3, Zeile 2) und für die fertige Estrichoberfläche (nach DIN 18202, Tabelle 3, Zeile 3) in der Estrichschicht vielfach nicht mehr möglich. Die Ebenheitsanforderungen für den flächenfertigen Boden, also die Estrichoberseite, müssen deshalb bereits für den Estrichuntergrund eingehalten werden. An den Estrichuntergrund sind somit höhere Anforderungen zu stellen als für den Normalfall vorgesehen. Dies sollte für die Ausführung explizit vorgesehen werden.

7.4.5 Hinweise zum Ausgleich von Maßabweichungen mit fließfähigen Massen

Für einen Estrichuntergrund sind in DIN 18202 Grenzwerte für Winkelabweichungen und Grenzwerte für Ebenheitsabweichungen angegeben. Auch für die Estrichoberfläche sind Abweichungen von der – meist horizontalen – Nennlage bzw. von der ebenen Form zulässig. Mit dem Estrich werden Winkelabweichungen und Ebenheitsabweichungen des Untergrundes ganz oder teilweise ausgeglichen. Ein vollständiger Ausgleich als ebene und waagerechte Fläche ist jedoch innerhalb der zulässigen Maßabweichungen nach DIN 18202 für die Estrichoberfläche nicht zwingend erforderlich. Bei der Verwendung von **fließfähigen Estrichmassen** ist zu berücksichtigen, dass sich die Estrichoberfläche weitgehend als ebene und waagerechte Fläche ausnivellieren wird. Damit erfolgt automatisch auch ein Ausgleich von zulässigen Winkelabweichungen bzw. Ebenheitsabweichungen. Die Qualität der Estrichoberfläche wird hierdurch positiv beeinflusst. Der Ausgleich von Maßabweichungen kann jedoch Mehrstärken über das nach den Grenzwerten von DIN 18202 notwendige Maß der Genauigkeit hinaus zur Folge haben. Dieser Umstand ist bei der Kalkulation und der Abrechnung von fließfähigen Estrichmassen zu berücksichtigen. Zur Vermeidung von Mehrstärken der fließfähigen Masse ist ggf. der Untergrund bereits mit einer entsprechend hohen Genauigkeit herzustellen. Dies kann die Notwendigkeit von zusätzlichen Ausgleichsschichten als Untergrundvorbereitung nach sich ziehen.

Erhöhte Anforderungen an die Ebenheit nach DIN 18202, Tabelle 3, Zeile 4, können regelmäßig nur mit zusätzlichen Maßnahmen ausreichend zielsicher umgesetzt werden. Hierzu gehören besondere Maßnahmen beim Einbau und Glätten des Estrichs (z. B. ein maschinelles Glätten, Lehren für das Abziehen der frischen Estrichoberfläche oder selbstverlaufende Massen) oder Maßnahmen für ein nachträgliches Bearbeiten der Oberfläche (z. B. durch Abschleifen oder Aufspachteln).

7.4.6 Hinweise zu Verformungen von Estrichplatten

Hydraulisch erhärtende Bauteile, die nach der Herstellung eine ungleichmäßige Veränderung des Feuchtegehaltes über den Querschnitt erfahren, können ein ungleichmäßiges Formänderungsverhalten zeigen. Ein klassisches Beispiel hierfür ist das Aufschüsseln oder Absinken von Estrichplatten an den Rändern und insbesondere in den freien Ecken. Ist ein wassergebundener Estrich bei **Verlegung eines harten Belages** (z. B. aus Naturwerkstein, Betonwerkstein oder keramischen Fliesen bzw. Platten) nicht ausreichend getrocknet, dann ist sein Trocknungsschwinden noch nicht weit genug

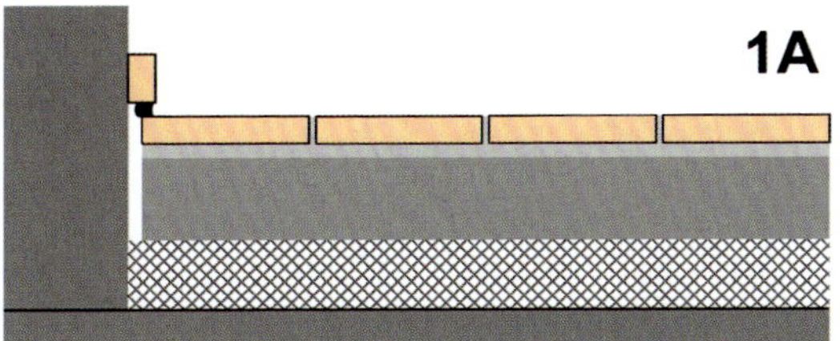

Abb. C 7.33: Schematische Darstellung eines Bodenaufbaus mit Plattenbelag

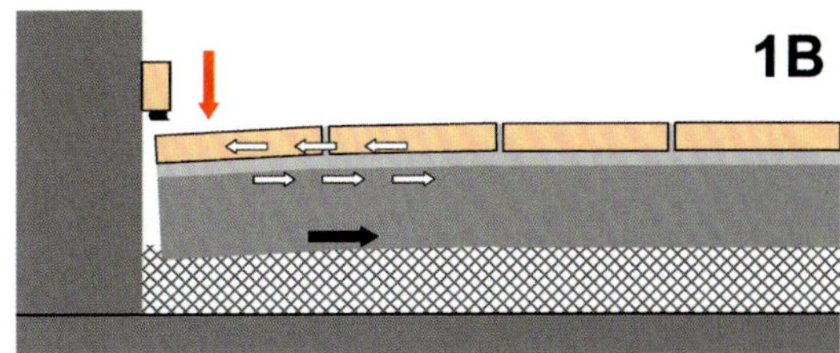

Abb. C 7.34: Schematische Darstellung einer Verformung im Randbereich infolge von trocknungsbedingtem Schwinden des Estrichs

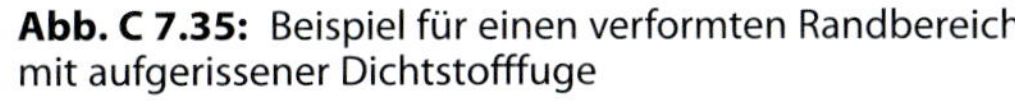

Abb. C 7.35: Beispiel für einen verformten Randbereich mit aufgerissener Dichtstofffuge

abgeklungen. Mit der schubfesten Vermörtelung bzw. Verklebung des Belags auf dem Estrich wird eine weitere Schwindverformung des Estrichs oberseitig behindert (vgl. Abb. C 7.33). An der Unterseite kann die Estrichplatte wegen der Lagerung auf einer Trennlage weitgehend ungehindert schwinden. Die **einseitige Verformungsbehinderung** des Estrichs hat ein Absinken der Flächenränder zur Folge (vgl. Abb. C 7.34). Elastische Dichtstofffugen an den Randanschlüssen des Belages können diese Verformung nur begrenzt aufnehmen und reißen bei einer Überdehnung auf (vgl. Abb. C 7.35).

Bei diesen Verformungen handelt es sich ausschließlich um **zeitabhängige Verformungen**, die nach Abschluss der Ausführung auftreten. Sie fallen deshalb nicht in den Anwendungsbereich der DIN 18202. Bei der Beurteilung von Maßabweichungen hydraulisch erhärtender Estrichplatten ist deshalb die Standzeit des Estrichs nach der Fertigstellung unbedingt zu beachten. Für einen Vergleich mit den Grenzwerten in DIN 18202 sind die gemessenen Abweichungen zunächst um die zeitabhängigen Verformungsanteile zu reduzieren. Diese lassen sich meist nur schwer mit hinreichender Genauigkeit bestimmen. Zeitabhängige Verformungen können die Größenordnung der Grenzwerte für ausführungsbedingte Maßabweichungen erreichen und auch übertreffen. Sie können zudem ganz oder teilweise reversibel sein. Auch nach dem Abklingen von Verformungen des Estrichs aus einer anfänglich ungleichmäßigen Veränderung des Feuchtegehaltes sind langfristig verbleibende zeitabhängige Verformungsanteile unabhängig von dem Zeitpunkt der Prüfung und dem zeitlichen Abstand zur Ausführung des Estrichs zu berücksichtigen.

Abb. C 7.36: Beispiel für einen Bodenaufbau als Systemboden (Doppelboden)

Abb. C 7.37: Beispiel für einen horizontalen Versatz am Kreuzungspunkt der Plattenecken eines Doppelbodens

7.5 Ausführung von Doppelböden in Trockenbauweise

7.5.1 Maßtoleranzen nach VOB/C ATV DIN 18340 Trockenbauarbeiten

Für **Systemböden (Doppelböden)** findet die ATV DIN 18340:2019-09 „Trockenbauarbeiten" Anwendung (vgl. Abb. C 7.36).

Maßabweichungen von den vorgeschriebenen Maßen sind bei der Ausführung von Doppelböden nach ATV DIN 18340 in den durch DIN 18202 bestimmten Grenzen zulässig. Unebenheiten in den Oberflächen, die bei **Streiflicht** sichtbar werden, sind zulässig, wenn diese innerhalb der Toleranzen nach DIN 18202 liegen. Werden an die Ebenheit von Oberflächen **erhöhte Anforderungen** gestellt gemäß DIN 18202, Tabelle 3, Zeile 7, so sind die hierfür zu treffenden Maßnahmen Besondere Leistungen. Diese umfassen auch Maßnahmen, die erforderlich werden zum Ausgleich von größeren Unebenheiten des Untergrundes als nach den Grenzwerten in DIN 18202 zulässig.

Als Bedenken im Sinne von VOB/B kommen in Betracht:

- Abweichungen des Bestandes gegenüber den Vorgaben (z. B. bei unrichtiger Lage und Höhe des Untergrundes),
- größere Unebenheiten des Untergrundes als nach DIN 18202 zulässig,
- fehlende Bezugspunkte oder
- fehlende Angaben zum Bodenaufbau im Übergangsbereich von unterschiedlichen Bodenflächen.

Die **Spaltenbreite** im Kantenbereich von Doppelbodenplatten darf gemäß ATV DIN 18340, Abschnitt 3.5.3.4, einen Wert von 2 mm nicht überschreiten. Der **horizontale Versatz** am Kreuzungspunkt der Plattenecken zueinander darf einen Wert von 4 mm nicht überschreiten (vgl. Abb. C 7.37).

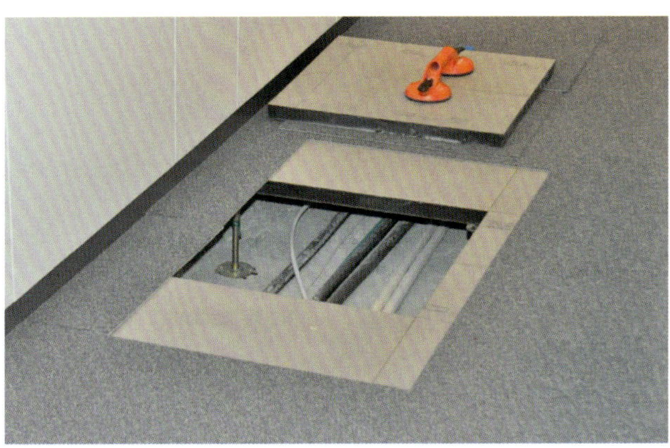

Abb. C 7.38: Beispiel für einen Bodenaufbau als Hohlboden

7.5.2 Maßtoleranzen für Hohlböden nach DIN EN 13213

In DIN EN 13213:2001-12 „Hohlböden" werden Anforderungen für **Hohlböden**, die für den Innenausbau von Gebäuden benötigt werden, festgelegt.

Hohlböden bestehen definitionsgemäß aus einer Tragschicht, die auf einer speziellen Unterkonstruktion gelagert und so ausgebildet wird, dass zwischen der Tragschicht und der Rohdecke ein Hohlraum zur Durchführung von Installationen für Telekommunikation, Elektroanschlüsse, Heizung, Lüftung usw. gebildet wird (vgl. Abb. C 7.38).

Für die **Abweichung von der Planheit der Oberfläche** eines Hohlbodens werden in DIN EN 13213, Tabelle 2, folgende Grenzwerte angegeben (vgl. Tabelle C 7.17):

Tabelle C 7.17: Grenzwerte für die Abweichung von der Planheit der Oberfläche für Hohlböden nach DIN EN 13213:2001-12, Tabelle 2

	Abweichung von der ebenen Fläche, bezogen auf einen Abstand zwischen 2 Punkten		
Abstand	0,1 bis 1 m	> 1 bis 4 m	> 4 m
zulässige Abweichung	2 mm	4 mm	10 mm

7 Böden

Für die **Abweichung vom Höhenriss** der horizontalen Ebenheit der gesamten Oberfläche eines Hohlbodens bzw. von der 0°-Ebene werden in DIN EN 13213, Tabelle 3, folgende Grenzwerte angegeben (vgl. Tabelle C 7.18):

Tabelle C 7.18: Grenzwerte für Abweichungen vom Höhenriss der Oberfläche eines Hohlbodens nach DIN EN 13213:2001-12, Tabelle 3

	Abweichung von der 0°-Ebene, bezogen auf den Abstand zwischen 2 Punkten				
Abstand	1 bis 3 m	> 3 bis 6 m	> 6 bis 15 m	> 15 bis 30 m	> 30 m
zulässige Abweichung	8 mm	12 mm	16 mm	18 mm	20 mm

Abb. C 7.39: Beispiel für einen Doppelboden mit Höhenversatz benachbarter Bodenplatten

7.5.3 Hinweise zur Maßhaltigkeit von Doppelböden

Doppelböden werden in der Regel aus einzelnen Bodenelementen zusammengesetzt. Die Auflager der Bodenplatten lassen sich fein justieren und ermöglichen ein vergleichsweise sehr genaues Ausrichten der einzelnen Doppelbodenplatten.

Die Beurteilung von Höhenversätzen benachbarter Bauteile, also auch am Übergang zwischen 2 aneinandergrenzenden Doppelbodenplatten, fallen nicht in den Anwendungsbereich nach DIN 18202. Hierfür sind im Sinne der DIN 18202 besondere Regelungen zu treffen.

Höhenversätze in der Größenordnung bis ca. 1 mm lassen sich auch bei sorgfältiger Ausführung von Doppelböden in der Praxis nicht sicher vermeiden. Eine Beeinträchtigung in der Funktion solcher Bodensysteme ist im Standardfall nicht zu erwarten. Es sei jedoch darauf hingewiesen, dass sich selbst geringfügige Höhenversätze an den Stoßstellen benachbarter Doppelbodenplatten bei weichen Oberbodenbelägen abzeichnen können (vgl. Abb. C 7.39). Bei hoher mechanischer Beanspruchung der Bodenbeläge können solche Abzeichnungen umso deutlicher zutage treten (z. B. in Laufstraßen). Dies kann eine systembedingte optische Beeinträchtigung zur Folge haben. Die Beurteilung solcher Beeinträchtigungen ist im Einzelfall unter der Berücksichtigung einer sorgfältigen Ausführung der Doppelbodenkonstruktion und zu erwartender Abzeichnungen in der Belagoberfläche vorzunehmen.

7.6 Ausführung von Gussasphaltarbeiten – Maßtoleranzen nach VOB/C ATV DIN 18354 Gussasphaltarbeiten

Für die Ausführung von Gussasphaltarbeiten findet die ATV DIN 18354:2019-09 „Gussasphaltarbeiten“ Anwendung. Sie gilt für das Herstellen von Estrichen aus Gussasphalt, Estrichschichten aus Gussasphalt sowie Dichtflächen aus Gussasphalt in Anlagen zum Umgang mit wassergefährdenden Stoffen. Diese Norm ist nicht anzuwenden für Gussasphaltdeckschichten im Straßenbau und auf Brücken (vgl. Abb. C 7.40).

Maßabweichungen von den vorgeschriebenen Maßen sind bei der Ausführung von Gussasphaltarbeiten nach ATV DIN 18354 in den durch DIN 18202 bestimmten Grenzen zulässig. Unebenheiten in den Oberflächen, die bei **Streiflicht** sichtbar werden, sind zulässig, wenn diese innerhalb der Toleranzen nach DIN 18202 liegen.

Abb. C 7.40: Beispiel für einen Gussasphaltbelag

Werden an die Ebenheit von Oberflächen erhöhte Anforderungen gemäß DIN 18202, Tabelle 3, Zeile 4, oder sonstige **erhöhte Anforderungen** gegenüber den in der Norm aufgeführten Werten gestellt, so sind die zu treffenden Maßnahmen Besondere Leistungen. Diese umfassen auch Maßnahmen, die erforderlich werden zum Ausgleich von größeren Unebenheiten des Untergrundes als nach den Grenzwerten in DIN 18202 zulässig.

Als Bedenken im Sinne von VOB/B kommen in Betracht:

- fehlende Bezugspunkte,
- Untergründe mit Abweichungen von der Waagerechten oder von dem der Sachlage nach notwendigen Gefälle,
- Untergründe mit falscher Höhenlage oder
- Untergründe mit größeren Abweichungen als nach DIN 18202 zulässig.

Winkelabweichungen für waagerecht oder auf geneigten Flächen herzustellende Gussasphaltestriche sind zulässig in den Grenzen nach DIN 18202, Tabelle 2.

Ebenheitsabweichungen sind für **waagerecht** herzustellende Gussasphaltestriche zulässig in den Grenzen nach DIN 18202, Tabelle 3.

Für Estriche und Beläge aus Gussasphalt, die auf **geneigten Flächen** – im Gefälle – herzustellen sind, darf die Ebenheitsabweichung einer Oberfläche innerhalb einer Messstrecke von 4 m folgende Grenzwerte nicht übersteigen:

- bei Neigungen bis 5 %: 1,0 cm
- bei Neigungen über 5 bis 10 %: 1,5 cm
- bei Neigungen über 10 %: 2,0 cm

Die Forderung von Unebenheiten bis maximal 1 cm innerhalb einer 4 m langen Messstrecke entspricht dem zulässigen Stichmaß von 10 mm (bei Messpunktabstand 4 m) für flächenfertige Böden nach DIN 18202, Tabelle 3. Für Neigungen über 5 % wird dieses zulässige Stichmaß nach den Regelungen der ATV DIN 18354 vergrößert. Dies ist vor dem Hintergrund enger Grenzen einer temperaturabhängigen Standfestigkeit des Gussasphaltmaterials beim Heißeinbau verständlich und steht der Entwässerungsfunktion nicht entgegen, weil die Gefahr einer Pfützenbildung gefällebedingt nicht besteht.

Abb. C 7.41: Beispiel für einen Bodenbelag aus Naturwerksteinplatten

7.7 Ausführung von Naturwerksteinarbeiten

7.7.1 Maßtoleranzen nach VOB/C ATV DIN 18332 Naturwerksteinarbeiten

Für das Bearbeiten von Naturstein sowie das **Verlegen und Versetzen von Fliesen, Platten** und Werkstücken aus **Naturwerkstein** findet die ATV DIN 18332:2019-09 „Naturwerksteinarbeiten" Anwendung (vgl. Abb. C 7.41). Von dem Anwendungsbereich umfasst sind auch Verblend-, Vorsatz- und Quadermauerwerk aus Naturwerkstein. Dieses Regelwerk gilt nicht für die das Herstellen von Pflasterdecken und Plattenbelägen sowie Entwässerungsrinnen und Einfassungen aus Naturstein oder Naturwerkstein mit darunter befindlichen wasserdurchlässigen Tragschichten sowie nicht für tragendes Mauerwerk aus natürlichen Steinen.

Die **Grenzabmaße für Platten und Werkstücke** aus Naturwerkstein betragen nach ATV DIN 18332, Abschnitt 2.1.2, wie folgt:

- für die **Dicke**:
  - bis zu einer Dicke von 30 mm ± 10 %
  - bei einer Dicke von mehr als 30 mm ± 3 mm
  - bei einer Dicke von mehr als 80 mm ± 5 mm
  - bei zusammengesetzten Platten der Unterschied der Dicke am Stoß 1 mm
  - bei zusammengesetzten Werkstücken der Unterschied der Dicke am Stoß: 2 mm
- für die **Länge**:
  - bei einer Länge bis zu 600 mm ± 1 mm
  - bei einer Länge von mehr als 600 mm ± 2 mm
  - bei einer Dicke von mehr als 80 mm ± 5 mm
- für den **Winkel**:
  - bei einem vorgegebenen Winkel, bezogen auf die Kantenlänge: 0,2 %, maximal 2 mm

Die angegebenen Grenzabmaße gelten nicht für gespaltene oder handbekantete Platten und Werkstücke.

Die **Abweichungen von der Ebenheit** der Oberfläche geschliffener oder polierter Natursteinprodukte, die nicht in europäischen Produktnormen geregelt sind, dürfen nicht mehr als 0,2 % der größten Plattenlänge sein, maximal jedoch 3 mm. Diese Anforderung gilt nicht für bruchraue oder gespaltene Oberflächen.

Maßabweichungen von den vorgeschriebenen Maßen sind bei der Ausführung von Naturwerksteinarbeiten nach ATV DIN 18332 in den durch DIN 18202 bestimmten Grenzen zulässig. Unebenheiten in den Oberflächen, die bei **Streiflicht** sichtbar werden, sind zulässig, wenn diese innerhalb der Toleranzen nach DIN 18202 liegen. Werden an die Ebenheit von Oberflächen **erhöhte Anforderungen** gemäß DIN 18202, Tabelle 3, Zeile 4, oder sonstige erhöhte Anforderungen an die Maßhaltigkeit gegenüber den in der genannten Norm aufgeführten Werten gestellt, so sind die hierfür zu treffenden Maßnahmen Besondere Leistungen. Diese umfassen auch Maßnahmen, die erforderlich werden zum Ausgleich von größeren Unebenheiten des Untergrundes als nach den Grenzwerten in DIN 18202 zulässig.

Als Bedenken im Sinne von VOB/B kommen in Betracht:

- größere Unebenheiten als nach DIN 18202 zulässig,
- fehlende Höhenbezugspunkte je Geschoss,
- fehlendes, ungenügendes oder von der Angabe in den Ausführungsunterlagen abweichendes Gefälle oder
- eine nicht ausreichende Konstruktionshöhe.

Das **Versetzen und Verlegen** von Platten und Werkstücken aus Naturwerkstein erfolgt in senkrechter, fluchtrechter und waagerechter **Ausrichtung** oder mit dem vorgegebenen Gefälle unter Berücksichtigung des angegebenen Höhenbezugspunktes. Für Richtungsabweichungen finden die Grenzwerte für **Winkelabweichungen** nach DIN 18202 Anwendung.

Die **Ebenheitsabweichungen der Bauprodukte** sind in den Grenzwerten für Ebenheitsabweichungen nach DIN 18202 nicht enthalten und zusätzlich zu berücksichtigen.

Bei **kurzen Messpunktabständen** stellen die Grenzwerte für **Ebenheitsabweichungen** nach DIN 18202, Tabelle 3, vor allem bei geschliffenen oder polierten Oberflächen ein Maß dar, das im Einzelfall optisch auffällig sein kann. Die Einhaltung der Grenzwerte für Ebenheitsabweichungen garantiert deshalb nicht in jedem Fall ein einwandfreies Erscheinungsbild. Ein geringeres Toleranzmaß als in DIN 18202 angegeben kann unter dem Aspekt des optischen Erscheinungsbildes geboten sein und ist nach baupraktischer Erfahrung bei einer Ausführung in den Grenzen einer üblichen handwerklichen Sorgfalt zumeist auch zu erwarten.

Abb. C 7.42: Beispiel für die Verlegung eines Naturwerksteinbelags im Dickbett

Für die **Dicke des Mörtelbettes** sind bei einer Verlegung von Belägen im Dickbett (vgl. Abb. C 7.42) gemäß ATV DIN 18332, Abschnitt 3.2.4, folgende Werte einzuhalten:

- bei Boden- und Treppenbelägen im Innenbereich: 10 bis 20 mm
- bei Boden- und Treppenbelägen im Außenbereich: 10 bis 30 mm
  - bzw. bei Mörtel mit haufwerksporigem Gefüge 40 bis 60 mm

Mit der zulässigen Schwankung der **Mörtelbettdicke** können Toleranzen des Untergrundes ausgeglichen werden. Die fertige Belagoberfläche orientiert sich an der Nennlage Oberkante Fertigfußboden (OKFF). Insbesondere Winkelabweichungen des Untergrundes in Bezug auf die Ausrichtung der Nennlage OKFF nach der Horizontalen oder einem planmäßig vorgesehenen Gefälle müssen mit der Mörtelbettdicke ausgeglichen werden.

Die **unterschiedlichen Ebenheitsanforderungen** für den Untergrund (z. B. eine Bodenfläche zur Aufnahme von Plattenbelägen nach DIN 18202, Tabelle 3, Zeile 2a) und für die fertige Oberfläche des Belags (z. B. eines Naturwerksteinbelags nach DIN 18202, Tabelle 3, Zeile 3) müssen ebenfalls **durch die Mörtelbettdicke** ausgeglichen werden. Darüber hinaus müssen die zulässigen Maßabweichungen und Ebenheitsabweichungen der einzelnen Platten bzw. Werkstücke in der Mörtelbettdicke ausgeglichen werden. Die Mindest- und Höchstmaße für die Mörtelbettdicken sind jedoch in jedem Fall einzuhalten.

Die **Fugen** sind gemäß ATV DIN 18332, Abschnitt 3.3.2, gleichmäßig breit anzulegen. Die Abmaße der Platten und der Werkstücke sind in den Fugen auszugleichen. Ungleichmäßigkeiten des **Fugenbildes** werden bei optisch abgesetzten Fugen eher als störend wahrgenommen als bei einem optisch einheitlichen Erscheinungsbild von Platten und Fugen. Als baupraktische Toleranz für die Fugenbreite ist nur die für die Abmessungen der Platten und Werkstücke zulässige Maßabweichung anzusetzen. Eine zusätzliche Ausführungstoleranz für die Fugenbreite wird in der Regel ein optisch unsauberes Fugenbild zur Folge haben und ist deshalb nicht anzusetzen. Bei durchschnittlich üblicher handwerklicher Sorgfalt kann eine entsprechende Verlegegenauigkeit erzielt werden.

7.7.2 Ausführung von Belägen im Dünnbettverfahren nach DIN 18157-1

Für die Ausführung von Belägen mit **Naturwerkstein im Dünnbettverfahren** mit zementhaltigen Mörteln im Innen- und Außenbereich werden in DIN 18157-1:2017-04 Anforderungen an die Maßhaltigkeit angegeben.

Die Maßgenauigkeit einer Ansetz- und Verlegefläche muss der Genauigkeit der fertigen Belagfläche entsprechen. Abweichungen sind in den Grenzen der Maßabweichungen nach DIN 18202 zulässig. Größere Maßabweichungen sind vor dem Verlegen des Belags auszugleichen. In DIN 18157-1 wird darauf hingewiesen, dass eine **zusätzliche Spachtelung des Verlegeuntergrundes** erforderlich sein kann, – auch – wenn der Untergrund Ebenheitsabweichungen in den Grenzen der nach DIN 18202 zulässigen Ebenheitsabweichungen aufweist.

Eine Verlegung im Dünnbettverfahren lässt wegen der begrenzten Schichtdicke keinen nennenswerten Ausgleich von Maßabweichungen innerhalb des Dünnbettes zu. Hieraus leitet sich die Forderung nach einer Maßgenauigkeit der Ansetz- und Verlegefläche entsprechend der Genauigkeit des fertigen Belags ab. Weil aber nicht jeder Untergrund im Standardfall mit einer dem entsprechenden Genauigkeit hergestellt wird oder werden kann (z. B. Flächen im Rohbau oder bei Entfall eines ausgleichenden Estrichs bzw. eines Dickbettmörtels), kann eine zusätzliche **Ausgleichsschicht** erforderlich sein, z. B. als Spachtelung.

7.7.3 Hinweise zu Höhenversätzen bei Belägen aus Naturwerkstein

Gemäß DIN 18202, Abschnitt 1, sind Höhenversätze zwischen benachbarten Bauteilen gesondert zu regeln. Bei flächenfertigen Bodenbelägen sollen Sprünge und Absätze vermieden werden. Dies bezieht sich auch auf mögliche **Höhenversätze** zwischen 2 benachbarten Platten eines Belags.

In ATV DIN 18332 werden zu Absätzen und Höhensprüngen zwischen benachbarten Platten keine Angaben gemacht.

Im ZDB-Merkblatt „Höhendifferenzen" (Ausgabe August 2019) des Zentralverbandes des Deutschen Baugewerbes (ZDB) wird für Beläge aus Naturwerkstein die höchste zulässige Toleranz für Höhenversätze benachbarter Platten bzw. Werksteine mit 1,5 mm angegeben.

In dem BIV-Merkblatt Nr. 1.05 „Hinweise zur Beurteilung von Überzähnen bei Fliesen- und Plattenbelägen" (Stand/Ausgabe Juli 2019) des Bundesverbandes Deutscher Steinmetze (BIV) wird für Naturwerksteinbeläge ein maximal zulässiger Höhenversatz benachbarter Platten in Abhängigkeit von den Plattenabmessungen angegeben wie folgt:

- für den Normalbereich (üblicher Art und Güte): 1,0 bis 1,3 mm
- für den untergeordneten Bereich (Nebenräume bzw. geringer Gebrauchswert): 1,3 bis 1,5 mm
- für erhöhte Anforderungen (gesondert zu beauftragen; Besondere Leistung bzw. höherer Gebrauchswert): 0,6 bis 1,0 mm

In der Praxis treten Höhenversätze an den **Stoßstellen benachbarter Platten** mit geschliffener oder polierter Oberfläche innerhalb einer geschlossenen Belagfläche verlegungsbedingt (vgl. Abb. C 7.43) oder infolge späterer Verformungen des Fußbodenaufbaus auf (vgl. Abb. C 7.44). Nach baupraktischer Erfahrung werden Höhenversätze

Abb. C 7.43: Beispiel für einen verlegungsbedingten Höhenversatz benachbarter Platten

Abb. C 7.44: Beispiel für einen Höhenversatz benachbarter Platten infolge nachträglicher Formänderungen der Unterkonstruktion

von ca. 1 mm **nutzerseitig** bereits wahrgenommen, Höhenversätze von ca. 1,5 mm werden häufig bereits als störend empfunden. Bei noch größeren Höhenversätzen von ca. 2 mm und mehr wird nutzerseitig bereits eine deutliche Beeinträchtigung wahrgenommen (Stolpergefahr). Bei einer durchschnittlichen **handwerklichen Sorgfalt** bleiben ausführungsbedingte Höhenversätze zwischen benachbarten Platten zumeist auf ein Maß von ca. 0,5 bis ca. 1 mm begrenzt.

Nach Meinung des Verfassers stellt ein Toleranzmaß von ca. 1 bis 1,5 mm für einen **ausführungsbedingten Höhenversatz** benachbarter Platten mit geschliffener oder polierter Oberfläche ein Maß dar, das einerseits baupraktisch bei handwerklich sorgfältiger Arbeit eingehalten werden kann, andererseits auch nutzerseitig noch akzeptiert wird. Sofern für die Nutzung weiter gehende Anforderungen an die Ebenheit der Oberfläche des Belags gestellt werden (z. B. in optischer oder technisch-funktionaler Hinsicht), sollten hierzu besondere Vereinbarungen getroffen werden. Im Gegensatz zu den Bodenbelägen ist bei Bekleidungen wegen der in der Regel höheren optischen Anforderung und des geringeren Betrachtungsabstands ein Toleranzmaß von ca. 0,5 bis 1,0 mm für den Höhenversatz benachbarter Platten mit geschliffener oder polierter Oberfläche anzusetzen.

Soweit **Höhenversätze nachträglich** in einer fertiggestellten Konstruktion und damit als zeit- und lastabhängige Verformung **auftreten**, sind diese unabhängig von ausführungsbedingten Maßabweichungen zu beurteilen. Dies betrifft insbesondere Bodenbeläge auf Estrichkonstruktionen, die primär ursächlich eine Verformung des Estrichs und infolgedessen das Entstehen eines Höhenversatzes erfahren.

7.8 Ausführung von Betonwerksteinarbeiten

7.8.1 Maßtoleranzen nach VOB/C ATV DIN 18333 Betonwerksteinarbeiten

Für das **Einbauen, Verlegen und Versetzen von Betonwerkstein** findet die ATV DIN 18333:2019-09 „Betonwerksteinarbeiten“ Anwendung (vgl. Abb. C 7.45). Sie gilt nicht für Verkehrswegebauarbeiten (z. B. Plattenbeläge und Pflasterdecken), für das Herstellen von Bauteilen aus bewehrtem oder unbewehrtem Beton sowie nicht für Außenwandbekleidungen mit Platten bis 30 mm Nenndicke auf Unterkonstruktion.

Abb. C 7.45: Beispiel für die Ausführung von Betonwerksteinarbeiten

Maßabweichungen von den vorgeschriebenen Maßen sind bei der Ausführung von Betonwerksteinarbeiten nach ATV DIN 18333 in den durch DIN 18202 bestimmten Grenzen zulässig. Unebenheiten in den Oberflächen, die bei **Streiflicht** sichtbar werden, sind zulässig, wenn diese innerhalb der Toleranzen nach DIN 18202 liegen. Werden an die Ebenheit von Oberflächen **erhöhte Anforderungen** gemäß DIN 18202, Tabelle 3, Zeile 4, oder sonstige erhöhte Anforderungen an die Maßhaltigkeit gegenüber den in der genannten Norm aufgeführten Werten gestellt, so sind die hierfür zu treffenden Maßnahmen Besondere Leistungen. Diese umfassen auch Maßnahmen, die erforderlich werden zum Ausgleich von größeren Unebenheiten des Untergrundes als nach den Grenzwerten in DIN 18202 zulässig.

Als Bedenken im Sinne von VOB/B kommen in Betracht:

- größere Unebenheiten als nach DIN 18202 zulässig,
- fehlende Bezugspunkte,
- unzureichendes Gefälle in bewitterten Bereichen oder
- eine nicht ausreichende Konstruktionshöhe.

Das **Verlegen** von Platten aus Betonwerkstein erfolgt in flucht- und waagrechter **Ausrichtung** oder mit dem vorgegebenen Gefälle. Für Richtungsabweichungen finden die Grenzwerte für **Winkelabweichungen** nach DIN 18202 Anwendung.

Die **Ebenheitsabweichungen der Bauprodukte** sind in den Grenzwerten für Ebenheitsabweichungen nach DIN 18202 nicht enthalten und zusätzlich zu berücksichtigen.

Die **Fugen** zwischen den Platten und Werkstücken aus Betonwerkstein sind gemäß ATV DIN 18333, Abschnitt 3.7.1, gleichmäßig breit anzulegen. Maßabweichungen der Werkstücke sind in den Fugen auszugleichen. Die **Fugenbreiten** sind gemäß ATV DIN 18333, Abschnitt 3.7.2, bei Betonwerksteinplatten im Mörtelbett wie folgt anzulegen:

- bei größter Kantenlänge bis 60 cm: 3 mm Breite
- bei größter Kantenlänge über 60 cm: 5 mm Breite

Bei Betonwerksteinplatten ohne Mörtelbett, z. B. auf Stelzlagern, sind die Fugen mit einer Breite von 5 mm anzulegen.

Abb. C 7.46: Beispiel für eine variierende Fugenbreite mit uneinheitlichem Erscheinungsbild

Die **Toleranz für die Fugenbreite** ist aus technischer Sicht auf den Ausgleich von Maßabweichungen der Platten bzw. Bauteile zu begrenzen. Maßdifferenzen der Platten müssen auch möglichst gleich verteilt in den angrenzenden Fugenräumen ausgeglichen werden. Andernfalls ist ein einheitliches optisches Erscheinungsbild nicht mehr sichergestellt. Eine zusätzliche Ausführungstoleranz für die Fugenbreite ist nicht anzusetzen (vgl. Abb. C 7.46).

Höhenversätze benachbarter Platten sind gemäß ATV DIN 18333, Abschnitt 3.1.3, bei Belägen aus Betonwerkstein zulässig wie folgt:

- in Innenräumen:
  - bei Platten bis 0,25 m² — 1,5 mm
  - bei Platten über 0,25 bis 0,5 m² — 2 mm
  - bei Platten über 0,5 m² — nach Vereinbarung
- in bewitterten Bereichen:
  - bei Platten bis 0,25 m² — 2 mm
  - bei Platten über 0,25 m² — nach Vereinbarung
  - bei grob bearbeiteten Platten — 5 mm

In dem BIV-Merkblatt Nr. 1.05 „Hinweise zur Beurteilung von Überzähnen bei Fliesen- und Plattenbelägen“ (Stand/Ausgabe Juli 2019) des Bundesverbandes Deutscher Steinmetze (BIV) wird für Betonwerksteinbeläge ein maximal zulässiger Höhenversatz benachbarter Platten in Abhängigkeit von den Plattenabmessungen angegeben wie folgt:

- für den Normalbereich (üblicher Art und Güte):
  - Innenräume — 1,5 bis 2,0 mm
  - bewitterte Bereiche — 2,0 bis 5,0 mm
- für den untergeordneten Bereich (Nebenräume bzw. geringer Gebrauchswert): — 2,0 bis 3,0 mm
- für erhöhte Anforderungen (gesondert zu beauftragen; Besondere Leistung bzw. höherer Gebrauchswert): — 1,0 bis 1,5 mm

Höhenversätze benachbarter Bauteile fallen nicht in den Anwendungsbereich von DIN 18202. Sie sind gesondert zu regeln. Gemäß Abschnitt 5 der DIN 18202 sollen Sprünge und Absätze bei flächenfertigen Bodenbelägen vermieden werden (vgl. Hinweise zu Höhenversätzen bei Belägen aus Naturwerkstein in Teil C, Kapitel 7.7.3).

7.8.2 Ausführung von Belägen im Dünnbettverfahren nach DIN 18157-1

Für die Ausführung von Belägen mit **Betonwerkstein im Dünnbettverfahren** mit zementhaltigen Mörteln im Innen- und Außenbereich werden in DIN 18157-1:2017-04 Anforderungen an die Maßhaltigkeit angegeben.

Die Maßgenauigkeit einer Ansetz- und Verlegefläche muss der Genauigkeit der fertigen Belagfläche entsprechen. Abweichungen sind in den Grenzen der Maßabweichungen nach DIN 18202 zulässig. Größere Maßabweichungen sind vor dem Verlegen des Belags auszugleichen. In DIN 18157-1 wird darauf hingewiesen, dass eine **zusätzliche Spachtelung des Verlegeuntergrundes** erforderlich sein kann, – auch – wenn der Untergrund Ebenheitsabweichungen in den Grenzen der nach DIN 18202 zulässigen Ebenheitsabweichungen aufweist.

Eine Verlegung im Dünnbettverfahren lässt wegen der begrenzten Schichtdicke keinen nennenswerten Ausgleich von Maßabweichungen innerhalb des Dünnbettes zu. Hieraus leitet sich die Forderung nach einer Maßgenauigkeit der Ansetz- und Verlegefläche entsprechend der Genauigkeit des fertigen Belags ab. Weil aber nicht jeder Untergrund im Standardfall mit einer dem entsprechenden Genauigkeit hergestellt wird oder werden kann (z. B. Flächen im Rohbau oder bei Entfall eines ausgleichenden Estrichs bzw. eines Dickbettmörtels), kann eine zusätzliche **Ausgleichsschicht** erforderlich sein, z. B. als Spachtelung.

7.8.3 Maßabweichungen von Bauteilen aus Betonwerkstein

Angaben über zulässige Maßabweichungen einzelner **Bauteile aus Betonwerkstein** sind in ATV DIN 18333 nicht enthalten.

Für Abmessungen von Bauteilen aus Betonwerkstein können zwar die zulässigen Grenzabweichungen für Längen- und Breitenmaße nach DIN 18202, Tabelle 1, Zeile 1, Anwendung finden. Diese sind mit ± 10 mm (bei Nennmaßen bis 1 m) bzw. ± 12 mm (bei Nennmaßen über 1 bis 3 m) jedoch vergleichsweise groß. Bei Inanspruchnahme dieser Maßabweichungen ist die Verlegung mit einem einheitlichen Fugenbild nicht mehr gewährleistet. Aus technischer Sicht sind daher die **Grenzabweichungen gemäß DIN 18202** bei kleineren Bauteilabmessungen bzw. bei kleinformatigen Bauteilen nicht geeignet, um Maßabweichungen von Platten oder Bauteilen aus Betonwerkstein zu beurteilen.

Die in ATV DIN 18332, Abschnitt 2.1.2, enthaltenen **Grenzabweichungen** für Platten und Werkstücke aus **Naturwerkstein** können nach Meinung des Verfassers analog auch für die Ausführung von Betonwerksteinarbeiten Anwendung finden, wenn eine Bearbeitung (Zuschnitt bzw. Oberflächenbearbeitung, z. B. bei geschliffenen und geschnittenen Platten) vergleichbar mit der Bearbeitung von Naturwerkstein erfolgt. Die zulässigen **Maßabweichungen** betragen dann wie folgt:

- **für die Länge**:
  - bei einer Länge bis zu 600 mm ± 1 mm
  - bei einer Länge von mehr als 600 mm ± 2 mm
  - bei einer Dicke von mehr als 80 mm ± 5 mm
- **für den Winkel**:
  - bei einem vorgegebenen Winkel, bezogen auf die Kantenlänge 0,2 % bis zu maximal 2 mm

Abb. C 7.47: Beispiel für die Ausführung von Fliesen- und Plattenarbeiten

7.9 Ausführung von Fliesen- und Plattenarbeiten

7.9.1 Maßtoleranzen nach VOB/C ATV DIN 18352 Fliesen- und Plattenarbeiten

Für das **Ansetzen und Verlegen von Fliesen, Platten und Mosaik** aus Keramik oder Glas findet die ATV DIN 18352:2019-09 „Fliesen- und Plattenarbeiten" Anwendung (vgl. Abb. C 7.47). Sie gilt nicht für das Ansetzen und Verlegen von Fliesen, Platten oder Mosaik aus Naturwerksteinen und nicht für Platten aus Betonwerkstein.

Maßabweichungen von den vorgeschriebenen Maßen sind bei der Ausführung von Fliesen- und Plattenarbeiten nach ATV DIN 18352 in den durch DIN 18202 bestimmten Grenzen zulässig. Werden an die Ebenheit **höhere Anforderungen** gestellt als in DIN 18202, Tabelle 3, Zeile 3 und Zeile 6, angegeben oder sonstige erhöhte Anforderungen an die Maßhaltigkeit als in den einschlägigen Normen angegeben, so sind die hierfür zu treffenden Maßnahmen Besondere Leistungen. Diese umfassen auch Maßnahmen, die erforderlich werden zum Ausgleich von größeren Unebenheiten des Untergrundes als nach den Grenzwerten in DIN 18202 zulässig.

Der in anderen ATVen für die Ausführung von Bekleidungen und Belägen enthaltene Hinweis, wonach Unebenheiten in den Oberflächen, die bei **Streiflicht** sichtbar werden, zulässig sind, wenn diese innerhalb der Toleranzen nach DIN 18202 liegen, ist in ATV DIN 18352 nicht enthalten.

Als Bedenken im Sinne von VOB/B kommen in Betracht:

- größere Unebenheiten des Untergrundes als nach DIN 18202 zulässig,
- fehlende, ungenügende oder von den Angaben in den Ausführungsunterlagen abweichende Gefälle oder
- fehlende Bezugspunkte.

Die **Ebenheitsabweichungen der Bauprodukte** sind in den Grenzwerten für Ebenheitsabweichungen nach DIN 18202 nicht enthalten und zusätzlich zu berücksichtigen.

Die **Fugen** von Belägen aus Fliesen und Platten sind nach ATV DIN 18352 gleichmäßig breit anzulegen. Maßabweichungen der Fliesen bzw. Platten und ausführungsbedingte Abweichungen sind in den Fugen auszugleichen. Die technisch notwendige **Fugenbreite** beträgt 2 bis 8 mm, unabhängig von den Nennmaßen der Fliesen bzw. Platten. Die im Einzelfall gewählte Fugenbreite muss Art, Format, Materialtoleranz

Abb. C 7.48: Beispiel für einen Bodenbelag aus Mosaik verlegt im Dünnbettverfahren

und Verwendungszweck der Belagstoffe berücksichtigen. Eine größere Fugenbreite als die technisch notwendige kann deswegen erforderlich sein.

7.9.2 Ausführung von Belägen im Dünnbettverfahren nach DIN 18157-1

Für die Ausführung von Belägen mit **keramischen Fliesen und Platten im Dünnbettverfahren** mit zementhaltigen Mörteln im Innen- und Außenbereich werden in DIN 18157-1:2017-04 Anforderungen an die Maßhaltigkeit angegeben. Diese Norm gilt auch für andere Arten von Fliesen und Platten, z. B. Mosaik oder kunstharzgebundene Fliesen und Platten (vgl. Abb. C 7.48).

Die Maßgenauigkeit einer Ansetz- und Verlegefläche muss der Genauigkeit der fertigen Belagfläche entsprechen. Abweichungen sind in den Grenzen der Maßabweichungen nach DIN 18202 zulässig. Größere Maßabweichungen sind vor dem Verlegen des Belags auszugleichen. In DIN 18157-1 wird darauf hingewiesen, dass eine **zusätzliche Spachtelung des Verlegeuntergrundes** erforderlich sein kann, – auch – wenn der Untergrund Ebenheitsabweichungen in den Grenzen der nach DIN 18202 zulässigen Ebenheitsabweichungen aufweist.

Eine Verlegung im Dünnbettverfahren lässt wegen der begrenzten Schichtdicke keinen nennenswerten Ausgleich von Maßabweichungen innerhalb des Dünnbettes zu. Hieraus leitet sich die Forderung nach einer Maßgenauigkeit der Ansetz- und Verlegefläche entsprechend der Genauigkeit des fertigen Belags ab. Weil aber nicht jeder Untergrund im Standardfall mit einer dem entsprechenden Genauigkeit hergestellt wird oder werden kann (z. B. Flächen im Rohbau oder bei Entfall eines ausgleichenden Estrichs bzw. eines Dickbettmörtels), kann eine zusätzliche **Ausgleichsschicht** erforderlich sein, z. B. als Spachtelung.

Ein zusätzliches Ausgleichen zulässiger Ebenheitsabweichungen im Verlegeuntergrund kann insbesondere für **großformatige Fliesen und Platten** notwendig sein. Zudem sind die zulässigen Maßabweichungen der verlegten Platten mit einem Ebenheitsausgleich zu berücksichtigen. Dies gilt auch im Hinblick auf eine Vermeidung von Höhenversätzen benachbarter Platten.

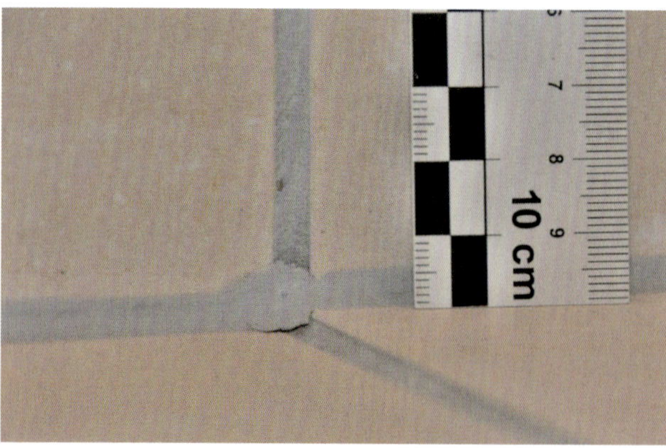

Abb. C 7.49: Beispiel für einen Höhenversatz benachbarter Platten eines Bodenbelags

7.9.3 Hinweise zu Höhenversätzen bei Belägen aus Fliesen oder Platten

In ATV DIN 18352 sind für Stoßstellen benachbarter Fliesen und Platten keine Regelungen hinsichtlich zulässiger **Höhenversätze** enthalten. Gemäß DIN 18202, Abschnitt 5, sollen bei flächenfertigen Bodenbelägen Sprünge und Absätze vermieden werden. Höhenversätze fallen jedoch nicht in den Anwendungsbereich der DIN 18202 (vgl. Abb. C 7.49).

In dem BIV-Merkblatt Nr. 1.05 „Hinweise zur Beurteilung von Überzähnen bei Fliesen- und Plattenbelägen" (Stand/Ausgabe Juli 2019) des Bundesverbandes Deutscher Steinmetze (BIV) wird für Fliesenbeläge ein maximal zulässiger Höhenversatz benachbarter Fliesen in Abhängigkeit von deren Abmessungen angegeben wie folgt:

- für den **Normalbereich** (üblicher Art und Güte): 1,3 mm
- für den **untergeordneten Bereich** (Nebenräume bzw. geringer Gebrauchswert): 1,3 bis 1,5 mm
- für **erhöhte Anforderungen** (gesondert zu beauftragen; Besondere Leistung bzw. höherer Gebrauchswert): 1,0 bis 1,3 mm

Erhöhte Anforderungen gehen über die normale Anforderung hinaus und sind wegen zusätzlich erforderlicher Leistungen in der Ausführung gesondert zu vereinbaren. In den angegebenen Grenzwerten sind Verlege- und Stofftoleranzen enthalten. Die genannten Grenzwerte für Höhenversätze sollen außerdem bei nicht mehr als 10 % der Platten auftreten (bezogen auf die gesamte Fläche).

Für die Beurteilung von Stoßstellen benachbarter Fliesen und Platten werden aus baupraktischer Erfahrung folgende **Grenzwerte für Höhenversätze** vorgeschlagen (vgl. Abb. C 7.50):

- bei Fliesen und Platten mit geschliffener oder polierter Oberfläche oder vergleichbarer Glasuroberfläche: ca. 1,0 bis 1,5 mm
- bei Fliesen und Platten mit nicht gleichmäßig egalisierter Oberfläche (z. B. rustikale Fliesen mit herstellungsbedingt unebener Oberfläche): Ebenheitsabweichung der Fliesen-/Plattenoberfläche zuzüglich ca. 1,5 mm ausführungsbedingter Abweichung

Die vorgenannten **Grenzwerte** für Höhenversätze können jedoch nur dann **angewendet** werden, wenn Funktion und Erscheinungsbild der geschlossenen Belagfläche durch ihre Ausnutzung nicht nachteilig beeinträchtigt werden. Für die Gebrauchstaug-

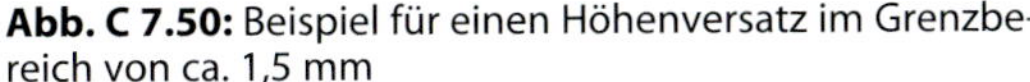

Abb. C 7.50: Beispiel für einen Höhenversatz im Grenzbereich von ca. 1,5 mm

Abb. C 7.51: Beispiel für einen scharfkantigen Höhenversatz benachbarter Platten von ca. 1,5 bis 2 mm, der haptisch deutlich und störend wahrnehmbar ist

lichkeit, insbesondere in häuslichen Bereichen bzw. Barfußbereichen, können Höhenversätze ab etwa 1,3 bis 1,5 mm bereits eine maßgebliche Beeinträchtigung darstellen. Die **Störwirkung eines Höhenversatzes** in einem Bodenbelag hängt auch von der Art der Kantenausbildung und der Oberflächenbeschaffenheit ab. Scharfkantig begrenzte Höhenversätze treten in der optischen und haptischen Wahrnehmbarkeit stärker hervor, als dies bei gerundeten Kanten der Fall ist (vgl. Abb. C 7.51). Die Formulierung eines absoluten Zahlenwertes als Grenzwert wird hierdurch erschwert. Für die praktische Beurteilung hat sich deshalb ein Bereich in der Größenordnung von ca. 1,0 bis 1,5 mm bzw. darüber bewährt, der die Situation des Einzelfalls im Hinblick auf die jeweilige Störwirkung berücksichtigt. Diese schließt auch optische Auffälligkeiten im Erscheinungsbild ein.

Im ZDB-Merkblatt „Höhendifferenzen“ (Ausgabe August 2019) des Zentralverbandes des Deutschen Baugewerbes (ZDB) wird die **handwerkliche Verlegetoleranz** von Bekleidungen und Belägen aus keramischen Fliesen und Platten hinsichtlich eines höhengleichen Übergangs zu angrenzenden Fliesen oder Platten mit 1,0 mm angegeben. Zu dieser Verlegetoleranz sind materialbedingte Maßabweichungen der Belagstoffe zu addieren.

Für die Ermittlung der **stoffbedingten Ebenheitsabweichungen ΔH** wird in diesem Merkblatt eine vereinfachte Formel zur Prüfung auf der Baustelle oder für den Fall, dass keine Rückstellproben zur Ermittlung der Maßabweichungen vorhanden sind, wie folgt angegeben:

- für Fliesen mit Presskanten:
  - zulässige ΔH = (Länge + Breite)/1.000 in mm
- für Fliesen mit rektifizierter Kante:
  - halber Wert der Summe der Seitenlängen

Für die Anwendung dieser Formel wird eine addierte Seitenlänge (Länge + Breite) $\leq$ 100 cm angegeben. Dies entspricht einer maximalen Stofftoleranz von 1,0 mm. Das Ergebnis dieser näherungsweisen Abschätzung ist ggf. mittels einer Laborprüfung an Rückstellproben abzusichern.

Die **Gesamttoleranz** für einen Höhenversatz benachbarter Fliesen und Platten ergibt sich nach der näherungsweisen Abschätzung der stoffbedingten Maßabweichung und einer handwerklichen Verlegetoleranz von 1,0 mm für unterschiedliche Fliesengrößen wie in Tabelle C 7.19 angegeben.

Tabelle C 7.19: Beispiel für die Abschätzung des zulässigen Höhenversatzes benachbarter Fliesen und Platten nach ZDB-Merkblatt „Höhendifferenzen" (Ausgabe August 2019)

Fliesengröße in cm	**(Länge + Breite)/1.000 + 1 mm (maximal zulässig 2,0 mm)**	**zulässige ΔH**
für Fliesen mit Presskanten		
10/10	(100 mm + 100 mm)/1.000 + 1 mm	1,2 mm
30/30	(300 mm + 300 mm)/1.000 + 1 mm	1,6 mm
40/40	(400 mm + 400 mm)/1.000 + 1 mm	1,8 mm
30/60	(300 mm + 600 mm)/1.000 + 1 mm	1,9 mm
50/50	(500 mm + 500 mm)/1.000 + 1 mm	2,0 mm
für Fliesen mit rektifizierter Kante		
40/40	(400 mm +400 mm)/1.000/2 + 1 mm	1,40 mm
30/60	(300 mm + 600 mm)/1.000/2 +1 mm	1,45 mm
50/50	(500 mm + 500 mm)/1.000/2 + 1 mm	1,50 mm

Die maximal zulässige Höhendifferenz beträgt:

- für Fliesen mit Presskanten: 2,0 mm
- für Fliesen mit rektifizierter Kante: 1,5 mm

Für **größere Formate** als in Tabelle C 7.19 angegeben sind keine über 2,0 mm hinausgehenden Grenzwerte zulässig.

Die Bemessung des zulässigen Höhenversatzes aus der Addition der Maßabweichungen der Stoffe und einem pauschalen Wert von 1 mm für die Verlegung führt zu einem Höhenversatz bis ca. 2 mm. In der Praxis fällt diese Größenordnung jedoch auf. Die **Erwartungshaltung** des Bestellers an eine übliche Leistung einerseits und die Ausführungsqualität bei **durchschnittlicher handwerklicher Sorgfalt** andererseits decken sich nach der Erfahrung zumeist in einem Bereich mit Höhenversätzen bis ca. 1,5 mm und darüber hinausgehend nur vereinzelt bzw. in unauffälligen Bereichen, also abhängig von der Wahrnehmung. Nach Meinung des Verfassers stellt ein Gesamtwert für den Höhenversatz in der Größenordnung von ca. 1 mm für kleinere Platten bzw. ca. 1,5 mm für größere Platten die obere Grenze der Toleranz dar. Größere Höhenversätze müssen unter den Bedingungen des Einzelfalls hinsichtlich der davon ausgehenden Störwirkung beurteilt werden.

Ausgehend von den in den Stoffnormen festgeschriebenen **Maßabweichungen für die Stoffe** bedeuten die vorgenannten Werte, dass für die **Verlegung** eine Toleranz in der Größenordnung von ca. 0,5 bis 1 mm bleibt. Stoffe, die eine maximale Maßab-

Abb. C 7.52: Beispiel einer Verlegung im Verband mit Höhendifferenzen an den T-Fugenstößen

weichung aufweisen, müssen mit erhöhter Sorgfalt bzw. mit einer geringeren ausführungsbedingten Maßabweichung verlegt werden. Stoffe, die die maximal zulässigen Maßabweichungen nicht aufweisen, können mit einer größeren Toleranz verlegt werden. Entscheidend für die **Gebrauchstauglichkeit** und das **optische Erscheinungsbild** ist, dass im fertigen Zustand in der Addition von Stofftoleranz und **Verlegetoleranz** ein Gesamtmaß von ca. 1 bis 1,5 mm nicht überschritten wird. In der Praxis bedeutet dies, dass bei der Verlegung abhängig von den tatsächlichen Maßabweichungen der Stoffe ggf. eine **Sortierung der Stoffe** vorgenommen werden muss. Ohne eine Sortierung, z. B. bei Verlegung im Akkord, können – vermeidbare – Höhenversätze auftreten, die nach baupraktischer Erfahrung dem üblicherweise zu erwartenden Ergebnis einer sorgfältigen Verlegearbeit nicht entsprechen.

Bei großen Formaten und/oder größeren Maßabweichungen der Stoffe spielt auch **der für die Verlegung gewählte Verband** eine wesentliche Rolle. Höhenversätze benachbarter Platten können bei einer Verlegung mit Kreuzfugen minimiert werden. Bei Verlegung im Halbverband ist hingegen mit einem maximalen Höhenversatz an den T-Fugen in der Größe der Längswölbung einer Plattenkante zu rechnen. Das Verlegemuster muss deswegen auf stoffbedingte Maßabweichungen und die Plattengröße abgestimmt werden (vgl. Abb. C 7.52).

7.9.4 Hinweise zur Ausrichtung des Fugenbildes

Fliesen, Platten und Mosaik sind gemäß ATV DIN 18352 fluchtrecht anzusetzen oder zu verlegen. Die vergleichsweise hohe Maßhaltigkeit der einzelnen Fliesen bzw. Platten und der Fugenbreite hat zur Folge, dass das **Fugenbild** nur dann insgesamt fluchtend mit den angrenzenden Bauteilen ausgerichtet werden kann, wenn die angrenzenden Bauteile selbst bzw. deren Oberflächen hinsichtlich ihrer Lage im Grundriss winkelgerecht bzw. fluchtrecht sind. Bei Ausnutzung der Grenzwerte für Winkelabweichungen von der Nennlage der angrenzenden Bauteile ist eine fluchtrechte Ausrichtung des Fugenbildes nach allen angrenzenden Bauteilen in der Regel nicht mehr möglich. In diesem Fall wird ein keilförmiges Zuschneiden der Fliesen bzw. Platten entlang der angrenzenden Bauteile erforderlich. In Abhängigkeit von der Gestaltung der Belagfläche sowie der Einsehbarkeit im fertigen Zustand können **keilförmig zulaufende Fugenbilder** optisch mehr oder weniger auffällig bzw. störend sein. Es ist daher erforderlich, das Fugenbild **vor Beginn** der Verlegung nach der Istlage der angrenzenden Bauteile so auszurichten, dass keilförmig verlaufende Zuschnitte nach Möglichkeit

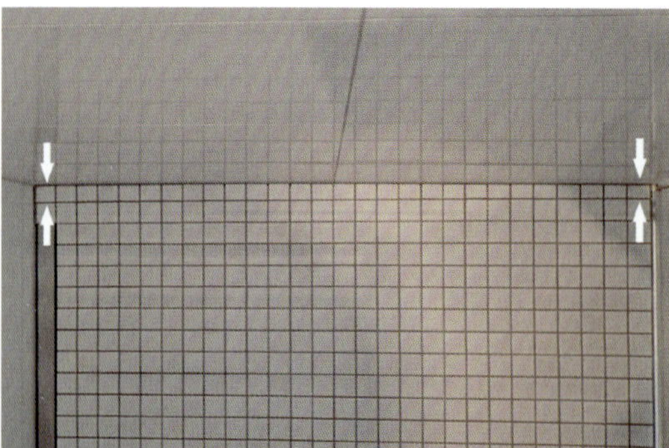

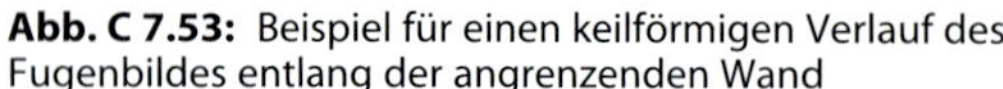

Abb. C 7.53: Beispiel für einen keilförmigen Verlauf des Fugenbildes entlang der angrenzenden Wand

Abb. C 7.54: Beispiel für die Ausführung von Parkettarbeiten

minimiert werden (z. B. durch Ausmittelung) oder dass diese in Bereichen angeordnet werden, die für das optische Erscheinungsbild nachrangig sind (vgl. Abb. C 7.53).

Bei der Ausführung von Belägen mit Fugen, die durch mehrere Räume laufen, ist dementsprechend die **Ausrichtung** des Fugenbildes nach den **angrenzenden Bauteilen** in allen betreffenden Räumen erforderlich. Dies erfordert eine sorgfältige messtechnische Erfassung des Istzustandes vor Beginn der Belagarbeiten.

7.10 Ausführung von Parkett- und Holzpflasterarbeiten

7.10.1 Maßtoleranzen nach VOB/C ATV DIN 18356 Parkett- und Holzpflasterarbeiten

Für das **Verlegen von Parkett** und Holzpflaster in Innenräumen findet die ATV DIN 18356:2019-09 „Parkett- und Holzpflasterarbeiten" Anwendung (vgl. Abb. C 7.54). Sie gilt nicht für das Verlegen von Lagerhölzern und Blindböden.

Maßabweichungen von den vorgeschriebenen Maßen sind bei der Ausführung von Parkettarbeiten nach ATV DIN 18356 in den durch DIN 18202 bestimmten Grenzen zulässig. Unebenheiten in den Oberflächen, die bei **Streiflicht** sichtbar werden, sind zulässig, wenn diese innerhalb der Toleranzen nach DIN 18202 liegen. Werden an die Ebenheit von Oberflächen erhöhte Anforderungen nach DIN 18202, Tabelle 3, Zeile 4, oder sonstige **erhöhte Anforderungen** an die Maßhaltigkeit gegenüber den in dieser Norm genannten Werten gestellt, so sind die erforderlichen Leistungen Besondere Leistungen. Diese umfassen auch Maßnahmen, die erforderlich werden zum Ausgleich von größeren Unebenheiten des Untergrundes als nach den Grenzwerten in DIN 18202 zulässig, sowie ein höhengleiches Anpassen, z. B. an den Flächenrändern.

Als Bedenken im Sinne von VOB/B kommen in Betracht:

- unrichtige Höhenlage der Oberfläche des Untergrundes im Verhältnis zur Höhenlage anschließender Bauteile oder
- größere Unebenheiten des Untergrundes als nach DIN 18202 zulässig.

Parkettbeläge mit örtlicher Versiegelung der Parketthölzer nach dem Einbau können frei von **Höhenversätzen an den Stoßstellen** hergestellt werden. Nach ATV DIN 18356, Abschnitt 3.2.7, ist genageltes Parkett nach dem Verlegen, geklebtes Parkett

Abb. C 7.55: Beispiel für vermeidbare Höhenversätze benachbarter Parkettstäbe, die nicht ausreichend formstabil eingebaut wurden

nach genügendem Abbinden des Parkettklebstoffes gleichmäßig abzuschleifen. Parketthölzer dürfen nach ATV DIN 18356, Abschnitt 3.2.1.4, beim Verlegen nur den zulässigen Feuchtigkeitsgehalt haben. Bei der Ausführung eines Parketts mit bündig **abgeschliffener Oberfläche** und einem weitgehenden Ausschluss von Formänderungen durch Schwinden und Quellen werden Höhenversätze an Stoßstellen benachbarter Parketthölzer vermieden (vgl. Abb. C 7.55). Bei Mehrschichtparkettelementen nach DIN EN 13489 ist der zulässige Überzahn bzw. Höhenversatz zwischen 2 benachbarten Elementen auf maximal 0,2 mm begrenzt. Gemäß DIN 18202, Abschnitt 5, sollen bei flächenfertigen Bodenbelägen Schwellen und Absätze vermieden werden. Höhenversätze fallen jedoch nicht in den Anwendungsbereich der DIN 18202, sodass sich hier keine Regelungen finden.

7.10.2 Qualitätsanforderung an die Ebenheit von Untergründen

Der **Untergrund eines Parkettbelags** bzw. Bodenbelags muss im Anwendungsbereich der DIN 18202 den Grenzwerten für Ebenheitsabweichungen nach Tabelle 3, Zeile 3, genügen (Anforderung für flächenfertige Böden, z. B. Estriche zur Aufnahme von Bodenbelägen oder Bodenbeläge, gespachtelte und geklebte Beläge). Diese Anforderung reicht für einige Bodenbeläge nicht aus, insbesondere im Hinblick auf das optische Erscheinungsbild der fertigen Belagoberfläche. Mitunter werden auch von den Herstellern der Bodenbeläge **höhere Anforderungen** an den Verlegeuntergrund gestellt.

In dem Technischen Hinweisblatt 02 „Qualitätsanforderung an die Ebenheit von Untergründen für Bodenbeläge und Parkett" (Stand Juli 2016) des Zentralverbands Parkett und Fußbodentechnik werden die **Ebenheitsklassen** E1 bis E4 definiert mit einer Beschreibung zusätzlicher Leistungen zur Reduzierung von Ebenheitsabweichungen des Verlegeuntergrundes für Beläge wie folgt:

- **Ebenheitsklasse E1**:
  - Oberfläche des Untergrundes innerhalb der zulässigen Grenzabweichungen nach DIN 18202, Tabelle 3, Zeile 3
- **Ebenheitsklasse E2**:
  - Oberfläche des Untergrundes innerhalb der zulässigen Grenzabweichungen nach DIN 18202, Tabelle 3, Zeile 3, und zusätzliche Spachtelung
  - Nenndicke der Spachtelung 1 mm (textiler Belag) bzw. 2 mm (elastischer Belag oder Parkett) und ggf. angeschliffen

- **Ebenheitsklasse E3**:
  - Oberfläche des Untergrundes innerhalb der zulässigen Grenzabweichungen nach DIN 18202, Tabelle 3, Zeile 4, und ggf. zusätzliche Spachtelung
  - Nenndicke der Spachtelung 2 mm (textiler Belag) bzw. 3 mm (elastischer Belag oder Parkett oder Laminat) und ggf. angeschliffen für Untergrund nach DIN 18202, Tabelle 3, Zeile 3 (normale Ebenheitsanforderung)
  - Nenndicke der Spachtelung 1 mm (textiler Belag) bzw. 2 mm (elastischer Belag oder Parkett oder Laminat) und ggf. angeschliffen für Untergrund nach DIN 18202, Tabelle 3, Zeile 4 (erhöhte Ebenheitsanforderung)
- **Ebenheitsklasse E4**:
  - Oberfläche des Untergrundes innerhalb der zulässigen Grenzabweichungen nach DIN 18202, Tabelle 3, Zeile 4, und ggf. zusätzliche Spachtelung; Oberfläche muss zudem sichtbar glatt sein
  - Nenndicke der Spachtelung 2 mm (textiler Belag) bzw. 3 mm (elastischer Belag oder Parkett) und ggf. angeschliffen sowie zusätzliche Teilspachtelung für Untergrund nach DIN 18202, Tabelle 3, Zeile 3 (normale Ebenheitsanforderung)
  - Nenndicke der Spachtelung 1 mm (textiler Belag) bzw. 2 mm (elastischer Belag oder Parkett) und ggf. angeschliffen sowie zusätzliche Teilspachtelung für Untergrund nach DIN 18202, Tabelle 3, Zeile 4 (erhöhte Ebenheitsanforderung)

Das Anschleifen hat jeweils nur die Funktion eines Reinigungsschliffs und dient zur Entfernung von leichten Oberflächenstörungen.

7.10.3 Hinweise zur Maßhaltigkeit von Dielenböden

Beläge aus Parkettstäben oder Dielen können genagelt oder geschraubt auf einer Unterkonstruktion oder alternativ schwimmend verlegt bzw. verklebt auf einer Estrichunterlage ausgeführt werden. Die Parkett- bzw. Dielenlage lässt aufgrund ihrer gleichmäßigen Schichtdicke einen **Ausgleich von Ebenheitsabweichungen** oder Winkelabweichungen in der Unterkonstruktion nicht zu. Die Oberseite der Unterkonstruktion zur Aufnahme der Parkettstäbe bzw. Dielen muss daher den Genauigkeitsanforderungen an die fertige Bodenfläche genügen. Bei der Ausführung eines Estrichs als Unterkonstruktion findet ein Ausgleich von Winkelabweichungen und Ebenheitsabweichungen durch eine Variation der Estrichschichtdicke statt. Die Estrichoberseite lässt sich mit vergleichsweise hoher Genauigkeit herstellen. Bei Bedarf können Maßabweichungen in der Estrichoberseite durch eine zusätzliche Spachtelung ausgeglichen werden.

Bei der Ausführung einer **Tragkonstruktion** aus Holz für die Aufnahme verschraubter oder genagelter Parkettstäbe oder Dielen wird die Unterkonstruktion in der Regel unmittelbar auf dem Rohboden verlegt. Die Oberseite der Unterkonstruktion muss den Maßanforderungen an die fertige Bodenbelagsfläche genügen. Maßabweichungen der Rohdecke müssen deshalb vor dem Aufbringen der Unterkonstruktion oder alternativ durch eine variable Dicke der Unterkonstruktion selbst ausgeglichen werden.

Für den Fall eines **Toleranzausgleichs** in der Unterkonstruktion wird ein passgenaues Unterfüttern an allen Auflagerstellen der Unterkonstruktion z. B. durch das Einlegen von Distanzblättchen unterschiedlicher Dicke erforderlich. Sofern die Unterkonstruktion in gleichmäßiger Schichtdicke hergestellt werden soll, ist der Untergrund für die Unterkonstruktion mit einem Ausgleichsestrich entsprechend den Genauigkeitsanforderungen für den fertigen Belag vorzubereiten (vgl. Abb. C 7.56).

Abb. C 7.56: Beispiel für die Unterkonstruktion eines Dielenbodens mit Höhenausgleich an allen Auflagerstellen unter Verwendung von Distanzplättchen

Abb. C 7.57: Beispiel für einen keilförmig zulaufenden Parkettanschluss am Übergang zweier Flächen, die nicht in einer einheitlichen Flucht ausgerichtet sind

Abb. C 7.58: Beispiel für einen sichtbar keilförmig zulaufenden Parkettanschluss längs einer Türschwelle

7.10.4 Hinweise zur Ausrichtung des Fugenbildes bei Parkettböden

Parkettböden, Dielenböden usw. sind in ihrem Erscheinungsbild geprägt durch eine gleichmäßige, **linien- oder rasterförmige Flächenteilung**. In den Randbereichen einer Belagsfläche verlaufen deren strukturbedingte Linien entlang der aufgehenden Wände bzw. angrenzenden Bauteile. Die Bodenbeläge sind flucht- und winkelgerecht zu verlegen, um ein optisch möglichst einheitliches Erscheinungsbild auch entlang der Flächenränder zu gewährleisten. Geringe Abstände zwischen einer strukturbedingt sichtbaren Linienteilung des Belags und angrenzenden Bauteilen (z. B. entlang eines Wandanschlusses oder einer Türschwelle) haben zur Folge, dass bereits kleine **Abweichungen in der Parallelität der Sichtlinien** optisch gut wahrgenommen werden können (vgl. Abb. C 7.57 und Abb. C 7.58). Dies kann bereits dann der Fall sein, wenn Winkelabweichungen im Grundriss (z. B. Wandschiefstellungen) innerhalb der zulässigen Grenzwerte nach DIN 18202 vorliegen. Zur Vermeidung sichtbar schief zulaufender Kanten ist es zweckmäßig, die Lage der Flächenränder frühzeitig auf Maßhaltigkeit zu kontrollieren und den Belag unmittelbar vor dem Einbau sorgfältig nach allen Rändern so auszurichten, dass Abweichungen nach Möglichkeit gleichmäßig verteilt oder in Bereichen angeordnet werden, die nicht unmittelbar einsehbar sind.

Abb. C 7.59: Beispiel für eine klaffende Anschlussfuge zwischen Parkettbelag und Sockelleiste aufgrund von Ebenheitsabweichungen des Bodenbelags

7.10.5 Hinweise zur Passung von Sockelleisten

Bodenbeläge aus Parkett oder in der Oberfläche vergleichbar glatte Oberbeläge dürfen im Anwendungsbereich der DIN 18202 im **fertigen Zustand** Ebenheitsabweichungen innerhalb der Toleranzen nach DIN 18202, Tabelle 3, aufweisen. Der Grenzwert beträgt danach im Regelfall 4 mm Stichmaß bezogen auf 1 m Messpunktabstand bzw. 7 mm Stichmaß bezogen auf 2 m Messpunktabstand usw.

Sockelleisten zur Abdeckung der Randanschlussfuge des Belags werden in der Regel werkmäßig als Profile (insbesondere Holzprofile) mit einer deutlich geringeren Abweichung von der Geradlinigkeit hergestellt als die Ebenheitstoleranz des Belags. Die Schnittstelle zwischen der unmittelbar auf den Belag gesetzten Sockelleiste und der Oberfläche des fertigen Belags ist gekennzeichnet durch diese unterschiedlichen Genauigkeitsanforderungen für Belag bzw. Sockelleiste. Die **Anschlussfuge zwischen Oberkante Belag und Unterkante Sockelleiste** muss die Abweichungen insbesondere des Belags aufnehmen und kann deswegen entsprechend wellenförmig aufklaffend in Erscheinung treten (vgl. Abb. C 7.59).

Nach baupraktischer Erfahrung bleiben die regelmäßig auftretenden Abweichungen des Belags – entsprechend dem statistischen Charakter der tatsächlichen Fehlerverteilung – deutlich unterhalb der Grenzwerte und das üblicherweise zu erwartende optische Erscheinungsbild wird hierdurch überwiegend nicht störend beeinträchtigt. Gleichwohl ist ein **passgenauer Fugenanschluss** im Anwendungsbereich der DIN 18202 nicht zwingend zu erwarten. Bei besonderen gestalterischen Anforderungen an den Sockelleistenanschluss können zusätzliche genauigkeitsverbessernde Maßnahmen im Bereich der Fußbodenkonstruktion oder auch ein Anpassen der Sockelleiste an den Verlauf der Bodenfläche zweckmäßig sein.

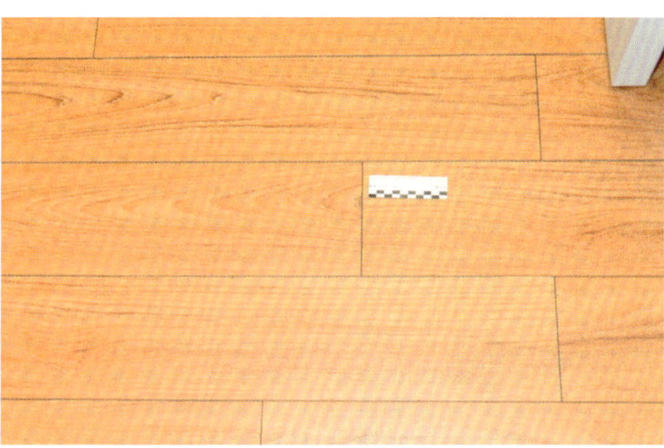

Abb. C 7.60: Beispiel für die Ausführung eines Bodenbelags aus Kunststoff

7.11 Ausführung von Bodenbelagarbeiten – Maßtoleranzen nach VOB/C ATV DIN 18365 Bodenbelagarbeiten

Für das **Verlegen von Bodenbelägen** in Bahnen und Platten aus Linoleum, Kunststoff, Elastomer, Textilien und Kork sowie für das Verlegen von mehrschichtigen Elementen findet die ATV DIN 18365:2019-09 „Bodenbelagarbeiten" Anwendung (vgl. Abb. C 7.60). Dieses Regelwerk gilt nicht für das Verlegen von Belägen aus Naturwerkstein, Betonwerkstein, Fliesen und Platten, Estrich, Gussasphalt, Parkett und Holzpflaster.

Maßabweichungen von den vorgeschriebenen Maßen sind bei der Ausführung von Bodenbelagarbeiten nach ATV DIN 18365 in den durch DIN 18202 bestimmten Grenzen zulässig. Unebenheiten in den Oberflächen, die bei **Streiflicht** sichtbar werden, sind zulässig, wenn diese innerhalb der Toleranzen nach DIN 18202 liegen. Werden an die Ebenheit von Oberflächen erhöhte Anforderungen nach DIN 18202, Tabelle 3, Zeile 4, oder sonstige **erhöhte Anforderungen** an die Maßhaltigkeit gegenüber den in dieser Norm genannten Werten gestellt, so sind die erforderlichen Leistungen Besondere Leistungen. Diese umfassen auch Maßnahmen, die erforderlich werden zum Ausgleich von größeren Unebenheiten des Untergrundes als nach den Grenzwerten in DIN 18202 zulässig, sowie ein höhengleiches Anpassen, z. B. an den Flächenrändern.

Als Bedenken im Sinne von VOB/B kommen in Betracht:

- größere Winkel- und Ebenheitsabweichungen des Untergrundes als nach DIN 18202 zulässig oder
- unrichtige Höhenlage der Oberfläche des Untergrundes im Verhältnis zur Höhenlage anschließender Bauteile.

Abb. C 8.1: Beispiel für Fensterelemente

8 Fenster und Türen

8.1 Grundlegende Passungsanforderungen

8.1.1 Maßtoleranzen im Hochbau nach DIN 18202

Für Bauwerke und Bauteile – einschließlich **Fenster und Türen** – gelten die Maßtoleranzen nach DIN 18202 baustoffunabhängig im Rohbau und im Ausbau. Sie sind anzuwenden, soweit nicht andere Genauigkeiten vereinbart werden, und stellen die für Standardleistungen bzw. Bauteile und Bauwerke durchschnittlich üblicher Ausführungsart zu erreichende Genauigkeit dar. Für Fenster- und Türelemente betrifft dies insbesondere die Schnittstelle für den Einbau von Bauelementen in das Bauwerk (vgl. Abb. C 8.1).

Die **Grenzabweichungen für Maße**, insbesondere bei **Öffnungen für Einbauteile**, betragen gemäß DIN 18202, Tabelle 1, wie folgt (vgl. Tabelle C 8.1):

Tabelle C 8.1: Grenzabweichungen für Bauwerksmaße nach DIN 18202:2019-07, Tabelle 1

Spalte	1	2	3	4	5	6	7
Zeile	**Bezug**	**Grenzabweichungen in mm** bei Nennmaßen					
		bis 1 m	**über 1 bis 3 m**	**über 3 bis 6 m**	**über 6 bis 15 m**	**über 15 bis 30 m**	**über 30 m**
1	**Maße im Grundriss**	±10	±12	±16	±20	±24	±30
2	**Maße im Aufriss**	±10	±16	±16	±20	±30	±30
3	**lichte Maße im Grundriss**	±12	±16	±20	±24	±30	
4	**lichte Maße im Aufriss**	±16	±20	±20	±30		
5	**Öffnungen**[1)]	±10	±12	±16			
6	**Öffnungen, oberflächenfertige Leibungen**	±8	±10	±12			

[1)] Innentüren siehe DIN 18100

Die **Grenzwerte für Winkelabweichungen**, insbesondere bei Öffnungen für Einbauteile, betragen gemäß DIN 18202, Tabelle 2, wie folgt (vgl. Tabelle C 8.2):

Tabelle C 8.2: Grenzwerte für Winkelabweichungen nach DIN 18202:2019-07, Tabelle 2

Spalte	1	2	3	4	5	6	7	8
Zeile	**Bezug**	**Stichmaße als Grenzwerte in mm** bei Nennmaßen						
		bis 0,5 m	**über 0,5 bis 1 m**	**über 1 bis 3 m**	**über 3 bis 6 m**	**über 6 bis 15 m**	**über 15 bis 30 m**	**über 30 m**
1	**alle Flächen**	3	6	8	12	16	20	30

Die **Grenzwerte für Ebenheitsabweichungen** im Bereich von Öffnungen für Einbauteile betragen gemäß DIN 18202, Tabelle 3, wie folgt (vgl. Tabelle C 8.3):

Tabelle C 8.3: Grenzwerte für Ebenheitsabweichungen nach DIN 18202:2019-07, Tabelle 3

Spalte	1	2	3	4	5	6
Zeile	**Bezug**	**Stichmaße als Grenzwerte in mm** bei Messpunktabständen				
		bis 0,1 m	**bis 1 m**[1)]	**bis 4 m**[1)]	**bis 10 m**[1)]	**bis 15 m**[1),2)]
1	**nicht flächenfertige Oberseiten von Decken** und Böden	10	15	20	25	30
2a	wie Zeile 1, jedoch zur Aufnahme von Bodenaufbauten	5	8	12	15	20
2b	**flächenfertige Oberseiten von Decken und** Bodenplatten **für untergeordnete Zwecke**	5	8	12	15	20
3	**flächenfertige Böden**	2	4	10	12	15
4	wie Zeile 3, jedoch mit erhöhten Anforderungen	1	3	9	12	15
5	**nicht flächenfertige Wände und Unterseiten** von Decken	5	10	15	25	30
6	**flächenfertige Wände und Unterseiten** von Decken	3	5	10	20	25
7	wie Zeile 6, jedoch mit erhöhten Anforderungen	2	3	8	15	20

1) Zwischenwerte sind den Bildern 6 und 7 der DIN 18202:2019-07 zu entnehmen und auf ganze Millimeter zu runden.
2) Die Grenzwerte für Ebenheitsabweichungen der Spalte 6 gelten auch für Messpunktabstände über 15 m.

Die **Grenzwerte für Fluchtabweichungen** bei Stützen betragen gemäß DIN 18202, Tabelle 4, wie folgt (vgl. Tabelle C 8.4):

Tabelle C 8.4: Grenzwerte für Fluchtabweichungen bei Stützen nach DIN 18202:2019-07, Tabelle 4

Spalte	1	2	3	4	5	6
Zeile	**Bezug**	**Stichmaße als Grenzwerte in mm** bei Nennmaßen als Messpunktabstand				
		bis 3 m	**über 3 bis 6 m**	**über 6 bis 15 m**	**über 15 bis 30 m**	**über 30 m**
1	zulässige Abweichung von der Flucht	8	12	16	20	30

8.1.2 Maßtoleranzen für Türöffnungen nach DIN 18100

Für **Wandöffnungen**, in welche **Türen** eingebaut werden können, werden in DIN 18100:1983-10 „Türen; Wandöffnungen für Türen" Maße als **Baurichtmaße** und zulässige Maßabweichungen für die Öffnungsbreite und die Öffnungshöhe angegeben (vgl. Abb. C 8.2).

Die zulässigen Maßabweichungen einer Öffnung werden unter Bezugnahme auf DIN 18202-1:1969-03, Tabelle 1, für die Breite mit ± 10 mm und für die Höhe mit +10/–5 mm festgelegt. Diese Toleranzen sind jedoch in der geltenden Ausgabe DIN 18202:2019-07 nicht mehr enthalten.

Im Rahmen der DIN 18100:1983-10 werden die Nennmaße aus den Baurichtmaßen wie folgt abgeleitet:

- Baurichtmaß +10 mm = Nennmaß der Wandöffnungsbreite
- Baurichtmaß +5 mm = Nennmaß der Wandöffnungshöhe
- zulässiges Mindestmaß (Kleinstmaß) = Baurichtmaß bzw. Nennmaß –10 mm für die Wandöffnungsbreite bzw. Nennmaß –5 mm für die Wandöffnungshöhe
- zulässiges Höchstmaß (Größtmaß) = Baurichtmaß +20 mm für die Wandöffnungsbreite bzw. Nennmaß +10 mm = Baurichtmaß +15 mm für die Wandöffnungshöhe bzw. Nennmaß +10 mm

Anmerkung: Nennmaße für die Höhe beziehen sich auf die Oberkante Fertigfußboden (OKFF), d. h., der Boxbereich für den Boden ist zusätzlich zu berücksichtigen.

Für das Beispiel einer **Normtüröffnung** mit dem Baurichtmaß 875 mm × 2.000 mm ergibt sich ein Nennmaß von 885 mm × 2.005 mm, ein zulässiges Mindestmaß von 875 mm × 2.000 mm und ein zulässiges Höchstmaß von 895 mm × 2.015 mm (vgl. Abb. C 8.3).

Abb. C 8.2: Beispiel einer Wandöffnung für eine Tür

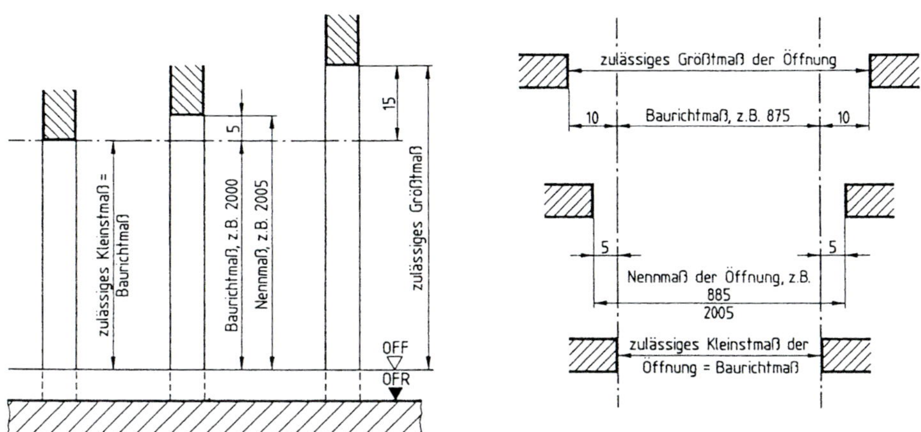

Abb. C 8.3: Darstellung von Baurichtmaß, Mindestmaß (Kleinstmaß) und Höchstmaß (Größtmaß) für Türöffnungen (Quelle: DIN 18100:1983-10, Bild A.1. – Schnitt – und Bild A.2. – Grundriss)

In der aktuellen Ausgabe DIN 18202:2019-07, Tabelle 1, wird die zulässige Grenzabweichung für Türöffnungen mit ± 10 mm (bis 1 m Nennmaß) bzw. ± 12 mm (über 1 bis 3 m Nennmaß) angegeben. Für ein Nennmaß von 885 mm × 2.005 mm ergibt sich somit ein Baurichtmaß (= zulässiges Mindestmaß) von 875 mm × 1.993 mm und ein zulässiges Höchstmaß (Größtmaß) von 895 mm × 2.017 mm. Die **unterschiedlichen Maßtoleranzen für Wandöffnungen** in den beiden geltenden Normen DIN 18100 und DIN 18202 sind in der Planung – insbesondere durch Angabe eines gewollten Toleranzbereichs – zu berücksichtigen. Hierbei sind die unterschiedlichen Mindestmaße für die Öffnung besonders erheblich, weil das Mindestmaß nach DIN 18202 kleiner ist als das Mindestmaß nach DIN 18100, die Passung des Türelementes nach DIN 18100 in eine Öffnung nach DIN 18202 also nicht sichergestellt ist (vgl. Tabelle C 8.5).

Tabelle C 8.5: Gegenüberstellung der Mindest- und Höchstmaße nach DIN 18202:2019-07 und DIN 18100:1983-10 für eine Türöffnung mit dem Baurichtmaß 875 mm × 2.000 mm

Anforderung	nach DIN 18100 in mm		nach DIN 18202 in mm	
	Breite	Höhe	Breite	Höhe
Baurichtmaß	875	2.000	–	–
Nennmaß	885	2.005	885	2.005
Mindestmaß	875	2.000	875	1.993
Höchstmaß	895	2.015	895	2.017

In DIN 18202:2019-07 wird auf die Abweichung der Anforderungen nach DIN 18100 mit einer Fußnote zu Tabelle 1, Zeile 5, Grenzabweichungen für Öffnungen, hingewiesen.

Für die **Fügestelle** eines Türelementes im Rohbau ist die Passung zu bemessen unter Berücksichtigung des zulässigen Boxbereiches für Maßabweichungen der unterschiedlichen Abweichungsarten nach DIN 18202 (Form und Lage einer Wandöffnung) und des Boxbereiches nach DIN 18100. Mit der Einhaltung aller Anforderungen wird der jeweils kleinste Boxbereich maßgebend. Die Größe dieses maßgebenden Boxbereiches ist außerdem auf die konstruktiven Möglichkeiten des einzufügenden Elementes, z. B. die Formgebung einer Zarge am Wandanschluss, abzustimmen.

8.1.3 Maßtoleranzen für den Einbau von Türblättern in Türzargen nach DIN 18101

Bezugsgröße für die Einbauhöhe einer Tür ist nach DIN 18101:2014-08 „Türen – Türen für den Wohnungsbau – Türblattgrößen, Bandsitz und Schlosssitz – Gegenseitige Abhängigkeit der Maße" die **Nennlage der Oberfläche des fertigen Fußbodens** (OKFF) (vgl. Abb. C 8.4). Diese Norm stimmt die gegenseitige Abhängigkeit der Maße zwischen Türzarge und Türblatt ab. Auch das Passungsspiel von Türblatt und Türzarge wird nach dieser Norm auf die Nennlage OKFF bezogen (z. B. auf den Meterriss), nicht jedoch auf die am Bau feststellbare Istlage des fertigen Fußbodens (z. B. die Höhensituation der Estrichoberfläche). DIN 18101 ist damit nicht Grundlage der Maßüberprüfung im fertig eingebauten Zustand, soweit es die Nennlage OKFF betrifft. Die Höhensituation des Fußbodens wird unabhängig von der Höhensituation der Türzarge ebenfalls auf die Nennlage OKFF bezogen. Das sich hieraus ergebende Passungsspiel für die Abstimmung der Höhensituation einer Türzarge auf die tatsächlich ausgeführte Höhensituation der Fußbodenoberfläche ist also durch einen geeigneten Bauablauf (z. B. Einbau der Zargen nach Fertigstellung der Fußbodenoberfläche) oder durch geeignete Ausgleichskonstruktionen (z. B. nachträglich einzubauende Schwellenprofile) zu berücksichtigen.

Bei korrekter Planung und idealer Bauausführung stimmt die Istlage OKFF mit der Nennlage OKFF überein. Die Höhenlage der Fußbodeneinstandsmarkierung bei Stahl-

Abb. C 8.4: Beispiel für den Einbau eines Türelementes

zargen bzw. der Unterkante der Zargenseitenteile bei Holzzargen ist dann identisch mit der Oberfläche des fertigen Fußbodens. In diesem speziellen Fall kann die maßliche Überprüfung der Türzarge, ausgehend von der Oberfläche des fertigen Fußbodens (dann Nennlage OKFF), vorgenommen werden.

Die Istlage der Oberfläche des fertigen Fußbodens darf jedoch von der Nennlage OKFF innerhalb der Toleranzen nach DIN 18202 abweichen. Für die **nachträgliche Überprüfung der Höhensituation** eines Türelementes ist also zunächst die Nennlage OKFF zu rekonstruieren. Sodann sind die Maßabweichungen für die Einbauhöhe der Türzarge bezogen auf die Nennlage OKFF und – getrennt hiervon – die Maßabweichungen der Istlage OKFF von der Nennlage OKFF zu ermitteln. Die Höhensituation des Türelementes darf innerhalb der Toleranzen nach DIN 18101 von der Nennlage OKFF abweichen. Für die Maßabweichung der Istlage OKFF von der Nennlage OKFF sind die Toleranzen nach DIN 18202 maßgeblich. Die am Bau vorhandene Istlage OKFF darf nur dann zu Kontroll- und Prüfzwecken für Höhenmaße an der Tür benutzt werden, wenn nachgewiesen ist, dass Nennlage OKFF und Istlage OKFF identisch sind.

Eine Inanspruchnahme aller zulässigen Toleranzen für die Einbausituation des Türelementes (nach DIN 18101) und für die Maßhaltigkeit des Bodenaufbaus (nach DIN 18202) im Sinne einer Addition der jeweils größten zulässigen Abweichungen würde der Ausführung eines durchschnittlich üblichen **unteren Luftspaltes** mit einer Breite von ca. 4 bis ca. 10 mm nicht mehr entsprechen. Bei der Beurteilung des Einzelfalles sind also sowohl die Abweichungen des Türelementes von der Nennlage OKFF und die Abweichungen der Istlage der Bodenfläche von der Nennlage OKFF als auch das Maß für den unteren Luftspalt zu berücksichtigen.

Maßabweichungen in der Höhe benachbarter Türelemente werden vermieden mit einer Ausrichtung aller Türelemente mit ihrer Fußbodeneinstandsmarkierung oder der Meterrissmarkierung nach der gemeinsamen Nennlage OKFF. Benachbarte Türelemente sind dementsprechend in einheitlicher Höhe und nicht jeweils ausgerichtet nach der Istlage des Bodens im Türbereich zu setzen (vgl. Abb. C 8.5).

Abb. C 8.5: Beispiel für benachbarte Türelemente mit einheitlicher Nennhöhe

Abb. C 8.6: Beispiel für den unteren Luftspalt zwischen Türblatt und Bodenfläche

Die lichte Durchgangshöhe bei Türen für den Wohnungsbau ist nach DIN 18101, Abschnitt 2, ebenfalls auf die Nennlage OKFF bezogen. Untere Bezugskante ist bei Stahlzargen die Fußbodeneinstandsmarkierung, bei Holzzargen die Unterkante der Zargenseitenteile.

Ausgehend von der unteren Bezugskante ergibt sich für die **lichte Zargenhöhe** im Falz *G* nach DIN 18101, Tabelle 1, ein Maß von 1,983 m (bei Wandöffnungen 2,00 m) bzw. von 2,108 m (bei Wandöffnungen 2,125 m). Für die Ermittlung der lichten Durchgangshöhe ist von diesen Maßen jeweils die Falzbreite am Sturz in Abzug zu bringen. Für Stahlzargen für gefälzte Türblätter nach DIN 18101, Tabelle 1, ergibt sich dann ein lichtes Zargendurchgangsmaß von 1,968 m (für Wandöffnungen 2,00 m) bzw. von 2,093 m (für Wandöffnungen 2,125 m).

Für den **Luftspalt zwischen Türblatt und Türzarge** werden für einflüglige Türen im Wohnungsbau mit Türblättern in gefälzter Ausführung in DIN 18101 Maße für die Türzarge und das Türblatt sowie deren gegenseitige Abhängigkeit einschließlich der Lage der Türbänder und des Türschlosses (Bandsitz und Schlosssitz) festgelegt. Diese Norm gilt nicht für Sondertüren im Wohnungsbau, wie z. B. Wohnungsabschlusstüren, einbruchhemmende Türen, Rauchschutztüren oder Feuerschutztüren.

Für den **längsseitigen Luftspalt** zwischen Türblatt und Türzarge ergibt sich gemäß DIN 18101, Abschnitt 5, aus der Addition der zulässigen Abweichungen von Türblattfalzmaß und lichter Zargenbreite im Falz sowie eines funktionsnotwendigen Luftspaltes für die Längsseiten ein Gesamtluftspalt von maximal 9,0 mm und minimal 5,0 mm. Der einzelne Luftspalt darf 2,0 mm nicht unterschreiten und 6,5 mm nicht überschreiten. Die Toleranz für den Luftspalt beträgt somit (6,5 – 2,5 =) 4,0 mm.

Der **obere Luftspalt** zwischen Türflügel und Türzarge darf nach DIN 18101, Abschnitt 5, einen Wert von 2,0 mm nicht unterschreiten und einen Wert von 6,5 mm nicht überschreiten. Die Toleranz für den oberen Luftspalt beträgt somit (6,5 – 2,0 =) 4,5 mm.

Für den **unteren Luftspalt zwischen Türblatt und Bodenfläche** wird in den Erläuterungen zur DIN 18101 ein rechnerisches Nennmaß von 7 mm angegeben (vgl. Abb.

C 8.6). Dieser Wert ergibt sich aus den Maßen für gefälzte Türblätter und Türzargen nach DIN 18101, Tabelle 1, wie folgt (vgl. Tabelle C 8.6):

- lichte Zargenhöhe im Falz (obere Bezugskante) *G*: 1.983 mm +0/–2 mm bzw. 2.108 mm +0/–2 mm
- Türblattfalzmaß für die Höhe *D*: 1.972 mm +2/–0 mm bzw. 2.097 mm +2/–0 mm

Tabelle C 8.6: Maße für gefälzte Türblätter und Türzargen nach DIN 18101:2014-08, Tabelle 1 und Tabelle 2

Baurichtmaße in mm		Maße am Türblatt in mm				Maße an der Türzarge in mm		
Wandöffnungen für Türen (siehe DIN 18100)		Türblattaußenmaße für gefälzte Türen (Typmaße gefälzte Türen)		Türblattaußenmaße für stumpf einschlagende Türen und Falzmaße gefälzter Türen (Typmaße stumpfe Türen)		Drückerhöhe bis Oberkante Türfalz bzw. Oberkante Türblatt bei stumpf einschlagenden Türen[1)]	Breite im Zargenfalz[2)] (seitliche Bezugskante auf der Bandseite)	Höhe im Zargenfalz[3)] (obere Bezugskante)
				zulässige Abweichung		zulässige Abweichung	zulässige Abweichung	
				± 1	+2/–0		± 1	+0/–2
Breite	Höhe	Breite *A*	Höhe *B*	Breite *C*	Höhe *D*	Höhe *E*	Breite *F*	Höhe *G*
875	1.875	860	1.860	834	1.847	804	841	1.858
625	2.000	610	1.985	584	1.972	929	591	1.983
750	2.000	735	1.985	709	1.972	929	716	1.983
875	2.000	860	1.985	834	1.972	929	841	1.983
1.000	2.000	985	1.985	959	1.972	929	966	1.983
750	2.125	735	2.110	709	2.097	1.054	716	2.108
875	2.125	860	2.110	834	2.097	1.054	841	2.108
1.000	2.125	985	2.110	959	2.097	1.054	966	2.108
1.125	2.125	1.110	2.110	1.084	2.097	1.054	1.091	2.108

[1)] Dieses Maß ergibt rechnerisch eine Drückerhöhe von 1.050 mm ab Oberfläche Fertigfußboden.
[2)] Die lichte Zargenbreite ist je nach Zargenkonstruktion etwa 20 bis 30 mm geringer; die genauen Maße sind ggf. beim Hersteller der Zarge zu erfragen.
[3)] Die lichte Zargenhöhe bei Zargen ohne Oberblende ist je nach Zargenkonstruktion etwa 10 bis 15 mm geringer; die genauen Abmessungen sind ggf. beim Hersteller der Zarge zu erfragen.

Maße in Millimeter

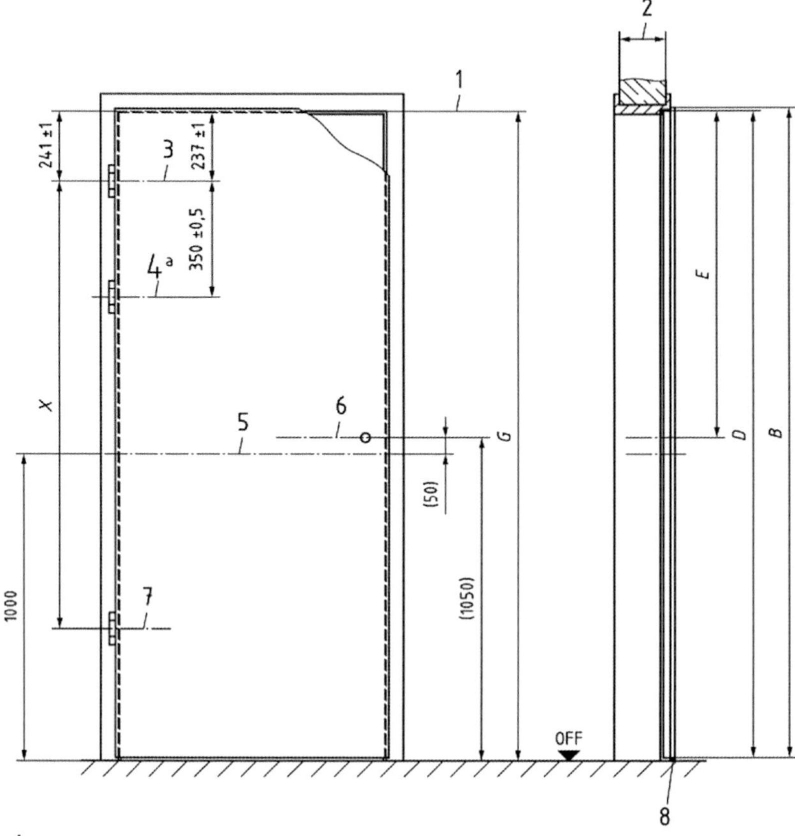

Legende

1 obere Bezugskante (Zargenfalz)
2 fertige Wanddicke
3 Bandbezugslinie nach DIN 18268, für das obere Band
4 Bandbezugslinie nach DIN 18268, für das 3. Band [a]
5 Meterriss
6 Drückerhöhe
7 Bandbezugslinie nach DIN 18268, für das untere Band
8 unterer Luftspalt

B, D, E, G, X Maße siehe Tabelle 2

[a] Das 3. Band kann optional gewählt werden.

Abb. C 8.7: Maße von Zargen und gefälztem Türblatt; OFF entspricht OKFF (Quelle: DIN 18101:2014-08, Bild 1)

Maße in Millimeter

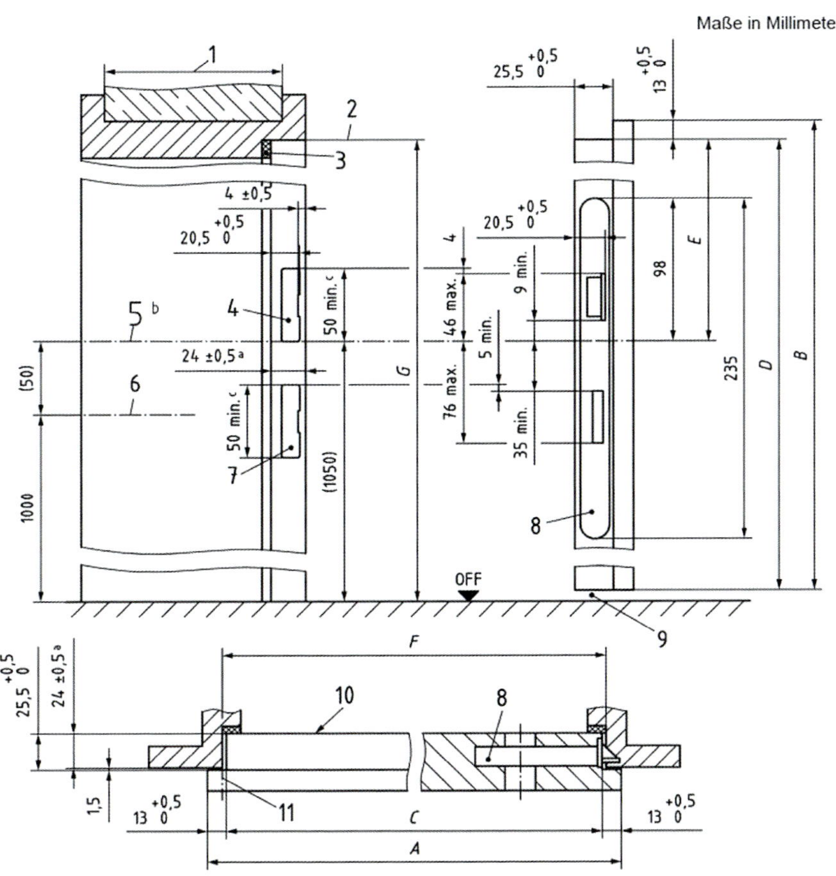

Das Schließblech und seine Maße sind idealisiert dargestellt. Die tatsächlichen Lochabstände und Schließlochmaße dürfen davon abweichen.

Legende

1 fertige Wanddicke
2 obere Bezugskante
3 Dämpfungsprofil, 3seitig umlaufend
4 Aussparung für Schlossfalle
5 Drückerhöhe
6 Meterriss
7 Aussparung für Schlossriegel
8 Einsteckschloss nach DIN 18251-1
9 unterer Luftspalt
10 Schließebene, Schließfläche
11 seitliche Bezugskante

A, C, F Maße siehe Tabelle 1
B, D, G Maße siehe Tabelle 2

a Dieses Maß bezieht sich auf den geschlossenen Zustand der Tür bei gedrücktem Dämpfungsprofil der Zarge.

b Die Unterkante der Fallenstanzung muss nicht zwingend der Druckerhöhe entsprechen.

c Die Größe der Ausstanzungen ist so zu wählen, dass Falle und Riegel des Schlosses mit dem notwendigen Spiel aufgenommen werden.

Abb. C 8.8: Maße von Zargen und gefälztem Türblatt und Einzelmaße an der Schlossseite; OFF entspricht OKFF (Quelle: DIN 18101:2014-08, Bild 2)

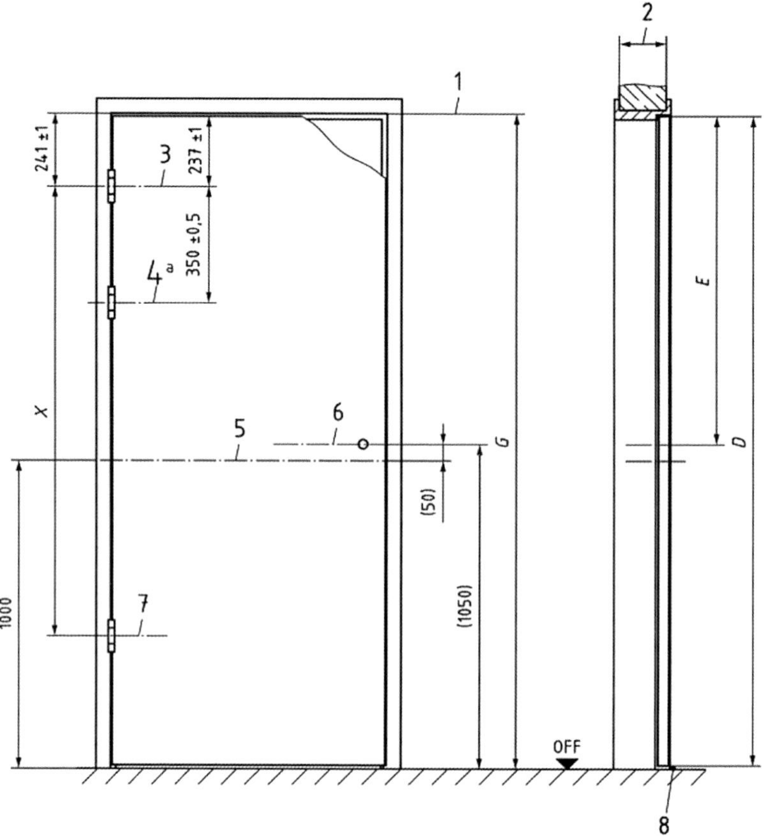

Legende

1 obere Bezugskante (Zargenfalz)
2 fertige Wanddicke
3 Bandbezugslinie nach DIN 18268, für das obere Band
4 Bandbezugslinie nach DIN 18268, für das 3. Band[a]
5 Meterriss
6 Drückerhöhe
7 Bandbezugslinie nach DIN 18268, für das untere Band
8 unterer Luftspalt

[a] Das 3. Band kann optional gewählt werden.

Abb. C 8.9: Maße an Zargen und stumpf einschlagendem Türblatt; OFF entspricht OKFF (Quelle: DIN 18101:2014-08, Bild 3)

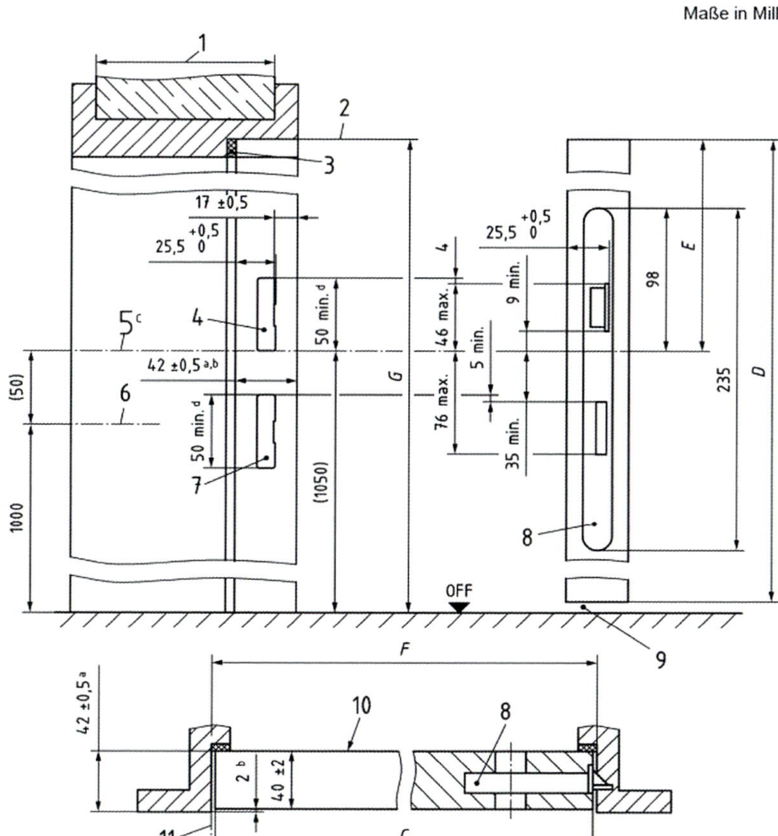

Das Schließblech und seine Maße sind idealisiert dargestellt. Die tatsächlichen Lochabstände und Schließlochmaße dürfen davon abweichen.

Legende

1 fertige Wanddicke
2 obere Bezugskante
3 Dämpfungsprofil, 3seitig umlaufend
4 Aussparung für Schlossfalle
5 Drückerhöhe
6 Meterriss
7 Aussparung für Schlossriegel
8 Einsteckschloss nach DIN 18251-1
9 unterer Luftspalt
10 Schließebene, Schließfläche
11 seitliche Bezugskante

[a] Dieses Maß bezieht sich auf den geschlossenen Zustand der Tür bei gedrücktem Dämpfungsprofil der Türzarge.

[b] Die Zargenfalztiefe kann auch so gewählt werden, dass die Öffnungsfläche des Türblattes mit dem Zargenspiegel in einer Ebene liegt.

[c] Die Unterkante der Fallenstanzung muss nicht zwingend der Druckerhöhe entsprechen.

[d] Die Größe der Ausstanzungen ist so zu wählen, dass Falle und Riegel des Schlosses mit dem notwendigen Spiel aufgenommen werden.

Abb. C 8.10: Maße an Zargen und stumpf einschlagendem Türblatt, Einzelmaße an der Schlossseite; OFF entspricht OKFF (Quelle: DIN 18101:2014-08, Bild 4)

Der geometrische Zusammenhang zwischen der **Höhe im Zargenfalz** *G* und dem **Falzmaß für gefälzte Türen** für die Höhe *D* ist in DIN 18101, Bilder 1 bis 4, wie folgt zeichnerisch dargestellt (vgl. Abb. C 8.7 bis Abb. C 8.10):

- oberer Luftspalt + Türblattfalzmaß für die Höhe *D* + unterer Luftspalt = lichte Zargenhöhe im Falz *G*

Das Gesamtmaß für den oberen und den unteren Luftspalt ergibt sich aus der Differenz zwischen der lichten Zargenhöhe im Falz *G* und dem Türblattfalzmaß für die Höhe *D* für die in DIN 18101, Tabelle 1, angegebenen Maße wie folgt:

- *G* – *D* = (1.983 – 1.972 =) 11 mm
- bzw. (2.108 – 2.097 =) 11 mm

Das Gesamtmaß für den oberen und den unteren Luftspalt beträgt somit 11 mm.

Der untere Luftspalt ergibt sich, ausgehend von den Grenzwerten für den oberen Luftspalt nach DIN 18101, Abschnitt 5, folgendermaßen:

- bei einem minimalen oberen Luftspalt von 2 mm: maximal (11 – 2 =) 9,0 mm
- bei einem maximalen oberen Luftspalt von 6,5 mm: minimal (11 – 6,5 =) 4,5 mm

Für einen mittleren oberen Luftspalt von ([2,0 + 6,5]/2 =) ca. 4 mm beträgt der untere Luftspalt somit (11 – 4 =) ca. 7 mm.

Nach DIN 18101, Tabelle 1 und Tabelle 2, betragen die Toleranzen:

- für die lichte Zargenhöhe im Falz *G*: +0 bzw. –2 mm
- für das Türblattfalzmaß für die Höhe *D*: +2 bzw. –0 mm

Bei Ausnutzung dieser Toleranzen und einem minimalen bzw. maximalen oberen Luftspalt ergeben sich für den unteren Luftspalt folgende Toleranzen:

- Der untere Luftspalt wird maximal, wenn die lichte Zargenhöhe maximal (*G* + 0 mm) und das Türblattfalzmaß für die Höhe minimal (*D* – 0 mm) werden:

Gesamtmaß für oberen und unteren Luftspalt:	11 mm
abzüglich minimaler oberer Luftspalt:	– 2 mm
abzüglich Toleranz für lichte Zargenhöhe im Falz *G*:	– 0 mm
zuzüglich Toleranz für Türblattfalzmaß für die Höhe *D*:	+ 0 mm
verbleibender **maximaler unterer Luftspalt**:	= 9 mm

- Der untere Luftspalt wird minimal, wenn die lichte Zargenhöhe minimal (*G* – 2 mm) und das Türblattfalzmaß für die Höhe maximal (*D* + 2 mm) werden:

Gesamtmaß für oberen und unteren Luftspalt:	11 mm
abzüglich maximaler oberer Luftspalt:	– 6,5 mm
abzüglich Toleranz für lichte Zargenhöhe im Falz *G*:	– 2 mm
abzüglich Toleranz für Türblattfalzmaß für die Höhe *D*:	– 2 mm
verbleibender **minimaler unterer Luftspalt**:	= 0,5 mm

Die Toleranz für den unteren Luftspalt beträgt somit + 2/– 6,5 mm, ausgehend von einem mittleren Wert von 7 mm.

Die in DIN 18101, Bild 1 und Bild 3, angegebenen Toleranzen für den Abstand der Bandbezugslinie für das obere Band vom Zargenfalz bzw. vom Türblattfalz sind bei der Ermittlung des unteren Luftspaltes nicht zusätzlich in Ansatz zu bringen. Die Ausnutzung dieser Toleranzen wirkt sich nur auf den oberen Luftspalt aus und wird mit den Toleranzen für den oberen Luftspalt bereits berücksichtigt.

Das Maß für den **unteren Luftspalt** nach DIN 18101 gilt bezogen auf die Nennlage Oberkante fertiger Fußboden (OKFF). Die angegebenen Maße für den unteren Luftspalt sind damit nicht Grundlage der **Maßüberprüfung im fertig eingebauten Zustand**. Zusätzlich zu dem Maß des unteren Luftspaltes, bezogen auf OKFF, ist die Abweichung der fertigen Oberfläche des Fußbodens von der Nennlage OKFF zu berücksichtigen. Für die Abweichung der Isthöhe OKFF von der Sollhöhe gelten die Toleranzen nach DIN 18202. Für die Abweichung der Isthöhe des Türblattes und der Türzarge von der Sollhöhe gelten zusätzlich die Toleranzen nach DIN 18101. Bei der Überprüfung der Türanschlusshöhen über Fußboden ist also eine reine Differenzprüfung des unteren Luftspaltes ohne Kenntnis der Nennlage OKFF nicht zulässig. Für die Prüfung des unteren Luftspaltes im fertigen Zustand bedeutet dies, dass zunächst die Nennlage OKFF rekonstruiert werden muss und dann die Abweichung der Türblattunterkante von der Nennlage OKFF bzw. die Abweichung der fertigen Fußbodenoberfläche von der Nennlage OKFF zu ermitteln ist. Dies ist in der Regel nachträglich nur schwer bzw. mit hohem Aufwand durchführbar.

Für die **praktische Beurteilung des unteren Luftspaltes** schlägt der Verfasser daher vor, einen unteren Luftspalt von ca. 4 bis ca. 10 mm als durchschnittlich übliches Maß heranzuziehen. Mit dieser Größenordnung wird folgenden Überlegungen Rechnung getragen:

- Ein unterer Luftspalt von ca. 4 bis ca. 10 mm entspricht der in der Ausführung bei durchschnittlicher handwerklicher Sorgfalt regelmäßig anzutreffenden Genauigkeit.
- Ein Maß von weniger als ca. 4 mm für den unteren Luftspalt kann zu Funktionseinschränkungen beim Öffnen des Türblattes führen, wenn z. B. kleinere Steinchen auf dem Bodenbelag liegen und die Türblattunterkante beim Öffnen auf diesen Verschmutzungen schleift. Bei Beginn des Öffnens und bei Ende des Schließens des Türblattes muss zudem ein Luftaustausch im Türbereich stattfinden, der auch über den unteren Luftspalt erfolgt. Wird der Luftaustausch wegen eines nur geringen unteren Türspaltes behindert, so kann ein „Schmatzen“ hörbar und ein geringer Luftwiderstand spürbar werden.
- Bei einer Höhe des unteren Luftspaltes von mehr als ca. 10 mm wird dieser Spalt optisch auffällig und bei Lichteinfall unter geschlossenem Türblatt störend. Auch Luftzug und Schallübertragung nehmen mit zunehmender Größe des unteren Luftspaltes merklich zu. (Hinweis: Für Türen mit Anforderungen an den Wärme- bzw. Schallschutz sind gesonderte Konstruktionen mit Schwellendichtung erforderlich; die Beurteilung erfolgt hier nur im Hinblick auf Innentüren ohne Anforderungen an den Wärme- und Schallschutz.)
- Die Türen werden in der Regel nach Fertigstellung des Fußbodens eingebaut und können somit in der Höhe auf die Istlage OKFF abgestimmt werden. Die Nennlage OKFF ist hingegen baupraktisch nur bedingt maßgebend für den Einbau der Türzargen.

In DIN 68706-2:2020-06 „Innentüren aus Holz und Holzwerkstoffen – Teil 2: Umfassungszargen; Begriffe, Maße und Einbau“ findet sich in Abschnitt 5.1 für Türzargen aus Holz und Holzwerkstoffen mit einflügligen, gefälzten oder stumpf einschlagenden

Abb. C 8.11: Beispiel für die Montage von Fensterelementen am Bauwerk

Türblättern der Hinweis, wonach für den unteren Luftspalt oft ein Wert von 7 mm als Maßstab zugrunde gelegt wird, dieser Wert bei normalen Wohnraumtüren jedoch häufig als zu viel angesehen werde. Es habe sich daher bewährt, Zarge und Türblatt gemeinsam einzubauen und die Zarge vor dem Einbau zu kürzen oder beim Einbau zu unterfüttern.

Der **Luftspalt zwischen Türzarge und Bodenfläche** hängt ebenfalls von der Abweichung des Fußbodens von der Nennlage OKFF ab. Türzargen sind mit der unteren Bezugskante nach der Nennlage OKFF auszurichten. Diese Anforderung gilt auch für die Oberfläche des fertigen Fußbodens. Im Idealfall sitzt die Türzarge somit bündig auf der Oberfläche des Fußbodens auf. Weicht die Istlage OKFF von der Nennlage OKFF bei Einbau der Türzargen ab, so sollten die Türzargen durch ein örtliches Anpassen in der Höhe unter Berücksichtigung der Nennlage OKFF nach der Istlage OKFF ausgerichtet werden. Der Abstand zwischen dem unteren Abschluss der Türzarge und der Oberfläche des Fußbodens ist durch keine Maßtoleranzen geregelt. Bei üblicher handwerklicher Sorgfalt wird die Zarge bündig oder mit einem Abstand von maximal ca. 1 bis 2 mm über dem Bodenbelag enden.

8.1.4 Einbautoleranzen nach RAL-Leitfaden zur Montage von Fenstern und Haustüren

Für die **Montage von Fensterelementen und Haustüren** werden in dem „Leitfaden zur Planung und Ausführung der Montage von Fenstern und Haustüren für Neubau und Renovierung“ (Ausgabe März 2020) der RAL-Gütegemeinschaft Fenster, Fassaden und Haustüren e. V. Mindestvorgaben der Planung hinsichtlich maßlicher Festlegungen und Einbautoleranzen angegeben (vgl. Abb. C 8.11). Hinsichtlich der Genauigkeitsanforderungen wird auf die Toleranzen nach DIN 18202 verwiesen. Unter dem Aspekt zwängungsfreier Bewegungen des Einbauelementes in der Bauwerksöffnung und einer ausreichenden Fugendämmung wird eine Fugenbreite von mindestens 10 mm und maximal 30 mm für den Baukörperanschluss des Einbauelementes empfohlen. Bei der Bemessung der Passung an der Schnittstelle Einbauelement/Bauwerksöffnung sind alle Maßabweichungen und erforderliche Mindest- bzw. Höchstbreiten für Fugen und Anschlüsse zu berücksichtigen. Die allgemeinen Toleranzen sind erforderlichenfalls einzelfallbezogen anzupassen.

Für die Montage **in bestehenden Gebäuden** sind ggf. erforderliche Anpassungsarbeiten, z. B. mit Aufdoppelungsprofilen und Leisten, in der Planung und in der Ausschreibung zu berücksichtigen.

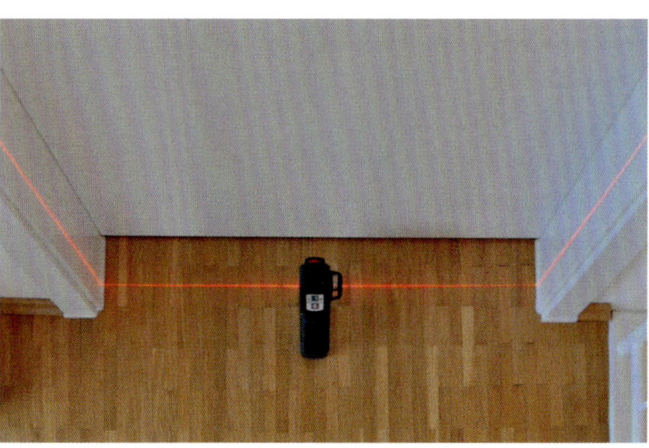

Abb. C 8.12: Beispiel für die Prüfung der Einbauposition einer Türzarge mittels Laser-Messbezugsebene

8.1.5 Hinweise zur Passung am Anschluss Wand/Türzarge

Für die **Passung der Zarge am Wandanschluss** und die damit verbundene Anschlussfuge gelten hinsichtlich der Maßhaltigkeit der fertigen Wandoberfläche die Toleranzen der DIN 18202 wie folgt:

- Winkelabweichung der Wand, gemessen am Rand der Öffnung über die gesamte Öffnungshöhe, mit einem Grenzwert für die Winkelabweichung von 8 mm Stichmaß bezogen auf das Nennmaß der Öffnung über 1 bis 3 m (übliche Öffnungsgröße) nach DIN 18202, Tabelle 2
- Ebenheitsabweichung der fertigen Wandoberfläche, gemessen am Rand zu der vertikalen Leibung der Öffnung, mit einem Grenzwert für die Ebenheitsabweichung von 7 mm Stichmaß bei ca. 2 m Messpunktabstand (Öffnungshöhe) bzw. von 8 mm Stichmaß bei ca. 2,5 m Messpunktabstand (Raumhöhe) – durch Interpolation ermittelt

Die **Türzarge** ist zur Sicherstellung einer einwandfreien Funktion des Türblattes lotrecht einzubauen. Die baupraktische Toleranz für die Abweichung vom Lot kann mit einem Wert von ca. 1 mm/m als Ablesegenauigkeit für die Wasserwaage angenommen werden (vgl. Abb. C 8.12).

Bei Ausnutzung der zulässigen Maßabweichungen nach DIN 18202 für die **Wandoberfläche** kann die Anschlussfuge zwischen Zarge und fertiger Wandoberfläche somit in einem Bereich von 0 bis ca. 7 bis 8 mm Spaltbreite variieren, z. B. als keilförmig zulaufender Spalt. Werden höhere Genauigkeitsanforderungen für die Passung gewünscht, so sind diese gesondert zu vereinbaren (z. B. die Verwendung von Putzlehren an Türöffnungen). Auch Maßnahmen zur optischen Verbesserung der zulässigen Passungsungenauigkeiten im Anschlussbereich (z. B. das Abdecken oder Verschließen der Anschlussfuge) sind ggf. als gesonderte Leistung zu vereinbaren.

Nach baupraktischer Erfahrung werden die vorgenannten maximalen Abweichungen an der Schnittstelle zwischen Wandoberfläche und Türzarge in der Regel nicht vollständig, sondern nur zu einem geringen Teil – etwa einem Drittel – in Anspruch genommen. Dies schließt Abweichungen bis zum Grenzwert der Toleranz im Einzelfall jedoch nicht aus. Die Üblichkeit darf aus technischer Sicht auch nicht als **engerer Grenzwert** angesetzt werden, weil er der statistischen Fehlerverteilung folgend eben nicht immer, sondern nur mit einer bestimmten Häufigkeit einzuhalten ist. Soll ein

Abb. C 8.13: Beispiel für einen klaffenden Spalt zwischen Zarge und Wandoberfläche

engerer Grenzwert als nach DIN 18202 vorgesehen mit ausreichender statistischer Sicherheit eingehalten werden, so ist dies mit zusätzlichen genauigkeitsverbessernden Maßnahmen verbunden. Dies sind z. B. Putzlehren an den Leibungen der Türöffnungen, Zargen mit der Funktion einer einzuputzenden Lehre, zusätzliche Abdeckkonstruktionen (Verleistungen auf Maß), Schattenfugen, variable Futterbreiten der Zargen etc. Im Sinne der DIN 18202 ist für die Schnittstelle zu prüfen, ob die dort angegebenen Grenzwerte im Einzelfall zielführend sind. Nur dann sollen sie als Bausoll an dieser Stelle vereinbart werden. Sind jedoch andere Genauigkeiten für die Passung der Schnittstelle erforderlich oder gewünscht, so sollen diese vorab definiert und für die Ausführung als Bausoll besonders vereinbart werden.

Bei größeren Maßabweichungen im Rohbau, z. B. Winkelabweichungen und/oder Ebenheitsabweichungen einer zu verputzenden Wandkonstruktion, oder unterschiedlich gerichteten Maßabweichungen der band- und schlossseitigen Leibung einer Türöffnung (windschiefe Wandoberfläche) kann ein **Ausgleichsputz** erforderlich werden, um in der **Türebene** eine einheitliche Putzoberfläche herzustellen. Als weitere Folge können Mehrstärken der Putzbekleidung oder auch Passungsprobleme vorgefertigter Umfassungszargen mit genormten Leibungsbreiten auftreten.

Ergänzend zur Einhaltung der Genauigkeitsanforderungen für die Wandoberfläche und für das Einbauelement ist die **Schnittstelle** bzw. das Bausoll für die Schnittstelle im **fertigen Zustand** zu berücksichtigen. Bei Einhaltung der zulässigen Maßabweichungen der an die Schnittstelle angrenzenden Gewerke (Wandoberfläche bzw. Einbauelement) kann dennoch aus gestalterischen Gründen eine zusätzliche Maßnahme, z. B. das Abfugen oder Verleisten einer Anschlussfuge, notwendig werden (vgl. Abb. C 8.13).

8.1.6 Hinweise zur Passung an Leibungsanschlüssen

Beim Einbau von Fenster- und Türelementen, Toren usw. ist im Bereich der Anschlusspassungen zu den **seitlichen Leibungen** ein ausreichender Abstand zwischen den beweglichen Teilen und den angrenzenden Bauteilen vorzusehen. Die Rahmenkonstruktion wird von der Leibungsbekleidung teilweise überdeckt. Die Rahmenbreite des Fenster- bzw. Türelementes ist auf die vorgesehene Dicke der Leibungsbekleidung so abzustimmen, dass Griff- und Bandbeschläge im fertigen Zustand den funktionsnotwendigen Abstand zur Leibungsoberfläche aufweisen.

Abb. C 8.14: Beispiel für einen zu geringen Abstand zwischen Fenstergriff und angrenzender Leibungsfläche

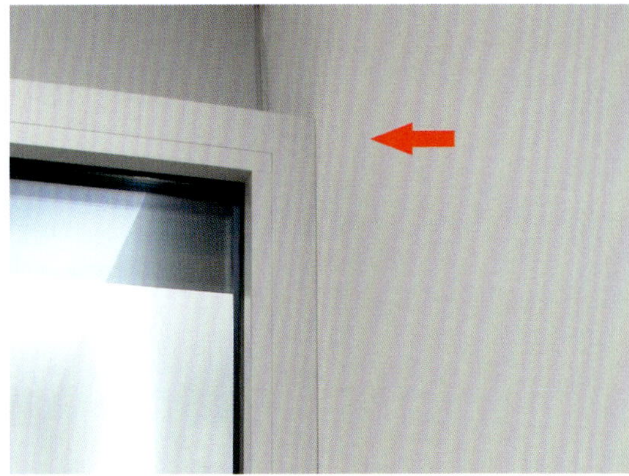

Abb. C 8.15: Beispiel für einen zu geringen Leibungsabstand des Fensterflügels. Dieser schleift beim Öffnen an der Leibungsfläche an.

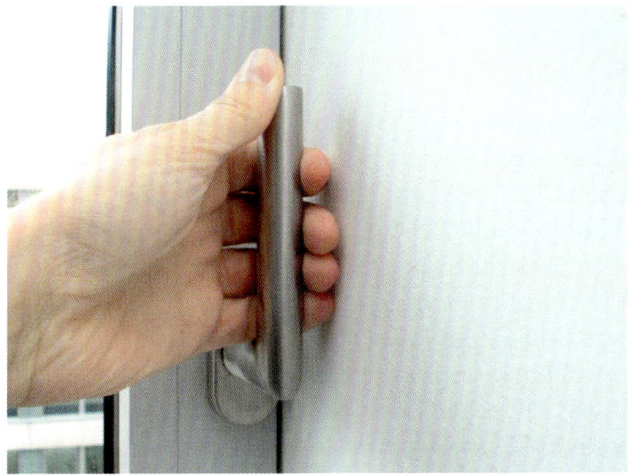

Abb. C 8.16: Beispiel für einen Griffbeschlag mit zu geringem Leibungsabstand und Verletzungsgefahr

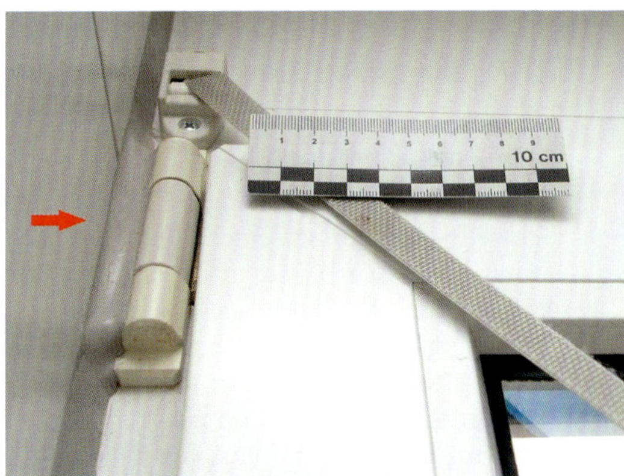

Abb. C 8.17: Beispiel für einen zu geringen Leibungsabstand des Bandbeschlages

Wird der erforderliche **Mindestabstand** unterschritten, so hat dies in aller Regel eine Beeinträchtigung der technischen Funktion zur Folge (vgl. Abb. C 8.14 und Abb. C 8.15). Wird der Abstand des **Griffbeschlages** zur angrenzenden Leibungsfläche zu klein, so besteht ggf. eine Verletzungsgefahr im Gebrauch des Griffbeschlages (vgl. Abb. C 8.16). Wird der Abstand zwischen Bandbeschlägen und Leibungsfläche zu klein, so kann der Öffnungswinkel des Elementes hierdurch verringert und/oder die Ausführung eines fachgerechten Baukörperanschlusses erschwert werden (vgl. Abb. C 8.17).

In ATV DIN 18360:2019-09, Abschnitt 3.3.3, findet sich bezüglich des Abstandes zwischen Türflügel und Leibungsfläche der Hinweis, dass **Türdrücker und Türknöpfe** an Schlössern mit einem Dornmaß von weniger als 55 mm gekröpft sein müssen. Hierdurch werden ein ausreichender Abstand zwischen dem Drücker bzw. Türknopf und der Leibungsfläche sowie der erforderliche Unfallschutz sichergestellt.

Abb. C 8.18: Beispiel für die Montage eines Schwellenprofils auf Gewindebolzen

Abb. C 8.19: Beispiel für den flurseitigen Anschluss eines Wohnungseingangstürblattes mit einer Schwelle an den Bodenbelag

8.1.7 Hinweise zur Höhenlage einer Türschwelle

Die Passungsanforderungen an die Einbausituation eines Türelementes bezogen auf die Nennlage OKFF, die zulässigen Maßabweichungen für einen Bodenaufbau auf der Grundlage von DIN 18202 und die zusätzliche Anforderung an die Passung eines Schwellenanschlusses eines Türelementes im Hinblick auf die raumabschließende Funktion des Türblattes erfordern eine besondere **Maßhaltigkeit der Türschwelle**. Würden die zulässigen Maßabweichungen für den Einbau des Türelementes und die zulässigen Maßabweichungen für Höhenlage und Ebenheit der Bodenfläche im Schwellenbereich einer Tür vollständig in Anspruch genommen werden, so ließe sich die Forderung nach einem passgenauen Anschluss zwischen Türblatt und Türschwelle nicht mehr in jedem Fall sicherstellen. Für den **Schwellenanschluss** sind daher vorrangig die Höhenlage und die Ausrichtung der Türschwelle, z. B. eines Schwellenanschlagprofiles, festzulegen und in der Ausführung einzuhalten. Notwendiger Bezugspunkt für die Schwelle ist die Nennlage OKFF. Für den Einbau der Schwelle sollten ausreichende Justiermöglichkeiten vorgesehen werden (z. B. Montage des Schwellenprofils auf Gewindebolzen; vgl. Abb. C 8.18). Das Türelement und der Bodenaufbau können dann als angrenzende Bauteile nach der Schwelle ausgerichtet werden. Aus der **Funktionsanforderung** für das Türelement können sich **vorrangige Toleranzanforderungen** ergeben, die über DIN 18202 hinausgehen.

8.1.8 Hinweise zur Passung an Schwellenanschlüssen von Wohnungseingangstüren

Bei der Ausführung von **Wohnungseingangstüren** mit einem Schwellenanschlag sind unter der Annahme eines gewöhnlichen Verwendungszweckes und einer üblichen Beschaffenheit aus technischer Sicht Anforderungen an den Schallschutz, den Einbruchschutz, den Wärmeschutz sowie den Brand- bzw. Rauchschutz bei geschlossener Tür zu stellen. Die dauerhafte Erfüllung dieser Funktionen im Gebrauchszustand der Tür setzt für den Einbau des Türelementes einschließlich aller Bauteilanschlüsse die Einhaltung folgender Kriterien voraus (vgl. Abb. C 8.19):

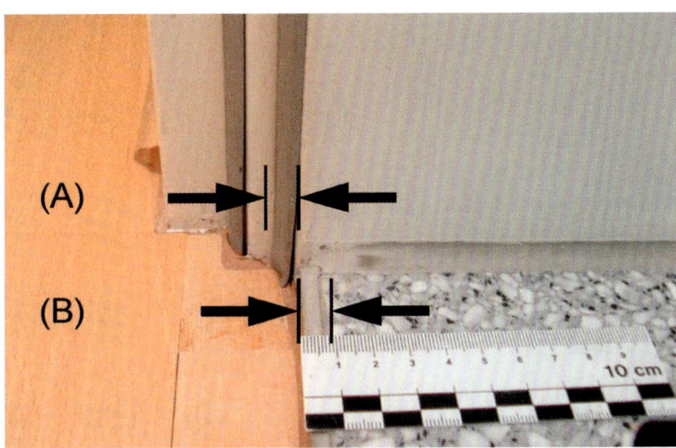

Abb. C 8.20: Schematische Darstellung der möglichen Abweichungen für den Sitz des Türblattes im Schwellenbereich

- Die Zarge muss flucht- und lotrecht sowie rechtwinklig montiert werden. Schloss- und Bandseite der Zarge müssen fluchtrecht ausgerichtet werden, um einen gleichmäßigen Anpressdruck der Falzdichtung an das Türblatt zu gewährleisten.
- Die Türschwelle muss (in der Draufsicht) mit der Flucht des inneren Falzes der Stahlzarge bündig abschließen. Die Schwelle darf nicht in den Falzbereich vorstehen.

Für das Spaltmaß der **Anschlussfuge zwischen** dem geschlossenen **Türblatt** und dem **Schwellenanschlag** können folgende Toleranzen angesetzt werden (vgl. Abb. C 8.20):

- Als Grenzwert für die Abweichung der Türschwelle von dieser Flucht in Richtung des Falzes kann nach baupraktischer Erfahrung ein Maß von maximal ca. 1 mm unter der Voraussetzung gelten, dass die Dicke der Falzdichtung im eingefederten Zustand (bei geschlossenem Türblatt) mindestens ca. 2 mm beträgt (vgl. Abb. C 8.20, Abweichung [A]). In jedem Fall muss zwischen dem geschlossenen Türblatt und der Schwellenaufkantung ein funktionsnotwendiger Luftspalt von mindestens ca. 1 bis 2 mm verbleiben. Dadurch wird sichergestellt, dass das Türblatt immer an der Falzdichtung und in keinem Fall am Schwellenanschlag anliegt. Ein Kontakt zwischen Türblatt und Schwellenanschlag ist zu vermeiden.
- Als Grenzwert für die Abweichung der Türschwelle von der Flucht des inneren Falzes der Zarge entgegen der Falzrichtung kann nach baupraktischer Erfahrung ein Maß von ca. 1 bis 2 mm gelten (vgl. Abb. C 8.20, Abweichung [B]).
- Unabhängig von der Lage der Schwellenkante in Bezug auf die Flucht des inneren Falzes der Zarge muss die Schwelle so ausgerichtet sein, dass ein einheitliches optisches Erscheinungsbild mit einem gleichmäßig breiten Spalt zwischen dem geschlossenen Türblatt und dem Schwellenanschlag gegeben ist. Ein gleichmäßiges optisches Erscheinungsbild ist nach baupraktischer Erfahrung noch gegeben, wenn die Spaltbreite über die Türdurchgangsbreite um nicht mehr als ca. 2 mm variiert.

Die Breite des **Luftspaltes zwischen dem Schwellenanschlag und** dem geschlossenen **Türblatt** soll im Gebrauchszustand mindestens ca. 1 mm und maximal ca. 5 bis 6 mm betragen. Die Spaltbreite kann über den jahreszeitlichen Wechsel variieren, wenn das Türblatt infolge wechselnder Klimabeanspruchung auf der Raum- bzw. Treppenhausseite veränderliche Verformungen erleidet (z. B. Verwölbungen). Diese Verformungen sind in der Regel unvermeidbar und werden durch die Konstruktion des Türblattes begrenzt. Verformungen des Türblattes müssen – insbesondere aus Gründen des Schallschutzes des Türelementes – durch einen entsprechenden Einfederweg der Falz-

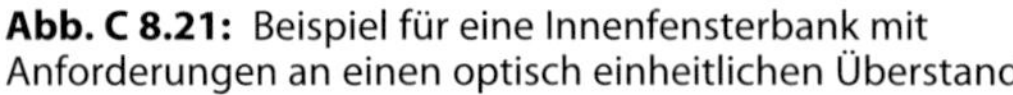

Abb. C 8.21: Beispiel für eine Innenfensterbank mit Anforderungen an einen optisch einheitlichen Überstand

Abb. C 8.22: Beispiel für eine Außenfensterbank mit Anforderungen an einen optisch einheitlichen Überstand

dichtung aufgenommen werden. Dies setzt voraus, dass die Türschwelle nicht weiter in den Falzraum einsteht, als die Dicke der Falzdichtung bei maximaler Zusammenpressung beträgt, zuzüglich eines Sicherheitszuschlags für einen stets verbleibenden Luftraum.

Für den Sonderfall einer zusätzlichen **Schwellenanschlagdichtung** (z. B. bei einer vierseitig umlaufenden Falzdichtung) können die vorgenannten Ausführungstoleranzen keine Anwendung finden. In diesem Fall muss der Schwellenanschlag fluchtrecht mit den seitlich anschließenden Falzdichtungen so hergestellt werden, dass der Dichtschluss des geschlossenen Türblattes mit der Falzdichtung umlaufend gleichmäßig sichergestellt ist.

8.1.9 Hinweise zu Fensterbanküberständen

Fensterbänke werden üblicherweise mit einem einheitlichen Überstand in der Größenordnung von ca. 2 bis 4 cm über die unterhalb anschließenden Bauteile ausgeführt. Den vorderen Abschluss des **Fensterbanküberstandes** und damit die Sichtkante bildet in der Regel ein werkmäßig geradlinig hergestelltes Bauteil. Die Maßabweichungen einer Fensterbank liegen erfahrungsgemäß im Bereich einzelner Millimeter und damit an der Grenze des augenscheinlich Erkennbaren. Werden Bauteiloberflächen unterhalb von Fensterbanküberstanden verputzt, so unterliegen die verputzten Oberflächen zumeist den Maßhaltigkeitsanforderungen hinsichtlich der Winkligkeit und der Ebenheit nach DIN 18202. Im unmittelbaren Anschlussbereich an die geradlinige Kante eines Fensterbanküberstandes können Maßabweichungen in den Grenzen der DIN 18202 mitunter gut sichtbar werden (vgl. Abb. C 8.21 und Abb. C 8.22). Für die **Schnittstelle** des Fensterbanküberstandes sind unter dem Aspekt des optischen Erscheinungsbildes Maßhaltigkeitsanforderungen zu stellen, die über DIN 18202 hinausgehen können und vorrangig nach dem Kriterium einer durchschnittlich üblichen handwerklichen Sorgfalt zu formulieren sind. Eine Beurteilung nach DIN 18202 allein ist nicht in jedem Fall zielführend.

Abb. C 8.23: Beispiel für ein Innentürblatt aus Holz bzw. Holzwerkstoffen

8.2 Statisch-konstruktive Anforderungen

Selbsttragende Fenster- und Türkonstruktionen, z. B. aus dem Bereich Fassadenbau, unterliegen den Bemessungsanforderungen für Tragwerke. Die Genauigkeitsanforderungen hierfür richten sich nach den der Tragwerksbemessung zugrunde zu legenden Anforderungen, z. B. aus dem Holzbau, dem Stahlbau oder dem Aluminiumbau. Auf die entsprechenden Ausführungen zu diesen Gewerken wird verwiesen.

Nicht selbsttragende Konstruktionen werden auf eine Unterkonstruktion mit tragender Funktion aufgebracht. In diesem Fall sind an das Fenster- bzw. Türelement in der Regel keine statisch-konstruktiven Anforderungen in Bezug auf die geometrischen Toleranzen zu stellen. Die Ausführung muss in erster Linie den Genauigkeitsanforderungen unter dem Aspekt der Passgenauigkeit innerhalb des betreffenden Gewerkes und an den Schnittstellen zu den angrenzenden Leistungsbereichen genügen. Hierzu sind nachfolgend Genauigkeitsanforderungen an die Bauprodukte und an die handwerkliche Verarbeitung angegeben.

8.3 Anforderungen an Bauprodukte für Fenster und Türen

8.3.1 Türblätter aus Holz und Holzwerkstoffen im Innenausbau nach DIN 68706-1

Für **gefälzte und ungefälzte Türblätter im Innenausbau** werden Grenzwerte für Maßabweichungen einflügliger Türen aus Holz und Holzwerkstoffen in DIN 68706-1:2020-06 „Innentüren aus Holz und Holzwerkstoffen – Teil 1: Türblätter; Begriffe, Maße und Anforderungen" angegeben wie folgt (vgl. Abb. C 8.23):

- für die Abweichung von der Nenndicke: +2/−1 mm
- für die Abweichung von der Rechtwinkligkeit: 1 mm auf 500 mm Messlänge

8.3.2 Türblätter aus Holz und Holzwerkstoffen im Innenbereich (Wohnungseingangstüren, Innentüren) nach RAL-GZ 426

Für Innentürblätter aus Holz und Holzwerkstoffen nach DIN 68706-1, die nicht dem Freiluft- oder Außenklima ausgesetzt sind, also **Wohnungseingangstüren** und **Innentüren**, werden in den vom RAL (Deutsches Institut für Gütesicherung und Kennzeichnung) herausgegebenen Güte- und Prüfbestimmungen RAL-GZ 426 „Innentüren aus Holz und Holzwerkstoffen" (Ausgabe Juli 2014) Anforderungen an die Maßhaltigkeit

Abb. C 8.24: Beispiel für eine innen liegende Wohnungseingangstür

angegeben (vgl. Abb. C 8.24). Sonstige Anforderungen an den Schallschutz, den Brandschutz, den Wärmeschutz usw. werden darin nicht gestellt.

Grenzwerte für **Maßabweichungen der Türblätter** betragen danach wie folgt:

- für die Breite: Nennmaß ± 1,0 mm
- für die Höhe: Nennmaß ± 1,0 mm
- für die Dicke: Nennmaß ± 1,0 mm
  als Mittelwert aus 6 Messungen an einem Türblatt
  (Die 6 Messwerte dürfen um ± 0,5 mm um den Mittelwert schwanken.)
- für die Rechtwinkligkeit: 1,0 mm bezogen auf 500 mm Schenkellänge

Die maximal zulässige **Verformung** (als Verwindung oder Durchbiegung) bei **Differenzklimabeanspruchung** beträgt nach DIN EN 12219:2006-06 „Türen – Klimaeinflüsse – Anforderungen und Klassifizierung“:

- für die Klimaklasse 1:
  - Verwindung 8 mm
  - Längskrümmung 8 mm
  - Querkrümmung 4 mm
- für die Klimaklasse 2:
  - Verwindung 4 mm
  - Längskrümmung 4 mm
  - Querkrümmung 2 mm
- für die Klimaklasse 3:
  - Verwindung 2 mm
  - Längskrümmung 2 mm
  - Querkrümmung 1 mm

Der Mittelwert aus 3 Türen darf bei der Prüfung die maximal zulässigen Verformungen nicht überschreiten. Eine von 3 Türen darf eine maximale Abweichung von 5,5 mm (bei Klimaklasse 2) haben, die beiden anderen Türen dürfen den Grenzwert von 4,0 mm (Klimaklasse 2) nicht überschreiten.

Abb. C 8.25: Beispiel für eine außen liegende Wohnungseingangstür

8.3.3 Türblätter aus Holz und Holzwerkstoffen im Außenbereich

Für Türblätter aus Holz und Holzwerkstoffen mit Differenzklimabeanspruchung, also **Haustüren** und **Laubengangtüren** (vgl. Abb. C 8.25), beträgt die zulässige Verformung bei der Differenzklimaprüfung entlang der Längskante – angegeben als Stichmaß – bezogen auf die Gesamtlänge des Türblattes wie folgt (vgl. Müller, 2002):

- bei Haustüren: maximal 4 mm
- für Laubengangtüren: maximal 2 mm

Bei Außentüren mit Anforderungen an den Wärme- und Schallschutz muss das Türblatt in jedem Fall – also auch bei Ausnutzung der zulässigen Verformungen – noch dicht an der Falzdichtung anliegen. Die Funktion des Türblattes hinsichtlich Wärme- und Schallschutzanforderung ist andernfalls nicht mehr sicher gewährleistet. Die zulässigen **Verformungen des Türblattes** bei Differenzklimabeanspruchung müssen also von der Falzdichtung aufgenommen werden. Dies erfordert die Bemessung eines entsprechenden Einfederweges für die Falzdichtung.

8.3.4 Türzargen aus Holz und Holzwerkstoffen nach RAL-GZ 426

Für **Türzargen aus Holz und Holzwerkstoffen** zur Verwendung von Türblättern bis 80 kg, die nicht dem Freiluft- oder Außenklima ausgesetzt sind, werden in den vom RAL (Deutsches Institut für Gütesicherung und Kennzeichnung) herausgegebenen Güte- und Prüfbestimmungen RAL-GZ 426 „Innentüren aus Holz und Holzwerkstoffen" (Ausgabe Juli 2014) Anforderungen an die Maßhaltigkeit angegeben. Die Grenzwerte für Maßabweichungen betragen danach wie folgt:

- lichte Zargenbreite im Falz: ± 1 mm
- lichte Zargenhöhe im Falz: +0/–2 mm
- Falztiefe bei gedrücktem Dämpfungsprofil: 24 ± 0,5 mm
- obere Bandbezugslinie: ± 1 mm
- Abstand zwischen den Bandbezugslinien: ± 0,5 mm
- Vorderkante Falzbekleidung bis zur Riegel- oder Falzaussparung: 4 ± 0,3 mm
- obere Bezugskante bis Unterkante Fallenloch: ± 3 mm

Abb. C 8.26: Beispiel einer Stahlzarge in einer Ständerwerkswand

Die Durchbiegung nicht montierter Zargenteile (Abweichung von der Bezugsgeraden auf der Falzbekleidung) darf mit einer Futterbreite von mehr als 125 mm eine Grenzabweichung von 2,5 mm nicht überschreiten.

8.3.5 Türzargen aus Stahl nach DIN 18111

Maßtoleranzen für **Türzargen aus Stahl** (vgl. Abb. C 8.26) und deren Einbau werden in der Normenreihe DIN 18111 „Türzargen – Stahlzargen" angegeben wie folgt:

- DIN 18111-1:2018-10 „Türzargen – Stahlzargen – Teil 1: Standardzargen (1-schalig und 2-schalig) für gefälzte Türen in Mauerwerkswänden und Ständerwerkswänden"
- DIN 18111-2:2018-10 „Türzargen – Stahlzargen – Teil 2: Sonderzargen (1-schalig und 2-schalig) für gefälzte und ungefälzte Türen in Mauerwerkswänden und Ständerwerkswänden"
- DIN 18111-3:2018-10 „Türzargen – Stahlzargen – Teil 3: Einbau von Stahlzargen nach DIN 18111-1 und DIN 18111-2"

Maßabweichungen für Türzargen aus Stahl sind in der jeweiligen Ausführungsart zulässig wie folgt (vgl. Tabelle C 8.7):

Tabelle C 8.7: Maßtoleranzen für Türzargen aus Stahl nach DIN 18111-1:2018-10 und DIN 18111-2:2018-10

Grenzabweichung	**DIN 18111-1 (Standardzargen)**	**DIN 18111-2 (Sonderzargen)**
Zargenfalzmaß in der Breite	± 1 mm	± 1,5 mm
Zargenfalzmaß in der Höhe	+0/–2 mm	+1/–2 mm
Maulweite	+3/–0 mm	+3/–0 mm
Fußbodeneinstand	± 2 mm	± 2 mm
Drückerhöhe	± 2 mm	± 2 mm
Meterrissmarkierung	± 1 mm	± 1 mm
Falzbreite	± 0,5 mm	± 0,5 mm
Falztiefe	+1/–0,5 mm	+1/–0,5 mm
Maulweitenkante	± 1,5 mm	–
Spiegelbreite	± 1,5 mm	± 2 mm
Ebenheit der Zargenleibung	0,01 × Leibungstiefe	0,01 × Leibungstiefe
Abweichung von der Geradheit in Richtung A	0,002 × *L* (Profillänge)	0,002 × *L* (Profillänge)
Abweichung von der Geradheit in Richtung B	0,00125 × *L* (Profillänge)	0,00125 × *L* (Profillänge)
Winkel zwischen Spiegel und Zargenleibung	± 2°	± 2°
Winkel zwischen Spiegel und Maulweitenkante	± 2°	± 2°

Die verwendeten Bezeichnungen werden in Abb. C 8.27 und Abb. C 8.28 exemplarisch für Standardzargen für gefälzte Türen in Mauerwerkswänden mit Bild 6 und Bild 8 aus DIN 18111-1 dargestellt.

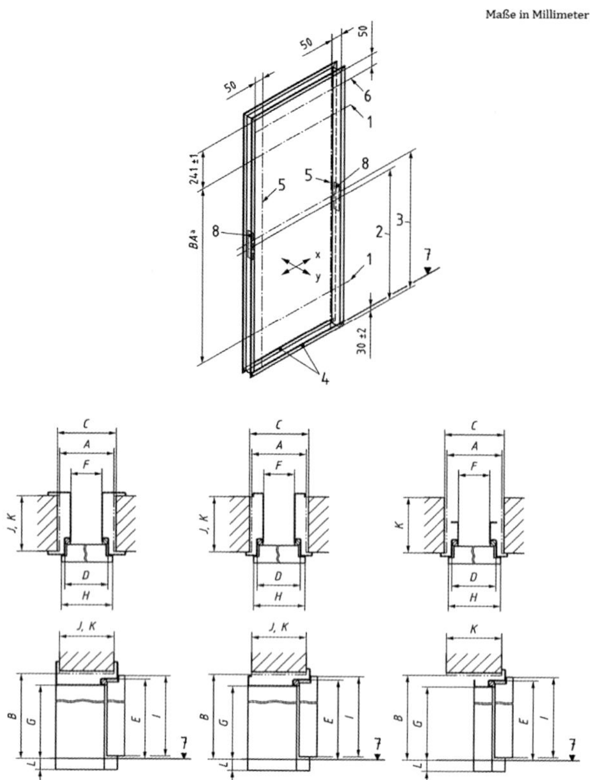

Legende

1 Bandbezugslinie
2 Meterrissmarkierung ab OFF
3 Drückerhöhe ab OFF
4 Transportprofil
5 Messpunkt für Zargenfalzmaß in der Höhe
6 Messpunkt für Zargenfalzmaß in der Breite
7 Oberfläche fertiger Fußboden (OFF)
8 beidseitig vorgestanzte Aussparungen für Schlossfalle und Schlossriegel
A Baurichtmaßbreite
B Baurichtmaßhöhe
BA Bandabstand
C Nennmaße der Wandöffnungsbreite
D Zargenfalzmaßbreite
E Zargenfalzmaßhöhe
F lichte Durchgangsbreite
G lichte Durchgangshöhe
H Türblattaußenmaßbreite
I Türblattaußenmaßhöhe
J Maulweite
K Nennmaß der Wanddicke (fertige Wand)
L Bodeneinstand
x Durchbiegung in x-Richtung
y Durchbiegung in y-Richtung
ª Bandmittenabstände siehe Tabelle 1

Abb. C 8.27: Bezeichnung für Standardzargen; OFF entspricht OKFF (Quelle: DIN 18111-1:2018-10, Bild 6)

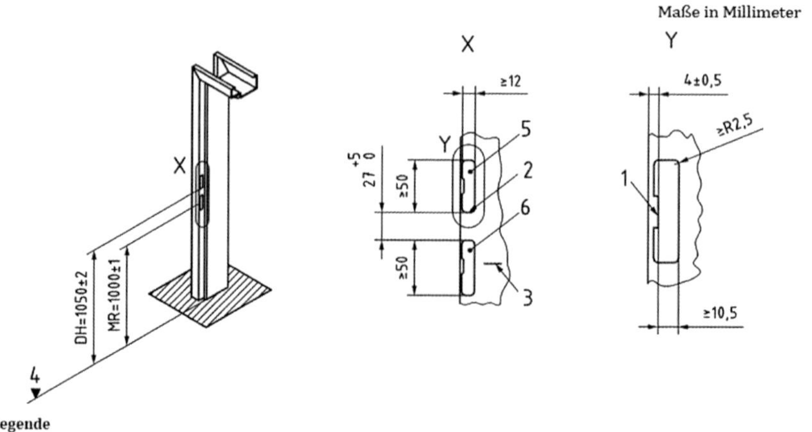

Legende

1 Feilnase (kann als Radius oder Trapez ausgebildet sein)
2 Drückerhöhe (DH)
3 Meterrissmarkierung (MR)
4 Oberfläche fertiger Fußboden (OFF)
5 Stanzung für Schlossfalle (Radien $R \geq 2{,}5$ mm)
6 Stanzung für Schlossriegel (Radien $R \geq 2{,}5$ mm) (wahlweise ohne Feilnase)

Abb. C 8.28: Bezeichnung für Standardzargen; OFF entspricht OKFF (Quelle: DIN 18111-1:2018-10, Bild 8)

Abb. C 8.29: Beispiel für Verglasungen im Hochbau

Der **Einbau von Standardzargen** erfolgt gemäß DIN 18111-3. Die Stahlzarge ist vor dem Einbau auf Rechtwinkligkeit zu prüfen. Falls die Rechtwinkligkeit nicht mehr vorhanden ist, muss durch vorsichtiges Aufstoßen des rechten oder linken Seitenteils über Eck nachgerichtet werden. Die Stahlzarge ist in der Höhe nach dem Meterriss, ansonsten lot- und waagerecht auszurichten. Die Abweichung von der waagerechten und vertikalen Solllage darf gemäß DIN 18111-3, Abschnitt 5.2, maximal 1 mm pro Meter betragen, die Abweichung der Meterrissmarkierung der Zarge vom bauseitigen Meterriss maximal ± 2 mm.

Die werkmäßig vorgespannte, leicht nach innen gewölbte Stahlzarge ist so auszuspreizen, dass das Zargenfalzmaß und das lichte Durchgangsmaß über die gesamte Höhe eingehalten werden.

Im eingebauten Zustand der Zarge wird gemäß DIN 18111-1, Bild 6, das Falzmaß für die Breite 50 mm unterhalb der waagerecht liegenden Falzkante gemessen. Das Falzmaß für die Höhe wird 50 mm seitlich abgesetzt von den senkrechten Profilen geprüft.

8.3.6 Verglasungen nach DIN EN 572

Für **Verglasungen** werden Grenzwerte für Maßabweichungen in der Normenreihe DIN EN 572 „Glas im Bauwesen – Basiserzeugnisse aus Kalt-Natronsilikatglas“ angebenen (vgl. Abb. C 8.29).

Dies umfasst die folgenden Glasarten:

- DIN EN 572-2:2012-11 „Glas im Bauwesen – Basiserzeugnisse aus Kalk-Natronsilicatglas – Teil 2: Floatglas“
- DIN EN 572-3:2012-11 „Glas im Bauwesen – Basiserzeugnisse aus Kalk-Natronsilicatglas – Teil 3: Poliertes Drahtglas“
- DIN EN 572-4:2012-11 „Glas im Bauwesen – Basiserzeugnisse aus Kalk-Natronsilicatglas – Teil 4: Gezogenes Flachglas“
- DIN EN 572-5:2012-11 „Glas im Bauwesen – Basiserzeugnisse aus Kalk-Natronsilicatglas – Teil 5: Ornamentglas“
- DIN EN 572-6:2012-11 „Glas im Bauwesen – Basiserzeugnisse aus Kalk-Natronsilicatglas – Teil 6: Drahtornamentglas“

Nach den vorgenannten Normen der Normenreihe DIN EN 572 sind für **Verglasungen** folgende **Grenzwerte für Maßabweichungen** festgelegt (vgl. Tabelle C 8.8):

Tabelle C 8.8: Grenzwerte für Maßabweichungen von Verglasungen mit Nenndicke *D*, Nennlänge *H* und Nennbreite *B* und die Rechtwinkligkeit nach der Normenreihe DIN EN 572

Nenndicke *D* in mm	**Grenzabweichung in mm**					
	der Nenndicke *D*	**der Nennmaße Länge *H* und Breite *B***	**der Diagonalendifferenz**			
			für Bandmaße	**für geteilte Bandmaße *H, B***		
				bis 1.500 mm	**über 1.500 bis 3.000 mm**	**über 3.000 mm**
Floatglas nach DIN EN 572-2						
2 bis 6	± 0,2	± 5	10	3	4	5
8 bis 12	± 0,3			4	5	6
15	± 0,5			5	6	8
19 bis 25	± 1,0					
poliertes Drahtglas nach DIN EN 572-3						
7	–0,8/+0,4	± 4	–	3	4	5
10	–0,9/+0,9					
gezogenes Flachglas nach DIN EN 572-4						
2 bis 4	± 0,2 bis 0,3	± 5	–	3	4	5
5 bis 6	± 0,3					
8	± 0,4			4	5	6
10	± 0,5					
12	± 0,6					
Ornamentglas nach DIN EN 572-5						
3 bis 6	± 0,5	± 3	–	3	4	5
8	± 0,8	± 4		4	5	6
10	± 1,0					
12	± 1,5	± 5				
14 bis 15	± 1,5			5	6	8
19	± 2,0					

Fortsetzung Tabelle C 8.8

Nenndicke *D* in mm	**Grenzabweichung in mm**					
	der Nenndicke *D*	**der Nennmaße Länge *H* und Breite *B***	**der Diagonalendifferenz**			
			für Bandmaße	**für geteilte Bandmaße *H, B***		
				bis 1.500 mm	**über 1.500 bis 3.000 mm**	**über 3.000 mm**
Drahtornamentglas nach DIN EN 572-6						
6	± 0,6	± 5	–	3	4	5
7	± 0,7					
8	± 0,8					
9	–1,0/+1,45					

8.3.7 Thermisch vorgespanntes Kalknatron-Einscheibensicherheitsglas nach DIN EN 12150-1

Für einscheibiges, flaches, thermisch vorgespanntes Kalknatron-**Einscheibensicherheitsglas** werden in DIN EN 12150-1:2020-07 „Glas im Bauwesen – Thermisch vorgespanntes Kalknatron-Einscheiben-Sicherheitsglas – Teil 1: Definition und Beschreibung“ Maßtoleranzen und Anforderungen an die Geradheit angegeben.

Die **Grenzabmaße für die Dicke** betragen:

- für gezogenes Flachglas:
  - mit Nenndicke 2 bis 4 mm ± 0,2 mm
  - mit Nenndicke 5 bis 6 mm ± 0,3 mm
  - mit Nenndicke 8 mm ± 0,4 mm
  - mit Nenndicke 10 mm ± 0,5 mm
  - mit Nenndicke 12 mm ± 0,6 mm
- für Ornamentglas:
  - mit Nenndicke 3 bis 6 mm ± 0,5 mm
  - mit Nenndicke 8 mm ± 0,8 mm
  - mit Nenndicke 10 mm ± 1,0 mm
  - mit Nenndicke 12 mm: ± 1,5 mm
- für Floatglas:
  - mit Nenndicke 2 bis 6 mm ± 0,2 mm
  - mit Nenndicke 8 bis 12 mm ± 0,3 mm
  - mit Nenndicke 15 mm ± 0,5 mm
  - mit Nenndicke 19 bis 25 mm ± 1,0 mm

Die Messung wird in der Mitte aller Seiten und nicht in unmittelbarer Nähe eventuell vorhandener Aufhängepunkte vorgenommen.

Die **Grenzabmaße für die Länge und Breite** betragen:

- für Scheiben mit einer Nenndicke bis 8 mm, mit Seitenlängen:
  - bis 2.000 mm (horizontales Herstellungsverfahren) ± 2,0 mm
  - über 2.000 bis 3.000 mm ± 3,0 mm
  - über 3.000 mm ± 4,0 mm
- für Scheiben mit einer Nenndicke über 8 mm, mit Seitenlängen:
  - bis 2.000 mm ± 3,0 mm
  - über 2.000 bis 3.000 mm ± 4,0 mm
  - über 3.000 mm ± 5,0 mm

Für die Toleranzen für **Breite** und **Länge** und für die Abweichung von der **Rechtwinkligkeit** ist ein Boxbereich definiert, innerhalb dessen die Istabmessungen einer Scheibe liegen müssen. Die Breite des Boxbereiches entspricht dem doppelten Wert der Toleranz für die Breite bzw. die Länge.

Die **Grenzabweichung auf die Differenz zwischen den Diagonalen** beträgt:

- für Scheiben mit einer Nenndicke bis 8 mm, mit Seitenlängen:
  - bis 2.000 mm 4 mm
  - über 2.000 bis 3.000 mm 6 mm
  - über 3.000 mm 8 mm
- für Scheiben mit einer Nenndicke über 8 mm, mit Seitenlängen:
  - bis 2.000 mm 6 mm
  - über 2.000 bis 3.000 mm 8 mm
  - über 3.000 mm 10 mm

Die **generelle Verwerfung** wird als die Durchbiegung (in mm) dividiert durch die jeweilige gemessene Länge der Glaskante oder der Diagonalen (in mm) angegeben. Die Durchbiegung wird entlang der Kanten und entlang der Diagonalen der Glasscheibe als der größte Abstand zwischen einem Haarlineal oder einem gespannten Draht und der konkaven Oberfläche der Glasscheibe gemessen.

Die **örtliche Verwerfung** wird über eine Messstrecke zwischen 300 und 400 mm mithilfe eines Lineals oder eines gleichwertigen Messgerätes gemessen.

Die Grenzwerte der **Geradheitstoleranzen** der generellen **Verwerfung** und der örtlichen Verwerfung für Glas ohne Bohrungen und/oder Ausschnitte betragen wie folgt:

- für horizontal vorgespanntes, unbeschichtetes Floatglas:
  - generelle Verwerfung 3,0 mm/m
  - örtliche Verwerfung 0,3 mm
- für andere horizontal vorgespannte Glasarten:
  - generelle Verwerfung 4,0 mm/m
  - örtliche Verwerfung 0,5 mm

8.3.8 Thermisch vorgespanntes Borosilikat-Einscheibensicherheitsglas nach DIN EN 13024-1

Für einscheibiges, flaches, thermisch vorgespanntes **Borosilikat-Einscheibensicherheitsglas** für die Verwendung im Bauwesen werden in DIN EN 13024-1:2012-02 „Glas im Bauwesen – Thermisch vorgespanntes Borosilikat-Einscheibensicherheitsglas – Teil 1: Definition und Beschreibung" Grenzabmaße sowie Abweichungen von der Geradheit angegeben.

Die **Grenzabweichungen für die Nenndicke, die Nennmaße** für Länge und Breite sowie für die Diagonalendifferenz als Messgröße für die Abweichung von der **Rechtwinkligkeit** betragen wie folgt (vgl. Tabelle C 8.9):

Tabelle C 8.9: Grenzwerte für Maßabweichungen von vorgespannten Borosilikat-Einscheibensicherheitsglas mit Nenndicke *D*, Nennlänge *H* und Nennbreite *B* sowie für die Rechtwinkligkeit nach DIN EN 13024-1:2012-02

Nenndicke *D* in mm	**Grenzabweichung in mm**							
	der Nenndicke *D*		**der Nennlänge *H* oder Nennbreite *B***			**der Diagonalendifferenz**		
	Floatglas	**gezogenes Glas, gerollt, gegossen**	***H, B* bis 2.000 mm**	***B* über 2.000 mm oder *H* bis 3.000 mm**	***H, B* über 3.000 mm**	***H, B* bis 2.000 mm**	***B* über 2.000 mm oder *H* bis 3.000 mm**	***H, B* über 3.000 mm**
3 bis 7,5	± 0,2	−0,4/+0,5	± 3,0	± 4,0	± 5,0	4	6	8
8	± 0,3	−0,4/+0,8						
10 bis 12	± 0,3	−0,9/+1,0	± 4,0	± 5,0	± 6,0	6	8	10
13 bis 15	± 0,5	−0,9/+1,0						

Die **Grenzwerte der generellen und der örtlichen Verwerfung** werden in DIN EN 13024-1 für vorgespanntes Glas ohne Bohrungen und/oder Öffnungen und/oder Ausschnitte wie folgt angegeben:

- generelle Verwerfung: maximal 5 mm/m
- örtliche Verwerfung:
  - bei horizontal vorgespanntem Glas maximal 0,5 mm/300 mm
  - bei vertikal vorgespanntem Glas maximal 1,0 mm/300 mm

Die maximale Unebenheit der Kante beträgt 1,0 mm.

Die **Grenzabmaße für Bohrungsdurchmesser** werden in DIN EN 13024-1, Tabelle 4, wie folgt angegeben:

- Nenndurchmesser für Bohrung ≥ 4 mm und ≤ 20 mm: ± 1,0 mm
- Nenndurchmesser für Bohrung > 20 mm und ≤ 100 mm: ± 2,0 mm

8.3.9 Abschlüsse außen und Außenjalousien nach DIN EN 13659

Für **Abschlüsse außen und Außenjalousien,** die zur äußeren Befestigung an Gebäuden und anderen baulichen Anlagen vorgesehen sind, werden in DIN EN 13659:2015-07 „Abschlüsse außen und Außenjalousien – Leistungs- und Sicherheitsanforderungen" Leistungs- und Sicherheitsanforderungen festgelegt (vgl. Abb. C 8.30). Diese umfassen auch Maße und zulässige Maßabweichungen.

Abb. C 8.30: Beispiel für Außenjalousien

Abb. C 8.31: Beispiel für eine Metalltür

Fertigmaße sind bei einer Temperatur von 23 °C ± 5 °C einzuhalten. Für Bauteile aus Holz beträgt die Messbezugsfeuchte 15 %.

Die **Grenzabweichungen für Abschlüsse**, die keine Läden für Fenster oder Türen sind, betragen wie folgt:

- für Längen bis 2 m: +0/−3 mm
- für Längen über 2 bis 4 m: +0/−4 mm
- für Längen über 4 m: +0/−5 mm
- für Höhen bis 1,5 m: +0/−4 mm
- für Höhen über 1,5 bis 2,5 m: +0/−6 mm
- für Höhen über 2,5 m: +0/−10 mm

Bei **Außenjalousien** betragen die zulässigen Maßabweichungen der Höhe +0/−10 mm, unabhängig vom Wert der Höhe.

Die Grenzabweichungen für Läden für Fenster oder Türen betragen wie folgt:

- für alle Längen über 4 m: ± 3 mm/m
- für alle Höhen: ± 2 mm/m

8.4 Ausführung von Metallbauarbeiten – Maßtoleranzen nach VOB/C ATV DIN 18360 Metallbauarbeiten

Für **Konstruktionen aus Metall**, auch im Verbund mit anderen Werkstoffen, gilt die ATV DIN 18360:2019-09 „Metallbauarbeiten“.

Fenster und Fenstertüren sowie auch Türen müssen sich leicht öffnen und schließen lassen. Die geschlossenen Flügel müssen gut anliegen.

Grenzwerte für Maßabweichungen unter dem Aspekt der **Funktion** richten sich primär nach den jeweiligen funktionsbezogenen Anforderungen im Einzelfall. Für die Herstellung von Fenstern und Türen und deren Einbau am Bauwerk sind zudem die spezifischen Maßabweichungen in den Grenzen einer üblichen **handwerklichen Sorgfalt** zu berücksichtigen.

Abb. C 8.32: Beispiel für die Ausführung von Fensterbauarbeiten

Abb. C 8.33: Beispiel für die Ausführung von Klappläden

Abb. C 8.34: Beispiel für die Ausführung von Innentüren

Für werkmäßig hergestellte Elemente wie z. B. Türen aus Metall mit Brandschutz- bzw. Rauchschutzfunktion (vgl. Abb. C 8.31) und einer **Systemzulassung** sind außerdem die Bedingungen für den Einbau gemäß Zulassung und gemäß **Einbauanleitung** des Herstellers zu berücksichtigen. Diese können im Einzelfall auch Angaben zu Maßtoleranzen umfassen.

8.5 Ausführung von Tischlerarbeiten – Maßtoleranzen nach VOB/C ATV DIN 18355 Tischlerarbeiten

Für das **Herstellen und Einbauen von Bauteilen aus Holz und Kunststoff**, z. B. Türen, Tore, Fenster, Fensterelemente, Klappläden, Trennwände, findet die ATV DIN 18355:2019-09 „Tischlerarbeiten" Anwendung (vgl. Abb. C 8.32 bis Abb. C 8.34).

Maßabweichungen von den vorgeschriebenen Maßen sind bei der Ausführung von Tischlerarbeiten in den durch DIN 18202 und DIN 18203-3 bestimmten Grenzen zulässig. Unebenheiten in den Oberflächen von Bauteilen, die bei **Streiflicht** sichtbar werden, sind zulässig, wenn diese innerhalb der Toleranzen nach DIN 18202 liegen.

Abb. C 8.35: Beispiel für die Ausführung von Verglasungsarbeiten

Als Bedenken im Sinne von VOB/B kommen in Betracht:

- fehlende Möglichkeiten, vor Beginn der Fertigung die Maße am Bau zu prüfen,
- größere Maßabweichungen des Untergrundes als nach DIN 18202 zulässig,
- unrichtige Lage und Höhe von Auflagern und sonstigen Unterkonstruktionen oder
- fehlende Bezugspunkte.

Fenster- und Türelemente sind Bauteile, deren Funktion entscheidend von einer hohen Maßgenauigkeit bei der Ausführung abhängt. Die Einhaltung der Maßtoleranzen nach DIN 18202 reicht im Allgemeinen nicht aus, um die **Funktion** des Elementes sicherzustellen, z. B. das Schließen eines Fensterflügels innerhalb des Fensterrahmens. Die Grenzwerte für Maßabweichungen nach DIN 18202 sind vielmehr für den Einbau solcher Elemente innerhalb des Bauwerkes konzipiert, sie regeln also beispielsweise das notwendige Passungsspiel für das Einfügen eines Fensterelementes in eine Bauwerksöffnung. Für die **Ausführung der Fenster- und Türelemente** selbst, also z. B. die Maßhaltigkeit eines Fensterflügels innerhalb seines Rahmens, werden auch in ATV DIN 18355 keine Maßtoleranzen über die DIN 18202 hinaus angegeben.

8.6 Ausführung von Verglasungsarbeiten – Maßtoleranzen nach VOB/C ATV DIN 18361 Verglasungsarbeiten

Für die **Verglasung** von Rahmenkonstruktionen, für Glaskonstruktionen und für die Montage von lichtdurchlässigen Kunststoffplatten findet die ATV DIN 18361:2019-09 „Verglasungsarbeiten“ Anwendung (vgl. Abb. C 8.35).

In ATV DIN 18361 ist kein Bezug auf DIN 18202 enthalten. Auch Angaben zu Toleranzen für die Ausführung von **Verglasungsarbeiten** sind in ATV DIN 18361 nicht enthalten.

8.7 Ausführung von Beschlagarbeiten – Maßtoleranzen nach VOB/C ATV DIN 18357 Beschlagarbeiten

Für das Anbringen von **Beschlägen** zum Öffnen und Schließen oder zum Feststellen von Türen, Fenstern, Toren und dergleichen findet die ATV DIN 18357:2019-09 „Beschlagarbeiten“ Anwendung.

Abb. C 8.36: Beispiel für die Ausführung von Rollladenarbeiten

In ATV DIN 18357 sind keine Angaben zu Toleranzen enthalten. Insbesondere wird kein Bezug auf DIN 18202 genommen. Zulässige Toleranzen richten sich in erster Linie nach den Anforderungen an die zu beschlagenden Bauteile (z. B. Türen oder Fenster) und die hierfür in funktionaler Hinsicht zulässigen Maßabweichungen. Die Beschläge müssen die Toleranzen der zu beschlagenden Teile ausgleichen können. Auf die Regelungen der Normen ATV DIN 18355 (Tischlerarbeiten) und ATV DIN 18360 (Metallbauarbeiten) wird verwiesen.

8.8 Ausführung von Rollladenarbeiten – Maßtoleranzen nach VOB/C ATV DIN 18358 Rollladenarbeiten

Für das **Herstellen und Einbauen von Rollläden**, Roll- und Sektionaltoren, Rollgittern, mechanisch betriebenen Sonnenschutz- und Verdunkelungsanlagen wie Jalousien, Falt- und Raffstores, Rollos, Markisen und dergleichen sowie für das Herstellen und Einbauen von Insektenschutzgittern findet die ATV DIN 18358:2019-09 „Rollladenarbeiten“ Anwendung (vgl. Abb. C 8.36).

Maßabweichungen von den vorgeschriebenen Maßen sind bei der Ausführung von Rollladenarbeiten in den durch DIN 18202 und DIN 18203-3 bestimmten Grenzen zulässig.

Als Bedenken im Sinne von VOB/B kommen in Betracht:

- Abweichungen des Bestandes gegenüber den Vorgaben sowie
- fehlende Möglichkeiten, vor Beginn der Fertigung die Maße am Bau zu prüfen.

9 Verkehrswege und Landschaftsbau

9.1 Grundlegende Passungsanforderungen

9.1.1 Maßtoleranzen im Hochbau nach DIN 18202

Baumaßnahmen des allgemeinen Hochbaus umfassen in der Regel auch **Verkehrswegebauarbeiten** in geringerem Umfang, z. B. die Ausführung von **Zuwegungen** zu Gebäuden, **Zufahrten** zu Bauwerken (z. B. Tiefgaragen), die Befestigung von **Hofflächen** im Bereich von Gebäuden sowie die Ausführung befestigter Flächen innerhalb von **Außenanlagen** bzw. Gartenanlagen bei Gebäuden. Die nachfolgenden Betrachtungen beziehen sich deshalb auf Verkehrswege im Außenbereich von Gebäuden, soweit diese im Zusammenhang mit einer Hochbaumaßnahme stehen. Verkehrswegebauarbeiten im Bereich des Straßenverkehrs und dergleichen sind nicht Gegenstand.

Anwendungsbereich der DIN 18202 ist die Ausführung von Bauwerken und deren Teilen. Zweck dieses Regelwerks ist die Formulierung von Toleranzen, um das funktionsgerechte Zusammenfügen von Bauwerken und Bauteilen des Roh- und Ausbaus ohne Anpass- und Nacharbeiten zu ermöglichen. Die Toleranzen sollen unvermeidliche Ungenauigkeiten beim Messen, bei der Fertigung und bei der Montage berücksichtigen. Der Anwendungsbereich der DIN 18202 ist damit auf Bauwerke und Bauteile des Hochbaus begrenzt. Für den **Wegebau** werden in diesem Regelwerk keine Toleranzen angegeben. Eine Übertragung der Toleranzen nach DIN 18202 ist an den Grenzen des Anwendungsbereichs für **Bauteile im Wegebau** möglich, die in gleicher Art und Ausführung auch im Hochbau Verwendung finden (z. B. betonierte Bodenplatten oder Estrichplatten als Wegebefestigung). Für Bauweisen, die mit denen des üblichen Hochbaus nicht vergleichbar sind, sind die Toleranzen in DIN 18202 jedoch nicht vorgesehen.

9.1.2 Ebenheitsabweichungen im Wegebau nach VOB/C

Für Verkehrswegebauarbeiten werden **Ebenheitsabweichungen** in der Regel als maximal zulässiges Stichmaß bezogen auf eine 4 m lange Richtlatte angegeben. Maßgebend ist der größte Abstand zwischen der zu prüfenden Fläche und einer auf der Fläche aufgelegten Richtlatte. Die Länge der Messstrecke zwischen 2 höchsten Punkten, auf denen die Richtlatte aufgelegt wird, bleibt unberücksichtigt – die Richtlatte kann mit beiden Enden zwischen 2 Hochpunkten (vgl. Abb. C 9.1, Nr. 1) oder genau auf 2 Hochpunkten (unwahrscheinlicher Sonderfall, vgl. Abb. C 9.1, Nr. 2) oder auf 2 Hochpunkten, deren Abstand geringer als die Länge der Richtlatte ist (vgl. Abb. C 9.1, Nr. 3), aufliegen. Die Lage eines Punktes mit einer Ebenheitsabweichung innerhalb der Messstrecke bleibt ebenfalls unberücksichtigt – die maximale Ebenheitsabweichung kann mittig in einer Einsenkung (vgl. Abb. C 9.2, Nr. 1), einseitig in einer langen Einsenkung (vgl. Abb. C 9.2, Nr. 2) oder ungleichmäßig verteilt am Rand liegen (vgl. Abb. C 9.2, Nr. 3).

Die Ebenheitsabweichung beschreibt nur die Abweichung einer Istfläche von einer ebenen Sollfläche. Planmäßige Ausrundungen, Grate oder Kehlen, Querneigungsänderungen und Verwindungen usw. sind keine Ebenheitsabweichungen im Sinne einer ausführungsbedingten Maßabweichung.

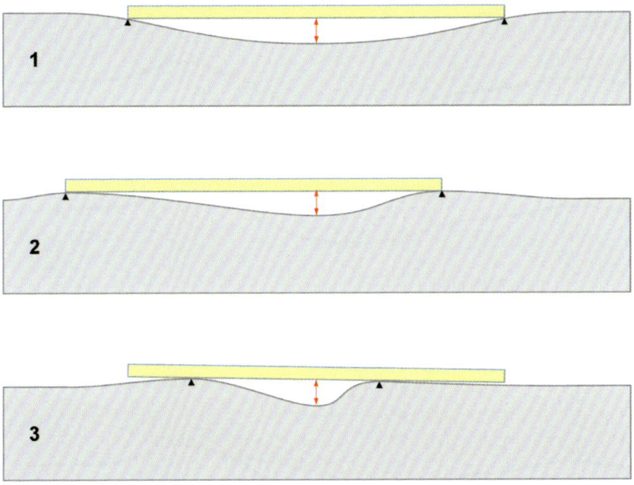

Abb. C 9.1: Beispiele für Ebenheitsabweichungen mit unterschiedlichem Hochpunktabstand innerhalb einer 4 m langen Messstrecke

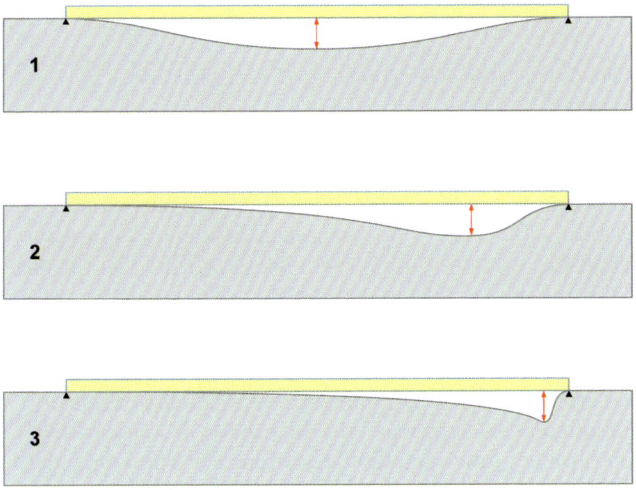

Abb. C 9.2: Beispiele für einheitliche Ebenheitsabweichungen mit gleichem Hochpunktabstand innerhalb einer 4 m langen Messstrecke, aber mit unterschiedlicher Form der Ebenheitsabweichung

Die Betrachtung von Ebenheitsabweichungen ohne Bezug auf den **jeweiligen Messpunktabstand** weicht von der Definition der Ebenheitsabweichung in DIN 18202 deutlich ab. Im Unterschied zur DIN 18202 werden nach VOB/C für den Verkehrswegebau kurze und lange Einsenkungen innerhalb einer Messlänge gleichermaßen beurteilt, ein festes Verhältnis zwischen Stichmaß und Messpunktabstand besteht also nicht. Kurze Unebenheiten können damit eine im Verhältnis größere Ebenheitsabweichung aufweisen als lange Unebenheiten. Je kürzer eine Unebenheit ist, desto auffälliger bzw. störender wird sie in der Praxis in Erscheinung treten.

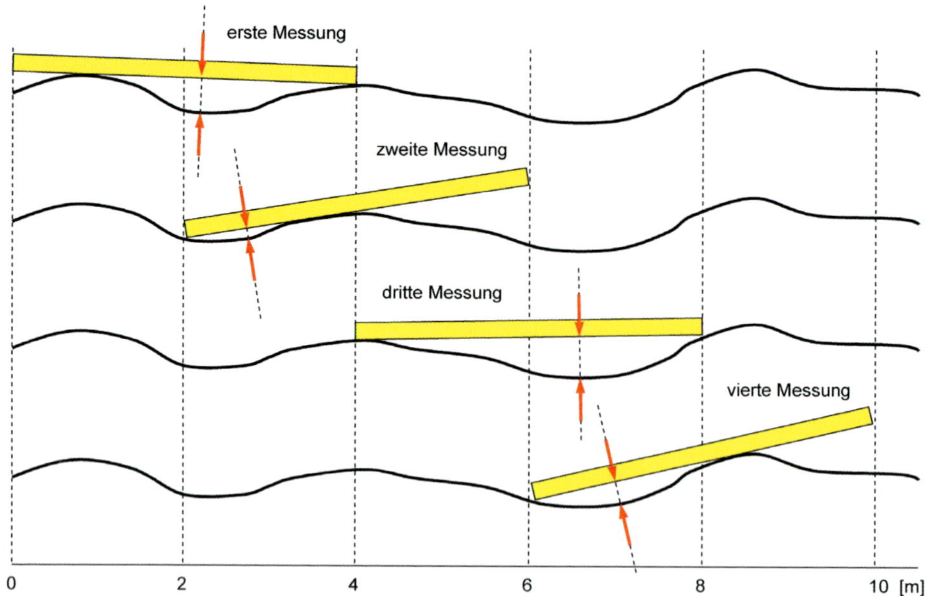

Abb. C 9.3: Fortlaufende Ebenheitsmessung mit einer Richtlatte nach TP Eben der FGSV

9.1.3 Ebenheitsabweichungen nach TP Eben der FGSV

Nach den technischen Prüfvorschriften für Ebenheitsmessungen auf Fahrbahnoberflächen in Längs- und Querrichtung „TP Eben – Berührende Messungen" (Ausgabe 2017) der Forschungsgesellschaft für Straßen- und Verkehrswesen (FGSV) ist für die Messung von **Ebenheitsabweichungen** bei Unebenheiten bis 4 m Länge die **Einzelmessung** mit einer 4 m langen Richtlatte vorzunehmen. Lang gestreckte Unebenheiten mit mehr als 4 m Länge sind berührungslos aufzunehmen, z. B. mittels Nivellement.

Bei **fortlaufenden Messungen** entlang einer Messlinie wird die Richtlatte auf einer Länge von 4 m auf die zu prüfende Fläche aufgelegt. Das Stichmaß wird an der tiefsten Stelle zwischen 2 höchsten Punkten innerhalb der Messstrecke (= 4 m Länge der Richtlatte) gemessen. Anschließend wird die Richtlatte auf der Messlinie um 2 m verschoben und das Stichmaß erneut bestimmt. Die einzelnen aufeinanderfolgenden Messungen erfolgen also mit einer Überlappung von jeweils 2 m. Die Richtlatte wird für jede weitere Messung bis zum Ende der Messlinie ebenfalls um jeweils 2 m verschoben (vgl. Abb. C 9.3).

Für die Bestimmung der **Ebenheitsabweichung an einzelnen Erhebungen** innerhalb der zu prüfenden Fläche wird die Richtlatte mittig auf die Erhebung und mit einem Ende auf die Fläche aufgesetzt. Der Abstand h_1 am auskragenden Ende wird gemessen. Anschließend wird die Richtlatte mit dem anderen Ende auf der Fläche aufgelegt und die Messung wird unter dem dann auskragenden anderen Ende der Richtlatte wiederholt (Abstand h_2). Aus beiden Messergebnissen wird ein Mittelwert s gebildet mit $s = ¼\ (h_1 + h_2)$ (vgl. Abb. C 9.4).

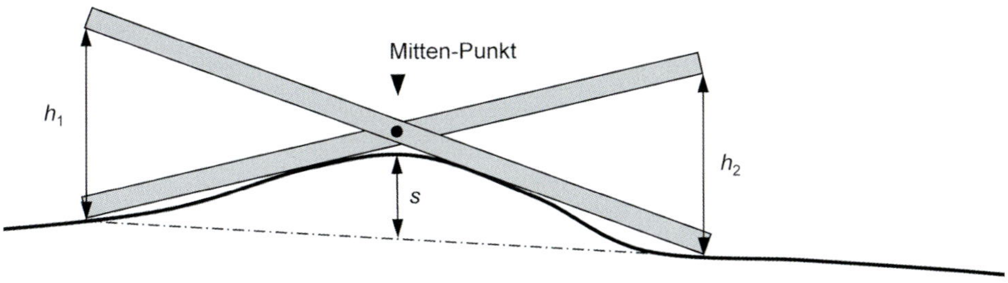

Abb. C 9.4: Ebenheitsabweichung an einer einzelnen Erhebung nach TP Eben der FGSV

Für eine Erfassung von lang gestreckten Unebenheiten über 4 m Länge ist das Verfahren zur Ebenheitsmessung mittels 4-Meter-Latte nicht geeignet. In diesem Fall kann eine Messung alternativ mittels **Nivellement** erfolgen.

Für die **Prüfung großer Flächen** besteht alternativ zu der Einzelmessung mit einer Richtlatte die Möglichkeit einer Erfassung der Oberfläche mit einem sog. **Planograf** oder **Profilograf**. Hierbei wird die Oberfläche abgefahren und fortlaufend abgetastet, der Messwert wird kontinuierlich aufgezeichnet.

9.2 Statisch-konstruktive Anforderungen

Selbsttragende Konstruktionen des Hoch- oder Ingenieurbaus **für Verkehrswege** und Grünflächen, z. B. Brücken, Überfahrten, Tunnel, Rampenbauwerke, Parkdecks, begrünte Dächer usw., unterliegen den Bemessungsanforderungen für Tragwerke. Die Genauigkeitsanforderungen hierfür richten sich nach den der Tragwerksbemessung zugrunde zu legenden Anforderungen, z. B. aus dem Massivbau, dem Holzbau oder dem Stahlbau. Auf die entsprechenden Ausführungen zu diesen Gewerken wird verwiesen.

Selbsttragende Konstruktionen des Tief- oder Erdbaus für Verkehrswege und Grünflächen, z. B. Auskofferungen, Planumsschichten, Aufschüttungen, Dämme etc., unterliegen den Bemessungsanforderungen für den Erd- und Tiefbau. Hierzu wird auf die Spezialliteratur verweisen.

Nicht selbsttragende Konstruktionen werden auf eine Unterkonstruktion mit tragender Funktion aufgebracht. In diesem Fall sind an den Aufbau, z. B. als befahrbaren oder begehbaren Belag, in der Regel keine statisch-konstruktiven Anforderungen in Bezug auf die geometrischen Toleranzen zu stellen. Die Ausführung muss in erster Linie den Genauigkeitsanforderungen unter dem Aspekt der Passgenauigkeit innerhalb des betreffenden Gewerkes und an den Schnittstellen zu den angrenzenden Leistungsbereichen genügen. Hierzu sind nachfolgend Genauigkeitsanforderungen an die Bauprodukte und an die handwerkliche Verarbeitung angegeben.

Abb. C 9.5: Beispiel für unbewehrte Pflastersteine aus Beton

9.3 Anforderungen an Bauprodukte für Verkehrswege

9.3.1 Pflastersteine nach DIN EN 1338

Für **unbewehrte Pflastersteine** und Ergänzungssteine aus zementgebundenem Beton im Fußgänger- und Verkehrsbereich und auf Dächern (vgl. Abb. C 9.5), z. B. Fußwege, Fußgängerzonen, Radwege, Parkplätze, Straßen, Autobahnen, Industriebereiche (einschließlich Docks und Häfen), Rollbahnen auf Flughäfen, Busbahnhöfe und Tankstellen, werden in DIN EN 1338:2003-08 „Pflastersteine aus Beton – Anforderungen und Prüfverfahren" Maßtoleranzen angegeben.

Die Nennmaße sind vom Hersteller anzugeben.

Die **Grenzabweichungen von den Nennmaßen** für die Länge, die Breite und die Dicke betragen für Pflastersteine:

- bis 100 mm Dicke: ± 2 mm für die Länge und Breite; ± 3 mm für die Dicke
- über 100 mm Dicke: ± 3 mm für die Länge und Breite; ± 4 mm für die Dicke

Die Differenz zwischen 2 beliebigen Messungen der Dicke eines einzelnen Pflastersteins darf maximal 3 mm betragen.

Für rechtwinklige Pflastersteine mit einer Länge der Diagonalen von mehr als 300 mm werden die zulässigen **Winkelabweichungen** mit maximalen Differenzen für die Länge der beiden Diagonalen angegeben:

- Klasse 1 (Kennzeichnung J): maximal 5 mm
- Klasse 2 (Kennzeichnung K): maximal 3 mm

Für Pflastersteine mit einem Größtmaß von mehr als 300 mm müssen für eine planmäßig ebene Oberfläche folgende **Abweichungen von der Ebenheit und Wölbung** eingehalten werden:

- Messlänge 300 mm: maximal 1,5 mm konvex / maximal 1,0 mm konkav
- Messlänge 400 mm: maximal 2,0 mm konvex / maximal 1,5 mm konkav

Ist die Oberfläche nicht als eben vorgesehen, muss der Hersteller Angaben zu Abweichungen machen.

Bei der **Prüfung der Maße** sind Länge und Breite mit einer Messunsicherheit von maximal 0,5 mm für jedes Maß an 2 unterschiedlichen Stellen zu messen und auf ganze Millimeter gerundet aufzuzeichnen. Für einen rechteckigen Pflasterstein mit einer Diagonale von mehr als 300 mm sind die Diagonalen zu messen und die Differenz zwischen den beiden Messungen ist aufzuzeichnen.

Die Dicke eines Pflastersteins ist mit einer Messunsicherheit von maximal 0,5 mm an 4 Stellen auf jeweils sich gegenüberliegenden Seiten mindestens 20 mm vom Rand des Pflastersteins zu messen und auf ganze Millimeter gerundet aufzuzeichnen. Aus den Messwerten ist der Mittelwert der Dicke auf ganze Millimeter gerundet zu berechnen. Die maximale Differenz aus 2 Messwerten ist auf einen Millimeter zu berechnen und aufzuzeichnen.

Für die **Bestimmung der Ebenheitsabweichung** und der **Krümmung** sind die maximale konvexe und konkave Abweichung entlang der beiden Diagonalen der Oberseite auf 0,1 mm genau zu messen. Beide Ergebnisse sind aufzuzeichnen.

9.3.2 Platten aus Naturstein für Außenbereiche nach DIN EN 1341

Für **Natursteinplatten für Außenbereiche und Straßenbefestigungen**, z. B. für Fußgängerbereiche und Verkehrsflächen, Außenflächen und ähnliche Bereiche, die unter Außenbedingungen verwendet werden, sind in DIN EN 1341:2013-03 „Platten aus Naturstein für Außenbereiche – Anforderungen und Prüfverfahren“ Grenzabweichungen für Maße angegeben.

Die **Grenzabweichungen der Flächenmaße** von Natursteinplatten mit regelmäßigem Grundriss betragen:

- bei gesägten Kanten:
  - Klasse P1 ± 4 mm
  - Klasse P2 ± 2 mm
- bei gespaltenen und gespitzten Kanten:
  - Klasse P1 ± 10 mm
  - Klasse P2 ± 10 mm

Für die Klasse P0 besteht keine Anforderung.

Die **Grenzabweichungen für die Dicke** der Natursteinplatten betragen:

- bis 30 mm Dicke:
  - Klasse T1 ± 3 mm
  - Klasse T2 ± 10 %
- über 30 bis 80 mm Dicke:
  - Klasse T1 ± 4 mm
  - Klasse T2 ± 3 mm
- über 80 mm Dicke:
  - Klasse T1 ± 7 mm
  - Klasse T2 ± 4 mm

Für die Klasse T0 besteht keine Anforderung.

Die **zulässigen Winkelabweichungen** bzw. Grenzabweichungen der **Diagonalen** von Natursteinplatten mit regelmäßigem Grundriss betragen:

- bei gesägten Kanten:
  - Klasse D1 — 6 mm
  - Klasse D2 — 3 mm
- bei gespaltenen und gespitzten Kanten:
  - Klasse D1 — 15 mm
  - Klasse D2 — 10 mm

Für die Klasse D0 besteht keine Anforderung.

Die **Grenzabweichungen von der Geradheit längs der Kanten** von bearbeiteten Platten betragen:

- für fein bearbeitete Sichtflächen mit einer längsten gerade Prüfkante:
  - bis 0,5 m — ± 2 mm
  - bis 1,0 m — ± 3 mm
  - bis 1,5 m — ± 4 mm
- für grob bearbeitete Sichtflächen mit einer längsten Prüfkante:
  - bis 0,5 m — ± 3 mm
  - bis 1,0 m — ± 4 mm
  - bis 1,5 m — ± 6 mm

Die **Grenzabweichungen von der Ebenheit der Sichtflächen** (angegeben als Stichmaß) betragen:

- für fein bearbeitete Sichtflächen mit einer Messlänge:
  - bis 300 mm — 2,0 mm (konvex) bzw. 1,0 mm (konkav)
  - bis 500 mm — 3,0 mm (konvex) bzw. 2,0 mm (konkav)
  - bis 800 mm — 4,0 mm (konvex) bzw. 3,0 mm (konkav)
  - bis 1.000 mm — 5,0 mm (konvex) bzw. 4,0 mm (konkav)
- für grob bearbeitete Sichtflächen mit einer Messlänge:
  - bis 300 mm — 3,0 mm (konvex) bzw. 2,0 mm (konkav)
  - bis 500 mm — 4,0 mm (konvex) bzw. 3,0 mm (konkav)
  - bis 800 mm — 5,0 mm (konvex) bzw. 4,0 mm (konkav)
  - bis 1.000 mm — 8,0 mm (konvex) bzw. 6,0 mm (konkav)

Die zulässigen **Abweichungen von der Kantenform** betragen bei scharfkantigen oder im Schnitt rechtwinkligen Kanten nicht mehr als 2 mm Abschrägung in horizontaler und in vertikaler Richtung.

9.3.3 Gartenplatten nach DIN EN 1339

Für **unbewehrte Platten** und Ergänzungsplatten aus zementgebundenem Beton, die für verkehrsmäßig genutzte befestigte Flächen und auf Dächern verwendet werden, werden in DIN EN 1339:2003-08 „Platten aus Beton – Anforderungen und Prüfverfahren" Maßtoleranzen angegeben (vgl. Abb. C 9.6).

Abb. C 9.6: Beispiel für Gartenplatten aus Beton

Die Nennmaße sind vom Hersteller anzugeben.

Die zulässigen **Abweichungen von den Nennmaßen** für die Länge, die Breite und die Dicke betragen für Gartenplatten:

- Klasse 1 (Kennzeichnung N):
  - für die Länge und Breite ± 5 mm
  - für die Dicke ± 3 mm
- Klasse 2 (Kennzeichnung P), bis 600 mm Nennmaß:
  - für die Länge und Breite ± 2 mm
  - für die Dicke ± 3 mm
- Klasse 2 (Kennzeichnung P), über 600 mm Nennmaß:
  - für die Länge und Breite ± 3 mm
  - für die Dicke ± 3 mm
- Klasse 3 (Kennzeichnung R):
  - für die Länge und Breite ± 2 mm
  - für die Dicke ± 2 mm

Die Differenz zwischen 2 beliebigen Messungen der Länge, Breite und Dicke einer einzelnen Platte darf maximal 3 mm betragen.

Für rechtwinklige Platten mit einer Länge der Diagonalen von mehr als 300 mm werden die zulässigen **Winkelabweichungen** mit maximalen Differenzen für die Länge der beiden Diagonalen angegeben:

- Klasse 1 (Kennzeichnung J):
  - Diagonale bis 850 mm maximal 5 mm
  - Diagonale über 850 mm maximal 8 mm
- Klasse 2 (Kennzeichnung K):
  - Diagonale bis 850 mm maximal 3 mm
  - Diagonale über 850 mm maximal 6 mm
- Klasse 3 (Kennzeichnung L):
  - Diagonale bis 850 mm maximal 2 mm
  - Diagonale über 850 mm maximal 4 mm

Abb. C 9.7: Beispiel für Rasengittersteine aus Beton

Für Platten mit einem Größtmaß von mehr als 300 mm müssen für eine planmäßig ebene Oberfläche folgende **Abweichungen von der Ebenheit und Wölbung** eingehalten werden:

- Messlänge 300 mm: maximal 1,5 mm konvex / maximal 1,0 mm konkav
- Messlänge 400 mm: maximal 2,0 mm konvex / maximal 1,5 mm konkav
- Messlänge 500 mm: maximal 2,5 mm konvex / maximal 1,5 mm konkav
- Messlänge 600 mm: maximal 4,0 mm konvex / maximal 2,5 mm konkav

Ist die Oberfläche nicht als eben vorgesehen, muss der Hersteller Angaben zu Abweichungen machen.

Bei der **Prüfung der Maße** sind die Länge und Breite mit einer Messunsicherheit von maximal 0,5 mm für jedes Maß an 2 unterschiedlichen Stellen zu messen und auf ganze Millimeter gerundet aufzuzeichnen. Für eine rechteckige Platte mit einer Diagonale von mehr als 300 mm sind die Diagonalen zu messen und die Differenz zwischen den beiden Messungen ist aufzuzeichnen.

Die Dicke einer Platte ist mit einer Messunsicherheit von maximal 0,5 mm an 4 Stellen zwischen 20 und 30 mm vom Rand der Platte und innerhalb von 100 mm von jeder Ecke zu messen und auf ganze Millimeter gerundet aufzuzeichnen. Aus den Messwerten ist der Mittelwert der Dicke auf ganze Millimeter gerundet zu berechnen. Die maximale Differenz aus 2 Messwerten ist auf einen Millimeter zu berechnen und aufzuzeichnen.

Für die Bestimmung der Ebenheitsabweichung und der Krümmung sind die maximale konvexe und konkave Abweichung entlang der beiden Diagonalen der Oberseite auf 0,1 mm genau zu messen. Beide Ergebnisse sind aufzuzeichnen.

9.3.4 Nicht genormte Betonerzeugnisse nach Bund Güteschutz-Richtlinie

In der Bund Güteschutz-Richtlinie „Nicht genormte Betonprodukte – Anforderungen und Prüfungen – (BGB-RiNGB)“ (Stand/Ausgabe Oktober 2016) des Bund Güteschutz Beton- und Stahlbetonfertigteile e. V. werden für bewehrte und unbewehrte **werkmäßig gefertigte Produkte aus Beton**, für die keine Anforderungen in Normen oder sonstigen vom Bund Güteschutz Beton- und Stahlbetonfertigteile anerkannten technischen Regelwerken festgelegt sind, Anforderungen an die Maßhaltigkeit angegeben. Diese gelten für folgende Produkte:

Abb. C 9.8: Beispiel für Oberbauschichten ohne Bindemittel

- Produkte, die Fahrzeugbelastungen ausgesetzt sind (z. B. Betongrasplatten, Rasengittersteine, Baumscheiben, Spurwegplatten, Fahrbahnplatten u. a.; vgl. Abb. C 9.7),
- Bauteile für den Küsten- und Uferschutz,
- Betonbauteile für spezielle Anwendungsgebiete,
- sonstige gefügedichte Betonprodukte,
- sonstige haufwerksporige Betonprodukte.

Die zulässigen **Grenzabmaße** betragen für Produkte, die Fahrzeugbelastungen ausgesetzt sind (z. B. Betongrasplatten, Rasengittersteine, Baumscheiben, Spurwegplatten, Fahrbahnplatten):

- für die Länge und Breite: ± 5 mm
- für die Dicke bzw. Höhe: ± 5 mm

Die Nennmaße sind vom Hersteller anzugeben.

9.4 Ausführung von Oberbauschichten ohne Bindemittel – Maßtoleranzen nach VOB/C ATV DIN 18315 Verkehrswegebauarbeiten – Oberbauschichten ohne Bindemittel

Oberbauschichten ohne Bindemittel für das Befestigen von Straßen und Wegen aller Art, Plätzen, Höfen, Flugbetriebsflächen, Bahnsteigen und Gleisanlagen mit Trag- und Deckschichten im Straßenbau sowie mit Frostschutz- und Planumsschutzschichten für Gleisanlagen fallen in den Anwendungsbereich von ATV DIN 18315:2019-09 „Verkehrswegebauarbeiten – Oberbauschichten ohne Bindemittel" (vgl. Abb. C 9.8). In diesem Regelwerk werden auch Grenzwerte für Maßabweichungen angegeben.

Für die **Ausführung** von Oberbauschichten ohne Bindemittel ist in ATV DIN 18315 kein Bezug auf die zulässigen Maßabweichungen nach DIN 18202 enthalten.

Als Bedenken im Sinne von VOB/B kommen in Betracht:

- Abweichungen von der planmäßigen Höhenlage, Neigung oder Ebenheit oder
- fehlende Bezugspunkte.

Tragschichten, Frostschutzschichten, Planumsschutzschichten und Deckschichten sind höhengerecht und im vereinbarten Längs- und Querprofil herzustellen.

Abweichungen der Oberfläche von der Nennhöhe dürfen bei Tragschichten, Frostschutzschichten und Planumsschutzschichten an keiner Stelle mehr als 4 cm betragen

Abb. C 9.9: Beispiel für eine Oberbauschicht mit hydraulischen Bindemitteln

(ATV DIN 18315, Abschnitt 3.3.1.4). Bei Deckschichten darf die Abweichung der Oberfläche von der Nennhöhe an keiner Stelle mehr als 3 cm betragen (ATV DIN 18315, Abschnitt 3.3.2.4).

Ebenheitsabweichungen der Oberfläche einer Schicht dürfen bei Tragschichten, Frostschutzschichten und Planumsschutzschichten innerhalb einer 4 m langen Messstrecke nicht größer als 3 cm sein (ATV DIN 18315, Abschnitt 3.3.1.5). Bei Deckschichten darf die Ebenheitsabweichung der Oberfläche innerhalb einer 4 m langen Messstrecke nicht größer als 2 cm sein (ATV DIN 18315, Abschnitt 3.3.2.5).

Für die Dicke werden in ATV DIN 18315 Mindestabmessungen einzelner Schichten innerhalb des Oberbaus angegeben. Die **Mindesteinbaudicke** jeder Schicht oder Lage darf im verdichteten Zustand nicht unterschritten werden. Eine Toleranz für die Unterschreitung der Mindestdicke wird nicht angegeben.

9.5 Ausführung von Oberbauschichten mit hydraulischen Bindemitteln – Maßtoleranzen nach VOB/C ATV DIN 18316 Verkehrswegebauarbeiten – Oberbauschichten mit hydraulischen Bindemitteln

Oberbauschichten mit hydraulischen Bindemitteln für das Befestigen von Straßen und Wegen aller Art, Plätzen, Höfen, Flugbetriebsflächen, Bahnsteigen und Gleisanlagen mit Tragschichten und Decken fallen in den Anwendungsbereich von ATV DIN 18316:2019-09 „Verkehrswegebauarbeiten – Oberbauschichten mit hydraulischen Bindemitteln“ (vgl. Abb. C 9.9). In diesem Regelwerk werden auch Grenzwerte für Maßabweichungen angegeben.

Für die **Ausführung** von Oberbauschichten mit hydraulischen Bindemitteln ist in ATV DIN 18316 kein Bezug auf die zulässigen Maßabweichungen nach DIN 18202 enthalten.

Als Bedenken im Sinne von VOB/B kommen in Betracht:

- Abweichungen von der planmäßigen Höhenlage, Neigung oder Ebenheit oder
- fehlende Bezugspunkte.

Abweichungen von der Dicke von Oberbauschichten mit hydraulischen Bindemitteln dürfen gemäß ATV DIN 18316, Abschnitt 3.3, folgende **Mindestdicken** an keiner Stelle unterschreiten:

Abb. C 9.10: Beispiel für Oberbauschichten aus Asphalt

- Verfestigungen: 10 cm
- hydraulisch gebundene Tragschichten: 9 cm
- Betontragschichten: 6 cm
- Betondecken: 10 cm

Eine Toleranz für die Unterschreitung der Mindestdicke wird nicht angegeben.

Verfestigungen als Tragschichten, hydraulisch gebundene Tragschichten, Betontragschichten und Betondecken sind gemäß ATV DIN 18316, Abschnitt 3.3, höhengerecht und im vereinbarten Längs- und Querprofil herzustellen.

Abweichungen der Oberfläche von der Nennhöhe dürfen an keiner Stelle mehr als 3 cm betragen.

Ebenheitsabweichungen der Oberfläche einer Schicht dürfen bei Verfestigungen als Tragschichten, hydraulisch gebundenen Tragschichten, Betontragschichten und Betondecken gemäß ATV DIN 18316, Abschnitt 3.3, folgende Grenzwerte innerhalb einer 4 m langen Messstrecke nicht überschreiten:

- Verfestigungen als Tragschichten: maximal 3 cm
- hydraulisch gebundene Tragschichten: maximal 2 cm
- Betontragschichten: maximal 2 cm
- Betondecken: maximal 1 cm

9.6 Ausführung von Oberbauschichten aus Asphalt – Maßtoleranzen nach VOB/C ATV DIN 18317 Verkehrswegebauarbeiten – Oberbauschichten aus Asphalt

Oberbauschichten aus Asphalt für das Befestigen von Straßen und Wegen aller Art, Plätzen, Höfen, Flugbetriebsflächen, Bahnsteigen und Gleisanlagen mit Asphalttragschichten, Asphalttragdeckschichten, Asphaltbinderschichten, Deckschichten aus Asphalt sowie für Oberflächenbehandlungen, Schutzschichten und Deckschichten aus Asphalt auf Brücken fallen in den Anwendungsbereich von ATV DIN 18317:2019-09 „Verkehrswegebauarbeiten – Oberbauschichten aus Asphalt“ (vgl. Abb. C 9.10). In diesem Regelwerk werden auch Grenzwerte für Maßabweichungen angegeben.

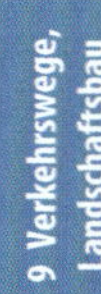

Für die **Ausführung** von Oberbauschichten aus Asphalt ist in ATV DIN 18317 kein Bezug auf die zulässigen Maßabweichungen nach DIN 18202 enthalten.

Als Bedenken im Sinne von VOB/B kommen in Betracht:

- Abweichungen von der planmäßigen Höhenlage, Neigung oder Ebenheit oder
- fehlende Bezugspunkte.

Asphalttragschichten, Asphalttragdeckschichten, Asphaltbinderschichten, Asphaltdeckschichten aus Asphaltbeton, Splittmastixasphalt und offenporiger Asphalt sowie Schutzschichten aus Walzasphalt sind gemäß ATV DIN 18317, Abschnitt 3.3, höhengerecht und im vereinbarten Längs- und Querprofil herzustellen. **Abweichungen** der Oberfläche **von der Nennhöhe** dürfen an keiner Stelle mehr als 3 cm betragen.

Ebenheitsabweichungen der Oberfläche einer Schicht dürfen nach ATV DIN 18317, Abschnitt 3.3, folgende Grenzwerte für Ebenheitsabweichungen innerhalb einer 4 m langen Messstrecke nicht übersteigen:

- bei Asphalttragschichten: maximal 2 cm
- bei Asphalttragdeckschichten: maximal 1,5 cm
- bei Asphaltbinderschichten: maximal 1 cm
- bei Deckschichten aus Asphalt: maximal 1 cm
- bei Gussasphaltschichten: maximal 1 cm

Abweichungen von der Dicke einer Schicht dürfen nach ATV DIN 18317 folgende Mittelwerte bzw. kleinste Werte an keiner Stelle unterschreiten:

- Asphalttragschichten: im Mittel 6 cm, an keiner Stelle unter 4 cm
- Asphalttragdeckschichten: im Mittel 7 cm, an keiner Stelle unter 5 cm
- Asphaltbinderschichten: im Mittel 4 cm, an keiner Stelle unter 3 cm
- Deckschichten aus Asphalt: im Mittel 2,5 cm, an keiner Stelle unter 1,5 cm, mindestens jedoch das 2,5-Fache des Größtkorns
- Schutzschichten aus Walzasphalt: im Mittel 2,5 cm, an keiner Stelle unter 1,5 cm, mindestens jedoch das 2,5-Fache des Größtkorns
- Gussasphaltschichten: im Mittel 2,5 cm, an keiner Stelle unter 1,5 cm

9.7 Ausführung von Pflasterdecken, Plattenbelägen und Einfassungen

9.7.1 Maßtoleranzen nach VOB/C ATV DIN 18318 Verkehrswegebauarbeiten – Pflasterdecken und Plattenbeläge in ungebundener Ausführung, Einfassungen

Pflasterdecken und Plattenbeläge sowie Einfassungen fallen in den Anwendungsbereich von ATV DIN 18318:2019-09 „Pflasterdecken und Plattenbeläge, Einfassungen“ (vgl. Abb. C 9.11). In diesem Regelwerk werden auch Grenzwerte für Maßabweichungen angegeben.

Für die **Ausführung** von Pflasterdecken und Plattenbelägen ist in ATV DIN 18318 kein Bezug auf die zulässigen Maßabweichungen nach DIN 18202 enthalten.

Als Bedenken im Sinne von VOB/B kommen in Betracht:

- Abweichungen der Unterlage von der planmäßigen Höhenlage, Neigung oder Ebenheit oder
- unzureichende planmäßige Neigung.

Abb. C 9.11: Beispiel für eine Pflasterdecke

Pflasterdecken und Plattenbeläge sind höhengerecht sowie im vereinbarten Längs- und Querprofil herzustellen. **Randeinfassungen** mit Bordsteinen und anderen Steinen sind höhen- und fluchtgerecht herzustellen. **Abweichungen von der Lage** sind mit folgenden Grenzwerten zulässig:

Grenzabweichungen für die Lage von Randeinfassungen, Einfassungen, Pflasterdecken und Plattenbelägen:

- Randeinfassungen, Sollhöhe: ± 20 mm von der Bezugsachse
- Einfassungen, Flucht in Auftritt- und Vorderflächen an den Stoßfugen:
  - mit ebener Oberfläche: ± 2 mm
  - mit spaltrauer Oberfläche: ± 5 mm
- Pflasterdecken und Plattenbeläge, Höhenlage über angrenzenden Bauteilen: 7 mm ± 3 mm
- Pflasterdecken und Plattenbeläge, Höhenversätze benachbarter Steine oder Platten: 2 mm
  - bei unbearbeiteter, spaltrauer, grob bearbeiteter Oberfläche 5 mm

Grenzwerte für Neigungsabweichungen (Gefälle)**:**

- begehbare Flächen: ± 0,4 %, nicht weniger als 1,5 % Mindestneigung
- begehbare Flächen, mit unbearbeiteten oder spaltrauen Pflastersteinen aus Naturstein: ± 0,4 %, nicht weniger als 2 % Mindestneigung
- befahrbare Flächen: ± 0,4 %, nicht weniger als 2 % Mindestneigung
- befahrbare Flächen, mit unbearbeiteten oder spaltrauen Pflastersteinen aus Naturstein: ± 0,4 %, nicht weniger als 3 % Mindestneigung
- bei Entwässerungsrinnen: nicht weniger als 0,5 % Mindestneigung

Grenzwerte für Ebenheitsabweichungen:

- für begehbare Flächen:
  - mit Belägen aus Pflastersteinen, Platten aus Beton, Pflasterklinker, Pflasterziegel, bearbeitetem Naturstein:
    über 1,5 bis 2 % Neigung — 3 mm/1 m bzw. 5 mm/2 m bzw. 8 mm/4 m
    über 2,0 bis 2,5 % Neigung — 4 mm/1 m bzw. 6 mm/2 m bzw. 10 mm/4 m
    über 2,5 % Neigung — 8 mm/1 m bzw. 10 mm/2 m bzw. 12 mm/4 m
  - mit Belägen aus unbearbeitetem und spaltrauem Naturstein:
    über 2,0 bis 2,5 % Neigung — 5 mm/1 m bzw. 7 mm/2 m bzw. 10 mm/4 m
    über 2,5 % Neigung — 10 mm/1 m bzw. 12 mm/2 m bzw. 20 mm/4 m
  - bei Entwässerungsrinnen: — 5 mm/4 m
- für befahrbare Flächen:
  - mit Belägen aus Pflastersteinen, Platten aus Beton, Klinker, Ziegeln, bearbeitetem Naturstein:
    über 2,0 bis 2,5 % Neigung — 3 mm/1 m bzw. 5 mm/2 m bzw. 8 mm/4 m
    über 2,5 % Neigung — 4 mm/1 m bzw. 6 mm/2 m bzw. 10 mm/4 m
  - mit Belägen aus unbearbeitetem und spaltrauem Naturstein:
    über 3,0 % Neigung — 10 mm/1 m bzw. 12 mm/2 m bzw. 15 mm/4 m

Die **Prüfung der Ebenheit** erfolgt unter Verwendung einer 1-Meter-Latte bzw. 2-Meter-Latte bzw. 4-Meter-Latte, im Übrigen nach Maßgabe der technischen Prüfvorschriften für Ebenheitsmessungen auf Fahrbahnoberflächen in Längs- und Querrichtung „TP Eben – Berührende Messungen" (Ausgabe 2017) der Forschungsgesellschaft für Straßen- und Verkehrswesen (FGSV). Der angegebene Grenzwert bezeichnet das maximal zulässige Stichmaß für die Ebenheitsabweichung unter einer 1-Meter-Latte bzw. 2-Meter-Latte bzw. 4-Meter-Latte (so bezeichnet z. B. der Grenzwert 6 mm/2 m eine maximal zulässige Ebenheitsabweichung mit 6 mm Stichmaß innerhalb einer 2-Meter-Latte).

Für die Prüfung größerer Flächen mit Ebenheitsabweichungen über 4 m Länge ist das Verfahren zur Ebenheitsmessung mit einer Richtlatte ungeeignet. Alternativ kann die Ebenheitsmessung nach TP Eben auch mittels Nivellement erfolgen (vgl. Abb. C 9.12 und Abb. C 9.13).

Grenzwerte für Fugenbreiten:

- bei ungebundenen Pflasterdecken und Plattenbelägen aus Pflastersteinen oder Platten:
  - bis 100 mm Nenndicke — 4 mm ± 2 mm
  - über 100 mm Nenndicke — 6 mm ± 3 mm
- bei ungebundenen Pflasterdecken und Plattenbelägen aus Naturstein mit nicht gesägten Seitenflächen:
  - bis 120 mm Nenndicke — 10 mm ± 5 mm
  - über 120 mm Nenndicke — 15 mm ± 5 mm
- bei gebundenen Pflasterdecken und Plattenbelägen: — 10 mm ± 5 mm
- bei gebundenen Pflasterdecken aus spaltrauem Kleinpflaster aus Naturstein: — 15 mm ± 5 mm

Abb. C 9.12: Beispiel für ein Nivellement einer Verkehrsfläche aus Verbundsteinpflaster in einer Tiefgarage

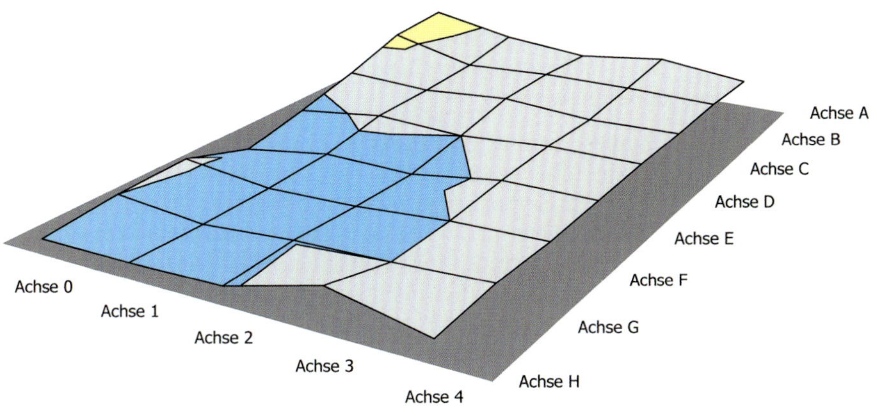

Abb. C 9.13: Beispiel für die Aufnahme der Höhensituation einer Pflasterfläche mittels Rasternivellement

- bei gebundenen Plattenbelägen mit Plattenlängen über 600 mm: 15 mm ± 5 mm
- bei Bord- und Einfassungssteinen: 4 mm ± 2 mm
- bei angrenzenden Einfassungen: 10 mm ± 2 mm

9.7.2 Hinweise zu Höhenversätzen bei Pflasterdecken und Plattenbelägen

Pflasterdecken und Plattenbeläge sind nach ATV DIN 18318 an den Fugen **höhengleich** zu verlegen und nach dem Verlegen und Verfugen gleichmäßig bis zur Standfestigkeit zu rütteln oder zu rammen.

Bei dieser Ausführung werden **Höhenversätze** zwischen benachbarten **Pflastersteinen** bzw. Platten in der Praxis auf ein Maß von ca. 1 bis 2 mm begrenzt bleiben. In Abhängigkeit von der Oberflächenrauigkeit der Pflastersteine oder Platten wird ein Höhenversatz in dieser Größenordnung in der Nutzung nicht störend auffallen. Zudem ist zu berücksichtigen, dass Pflasterdecken und Plattenbeläge mit zunehmender Standzeit unter der Einwirkung von Niederschlagswasser sowie Frost-Tau-Wechseln und abhängig von der Beanspruchung zeit- und lastabhängige Verformungen in der Bettung

Abb. C 9.14: Beispiel für ein ungleichmäßiges Fugenbild eines Plattenbelages

erfahren, die das nachträgliche Entstehen von Absätzen und Höhensprüngen zwischen benachbarten Pflastersteinen bzw. Platten zur Folge haben können. Diese nachträglichen Veränderungen bleiben nach baupraktischer Erfahrung in der Regel auf ein Maß von wenigen Millimetern beschränkt.

In einem Urteil des Oberlandesgerichtes Hamm (OLG Hamm, Urteil vom 25.05.2004 – 9 U 43/04) wurde bezüglich Höhenversätzen benachbarter Pflastersteine und Platten ausgeführt, dass geringere Unebenheiten bis zu 2 cm im Belag von Verkehrsflächen für Fußgänger (Gehwege, Fußgängerzonen usw.) im Allgemeinen keinen Verstoß gegen die kommunale Verkehrssicherungspflicht darstellen. Dies gelte jedoch nicht uneingeschränkt; im konkreten Fall gelte dies nicht bei der Neugestaltung eines dem Fußgängerverkehr vorbehaltenen Marktplatzes mit planmäßig auf Teilen des Platzes angelegten unauffälligen, ca. 1,7 cm unter dem sonstigen Trittniveau scharfkantig verlegten Entwässerungsrinnen, von denen Fußgänger bei sonst makellosem neuem Plattenbelag überrascht werden können. Ein Höhenversatz von ca. 1,7 cm würde also in diesem konkreten Einzelfall unter Berücksichtigung der Erkennbarkeit als Stolpergefahr angesehen.

9.7.3 Hinweise zu Abweichungen der Fugenbreiten

Die Gestaltung von Pflasterdecken und Plattenbelägen wird wesentlich von dem Fugenbild geprägt. **Fugenachsen** müssen deshalb einen gleichmäßigen Verlauf aufweisen. Die **Fugenbreite** soll insgesamt einheitlich sein. Für Abweichungen der Fugenbreite ist nur eine vergleichsweise geringe Toleranz zugelassen. Diese Toleranz muss einerseits zulässige Abweichungen der Abmessungen der Pflastersteine bzw. Platten aufnehmen, andererseits wird wegen der geringen Fugenbreite von in der Regel 3 bis 5 mm eine Veränderung der Fugenbreite in der Größenordnung weniger Millimeter bereits deutlich sichtbar. Die sorgfältige Ausrichtung des Fugenbildes ist daher unverzichtbar. Geringe Abweichungen im Fugenbild können bereits eine optisch störende Wirkung haben (vgl. Abb. C 9.14).

9.7.4 Hinweise zu Ebenheitsabweichungen bei Pflasterdecken und Plattenbelägen

Für die Herstellung von Pflasterdecken und Plattenbelägen können die Ebenheitsanforderungen nach ATV DIN 18316 Anwendung finden.

Abb. C 9.15: Beispiel für eine zeit- und lastabhängige Ebenheitsabweichung eines Plattenbelages mit Spurrinnenbildung

Abb. C 9.16: Beispiel für eine Vegetationsschicht im Landschaftsbau

Bei der Herstellung des Unterbaues für eine Pflasterdecke ist verdichtungsfähiges und frostsicheres Material einzubauen und lagenweise zu verdichten. Eine anforderungsgerechte Verfüllung erhält beim Einbau auch die Nachverdichtung, die ein bestehender Unterbau bereits im Gebrauch erfahren hat. Damit kann ein ungleichmäßiges **Setzungsverhalten** weitgehend reduziert werden. Eine gebrauchsbedingte Verformung unter Last und unter dem Einfluss von Frost-Tau-Wechseln kann erfahrungsgemäß gleichwohl nicht vollständig ausgeschlossen werden. Im Gebrauchszustand ist daher in Abhängigkeit von der Standzeit eine last- und zeitabhängige Höhenveränderung der Bettung in einer Größenordnung bis zu mehreren Millimetern zu erwarten (vgl. Abb. C 9.15).

9.8 Ausführung von Bodenarbeiten

9.8.1 Vegetationstragschichten nach DIN 18915

Bodenarbeiten für Vegetationstragschichten fallen in den Anwendungsbereich von DIN 18915:2018-06 „Vegetationstechnik im Landschaftsbau – Bodenarbeiten" (vgl. Abb. C 9.16).

Das **Planum** aller zu überdeckenden Schichten sollte mit einer **Ebenheitsabweichung** von nicht mehr als 5 cm innerhalb einer 4-Meter-Messstrecke hergestellt werden, bei land- und forstwirtschaftlichen Flächen nicht mehr als 10 cm.

Die zulässige Abweichung des Planums von der **Nennhöhe** sollte nicht mehr als 3 cm betragen, bei land- und forstwirtschaftlichen Flächen nicht mehr als 10 cm.

Die **Vegetationstragschicht** ist mit einer Schichtdicke von 10 bis 20 cm bei Rasenflächen bzw. 20 bis 40 cm bei Gehölz- und Staudenflächen auszuführen. Die **Abweichung der Schichtdicke** von den Vorgaben darf nicht mehr als 25 %, jedoch maximal 5 cm, betragen. Für land- und forstwirtschaftliche Flächen bestehen keine Vorgaben.

9.8.2 Feinplanum nach DIN 18916

Bodenarbeiten für Pflanzungen fallen in den Anwendungsbereich von DIN 18916:2018-06 „Vegetationstechnik im Landschaftsbau – Pflanzen und Pflanzarbeiten".

Das **Feinplanum** für Pflanzungen darf von der **Ebenheit** nicht mehr als 5 cm innerhalb einer 4-Meter-Messstrecke abweichen. Anschlüsse müssen bündig sein und können nach unten bis 3 cm abweichen.

9.8.3 Rasen- und Saatarbeiten nach DIN 18917

Für die **Herstellung von Rasen** durch Ansaat oder Verwendung von Fertigrasen, Rasensoden und Vegetationsstücken sowie für andere Ansaaten im Rahmen des Landschaftsbaus findet DIN 18917:2018-07 „Vegetationstechnik im Landschaftsbau – Rasen und Saatarbeiten" Anwendung.

Das **Feinplanum für die Ansaat** ist gemäß DIN 18917, Abschnitt 6.2.2, mit einer Ebenheitsabweichung in den folgenden Grenzwerten als Stichmaß bei 4 bzw. 2 m Messpunktabstand herzustellen:

- für Kategorie 0 (extensive Flächen, Rekultivierungsfläche, Wiesen, Straßenbegleitgrün): keine Anforderung
- für Kategorie 1 (Flächen in der Landschaft, Straßenbegleitgrün, extensive Flächen, Rekultivierungsflächen, Wiesen): 10 cm/4 m bzw. 8 cm/2 m
- für Kategorie 2 (Flächen in der Landschaft, Straßenbegleitgrün): 7 cm/4 m bzw. 5 cm/2 m
- für Kategorie 3 (öffentliches Grün, Wohnsiedlungen, Hausgärten, Freizeitsport- und Spielflächen, Liegewiesen, Repräsentationsgrün): 5 cm/4 m bzw. 4 cm/2 m
- für Kategorie 4 (Hausgärten, Repräsentationsgrün): 3 cm/4 m bzw. 2 cm/2 m

Anschlüsse von Ansaaten an Einfassungen, Beläge usw. sind bündig herzustellen. Abweichungen nach unten sind bis 2 cm zulässig.

Abb. C 10.1: Beispiel für eine Duschtasse mit Anforderungen an die Entwässerung

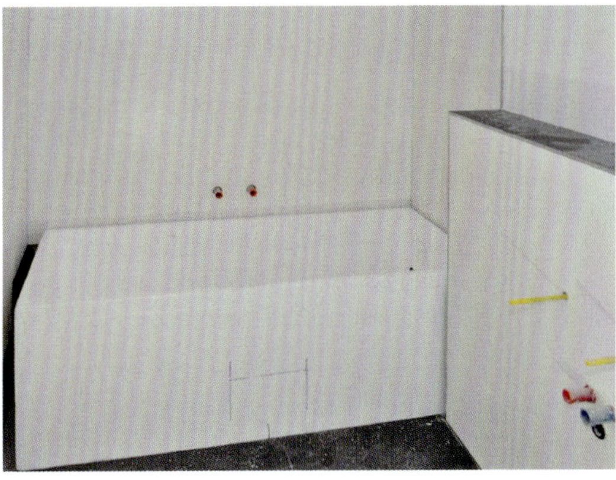

Abb. C 10.2: Beispiel für einen Wannenkörper mit Ausrichtung der Lage nach dem Fugenbild der Wandbekleidung

Abb. C 10.3: Beispiel für Elektroinstallation mit Anforderungen an das optische Erscheinungsbild in der Ausrichtung

10 Technische Anlagen im Hochbau

10.1 Grundlegende Passungsanforderungen

Anforderungen an die Maßhaltigkeit von technischen Anlagen im Hochbau sollen nicht Gegenstand des vorliegenden Werkes sein. Es wird deshalb hierzu auf die einschlägigen Fachnormen verwiesen. **Technische Anlagen** und Einrichtungen werden beim Einbau in Gebäuden oder ihren Bauteilen in der Regel nach Bezugsachsen ausgerichtet. Diese Bezugsachsen orientieren sich häufig an der Flucht angrenzender Bauteile. Die Beurteilung von Lageabweichungen technischer Einrichtungen und Anlagenteile von der Flucht angrenzender Bauteile richtet sich zumeist nach den Gegebenheiten des Einzelfalls und etwaigen Beeinträchtigungen in funktionaler Hinsicht (z. B. zur Entwässerung von Leitungen oder Sanitärgegenständen; vgl. Abb. C 10.1 und Abb. C 10.2) und/oder in optischer Hinsicht (z. B. auffällige oder störende Abweichungen von einem einheitlichen Erscheinungsbild; vgl. Abb. C 10.3).

10.2 Passungsanforderungen beim Einbau maschinentechnischer Anlagen und Einrichtungen – Aufzugsanlagen nach DIN 15306

Für den Einbau von elektrisch und hydraulisch angetriebenen **Personenaufzügen** in Wohngebäuden werden in DIN 15306:2002-06 „Aufzüge – Personenaufzüge für Wohngebäude – Baumaße, Fahrkorbmaße, Türmaße“ Maßtoleranzen für Abmessungen von **Aufzugsschächten** angegeben. Die dort angegebenen **Schachtabmessungen** sind Mindestmaße unter Berücksichtigung einer Toleranz von ± 25 mm, die am fertigen Bauwerk lotrecht eingehalten werden müssen. Größere Toleranzen sind den lichten lotrechten Schachtmaßen hinzuzufügen.

Normen und Literatur

Normenverzeichnis

DIN 105-5:2013-06 Mauerziegel – Teil 5: Leichtlanglochziegel und Leichtlanglochziegelplatten

DIN 105-6:2013-06 Mauerziegel – Teil 6: Planziegel

DIN 862:1988-12 Meßschieber; Anforderungen, Prüfung [zurückgezogen]

DIN 866:1983-03 Strichmaßstäbe; Arbeitsmaßstäbe; Ausführungen, Anforderungen [zurückgezogen]

DIN 866:2006-12 Geometrische Produktspezifikation (GPS) – Strichmaßstäbe, Arbeitsmaßstäbe – Ausführungen, Anforderungen

DIN 875:1981-03 Stahlwinkel 90° [zurückgezogen]

DIN 875-1:2005-07 Geometrische Produktspezifikation (GPS) – Winkel 90° – Teil 1: Stahlwinkel 90°

DIN 1045-3:2012-03 Tragwerke aus Beton, Stahlbeton und Spannbeton – Teil 3: Bauausführung – Anwendungsregeln zu DIN EN 13670

DIN 1319-1:1995-01 Grundlagen der Meßtechnik – Teil 1: Grundbegriffe

DIN 4072:2019-04 Gespundete Bretter aus Nadelholz

DIN 4074-1:2012-06 Sortierung von Holz nach der Tragfähigkeit – Teil 1: Nadelschnittholz

DIN 4074-5:2008-12 Sortierung von Holz nach der Tragfähigkeit – Teil 5: Laubschnittholz

DIN 4108-10:2015-12 Wärmeschutz und Energie-Einsparung in Gebäuden – Teil 10: Anwendungsbezogene Anforderungen an Wärmedämmstoffe – Werkmäßig hergestellte Wärmedämmstoffe

DIN 4172:2015-09 Maßordnung im Hochbau

DIN 4223-100:2014-12 Anwendung von vorgefertigten bewehrten Bauteilen aus dampfgehärtetem Porenbeton – Teil 100: Eigenschaften und Anforderungen an Baustoffe und Bauteile

DIN 4223-102:2014-12 Anwendung von vorgefertigten bewehrten Bauteilen aus dampfgehärtetem Porenbeton – Teil 102: Anwendung in Bauwerken

DIN 6403:1976-02 Meßbänder aus Stahl mit Aufrollrahmen oder Aufrollkapsel [zurückgezogen]

DIN 14090:2003-05 Flächen für die Feuerwehr auf Grundstücken

DIN 15185-1:1991-08 Lagersysteme mit leitliniengeführten Flurförderzeugen; Anforderungen an Boden, Regal und sonstige Anforderungen

DIN 15306:2002-06 Aufzüge – Personenaufzüge für Wohngebäude – Baumaße, Fahrkorbmaße, Türmaße

DIN 18040-1:2010-10 Barrierefreies Bauen – Planungsgrundlagen – Teil 1: Öffentlich zugängliche Gebäude

DIN 18065:2020-08 Gebäudetreppen – Begriffe, Messregeln, Hauptmaße

DIN 18100:1983-10 Türen; Wandöffnungen für Türen; Maße entsprechend DIN 4172

DIN 18101:2014-08 Türen – Türen für den Wohnungsbau – Türblattgrößen, Bandsitz und Schlosssitz – Gegenseitige Abhängigkeit der Maße

DIN 18111-1:2018-10 Türzargen – Stahlzargen – Teil 1: Standardzargen (1-schalig und 2-schalig) für gefälzte Türen in Mauerwerkswänden und Ständerwerkswänden

DIN 18111-2:2018-10 Türzargen – Stahlzargen – Teil 2: Sonderzargen (1-schalig und 2-schalig) für gefälzte und ungefälzte Türen in Mauerwerkswänden und Ständerwerkswänden

DIN 18111-3:2018-10 Türzargen – Stahlzargen – Teil 3: Einbau von Stahlzargen nach DIN 18111-1 und DIN 18111-2

DIN 18148:2000-10 Hohlwandplatten aus Leichtbeton

DIN 18157-1:2017-04 Ausführung von Bekleidungen und Belägen im Dünnbettverfahren – Teil 1: Zementhaltige Mörtel

DIN 18162:2000-10 Wandbauplatten aus Leichtbeton, unbewehrt

DIN 18180:2014-09 Gipsplatten – Arten und Anforderungen

DIN 18202:2019-07 Toleranzen im Hochbau – Bauwerke

DIN 18202-1:1969-03 Maßtoleranzen im Hochbau; Zulässige Abmaße für die Bauausführung, Wand- und Deckenöffnungen, Nischen, Geschoß- und Podesthöhen [zurückgezogen]

DIN 18203-1:1997-04 Toleranzen im Hochbau – Teil 1: Vorgefertigte Teile aus Beton, Stahlbeton und Spannbeton [zurückgezogen]

DIN 18203-3:2008-08 Toleranzen im Hochbau – Teil 3: Bauteile aus Holz und Holzwerkstoffen

DIN V 18500:2006-12 Betonwerkstein – Begriffe, Anforderungen, Prüfung, Überwachung

DIN 18531-1:2017-07 Abdichtung von Dächern sowie von Balkonen, Loggien und Laubengängen – Teil 1: Nicht genutzte und genutzte Dächer – Anforderungen, Planungs- und Ausführungsgrundsätze

DIN 18531-2:2017-07 Abdichtung von Dächern sowie von Balkonen, Loggien und Laubengängen – Teil 2: Nicht genutzte und genutzte Dächer – Stoffe

DIN 18531-3:2017-07 Abdichtung von Dächern sowie von Balkonen, Loggien und Laubengängen – Teil 3: Nicht genutzte und genutzte Dächer – Auswahl, Ausführung und Details

DIN 18531-4:2017-07 Abdichtung von Dächern sowie von Balkonen, Loggien und Laubengängen – Teil 4: Nicht genutzte und genutzte Dächer – Instandhaltung

DIN 18531-5:2017-07 Abdichtung von Dächern sowie von Balkonen, Loggien und Laubengängen – Teil 5: Balkone, Loggien und Laubengänge

DIN 18532-1:2017-07 Abdichtung von befahrbaren Verkehrsflächen aus Beton – Teil 1: Anforderungen, Planungs- und Ausführungsgrundsätze

DIN 18532-2:2017-07 Abdichtung von befahrbaren Verkehrsflächen aus Beton – Teil 2: Abdichtung mit einer Lage Polymerbitumen-Schweißbahn und einer Lage Gussasphalt

DIN 18532-3:2017-07 Abdichtung von befahrbaren Verkehrsflächen aus Beton – Teil 3: Abdichtung mit zwei Lagen Polymerbitumenbahnen

DIN 18532-4:2017-07 Abdichtung von befahrbaren Verkehrsflächen aus Beton – Teil 4: Abdichtung mit einer Lage Kunststoff- oder Elastomerbahn

DIN 18532-5:2017-07 Abdichtung von befahrbaren Verkehrsflächen aus Beton – Teil 5: Abdichtung mit einer Lage Polymerbitumenbahn und einer Lage Kunststoff- oder Elastomerbahn

DIN 18532-6:2017-07 Abdichtung von befahrbaren Verkehrsflächen aus Beton – Teil 6: Abdichtung mit flüssig zu verarbeitenden Abdichtungsstoffen

DIN 18533-1:2017-07 Abdichtung von erdberührten Bauteilen – Teil 1: Anforderungen, Planungs- und Ausführungsgrundsätze

DIN 18533-2:2017-07 Abdichtung von erdberührten Bauteilen – Teil 2: Abdichtung mit bahnenförmigen Abdichtungsstoffen

DIN 18533-3:2017-07 Abdichtung von erdberührten Bauteilen – Teil 3: Abdichtung mit flüssig zu verarbeitenden Abdichtungsstoffen

DIN 18534-1:2017-07 Abdichtung von Innenräumen – Teil 1: Anforderungen, Planungs- und Ausführungsgrundsätze

DIN 18534-2:2017-07 Abdichtung von Innenräumen – Teil 2: Abdichtung mit bahnenförmigen Abdichtungsstoffen

DIN 18534-3:2017-07 Abdichtung von Innenräumen – Teil 3: Abdichtung mit flüssig zu verarbeitenden Abdichtungsstoffen im Verbund mit Fliesen und Platten (AIV-F)

DIN 18534-4:2017-07 Abdichtung von Innenräumen – Teil 4: Abdichtung mit Gussasphalt oder Asphaltmastix

DIN 18534-5:2017-08 Abdichtung von Innenräumen – Teil 5: Abdichtung mit bahnenförmigen Abdichtungsstoffen im Verbund mit Fliesen und Platten (AIV-B)

DIN 18534-6:2017-08 Abdichtung von Innenräumen – Teil 6: Abdichtung mit plattenförmigen Abdichtungsstoffen im Verbund mit Fliesen und Platten (AIV-P)

DIN 18540:2014-09 Abdichten von Außenwandfugen im Hochbau mit Fugendichtstoffen

DIN 18550-1:2018-01 Planung, Zubereitung und Ausführung von Außen- und Innenputzen – Teil 1: Ergänzende Festlegungen zu DIN EN 13914-1:2016-09 für Außenputze

DIN 18550-2:2018-01 Planung, Zubereitung und Ausführung von Außen- und Innenputzen – Teil 2: Ergänzende Festlegungen zu DIN EN 13914-2:2016-09 für Innenputze

DIN 18551:2014-08 Spritzbeton – Nationale Anwendungsregeln zur Reihe DIN EN 14487 und Regeln für die Bemessung von Spritzbetonkonstruktionen

DIN 18560-1:2015-11 Estriche im Bauwesen – Teil 1: Allgemeine Anforderungen, Prüfung und Ausführung

DIN 18560-2:2009-09 Estriche im Bauwesen – Teil 2: Estriche und Heizestriche auf Dämmschichten (schwimmende Estriche)

DIN 18560-3:2006-03 Estriche im Bauwesen – Teil 3: Verbundestriche

DIN 18560-4:2012-06 Estriche im Bauwesen – Teil 4: Estriche auf Trennschicht

DIN 18703:1975-08 Nivellierlatten [zurückgezogen]

DIN 18703:1996-11 Nivellierlatten

DIN 18710-1:2010-09 Ingenieurvermessung – Teil 1: Allgemeine Anforderungen

DIN 18717:1977-10 Präzisions-Nivellierlatten [zurückgezogen]

DIN 18723-7:1990-07 Feldverfahren zur Genauigkeitsuntersuchung geodätischer Instrumente; Vermessungskreisel

DIN 18915:2018-06 Vegetationstechnik im Landschaftsbau – Bodenarbeiten

DIN 18916:2016-06 Vegetationstechnik im Landschaftsbau – Pflanzen und Pflanzarbeiten

DIN 18917:2018-07 Vegetationstechnik im Landschaftsbau – Rasen und Saatarbeiten

DIN V 20000-120:2006-04 Anwendung von Bauprodukten in Bauwerken – Teil 120: Anwendungsregeln zu DIN EN 13369:2004-09

DIN 20000-402:2017-01 Anwendung von Bauprodukten in Bauwerken – Teil 402: Regeln für die Verwendung von Kalksandsteinen nach DIN EN 771-2:2015-11

DIN 20000-403:2019-11 Anwendung von Bauprodukten in Bauwerken – Teil 403: Regeln für die Verwendung von Mauersteinen aus Beton (mit dichten und porigen Zuschlägen) nach DIN EN 771-3:2015-11

DIN 20000-404:2018-04 Anwendung von Bauprodukten in Bauwerken – Teil 404: Regeln für die Verwendung von Porenbetonsteinen nach DIN EN 771-4:2015-11

DIN 55699:2017-08 Anwendung und Verarbeitung von außenseitigen Wärmedämm-Verbundsystemen (WDVS) mit Dämmstoffen aus expandiertem Polystyrol-Hartschaum (EPS) oder Mineralwolle (MW)

DIN 68365:2008-12 Schnittholz für Zimmererarbeiten – Sortierung nach dem Aussehen – Nadelholz

DIN 68706-1:2020-06 Innentüren aus Holz und Holzwerkstoffen – Teil 1: Türblätter; Begriffe, Maße und Anforderungen

DIN 68706-2:2020-06 Innentüren aus Holz und Holzwerkstoffen – Teil 2: Umfassungszargen; Begriffe, Maße und Einbau

DIN EN 300:2006-09 Platten aus langen, flachen, ausgerichteten Spänen (OSB) – Definitionen, Klassifizierung und Anforderungen; Deutsche Fassung EN 300:2006

DIN EN 312:2010-12 Spanplatten – Anforderungen; Deutsche Fassung EN 312:2010

DIN EN 315:2000-10 Sperrholz – Maßtoleranzen; Deutsche Fassung EN 315:2000

DIN EN 324-1:1993-08 Holzwerkstoffe; Bestimmung der Plattenmaße; Teil 1: Bestimmung der Dicke, Breite und Länge; Deutsche Fassung EN 324-1:1993

DIN EN 324-2:1993-08 Holzwerkstoffe; Bestimmung der Plattenmaße; Teil 2: Bestimmung der Rechwinkligkeit und der Kantengeradheit; Deutsche Fassung EN 324-2:1993

DIN EN 336:2003-09 Bauholz für tragende Zwecke – Maße, zulässige Abweichungen; Deutsche Fassung EN 336:2003 [zurückgezogen]

DIN EN 336:2013-12 Bauholz für tragende Zwecke – Maße, zulässige Abweichungen; Deutsche Fassung EN 336:2013

DIN EN 390:1995-03 Brettschichtholz – Maße – Grenzabmaße; Deutsche Fassung EN 390:1994 [zurückgezogen]

DIN EN 490:2017-04 Dach- und Formsteine aus Beton für Dächer und Wandbekleidungen – Produktspezifikationen; Deutsche Fassung EN 490:2011+A1:2017

DIN EN 494:2015-12 Faserzement-Wellplatten und dazugehörige Formteile – Produktspezifikation und Prüfverfahren; Deutsche Fassung EN 494:2012+A1:2015

DIN EN 501:1994-11 Dacheindeckungsprodukte aus Metallblech – Festlegung für vollflächig unterstützte Bedachungselemente aus Zinkblech; Deutsche Fassung EN 501:1994

DIN EN 502:2013-06 Dachdeckungsprodukte aus Metallblech – Spezifikation für vollflächig unterstützte Dachdeckungsprodukte aus nichtrostendem Stahlblech; Deutsche Fassung EN 502:2013

DIN EN 504:2000-01 Dachdeckungsprodukte aus Metallblech – Festlegungen für vollflächig unterstützte Bedachungselemente aus Kupferblech; Deutsche Fassung EN 504:1999

DIN EN 505:2013-06 Dachdeckungsprodukte aus Metallblech – Spezifikation für vollflächig unterstützte Dachdeckungsprodukte aus Stahlblech; Deutsche Fassung EN 505:2013

DIN EN 508-1:2014-08 Dachdeckungs- und Wandbekleidungsprodukte aus Metallblech – Spezifikation für selbsttragende Dachdeckungsprodukte aus Stahlblech, Aluminiumblech oder nichtrostendem Stahlblech – Teil 1: Stahl; Deutsche Fassung EN 508-1:2014

DIN EN 508-2:2019-10 Dachdeckungs- und Wandbekleidungselemente aus Metallblech – Spezifikation für selbsttragende Bedachungselemente aus Stahlblech, Aluminiumblech oder nichtrostendem Stahlblech – Teil 2: Aluminium; Deutsche Fassung EN 508-2:2019

DIN EN 508-3:2009-07 Dachdeckungsprodukte aus Metallblech – Festlegungen für selbsttragende Bedachungselemente aus Stahlblech, Aluminiumblech oder nichtrostendem Stahlblech – Teil 3: Nichtrostender Stahl; Deutsche Fassung EN 508-3:2008

DIN EN 508-3 Berichtigung 1:2009-11 Dachdeckungsprodukte aus Metallblech – Festlegungen für selbsttragende Bedachungselemente aus Stahlblech, Aluminiumblech oder nichtrostendem Stahlblech – Teil 3: Nichtrostender Stahl; Deutsche Fassung EN 508-3:2008, Berichtigung zu DIN EN 508-3:2009-07

DIN EN 520:2009-12 Gipsplatten – Begriffe, Anforderungen und Prüfverfahren; Deutsche Fassung EN 520:2004+A1:2009

DIN EN 572-1:2016-06 Glas im Bauwesen – Basiserzeugnisse aus Kalk-Natronsilicatglas – Teil 1: Definitionen und allgemeine physikalische und mechanische Eigenschaften; Deutsche Fassung EN 572-1:2012+A1:2016

DIN EN 572-2:2012-11 Glas im Bauwesen – Basiserzeugnisse aus Kalk-Natronsilicatglas – Teil 2: Floatglas; Deutsche Fassung EN 572-2:2012

DIN EN 572-3:2012-11 Glas im Bauwesen – Basiserzeugnisse aus Kalk-Natronsilicatglas – Teil 3: Poliertes Drahtglas; Deutsche Fassung EN 572-3:2012

DIN EN 572-4:2012-11 Glas im Bauwesen – Basiserzeugnisse aus Kalk-Natronsilicatglas – Teil 4: Gezogenes Flachglas; Deutsche Fassung EN 572-4:2012

DIN EN 572-5:2012-11 Glas im Bauwesen – Basiserzeugnisse aus Kalk-Natronsilicatglas – Teil 5: Ornamentglas; Deutsche Fassung EN 572-5:2012

DIN EN 572-6:2012-11 Glas im Bauwesen – Basiserzeugnisse aus Kalk-Natronsilicatglas – Teil 6: Drahtornamentglas; Deutsche Fassung EN 572-6:2012

DIN EN 612:2005-04 Hängedachrinnen mit Aussteifung der Rinnenvorderseite und Regenrohre aus Metallblech mit Nahtverbindungen; Deutsche Fassung EN 612:2005

DIN EN 622-1:2003-09 Faserplatten – Anforderungen – Teil 1: Allgemeine Anforderungen; Deutsche Fassung EN 622-1:2003

DIN EN 634-1:1995-04 Zementgebundene Spanplatten – Anforderungen – Teil 1: Allgemeine Anforderungen; Deutsche Fassung EN 634-1:1995

DIN EN 771-1:2015-11 Festlegungen für Mauersteine – Teil 1: Mauerziegel; Deutsche Fassung EN 771-1:2011+A1:2015

DIN EN 771-2:2015-11 Festlegungen für Mauersteine – Teil 2: Kalksandsteine; Deutsche Fassung EN 771-2:2011+A1:2015

DIN EN 771-3:2015-11 Festlegungen für Mauersteine – Teil 3: Mauersteine aus Beton (mit dichten und porigen Zuschlägen); Deutsche Fassung EN 771-3:2011+A1:2015

DIN EN 771-4:2015-11 Festlegungen für Mauersteine – Teil 4: Porenbetonsteine; Deutsche Fassung EN 771-4:2011+A1:2015

DIN EN 822:2013-05 Wärmedämmstoffe für das Bauwesen – Bestimmung der Länge und Breite; Deutsche Fassung EN 822:2013

DIN EN 823:2013-05 Wärmedämmstoffe für das Bauwesen – Bestimmung der Dicke; Deutsche Fassung EN 823:2013

DIN EN 824:2013-05 Wärmedämmstoffe für das Bauwesen – Bestimmung der Rechtwinkligkeit; Deutsche Fassung EN 824:2013

DIN EN 825:2013-05 Wärmedämmstoffe für das Bauwesen – Bestimmung der Ebenheit; Deutsche Fassung EN 825:2013

DIN EN 988:1996-08 Zink und Zinklegierungen – Anforderungen an gewalzte Flacherzeugnisse für das Bauwesen; Deutsche Fassung EN 988:1996

DIN EN 1024:2012-06 Tondachziegel für überlappende Verlegung – Bestimmung der geometrischen Kennwerte; Deutsche Fassung EN 1024:2012

DIN EN 1090-2:2018-09 Ausführung von Stahltragwerken und Aluminiumtragwerken – Teil 2: Technische Regeln für die Ausführung von Stahltragwerken; Deutsche Fassung EN 1090-2:2018

DIN EN 1090-3:2019-07 Ausführung von Stahltragwerken und Aluminiumtragwerken – Teil 3: Technische Regeln für die Ausführung von Aluminiumtragwerken; Deutsche Fassung EN 1090-3:2019

DIN EN 1168:2011-12 Betonfertigteile – Hohlplatten; Deutsche Fassung EN 1168:2005+A3:2011

DIN EN 1304:2013-08 Dach- und Formziegel – Begriffe und Produktspezifikationen; Deutsche Fassung EN 1304:2013

DIN EN 1338:2003-08 Pflastersteine aus Beton – Anforderungen und Prüfverfahren; Deutsche Fassung EN 1338:2003

DIN EN 1339:2003-08 Platten aus Beton – Anforderungen und Prüfverfahren; Deutsche Fassung EN 1339:2003

DIN EN 1341:2013-03 Platten aus Naturstein für Außenbereiche – Anforderungen und Prüfverfahren; Deutsche Fassung EN 1341:2012

DIN EN 1520:2011-06 Vorgefertigte Bauteile aus haufwerksporigem Leichtbeton und mit statisch anrechenbarer oder nicht anrechenbarer Bewehrung; Deutsche Fassung EN 1520:2011

DIN EN 1536:2015-10 Ausführung von Arbeiten im Spezialtiefbau – Bohrpfähle; Deutsche Fassung EN 1536:2010+A1:2015

DIN EN 1990:2010-12 Eurocode: Grundlagen der Tragwerksplanung; Deutsche Fassung EN 1990:2002 + A1:2005 + A1:2005/AC:2010

DIN EN 1992-1-1:2011-01 Eurocode 2: Bemessung und Konstruktion von Stahlbeton- und Spannbetontragwerken – Teil 1-1: Allgemeine Bemessungsregeln und Regeln für den Hochbau; Deutsche Fassung EN 1992-1-1:2004 + AC:2010

DIN EN 1992-1-1/A1:2015-03 Eurocode 2: Bemessung und Konstruktion von Stahlbeton- und Spannbetontragwerken – Teil 1-1: Allgemeine Bemessungsregeln und Regeln für den Hochbau; Deutsche Fassung EN 1992-1-1:2004/A1:2014

DIN EN 1992-1-1/NA:2013-04 Nationaler Anhang – National festgelegte Parameter – Eurocode 2: Bemessung und Konstruktion von Stahlbeton- und Spannbetontragwerken – Teil 1-1: Allgemeine Bemessungsregeln und Regeln für den Hochbau

DIN EN 1993-1-1:2010-12 Eurocode 3: Bemessung und Konstruktion von Stahlbauten – Teil 1-1: Allgemeine Bemessungsregeln und Regeln für den Hochbau; Deutsche Fassung EN 1993-1-1:2005 + AC:2009

DIN EN 1993-1-1/A1:2014-07 Eurocode 3: Bemessung und Konstruktion von Stahlbauten – Teil 1-1: Allgemeine Bemessungsregeln und Regeln für den Hochbau; Deutsche Fassung EN 1993-1-1:2005/A1:2014

DIN EN 1993-1-1/NA:2018-12 Nationaler Anhang – National festgelegte Parameter – Eurocode 3: Bemessung und Konstruktion von Stahlbauten – Teil 1-1: Allgemeine Bemessungsregeln und Regeln für den Hochbau

DIN EN 1995-1-1:2010-12 Eurocode 5: Bemessung und Konstruktion von Holzbauten – Teil 1-1: Allgemeines – Allgemeine Regeln und Regeln für den Hochbau; Deutsche Fassung EN 1995-1-1:2004 + AC:2006 + A1:2008

DIN EN 1995-1-1/A2:2014-07 Eurocode 5: Bemessung und Konstruktion von Holzbauten – Teil 1-1: Allgemeines – Allgemeine Regeln und Regeln für den Hochbau; Deutsche Fassung EN 1995-1-1:2004/A2:2014

DIN EN 1995-1-1/NA:2013-08 Nationaler Anhang – National festgelegte Parameter – Eurocode 5: Bemessung und Konstruktion von Holzbauten – Teil 1-1: Allgemeines - Allgemeine Regeln und Regeln für den Hochbau

DIN EN 1996-1-1/NA:2019-12 Nationaler Anhang – National festgelegte Parameter – Eurocode 6: Bemessung und Konstruktion von Mauerwerksbauten – Teil 1-1: Allgemeine Regeln für bewehrtes und unbewehrtes Mauerwerk

DIN EN 1996-2:2010-12 Eurocode 6: Bemessung und Konstruktion von Mauerwerksbauten – Teil 2: Planung, Auswahl der Baustoffe und Ausführung von Mauerwerk; Deutsche Fassung EN 1996-2:2006 + AC:2009

DIN EN 1996-2/NA:2012-01 Nationaler Anhang – National festgelegte Parameter – Eurocode 6: Bemessung und Konstruktion von Mauerwerksbauten – Teil 2: Planung, Auswahl der Baustoffe und Ausführung von Mauerwerk

DIN EN 1999-1-1:2014-03 Eurocode 9: Bemessung und Konstruktion von Aluminiumtragwerken – Teil 1-1: Allgemeine Bemessungsregeln; Deutsche Fassung EN 1999-1-1:2007 + A1:2009 + A2:2013

DIN EN 1999-1-1/NA:2018-03 Nationaler Anhang – National festgelegte Parameter – Eurocode 9: Bemessung und Konstruktion von Aluminiumtragwerken – Teil 1-1: Allgemeine Bemessungsregeln

DIN EN 12056-3:2001-01 Schwerkraftentwässerungsanlagen innerhalb von Gebäuden – Teil 3: Dachentwässerung, Planung und Bemessung; Deutsche Fassung EN 12056-3:2000

DIN EN 12057:2015-05 Natursteinprodukte – Fliesen – Anforderungen; Deutsche Fassung EN 12057:2015

DIN EN 12058:2015-05 Natursteinprodukte – Bodenplatten und Stufenbeläge – Anforderungen; Deutsche Fassung EN 12058:2015

DIN EN 12150-1:2020-07 Glas im Bauwesen – Thermisch vorgespanntes Kalknatron-Einscheiben-Sicherheitsglas – Teil 1: Definition und Beschreibung; Deutsche Fassung EN 12150-1:2015+A1:2019

DIN EN 12219:2000-06 Türen – Klimaeinflüsse – Anforderungen und Klassifizierung; Deutsche Fassung EN 12219:1999

DIN EN 12602:2016-12 Vorgefertigte bewehrte Bauteile aus dampfgehärtetem Porenbeton; Deutsche Fassung EN 12602:2016

DIN EN 12775:2001-04 Massivholzplatten – Klassifizierung und Terminologie; Deutsche Fassung EN 12775:2001

DIN EN 12825:2002-04 Doppelböden; Deutsche Fassung EN 12825:2001

DIN EN 12859:2011-05 Gips-Wandbauplatten – Begriffe, Anforderungen und Prüfverfahren; Deutsche Fassung EN 12859:2011

DIN EN 13024-1:2012-02 Glas im Bauwesen – Thermisch vorgespanntes Borosilicat-Einscheibensicherheitsglas – Teil 1: Definition und Beschreibung; Deutsche Fassung EN 13024-1:2011

DIN EN 13162:2015-04 Wärmedämmstoffe für Gebäude – Werkmäßig hergestellte Produkte aus Mineralwolle (MW) – Spezifikation; Deutsche Fassung EN 13162:2012+A1:2015

DIN EN 13163:2017-02 Wärmedämmstoffe für Gebäude – Werkmäßig hergestellte Produkte aus expandiertem Polystyrol (EPS) – Spezifikation; Deutsche Fassung EN 13163:2012+A2:2016

DIN EN 13164:2015-04 Wärmedämmstoffe für Gebäude – Werkmäßig hergestellte Produkte aus extrudiertem Polystyrolschaum (XPS) – Spezifikation; Deutsche Fassung EN 13164:2012+A1:2015

DIN EN 13165:2016-09 Wärmedämmstoffe für Gebäude – Werkmäßig hergestellte Produkte aus Polyurethan-Hartschaum (PU) – Spezifikation; Deutsche Fassung EN 13165:2012+A2:2016

DIN EN 13166:2016-09 Wärmedämmstoffe für Gebäude – Werkmäßig hergestellte Produkte aus Phenolharzschaum (PF) – Spezifikation; Deutsche Fassung EN 13166:2012+A2:2016

DIN EN 13167:2015-04 Wärmedämmstoffe für Gebäude – Werkmäßig hergestellte Produkte aus Schaumglas (CG) – Spezifikation; Deutsche Fassung EN 13167:2012+A1:2015

DIN EN 13168:2015-04 Wärmedämmstoffe für Gebäude – Werkmäßig hergestellte Produkte aus Holzwolle (WW) – Spezifikation; Deutsche Fassung EN 13168:2012+A1:2015

DIN EN 13169:2015-04 Wärmedämmstoffe für Gebäude – Werkmäßig hergestellte Produkte aus Blähperlit (EPB) – Spezifikation; Deutsche Fassung EN 13169:2012+A1:2015

DIN EN 13170:2015-04 Wärmedämmstoffe für Gebäude – Werkmäßig hergestellte Produkte aus expandiertem Kork (ICB) – Spezifikation; Deutsche Fassung EN 13170:2012+A1:2015

DIN EN 13171:2015-04 Wärmedämmstoffe für Gebäude – Werkmäßig hergestellte Produkte aus Holzfasern (WF) – Spezifikation; Deutsche Fassung EN 13171:2012+A1:2015

DIN EN 13213:2001-12 Hohlböden; Deutsche Fassung EN 13213:2001

DIN EN 13224:2012-01 Betonfertigteile – Deckenplatten mit Stegen; Deutsche Fassung EN 13224:2011

DIN EN 13225:2013-06 Betonfertigteile – Stabförmige tragende Bauteile; Deutsche Fassung EN 13225:2013

DIN EN 13226:2009-09 Holzfußböden – Massivholz-Elemente mit Nut und/oder Feder; Deutsche Fassung EN 13226:2009

DIN EN 13353:2011-07 Massivholzplatten (SWP) – Anforderungen; Deutsche Fassung EN 13353:2008+A1:2011

DIN EN 13369:2004-09 Allgemeine Regeln für Betonfertigteile; Deutsche Fassung EN 13369:2004 [zurückgezogen]

DIN EN 13369:2018-09 Allgemeine Regeln für Betonfertigteile; Deutsche Fassung EN 13369:2018

DIN EN 13488:2003-05 Holzfußböden – Mosaikparkettelemente; Deutsche Fassung EN 13488:2002

DIN EN 13489:2017-12 Holzfußböden und Parkett – Mehrschichtparkettelemente; Deutsche Fassung EN 13489:2017

DIN EN 13629:2020-05 Holzfußböden – Massive Laubholzdielen und zusammengesetzte massive Laubholzdielen-Elemente; Deutsche Fassung EN 13629:2020

DIN EN 13658-1:2005-09 Putzträger und Putzprofile aus Metall – Begriffe, Anforderungen und Prüfverfahren – Teil 1: Innenputze; Deutsche Fassung EN 13658-1:2005

DIN EN 13658-2:2005-09 Putzträger und Putzprofile aus Metall – Begriffe, Anforderungen und Prüfverfahren – Teil 2: Außenputze; Deutsche Fassung EN 13658-2:2005

DIN EN 13659:2015-07 Abschlüsse außen und Außenjalousien – Leistungs- und Sicherheitsanforderungen; Deutsche Fassung EN 13659:2015

DIN EN 13670:2011-03 Ausführung von Tragwerken aus Beton; Deutsche Fassung EN 13670:2009

DIN EN 13693:2009-10 Betonfertigteile – Besondere Fertigteile für Dächer; Deutsche Fassung EN 13693:2004+A1:2009

DIN EN 13747:2010-08 Betonfertigteile – Deckenplatten mit Ortbetonergänzung; Deutsche Fassung EN 13747:2005+A2:2010

DIN EN 13914-1:2016-09 Planung, Zubereitung und Ausführung von Außen- und Innenputzen – Teil 1: Außenputze; Deutsche Fassung EN 13914-1:2016

DIN EN 13914-2:2016-09 Planung, Zubereitung und Ausführung von Innen- und Außenputzen – Teil 2: Innenputze; Deutsche Fassung EN 13914-2:2016

DIN EN 13964:2014-08 Unterdecken – Anforderungen und Prüfverfahren; Deutsche Fassung EN 13964:2014

DIN EN 14080:2013-09 Holzbauwerke – Brettschichtholz und Balkenschichtholz – Anforderungen; Deutsche Fassung EN 14080:2013

DIN EN 14190:2014-09 Gipsplatten-Produkte aus der Weiterverarbeitung – Begriffe, Anforderungen und Prüfverfahren; Deutsche Fassung EN 14190:2014

DIN EN 14195:2020-07 Metall-Unterkonstruktionsbauteile für Gipsplatten-Systeme – Begriffe, Anforderungen und Prüfverfahren; Deutsche Fassung EN 14195:2014

DIN EN 14411:2016-12 Keramische Fliesen und Platten – Definitionen, Klassifizierung, Eigenschaften, Bewertung und Überprüfung der Leistungsbeständigkeit und Kennzeichnung; Deutsche Fassung EN 14411:2016

DIN EN 14487-2:2007-01 Spritzbeton – Teil 2: Ausführung; Deutsche Fassung EN 14487-2:2006

DIN EN 14783:2013-07 Vollflächig unterstützte Dachdeckungs- und Wandbekleidungselemente für die Innen- und Außenanwendung aus Metallblech – Produktspezifikation und Anforderungen; Deutsche Fassung EN 14783:2013

DIN EN 14843:2007-07 Betonfertigteile – Treppen; Deutsche Fassung EN 14843:2007

DIN EN 14964:2007-01 Unterdeckplatten für Dachdeckungen – Definitionen und Eigenschaften; Deutsche Fassung EN 14964:2006

DIN EN 14992:2012-09 Betonfertigteile – Wandelemente; Deutsche Fassung EN 14992:2007+A1:2012

DIN EN 15037-1:2008-07 Betonfertigteile – Balkendecken mit Zwischenbauteilen – Teil 1: Balken; Deutsche Fassung EN 15037-1:2008

DIN EN 15037-2:2011-07 Betonfertigteile – Balkendecken mit Zwischenbauteilen – Teil 2: Zwischenbauteile aus Beton; Deutsche Fassung EN 15037-2:2009+A1:2011

DIN EN 15620:2010-05 Ortsfeste Regalsysteme aus Stahl – Verstellbare Palettenregale – Grenzabweichungen, Verformungen und Freiräume; Deutsche Fassung EN 15620:2008

DIN EN ISO 10545-2:1997-12 Keramische Fliesen und Platten – Teil 2: Bestimmung der Maße und der Oberflächenbeschaffenheit (ISO 10545-2:1995, einschließlich Technischer Korrektur 1:1997); Deutsche Fassung EN ISO 10545-2:1997 [zurückgezogen]

DIN EN ISO 10545-2:2019-01 Keramische Fliesen und Platten – Teil 2: Bestimmung der Maße und der Oberflächenbeschaffenheit (ISO 10545-2:2018); Deutsche Fassung EN ISO 10545-2:2018

DIN EN ISO 13920:1996-11 Schweißen – Allgemeintoleranzen für Schweißkonstruktionen – Längen- und Winkelmaße; Form und Lage (ISO 13920:1996); Deutsche Fassung EN ISO 13920:1996

DIN ISO 17123-1:2017-09 Optik und optische Instrumente – Feldprüfverfahren geodätischer Instrumente – Teil 1: Theorie (ISO 17123-1:2014)

ISO 1006:1983-11 Modularkoordination; Grundmodul [zurückgezogen]

ISO 1803:1997-10 Hochbau – Toleranzen – Darstellung der Abmessungsgenauigkeit – Grundsätze und Terminologie [zurückgezogen]

ISO 3443-1:1979-06 Hochbau; Bautoleranzen; Teil 1: Grundlagen für die Bewertung und Vorschreibung

ISO 3443-2:1979-07 Hochbau; Bautoleranzen; Teil 2: Methode zur Passungsvoraussage

ISO 3443-3:1987-02 Toleranzen im Bauwesen; Teil 3: Verfahren zur Festlegung des Sollmaßes und Vorausberechnung der Passungen

ISO 4463-1:1989-11 Meßverfahren im Bauwesen; Abstecken und Messen; Teil 1: Planung und Organisation, Meßverfahren, Annahmekriterien

ISO 6707-1:2020-08 Bauwesen – Vokabular – Teil 1: Allgemeine Begriffe

ISO 7976-1:1989-03 Toleranzen im Bauwesen; Verfahren zur Messung von Bauwerken und Bauprodukten; Teil 1: Verfahren und Instrumente

ISO 7976-2:1989-03 Toleranzen im Bauwesen; Verfahren zur Messung von Bauwerken und Bauprodukten; Teil 2: Lage der Meßpunkte

VOB/B DIN 1961:2016-09 VOB Vergabe- und Vertragsordnung für Bauleistungen – Teil B: Allgemeine Vertragsbedingungen für die Ausführung von Bauleistungen

VOB/C ATV DIN 18301:2019-09 Bohrarbeiten

VOB/C ATV DIN 18314:2016-09 Spritzbetonarbeiten

VOB/C ATV DIN 18315:2019-09 Verkehrswegebauarbeiten – Oberbauschichten ohne Bindemittel

VOB/C ATV DIN 18316:2019-09 Verkehrswegebauarbeiten – Oberbauschichten mit hydraulischen Bindemitteln

VOB/C ATV DIN 18317:2019-09 Verkehrswegebauarbeiten – Oberbauschichten aus Asphalt

VOB/C ATV DIN 18318:2019-09 Pflasterdecken und Plattenbeläge, Einfassungen

VOB/C ATV DIN 18330:2019-09 Mauerarbeiten

VOB/C ATV DIN 18331:2019-09 Betonarbeiten

VOB/C ATV DIN 18332:2019-09 Naturwerksteinarbeiten

VOB/C ATV DIN 18333:2019-09 Betonwerksteinarbeiten

VOB/C ATV DIN 18334:2016-09 Zimmer- und Holzbauarbeiten

VOB/C ATV DIN 18335:2016-09 Stahlbauarbeiten

VOB/C ATV DIN 18336:2019-09 Abdichtungsarbeiten

VOB/C ATV DIN 18338:2019-09 Dachdeckungsarbeiten

VOB/C ATV DIN 18339:2019-09 Klempnerarbeiten

VOB/C ATV DIN 18340:2019-09 Trockenbauarbeiten

VOB/C ATV DIN 18345:2019-09 Wärmedämm-Verbundsysteme

VOB/C ATV DIN 18349:2019-09 Betonerhaltungsarbeiten

VOB/C ATV DIN 18350:2019-09 Putz- und Stuckarbeiten

VOB/C ATV DIN 18351:2019-09 Vorgehängte Hinterlüftete Fassaden

VOB/C ATV DIN 18352:2019-09 Fliesen- und Plattenarbeiten

VOB/C ATV DIN 18353:2019-09 Estricharbeiten

VOB/C ATV DIN 18354:2019-09 Gussasphaltarbeiten

VOB/C ATV DIN 18355:2019-09 Tischlerarbeiten

VOB/C ATV DIN 18356:2019-09 Parkett- und Holzpflasterarbeiten

VOB/C ATV DIN 18357:2019-09 Beschlagarbeiten

VOB/C ATV DIN 18358:2019-09 Rollladenarbeiten

VOB/C ATV DIN 18360:2019-09 Metallbauarbeiten

VOB/C ATV DIN 18361:2019-09 Verglasungsarbeiten

VOB/C ATV DIN 18363:2019-09 Maler- und Lackierarbeiten – Beschichtungen

VOB/C ATV DIN 18365:2019-09 Bodenbelagarbeiten

VOB/C ATV DIN 18366:2019-09 Tapezierarbeiten

VOB/C ATV DIN 18459:2016-09 Abbruch- und Rückbauarbeiten

Literaturverzeichnis

Aurnhammer, H. E.: Verfahren zur Bestimmung von Wertminderungen bei (Bau-)Mängeln und (Bau-)Schäden, BauR 5 78, 1978

BFS-Merkblatt Nr. 10. Beschichtungen, Tapezier- und Klebearbeiten auf Innenputz. Stand: 2012. Frankfurt am Main: Bundesausschuss Farbe und Sachwertschutz e. V., 2012

BFS-Merkblatt Nr. 12. Oberflächenbehandlung von Gipsplatten (Gipskartonplatten) und Gipsfaserplatten. Stand: 2007. Frankfurt am Main: Bundesausschuss Farbe und Sachwertschutz e. V., 2007

BFS-Merkblatt Nr. 21. Technische Richtlinien für die Planung und Verarbeitung von WDVS. Stand: 2012. Frankfurt am Main: Bundesausschuss Farbe und Sachwertschutz e. V., 2012

BGB-RiNGB. Bund Güteschutz-Richtlinie. Nicht genormte Betonprodukte – Anforderungen und Prüfungen. Ausgabe: Oktober 2016. Ostfildern: Bund Güteschutz Beton- und Stahlbetonfertigteile e. V., 2016

BIV-Merkblatt Nr. 1.05. Hinweise zur Beurteilung von Überzähnen bei Fliesen- und Plattenbelägen. Stand: Juli 2019. Frankfurt am Main: Bundesverband Deutscher Steinmetze – Bundesinnungsverband des Deutschen Steinmetz- und Steinbildhauerhandwerks, 2019

Braun, G.; Haderer, H.: Maßgerechtes Bauen. Toleranzen im Hochbau. 3. Aufl. Köln: Verlagsgesellschaft Rudolf Müller, 1990

Braun, G.; Lindemann, G.: Toleranzempfehlungen für den Wohnungsbau. Im Auftrag des Innenministeriums des Landes Nordrhein-Westfalen, 1978

Bronstein, I. N.: Taschenbuch der Mathematik. 23. Aufl. Frankfurt am Main: Verlag Harry Deutsch, 1987

Dachbegrünungsrichtlinien. Richtlinien für Planung, Bau und Instandhaltung von Dachbegrünungen. Ausgabe: 2018. Bonn: Forschungsgesellschaft Landschaftsentwicklung Landschaftsbau e. V. (FLL), 2018

DBV-Merkblatt. Sichtbeton. Fassung: 06/2015. Berlin: Deutscher Beton- und Bautechnik-Verein E. V., 2015

Deutsches Dachdeckerhandwerk – Regeln für Abdichtungen – mit Flachdachrichtlinie – Stand Dezember 2016 mit Änderungen November 2017, Mai 2019 und März 2020. Hrsg.: Zentralverband des Deutschen Dachdeckerhandwerks – Fachverband Dach-, Wand- und Abdichtungstechnik e. V. 9. Aufl. Köln: Verlagsgesellschaft Rudolf Müller, 2020

Deutsches Dachdeckerhandwerk – Regeln für Dachdeckungen. Hrsg.: Zentralverband des Deutschen Dachdeckerhandwerks – Fachverband Dach-, Wand- und Abdichtungstechnik e. V. 12. Aufl. Köln: Verlagsgesellschaft Rudolf Müller, 2019

Deutsches Dachdeckerhandwerk – Regeln für Metallarbeiten im Dachdeckerhandwerk. Hrsg.: Zentralverband des Deutschen Dachdeckerhandwerks – Fachverband Dach-, Wand- und Abdichtungstechnik e. V. Köln: Verlagsgesellschaft Rudolf Müller, 2020

DGUV Information 208-005. Treppen. BGI/GUV-I 561. Ausgabe: April 1991, aktualisierte Fassung Juli 2010. Berlin: Deutsche Gesetzliche Unfallversicherung (DGUV), 2010

DIN-Taschenbuch 111 – Vermessungswesen. 6. Aufl. Berlin: Beuth-Verlag, 1998

Ertl, R. (Hrsg.); Egenhofer, M.; Hergenröder, M.; Strunck, T.: Optische Mängel im Bild. Köln: Verlagsgesellschaft Rudolf Müller, 2017

FDB-Merkblatt Nr. 6. Toleranzen und Passungsberechnungen für Betonfertigteile. Ausgabe: 09/2015. Bonn: Fachvereinigung Deutscher Betonfertigteilbau e. V., 2015

Hohmann R.: Materialtechnische Tabellen. In: Fouad, N. (Hrsg.): Bauphysik-Kalender 2010. Berlin: Ernst & Sohn, 2010

IFBS-Fachregeln des Metallleichtbaus – Planung und Ausführung. Ausgabe: 2020. Krefeld: IFBS – Internationaler Verband für den Metallleichtbau, 2020

Leitfaden zur Planung und Ausführung der Montage von Fenstern und Haustüren für Neubau und Renovierung. Ausgabe: März 2020. Frankfurt am Main: RAL-Gütegemeinschaft Fenster, Fassaden und Haustüren e. V., 2020

Müller, R.: Das Türenbuch. Leinfelden/Echterdingen: DRW-Verlag, 2002

Oswald, R.; Abel, R.: Hinzunehmende Unregelmäßigkeiten bei Gebäuden. Typische Erscheinungsbilder – Beurteilungskriterien – Grenzwerte. 3. Aufl. Wiesbaden: Vieweg Verlag, 2005

Putzoberflächen im Innenbereich. Merkblatt 3. Stand: Oktober 2011. Berlin: Bundesverband der Gipsindustrie e. V., 2011

RAL-GZ 426. Innentüren aus Holz und Holzwerkstoffen. Ausgabe: Juli 2014. Hrsg.: RAL Deutsches Institut für Gütesicherung und Kennzeichnung e. V. Berlin: Beuth-Verlag, 2014

Stevens, A.: How accurate is building? EDE-news 1977

Technisches Hinweisblatt 02. Qualitätsanforderung an die Ebenheit von Untergründen für Bodenbeläge und Parkett. Stand: Juli 2016. Troisdorf: Zentralverband Parkett und Fußbodentechnik, 2016

TP Eben – Berührende Messungen. Technische Prüfvorschriften für Ebenheitsmessungen auf Fahrbahnoberflächen in Längs- und Querrichtung. Teil: Berührende Messungen. Ausgabe: 2017. Hrsg.: Forschungsgesellschaft für Straßen- und Verkehrswesen e. V. (FGSV), Arbeitsgruppe Infrastrukturmanagement. Köln: FGSV Verlag, 2017

Verspachtelung von Gipsplatten – Oberflächengüten. Merkblatt 2. Berlin: Bundesverband der Gipsindustrie e. V., 2017

Werner, U.; Pastor, W.: Der Bauprozess. 8. Aufl. Düsseldorf: Werner Verlag, 1996

ZDB-Merkblatt. Abdichtungen im Verbund (AIV). Hinweise für die Ausführung von Abdichtungen im Verbund mit Bekleidungen und Belägen aus Fliesen und Platten für den Innenbereich. Ausgabe: August 2019. Hrsg.: Zentralverband des Deutschen Baugewerbes (ZDB), Fachverband Fliesen und Naturstein. Köln: Verlagsgesellschaft Rudolf Müller, 2019tt. Höhendifferenzen. Höhendifferenzen in keramischen, Betonwerkstein- und Naturwerksteinbekleidungen und Belägen. Ausgabe: August 2019. Hrsg.: Zentralverband des Deutschen Baugewerbes (ZDB), Fachverband Fliesen und Naturstein. Köln: Verlagsgesellschaft Rudolf Müller, 2019

Stichwortverzeichnis

C

D

E

F

N

O

P

Q

R

S

T

U

V

W

Z